全国制冷空调安全技术培训试用教材

制冷空调安全技术

连添达 主编

中国建筑工业出版社

图书在版编目（CIP）数据

制冷空调安全技术/连添达主编. —北京：中国建筑工业出版社，2008
全国制冷空调安全技术培训试用教材
ISBN 978-7-112-10374-4

Ⅰ.制… Ⅱ.连… Ⅲ.制冷-空气调节器-安全技术-技术培训-教材 Ⅳ.TB657.2

中国版本图书馆 CIP 数据核字（2008）第 140591 号

为贯彻国家安全生产法规，规范制冷空调建设，确保制冷空调安全运行，保障人民生命财产安全，根据《中华人民共和国安全生产法》和有关法律、行政法规及有关行业技术标准，按照国家颁发的《制冷与空调作业人员安全技术培训大纲》和《制冷与空调作业人员安全技术考核标准》通用部分，并采用最新版本国家标准和安全规范进行编写。主要内容包括：制冷空调基本概念和制冷原理、空调原理、自控原理及系统配置；工程设计安全要求；工程施工安全要求；设备安装安全要求；系统操作安全要求；机器及设备维修安全要求；安全监督与管理；自动控制与安全装置；事故与危险性分析；常见故障与处理。

本书是制冷空调工程设计人员、工程施工、安装技术人员、设备操作、维护、检修人员、企业管理人员等的安全技术等级考核和培训教材，也可供大专院校相关专业师生参考。

* * *

责任编辑：胡明安
责任设计：崔兰萍
责任校对：安　东　孟　楠

全国制冷空调安全技术培训试用教材
制冷空调安全技术
连添达　主编

*

中国建筑工业出版社出版、发行（北京西郊百万庄）
各地新华书店、建筑书店经销
霸州市顺浩图文科技发展有限公司制版
北京同文印刷有限责任公司印刷

*

开本：787×1092 毫米　1/16　印张：40　字数：974 千字
2009 年 1 月第一版　2009 年 1 月第一次印刷
定价：**80.00** 元
ISBN 978-7-112-10374-4
（17177）

版权所有　翻印必究
如有印装质量问题，可寄本社退换
（邮政编码 100037）

前　言

根据国家颁发的《制冷与空调作业人员安全技术培训大纲》和《制冷与空调作业人员安全技术考核标准》，采用相关制冷空调设计规范、工程施工及验收规范、工程质量检验评定标准等最新国家标准和安全规范、安全技术监察规程及制冷空调设备安全要求；结合编者主持的数百个大、中、小型制冷空调工程项目的设计、施工、安装、调试；经过设备的操作、维护、检修管理和各种故障处理的长期实践；于2003年为天津市安全生产监督管理局编写培训教材《制冷与空调安全技术》，并对天津市制冷空调人员进行在岗培训和安全教育取得明显成效。

为贯彻国家安全生产法规，规范制冷空调建设、确保制冷空调设备的安全运行，保障人民生命财产安全，依据《中华人民共和国安全生产法》和有关法律、行政法规及有关行业技术标准、规范、规定，经过几年的努力，组织编写出一套全新的《制冷空调安全技术》培训教材在全国推广使用。

大量事故表明，提高安全生产意识，加强安全生产教育是当前亟待解决的问题。操作者必须进行技术培训和安全教育，经过考核合格才能上岗，这是确保安全的最低要求。制冷空调是一种特殊行业，有爆炸、中毒、窒息、腐蚀、冻伤、坠落、倒塌、火灾、烧伤、电击等危险，一旦出现事故，将造成财产严重损失，甚至危害人生安全。各种事故案例不仅频频发生在工程的施工、安装、调试与日常设备的操作、维护、检修过程中，还经常在设计时就存在不安全隐患，隐藏着更大的危险性。同时，存在安全管理和事故处理很不规范，对国家标准、设计规范、施工验收规范、操作规程及设备安全要求执行不力，得不到有效的制度约束和法律支持，因此，恢复和加强制冷空调安全技术等级考核显得异常重要。

本书着重阐明在设计、施工、安装、调试、操作、维护、检修和监督管理及事故处理中的安全要求，明确了制冷空调系统及其设备的安全性能，掌握制冷空调自控元件调节功能及安全防护措施。为了实现安全生产，必须掌握蒸气压缩式制冷原理、吸收式制冷原理、空调原理和自动调节原理，能准确描述制冷空调基本概念，因此，制冷空调基本原理及其设备配置也作了必要的介绍。

该书力求内容简明突出，概念清晰，方便实用，深浅兼顾，适合各类人员的技术等级（高级、中级、初级）考核，可作为制冷空调工程设计人员、工程安装施工人员、设备操作、维护、检修人员、企业管理人员等的安全技术培训教材，也可供高等院校、大专院校相关专业师生参考。

本书由天津商业大学（原天津商学院制冷与空调工程系）研究生导师连添达教授主编，天津大学马九贤教授主审。

参加编写的人员有：王树久　徐　恒　陈子仪　李德龙　唐学祥　顾　群　邵春生　林　平　史俊红。

书中错误和缺点难免，恳请读者批评指正。

编　者

2008 年 7 月于天津商业大学

目 录

前言
第1章 绪论 ... 1
1.1 制冷空调技术的发展概况 ... 1
1.2 制冷空调技术的应用 ... 3
1.3 安全技术在制冷空调中的意义 ... 5
第2章 制冷空调原理 ... 6
2.1 基础知识 ... 6
2.2 压缩式制冷原理及压—焓图（$\lg p$—h 图） ... 13
2.3 吸收式制冷原理及焓—浓度图（h—ζ 图） ... 35
2.4 空调原理及空气焓—湿图（h—d 图） ... 61
2.5 自动调节原理及方框图 ... 79
第3章 制冷空调设备及其系统配置 ... 94
3.1 制冷压缩机与压缩冷凝机组及辅助设备 ... 94
3.2 蒸发器及其蒸发系统末端装置 ... 120
3.3 压缩式与吸收式冷水机组 ... 126
3.4 空气热湿处理设备和空调风系统及其末端装置 ... 151
3.5 水处理设备和空调水系统及其末端装置 ... 156
3.6 空调蓄冷设备 ... 161
3.7 其他设备 ... 171
第4章 制冷空调设备选用计算及设计安全要求 ... 172
4.1 设计依据与相关设计规范 ... 172
4.2 制冷负荷计算 ... 177
4.3 建筑围护构造热、湿计算 ... 187
4.4 制冷设备选用计算 ... 193
4.5 空调负荷计算 ... 204
4.6 空调房间送风状态及送风量的确定 ... 208
4.7 空调设备选用计算 ... 210
4.8 制冷空调工程设计安全要求 ... 214
第5章 制冷空调工程施工安全技术 ... 221
5.1 工程施工与施工组织 ... 221
5.2 制冷空调工程施工组织 ... 225
5.3 制冷空调工程施工组织总设计 ... 241
5.4 制冷空调单位工程施工组织设计 ... 256
5.5 制冷空调工程工地施工业务组织 ... 269

第6章 制冷空调设备安装、调试安全技术 ... 275
- 6.1 设备安装前的准备工作 ... 275
- 6.2 制冷空调机器安装 ... 296
- 6.3 制冷空调设备安装 ... 305
- 6.4 制冷空调管道、管件安装 ... 313
- 6.5 空调风系统及其末端装置安装 ... 317
- 6.6 空调水系统及其末端装置安装 ... 324
- 6.7 电气设备安装 ... 327
- 6.8 制冷空调隔热工程安装 ... 330
- 6.9 制冷空调系统调试与工程验收 ... 336

第7章 制冷空调系统安全操作 ... 368
- 7.1 活塞式制冷设备安全操作 ... 368
- 7.2 螺杆式制冷设备安全操作 ... 374
- 7.3 离心式制冷设备安全操作 ... 376
- 7.4 吸收式制冷机安全操作 ... 378
- 7.5 制冷空调辅助设备安全操作 ... 381
- 7.6 冷藏库安全操作 ... 388
- 7.7 制冷剂充注安全注意事项 ... 399
- 7.8 制冷空调系统正常运转标志 ... 401

第8章 制冷空调机器设备的安全维护与检修 ... 405
- 8.1 检修基础 ... 405
- 8.2 制冷空调机器的安全维护与检修 ... 408
- 8.3 制冷空调设备的安全维护与检修 ... 440

第9章 制冷空调安全管理与监督 ... 450
- 9.1 制冷空调机房安全技术 ... 450
- 9.2 压力容器安全技术 ... 455
- 9.3 冷藏库安全技术 ... 458
- 9.4 制冷剂钢瓶使用的安全要求 ... 460
- 9.5 安全防护器材 ... 462
- 9.6 制冷剂泄漏中毒的紧急救护 ... 465
- 9.7 空调系统防火排烟 ... 467
- 9.8 制冷空调设备运行维护安全管理 ... 468
- 9.9 制冷空调设备安装修理安全管理 ... 473
- 9.10 制冷空调循环水的安全管理 ... 474
- 9.11 安全技术培训大纲与考核标准 ... 477

第10章 制冷空调自动调节与安全装置 ... 486
- 10.1 自动调节基础知识 ... 486
- 10.2 制冷空调参数调节 ... 524
- 10.3 制冷空调设备控制 ... 552
- 10.4 制冷空调自控实例 ... 569

第 11 章 制冷空调事故与危险性分析 ········ 580
11.1 制冷空调事故及特点 ········ 580
11.2 制冷空调事故原因与分析 ········ 583
11.3 制冷空调设备爆炸危害分析 ········ 595

第 12 章 制冷空调常见故障与处理 ········ 598
12.1 故障的检查方法 ········ 598
12.2 制冷空调事故处理 ········ 601
12.3 压缩机常见故障与处理 ········ 604
12.4 制冷空调系统常见故障与处理 ········ 612
12.5 冷水机组常见故障与处理 ········ 618
12.6 冷却塔、泵与风机常见故障与处理 ········ 620

附录 ········ 624
附录 1　R22 $\lg p\text{-}h$ 图 ········ 624
附录 2　R502 $\lg p\text{-}h$ 图 ········ 625
附录 3　R134a $\lg p\text{-}h$ 图 ········ 626
附录 4　R717 $\lg p\text{-}h$ 图 ········ 627
附录 5　溴化锂溶液 $h\text{-}\zeta$ 图 ········ 628
附录 6　湿空气焓湿图 ········ 629
附录 7　制冷空调工程常用单位换算表 ········ 630

参考文献 ········ 631

第1章 绪　　论

制冷空调技术人员应不断了解制冷空调技术的发展动态，随时掌握制冷空调新技术、新工艺、新材料、新设备的实际应用，并认真做好安全技术工作。

1.1　制冷空调技术的发展概况

制冷技术是研究人工制冷原理、方法以及如何运用机械设备获得低温的科学技术。制冷就是使某一空间内物体的温度低于周围环境介质的温度，并维持这个低温的过程。为了使某物体或某空间达到并维持所需的低温，就得不断地从它们中间取出热量并转移到环境介质中去。这个不断地从被冷却物体取出并转移热量的过程就是制冷过程。

很早以前，人类利用天然冷源（冰、雪或地下水）进行防暑降温和保存新鲜食品。直到16世纪以后，由于科学技术的发展，揭示了冰盐混合时的制冷效应，于是人们开始用冰盐混合的方法来冷却饮料，保存新鲜食物，但由于温度受到一定的限制，又不宜控制和调节，而且受到季节和地区的影响，所以难以满足生产、科学研究和日常生活的需要。于是在19世纪中叶开始出现了人工制冷技术。

1834年在伦敦工作的美国发明家波尔金斯试制成功了第一台用乙醚为制冷剂的制冷机，这台机器可看作是现代制冷机的雏形。1844年美国人约翰·高里在美国费城制成了用空气为制冷剂的可用来制冰和冷却空气的制冷压缩机。1852年开尔文作出了用逆卡诺循环可以制冷的理论证明。1862年法国人卡尔里制成了吸收式制冷机。1873年波义耳发明了氨压缩机，在此基础上，于1875年德国人卡尔·林德设计成功氨蒸气压缩式制冷机，这被大家公认是制冷机的始祖，对制冷技术的发展起了重大的作用。到目前为止，氨仍旧是主要的制冷剂之一。同年，卡列提出了用二氧化硫水溶液的吸收式制冷机，并且还预言了可能试制氨水溶液吸收式制冷机。1875年以后，氨压缩式制冷机和氨水溶液吸收式制冷机一直居于领先地位。到了1881年又出现了以二氧化碳为制冷剂的制冷机。1890年出现了蒸气喷射式制冷机。当1930年出现了以氟利昂为制冷剂的制冷机时，为制冷机开辟出一条新的道路，快速地促进制冷技术的发展。到了20世纪60年代，半导体制冷又独树一旗，成为制冷技术的新秀，对微型制冷器的发展起了推动作用。

在制冷技术的发展道路上，蒸气压缩式制冷始终处于主导地位。从20世纪初开始，随着科学技术的进步，制冷机出现了多种类型，机器转速提高使设备紧凑，制冷剂性能逐步优化有利得到更低的温度，系统逐步完善并实现自动控制。这些进步，都促使制冷技术发展成为一个成熟的工程领域，在国民经济中占有一定的地位。

空调是空气调节的简称，空调技术是通过人工对空气进行处理，使室内空气的温度、湿度、气流速度、洁净度和新鲜度保持在规定参数值的一门工程技术。夏季空调离不开制冷所提供的冷源，因此制冷和空调是两门密切相关的应用技术。空气调节分为工艺性空调和舒适性空调两大类。前者是为了满足生产、科研等工艺过程对空气参数的要求，以保证产品的质量和生产过程的顺利进行。后者是向人们提供一个适宜的生活、工作环境，有利于提高工作效率和保障人民身心健康。

19世纪后半叶，纺织工业的迅速发展给空调技术带来巨大的挑战，美国工程师克勒默为美国部分纺织厂设计安装了空调系统，解决了车间的生产环境。1911年，被称为"空调之父"的美国人开利尔研究得出了空气显热、潜热和焓值的计算公式，绘出了空气的焓湿图，成为空调理论的奠基人。1922年，他发明了离心式制冷机，推进了空调技术的发展。1937年他又发明了空气—水诱导系统。到20世纪60年代这种模式又发展为风机盘管系统，在世界各国盛行至今。20世纪20年代，舒适空调得到了发展，成为家庭和办公的必备用品。60多年来，空调技术发展迅速，窗式、分体壁挂式、分体柜式等多种类型满足了人们的需要，在功能上利用微电脑控制实现了制冷、制热、除湿、通风，使舒适性空调成为人们在工作、休息和娱乐中的一种享受。

人们喜欢用温区来描述制冷空调，划分为空调技术、制冷技术和低温技术。选用各自适合的工质（空调工质、制冷工质、低温工质）制造空调装置、制冷装置、低温装置。它们都是追求低温的制冷范畴，空调温区一般指± 0℃以上，而制冷和低温的温区：

120K(-153℃)以上，普冷；

120~20K(-153~-253℃)，深冷；

20~0.3K(-253~-272.7℃)，低温；

0.3K(-272.7℃)以下，超低温。

也可以将120K以下统称为低温制冷。

人工制冷和获取低温的方法很多：

相变制冷（利用物质在一定的温度和压力条件下产生融化、汽化、升华等相变，吸收周围介质热量，获取低温）是普遍采用的一种制冷方法。其中液体汽化制冷的应用最为广泛，它是利用液体汽化时的吸热效应实现制冷的。蒸气压缩式、吸收式、蒸气喷射式和吸附式制冷都属于液体汽化制冷。

为了制取特殊低温，还有气体绝热膨胀制冷；涡流管制冷，应用热管技术；绝热放气制冷；温差电制冷（利用珀尔帖效应半导体制冷）即热电制冷；顺磁盐或核绝热退磁制冷即磁制冷；氦稀释制冷；固体升华制冷，如利用固体CO_2（干冰）制冷；氦减压蒸发制冷；^{3}He绝热压缩制冷；沸石吸附制冷；利用宇宙空间的低温热汇（2~4K）辐射制冷等。

1877年卡里捷与皮克捷用压缩与预冷一次绝热膨胀使氧液化，温度为-183℃。虽然液氧只保留了几秒钟，但打破了"永久性气体"的秘密。1883~1885年奥利雪夫斯基和伏洛布列夫斯基用在真空下沸腾的乙烯预冷，一次绝热膨胀得到液态空气、液态氧及液氮，后来他们又经过5年的努力，用真空法得到液态空气和液态氧气，最低温度达到-218℃。1895年林德设计了第一台高压空分设备。1898年杜瓦用节流效应、换热器及在真空下沸腾的液空预冷，使氢液化，温度为-252.6℃。1908年卡麦林-昂奈斯等用液氢预冷及一次绝热膨胀得到液氦，温度为4.22K。在以后的11年研究中，他们不断用真空法，使液氦产量增加，温度降至1K。20世纪50~60年代，小型低温气体制冷机发展很快，可达77~1.8K的低温，用于空气、氮、氢、氦等气体液化。气体制冷机也用于飞机座舱的空气调节。1933年乔克及马克·杜尔卡用顺磁盐绝热退磁制冷，达到0.25~

0.27K 的低温。1956 年库尔提及其同事们利用铜核绝热退磁制冷，可达 $20\mu K$（$1\mu K=10^{-6}K$）的低温。当前，最低温度可达 $1\mu K$，是用核旋转的核绝热退磁法取得的。

地球南极为 $-88.3℃$；月球阴面为 $-160℃$；液氮温区在 $-170℃$；液态空气在 $-190℃$；液氦温区在 $-269℃$；接近绝对零度 $-273.15℃$。制冷及低温技术的发展和应用将是一个广阔领域。

1.2 制冷空调技术的应用

制冷空调技术在国民经济中应用极为广泛，它已渗透到许多领域。

1. 食品保鲜

制冷技术应用最早在食品工业。主要是对易腐食品例如肉类、水产品、蛋类、果蔬等进行冷加工、冷贮藏及冷藏运输，以减少生产和分配中的食品损耗，保持食品质量、原有风味和新鲜度，延长食品的贮藏期限。采用的制冷装置有冷藏库、冷藏汽车、冷藏船、冷藏列车、冷藏集装箱、超市冷藏陈列柜直至家用冰箱等形成的冷藏链。

（1）冷藏

冷藏分为低温冷藏与高温冷藏。

低温冷藏为 $-18℃$ 冷藏，采用的蒸发温度为 $-28℃$ 系统（出口标准 $-20℃$，不同国家，低温冷藏温度可能设为更低些）。主要是冷藏深加工后的食品，如肉禽类、鱼虾、冰蛋等，也可以冷藏感光材料等其他物品。

高温冷藏一般指 $\pm 0℃$ 左右的冷藏，其蒸发温度为 $-15℃$ 系统。如冷藏鲜蛋、水果、蔬菜等"活体"食品，也可以贮藏鲜花、种子等其他活体物品。冷藏活体难度较大，需要考虑的因素较多，高温冷藏要求稳定性好，温度波动不能大，温度精度控制一般较高。除了温、湿度的控制外，还应考虑空气成分等其他因素的影响，如实行气调贮藏。

（2）冻结

冻结一般采用 $-23℃$ 进行冷加工（出口标准 $-25℃$），即采用 $-33℃$ 蒸发温度系统。规定在标准的冻结加工时间内完成，如冻结鲜带鱼必须在标准冷加工温度下连续 8h 内完成。

（3）预冷

预冷机主要用于产地采摘，迅速去除田间热，以保证产品的鲜度和风味。预冷有差压预冷、真空预冷和冷水预冷三种。

（4）速冻

速冻机一般采用 $-35℃$（蒸发温度为 $-45℃$）进行快速冻结。由于速冻食品（如速冻饺子、速冻门丁、速冻空心粉、速冻蔬菜、速冻鸡、速冻分割肉、速冻虾、速冻鱼子等）不同，出现不同种类的速冻机，如平板速冻机、流态化床速冻机、网传送式、链传送式、盘传递式速冻机、各种隧道式速冻机、螺旋速冻机、多层往复式速冻机、超宽带式速冻机、板式速冻机等，这些速冻机大部分采用超低温冷加工和变频无级调速自动传送，大大提高了产品质量和减少劳动强度。

（5）制冰

制冰方式很多，有盐水制冰（大块冰）、用桶式和指形蒸发器的快速制冰（轻型冰）、有冰粒机制小颗粒饮用冰等。也可以人造滑冰场、人造冰雕游乐宫、隧道滑雪场、冰冷世界娱乐园等。

（6）冷饮

各种饮料、鲜奶及奶制品和冰淇淋等各种冷饮生产过程与保鲜都离不开制冷。

（7）商用冷藏陈列柜

冷藏陈列柜在超市、宾馆、饭店如雨后春笋地发展起来。品种也愈来愈多，有盘菜冷藏陈列柜、曲面玻璃窗鲜肉冷藏陈列柜、卧式和立式陈列柜、岛式冷藏陈列柜等。

（8）真空冷冻干燥

真空冷冻干燥设备俗称冻干机，是一种采用升华脱水的制冷装置。经过冻干处理，可以无限期贮存而不变质，这在血液、精子贮存及遗传生物工程的研究无疑具有独特意义。当然，它也为民用或外贸出口带来广阔天地，如制作方便面、出口脱水大蒜等许多产品获得特殊价值。

2. 空气调节

例如冶金、纺织、印刷、造纸、胶片厂、精密仪器、电子工业等工厂及农村养蚕、养鸡场空调；某些有特殊要求的实验室，试验中心等，为了保证必要的恒温和恒湿的工作条件，以提高产品质量，需要进行空气调节，而制冷则是空调装置中不可缺少的组成部分。目前，剧场、影院、商场、医院、饭店、体育馆、会展中心等公共建筑，以至火车、汽车、轮船、飞机等交通工具都广泛地应用空气调节。

3. 农业用冷

利用制冷对农作物种子进行低温处理，创造人工气候室育秧，保存动物良种精液以便进行人工配种等。

4. 工业冷却

在石油化工、激光电子、生物制药、仪器仪表、医疗卫生、国防工业、航空航天、通信、纺织、建筑等行业中，许多生产过程需要在低温条件下进行，才能保证生产和产品质量。如在化学工业中用于合成氨、苯胺等生产过程及溶液的浓缩等；石油化学工业中，用于合成塑料、合成纤维、合成橡胶等；炼油及天然气工业中用于石油脱蜡、油品精炼、石油气的液化及分离等；医药工业中利用真空冷冻干燥法在制取各种疫苗等时冻干生物制品、酶制剂等；冻干药品等；利用低温可以对如血清、疫苗、组织器官和各种有机药物在较低温度下进行保存；在医疗卫生方面，冷冻手术如外科、肿瘤、心脏、白内障、扁桃腺等切除手术；皮肤和眼球的保存和移植、低温麻醉等；另外，保存疫苗、药品、血液、皮肤和肢体胴体等，也与制冷技术息息相关；还有利用液氮制冷进行冷冻医疗、冷冻美容颇为盛行；棉纺织车间对空气温湿度的要求；在建筑工业中，浇灌巨型混凝土大坝防坝体裂缝，提高混凝土强度，在搅拌混凝土时，以冰代水，排除混凝土凝固过程中析出的热量；在冻土中开掘矿井、隧道；利用制冷可实现冻土法开采土方，采用冻土法使工作面不坍塌，保证施工安全；在电镀工业中，要维持电镀液的温度来提高电镀元件的质量及合格率；利用制冷可以对钢进行低温处理（-70℃～-90℃），可以改变其金相组织，使奥氏体变成马氏体，提高钢强度和硬度；在机器的装配过程中，利用低温能方便地实现过盈配合；仪器仪表的标定以及航空航天工业的净化、宇宙舱空间环境模拟、制造人工气候室等；在制作记忆合金中，以及盐类结晶，燃料、化肥的生产、贮运都需要制冷。

5. 特殊用冷

由于科学的发展，特殊低温技术的应用愈来愈广泛。比如低温超导技术在电力、交通、国防、探矿、医疗、核能等方面有着巨大潜在的用途。"超导磁体"是其中的例子：超导磁体没有电阻，就没有热损耗，容易产生强大的磁场，节省电力，5 万高斯的强磁场只需几百瓦功率的电源。过去一个产生 5 万高斯磁场的磁体重量达 20t，而超导磁体，只有几公斤，加上制冷绝缘设备，也还是轻得多。"超导磁体"的另一个重要用途，是解决了"受控热核反应"的"容器"难题。原来热核反应必须在近亿摄氏度的高温下才能进行，能承受这么高温度的容器是没有的，现在利用"超导磁体"产生的强大磁场，形成一个"磁瓶"，可以约束"反应"在其中进行。"超导磁体"还有一大贡献，是使磁悬浮列车成为现实，世界第一列磁悬浮列车，时速达 500km，现在世界各国都在争相修建。

采用风能、海洋能、太阳能、地源地热、空气源、水源热泵等物理、化学能及半导体制冷、磁制冷、吸附制冷也在深入研究，取得不少成果，并研制出一些样机。

制冷空调技术的应用是很广泛的，随着国民经济的发展，科学技术的进步，人民生活质量的不断提高，在制冷空调的应用方面将展示出无限广阔的远景。

1.3 安全技术在制冷空调中的意义

制冷系统在使用中承受着一定的压力，有些制冷剂具有毒性、窒息、易燃和易爆的特点，给系统设备的安全运行提出了严格要求。为了确保制冷系统的安全运行，不仅要做到正确设计、正确选材、精心制造和检验，而且还必须做到精心施工、正确安装和调试，正确使用、操作和维护保养。

在生产运行中，为了严格控制压力、温度等工艺参数，就必须设置压力表、温度计、液位计、流量计等测量仪表，以便随时掌握上述参数的量值及其变化情况，及时采取措施加以调整。为了防止由于各种难以预料的情况，造成超压、超温运行，危及设备的安全，甚至人身安全，必须在制冷系统的设备上设置必要的安全阀和易熔塞、爆破片及高压、低压和高温、低温保护装置。

安全技术在制冷与空调作业中应用的显著特点是：以安全强化技术质量管理，又以技术质量保证安全。

为了保障制冷空调作业人员在作业过程中的安全和健康，确保制冷设备安全运行，国家有关部门颁布了相关安全技术管理法规和规程，安全生产监督管理部门将制冷空调作业列为特殊工种，对制冷空调设备安装、修理和运行单位及作业人员规定了许可证、登记注册等制度，把制冷空调作业作为专项监察的内容进行监督与管理。

制冷空调作业人员要认真学习和掌握制冷空调方面的专业知识和安全技术，要有高度的责任感，在作业中要严格执行安全技术操作规程和岗位安全责任制等各项管理制度，保证制冷空调设备和系统的安全运行，通过制冷空调安全技术培训和安全技术考核，持证上岗，以防止制冷空调作业事故的发生。详见参考文献 [1]。

第 2 章 制冷空调原理

掌握制冷空调基本理论知识,学习制冷空调四大原理(压缩式制冷原理、吸收式制冷原理、空调原理和自动调节原理),并能逐步学会运用压-焓图($\lg P—h$ 图)、焓-浓度图($h—\zeta$ 图)、空气焓-湿图($h—d$ 图)以及自动调节方框图。才能真正理解制冷空调,从而为实现安全设计、安全施工、安装、调试,安全操作、维护、检修、提高安全管理水平提供必备的知识。本章内容力求简单易懂、由浅入深、概念清晰准确、实用性强。

2.1 基 础 知 识

2.1.1 基本概念

1. 物态(物质状态)与物态变化

具有一定质量及占有空间的任何物体称为物质。自然界一切物质都是由分子组成的,分子间存在着相互作用力,同时分子又处在永不停息的无规则运动中,这种运动称之为热运动。

由于分子间的作用力及其热运动等原因,使物质在常态(物态)下呈现固态、液态和气(汽)态,称物质"三态"。

固态时,分子间的相互引力最大,固体中的分子紧密地排列在一起,热运动仅在平衡位置的附近作微小的振动,不能作相对移动。因此固态时的物质有一定的体积和形状,并具有一定的机械强度。

液态时,分子间的引力仍较大,使分子之间仍能保持一定的距离。因此液态物质有固定体积,并有自由液面。此外,液态物质的分子不仅在平衡位置附近振动,还可以相对移动,所以它具有流动性而无固定的形状。

气态时,分子间距大,引力很小,分子间不能相互约束。因此,它没有一定的形状和一定的体积,可以充满任何的空间。在热运动中可相互碰撞发生旋转运动。

同种物质在不同条件下,由于分子间作用力和分子热运动的结果也会以不同的状态存在。

当物质在吸热或放热时,除了温度变化以外,还有状态的变化(称相变),即固态、液态、气态之间的相互转化,气体变成液体的过程称为液化(或冷凝);液体变成固体的过程称为凝固;固体变成液体的过程称为融化(熔化);液体变成气体的过程称为气化;固体直接变化成气体的过程称为升华;反之称为固化(或凝华)。

$$\text{水} \xrightarrow[\uparrow Q \text{吸收周围介质热量(汽化潜热)}]{\text{在大气压力1atm,温度100℃下}} \text{水蒸气}$$

$$\text{氨液} \xrightarrow[\uparrow Q \text{吸收周围介质热量(蒸发潜热),使介质降温} t_n \downarrow]{\text{在压力1atm(表压0MPa),温度} -33.4℃ \text{下}} NH_3$$

$$\text{冰} \xrightarrow[\uparrow Q \text{吸收周围介质热量[融化(熔化)潜热]},\text{介质降温}\ t_n \downarrow]{\text{在1atm压力,温度±0℃下}} \text{水}$$

$$\text{干冰(固体二氧化碳)} \xrightarrow[\uparrow Q \text{吸收周围介质热量(升华潜热)},t_2 \downarrow]{\text{在1atm,常温状态下}} CO_2$$

人们利用物质相变过程向周围介质吸热，转移潜热，使周围介质降温进行制冷，如从液体变成气（汽）体、固体变成液体、固体直接变成气（汽）体所转移的相变潜热获取低温。相变转移的热量是潜热，非相变转移的热量是显热（如水在1大气压下，从±0℃加热到100℃，它也是吸热过程，但没有相变，水还是水，这种吸收周围介质的热量叫显热，计算出的显热量是很少的）。潜热转移量（如蒸发量）才有制冷量，显热转移量几乎没有制冷量，即人们是采用相变制冷。

物质在状态变化过程中，伴随着吸热或放热现象，这种形式的热量统称为潜热，如融化（熔化）潜热、凝固潜热；气化潜热、液化潜热；升华热和固化热。在状态相互变化过程中潜热量相等。

不同物质获取不同低温。同一物质可以在不同的压力和温度下汽化（如水在真空度很高的情况下，便可在5~10℃下汽化。产生汽化的压力和温度分别叫蒸发压力和蒸发温度，它们之间是对应关系），制冷空调常采用不同的蒸发温度系统形成液体变为汽（气）体的汽化过程来制取低温。详见参考文献［4］。

(1) 蒸发与沸腾

气化有两种形式，即蒸发和沸腾。在任何温度下，在液体表面上进行气化的过程称为蒸发。在沸点温度下，在液体内部和表面同时发生剧烈的气化过程称为沸腾。在制冷技术中，制冷剂在蒸发器内不断吸收被冷却物体的热量，由液体变成气体，实际上这是沸腾，但习惯上常称为蒸发。

(2) 饱和蒸气

装在密闭容器里的液体，液体分子不断地从液面扩散到液体上面的气体中去，同时部分气体分子由于不规则运动又返回到液体中来，当两者达到平衡时称为饱和状态。在此状态下的蒸气称为饱和蒸气，与其对应的压力和温度称为饱和蒸气压力和饱和蒸气温度。

(3) 过热蒸气与过热度

在饱和压力下，继续对饱和蒸气加热，使其温度高于饱和温度，这种状态称为过热。这种蒸气称为过热蒸气。过热气体温度和其饱和温度之差为过热度。

(4) 过冷液体与过冷度

在饱和压力不变的条件下，饱和液体继续冷却，这时液体状态为过冷。其液体为过冷液体。液体的饱和温度和过冷液体温度的温差称为过冷度。

(5) 临界温度和临界压力

各种气体当压力升高时，其比容减小。随压力不断地升高，蒸气的比容逐渐接近液体的比容，当两者比容相等时称为临界状态。对应临界状态点的压力和温度称为临界压力和临界温度。在临界温度以上的蒸气，无论加多大的压力，都不能液化。

2. 流体状态参数

液体和气体统称为流体。流体的基本状态参数有温度、压力、比容、焓、熵和内能等。

(1) 温度

温度是物质冷、热程度的标志,而不是热的量。从物质分子运动来看,温度是分子运动平均动能的度量。温度高低的程度可用温度计来测量,常用温标有:

① 摄氏温标 在标准大气压下,把水的冰点定为0℃,沸点定为100℃,两点之间均分为100格,每格为摄氏1℃,以符号 t 表示,其测量单位记作℃。

② 绝对温标(即热力学温标,又称开氏温标) 在热工计算中常用绝对温度作为状态参数,符号用 T 表示,单位为开(尔文),代号为K。它把纯水的冰点定为273.15℃,水的沸点为373.15℃,理论上把物质中分子全部停止运动之点作为零点称为绝对零度。其每一度的大小与摄氏温标相等。

绝对温度 T(K) 和摄氏温度 t(℃) 之间的关系是:

$$T = t + 273.15 \approx t + 273 \tag{2-1}$$

③ 华氏温标 目前有些进口制冷和空调设备使用华氏温标(℉)。把它换算成摄氏温度的计算式为:

$$t = 5/9(℉ - 32) \quad 或 \quad ℉ = 9t/5 + 32 \tag{2-2}$$

(2) 压力

单位面积上所受到垂直作用的力称为压力。物理中习惯称为压强。

$$p = F/A \tag{2-3}$$

式中 p——压力,Pa(帕斯卡,简称帕);
F——作用力,N(牛顿);
A——面积,m^2。

1kPa(千帕)$= 10^3$Pa,1MPa(兆帕)$= 10^6$Pa

对于气体,压力是气体分子不断运动时碰撞容器器壁的结果,对于液体,自身重力也能产生压力。目前用液柱高度 H 来表示压力,液柱和帕的换算关系为:

1mmH_2O(毫米水柱)$= 9.806$Pa;

1mmHg(毫米汞柱)$= 133.32$Pa。

此外,在物理学中将0℃时760mmHg所表示的压力为标准大气压(或称物理大气压)即在纬度45°的海平面上,大气的常年平均压力,用 atm 表示,其值 1atm$= 101325$Pa。

在实际使用中,经常遇到的是绝对压力、表压力和真空度。绝对压力是指容器内的气体或液体对于容器内壁的实际压力,用符号 p 表示。气体压力的大小常用弹簧管式压力表来测量。弹簧管式压力表测得压力为表压力,用符号 p_g 表示。表压力是指绝对压力与当地大气压力(B)之差,其关系式为:

$$p_g = p - B \tag{2-4}$$

在工程上常用表压力,但在计算时必须使用绝对压力。

当密闭容器中气体压力(绝对压力)低于大气压力时,大气压力与容器内气体压力差称为真空度,符号为 p_v。其关系式:

$$p_v = B - p \tag{2-5}$$

在工程上，用于测量高于大气压力的压力仪表称为压力表，用于测量低于大气压力的压力表为真空表。既能测高压，又能测真空度大小的压力表叫真空压力表。

绝对压力、表压力和真空度之间关系可见图2-1和图2-2。

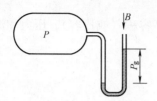

图2-1 容器内压力大于大气压力

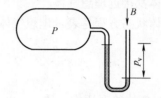

图2-2 容器内压力小于大气压力

（3）比容和密度

物质所占有的体积与其质量之比称为该物质的比容，比容符号为 v，其单位为 m^3/kg。比容和密度互为倒数。

（4）热量和比热

热量是表示物体吸热或放热多少的物理量。它是能量的一种表现形式，只有在热能转移过程才有意义，热量用符号 Q 表示，其单位为 J（焦耳）。目前进口设备有采用米制热量单位 Cal（卡），英制单位 Btu（英热单位），和冷吨（冷冻吨），这些单位都不是法定计量单位，它们与法定计量单位的关系为：

1Cal＝4.1868J

1Btu＝1055J

1USRT（美国冷吨）＝3.517kW

1BRT（英国冷吨）＝3.923kW

1JRT（日本冷吨）＝3.851kW

$$Q = m \cdot C \cdot \Delta t \tag{2-6}$$

式中　Q——热量，kJ；

m——质量，kg；

C——比热，kJ/(kg·K)；

Δt——温差，℃。

比热是指单位质量的物体温度升高（或降低）1℃所吸收（或放出）的热量，其符号为 C，单位为 J/(kg·K)。在压力不变的条件下的比热为定压比热，其符号为 C_p；在容积不变条件下的比热为定容比热，用符号 C_v 表示。由于定压加热气体时气体要膨胀，部分热量消耗于气体膨胀作功，因此 $C_p > C_v$。C_p 与 C_v 之比叫绝热指数，其值大于1，比值符号为 k。在制冷中气体制冷剂被压缩后的温度与绝热指数有关。

（5）显热与潜热

物质在加热（或冷却）过程中，温度升高（或降低）所吸收（或放出）的热量叫显热。在这个过程中其状态不变。

物质在加热（或冷却）过程中，只改变原有状态，而温度不变所消耗（或得到）的热量叫潜热。

3. 气体物理性质

(1) 理想气体

所谓理想气体是忽略了气体分子的体积及分子间的相互作用力,其内能只决定于温度的理想化气体。其状态变化遵循理想气体的状态方程。在压力足够低、密度足够小的情况下,各种气体都接近理想气体。

理想气体状态方程是表示理想气体在任一状态时,容积(或比容)、压力和温度间的关系:

$$PV=mRT \tag{2-7}$$

式中 P——气体绝对压力,Pa;
　　　V——气体体积,m³;
　　　m——气体质量,kg;
　　　R——气体常数,J/(kg·K);
　　　T——气体热力学温度,K。

制冷机中的制冷剂,在气体状态时,是一种实际气体,但可近似地把它看成为理想气体。

(2) 混合气体

几种相互不起化学作用的气体混合后,混合气体的总压力等于各组成气体的分压力之和。即

$$p_z = p_1 + p_2 + \cdots + p_n \tag{2-8}$$

制冷系统中的不凝性气体和高压制冷剂气体混合后,成为一种混合气体。系统内压力会发生变化,不再是单一的冷剂气体压力,即冷凝压力,而是混合气体的压力,该压力高于冷剂的冷凝压力。

(3) 湿空气

湿空气(大气)是由于空气和一定量的水蒸气混合而成。在湿空气中水蒸气含量虽少,但其变化对空气环境的干燥和潮湿程度产生极大的影响,而且其物理性质也随之而变。在常温常压下干空气可视为理想气体,湿空气中水蒸气一般处在过热状态且含量很少,可以近似地把它看成理想气体。因此空调中的空气也可近似的看成理想气体。湿空气的压力是干空气压力 p_g 和水蒸气分压力 p_q 之和

$$p = p_g + p_q \tag{2-9}$$

① 含湿量 d　由于绝对湿度(每 1m³ 湿空气中含有水蒸气的质量)是以体积为参数的,它随温度变化,不能反映湿空气中水蒸气含量多少。因此通常用含湿量(d)表示。即 1kg 干空气中含有水蒸气的量来表示湿空气的湿度。

② 相对湿度 ϕ　相对湿度是度量湿空气中水蒸气含量的间接指标。其定义是湿空气中的水蒸气分压力与同温度下饱和空气的水蒸气压力(p_{qb})之比,即:

$$\phi = (p_q / p_{qb}) \times 100\% \tag{2-10}$$

可见,相对湿度表征了湿空气中水蒸气接近饱和含量的程度。是衡量空气潮湿程度对人和生产影响的指标。

③ 湿空气的焓 h 在空调中，空气压力变化很小，近似于定压过程，因此它可直接用空气的焓变化来度量空气热量的变化。湿空气的焓（h）等于1kg干空气的焓（h_g）和 d 公斤水蒸气的焓（h_q）之和

$$h = h_g + dh_q \tag{2-11}$$

即湿空气的焓 $\quad h = C_{pg} \cdot t + (C_{pq} \cdot t + 2500) \cdot d$

$$h = 1.01t + (1.84t + 2500) \cdot d/1000 \quad (kJ/kg\ 干) \tag{2-12}$$

式中　干空气定压比热 $C_{p \cdot g} = 1.005 kJ/(kg \cdot ℃) \approx 1.01 kJ/(kg \cdot ℃)$

　　　水蒸气定压比热 $C_{p \cdot q} = 1.84 kJ/(kg \cdot ℃)$

　　　湿空气温度 $t(℃)$

　　　湿空气含湿量 $d(g/kg\ 干)$

④ 湿球温度 t_s 在温度计的温包上，包上湿润的纱布所测得的温度叫湿球温度（t_s）。即包上所包的纱布中的水在与周围空气进行热、湿交换达到最终稳定状态时的温度。显然在一定空气温度下，空气相对湿度越小，空气吸湿能力越大，此时纱布中水蒸发越快，水蒸发需要汽化热越多，湿球温度越低，此时干、湿球温差越大，反之则二者温差越小。当 $\phi = 100\%$ 时，空气中水蒸气达到饱和，纱布中水不能蒸发，干、湿球温度就相等。

⑤ 露点温度 t_L 露点温度（t_L）是未饱和的湿空气在含湿量不变的条件下冷却到饱和状态时的温度。只要湿空气温度大于或等于其露点温度，则不会出现结露现象。当某表面温度低于周围空气的露点温度时，空气中的部分水才能在冷表面上结露。因此它是判断空气结露的依据。

2.1.2 基本理论

1. 热力学

(1) 热力学第一定律

热力学第一定律是能量守恒和转换定律在热力学中的应用。即能量可以从一种形式转换为另一种形式，但在转换中能量的数量保持不变。工程热力学主要研究热量与功的转换关系。即热可变成功，功可变成热。

内能（热力学能）是指以一定方式储存于物质内部的能量。从微观上看，内能包括振动、移动、转动的动能以及分子间相互作用力的存在而具有的位能。其符号为 U，单位为 J。

焓和比焓　焓是状态参数，在数值上等于系统的内能和压缩功之和，符号为 H，单位为 J。在制冷、空调系统的分析、计算中常用比焓。比焓是焓除以质量，即单位物质中具有的热量，符号为 h，单位为 J/kg。

(2) 热力学第二定律

热力学第二定律指出了热力过程的方向性，即热量能自发地从高温物体传向低温物体，而不能自行逆流。制冷装置就是根据该定律，用消耗一定的压缩功或热能作为补偿条件，将热量从低温介质传递到高温介质，从而达到连续制冷的目的。

熵和比熵　熵是状态参数。当温度为 T 的系统接受微小的热量时，如果系统内未发生不可逆变化，则系统的熵增为微小的热量除以温度（绝对温度）。熵的符号为 S，单位

为 J/K。

熵与焓一样，当工质状态变化时，与其变化过程无关，只与其初终状态变化值有关的系统的熵的变化，反映了可逆过程热交换的方向及不可逆的程度。比熵（质量熵）是熵除以质量，符号为 s，单位为 J/(kg·K)，在制冷技术中，当工质从外界吸热时为熵增过程，当工质对外界放热时则为熵减过程，绝热过程是等熵过程。详见参考文献 [10]。

2. 传热学

(1) 热量传递的基本方式

两个冷热不同的物体如果放在一起，热的物体慢慢冷下来，冷的物体就会渐渐热起来，这种现象叫做热传递。热传递进行方式基本上有热传导、热对流和热辐射。在工程中，传热过程往往是个综合作用，但其中某项起主导作用。

① 导热　导热是物体各部分直接接触时发生的热量传递方式。导热是固体物质中最主要的传热形式。材料导热性能好坏的指标是导热系数（热导率），导热系数用 λ [W/(m·K)] 表示。金属导热率远高于金属氧化物和非金属的导热率。在一定传热温差下，物体的导热率越高、厚度越小、热接触面积越大则导热量就越大。

② 对流换热　对流换热是指流体各部分或流体与固体壁面间发生相对位移时引起的热量传递。对流换热的强弱是以表面换热系数来衡量的，表面换热系数用 α [W/(m²·K)] 表示。对流表面换热系数的大小与流体的物理性质（导热率、比热、密度、动力黏度等）、换热表面的形状与布置以及流速有密切的关系。

③ 辐射换热　辐射换热是以电磁波的形式传递热量。它与导热、对流的主要区别是能在真空中传播，温度高的物体将热辐射给温度低的物体。温度低的物体，表面积越大，对辐射热的吸收越大，表面越粗糙，颜色越暗，对热辐射吸收就越容易。相反，表面白色光滑的物体不仅不易吸收热辐射，还会把部分热量反射出去。

(2) 传热过程与传热系数 k

热量由壁面一侧的流体通过壁面传到另一侧流体中去的过程称为传热过程。传热过程的传热量 Q(W)

$$Q = kA\Delta t = \frac{A\Delta t}{R} = \frac{A\Delta t}{\dfrac{1}{a_w} + \sum_{i=1}^{m} \dfrac{\delta_i}{\lambda_i} + \dfrac{1}{a_n}} \tag{2-13}$$

式中　A——有效传热面积，m²；

Δt——壁面两侧流体温差，℃；

k——传热系数，W/(m²·K)；

R——热阻，m²·K/W。

$$R = \frac{1}{k} = \frac{1}{a_w} + \sum_{i=1}^{m} \frac{\delta_i}{\lambda_i} + \frac{1}{a_n} \tag{2-14}$$

传热系数 k 在数值上等于冷热流体间温差 $\Delta t = 1$℃、传热面积 $A = 1$m² 时的热流量的值，是表征传热过程强烈程度的标号。传热过程越强，传热系数越大，反之则越小。传热系数大小取决于冷热流体流动情况、传热材料种类、形状、尺寸等许多因素有关。k 是 R 的倒数，即热阻越小，传热系数越大。而热阻 R 是取决于壁面两侧流体的换热系数 α [W/

（$m^2 \cdot ℃$）]和各层隔热材料厚度 $δ_i$(m)及材料性质导热系数 $λ_i$[W/(m·℃)]等参数。详见参考文献［11］。

2.1.3 基本单位

1. 温度单位

温度单位有摄氏温度 t(℃)、华氏温度 F(℉)和绝对温度 T(K)。它们之间的关系由式（2-1）、式（2-2）计算

2. 压力单位

压力单位有：

MPa(kPa、10^2Pa、Pa)——兆帕（千帕、百帕、帕）；1Pa(1帕)=1N(牛顿)/m^2。

Bar(mbar)——巴（毫巴）。

psi（psia、psig、psid）——压力（磅/吋² 面积）、表压（磅/吋²）、压差（磅/吋²）。

还有：atm（大气压力）、mmHg（毫米汞柱）、mH_2O（米水柱）、kgf/cm^2 等。

单位换算：

1mbar=10^2Pa，即1毫巴=1百帕。

1MPa=10^6Pa=$10^4 \times 10^2$Pa=10^4mbar。

1B=1atm=1013.25mbar=1013.25×10^2Pa=760mmHg。

1kgf/cm^2=10mH_2O=0.968atm=981mbar。

0.1MPa=1.019367992kgf/cm^2≈1.02kgf/cm^2。

1kg/cm^2=0.098099999MPa≈0.098MPa。

1psi=0.068atm=6.89kPa=68.9mbar。

3. 功能热与功率单位

① 功、能、热单位，如焦耳（J）、千焦（kJ）、公斤米（kg-m）、瓦小时（千瓦小时 1kWh=1度电）、卡（cal）、千卡（1大卡=1kcal）、BTU（1BTU=252cal）等。

② 功率的单位，如瓦（W）、千瓦（kW）、马力（HP）、1大卡/小时=1kcal/h、1千焦/小时=1kJ/h 等。

③ 单位换算

1W=1J/s=3.6kJ/h，（即：1kW=1kJ/s）。

1kW=860.76kcal/h≈3.6×10^3kJ/h≈1.36马力（大约：3kW≈4马力）。

1kcal/h=4.18kJ/h。

1RT（冷吨）=1.09127 美国 RT=0.993976 日本 RT=13100BTU/h（英）=3300kcal/h。

2.2 压缩式制冷原理及压—焓图（lg$p$—h 图）

2.2.1 单级蒸气压缩制冷循环

1. 单级压缩制冷机的组成

图 2-3 所示为 FJZ—175、230 型冷水机组流程图。包括机组的机器设备、阀门管件、管道连接，以及各种监测仪表和安全装置等。是一个比较典型的单级压缩蒸气制冷机。

① 压缩机　用来压缩和输送气体，使蒸发器中产生的 R22 低压蒸气被压缩到冷凝压

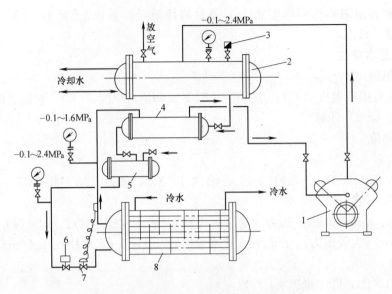

图 2-3 FJZ—170、230 冷水机组流程图
1—4V—12.5 压缩机；2—冷凝器；3—安全阀；4—热交换器；5—干燥过滤器；
6—电磁阀；7—热力膨胀阀；8—干式蒸发器

力，并迫使 R22 在系统内循环流动。详见参考文献 [4]。

② 冷凝器　在冷凝压力下将 R22 气体冷却并凝结为液体，冷凝时放出的热量被冷却水带走。

③ 热力膨胀阀　使 R22 液体节流降压，并同时起控制流量的作用，以适应冷量负荷的变化。

④ 热交换器　利用 R22 低压蒸气的低温，使由冷凝器出来的 R22 液体过冷，以防在膨胀前汽化形成过多的闪发气体；

⑤ 干燥过滤器　用来清除 R22 液体中的水分和机械杂质，免使阀孔堵塞或在膨胀阀中产生冰堵。

⑥ 蒸发器　R22 液体在低压低温条件下蒸发吸热，使冷水（或称冷媒水）温度降低，用于制冷空调。

⑦ 阀门　通过截止阀的启闭，使制冷系统连通或断开；其中电磁阀同热力膨胀阀连用，以防停机后 R22 液体继续流入蒸发器引起下次开机时的液击；当压力超过规定值时，安全阀能自动开启，将部分 R22 蒸气放掉；两个 DN6 阀门，分别用来充注 R22 和排除系统内不凝性气体（主要是空气）。

⑧ 压力表和温度计　用来监测冷水、冷却水和 R22 的压力和温度。

冷水机组的设备和阀门虽然较多，但对完成制冷循环来说，起主要作用的只有四件：压缩机、冷凝器、热力膨胀阀和蒸发器，它们在制冷循环中是缺一不可。其他附件如：气液热交换器虽对完成制冷循环有一定的影响，但不是基本设备。因为不用气液热交换器同样可以完成制冷循环，只是循环特性有所不同。这些设备类型比较多，例如制冷压缩机有活塞式、回转式和离心式，冷凝器有水冷式和空冷式，蒸发器有冷却液体载冷剂的蒸发器和冷却空气的蒸发器，使制冷剂液体节流降压的设备有热力膨胀阀、浮球调节阀、手动节流阀及毛细管等（通称为节流机构）。尽管各不相同，但从热力学角度考虑，制冷剂在其中所进行的热力过程基本上是相同的。因此，单级压缩制冷机的基本组成可以用图 2-4 所示的简图表示，称为单级压缩制冷机原则性系统图。工质不限于 R22，其他制冷剂也可采用。

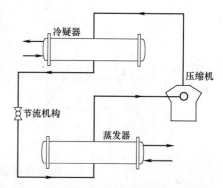

图 2-4 单级压缩制冷机的原则性系统图

现将单级压缩制冷机的工作过程简述如下。在蒸发器中产生的压力为 p_0 的制冷剂蒸气，首先被压缩机吸入并绝热地压缩到冷凝压力 p_k；然后进入冷凝器中，被冷却水（或空气）冷却而凝结成压力为 p_k 的高压液体；制冷剂液体经节流机构绝热膨胀，压力降到蒸发压力 p_0，同时降温到蒸发温度 t_0，变成气液两相混合物；然后进入蒸发器中，在低温下吸取被冷却对象（液体载冷剂或空气）的热量而蒸发成蒸气。这样，便完成了制冷循环。在低温下吸取被冷却物体的热量，连同压缩机的功转化的热量一起，转移给环境介质。

由以上所述可以看出，单级压缩蒸气制冷具有如下的特点：

① 制冷设备应组成一个封闭系统，制冷剂在其中循环流动，并在一次循环中要连续两次发生相变（一次冷凝、一次蒸发）。

② 制冷循环的推动力是压缩机，它与节流机构配合，将制冷系统分为低压和高压两部分。在低压部分中，通过蒸发器向被冷却物体吸热；在高压部分中，通过冷凝器向环境介质放热。

③ 制冷剂蒸气只经一次压缩，从蒸气压力 p_0 压缩到冷凝压力 p_k。

2. 单级压缩制冷机理论循环及其性能指标

（1）理论循环

由前面的论述可知，单级压缩制冷机工作过程是由制冷剂的压缩、冷却和冷凝、节流膨胀、蒸发等四个热力过程组成的封闭过程，称为单级压缩蒸气制冷循环。制冷机工作过程是比较复杂的，受多种外部及内部条件的影响。为了便于进行分析，先研究单级压缩制冷机的理论循环。

制冷机的理论循环是在最理想的情况下，制冷机可以实现的工作循环。所谓最理想的情况是基于如下的几点假设：

① 制冷剂流过设备和管道、阀门时没有阻力，也不存在泄漏；

② 除蒸发器和冷凝器外，其他设备和管道、阀门均在绝热条件下工作，制冷剂流过时与之不发生热交换；

③ 压缩过程中不存在任何损失，因而压缩过程为等熵过程。

根据这些假定，可对单级压缩制冷机的工作过程加以理想化，从而抽象出单级压缩制冷机的理论循环，其温熵图和压焓图如图 2-5 所示。图中点 1 表示蒸发器中蒸气的状态，且取为蒸发压力下的饱和蒸气。1—2 表示制冷剂蒸气在压缩机中的等熵压缩过程，其中点 3 表示 p_k 压力下的饱和蒸气状态，点 4 表示冷凝后的饱和液体状态。4—5 表示绝热节流过程，在这一过程中制冷剂液体全部转化为蒸气，并对外提供冷量。

（2）性能指标

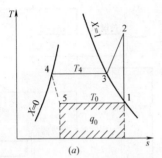 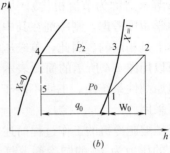

图 2-5 单级压缩制冷机的理论循环的温熵图和压焓图
(a) $T-s$ 图；(b) $\lg p-h$ 图

为了说明上述理论循环的性能，常使用以下的性能指标。

① 单位制冷量　1kg 制冷剂在一次循环中所能制得的冷量称为单位制冷量，常用 q_0 表示，单位是 kJ/kg。单位制冷量也就是在一次循环中，1kg 制冷剂在蒸发过程中向被冷却物体所吸收的热量，故可用下式计算（参见图 2-5）

$$q_0 = h_1 - h_5 = h_1 - h_4 = r_0(1 - x_5) \tag{2-15}$$

式中　r_0——蒸发温度下制冷剂的气化潜热；

　　　x_5——节流后气液混合物的干度。

单位制冷量在温熵图上用蒸发过程线下的面积表示。在压焓图上用蒸发过程线段的长度表示。由式（2-15）可知，制冷剂的气化潜热越大，节流后的干度越小，则单位制冷量越大。制冷循环的单位制冷量随所用的制冷剂的种类而变，例如在相同工作温度下，氨的单位制冷量比氟利昂要大得多；同时也随制冷机的工作温度而变，随着蒸发温度的降低，单位制冷量也稍有减小。

② 单位容积制冷量　在吸气状态下，压缩机每吸入 1m³ 制冷剂蒸气所能制得的冷量，称为单位容积制冷量，常用 q_v 表示，单位为 kJ/m³。单位容积制冷量可用下式计算

$$q_v = q_0 / v_1 \tag{2-16}$$

式中　v_1——吸气状态下制冷剂蒸气的比容，m³/kg。

单位容积制冷量也是随制冷剂的种类及制冷机的工作温度而变，其中蒸发温度的影响较为显著，因为当蒸发温度下降时，q_0 稍有降低，而 v_1 迅速增大，故 q_v 显著减小。

③ 单位理论功　压缩机每压缩和输送 1kg 制冷剂所消耗的功，称为单位理论功，常用 w_0 表示，单位为 kJ/kg。单位理论功用下式计算

$$w_0 = h_2 - h_1 \tag{2-17}$$

单级压缩制冷循环的单位理论功，也是随制冷剂的种类及制冷机的工作温度而变的。

④ 单位冷凝热量　一次循环中，1kg 制冷剂在冷凝器中放出的热量，称为单位冷凝热量，常用 q_k 表示，单位为 kJ/kg，单位冷凝热量采用下式计算

$$q_k = h_2 - h_4 \quad (\text{kJ/kg}) \tag{2-18}$$

或

$$q_k = q_0 + w_0 \quad (\text{kJ/kg}) \tag{2-19}$$

⑤ 制冷系数　理论循环的制冷系数是定义为单位制冷量与单位理论功之比，用 ε_0 表示，即

$$\varepsilon_0 = \frac{q_0}{W_0} = \frac{h_1 - h_5}{h_2 - h_1} \tag{2-20}$$

制冷系数表示每消耗 1kg 的功所能得到的冷量,故是一个经济性指标。在制冷机工作温度给定的情况下,制冷系数越大,则经济性越高。

上述五个性能指标均系对理论循环而言,虽然它们同实际情况尚有一定差别,但却是理解制冷机特性和进行制冷机性能计算的基础,故理解它们的意义并掌握它们的计算方法是很重要的。

3. 液体过冷、吸气过热及回热循环

上一节所讲述的循环是单级压缩制冷机的基本循环,压缩机吸入的是蒸发压力下的饱和蒸气,节流结构前的制冷剂液体是冷凝压力的饱和液体。但在实际应用中,依据实际条件,往往还采用液体过冷、吸气过热及如图 2-3 所示的回热循环。这些环节的采用,使制冷循环的特性发生了一些变化,下面分别予以说明。

(1) 液体过冷

如图 2-6 所示,在制冷机系统的冷凝器 2 后加设一个过冷器 4,利用深井水将节流机构前的制冷剂液体,冷却到比冷凝温度更低的温度,称为液体过冷。在过冷器 4 中,制冷剂液体的温降 Δt_4 称为过冷度,其数值随冷凝温度及深井水温度而定。

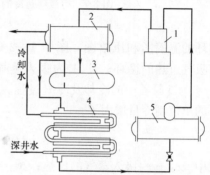

图 2-6 有液体过冷的单级压缩制冷机的系统图
1—压缩机;2—冷凝器;3—贮液器;
4—过冷器;5—蒸发器

图 2-7 示出有液体过冷的单级压缩制冷机循环的温熵图和压焓图,图中 1—2—3—4—5—1 表示基本循环,1—2—3—4—4′—5′—1 表示有过冷的循环;4—4′是制冷剂液体在过冷器中的过冷过程,4′—5′是过冷后制冷剂液体的节流过程。同基本循环相比较,有液体过冷的循环在节流过程中产生的蒸气量较少,因而单位制冷量增大。由图 2-8 可以看出,过冷循环的单位制冷量可以表示为

$$q_0'=h_1-h_5'=h_1-h_4'$$
$$=(h_1-h_4)+(h_4-h_4')=q_0+c'\Delta t_4 \tag{2-21}$$

它比基本循环的单位制冷量 q_0 增大了

$$q_0=q_0'-q_0=c'\Delta t_4$$

式中 c'——制冷剂液体的比热。但循环的单位理论功没有改变,故循环的制冷系数增大。由以上的分析可知,采用液体过冷,可以使循环的单位制冷量和制冷系数增大,故是有利的。单位制冷量和制冷系数增大的程度,是同过冷度 Δt_4 成正比,故在实际应用中应根据具体条件,选用尽可能大的过冷度。此外,采用液体过冷,还可以防止制冷剂液体在节流机构前汽化,保证节流机构工作稳定。

但采用液体过冷,要增加一个过冷器,还需消耗自来水(对于空冷式冷凝器)或深井水(对于水冷式冷凝器),这就增大了制冷设备的一次投资,同时也增大了设备折旧费用和直接运转费用。所以,采用液体过冷,实际在经济上是否有利,需通过技术经济计算去确定。一般来说,当蒸发温度在 -5℃ 以下时,采用液体过冷在经济上才是有利的。

(2) 吸气过热

压缩机的吸气温度高于蒸发温度 t_0 时,称为吸气过热。图 2-8 示出有吸气过热时制冷

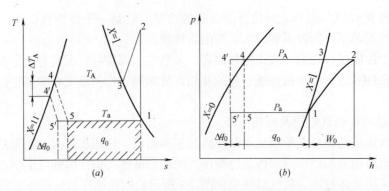

图 2-7 有液体过冷的单级压缩制冷机循环的温熵图和压焓图
(a) $T—s$ 图；(b) $\lg p—h$ 图

循环的温熵图和压焓图，图中 1—2—3—4—5—1 为基本循环 1—1′—2′—3—4—5—1 为有吸气过热的循环；1—1′为吸入蒸气的过热过程，1′—2′为过热蒸气的压缩过程，2′—3—4 为冷凝器中的冷却及冷凝过程。由图可以看出，同基本循环相比，有吸气过热的循环的单位制冷量增大了。

$$\Delta q_0 = h_1' - h_1 = c_{p0} \Delta t_0 \tag{2-22}$$

式中 c_{p0}——吸入蒸气的比热；$\Delta t_0 = t_1' - t_0$ 称为过热度。

但同时单位理论功却增大了

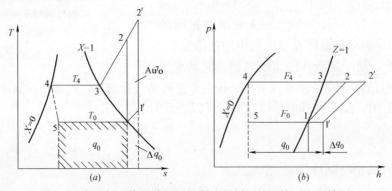

图 2-8 有吸气过热的单级压缩制冷机循环的温熵图和压焓图
(a) $T—s$ 图；(b) $\lg p—h$ 图

$$\Delta w_0 = (h_2' - h_1') - (h_2 - h_1) \tag{2-23}$$

单位冷凝热量增大了 $\Delta q_k = (h_2' - h_4) - (h_2 - h_4) = h_2' - h_2$
即循环的特性发生了变化。

对于吸气过热要区别两种情况。一种情况是制冷剂饱和蒸气离开蒸发器（例如壳管式蒸发器）后，在吸气管内过热，在这种情况下，Δq_0 不能利用，有用的单位制冷量仍然是 q_0，而单位理论功却增大了 ΔW_b，循环的制冷系数必然要减小。所以，吸气管内的过热被称为有害过热，应尽量设法减小。在吸气管上包扎隔热层即是减小有害过热的一种措施。另一种情况是制冷剂蒸气在蒸发器（例如用热力膨胀阀供液的蛇管式蒸发器）内过热，此时 Δq_0 是包括在有用的单位制冷量之内；但在这种情况下，单位制冷量和单位理论功都有所增大，循环的制冷系数是否增大不能够直观判断。分析和计算指明，这同制冷剂的种类有关；对于氨制冷系数稍有降低，对于 R12 和 R502 制冷系数略有提高；而 R22 介于两者之间，制冷系数无甚变化。由此可知，无论在何种情况下，对于氨应尽量避免吸气过热。

(3) 回热循环

参照液体过冷和吸气过热在单级压缩制冷循环中所起的作用，可在制冷机的流程中加设一个回热器，令节流前的液体同吸入前的蒸气进行热交换（如图 2-3），同时达到现实液体过冷和吸气过热的目的。这样便组成了回热循环，其系统图如图 2-9 所示，温熵图和压焓图如图 2-10 所示。图中 4—4′ 和 1—1′ 表示回热过程，根据回热过程的热平衡式，液体被冷却后的温度可用下式计算：

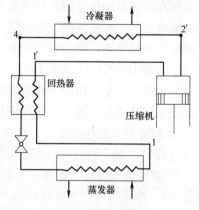

图 2-9 单级压缩回热循环的系统图

$$t'_4 = t_k - \frac{c_{p0}}{C'}(t'_1 - t_0) \tag{2-24}$$

式中 c_{p0} 和 C' 分别是制冷剂蒸气的定压比热和制冷剂液体的比热。

分析图 2-10 可知，同基本循环 1—2—3—4—5—1 相比较，回热循环的单位制冷量增加了

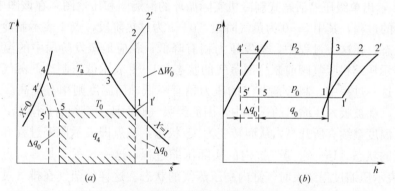

图 2-10 单级压缩回热循环的温熵图和压焓图
(a) T—s 图；(b) $\lg p$—h 图

$$\Delta q_0 = h'_1 - h_1 = h_4 - h'_4 \tag{2-25}$$

单位理论功增加了

$$\Delta W_0 = (h'_2 - h'_1) - (h_3 - h_1) \tag{2-26}$$

这同有吸气过热的循环是一样的。故回热循环的制冷系数是否增大是同制冷剂的种类有关，大体情况是：氨采用回热循环时制冷系数降低，R12 及 R502 采用回热循环时制冷系数提高，而 R22 采用回热循环时制冷系数无甚变化。

在实际应用中，氨制冷机照例是不采用回热循环的，不仅是由于循环的制冷系数降低，同时还因为采用回热循环后将使压缩机的排气温度过高。氟利昂制冷机采用回热循环

时，除对 R12 和 R502 可以提高制冷系数外，尚有可以减轻吸气管中的有害过热，降低节流前制冷剂液体的温度，以保证节流机构正常工作，并使吸入蒸气中夹带的油滴所溶解的氟利昂在回热器中气化回收其冷量等好处。但应用回热循环要增加一个回热器，并使吸气压力降增大、压缩机的吸气压力降低，这是其缺点。因此，不是所有单级压缩氟利昂制冷机都采用回热循环；特别是小型氟利昂制冷机，为了简化制冷流程多不采用回热循环。

4. 单级压缩制冷机实际循环

从单级压缩制冷机的工作过程抽象出理论循环时，曾提出过几点理想化的假设。这几点假设在制冷机的实际工作条件下是不可能实现的。制冷机的实际工作情况如下。

① 制冷剂流经压缩机时，存在流动阻力、热量交换、机械摩擦和工质泄漏，故在吸、排气过程中，制冷剂蒸气的状态参数不可能保持恒定，压缩过程也不可能保持等熵。

② 制冷剂流经冷凝器和蒸发器时，同样也有阻力存在（特别是对于蛇管式冷凝器和蒸发器），冷凝过程和蒸发过程均不能保持恒压恒温，而是随着过程的进行，压力和温度均稍有降低。

③ 制冷剂流经管道时，因有阻力和热交换，压力要降低，温度要变化，制冷剂温度低时要吸热而升温，温度高时要放热而降温。

从以上分析可知，制冷机的实际循环比前面分析的理论循环要复杂得多，而且还随着压缩机的类型而变。

(1) 单级压缩活塞式制冷机的实际循环

图 2-11 示出单级压缩活塞式制冷机实际循环的温熵图和压焓图。在该图中，5—0—1 为蒸发器中的过程，其中 5—0 为蒸气阶段，0—1 为过热阶段，点 1 表示制冷剂蒸气出蒸发器时的状态。在这一过程中，蒸发压力稍有降低，相应地蒸发阶段中的温度也稍有降低。点 1′ 表示压缩机吸气阀前制冷剂蒸气的状态，1—1′ 表示低压制冷剂蒸气流经吸气管的过程。在这一过程中，制冷剂蒸气的压力稍有降低，而温度则稍有提高。点 1′ 表示的制冷剂蒸气，在被吸入压缩机的过程中，因流经吸气阀而压力继续有所降低，因同压缩机有热交换而温度继续有所升高，从而转变为 1s 状态，该点即表示压缩过程开始时气缸内制冷剂蒸气的状态。1s—2s 是气缸内的实际压缩过程，这一过程不是等熵过程。熵值减小。点 2s 表示压缩过程结束时气缸内高压蒸气的状态。这样的蒸气在排气过程中流经排气阀时，因有流动阻力和热量交换，压力和温度又稍有降低，转变为点 2 表示的状态，进

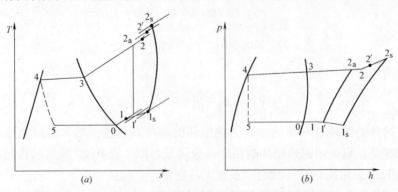

图 2-11 单级压缩活塞式制冷机实际循环的温熵图和压焓图
(a) T—s 图；(b) lgp—h 图

入冷凝器。2—3—4 是冷凝器中的冷却和冷凝过程，因有阻力存在，蒸气的压力稍有降低，而且在冷凝阶段，冷凝温度也稍有降低。4—5 是节流过程，制冷剂液体节流降压之后进入蒸发器中，继续进行循环。

(2) 简化的单级压缩活塞式制冷机的实际循环

要按照图 2-11 所示的过程，一步一步地对单级压缩活塞式制冷机进行热力计算将是很困难的。在工程设计计算中，通常是对实际循环加以适应简化后再进行计算。简化的原则是：

① 忽略冷凝器中和蒸发器中的微小压力落差，仍视冷凝过程和蒸发过程为等压过程，冷凝压力 p_k 和蒸发压力 p_0 按选定的冷凝温度 t_k 和蒸发温度 t_0 去确定。

② 对于小型制冷机组，忽略制冷剂蒸发流经吸、排气管道时的压力变化和温度变化，取压缩机的吸气压力等于蒸发压力，排气压力等于冷凝压力；但对于大型制冷装置，可考虑一定的压力差，并对吸气管考虑一定的温度差。

③ 压缩机内部过程用一简化的压缩过程代替，对输气量及功率的影响，分别用输气系数 λ 及绝热效率 η_s 考虑。

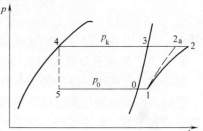

图 2-12　简化的单级压缩活塞式制冷机实际循环的压焓图

按照这些原则简化的单级压缩活塞式制冷机实际循环的压焓图如图 2-12 所示，其中 1—2_a 为理想压缩过程，1—2 为简化后的实际压缩过程。该图系对小型制冷机组而言，忽略了吸、排气管中压力与温度的变化，故点 1′同点 1 重合，点 2′同点 2 重合。

图 2-12 所示为简化后的实际循环进而可求得

$$q_k = h_2 - h_4 = 443.9 - 249.7 = 194.2 \text{kJ/kg}$$

$$Q_k = \frac{G_s q_k}{3600} = \frac{9542 \times 194.2}{3600} = 514.7 \text{kW}$$

(3) 单级压缩离心式制冷机的实际循环

图 2-13 示出单级压缩离心式制冷机实际循环的温熵图和压焓图。它同单级压缩活塞式制冷机实际循环的主要区别，仅在于压缩机内部过程的不同。下面对于不同之处进行简要说明。

图中点 1 表示低压制冷剂蒸气离开蒸发器时的状态；点 1′ 表示该蒸气在压缩机进口处的状态，1—1′ 是吸气管内的流动过程，在这一过程中，蒸气的压力稍有降低而温度稍有提高。在理想情况下，机内压缩过程将从点 1′ 开始，并等熵地压缩到点 2_0 所表示的状态。但在实际情况下，蒸气经压缩机的入口段流入叶轮的进口部分时，速度要大幅提高；为使蒸气加速，其压力和温度都要降低，1′—1_2 即表示这一过程。蒸气的加速过程进行得很快，所经路程又很短，故可看作等熵过程。点 1_2 表示在叶轮进口，蒸气开始被压缩时的状态。实际的压缩过程用 1_2—2_2 表示，它同活塞式压缩机的内部压缩过程有所不同（在离心式压缩机中系连续流动），一般看作指数为定值的多变过程。压缩机出口处（压缩过程终了）的状态用点 2_2 表示，这样的蒸气流经排气管后，降压降温到状态点 2，进入冷

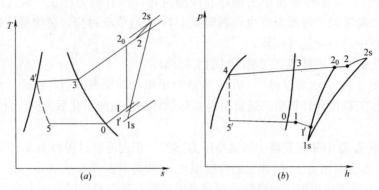

图 2-13 单级压缩离心式制冷机实际循环的温熵图和压焓图
(a) $T—s$ 图；(b) $\lg p—h$ 图

凝器中。循环的其余部分与活塞式制冷机的循环基本相同，故不再赘述。

5. 冷凝温度和蒸发温度对制冷机性能的影响

制冷机在使用中，由于外部条件的不同，其冷凝温度和蒸发温度不可能始终分别保持某一数值，而是会变化的。随着冷却方式（水冷或空冷）、使用地域（温带或热带，平原或高原）和季节（夏季或春、秋季）的不同，冷凝温度是不同的；随着使用单位和目的的不同，蒸发温度也是不相同的。冷凝温度和蒸发温度的改变，将要引起单级压缩制冷机性能的改变。也就是说，一台单级压缩制冷机，当在不同的外部条件下工作时，其循环性能指标、制冷量和压缩机的轴功率都是会改变的。在这一节中将研究它们的变化规律。

（1）冷凝温度变化的影响

先来研究蒸发温度 t_0 保持不变而冷凝温度 t_k 发生变化的情况。图 2-14 示出 t_k 变化时，单级压缩制冷机理论循环的压焓图。由图可以看出，当冷凝温度由 t_k 升高到 t_k' 时，制冷机循环由 1—2—3—4—5—1 改变为 1—2'—3'—4'—5'—1，引发的变化是：

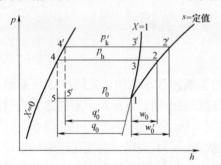

图 2-14 t_k 变化时循环特性的改变

① 冷凝压力由 p_k 升高到 p_k'。

② 单位制冷量由 q_0 减小为 q_0'；单位理论功由 w_0 增大到 w_0'，因之循环的制冷系数 ε_0 必然降低；同时，吸气比容 v_1 虽然未变；但因 q_0 减小，故单位容积制冷量 q_v 必然减小。

③ 对于制冷机来说，在压缩机的理论输气量 v_k 不变（压缩机的转速不变时 v_k 就不变）的情况下，尽管制冷剂的质量流量（$G_s=\lambda v_k/v_1$）未变，但可以推算，必然是制冷量 Q_0 减小（因 q_0 减小）、轴功率增大（因 w_s 增大），因而实际制冷系数 ε_0 必然降低。

由以上的分析可知，当冷凝温度升高时，冷凝压力随之升高，制冷机的制冷量减小，轴功率增大，制冷系数降低。当冷凝温度降低时，变化情况恰恰相反。因此，在制冷机的运转中，应保持尽可能低的冷凝温度。

（2）蒸发温度变化的影响

冷凝温度 t_k 保持不变而蒸发温度 t_0 发生变化的情况，不仅是由于制冷机用于不同目的而保持不同的蒸发温度，实际上任何一台制冷机在热态启动过程中，t_0 也是不断变化的，由环境温度逐渐降到工作温度。图 2-15 示出 t_0 变化时，单级压缩制冷机理论循环的压焓图。由图可以看出，当蒸发温度由 t_0 降到 t_0' 时，制冷机循环由 1—2—3—4—5—1 改变成为 $1'$—$2'$—$3'$—$4'$—$5'$—$1'$，引起的变化是：

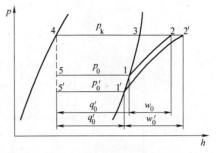

图 2-15 t_0 变化时循环特性的改变

① 制冷剂的蒸发压力由 p_0 降低到 p_0'。

② 单位制冷量由 q_0 减小为 q_0'，单位理论功由 w_0 增大为 w_0'，同时吸入蒸气的比容也增大（由于蒸发压力降低），故循环的制冷系数降低，单位容积制冷量减小。

③ 对于制冷机来说，在压缩机的理论输气量 v_k 不变的情况下，由于吸气比容增大和单位容积制冷量减小，质量流量 G_s 和制冷量 Q_0 都将减小；而压缩机的轴功率

$$N_c = \frac{G_s}{3600} \frac{w_0}{\eta_0} \tag{2-27}$$

由于 G_s 减小而 w_0 增大，故无法直观地判断其变化情况，但可以肯定，实际制冷系数是降低的。

由以上分析可知，当蒸发温度降低时，蒸发压力随之降低，制冷机的制冷量减小，制冷系数降低。当蒸发温度升高时，变化情况正好相反。故在制冷机的运转中，在满足制冷工艺要求的前提下，应保持尽可能高的蒸发温度。详见参考文献[2]。

2.2.2 两级蒸气压缩式制冷循环

1. 两级压缩制冷机组成

两级压缩制冷机是将压缩过程分两次来实现，即将蒸发压力 p_0 的制冷剂蒸气，用低压压缩机（或压缩机的低压级）压缩到中间压力 p_m，然后用高压压缩机（或压缩机的高压级）压缩到冷凝压力 p_k。因此，它需要两台压缩机，或用双级压缩机。现在，对于活塞式及螺杆式压缩机，不专门针对两级压缩制冷循环的要求，设计和生产高压压缩机和低压压缩机，而是选用单级压缩机组合成两级压缩制冷机；或者将 8 缸（或 4 缸）单级活塞式压缩机，改型设计成单机双级压缩机，高压级与低压级气缸数的比为 1：3。例如：由两台活塞式压缩机组合成两级压缩制冷机。

图 2-16 为 SD2-4F10A 型两级压缩制冷机的流程图，它是由两台活塞式压缩机、一台冷凝器、一台蒸发器和相应的辅助设备及控制阀门组成。各个设备的名称及管道连接方式已在图中示明，下面仅说明制冷机的工作过程。

蒸发器 G 中产生的制冷剂蒸气（压力为 p_0），经回热器 H 与高压液体发生热交换，温度提高后，进入低压压缩机 A，被压到中间压力 p_m。低压压缩机的排气先进入油分离器 C_1，蒸气中夹带的润滑油被分离出来并自动返回压缩机 A 的曲轴箱中，而蒸气出油分离器后，进入高压压缩机 B，被继续压缩到冷凝压力 p_k。制冷剂蒸气从高压压缩机排出后，先流经油分离器 C_2，将润滑油分出（分离出的油自动流回压缩机 B 的曲轴箱中），然后进入冷凝器 D 中冷凝为液体。由冷凝器出来的高压液体，先流经干燥过滤器 E，除去水

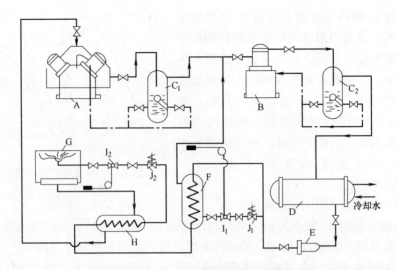

图 2-16　SD2-4F10A 型两级压缩制冷机流程图

A—低压压缩机（4F10 型，$n=960\text{r/min}$）；B—高压压缩机（2F10H 型，$n=600\text{r/min}$）；
C_1、C_2—油分离器；D—冷凝器；E—干燥过滤器；F—中间冷却器；G—蒸发器；
H—气液热交换器（回热器）；I_1、I_2—热力膨胀阀；J_1、J_2—电磁阀

分和机械杂质，然后分为两路：一路经热力膨胀阀 I_1 供入中间冷却器 F，在其中蒸发制冷，用以冷却另一路高压液体，而蒸发的蒸气同低压压缩机的排气混合，一同进入高压压缩机被压缩；另一路（主要的一路）高压液体，依次流经中间冷却器 F 及回热器 H，被进一步冷却之后，经热力膨胀阀 I_2 供入蒸发器 G，在其中蒸发制冷，并对外提供冷量。这样便完成了两级压缩制冷循环。该制冷机可以用 R22 或 R12 为制冷剂，蒸发温度可低达 $-70℃$。

图 2-17 示出食品冷库常用的以氨为制冷剂的两级压缩制冷机的流程简图。图中只画出流程的主要部分，省去了加放油、放空、融霜、排液等管道系统。它是由两台活塞式压缩机、一台冷凝器、多台并联的室内冷却排管（冷却空气的蒸发器）和辅助设备、控制阀门等组成。

图 2-17 所示流程同图 2-16 所示流程相比，主要有如下的区别：

① 库房一般较多，故采用多台并联的室内冷却排管，每层楼的库房用一个气液分离器并采用重力供液方式，而每个气液分离器有一根自调节站来的供液管；

② 在冷凝器后设有一台高压贮液器，它具有足够的氨贮液量，以满足系统供液量；避免冷凝器积液，确保冷凝面积，提高冷凝效果；有液封作用，可防止高、低压"串压"；防止空气等不凝性气体进入低压部分；可回收大部分氨液的功能，给维修提供方便。

③ 中间冷却器不只用来冷却高压氨液，同时还用来冷却低压压缩机排出的氨气。

上述两种两级压缩制冷机工作过程的区别，主要是中间冷却方式不同。在图 2-17 所示流程中，由高压贮液器引出的氨液，在过冷器 G 中被冷却之后分为两路：主要的一路流经中间冷却器内的盘管，被进一步冷却后，经调节站分别供液到各个冷却排管（蒸发器）；另一路经浮球调节阀节流到中间压力，进入中间冷却器中蒸发冷却，用来冷却盘管内的高压氨液和低压压缩机的排气。低压压缩机的排气是直接通入中间冷却器的氨液中，

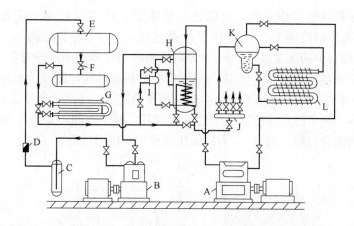

图 2-17 两级压缩氨制冷机的流程简图
A—低压压缩机；B—高压压缩机；C—油分离器；D—单向阀；E—冷凝器；F—高压贮液器；
G—过冷器；H—中间冷却器；I—浮球调节阀；J—调节站；K—气液分离器；L—冷却排管

并被冷却到中间压力下的饱和温度，汇合中间冷却器中产生的氨气，一起进入高压压缩机被继续压缩。其余部分的工作过程与图 2-16 所示流程相同。

2. 两级压缩制冷循环形式

由图 2-16 和图 2-17 所示的两级压缩制冷机的流程，可以抽象出两级压缩制冷循环原则性系统图，如图 2-18 所示。在原则性系统图中，只画出构成循环必不可少的设备及其连接方式，而略去了其他设备和控制阀门等。这两个循环的液体方式有一共同之点，就是供向蒸发器的制冷剂液体，在中间冷却器中被冷却之后，经主节流阀 F，由冷凝压力一次节流到蒸发压力，故称为一级节流两级压缩循环。但两个循环的低压压缩机排气的冷却方式是不相同的。图 2-18（b）所示的循环中，是令低压压缩的排气同中间冷却器中的制冷剂液体直接接触，并被冷却到中间压力下的饱和温度，故称中间完全冷却。在图 2-18（a）所示的循环中，是令低压压缩机的排气，同中间冷却器中产生的蒸气在管道中混合，在这一混合过程中，低压压缩机排气的温度有所降低，但不能达到中间压力下的饱和温度，故称中间不完全冷却。

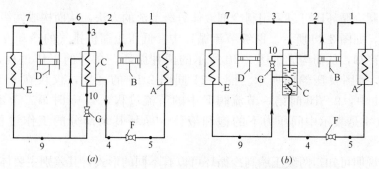

图 2-18 一级节流两级压缩制冷循环的原则性系统图
(a) 中间不完全冷却；(b) 中间完全冷却
A—蒸发器；B—低压压缩机；C—中间冷却器；D—高压压缩机；
E—冷凝器；F—主节流阀；G—中间冷却器的节流阀

图 2-18 所示循环的工作过程，可以表示在如图 2-19 所示的温熵图及压焓图上。图中，7—8—9 为高压制冷剂蒸气的冷却及冷凝过程，9—10 为节流阀 G 中的节流过程，10—3 为中间冷却器中的蒸发过程；9—4 为高压制冷剂液体在中间冷却器中的冷却过程，4—5 为节流阀 F 中的节流过程，5—1 为蒸发器中的蒸发过程，1—2 为低压压缩机中的压缩过程。以上各个过程对于中间不完全冷却循环及中间完全冷却循环都是相同的。对于中间完全冷却循环，3—7 时高压压缩机中的压缩过程；对于中间不完全冷却循环，2—6 和 3—6 为管道中的混合过程，而 6—7 为高压压缩机中的压缩过程。

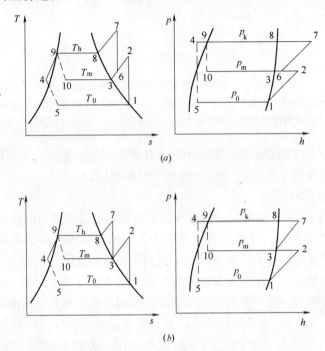

图 2-19 一级节流两级压缩制冷循环的温熵图及压焓图
(a) 中间不完全冷却循环；(b) 中间完全冷却循环

两级压缩制冷循环还可以采用制冷剂液体分级节流的方法，从而构成两级节流、两级压缩制冷循环，如图 2-20 所示。两级节流循环中，低压压缩机排气的冷却方式，可以采用中间不完全冷却，从而构成了图 2-20 所示的两种循环。循环的工作过程，也可用如图 2-21 所示温熵图及压焓图所示。图 2-21 同图 2-19 的区别，仅仅在于节流方式不同。在图 2-21 中，9—10 时第一节流阀 F 中的节流过程，4—5 时第二节流阀 G 中的节流过程，点 4 是表示中间压力下的饱和液体。循环其余部分的工作过程与图 2-19 相同。

由以上的说明可知，两级压缩制冷循环可以有不同的形式，其差别主要体现在制冷剂液体的节流方式和低压压缩机排气的冷却方式两个方面。液体节流方式有一级节流和两级节流两种。采用一级节流时，可利用其较大的压力差，实现远距离供液及向多层冷库供液，而且供液量便于调节，故应用较广；采用两级节流时，循环的制冷系数较高，而且中间冷却器中产生的气量较多（因进入第二节流阀的液体已达中间压力下的饱和温度），故

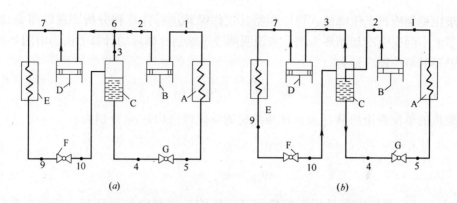

图 2-20 两级节流两级压缩制冷循环的原则性系统图
(a) 中间不完全冷却；(b) 中间完全冷却
A—蒸发器；B—低压压缩机；C—中间冷却器；D—高压压缩机；
E—冷凝器；F—第一节流阀；G—第二节流阀

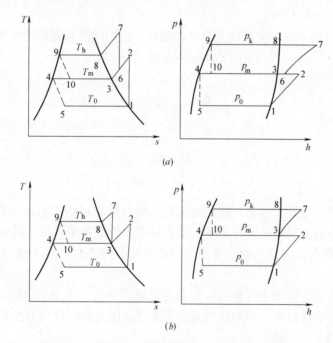

图 2-21 两级节流两级压缩制冷循环的温熵图和压焓图
(a) 中间不完全冷却循环；(b) 中间完全冷却循环

适宜用于离心式制冷机。低压压缩机排气的冷却方式，有中间不完全冷却和中间完全冷却两种。采用哪一种方式是与制冷机的种类有关。就两级压缩循环中的高压压缩机而言，当采用中间完全冷却时，吸入的是饱和蒸气，相当于单级压缩制冷机的回热循环。由此可知，对于 R12 和 R502，采用中间不完全冷却循环比较有利，高压部分的单位容积制冷量增大，循环的制冷系数提高；对于 R717 则宜于采用中间完全冷却循环。至于 R22，两种中间冷却方式均可采用，而一般多采用中间不完全冷却。

3. **两级压缩制冷机工作特性**

两级压缩制冷机工作特性，可以根据其工作循环进行计算和分析。现以图 2-18 所示的一级节流中间完全冷却循环为例，来说明两级压缩制冷循环的计算方法。由图 2-19 (b) 可知，循环的单位制冷量为

$$q_0 = h_1 - h_5 = h_1 - h_4 \tag{2-28}$$

低压压缩机的单位理论功 W_{OL} 及高压压缩机的单位理论功 W_{OH} 分别为

$$W_{OL} = h_2 - h_1 \tag{2-29}$$

$$W_{OH} = h_7 - h_3 \tag{2-30}$$

如果用 G_L 和 G_H 分别表示低压压缩机和高压压缩机的制冷剂循环量，则制冷系数可表示为

$$\varepsilon_0 = \frac{G_L(h_1 - h_4)}{G_L(h_2 - h_1) + G_H(h_7 - h_3)} = \frac{h_1 - h_4}{(h_2 - h_1) + y(h_7 - h_3)} \tag{2-31}$$

式中　y——高压压缩机同低压压缩机制冷剂流量之比，这一比值也可根据循环的特性去计算。

对于图 2-18 所示的一级节流中间完全冷却循环，由中间冷却器的能量平衡式

$$G_H h_3 + G_L h_2 = G_L h_2 + G_H h_3 \tag{2-32}$$

可以求得

$$y = \frac{G_H}{G_L} = \frac{h_2 - h_4}{h_3 - h_9} \tag{2-33}$$

故

$$\varepsilon_0 = \frac{h_1 - h_4}{(h_2 - h_1) + \dfrac{h_2 - h_4}{h_3 - h_9}(h_7 - h_3)} \tag{2-34}$$

以上是理论循环的计算。如果根据压缩机的结构参数和运转参数求出其理论输气量，并根据压缩机的工作压力确定出输气系数、指示效率和机械效率，就可进而计算 G_L、G_H 和制冷量 Q_0，以及两台压缩机的轴功率和循环的实际制冷系数，其方法与单级压缩制冷机基本一样。

在进行两级压缩制冷机热力计算时，首先必须确定中间压力 p_m，然后才能确定各状态点的参数。在粗略的计算中，中间压力通常是取冷凝压力和蒸发压力的几何平均值，即

$$p_m = \sqrt{p_k \cdot p_0} \tag{2-35}$$

当工作温度改变时，两级压缩制冷机的性能将随之而改变。最常见的情况是冷凝温度 t_k 保持恒定而蒸发温度 t_0 发生变化。这种变工况，不但出现在一些蒸发温度需要调节的试验用制冷装置中，而且常出现在任一台两级压缩制冷机的热态启动过程中。在这种情况下，不但制冷机的制冷量、轴功率和制冷系数要发生变化，中间压力 p_m 和高、低压压缩机的压力比

$$\sigma_H = p_k/p_m, \quad O_L = p_m/p_0 \tag{2-36}$$

也要发生变化。图 (2-22) 示出按一级节流、中间完全冷却循环工作的两级压缩氨制冷机在冷凝温度为 35℃ 的情况下，制冷机的工作压力和压力比随蒸发温度的变化情况。由图

可以看出，该制冷机在工况变动时的如下一些特性：

① 随着 t_0 的升高，p_0 和 p_m 都不断升高，但 p_m 升高得快。当 t_0 达某一边界值 t_{0b}（图 2-22 中 $t_{0b} \approx 4℃$）时，$p_m = p_k$，从这一点起，高压压缩机将不起压缩作用。

② 随着 t_0 的升高，压力比 σ_H 和 σ_L 都不断降低，但 σ_H 降得快。当 t_0 达 t_{0b} 时，σ_H 降低到 1，且在这一点，σ_L 曲线出现转折，因由两级压缩变为单级压缩。

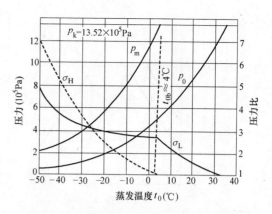

图 2-22 两级压缩氨制冷机的工作压力和压力比随蒸发温度的变化

③ 随着 t_0 的升高，压力差（$p_k - p_m$）不断减小，（$p_m - p_0$）先逐渐增大而后逐渐减小。当 t_0 达 t_{0b} 时，（$p_k - p_m$）减小到零而（$p_m - p_0$）达到最大值。由上述压力及压力比的变化情况可以推知，高压压缩机的最大功率大致出现在 $t_0 = -27℃$ 时，因此时 $\sigma_H = 3$；而低压压缩机的最大功率大致出现在 $t_0 = t_{0b}$ 时，因此时压缩机承受的压差最大。

以上对图 2-22 所进行的分析和得到的结论，虽然是依据一种循环形式得出的，但定性地说，它表达了两级压缩制冷机的共同特性。两级压缩制冷机的热态启动就是一个蒸发温度由环境温度逐步降低的过程，由图 2-22 可知，在 t_0 降低到 t_{0b} 之前，高压压缩机不起压缩作用，两台压缩机同时启动，势必浪费电能。故两级压缩制冷机应先启动高压压缩机，待中间压力降到规定值后，再启动低压压缩机；或者先启动高压压缩机，使制冷机按单级压缩循环工作，待蒸发压力降低后，再启动低压压缩机，并转换为按两级压缩循环工作。只有小型制冷机组，才采用两台压缩机同时启动的方式。

2.2.3 复叠式制冷循环

复叠式制冷机的组成比单级压缩和两级压缩制冷机复杂，因而循环形式较多。

最简单的复叠式制冷机是用两个单级压缩制冷系统组成，其原则性系统图如图 2-23 所示。它的两个部分各是一个单级压缩制冷机 A 和 B，用冷凝蒸发器 D 联系起来。这种制冷机当应用 R22 和 R13 为制冷剂时，低温部分的蒸发温度可低达 $-80 \sim -90℃$。

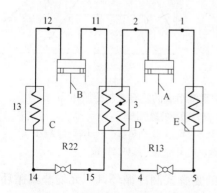

图 2-23 两个单级压缩制冷系统组成的复叠式制冷机的原则性系统图
A—低温部分压缩机；B—高温部分压缩机；
C—冷凝器；D—冷凝蒸发器；E—蒸发器

图 2-24 示出上述制冷循环的温熵图和压焓图。图中 1—2—3—4—5 为低温部分的循环，11—12—13—14—15 为高温部分的循环。低温部分的冷凝温度须高于高温部分的蒸发温度，其差值也就是冷凝蒸发器的传热温差。图中还给出了当用 R22 和 R13 为制冷剂时的工作温度和工作压力，由这些数据可知，高温部分和低温部分均在较适中的压力范围内工作，冷凝压力不很高，蒸发压力均高于大气压力。

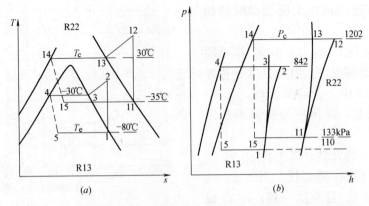

图 2-24　两个单级压缩制冷系统的复叠式制冷循环的温熵图和压焓图
(a) $T—s$ 图；(b) $\lg p—h$ 图

图 2-25 示出由一个两级压缩制冷系统和一个单级压缩制冷系统组成的复叠式制冷机的原则性系统图和循环的温熵图，它的高温部分用 R22 为制冷剂，按一级节流中间不完全冷却两级压缩循环工作；低温部分用 R13 为制冷剂，按单级压缩循环工作。在高温及低温部分中，均使用了回热器；对 R13 还增设了一个吸气与排气的热交换器，其目的是为了提高吸气温度，改善压缩机的工作条件。采用这样的循环，可以达到更低的制冷温度，例如应用 R22 和 R13 为制冷剂，且当高温部分的蒸发温度为 −75℃ 时，低温部分的蒸发温度可达 −105℃，但此时 R13 压缩机和 R22 的低压压缩机的吸气压力，均远低于大气压力，这就是其缺点。

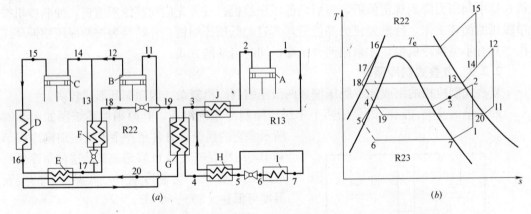

图 2-25　R22 两级压缩系统和 R13 单级压缩系统组成的复叠式制冷循环
(a) 复叠式制冷机的原则性系统图；(b) 循环的温熵图
A—R13 压缩机；B、C—R22 低压及高压压缩机；D—冷凝器；E—R22 回热器；F—R22 中冷器；
G—冷凝蒸发器；H—R13 回热器；I—蒸发器；J—R13 气—气热交换器

为了达到更低的制冷温度，可采用三种制冷剂的复叠式制冷循环（三元复叠式循环）。如图 2-23 所示制冷机增加一个用 R14 的低温级，其蒸发温度可达 −125℃。如图 2-25 所示制冷机增加一个用 R14 的低温级，其蒸发温度可达 −140℃。将前一种三元循环与图 2-25 所示循环相比，不但可达到的制冷温度较低，而且三个部分的吸气压力均高于大气压力。

以上仅介绍了两种复叠式制冷机的原则性系统图及循环过程。作为实例，在图 2-26 中给出了 FD-85-5 型复叠式制冷机的流程图。它的高温部分用 R22 为制冷剂，为一两级压缩系统，按一级节流中间不完全冷却循环工作。高温部分用一台四缸的单机双级压缩机，其中三个缸作为低压级，一个缸作为高压级。高温部分的系统中，还使用了气液热交换器。低温部分用 R13 为制冷剂，按单级压缩回热循环工作，但未使用气-气热交换器。

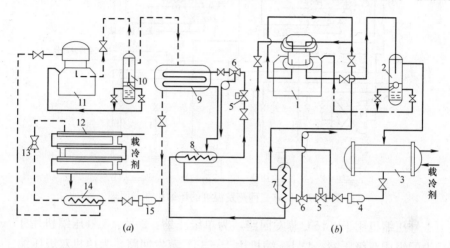

图 2-26　FD-85-5 型复叠式制冷机的流程图
(a) 高温部分：1—单机双级压缩机；2—油分离器；3—冷凝器；4—干燥过滤器；5—电磁阀；
6—热力膨胀阀；7—中间冷却器；8—气液热交换器；9—冷凝蒸发器
(b) 低温部分：10—油分离器；11—单级压缩机；12—蒸发器；
13—手动节流阀；14—气液热交换器；15—干燥过滤器

以上介绍的仅是用于低温试验的复叠式制冷机组。工业生产，特别是化工生产用的复叠式制冷装置，则还要复杂一些，常应用氨或碳氢化合物为制冷剂，且大型装置多应用离心式压缩机。例如对于生产干冰，常采用氨的单级压缩系统或两级压缩系统作为预冷级；用丙烯离心系统与乙烯离心系统复叠，可用于从裂解气生产乙烯与丙烯，蒸发温度达 $-100℃$ 以下；用丙烷、乙烯和甲烷三种离心系统的复叠，可用来使甲烷液化，蒸发温度 $-160℃$ 以下。详见参考文献［2］

2.2.4　冷藏库制冷系统

1. 氨蒸气压缩式制冷系统

氨蒸气压缩式制冷系统亦有单、多级或两者共有，根据实际要求决定。

氨蒸气压缩式制冷系统由机房系统、库房冷却系统和油路系统三部分组成。

（1）机房系统

机房系统是指压缩机入口至膨胀之间的设备和管路。它们设在机器间和设备间内。机房系统又由压缩、冷凝、调节和油路四部分组成。

① 压缩部分　我国食品冷藏库通常采用三种不同的蒸发温度：$-33℃$，$-28℃$，$-15℃$，分别用于食品的冻结、冻结物冷藏和冷却物冷藏、制冰、贮冰。

一般情况，$-15℃$ 蒸发回路采用单级压缩，$-28℃$、$-33℃$ 蒸发回路采用双级压缩。

图 2-27 示出了具有三种蒸发温度的压缩部分原理。

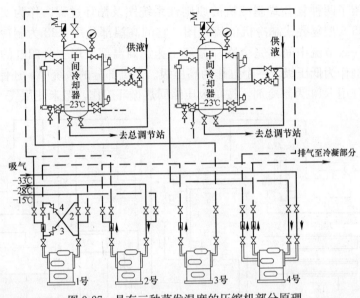

图 2-27 具有三种蒸发温度的压缩机部分原理

图中 1 号压缩机用于 $-15℃$ 蒸发回路,为单级压缩;2 号、3 号压缩机用于 $-28℃$ 蒸发回路,为配组成双级压缩;4 号压缩机用于 $-33℃$ 蒸发回路,为单机双级压缩。

为使一机多用,调配灵活,便于在负荷变化时和检修使用方便,此方案中对管路做了些考虑:在吸气管路上,1 号与 2 号可以相互切换使用,即当 1 号检修时,可用 2 号代替,反之亦然。

另外,$-28℃$ 与 $-33℃$ 蒸发回路中间冷却器也可交换。再者,1 号机上有反向工作阀,可用于切换高、低压,以便对系统试压、检漏补焊或充氨,进行压力试验、抽真空等的系统调试。

这种系统一般不设备用压缩机。

② 冷凝部分 冷凝部分由氨油分离器、冷凝器、高压贮液器、放空气器及之间连接管道、阀门和压力表、温度表组成。

氨油分离器有洗涤式、离心式、填充式。

冷凝器有水冷式和蒸发式。水冷式的结构又可分立式和卧式的壳管型。

高压贮液器均为通过式。

放空气是将高压贮液器上部聚集的空气或从冷凝器的放空管中通过放空气器排放到环境中去。

图 2-28 所示的是立式壳管式冷凝器与辅助设备的连接方案(卧式与此基本相同)。

③ 调节部分 由于一座冷库中有多种蒸发回路,供给多间库房或多种蒸发器(如空气冷却器、排管等),因此需设置调节站来完成分配和调节任务。

根据调节站的作用不同,可分为总调节站、分调节站、热氨站和加氨站。

总调节站是高压液体调节站、设在高压贮液器之后和低压循环桶等低压设备之前,其作用是将高压氨液分配到各个蒸发回路中去。图 2-29 为总调节站一种方案,它用于大型冷库。该方案的总调节站由两部分组成,一部分供高蒸发温度 $-15℃$ 使用,氨液由高压贮液器直接供给;一部分供低蒸发温度 $-28℃$、$-33℃$,氨液经中间冷却器过冷后供给。两

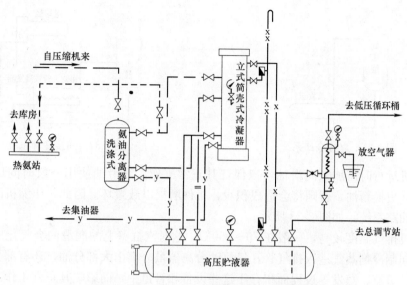

图 2-28 立式壳管式冷凝器与辅助设备连接

部分之间有过桥阀,以便灵活调节。

加氨站用于向系统充氨,图 2-30 是用氨向系统加氨的方案。

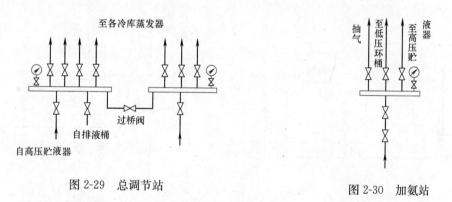

图 2-29 总调节站　　　　　　图 2-30 加氨站

热氨站用于对蒸发回路进行融霜。一般设在氨油分离器出口地方,如图 2-28 所示。

分调节站的作用是向各蒸发器均匀地分配冷量。设置在低压循环桶和蒸发器之间,由截止阀组成。分调节站按不同蒸发回路分别设置。

(2) 库房冷却系统

库房冷却系统有两种形式:一是直接冷却系统,如图 2-31;另一是间接冷却系统,如图 2-32。

直接冷却系统是指制冷剂直接在库房蒸发器内蒸发吸热达到制冷目的。

直接冷却系统的供液方式有四种:直接膨胀供液、重力供液、氨泵供液和气泵供液。

间接冷却系统是指制冷剂蒸发吸取载冷剂的热量,再由载冷剂吸取冷藏物品热量。这种系统的缺点在于用两次换热,效果较差。但其优点在于能远距离输送且不会对制冷空间造成环境和食品污染。如制冰、集中空调、冷水机都采用这种冷却方式。

(3) 油路系统

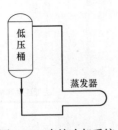
图 2-31 直接冷却系统

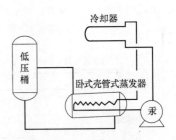
图 2-32 间接冷却系统

压缩机运行时需加入润滑油，以保证其正常工作。润滑油使用一段时间后，质量下降，应立即更换新油，否则将会造成积炭，机件磨损以致毁坏。因此，压缩机因配置加油和放油的油路系统。如图 2-33 所示。

压缩机排气温度较高，一般在 70~150℃，这时汽缸壁上的润滑油会气化成蒸气或小油滴，随同制冷剂蒸气进入排气管，经氨油分离器虽分离出大部分油，还有部分油随制冷剂经冷凝、节流、蒸发等过程而积存于这些设备和管道中，而影响其正常工作。因此，各设备积存的油应设法放除。图 2-34 所示。油路系统所起的作用就是如此。排放出来的油，经过再生处理仍可以继续使用，以节约资源和经费。

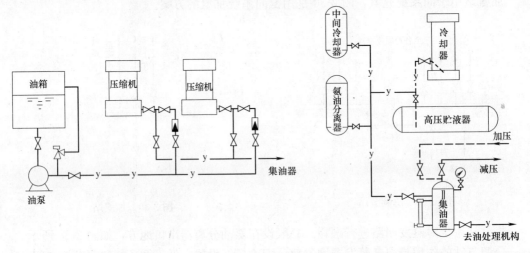

图 2-33 压缩机加油、放油系统图　　图 2-34 高、中压设备放油、油路系统图

油的再生处理一般可采用升温沉淀过滤处理和化学处理两种方法进行再生。

2. 氟蒸气压缩式制冷系统

氟蒸气压缩式制冷系统与氨蒸气压缩式制冷系统主要管路和原理大致相同。而其区别在于制冷剂一个是氟利昂，一个是氨。

由于这两种制冷剂本身性质不同，因而在辅助设备和管路及使用上有所区别。这种区别形成的原因是氨和润滑油几乎是不溶解的，对水是相溶的，而油的比重又大于氨，因此氨系统中各设备放油都设在下部。氟利昂与润滑油是相溶的，其相溶性与氟利昂种类（R12、R22、R502）、温度有关，而对水又几乎不相溶，因此两种系统中就有一些差别。

与氨系统相比，氟系统有如下特点：

① 氟利昂制冷压缩机出口装有高效油分离器。压缩机内（尤其是离心式和螺杆式）装有电加热器，起动前预热润滑油，使氟利昂分离，确保起动顺利。

同时在系统的管路设计中也要做许多考虑，设置回油装置，如回油弯、上升立管等。

② 氟利昂不溶于水，系统中若存在水分，在0℃以下节流口易产生冰堵。同时水与氟利昂发生化学反应产生氯化氢（HCL），会引起金属腐蚀及镀铜现象，因此系统中供液管上应装干燥过滤器。

③ 氟利昂制冷系统由于节流损失大，常采用回热制冷循环，即系统中装有热交换器，使高压液态氟利昂与低温气态氟利昂进行热交换，以提高制冷剂的过冷度和过热度，增加系统制冷能力。

2.3 吸收式制冷原理及焓—浓度图（$h—\zeta$ 图）

根据热力学第二定律，热量由低温热源向高温热源转移，是一个非自发过程。要实现这一转移过程，必须消耗能量，即必须同时实现一个消耗能量的补偿过程。所消耗的能量可以是电能、机械能或热能。通常压缩式制冷机（如活塞式、螺杆式、离心式等）是以消耗电能或机械能作为补偿过程，而吸收式制冷机是以消耗热能作为补偿过程。

2.3.1 溴化锂溶液性质

1. 吸收式制冷机工质性质

吸收式制冷机工质指制冷剂和吸收剂，两者组成工质对。以低沸点组分作制冷剂，高沸点组分作吸收剂。制冷剂用来制冷，吸收剂用来吸收产生制冷效果后形成的制冷剂蒸气，以完成制冷循环。

制冷剂的要求与压缩式制冷机相同。对吸收剂则要求具有下列特性：

① 在相同的压力下，其沸点比制冷剂高，且差值越大越好。

② 具有强烈地吸收制冷剂的能力，即具有吸收比它温度低的制冷剂蒸气的能力。

③ 无臭、无毒、不燃烧、不爆炸、安全可靠。

④ 价格低廉，容易获得。

⑤ 对普通金属材料的腐蚀性小。

其中①、②两点是必须具备的条件，否则就不能选作吸收式制冷机的工质。目前应用最广的工质是：溴化锂水溶液和氨水溶液。

溴化锂水溶液对普通金属材料具有较强腐蚀性是很大的缺点，必须采取相应的防腐措施。氨水溶液的许多性质仍然和氨相近。例如，纯氨是无色的，有刺激性臭味，对钢无腐蚀作用等。在常压下，氨的沸点为−33.4℃，水的沸点为100℃。两者相差不是很大，故在发生器产生的氨蒸气中，还含有一定量的水分，因此必须采取精馏的方法，才能得到纯净的氨。这是氨水溶液作为吸收式制冷机工质的最大缺点。此外，氨对人体有害，空气中含有过量的氨（超过0.5%～0.8%），会引起人体中毒，这也是氨水工质的缺点。

2. 溴化锂水溶液性质

(1) 一般性质

无水溴化锂是白色块状、无毒、无臭、有咸苦味，在空气中因极易吸收水蒸气而难于保存。无水溴化锂的性质如下：

分子式：LiBr。分子量：86.856。成分：Li 占 7.99％，Br 占 92.01％。相对密度：3.464（25℃）。熔点：549℃。沸点：1265℃。

固体溴化锂可含有一个、二个或三个分子的结晶水，此外还会含有一些杂质，如硫酸盐、氯化物、硝酸盐、重金属等。

水作为制冷剂，具有汽化潜热大（约 2520kJ/kg）、传热系数高、无毒、无味、不燃烧、不爆炸、容易获得、价格低廉等优点。缺点是在常压下沸点高，当蒸发温度降低时，蒸发压力相应降低，蒸汽的比容很大。此外，水在 0℃时就会结冰，因此，用它作制冷剂时，所能达到的低温仅限于 0℃以上。

溴化锂溶液通常是由溴氢酸（HBr）和氢氧化锂（LiOH）通过中和反应来制取，即
$$HBr+LiOH \longrightarrow LiBr+H_2O$$

因而溶液中可能含有杂质，如氨、氯化物等。若杂质含量过高，会损害机器的性能。因此，用于制冷机的溴化锂溶液应符合下列要求：

性状：无色透明液体、无毒、有咸苦味、溅在皮肤上微痒。

浓度：50％+1％

碱度：pH 值为 9.0～10.5

杂质最高含量：氯化物（Cl^-）0.5％；硫酸盐（SO_4^{2-}）0.05％；溴酸盐（BrO_3^-）无反应；氨（NH_3）0.001；钡（Ba）0.001；钙（Ca）0.005；镁（Mg）0.001

（2）物理性质

溴化锂溶液是无色透明液体、没有毒性，大气情况下对普通碳素钢具有较强的腐蚀性。一般产品出厂前已加入缓蚀剂铬酸锂（$LiCrO_4$），使溶液呈黄色，且有轻微毒性，切忌入口。由于溶液呈碱性，在空气中能吸收二氧化碳而析出碳酸锂沉淀，因而应密封储存。

① 溶解度：溶解度是饱和溶液的浓度。溴化锂极易溶解于水，常温下饱和溶液的浓度可达 60％左右。

图 2-35 所示为溴化锂溶液的结晶曲线，也称溶解度曲线。图中，纵轴表示结晶温度，横轴表示溶液的浓度。曲线上任意一点均表示溶液处于饱和状态。它的左上方为液相区，溶液不会有结晶体出现；右下方是固液混合区，溶液处于该区域的任何一点时，都会有结晶体析出。由图示可知，溴化锂溶液中是否有晶体析出，取决于温度和浓度两个状态参数。作为制冷机的工质，溴化锂溶液应始终处于液体状态，无论是运行或是停机期间，都不允许有晶体析出。

② 密度：密度的意义是单位体积物体的质量，用符号 ρ 表示，单位是 kg/m^3。

只要同时测出溶液的密度和温度，就能查得溶液的浓度。

③ 比热：比热是指单位质量溶液温度升高（或降低）1℃时，所吸收（或放出）的热量，用符号 c 表示，单位为 $kJ/(kg·K)$。

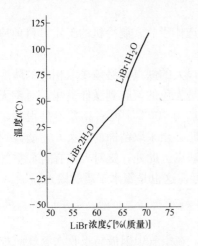

图 2-35 溴化锂溶液的结晶曲线图

溴化锂溶液的比热随着温度的升高而增大，随着浓度的升高而减小，且比水的比热小得多。溶液的比热小，有利于提高机组的效率。

④ 黏度：黏度是用来表示液体黏性大小的物理量，有动力黏度和运动黏度之分。它们之间的关系为

$$\nu = \eta/\rho \tag{2-37}$$

式中　ρ——密度（kg/m^3）；
　　　η——动力黏度（$Pa \cdot s$）；
　　　ν——运动黏度（m^3/s）。

在一定的温度下，随着浓度的增加，黏度急剧增大，在一定的浓度下，随着温度降低，黏度增大。黏度的大小对溶液的流动状态有很大影响。

⑤ 表面张力：表面张力用 σ 表示，法定单位为 N/m。

表面张力与温度、浓度有关：浓度不变时，随温度的升高而降低；温度不变时，随浓度的升高而增大。

⑥ 导热系数：导热系数是进行传热计算的重要资料。用 λ 表示，单位为 $kW/(m \cdot K)$。

溴化锂溶液的导热系数与温度、浓度有关；在一定温度下，随浓度的升高而降低；在一定浓度下，随温度的升高而增大。

⑦ 饱和蒸汽压：溴化锂溶液的蒸汽分压力较小，或者说它的吸湿能力很强。

3. 溴化锂溶液的 h—ζ 图

溴化锂溶液的热力学性质，可通过它的 h—ζ 图来说明。

(1) h—ζ 图

溴化锂溶液的 h—ζ 图，是对溴化锂吸收式制冷机循环进行分析和热工计算的主要线图。如图 2-36 所示，它的横轴表示浓度，纵轴表示焓值。图 2-36 (b) 为液相的 h—ζ 图，由等温线簇和等压线簇组成，图 2-36 (a) 为气相的 h—ζ 图，只有等压线簇。由于气相只有水蒸气的组分，因此横轴上的"浓度"并不表示气相中溴化锂的含量，只表示与该溶液浓度相对应的过热蒸汽的焓值。

(2) s—ζ 图

与 h—ζ 图相似，溴化锂溶液的 s—ζ 图也包括液相图和气相图两部分，液相部分由等温线簇和等压线簇组成，气相部分只有等压线簇。s—ζ 图上的气相等压线只是辅助线，仅表示过热蒸汽的熵，不表示水蒸气的浓度。

利用 s—ζ 图可以说明溶液状态变化过程中熵的变化情况，并由此判断热力过程的完善程度。

4. 溴化锂溶液的腐蚀性与防腐蚀措施

溴化锂溶液对金属具有较强的腐蚀性，这不但影响机器的使用寿命，而且腐蚀产生的氢气和铁锈等杂物，也会影响机组的性能和正常运转。应充分认识防腐的重大意义。

大量试验研究表明，溴化锂溶液对碳钢和紫铜引起腐蚀的主要原因是氧的作用，因此隔绝氧气是最根本的防腐措施。此外，在溶液中添加适量的缓蚀剂，如 0.2% 左右的铬酸锂，并使溶液的碱度维持在一定的范围内（pH 值 9.5～10.3），对于抑制溴化锂溶液对金属材料的腐蚀也有重要作用。

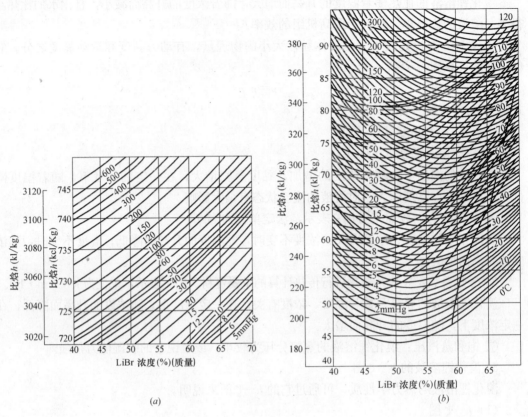

图 2-36 溴化锂溶液的 h—ζ 图
(a) 气相图；(b) 液相图

2.3.2 溴化锂吸收式制冷机工作原理

实际应用的溴化锂吸收式制冷机是连续工作的。其工作原理见图 2-37。设有四个主要设备：发生器、冷凝器、蒸发器和吸收器。为提高热能的利用率，系统中还设有溶液热交换器。为使制冷机能连续工作，工质中的溶液及制冷剂——水能在各换热设备中进行有序循环，还装设有屏蔽泵（发生器泵、吸收器泵和蒸发器泵）以及相应的连接管及阀门等。

将发生器与冷凝器设在一个密封的高压筒内；蒸发器和吸收器密封于低压筒内。两筒之间通过节流装置及溶液管道连接在一起。

1. 发生过程

在发生器中，浓度较低的溴化锂溶液被加热介质加热，温度升高，并在一定的压力下沸腾，使溶液内的水分解析出来，形成冷剂蒸汽，溶液则被浓缩，这一过程称为发生过程。过程中有热量交换与物质转移。

2. 冷凝过程

冷剂蒸汽进入冷凝器，被冷凝器中通过的冷却水冷却而凝结成冷剂水。这一过程称为冷凝过程。该过程中的冷凝压力与冷却水的温度有关。

3. 蒸发过程

冷剂水通过节流装置（U形管或其他的节流装置）节流后进入蒸发器。由于蒸发器内压力很低，冷剂水在吸取了蒸发器管内冷媒水的热量后蒸发，形成冷剂蒸汽，而冷媒水由于失去热量，温度降低，即达到了制冷的目的，这一过程称为蒸发过程。为强化蒸发过程，用蒸发器泵使冷剂水进行循环。

4. 吸收过程

为使蒸发器中冷剂水的蒸发过程连续进行，蒸发过程中形成的冷剂蒸汽必须及时被吸收，这就得依靠吸收器中所要进行的吸收过程。由发生器中浓缩后的浓溶液进入吸收器，受到吸收器中冷却水的冷却，使之温度降低。这种浓度高、温度低的溶液具有强烈吸收冷剂蒸汽的能力，用它将蒸发过程中产生的冷剂蒸汽及时吸收掉，从而形成了稀溶液。这样，一方面使蒸发过程可持续的进行，使冷量不断输出；另一方面也就保证了发生器中连续不断地对稀溶液的要求。吸收器中所进行的过程，伴随有热量的交换与质量的转移。为了强化这一过程，也设有吸收器泵，使溶液进行循环。

吸收器中所得的稀溶液，再由发生器泵送往发生器中，这样，制冷机就完成了一个制冷循环。

在制冷机系统中，设有一个溶液热交换器。它的作用在于回收热量，减少损失。从循环过程可知，从发生器出来的浓溶液温度较高，为了在吸收器中吸收冷剂蒸汽，还要把它再冷却，使之温度降低。另一方面，由吸收器送往发生器的稀溶液温度较低，在发生器中必须首先加热，才使它达到发生冷剂蒸汽的温度。因此，令发生器出来的浓溶液与吸收器出来的稀溶液在热交换器中进行热量交换，不仅可以减少吸收器中冷却水带走的热量，又可以减少发生器的加热量，使机组的热效率得以提高。

2.3.3 溴化锂吸收式制冷机理论循环及其焓—浓度图（h—ζ图）

溴化锂吸收式制冷机的工作原理见图2-37。稀溶液在压力为P_g的发生器中，被来自热源的热量加热，产生出d（kg/h）的制冷剂蒸气。过程终了，浓溶液流出发生器。冷剂蒸气进入冷凝器中，在压力P_k下被冷却，并凝结成冷剂水。冷剂水经节流后，进入蒸发器中，由于蒸发器中的压力P_0很低，冷剂水即在蒸发器中吸收冷媒水的热量而蒸发，产生制冷效果，由液态变为气态。另一侧，由发生器出来的其流量为(g_a-d)（kg/h）的浓溶液，流经溶液热交换器，再进入压力为P_a的吸收器内，吸收来自蒸发器的冷剂蒸气，成为稀溶液，其流量为g（kg/h）。稀溶液再由泵输送经溶液热交换器，使温度升高，进入发生器中重新进行发生过程。如此循环往复的连续过程。

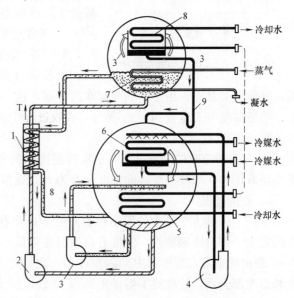

图2-37 溴化锂吸收式制冷机原理图
1—溶液热交换器；2—发生器泵；3—吸收器泵；4—蒸发器泵；
5—吸收器；6—蒸发器；7—发生器；8—冷凝器；9—U形管

为了能对制冷机循环进行理论分析，需作如下假定：

① 流体（溶液和制冷剂）在流动过程中没有任何流动阻力，发生器的操作压力 p_g 等于冷凝器的操作压力 p_k，蒸发器的操作压力 p_0，等于吸收器的操作压力 p_a，即

$$p_g = p_k, \quad p_0 = p_a$$

式中，p_k 取决于冷剂蒸汽凝结过程中的温度（冷凝温度），通常由冷却水的温度来决定；p_0 取决于冷剂水蒸发过程中的温度（蒸发温度），通常由冷媒水的温度来决定。

② 在发生器中所进行的发生过程无发生不足情况，即由发生器出来的浓溶液是压力为 p_g、温度为 t_4 的饱和溶液；在吸收器中同样也不存在吸收不足现象，即由吸收器出来的稀溶液是压力为 p_0，温度为 t_2 的饱和溶液。

③ 溶液热交换器中可以实现热量的完全回收，浓溶液可以被冷却到稀溶液进口处的温度，即 $t_8 = t_2$。

④ 蒸发器无冷量损失，其余各换热设备也无热量损失，即与周围环境介质无热量交换。依据上述假定，可将制冷机的循环过程予以简化，得到的这种循环称为理论循环，其 h—ζ 图如图 2-38 所示。图中，p_0 为蒸发压力线，p_k 为冷凝压力线；点 2 和点 4 分别表示吸收器和发生器出口饱和溶液的状态。

现对图 2-38 中各个过程说明如下。

1. 冷却过程

4—8 为浓溶液在热交换器中的冷却过程。浓溶液在发生器出口处的温度为 t_4，浓度为 ζ_r，即状态点 4。在热交换器中被稀溶液冷却，根据假定，$t_8 = t_2$。由于冷却过程中溶液的浓度 ζ_r 保持不变，故过程终了，溶液处于过冷状态。

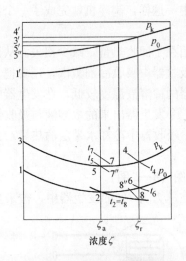

图 2-38　h—ζ 图上的理论循环

2. 吸收过程

8—2 为吸收过程。点 8 状态的浓溶液进入吸收器后，吸收来自蒸发器的冷剂蒸汽，温度升高而浓度降低，达到点 2 状态。由于受到冷却水的冷却，这一过程持续进行，直至饱和状态。过程终了，溶液浓度和温度分别为 ζ_a 和 t_2，吸收过程中放出的热量由冷却水带走。

3. 升温过程

2—7 为稀溶液的升温过程。由吸收器出来的稀溶液为点 2 状态，进入溶液热交换器被浓溶液加热，浓度不变，而温度上升为 t_7，通常可达到过热状态。

4. 发生过程

7—7″—4 为发生器中的发生过程。处于过热状态（点 7）的稀溶液，进入发生器后，先闪发出一部分冷剂蒸汽，浓度升高而温度降低，达到 p_k 压力下的饱和状态点 7″。因之 7—7″ 表示稀溶液在发生器中的闪发过程。之后，溶液被加热，产生冷剂蒸汽，溶液的浓度和温度都升高，过程终了溶液的浓度为 ζ_r，温度为 t_4，即点 4 状态。发生过程是沿压力为 p_k 的饱和线进行的。过程中所产生的冷剂蒸汽，由于溶液温度不断升高，其过热度也不断增大（如过程线 5′—4′ 所示），一般取其平均值，即点 3′ 状态。

5. 冷凝过程

冷剂蒸汽的冷凝过程 3′—3 与蒸发过程 3—1′，在 $h-\zeta$ 图中都是表示在纵坐标上，不够醒目。为了便于说明，这里用水的 $T-s$ 图来表示，如图 2-39 所示。图中曲线 AB 表示饱和蒸汽线，CD 表示饱和水线。AB 和 CD 之间为两相区，点 3′ 状态的过热冷剂蒸汽在冷凝器中，先被冷却到饱和状态，然后在等温条件下放出汽化潜热，被冷凝为点 3 状态的冷剂水。过程线 3′—3 表示冷剂蒸汽在冷凝器中的冷却和凝结过程。过程线 3—a（在图 2-38 中，点 a 同点 3 重合）表示冷剂水节流过程。过程线 a—1′ 表示经过节流进入蒸发器的

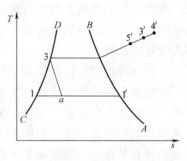

图 2-39　水的 $T-s$ 图

冷剂水，在蒸发器中的蒸发过程，过程终了，冷剂蒸汽的状态为点 1′ 的饱和蒸汽。点 1′ 状态的饱和蒸汽进入吸收器中被吸收，使浓溶液变为稀溶液，然后又在发生器中被发生出来，由点 1′ 状态返回到点 3′ 状态。

如果不设溶液热交换器，则制冷循环如图 2-38 中的 2—5—4—6—2 所示，其中 4—6 是浓溶液在吸收器中的预冷过程，2—5 是稀溶液在发生器中的预热过程。由此可见，没有溶液热交换器，吸收器和发生器的热负荷都增大了。

2.3.4　溴化锂吸收式制冷机实际循环

为了理论分析作出的假设，在实际过程中是无法实现的。实际循环是存在不凝性气体、存在热交换过程的热阻、流动过程的流动阻力，以及传质过程不可能达到平衡状态，这些都影响传热传质，所以实际循环的热力系数比理论循环要低得多。

由于各种阻力的存在，使溴化锂吸收式制冷机的实际循环与理论循环存在差别：

① 发生器工作压力高于冷凝压力，吸收器工作压力低于蒸发压力；

② 由于溶液热交换器不可能实现热量的完全回收，即热交换过程中，有端部温差存在，实际循环中浓溶液的出口饱和温度高，进入吸收器后，将存在一个预冷过程；稀溶液温度要比出口温度和饱和温度低，进入发生器后，将存在一个预热过程，即稀溶液先被加热到饱和状态，然后才开始发生蒸汽；

③ 在吸收过程中，为了强化传热，一般将浓溶液与吸收器中的稀溶液混合后进行喷淋，吸收来自蒸发器的冷剂蒸汽。在吸收器中溶液的喷淋量增大，传热增强，但却使传质过程的浓度差减小。

④ 在实际循环中，由于存在冷剂蒸汽的流动阻力和传质阻力，并且传质过程时间很短，再加上不凝性气体的存在，致使发生过程和吸收过程都不可能进行得很彻底，过程终了时，溶液不可能达到饱和状态，因而存在有发生不足和吸收不足。

2.3.5　单效溴化锂吸收式制冷机工作原理

实际应用的溴化锂吸收式制冷机的吸收制冷过程是连续工作的，为了实现吸收、蒸发、稀溶液浓缩（发生）、冷凝的全过程，所以在制冷机系统中设有吸收器、蒸发器、发生器与冷凝器，四个主要装置，以及热交换器，屏蔽泵（发生泵、吸收泵、蒸发泵）和配套的管道连接阀门，抽真空装置（真空泵）等。

现以单效双筒式溴化锂吸收式制冷机为例，因发生器与冷凝器压力较高，溶液浓缩作用与冷剂蒸汽冷凝又相关，所以通常密封在一个筒体内，另外吸收器与蒸发器的压力较

低，蒸发产生的冷剂蒸汽又需进入吸收器被喷淋的溴化锂溶液所吸收，因而被密封在另一筒体内。两筒之间冷剂水通过U形管（或其他节流装置）连接，并在发生器与吸收器之间连接有防晶管。

吸收制冷过程，如图2-40和图2-41所示。

吸收器底部的稀溶液通过发生泵经热交换器送到发生器中，被发生器传热管加热，温度升高，并在一定压力下沸腾，溶液中的水被分离出来，成为温度高的冷剂水蒸气，并经挡液板进入冷凝器被冷凝器中的冷却水冷却而凝结成冷剂水，冷剂水经U形管（或其他节流装置）节流进入蒸发器至水盘中，并由连接蒸发器冷剂水箱的蒸发泵送至蒸发器传热管上部进行喷淋，冷剂水均匀地喷洒在蒸发器的传热管簇上，由于蒸发器的压力很低，冷却水喷洒在传热管上后，会立即吸热蒸发而变成冷剂水蒸气，由于蒸发器传热管内输送的是冷冻水（冷媒水）其热量被冷剂水蒸气带走而温度降低（制冷）。

蒸发器所产生的冷剂水蒸气不断地进入吸收器，经设在吸收器传热管上部的溶液泵喷淋，被来自发生器与吸收器底部的溴化锂溶液所吸收，如图2-40所示。或被来自发生器经热交换器利用高位差淋激的浓溶液所吸收，如图2-41所示。冷剂水蒸气的热量也随之进入溶液，当流经吸收器传热管时，热量被通入传热管的冷却水带走，这样蒸发器不断产生冷剂水蒸气并被吸收器及时吸收掉，从而保证蒸发器连续产生冷效应。

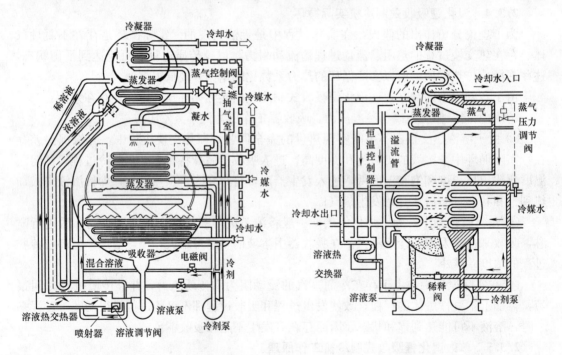

图2-40 双筒单效吸收式制冷机　　　　图2-41 双筒单效吸收式制冷机

吸收冷剂水蒸气后的稀溶液流到吸收器底部，由发生泵送往发生器，这样制冷循环往复地进行。

综上所述制冷循环分为四个过程。

1. 发生过程

在发生器中稀溶液被加热，产生浓缩的冷剂蒸汽溶液。在此应指出溴化锂溶液浓缩有一定的变化范围，单效溴化锂制冷机一般控制在3.5%~6%，这一溶液浓度的变化范围称为放汽范围，放汽范围的大小体现溴制冷机的经济性能、制冷量与耗能的大小。所以在机组运转时，要根据负荷状况及时合理调节好溶液循环量与送汽量，以使机组处于最佳状态。

2. 冷凝过程

发生器所产生的冷剂蒸汽进入冷凝器被凝结成冷剂水。在这一过程中冷剂蒸汽的压力与冷却水温度等因素有关。

3. 蒸发过程

经节流进入蒸发器的冷剂水，由于压力突然下降冷剂水立刻闪发，温度降低。集中在冷剂水箱的冷剂水经蒸发泵在蒸发器传热管上方均匀喷淋，冷剂水夺取传热管的热量（即冷媒水热量）蒸发变为冷剂水蒸气。

4. 吸收过程

为使蒸发器冷剂水的蒸发过程不断进行，来自蒸发器所产生的冷剂蒸汽被吸收器上部所喷淋的溴化锂溶液所吸收，这就是吸收过程。

综上所述溴化锂吸收式制冷机工作原理可由以下两个部分来概括：

第一部分是溴化锂溶液在发生器被加热沸腾产生冷剂蒸汽，在冷凝器中被冷凝为冷剂水，经节流后进入蒸发器，在低压状况下喷淋、吸热、蒸发、吸收载冷剂（冷媒水）的热量产生制冷效应。

第二部分是由发生器经浓缩后的浓溶液经热交换器降温自流进吸收器，与吸收器底部（稀）溶液混合，再被吸收泵输送喷淋，吸收从蒸发器产生的冷剂蒸汽变成稀溶液，稀溶液由发生泵输送经热交换器至发生器进入再一个循环。

2.3.6 双效溴化锂吸收式制冷机工作原理

双效溴化锂吸收式制冷机比单效制冷机增加了一个高压发生器，因此双效机组多为三筒式，为提高热交换效率，降低能耗，双效机组除增加一个高压发生器外，又多设置一个高温热交换器及凝水热回收器。从低压发生器流出的浓溶液与稀溶液进行热交换的换热器，称为低温热交换器。从高压发生器流出的温度较高的中间浓度溶液与经低温热交换器、凝水热回收器热交换后的稀溶液再次进行热交换的换热器称为高温热交换器。

根据稀溶液进入高、低压发生器的流程形式，当前有两种基本流程形式，即分流形式和串流形式。如图2-42为双效溴化锂制冷机（串流）原理图。如图2-43为双效溴化锂制冷机（分流）原理图。

串流流程是：稀溶液出吸收器后通过低温热交换器、凝水热回收器后再通过高温热交换器进入高压发生器，经加热浓缩后再流入高温热交换器进入低压发生器。

为充分利用加热蒸汽的余热，提高热效率，降低能耗，在稀溶液流经高（低）发生器的通道中增设一套蒸汽凝结水热回收器；把经过低温热交换器升温后的稀溶液和来自高压发生器的蒸汽凝结水进行热交换，以使进入低压发生器的稀溶液升温。凝水热回收器在制冷系统中的位置各生产厂家也不尽相同，合理的选择恰当位置，对提高制冷机热效率，减少制造成本，降低运转费用都有重要意义。参见图2-44（a）（b）（c）。

分流流程是：吸收器底部的稀溶液经由发生泵输送，一部分经高温热交换器与来自高压发生器的高温浓溶液进行热交换，升温后的稀溶液进入高压发生器，被高压发生器管内的工作蒸汽加热产生冷剂蒸汽，溶液的温度与浓度升高，再经高温热交换器进入吸收器。

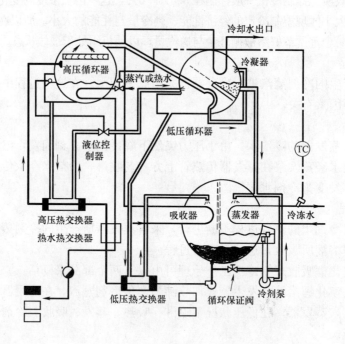

图 2-42 双效吸收式制冷机（溶液串流）

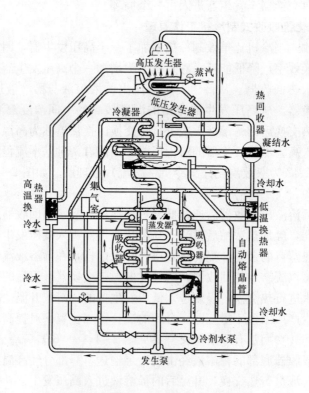

图 2-43 双效吸收式制冷机（溶液分流）

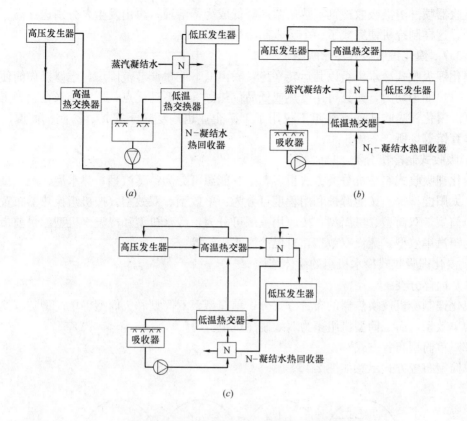

图 2-44　冷水热回收器在制冷系统中的位置
(a) 国内分流；(b) 开利串流；(c) 三洋串流

发生泵输送稀溶液的另一部分经低温热交换器与来自低压发生器的浓溶液进行热交换后，再经凝水热回收器与来自高压发生器的蒸汽凝结水进行热交换，进入低压发生器，通过热交换浓溶液的温度降低，高温凝结水的温度降低，稀溶液的温度升高，由于此时的稀溶液相对低压发生器的压力，处于过热状态，所以稀溶液进入低压发生器后，便有一部分冷剂闪发出来。

在低压发生器中，稀溶液被来自高压发生器的冷剂蒸汽继续加热（热能被二次利用）产生冷剂蒸汽，并进入冷凝器被冷却水冷却凝结成冷剂水，高温冷剂蒸汽释放热量后凝结成冷剂水，并经节流后与低压发生器所产生的冷剂蒸汽一起进入冷凝器，被冷凝器管内的冷却水所冷却形成冷剂水。

冷剂水再经节流进入蒸发器，淋洒在蒸发器传热管上，由于蒸发器的压力很低，部分冷剂水闪发，吸收冷媒水热量，未蒸发的冷剂水经蒸发泵喷淋在蒸发器的管簇上，立即吸热蒸发，因此管内的冷媒水热量被夺取，使冷媒水的温度降低，从而产生制冷效果。

从低压发生器流出的浓溶液经低温换热器，从高压发生器流出的浓溶液经高温换热器，分别与稀溶液热交换后流入吸收器传热管上部进行淋激，吸收来自蒸发器的冷剂蒸汽，吸收冷剂蒸汽后的稀溶液温度升高，当其流经吸收器传热管时，热量被冷却水带走，从而使得蒸发器中的制冷（蒸发）过程得到连续进行。

吸收器喷淋溶液吸收冷剂蒸热后浓度降低成为稀溶液，再由发生泵分别送往高、低压发生器，这样制冷机便完成了一个吸收制冷循环。

2.3.7 溴化锂吸收式冷水机组

溴化锂吸收式冷水机组以其运转平稳，噪声低，能量调节范围广，维修操作简便，寿命长，以热能为动力，尤其可用废热或低品位热源等一系列优点，近几年来在我国得到快速发展。溴化锂吸收式冷水机组不仅用于工矿企业也广泛用于宾馆、医院、商厦、影剧院、体育馆等场所。

1. 吸收式制冷机分类

溴化锂吸收式制冷机分类方法很多，按其能源可分为：蒸汽型、热水型、燃气型、燃油型、太阳能型等。按能源被利用程度可分为：单效型、双效型。按机组换热器布置可分为：单筒型、双筒型、三筒型。按应用范围可分为：冷水机型和冷温水机型。目前市售产品多为蒸汽单效型，蒸汽双效型，直燃冷温水机组等。

2. 溴化锂吸收式冷水机组的筒体结构

（1）筒体分类

溴化锂制冷机按换热器的布置方式分：单筒型、双筒型和三筒型。单筒型与双筒型机组多为单效型，而三筒型机组多为双效制冷机组。

（2）单筒型布置方式

单筒型布置方式示意如图2-45。

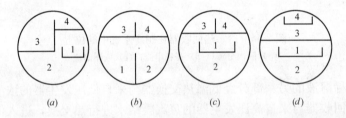

图2-45 单筒型布置方式
1—蒸发器；2—吸收器；3—发生器；4—冷凝器

单筒型是将吸收器、蒸发器、发生器、冷凝器全部置于一个筒体内，图2-45是单筒型各换热器的不同布置方式，其中（a）布置不紧凑，且蒸发器冷剂通道面积小，目前很少采用，（b）布置能使吸收器与蒸发器的通道面积增大，流阻减少，但缺点是发生器气流上升高度较小，溴化锂液滴极易随所产生的冷剂蒸汽一起进入冷凝器，从而造成冷剂水污染，（c）布置可使蒸发器与吸收器的管排减少，从而降低了传热管间的流阻，（d）布置可使发生器的管排减少，溶液的液位降低，减少静液柱对发生器发生过程的影响，从而可提高发生器的换热效率。因此冷凝器的管排也相应减少，传热系数提高，故（d）布置可达结构紧凑，筒体体积小。实际单筒型也是用隔板将筒体分成两部分，将发生器与冷凝器置于一侧为高压侧，将吸收器和蒸发器置于一侧为低压侧。

（3）双筒型布置方式

双筒型溴冷机布置方式示意如图2-46。

常见的双筒型布置见图2-46的5种方式，其布置原则是按传热器的压力大小及流通

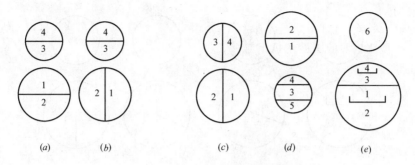

图 2-46 双筒型溴冷机布置方式
1—蒸发器；2—吸收器；3—发生器；4—冷凝器；5—热交换器；6—高温发生器

传递的相关需要而将吸收器与蒸发器置于一筒内，谓之低压筒，将发生器与冷凝器置于另一筒内，谓之高压筒。

在双筒的布置中，以发生器与冷凝器分上下排列布置为多，见图 2-46 (a)、图 2-46 (b) 的上筒布置，其优点是发生器管排数可减少，溶液液位降低，静液柱的影响较小，因而有利于发生过程的进行，尤其在筒体断面形状加以改进，还可适当加大发生器与冷凝器之间的距离，可减少溴化锂液滴对冷剂水的污染。同时冷凝器的排数也可减少，使传热系数提高。

图 2-46 (c) 上筒布置为左右排列，此种排列结构紧凑，体积减小，但应加强发生器与冷凝器间的挡液措施，否则易造成冷剂水污染。

吸收器与蒸发器一般布置于下筒，分上下排列布置见图 2-46 (a)，此种排列法，可减少蒸发器与吸收器管排层数，有利于提高传热效果，也有分左右排列的见图 2-46 (b)、图 2-46 (c)。

近几年来也有将吸收器放在下筒的中间而将蒸发器置于吸收器两侧，如国产两效三筒式即为此种布置（见图 2-47）。

吸收器与蒸发器左右排列有以下优点：
① 有足够空间布置挡液板，蒸发器与吸收器阻力减小，吸收效果提高；
② 可利用筒体构成蒸发器水箱，与吸收器阻力减小，吸收器液囊结构简单，且冷剂水箱容积有足够空间来进行布置；
③ 喷淋管排可布置在同一高度，结构紧凑；
④ 在同一喷淋密度下，冷剂水与溶液的喷淋量可以减少。

见图 2-46 (d) 所示布置是将吸收器与蒸发器置于上筒内，此种布置优点是加大了吸收泵、蒸发泵的进口垂直高度，从而改善吸收泵与蒸发泵的吸入性能。

蒸发器置于吸收器下部，冷剂蒸汽中的水滴可通过重力作用而被分离出来。溶液热交换器置于下筒底部，结构紧凑。

见图 2-46 (e) 为双筒双效布置，即在图 2-46 (d) 单效布置的基础上加高温发生器。

(4) 三筒布置方式

在以单效双筒为基础的方式上，外加一个高压发生器和一个高温热交换器及凝水热回

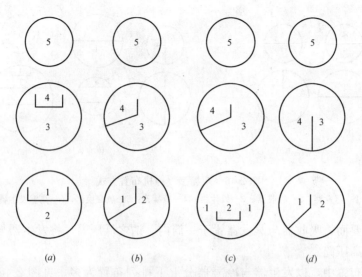

图 2-47 双效三筒布置方式
1—蒸发器；2—吸收器；3—低压发生器；4—冷凝器；5—高压发生器

收器、余热回收器，即成蒸汽两效三筒式机组。如图 2-47（a）、图 2-47（b）、图 2-47（c）、图 2-47（d）所示。

（5）单筒与双筒的优缺点比较

所谓优缺点是相对比较而言，在设计或选型中要根据实际需要，对比衡量。

单筒的优点是：

① 结构紧凑；

② 机组高度减小；

③ 可整体运输，现场安装方便；

④ 由于不需要现场再接管，所以机组渗漏可能性小。

单筒的缺点是：

① 高温发生器与低温吸收器等部分在同一筒体内，其间有传热损失；

② 各个器都在一筒体内因温差关系，热应力大，所以要采取防止热应力腐蚀的措施；

③ 单筒外径比双筒要大，大制冷量的单筒机组在运输方面难度增大。

双筒的优点是：

① 发生器与蒸发器分别置于高温和低温两个筒体内，因此其相互间的传热损失少；

② 筒体内的温差小，故热应力小，应力腐蚀也小；

③ 单个筒体外径比单筒要小，大制冷量机组可分体运输较为方便；

④ 结构布置比单筒简单，制造方便。

双筒的缺点：

① 机身高度增加；

② 分割运输后于现场安装时需焊接管道。

3. 溴化锂吸收式制冷机的结构

（1）蒸发器

蒸发器的作用是在压力很低环境下，利用冷剂水的蒸发作用来制取冷媒水（冷冻水），蒸发器多为喷淋型，为了达到较好的换热效果，用冷剂水泵（蒸发泵），将冷剂水较均匀地喷洒在传热管表面上，形成很薄的水膜，使管子表面完全润湿。

为强化喷淋效果，在蒸发器喷淋管上装有喷嘴，冷剂水通过喷嘴喷出，使水雾化，喷淋量是10～15倍冷剂循环量。

淋激型蒸发器是在蒸发器上方设置浅水槽，水从槽底小孔中滴淋激在传热管上。也有淋激与喷淋共用的机组，即冷剂水入蒸发器后先行淋激，后用泵喷淋。

通往吸收器的冷剂蒸汽中，如夹有水滴进入吸收器溶液中，则制冷剂白白损失掉，多消耗能源（蒸汽），为此在通道中设置挡水板，挡水板的阻力损失应尽可能小。

当冷剂蒸汽流速较低时，可采用低阻力挡水板。为达流速低必须加大通道，因而会增加筒体直径。

当冷剂蒸汽流速较高时，则需采用压力损失稍大，以不锈钢制成的曲折型挡水板。

蒸发器传热管一般采用紫铜管。并采用滚压肋片以增强传热效果。为有效发挥传热管作用，使冷剂蒸汽流动畅通，传热管排列要特别考虑。

（2）吸收器

吸收器的作用是吸收来自蒸发器的冷剂水蒸气，使蒸发器压力保持在一定水平上，以使蒸发过程不断进行，吸收冷剂水蒸气后溶液浓度降低为稀溶液，放出的热量被冷却水带走。

吸收器喷淋有采用浅溶液槽淋激式的产品，也有采用泵喷淋式。

吸收喷淋方式有三种：

一种是借助发生器与吸收器之间的压力差，使溶液在吸收器中淋激，见图2-42、图2-43。

另一种是用溶液泵送往发生器的稀溶液旁通一部分，并采用引射器，引射浓溶液，混合后喷淋，见图2-40。

第三种是使用专用的溶液泵，将溶液进行喷淋，见图2-48（a）、图2-48（b）。

用吸收器的底部作为液囊时，则溶液灌注较多，故一般在底部另设溶液囊。

吸收器传热管采用紫铜管，也有采用铜镍合金管的。

为减小吸收器传热管簇的流阻，管簇间留有足够气道。

冷剂蒸汽最终流到吸收器中，不凝性气体也聚集在吸收器中，一般不凝性气体又聚集在吸收器底部，因此在吸收器下部适当位置设置相应的抽气管路，并与真空泵相连，根据需要及时抽除机内不凝性气体，以保证机组的真空度。

（3）高压发生器

在单效机组的基础上再加高压发生器就组成两效机组。

高压发生器的作用是对来自吸收器吸收冷剂水蒸气后的稀溶液进行加温浓缩，把冷剂水再分离出来变高温冷剂蒸汽，用来作低压发生器的热源，加热低压发生器的溴化锂溶液，产生第二股冷蒸汽，能源得到充分利用，电耗降低。

高压发生器的工作蒸汽压力多为$0.4～0.8MPa$，也有低于$0.4MPa$的，使用饱和蒸汽。通常高压发生器筒体采用碳钢制作，传热管采用铜镍合金管、不锈钢管或紫铜管。

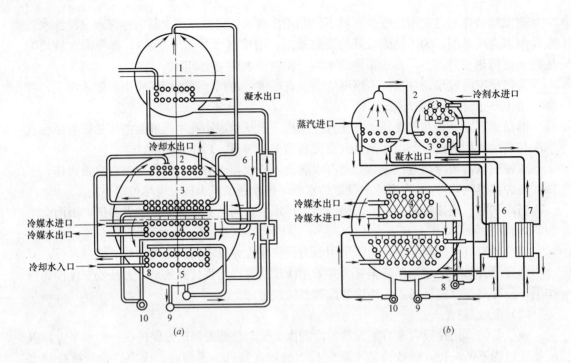

图 2-48 双效机结构
(a) 双筒型双效机结构；(b) 三筒型双效机结构
1—高温发生器；2—冷凝器；3—低温发生器；4—蒸发器；5—吸收器；6—高温热
交换器；7—低温热交换器；8—吸收泵；9—发生泵；10—蒸发泵

0.4～0.8MPa 的工作蒸汽，其饱和温度为 143～170℃，由于筒体与传热管两种材质差异较大，其膨胀系数相差也大，因此在高温作用下会产生热应力与应力腐蚀。

现行生产机组多采用以下几种方法：

① U 形管结构：将传热管做成 U 形管，其进、出口均连在同一管板上，高热膨胀可自由伸长，与筒体的热膨胀互不相干。

② 浮头结构：把传热管的一端固定在固定管板上，另一端与浮动管板相连，浮动管极可自由移动，浮动管板、浮头室及下面的滑板组成一个能自由移动的浮头，这样即可消除热应力，但在制造中要特别注意传热管的胀接质量，保证气密性，另外在使用中如传热管漏气时，换管工作很麻烦。

③ 采用传热管与筒体线膨胀系数相近的材质，在高压发生器工作时，筒体与传热管的伸长相近，从而降低热应力。

④ 采用膨胀节结构：在高压发生器筒体中间设置膨胀节，使筒体受力时得以伸长。

另外，为防止冷剂水污染，在高压发生器的上部设有汽罩，并装有简单挡液板，最上一排传热管至筒顶距离有足够大高度与空间，最小截面处气流速度控制在 10m/s 以下。

(4) 低压发生器

在双效机组中，低压发生器作用是将来自吸收器的稀溶液（分流方式）或来自高压发生器的中间溶液（串流方式），用高压发生器所产生高温冷剂蒸汽作为热源继续加温，使溶液浓缩产生第二股冷剂蒸汽。

低压发生器的运行压力在 70mmHg 左右。

传热管材质一般为紫铜管、铜镍合金管或不锈钢管。传热管层数不宜过多,以减少静液柱对传热影响。管排方式、管排列间距、溶液的扰动方式等均应妥善处理。

低压发生器冷剂蒸汽的通道上也设有挡液板,以防止液滴污染冷剂水。

(5) 冷凝器

冷凝器的作用是将冷剂蒸汽凝结成冷剂水,传热管材质一般采用紫铜管,并经纯化处理。冷剂水从冷凝器下部水盘流出经节流装置进入蒸发器。由于冷凝器与发生器之间温差较大,为减少相互间的热传递,因此水盘多设有真空隔热层。节流方式如下:

① 采用 U 形管节流方式;
② 在冷剂水直通管道上采用节流小孔或加节流板,见图 2-49。

采用 U 形管节流装置中压差 H(mH_2O 柱)为

$$H = 最大负荷时的压力差 + 余量(0.1 \sim 0.3)$$

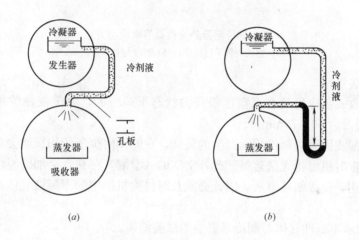

图 2-49 冷凝水节流方式
(a) 小孔节流方式;(b) U 形管节流方式

(6) 溶液热交换器

其作用是:使溴化锂稀溶液和浓溶液进行热交换,不论是单效机组还是双效机组,热交换都是为了回收热量以提高其经济性,双效机组比单效机组还多设一个高温热交换器和凝水回收器,以提高热效率。

热交换器一般多为壳管式,传热管采用紫铜管。为提高换热效率制成低肋片管,浓溶液管外,稀溶液在管内流通,走管内。浓溶液走管外,一旦结晶时便于加热处理,且浓溶液黏度高,管外截面积大,速度较低。壳管式便于制造,为考虑换热、流速等因素,溶液流速一般为:管内稀溶液取 0.6~1.0m/s,走管外浓溶液流速取 0.3~0.6m/s。

板翅式热交换器作为溶液热交换器,具有传热系数高,体积小的特点,但工艺制造繁杂,清洗不便,如用普通薄钢板制造,易腐蚀损坏。

为提高热交换效率,多采用逆流型热交换器,管外的溶液和管子垂直 [图 2-50 (b)] 时的放热系数比管外溶液与管子平行 [图 2-50 (a)] 时为高。

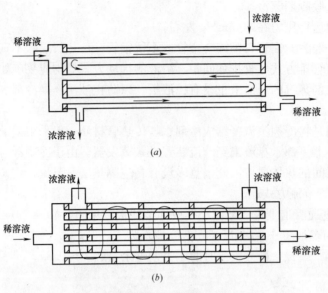

图 2-50 溶液热交换器溶液流动方式
(a) 溶液与管平行流动；(b) 溶液与管垂直流动

(7) 抽气装置

溴化锂吸收式制冷机是在真空度极高的状态下运行的，如蒸发器的绝对压力为 4～7mmHg，冷凝器为 50～70mmHg。

空气的泄漏或因缓蚀剂作用而产生的氢气，在筒体内少量的积聚就会对制冷机的性能产生影响，严重时机组将无法运行。此外空气的（泄漏）存在，会加剧溴化锂溶液对金属材料的腐蚀作用，造成结晶事故。因此必须及时排除机组中的不凝性气体及泄漏进机组的空气。

图 2-51 表示不凝性气体对制冷量影响的试验结果。

用氮气作为不凝性气体，对不凝性气体的浓度和制冷量的关系进行了试验。

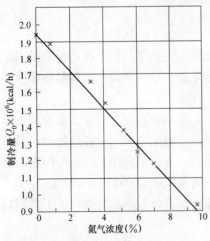

图 2-51 吸收器与蒸发器壳体中氮气浓度与制冷量的关系

氮气的浓度为质量浓度，其表达式为：

$$\varepsilon_N = g_N/(g_N + g_W) \times 100\% \quad (2-38)$$

式中　g_N——吸收器与蒸发器中的氮气量，g；

g_W——吸收器与蒸发器中的水蒸气量，g。

由图 2-51 可知，氮气浓度对制冷机制冷量的影响。例如标准制冷量为 195×10^4 kcal/h（2268kW）的制冷机中，加入 30g 的氮气，即制冷量减少为 100×10^4 kcal/h（1163kW），制冷量减少一半多。

抽除不凝性气体多用以下两种方法：

① 用真空泵的抽真空装置　如图 2-52 所示由冷剂分离器、阻油器、真空泵、电磁阀、阀门及管件组成。

冷剂分离器中装设有冷却水盘管与溶液喷嘴。冷却盘管多通以冷媒水,使喷淋溶液更好地吸收随不凝性气体而带入的水蒸气,减少因真空泵油的乳化而对抽气效果的影响。

真空放气电磁阀与真空泵接在同一电源控制,同步动作,当真空泵停止工作时电磁阀同时动作,切断通气口,另一方面使真空泵进气口与大气相通,防止真空泵油倒流到阻油室或抽气管中。

阻油器为圆桶型,内设两块阻油挡板,防止真空泵突然停止时,真空泵油压入制冷机内,造成溶液的污染。

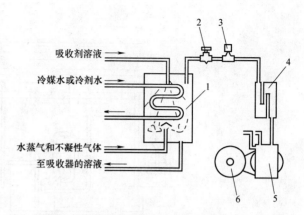

图 2-52　机械真空泵抽气装置
1—冷剂分离器;2—手动截止阀;3—电磁阀;4—阻油器;5—真空泵;6—电机

② 自动抽气装置

自动抽气装置形式有多种,但基本原理大致相同,都是利用溶液泵排出的高压液流做为引射抽气的动力,在机器运行中能连续不断地抽气。

自动抽气装置的抽气量较小,只能在机组正常运行时使用,因此还需配置一套机械真空泵,以便在机组初始抽真空和长期停机和应急时使用。各厂家自动抽真空装置,如图2-53、图 2-54 所示。

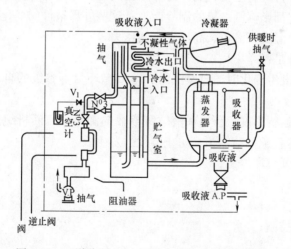

图 2-53　三洋公司 TSA-EW-850TB 自动抽气装置

(8) 屏蔽泵

屏蔽泵是由离心泵与屏蔽电机组和成一体的密封部件,泵的叶轮直接安装在屏蔽电机的轴头上,屏蔽电机的定子和转子各有一非磁性、壁厚 0.25~0.5mm 的不锈钢薄套,以阻止被输送的液体浸入定子和直接浸泡转子而产生腐蚀。

屏蔽泵分立式和卧式两种,电机轴承采用渗树脂石墨轴承,并借助被输送的液体来实

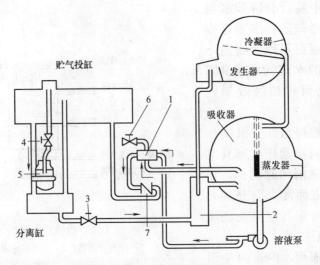

图 2-54 自动抽气装置
1—引射器；2—辅助热交换器；3—溶液回流阀；4—放气阀；5—放气缸；6—阀门；7—止逆阀

现润滑和冷却。

带测量装置的屏蔽泵是在定子绕组上增设一组感应转子偏斜的绕组，当石墨轴承长期使用产生磨损时，转子产生偏移，从而绕组感应产生电流，测量该绕组感应电压的大小，即可得知石墨轴承的磨损程度。

(9) 自动控制与安全保护装置

制冷机的实际运行负荷是变化的，冷却水的流量、温度、冷媒水的出口温度以及工作蒸汽压力等条件变化都影响制冷机的制冷能力，这些外界条件的变化影响着机组的工作参数发生变化（如溶液温度、液位、高压发生器压力等）。

自动控制的任务是：

1) 在外界条件发生变化时通过蒸汽量、溶液循环量等参数的自动检测和调节，使机组高效稳定运行。

2) 通过对机组运行温度、压力和液位等参数的测量，判断机组是否正常运行。发生异常时，能自动报警直至自动停车，防止事故的发生。

3) 按预定程序开机和停机。

自动控制装置有：

1) 冷媒水温度控制；
2) 溶液循环量控制；
3) 蒸汽量控制；
4) 溶液浓度控制；
5) 冷却水温度控制；
6) 蒸汽温度控制。

安全保护装置有：

1) 冷媒水流量保护装置；
2) 高压发生器溶液超温保护装置；

3) 高压发生器压力保护装置；
4) 屏蔽泵电机过电流保护装置；
5) 冷媒水低温保护装置；
6) 高压发生器溶液高温保护装置；
7) 冷剂水液位保护装置；
8) 冷却水断水保护装置；
9) 停车自动稀释装置。

2.3.8 直燃型溴化锂吸收式冷热水机组

1. 直燃型冷热水机组燃料

为了达到环保要求和简化燃烧设备，直燃型冷热水机组大多数采用轻柴油、天然气或城市煤气为燃料。

(1) 液体燃料

① 种类　天然液体燃料如石油；人造液体燃料为各种燃料油，如柴油、重油。

直燃型冷热水机组中使用的液体燃料是将石油炼制得到的柴油和残留的产品重油。

② 特性：

A. 发热量高　燃烧 1kg 石油，产热量为 41.8MJ（10^4 kcal）；燃烧 1kg 煤，产热量仅为 20.9～29.26MJ（5～7kcal）。

B. 含灰分低　几乎不含灰分。燃烧空间所产生的热量可达到 6.27MJ/（m^3·h），并且可无烟燃烧。

C. 便于运输和保管，便于实现管理过程的机械化和自动化。

D. 对环境的污染小，燃烧充分，热效率高，其组成中主要可燃元素是碳和氢，而对环境有害的硫和氮元素的含量很低，对大气污染小。

液体燃料的发热量是指燃烧时所产生的热量，有高发热量与低发热量之分。高发热量 H_h 是包括燃烧时所产生的水蒸气的凝结在内的。实际上从直燃型冷热水机组烟囱排出气体的温度远高于 100℃，因而可利用的热量不包括水蒸气的凝结热。高发热量减去凝结热就称为低发热量 H_L。

重油的低发热量：H_L＝39.774～41.868MJ/kg；

柴油的低发热量：H_L＝40.000～42.500MJ/kg。

黏度是衡量燃料流动性的一个参数，对直燃型冷热水机组的供油量，雾化状态，燃烧情况都有影响。当温度上升时，黏度会显著变小。所以，在表明黏度时，必须说明测量的温度。

表示黏度的指标，除常用的动力黏度 μ（单位 Pa·s）和运动黏度 ν（单位 m^2/s）外，我国目前还使用恩氏黏度 E_t（单位°E），它是用恩氏黏度计在一定温度 t 时测量出来的。

$$E_t＝t℃时200mL 油的流出时间/20℃时200mL 水的流出时间$$

恩氏黏度 E_t 与运动黏度 ν_t 可按下式换算：

$$\nu_t＝0.07319E_t－0.063/E_t$$

对于机械雾化和低压空气雾化喷油嘴，燃油黏度应不超过 4°E；对于重油空气雾化喷油嘴，则应不超过 6°E，油泵前的燃油黏度应不超过 30～40°E，在输油管线中，则应为 20～80°E。如果达不到上述要求，就必须对燃油加热，以降低其黏度。

③ 柴油　柴油主要由烷烃和环烷烃组成，随原油的不同而含有不同量的芳烃和少量的烯烃。

柴油又可分为轻柴油和重柴油，轻柴油又称轻油，是直燃型冷热水机组的主要燃料。下面主要介绍轻柴油。

轻柴油为淡黄色液体，主要由 $C_{15} \sim C_{24}$ 的烃类（即碳氢化合物）组成，燃烧性能较好。含硫、有机酸很少，基本不含无机酸或碱，因此，对机件和储油设备无腐蚀性。轻柴油的发热量为：42.622～42.998MJ/kg，密度为 0.83～0.86g/cm³。轻柴油的元素组成如表 2-1 所示。轻柴油的主要可燃元素是碳和氢，它们约占可燃成分的 98％以上。轻柴油中对环境有害的硫和氮元素的含量很低，有利于保护大气环境。

轻柴油的元素组成（％）　　　　　表 2-1

C	H	O+N	S	水分	灰分
85～86	13～14	0.5～0.7	0.2～0.5	0	<0.01

我国轻柴油凝固点分为六种牌号：

10 号轻柴油——适合于有预热设备的燃油炉或柴油机。

0 号轻柴油——适合于最低气温为 4℃以上的地区使用，即长江以南地区。

-10 号轻柴油——适合于最低气温为-5℃以上的地区使用，长江以北，黄河以南地区。

-20 号轻柴油——适合于最低气温为-5～-14℃的地区使用，华北地区。

-25 号轻柴油——适合于最低气温为-14～-29℃的地区使用，东北、西北和北方地区。

-50 号轻柴油——适合于最低气温为-29～-44℃的地区使用，我国北方极度寒冷区。

10 号、0 号、-10 号轻柴油的运动黏度（20℃时）为 3.0～8.0mm²/s；

-20 号轻柴油为 2.5～8.0mm²/s；

-25、-50 号轻柴油为 1.8～7.0mm²/s。

④ 重油　重油是原油加工后的各种残渣油，与原油相比，含有更多的氧化物、氮化物、水分和机械杂质。重油的发热量为 39.356～41.031MJ/kg。重油比水轻，密度为 0.94～0.98g/cm³。一般呈深褐色，重油的元素组成见表 2-2。重油的主要可燃元素是 C 和 H，占可燃成分的 95％以上。

重油的元素组成（％）　　　　　表 2-2

C	H	O+N	S
85～88	10～13	0.5～1.0	0.2～1.0

重油的黏度大，含 C 量就大，含 H 量小。重油中含 O 和 N 很少，重油中的 S 虽然含量不多，但危害很大，我国大部分地区重油的含硫量都在 1％以下。重油含水多时，不仅降低了重油的发热量和燃烧温度，而且还由于水分的汽化而影响供油设备的正常运行。水分太多，应设法去掉，目前一般都是在贮油灌中用自然沉淀的办法使油水分离。为了保证供油设备和燃烧装置的正常运行，应当安装过滤器，除去重油中的机械杂质。

我国重油共有四种牌号,即20、60、100和200号重油。其命名是按照该种重油在50℃时的恩氏黏度来确定的。20号重油是由直馏残油或裂化残油掺入轻油调和而成,可用于无预热设备的直燃型冷热水机组中。60、100和200号重油黏度较大,必须有预热设备和离心式机械雾化器等附属设备。

(2) 气体燃料

① 种类　气体燃料有三类:即天然气、人工气体燃料和液化石油气。

天然气又包括:纯天然气、石油伴生气、凝析油气、矿井气。

人工气体燃料又包括:固体燃料干馏煤气、固体燃料气化煤气、高炉煤气等。

② 特性:

A. 优点:(与液体燃料相比较)

a. 易与空气混合,用最小的过剩空气系数就可以保证燃烧;

b. 可以预热,故可提高气体燃烧的燃烧温度;

c. 燃烧过程易于控制,燃烧室内气氛和参数容易调节;

d. 输送和维护操作方便;

e. 燃烧后无灰渣等残余物,不污染环境。

B. 缺点:气体燃料常含有对人体有毒的成分,还会与空气形成爆炸性混合气,某些成分会引起腐蚀,故使用时必须重视以下各点:

a. 对人的毒性:H_2S、HCN、CO、SO_2、NH_3、C_6H_6 等有毒成分的含量不得超过国家标准。

b. 爆炸极限:在燃烧装置停止工作时,由于阀门关闭不严等因素,有可能使燃气漏入燃烧装置并与空气混合而达到爆炸极限,当再次启动点火时,就会引起爆炸事故。因此在燃烧装置启动点火前,应先用空气吹扫,除去其中可能存在的燃气。

c. 对管道的腐蚀:H_2S、HCN、SO_2、CO_2 等在水中呈酸性,而 NH_3 在水中呈碱性,O_2 在水中会引起氧腐蚀。当燃气中含有上述成分并含有水分时,将腐蚀管道,造成流道阻力的增加,影响使用寿命,故必须设置过滤器除去燃气中的水分。

C. 化学组成:气体燃料皆为混合气体,其中有可燃气体,也有不可燃气体。可燃气体成分有 CO、H_2、CH_4 气态碳氢化合物及 H_2S 等。不可燃气体成分有 CO_2、N_2 和少量的 O_2。另外还含有水蒸气、焦油蒸气及粉尘等固体微粒。几种气体燃料的化学组成如表2-3、表2-4、表2-5所示。

天然气的化学组成(气体分数)　　表2-3

成　分	%	成　分	%
CH_4	85～95	H_2	0.4～1.5
C_nH_m	3.5～7.3	CO_2+SO_2	0.5～1.5
N_2	1.5～5.0	H_2S	0～0.9
CO	0.1～0.3	O_2	0.2～0.3

2. 燃烧

直燃型冷热水机组所用的液体燃料主要是轻柴油,还有重油。使用气体燃料主要是天然气。

我国几种人工煤气的特性（干煤气：0℃，101.3kPa） 表 2-4

煤气种类	密度 kg/m³	质量定容比热 (kJ/m³℃)	高热值 H_h (kJ/m³)	低热值 H_L (kJ/m³)	动力黏度 (10^{-6}Pa·s)	运动黏度 (10^{-6}m²/s)
焦炉煤气	0.4686	1.3900	19820	17618	11.603	24.76
直立炉煤气	0.5527	1.3829	18045	16136	12.475	22.60
混合煤气	0.6695	1.3691	15412	13858	12.152	18.29

上海市管道煤气成分及其特性（体积分数） 表 2-5

成分	单位	数值	成分	单位	数值
CO	%	20	CO_2	%	4.5
H_2	%	4/8	含湿量	kg/m³(标准)	0.013
O_2	%	0.8	密度	kg/m³(标准)	0.671
N_2	%	12	质量定容比热	kJ/m³(标准)	1.377
CH_4	%	13	低热值	kJ/m³(标准)	13.978
C_nH_m	%	1.7			

（1）液体燃料的燃烧

液体燃料的燃烧为多相扩散的燃烧，并且多采用喷嘴雾化的方法。油滴燃烧所需的时间就是油滴完全气化所需的时间。为了缩短油滴燃烧时间，必须减少油滴直径和合理的配风。这主要由直燃型冷热水机组中组成燃烧器的喷油嘴和配风器来完成。

喷油嘴的作用是：燃料油在高压下（油泵提供的压力）通过喷油嘴分裂成许多细小而分散的油滴，以增加单位油质量的表面积，使其能与周围空气进行更好地混合氧化燃烧。160℃时，油滴中的低碳分子就燃烧、放热，又加快了温升，促进了高分子烃的蒸发与着火。

配风器的作用：主要是给燃油提供完全燃烧的最低空气量，并形成一个有利的空气动力场。使空气与油雾混合良好，以使燃油迅速着火，充分燃尽。

如果液体燃料燃烧时所需的空气量的计算值为 V_0，实际上要使燃料完全燃烧，所需的空气量 V_n 要超过 V_0 值，V_n 与 V_0 的比值称为过剩空气系数 n：

$$n = V_n/V_0 \approx 1.1 \sim 1.3$$

（2）气体燃料的燃烧

气体燃料与空气混合后形成可燃混合物，这种可燃混合物即使在较低温度下仍有缓慢的氧化反应。若反应产生的热量大于可燃混合物向外散失的热量，则温度会不断上升，并使反应加速，从而导致着火燃烧。而在常压下必须达到一定的温度才能引起燃烧，这个温度就是可燃气体的着火温度。表 2-6 列出了各种可燃气体、混合物的着火温度。

在直燃型冷热水机组的燃烧器里，都附有电点火器，点火后首先使部分可燃混合物着火，然后传向其余部分。常温下可燃气体同空气的混合物只有在一定的比例范围内才能燃烧，即着火范围，如表 2-7 所示。

可燃混合物的着火温度 表 2-6

名　称	着火温度(℃)	名　称	着火温度(℃)
氢气	530～590	丁烷	490～569
一氧化碳	610～658	高炉煤气	600～700
甲烷	645～790	焦炉煤气	500～550
乙烷	530～594	发生炉煤气	600～700
丙烷	510～588	天然气	530～650

可燃气体的着火范围（体积分数） 表 2-7

气体名称	体积分数(%)		气体名称	体积分数(%)	
	下限	上限		下限	上限
氢气	4.0	75.0	乙烯	3.1	32.0
一氧化碳	12.5	74.0	发生炉煤气	20～25	65～75
甲烷	5.3	15.0	高炉煤气	35～46	62～77
乙烷	3.0	12.5	焦炉煤气	5～7	21～31
丙烷	2.2	9.5	天然气	4.5～5.5	13～17
丁烷	1.9	8.5			

（3）过剩空气系数和排烟热损失的关系

在直燃型冷热水机组中，为了适应负荷的需要，必须随时调节喷油量或可燃气体量。在使用燃烧器时，还必须随时调整过剩空气系数，使燃烧器工作于稳定的燃烧范围内，否则，供应空气量过多，超出其稳定燃烧范围时，会引起火焰不稳定或吹灭火焰。而供应空气量过少，则会引起火焰延伸或一氧化碳增加，并诱发在烟道中的二次燃烧，这是相当危险的。所以必须规定排烟中的 CO 含量在 0.05% 以下，并尽可能减少排烟中的含氧量。减少过剩的空气量，可减少排热损失，达到节能的目的，还可以减少 NO_x 的排放量，减少对环境的污染。

3. 燃气燃烧器与燃油燃烧器及其控制

（1）燃气燃烧器及其燃气控制管路

燃气燃烧器是一种强制通风和二次混合调节的工业型燃气燃烧器，调节特性能满足燃烧气体吸收式制冷机组的应用。当气体燃料与空气混合后，如果空气与燃料的比率在一定范围内时，则这种混合物能被点燃并将燃烧。例如要使天然气获得完全燃烧时，空气与天然气混合气中天然气约占 9.55%。如果混合气中天然气低于 4.9% 或超过 13.5% 时，将无法点燃。燃气燃烧器的作用就是在整个工作范围或工作空间内使形成的混合气达到预定的混合比。采用全自动比例控制系统，风门装于燃烧空气鼓风机的出口，燃气控制阀位于燃烧器燃气管道的上侧。燃烧空气和燃气流量是分别控制的。RSG 燃气燃烧器和 L-1000-1100 型燃气控制管路（均为 Trane 产品）见图 2-55 与图 2-56。

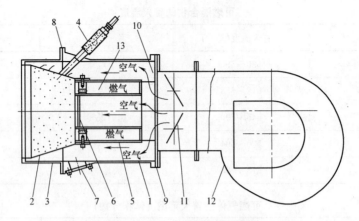

图 2-55 RSG 型燃气燃烧器
1—燃烧器外壳；2—火焰稳定器；3—鼓风管；4—导引燃烧器；
5—燃器总管（喷嘴）；6—挡板（1）；7—窥视孔；8—密封垫；
9—挡板（2）；10—空气阀；11—空气阀；12—鼓风机；13—喷嘴口

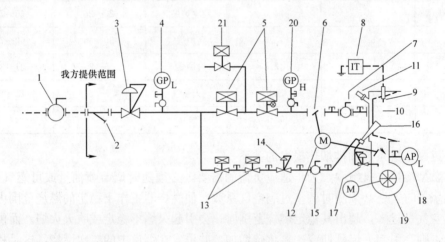

图 2-56 L-1000-1100 型燃气控制管路
1—截止阀；2—除污器；3—主燃气调节器；4—低压燃气压力开关；
5—安全切断阀；6—控制阀（蝶式）；7—燃气截止阀；8—点火变压器；
9—点火电极；10—主燃烧器；11—火焰指示器；12—风门与阀门控制马达；
13—导引燃气切断阀；14—导引燃气调节器；15—导引燃烧器；16—导引燃
气截止阀；17—导引空气调节器；18—空气压力开关；19—燃烧空气
鼓风机；20—高压燃气压力开关；21—常开通风阀

(2) 燃油燃烧器及其控制部件

LTP 型燃油燃烧器既可以燃烧煤油，又可以燃烧重油。煤油燃烧器不能使用重油燃料，重油燃烧器也不能使用煤油燃料。LTP 型燃烧器采用高压喷射型强制通风方式。燃油流量由燃油计量阀控制，与燃烧风门联动的燃油计量阀由控制电机进行调节。LTP 型燃油燃烧器及其 L-300-1100 型油控制部件（均为 Trane 产品）见图 2-57 和图 2-58。

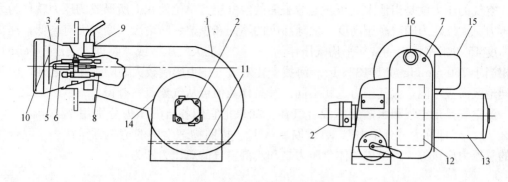

图 2-57 LTP 型燃油燃烧器
1—燃烧器外壳；2—燃油泵；3—燃烧筒；4—点火电极；5—旁路喷嘴；6—喷嘴本体；7—火焰检测器
（Cds C554A）；8—油旁路管；9—燃烧器铰链；10—导流器（扩散器）；11—风门；
12—鼓风机叶轮；13—鼓风机叶轮/油泵电机；14—风道；15—点火变压器；16—检查口

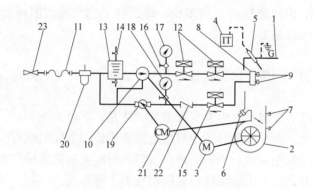

图 2-58 L-300-1100 型油控制部件
1—油燃烧器；2—鼓风机；3—鼓风机—泵电机；4—点火变压器；5—点火电极；6—火焰探测器；
7—空气压力计旋塞；8—喷嘴本体；9—喷嘴；10—油泵；11—柔性管；12—油截止阀；13—空气
分离器；14—空气抽气阀；15—回油截止阀；16—压力计截止阀；17—喷嘴压力计；18—回油压
力计；19—油控制阀；20—油过滤器；21—控制阀—风口电机；22—回油截止阀；23—油切断阀

2.4 空调原理及空气焓—湿图（h—d 图）

2.4.1 湿空气的物理性质

湿空气的物理性质通常用温度、湿度、比容、压力、焓等参数来衡量。与空气调节密切相关的空气参数有：

1. 温度

温度是表示空气冷热程度的物理量，空气温度高低对人的舒适和健康、对某些生产过程的影响很大。因此，在空气调节中，温度是衡量空气环境对人和生产是否合适的一个非常重要的参数。

2. 压力

空气的压力就是当地大气压。地球表面的空气层在单位面积上所形成的压力就称为大气压力。大气压力随着海拔高度、地球纬度的不同和季节、晴雨天气变化而有高低，通常以纬度45°处海平面上的常年平均气压作为一个"标准大气压"或"物理大气压"（atm），它相当于760 mmHg或101325 Pa。海拔变化对大气压力影响较大。除了纬度之外，由于不同地区海拔不同，大气压力也就不同。其具体数值可从气象资料查得。

湿空气是干空气和水蒸气的混合气体。如果把它们各自的压力分别用 p_g、p_c 表示，那么 p_g、p_c 即称为"分压力"，单位取 mmHg。按照物理学中的道尔顿定律——混合气体的总压力应该等于各组成气体分压力之和。湿空气的总压力即为：

$$p = p_g + p_c \tag{2-39}$$

式中　p——湿空气的总压力，一般即大气压力B，Pa；

　　　p_g——干空气的分压力，Pa；

　　　p_c——水蒸气的分压力，Pa。

水蒸气的分压力这个参数在空气调节中经常用到。在一定温度下，空气中水蒸气分压力的大小反映了空气中水蒸气的含量多少，即反映了空气的潮湿程度。水蒸气分压力越大，空气中的水蒸气就越多。

3. 湿度

空气湿度是指空气中所含水蒸气量的多少，通常可以用绝对湿度、相对湿度、含湿量等来表示。

绝对湿度即每立方米湿空气中含有水蒸气的质量，单位为 kg/m^3。而某一温度下，湿空气中水蒸气的含量达到最大值时的绝对湿度则称为饱和空气的绝对湿度。由于温度不同时，湿空气的容积会发生变化，所以，湿空气的绝对湿度只能表示在某一温度下每立方米空气中水蒸气的实际含量，不能准确地说明空气的干湿程度。

为了能准确说明空气的干湿程度，在空调中采用了相对湿度这个参数。它是空气的绝对湿度 r_z 与同温度下饱和空气的绝对湿度 r_B 的比值，也可以定义为湿空气的水蒸气分压力 p_q 与同温度下饱和湿空气的水蒸气分压力 p_{qb} 之比，用符号 ϕ 表示。相对湿度一般用百分比表示，写作：

$$\phi = r_z/r_B \times 100\% = p_q/p_{qb} \times 100\% \tag{2-40}$$

相对湿度表明了空气中水蒸气的含量接近于饱和含量的程度。显然，ϕ 值越小，表明空气越干燥，吸收水分的能力越强；ϕ 值越大，表明空气越潮湿，吸收水分的能力越弱。相对湿度 ϕ 的取值范围在 0~100% 之间，如果 $\phi=0$，表示空气中不含水蒸气，属干空气；如果 $\phi=100\%$，表示空气中的水蒸气含量达到最大值，成为饱和湿空气。因此，只要知道 ϕ 值的大小，即可得知空气的干湿程度，从而判断是否对空气进行加湿或去湿处理。

含湿量（又称比湿度）是指1kg干空气的湿空气所含的水蒸气量，通常用符号 d 表示，单位是 g/kg（干空气）[或用 kg/kg（干空气）]。含湿量反映了对空气进行加湿或去湿处理过程中水蒸气量的增减情况。之所以用1kg干空气作为衡量标准，是因为对空气进行加湿或减湿处理时，干空气的质量是保持不变的，仅水蒸气含量发生变化，所以空调工程计算中，常用含湿量的变化来表达加湿和去湿程度。

4. 湿空气的密度

湿空气的密度等于干空气密度与水蒸气密度之和。在基准条件下（压力为101325Pa，温度为293K，即20℃）干空气的密度 $\rho_g=1.205$ kg/m³，而湿空气的密度 ρ 比干空气密度 ρ_g 小，在实际计算时，可近似取 $\rho=1.2$ kg/m³。

5. 湿空气的焓

在空气调节中，可以认为空气的焓表示单位质量的湿空气所含有的总热量，对含湿量为 d 的湿空气，即 $(1+0.001d)$ 公斤的湿空气，它的焓 h（kJ/kg干空气）

$$h=1.01t+0.001d(2500+1.84t) \tag{2-41}$$

式中 t——空气的温度，℃；

1.01——干空气的定压比热 c_p，kJ/(kg·℃)；

d——湿空气的含湿量，g/kg干空气；

2500——0℃时水的汽化潜热，kJ/kg；

1.84——水蒸气的定压比热 c_p，kJ/(kg·℃)；

湿空气的焓主要取决于湿空气的温度和分压力。通常我们把公式中 $(1.01+0.001d\times1.84)t$，随温度而变化的热量，称作空气的显热部分；而 $0.001d\times2500$ 是0℃时水的汽化热，称作潜热部分。

在上述空气物理参数中，温度、含湿量、相对湿度和焓是空气调节中要讨论的四个主要参数。这四个参数既彼此独立而又相互联系，在一定大气压力下如果知道其中任意两个参数，就可以确定某一空气状态，并得到其他参数。

2.4.2 湿空气的焓湿图及应用

1. 空气的焓湿图

在实际的工作中，经常需要确定湿空气的状态及其变化过程。为了简便地完成这些工作，人们把一定大气压下空气各参数间的关系用图线表示出来，这就是焓湿图（h—d 图，如图2-59所示）。焓湿图是空气调节设计计算和运行管理的重要工具。湿空气的焓湿图是用斜坐标构成，其基本坐标轴 h、d 之间的夹角为135°，纵坐标表示湿空气的焓值，与纵坐标成135°夹角的斜坐标表示湿空气的含湿量 d。为了图面的清晰和便于运用，除采用斜坐标外，还作一水平辅助轴代替实际轴。在辅助轴上取一定的间距作为一克含湿量之值，这样，d 轴变成了水平轴。焓湿图上可表示等焓线、等含湿量线、等温线、等相对湿度线、水蒸气分压力线、热湿比线等。

等焓线是一组与纵坐标成135°夹角的相互平行的斜线，每条线代表一焓值且每条线上各点的焓值都相等。

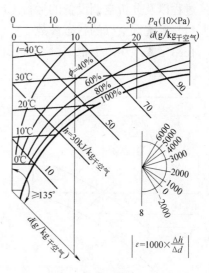

图 2-59 焓湿图的应用

等含湿量线是一组垂直于水平轴的直线，每条线代表一含湿量且每条线上各点的含湿量值都相等。绘图时，两条等含湿量线的间距与两条等焓线的间距的比值应为 1:1.5。

等温线是一组斜线，每条线代表一温度且每条线上各点的温度值都相等，但仔细看，可以发现这些等温线彼此间并不平行，其斜率的差别在于1.84t，温度越高的等温线斜率越大，即越向右上方倾斜。由于在空调范围（−10～40℃）内，温度对斜率的影响不明显，所以等温线又近似平行。

等相对湿度线是一组向上延伸的发散形曲线，每条线代表一相对湿度且每条线上各点的相对湿度值都相等。其中，$\phi=0$的曲线，说明此时空气的含湿量$d=0$，即为图像的纵坐标；$\phi=100\%$，说明空气的含湿量达到最大值，表示空气此时为湿饱和状态。$\phi=100\%$的湿饱和状态曲线把焓湿图分成两个部分：饱和线左上方为空气的未饱和状态部分，即水蒸气的过热状态区；饱和线右下方为空气的过饱和状态部分，过饱和状态的空气是不稳定的，往往出现凝露现象，形成水雾，故这部分区域也称为雾状区域或"水雾区"。

一般在焓湿图的周边或右下角给出热湿比（或称角系数）ε线。热湿比的定义是湿空气的焓变化与含湿量变化之比，即

$$\varepsilon = \Delta h / \Delta d \tag{2-42}$$

热湿比有正有负并代表湿空气状态变化的方向。

在一定的大气压下，水蒸气的分压力p_q值与含湿量d值之间是一一对应的，即给定一个d值就可以得到一个p_q值。为了表征这一关系，作一条p_q—d变换线，画在焓湿图的上方，已知空气的d值时，通过的p_q—d变换线就可以直接查出p_q值；反之，已知p_q值，亦可以通过p_q—d的变换线查出d值。

需要强调的是：空气的状态与大气压力有关，每张焓湿图都是根据某一大气压力绘制的，只是因为差别不大，空调工程上多采用标准大气压下绘制的焓湿图。

2. 焓湿图的应用

焓湿图不仅可以用来确定空气状态参数，还可以表明空气的状态在热湿交换作用下的变换过程以及分析空调设备的运行工况。

（1）确定湿空气的状态参数

在给定大气压力下根据湿空气任何两个已知参数在h—d图上确定状态点，并求得其他状态参数。

例如：已知大气压力为760mmHg（101325Pa），空气的$t=25℃$，$\phi=60\%$，那么从附图湿空气h—d图可得到其他各状态参数值。

首先根据t、ϕ值在h—d图上定出状态点A，如图2-60，然后通过A点沿等含湿量线向上得到$d_a=0.012$kg/kg干空气，$p_a=1.8$kPa。查通过A点的等焓线可得$h_a=54.5$kJ/kg。再通过A点沿等温线向右延伸至饱和线即$\phi=100\%$线的交点B即得到A点状态空气的饱和点，进而得到其饱和含湿量$d_b=0.02$kg/kg干空气，饱和状态水蒸气分压力$p_b=3.2$kPa。

据湿空气露点的含义，如果把状态A的

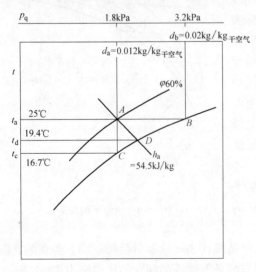

图2-60 湿空气h—d图

空气等湿冷却到饱和曲线的 C 点，C 点就是 A 点状态空气的露点。露点温度 $t_l=t_c=16.7℃$。

如果通过 A 点沿等焓线向右下方向延伸到与饱和曲线相交，其交点为 D，那么相应温度 $t_d=19.4℃$，则称为 A 点状态空气的湿球温度 t_s，点 D 又叫做湿点。

(2) 表示空气的状态变化过程

空气加热、加湿、冷却、去湿处理时，其状态要发生变化。确定其变化过程及变化方向仍需借助焓湿图，用过程线来表示空气状态在热湿交换作用下的变换过程。

设空气初始状态为 A，质量为 G（kg），每小时加入空气的总热量为 Q（kJ），加入的水蒸气量为 W（kg），于是该空气因加热、加湿变化到状态 B。连接 AB，直线 AB 即表示空气从 A 到 B 的变化过程（见图 2-61）。

在空气状态变化过程中，对于 G（kg）空气而言，焓值变化为：

$$\Delta h = h_B - h_A = Q/G \quad (2-43)$$

含湿量变化为：

$$\Delta d = d_b - d_a = 1000W/G \quad (2-44)$$

热湿比为

$$\varepsilon = 1000 \times \Delta h/\Delta d = Q/W \quad (2-45)$$

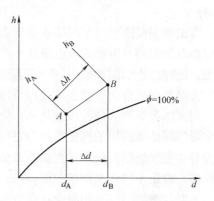

图 2-61 空气状态的变化过程

式中　Q——加入的热量，kJ；

　　　W——加入的水蒸气量，kg。

热湿比 ε 实际上就是直线 AB 的斜率，它反映了空气状态的变化方向。如果知道某一过程的初状态，又知道其变化的热湿比，那么再知道其终状态的一个参数即可确定空气状态变化过程的方向和变化后的终状态。实际应用时，只需把等值的 ε 标尺线平移到空气状态点，就可绘出该空气的状态变化过程。

空气的加热、冷却、加湿、去湿四种处理过程在焓湿图上表示如图 2-62。

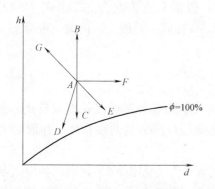

图 2-62 空气的处理过程

等湿加热（也叫干式加热）处理。在空调过程中，常用电加热器或表面式热水换热器（或蒸汽换热器）来处理空气，使空气的温度升高，但含湿量保持不变。处理过程如图 2-62 中 $A—B$ 所示。冬季用热水或蒸汽暖气片加热器的空气状态变化过程就属此类过程。

冷却处理分为等湿冷却（也叫干式冷却）处理和去湿冷却处理。用表面冷却器或蒸发器处理时，如果表面冷却器或蒸发器的温度低于空气的温度，但又未达到空气的露点温度，就可以使空气冷却降温但不结露，空气的含湿量保持不变。

这种处理称为等湿冷却处理。处理过程如图 2-62 中 $A—C$ 所示。用表面冷却器或蒸发器处理时，如果表面冷却器或蒸发器的温度低于空气的露点温度，则空气的温度下降，并且由于多余水蒸气的析出，使含湿量也在不断减少。这种处理称为去湿冷却处理。表面冷却器盘管外表面平均温度称为"机器露点"。处理过程如图 2-62 中 A—D 所示。

在冬季和过渡季节，室外含湿量一般比室内空气含湿量要低，为了保证相对湿度要求，往往要向空气中加湿。加湿处理可分为等焓加湿处理、等温加湿处理等。

冬季，集中式空调系统用喷水室对空气进行喷淋加湿，加湿过程中使用的是循环水。在喷淋过程中，空气的温度降低，相对湿度增加，由于空气传给水的热量仍由水分蒸发返回到空气中，所以空气的焓值 h_A 不变。这种处理称为等焓加湿处理。处理过程如图 2-62 中 A—E 所示。

等温加湿可通过向空气喷水蒸气而实现。加湿用的蒸汽可以用锅炉产生的低压蒸汽，也可由电加湿器（电热式或电极式）产生。空气增加水蒸气后，含湿量增加，但温度近似不变。处理过程如图 2-62 中 A—F 所示。

去湿处理可分为等焓去湿处理与冷却去湿处理。

用固体吸湿剂（硅胶或氯化钙）处理空气时，空气中的水蒸气被吸附，含湿量降低，而水蒸气凝结所放出的汽化热使得空气温度升高，所以，空气的焓值基本不变。这种处理称为等焓去湿处理。处理过程如图 2-62 中 A—G 所示。

(3) 确定不同状态空气的混合态

不同状态的空气互相混合，在空调中是常有的，根据质量与能量守恒原理，若有两种不同状态的空气 A 与 B，其质量分别为 G_A 与 G_B，则可写出：

$$G_A h_A + G_B h_B = (G_A + G_B) h_C \tag{2-46}$$

$$G_A d_A + G_B d_B = (G_A + G_B) d_C \tag{2-47}$$

式中 h_C, d_C 分别为混合态的焓值与含湿量。

由式（2-46）及式（2-47）可得

$$\frac{G_A}{G_B} = \frac{h_C - h_B}{h_A - h_C} = \frac{d_C - d_B}{d_A - d_C} \tag{2-48}$$

$$\frac{h_C - h_B}{d_C - d_B} = \frac{h_A - h_C}{d_A - d_C} \tag{2-49}$$

在 h—d 图上（见图 2-63）示出 A、B 两状态点，假定 C 点为混合态，由式（2-49）可知，A→C 与 C→B 具有相同的斜率。因此，A，C，B 在同一直线上。同时，混合态 C 将 $\overline{AB}$ 线分为两段，即 $\overline{AC}$ 与 $\overline{CB}$，且

$$\frac{\overline{CB}}{\overline{AC}} = \frac{h_C - h_B}{h_A - h_C} = \frac{d_C - d_B}{d_A - d_C} = \frac{G_A}{G_B} \tag{2-50}$$

显然，参与混合的两种空气的质量比与 C 点分割两状态联线的线段长度成反比。据此在 h—d 图上求混合状态时，只需将 $\overline{AB}$ 线段划分成满足 G_A/G_B 的两段长度，并取 C 点使其接近空气质量大的一端，而不必用公式求解。

两种不同状态空气的混合，若其混合点处于"结雾区"（见图 2-64），则此种空气状态是饱和空气加水雾，是一种不稳定状态。假定饱和空气状态为 D，则混合点 C 的焓值 h_C 应等于 h_D 与水雾焓值 $4.19 t_D \Delta d$ 之和，即

$$h_C = h_D + 4.19 t_D \Delta d \tag{2-51}$$

在式（2-51）中，h_C 已知，h_D、t_D 及 Δd 是相关的未知量，可通过试算找到一组满足式（2-51）的值，则 D 状态即可确定。

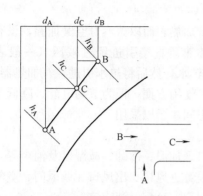 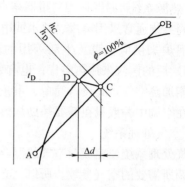

图 2-63 两种空气状态的混合（非雾区）　　　图 2-64 两种空气状态的混合（结雾区）

2.4.3 空调系统

1. 空调系统的组成及分类

(1) 空调系统的组成

空气调节系统一般由以下几部分组成：冷热源、空气处理部分、空气输送及分配部分、自动控制部分等。图 2-65 所示为一典型的空气调节系统原理图。

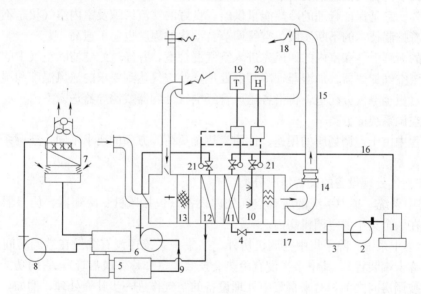

图 2-65　空气调节装置的基本组成图

冷源系统：5—制冷机组；6—冷水循环泵；7—冷却水塔；8—冷却水循环泵；9—冷水管系
热源系统：1—锅炉；2—给水泵；3—回水过滤器；4—疏水器；16—蒸汽管；17—凝水管
空气处理系统：10—空气加湿器；11—空气加热器；12—空气冷却器；13—空气过滤器
空气输送与分配系统：14—风机；15—送风管道；18—空气分配器
自动控制系统：19—温度控制器；20—湿度控制器；21—冷、热能量自动调节阀

1) 冷源系统

空气调节装置的冷源是指用来使空气降温、减湿的制冷装置。制冷装置主要有活塞式、螺杆式、离心式或吸收式等制冷机。

2）热源系统

空调系统通常采用蒸汽、热水或电能对空气进行加热，而以蒸汽对空气加湿。设有辅助取暖锅炉来供应空调、生活等用的蒸汽。空气加热器直接引进经过减压（一般表压0.3MPa）后的蒸汽来加热空气；也有采用蒸汽先加热水，然后将热水引进空气加热器的。采用电能加热空气，其设备简单、重量轻、体积小、使用方便，但为节约电能、降低电源负荷，在空调中一般只在需要辅助加热或某些特殊房间才予以采用。

3）空气处理系统

空气处理系统要完成对空气的混合、净化、加热、加湿、冷却、减湿以及消声等，以得到空调所需要的空气参数。所以，必须在系统内设置进风口、出风口、调风门、空气过滤器、加热器、加湿器、冷却器、挡水板以及空气混合、分配、消声室等。

4）空气输送和分配系统

空气能量输送和分配系统设有通风机，进排风管，空气分配器（布风器）或空气诱导器等。它把经过空调器处理好的空气输送和分配到各空调房间，并将室内的污浊空气排出室外，采用空气分配器或诱导器使空调室内得到均匀送风和满意的气流组织。

5）自动控制系统

空气调节的自动控制系统用于自动控制空调室内的空气温度、湿度及其所需冷热源的能量供给等。它是保证合理的冷热能量供给、良好的气流组织及室内空气状态不可缺少的设备。随着控制技术的不断发展，空气调节自动化的程度也愈来愈高。

外界的新鲜空气和室内的回风先进入空气混合室，并经过滤器清除空气中的尘埃，再经风机送至空气加热器、加湿器、冷却器处理，使空气达到要求的送风温度和湿度。然后空气经挡水板至空气分配室，再沿各送风管经空气分配器或诱导器送入室内。

(2) 空调系统的分类

在工程中由于空调场所的用途、性质、热湿负荷等方面的要求不同，空调系统可分为许多种类。

1）按空气处理设备的设置情况分类

① 集中系统　集中系统的所有空气处理设备（包括风机、冷却器、加湿器、过滤器等）都设在一个集中的空调机房内。

② 半集中系统　除了集中空调机房外，半集中系统还设有分散在被调房间内的二次设备（又称末端装置），其中多半设有冷热交换装置（亦称二次盘管），它的功能主要是在空气进入被调房间之前，对来自集中处理设备的空气作进一步补充处理，例如，诱导空调系统就属于半集中系统。

③ 全分散系统　（局部机组）这种机组把冷、热源和空气处理、输送设备（风机）集中设置在一个箱体内，形成一个紧凑的空调系统。可以按照需要，灵活而分散地设置在空调房间内，因此局部机组不需集中的机房。

2）按负担室内负荷所用的介质种类分类

① 全空气系统　是指空调房间的室内负荷全部由经过处理的空气来负担的空调系统。低速集中式空调系统、双管高速空调系统均属这一类型。由于空气的比热较小，需要用较多的空气量才能达到消除余热余湿的目的，因此要求有较大断面的风道或较高的风速。

② 全水系统　空调房间的热湿负荷全靠水作为冷热介质来负担。由于水的比热比空

气大得多,所以在相同条件下只需较小的水量,从而使管道所占的空间减小许多。但是仅靠水来消除余热余湿,并不能解决房间的通风换气问题,因而通常不单独使用这种方法。

③ 空气—水系统 随着空调装置的日益广泛使用,大型建筑物设置空调的场合愈来愈多,全靠空气来负担热湿负荷,将占用较多的建筑空间,因此可以同时使用空气和水来负担空调的室内负荷。诱导空调系统和带新风的风机盘管系统就属这种形式。

④ 冷剂系统 这种系统是将制冷系统的蒸发器直接放在室内来吸收余热余湿。这种方式通常用于分散安装的局部空调机组,但由于冷剂管道不便于长距离输送,因此这种系统不宜作为集中式空调系统来使用。

3)根据集中式空调系统处理的空气来源分类

① 封闭式系统 它所处理的空气全部来自空调房间本身,没有室外空气补充,全部为再循环空气。因此房间和空气处理设备之间形成了一个封闭环路[图 2-66(a)]。封闭式系统用于密闭空间且无法(或不需)采用室外空气的场合。这种系统冷、热消耗量最省,但卫生效果差。当室内有人长期停留时,必须考虑空气的再生。这种系统应用于战时的地下庇护所等战备工程以及很少有人进出的仓库。

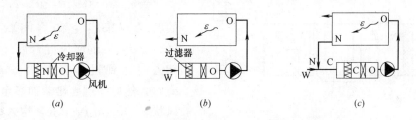

图 2-66 按处理空气的来源不同对空调系统分类示意图
(a) 封闭式;(b) 直流式;(c) 混合式
(N 表示室内空气,W 表示室外空气,C 表示混合空气,O 表示冷却器后空气状态)

② 直流式系统 它所处理的空气全部来自室外,室外空气经处理后送入室内,然后全部排出室外[图 2-66(b)],因此与封闭系统相比具有完全不同的特点。这种系统适用于不允许采用回风的场合,如放射性实验室以及散发大量有害物的车间等。为了回收排出空气的热量或冷量用来加热或冷却新风,可以在这种系统中设置热回收设备。

③ 混合式系统 从上述两种系统可见,封闭式系统不能满足卫生要求,直流式系统经济上不合理,所以两者都只在特定情况下使用,对于绝大多数场合,往往需要综合这两者的利弊,采用混合一部分回风的系统。这种系统既满足卫生要求,又经济合理,故应用最广。图 2-66(c) 就是这种系统图式。

混合式系统又可分为两种形式:一种是回风与室外新风在喷水室(或空气冷却器)前混合,称一次回风式,另一种是回风与新风在喷水室前混合并经喷雾处理后,再次与回风混合,称二次回风式。

4)其他分类

① 按系统风量调节方式分类 此种分类是按照风机风量是否保持一定来划分类型的。如果空调系统的风机送风量一定,则此系统称为定风量系统。它的特点是依靠送风温度的变化来调节房间的温度和湿度。如果空调系统的风机送风量可以改变,此系统称为变风量系统。它的特点是通过改变风量的大小来适应室内负荷的变化,以达到调节室内所需参数

的目的。

② 按风道中风速分类 按风道中风速分类，空调系统可分为低速系统和高速系统。低速系统是指主风道风速在 10～15m/s 之间，其特点是为保持整体送风量，风道截面积较大，占用建筑面积较多。高速系统是指主风道风速为 20～30m/s；其特点是风道截面积小，占用建筑面积较小，但与低速系统相比，高速系统的能耗，噪声都较低速系统大。

③ 按系统蓄能分类 按系统蓄能分类，空调系统可分为蓄冷式空调系统与非蓄冷式空调系统。

2. 集中式空调系统

集中式空调系统属典型的全空气系统。工程上常见的集中式空调系统有三种：直流式空调系统，一次回风式空调系统、二次回风式空调系统。这里以最常见的一次回风式空调系统为例，说明其工作原理。

一次回风式空调系统结构见图 2-67。

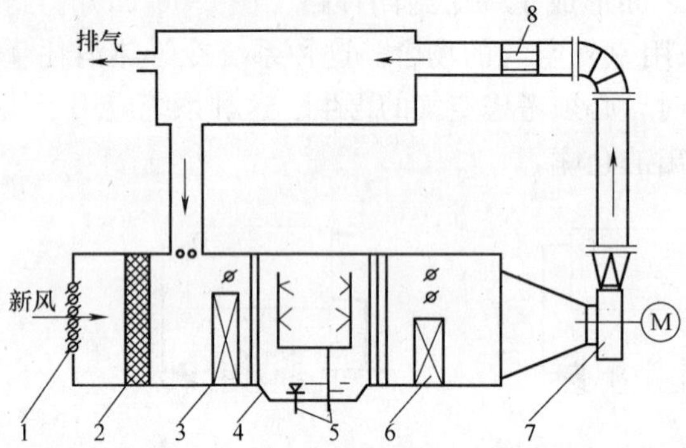

(1) 一次回风系统的夏季处理过程

室外空气状态为 W_X (h_{WX}, d_{WX}) 的新风与来自空调房间状态为 N_X (h_{NX}, d_{NX}) 的回风混合后经喷水室冷却去湿达到机器露点状态 L_X (h_{LX}, d_{LX})，然后经过再热器加热至所需的送风状态 O_X (h_{OX}, d_{OX}) 送入室内吸热、吸湿，当达到状态 N_X (h_{NX}, d_{NX}) 后部分排出室外，部分进入空气处理系统与室外新鲜空气混合，如此循环。

图 2-67 一次回风式空调系统流程图
1—新风口；2—空气过滤；3—电极式预热器；4—喷水室；
5—冷冻水管；6—再加热器；7—风机；8—精加热器

上述处理过程在焓湿图上的表示见图 2-68。

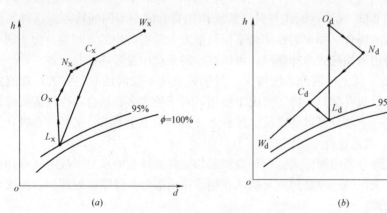

图 2-68 一次回风系统处理过程
(a) 夏季处理过程；(b) 冬季处理过程

一次回风式系统经喷水室处理空气所需的冷量 Q_0 为

$$Q_0 = G(h_{CX} - h_{LX}) \tag{2-52}$$

式中　Q_0——处理室气所需冷量，kW；
　　　G——系统送风量，kg/s；
　　　h_{CX}——混合后空气的焓，kJ/kg；
　　　h_{LX}——喷水室后空气状态的焓，kJ/kg。

(2) 一次回风系统的冬季处理过程

从节能角度看，冬季送风量应小于夏季，但目前工程上采用的大多数空调系统，冬夏季使用同一风机送风，也就是说冬夏季的风量是相等的。空调系统的送风机是按满足夏季所需送风量确定的。

冬季室外空气状态为 W_d（h_{Wd}，d_{Wd}）的新风与室内空气状态为 N_d（h_{Nd}，d_{Nd}）的回风混合至状态点 C_d（h_{Cd}，d_{Cd}），进入喷水室绝热加湿（喷循环水）到状态点 L_d（h_{Ld}，d_{Ld}），经再热器加热至送风状态 O_d（h_{Od}，d_{Od}）送入室内。在室内放热湿达到室内设计的空气状态点 N_d（h_{Nd}，d_{Nd}）后，一部分被排出室外，另一部分进入空气处理系统与室外新风混合，如此循环。

上述空气处理过程在焓湿图上的表示见图 2-68。

一次回风系统冬季所需的加热量为：

$$Q_1 = G \times (h_{Od} - h_{Ld}) \tag{2-53}$$

式中　Q_1——一次回风冬季系统所需热量，kW；
　　　G——冬季送风量，kg/s；
　　　h_{Od}——冬季送风状态的焓，kJ/kg；
　　　h_{Ld}——冬季处理过程中机器露点的焓，kJ/kg。

在我国长江以南地区，冬季室外空气温度和湿度较高，如果按夏季规定的最小新风量来确定混合状态点 C_d，则 C_d 的焓值可能高于 L_d 的焓值，这时可用改变新风和回风混合比加大新风量的方法进行调节，使 $h_{Cd} = h_{Ld}$。如在严寒地区，应将室外空气用预热器加热后再与回风混合，加热后的新风温度应不低于 5℃，否则就可能出现混合后的空气达到饱和，产生水雾或凝露现象。

3. 半集中式空调系统

半集中式空调系统主要包括风机盘管系统和诱导器系统，下面介绍常用的风机盘管系统。

(1) 风机盘管新风供给方式

风机盘管的新风供给方式有多种（图 2-69）：

① 靠渗入室外空气（浴厕机械排风）以补给新风〔图 2-69 (a)〕，机组基本上处理再循环空气。这种方案初投资和运行费较少，但室内卫生条件较差，且受无组织的渗透风影响，造成室内温度场不均匀，因而此种方式只适用于室内人少的场合。

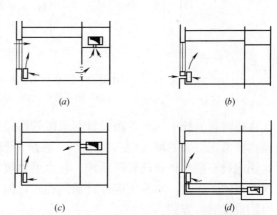

图 2-69　风机盘管机组新风供给方式
(a) 室外渗入新风；(b) 新风从外墙洞口引入；
(c) 独立的新风系统（上部送入）；
(d) 独立的新风系统送入风机盘管机组

② 墙洞引入新风直接进入机组 [图 2-69 (b)]，新风口做成可调节的，冬、夏季按最小新风量运行，过渡季尽量多采用新风。这种方式虽然新风得到比较好的保证，但随着新风负荷的变化，室内参数将直接受到影响，故这种系统只用于要求不高的建筑物。国外从节能出发生产有带全热交换器的风机盘管，故外墙应没有新风和排风两个风口。

③ 由独立的新风系统供给室内新风 [图 2-69 (c)、图 2-69 (d)]，即把新风处理到一定参数，也可承担一部分房间负荷。这种方案既提高了该系统的调节和运转的灵活性，且进入风机盘管的供水温度可适当提高，水管的结露现象可得到改善。

(2) 风机盘管的水系统

具有一根供水管和一根回水管的风机盘管水系统，称双水管系统；它和机械循环的热水采暖系统相似。夏季供冷水，冬季供热水。但对于要求全年空调且建筑物内负荷差别很大的场合（如在过渡季节内有些房间要求供冷，有些房间要求供热），这时可采用三水管系统。三水管系统有一根热水管、一根冷水管和一根回水管。一般在盘管进口处设有程序控制的三通阀，由室内恒温器控制，根据需要使冷水或热水进入（不同时进入）。这种方式的缺点是：由于采用同一根回水管道，因而产生了混合损失（热量和冷量均有损失）。为了解决这一问题可采用四水管系统，这种方式有两种做法，一种是在三水管基础上加一根回水管，另一种是除此之外，再把二次盘管分为冷却和加热两组，使水系统完全独立。采用四水管制，初投资较高，但运行费较低，因为大多可由利用建筑物内部热源的热泵提供热量，而对调节室温具有较好的效果。四水管系统往往在舒适要求很高的建筑物内采用。图 2-70 表示了四管系统的两种连接方式，图 2-70 (a) 采用的是单一盘管，图 2-70 (b) 是采用冷热盘管分开的做法。

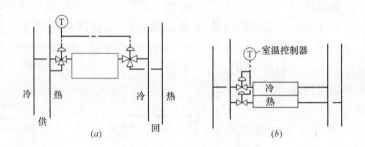

图 2-70　四水管系统和盘管的连接方式
(a) 单一盘管；(b) 冷热分开的盘管

风机盘管系统中的水管路设计与采暖管路设计有许多相同之处，例如，风机盘管水管路同样要考虑必要的坡度以排除空气，系统应设置膨胀水箱；对于有析湿可能的二次盘管，还应设有凝水排放的管路系统。在大型建筑物中，为了保持水力工况的稳定性和减少初次调整的工作量，水系统应设计成同程式，但当管路阻力与盘管阻力之比在 1：3 左右时可用直接回水方式。

4. 蓄冷式空调系统

随着夏季空调需要量的增大，在能源供应日趋紧张的情况下，如何节约空调制冷用电或让制冷机在夜间低谷负荷时工作，将冷量储存起来，供白天高峰负荷时使用，以缓和白天供电紧张情况，便成为空调制冷研究的课题。蓄冷空调是为电网削峰填谷的重要措施，它可利用低谷电价，可减少制冷设备容量，故受到国内、外的关注。

蓄冷式空调系统由制冷装置、蓄冷装置、空调机组、输配系统、控制系统等组成。这种系统在电力负荷很低的夜间用电低谷期，采用电动制冷机制冷，利用蓄冷介质的显热或潜热特性，用一定方式将冷量贮存起来。在电力负荷较高的白天，也就是用电高峰期，把贮存的冷量释放出来，以满足空调需要。

(1) 蓄冷式空调系统的特点

① 转移制冷机组用电时间，起到了转移电力高峰期用电负荷的作用。制冷机组在夜间电力低谷时段运行，贮存冷量，白天用电高峰时段，用贮存的冷量来供应全部或部分空调负荷，少开或不开制冷机。

② 蓄冷式空调系统的制冷设备容量和装设功率小于常规系统。一般可减少30%～50%。

③ 蓄冷式空调系统的一次投资比常规空调系统要高。如果考虑所减少的供电增容费及用电集资费等，有可能投资相当或增加不多。

④ 蓄冷式空调系统的运行费用由于电力部门实施峰、谷分时电价政策，比常规空调系统要低，分时电价差值愈大，得益愈多。

⑤ 蓄冷式空调系统中制冷设备满负荷运行的比例增大，状态稳定，提高了设备利用率。

⑥ 蓄冷式空调系统并不一定节电，而是合理使用峰谷段的电能。

蓄冷系统在充冷运行时，基本可满负荷运行，且夜间冷却水温较低，有利于制冷效率的提高，但在冰蓄冷系统中，其充冷温度一般为$-6\sim-4℃$，增加了制冷机的能耗率，此外，尚有蓄冷设备的散热损失及二次换热损失等，因此，对水蓄冷系统及共晶盐蓄冷系统而言一般是节电的，而对冰蓄冷系统通常是不节电的。

(2) 蓄冷式空调系统应用的前提条件

在空调工程中应用蓄冷系统是否经济的主要依据是该地区电力部门是否有夜间低谷时段的廉价电力供应和相应的电费优惠政策；同时，应根据用户自身的空调冷负荷特性，有无可能利用夜间无冷负荷或低冷负荷时的廉价电力制冷、充冷，在白天高峰时段释冷、供冷。

① 合适的电费结构及其他优惠政策。当地电费结构及其他优惠政策是影响采用空调蓄冷系统的关键因素，电力峰、谷差价越大，对系统越有利。其他优惠政策，通常表现在少收或免收电力增容费等，国外电力公司多有移峰电力补贴；国外资料介绍，峰谷电价为2：1时则可放心采用等，这种观点的形成是有其具体条件的，不能一概而论。例如，电费，除了峰、谷段电费的差价还有按电力需要功率收费等。评价峰、谷差价作用的影响，主要是两者差价的绝对值而非两者之间的比值。如峰段电价为0.45元/度、谷段为0.15元/度，其比值为3：1，另一处的峰段电价为1元/度，谷段为0.5元/度，比值为2：1，后者更有利于应用蓄冷系统。

② 空调冷负荷在用电峰、谷时段应有一定的不均衡性。通常，电力谷段时间越长，同时冷负荷越小或无负荷，制冷机组可以利用低价电和闲置设备制冷蓄冷。如果昼夜24h冷负荷较均衡的情况，一般就没有必要采用蓄冷系统。

③ 空调蓄冷系统适用场所

A. 使用时间内空调负荷大，其余时间内空调负荷小的场所。如行政办公楼、银行、百货商场、宾馆、饭店的中央空调系统。

B. 周期性使用，空调时间短，空调负荷大的场所，如影剧院、宾馆、大会堂、学校、教堂、餐厅等。

C. 空调负荷变化大，需要减少高峰负荷用电的场所，如某种类型的工厂、企业等。

D. 作为特殊工程的应急备用冷源。

E. 空调负荷变化在一天内虽然变化不大，即高峰用电所占比例不大，但高峰负荷绝对值较大的场所，如某种电子工业企业。

(3) 空调蓄冷方式

目前，国内外用于空调工程的蓄冷方式较多，按储存冷能的方式可分为显热蓄冷与潜热蓄冷两大类；以蓄冷介质区分，有水蓄冷、冰蓄冷、共晶盐蓄冷三种方式。

2.4.4 空气处理

1. 空气的热湿处理

为满足空调房间送风温、湿度的要求，在空调系统中必须有相应的热湿处理设备，以便能对空气进行各种热湿处理，达到所要求的送风状态。

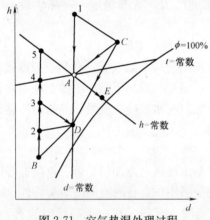

图 2-71 空气热湿处理过程

(1) 空气热湿处理的各种途径

空气的热湿处理过程在湿空气焓湿图上的表示见图 2-71。B、C 分别为冬夏季室外空气状态点，如要实现室内空调送风状态 A，可以通过以下多种空气处理方案实现。

1) 夏季

① $C \rightarrow D \rightarrow A$：喷水室喷冷水（或表面式空气冷却器）冷却减湿，再由加热器等湿加热；

② $C \rightarrow 1 \rightarrow A$：固体吸湿剂减湿，再由表面式冷却器等湿冷却；

③ $C \sim A$：液体吸湿剂减湿冷却。

2) 冬季

① $B \rightarrow 2 \rightarrow D \rightarrow A$：加热器预热，喷水蒸气加湿，加热器再热；

② $B \rightarrow 3 \rightarrow D \rightarrow A$：加热器预热，喷水室绝热加湿，加热器再热；

③ $B \rightarrow 4 \rightarrow A$：加热器预热，再喷水蒸气加湿；

④ $B \rightarrow D \rightarrow A$：喷水室喷热水加热加湿，加热器再热；

⑤ $B \rightarrow 5 \rightarrow E \rightarrow A$：加热器预热，一部分空气由喷水室绝热加湿后与另一部分未加湿的空气混合。

空气调节中空气热湿处理一般是在集中的空气调节器中进行。空气调节器中设有各种热交换设备，而作为热湿交换的介质有水、蒸汽、液体吸湿剂、固体吸湿剂、制冷剂等各种热湿交换设备。按其工作特点，可分为直接接触式和表面式两类。喷水室、蒸汽加湿和局部补充加湿装置及固、液体吸湿剂的设备属直接接触式，而各种表面式换热器（如空气加热器、空气冷却器等）属表面式。在空调空气处理中选用的喷水式表面冷却器，则属于这两类组合使用的一种特殊方式。

在直接接触式空气热湿处理设备中，与空气进行热湿交换的介质直接和被处理的空气接触，通常是将其直接喷淋到被处理的空气中。如在喷水室中喷不同温度的水，可以实现空气的加热、冷却、加湿和减湿等多种空气处理过程；利用蒸汽加湿器喷水蒸气，可以实现空气的等温加湿处理过程；利用局部加湿装置喷水，可以实现空气的绝热加湿过程；利用喷淋设备喷淋液体吸湿剂，可以实现空气的各种减湿过程。

在表面式空气热湿交换设备中，与空气进行热湿交换的介质不与空气直接接触，热湿交换通过处理设备的金属表面进行。如在空气加热器中引入热水或水蒸气，实现空气的等湿加热过程；而在表面式空气冷却器中引入冷水或制冷剂，实现空气的等湿或减湿冷却过程。

在采用电加热器和使用固体吸湿剂的空气处理设备中，则是利用电能对空气直接加热，利用固体吸湿剂的物理、化学作用吸收空气中的水分。

实际使用的空气热湿处理设备，以表面式换热器和喷水室应用最为广泛。

(2) 空气与水直接接触时的热湿交换

空气与水直接接触时，根据水温不同，可能仅发生显热交换，也可能既有显热交换又有潜热交换，即同时伴有质交换（湿交换）。

显热交换是空气与水之间存在温差时，由导热、对流和辐射作用而引起的换热结果。潜热交换是空气中的蒸汽凝结（或蒸发）而放出（或吸收）汽化潜热的结果。总热交换是显热交换和潜热交换的代数和。

如图 2-72 所示，当空气与敞开水面或飞溅水滴表面接触时，由于水分子作不规则运动的结果，在贴近水表面处存在一个温度等于水表面温度的饱和空气边界层，而且边界层的水蒸气分压力取决于水表面温度。空气与水之间的热湿交换和远离边界层的空气（主体空气）与边界层内饱和空气间温差及水蒸气分压力差的大小有关。

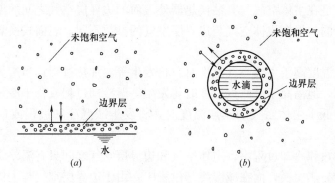

图 2-72 空气与水的热湿交换
(a) 敞开的水面；(b) 飞溅的水滴

如果边界层内空气温度高于主体空气温度，则由边界层向周围空气传热；反之，则由主体空气向边界层传热。

如果边界层内水蒸气分压力大于主体空气的水蒸气分压力，则水蒸气分子将由边界层向主体空气迁移；反之，则水蒸气分子将由主体空气向边界层迁移。所谓"蒸发"与"凝结"现象就是这种水蒸气分子迁移的结果。在蒸发过程中，边界层中减少了的水蒸气分子由水面跃出的水分子补充；在凝结过程中，边界层中过多的水蒸气分子将回到水面。

当空气流经水面或水滴周围时，就会把边界层中的饱和空气带走一部分，而补充以新的空气继续达到饱和，因而饱和空气层将不断地与流过的空气相混合，使整个空气状态发生变化。所以空气与水的热湿交换过程可看作是两种状态空气的混合过程。又根据空气的混合规律，在焓湿图上，混合后的状态点应位于连接空气初状态和该水温下饱和空气状态点的线段上。显然，达到饱和的空气愈多，空气的终状态点愈靠近饱和状态点。由此可见，与空气接触的水量无限大，接触时间又无限长时（在所谓假想条件下），全部空气都能达到饱和状态，并具有水的温度。即空气的终状态将位于焓湿图的饱和线上，而且空气的终温将等于水温；当与空气接触的水温不同时，空气的状态变化也将不同。

如果图 2-73 中 A 点表示空气的初状态，那么在喷水室中以不同温度的水喷淋空气（假定水量很大，水温变化很小）所能实现的处理过程有七种类型：

A—1：减湿冷却过程；A—2：等湿冷却过程；
A—3：减焓加湿过程；A—4：等焓加湿过程；
A—5：增焓加湿过程；A—6：等温加湿过程；
A—7：增温加湿过程。

在上述七个过程中，A—2 是空气加湿和减湿的分界线，A—4 是空气增焓与减焓的分界线，而 A—6 则是空气降温与升温的分界线。

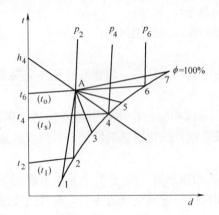

图 2-73 空气与水接触时的状态变化过程

(3) 表面式换热器热湿交换过程的特点

表面式换热器是在主体空气与紧贴换热器外表面的边界层空气之间的温差和水蒸气分压力差作用下进行的。根据主体空气与边界层空气的参数不同，表面式换热器可以实现三种空气处理过程：

当边界层空气温度高于主体空气温度时，将发生等湿加热过程；当边界层空气温度虽低于主体空气温度，但尚高于其露点温度时将发生等湿冷却过程或称干冷过程（干工况）；当边界层空气温度低于主体空气的露点温度时，将发生减湿冷却过程或称湿冷过程（湿工况）。

由于在等湿加热和冷却过程中，主体空气和边界层空气之间只有温差，并无水蒸气分压力差，所以只有显热交换，而在减湿冷却过程中，由于边界层空气与主体空气之间不但存在温差，也存在水蒸气分压力差，所以通过换热器表面不但有显热交换，也有伴随湿交换的潜热交换。由此可知，湿工况下的表冷器比干工况下有更大的热交换能力，或者说对同一台表冷器而言，在被处理的空气干球温度和湿球温度保持不变时，空气湿球温度愈高，表冷器的冷却减湿能力愈大。

2. 空气的净化处理

空气调节系统处理的空气有室外新风和室内回风两部分。室外新风受到环境的污染，室内回风则受到人的活动、工作和工艺过程的污染。这些污染主要使空气中的含尘量增加，而空气中的尘埃除对人体健康不利外，还会影响室内的清洁，含尘量较多的空气经过空气处理设备,如空气冷却器、加热器等,还会降低设备工作性能,影响空气处理效果。因此,在空气调节系统中对空气进行净化处理是必要的。

空气净化处理,就是通过空气过滤及净化设备,去除空气中的悬浮尘埃,而在某些场合还对空气除臭,增加空气离子,甚至加入卫生消毒方面的芬芳物质。随着科学技术的发展,很多工业生产部门对生产工艺过程空气环境要求愈来愈高,进而提出了不同程度的空气净化要求。

(1) 室内空气净化一般要求

内部空间根据生产要求和人们工作生活的要求,通常将空气净化分为三类:

① 一般净化:只要求一般净化处理,无确定的控制指标要求;

② 中等净化:对空气中悬浮微粒的质量浓度有一定要求,例如在大型公共建筑物内,空气中悬浮微粒的质量浓度不大于 $0.15mg/m^3$(推荐值)。

③ 超净净化:对空气中悬浮微粒的大小和数量均有严格要求。具体要求可参见我国现行的空气洁净等级标准。空气洁净级别与相当的洁净级别空气中细菌的参考标准如表2-8所示。

空气洁净等级标准 表2-8

级别	尘粒			微生物粒子			
	粒径(μm)	浓度		浮游菌		落下菌	
		粒/ft^3	粒/L	个/ft^3	个/m^3	个/(ft^2·周)	个/(h·ϕ900mm)
100	0.5以上	≥100	≥3.5	0.1	3.5	1200	0.49
10000	0.5以上 5.0以上	≥10000 ≥65	≥350 ≥2.5	0.5	17.6	6000	2.45
100000	0.5以上 5.0以上	≥100000 ≥700	≥3500 ≥25	2.5	88.4	30000	12.2

* ft 为英尺,$1ft^2=0.0929m^2$,$1ft^3=0.0283m^3$

(2) 大气含尘量及尘粒特性

大气中的尘埃浓度在不同地区是不同的,它与大气污染程度、气候、时间、风速等因素有关。即使同一地区在不同时间,其大气含尘浓度也有很大差别。

造成大气污染的因素有:

粉尘——由固体物质破坏分散形成的固体颗粒;

烟气——由升华、蒸馏等化学反应过程形成的固体粒子;

烟尘——因燃烧不完全产生的固体颗粒;

雾——由大气中少量水蒸气凝结而成的细小液体粒子,另外,大气中还有各类细菌、花粉等。

通过实际测试结果,大气中尘埃粒度小于和等于 $1.0\mu m$ 的尘埃个数占尘埃计数的98%以上。空调洁净技术涉及的大气含尘浓度,是指大气中浮游尘埃的浓度,其尘粒尺寸一般在 $10\mu m$ 以下,所以空调空气净化中多用尘埃计数浓度指标。表2-9给出了以重量浓度和计数浓度表示的室外含尘量的大致数值。

实测的大气尘粒分布 表 2-9

尘粒分组(μm)	各组所占比例(%)	
	按质量计	按个数计
<0.5	1	91.68
0.5~1.0	2	6.78
1.0~3.0	6	1.07
3.0~5.0	11	0.25
5.0~10.0	52	0.17
10.0~30.0	28	0.05

(3) 空气悬浮沉粒的捕集机理

利用纤维性过滤材料来捕集空气悬浮微粒是空气净化的主要手段。图 2-74 示出单根纤维捕集粒子的可能机理，现分述如下：

① 惯性效应 [图 2-74 (a)]：粒子在惯性力作用下，脱离流线而碰撞到纤维表面；

② 截留效应 [图 2-74 (b)]：粒径小的粒子，近似认为惯性作用可以忽略，因而粒子不脱离流线。在粒子沿流线运动时，可能接触到纤维表面而被截留；

③ 扩散效应 [图 2-74 (c)]：随主气流掠过纤维表面的小粒子，可能在类似布朗运动的位移时与纤维表面接触；

④ 静电效应 [图 2-74 (d)]：由于气流摩擦和其他原因，可能使纤维和粒子带电，从而产生一定的静电效应，使粒子附着于纤维表面。

由上述各种效应捕集的粒子，与筛分的作用不同，不能误解为只有大于某种孔隙的微粒才能被阻留。

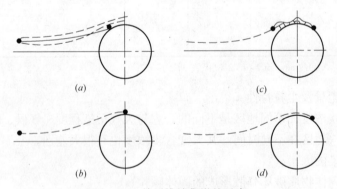

图 2-74 单纤维捕集微粒示意

(4) 影响空气净化的因素

① 空气过滤方法：洁净度 100000 级及高于 100000 级空气净化处理，一般应采用初效、中效、高效空气过滤器三级过滤。其中 100000 级空气净化处理，允许采用亚高效过滤器代替高效过滤器。

② 气流组织：采用初效、中效、高效三级过滤的净化系统，室内含尘浓度与气流组织有密切的关系。目前采用的主要气流组织方式有乱流（分单向流）和层流（单向流）两种。

乱流方式（非单向流）主要是利用稀释作用使室内尘源产生的灰尘均匀扩散而被"冲淡"，避免涡流把工作区外的灰尘卷入工作区，以减少产品的污染机会。

乱流方式由于受到送风口形式和布置的限制，不可能使室内获得很大的换气次数，且不可避免存在涡流，因而室内洁净度不可能很高。

层流方式是指流线平行，流向单一，具有一定的和均匀的断面速度的气流组织方式。这种方式是以要求室内段面上有一定风速为前提的。所以可以获得很高的换气次数，可达较高的洁净程度。但其结构复杂，施工困难，只有工艺十分必要时才采用。

③ 压差要求：洁净室为了防止尘埃进入，必须维持一定的正压。一般要求整个洁净区相对于室外应具有大于30Pa的压差；不同等级的洁净室之间的压差应不小于5Pa；洁净区与非洁净区之间的压差应不小于10Pa。

工艺过程产生大量粉尘、有害物质、易燃、易爆物质的工序，其操作室与其他房间或区域之间应保持相对负压，以防其进入净化系统中。

④ 送风量和换气次数：送风量是指单位时间内向室内送风的总量（m^3/h）。换气次数是指单位时间内送风量与室内体积之比。其关系为

$$送风量 = 室内体积 \times 换气次数$$

一般情况下，要求100级的换气次数≥300次/h；10000级净化间换气次数≥25次/h；100000级净化间换气次数≥10次/h；300000级净化间换气次数≥10次/h。在实际应用中，换气次数的确定尚应根据热湿平衡及风量平衡计算加以验证。

2.5 自动调节原理及方框图

2.5.1 自动调节系统

1. 自调系统组成

自动调节系统简称自调系统。详见参考文献[6]。

自调系统是由调节对象、发信器、调节器和执行器组成的闭环系统。

如图2-75所示，它是一个库房温度自调系统。

开启电磁阀，高压制冷剂液体通过膨胀阀后，将低压制冷剂液体送至冷风机蒸发吸收库房热量变成制冷剂蒸气回到制冷系统，使库房温度降低。为了维持库房温度能在给定值允许范围内，必须通过执行机构电磁阀使供液量经过蒸发器所获得的制冷量 $Q_{蒸}$

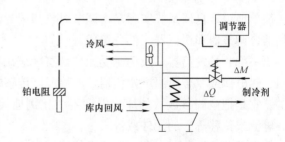

图 2-75 库房温度自动调节系统

与库房内散失的热量 $Q_{扰}$ 随时相协调，否则库房温度将会波动，甚至超出允许的给定值范围。

制冷量 $Q_{蒸}$ 可以通过比例电磁阀的开度 ΔM 或电磁阀启闭（双位调节）来实现。若由人工来完成，则需先观察实际库房温度，再与给定值库房温度比较，考虑它与给定值的偏差，然后，用手动调节供液阀开度，使库房温度回到允许值范围内。这将十分劳累，且仍

很难使库房温度稳定。

如果装上一台温度调节器，由装在库房内的感温元件感受库房温度，即温度发信器（温度传感器）将感觉的温度信号（电信号或数字信号）传送给温度调节器，根据调节器的调节规律，指令比例电磁阀开度或电磁阀启闭，调节供液量，改变制冷量 $Q_蒸$，使被调参数库房温度回到给定值范围内。完成这一工作就叫自动调节。若自调系统设计得当，系统将准确而稳定地工作，即一个能够稳定工作的自调系统，都是在无人直接参与下，能使被调参数达到给定值或回到给定值范围内的系统。

温度发信器将测得的库房温度信号送到调节器，在调节器中与给定的温度值进行比较，根据偏差的大小，调节器发出信号指令执行器或执行机构电磁阀动作，控制供液量，使库房温度保持恒定。

在本例中，被调参数 y 是温度 θ，库房是调节对象，给定值用 r 表示，它们与温度发信器、温度调节器和流量控制执行器组成了一个闭环系统。库房温度自调系统方框图如图 2-76 所示：

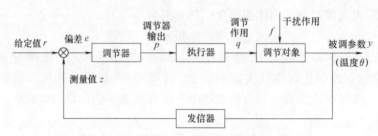

图 2-76 库房温度自调系统方框图

制冷空调调节对象一般都是热工对象，被调参数大部分是热工参数，如温度、湿度、压力、流量、液位等，是热工测量技术常遇到的被调参数，因此，它们都能建立自调系统方框图，如低压循环贮液桶液泵供液的液位自调系统方框图等，此时，被调参数 y 变为液位 h。

2. 自调系统方框图

简单地说，自调系统实际是由调节对象和调节设备组成的闭环系统。调节设备一般由发信器、调节器和执行器三部分组成。

第一部分是发信器（或称感受元件，实际应用称为传感器），如热电阻、半导体热敏电阻、热电偶或双金属温度发信器，亦称温度传感器，又如压力传感、液位传感、流量传感等。它是把被调参数（如库房温度）成比例地转变为电信号或数字信号（如电阻、电压、电流或位移等）的元件或仪表。

第二部分是调节器。调节器将发信器送来的信号与给定值进行比较，根据偏差大小，按照调节器预定的调节规律输出调节信号。

第三部分是执行器。它是由执行机构和执行阀件组成。执行阀件根据调节器送来的调节信号大小改变阀件开度，调节蒸发量，从而对调节对象施加调节作用，使被调参数（库房温度）保持在给定值。

在制冷空调自动调节中，常遇到发信器与调节器组合成一体的调节设备，也有把发信器、调节器和执行器做成一体的调节设备。热力膨胀阀就是一个典型的把发信器、调节器和执行器做成一体的调节设备。由于有了热力膨胀阀,不仅加快了实现氟制冷系统自动调节,而且使氟制冷系统大为简化,也正因为热力膨胀阀成为接近于 PID 理想调节设备,使氟制冷系统的发展出现了蓬勃生机。

当然,在制冷空调自动调节中,由于工艺要求、安全运转要求或为了提高效能等,使传递信号繁多,亦常遇到复杂的自调系统方框图。所以,弄清楚方框图是很重要的,亦即对于制冷空调自调系统必须会用方框图将其表达出来。

分析调节系统方框图,应建立如下概念。

(1) 方框

每一个实际单元成为一个方框(参数、信号传递等不能画方框)。每个方框受它前一个方框的作用,又施加作用于后一个方框。方框接受的作用称输入量,方框给出的作用称输出量。输出量是由于输入量的作用才引起状态变化。方框内可用文字注明内容,也可用传递函数代替文字表示方框的性质。

(2) 箭头连接线

箭头表示单向性信号的传递方向,自调系统信号传递总是单向作用,即输入影响输出,决定输出,但输出不会反过来影响输入。箭头连接线仅表示方框之间的信号作用方向,并不表示制冷空调工艺流程,不表示工质、能量之间的联系。

(3) 负反馈

被调参数是调节系统的输出信号,该输出信号可以用来显示、打印、记录、检测、报警等,如果只做这些用途,就叫无反馈系统,制冷空调系统就无法进行自动调节。如果该输出信号通过发信器把调节系统的输出量又引回到比较机构和调节器的输入端,这种方式称为反馈。自调系统一定是反馈控制系统。

如果反馈信号使被调参数变化减小,称为负反馈;如果反馈信号使被调参数变化增大,则称为正反馈。自调系统是不能采用正反馈,因为正反馈系统中,只要被调参数与给定值间有一微小偏差,正反馈将使偏差越来越大,即被调量越来越大地偏离给定值,直至超出安全范围。自调系统是采用负反馈,它使被调参数向相反方向变化,直至被调参数回到给定值或给定范围内。偏差信号 e 与给定值 r 和负反馈信号 Z 的关系是

$$e = r - Z \tag{2-54}$$

(4) 闭环系统

没有反馈或反馈回路在任何一处被切断的系统称为开环系统,开环系统是不可能进行自动调节的。只有信号的传递形成闭合回路,成为闭环系统。自调系统都是闭环系统。

(5) 干扰 f

凡是使调节系统平衡状态遭到破坏,使被调参数偏离给定值,引起被调参数波动的外来因素,在自动调节技术中称为干扰作用或叫扰动量,用 f 表示。自调过程就是一个平衡、干扰、调节、重新达到平衡、再干扰、再调节、再平衡,如此循环往复的动态过程。干扰作用是一个客观存在,不可避免的因素,而调节作用则是力图消除干扰作用对被调参数的影响,恢复调节对象的流入量与流出量的平衡,使被调参数恢复到给定值。

3. 自调系统分类

(1) 反馈调节系统

① 定值调节系统；
② 程序调节系统；
③ 随动调节系统。
(2) 按自动化程度分类
① 设置安全保护装置；
② 半自动化；
③ 全自动化。

4. 自调系统基本概念

(1) 阶跃干扰

如图 2-77 所示，在 t_0 时刻突然作用于系统中，干扰一旦加上后，扰动量不随时间而变化，也不再消失，这种干扰称为阶跃干扰。当干扰作用 $f(t)=1$ 时，则称为单位阶跃干扰，其动态方程为

$$f(t)=\begin{cases} 1 & t \geq t_0 \\ 0 & t < t_0 \end{cases} \quad (2-55)$$

阶跃干扰是热工对象的典型干扰，是最不利的干扰，也是最便于计算而又易于实现的干扰形式。今后就以阶跃干扰为输入来进行分析。

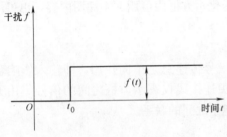

图 2-77 典型干扰（阶跃干扰）

(2) 过渡过程

过渡过程是指调节系统在阶跃干扰作用下，被调参数随时间 t 的变化规律，是一个动态过程。是系统从一个稳态过渡到另一个稳态的过程，称过渡过程。

过渡过程可以用微分方程来描写，亦可用被调参数与时间坐标曲线描述。在单位阶跃干扰作用下，分析过渡过程中被调参数的变化规律，以此来评价调节系统的调节质量，因此，过渡过程曲线是调节系统好坏的写照。被调参数随时间变化的曲线，是动态特性曲线。

过渡过程中的稳态（静态）是动态平衡。对于定值调节系统，对象处于静态，意味着对象的流入量与流出量相等，被调参数处于相对平衡状态，这时被调参数不随时间而变化，故称静态。

系统的静态特性是指平衡状态下被调参数与负荷的关系。图 2-78 为定值调节系统的静态特性图。

对于定值调节系统，被调参数不随负荷变化而改变，其静态特性是一条水平线，如图 2-78 中曲线①所示，这类系统称为无静差系统。图 2-78 中曲线②为有静差系统，它表示在不同负荷时被调参数将稳定在不同的数值上。

5. 调节过程与质量指标

为了讨论自调系统的过渡过程，仍以图 2-78 的系统为例进行分析。该库房温度调节

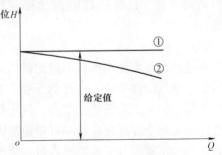

图 2-78 定值调节系统静态特性
① 无静差系统；② 有静差系统

系统原处于平衡状态，当外来干扰加入时，如室外气温变化或进出货物等的干扰作用，使调节对象的热量平衡遭到破坏，引起被调参数 y（库房温度 θ）波动，由于温度调节器的调节作用，指令调节阀动作，调节供液量，又使库房温度 θ 重新回到稳定状态。

如果用温度记录仪把库房温度随时间变化记录下来，就能获得如图 2-79 所示的调节系统动态特性曲线。库房温度从平衡、波动、又重新平衡的过程，获得库房温度因干扰而引起波动，通过调节作用又重新稳定的过渡过程曲线。

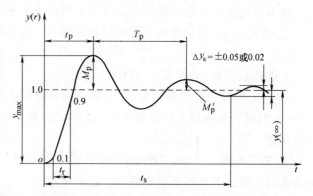

图 2-79　过渡过程曲线与调节质量指标图

从过渡过程曲线就能评定出系统的调节质量。

(1) 稳定性与衰减率 ϕ

调节质量最基本的指标是要求调节系统稳定性。就是说对于过渡过程曲线，首先要求是衰减的，即被调参数经过几次波动能恢复新的稳定状态。调节系统稳定是自调系统能否正常工作的必要条件，只有保证系统的稳定性，再讨论其他调节质量指标才有实际意义。

讨论调节系统的稳定程度，常用过渡过程的衰减率 ϕ 来衡量：

$$\phi = \frac{M_p - M_p'}{M_p} = 1 - \frac{M_p'}{M_p} \tag{2-56}$$

式中　M_p'——过渡过程第三个波幅值；

　　　M_p——过渡过程第一个波幅值，见图 2-80。

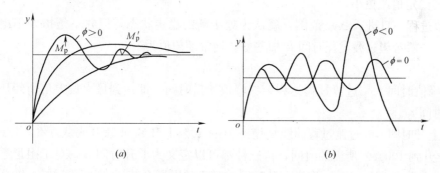

图 2-80　调节过程稳定性分析图
(a) 稳定（$\phi>0$）；(b) 不稳定（$\phi\leqslant 0$）

调节过程为了保证稳定性，总要求 $\phi>0$。通常认为 $\phi=75$ 比较理想，即过渡过程收敛快慢适中常被选用。调节过程不允许 $\phi<0$，即不允许发散振荡，因为它无法使被调参数稳定调节作用亦遭破坏。对于 $\phi=0$ 的等幅振荡，只要其振幅在给定范围内，也能采用。制冷空调中常用的双位调节过程就属于这种情况。

(2) 其他品质指标

调节系统保证了稳定性后,还有一系列调节质量指标:

① 衰减比 n　被调参数在过渡过程中第一个波峰值与第三个波峰值之比为衰减比 n:

$$n = M_p / M_p', \quad \phi = 1 - 1/n \tag{2-57}$$

上述理想值 $\phi = 0.75$ 时,则 $n = 4$。

② 动态偏差(最大超调量)M_p　被调参数在过渡过程中,第一个最大峰值超出新稳态 $y(\infty)$ 的量,称为最大超调量 M_p,常称动态偏差。设计调节系统时,必须对此作出限制性规定,M_p 大,则品质差。

③ 静态偏差 $y(\infty)$　亦称残余偏差或稳态偏差,它表示调节系统受干扰后,达到新的平衡时,被调参数的新稳定值与给定值之差。

若 $y(\infty) = 0$,表示调节系统受干扰后,被调参数能回到给定值,这种系统为无差系统;若 $y(\infty) > 0$,则为有差系统。一般制冷空调系统允许有一定的静态偏差,如低温冷藏库设计温度为 $-18℃ \pm 1℃$,即该系统的给定值为 $-18℃$,静态偏差 $y(\infty) \leqslant 1℃$。在实际应用中,静态偏差就是指制冷空调控制精度,如空调设计室内温度为 $26℃ \pm 2℃$ 时,是指该空调系统给定值为 $26℃$,空调精度为 $\pm 2℃$。

④ 最大偏差 y_{max}　最大偏差 $y_{max} = M_p + y(\infty)$。例如某温度调节系统最大偏差不超过 $5℃$,即 $y_{max} \leqslant 5℃$。

对于无静差系统,显然 $y_{max} = M_p$,此时最大偏差就是动态偏差值。

⑤ 振荡周期 T_p　调节系统过渡过程中,相邻两个波峰所经历的时间,或振荡一周所需时间,叫振荡周期 T_p。

⑥ 过渡过程时间 t_s　过渡过程时间是指调节系统受到干扰作用,被调参数开始波动到进入新稳态值上下 $\pm 5\%$(或 $\pm 2\%$)范围内所需时间。令这个范围为 Δy_ε,Δy_ε 的选取根据调节系统任务而定。对有差调节系统 $\Delta y_\varepsilon \leqslant 5\% y(\infty)$;对于无差调节系统,一般取 $\Delta y_\varepsilon \leqslant 2\%$ 给定值或更小。

调节过程一旦进入 Δy_ε 范围,就认为处于新的稳定状态,但并不是指处于绝对的稳定状态,一般希望过渡过程时间 t_s 短些好。通常期望值为:

$$t_s = 3T_p \tag{2-58}$$

⑦ 峰值时间 t_p　过渡过程达到第一峰值所需时间,即达到最大偏差值所经历的时间称峰值时间 t_p。

⑧ 上升时间 t_r　过渡过程曲线从稳态值的 10% 上升到 90%(或从 5% 上升到 95%,从 0% 上升到 100%)所需的时间,这三种都可以定义为上升时间 t_r。对于阻尼系统通常采用曲线上升由 $0\% \sim 100\%$ 作为上升时间;对于过阻尼系统通常采用 $10\% \sim 90\%$ 作为上升时间。这里 100% 指的是 $100\% y(\infty)$。

各种不同用途的调节系统,除了系统都要求稳定外,对调节过程其他质量指标要求各有不同,一般调节系统都希望 M_p、$y(\infty)$ 及 t_s 值小些好。

制冷空调对象属慢速热工对象,有些参数(如温度)的调节目的是为了改善工作和生活条件,故对动态偏差要求可以放宽一些,过渡过程时间要求也不严,往往只对静态偏差要求严格。如此可以给调节系统设计带来方便,突出了稳定性和静态偏差两个指标,而把其他质量指标放到次要地位。

2.5.2 调节对象

调节对象是调节系统最基本的环节。

无论是干扰作用，还是调节作用，都是调节对象输出变化的外因，而调节对象本身特性才是其输出变化的内因。外因是变化的条件，内因才是变化的根据。外因必须通过内因而起作用。

调节系统调节质量的好坏，不但与调节器特性有关，更主要的是与调节对象特性有关。调节对象特性在一定程度上决定了调节过程和调节质量，调节器只是根据调节对象特性将调节过程的质量指标尽可能地加以改善，而且改善的程度还受到调节对象特性和调节器特性的限制，研究清楚调节对象特性是设计好调节系统的基础。

调节对象特性包括静态特性和动态特性两部分，常采用传递系数 K、对象时间常数 T 和迟延 τ 来综合表示对象特性。

研究对象特性方法是：给对象加入一个输入量，看对象输出量变化。当对象受阶跃干扰作用（扰动量 f）输入信号时，研究对象输出信号随时间的变化规律，即调节对象输出信号被调参数随时间而变化的曲线，获得对象特性的反应曲线。

如果向调节对象输入一个单位阶跃干扰作用获得对象反应曲线，就可观察和分析调节对象的静态特性和动态特性：

静态特性：可从反应曲线中的初始稳态值和终了稳态值求取传递系数 K 值（静态特性不随时间变化不研究过程）；

动态特性：可从被调参数随时间变化的对象反应曲线中，求取对象的动态特性，如对象时间常数 T 和迟延时间 τ 等。

干扰形式很多，对具体对象应找其主要干扰形式。典型的干扰形式常用的有：阶跃变化、等速变化、脉冲形式和周期性波动等。

1. 传递系数 K 与自平衡率 ρ

（1）传递系数 K

如图 2-81 所示，对调节对象加一个单位阶跃干扰作用，使初始稳态被调参数重新稳定到一个终了的被调参数。令新旧两点被调参数差值与阶跃扰动幅度之比，称为传递系数 K。

$$K=(y_{终}-y_{始})/\Delta Q \quad (2-59)$$

传递系数 K 表征调节对象静态特性，它与被调参数的变化过程无关，而只与过程的初始稳态和终了稳态数值有关。

一个对象的传递系数 K 值愈大，表示输入信号（干扰）对输出信号（被调参数）的稳态值影响愈大；K 值小，影响亦小。

当输入量与输出量是线性关系时，该对象为线性对象，此时 K 为常数；若输入量与输出量是非线性关系，则称为非线性对象，此时 K 为变数。

（2）自平衡率 ρ

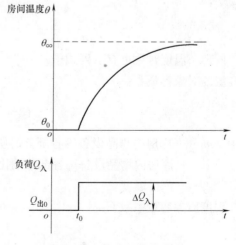

图 2-81 传递系数说明图

用自平衡率 ρ 表示对象自平衡能力的大小，在数值上为传递系数的倒数，即自平衡率 ρ：
$$\rho = 1/K = \Delta Q/\Delta y \tag{2-60}$$

一般温度、压力及液位对象大多具有平衡能力。K 值小，ρ 值大，对象自平衡能力大，对象稳定性好，容易调节。当 $\Delta y \to 0$ 时，$\rho \to \infty$，表示不用调节设备，对象本身就能平衡，也能稳定。即外界施加给对象很大扰动量时，对象输出量被调参数依然没什么变化，说明该对象稳定性非常好。

2. 容量与容量系数 C

任何一个调节对象都能贮存一定的能量或工质。对象贮存能量或工质的能力（或对象的蓄存量）称为对象容量。如图 2-82 所示为一液位对象。

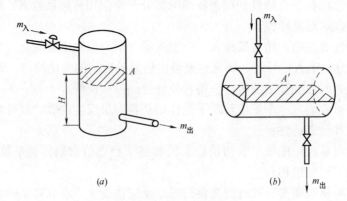

图 2-82 液位对象
(a) 立式；(b) 卧式

其截面积为 A，液位高度为 H，则容量为 $V = AH$。

容量系数 C 表示被调参数变化一个单位值时，对象容量的改变量，也就是容量对被调参数的一阶导数：
$$C = \frac{dV}{dH} = \frac{d(AH)}{dH} = A \tag{2-61}$$

则：
$$\frac{dH}{dt} = \frac{1}{A}(m_\text{入} - m_\text{出}) = \frac{1}{C}(m_\text{入} - m_\text{出}) \tag{2-62}$$

同理，温度对象也有下列式子：

温度对象容量 U：
$$U = \sum_{i=1}^{n} m_i c_i \theta \tag{2-63}$$

式中 　m_i——库房内物品设备等各部分的质量；
　　　　c_i——库房内物品设备等各部分的比热；
　　　　θ——库房温度。

温度对象容量系数 C：
$$C = \frac{dU}{d\theta} = \sum_{i=1}^{n} m_i c_i \tag{2-64}$$

$$\frac{dU}{dt} = Q_入 - Q_出 \tag{2-65}$$

则：
$$\sum_{i=1}^{n} m_i c_i \frac{d\theta}{dt} = Q_入 - Q_出 \tag{2-66}$$

$$\frac{d\theta}{dt} = \frac{1}{C}(Q_入 - Q_出) \tag{2-67}$$

对于液位对象，容量系数 C 表示液位变化一单位值时容器蓄液量的变化，它就是容器的截面积。又如图 2-82（b）所示，相同几何尺寸的容器，卧式安装的容量系数就是变数，是随液位高度而变化的。此时常以额定工况时的容量系数作为计算值。

对于温度对象，贮存物品设备质量愈大，比热愈大，其容量系数 C 也愈大。

从这两例可以看到：

在干扰作用下，被调参数的变化速度取决于容量系数 C，而不取决于容量。

容量系数 C 大的对象具有较大的贮蓄能力，有较大的惯性，有较好的调节性，对象稳定性好。若对象的蓄存量变化 dU 或 dV 相同时，容量系数大的对象，被调参数变化小，即受扰动作用后，被调参数反应比较缓慢。例如，空库时库温波动大，而装满货物的库房，库温波动小，调节对象比较稳定。

3. 反应曲线与对象时间常数 T

对象在 t_0 时刻突然加入一阶跃干扰作用后，看对象输出变化，被调参数随时间的变化规律是一个动态特性曲线，称对象反应曲线（亦称飞升曲线）。如图 2-83 所示。

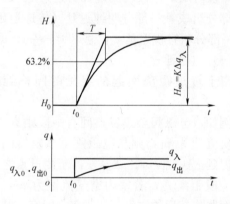
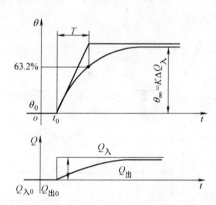

图 2-83 反应曲线与对象时间常数

反应曲线在 t_0 时刻上升速度最快，以后逐渐减小，最后变化速度等于零。这一反应曲线是一指数曲线，为一非周期函数，即

$$H(t) = H_\infty (1 - e^{-t/T}) \tag{2-68}$$

$$\theta(t) = \theta_\infty (1 - e^{-t/T}) \tag{2-69}$$

其一般形式为：

$$y(t) = y_\infty (1 - e^{-t/T}) \tag{2-70}$$

式中　$H(t)$、$\theta(t)$、$y(t)$——被调参数；

t——时间变数；

e——常数，$e = 2.718$；

T——对象时间常数。

反应曲线（指数曲线）形状只取决于 T 值的大小。

对象时间常数 T 的含意及其数值的大小：

① 对象时间常数 T 在数值上等于对象容量系数 C 与阻力系数 R 的乘积。$T=CR$。

② 从指数曲线分析得：

当　$t=0$ 时，　　　$y=0$；
　　$t=T$ 时，　　　$y=63.2\%y_\infty$；
　　$t=2T$ 时，　　 $y=86.5\%y_\infty$；
　　$t=3T$ 时，　　 $y=95\%y_\infty$；
　　$t\to\infty$ 时，　　$y\to y_\infty$。

以上表明，对象时间常数 T 在数值上等于对象受到阶跃干扰后，被调参数到达 63.2% 新稳态值所需的时间。

③ 对象时间常数 T 的含意还可以这样描述：当阶跃干扰加入后，被调参数若保持初始的最大速度变化，到达新稳态值 y_∞ 时所需的时间就是对象时间常数 T。按这一含意，如已从实验测得反应曲线，则只要从反应曲线的初始点作切线，使其与新稳态值相交，那么交点所对应的时间就是对象时间常数 T。

4. 对象迟延 τ

如图 2-84 所示，对象在加入干扰作用或调节作用后，被调参数并不立即改变，总要迟延一段时间，这段时间统称为迟延 τ。迟延由两部分组成，一部分叫纯迟延（传递迟延）τ_0；一部分叫容积迟延 τ_c，总迟延 $\tau=\tau_0+\tau_c$。

(1) 纯迟延 τ_0

由于传递距离引起的迟延时间称纯迟延 τ_0。

例如，电磁阀至蒸发器间有一段距离 l_1，若工质流速为 v_1，则从电磁阀至蒸发器间有一纯迟延 $\tau_{01}=l_1/v_1$；从蒸发器至测量点之间也有一段距离 l_2，若室内空气流速为 v_2，则被蒸发器冷却后的空气至测量点之间有一纯迟延 $\tau_{02}=l_2/v_2$。某些调节对象可能出现 τ_{03}、τ_{04}、τ_{0n}，因此，纯迟延 τ_0

$$\tau_0=\tau_{01}+\tau_{02}+\cdots+\tau_{0n} \qquad (2-71)$$

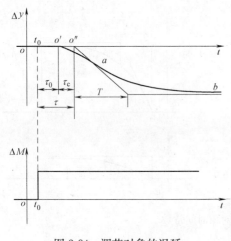

图 2-84　调节对象的迟延

很明显，在纯迟延 τ_0 的时间段内，被调参数是没有反应的，这将大大降低对象的调节性。应尽可能采用缩短供液管线，减小测量距离等办法，减小或消除纯迟延。

(2) 容积迟延 τ_c

由于存在中间容积而产生的迟延时间称容积迟延 τ_c。

例如，以制冷剂冷却空气来说，要使制冷剂冷却空气，必须先使蒸发器管壁温度降低，再去冷却空气。这里存在制冷剂管内积油、蒸发器金属管和管外表面霜层及室内空气等各自的热容量以及它们之间存在的热阻。制冷剂与空气之间存在中间容积，如油膜、金属管壁、霜层。从存在中间容积的多容对象的反应曲线可以看出,开始一段时间被调参数变化缓慢,初始速度为零,以后才逐渐增大,这里因为调节(或干扰)作用要先经过第一容积,待其参数上升后才会影响第二容积。

若已知对象反应曲线,则容积迟延可以通过作图法近似求取。在图 2-84 的反应曲线上,找出其拐点 a,通过 a 作切线 ao'',工程上就近似地以 $o'o''ab$ 代替曲线 $o'ab$,称 $o'o''$ 为容积迟延 τ_c,即 $\tau_c=o'o''$。

这样,实际上就可把图 2-84 中多容对象反应曲线,用一段迟延 $\tau(\tau=\tau_0+\tau_c)$ 加上单容对象反应曲线 $o''ab$ 来代替,把多容对象看成为迟延环节与单容对象的串联。在实际应用与运算中,将简便许多。

由于迟延的存在,将对调节过程产生很不利的影响。在迟延 τ 这段时间内,调节作用将无法影响被调参数,致使被调参数将自由变化,因而降低了调节质量,加大了调节过程波动幅度,降低了调节系统的稳定性,增大了动态偏差,延长了过渡过程时间。

当对象迟延很大,例如达几分钟以上时,应考虑采用特殊调节系统,如分割对象的分区段调节、串级调节等。

2.5.3 调节器

1. 双位调节器

图 2-85 为双位调节器的调节过程。

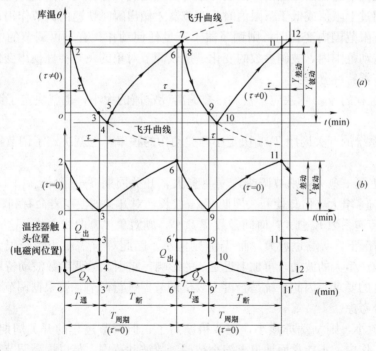

图 2-85 双位调节器调节过程曲线图

在 2.5.1 自调系统组成一节中,以图 2-75 库房温度自动调节系统为例,分析双位调节器的调节过程。从库房温度自调系统图中可知,使库房温度发生变化的热量主要有两个,一个是电磁阀开启时,制冷剂所带走的热量为 $Q_出$,另一个是外界进入库房的热量为

$Q_入$。当库房中测点的温度高于双位调节器给定上限值时，温度双位调节器触头闭合，制冷剂供液电磁阀打开，冷量 Q 进入库房，也就是库房中被制冷剂带走的热量为 $Q_出$，大致可按图 2-85（b）中的波形变化（为讨论简便，这里忽略热力膨胀阀开度变化），而库温的下降则是按库房对象的反应曲线（飞升曲线）2→3 变化的。当测点温度低于双位调节器的给定下限值时，双位调节器动作，其触头断开，供液电磁阀关闭，进入库房的冷量为零。这时，外界进入库房的热量使库房温度升高，库温变化仍按库房对象反应曲线（飞升曲线）3→6 变化，当温度重新回升到上限值时，双位调节器再次动作，这样经历了 2→3→6 的变化曲线，就完成了一个周期的温度变化过程。

理论上当供液电磁阀关闭，$Q_出 = 0$ 时，库温应立即回升，对应的最低温度为 θ_3，但实际上由于对象迟延的存在（电磁阀关闭后的一段时间内，阀后蒸发器管道中的制冷剂还会继续蒸发吸热），使温度不会马上回升，而会继续下降，经过一段迟延时间 τ_{34}，制冷剂的冷量全部放出后，温度才开始回升，这时对应的最低温度为 θ_4。同样，当供液电磁阀开启制冷后，理论上温度应马上下降，最高库温为 θ_6，但实际上由于对象迟延的存在（电磁阀打开，制冷剂被送入蒸发器蒸发吸热需要一段时间），使温度不会马上下降，经过一段迟延时间 τ_{67}，温度上升至 θ_7 后，才开始下降。因此，实际过程是经过了 1—2—3—4—5—6—7 的变化曲线，才完成了此双位调节系统一个周期的温度变化过程。

从上面的分析，我们了解到，双位调节系统的过程曲线是一个不衰减的脉动的过程曲线，整个双位调节过程曲线是由一段段对象的反应曲线（亦称飞升曲线）所组成。即只有当被调参数超过上限值或低于下限值时，调节器才做出瞬时快速的调节作用；而当被调参数在给定上下限范围内变化时，则调节器不产生任何动作（有不可调节的中间区存在）。因此在整个差动范围内，被调参数的变化是按该调节对象的飞升特性规律变化的。

双位调节器特性分析：

① 调节过程的 $y_{波动}$ 值决定了被调参数偏离设定值的大小，也就决定了调节系统的调节精度。

② 调节系统的开关周期 $T_{周期}$ 决定了开关动作的频率，也就决定了调节器开关元件的使用寿命。

③ 对象迟延 τ 愈大，则被调参数 $y_{波动}$ 愈大，开关周期 $T_{周期}$ 愈长。由于迟延的存在，使被调参数 $y_{波动}$ 增大，但却使开关周期 $T_{周期}$ 放长，对开关的使用寿命有利。

④ 对象传递系数 K 愈大，时间常数 T 愈小，则对象飞升曲线愈陡，这时在同样 $y_{差动}$ 及迟延 τ 的情况下，$y_{波动}$ 也愈大，而 $T_{周期}$ 则愈小。因此对于 T 很小，K 很大的对象，易引起被调参数产生大的波动，再加上迟延 τ 的影响，将引起被调参数波动特别大，甚至达不到调节精度的要求。因此系统是否可用双位调节器进行调节，要根据调节系统的对象特性参数来综合考虑。

⑤ $y_{差动}$ 愈小，则 $y_{波动}$ 亦愈小，调节精度高了，但调节过程的开关周期 $T_{周期}$ 也缩短了。在实际工作中，不能片面地追求缩小被调参数波动范围，借以提高调节系统的调节精度，却使开关动作过于频繁，而应全面考虑，在被调参数波动许可的范围内，适当放宽调节器的差动范围，使执行器的动作周期放长，动作频率减小。

⑥ 一般都喜欢采用特性比 τ/T 来描述对象特性。在双位调节系统中，特性比 τ/T 愈大，被调参数的波动范围 $y_{波动}$ 也愈大。特性比 τ/T 值小于 0.3，才适于选用双位调节。

2. 比例调节器（P）

调节器的输出信号与它的输入信号成比例，称比例调节器（P）。

（1）比例系数 K_P

比例调节器的输出信号 ΔP 与比例调节器的输入偏差信号 Δe 之比为比例系数 K_P。

$$K_P = \frac{\Delta P}{\Delta e} \tag{2-72}$$

从上式可以看出，只要有调节作用，就有对应的偏差，因此，比例调节不可避免地存在静态偏差。

（2）比例调节器的静态偏差（余差）

在比例液位调节系统中，假定原来在 t_0 时刻以前，流入量等于流出量（$G_入 = G_出$），液位保持平衡。在 $t = t_0$ 时刻，流出量突然减小，此时流入量大于流出量（$G_入 > G_出$），液位逐渐上升，浮球也跟着上升，通过杠杆的作用，使进水阀跟着关小，直到流入量又逐渐接近流出量时，液位平衡在新的数值上。它的调节过程见图 2-86。

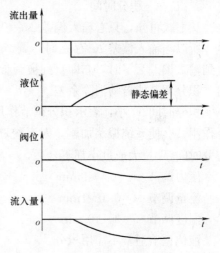

图 2-86 液位比例调节器的调节过程

（3）比例带 δ

比例调节器输出值变化 100% 时，所需输入值变化的百分数。换言之，当输入值变化某个百分数时，输出值将从最小值变化到最大值（满度或满量程），那么输入值变化的这个百分数，就是比例调节器的比例带 δ。用下式表示

$$\delta = \left(\frac{\Delta e / \Delta e_{max}}{\Delta P / \Delta P_{max}} \right) \times 100\% \tag{2-73}$$

将上式整理得

$$\delta = \left(\frac{\Delta e}{\Delta P} \cdot \frac{\Delta P_{max}}{\Delta e_{max}} \right) \times 100\% \tag{2-74}$$

对于一个具体的调节器，ΔP_{max} 和 Δe_{max} 都已固定，所以：

$$\frac{\Delta P_{max}}{\Delta e_{max}} = K_常 = 常数（称比例常数） \tag{2-75}$$

又 $\because K_P = \Delta P / \Delta e$

$\therefore \delta = K_常 / K_P \tag{2-76}$

比例带 δ 值愈小，比例调节器放大倍数大，灵敏度愈高，调节过程静态偏差小，但调节过程往往容易不稳定。必须注意的是，比例带 δ 不能选得过小，否则因调节器过于灵敏，造成调节机构动作过大，使调节系统失去作用，这是危险的。因此，必须选择合适的比例带，大致范围是：

压力调节　　　30%～70%
流量调节　　　40%～100%
液位调节　　　20%～80%
温度调节　　　20%～60%

3. 比例积分调节器 (PI)

(1) 积分调节器 (I)

所谓积分调节，就是调节器输出的变化量 ΔP 与输入偏差值 Δe 随时间的积分成正比例的调节规律。亦即输出的变化速度与输入偏差值成正比。

用数学式表达积分调节规律为

$$\Delta P = \frac{1}{T_i} \int_0^t \Delta e \, dt \tag{2-77}$$

式中　ΔP ——输出信号变化量；

Δe ——输入偏差值，被调参数与给定值比较的偏差值；

T_i ——积分时间。

从上式可知，只有输入偏差 $\Delta e = 0$ 时，输出变化才等于零，即 $\Delta P = 0$。

所以当输入偏差 Δe 存在时，调节器输出的变化就不会等于零，输出会一直在变化，直到输入偏差为零时，亦即直到被调参数回到给定值时，输出才不再变化而稳定下来。显然，积分调节能自动消除余差。

积分时间 T_i 小，表示积分调节作用强，容易消除余差，这是有利的一面。但加强积分作用，会使系统振荡加剧，对系统稳定性不利；积分时间 T_i 大，则表示积分作用弱。积分时间 T_i 过大或过小都不合适，一般情况下，T_i 的大致范围是：

压力调节　　0.4～3min

流量调节　　0.1～1min

温度调节　　3～10 min

液位调节通常不需用积分。

(2) 比例积分调节器 (PI)

积分调节器最大优点是没有静态偏差（即最终能消除余差），使被调参数维持在恒定的给定值上。但是，单纯的积分调节器并不能满足生产实际的需要，因为它动作缓慢，不是立即反应，这是它的缺点。

比例调节器的优点是输出信号能瞬时反应输入信号，比例调节反应迅速。比例调节器的缺点是存在余差。

在制冷空调系统中，如调节质量静态偏差要求高时，常采用比例积分调节器 (PI)。比例积分调节器既可得到一个具有比例调节器反应快的优点，又具有积分调节器无余差的优点。比例积分调节器由下式表示

$$\Delta P = K_P \left(\Delta e + \frac{1}{T_i} \int_0^t \Delta e \, dt \right) \tag{2-78}$$

4. 比例积分微分调节器 (PID)

(1) 微分调节器 (D)

调节器的输出信号与输入信号变化速度成正比，称为微分调节器 (D)。即微分调节器的调节规律是与被调参数变化的速度成正比。其动态方程式为

$$P = T_d \cdot \frac{de}{dt} \tag{2-79}$$

式中　P——微分调节器的输出信号；

de/dt——输入信号变化速度；

T_d——微分时间。

T_d 大,微分作用强；T_d 小微分作用弱。

当被调参数的偏差值刚刚开始产生的瞬间,微分调节器即进行调节作用,微分调节器的这种超前的调节作用,防止了被调参数出现大的偏差。

理想微分调节器是纯微分调节器,是不能单独应用的。微分调节器常与比例积分调节器组合使用,把微分作用的优点纳入,克服了比例积分调节器调节作用不及时的缺点,从而实现超前调节,成为比例积分微分调节器(PID),是一种理想调节器。

(2) 比例积分微分调节器(PID)

比例积分微分调节器(PID)动态方程式为

$$P = K_P \left(e + \frac{1}{T_i} \int_0^t e dt + T_d \frac{de}{dt} \right) \quad (2-80)$$

PID 理想调节器既能迅速地进行连续调节,又能消除余差,还可以根据偏差的变化趋势超前动作。消除了双位调节器出现中间区,消除了比例调节器出现余差,消除了积分调节器缓慢,消除了微分调节器不能单独存在等,成为理想 PID 调节器。

如图 2-87 所示,当输入阶跃信号后,输出信号由于微分作用先跃上去,微分作用过去后,输出信号降下来,接着比例作用起主要作用,然后由于积分作用输出信号又逐渐增大起来。

比例积分微分调节器在调节系统中,当干扰出现后,微分部分立即输出大信号,比例部分也起克服干扰作用,使被调参数偏差减小。接着积分部分输出信号慢慢地把静态偏差(余差)消除。只要将比例带 δ 积分时间 T_i 和微分时间 T_d 三个整定参数选择得当,就能发挥三种调节规律的优点,从而得到较为理想的调节质量。

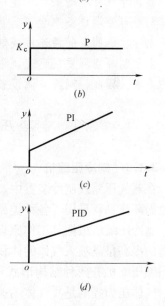

图 2-87　调节器的阶跃响应曲线
(a) 调节器输入；(b) 比例调节器输出；(c) 比例积分调节器输出；
(d) 比例积分微分调节器输出

第3章 制冷空调设备及其系统配置

制冷：一般由制冷压缩机或采用压缩式冷凝机组与其制冷辅助设备合理配置成制冷系统，用不同的蒸发器及其蒸发系统末端装置来满足不同的用冷要求，如冷加工、冷储藏和冷冻、冷却、制冰、冷饮、干燥脱水以及各种工业用冷、农业保鲜等。

空调：一般由冷水机组与其空气处理设备和空调风系统及其末端装置；或与其水处理设备和空调水系统及其末端装置合理配置成舒适性空调或工艺性空调系统，满足不同的恒温恒湿、净化环境的要求，如中央空调、净化空调等。

制冷与空调设备（含泵、风机等）是通过制冷管道、阀门及管件；风管、风阀及管件；水管、水阀及管件连接成制冷系统、风系统和水系统。

由于制冷空调发展迅速，许多新技术、新设备会不断涌现，来满足人民生活和经济发展的需求。因此，制冷空调设备永远是一个新篇章。

3.1 制冷压缩机与压缩冷凝机组及辅助设备

3.1.1 制冷压缩机

在蒸气压缩式制冷装置中，为把制冷剂蒸气从低压提升为高压，并使它在制冷系统中不断循环流动，采用了各种类型的制冷压缩机。

制冷压缩机根据其工作原理可分为容积型和速度型两大类。在容积型压缩机中，气体压力的提高是靠吸入气体的体积被强行缩小，使单位容积内的气体分子数量增加来达到。容积型压缩机有两种结构形式：往复活塞式（简称活塞式）和回转式。在速度型压缩机中，气体压力提高是靠气体的速度转化而来，即先使气体获得一定高速，然后再由速度能变化成气体位能。

所有制冷压缩机，根据其结构特点和工作原理，均有其最佳冷量使用范围，因此，当使用的冷量和条件不同时，应选用不同形式的压缩机，以获得最佳运行效果。

1. 活塞式制冷压缩机

活塞式制冷压缩机又称往复式制冷压缩机，是用曲轴连杆机构带动活塞作往复运动而进行工作的。

活塞式制冷压缩机是问世最早的制冷压缩机，由于它具有效率高、使用范围广、灵活可靠，适用于多种制冷剂等优点，因此，在中、小型制冷量范围内，大多采用这种压缩机。

（1）活塞式制冷压缩机的分类

① 按使用的制冷剂种类分类，可分为氨压缩机和氟利昂压缩机等。

由于氨和氟利昂制冷剂性质的不同，两种压缩机的结构也有所不同。对于氨压缩机均装有假盖，机体或气缸盖上有冷却水套，所有油气路连接管均用钢制，压力表采用氨压力表等。氟利昂压缩机为减少制冷剂泄漏,机上各种截止阀阀杆大都采用帽盖密封,而很少采用手轮的截止阀。氟利昂压缩机吸排气阀片开启度一般也较氨压缩机大。

② 按气缸数分类有单缸压缩机和多缸压缩机。

③ 按压缩机级数分类,可分为单级压缩机、双级压缩机等。

单级压缩机中的制冷剂蒸气由低压至高压只经一次压缩,如图 3-1 所示。而双级压缩和多级压缩,制冷剂蒸气由低压至高压的过程是连续经过两次或多次压缩,如图 3-2 所示。

④ 按作用方式分类,可分为单作用压缩机、双作用压缩机。

单作用压缩机如图 3-3 所示,其制冷剂蒸气仅在活塞的一侧进行压缩。双作用式压缩机如图 3-4 所示,制冷剂蒸气轮流进入活塞两侧的气缸内进行压缩。

⑤ 按制冷剂在缸内流动方向分类可分为顺流式(制冷剂气体在缸内流动方向不变)和逆流式(制冷剂气体在缸内流动方向是变化的)两种。

⑥ 按压缩机和电动机结合方式分,有开启式、半封闭式和全封闭式三种。

⑦ 按气缸布置形式分直立型和角度型压缩机。

图 3-1 单级压缩示意图

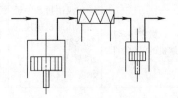

图 3-2 两级压缩示意图

图 3-3 单作用压缩机

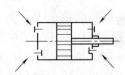

图 3-4 双作用压缩机

开启式和半封闭式压缩机有直立型、V 型(气缸中心线夹角为 90°,活塞在倾斜方向作往复运动)、W 型(气缸中心线夹角为 60°)和 S 型(即扇形、气缸中心线夹角为 45°)等。全封闭式压缩机有 D 型(单缸)、V 型、B 型、Y 型、X 型等。

(2) 国产活塞式制冷压缩机的基本系列

目前我国生产的中小型活塞式制冷压缩机的系列产品一般是单作用、逆流式、高速、多缸压缩机。根据气缸直径(mm)不同分为 50、70、100、125、170 五个基本系列(简称新系列)。其中 50、70、100 三种系列可做成半封闭式。100、125、170 三种系列有单级的变型产品即单机双级产品。50、70 两种系列,多用于整体式空调机、冷风机和除湿机等。

上述五种基本系列,再配置不同的缸数,组成数十种规格的压缩机,以满足不同制冷量的需要。

(3) 活塞式制冷压缩机型号的表示方法

活塞式制冷压缩机型号的编制有两种方法：一种是开启式和半封闭式；另一种是全封闭式。但两种方法基本上是统一的，说明如下：

例如，8FS10 型制冷压缩机，表示 8 缸，制冷剂用氟利昂，气缸排列成扇形，气缸直径为 10cm 开启式压缩机。

又如，3FW5B 型制冷压缩机：表示 3 缸，制冷剂为氟利昂，W 型排列，缸径为 5cm，半封闭式压缩机（见表 3-1）。

活塞式制冷压缩机型号表示方法 表 3-1

压缩机型号	气缸数（只）	制冷剂	气缸排列形式	气缸直径（cm）	结构形式
8AS12.5	8	氨（A）	S 型（扇型）	12.5	开启式
6FW7B	6	氟利昂（F）	W 型	7	半封闭（B）
3FY5Q	3	氟利昂（F）	Y 型（星型）	5	全封闭（Q）

注：压缩机型号的含义如下：

第一位	第二位	第三位	第四位	第五位
以数字表示压缩机的气缸数目	以汉语拼音字母表示压缩机适用的制冷剂类型：F 表示氟利昂，A 表示氨	以字母表示压缩机气缸布置形式，如 V 型、W 型、Y 型、S 型	以数字表示气缸直径，以 cm 为单位	以汉语拼音字母表示压缩机的组合形式，开启式不书写，半封闭式以 B 表示，全封闭式以 Q 表示

如果压缩机电动机组成机组，其型号名称一般与压缩机名称相同，部分厂家另取名称，用"F"表示制冷剂为氟利昂，"A"表示制冷剂为氨，"JZ"表示冷水机组。例如 FJZ—15、FJZ—20、FJZ—40A 等表示氟利昂冷水机组；AJZ—5.3、AJZ—2.65 等表示氨冷水机组，其后面数字表示制冷量，单位为 10^4 kcal/h（4.1868×10^4 kJ/h）。

开启式活塞式制冷压缩机的基本参数见表 3-2。

(4) 制冷压缩机的总体结构和主要零部件

压缩机本体是由许多零部件组成，对于一台较典型的大型活塞式制冷压缩机，这些零部件可以分为以下几个部分：

① 机体：它是压缩机的机身，用来安装和支撑其他零部件以容纳润滑油。机体通常为整体铸造，压缩机的各个零部件按一定顺序装在其固定部位。

② 传动机构：压缩机依靠该机构传递动作，对气体做功，它包括曲轴、连杆、活塞等。

③ 配气系统：它是保证压缩机实现吸气、压缩、排气过程的配气部件，它包括吸、排气阀，活门片和气阀弹簧等。

④ 润滑油系统：它是对压缩机各传动摩擦耦合件进行润滑的输油系统，它包括油泵、油过滤器和油压调节部件等。

⑤ 卸载装置：它是对压缩机气缸进行卸载、调节冷量、便于启动的传动机构，它包括卸载油缸、油活塞、推杆和顶针、转环等部件。

⑥ 轴封装置：在开启式压缩机中，轴封装置用来密封曲轴穿出机体处的间隙，防止泄漏，它包括托板、弹簧、橡胶圈和石墨环等。

表 3-2

开启式活塞式制冷压缩机基本参数

类别	缸径(cm)	行程(mm)	缸数(个)	R-717(氨) 转速(r/min)	标准轴功率(kW)	标准产冷量(10^4kJ/h)	单位质量[kg/(10^3kJ·h)]	R-717(氨) 转速(r/min)	标准轴功率(kW)	标准产冷量(10^4kJ/h)	单位质量[kg/(10^3kJ·h)]	R-717(氨) 转速(r/min)	标准轴功率(kW)	标准产冷量(10^4kJ/h)	单位质量[kg/(10^3kJ·h)]
I	50	40	2	1440				1440	1.67	2	2.75	1440	1.138	1.25	4.40
			3						2.67	3	2.40		1.690	1.86	3.82
			4						3.30	4	2.07		2.240	2.50	3.40
			6						4.93	6	1.70		3.330	3.80	2.68
			8						6.55	8	1.42		4.440	5.00	2.27
II	70	55	2	1440	4.52	5.50	2.35	1440	4.35	5.3	2.46	1440	3.010	3.30	3.90
			3		6.75	8.25	2.16		2.16	8.0	2.21		4.490	5.00	3.56
			4		8.88	11.00	1.91		1.91	10.6	2.00		5.940	6.63	3.15
			6		13.40	16.50	1.53		1.53	15.9	1.56		8.860	10.00	2.53
			8		17.80	23.00	1.27		1.27	21.1	1.32		11.700	13.30	2.12
III	100	70	2	960	8.12	9.76	2.56	960	7.80	9.4	2.65	960	7.980	9.00	2.84
			4		16.00	19.50	1.89		15.40	18.8	1.95		15.700	17.60	2.10
			6		23.80	29.30	1.50		22.90	28.1	1.56		23.500	26.40	1.67
			8		31.60	39.00	1.34		30.40	37.5	1.39		31.100	35.20	1.50
IV	125	100	2	960	18.30	22.00	3.00	960	17.60	21.1	3.08	960	12.000	13.20	4.92
			4		36.10	44.00	2.17		34.70	42.3	2.26		23.600	26.40	3.63
			6		53.90	66.20	1.74		51.70	63.4	1.80		35.200	40.40	2.89

⑦ 安全装置：包括排气阀座（或称假盖）、安全压板、弹簧、安全阀、易熔塞及设备继电保护装置等，当压缩机运行出现异常时，如压力、温度出现异常，安全装置起到保护压缩机安全运行和设备安全的作用。安全阀装在压缩机排气管或排气腔和吸气管或吸气腔之间，其作用是当压缩机的排气压力超过安全阀所能承受的极限压力时，阀被打开，高压侧的气体排入低压侧，保护机器零件不受损坏，保证压缩机安全运行。安全阀一般采用弹簧式安全阀。图 3-5 为一台完整的 8FS10 型制冷压缩机总体结构。

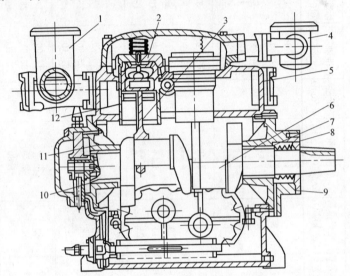

图 3-5 8FS10 型压缩机的总体结构图
1—吸气管；2—假盖；3—连杆；4—排气管；5—气缸体；6—曲轴；7—前轴承；
8—轴封；9—前轴承盖；10—后轴承；11—后轴承盖；12—活塞

2. 螺杆式制冷压缩机

螺杆式制冷压缩机，是一种容积型回转式压缩机。它利用置于机体内的螺旋状齿槽的螺杆相啮合旋转，造成齿间容积变化而完成气体的吸入、压缩和排出三个过程。它具有结构简单、操作方便、易损件少、排气温度低、压缩比大、体积小、质量轻，对湿冲程不敏感等优点。因而被广泛用于国民经济各个生产部门。

（1）螺杆式制冷压缩机的构造与工作原理

螺杆式制冷压缩机主要由机体、阴阳转子、吸排气端座、主副轴承，轴封部件、能量调节滑阀、平衡活塞等零部件组成，如图 3-6 所示。

螺杆式压缩机是容积型压缩机，其运转过程从吸气过程开始，气体在密闭的齿间容积中经历压缩，最后至排气孔排出。如图 3-7 所示的螺杆式制冷压缩机的工作过程。可看出阴、阳转子齿间容积大小随转子回转而从大到小变化，从而实现了气体的压缩过程。

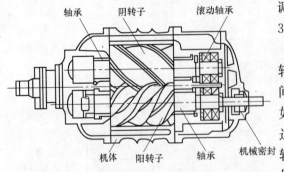

图 3-6 螺杆式制冷压缩机剖面图

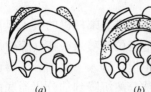

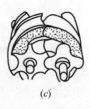
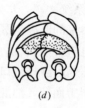

图 3-7 螺杆式制冷压缩机的工作过程
(a) 吸汽过程；(b) 吸汽过程结束，压缩过程开始；
(c) 压缩过程结束，排汽过程开始；(d) 排气过程

为了保证螺杆式制冷压缩机的正常运转，必须配置相应的辅助机构，如润滑油的分离和冷却，能量调节的控制装置，安全保护装置和监控仪表等。将压缩机，电机及辅助机构组装成机组的形式，称为螺杆式制冷机组。

(2) 螺杆式压缩机组制冷系统

螺杆式机组概括起来可分四大系统，即气路系统，油路系统，卸载系统，水路系统，如图 3-8 所示。在这四大系统中油路系统尤为重要，对油的要求也较高，进入螺杆中的油的黏度、清洁度、温度和压力都要严格控制。这是螺杆式制冷压机组安全操作的关键之一，要经常监视和定期检查。

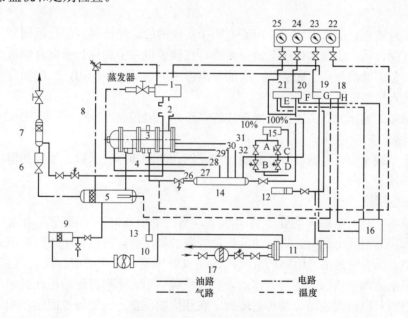

图 3-8 螺杆式制冷机组系统

1—吸气过滤器；2—吸气止逆阀；3—螺杆制冷机；4—排气伸缩管；5——次油分离器；6—排气止逆阀；7—二次油分离器；8—旁通管；9—油粗过滤器；10—油泵；11—油冷却器；12—油精滤器；13—油压调节阀；14—油分配总管；15—滑阀油缸；16—电器控制箱；17—冷却水过滤器；18—温度控制器；19—高低压差控制器；20—油压控制器；21—油精滤器前后压差控制器；22—油温表；23—排气压力表；24—吸气压力表；25—油精滤后压力表；26—滑阀导轨油管；27—轴封油管；28—前主轴承油管；29—主轴承油管；30—后主轴承油管；31—平衡活塞油管；32—滑阀控制油管

1) 气路系统

由蒸发器来的制冷剂蒸气，经过滤器，吸气止逆阀进入螺杆机的吸入口。压缩机内的一对转子由电机带动旋转，油由滑阀（或机体）在适当位置喷入；在气腔中气油混合。气油混合物被压缩后经排气口排出，至伸缩管（可以不设）进入一次油分离器。由于进入较大的油分离器中而使气油混合物流速突降，液相油被分离沉降到油分离器底部。气油混合物（其中有未被分离的油）通过排气止逆阀进入二次油分离器中，将油再一次分离，此时纯净的制冷剂蒸气被压送到冷凝器。

气路系统中设置的吸气止逆阀是防止停车时，转子前后存在着压差。压差会使气体倒流从而导致转子倒转，这对转子齿形磨损极为严重。安装止逆阀有助于最大限度地减少回流容积，使压差迅速得到平衡。

排气止逆阀可防止压缩机停车后，高压气体倒流使机组内呈高压状态。旁通管路，当机组停车后，电磁阀开启，使机腔内较高的压力蒸气经该阀由旁通管路泄至蒸发系统，使机组气腔处于低压状态，便于下次启动。

2) 油路系统

贮存在油分离器下部的较高温度的冷冻油，经过截止阀，油粗过滤器，被油泵吸入排至油冷却器。在油冷却器中油被水冷却后进入油精过滤器，然后压入油分配总管，分别送入轴封装置、滑阀喷油孔、前后主轴承、平衡活塞、四通电磁换向阀——能量调节装置等。

送入轴封装置，前后主轴承，四通电磁换向阀的油，经机体内油孔返回到低压侧，部分油与蒸气混合后，由压缩机压至油分离器，在转子机腔中的气、油混合物被排到一次油分离器中，分离的油积存于底层。一次油分离器中的油被循环使用，二次油分离器中的油一般定期放入压缩机低压侧。

油过滤器的油压差，由压差控制器控制（压差一般控制在 0.1~0.15MPa）。

3) 水路系统

冷却水经截止阀、过滤器、电磁阀、截止阀、油冷却器进水口、油冷却器出水口进行冷却油的循环。

4) 卸载系统

当能量不变时，电磁阀均处于关闭状态，当能量增加时，手动或自动地（由温度控制）使电源接通两只电磁阀。从供油分配总管来的高压油，通过其中一只电磁阀进入滑阀油缸的左室，而右室的油经电磁阀又流入压缩机低压侧，实现增荷。反之当能量减少时，接通另两只电磁阀，活塞带动滑阀移动，实现减载。当需要螺杆压缩机在某一负荷下运行时，只要将四只电磁阀关闭，油活塞便固定在相应的位置上，滑阀也固定在相应位置，即固定在理想的能量位置。

(3) 螺杆式制冷压缩机的性能特点

1) 优点

① 转速较高、结构简单紧凑、体积小、质量轻。由于它属回转机械，运动机构没有往复惯性力，而且气缸上不设进、排气阀，转速往往很高，通常在 15~50r/s 的范围内。此外构成压缩机的零部件种类和数量都比往复活塞式少，因而机加工量少，材料消耗低。

② 排气温度低，可以在大压力比下单级运行。螺杆压缩机由于在压缩过程中间压缩

腔喷入大量润滑油冷却，使压缩过程接近等温过程，故在相同压力比下运行，排气温度比活塞式低得多。

③ 在大压力比下容积效率较高，由于螺杆式压缩机不设进、排气阀，吸气排气阻力损失小，没有余隙容积，因而在大压力比下运转时，仍保持较高的容积效率。

④ 易损零件少，运转周期长，使用安全可靠。它的主要摩擦件（如转子、轴承等）强度和耐磨程度都比较高，而且润滑条件良好，故使用比较可靠。

⑤ 由于是回转运动，转子又经过平衡校验，因而机器的动平衡性好，运行时几乎没有振动。

⑥ 能量可以无级调节，由于螺杆式压缩机采用了滑阀调节，因而能量可在 10％～100％范围内无级调节。

⑦ 对少量进液不敏感，运行维修费用较低。

2）缺点

① 螺杆式压缩机由于需向压缩腔内喷入大量的润滑油，故需设置体积较大，结构复杂的高效油分离器和油冷却器，这就使整个机组的体积和质量加大。

② 噪声较高。

③ 由于流动损失，高压下漏气量较大等影响，在正常情况下，螺杆式压缩机的总效率一般比往复式压缩机稍低。

④ 转子配合比较精密，气缸和转子运动表面加工精度要求较高，给加工制造带来了复杂性。

3. 离心式制冷压缩机

随着我国工业迅速发展，特别是大型建筑的空气调节和石油工业的发展，迫切需要制冷量大而蒸发温度低的制冷装置。往复式（活塞式）压缩机由于结构限制不能适应上述需要。离心式压缩机具有转速高，单机制冷量大的特点能满足上述的要求，所以被广泛使用。

（1）离心式制冷压缩机的构造与工作原理

离心式制冷压缩机的构造和工作原理与离心式鼓风机极为相似，它的工作原理与活塞式压缩机有根本区别。它不是利用汽缸容积减小的方式来提高气体的压力。而是依靠动能的变化来提高气体压力。它主要由带叶片的工作轮，截面积逐渐扩大的环形通道——扩压器以及蜗壳等组成。

当工作轮转动时，叶片就带动气体运动，或者使气体得到动能，然后使部分动能转变为压力能，从而提高气体的压力，这种压缩机由于它工作时不断将制冷剂蒸气吸入，又不断沿半径方向被甩出去，所以称它为离心式压缩机。如只有一个工作轮，称为单级离心式压缩机，如果由几个工作轮串联起来而组成，称为多级离心式压缩机如图 3-9、图 3-10 所示。

离心式压缩机常用的工质有 R-11、R-12 及氨。

（2）离心式压缩机的制冷系统

用于空调的离心式压缩机的制冷装置多做成制冷机组，也就是将离心式压缩机，蒸发器，冷凝器等组装成一个整体，十分紧凑，使用方便。

离心式制冷压缩机组包括：离心压缩机组，蒸发冷凝器组，润滑系统，冷媒净化装置

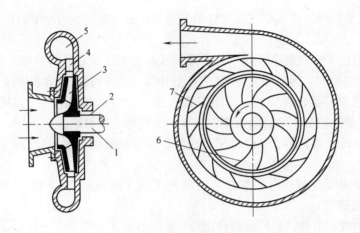

图 3-9 单级离心式制冷压缩机

1—轴；2—轴封；3—工作轮；4—扩压器；5—蜗壳；6—工作轮叶片；7—扩压器叶片

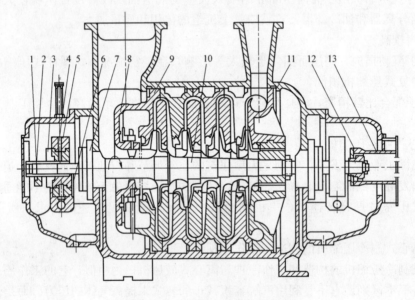

图 3-10 多级离心式制冷压缩机

1—顶轴器；2—套桶；3—止推轴承部；4—止推轴承；5—轴承；6—调整块；
7—机械密封部；8—进口导流调节部；9—汽缸定子部；10—轴；
11—调整环；12—齿轮连轴器左半联；13—齿轮

及控制设备等。

1）离心压缩机组

包括离心压缩机，电机，增速装置。通过增速压缩机转速可达 8000r/min 以上，因而制冷量很大，最小都在 20×10^4 kcal/h，一般都在 $50 \sim 100 \times 10^4$ kcal/h 以上。适宜于大型建筑的空调之用，例如在人民大会堂空调系统就采用了大型离心式制冷压缩机组。

2）冷凝器和蒸发器组

冷凝器和蒸发器均采用卧式壳管式，两者有高压浮球阀联接。

3）润滑油系统

由于离心式压缩机通过增速，它的运转速度很高，必须要有良好的润滑系统来保证。润滑油除了润滑齿轮、轴承等部件外，还对这些地方起冷却作用。所以油路系统对整个压缩机组安全运行是有重要意义的。

离心式压缩机的润滑是采用压力润滑，其润滑系统由油泵、电动机、油冷却器、油过滤器、油压调节阀、油箱等组成。油泵由电动机带动，电动机是浸在冷冻油内并和油泵共用一根转轴。油经油泵压出后，经冷却，过滤，由油压调节阀调到规定压力进入供油管分配至各润滑点。

4）冷媒净化装置

冷媒净化装置由净化冷凝器、活塞式压缩机、电动机、浮球阀及差压开关等组成。此系统独成一体，它可自动排除漏入系统内空气或不凝气体，可代替真空泵对制冷系统抽真空，在没有高压气源（1MPa）的情况下作为机组在充氟前试漏的气源。

5）控制设备

主要包括控制各电机的运转、调节、检测保护设备仪表，使冷量可在40%～100%范围内无级自动调节。发生故障时，自动报警并停车以保证安全生产。

(3) 离心式制冷压缩机的性能特点

1）优点

体积小、质量轻、制冷量大。这是由于离心式压缩机内气体做高速流动，流量可以很大，因此制冷量也就很大。与同样制冷量的活塞式压缩机相比，显得小而轻；

结构简单，零部件少，制造工艺简单。这是由于离心式压缩机工作时是旋转运动，连续压送气体，没有活塞式复杂的曲柄连杆机构及进排气阀；

可靠性高。摩擦部件只有轴承，工作可靠，检修期限可在一年以上。

便于多种蒸发温度。在多级压缩机中，可根据需要设计成具有中间抽气的多种蒸发温度的机器，将蒸发器出来的气体加到相应压力的中间级去；

制冷剂不污染。润滑油与气体基本上不接触。这样就不会影响蒸发器和冷凝器的工作；

运转平稳。机器旋转运动，没有往复惯性力。

2）缺点

制冷量不能太小。因为机器内是气体的高速流动，流量不能太小，否则流道太狭（如叶轮的出口宽度太小）要影响流动效率；

因为一级的压力比是不大的，所以压力比较高时需要几个级数。此外压力过高时密封问题也较难解决；

通常离心式压缩机的转速高于电机的最高转速3000r/min，所以往往需要增加一台增速装置。高速齿轮增速器的制造工艺要求比较高。

当制冷量太小，压缩机出口处压力低于冷凝器压力，气体就会从冷凝器向压缩机倒流，直到低于压缩机出口压力，这时压缩机恢复正常工作，当冷凝器压力恢复到原值时，压缩机流量又减少，压缩机出口压力又下降，气体又产生倒流。这种周而复始就产生周期性气流脉动——即"喘振"。它对机器十分有害的，是不允许的。为了使压缩机工作稳定，必须从冷凝器引一根旁通管把压缩的制冷剂引入压缩机进气管，才能使冷凝器的蒸气流量和压力稳定——即反喘振阀装置。此外还使离心式压缩机制冷量调节的范围增大，即使在制冷机制冷量很小时，压缩机仍可安全运行。

3.1.2 压缩冷凝机组

压缩冷凝机组主要由制冷压缩机与冷凝器组成机组。分为风冷式压缩冷凝机组和水冷式压缩冷凝机组，前者采用风扇的风冷却；后者采用冷却塔、水池、水泵的冷凝水循环方式的水冷却。达到冷凝压力（冷凝温度），使压缩机排出的制冷剂气体在冷凝器中冷凝成液体。

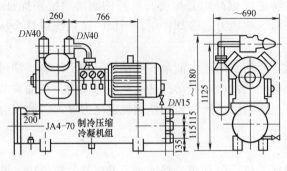

图 3-11 氨压缩冷凝机组

按工质不同，可分为氨压缩冷凝机组和氟压缩冷凝机组，同时均分为单级压缩冷凝机组和单机双级压缩冷凝机组，如图 3-11、图 3-12、图 3-13、图 3-14 等。

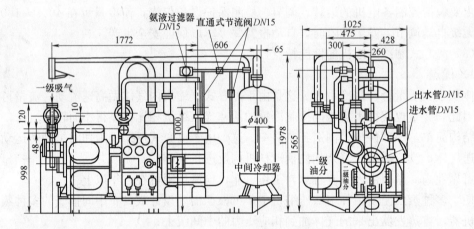

图 3-12 氨单机双级制冷压缩机

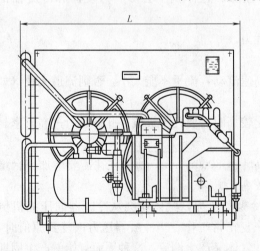
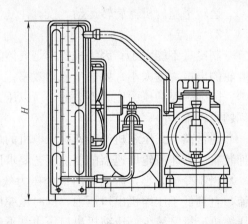

图 3-13 氟压缩冷凝机组

部分压缩冷凝机组还带有油分离器、干燥过滤器、回油罐、流量计、压力控制器、油差压控制器、曲轴箱油加热器、视镜等设备和制冷元件，依据不同要求进行配置。

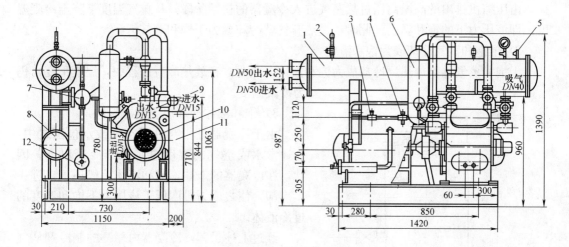

图 3-14 氟单机双级压缩冷凝机组
1—冷凝器；2—安全阀；3—电磁阀；4—热力膨胀阀；5—放空气阀；6—油分离器；7—中间冷却器；
8—贮液器；9—压缩机；10—电机；11—控制台；12—干燥过滤器

3.1.3 辅助设备与节流膨胀设备

制冷辅助设备通过制冷管道、阀门及其管件等与制冷机连接成制冷系统。制冷系统中的辅助设备是改善制冷机的工作条件。使制冷装置有效和安全地运行，提高制冷机工作寿命的有效措施。

辅助设备按主要功能可分为：

① 换热设备（如冷凝器等）；

② 贮存设备（如高压贮液器、低压贮液器等）；

③ 分离与捕集设备（如油分离器、空气分离器、气液分离器和集油器等）。

辅助设备经常同时具有以上功能或兼有其他扩展功能（如低压循环贮液桶就同时具有分离和贮存功能；中间冷却器同时具有分离、贮存和换热功能等；又如高压贮液器除了贮存系统供液量的功能外，同时其形成的液面具有防止高、低压"短路"、造成串压、影响和破坏制冷系统的功能等）。

辅助设备按其设置的位置可分为：

① 高压设备（如冷凝器、高压贮液器、油分离器、集油器、空气分离器、干燥过滤器、紧急泄氨器等）；

② 中压设备（如中间冷却器等）；

③ 低压设备（如气液分离器、低压贮液器、低压循环桶、氨泵、排液桶等以及大型制冷系统常在低压端设备设置集油器）。

高压设备一般不必绝热保温，中、低压设备一般均设置保温层。

1. 冷凝器

冷凝器又称为散热器、凝缩器、凝结器等。它是冷冻空调系统的主要热交换器之一。冷凝器的工作过程是放热过程，把热量排入大气或水中。

（1）工作过程和原理

1）过热蒸气冷却成为干饱和蒸气

由压缩机排出的高温高压过热蒸气进入冷凝器的初始阶段，从排气温度下降至冷凝温度，即该压力下的饱和温度。此时，过热蒸气就冷却成为干饱和蒸气。

2) 干饱和蒸气冷却成为饱和液体

干饱和蒸气继续放热，冷却成为饱和液体，此时，在放热冷凝过程中，温度不变，仍为冷凝温度。

3) 饱和液体冷却成为过冷液体

由于冷凝器处于与外界空气或水包围之中，而通常水或空气的温度总是低于冷凝温度。因此，在冷凝器的末端，饱和液体一般还可以进一步冷却，使之成为温度低于该压力下饱和温度的过冷液体。

经过上述过程，冷凝器内循环的制冷剂从气态转变为液态，整个放热过程即结束。

(2) 冷凝器的结构及特点

冷凝器按冷却方式可分为水冷式、风冷式和蒸发式及淋激式冷凝器等类型。

1) 水冷式冷凝器

在水冷式冷凝器中，制冷剂放出的热量被冷却水带走。冷却水可以一次流过，也可用冷却水塔冷却后循环使用。水冷式冷凝器有壳管式、套管式等结构形式。

① 立式壳管冷凝器　立式壳管冷凝器的结构形式如图 3-15 所示，其外壳是用钢板卷制成的大圆筒，圆筒两端焊有多孔管板，板上用涨管

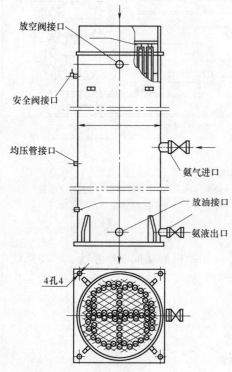

图 3-15　立式壳管式冷凝器

法或焊接固定着许多根无缝钢管。冷却水自上而下在管内流过，氨气在壳体内管簇之间冷凝后积聚在冷凝器的底部，经出液管流入贮液器。

冷凝器的顶端装有配水箱，使冷却水能均匀地分配到各个管口，每根钢管的管口上装有一只带斜槽的分水器，如图3-16。冷却水通过分水器上的斜槽后沿钢管内壁作螺旋线状向下流动，在钢管内侧构成薄膜状的水层，充分吸收制冷剂的热量，既提高了冷凝器的冷却效果，又节省用水。

在冷凝器的外壳上设有进气、出液、放空气、均压、放油和安全阀管路接头，与相应的管路和设备相连接。

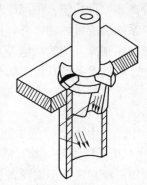

图 3-16　分水器结构图

立式壳管冷凝器的优点是占地面积小，可以装在室外；清洗较方便，可在制冷系统运行的情况下清洗。缺点是冷却水消耗量较大。立式壳管冷凝器适用于水源充足，水质较差的地区，目前，立式壳管冷凝器用于大、中型氨制冷系统中。

② 卧式壳管冷凝器　卧式壳管冷凝器的外壳是用钢板卷制焊接而成的圆筒体。外壳两端焊有两块圆形的管板，传热管两端用涨管或焊接法固定在管板的管孔中。筒体

两端装有端盖，端盖内设有隔板，将管子按一定的管数和流向分成几个流程，使冷却水按一定的流向在管内依次流过。制冷剂蒸气在管外冷凝，冷凝后液体由下部排出，见图3-17。

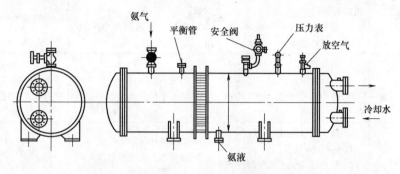

图3-17 卧式壳管式冷凝器

卧式壳管冷凝器通常采用偶数流程，以便把冷水进出管安装在同一端盖上。冷却水从端盖的下部进入，从端盖的上部流出。另一端的上侧装有放气旋塞以便在充水时排出空气；下部装有放水旋塞，在冬季冷凝器停止使用时将水排尽，以免冻裂管子。

氨卧式壳管冷凝器通常用 $DN25\sim DN32$ 的无缝钢管制造；氟利昂卧式壳管冷凝器大多数采用滚压肋片铜管，以提高制冷剂侧的传热效果。

卧式壳管冷凝器的优点是传热系数较高，冷却水耗用量较少。目前已广泛应用于氨和氟利昂制冷系统中。

③ 套管式冷凝器　套管式冷凝器的构造通常是在一根较大直径的无缝钢管内套有一根或数根小直径的铜管（光管或低肋管），并弯制成螺旋形。

制冷剂蒸气从上部进入外套管内，冷凝后的液体由下部流出，冷却水由下部进入内管，吸热后从上部流出，与制冷剂成逆向流动，以增强传热效果。

2) 风冷式冷凝器

分自然对流式和强迫对流式两种。自然对流式是依靠空气自然冷却；强迫对流式采用风机强制空气流动进行冷却。它们都是以空气作为冷却介质的。其结构是由几组蛇型盘管组成，在盘管外加肋片，以增加空气侧的传热面积。

3) 蒸发式冷凝器

以水和空气作冷却介质，以水的蒸发和空气的对流将热量散逸。蒸发式冷凝器内装有蛇形盘管，制冷剂由盘管上部引入，冷却后由下部排出。冷却水由水泵加压，自上而下喷向盘管，使它冷却。同时，利用风机高速旋转，强迫空气流动使冷凝器冷却。

4) 常用冷凝器对比（表3-3）

2. 贮液器

贮液器又称贮液桶，它的主要作用是贮存液体制冷剂，稳定系统中制冷剂的循环量。

贮液器按其用途和所承受的工作压力可分为：高压贮液器、低压贮液器、循环贮液器、排液器等。前三种主要用来贮存和供给制冷剂，后一种则是冲霜或检修时起贮存排出制冷剂作用。

高压贮液器主要是贮存由冷凝器放出多余的液体制冷剂；低压贮液器主要是贮存压缩

常用冷凝器对比 表3-3

冷凝器类型		优点	缺点	使用范围
水冷式	立式壳管式	1. 可装设在室外露天,节省机房面积; 2. 清洗方便; 3. 漏氨易发现	1. 传热系数比卧式壳管式低; 2. 冷却水进出温差小,耗水量大	中型及大型氨制冷装置
	卧式壳管式	1. 结构紧凑; 2. 传热效果好; 3. 冷却水进出温差大,耗水量小	1. 清洗不方便; 2. 漏氨不易发现	大、中、小型氨和氟利昂制冷装置都可采用
	套管式	1. 结构简单、制造方便; 2. 体积小,紧凑; 3. 传热性能好(水与制冷剂成逆向流动)	1. 金属消耗量较大; 2. 冷却水的流动阻力较大; 3. 水垢清洗困难	小型氟利昂空调制冷机组
	沉浸式	1. 制造简单; 2. 维修清洗方便; 3. 安装地位不受限制	1. 冷却水在水箱内的流动速度很低,故传热效果差; 2. 体积大	小型氟利昂制冷装置
空气冷却式(风冷式)		不需冷却水,对供水困难地区,如冷藏车等很适用	1. 传热效果差; 2. 气温高时,冷凝压力会增高	大、中、小型氟利昂制冷装置、空调器都可采用
淋水式		1. 制造方便; 2. 清洗方便; 3. 漏氨易发现,维修方便	1. 金属耗用量大; 2. 占地面积大; 3. 传热效果比壳管式差	中型及大型氨制冷装置
蒸发式		1. 耗水量少,约为壳管式耗水量的1/25~1/50; 2. 结构紧凑,体积小,占地面积小	1. 造价高; 2. 要增加泵和风机,消耗一定的电能; 3. 清除污垢和维护工作麻烦	中、小型氨制冷装置

机总回气管路上氨液分离器所分离出来的低压氨液;循环贮液器是装设在氨泵供液制冷系统中,保证充分供应氨泵所需的低压氨液,同时也起着氨液分离器的作用。

贮液器从结构上分,有立式贮液器和卧式贮液器两种。

各种贮液器的结构大体相同,主要由壳体、压力表、安全阀、放油阀、放气阀、液位计、进液口、排污口等组成,如图3-18所示贮液器的结构,供参考。

3. 中间冷却器

中间冷却器主要用于两级或多级压缩制冷系统中,将低压级压缩机排出的过热气体进行中间冷却,然后再进入高压级压缩机压缩,使高压级压缩机保持正常工作。此外,中间冷却器还起着油分离器的作用,并对进入蒸发器的液体制冷剂进行过冷。

中间冷却器由圆筒形壳体、安全阀、压力表、滤氨器、氨浮球阀、调节阀、放油阀、液位计等组成,见图3-19和图3-20。

4. 集油器

集油器又称贮油器,它的作用主要是收集从某些容器和设备来的润滑油。在氨制冷系统中,压缩机排出的氨气会夹带一些润滑油并排至其他容器中,如果从压力较高的容器如油分离器、高压贮液器、冷凝器等放油,这是很不安全的,而且浪费氨液,因此,把各容器或设备的油收集到集油器,然后放出,这样,既安全又经济。

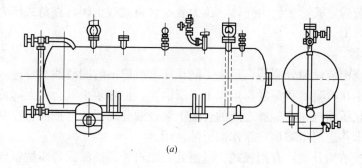

(a)

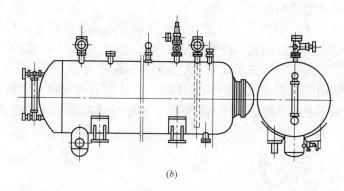

(b)

图 3-18 氨贮液器的结构
(a) A 型；(b) B 型

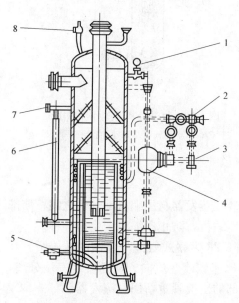

图 3-19 氨中间冷却器
1—压力表；2—调节阀；3—滤氨器；4—氨浮球阀；5—放油阀；6—液面指示器；7—接远距离液面指示器；8—安全阀

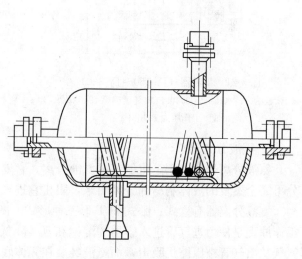

图 3-20 氟利昂中间冷却器

集油器一般为立式，主要由壳体、压力表、直角式截止阀、直角式压力表阀、液位计等组成。见图3-21。

5. 油分离器

在制冷系统中装设油分离器，是为了防止压缩机排出的润滑油大量进入冷凝器和蒸发器，因如果让油在冷凝器和蒸发器里积上一层油膜，传热效果就会大大降低，导致制冷量减少。因此，在压缩机和冷凝器之间的管道上装设油分离器，可把混合在制冷剂蒸气中的油蒸气分离出来并送回压缩机重新作润滑油使用。

油分离器按结构分类，有挡板式、过滤式、填料式、洗涤式等。按制冷剂分类，有氟利昂油分离器、氨油分离器等。

油分离器的基本工作原理是：当含油的制冷剂进入油分离器后，利用筒内的特殊结构，如碰击挡板、金属网或减速、改变运动方向、过滤、洗涤等方式，使油凝聚并积存在油分离器的下部，再通过自动或手动装置使油返回压缩机内。

油分离器主要由圆筒壳体、过滤网或填料、浮球、手动回油阀、自动回油阀、进气管、出气管等组成。几种形式油分离器的结构、外形尺寸和主要技术规格，参见图3-22、图3-23、图3-24、图3-25、图3-26、图3-27。

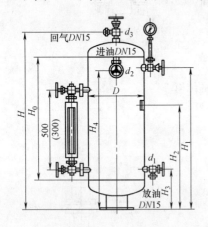

图3-21 集油器（JY-150～JY-300）
试验压力：水压试验2940kPa；气压试验1960kPa；
最大工作压力1960kPa

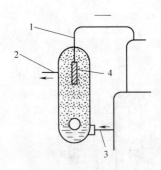

图3-22 氟油分离器工作原理图
1—进气管；2—出气管；3—回油管；4—过滤网

6. 氨液分离器

氨液分离器的作用是将氨气和氨液分离。它安装在蒸发器与压缩机回气管之间，使部分不完全蒸发的液体制冷剂分离出来，阻止它进入压缩机，防止压缩机产生湿冲程。

氨液分离器有立式、卧式和T形三种形式。图3-28为立式氨液分离器的结构图。其工作原理是使由进气管进入容器的湿饱和氨气降低流速和改变流向，从而实现气液分离，氨气从出气管被压缩机吸走，而氨液经装在壳体底部的出液管重新回到蒸发器。

7. 空气分离器

制冷系统中能混入空气，其主要原因是产品在制造或维修过程中没有彻底排除空气，例如没有彻底抽真空；在充入氨、氟利昂、加油等工作时带入空气，或低压系统在负压下工作时，由于密封损坏而窜入空气等。

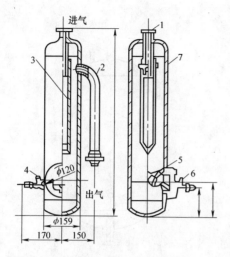
图 3-23 过滤式氟油分离器
1—进气管；2—出气管；3—过滤管；4—手动回油阀；
5—浮球；6—自动回油阀；7—壳体

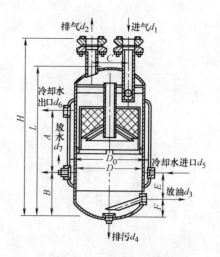
图 3-24 A 型氨油分离器

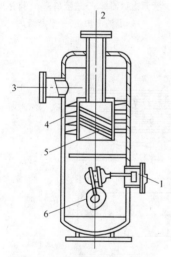
图 3-25 离心式氨油分离器
1—浮球阀；2—氨气出口；3—氨气进口；
4—隔板；5—孔板；6—接手动回油阀

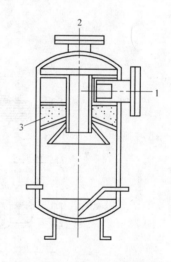
图 3-26 填料式氨油分离器
1—氨气出口；2—氨气进口；3—填料

制冷系统中若存在空气将导致冷凝压力升高，冷凝器传热面上形成气体层，影响传热并会增加系统含水量，使系统工作不正常，降低制冷效率，因此对使用氨制冷剂的系统尤其需要安装空气分离器或不凝性气体分离器。空气分离器是利用氨气和空气在不同温度下冷凝的物理特性，把制冷系统中不能液化的气体从空气分离器中分离出来。

空气分离器有立式和卧式两种。它由壳体、节流阀、进气阀、放空气阀、抽气阀等组成。卧式空气分离器的结构见图 3-29。

空气与氨气混合的气体进入分离器后，氨气在套管空隙中遇冷凝结，凝结的氨液体通过外壳上的回路节流阀节流后回收。空气和其他不凝性气体则被分离出来，通过空气放出口排出。

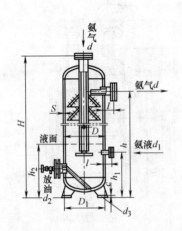

图 3-27 洗涤式氨油分离器

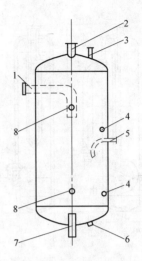

图 3-28 氨液分离器
1—氨气入口；2—氨气出口；3—安全阀口；
4—液面指示器；5—进液口；6—排污口；
7—氨液出口；8—平衡管

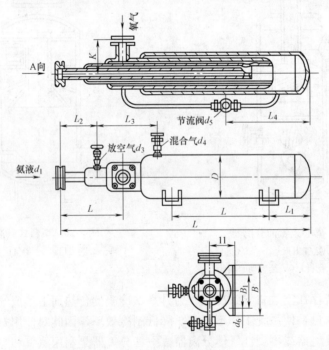

图 3-29 卧式空气分离器（KF-32～KF-50）

8. 干燥过滤器与氨过滤器

在制冷系统中，循环的制冷剂会渗入一些水分，它主要是来自入侵的空气，加上混入系统里的杂质，这些物质如不排除，会给系统带来如下的影响：水分在冷冻条件下冻结成冰柱，堵塞管路通道，尤其容易堵塞孔径极小的毛细管及膨胀阀小孔，从而降低制冷效率，甚至会引起整个系统失灵。此外，若水分长期存于系统中，对金属零件又会起腐蚀作用，而其他杂质也会堵塞管道，造成系统故障，因此，为确保系统里制冷剂的循环畅通无阻，必须安装干燥过滤器，有的系统还分别安装过滤器和干燥过滤器，其效果更佳。过滤器用于滤油和分油、滤气、滤液等；而干燥过滤器则用于吸收系统中的水分和过滤杂质等。

图 3-30、图 3-31、图 3-32 为几种形式干燥过滤器的结构示意图。干燥剂是一种多微孔物质，可以迅速吸收制冷剂的水分，且不能溶解于制冷剂。

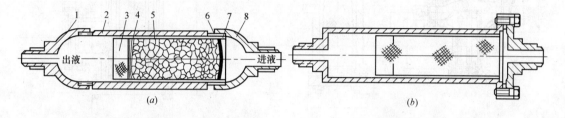

1—封盖；2—壳体；3—过滤网；4—纱布；5—吸湿剂；
6—纱布；7—过滤网支承圈；8—封盖

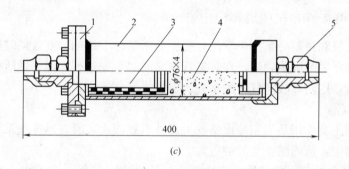

1—法兰盘；2—壳体；3—过滤网；4—吸湿剂；5—管接头

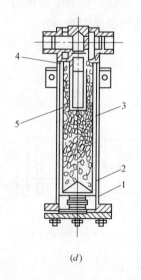

1—弹簧；2—过滤网；3—吸湿剂；4—固定环；5—过滤网　　　1—外壳；2—硅胶；3—过滤网

图 3-30　干燥过滤器
（a）螺纹连接锡焊密封式干燥过滤器；（b）法兰连接锡焊密封式干燥过滤器；
（c）76 型干燥过滤器；（d）立式干燥过滤器；（e）小型干燥过滤器

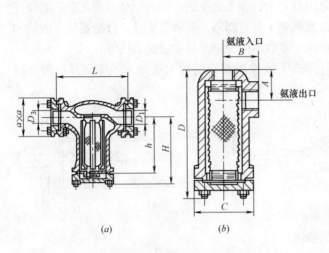

图 3-31 氨液过滤器和滤氨器　　　　　　　　图 3-32 氨气过滤器

(a) 氨液过滤器（YG-15—YG50）；(b) 滤氨器（O34-15—O34-32）

近年来，在氟利昂制冷系统中常用硅胶、分子筛作干燥剂，其效果较好（吸水性强）。凡装入干燥过滤器中的吸附物质，在装进管路之前必须先进行加温干燥活化处理，而且处理后要立即装入，以防吸收空气中的水分。

9. 紧急泄氨器

紧急泄氨器主要作用是当制冷设备发生意外事故或火灾时，迅速把系统的氨液排出机外设置的下水道中，从而减少事故的危害。

图 3-33 为紧急泄氨器的结构。它由氨入口管、泄出口管、自来水入口管等组成。紧急泄氨器装在系统的最低点，与蒸发器、贮液器等连接，泄氨时将氨液泄出阀、进水阀同时打开，使氨迅速溶解于水，然后排出，以减少环境污染和确保安全。

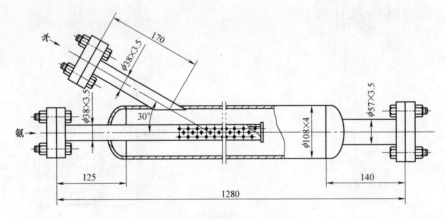

图 3-33 紧急泄氨器（O17-32）

10. 低压循环桶

低压循环桶与液泵组成液泵强制供液系统。见图 3-34、图 3-35。

11. 节流膨胀设备

制冷剂的节流机构是制冷装置的四大组件之一，是实现制冷循环不可缺少的部件，在

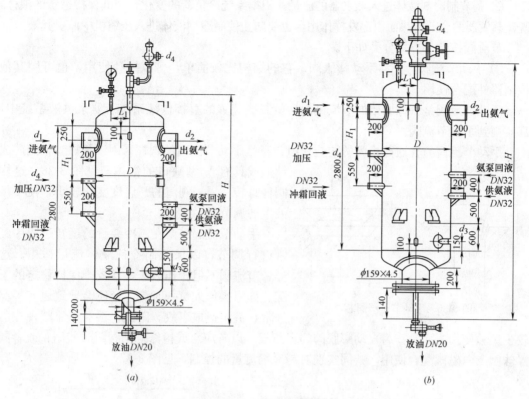

图 3-34 低压循环桶
(a) A 型；(b) B 型

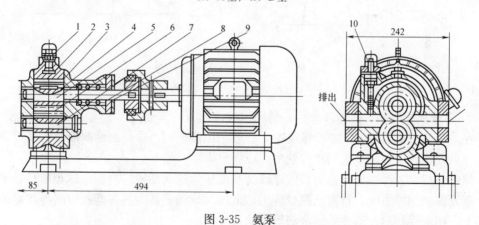

图 3-35 氨泵
1—左泵叶；2—泵体；3—右泵叶；4—主动齿轮；5—主动轴；6—从动齿轮；
7—从动轴；8—机械密封；9—油封；10—安全回放阀

制冷系统中，主要采用节流阀来实现系统的流量调节，它安装在贮液器和蒸发器之间。主要有以下三个方面的作用。

① 实现制冷剂液体的膨胀过程，使制冷剂液体从贮液器中的高压状态节流膨胀为蒸发器的低压状态，然后进入蒸发器吸热汽化；

② 将制冷机的高压部分与低压部分分开，防止高压蒸气串流到蒸发器中；

③ 调节制冷剂液体进入蒸发器的流量。根据系统冷负荷的变化，使其保持适量的液体，既让蒸发器的全部传热面积都发挥作用，也要防止使制冷剂液体进入压缩机中而引起液击。

节流阀按调节方式分类如下。

① 手动节流阀：亦称手动膨胀阀。它的结构比较简单，可以单独使用，也可同其他控制器件配合使用。

手动节流阀是一种原始的节流机构。氨制冷装置的直接供液系统及氨泵供液系统中，都要用到手动节流阀。

手动节流阀与普通截止阀的构造相似，只是手动节流阀的阀杆采用细牙螺纹，阀芯成针形或具有 V 型缺口的锥体，见图 3-36。这样阀杆每转一周，阀门的开启度变化较小，便于供液量的调节。

手动节流阀需要在制冷装置的运转过程中经常进行调节，以保证制冷剂液体流量适中。这样，节流阀不但操作频繁，且较难保持稳定的工况。如果操作人员一时疏忽，还会导致运转工况失常，甚至造成事故。因此，手动节流阀现在已

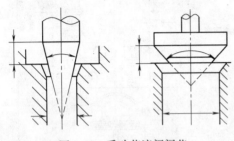

图 3-36　手动节流阀阀芯

较少单独使用，而是作为自动膨胀阀的旁路阀，以备应急或检修自动阀门时使用；或者同浮球阀及电磁阀配合使用，共同实现对制冷剂流量的控制，见图 3-37。

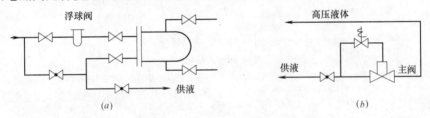

图 3-37　手动节流阀的使用场合
(a) 用作浮球阀的旁路阀；(b) 与电磁阀及主阀联用

② 浮球式膨胀阀：简称浮球阀。是利用液位调节的节流阀。

在采用满液式蒸发器的制冷系统中，一般采用浮球阀，根据制冷剂液面的高度调节阀门的开启度，现主要用于氨制冷装置中。

浮球阀按其工作压力可分为高压浮球阀和低压浮球阀两种。高压浮球阀因只适于具有一个蒸发器的制冷机中，目前已很少使用；低压浮球阀安装在蒸发器或中间冷却器的供液管路上，用来保持蒸发器或中间冷却器中的液位。

低压浮球阀有直通式和非直通式两种。两种浮球阀工作原理相同，都有浮球室，浮球室与蒸发器用平衡管连通，两者液面高度基本保持相同，当液面降低时浮球下降，靠杠杆作用使阀门开启度增加，供液量也就增加；反之，浮球上升，阀门开启度减小，供液量也就变小，当浮球上升到一定限度时，阀门被关死，即停止供液。

两种浮球阀的不同点在于：直通式的阀门机构在浮球室内部，非直通式的阀门机构在浮球室的外部。前者结构简单，供给蒸发器的液体全部通过浮球室后再进入蒸发器，因此浮球室的液面波动大，后者结构和安装均复杂，但浮球室的液面平稳，节流后的制冷剂沿

管道直接进入蒸发器，不经过浮球室。

低压浮球阀的结构及管路系统见图 3-38。

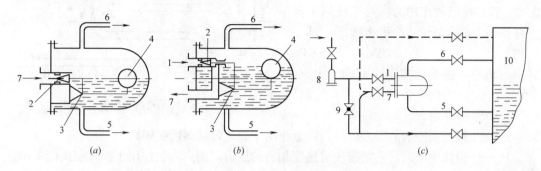

图 3-38　低压浮球阀的结构及管路系统
1—液体进口；2—针阀；3—支点；4—浮球；5—液体连接管；6—气体连接管；
7—液体出口；8—过滤器；9—手动节流阀；10—蒸发器或中冷器
(a) 直通式浮球阀；(b) 非直通式浮球阀；(c) 浮球阀的管路系统。

在运转中，当蒸发器的热负荷大时，由于制冷剂液体沸腾而在蒸发器中形成气液混合物，制冷剂的平均密度显著减小，使蒸发器中的液面远高于浮球阀壳体中的液面。浮球阀的液体连接管的垂直长度越长，则这一液位差越大。因而，当将低压浮球阀安装到蒸发器上时，浮球阀应适当放低一些，液体连接管的竖直尺寸应尽可能小一些。

③ 热力膨胀阀：是用蒸发器中的蒸气过热来实现节流控制。

热力膨胀阀作为流量调节阀现主要用于氟利昂制冷系统中，属温度型自动膨胀阀。它是利用蒸发器出口制冷剂蒸气的过热度来调节阀孔的开启度以调节流量的。

热力膨胀阀是以调节供液量与负荷相匹配为目的，使供入的流量到蒸发器出口处能够全部蒸发掉，既避免过量供液，又保证蒸发器的传热面积得到充分利用。而且还要保证从蒸发器出来的制冷剂蒸气不会含液珠，以防压缩机的湿冲程。

热力膨胀阀具有感温响应快，可以保证系统在负荷降低时迅速调节供液量（即减少供液量），防止系统回液，比例带宽，即阀体流量调节范围大；机械稳定性好；在使用温度范围内，制冷剂过热度大体恒定等优点。

热力膨胀阀一般分为内平衡式和外平衡式两种。

A. 内平衡式热力膨胀阀　内平衡式热力膨胀阀一般都由阀体、阀座、阀芯、弹簧、调整杆、推杆、膜片、感温包、毛细管等组成，见图3-39。感温包内充有一定量的

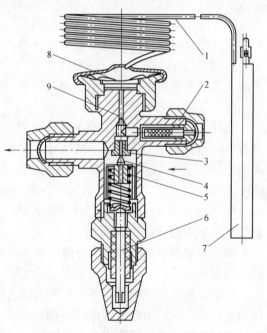

图 3-39　内平衡式热力膨胀阀
1—毛细管；2—阀体；3—阀座；4—阀芯；5—弹簧；
6—调整杆；7—感温包；8—膜片；9—推杆

制冷剂液体（如 R12、R22 等）。

内平衡式热力膨胀阀的工作原理见图 3-40。膜片受三种作用力，对于任何工况，三种作用力都会处于一个平衡状态，即

$$P_1 = P_0 + P_2 \qquad (3-1)$$

式中 P_1——感温包内制冷剂的压力。该力向下作用于膜片，使阀门开启；

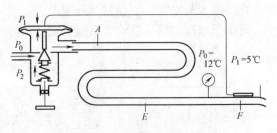

图 3-40 内平衡热力膨胀阀原理

P_0——阀门制冷剂的压力。该力向上作用于膜片，使阀门关闭；

P_2——弹簧作用力，它是蒸气过热度相当的压力，该力向上作用于膜片使阀门关闭。

当负荷增加时，蒸发器出口 F 点的制冷剂温度上升（即过热度增大），感温包感应温度相对应的感温压力上升，使 $P_1 > P_0 + P_2$，膜片向下压缩，阀杆下移，阀口开大，制冷剂流量增加，此时弹簧稍有压紧，弹簧作用力 P_2 稍有增加，从而达到新的平衡。

当负荷减小时，蒸发器出口 F 点的制冷剂温度下降（即过热度减小），感温包感应温度相对应的感温压力下降，使 $P_1 < P_0 + P_2$，膜片向上压缩，阀杆上移，阀口关小，制冷剂流量减少，此时弹簧稍有放松，弹簧作用力 P_2 稍有减小，从而达到新的平衡。

综上所述，可知热力膨胀阀是依据蒸发器出口端管内制冷剂过热度的变化来改变阀门的开启度，利用这一热力特性达到自动调节制冷装置中的制冷剂流量，以满足外界热负荷变化的需要。

此外，从 $P_1 = P_0 + P_2$ 的关系式中可以看出，通过调节弹簧力 P_2 的大小，可获得使阀门开大或关小的各种不同的过热度。

B. 外平衡式热力膨胀阀　外平衡式热力膨胀阀的结构如图 3-41 所示。

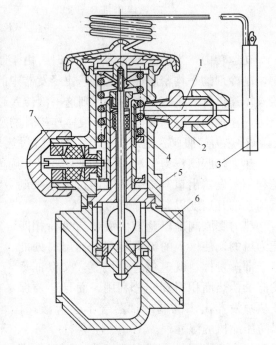

图 3-41 外平衡式热力膨胀阀
1—外平衡接头；2—阀杆螺母；3—感温包；
4—弹簧；5—阀体；6—阀杆；7—调整杆

如果蒸发器中制冷剂的压力损失较大，使用内平衡式热力膨胀阀时，会使内平衡热力膨胀阀的开启过热度增大，也就是说，使蒸发器传热面积的利用率降低，制冷量相应减小。所以，在实际应用中，蒸发器压力损失较小时，一般使用内平衡式热力膨胀阀。而当压力损失较大时，当膨胀阀出口至蒸发器出口制冷剂的压力降相应的蒸发温度降低超过 2～3℃时，应采用外平衡式热力膨胀阀。

外平衡式热力膨胀阀与内平衡式热力膨胀阀的不同处是膜片下部空间与膨胀阀出口互不相通，而是通过一根小口径的平衡管与蒸发器出口相连。这样膜片下部制冷剂的压力不

是膨胀阀的出口压力,而是蒸发器的出口压力。即式中 P_0 为蒸发器的出口压力,该力向上作用于膜片,使阀门关闭。这样可以避免蒸发器阻力损失较大时的影响,维持过热度在一定的范围内,使蒸发器传热面积充分利用,见图 3-42。

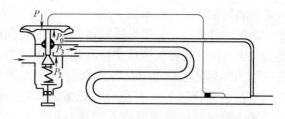

图 3-42 外平衡式热力膨胀阀原理

外平衡式热力膨胀阀的调节原理同内平衡式的热力膨胀阀。

C. 热力膨胀阀的安装和使用 不同形式的热力膨胀阀应遵照相应的说明书指导的方法正确安装和使用,同时还要注意以下几点:

a. 膨胀阀通常取垂直位置安装,位置应尽量靠近蒸发器、调节和拆修都比较方便的部位。当膨胀阀向多根蒸发盘管供液时,应在阀后加装分液器或弯头、集管,以保证向每根盘管供液均匀。如分液器阻力较大,应安装外平衡式热力膨胀阀。在热力膨胀阀前还应装设干燥过滤器,用来清除系统中的污物及水分,防止膨胀阀出现脏堵和冰堵。

b. 感温包安装在蒸发器出口的吸气管上,紧贴包缠在水平无积液的管段上,并用绑带扎紧,外加不吸潮的保温材料绝热。如果吸气管上装有气液热交换器,则应装在蒸发器和热交换器之间,感温包在水平回气管上的安装位置随回气管径而异,见图 3-43。

图 3-44 给出感温包安装正、误的示例。为了正确反映出蒸发器回汽过热度,感温包

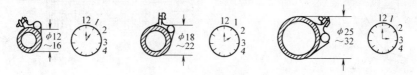

图 3-43 感温包的安装

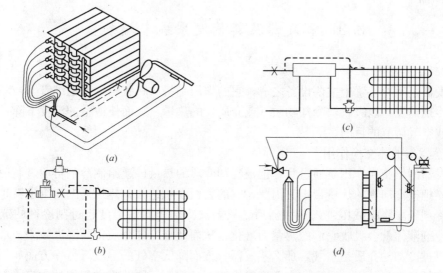

图 3-44 热力膨胀阀感温包安装正误示例

(a) 避免热风对感温包产生影响;(b) 气管上有大热容件或阻力件时,感温包和外平衡管的安装;
(c) 有气液热交换器,感温包的安装;(d) 吸气管直立上升时,感温包和外平衡管的安装

应避免热风或热辐射的干扰（图3-44（a））；感温包不应安装在靠近管接头、阀门或其他大的金属部件处，以免影响感温包与吸气管之间的传热，而造成反应滞后［图3-44（b）］；感温包也不能安装在气液热交换器之后的回气管上，否则它感应的不是蒸发器出口过热度而是回热后的过热度（比蒸发器出口过热度大），使膨胀阀误开过大［图3-44（c）］；安装感温包的管段上若有积油、积液，膨胀阀会出现不稳定工作状态。所以，若回气管需要上升时。应设回油弯，把感温包装在回油弯的上游。外平衡式热力膨胀阀的外平衡管应在感温包下游、回油弯的上游［图3-44（d）］，并且从回气管的顶部引出，以免积液或积油对引出压力的影响，另外蒸发器出口有阻力件时，不能从阻力件后引压［图3-44（b）］。

c. 安装热力膨胀阀如需焊接时，应采取如图3-45所示的措施，确保阀体不超过许可的最高温度。

d. 外平衡式热力膨胀阀的外平衡管应添加阀门并连接在距感温包150～200mm之间。见图3-46。一个系统有多个膨胀阀时，外平衡管应接到各自蒸发器的出口。

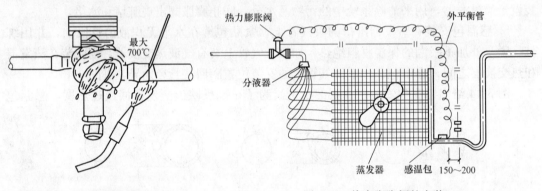

图3-45　热力膨胀阀的施焊　　　　图3-46　热力膨胀阀的安装

3.2　蒸发器及其蒸发系统末端装置

3.2.1　蒸发器

蒸发器是制冷装置中主要设备之一，它的作用是将从膨胀阀（或毛细管等）降压节流后的制冷剂蒸发，以吸收被冷却物质（或介质）的热量，从而使冷室的温度下降，达到冷冻冷藏或空气调节的目的。

1. 蒸发器的热交换作用

蒸发器的热交换作用是通过管壁把被冷却介质的热量传递给制冷剂再通过制冷压缩机的吸送，把被冷却物的热量带走。因此，它的表面面积越大，热传递的速度也就越快，当液体制冷剂经膨胀阀减压进入蒸发器后。只要被冷却介质的温度超过制冷剂的蒸发温度时，制冷剂液体就会吸收它们的热量而气化，从而使被冷却介质得到降温效果。

如果被冷却的介质是空气，那么蒸发器一方面降低空气的温度，另一方面如果蒸发器表面温度低于空气的露点温度，在含湿量不变的条件下，同时将空气中的水汽凝结分离出来，起到减湿作用，蒸发器的表面温度越低，减湿效果越大，因此蒸发器在空调设备中，既能降低温度，也有减湿的作用，一般称其为表冷器。

2. 种类和特点

按制冷的控制方式可分为：干式蒸发器、再循环式蒸发器和满液式蒸发器三种。

(1) 干式蒸发器

干式蒸发器是制冷剂在蒸发器内一次完成气化的蒸发器。即来自膨胀阀（或毛细管）出口处的制冷剂，进入蒸发器，吸热气化，并在到达蒸发器出口端时全部气化。一般用于直接供液系统。由于干式蒸发器出口端的制冷剂总是处于干蒸气或过热蒸气，因此，不用设立气液分离器就能保护压缩机正常运行。

干式蒸发器按其冷却介质的种类又可分为：冷却空气的蒸发器和冷却液体载冷剂的蒸发器。

1) 冷却空气的蒸发器，又称直接冷却式蒸发器或直接膨胀式蒸发器。它是通过冷却排管或冷风机直接冷却空气，制冷剂在管内，空气在管外，这类蒸发器又分为自然对流式和强迫对流式两种。它们都不用中间冷却介质，所以降温速度快，冷量损失少，结构简单，体积小，重量轻，容易安装和维护。

2) 冷却液体的蒸发器，又称间接冷却式蒸发器。被冷却物质传热给中间冷却液体，如水或盐水等（又被称为载冷剂），而制冷剂在蒸发器内蒸发吸收冷却液体中的热量。通常，这样的蒸发器分为多种形式，如立管式蒸发器、双头螺旋管式蒸发器、卧式壳管式蒸发器。

(2) 再循环式蒸发器

再循环式蒸发器是制冷剂需经几次循环才能完成汽化的蒸发器。由蒸发器出来的制冷剂是两相混合物，进入分离器（如重力供液系统用的汽液分离器、液泵供液系统用的低压循环贮液桶等）后，分离出蒸汽和液体。蒸汽被吸入压缩机内，液体再次进入蒸发器中蒸发。

(3) 满液式蒸发器

图 3-47 为满液式蒸发器，在它的筒体两端焊有管板，管板上钻有许多小孔，供装蒸发管用，管与管板的连接用胀管密封，胀管先涂上环氧树脂以提高胀管的密封性。管板外再装上铸铁端盖，中间用橡皮垫圈密封，端盖与管板用螺栓压紧，使蒸发器形成互相隔开而又密封的两个空间。这样制冷剂在筒体内蒸发管外这个空间中蒸发，而载冷剂（水或盐水）则在蒸发管内这个空间流动，载冷剂的进出口在前端盖上铸有几道分水筋，使水在管

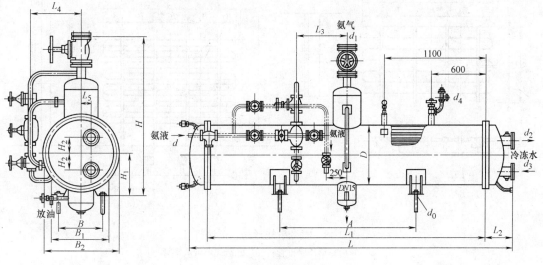

图 3-47 满液式蒸发器

组内作几个来回流动。每一管组称为一个流程，图中的蒸发器有 10 个流程，这样制作的目的是缩小流体的流通面积，提高水的流速以增强传热效果。载冷剂的选择由蒸发温度而定，蒸发温度在 0℃ 以上采用水作载冷剂，而在 0℃ 以下则应用盐水溶液作载冷剂，因为 0℃ 以下水会结冰胀裂蒸发器的管子。

由于制冷的目的和所要达到的要求不同，使蒸发器的品种规格繁多，举例如下。

(1) 排管

按工质分为氨用和氟用冷却排管；按形式分为桶式蒸发器、V 形、U 形、蛇形、螺旋形、指形蒸发器；按位置分为顶排管、墙排管；按层分为单层、双层、多层顶排管；按方向分为立管式、横管式；按换热面分为光管、翅片管；按用途分为搁架式排管等。几种常用的排管如图 3-48、图 3-49、图 3-50、图 3-51 所示。

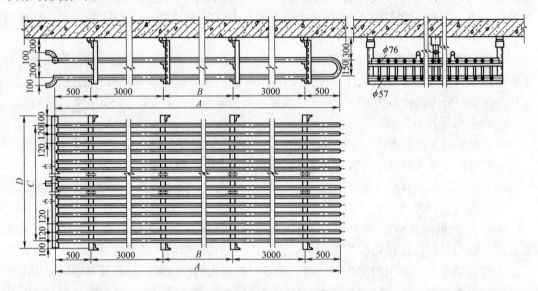

图 3-48 氨双层光滑 U 形直式顶排管

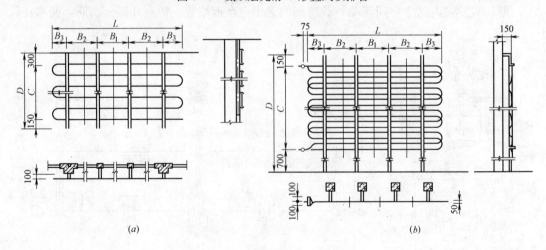

图 3-49 氨光滑蛇形高、低墙排管

(a) 光滑蛇形高墙排管；(b) 光滑蛇形低墙排管

注：排管管径 ϕ38，角钢 L50×50×5

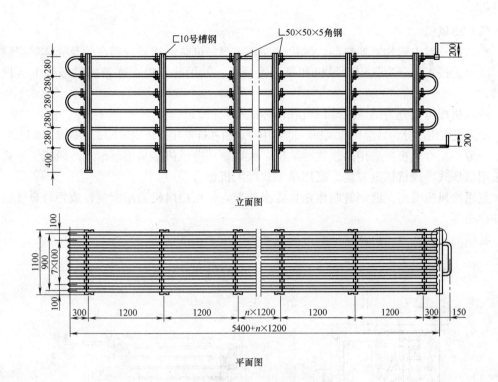

图 3-50 氨搁架式排管

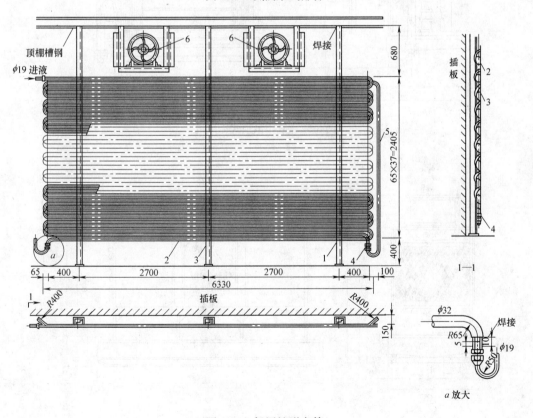

图 3-51 氟用蛇形盘管

(2) 冷风机

冷风机一般由翅片管换热器、风机、冲霜水盘、电热融霜或冲霜水管及壳体等组成。

冷风机按工质分为氨用冷风机和氟用冷风机。氟用冷风机在联箱的供液管上装设分液器。

冷风机按位置分为吊顶式冷风机和落地式冷风机。

冷风机按用途分为高温用冷风机、低温用冷风机和冻结用冷风机（KLD、KLL、KLJ型）。

一般小型冷风机多采用吊顶式冷风机，大型氨用冷风机多采用落地式冷风机。氟系统多采用吊顶式冷风机作蒸发器，氨用吊顶式冷风机也常采用。

氨用冷风机采用无缝钢管制作翅片管换热器，氟用冷风机采用紫铜管或铝合金管制作翅片换热器。

常用的吊顶式冷风机和落地式冷风机如图3-52、图3-53所示。

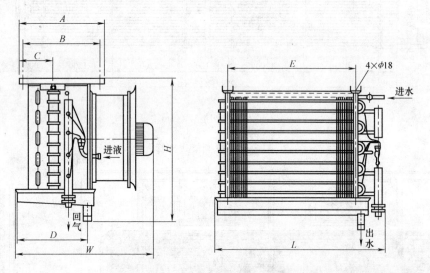

图3-52　氟用吊顶式冷风机

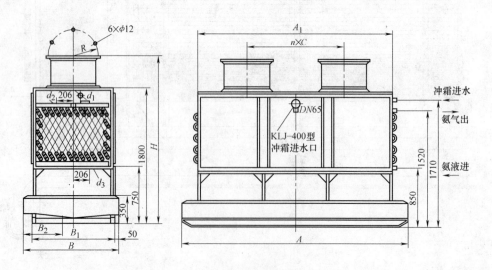

图3-53　氨用落地式冷风机

冷风机和排管在制冷系统中均应设置热氟（热氨）融霜系统，以便使冷风机和排管外表面霜层融化，提高换热效率和制冷能力，热氟（热氨）融霜系统更主要是为了"冲油"（带走蒸发器管内的积油，清除管内冷冻油，改善蒸发器换热效果）。

冷风机与排管在除霜方法上也有不同的地方。冷风机常设置水冲霜（或电热融霜）系统，任何排管均不能采用水冲霜，而采用人工或机械扫霜，去除排管外表面霜层。[如须彻底除霜，则采用热氨（热氟）融霜]。

（3）盐水蒸发器

盐水蒸发器的形式很多。常用的有立管式盐水蒸发器、螺旋管式盐水蒸发器、壳管式盐水蒸发器等。盐水蒸发器能使配制一定浓度、冰点较低的不冻液，如盐水（$NaCl$、$CaCl_2$ 等）、乙二醇溶液等获得低温，这种溶液低温状态比较稳定，而且可以用剂量来控制温度，具有较好的发展前景。

目前，盐水蒸发器主要用于制冰，如图 3-54 所示，盐水制冰是人工制冰的主要手段。

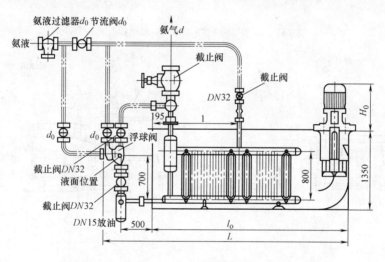

图 3-54 盐水蒸发器

3.2.2 蒸发系统末端装置

随着国民经济的发展和工农业生产技术的提高以及人们对生活质量的不断改善与进步，必然对工农业生产的产品质量及其生产和加工过程提出更高的要求，对制冷空调技术提出新问题，建立不同的蒸发系统及其末端装置来满足和适应不同的生产工艺要求，也是当今亟待完善和解决的课题，同时必将出现制冷空调业空前繁荣。

不同工艺要求，要用不同种类的蒸发器，并配置不同的蒸发温度系统。比如：镀锌工艺中电镀液温度25℃时产品的合格率最高；蚕茧在15℃和疫苗在−18℃环境中它们的存活率最高；冰淇淋在−35℃以下速冻水乳交融、口感最好。在建筑、冶金、电子、医药及各种农产品保鲜等方面，对蒸发系统的要求更是多种多样。

蒸发系统除了冻结（−33℃蒸发系统）、低温冷藏（−28℃蒸发系统）和高温冷藏（−15℃蒸发系统）及其末端装置以外，目前常用的还有：速冻机（−35℃以下蒸发系统）见图 3-55、真空冷冻干燥机见图 3-56、快速制冰机与盐水制冰机、差压预冷机、超市冷柜等蒸发系统末端设备。

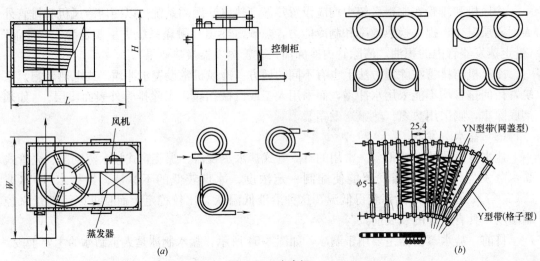

图 3-55 速冻机
(a) DS$_1$ 型结构形式；(b) DS$_2$ 型结构形式

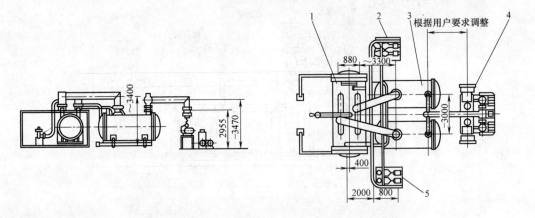

图 3-56 冻干机
1—干燥仓；2—冷却器；3—水凝结仓；4—真空泵机组；5—加热器

3.3 压缩式与吸收式冷水机组

压缩式冷水机组根据不同的压缩形式分为：活塞式冷水机组、螺杆式冷水机组、离心式冷水机组、涡旋式冷水机组以及半封闭式多机头冷水机组和模块化冷水机组等。

吸收式冷水机组主要有溴化锂吸收式冷水机组。

空调用冷水机组是直接为空调工程提供冷水的制冷机组，简称为冷水机组。压缩式冷水机组多数采用氟利昂为工质，少数采用氨为工质。下面将介绍常用的几种压缩式和吸收式冷水机组。

3.3.1 压缩式冷水机组

1. 活塞式冷水机组

近年来随着空调和制冷技术的发展，许多生产厂家制造出能直接为空调工程或生产工艺提供冷冻水的冷水机组。冷水机组中以活塞式压缩机为主机的称为活塞式冷水机组。活塞式冷水机组的压缩机、蒸发器、冷凝器、节流机构及控制器件、仪器仪表等组装成一个整体，安装在一个机座上，其连接管路已在制造厂完成了装配，因此用户只需要在现场连接电气线路及外接水管（包括冷却水管路和冷冻水管路），并进行必要的管道保温，即可投入运行。

活塞式冷水机组具有结构紧凑、占地面积小、安装快、操作简单和管理方便等优点，对于想加装空气调节但已经落成的建筑物及负荷比较分散的建筑群，制冷量较小时，采用活塞式冷水机组尤为方便。

我国活塞式冷水机组生产的时间不长，目前机组常用的制冷剂为氟利昂，但也有采用氨为制冷剂的。机组大多采用70、100、125系列制冷压缩机组装。当冷凝器进水温度为32℃，出水温度为36℃，蒸发器出口冷冻水温度为7℃时，制冷量范围约为35～580kW。在冷水机组的冷凝器和蒸发器中，采用各种高效传热管，提高制冷剂与冷却水或冷冻水的换热效果，降低传热温差，提高运行的经济性。

图3-57和图3-58分别示出了一种国产活塞式冷水机组的外形及系统图。这种冷水机组适用于一些建筑物的空气调节或为生产工艺提供低温水。以R22为制冷剂，在考核工况下制冷量约为342kW（294kcal/h）。该冷水机组主机为6FW12.5（612.5FG）型压缩机，它装有能量的调节机构，制冷量可以按1、2/3、1/3三档来进行调节。压缩机后侧盖上装有一组0.5kW的电加热器，当油温过低时，接通电源进行加热，以提高油温。

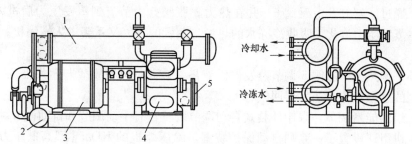

图3-57 活塞式冷水机组外形
1—冷凝器；2—气液热交换器；3—电动机；4—压缩机；5—蒸发器

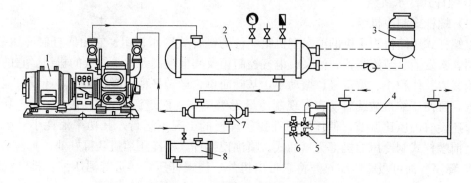

图3-58 活塞式冷水机组系统
1—压缩机组；2—冷凝器；3—冷却水塔；4—干式蒸发器；5—热力膨胀阀；
6—电磁阀；7—气液热交换器；8—干燥过滤器

为了保证压缩机的安全和经济运行,压缩机上装设了一些安全和自动保护装置。在压缩机的吸气腔、排气腔之间装有安全旁通阀,当排气和吸气压差超过安全旁通阀调定值,阀即跳起,使高压侧的气体进入低压侧,保护机器运动零部件不被损坏。在排气和吸气管路上装设高低压力控制器,当排气压力过高或吸气压力过低时,使压缩机停机,以实现机器的安全和经济运行。此外,还装设了油压差控制器,它的作用是保证压缩机的润滑安全可靠,一旦油压低于规定值后,压缩机就会停机,避免轴承等摩擦表面的损坏。

冷凝器 2 为水冷卧式壳管式冷凝器。冷却管采用低肋滚轧螺纹管,肋化系数为 3.56。冷却水在管内流动,制冷剂蒸气在管外凝结。冷凝器的传热系数较高,其体积和重量都比较小。冷凝器筒体一端的侧面为冷却水的进出管接口。冷却水由下面的接管进入冷凝器内的管组内,由上面的接管排出。冷却水进口温度应不高于32℃,冷却水进出口温差为4～6℃。冷凝器筒体上装有高压安全阀,当冷凝压力超过调定值时,安全阀跳起,使冷凝器压力下降,保证机组安全运行。安全阀起跳前调定值为 $(17.1\pm0.5)\times10^5$Pa。

蒸发器 4 为干式,采用紫铜铝芯的复合内肋片管,肋化系数约为 2.25。R22 在管内蒸发,水在管外被冷却。系统充注的 R22 较少,而且没有蒸发器管组冻裂的危险。

为了保证压缩机的干压行程,机组中设置了气液热交换器 7,气液热交换器的外管为直径 180mm 的无缝钢管,内部的液体管为 $\phi 12\times 1$mm 的紫铜管,其传热面积为 3.4m^2。

R22 在蒸发器 4 内蒸发后,由回气管进入压缩机的吸气腔,经压缩后进入冷凝器 2,蒸气冷凝成液体后,进入气液热交换器 7 中,被来自蒸发器的蒸气进一步过冷。过冷后的液体流经干燥过滤器 8 及电磁阀 6,并在热力膨胀阀 5 内节流到蒸发压力后进入蒸发器。R22 液体在蒸发器中汽化,吸收冷冻水的热量,蒸发的蒸气又重新进入压缩机。如此不断循环。

通过外平衡热力膨胀阀 5 调节蒸发器供液量。该阀的外平衡管与蒸发器回气管相接。热力膨胀阀的感温包置于蒸发器回气管上。

冷水机组的能量调节,采用外装式自动调节装置,有手动调节和自动调节两种操作方法。此外,机组还设置了一系列自动保护装置,除压缩机的 KD255 型高低压力控制器和 JC3.5 型油压控制器外,蒸发器一端的冷冻水出口处装置 WJ35 型温度控制器作为防冻结保护、JD550 型压力控制器作为冷冻水断水保护。

2. 螺杆式冷水机组

(1) 螺杆式制冷机组

以螺杆式压缩机为主机的冷水型机组,称为螺杆式冷水机组。它由螺杆制冷压缩机、冷凝器、蒸发器、节流装置、油泵、电气控制箱及其他控制元件等组成的机组。它的优点是结构紧凑、体积小、重量轻、振动小、基础简单、运转平稳、操作简便,还设有能量调节装置,可使压缩机减载启动和实现制冷量无级调节,能量调节范围可在 10%～100%。此外,还设有内压比调节,使压缩机在比较理想的工况下运行,其功率消耗小,运行经济。目前螺杆式制冷压缩机都为喷油式。喷油使螺杆式制冷压缩机获得好处:

① 降温　油可吸收压缩热并将它带出机外,使螺杆压缩接近等温压缩,排气温度大为降低。

② 密封　油可阻尼工质泄漏和充填阴阳转子齿面间隙,起到密封作用。

③ 润滑　使压缩机的零件和运动得到较好的润滑,延长机件的寿命。

④ 降低噪声　油对声能、声波有吸收和阻尼作用，喷油后的噪声可降低 10～20dB。

⑤ 冲洗尘埃与杂质作用。

由于螺杆式制冷压缩机喷油量大，所以机组上还设有油处理设备——油分离器、油冷却器、油过滤器、油泵等。

(2) 螺杆式冷水机组制冷系统

该系统的流程如图 3-59 所示。

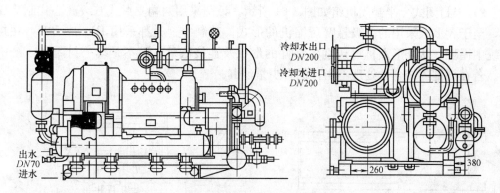

图 3-59　螺杆式冷水机组制冷系统

来自蒸发器出来的制冷剂蒸气，经过滤器，吸气止逆阀进入螺杆压缩机的入口，压缩机内的一对转子由电动机带动旋转，油在滑阀适当位置喷入，气油混合物被压缩后排出，进入一次油分离器，使油沉降在油分离器底部，含少量油的气体通过排气止逆阀进入二次油分离器，此时纯净制冷剂气体进入冷凝器。系统中吸气止逆阀可防止转子前后压差引起气体倒流，使转子倒转损坏。排气逆止阀可防止停机后高压气体倒流，使机内呈高压。旁通管路是为了当停机后，电磁阀开启，使机内较高压力的蒸气旁通到蒸发器，便于下次启动。压差控制器控制系统高低压力。排气温度超过规定值时，由温控器切断电源。

螺杆式冷水机组运行条件：冷凝温度≤40℃；蒸发温度 5～2℃；排气温度≤100℃；油温≤65℃，油压高于排气压力 $2\sim3\times10^5$Pa。

在机组仪表箱上部装有压力表、排气温度表、手动能量调节四通阀；下部装有高压控制器（调定值为 1.6MPa）、低压控制器（调定值为 0.32MPa）、油温控制器（油温高于 70℃停机）、油压差控制器（油压高于排气压力 0.2MPa 可运行、低于 0.15MPa 停机，压差控制器有将近 60s 的延时机构）、精滤油器压差控制器（当压差达 0.1MPa 时，应对精滤油器清洗）、冷水出水温度控制器（控制冷水出口温度高于 2℃），安全阀（压力达 1.8MPa 时起跳，将高压制冷剂导入低压部分）。此外，还有主电动机过载保护、冷水流量开关保护等。

3. 离心式冷水机组

以离心式制冷压缩机为主机的冷水机组，称为离心式冷水机组。它是将离心式压缩机、蒸发器、冷凝器、节流装置、主电动机、抽气回收装置、润滑油系统和电气控制柜等组合成一整体，装在同一底座上面。当前空调用冷水机组一般以 300kW 为下限，大型单机容量可达 30000kW。系统使用的制冷剂有 R22、R123 和 R134，及 R134a。

空调用离心式制冷机组（或称离心式冷水机组）由离心式制冷压缩机、蒸发器、冷凝器、主电动机、抽气回收装置、润滑系统、控制柜和起动柜等组成。这些部件的组成有的采用分散型组装,但大部分为各部件组合在一起的"组装型"机组。

(1) 全封闭式、半封闭式、开启式

1) 全封闭式 图3-60为全封闭式离心制冷机组简图。它把所有部件封闭在同一机壳内,一般用于飞机机舱内的空调。它具有制冷量小、气密性好、取消了增速装置因而结构简单、噪声低、振动小等特点。

2) 半封闭式 半封闭机组如图3-61所示。该图采用两端支撑式双级离心式制冷压缩机,至于大多数采用的单级悬臂压缩机的形式。其制冷剂大都采用R11或R22,在封闭系统中循环。从外形上仍可辨别各部件的形状及连接法兰,而不是统一封闭在一个机壳内。若在部件的结合处处理不当,仍有少量泄漏。

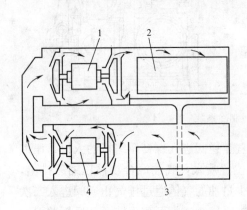
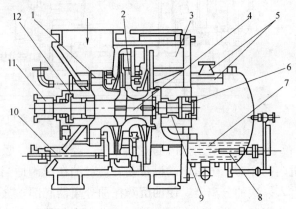

图3-60 全封闭型离心式制冷机组简图
1—1、2段压缩机用电动机;2—冷凝器;
3—蒸发器;4—3、4段压缩机用电动机

图3-61 两端支撑式双级离心式制冷压缩机
1—第一级入口径向可调导叶;2—第二级入口径向可调导叶;
3—蜗室;4—转子件;5—压缩机平衡管接头法兰与油分离器;
6—推力轴承;7—油槽;8—电加热器;9—右径向滑动轴承;
10—双级径向导叶传动机构;11—联轴器;12—左径向滑动轴承

机组为组装式,各部件均在制造厂内组合成一个整体,并采用共用底座。压缩机的进、出口分别与蒸发器和冷凝器相连。主电动机的冷却采用制冷剂液体直接喷射电动机绕组而蒸发冷却,在较早的机组中,有用电动机外壳中设有水套而用冷水冷却的。

半封闭式机组具有结构紧凑、占据空间和面积小、对基础要求不高、运输管理方便等优点,且有较大的制冷量。

3) 开启式 开启式机组内的各部件是在使用现场分散安装的,机组外形见图3-62,无共用底座。压缩机1采用两个蜗壳,与电动机3共用轴承和联轴器4连接。这种机组对压缩机的轴端密封要求较高,且占地面积和空间大。机组LSLXR123用于空调,制冷剂为R123,由于采用了可靠的轴端密封而做成开启式机组。其电动机采用水冷却,可节省电能3%~6%。在发生故障时易于维修。对化工用的制冷机组,由于为多级压缩机、功率大、制冷系统也比较复杂,一般均采用开启式机组。

(2) 单筒和双筒机组

半封闭式机组中,蒸发器和冷凝器的布置形式可分为单筒形和双筒形。

单筒型是将蒸发器和冷凝器布置在同一筒体内,称为单筒型蒸发器—冷凝器(图

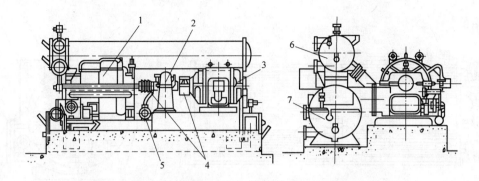

图 3-62 离心式制冷机组
1—压缩机；2—增速器；3—主电动机；4—联轴器；5—润滑系统；6—蒸发器；7—冷凝器

3-63）是目前用得最为广泛的一种。冷凝器 2 位于上方，蒸发器 1 位于下方，其间用弧形板隔开。浮球阀 3 位于筒体纵向中部下方。

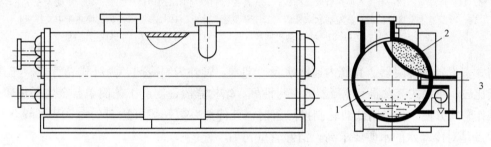

图 3-63 单筒型蒸发器—冷凝器简图
1—蒸发器；2—冷凝器；3—浮球阀

制冷量小时，由于设备小，制造工艺上有困难而采用双筒型（图 3-64）。蒸发器 5 和冷凝器 4 的筒体采用上、下的布置方式，以节省占地面积。也有两者平行布置的。

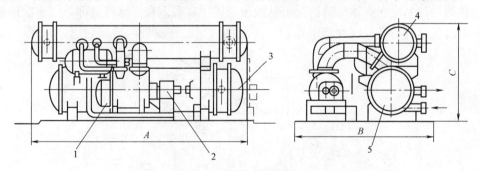

图 3-64 双筒型竖直放置的蒸发器—冷凝器外形图
1—压缩机；2—增速器；3—主电动机；4—冷凝器；5—蒸发器

(3) 离心式制冷机的辅助设备

辅助设备主要包括冷凝器和蒸发器、润滑系统和抽气回收装置等。这里简要介绍其结构、系统和作用原理。

1) 蒸发器和冷凝器：

① 蒸发器和冷凝器的结构：对组装式空调离心式制冷机，目前均采用图 3-65 所示的

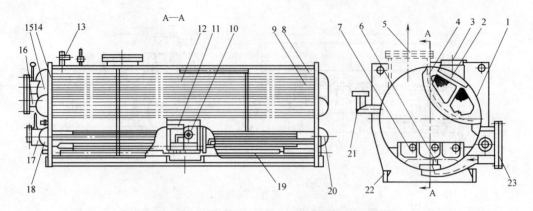

图 3-65 单筒式蒸发器—冷凝器总体结构剖视图

1—蒸发器—冷凝器壳体；2—冷凝器换热管束；3—冷凝器制冷剂进口接管法兰；4—隔热板；5—蒸发器制冷剂出口接管法兰；6—制冷剂分配喷嘴；7—蒸发器换热管束；8—管板；9—冷凝器右水室；10—浮球阀部；11—浮球室；12—冷凝器换热管束支撑板；13—冷凝器制冷剂引压阀；14—管板；15—冷凝器左水室；16—冷凝器水室接管；17—蒸发器水室接管；18—蒸发器左水室；19—蒸发器换热器换热管束支撑板；20—蒸发器右水室；21—主电动机回液（气）管；22—底座；23—浮球阀过滤网

单筒式蒸发器—冷凝器。其管内通冷水及冷却水，管外为制冷剂，为卧式壳管式。与其他形式比较，单筒式蒸发器—冷凝器的密封性好、结构紧凑、制造工艺简单、金属耗量较少、且操作管理方便。若采用低肋轧制换热管时，其传热系数一般可达 350～450W/(m²·K)。其缺点是对冷却水的水质要求高，清除管壁污垢不便。

图 3-65 中，4 为圆弧形夹层的隔热钢板，用来将蒸发器和冷凝器隔开。壳体 1 中部前下侧在冷凝器底部设有开口，冷凝后的制冷剂液体通过开口流入浮球室 11 的前室，经过滤网（不锈钢或铜丝网）23 进入浮球室内。浮球阀 10 随制冷负荷的变化上升或下降，液体通过节流孔流入蒸发器底部，经两排喷嘴 6 喷向蒸发器内换热管束的表面，增强扰动以提高换热效果。制冷剂液体沸腾情况可从液位视镜中观察。在浮球室底部，引出液体制冷剂至主电动机尾部喷嘴，以冷却电动机，并至抽气回收冷凝器内冷却盘管。从图 3-66 中

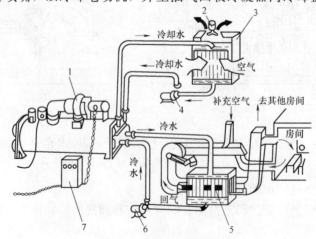

图 3-66 集中式空调系统中各流程示意图

1—离心式制冷机；2—风扇；3—冷却塔；4、6—水泵；5—空调器；7—启动柜

可看出其接管方式。

② 节流装置：

a. 浮球阀节流：浮球阀室的作用，一是使冷凝器底部流出的制冷剂液体，节流到接近于蒸发器内的压力，进行蒸发制冷；二是靠浮球的浮力，自动调整液面，以控制流入蒸发器的制冷剂流量。图3-67为浮球阀室的示意图。当制冷剂液体进入此室前，用不锈钢丝或铜丝网过滤，以阻止漏入液体中的杂物（如锈粉、污垢物等）进入蒸发器。浮球阀是由紫铜板或不锈钢板压制焊接而成的浮球，以及连杆、不锈钢阀板、盖盘、底盘和顶丝等组成。

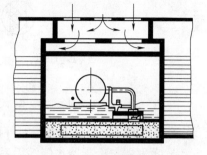

图3-67 浮球阀室

b. 孔口节流：在一些中小型机组上，采用孔口节流，它没有运动部件，不易损坏。但孔口大小，会影响制冷循环。冷凝温度 t_k 高时，若孔口开大，易使液体流失，起不到节流作用。如孔口开小，则在 t_k 降低（指低压差）时，流不过太多的液体，满足不了负荷的要求。因此有些机组上采用了弹簧控制孔口的大小，在气体通过时能自动关闭，低压差时亦能满载运行。还有的机组上采用了多道孔口，利用不同孔口的阻力，在不同的压差下覆盖所有的流通能力。

③ 蒸发器底部的扰动喷嘴：经浮球阀节流后的制冷剂液体，为了强化其沸腾换热效果，在蒸发器底部设置扰动喷嘴，令液体均匀喷出，以进入沸腾汽化区域。图3-68所示为扰动喷嘴的剖面图及排列方式。喷嘴出口为 20° 的圆锥孔，材料采用不锈钢1Cr18Ni9Ti。使用中应注意防止喷嘴孔被堵塞和锈蚀。

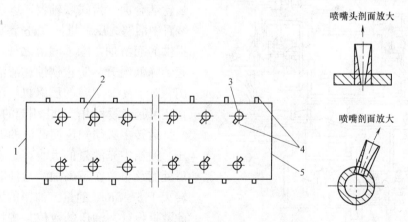

图3-68 蒸发器底部扰动喷嘴及排列方式
1—封板；2—槽板；3—喷嘴座；4—喷嘴头；5—挡板

④ 制冷剂冷却液的过冷方式，过冷方式如图3-69所示。前述主电动机和抽气回收装置中，冷凝器盘管中的冷却液，是从浮球阀6的储液槽中抽出，再流经蒸发器底部过冷段5后输出，以提高制冷效果。冷却电动机后的制冷剂经过回液（或气）管中的挡油板，去除混入的油垢后返回蒸发器。挡油板上游底部开设有回油孔和接头，将积油引回油箱。冷却抽气回收装置中的制冷剂亦返回蒸发器。

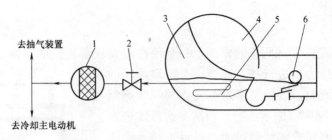

图 3-69 制冷剂冷却液的过冷示意图
1—氟利昂过滤器；2—阀；3—蒸发器；4—冷凝器；5—过冷段；6—浮球阀

冷却用的制冷剂是不参与对外提供制冷量的，因此在设计中要加大这部分制冷量。

⑤ 蒸发器—冷凝器水侧污垢系数对制冷量的影响：在机组运行一段时间后，换热器通水一侧的内壁逐渐形成一层污垢，影响传热效果，并使制冷量下降。在设计新机组时，应比额定制冷量提高 8%～10%。由此可见，清理水侧污垢是操作人员的任务之一，必须予以重视。

2) 润滑油系统：空调用离心式制冷机组的润滑系统，一般采用"组装式"，系统油浸型油泵及油泵电动机、油冷却器、油压调节阀等组装在一起，全部密闭在蒸发器左端的油箱之内。油箱外壳将油箱与蒸发器分开。而"散装式"系统中，则将各组成元件大部分布置在机组外部，或是在机外另设一个独立系统。

图 3-70 表示离心式制冷机"组装式"润滑系统的流程图，是采取集中提供压力油的方法，供油给压缩机轴上的各径向滑动轴承、推力轴承、主电动机滑动轴承、大小齿轮啮合面，齿式联轴器，以及抽气回收装置中活塞式压缩机，以进行强制性润滑。提供的润滑油，除了润滑之外，还对机组起到降低温升、防止锈蚀、清洁污物的作用。对于高速运转的压缩机，压力油的存在还可起到缓和由于冲击引起的振动作用。

运转中必须知道润滑油的充灌量和油压。油箱中充灌量的大小，是根据所需润滑处的总量，在不添加润滑油时能维持运转大于 6～8min 的量。油箱的大小，亦按此数据设计。油压的数值是按机组内部的压差确定的。如图 3-70 所示，油槽以上的空间是与压缩机的进气室相通的，这里的压力接近于蒸发压力 P_0，它也是润滑油的背压。例如对 R11 制冷剂在蒸发温度 $t_0 = 0℃$ 时，$P_0 = 40.2$kPa（真空），如果需要润滑油的供油压力为 78.4kPa（表压）时，则总压差

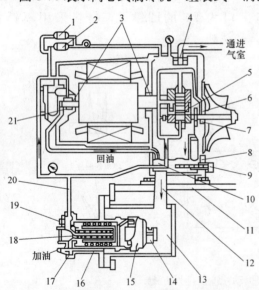

图 3-70 离心式制冷机的"组装式"润滑油系统流程图
1—导叶开关联锁低压开关；2—低油压开关；3—迷宫密封；4—滤网；5—小齿轮轴承；6—主轴承；7—推力轴承；8—视镜；9—油加热器；10—油槽；11—蒸发器筒体；12—总回油管；13—油箱；14—油泵；15—电动机；16—管式油冷却器；17—油压调节器；18—油过滤器；19—磁塞；20—供油管；21—电动机轴承

$$\Delta P = P_\text{表} - P_\text{气} = 78.4 - (-40.2) = 118.6 \text{kPa}$$

机组正常运行时应该大于上述数值。一般采用总压差为150～180kPa。若油压小于上述供油压力，就不能正常进行润滑，油压安全开关就动作，机组停止运行。

润滑油的质量指标，应按制造厂提供的要求并严格执行。系统中各元件（如油冷却器、过滤器等）的运行参数，应按机组的操作规程执行。

除了图3-70中所示各元件之外，在发生突然停电或其他事故造成停机时，主油泵就停止供油，而机组因惯性仍在降速运行。为了不损坏机组，在机壳的上部设置高位油箱，在发生事故时，利用其自然落差将油箱中储油供给各需要润滑处，以免损坏运转部件。

3）油引射回收装置：上面提到，油槽以上空间是与进气室相通的，因此油雾就能进入压缩机流道内，凝结后的油会沉积在进气室或涡壳底部。为了使这些油能返回油箱，采用了油引射回收装置，如图3-71和图3-72所示。它由过滤器、引射喷嘴、波纹管阀、接头管路等元件组成。其原理是在涡壳中部引一股高压制冷剂气体，通过喷射嘴2的引射作用，将压缩机底部的积油通过过滤器5被抽出，与喷嘴喷出的高压气体混合在一起，由喷嘴出口管回收至油槽3中。

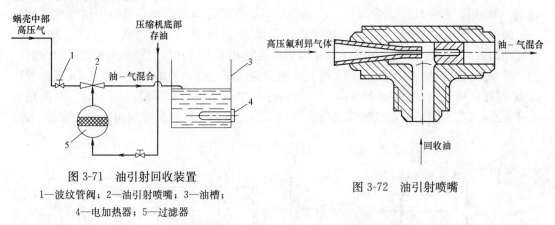

图3-71 油引射回收装置
1—波纹管阀；2—油引射喷嘴；3—油槽；
4—电加热器；5—过滤器

图3-72 油引射喷嘴

4）抽气回收装置：低压制冷剂空调机组中，压缩机进口是处于真空状态，当机组运行、检修和停车时，不可避免地有空气、水分或其他不凝结气体等渗透到机组内部。空气等达到过量而又不及时排出时，会引起冷凝器顶部压力急剧下降，耗功增加，甚至会引起主机停车。采用抽气回收装置，随时排除机组内的不凝性气体，并把混入气体中的制冷剂回收。

抽气回收装置一般有"有泵"和"无泵"两种形式。

① 有泵形式的抽气回收装置：回收装置系统如图3-73所示。它由小型活塞式压缩机，加上回收冷凝器、再冷器、差压开关、过滤干燥器、节流器、电磁阀及各种阀所组成。

积存于冷凝器顶部的不凝结气体和制冷剂蒸气的混合气体，通过节流阀1进入回收冷凝器19上部。在此被盘管冷却后，其中制冷剂蒸气在一定的饱和压力下冷凝为液体，并流至下部。当下部集聚的制冷剂液位达到一定高度时，浮球阀打开，液体通过阀6进入过滤干燥器21，被回收到蒸发器内。积存于上部的空气和不凝结气体逐渐增多，使回收冷凝器19内的压力升高。当回收冷凝器压力低于机组冷凝器顶部压力达到1.4kPa时，差压开关18就动作，电磁阀13接通开启，并同时自动启动活塞式压缩机11，将回收冷凝器上部空气及不凝结气体和残存制冷剂蒸气抽出，经阀5进入再冷器12再次冷却液化。再经浮球阀、阀6、干燥器21流入蒸发器内。再冷器12上部仍积存的空气及不凝结气体，经减压阀2（调压至等于或大于大气压）放入大气。由于废气的排出，回收冷凝器内压力降低，与机组冷凝器压力的差值上升到2.7kPa时，差压开关18再次动作，使活塞式压缩机停止运行，关闭电磁阀13，只有回收冷凝器19继续工作。如此周而复始地自动运行。阀7和阀8是准备在浮球阀失灵时，以手动操作排放制冷剂液体。

抽气回收装置也可以手动操作。在对机组内抽真空或进行充压时，均采用手动操作，操作方法可见机组说明。

② 无泵形式的抽气回收装置 不用活塞式压缩机，而是采用新的控制流程，自动排放冷凝器中积存的空气和不凝结气体，达到与有泵装置等同的效果。无泵形式具有结构简单、操作方便、节能等优点，运用的日渐增多，目前采用的有两种。

a. 差压式无泵抽气回收系统：该系统主要由回收冷凝器、干燥器、过滤器、差压继电器、压力继电器及若干操作阀等组成。图3-74表示从冷凝器17上部通过阀6、过滤器16进入回收冷凝器11的混合气体，在其中经双层盘管冷却后，混合气体中制冷剂气体在一定的饱和压力下被冷凝液化，经阀2进入干燥器10吸水后，通过阀7回到蒸发器18。废气则通过阀4排至大气。可见，它是利用冷凝器和蒸发器和压力差来实现抽气回收的。

冷却液是从机组内的浮球阀19前抽出的高温高压制冷剂液体，经蒸发器18底部过冷段20过冷，通过阀8、过滤器9后，一路去冷却主电动机，另一路经阀1后，分两路进入回收冷凝器11中的双层盘管，经三次冷却不凝性气体，然后制冷剂再回到蒸发器18。

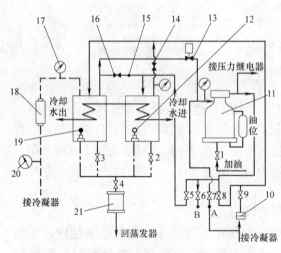 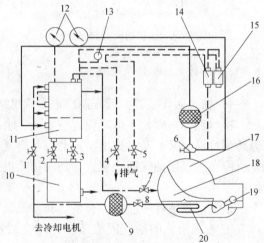

图3-73 有泵形式的抽气回收装置系统
1～9—阀；10—调节器；11—活塞式压缩机；12—再冷器；13—电磁阀；14—减压阀2；15—止回阀；16—减压阀；17—回收冷凝器压力表；18—差压开关；19—回收冷凝器；20—冷凝器压力表；21—干燥器

图3-74 差压式无泵抽气回收装置系统
1～8—波纹管阀；9、16—过滤器；10—干燥器；11—回收冷凝器；12—压力表；13—电磁阀；14—差压继电器；15—压力继电器；17—冷凝器；18—蒸发器；19—浮球阀；20—过冷段

b. 油压式无泵抽气回收装置：图3-75表示该装置系统。前述在润滑系统中所设的高位油箱，除了应付紧急停车时润滑外，还可从其中引油通过三通电磁阀1进入干燥过滤器

2,去掉油中水分、酸性物质及杂质后,进入回收冷凝器 8。这时油面上升,可压缩上方的有害气体,使气体压力增大,推动压力开关动作,并打开排气电磁阀 5,通过止回阀 6,排出空气及不凝性气体。

有害气体是从冷凝器上部经单向阀 10 和节流口 9 进入的,此气体通过油层冒出油面之上,气体中所含制冷剂一部分溶入油中。另一部分被冷却盘管 7 冷却后,凝结为液态,也溶入油中。这时大部分制冷剂从混合气体中分离出来,回收在油中。当油面上升至上浮球阀 4 的限制高度后,三通电磁阀 1 动作,使油面下降,同时切断由高位油箱来的油源。从 1 处流出的油和制冷剂混合物,流回到机壳底部的油槽内。在油排出后,回收冷凝器 8 上部的气腔压力下降,低于冷凝器内顶部的压力时,冷凝器内有害气体再次通过单向阀 10 和节流口 9 流入回收冷凝器 8 内,并迫使余油加速流回油槽。随之,回收冷凝器 8 内又充满有害气体,再一次从排气电磁阀 5 和止回阀 6 排至大气中。如此反复动作,以达到抽气回收的目的。

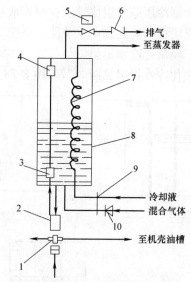

图 3-75 油压式无泵抽气回收装置系统
1—三通电磁阀;2—干燥过滤器;3—下浮球阀;
4—上浮球阀;5—排气电磁阀;6—止回阀;
7—冷却盘管;8—回收冷凝器;
9—节流口;10—单向阀

4. 典型半封闭式多机头与全封闭式模块化冷水机组

(1) 多机头冷水机组

采用多台半封闭式制冷压缩机与共用一台冷凝器和一台蒸发器组成一套多机头冷水机

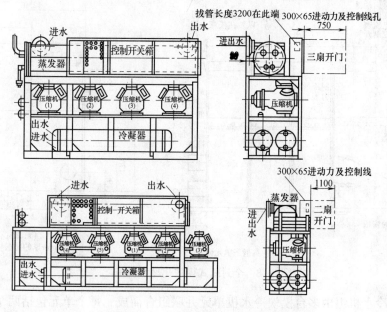

图 3-76 半封闭式多机头冷水机组

组。每台制冷压缩机组成模块控制形成独立单元，根据房间负荷变化自动启用和组合与之匹配的模块负荷，达到高效节能，见图3-76。

(2) 模块化冷水机组

模块化冷水机组见图3-77、图3-78。

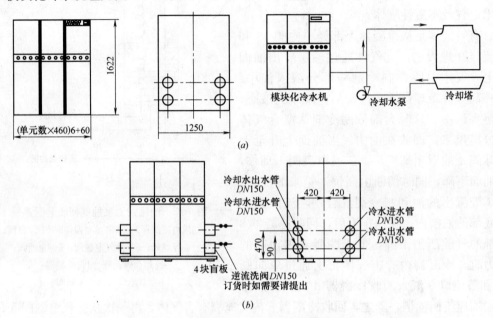

图 3-77 全封闭式模块化冷水机组之一
(a) 机组外形尺寸主组合尺寸；(b) 冷冻水，冷却水接管位置尺寸

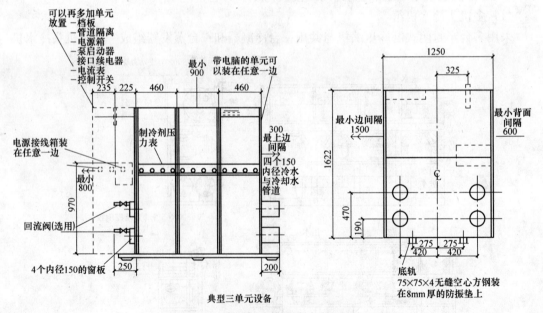

图 3-78 全封闭式模块化冷水机组之二

模块化冷水机组由多台模块冷水机单元并联组合而成。每个单元包括两个完全独立的往复式制冷系统。运行适当数量的单元就可以使输出的冷量准确地与负荷相匹配。

模块化系统中每个单元制冷量为130kW，其中有两个完全独立的制冷系统，容量分别为65kW，各自装有双速或单速压缩机，每个模块单元装有两台压缩机，两套蒸发器，两套冷凝器及控制器，模块机组可由多达13个单元组合而成，总容量为1690kW。

内设的电脑监控系统控制模块机组，按空调负荷的大小，定期启停各台压缩机或将高速变为低速（当安装了双速压缩机时）。这个系统连续并智能地控制了冷水机组的全部运行，包括了每一个独立制冷系统的整机运行。

将多个单元组合连接起来方法极为简单，只要连接四根管道（冷冻水供、回水管、冷却水管、回水管，每根管的端部带有沟槽，可用专用的管接头连接）。从公用电源母线上接入电源，插上控制插接件，这项工作就完成。

模块化冷水机组由于体积小单元化，结构紧凑，易于处理，根本不用吊装和大型机组运输车。模块化机组由于采用单元设计，每个单元宽约450mm，高1622mm，长为1250mm。因此，每个单元可以穿过几乎任何小的门廊、过道，可通过窄的楼梯送上高层，也可用电动升降机或标准电梯运送。

模块化机组使用的热交换器及内部设计不需要很大的维修空间，使模块化机组可以安装在没有其他用途的狭小空间；表面光亮的机壳又适合于安装在各种不同的场合，由于压缩机设计精良并采取了大幅度衰减噪声的措施（压缩机用弹簧与其壳体相隔离，并在机架上安装了隔振装置。单元与单元之间是通过专用的管接头隔离，整个单元又封闭在机壳中间），使用多台压缩机完全取消了嘈杂声和令人讨厌的汽缸卸载声。因此，模块化冷水机组不仅可以安装在已建的大楼内，而且可以等新楼建成后，不用拆墙等破坏建筑或装饰，即可进行安装，以至在已建大楼的任何地方进行安装，特别是安装在楼群分散，又要集中空调的地方更为有利。

3.3.2 吸收式冷水机组

溴化锂吸收式冷水机组，近年来在我国应用日益增多。其最大特点：(1) 可以利用低温位的热能（余热、废热、排热），即 $(0.5 \sim 0.7) \times 10^5 Pa$ 的低压蒸汽或80~120℃的热水作补偿，所以，很适于在工业余热或电厂废热的地方应用。(2) 以热能为动力的溴化锂吸收式冷水机组与以电能为动力的压缩式冷水机组相比，明显节约电耗。以3500kW的冷量比较，压缩式制冷机组耗电约900kW，而溴化锂吸收式制冷机组仅耗电10kW多。在电力紧缺的条件下更具意义。(3) 制冷剂安全可靠，对环境无害（不会破坏大气臭氧层和引起温室效应等）。(4) 能量调节范围大（能在10%~100%范围内调节制冷量）。

但是溴化锂吸收式冷水机组节电不节能。若以一次能源（煤）的消耗作比较，制取11.6kW冷量，标煤的耗量是：电动压缩式为1.42kg；单效溴化锂吸收式为4kg；双效溴化锂吸收式为2kg。从节能出发，如果为溴化锂吸收式冷水机组专门修建锅炉房，或以扩容提供冷水机组低位能蒸汽，甚至将高位能蒸汽降压使用，从能源的利用角度来看是不合理的，它仅适用于有工业余热或电厂废热可利用的场合。一般来说单机空调制冷量 $Q_0 <$ 582kW 时，宜用活塞式冷水机组；当 $Q_0 = 582 \sim 1163$ kW 时，宜用螺杆式或离心式冷水机组；当 $Q_0 > 1163$ kW 时，宜用离心式冷水机组。当空调制冷量在170~3490kW时，且有工业余热或废热可供利用场合时，选用溴化锂吸收式冷水机组是比较合理的。

1. 溴化锂吸收式冷水机组的分类

① 以能源使用可分为蒸汽型、热水型、燃气型、燃油型、太阳能型等。

② 以能源利用程度可分为单效型、双效型等。
③ 以机组换热器布置可分为单筒型、双筒型、三筒型。
④ 以应用范围可分为冷水机型和冷温水机型。

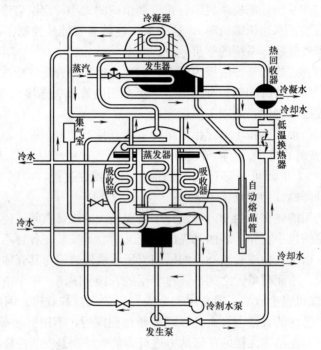

图 3-79 蒸汽型单效溴化锂吸收式制冷机

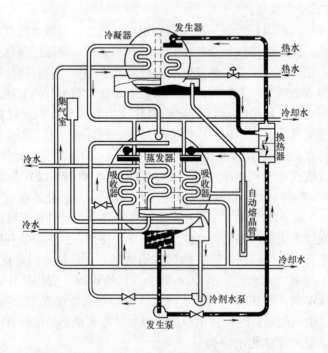

图 3-80 热水型溴化锂吸收式制冷机

目前常用的溴化锂吸收式冷水机组有单效、双效和直燃式三种，如图3-79、图3-80、图3-81、图3-82、图3-83所示。

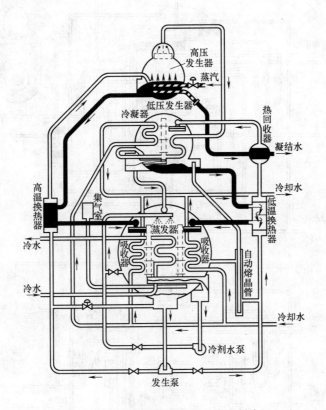

图3-81 蒸汽型双效溴化锂吸收式制冷机

2. 溴化锂吸收式制冷机组主要部件的结构

（1）高压发生器

对于蒸汽两效溴化锂吸收式制冷机，高压发生器的作用是将0.2~0.8MPa（表压）工作蒸汽通入传热管内，加热管外的溴化锂溶液，使之沸腾并产生冷剂蒸汽；所产生的冷剂蒸汽则作为低压发生器的热源，用以加热低压发生器中的溴化锂溶液，产生第二股冷剂蒸汽。这就是两效的含意。因为能源得到了两次利用，所以蒸汽单耗降低，达到了节能效果。

高压发生器一般使用0.2~0.8MPa（表压）工作蒸汽，其饱和温度较高，约为132~175℃。通常高压发生器的壳体用碳钢、传热管用紫铜管或铜镍合金管制作。这两种材料间的线膨胀系数相差甚大，在高温下将产生很大的热应力。管子与管板间采用胀管联结，由于热应力，可能造成管子被"拉脱"。所以消除热应力是设计时首先应考虑的问题。降低或消除热应力的方法一般有下列几种。

1）采用膨胀节结构 如图3-84（b）所示，在壳体靠中间部位设置膨胀节，使壳体可以自由伸长，从而减少热应力的影响。

2）采用浮头结构 如图3-84（c）所示，将管子的一端与管板联结，另一端与一个浮动管板联结。浮头管板、浮头室及其下面的滑板，组成一个可以自由滑动的浮头，使高压发生器的传热管一端固定，另一端可自由活动。这样，可彻底消除热应力。

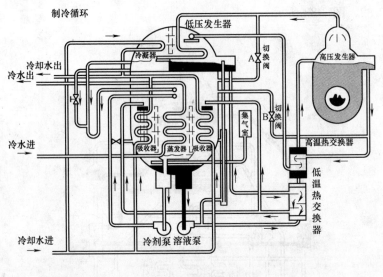

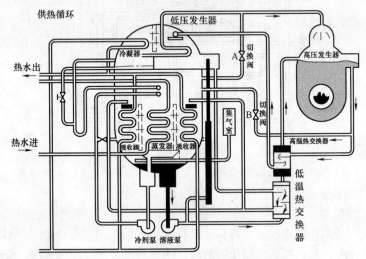

图 3-82 直燃型溴化锂吸收式冷热水机组

3）采用 U 形管结构　图 3-84（d）所示为 U 形管结构，是把传热管做成 U 形管，其进出口均联结在同一块管板上。这样，管子热膨胀与壳体热膨胀互不相干，均可自由伸长。这种结构的工艺性较差、弯头多，制作比较复杂。

高压发生器工作时，由于工作蒸汽压力以及冷凝压力的波动，将引起高压发生器中溴化锂溶液液位的波动，对于这种液位波动，要设法控制，否则将会造成液位过高或过低。液位过高会增大静液柱对沸腾的影响，降低发生过程的发生效果，甚至造成制冷剂污染。液位过低会使上部传热管暴露于液体之外，引起管子的破损。为此，结构设计时，发生器的上部必须留有一个足够大的空间和高度。足够大的空间可降低冷剂蒸汽的流速，并防止因溶液飞溅而带液。为防止冷剂污染，高压发生器的上部通常设有汽罩，其中装有简易的挡液装置。实践证明，高压发生器最上一排管子与壳体顶部的距离 H 为 280～400mm，冷剂蒸汽在最小截面处的流速不超过 10m/s 时，可有效防止冷剂的污染。

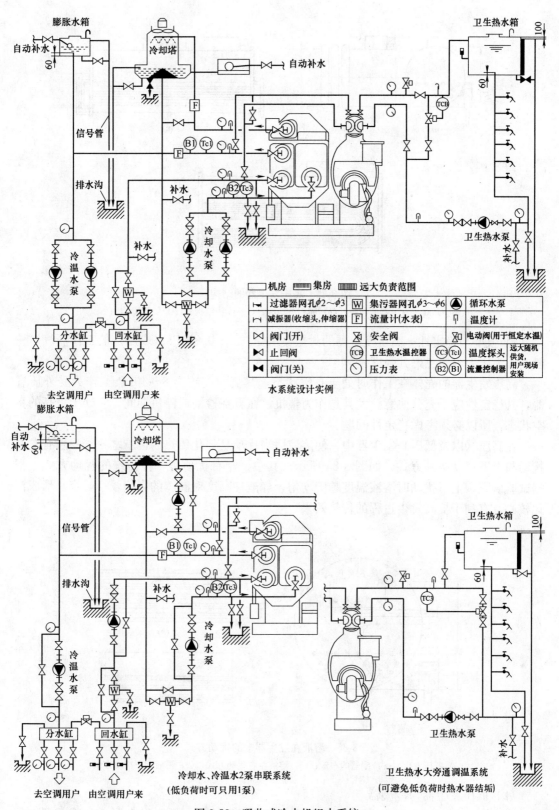

图 3-83 吸收式冷水机组水系统

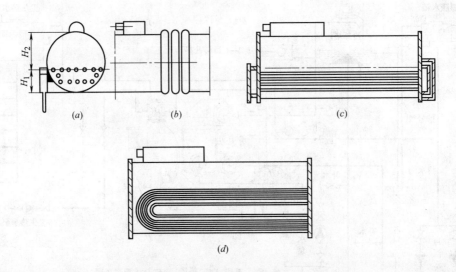

图 3-84 高压发生器的结构
(a) 高压发生器的布置；(b) 膨胀节结构；(c) 浮头结构；(d) U形管结构

4) 强度与稳定性　高压发生器的封盖要承受 0.2~0.8MPa（表压）的工作蒸汽，一般应作为压力容器考虑其强度。

高压发生器的壳体在工作时处于真空状态，其真空度约为 8~40kPa。作为受外压容器，其稳定性应予充分注意。尤其是作为整机，在真空检漏或停机期间，它处于更高的真空状态，所以必须考虑稳定性问题。

在高压（以及低压）发生器中，使溶液适当扰动是强化传热的措施之一。一般有左右扰动与上下扰动两种方式，如图 3-85 所示。其中，左右扰动是一种传统的扰动方式。根据试验研究，上下扰动时溶液温度趋于均匀，静液柱高度对沸腾的影响较小，容易形成汽化核心，有利于提高发生过程的传热效果。

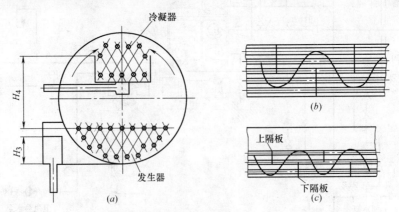

图 3-85　溶液在发生器中的扰动方式
(a) 低压发生器—冷凝器的布置；(b) 溶液左右扰动方式；(c) 溶液上下扰动方式

(2) 低压发生器与冷凝器

图 3-86 示出了低压发生器—冷凝器呈上下布置的结构：低压发生器 3 与冷凝器 1 置

于同一壳体内,工作时属同一真空状态。

在蒸汽两效机中,低压发生器依靠高压发生器的冷剂蒸汽来加热,其温度低,一般为80~98℃,为扩大放汽范围,强化传热特别重要,应尽可能减少静液柱高度。经验表明,静液柱高度以不超过200mm为宜。管排数与管间距需要综合考虑确定,管排数以不超过15排为好。溶液的扰动方式,在低压发生器中采用上下扰动方式比高压发生器更具有意义。

与沉浸式换热相比,喷淋式可完全消除静液柱高度对传热的影响。对低压发生器来说,更具有使用价值,是今后低压发生器设计的一个方向。但在结构设计时,要充分考虑喷淋溶液在传热管上的均匀分布,避免管子局部温度过高。

冷凝器是令低压发生器产生的冷剂蒸汽与冷却水进行热交换,使之凝结成冷剂水。冷剂水汇集于冷凝器下部的水盘,再经节流装置进入蒸发器。由于发生器与冷凝器之间有较大的温差,会出现热量传递,这对发生过程和冷凝过程都是不利的。为此,在水盘下方设有隔热层。

低压发生器中的压力较低,发生过程中溶液的沸腾飞溅更为严重;同时,冷剂蒸汽的流速较大,容易夹带液滴,造成冷剂水污染,故挡液问题更为严重。

(3) 蒸发器与吸收器

图3-87为蒸发器—吸收器的结构示意图。蒸发器与吸收器处于同一工作压力,一般置于同一壳体之中,组成蒸发器—吸收器筒体。在制冷机工作过程中,该部分压力最低,一般约为0.001MPa(绝对)。结构设计时,强化传热与传质的问题比高、低压发生器更为突出。

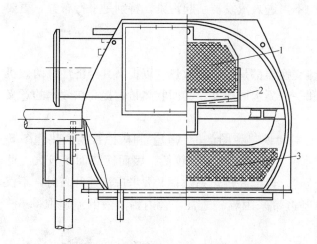

图3-86 低压发生器—冷凝器的结构
1—冷凝器;2—水盘;3—低压发生器

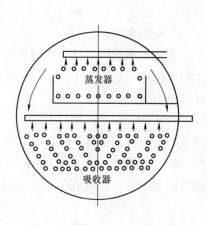

图3-87 蒸发器—吸收器结构

1) **强化传质** 从蒸发器出来的冷剂蒸气,通过传热管簇及挡液装置,进入吸收器管间,由于沿途的阻力损失,其压力由 P_0 变为 P_0'。若吸收器喷淋溶液的饱和蒸气压力 P_0(称吸收压力),则吸收过程的传质推动力为 $(P_0' - P_0)$。由此可见,为了增大传质推动力,以便强化吸收器中的传质过程,在不改变吸收压力 P_0 的条件下,应尽可能增大 P_0',这就需要在结构上减少冷剂蒸气的流动阻力损失。

2) 强化传热 就结构而言，喷淋换热是强化传热的有效手段。尤其是在高真空下，对于蒸发器将消除静液柱的影响，使蒸发过程增强。对于吸收器采用喷淋换热，还可增大冷剂蒸气与喷淋溶液的接触面积，增强传质。

布置喷淋热交换器时，首先要考虑液体喷淋在传热管上的均匀情况，使管壁上都有液体浸润。这就需要合理布置喷淋装置，确定合理的喷淋密度，选择雾化情况良好的喷嘴；另外要注意传热管的排列、管间距和管排数等。

强化传热的结果，将使吸收器喷淋溶液的温度更接近于冷却水的温度，从而降低喷淋溶液的温度，以降低吸收液的饱和蒸气压，达到增大传质推动力的目的。显然，为了获得较好的传热效果，在强化喷淋侧传热的同时，还应注意提高传热管内水侧的流速。通常取水侧的流速 1.5~3.0m/s 为宜。

达到饱和时，就不再吸收了。若要使其进一步吸收，就需要采取措施，改变其饱和状态，使之处于不饱和，如用冷却水对溴化锂溶液进行冷却，或者提高喷淋溶液的浓度。喷淋溶液的温度与冷却水的温度有关。喷淋溶液的浓度除了与发生器出口浓溶液的浓度有关外，还与稀溶液的混合量有关。因此，为了提高喷淋溶液的浓度，在结构上也有用浓溶液直接喷淋的。但务必从结构上解决溶液在管子表面的均匀浸润及分布问题。

另外，也有将传质与传热过程分开进行的。具体做法是先令浓溶液与冷却水以对流换热的方式，把浓溶液冷却到一定的温度，然后喷淋于充满冷剂蒸气的空间，一次完成吸收过程。该过程可视为绝热吸收过程，但只有在冷却水温较低的条件下才有可能采用。

蒸发器与吸收器除了上下叠置以外，还有左右平行布置等方式。不论采用哪种布置方式，都要防止吸收器的喷淋溶液因结构不当进入蒸发器引起污染，特别是平行布置，更要慎重。

(4) 热交换器

不论是单效机型还是两效机型，热交换器都是为了回收热量以提高其经济性。两效机比单效机还增加了一个高温热交换器和一个凝水回热器，其回收热量，提高热效率的意义比单效机更大。

溶液热交换器的换热方式，一般有对流换热［图 3-88（a）］和横掠管簇换热［图 3-88（b）］两种。在溶液热交换器的设计中，由于传热系数较低，因而换热面积较大。此外，确定流速时，既要考虑有较高的流速，以提高传热系数；又要考虑流速升高时，不仅流动阻力增大，而且在结构上也会给制造带来困难。通常，管内稀溶液的流速取 0.6~

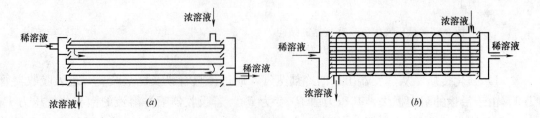

图 3-88 溶液换热器
(a) 对流换热；(b) 横掠管簇换热

1.0m/s；管外浓溶液的流速取 0.3~0.6m/s。

溶液热交换器一般为壳管式结构，传热管用光管或低肋片管，材质可用碳钢或紫铜。

(5) 节流装置

节流装置是一个重要的部件。它有多种形式，可以是针状节流阀、浮球阀、U 形管或小孔节流元件。溴化锂吸收式制冷机中最常用的是 U 形管和小孔节流元件。

1) U 形管节流装置　U 形管节流装置结构简单、工作可靠、流量调节幅度宽，是溴化锂吸收式制冷机中应用最早、最广的节流装置。我国生产的单效机或两效机都采用这种节流方式。由图 3-89 可知，U 形管的高度是保证节流的关键，其值与冷凝器、蒸发器间的压力差（$P_b - P_0$）有关，一般情况下，冷凝器与蒸发器的压差大约为 9.8kPa，因此，U 形管的高度略大于 1m 即可。其管径则是根据机组的制冷量而定。这种节流装置的缺点是外形尺寸较大，结构不够紧凑，对于压差较大的两侧，如高压发生器与冷凝器之间不宜采用。

2) 小孔节流装置　该装置是在冷凝器通往蒸发器的管道中，设置一个节流小孔，如图 3-90 所示。这种节流方式结构紧凑，特别适宜于单筒型结构的机器。小孔节流装置的缺点是自平衡能力较差。小孔的通径是保证节流的关键。通径过大，在低负荷时难于形成液封，可能使高低压两侧相通，影响制冷机正常运行。通径过小，在高负荷时无法保证足够的流量，使制冷机的制冷量受到限制。所以设计这种节流装置时，应充分考虑高低压侧的压力差，最高或最低负荷时的流量范围等因素。

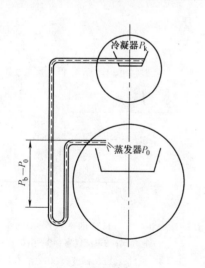

图 3-89　U 形管节流装置

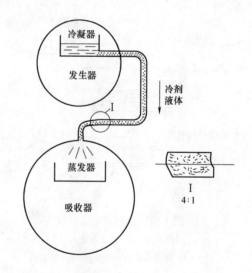

图 3-90　小孔节流装置

(6) 抽气装置

溴化锂吸收式制冷机是在高真空状态下工作的，空气极易通过密封不良的连接处渗漏到机中。同时由于溴化锂溶液对金属材料的腐蚀，机器本身也会产生如氢气等不凝性气体。这些不凝性气体的存在，不仅损害了机器的性能，严重时将使机器无法运转。同时，空气的存在，还会加剧溴化锂溶液对金属材料的腐蚀，影响机组的寿命。为此，机组中必须装设抽气装置，及时将聚集在机组中的不凝性气体及漏入机内的空气抽除掉。常用的抽气装置有如下几种。

1) 机械真空泵抽气装置 图3-91所示为机械真空泵抽气装置。它由冷剂分离器、阻油器、真空泵及连接管件、阀门等组成。从冷凝器或吸收器中抽出的不凝性气体，夹带着一定量的冷剂蒸汽。若将冷剂蒸汽抽出机外，不仅会使机组中的冷剂减少，影响机器的性能；而且冷剂蒸汽进入真空泵后，还会使真空泵油乳化，黏度降低，抽气效果恶化，甚至丧失抽气功能。为此设有冷剂分离器1。冷剂分离器一般为一圆筒形容器，其中装设有冷却盘管与喷嘴。冷却盘管中通以冷媒水或从蒸发器泵排出的冷剂水，以造成比吸收器更好的吸收条件。带有冷剂蒸汽的不凝性气体由冷剂分离器1的底部进入，其中的冷剂蒸汽被喷淋溶液吸收。吸收冷剂蒸汽的溶液，重新回流到吸收器。不凝性气体经抽气管、截止阀2、电磁阀3与阻油器4进入真空泵5，被真空泵排出。阻油器为一圆筒形容器，其中装有两块阻油挡板，以防止真空泵停止运转时，将真空泵油压入机内，引起油对溶液的污染。电磁阀3与真空泵5接同一电源。真空泵5停止运转时，电磁阀3动作，一方面切断制冷机的通气口，另一方面使真空泵的抽气口与大气相通，防止真空泵油倒流到阻油器或抽气管中。

2) 自动抽气装置 自动抽气装置的形式有多种，但基本原理大致相同，如图3-92所示，都是利用溶液泵6排出的高压液流作为引射抽气的动力。这种装置的抽气量比较小，但在机器运转中能自行连续不断地抽气，操作方便。随着机器密封性能的提高及防腐措施的加强，机器内部不凝性气体大为减少，提供了使用这种抽气装置的可能性。

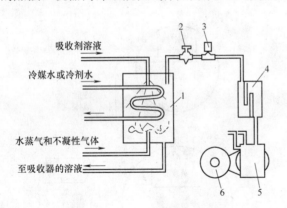
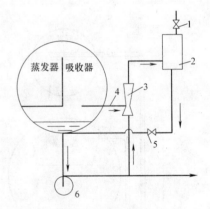

图3-91 机械真空泵抽气装置
1—冷剂分离器；2—手动截止阀；3—电磁阀；
4—阻油器；5—真空泵；6—电动机

图3-92 自动抽气装置原理图
1—放气阀；2—储气室；3—引射器；
4—抽气管；5—回流阀；6—溶液泵

从图3-92所示自动抽气装置原理图可知，溶液泵6排出端引出的稀溶液，进入引射器3，在喷嘴喉部速度升高，压力降低，形成低压区，以抽出吸收器中的不凝性气体。被抽出的不凝性气体随同溶液进入储气室2，并与溶液分离后上升至储气室顶部，溶液则经过回流阀5回到吸收器。当不凝性气体在储气室2上部愈积愈多时，关闭回流阀5。依靠溶液泵6的压力，将不凝性气体压缩，使压力升高。当不凝性气体被压缩到高于大气压时，打开放气阀1，即可将不凝性气体排出机外。

自动抽气装置的抽气量都比较小，只能在机组正常运转时使用，因此无论选用何种自动抽气装置，均需配置一套机械真空泵抽气系统，在机组初始抽真空或长时间停机后第一次启动或应急时使用。

3. 溴化锂吸收式制冷机组的主要辅助设备

（1）屏蔽泵

屏蔽泵是由离心泵与屏蔽电动机组成一体的不泄漏密封设备。泵的叶轮直接安装在电动机轴上，能不泄漏地输送各种液体。屏蔽泵电动机的定子和转子各有一个非磁性的壁厚为 0.25~0.5mm 的不锈钢薄套，以阻止被输送液体浸入电动机的绕组和腐蚀转子，溴化锂吸收式制冷机用的仅是屏蔽泵的一种形式，其基本原理如图 3-93 所示。

1）屏蔽泵及电动机的基本结构　目前我国生产的屏蔽泵有三种基本形式：卧式的两种，立式的一种。

2）轴承的润滑与冷却　对于一般常用电动机，选用普通的滚动轴承和用油脂润滑就可以了。而屏蔽泵因泵与电动机组合成一个密封整体，泵与电动机之间没有转动密封，

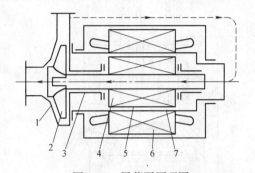

图 3-93　屏蔽泵原理图
1—泵体；2—叶轮；3—石墨轴承；4—转子；
5—转子屏蔽套；6—定子；7—定子屏蔽套

被输送的液体直接进入电动机内部，所以采用非金属的石墨轴承与喷焊镍基合金的轴套，借助于被输送的液体来润滑与冷却。NP 型屏蔽泵电动机为外循环，即由泵室引出的高压液体，通过导管和过滤器进入后盖、后轴承室、电动机内腔、前轴承室、直至叶轮吸入口低压区，组成一循环回路。NPL 型屏蔽电动机为内循环，即由泵室来的高压液体通过过滤器、进入前轴承室，电动机内腔、后轴承室，轴中心小孔直至叶轮收入口低压区，组成一循环回路。

3）主要技术参数与使用条件：

输液温度	−35~+50℃
输送的介质	不含有固体颗粒的溴化锂溶液
许用低压	≤0.2MPa
电源	额定电压 380V、额定频率 50Hz、三相交流电
电动机	转子为鼠笼型，适用于满压直接启动，如电源容量不足，则可采取降压启动。

（2）真空泵

真空泵是抽除机组中的不凝性气体以维持真空的主要设备。无论采用机械真空泵抽气，还是自动抽气，真空泵都是必不可少的。我国目前生产的旋片式真空泵结构及规格见图 3-94。

（3）真空隔膜阀

用于机组真空系统的阀门应具有良好的密封性能。常用的阀门有真空隔膜阀、真空

蝶阀。

4. 溴化锂溶液贮液器和燃气、燃油系统

参见图 3-95、图 3-96、图 3-97、图 3-98、图 3-99。

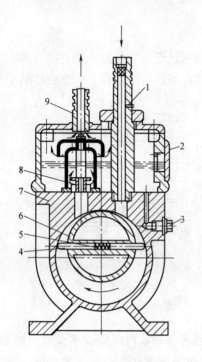

图 3-94　2X 型旋片真空泵结构
1—进气管；2—油镜；3—放油塞；4—旋片；
5—旋片弹簧；6—转子；7—机壳；
8—排气阀；9—排气管

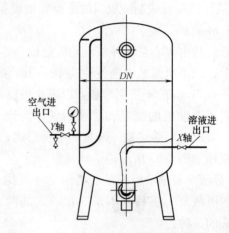

图 3-95　溴化锂溶液贮液器

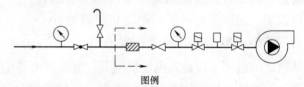

图 3-96　燃气系统

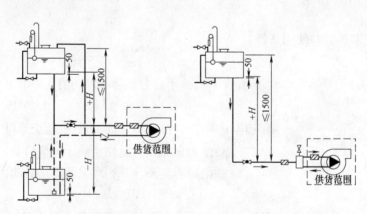

图 3-97　燃油系统

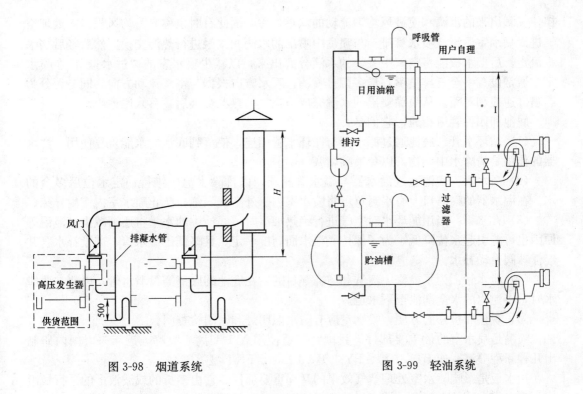

图 3-98 烟道系统　　　　图 3-99 轻油系统

3.4 空气热湿处理设备和空调风系统及其末端装置

3.4.1 空气热湿处理设备

1. 喷水室

喷水室可以实现多种空气的热湿处理过程，并具有净化空气的空气处理设备。图 3-100（a）是应用比较广泛的单级、卧式、低速喷水室，它由许多部件组成。前挡水板有

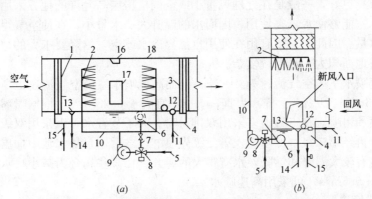

图 3-100 喷水室的构造
(a) 卧式喷水室；(b) 立式喷水室

1—前挡水板；2—喷嘴与排管；3—后挡水板；4—底池；5—冷水管；6—滤水器；7—循环水管；
8—三通混合阀；9—水泵；10—供水管；11—补水管；12—浮球阀；13—溢水器；
14—溢水管；15—泄水管；16—防水灯；17—检查门；18—外壳

挡住飞溅出来的水滴和使进风均匀流动的双重作用，因此有时也称它为均风板。被处理空气进入喷水室后流经喷水管排，与喷嘴中喷出的水滴相接触进行热湿交换，然后经后挡水板流走。后挡水板能将空气中夹带的水滴分离出来，以减少喷水室的"过水量"。在喷水室中通常设置一至三排喷嘴，最多四排喷嘴。喷水方向根据与空气流动方向相同与否分为顺喷、逆喷和对喷。从喷嘴喷出的水滴完成与空气的热湿交换后，落入底池中。

底池和四种管道相通，它们是：

（1）循环水管：底池通过滤水器与循环水管相连，使落到底池的水能重复使用。滤水器的作用是清除水中杂物，以免喷嘴堵塞。

（2）溢水管：底池通过溢水器与溢水管相连，以排除水池中维持一定水位后多余的水。在溢水器的喇叭口上有水封罩可将喷水室内、外空气隔绝，防止喷水室内产生异味。

（3）补水管：当用循环水对空气进行绝热加湿时，底池中的水量将逐渐减少，泄漏等原因也可能引起水位降低。为了保持底池水面高度一定，且略低于溢水口，需设补水管并经浮球阀自动补水。

（4）泄水管：为了检修、清洗和防冻等目的，在底池的底部需设泄水管，以便在要泄水时，将池内的水全部泄至下水道。

为了观察和检修的方便，喷水室应有防水照明灯和密闭检查门。

喷嘴是喷水室的最重要部件。我国曾广泛使用 Y-1 型离心喷嘴。近年来，国内研制出几种新型喷嘴，如 BTL-1 型、PY-1 型、FL 型、FKT 型等。

挡水板是影响喷水室处理空气效果的又一重要部件。它由多折的或波浪形的平行板组成。当夹带水滴的空气通过挡水板的曲折通道时，由于惯性作用，水滴就会与挡水板表面发生碰撞，并聚集在挡水板表面上形成水膜，然后沿挡水板下流到底池。

用镀锌钢板或玻璃条加工而成的多折形挡水板由于其阻力较大、易损坏已较少使用。而用各种塑料板制成的波形和蛇形挡水板，阻力较小且挡水效果较好。

喷水室有卧式和立式；单级和双级；低速和高速之分。此外，在工程上还使用带旁通和带填料层的喷水室。立式喷水室见图 3-100 (b)。

立式喷水室的特点是占地面积小，空气流动自下而上，喷水由上而下，因此空气与水的热湿交换效果更好，一般是在处理风量小或空调机房层高允许的地方采用。

双级喷水室能够使水重复使用，因而水的温升大、水量小，在使空气得到较大焓降的同时节省了水量。因此，它更宜用在使用自然界冷水或空气焓降要求大的地方。双级喷水室的缺点是占地面积大，水系统复杂。

一般低速喷水室内空气流速为 $2\sim3m/s$，而高速喷水室内空气流速更高。喷水室中的喷嘴密度为 13~24 个/(m^2·排) 为宜，水压不宜大于 0.25MPa，根据喷嘴直径不同可实现细喷、中喷和粗喷。在工程上多采用双排对喷。为了节省水可以采用双级喷水室。空气先经第一级，再经第二级，冷水进入第二级先喷淋，之后用泵从水池中抽出，在第一级中喷淋，使空气有较大温降和焓降，水有很大的温升。在某些场合为减小喷水室尺寸，可提高风速（$3.5\sim6.5m/s$）可采用高速喷水室。

2. 表面式换热器

表面式换热器在工程中广泛使用，结构简单、占地少，水质要求不高，水系统阻力小。其结构由管子和肋片构成。它可分为表面式加热器和表面式冷却器。前者可用蒸汽和热水做热媒，后者以冷水和制冷剂作冷媒。

除上述加热方法外，在风口处还可以利用管状电热元件对空气进行加热处理。

3. 空气加湿设备

空气的加湿可在空气处理室或送风道内对送入房间的空气进行加湿；也可对房间内空气局部加湿。

加湿设备分两类：等温加湿类和等焓加湿类的设备。

（1）等温加湿类设备

1）蒸汽喷管和干式蒸汽加湿器见图 3-101，它是利用外界热源产生蒸汽，然后将蒸汽混到空气中去，其过程为等温加湿过程。

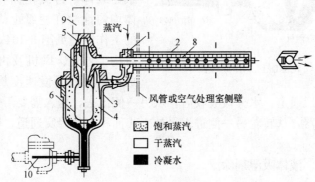

图 3-101　干式蒸汽加湿器

1—接管；2—外套；3—挡板；4—分离室；5—阀孔；
6—干燥室；7—消声腔；8—喷管；9—电动或
气动执行机构；10—疏水器

2）电热式加湿器见图 3-102，把管状电热元件置于水中，通电后使水产生蒸汽。用浮球阀控制补水，水用蒸馏水。加热量的大小决定于水温和水表面积。

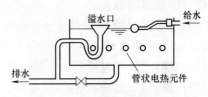

图 3-102　电热式加湿器

3）电极式加湿器见图 3-103，它利用三根铜棒或不锈钢棒插入盛水容器中做电极。通电后，水为电阻并被加热成蒸汽。水位高，导电面积大，电流愈强，发出热量越大。蒸汽量可用水位调节。

（2）等焓加湿设备

湿帘加湿器是用特制的蒸发湿帘制成。它具有很大的水与空气接触的表面。1m³ 湿帘的交换面积约为 440～660m²，有相当强的吸湿能力，加湿器的加湿量，可用调节水量来控制。

其他这类装置还有压缩空气喷雾器、电动喷雾器、离心加湿器、超声波加湿器等。

4. 减湿设备

（1）冷冻减湿机（除湿机）

冷冻减湿机由制冷系统和风机组成。其

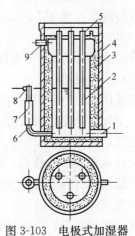

图 3-103　电极式加湿器

1—进水管；2—电极；3—保温层；4—外壳；5—接线柱；
6—溢水管；7—橡皮短管；8—溢水嘴；9—蒸汽出口

原理是将蒸发温度降到空气露点温度以下，使空气经过它时将空气中的水汽凝结析出，为不降低除湿后的空气温度，可利用冷凝器来提高其温度。除湿机宜用于减湿和同时要求加热的场合。

(2) 氯化锂转轮除湿机

它是利用一种特殊的吸湿纸来吸收空气中的水分。吸湿纸是以玻璃纤维滤纸为载体，将氯化锂和保护加强剂等液体均匀地涂在滤纸上烘干而成。除湿机的工作原理见图3-104。它由转轮、传动机构、外壳、风机及再生用的电热器组成。转轮以缓慢速度旋转，潮湿空气进入3/4面积的蜂窝形通道，水分被吸收后，从另一侧出去，送入需要干燥的房间。再生空气经过滤器、加热器，从转轮另一侧进入另外1/4面积上的蜂窝通道，带走吸湿剂中的水分，排往室外。

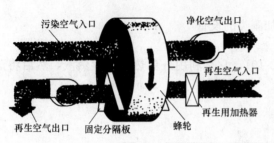

图3-104 转轮除湿机工作原理图

此外还有固体，液体吸湿剂除湿。

5. 空气过滤器

空气过滤器的作用是净化空气，满足室内的要求。常用过滤器有四大类。

(1) 初效过滤器

用于新风过滤，过滤粒径$>10\mu m$，滤料一般为中孔泡沫塑料。

(2) 中效过滤器

中效过滤器过滤颗粒径$1\sim 10\mu m$，滤料为细孔泡沫塑料或其他纤维滤料，如无纺布等。

(3) 亚高效空气过滤器

这种过滤器，过滤粒径小于$5\mu m$，采用棉短纤维或玻璃纤维纸制作的过滤器及静电过滤器等。

(4) 高效空气过滤器

它可以过滤尘径小于$1\mu m$，用玻璃纤维纸和合成纤维纸制作的过滤器。

6. 通风机

工程中用的通风机，可分为离心式，轴流式和贯流式3种。它是输送空气的动力装置。

(1) 离心式通风机

离心式通风机在空调中用得最多。以叶片的形式有后向式和前向式之区分。后向式的离心风机，空气与叶片之间撞击小，能量损失小，效率高，为目前大、中型空调所采用。前向式叶轮较后向式的能量损失较大，效率低。当两者叶轮直径相等，转速也相同时，前向式风压比后向式大。要获得相同风量风压时，前向式的圆周速度小，因此叶轮外径较小，转速可低些，有利于减小噪声，缩小风机体积，主要用于小型空调设备。

(2) 轴流式通风机

在轴流式通风机中，空气沿轴向流过风机，叶轮装在圆形风筒内，另外有钟罩形的入口来避免进风的突然收缩。采用机翼型的扭曲叶片，调整叶片安装角度，有助于提高空气的动力性能和效率，减少噪声。和离心式通风机相比，它具有风量大、风压小的特点。

(3) 贯流式通风机

目前仅用于风机盘管等设备中。

空调中通风机的性能指标有风量、风压（指总压头，它包括动压和静压）、有效功率和全压效率（通风机的有效功率与输入功率之比）。

7. 空调（空气处理）机组与新风机组

空调机组和新风机组可根据不同的空调要求，由不同的功能段组合成各种不同用途的组合式空调机组、恒温恒湿机组、变风量空调机组和新风机组等，如图3-105、图3-106所示。

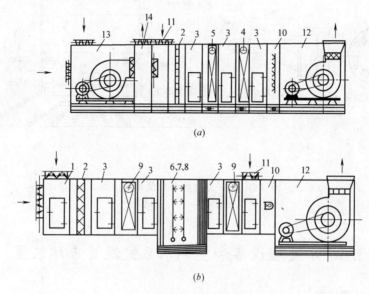

图3-105　空调机组
(a) 组合示例；(b) 组合示例
1—新回风混合段；2—初效中效过滤段；3—中间段；4—翅片加热段；
5—水表冷段；6—单级两排喷淋段；7—单级三排喷淋段；8—双级四
排喷淋段；9—光管加热段；10—干蒸汽加湿段；11—二次回风段；
12—送风机段；13—回风机段；14—排风段

空调机组主要功能段有：(1) 新回风混合段；(2) 初效、中效过滤段；(3) 中间段；(4) 翅片加热段；(5) 水表冷段；(6) 单级两排喷淋段；(7) 单级三排喷淋段；(8) 双级四排喷淋段；(9) 光管加热段；(10) 干蒸气加湿段；(11) 二次回风段；(12) 送风机段；(13) 回风机段；(14) 外接风机段；(15) 新风段；(16) 回风段；(17) 送风段；(18) 排风段；(19) 消声段。

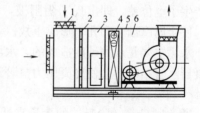

图3-106　新风机组
1—新风段；2—粗效中效过滤段；3—中间段；
4—翅片加热段；5—水表冷段；6—送风机段

3.4.2　空调风系统及其末端装置

空调风系统由送风管（主管、支管）经静压箱、风阀管件分配，将空调机组处理好的空气通过送风口（空调风系统末端装置，如百叶风口、条缝形风口、喷嘴、散流器等各种送风口）送入空调房间，再由回风管将气流引回

155

空调机组重新处理或由排风管排至室外，引入新风、维持房间正压和舒适空调环境，如图 3-107 所示。

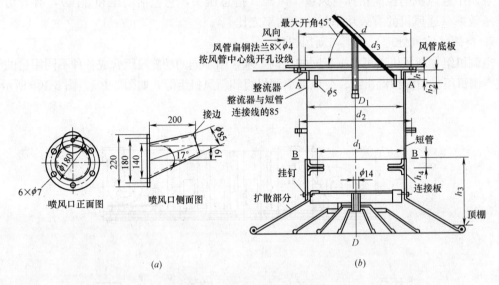

图 3-107 部分空调风系统末端设备
(a) 喷风口；(b) 散流器

3.5 水处理设备和空调水系统及其末端装置

3.5.1 水处理设备

1. 冷却水系统中的问题和水质

冷却水系统中最大的问题是腐蚀和水垢。腐蚀一般分为化学反应腐蚀和电化学反应腐蚀两种，后者是主要的。

电化学反应腐蚀是指有电子转移的化学腐蚀，它包括氧化（阳极）和还原（阴极）反应，由于金属材料的材质不匀和表面粗糙不平，在不同材质和不同部位形成了不同的电位而产生了电位差，即出现了阴阳极，传递电子，形成电路，从而在表面上出现电化学反应，使金属腐蚀、穿孔，形成事故。

水垢主要是水的硬度造成的，水垢的导热性很差，其导热系数只有钢的 1/50～1/30，冷凝器水管结垢后会使冷凝压力显著升高，并使压缩机超压停机，使制冷机制冷量下降到 50%～70%。

通常以 Ca^{2+} 和 Mg^{2+} 的含量来计算水的硬度，并作为水质的一个指标。一般将水中所含钙、镁离子的总量称为水的总硬度。我国的水硬度表示为 1mL/L。1mL/L 的硬度等于 28mg/L 的 CaO 或者 50mg/L 的 $CaCO_3$。有的国家用"度"来表示硬度，如 10mg/L 的 CaO 称为德国硬度，10mg/L 的 $CaCO_3$ 称为法国度。而德国和法国度在我国已不采用。水中钙、镁的碳酸盐含量称为碳酸盐硬度，它们在水煮沸后很容易从水中析出，又称暂时硬度。非碳酸盐硬度是钙和镁的硫酸盐及氯化物，用煮沸方法不能从水中析出沉淀，这种硬度亦称永久硬度。硬水在 40℃ 以上时，由于钙、镁的碳酸式碳酸盐分解使碳酸盐析出成水垢。纯水的pH值为7。小于7为酸性，大于7为碱性，pH值在6.5~8为中性水。

水中的微生物是非常有害的。微生物主要有藻类、细菌、真菌。冷却塔是藻类生长的最好环境。微生物的危害表现在产生污泥和沉积物，它还是一种胶粘剂。当出现丝缕状粘滑的污泥，说明微生物腐蚀严重。冷却塔水的污染是军团病等空调病发生的主要原因之一。

冷却水和补水水质的主要要求见表3-4。

水质要求　　　　　　　　　　　　　　　　　　　表3-4

项 目	单 位	基 准 值	
		冷却水	补水
酸碱度 pH(25℃)		6.5~8	6.5~8
电导率(25℃)	μS/cm	<800	<200
氯离子 Cl^-	mg/L	<200	<50
硫酸根离子 SO_4^{2-}	mg/L	<200	<50
酸耗量(pH4~8)	mg/L	<100	<50
全硬度 $CaCO_3$	mg/L	<200	<50

2. 水质处理及水处理设备

(1) 离子交换水处理

离子交换处理可以降低制冷、空调中用的原水（生水即未软化的水）硬度和碱度，以达到用水水质的要求，如图3-108所示。

阳离子型的离子交换剂是由阳离子（如钠离子Na^+）和复合阴离子根（用R表示）组成。Na^+与水中Ca^{2+}和Mg^{2+}交换反应，结果Na^+转入水中，使原水由硬水变成软水，Ca^{2+}和Mg^{2+}被吸附在交换剂上。它可用钠盐还原，重复使用。但钠离子只能软化水，而不能除碱。离子交换剂常用的有磺化媒和合成树脂。

为了除碱，可用氢—钠，铵—钠系统降低水的碱度。氢离子交换软化、除钙的原理，是将离子交换剂用酸溶液去还原，变成氢离子交换剂HR。原水流经氢离子交换剂后，水中的钙、镁离子被置换。例如，让碳酸盐硬度的水经HR变成水和二氧化碳，它不仅

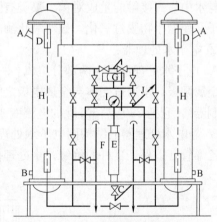

图3-108 新型钠离子交换器
A—加料口；B—出料口；C—进水口；D—观察窗；
E—流量计；F—盐箱；G—报警器；
H—交换柱；I—压力表；J—出水口

消除硬度，同时降低了水的碱度和盐分。常用的水处理设备有逆流式固定床离子交换设备。

(2) 磁化水处理

1) 磁化水处理的原理：磁化法属物理水处理原理如下：水及其溶液是多相系统，极性很强或含较多的离子。它们以一定的速度流经磁场垂直切割磁力线，使大小分子链变成

单分子或双分子水，离子受到劳伦兹力的作用做圆周运动，流经非均匀磁场，像带电粒子在交变磁场中活动，产生感应电流，因为水有很大的内聚力，使水中固体粒子细化，溶解在水中不析出，同时水磁化后产生大量氢离子，其中氢离子水合物与管道、设备壁面电荷相吸，形成一层保护膜，使氧、氯等离子不与管内壁接触，起到防护作用。如果设备和管道已结垢，则与垢上电荷结合，即通过磁场带电粒子与垢表面电荷相撞产生高压放电，把垢粉碎，细化并溶于水中，沉降的粒子从排污口排出。

2) 磁水器：磁水器是永久磁铁，使用时把它放在水泵出口处的水管周围，离设备约5m，在它们之间最好安装1~2个单向阀，在补水处也设磁水器。磁水器的磁场强度通过导磁板使磁场能力集中，达约3000Oe（奥斯特）。它和铁磁性金属闭合后，加到管壁内部磁场强度约10000Oe以上。水通过这段管子得到了处理。其优点是体积小、质量轻、用单体或多体组合使用，在运行时就可安装。磁化了的水不应超过72h，以免磁力衰退。

(3) 电子水处理

① 电子水处理的原理：电子水处理是改变水的物理结构，达到防垢、除垢，杀菌灭藻的功能，而且不污染环境。电子水处理的工作原理，采用集成电路，利用高频振荡产生交变电场作用于水，使链状的水分子变成单个水分子。水分子在电场作用下定向地按正、负极顺序排列。水中溶解盐类的正负离子被单个水分子包围，并按正、负顺序整齐地排列在水的偶极子群中，使它不能自由运动，降低了速度和彼此间的有效碰撞，使器壁上的水垢不易生成。此外，由于水分子偶极矩的增大，使它与盐的正、负离子的水合能力增大，使管壁上的水垢加快在水中溶解，水垢变软、脱落，具有防垢、除垢的效果。单个水分子充分与水中氧气接触能生成对菌、藻类有强烈抑制和消灭作用的双氧水，它具有损伤生物大分子，使微生物膜过氧化，破坏氧化酶的作用，达到杀菌灭藻的效果。

② 电子水处理器：

A. 电子水处理器是由两部分组成，一部分为水处理器，壳体为阴极，壳体中心装有一根金属阳极，水通过壳体与金属电极之间再流入用水设备，另一部分为电源（电子水处理控制器），它把220V、50Hz的电流变成低压直流电，使在水处理器中产生电子场。

B. 静电水处理器的结构同电子水处理器，不同的是壳体中心的阳极蕊芯棒外面套有四氟乙烯管，以保证良好的绝缘。水处理控制器的高压发生器产生高压静电。它适用于水

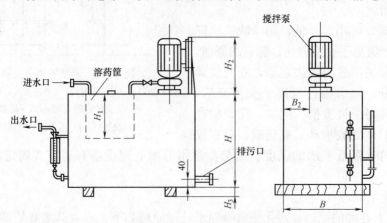

图3-109 JY型加药设备

温≤80℃，总硬度<550mg/L，最大工作压力<1.6MPa，水中固体颗粒或悬浮物含量较高的情况。

（4）加药设备水处理（图3-109）

（5）软水器处理（图3-110）

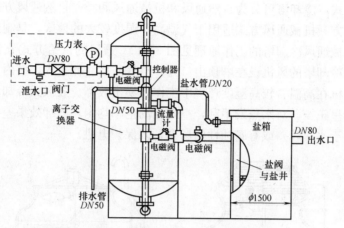

图3-110　182/440与182/480单罐软水器

（6）板式换热器换热设备（图3-111）

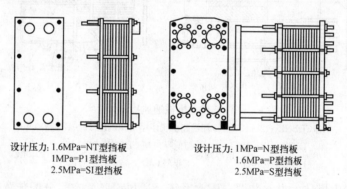

图3-111　板式换热器

1）工作压力：最大3MPa（426PSI）；工作温度：最高225℃；最低-195℃；测试压力：4.5MPa（639PSI）。

2）板片及接管采用不锈钢材料316，烧焊采用99.9％纯铜。根据不同用途可选用其他板片（如不锈钢材3.4；哈氏合金；钛钯合金；SMO254；LNCOLOY；钛；镍）；不同温度选用不同材料的垫片（如NBR/110℃；EPDM/150℃；VITON/190℃；PTFE/265℃）。

3.5.2　冷却塔和水泵

在制冷和空调系统中，冷凝器还是大多数采用水冷冷凝，在吸收式制冷中吸收器内也用水冷却。冷却水使用后，一般温升3～5℃，甚至8℃，使用后的水排放掉是一个浪费。目前我国很多地区严重缺水，所以采用冷却水循环系统。

在水循环系统中最主要的设备为冷却塔和水泵。

1. 冷却塔

冷却塔的冷却原理：一是冷却水与空气接触时，当水温高于空气温度时，利用导热使水降温；另一个是水蒸发时吸收水的潜热，使水降温。所以水在冷却塔中冷却是一个传热、传质的过程。对于30℃的水，水蒸发量1%，可使水降温5℃。冷却水因蒸发而损失的水，一般只占冷却水量的1%～5%。在夏季水蒸发冷却的热负荷约占总热负荷的90%左右，冬季因环境温度低只占总热负荷的30%～50%。

根据通风方式，冷却塔可分为自然通风和机械通风两类。自然通风方式常用于电厂等冷却水量大的地方。机械通风方式适用于气温高、湿度较大的地区，是制冷空调中常用的水冷却设备。机械通风冷却塔的工作原理见图3-112。通风的供给方式分为抽风式和鼓风式两类。抽风式冷却塔的风机设在塔顶出口处，空气从塔底侧进入，塔内呈负压，有利于水的蒸发，但风机在高温、较高湿度环境中工作，易出故障。鼓风式冷却塔的风机安装在塔下侧面，塔内呈正压，对水蒸发不利，空气流动也不均匀，冷却效果差些，风机工作环境可改善，宜用于水质较差或有腐蚀性的场合，以保护电机。

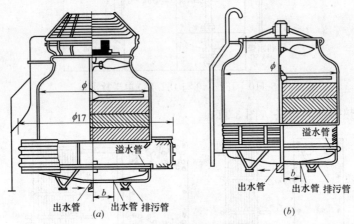

图 3-112 机械通风冷却塔

(a) CDBNL₃-12～125 型冷却塔超低噪声型 CDBNL₃-12～125 型冷却塔
    DBNL₃-12～125   超低噪声型 CDBNL₃-12～125
(b)   型冷却塔   型冷却塔
    DBNL₃-70～80   工业型 GBNL₃-70～80

冷却塔一般由塔体、淋水装置、配水系统、通风设备、空气分配装置、通风筒、收水器、集水池等组成。

(1) 塔体是冷却塔的外围护结构。

(2) 淋水装置又称填料，其作用是将热水分离成细水滴或薄水膜，增加水和空气接触，是冷却塔重要部分，它有点滴式、薄膜式和点滴薄膜三种。

(3) 配水系统是尽可能地把热水均匀分布到整个淋水装置中，以获得最佳冷却效果。它可分为固定式和旋转式。其中旋转配水系统在制冷冷却塔中常用。它是由固定的轴及轴上可转动配水管组成。水经设在轴中的管子进入配水管，并由配水管上的圆孔或条形孔喷出，借助水流喷出时形成的反作用力，绕轴心朝水流反方向旋转，使水均匀地周期地落到填料各处。周期性配水，有利于空气流动和热交换。冷却塔的冷却效果随空气温度和相对湿度而变化。冷却水的温度一般高于湿球温度，湿球温度为冷却塔的极限温度。

2. 水泵

空调中常用的水泵都为离心式水泵。

离心泵的类型较多，但作用和原理基本相同，它们的主要部件有：

(1) 叶轮　清水泵都采用闭式叶轮（设有前后盘）且多为后向叶型。

(2) 吸入室　其结构形状对泵吸入性能影响最大，常用锥度为7°～18°的锥体管式。

(3) 机壳　其作用是收集液体，使流体部分的动能转为压力能，最后将流体均匀地导向排出口。

(4) 密封环　其作用是减少机壳内高压区泄漏到低压区的液体量。通常在泵体和叶轮上分别安设密封环（减漏装置）。由于密封环的动环和定环易磨损，故应定期检查或更换。

(5) 轴封　轴封的作用是防止流体渗漏到泵外，也防止空气浸入泵内。常用的轴封有填料轴封、骨架橡胶轴封、机械轴封与浮动环轴封等。填料轴封机构中用的填料常为浸透石墨或黄油的棉织物（或石棉）等。填料应用压盖调节其松紧度，允许其填料以每分钟20～50滴速率向外渗漏为宜。

(6) 轴向力平衡装置　由于叶轮两侧流体压强不平衡，将使泵轴和叶轮窜动而使部件损伤而采用。

水泵的性能：

水泵的流速与转速成正比；扬程与转速平方成正比；功率与转速的立方成正比。

3.5.3　空调水系统及其末端装置

空调水系统由冷却塔、冷凝循环水泵、水池、冷水机组、冷冻水泵、膨胀水箱、水质处理设备、水换热设备、经水管、水阀等管件分配至风机盘管或诱导器（空调水系统末端装置），一般加新风机组将处理的送风状态点的空气送入空调房间，维持房间正压和舒适的环境。图3-113为空调水系统末端装置风机盘管。

风机盘管由表冷器、风扇、冷凝水盘、挡水板和壳体组成。有卧式和立式及吊顶式，明装和暗装等之分。图3-114为空调水系统用膨胀水箱。

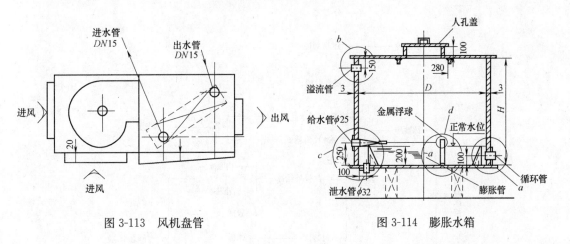

图3-113　风机盘管　　　　　　图3-114　膨胀水箱

3.6　空调蓄冷设备

3.6.1　空调蓄冷方式

蓄冷空调是利用电力低谷时段贮存能量，而在峰值时段释放能量，实现"移峰填谷"。

主要有水蓄冷、冰蓄冷和共晶盐蓄冷三种方式。[详见参考文献 13]。

1. 水蓄冷

水蓄冷是显热蓄冷，水的比热为 4.18kJ/(kg·℃)。冷冻水一般贮存的温度为 4～7℃，该温度适合于大多数常规冷水机组能直接制取。水蓄冷的容量大小取决于蓄水贮槽的供、回水温差（5～11℃）。同时受供、回水流温度分层间隔程度的影响，通常当冷水温度差为 11℃时，实际最小蓄冷体积为 $0.086m^3/kWh$。

2. 冰蓄冷

冰蓄冷是潜热蓄冷，水从液态变成固态冰的过程，是在温度为冰点 0℃条件下，释放一定的热量（即从外界获得一定的冷量）而发生相变成冰。而当冰融化成水的过程是释冷过程，必须从外界获取一定的热量，在温度保持不变的情况下相变成水。水的结冰或融化潜热为 335kJ/kg（$93.06kWh/m^3$）。

制冰有两种办法（即提供 -9～-3℃ 的传热液），一是用于直接蒸发制冰的制冷剂，如氨、氟利昂等；二是采用间接制冷的载冷剂，如乙二醇水溶液及盐溶液。后者常用于蓄冷空调。

蓄冷容量取决于冰对于水的最终占有比例，蓄冷体积一般为 $0.02～0.03m^3/kWh$，可制取 1～3℃的低温水。

3. 共晶盐蓄冷

共晶盐蓄冷是潜热蓄冷。共晶盐称优态盐（eutectic salt）。共晶盐相变材料可由不同的配方组成，它们在不同的选择温度条件下结冰或融化。在空调蓄冷工程中较常用的共晶盐配方是为一种无机盐、水和成核剂、稳定剂的混合物，它在 8.3℃时结冰和溶解。将这种溶液封装在球形或长方形的塑料容器中，并堆积在有载冷剂（或冷冻水）循环通过的贮槽内组成蓄冷装置。共晶盐应具有融化潜热量大，导热系数高、比重大和无毒、无腐蚀性等特性。蓄冷体积为 $0.048m^3/kWh$。

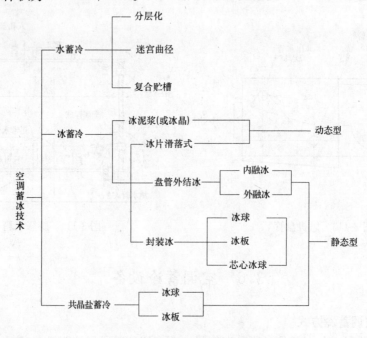

图 3-115　空调蓄冷技术分类

3.6.2 蓄冷技术

常用空调蓄冷技术大致可分为下述类型，如图 3-115 所示。

1. 水蓄冷技术

水蓄冷系统的贮槽结构和配管方案有：
（1）分层化；
（2）迷宫曲径与挡板；
（3）复合贮槽；
（4）隔膜或隔板。

2. 盘管外结冰（冰蓄冷）

盘管外结冰是空调工程中常用的一种冰蓄冷方式，其原理是由沉浸在充满水的贮槽中的金属或塑料盘管作为蓄冷介质—水、冰和载冷剂的换热表面。在蓄冷装置充冷时，制冷剂或乙二醇水溶液在盘管内循环，吸收贮槽中水的热量，直至盘管外形成冰层。

（1）盘管外融冰（冰蓄冷）

盘管外融冰方式是由温度较高的回水或载冷剂，直接进入结满冰的盘管外贮槽内循环流动，使盘管外表面的冰层自外向内逐渐融化。盘管外融冰（冰蓄冷）如图 3-116、图 3-117 所示。

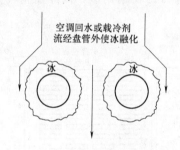

图 3-116　外融冰释冷过程示意图

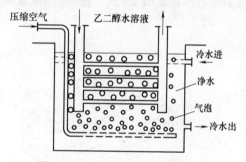

图 3-117　外融冰蓄冷贮槽原理图

（2）盘管内融冰（冰蓄冷）

盘管内融冰方式是由来自用户温度较高的载冷剂（乙二醇水溶液）仍在盘管内循环，通过管壁将热量传给冰层，使盘管表面的冰层自内向外融化，使载冷剂冷却到需要的温度，以供应外界负荷所需的冷量。盘管内融冰（冰蓄冷）如图 3-118、图 3-119 所示。

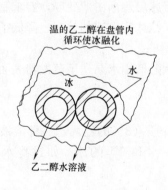

图 3-118　内融冰释冷过程示意图

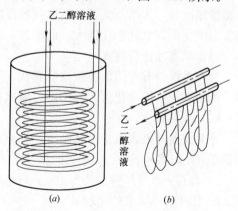

图 3-119　内融冰盘管结构示意图
（*a*）圆筒形盘管；（*b*）U 形盘管

3. 封装冰（冰蓄冷）

封装冰蓄冷是将封闭在一定形状的塑料容器内的水制成固态冰的过程。按容器的形状分别有球形、板形和椭圆形。容器沉浸在充满乙二醇溶液的贮槽内，容器内的水随着乙二醇的温度变化进行结冰或融冰。封装冰（冰蓄冷）如图 3-120、图 3-121 所示。

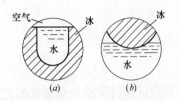

图 3-120 冰球结冰、融冰过程示意图
(a) 结冰；(b) 融冰

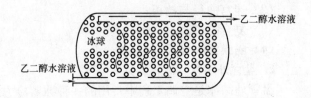

图 3-121 封装冰蓄冷贮槽原理图

4. 共晶盐

共晶盐是一种相变材料，将其封装在塑料容器内，沉浸在充满空调循环水的贮槽中。随着循环水温度的变化，共晶盐结冰或融化，其过程与封装冰相似。共晶盐蓄冷如图 3-122、图 3-123 所示。

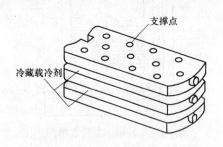

图 3-122 堆积的共晶盐蓄冷容器示意图

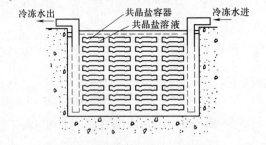

图 3-123 共晶盐蓄冷贮槽示意图

5. 其他蓄冷技术

其他蓄冷技术包括动态冰片滑落式和冰晶式等。与前述几种静态结冰方式相比，前者在蓄冷结冰时，无论是盘管外结冰或容器内结冰，由于冰层逐渐由薄变厚，要求制冷机的蒸发温度变低，电耗也就越大。而动态制冷技术提高了结冰和融冰的效率，降低了能耗。

（1）动态冰片滑落式

制冷系统设有专门的板状（或管状）蒸发器，水从贮槽用水泵送至蒸发器表面冻结成冰，冰层被周期性融化落入贮槽内，融冰速率快。

（2）冰晶式

冰晶式蓄冷方式也是动态制冰，其原理是将蓄冷介质（8%的乙烯乙二醇溶液）冷却到低于 0℃，将过冷的水送至贮槽中，分离为 0℃的水和 0℃的冰；如过冷水温度为 $-2℃$，即可产生 2.5% 直径为 $100\mu m$ 的冰晶。

6. 几种蓄冷技术的比较

简单介绍了水蓄冷和冰蓄冷，其中冰蓄冷又有外融冰，内融冰，封装冰和动态制冰等不同技术，其特性各有差异，参见表 3-5。

几种蓄冷技术的主要特性 表3-5

蓄冷方式 项目	冷冻水	封装冰	外融冰	内融冰	动态冰片滑落	共晶盐
贮槽体积(m^3/kWh)	0.089～0.169	0.019～0.023	0.023	0.019～0.023	0.024～0.027	0.048
充冷温度(℃)	4～6	－6～－3	－9～－4	－6～－3	－9～－4	4～6
释冷温度(℃)	高出充冷温度0.5～2℃	1～3或大于3	1～2或大于2	1～3或大于3	1～2	9～10
贮槽结构	开式,钢,混凝土	闭式或开式,钢或混凝土	开式混凝土,钢	闭式或开式,钢,玻璃钢,混凝土	开式混凝土,钢,玻璃钢	开式混凝土,钢,玻璃钢
制冷机种类	标准冷水机组	双工况冷水机组	直接蒸发式制冷或双工况冷水机组	双工况冷水机组	分装式或组装式制冷机组	标准冷水机组
制冷机充冷工况的COP值	5～5.9	2.9～4.1	2.5～4.1	2.9～4.1	2.7～3.7	5～5.9
释冷流体	水	乙二醇溶液	水	乙二醇溶液	水	水
主要特点	使用常规冷水机组,贮槽可与消防水池结合	贮槽结构形状可灵活设置	较高的释冷速率	标准化蓄冷装置适用于各种规模	释冷速率较快高	用常规冷水机组

注：释冷温度是在额定的蓄冷容量条件下，从蓄冷介质可能获得的最低温度，实际运行温度可能较高，该温度与蓄冷装置的释冷速率有关。

3.6.3 空调冰蓄冷及蓄冷设备

空调蓄冷工程中应用冰蓄冷技术的种类及各自的特性均有更适合于各自应用的场合。目前，应用较多的是内融冰蓄冷系统及封装冰蓄冷系统。

1. 内融冰蓄冷及蓄冷设备

（1）蛇形盘管式蓄冷装置

盘管组合结构见图3-124。按长度 L 不同可制成多种容量规格的蓄冷装置。

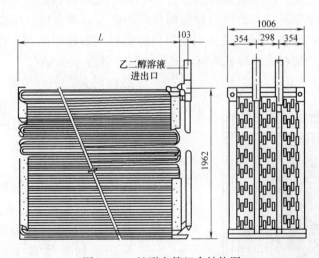

图3-124 蛇形盘管组合结构图

盘管为钢制连续卷焊而成，装配后进行整装外表面热镀锌。为提高传热效率，相邻两组盘管的流向相反，使充冷和释冷时温度均匀。标准型号（TSU型）蓄冷装置有三种规格，蓄冷容量分别为833kWh，1674kWh和2676kWh；贮槽体积为0.021m³/kWh。

该装置一般使用25%（质量比）乙烯乙二醇水溶液，充冷时进液温度为-5.6℃，释冷时出口温度为0.1℃。

(2) 圆筒形盘管式蓄冷装置

Calmac蓄冷装置又称高灵蓄冰筒，盘管为聚乙烯材质，外径16mm，结冰厚度一般为12mm，其结构如图3-125所示。相邻两组盘管内，载冷剂进出口流向相反，有利于改善和提高传热效率，并使贮槽内温度均匀。在充冷末期贮槽内的水基本全部冻结成冰，因此，称为完全冻结式蓄冷装置。标准系列产品规格有5种，潜热蓄冷容量为288～570kWh。

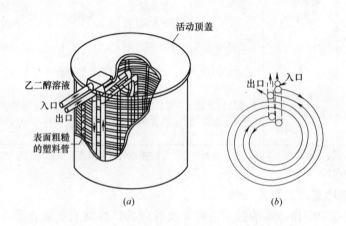

图3-125 圆筒形蓄冷装置结构图
(a) 结构示意；(b) 盘管内溶液流向

该装置配套供应制冷机组、配管及控制系统，运输、安装、操作方便，适合于中、小型空调蓄冷系统的需要。制冷机制冷能力为84kWh，充冷时提供-3.3℃的乙二醇溶液，工作10h使贮槽完全结冰。释冷时根据空调负荷的要求，调节出口温度在1.1～3.3℃之间。非标蓄冷装置可提供现场组装。当使用风冷螺杆式制冷机组时，机组最大制冷量为915kW，当使用水冷螺杆式制冷机组时，其最大制冷量为1900kW。

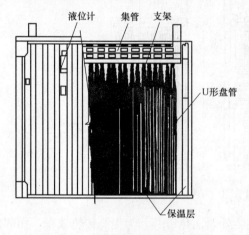

图3-126 U形盘管在贮槽内结构图

载冷剂为25%（质量比）的乙烯乙二醇水溶液。当充冷时，进出盘管的温度通常为-4/-0.5℃，当出口温度低于-2.2℃时，贮槽已完全结冰。释冷时，盘管出口温度一般在0～7℃之间。

(3) U形盘管蓄冷装置

盘管材料为耐高、低温的聚烯烃石蜡脂，分片组合成型，结构如图3-126所示。

标准系列型号有140、280、420、590四种。其潜热蓄冷容量为440～1758kWh。贮槽体积为0.018m³/kWh。

非标盘管适应不同建筑结构场合，如利

用建筑物的地下室或基础筏基,其型号为 HXR 型,共有 8 种规格。每一片盘管组由 200 根的中空塑料管组成。每片潜热蓄冷容量为 30.2~74.2kWh。通常以 12 片为一组,布置在钢筋混凝土贮槽或筏基内。

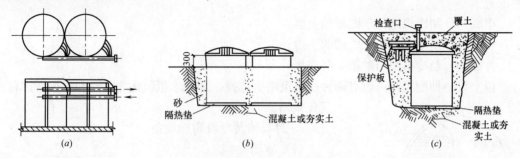

图 3-127 圆筒形贮槽的几种布置方式
(a) 地面上;(b) 半埋地;(c) 埋地

该装置使用 25%(质量比)的乙烯乙二醇水溶液。当充冷时,进出盘管的溶液温度为 -4.8/-1.2℃,释冷时溶液温度通常为 5/10℃。

(4) 蓄冷贮槽的结构和布置

内融冰蓄冷装置的贮槽结构形状分为圆筒形和矩形。标准的组装式贮槽的材料有镀锌钢板、玻璃钢或高密度聚乙烯等。非标准的贮槽一般为钢筋混凝土结构。

图 3-127 表示圆筒形贮槽的几种布置方式。对利用建筑物或地下室或筏基的贮槽,应留有足够的安装和维修空间。

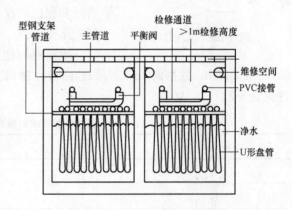

图 3-128 U 形盘管在混凝土贮槽安装示意图

图 3-128 表示 U 形盘管在钢筋混凝土贮槽内安装的示意图。

(5) 几种内融冰蓄冷装置性能特点

内融冰蓄冷装置的性能见表 3-6。

几种标准型号的内融冰蓄冷装置的性能   表 3-6

性能	单位	蛇形盘管	圆筒形盘管	U 形盘管
蓄冷能力	kWh/台	833~2676	288~570	448~1758
盘管材质		钢	塑料	塑料
盘管外径	mm	~27	~16	~6.5
传热面积	m²/kWh	0.137	0.511	0.449
贮槽材质		钢	塑料	钢
贮槽体积	m³/kWh	0.201	0.019	0.018
乙二醇溶液量	kg/kWh	0.284	1.024	0.625
盘管内工作压力	MPa	1.05	0.6	0.62
压降	kPa	~75	~115	~75
装置质量	kg/kWh	~2.56	1.24	~1.65

(6) 内融冰蓄冷系统的流程配置

内融冰蓄冷系统中依据制冷机组和蓄冰装置在系统中的连接方式不同，一般可分为三种配置。

串联——制冷机组位于贮槽的上游；

串联——制冷机组位于贮槽的下游；

并联——制冷机组与贮槽并联连接。

以上每一种配置都可以有两种控制策略供选择，即冷水机组优先策略和贮槽融冰释冷优先策略。

2. 封装冰蓄冷及蓄冷设备

(1) 冰球

冰球外壳材料按欧洲和美国食品工业用塑料标准要求的高密度聚乙烯（HDPE），用吹塑法制成壁厚为2mm的球形容器。去离子水和成核添加剂的注入，以及球的密封和测试均在工厂自动生产线上完成。其结构如图3-129所示。

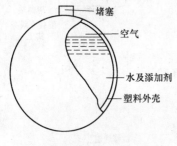

图 3-129 冰球结构图

水溶液的注入预留膨胀空间约9%，换热表面积为 $0.745m^2/kWh$，贮槽内 $1m^3$ 可堆放1300个冰球，贮槽体积为 $0.012m^3/kWh$。其技术特性见表3-7。

C.00 型冰球的技术性能表　　　　　表 3-7

性能项目	单位	数值	备注
外壳			高密度聚乙烯（HDPE）
溶液			去离子水及添加剂
外径	mm	96.4	C.00 型
液重	g	400.7	平均值（球重560kg/m^3）
总体积	cm^3	469.1	结冰后为482.1
内容积（水溶液）	cm^3	413.1	
总热容 $\Delta t=20℃$	kJ/个	140.153	
潜热	kJ/个	133.43	
每 kWh 所需个数	个/kWh	25.69	
换热表面积	m^2/kWh	0.745	
贮槽体积	m^3/kWh	0.012	
$1m^3$ 空间堆放球数	个/m^3	1300	平均值
融点	℃	0	
过冷度	℃	-2.2	保证值为-2.5℃
最高工作压力	MPa	2.5	

(2) 冰板

容器为扁平板状,由高密度聚乙烯材料制成,板内注入去离子水(一般在现场充注),每个容器的潜热容量为 0.804kWh。冰板有秩序地安置在贮槽内,在贮槽两端安置尺寸较小的冰板(体积约为前者的 1/3),以合理利用贮槽的空间,冰板约占贮槽体积的 80%。贮槽体积为 0.0145m³/kWh。堆放的结构外形如图 3-130 所示。

(3) 芯心冰球

芯心冰球,又称芯心摺囊冰球,外壁由高弹性、高强度聚乙烯材料制成,摺皱结构有利于冰球的膨胀和收缩。芯心冰球有单金属芯心和双金属芯心两种,为提高传热效率,目前多用后者,其结构外形如图 3-131 所示。

球内充注 95% 去离子水和 5%ICAR 添加剂。双金属芯心是铝合金翅片管。冰球不会因结冰而上浮。其规格性能见表 3-8。

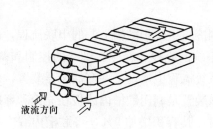

图 3-130 冰板堆放示意图

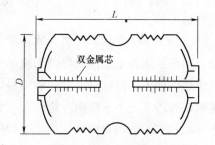

图 3-131 双金属芯心冰球结构示意图

双金属芯心冰球规格性能表　　　　　　　　　表 3-8

项　目	单　位	数　值	备　注
外形尺寸	cm	Φ13.0×L24.2±5%	1. 热容量包括显热和潜热; 2. 结冰速率在载冷剂温度 −5℃ 时,7h 内完成结冰量 95%; 3. 融冰速率在载冷剂温度 7℃ 时,6h 完成融冰量 95%; 4. 球内含 95% 去离子水,5% 冰室(ICAR 结冰添加剂)
容积	L	2.20±5%	
质量	kg	2.25±5%	
热容量	kWh/个	0.22±5%	
	kcal/个	190±5%	
冰容积比	IPF	>65%	
材质		PE 外壳	
芯心		中空双金属芯心和金属配重	
单位热容个数	个/kWh	4.55	
单位热容体积	m³/kWh	<2.13	

(4) 贮槽

用于封装冰的蓄冷贮槽通常为钢制、玻璃钢制或钢筋混凝土结构;可布置在室内或室外,也可埋地设在地下。钢制贮槽一般应用在密闭式压力系统,形状为圆柱形,根据安装方式不同,又分为卧式和立式两种。钢筋混凝土贮槽用在敞开式系统,为矩形结构。

贮槽内表面必须光滑、平整,以防止容器因移动而发生磨损。钢制贮槽应考虑防腐措施,外壁应有良好的隔热绝缘,包括贮槽的支座部分,以减少冷耗。

(5) 封装冰蓄冷系统的流程配置

封装冰蓄冷系统的流程可以是闭式或开式,一般宜采用闭式。因此流程配置方式的一般要求与内融冰蓄冷系统相同。代表性的产品流程分述如下。

1) 以 STL 产品为代表的冰球蓄冷系统:STL 蓄冷系统中制冷机组和贮槽可以并联流程,也可以串联流程配置。

① 并联流程。该系统制冷机组与蓄冷装置在流程中处于并联。当需联合供冷时,制冷机组与蓄冷装置并联供冷。

该流程可以按充冷,充冷并供冷,释冷,直供和联供等方式运行。

② 串联流程。蓄冷装置与制冷机串联,以一个循环泵维持流程内的流量和压力,供应空调所需的基本负荷。当充冷时,阀门 V_1 开启,V_2 关闭,乙二醇溶液全部经贮槽充冷。当供冷时,阀门 V_2 开启,V_1 关闭,三通阀开始调节,具体的控制方式按各运行及控制策略而异。

2) 以 Carrier 产品为代表的冰板蓄冷系统:制冷机组位于贮槽上游的串联流程,由一台综合循环泵维持系统内载冷剂的流量和压力。系统的充冷、释冷、供冷的控制和调节,不仅依据贮槽进出溶液温度变化的信号,而且在系统流程中增设了一套储量器装置,以直接显示在各种工况下系统内冷量贮存变化情况。该装置是利用贮槽内冰板在充冷和释冷时体积膨胀和收缩的物理特性;如当冰板完全结冰时,其容积增加9%,将贮槽内载冷剂压挤至顶部箱,再经溢流至储量器,通过储量器液位变化及计量泵回流溶液的流量参数,可较准确地测出贮槽内蓄冷量。

3. 其他蓄冷系统

其他蓄冷装置包括外融冰、共晶盐、冰片滑落式以及冰晶制取等蓄冷系统,分述如下。

(1) 外融冰蓄冷系统

生产35种不同容量的定型产品,每台蓄冷潜热容量为292~1266kWh。贮槽通常采用钢筋混凝土或钢结构。

外融冰蓄冷系统的主要技术指标

1) 贮槽体积　　　　　　　　　　　　　　　　　　0.023m³/kWh
2) 盘管传热面　　　　　　　　　　　　　　　　　　0.137m²/kWh
3) 充冷温度　　　　　　　　　　　　　　　　　　　−4~−9℃
4) 释冷温度　　　　　　　　　　　　　　　　　　　可低至1~2℃
5) 制冷机组类型　　　　　　　　　　　　　　　　　活塞式、螺杆式为主
6) 制冷机性能系数(COP值)　　　　　　　　　　　　2.5~4.1(充冷工况)
7) 释冷流体　　　　　　　　　　　　　　　　　　　30%乙二醇溶液或R22、R134a
8) 贮槽结构材料　　　　　　　　　　　　　　　　　钢或钢筋混凝土

(2) 共晶盐蓄冷系统

共晶盐蓄冷装置用蓄冷介质是以五水硫酸钠化合物为主的溶液,充注在高密度聚乙烯冰板容器内,其规格性能见表3-9。

T型共晶盐蓄冷容器性能表　　　　　　表3-9

项　目		单　位	T-41型	T-47型
融解潜热		kJ/kg	125.6	95.5
溶解温度		℃	5	8.3
每片溶解潜热		kJ/片	640	485
充冷温度		℃	1.5～4	5～7.5
释冷温度		℃	11～6	14～9
容器规格	每片外形尺寸	mm	410×203×44	
	每片质量	kg	5.6	
	每片容积	L	3.7	
	1kWh蓄冷所需片数	片	6	8

注：上述T-41型的应用开发正在进一步完善之中。

(3) 动态冰片滑落式蓄冷系统

成套设备包括制冷压缩机、冷凝器和蒸发器等，其规格容量每台为35～530kW。现场组装的带有水冷冷凝器的蓄冷装置容量可达1400kW。

(4) 冰晶式蓄冷系统

冰晶式蓄冷系统流程配置、充冷和释冷原理见图3-132。

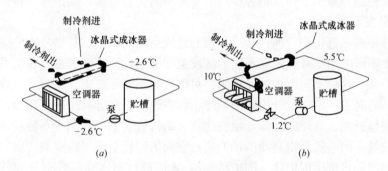

图3-132　冰晶式蓄冷系统流程配置、充冷和释冷原理图
(a) 充冷；(b) 释冷

3.7　其他设备

随着经济的日益发展和人民生活质量的提高，对制冷空调设备提出新的要求，不仅产品种类增多，而且质量也愈来愈完善。一些不断成熟起来的制冷空调设备层出不穷，出现节能冷库、健康空调等许多绿色、环保产品，要求空调能净化空气，新鲜环境，节约能源。燃气空调、水源热泵、空气源热泵等清洁、环保设备获得发展和普及。详见参考文献[8]。

由于科技的进步，促进洁净技术的发展，使尘粒控制尺度愈来愈小，高精度高效空气过滤产品不断涌现：有效的化学吸附和物理吸附及杀菌酵素过滤、光电子、光触媒净化技术对不同的有机气体、NO_x、NH_3、SO_x等酸性、腐蚀性、异味、有毒、有害气(汽)体、细菌及各种污染物质的净化十分有效，可以获得清洁空气。

第 4 章 制冷空调设备选用计算及设计安全要求

设计是有思想的，好的设计是一种创意，是升值劳动，不是照搬或重复劳动；设计又必须在确保安全的前提下按规范进行，才能做到经济、合理、美观、大方。制冷空调设计同样必须确保安全，严格遵循国家标准和相关设计规范，否则，就会出现设计隐患，可能造成人民生命和国家财产的严重损失。

4.1 设计依据与相关设计规范

4.1.1 设计依据

1. 制冷空调设计概念

制冷空调设计是选用性能匹配的主机与辅机，通过不同管线组合成不同用途及特性的制冷装置和空调系统，同时，与建筑、结构、给水排水、采暖通风、机械传送、电力电照、以及自动控制等多个工种紧密合作，不是简单的工艺连接，而是多学科研究的结晶。

2. 确定蒸发温度系统

提到设计依据，首先要弄明白制冷空调的建筑空间的用途。是做冷库？做滑冰场？还是做影剧院？不同的用途必须配置不同的蒸发温度系统，而不同的蒸发温度系统又必须配置不同的围护体。这种不同围护体反过来将对建筑提出特殊要求，所以，工业、民用建筑的设计人员，有时不一定能设计出好的制冷空调建筑，往往容易出现不制冷、不空调、不降温，甚至墙体开裂、地坪冻鼓等，致使建筑、结构遭受破坏的例子不胜枚举。

制冷的建筑空间一般是指制冷围护构造；空调的建筑空间多指空调房间。制冷空调都需要有一个隔汽隔热密闭围护体（围护结构），才能进行制冷降温或空气调节，根据这些围护体的不同用途进行制冷空调设计，比如冷藏库库体、冷藏火车车箱、冷藏集装箱箱体、冷藏船保温舱体以及制冰池、冷柜冰箱、冷藏陈列柜、速冻机、冻干机、蓄冷罐、冷媒载冷介质桶罐、预冷机、冻结器等，按照围护体的不同用途来确定制冷不同的蒸发温度系统，比如贮存果蔬、蛋类等采用－15℃蒸发温度系统，贮存肉类、水产品以及疫苗、感光材料等采用－28℃蒸发温度系统；贮存红枣、蚕茧等采用±0℃蒸发温度系统；冻结冷加工采用－35℃蒸发温度系统；速冻冷加工采用－45℃蒸发温度系统等。空调温度系统比较单一，有舒适性和工艺性要求等。随着经济发展和人们生活质量提高，对制冷空调的要求愈高，一方面，原有几种常用的蒸发温度系统远远不能满足设计要求；另一方面，蒸发温度系统是无级选用的，所以，如何确定一种蒸发温度系统是很有讲究的，举一个例子：我国氨制冷系统用在冻结间的蒸发温度系统是选用－33.4℃系统（简称－33℃系统），这是造价最省的氨冻结系统，因为氨在－33.4℃蒸发温度时的制冷系统管内蒸发压力与大气压力相等，表压为0，即制冷管道内、外压力达到平衡，外部空气不易进入管内，所以，制冷系统造价最便宜。这种蒸发温度系统作为内销产品完全可以满足在24h内达到冻结产品中心温度-15℃的设计要求，但是，外销产品必须满足在8h内至少达到-18℃的中心温度，甚至有些产品要求达到-50℃中心温度的设计要求才能出口，于是，就应选用比-33℃更低的氨蒸发温度系统了，蒸发温度与蒸发压力是一一对应关系，低于-33.4℃蒸发温度时，蒸发压力一定低于大气压力，表压为负压，空气可能随时渗入制冷系统管内中，蒸发温度愈低，蒸发压力随之愈低，制冷系统管内真空度愈高，空气和水蒸气愈容易进入制冷系统，制冷系统密闭程度要求愈高，制冷系统造价愈高。如何确定既经济又合理的蒸发温度系统？是-30℃？是-33℃？是-35℃？是-40℃？是-45℃？是-47℃？是-48℃？是-50℃？或其他蒸发温度系统？当然，除上述分析外，还须考虑蒸发温度愈低，机器设备和围护体造价愈高；蒸发温度愈低，机器设备配置愈大，耗电量愈大等其他因素，在诸多因素中进行优化设计，确定最优蒸发温度系统，使制冷空调安全、经济、合理、好用。

  由于制冷空调应用范围愈来愈广，必然要设计出愈来愈多的蒸发温度系统来满足各式各样的特殊要求，因此，出现了愈来愈多的蒸发系统末端装置。例如冷却电镀液以达到提高电镀件质量及合格率；及时冷却使钢锭按规定时间达到其碳晶图要求的范围内以提高钢材等级；制造标定温度环境以制作记忆合金；+15℃恒温恒湿环境能大大提高蚕茧的存活率；升华脱水的冻干设备能使血液、精子无限期贮存而不变质，促进遗传生物工程研究与发展。各个行业的发展都会对制冷空调提出新的要求，同时想办法设计出它的蒸发温度系统及其末端装置。在石油化工、电子通信、航空航天、生物制药、医疗卫生、粮油食品、饮料烟酒、仪器仪表、纺织、建筑及农林牧副渔业等几乎所有的行业中，许多生产工艺过程需要在低温条件下进行，才能保证生产和产品质量。如在化学工业中用于合成氨，苯胺等生产过程及溶液的浓缩等；石油化工中，用于合成塑料、合成纤维、合成橡胶等，炼油及天然气工业中用于石油脱蜡、油品精炼、石油气的液化及分离等；在医药和食品工业中利用真空冷冻干燥法，在制取各种疫苗等时冻干生物制品、酶制剂等、冻干药品以及大蒜脱水出口食品等；棉纺车间、养鸡场等对空气温湿度的要求；在浇筑巨型混凝土大坝的防坝体裂隙、提高混凝土强度、需要排除混凝土凝固过程中析出的热量；在冻土中开掘隧道；建造人工滑冰场；钢材和机械零件装配冷处理和冷环境；仪器仪表的标定以及航空航天工业的净化、制造人工气候室、载人飞船返回舱、轨道舱等。

  3. 国家标准与现行设计规范

  国家标准和相关设计规范是国家法规，是设计的法律依据，特别是在1998~2002年间国家有关部委对原有设计规范进行了全面地重新修订，使之更加完善并提高了实用性。

  不按照设计规范的条款进行设计，出现的设计问题，各工种设计人员，包括绘描图、校对、会签、工程、项目、设计负责人、甚至工程设计审核、审定人员都应被追究法律责任，不是"设计问题施工补"，设计问题不能依靠施工去弥补，设计有设计规范，施工有施工规范，设计责任与施工责任是不同的，设计问题与施工问题要分清。

  4. 设计执照与等级

  工程项目一定要委托给具有设计执照的设计单位进行设计，设计执照分甲、乙、丙等级，低等级设计单位只能承担低工程量和低技术难度的工程项目，高等级设计单位设计能力强，这些在设计执照中有明确规定；此外，专业性强的工程项目应委托专业设计单位，比如铁路设计院、水利设计院、煤炭设计院等，制冷空调也应考虑专业性强的设计单位或综合设计院。严禁施工企业设计施工图纸,一个单位不能既是施工单位,又是设计单位。

5. 标准图集、大样、详图

不能没有设计依据的无图施工,采用标准图集应注明清楚,一般有部标和行业标准,大量重复图纸设计时也可使用设计院内部标准,图面标注的技术要求要表明清楚,绝不能含糊不清,或用"常规做法"等字样,要用大样、详图等设计手法描述清楚。

4.1.2 设计规范

1. 设计规范

现行制冷空调设计规范主要有:

GB 50072—2001《冷库设计规范》;

GB 50019—2003《采暖通风与空气调节设计规范》;

GB 50316—2000《工业金属管道设计规范》;

GB 50016—2006《建筑设计防火规范》;

GB 50264—97《工业设备及管道绝热工程设计规范》;

GB 50050—95《工业循环冷却水处理设计规范》;

GB/T 50114—2001《暖通空调制图标准》;

GB 50155—1992《采暖通风与空气调节术语标准》;

GB 50116—98《火灾自动报警系统设计规范》;

GB 50189—93《旅游旅馆建筑热工与空气调节节能设计标准》等。

2. 条文说明与设计规范解读列举

人们通过长期设计经验的积淀,逐步对设计进行规范,从而管理设计。每个设计规范通常都有条文说明,阐述规范条款的来历和含义,因此,我们必须对设计规范的每一条款进行解读,深入透彻地了解规范的设计含意,包括每个公式、每个字母、每个数字等,它们到底表示什么意义?例如:

GB 50072—2001《冷库设计规范》6.1.3条款中有一系数 R 的取值:

R——制冷装置和管道等冷损耗补偿系数,直接冷却系统宜取 1.07,间接冷却系统宜取 1.12。

R 表示什么意思?R 是制冷装置和管道等冷损耗补偿系数,是指在计算制冷负荷时,机房与库房之间距离最短(机房管道出来后即进入库房)、制冷设备、管线阻力损失最小时的冷损耗,直冷式(制冷剂直接冷却式)系统补偿7%;间冷式(用载冷剂冷却)系统补偿12%。但如果机房与库房之间的距离较远,那么,要达到同样的制冷效果,补偿7%或12%就不够了,因为,库房离机房愈远,R 值愈大。如此说来,R 值有两个意思:

(1)主、辅机之间的距离应尽可能不要过长,很显然,如果 R 取值不变(7%或12%),而距离增大,即管道阻力增大,冷损耗就大,制冷量必然减少;若距离大到一定程度时(比如氨制冷系统机房到库房距离超过 50m 或氟制冷系统供液管或回汽管单行程管长度达 50m 以上),那么,制冷量基本用来补偿沿途管线的冷损耗上,亦即,库房基本不能降温,因为,蒸发器管内几乎没有制冷剂液体了,如果采用液泵系统来克服沿途管道阻力损失,那么,就要增加液泵的功率消耗,同时,降温效果很差。随着管线长度的无意义加长,不仅增加管道保温费用,而且,隔汽保温要求更高,万一做不好或管线长期暴露在空气中日久天长使保温失效,会直接降低制冷效果、减少使用寿命,增加维护检修经费。在一般情况下,为了避免日晒雨淋,通常还设置了"管道廊",造成提高建筑费用,增加占地面积,甚至还影响交通等其他严重后果。

(2) 主、辅机之间的管线应尽可能缩短、简捷、清晰、合理,它是制冷空调评估优秀设计的基本点,避免人为复杂化和单纯追求所谓"图面好看",但在温度变化大或管道较长的管线仍必须留有"之"字形或"L"形伸缩弯,以防设备、管件过度受力和变形及造成制冷剂泄漏等故障。同时,严防出现液管"汽囊"、汽管"液囊",造成不结霜、不降温等毛病。

只有对规范条文的深入理解,才能既不违反设计规范,又能创意设计。例如:

在制冷与空调的设计中都要确定两个设计参数:室外计算温度 t_w 和室内计算温度 t_n,但它们的含意是不一样的。从简单意义上讲:

制冷 t_w——围护体外侧的计算温度(℃)。采用《采暖通风与空气调节设计规范》中的规定,即采取"夏季空气调节室外计算日平均温度",也就是"历年平均不保证五天的日平均温度"。例如天津地区 $t_w = t_{wp} = 29.2℃$。

t_n——围护体内侧的计算温度(℃)。即为使用温度,由工艺要求确定。

空调 t_w——夏季空调室外计算温度。

t_{wg}——夏季空气调节室外计算干球温度(℃),即历年平均不保证50h的干球温度。例如天津地区 $t_{w.max} = 33.4℃$。

t_{wp}——夏季空气调节室外计算日平均温度(℃),即历年平均不保证五天的日平均温度。例如天津地区 $t_{wp} = 29.2℃$。

t_{sw}——夏季空气调节室外计算湿球温度(℃),即历年平均不保证50h的湿球温度。例如:天津地区 $t_{sw} = 26.9℃$。

$t_{wτ}$——夏季空气调节室外计算逐时温度(℃),按《采暖通风与空气调节设计规范》第2.2.10条公式计算。

$t_{wzτ}$——夏季空气调节室外计算逐时综合温度(℃),按《采暖通风与空气调节设计规范》第5.2.3条中的公式计算。

t_n——夏季舒适空调室内计算温度。$t_n = 24\sim28℃$。即夏季空调房间温度,通常取 $t_n = 26℃$ 进行计算。

这些设计参数都是由设计规范规定的制冷空调室内、外计算温度,提供设计人员选用。不同的理念,不同的计算手法,不同的计算公式,选用着不同的计算参数。

随着设计方法的不断改进,出现更多更合理的参数选用。比如:计算空调冷负荷,刚开始,我国一直沿用"当量温差法"和"谐波分解法",把得热量当作冷负荷,结果是计算出的空调冷负荷偏大,使空调设备配置过大。考虑了建筑蓄热,国外采用"蓄热系数法"、"重量系数法"、"加权系数法"。实际上,得热量和冷负荷是两个概念,得热量是指在某一时刻由室外和室内热源散入房间的热量的总和。(瞬时)冷负荷是指为了维持室温恒定,空调设备在单位时间内必须自室内取走的热量,即在单位时间内必须向室内空气供给的冷量。空调设计是计算空调冷负荷,而空调冷负荷是由得热量转化形成的,所以,计算空调冷负荷就是计算得热量形成的冷负荷。在得热量转化为冷负荷过程中,存在着衰减和迟延现象。冷负荷的峰值不只低于得热量的峰值,而且在时间上有所滞后,这是由建筑物的蓄热能力所决定。蓄热能力愈强,则冷负荷衰减愈大,迟延时间愈长。为了把得热量和冷负荷区别开来，采用"反应系数法"。而"Z传递函数法"又改进了"反应系数法"，提出手算冷负荷系数法。根据我国实际情况，采用了"谐波反应法"和"冷负荷系数法"，在工程简化计算方法中，较多地使用了"谐波反应法手算式"。

第一，要按照设计规范要求进行设计。比如，对空调设计而言，首先要问它是哪类空调？是舒适性空调？还是一般降温性空调？恒温恒湿空调？净化空调？舒适性空调主要是对人体而言，除了温、湿度要求舒适外，对洁净、节能的要求也愈来愈高。由于空调耗电量大，为了节能，提高进水温度，提高空调房间温度，但这仅仅是操作问题，根据不同的场所进行节能是可行的，空调设计还应按照设计规范执行，这是第一。当然，一般降温性空调要达到工艺温度；恒温恒湿空调要达到温、湿度恒定；净化空调要达到空调的净化等级。

第二，要合理、优化、创意设计。比如设计舒适空调，什么是舒适？国际标准给出ASHRAE舒适图，在图中相对湿度 $\phi=20\%\sim60\%$、含湿量 $d=0.004\sim0.012$（kg/kg$_干$）范围内，把菱形舒适区与四边形舒适区重叠的阴影舒适区推荐为室内空气设计条件，所有在重叠的阴影舒适区的温、湿度都是舒适环境的空气参数。25℃等效温度线正好穿过重叠的阴影舒适区中心。国际标准 ISO 对 PMV-PPD 指标的推荐值为：PPD<10%，即 PMV=-0.5~+0.5。相当于在人群中允许有10%的人感觉不满意。PMV——预期平均指标，表示热感觉程度，PMV=0时，表示热感觉处在最佳舒适态；PMV=+1时，表示微暖（-1表示微凉）；PMV=+2时，表示暖（-2表示凉）；PMV=+3时，表示热（-3表示冷）；当PMV=0时，PPD=5%，这意味着，即使室内环境为最佳热舒适状态，由于人们的生理差别，还有5%的人感到不满意。PPD——预期不满意百分率，表示对热环境不满意的百分率。国家标准由《采暖通风与空气调节设计规范》给出：舒适性空调室内空气温、湿度计算参数，

夏季空调　　　　　温度　　　　　　$t=24\sim28℃$

　　　　　　　　　相对湿度　　　　$\phi=40\%\sim65\%$

　　　　　　　　　风速　　　　　　$v\leqslant0.3\text{m/s}$

冬季空调　　　　　温度　　　　　　$t=18\sim22℃$

　　　　　　　　　相对湿度　　　　$\phi=40\%\sim60\%$

　　　　　　　　　风速　　　　　　$v\leqslant0.2\text{m/s}$

上述都是由人体对温、湿度的热反应来表示舒适感，也许，愈来愈多的人们体会到，除了温、湿度外，对实现健康空调、节能空调的要求愈来愈强烈，如何利用低品位能源和清洁能源等更趋现实。人们已经开始转变对空调的概念，那种降温、除湿的空调概念已经十分落后了，糟糕的空气污染、粉尘、有害气（汽）体、病菌的环境等等，严重危害着人们的健康，不健康就根本谈不上舒适，渴望清洁环境、新鲜空气，比获得低温低湿更重要。要求空调能净化空气、新鲜环境、节能环保、气候宜人。充分利用水源、土壤源、海水源、空气源、风能、太阳能、地热等低品位能源和许多清洁能源及能量回收设备，可以获得节能环保。利用湖水、河水、地下水及地热尾水，甚至工业废水、污水资源、生产废气、余热等，借助热泵系统，实现冬季取暖、夏季空调的目的，这些就是空调的初衷。要做到真正意义的清洁空调、健康空调、节能空调、绿色空调，关键还在制冷空调的设计。

4.2 制冷负荷计算

4.2.1 计算参数

1. 室外计算温度

(1) 室外计算温度 t_{wp}

t_{wp}——夏季空气调节室外计算日平均温度,即历年平均不保证五天的日平均温度(℃),如天津地区 $t_{wp}=29.2$℃。

(2) 围护结构外侧邻室计算温度 t_{lw}

t_{lw}——邻室为恒温的冷贮藏室时,取室温 t_n;邻室为变温的冷加工室时,取房间保温温度 t_b,如:冷却间 $t_b=10$℃;冻结间 $t_b=-10$℃。

(3) 夏季通风温度 t_{fw}

t_{fw}——计算通风换气热与开门热时,室外计算温度采用夏季通风温度 t_{fw},如北京地区 $t_{fw}=30$℃。

(4) 夏季室外计算湿球温度 t_{sw}

t_{sw}——计算蒸发式冷凝器时,采用夏季室外计算湿球温度,即历年平均不保证50h的湿球温度 t_{sw},如天津地区 $t_{sw}=26.9$℃。

2. 室外计算相对湿度

(1) 室外空气相对湿度 ϕ_w

ϕ_w——建筑围护构造计算,采用室外空气相对湿度 ϕ_w,即采用最热月平均室外计算相对湿度,如:天津地区:$\phi_w=78\%$。

(2) 室外通风相对湿度 ϕ_{fw}

ϕ_{fw}——计算开门热和通风换气热时,采用夏季通风室外计算相对湿度 ϕ_{fw},即采用最热月14时平均室外计算相对湿度,如天津地区:$\phi_{fw}=65\%$。

3. 室内计算温度

房间名称	室内计算温度 t_n	蒸发温度 t_0
冷却物冷藏间	$-2\sim0$℃	-15℃
冻结物冷藏间	$-20\sim-18$℃	-30℃~-28℃
贮冰间	-4℃	-15℃
冷却间(预冷间)	$-10\sim-4$℃	-28℃
冻结间	$-25\sim-23$℃	$-35\sim-33$℃
速冻	-35℃或以下	-45℃或以下

4. 进货计算温度

按实际温度计算,比如:

未经冷却鲜肉,$t_{zn}=35$℃。

鲜蛋、采摘(未预冷的)水果、蔬菜及其包装材料均按当地进货旺月的月平均温度计算。鲜鱼虾按整理鱼虾用水的水温计算。经冷加工、冷贮藏后的货物按中心温度计算等,依此类推。

4.2.2 制冷负荷计算

1. 传入热量

Q_1——围护结构传入热量（W）；

Q_2——货物传入热量（W）；

Q_3——通风换气传入热量（W）；

Q_4——电动机运转传入热量（W）；

Q_5——操作传入热量（W）。

2. 传入热量计算

（1）围护结构传入热量 Q_1（W）

$$Q_1 = KAa(t_w - t_n) \tag{4-1}$$

式中 K——围护结构的传热系数，$W/(m^2 \cdot ℃)$；

A——围护结构的传热面积，m^2；

a——围护结构两侧温差修正系数；

t_w——围护结构外侧的计算温度，℃；

t_n——围护结构内侧的计算温度，℃。

其中 $K = 1/R_0$

$$R_0 = \frac{1}{\alpha_w} + \sum_{i=1}^{m} \frac{\delta_i}{\lambda_i} + \frac{1}{\alpha_n} \tag{4-2}$$

式中 α_w、α_n——围护结构外、内表面的放热系数，$W/(m^2 \cdot ℃)$（参见 GB 50072—2001《冷库设计规范》中表 4.4.6）；

δ_i——围护结构各构造层的厚度，m；

λ_i——围护结构各构造层的热导率，$W/(m \cdot ℃)$（可查国家标准 GB 50072—2001《冷库设计规范》条文说明表 11）。

其中 A——按 GB 50072—2001《冷库设计规范》第 6.1.7 条款进行计算。

a——可从 GB 50072—2001《冷库设计规范》附录 B 的表 B.0.1-1 围护结构两侧温差修正系数 a 值查得。

t_w、t_n——按 4.2.1 计算参数确定。

（2）货物传入热量 Q_2（W）

$$Q_2 = Q_{2a} + Q_{2b} + Q_{2c} + Q_{2d} \tag{4-3}$$

Q_{2a}——食品传入热量，W；

Q_{2b}——包装材料和运载工具传入热量，W；

Q_{2c}——货物冷却时的呼吸传入热量，W；

Q_{2d}——货物冷藏时的呼吸传入热量，W。

注：① 仅鲜水果、鲜蔬菜冷藏间计算 Q_{2c}、Q_{2d}。

② 如冻结过程中需加水时，应把水的热流量加入式（4-3）内。

$$Q_2 = (1/3.6) \times [m(h_1 - h_2)/\tau + mB_bC_b(t_1 - t_2)/\tau] + m(q_1 - q_2)/2 + (m_n - m)q_2 \tag{4-4}$$

式中　$1/3.6$——1kJ/h 换算成 W 的换算系数；
　　　　m——冷间的每日进货质量，kg；
　h_1、h_2——货物在冷间初始、终止温度时的比焓，kJ/kg；
　　　　τ——货物冷加工时间，对冷藏间取 24h，对冷却间、冻结间取设计冷加工时间；
　　　　B_b——货物包装材料或运载工具质量系数（见《冷库设计规范》表 6.1.11 查得）；
　　　　C_b——包装材料或运载工具的比热，kJ/(kg·℃)；
　t_1、t_2——包装材料或运载工具在冷间的初始、终止温度，℃；
　q_1、q_2——货物冷却初始、终止温度时单位质量的呼吸热流量，W/kg；
　　　　m_n——冷却物冷藏间的冷藏质量，kg。

（3）通风换气传入热量 Q_3（W）

$$Q_3 = Q_{3a} + Q_{3b} \tag{4-5}$$

Q_{3a}——冷间换气传入热量（W）
Q_{3b}——操作人员需要的新鲜空气传入热量（W）

注：① 本计算公式只适用于贮存有呼吸的食品（活体，如水果、蔬菜、鲜花甚至鲜蛋等）的冷间。
　　② 有操作人员长期停留的冷间如加工间、包装间等，应计算操作人员需要新鲜空气的热流量 Q_{3b}，其余冷间可不计。

$$Q_3 = (1/3.6) \times [(h_w - h_n)nV_n\rho_n/24 + 30n_r\rho_r(h_w - h_n)] \tag{4-6}$$

式中　h_w、h_n——室外、内空气的比焓，kJ/kg；
　　　　n——每日换气次数可采用 2~3 次；
　　　　V_n——冷间内净体积，m^3；
　　　　ρ_n——冷间内空气密度，kg/m^3；
　　　　24——1d 换算成 24h 的数值；
　　　　30——每个操作人员每小时需要的新鲜空气量，m^3/h；
　　　　n_r——操作人员数量。

（4）电动机运转传入热量 Q_4（W）

$$Q_4 = 1000\sum P_d \xi b \tag{4-7}$$

P_d——电动机额定功率，W；
ξ——热转化系数，电动机在冷间内时应取 1；电动机在冷间外时应取 0.75；
b——电动机运转时间系数，对空气冷却器配用的电动机取 1；对冷间内其他设备配用的电动机可按实际情况取值，如按每昼夜操作 8h 计，则 $b=8/24$。

（5）操作传入热量 Q_5（W）

$$Q_5 = Q_{5a} + Q_{5b} + Q_{5c} \tag{4-8}$$

Q_{5a}——照明传入热量，W；
Q_{5b}——每扇门的开门传入热量，W；
Q_{5c}——操作人员传入热量，W。

注：冷却间、冻结间不计 Q_5 这项传入热量。

$$Q_5 = q_d A_d + (1/3.6) \times n'_k n_k V_n (h_w - h_n) M \rho_n / 24 + (3/24) n_r q_r \tag{4-9}$$

式中　q_d——每平方米地板面积照明热流量，冷却间、冻结间、冷藏间、冰库和冷间内穿堂可取 2.3W/m²；操作人员长时间停留的加工间、包装间等可取 4.7W/m²；

A_d——冷间地面面积，m²；

n'_k——门樘数；

n_k——每日开门换气次数，可按《冷库设计规范》图 6.1.16 取值，对需经常开门的冷间，每日开门换气次数可按实际情况采用；

V_n——冷间内净体积，m³；

h_w、h_n——冷间外、内空气的比焓，kJ/kg；

M——空气幕效率修正系数，可取 0.5；如不设空气幕时，应取 1；

ρ_n——冷间内空气密度，kg/m³；

3/24——每日操作时间系数，按每日操作 3h 计；

n_r——操作人员数量；

q_r——每个操作人员产生的热流量，冷间设计温度高于或等于-5℃时，宜取 279W；冷间设计温度低于-5℃时，宜取 395W。

3. 设备冷负荷 Q_s（要计算每一个冷间的冷负荷）（W）

$$Q_s = Q_1 + PQ_2 + Q_3 + Q_4 + Q_5 \tag{4-10}$$

P——货物传入热量系数。货物不经冷却、冷藏而直接进入冷间的货物传入热量系数应取 $P=1.3$；其他货物传入热量系数取 $P=1$。

4. 机械冷负荷 Q_j（要算出每个蒸发温度系统的冷负荷）（W）

$$Q_J = (n_1 \sum Q_1 + n_2 \sum Q_2 + n_3 \sum Q_3 + n_4 \sum Q_4 + n_5 \sum Q_5) R \tag{4-11}$$

n_1——围护结构传入热量的季节修正系数，宜取 1；

n_2——货物传入热量折减系数；

n_3——同期换气系数，宜取 0.5~1.0（"同时最大换气量与全库每日总换气量的比数"大时取大值）；

n_4——冷间用的电动机同期运转系数；

n_5——冷间同期操作系数；

R——制冷装置和管道等冷损耗补偿系数，直接冷却系统宜取 1.07，间接冷却系数宜取 1.12。

4.2.3 制冷负荷计算列举

[例 4-1] 我国南方某地 5000 吨扩建冷库制冷负荷计算实例

1. 工程简况

新扩建 5000t 冷库设在原有 6500t 冷库对面预留空地上，利用原有标准轨道铁路专用线的第二股道的一部分作为扩建冷库的装车线，并增设火车、汽车合用站台一座。原 5000 头牲猪/班屠宰间与新建冷库之间采用跨铁路专用线栈桥相连接，桥底标高高出轨面 6.55m。新扩建面积 11214.68m²，主要分配如下：

5000t 低温冷藏间（$t_n=-18℃$，8 间）	6121m²
80t 冻结间（$t_n=-23℃$，5 间）	668m²
低温穿堂（$t_n=-10℃$）	165m²
常温穿堂（包括进肉、卸肉等穿堂）	644m²

楼、电梯间	561m²
附属群房	72m²
火车站台	733m²
晾肉穿堂	327m²
栈桥	118m²
机房（新设立，为了安全操作和避免管线过长等因素）	438m²
变、配电间	128m²

其他建设项目（包括：300t 清水池、无阀滤池、冷凝循环水池、水力加速澄清池、加压泵房等）

2. 计算参数

室外计算温度：$t_{wp}=30.3℃$

冷凝温度：$t_k=38℃$

蒸发温度：冻结 $t_{0j}=-33℃$；

冻结物冷藏 $t_{0d}=-28℃$

房间温度：冻结间 $t_{nj}=-23℃$（冷间保温 $t_{nb}=-10℃$）

冻结物冷藏间 $t_{nd}=-18℃$

3. 冷间特性（见表 4-1）

冷间特性表　　　　　表 4-1

房号	冷间名称	库温(℃)	房间面积(m²)	与冷却面积比	库容(t)	最大进货量(t/d)	进温(℃)	中心温度(℃)	冷却时间(h)	冷却设备名　　称
101	冻结间	−23	109	1∶11		18.5	35	−15	18	3台 KLJ-400
102	冻结间	−23	109	1∶11		18.5	35	−15	18	3台 KLJ-400
103	冻结间	−23	109	1∶11		18.5	35	−15	18	3台 KLJ-400
104	冻结间	−23	109	1∶11		18.5	35	−15	18	3台 KLJ-400
105	冻结间	−23	109	1∶11		18.5	35	−15	18	3台 KLJ-400
106	冻结物冷藏间	−18	588	1∶0.72	625	312	−15	−18	24	三组双层光滑 U 形顶排管
107	冻结冷藏间	−18	588	1∶0.72	625	31.2	−15	−18	24	三组双层光滑 U 形顶排管
201	冻结冷藏间	−18	588	1∶0.42	625	31.2	−15	−18	24	三组双层光滑 U 形顶排管
202	冻结冷藏间	−18	588	1∶0.42	625	31.2	−15	−18	24	三组双层光滑 U 形顶排管
301	冻结冷藏间	−18	588	1∶0.42	625	31.2	−15	−18	24	三组双层光滑 U 形顶排管
302	冻结冷藏间	−18	588	1∶0.42	625	31.2	−15	−18	24	三组双层光滑 U 形顶排管
401	冻结冷藏间	−18	588	1∶0.64	625	31.2	−15	−18	24	三组双层光滑 U 形顶排管
402	冻结冷藏间	−18	588	1∶0.64	625	31.2	−15	−18	24	三组双层光滑 U 形顶排管

项目特点与设计说明

该项目是在原有 6500t 冷库生产型肉类联合加工企业，与扩建后的屠宰车间配套的新建项目。该企业有猪（5000 头/班）、鸡（10000 头/班）、鸭（10000 头/班）及牛、羊等屠宰生产线和制药等的深加工能力,所以,扩建5个冻结间共80t生猪白条肉的冻结能力和5000t的低温贮藏能力。应说明几点:

(1) 南方生产小型猪,白条肉平均20kg/头,5个冻结间日加工4000头猪,完全缓解老厂的冷加工难度,同时,实现了5000吨的低温贮藏能力,不仅是生产型企业,也成为城市分配型冷库。

(2) 独立机器、设备间、变、配电间和水泵房:让水、电、制冷管线均与老厂分开,确保管理和生产的安全,同时,大大缩短线路。

(3) 共用一条铁路专用线,实现铁路运输"零投资"。

(4) 设立栈桥,既符合铁路设计要求,又实现新、老厂的货物链接。

(5) 房间面积与冷却面积之比偏大,所增投资不多,却提高了稳定性和制冷效率。

4. 冷间耗冷量(见表4-2)

冷间耗冷量汇总表　　　　表4-2

房号	房间名称	Q_1		Q_2		Q_3		Q_4		Q_5		−28℃		−33℃	
		Q_{1S}	Q_{1J}	Q_{2S}	Q_{2J}	Q_{3S}	Q_{3J}	Q_{4S}	Q_{4J}	Q_{5S}	Q_{5J}	ΣQ_S	ΣQ_J	ΣQ_S	ΣQ_J
101	冻结间	5746	5746	110274	84826	0	0	19800	19800	0	0			135820	110372
102		3767	3767	110274	84826	0	0	19800	19800	0	0			133841	108393
103		3767	3767	110274	84826	0	0	19800	19800	0	0			133841	108393
104		3767	3767	110274	84826	0	0	19800	19800	0	0			133841	108393
105		5746	5746	110274	84826	0	0	19800	19800	0	0			135820	110372
106	冻结物冷藏间	17372	17372	5448	4358	0	0	0	0	3840	1536	26660	23266		
107		17372	17372	5448	4358	0	0	0	0	3840	1536	26660	23266		
201		5888	5888	5448	4358	0	0	0	0	3840	1536	15176	11782		
202		5888	5888	5448	4358	0	0	0	0	3840	1536	15176	11782		
301		5888	5888	5448	4358	0	0	0	0	3840	1536	15176	11782		
302		5888	5888	5448	4358	0	0	0	0	3840	1536	15176	11782		
401		14373	14373	5448	4358	0	0	0	0	3840	1536	23661	20267		
402		14373	14373	5448	4358	0	0	0	0	3840	1536	23661	20267		
合　计												161346	134194	673163	545923
总　计		制冷装置和管道冷损耗补偿系数R=1.07										143588		584138	

项目特点与设计说明

该项目为5000t扩建冷库工程项目,有5个冻结间,加工能力80t/d;8个冻结物冷藏间(低温冷藏间),冷贮藏能力共5000t。各系数确定如下:

P——货物传入热量系数,冻结间取$P=1.3$;低温冷藏间取$P=1.0$;

n_1——季节修正系数(宜取$n_1=1$),冻结间取$n_1=1$;低温冷藏间取$n_1=1$;

n_2——热量折减系数,冻结间取$n_2=1$(冷加工间);低温冷藏间取$n_2=0.8$($V>20001m^3$);

n_3——同期换气系数,冻结间取$n_3=0.5$;低温冷藏间取$n_3=0.5$(逐间换气、逐间

进人 $n_3=0.5\sim1$，取小值）；

n_4——同期运转系数，冻结间取 $n_4=1$；低温冷藏间取 $n_4=0.4$；

n_5——同期操作系数，冻结间取 $n_5=0.4$（5 间≥5 间）；低温冷藏间取 $n_5=0.4$（8 间≥5 间，低温冷藏间取 $n_4=0.4$；$n_5=0.4$）；

R——冷损耗补偿系数。直冷式取 $R=1.07$。

传入热量计算（针对该项目）

围护结构 Q_1 值（W）按式（4-1）计算

货物 Q_2 值（W）

$$Q_2=Q_{2a}+Q_{2b}+Q_{2c}+Q_{2d}=Q_{2a}+0+0+0=Q_{2a}=(1/3.6)\times[m(h_1-h_2)/\tau]$$

通风换气 Q_3 值（W）

$$Q_3=Q_{3a}+Q_{3b}=0（冻结）$$

$$Q_3=Q_{3a}+Q_{3b}=0（低温冷藏）（其他冷间可不计）$$

电动机运转 Q_4 值（W）

$$Q_4=1000\sum P_d\xi b（冻结）$$

$$Q_4=0（低温冷藏）$$

操作 Q_5 值（W）

$$Q_5=Q_{5a}+Q_{5b}+Q_{5c}=0（冻结）$$

$$Q_5=Q_{5a}+Q_{5b}+Q_{5c}=q_dA_d+(1/3.6)\times\{[n'_kn_kV_n(h_w-h_n)M\rho_n]/24\}+(3/24)n_rq_r$$

每一冷间耗冷量计算（针对该项目）

Q_1 值： $Q_{1S}=Q_1$ （设备负荷，下同）

$\qquad\qquad Q_{1j}=n_1\sum Q_1$ （机械负荷，下同）

Q_2 值： $Q_{2S}=PQ_2$

$\qquad\qquad Q_{2j}=n_2\sum Q_2$

Q_3 值 $Q_{3s}=Q_3$

$\qquad\qquad Q_{3j}=n_3\sum Q_3$

Q_4 值 $Q_{4s}=Q_4$

$\qquad\qquad Q_{4j}=n_4\sum Q_4$

Q_5 值 $Q_{5s}=Q_5$

$\qquad\qquad Q_{5j}=n_5\sum Q_5$

5. 冷间冷负荷计算（见表 4-3）

冷间冷负荷计算表　　表 4-3

房间名称		冻结间					冻结物冷藏间							
房号		101	102	103	104	105	106	107	201	202	301	302	401	402
冷间冷负荷	Q_1	5746	3767	3767	3767	5746	17372	17372	5888	5888	5888	5888	14373	14373
	Q_2	84826	84826	84826	84826	84826	5448	5448	5448	5448	5448	5448	5448	5448
	Q_3	0	0	0	0	0	0	0	0	0	0	0	0	0
	Q_4	19800	19800	19800	19800	19800	0	0	0	0	0	0	0	0
	Q_5	0	0	0	0	0	3840	3840	3840	3840	3840	3840	3840	3840

根据确定的 P、n_1、n_2、n_3、n_4、n_5 和 R 之各种系数代入公式后,将计算所得冷间耗冷量的数值填入表 4-2 中。

[**例 4-2**] 我国北方某地 500t 新建冷库制冷负荷计算实例

1. 工程简况

该项目为新建 500t 生产性冷库,加工和贮藏猪、牛、羊、家禽、水产品、蛋类、水果、蔬菜、饮料等综合性企业。三个冻结间分别是:6t/d(猪白条肉吊轨式冻结间)、6t/d(牛、羊肉吊轨式冻结间)、3t/d(水产、禽类搁架式冻结间)、250t 猪白条肉低温冷藏间、100t 牛、羊肉低温冷藏间、150t 蛋品及果蔬类高温冷藏间。冻结间与低温冷藏间通过常温穿堂进行连接。为便利货物的进出,猪肉与牛羊肉由内隔墙隔开,货物的进出分别在前后两个公路站台上进行。

冻结间(猪白条肉)	7.5×6=45m²
冻结间(牛、羊肉)	7.5×6=45m²
冻结间(鱼、虾水产类与鸡、鸭家禽类)	7.5×6=45m²
低温冷间(猪肉)	18×13.5=243m²
低温冷藏间(牛、羊肉)	18×7.5=135m²
高温冷藏间(水果、蔬菜、蛋品)	18×13.5=243m²
其他(穿堂、前后公路站台、机房、变、配电间、裙房、屠宰间等)	

2. 计算参数

室外计算温度	$t_{wp}=29.2℃$
冷凝温度	$t_k=35℃$
蒸发温度	$t_{0jd}=-33℃$(冻结间与低温冷藏间共用一个蒸发温度系统)
	$t_{01}=-15℃$(高温冷藏间)
房间温度	$t_{nj}=-23℃$(冻结间,冷间保温 $t_{nb}=-10℃$)
	$t_{nd}=-18℃$(低温冷藏间)
	$t_{nl}=±0℃$(高温冷藏间)

3. 冷间特性(见表 4-4)

冷间特性表　　　　表 4-4

房号	房间名称	室温(℃)	相对湿度(%)	房间面积(m²)	房间面积与冷却面积之比	堆货高度(m)	库容量吨(t)	最大进货量(t/d)	温度(℃) 进货	温度(℃) 出货	冷却时间(h)	冷却设备名称
101	吊轨式冻结间	-23		40	1:10			6	35	-15	20	冷风机
102	搁架式冻结间	-23		40	1:5.48			5	35	-15	20	搁架式排管
103	吊轨式冻结间	-23		40	1:10			6	35	-15	20	冷风机
104	低温冷藏间	-18	95	243	1:0.5	4.5	250	12.5	-15	-18	24	光滑顶、墙排管
105	低温冷藏间	-18	95	135	1:0.5	4.5	100	5	-15	-18	24	光滑顶、墙排管
106	高温冷藏间	±0	95	243	1:0.7	2.8	150	7.5	29	±0	24	冷风机

4. 冷间耗冷量(见表 4-5)
5. 用电负荷(见表 4-6)

冷间耗冷量汇总表　　　　　　　　　　　　　　　　　　　　　　　　　　表 4-5

房号	房间名称	Q_1		Q_2		Q_3		Q_4		Q_5		−15℃		−33℃	
		Q_{1S}	Q_{1J}	Q_{2S}	Q_{2J}	Q_{3S}	Q_{3J}	Q_{4S}	Q_{4J}	Q_{5S}	Q_{5J}	ΣQ_S	ΣQ_J	ΣQ_S	ΣQ_J
101	冻结间(猪)	3733	3733	25428	19560	0	0	6596	6596	0	0			35757	29889
102	冻结间(牛羊)	3733	3733	27645	21265	0	0	6596	6596	0	0			37974	31594
103	冻结间(搁架)	2463	2463	15257	11736	0	0	4397	4397	0	0			22117	18596
104	低温间(猪)	9640	9640	976	586	0	0	0	0	2753	1377			13369	11603
105	低温间(牛羊)	6388	6388	663	398	0	0	0	0	1531	766			8582	7552
106	高温间	4766	4766	12307	7384	4271	4271	6596	6596	1522	1522	29462	24539		
	合计											29462	24539	117799	99234
	总计	制冷装置与管道冷损耗补偿系数 $R=1.07$										26257		106180	

用电负荷计算表　　　　　　　　　　　　　　　　　　　　　　　　　　表 4-6

序号	设备名称	设备容量 P_e(kW)	K_x	$\cos\phi$	$\text{tg}\phi$	计算负荷		
						P_{30}(kW)	Q_{30}(kVAR)	S_{30}(kVA)
1	压缩机	150	0.8	0.75	0.88	120	105.6	159.8
2	冷风机	59.7	0.75	0.80	0.75	44.8	33.6	56
3	泵类	65	0.75	0.80	0.75	48.8	36.6	61
4	其他机械	27	0.6	0.75	0.88	16.2	14.3	21.6
5	电照	10	0.8	1	0	8	0	8
6	合计	311.7				237.8	190.1	306.4
	乘以同时系数 $K_\Sigma=0.9$					214	171	275.8

[例 4-3] 天津静海食品试验厂速冻机设计制冷负荷计算实例

1. 工程简况

1987 年对天津静海食品试验厂进口丹麦 HOYER 公司冰淇淋生产线,进行国产速冻机配套设计。在设计前通过实验研究(除了通过"静止空气充注量与冻结时间"、"风速与冻结时间"、"传热温差与冻结时间"、"在冰淇淋中水量的冻结时间"的实验研究外,还进行了单体法向气流组织实验、模拟隧道内风压平衡实验及冰淇淋固化实验)后,选择自动传送时间为 29.4min、风速为 4m/s、速冻本体室内温度−40℃作为设计参数,在满足厂家提出的冰淇淋冻结中心温度−15℃、14h 生产 2.2t 冰淇淋工艺要求的情况下,实现无级变频调速自动连续生产,同时,采用室内大气流和单体小气流组织相结合的先进理论,使冻结曲线更加合理,防止冷气外溢(确保进、出料口处风速 $v \leqslant 0.2$m/s),减少冷量损耗,提高表面换热和总换热效果。

2. 计算参数

室外计算温度　　　　　　　29.2℃
冷凝温度　　　　　　　　　38℃
蒸发温度　　　　　　　　　−48℃
室内计算温度　　　　　　　−40℃

冰淇淋入口中心温度　　　　　－4℃
冰淇淋出口中心温度　　　　　－15℃
速冻本体内平均风速　　　　　4m/s
冰淇淋生产能力　　　　　　　2.2吨/14h
采用两套 R22 不完全中间冷却配组双级压缩制冷系统（厂方原有设备）

3. 计算数据与主要技术指标

有效冻结行程：15400mm
满载运行重量：93.6kg
主要技术指标（见表 4-7）

主要技术指标　　　　　　　　　表 4-7

技术指标	装料速度 (s/盘)	产量 (t/14h)	传送速度 (m/min)	行程时间 (min)	冻结时间 (min)	中心温度(℃)	
						进料口	出料口
最快	49	2.52	0.62	25.8	22	－4	－15.4
最慢	56	2.20	0.54	30.0	29	－4	－15.8

注：每盘装 49 只冰淇淋。在实际降温过程中，充分利用条缝式导风调节板，改变通风窗口面积，使靠近进、出料隧道内侧的冷气流分压偏低，与操作间空气压力产生微小差压或接近于压力平衡，并设立进、出料口热阻段的大气流组织，防止冷气外溢取得明显效果；同时，在冰淇淋盘上增加通风孔，保证经过冰淇淋的风速为 4m/s，增加冰淇淋换热面冷气流的法向流速。并采用先顶吹，后下吹风两个行程的单体小气流组织，极大地提高换热效果。

4. 主要设备及配置

2F10 和 4F10 制冷压倒机组　　　　　　　　　　　各 2 台
DL-50 型氟用吊顶式冷风机　　　　　　　　　　　5 台
WD-60-Ⅱ型普通圆柱蜗杆减速器　　　　　　　　　1 台
JZT2-22-4 型 1.5kW 电磁调速电机　　　　　　　　1 台
由单列套筒滚子链、托架、托掌、导向板、导向滚轮、蜗轮蜗杆及链轮组成的箱形轨道、变频无级调速传送线　　　　　　　　　　　　　　1 套
速冻本体（9750mm×1970mm×1970mm），板厚 δ＝150mm　　1 套

5. 制冷负荷计算
(1) Q_1 列表计算法（见表 4-8）

Q_1 列表计算法　　　　　　　　　表 4-8

房号	技术指标	A (m²)	K[W/ (m²·℃)]	a	t_w (℃)	t_n (℃)	Δt (℃)	Q_1 (W)
101 速 冻 本 体	顶	19.21	0.2067	1.3	29.2	－40	69.2	357.21
	东	19.21	0.2067		29.2		69.2	357.21
	南	3.881	0.2067		29.2		69.2	72.17
	西	19.21	0.2067		29.2		69.2	357.21
	北	3.881	0.2067		29.2		69.2	72.17
	地	19.21	0.2067		29.2		69.2	357.21
小计								1573.18

注：Q_1 列表计算法适用于房间冷负荷计算，本例比较特殊，使 K、a、t_w、(Δt) 六个面的值都相等，在一般情况下，冷间外侧环境是不一样的，不一定是大气环境，有的接连邻室，有的接壤地面，有的有搁楼等，K（使隔热材料厚度 δ、材料性质 λ 及 α_w、α_n 均可不同）、a、t_w 值都会不一样，每一冷间应按实际情况填写和计算。

(2) 速冻机制冷负荷计算（见表4-9）

速冻本体耗冷量汇总表　　　　　　　　　　　　　　　　表4-9

房间名称	Q_1		Q_2		Q_4		−48℃	
速冻本体	Q_{1S}	Q_{1J}	Q_{2S}	Q_{2J}	Q_{4S}	Q_{4J}	ΣQ_S	ΣQ_J
	1573.18	1573.18	3527.75	2713.65	6000	6000	11100.93	10286.83
合计	制冷装置与管道冷损耗补偿系数 $R=1.07$						11878.00	11006.91

4.3 建筑围护构造热、湿计算

不管是采用什么样的建筑方式，制冷都需要有一个围护体来存贮冷量。或者说，用这种建筑围护构造保持室内要求的温度和湿度，以这种室内温、湿度的低温环境作为冷床，提供各种工艺服务。众所周知，没有建筑构造的围护体是不可能实现制冷的（空调也是如此），那么，围护体到底需要转移多少热量和湿量才能形成"低温环境"？围护体的这种热量和湿量我们把它称为"扰动热、湿量"，即围护体受外部和内部干扰形成的热量和湿量，制冷的目的，就是为了转移这部分的扰动量，因此，正确计算建筑围护构造体受内、外部干扰形成的热、湿量显得非常重要。详见参考文献[17]。

受低温、高湿的影响，这种建筑围护构造设计与一般的工业、民用建筑不完全一样。

围护构造一般由隔汽层、隔热层、荷载层和表面保护层组成的密闭式贮冷恒湿用的建筑空间。这种建筑除一般工、民建要求（如抗压、抗拉、挠度及荷载计算）外，能否建立围护构造的关键，更重要是在于做好隔汽、隔热构造及其节点处理，维持隔汽、隔热层的连续性，选择性价比高的隔汽、隔热材料，严防围护体出现：

"地坪冻鼓"——由于地坪结冰体膨胀将地层结构抬起形成"地坪冻鼓"。采用土壤加热或地垄墙、架空、半架空等方式进行自然通风、机械通风方法解决。

"冷桥"——墙板两侧冷、热"短路"形成"冷桥"。避免铁件、工艺管道、金属管线、建筑构件等穿过隔汽、隔热层造成"冷桥"。

"墙体裂隙"——由于降温不当或围护结构本身问题造成"墙体裂隙"。墙体应有完好的密闭性，严防板缝、门缝等处出现泄漏。

"冻融循环"——由于室内温、湿度严重波动引起围护构造冻融循环。

当建筑围护结构热、湿计算错误或处理不当时，还会在冷间内出现化霜、滴水、结冰、保温材料受潮，出现保温层"凝结区"以及在墙体外表面结露、析水、结霜、结冰，使围护结构遭受破坏，甚至造成"湿冲程"、"倒霜"、液击、敲缸等机器故障。降低制冷效率，缩短设备寿命，危及人身安全和国家财产遭受损失。

4.3.1 建筑围护构造隔热计算

1. 建筑围护构造传入热量 Q_1(W)

建筑围护构造在实际传热过程中温度随时间变化而改变，是非稳态传热，非稳定传热比较麻烦。工程计算常采用温差修正系数 a，把复杂的非稳态传热计算简化为稳定传热公式

$$Q_1 = KAa(t_w - t_n) = KAa\Delta t \tag{4-12}$$

2. 比热流 $q(\mathrm{W/m^2})$

简化后温度不随时间变化，令：

$$K\Delta t = q \tag{4-13}$$

式中 q——称为比热流，表示 $A=1\mathrm{m^2}$ 时的传热量。q 可以通过热流计直接检测并读取数值，对于既定建筑的围护构造体 $K\Delta t=q$ 值是一定的。实践证明，传热系数 K 与围护体内、外温差 Δt 是相互关联的。

3. 低限热阻 $R_{\min}(\mathrm{m^2 \cdot ℃/W})$

为防止空气中水蒸气在围护构造表面结露，围护构造的实际热阻 R_0 必须大于低限热阻 $R_{\min}$，即 $R_0 > R_{\min}$。

$$R_{\min} = (t_w - t_n) b R_W / \Delta t_w \tag{4-14}$$

式中 t_w——室外计算温度，℃；

t_n——室内计算温度，℃；

b——热阻修正系数；

围护构造热惰性指标 $D \leqslant 4$ 时，$b=1.2$

其他围护构造，$b=1.0$

$R_W = 1/\alpha_W$——围护结构外表面放热阻，$\mathrm{m^2 \cdot ℃/W}$；

Δt_w——室外计算温度与室外空气露点温度之差，$\Delta t_w = t_w - t_L$，℃。

4. 建筑围护构造的传热系数 K 与总热阻 R_0

把理论计算与实际应用不断相结合，并积累多年的经验，不难看出在常用的隔热、隔汽材料中，建筑围护构造的总热阻 R_0（或传热系数 K）与两侧温差 Δt 存在关系。可以简单地理解为：墙体两侧只要有一个温差 Δt 存在，墙体就有一个总热阻 R_0（作为低限热阻）；或者说，只要墙体有一个总热阻 R_0，就能维持墙体两侧温差 Δt。建筑围护构造体本身有六个面（顶棚、地坪、东、南、西、北四面外墙体），相邻冷间（内隔墙、楼盖），它们的传热温差 Δt 与总热阻 R_0 的关系见表 4-10～表 4-12。

冷间外墙、屋面或顶棚总热阻 R_0，可根据夏季空气调节日平均温度 t_{wp} 与室内计算温度 t_n 的温差乘以温度修正系数 a 值后，再按表 4-10 选用。

冷间隔墙总热阻 R_0 可根据隔墙两侧的计算室温按表 4-11 选用。

冷间外墙、无阁楼的屋面、有阁楼的顶棚的总热阻 R_0 （$\mathrm{m^2 \cdot ℃/W}$） 表 4-10

室内、外温差 $a \cdot \Delta t$(℃)	比热流 $q(\mathrm{W/m^2})$				
	8	9	10	11	12
90	11.25	10.00	9.00	8.18	7.50
80	10.00	8.89	8.00	7.27	6.67
70	8.75	7.78	7.00	6.36	5.83
60	7.50	6.67	6.00	5.45	5.00
50	6.25	5.56	5.00	4.55	4.17
40	5.00	4.44	4.00	3.64	3.33
30	3.75	3.33	3.00	2.73	2.50
20	2.50	2.22	2.00	1.82	1.67

冷间隔墙的总热阻 R_0（$m^2 \cdot ℃/W$） 表 4-11

隔墙两侧室名及计算室温(℃)		比热流 $q(W/m^2)$	
		10	12
冻结间与冷却间	−23～±0	3.80	3.17
冻结间与冻结间	−23～−23	2.80	2.33
冻结间与高温穿堂	−23～4	2.70	2.25
冻结间与低温穿堂	−23～−10	2.00	1.67
低温冷藏间与高温冷藏间	−18至−20～±0	3.30	2.75
低温冷藏间与冰库	−18至−20～−4	2.80	2.33
低温冷藏间与高温穿堂	−18至−20～4	2.80	2.33
高温冷藏间与高温冷藏间	±0～±0	2.00	1.67

注：隔墙总热阻已考虑生产中的温度波动因素。

（1）冷间外墙、屋面、顶棚、隔墙当采用价格高的隔热材料时，如软木、泡沫塑料等，一般可采用比热流 q 较大的总热阻；当采用价格低的隔热材料时，如炉渣、稻壳等，可采用比热流 q 较小的总热阻。

（2）以上表4-10、表4-11总热阻 R_0 比较适用于热惰性系数 $D>4$ 的重型结构建筑围护构造隔热计算；热惰性系数 $D \leqslant 4$ 的轻型结构建筑围护构造隔热计算详见参考文献[9]《建筑安装工程施工图集2冷库通风空调工程》（第三版）LK7 小型冷库装配 DIY。

冷间楼盖总热阻 R_0 可根据楼盖上下冷间计算温度差按表4-12选用。

冷间楼盖总热阻 R_0（$m^2 \cdot ℃/W$） 表 4-12

楼盖上下冷间计算温度差 Δt(℃)	R_0 ($m^2 \cdot ℃/W$)	楼盖上下冷间计算温度差 Δt(℃)	R_0 ($m^2 \cdot ℃/W$)
35	4.77	8～12	2.58
23～28	4.08	5	1.89
15～20	3.31		

注：楼盖总热阻已考虑生产中温度波动因素。
当高温冷藏间楼盖下为低温冷藏间时，其楼盖总热阻不宜小于 $4.08m^2 \cdot ℃/W$。

冷间直接铺设在土壤上的地坪总热阻可根据冷间计算温度按表4-13选用。

直接铺设在土壤上的冷间地坪总热阻 R_0 表 4-13

冷间计算温度(℃)	R_0 ($m^2 \cdot ℃/W$)	冷间计算温度(℃)	R_0 ($m^2 \cdot ℃/W$)
−2～0	1.72	−23～−28	3.91
−10～−5	2.54	−35	4.77
−20～−15	3.18		

注：当地面隔热层采用炉渣时，总热阻按本表数据乘以 0.8 修正系数。

冷间铺设在架空层上的地坪总热阻可根据冷间计算温度按表4-14选用。

5．建筑围护构造隔热计算步骤

（1）确定室外计算温度 t_w（℃）和室内计算温度 t_n（℃）；

铺设在架空层上的冷间地坪总热阻 R_0 表 4-14

冷间计算温度 (℃)	R_0 (m² · ℃/W)	冷间计算温度 (℃)	R_0 (m² · ℃/W)
$-2\sim 0$	2.15	$-23\sim -28$	4.08
$-10\sim -5$	2.71	-35	4.77
$-20\sim -15$	3.44		

(2) 算出低限热阻 R_{min} 或采用表 4-10～表 4-12 中满足要求的总热阻 R_0（传热系数 K）；

(3) 选用隔热材料（λ_b）及其厚度（δ_b）并确保实际总热阻 $R_0 > R_{min}$。

$$\delta_b = \lambda_b (R_0 - R'_0) \tag{4-15}$$

式中　δ_b——隔热层厚度，m；

　　　λ_b——隔热材料设计用导热系数，W/(m·℃)（见《冷库设计规范》条文说明中的表 11）；

　　　R_0——总热阻，m² · ℃/W；

　　　R'_0——除隔热层外的其他材料总热阻，m² · ℃/W；

$$R'_0 = R_w + R_n + \sum_{i=1}^{m} \frac{\delta_i}{\lambda_i} \tag{4-16}$$

根据计算的 δ_b 值，并按市场现有的隔热材料制品规格选用实际厚度。

4.3.2 建筑围护构造隔热计算列举

[例 4-4] 已知：室外计算温度 $t_w = 29.2$℃和室内计算温度 $t_n = -18$℃；墙体构造由外至内依次为：

构造层	厚度（m）
水泥砂浆抹面层	0.03
砖墙	0.37
水泥砂浆找平层	0.02
二毡三油	0.01
稻壳	0.65
混凝土插板插柱	0.035

验证：该实际墙体的总热阻 R_0 是否合格？

求解：依题意列表计算（表 4-15）

计 算 表　表 4-15

墙体各层	各层材料厚度 δ (m)	各层材料导热系数 λ(W/m·℃)	各层材料热阻 R_0 (m² · ℃/W)
$1/\alpha_w$			$1/23 = 0.0435$
水泥砂浆抹面层	0.03	0.930	0.0323
砖墙	0.37	0.810	0.4568
水泥砂浆找平层	0.02	0.930	0.0215
二毡三油	0.01		0.0410
稻壳	0.70	0.151	4.6358
混凝土插板插柱	0.035	1.550	0.0226
$1/\alpha_n$			$1/12 = 0.0833$
合计			5.3368

由列表计算得出实际墙体总热阻 $R_0=5.3368\text{m}^2\cdot\text{℃/W}$

又已知：$\Delta t=t_\text{w}-t_\text{n}=29.2℃-(-18℃)=47.2℃$

查表 4-10 中，比热流 $q=10$ 一栏，用插入法得：$R_0=4.720\text{m}^2\cdot\text{℃/W}$

答：该墙体实际总热阻 $R_0=5.3368\text{m}^2\cdot\text{℃/W}>4.7200\text{m}^2\cdot\text{℃/W}$，围护墙体合格。

[例 4-5] 已知：室外计算温度 $t_\text{w}=30℃$ 和室内计算温度 $t_\text{n}=-23℃$；墙体构造由外至内依次为：

构造层	厚度（m）
水泥砂浆抹面层	0.02
砖砌体	0.37
水泥砂浆找平层	0.02
二毡三油	0.01
软木层	δ_b
钢丝网水泥砂浆抹面	0.03

求：实际隔热层软木的厚度 δ_b。

解：查表 4-10 中，$q=K\Delta t=12$ 得传热系数 K：

$$K=12/\Delta t=12/(t_\text{w}-t_\text{n})=12/[30-(-23)]=12/53=0.226\text{W}/(\text{m}^2\cdot℃)$$

即：总热阻 $R_0=1/K=4.425\text{m}^2\cdot\text{℃/W}$

∴软木厚度 δ_b 为：

$$\begin{aligned}\delta_\text{b}&=\lambda_\text{b}(R_0-R_0')\\&=0.069(4.425-0.6382)\\&=0.261\text{m}=261\text{mm}\end{aligned}$$

答：可选用市场规格 50mm 厚质优的软木，五层错缝铺贴。如果感觉经验不足，也可再加 25mm 厚规格软木板一层。

4.3.3 外围护构造隔汽计算

隔汽层设置在建筑围护构造隔热层的外侧，习惯地称为外围护构造。

隔汽计算比隔热计算重要。例如，隔热材料厚度（δ_b 值小）不够、隔热材料性能（导热系数 λ_b 值大）差些，只是引起传入热量大些，但是，这部分热量完全可以增加一些设备制冷量把它转移出去，不会造成建筑围护构造的破坏。相反，计算的隔热材料太厚或选用太贵的隔热材料，只是浪费一次投资和使用空间，这种计算错误，不仅不会造成建筑围护构造的破坏，反而使保温性能更好，这种错误实例不少。然而，隔汽计算却不能有误，正确的隔汽计算和良好的隔汽处理是保证围护构造隔汽、隔热性能的关键。如果隔汽计算不当，外界空气中的水蒸气就会不断渗入隔热层，隔热材料受潮后，其隔热性能显著恶化，严重时，还造成隔热材料变质失效，进而使建筑的一些结构、构件结霜、滴水、冻冰而遭受破坏，甚至危及建筑围护构造的寿命。

1. 蒸汽渗透量 P 与蒸汽渗透阻 H_0

由于温差存在才引起热量的传递，温差是热传递的动力；同样，由于水蒸气分压力差的存在才引起湿量的传递，水蒸气分压力差是湿传递的动力。传递的湿量称为蒸气渗透量，用 $P/[\text{g}/(\text{m}^2\cdot\text{h})]$ 表示。蒸汽渗透量 P 与水蒸气分压力差 Δe 成正比；与蒸汽渗透

阻 H_0 成反比。

$$P=\Delta e/H_0=(e_w-e_n)/H_0 \tag{4-17}$$

对于多层的总蒸汽渗透阻 H_0：

$$H_0=H_w+\sum_{i=1}^{m}\frac{\delta_i}{\mu_i}+H_n \tag{4-18}$$

式中 H_w、H_n——室外、室内蒸汽渗透阻，$m^2 \cdot h \cdot Pa/g$；

δ_i——各层隔汽材料厚度，m；

μ_i——各层隔汽材料蒸汽渗透系数，$g/(m \cdot h \cdot Pa)$。

2. 最低蒸汽渗透阻 H_{min}

$$H_{min}=1.6\times(e_w-e_n) \tag{4-19}$$

式中 e_w、e_n——室外、室内空气水蒸气分压力，Pa；

计算结果应满足： $H_0 \geqslant H_{min}$

4.3.4 外围护构造隔汽计算列举

[例 4-6] 已知：室外计算温度 $t_w=32℃$ 和室内计算温度 $t_n=-18℃$；室外空气相对湿度 $\phi_w=67\%$ 和室内空气相对湿度 $\phi_n=90\%$；实际围护构造由外至内依次为：

构造层	厚度（m）
水泥砂浆抹面层	0.03
砖砌体	0.24
水泥砂浆找平层	0.02
冷底子油二毡三油	0.01
稻壳	0.65
混凝土插板插柱	0.035

求：实际围护构造总蒸汽渗透阻 H_0 是否满足要求。

解：由文献 [17] 附录一中查得：

当 $t_w=32℃$ 时，水蒸气最大分压力（水蒸气饱和压力）$E_w=4754.276Pa$

$t_n=-18℃$ 时， $E_n=125.323Pa$

则 $e_w=E_w\times\phi_w=4754.276\times67\%=3185.365Pa$

$e_n=E_n\times\phi_n=125.323\times90\%=112.791Pa$

即最低蒸汽渗透阻 H_{min} 为

$$H_{min}=1.6\times(e_w-e_n)$$
$$=1.6\times(3185.365-125.323)$$
$$=4896.067 m^2 \cdot h \cdot Pa/g$$

实际围护构造总蒸汽渗透阻可列表计算（表 4-16）

实际 $H_0=6080.98 m^2 \cdot h \cdot Pa/g \geqslant H_{min}=4896.067 m^2 \cdot h \cdot Pa/g$

答：实际围护构造隔汽性能符合要求。

本题有两项未列入计算应加以补充说明：

① 未计算是因为围护构造内、外表面附近空气边界层的蒸汽渗透阻（$H_n=7.9993 m^2 \cdot h \cdot Pa/g$ 与 $H_w=3.9997 m^2 \cdot h \cdot Pa/g$）与构造材料层的蒸汽渗透阻相比十分微小，所以忽略不计。

计算表　　　　　　　　表 4-16

构造层	材料厚度 δ_i(m)	蒸汽渗透系数 μ_i[g/(m·h·Pa)]	蒸汽渗透阻 H_i(m²·h·Pa/g)
水泥砂浆抹面层	0.03	9.00×10^{-5}	333.33
砖砌体	0.24	1.05×10^{-4}	2285.71
水泥砂浆找平层	0.02	9.00×10^{-5}	222.22
冷底子油二毡三油	0.01		3239.72
稻壳	0.65		（略）
混凝土插板插柱	0.035		（略）
合计			6080.98

② 不计算稻壳保温层和混凝土插板插柱内衬墙的隔汽作用，是因为用保温材料作隔汽已经没有实际意义了，如果水蒸气已经到了稻壳，保温材料稻壳已受潮，当然，其后的构造层对隔汽计算来说，就更没意义了，所以，保温层稻壳及以后所有构造层的隔汽计算统统省略。

4.4 制冷设备选用计算

设计要严防大的错误，数据计算要抓大数，设备选用时主要设备（含贵重设备）不能出错，主要设备错了就是大错，由此而造成不安全和资金浪费使设计责任相当沉痛。

制冷的最主要设备是制冷压缩机、冷凝器和蒸发器，把压缩机与冷凝器配置在一起组成压缩冷凝机组，再配一些贮液器、干燥、节流等部件构成主机；蒸发器及其末端装置叫辅机，主机和辅机不能算错。当然，其他设备也不能算错，但往往凭经验就能把握，甚至，有些设备一般不容易出大错，比如空气分离器、集油器等，规格型号有限，选小了，空气或油多放几次，选大了也浪费不多（更何况"以大代小"往往是一种保险的设计方法），不像主要设备计算将直接影响设计安全与工程造价。由于篇幅有限，本节主要解决制冷压缩机、冷凝器和蒸发器的选用计算，其余设备计算详见参考文献[15]。

4.4.1 制冷压缩机选用计算

1. 单级活塞式压缩机选用计算

制冷压缩机选用计算的方法很多，采用压缩机理论排气量（输气量）是一种常用的计算方法。步骤如下：

绘制单级压缩 $\lg P$—h 图（见图 4-1 单级压缩 $\lg P$—h 图）。

（1）由实际制冷量求所需压缩机理论排气量 V_P(m³/h)

$$V_P=\frac{3.6Q_J}{\lambda\cdot(h_1-h_5)/v_2} \tag{4-20}$$

式中　3.6——转换系数，即 1W=3.6kJ/h；
　　　Q_J——机械负荷，W；

λ——压缩机输气系数(厂商提供、查压机性能图表或采用下式计算)

$$\lambda=0.94-0.085[(P_k/P_0)^{1/m}-1] \tag{4-21}$$

P_k——冷凝压力(绝对)MPa;

P_0——蒸发压力(绝对),MPa;

m——多变膨胀指数:R717 $m=1.28$;R12 $m=1.13$;R22 $m=1.18$;

h_1——蒸发器出口饱和蒸汽比焓,kJ/kg;

h_5——蒸发器进口液体比焓,kJ/kg;

v_2——压缩机吸入口过热气体比容,m³/kg。

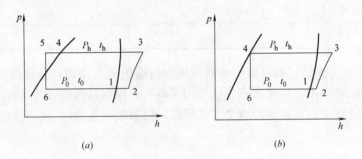

图 4-1 单级压缩 $\lg p$—h 图

(2) 从所选压缩机求压缩机理论排气量 V'_P(m³/h)

$$V'_P=(\pi D^2/4)snz60 \tag{4-22}$$

式中 D——汽缸直径,m;

s——活塞行程,m;

n——压缩机转速,r/min;

z——汽缸个数。

(3) 求所需压缩机台数 N

$$N=V_P/V'_P \tag{4-23}$$

选择压缩机产品确定压缩机规格型号及台数,所选压缩机制冷量 Q_0 略大于 Q_J 即可。

(4) 求制冷剂循环量 G(kg/h) 及冷凝器负荷 Q_L(W)

$$G=3.6Q_0/(h_1-h_5)=V_P\times\lambda/v_2 \tag{4-24}$$

式中 v_2——压缩机吸入口过热气体比容,m³/kg;

$$Q_L=G(h_3-h_4)/3.6 \tag{4-25}$$

式中 h_3——冷凝器进口气体比焓,kJ/kg;

h_4——冷凝器出口液体比焓,kJ/kg;

(5) 求压缩机指示功率 P_e(kW)

$$P_e=G(h_3-h_2)/(3600\eta_s) \tag{4-26}$$

式中 h_3——压缩机排出口气体比焓,kJ/kg;
  h_2——压缩机吸入口气体比焓,kJ/kg;
  η_s——指示效率;

$$\eta_s = T_0/T_k + bt_0 = (273+t_0)/(273+t_k) + bt_0 \tag{4-27}$$

式中 T_0——蒸发温度,K;
  T_k——冷凝温度,K;
  t_0——蒸发温度,℃;
  t_k——冷凝温度,℃;
  b——系数;立式压缩机 $b=0.001$。

(6) 求压缩机摩擦功率 P_m(kW)

$$P_m = N_m V_P/3600 \tag{4-28}$$

式中 N_m——摩擦压力,kPa
  氨压缩机 $N_m = 50 \sim 80$ kPa;
  氟压缩机 $N_m = 30 \sim 50$ kPa;

(7) 求压缩机轴功率 P_z(kW)

$$P_z = (P_e + P_m)/\eta_q = P_y/\eta_q \tag{4-29}$$

式中 P_y——有效功率,kW;
  η_q——驱动效率。直接驱动:$\eta_q = 1$;三角皮带驱动:$\eta_q = 0.97 \sim 0.98$;平皮带驱动:$\eta_q = 0.96$;

(8) 压缩机电动机功率 P(kW)

$$P = nP_z \tag{4-30}$$

式中 n——附加系数,$n = 1.10 \sim 1.15$。

根据计算的压缩机理论排气量和电动机功率就可以确定压缩机的规格型号及台数。当然,以上计算方法外,还有诸如:按压缩机标准工况制冷量选用计算、按压缩机特性曲线选用计算等计算方法,如有需要,可参考文献 [15]。

2. 双级活塞式压缩机选用计算

(1) 中间温度 t_{zj}(即中间压力 P_{zj})的确定

在汽液共存区内,制冷剂的温度与压力是对应关系,即是什么温度一定对应什么压力,或者说,是什么压力一定对应什么温度,比如冷凝温度对应冷凝压力、中间温度对应中间压力、蒸发温度对应蒸发压力,也就是说,只要知道中间温度,就等于知道中间压力,反之。非汽液共存区的过热气体区或过冷液体区,制冷剂温度与压力不对应,比如压缩机的排气温度与排气压力、吸汽温度与吸汽压力等都不是一一对应关系。

确定中间压力 V_{zj}(中间温度 t_{zj})有计算法和图解法以及由厂商提供等方法。

1) 计算法:中间压力按下列公式进行计算:

$$P_{zj} = \Psi \sqrt{P_k P_0} \tag{4-31}$$

式中 Ψ——修正系数,R717,$\Psi = 0.95 \sim 1.0$;R22,$\Psi = 0.9 \sim 0.95$;Ψ 值也可查图表获取。

中间温度按下列近似公式计算：
$$t_{zj}=0.4t_k+0.6t_0+3 \tag{4-32}$$

2) 图解法：实际的中间压力 P_{zj} 是根据选用的高压机理论排气量 V_{gp} 与低压机理论排气量 V_{dp} 之比来计算的，令 $\zeta=V_{gp}/V_{dp}$，ζ 值与制冷剂的性质和蒸发温度 t_0 有关，蒸发温度越低，ζ 值越小。

在确定制冷剂、冷凝温度 t_k 和蒸发温度 t_0 的情况下，中间压力 P_{zj} 与 ζ 值存在关系，如图 4-2 所示，作出 $P_{zj}-\zeta$ 直角坐标图：任意选定两个中间温度（最好温度间距大点）如：$t'_{zj}=\pm 0℃$（对应的中间压力 $P'_{zj}=0.42941\text{MPa}$）和 $t''_{zj}=-10℃$（对应的中间压力 $P''_{zj}=0.29075\text{MPa}$）列表计算对应的 ζ 值为：$\zeta'=0.356$ 和 $\zeta''=0.612$。在 $P_{zj}-\zeta$ 直角坐标图中，ζ 为横坐标，P_{zj} 为纵坐标。那么，P'_{zj} 线与 ζ' 线交点为 A，P''_{zj} 线与 ζ'' 线交点为 B，通过 A、B 两点作直线，即完成 $P_{zj}-\zeta$ 直角坐标图。此时，只要知道任何一种压缩机的 ζ 值，就可从直角坐标图中得出相对应的中间压力 P_{zj} 及相应的中间温度 t_{zj}。比如，已知氨 S8—12.5 型压缩机的高、低压级气缸理论排气量之比 $\zeta=0.33$，此时，作 $\zeta=0.33$ 直线与 AB 直线相交于 C 点，再由 C 点作直线交于纵坐标得出相对应的中间压力 $P_{zj}=0.4485\text{MPa}$，其相应的中间温度 $t_{zj}=1.5℃$。

（2）低压级

1) 绘制双级压缩 $\lg p-h$ 图（见图 4-3 双级压缩 $\lg p-h$ 图）。

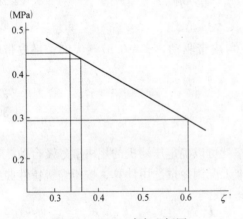

图 4-2 $P_{zj}-\zeta$ 直角坐标图

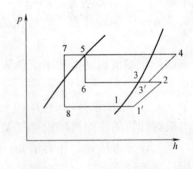

图 4-3 双级压缩 $\lg p-h$ 图

2) 压缩机的容积效率

氨：
$$\lambda_d=0.94-0.085\{[P_{zj}/(P_0-0.00981)]^{1/m}-1\} \tag{4-33}$$

氟利昂：
$$\lambda_d=[(273+t_0)/(273+t_{zj})]\times[0.872-0.043(P_{zj}/P_0)] \tag{4-34}$$

3) 需用的压缩机排气量（m³/h）
$$V_{dP}=3.6\sum Q_j v'_1/\lambda_d(h_1-h_8) \tag{4-35}$$

式中：v'_1——低压机吸入口过热气体比容，m³/kg；

4) 实际循环量（kg/h）　　$G_d=3.6Q_0/(h_1-h_8)=V_{dp}\lambda_d/v'_1 \tag{4-36}$

5) 指示功率（kW）　　$P_{de}=G_d(h_2-h_1)/(3600\eta_{de}) \tag{4-37}$

式中　η_{de}——指示效率；
$$\eta_{de}=(273+t_0)/(273+t_{zj})+bt_0 \tag{4-38}$$

式中 b——系数，立式压缩机 $b=0.001$；卧式压缩机 $b=0.002$。

6) 摩擦功率（kW） $\quad P_{dm}=n_m V_{dp}/3600 \quad$ (4-39)

式中 N_m——摩擦压力，kPa；立式氨压缩机 $N_m=50\sim70$；W 型氨压缩机 $N_m=80$；立式氟压缩机 $n_m=30\sim50$。

7) 轴功率（kW） $\quad P_{dz}=(P_{de}+P_{dm})/\eta_q \quad$ (4-40)

式中 η_q——驱动效率；直接驱动：$\eta_q=1$；三角皮带驱动：$\eta_q=0.97\sim0.98$；平皮带驱动：$\eta_q=0.96$。

8) 电动机功率（kW） $\quad P_d=nP_{dz} \quad$ (4-41)

式中 n——附加系数；$n=1.10\sim1.15$。

根据以上计算的低压机理论输气量 V_{dp} 和电动机功率 P_d 可以确定双级压缩中的低压机的规格型号及台数，并为下一步确定选取单机双级还是采用高、低压机配组双级提供数据。

(3) 高压级

1) 实际循环量（kg/h） $\quad G_g=G_d(h_2-h_8)/(h_3-h_5) \quad$ (4-42)

2) 压缩机的容积效率 $\quad \lambda_g=0.94-0.085[(P_k/P_{zj})^{1/m}-1] \quad$ (4-43)

3) 需用的压缩机排气量（m³/h） $\quad V_{gp}=G_g v'_3/\lambda_g \quad$ (4-44)

式中 v'_3——高压机吸入口过热气体比容，m³/kg。

4) 指示功率（kW） $\quad P_{ge}=G_g(h_4-h_3)/3600\eta_{ge} \quad$ (4-45)

式中 η_{ge}——指示效率；

$$\eta_{ge}=(273+t_{zj})/(273+t_k)+bt_{zj} \quad (4\text{-}46)$$

5) 摩擦功率（kW） $\quad P_{gm}=N_m\times V_{gp}/3600 \quad$ (4-47)

式中 N_m——摩擦压力；

6) 轴功率（kW） $\quad P_{gz}=(P_{ge}+P_{gm})/\eta_q \quad$ (4-48)

7) 电动机功率（kW） $\quad P_g=n\times P_{gz} \quad$ (4-49)

在工程应用中，高压级电动机可按空调工况配用电机功率，低压级电动机则按标准工况配用电机功率。

单机双级压缩机配用电动机功率为高、低压级配用电动机功率之和（kW）

$$P=P_d+P_g \quad (4\text{-}50)$$

3. 螺杆式压缩机选用计算

(1) 螺杆式压缩机理论排气量 V_p（m³/h）

$$V_p=60C_n LnD^2 \quad (4\text{-}51)$$

式中 C_n——齿形系数，与型线、齿数有关。一般近似计算时，$C_n=0.46\sim0.508$（按阳转子名义直径计算），对称圆弧形线取小值，单边不对称线取大值。

L——转子工作长度，m；

n——主动转子转速，r/min；

D——主动转子公称直径，m。

(2) 螺杆式压缩机制冷量 Q_c（W）

$$Q_c=V_p\lambda q_v/3.6 \quad (4\text{-}52)$$

式中 V_p——螺杆式压缩机理论排气量，m^3/h；
　　　λ——螺杆式压缩机输气系数；可由制造厂提供的图表中查取。无资料时，可取 $\lambda=0.75\sim0.9$，当输气量小、压缩比大时取小值，反之，取较大值。
　　　q_v——单位容积冷量，kJ/m^3。

(3) 螺杆式压缩机轴功率 P_z（kW）

$$P_z=V_p\lambda(h_3-h_2)/3600\eta v_2 \quad (4\text{-}53)$$

式中 h_3——螺杆式压缩机排出口气体比焓，kJ/kg；
　　　h_2——螺杆式压缩机吸入口气体比焓，kJ/kg；
　　　η——螺杆式压缩机总效率，η 值由制造厂提供；
　　　v_2——螺杆式压缩机吸入口气体比容，m^3/kg。

4.4.2 制冷压缩机计算列举

[例4-7] 同[例4-1]，我国南方某地5000t扩建冷库制冷负荷计算实例（采用氨制冷系统，按图4-3双级压缩 $\lg P - h$ 图）计算结果：

1. 计算参数：

室外计算温度： $t_{wp}=30.3℃$；
冷凝温度： $t_k=38℃$；冷凝压力 $P_k=1.4705MPa$
冻结间蒸发温度： $t_{oj}=-33℃$；蒸发压力 $P_0=0.1032MPa$
低温冷藏间蒸发温度： $t_{0d}=-28℃$；蒸发压力 $P_0=0.1317MPa$
冻结间室内计算温度： $t_{nj}=-23℃$；
低温冷藏间室内计算温度： $t_{nd}=-18℃$。

2. [例4-1]计算结果：

-33℃蒸发系统机械负荷：$\sum Q_j=584138W$；
-28℃蒸发系统机械负荷：$\sum Q_j=143588W$。

制冷压缩机选用计算：由于两个蒸发系统压缩比 $P_k/P_0>8$，所以，-33℃和-28℃蒸发系统均选用双级压缩。中间压力和中间温度分别如下：

-33℃蒸发温度系统：中间压力 $P_{zj}=0.4045MPa$；中间温度 $t_{zj}=-1.6℃$；
-28℃蒸发温度系统：中间压力 $P_{zj}=0.4526MPa$；中间温度 $t_{zj}=1.4℃$。

3. 各点参数如下：

-33℃蒸发系统	-28℃蒸发系统
$h_1=1634.28kJ/kg$	$h_1=1642.02kJ/kg$
$v'_1=1.18m^3/kg$（一般氨吸气过热度取5℃）	$v'_1=0.91m^3/kg$（一般氨吸气过热度取5℃）
$h_2=1840.08kJ/kg$	$h_2=1823.35kJ/kg$
$h_3=1677.35kJ/kg$	$h_3=1680.66kJ/kg$
$v'_3=0.34m^3/kg$	$v'_3=0.31m^3/kg$
$h_4=1936.27kJ/kg$	$h_4=1944.63kJ/kg$
$h_5=h_6=598.70kJ/kg$	$h_5=h_6=598.70kJ/kg$
$h_7=h_8=409.84kJ/kg$	$h_7=h_8=426.56kJ/kg$
（液体过冷温度一般比中冷温度高5～7℃）	（同左）

4. 列表计算法（表4-17、表4-18）

低压级计算表 表 4-17

公 式	−33℃蒸发系统	−28℃蒸发系统
压缩机容积效率 λ_d $\lambda_d = 0.94 - 0.085\{[P_{zj}/(P_0 - 0.00981)]^{1/m} - 1\}$	$\lambda_d = 0.94 - 0.085\{[0.4045/(0.1032 - 0.00981)]^{1/1.28} - 1\} = 0.7578$	$\lambda_d = 0.94 - 0.085\{[0.4526/(0.1317 - 0.00981)]^{1/1.28} - 1\} = 0.788$
需用压缩机排气量 V_{dp} (m³/h) $V_{dp} = 3.6 \sum Q_j v_1'/\lambda_d(h_1 - h_8)$	$V_{dp} = 3.6 \times 584138 \times 1.18/0.7578$ $(1634.28 - 409.84)$ $= 2673.92 \text{m}^3/\text{h}$	$V_{dp} = 3.6 \times 143588 \times 0.91/0.788$ $(1642.02 - 426.56)$ $= 491.13 \text{m}^3/\text{h}$
实际循环量 G_d (kg/h) $G_d = 3.6 Q_0/(h_1 - h_8) = V_{dp}\lambda_d/v_1'$	$G_d = 2673.92 \times 0.7578/1.18$ $= 1717.20 \text{kg/h}$	$G_d = 491.13 \times 0.788/0.91$ $= 425.29 \text{kg/h}$
指示功率 P_{de} (kW) $P_{de} = G_d(h_2 - h_1)/(3600\eta_{de})$	$P_{de} = 1717.20 \times (1840.08 - 1634.28)/(3600 \times 0.851)$ $= 115.35 \text{kW}$	$P_{de} = 425.29 \times (1823.35 - 1642.02)/(3600 \times 0.865)$ $= 24.77 \text{kW}$
摩擦功率 P_{dm} (kW) $P_{dm} = N_m V_{dp}/3600$	$P_{dm} = 80 \times 2673.92/3600 = 59.42 \text{kW}$	$P_{dm} = 80 \times 491.13/3600 = 10.91 \text{kW}$
轴功率 P_{dz} (kW) $P_{dz} = (P_{de} + P_{dm})/\eta_q$	$P_{dz} = (115.35 + 59.42)/1 = 174.77 \text{kW}$	$P_{dz} = (24.77 + 10.91)/1 = 35.68 \text{kW}$
电动机功率 P_d (kW) $P_d = nP_{dz}$	$P_d = 1.15 \times 174.77 = 200.99 \text{kW}$	$P_d = 1.15 \times 35.68 = 41.03 \text{kW}$

高压级计算表 表 4-18

公 式	−33℃蒸发系统	−28℃蒸发系统
实际循环量 G_g (kg/h) $G_g = G_d(h_2 - h_8)/(h_3 - h_5)$	$G_g = 1717.20 \times (1840.08 - 409.84)/(1677.35 - 598.70)$ $= 2276.93 \text{kg/h}$	$G_g = 425.29 \times (1823.35 - 426.56)/(1680.66 - 598.70)$ $= 549.04 \text{kg/h}$
压缩机容积效率 λ_g $\lambda_g = 0.94 - 0.085[(P_k/P_{zj})^{1/m} - 1]$	$\lambda_g = 0.94 - 0.085[(1.4705/0.4045)^{1/1.28} - 1]$ $= 0.792$	$\lambda_g = 0.94 - 0.085[(1.4705/0.4526)^{1/1.28} - 1]$ $= 0.812$
需用压缩机排气量 V_{gp} (m³/h) $V_{gp} = G_g v_3'/\lambda_g$	$V_{gp} = 2276.93 \times 0.34/0.792$ $= 977.47 \text{m}^3/\text{h}$	$V_{gp} = 549.04 \times 0.31/0.812$ $= 209.61 \text{m}^3/\text{h}$
指示功率 P_{ge} (kW) $P_{ge} = G_g(h_4 - h_3)/3600\eta_{ge}$	$P_{ge} = 2276.93(1936.27 - 1677.35)/3600 \times 0.871$ $= 188.02 \text{kW}$	$P_{ge} = 549.04(1944.63 - 1680.66)/3600 \times 0.884$ $= 45.54 \text{kW}$
摩擦功率 P_{gm} (kW) $P_{gm} = N_m V_{gp}/3600$	$P_{gm} = 80 \times 977.47/3600 = 21.72 \text{kW}$	$P_{gm} = 80 \times 209.61/3600 = 4.66 \text{kW}$
轴功率 P_{gz} (kW) $P_{gz} = (P_{ge} + P_{gm})/\eta_q$	$P_{gz} = (188.02 + 21.72)/1 = 209.74 \text{kW}$	$P_{gz} = (45.54 + 4.66)/1 = 50.2 \text{kW}$
电动机功率 P_g (kW) $P_g = nP_{gz}$	$P_g = 1.15 \times 209.74 = 241.20 \text{kW}$	$P_g = 1.15 \times 50.2 = 57.73 \text{kW}$
若采用单机双级压缩机配用电动机总功率 P (kW) $P = P_d + P_g$	$P = 200.99 + 241.20 = 442.19 \text{kW}$	$P = 41.03 + 57.73 = 98.76 \text{kW}$

5. 制冷压缩机选用方法

根据我国实际常用高、低压级气缸理论排气量之比有两种,即:$\zeta=1/3$ 和 $\zeta=1/2$。双级压缩制冷常采用单机双级压缩制冷系统和配组双级压缩制冷系统,同时,希望采用同一个系列产品的制冷压缩机。为此,有三种机型值得我们考虑:4AV-12.5、8AS-12.5 和 S8-12.5。首先确保系列相同,均采用 12.5 系列,汽缸直径 $D=125mm$;且气缸行程一样,$S=100mm$,为系统的配置和今后检修等提供方便。这样,可以算出一对汽缸的理论排气量 V_p。

$$V_p = \pi D^2/4 SnZ \times 60$$
$$= \pi (0.125)^2/4 \times 0.1 \times 960 \times 2 \times 60$$
$$= 141.37 m^3/h$$

则所对应压缩机的理论排气量是:

4AV-12.5 型	$141.37 \times 2 = 282.74 m^3/h$
8AS-12.5 型	$141.37 \times 4 = 565.48 m^3/h$
S8-12.5 型的高压级	$141.37 \times 1 = 141.37 m^3/h$
S8-12.5 型的低压级	$141.37 \times 3 = 424.11 m^3/h$

(1) 选法一

−33℃蒸发系统:	S8-12.5 型单机双级制冷压缩机	7 台
−28℃蒸发系统:	4AV-12.5 型作高压机	1 台
	8AS-12.5 型作低压机	1 台

4AV-12.5 型与 8AS-12.5 型组成配组双级压缩机作−28℃蒸发系统,同时,与其中−33℃蒸发系统的一台或几台单机双级压缩机互换蒸发系统,并可在 4AV-12.5 型压缩机上安装"倒打反抽"阀组,以便系统排污试压。

计算汇总表　　　　表 4-19

高、低压配组和单机双级 理论排气量 V_p 与电动机功率 P	−33℃蒸发系统	−28℃蒸发系统	备注
低压级:V_{dp} P_d	2673.92m³/h 200.99kW	491.13m³/h 41.03kW	
高压级:V_{gp} P_g	977.47m³/h 241.20kW	209.61m³/h 57.73kW	
单机双级:$P=P_d+P_g$	442.19kW	98.76kW	仅限单机

验证如下:−33℃蒸发系统

低压级　　　　　　$V_{dp}/V'_{dp}=2673.92/424.11=6.3$ 台
高压级　　　　　　$V_{gp}/V'_{gp}=977.47/141.37=6.9$ 台
电动机功率　　　　$P/P'=442.19/75=5.9$ 台

选用七台 S8-12.5 型单机双级制冷压缩机完全满足要求(有富余)。

−28℃蒸发系统

低压级　　　　　　$V_{dp}/V'_{dp}=491.13/565.48=0.87$ 台
低压级电动机功率　$P_d/P'_d=41.03/95=0.43$ 台
高压级　　　　　　$V_{gp}/V'_{gp}=209.61/282.74=0.74$ 台

高压级电动机功率 $P_g/P'_g = 57.73/55 = 1.05$ 台

选用一套 4AV-12.5 型与 8AS-12.5 型配组双级压缩机完全满足要求。

(2) 选法二

−33℃、−28℃两个蒸发系统共选用 6 台 4AV-12.5 型与 6 台 8AS-12.5 型配组双级压缩机。验证如下：

−33℃蒸发系统（5 套配组双级有富余）

低压级 $V_{dp}/V'_{dp} = 2673.92/565.48 = 4.7$ 台

       $P_d/P'_d = 200.99/95 = 2.1$ 台

高压级 $V_{gp}/V'_{gp} = 977.47/282.74 = 3.5$ 台

       $P_g/P'_g = 241.20/55 = 4.4$ 台

−28℃蒸发系统（上述已证，采用一套配组双级）

所以，选用 6 套配组双级压缩机完全满足−33℃和−28℃两个蒸发系统的要求。当然，其他选法很多，上述方法仅供参考。

4.4.3 冷凝器选用计算

1. 冷凝器热负荷 Q_L（W）

$$Q_L = G(h_4 - h_5)/3.6 \tag{4-54}$$

式中 G——制冷剂实际循环量（双级压缩按高压级实际循环量 G_g 计算），kg/h；

   h_4——压缩机排出气体比焓（双级压缩是高压机排出气体比焓），kJ/kg；

   h_5——冷凝温度下液体比焓，kJ/kg。

2. 冷凝器传热面积 A（m²）

$$A = Q_L/q_L = Q_L/K_L\Delta t \tag{4-55}$$

式中 q_L——冷凝器的热流密度，W/m²，见表 4-20。

   K_L——冷凝器传热系数，W/m²·h；

   Δt——冷凝器内的对数平均温差，℃；

$$\Delta t = \frac{\Delta t_1 - \Delta t_2}{2.3\lg\Delta t_1/\Delta t_2} = \frac{t_{s2} - t_{s1}}{2.3\lg(t_L - t_{s1})/(t_L - t_{s2})} \tag{4-56}$$

   t_L——冷凝温度，℃；

   t_{s1}——冷凝器进水温度，℃；

   t_{s2}——冷凝器出水温度，℃。

各种形式冷凝器的 q_L 值   表 4-20

冷凝器形式	q_L 值（W/m²）		应用范围（对数平均温差 Δt_m）
	R717	R22	
立式冷凝器	2900~3500		2~3℃
卧式冷凝器	3400~4000	4000~4600	4~6℃
淋浇式冷凝器	2000~2500		4~6℃
蒸发式冷凝器	1600~2000	2000~2300	2~3℃
空冷式冷凝器		200~230	8~12℃（氟）

3. 冷却水量 G_L（m³/h）

$$G_L = 3.6 Q_L / 1000 C \cdot (t_{s2} - t_{s1}) \quad (4-57)$$

式中　C——水的比热，$C=4.18235$ kJ/(kg·℃)。

4. 冷凝器计算实例（继上例）（表 4-21）

计 算 表　　　　　　　　　　　表 4-21

公　式	−33℃蒸发系统	−28℃蒸发系统	合　计
冷凝器热负荷 Q_L(W) $Q_L = G(h_4 - h_5)/3.6$	$Q_L = 2276.93 \times (1936.27 - 598.70)/3.6$ $= 845987.02$ W	$Q_L = 549.04 \times (1944.63 - 598.70)/3.6$ $= 205269.28$ W	
冷凝器传热面积 A(m²) $A = Q_L/q_L$	$A = 845987.02/2900$ $= 291.72$ m²	$A = 205269.28/2900$ $= 70.78$ m	$\sum A = 362.50$ m²
冷却水量 G_L(m³/h) $G_L = 3.6 \cdot Q_L/1000 \cdot C \cdot (t_{s2} - t_{s1})$	$G_L = 3.6 \times 845987.02/1000 \times 4.18235 \times (32-30)$ $= 364.10$ m³/h	$G_L = 3.6 \times 205269.28/1000 \times 4.18235(32-30)$ $= 88.35$ m³/h	$\sum Q_L = 452.45$ m³/h

根据以上计算结果，设备选择方案就很多了，如可选用传热面积 $A=100$m² 的冷凝器 4 台（或 3 台 100m²、一台 80m² 冷凝器）、150t/h 冷却塔 3 台和设置 70～80m³ 循环冷却水池一座（通常按冷却塔冷却水吨位的 15% 计算）。

4.4.4 蒸发器选用计算

因为蒸发器计算将直接面对用户所要求的蒸发器末端装置，计算是很有创造性的，也可进行很复杂的计算，特别是低温结霜及低温传热、传质的研究，人们还在不断地探索。这种研究与探索的成果，出现了许多新型蒸发器，来满足不断发展的制冷要求。

目前，对于计算数据比较成熟的蒸发器，如冷却排管、空气冷却器（冷风机）的选用计算还是比较简单的。

1. 蒸发器传热面积 A（m²）

$$A = Q_s / K \Delta t = Q_s / K(t_n - t_0) \quad (4-58)$$

式中　Q_s——冷间设备负荷，W，（应逐间计算）；

　　　K——蒸发器传热系数，W/(m²·℃)；

　　　Δt——传热温差，即 $\Delta t = t_n - t_0$（℃）。

(1) 光滑顶排管和光滑墙排管传热系数 K

$$K = K' C_1 C_2 C_3 \quad (4-59)$$

式中　K'——光滑管在设计条件下传热系数，按《冷库设计规范》附录 C 表 C.0.1～C.0.3 的规定采用，W/(m²·℃)；

　　　C_1——构造换算系数和管子间距 S 与管外径 d_w 之比有关，按《冷库设计规范》附录 C 表 C.0.4 的规定采用；

　　　C_2——管径换算系数，按《冷库设计规范》附录 C 表 C.0.4 的规定采用；

　　　C_3——供液方式换算系数，按《冷库设计规范》C 表 C.0.4 的规定采用。

(2) 搁架式排管传热系数 K（见表 4-22）

搁架式排管传热系数 K 值　　　　表 4-22

空气流动状态	自然对流	风速 1.5m/s	风速 2.0m/s
传热系数 $K[W/(m^2 \cdot ℃)]$	17.4	20.9	23.3

(3) 空气冷却器（冷风机）传热系数 K（见表 4-23）

空气冷却器传热系数 K 值　　　　表 4-23

翅片管空气冷却器蒸发温度 t_0(℃)	最小流通截面上的空气流速 w(m/s)	传热系数 $K[W/(m^2 \cdot ℃)]$
−40	4～5	11.62
−20	4～5	12.78
−15	4～5	13.94
≥0	4～5	17.43

(4) 传热温差 Δt

一般情况传热温差 Δt 采用冷间温度与蒸发温度计算温差（℃），即 $\Delta t = t_n - t_0$（℃）。但是，严格地讲，蒸发器进、出口风温与制冷剂进、出口温度都不一样，所以，传热温差采用冷间温度与蒸发温度计算温差进行计算有些勉强，同时，传热温差 Δt 与加工、贮存物品干耗、提高制冷效率、节约能源、降低投资等方面有关，应考虑其性价比，可按下列规定采用：

顶排管、墙排管、搁架式排管宜按算术平均温差采用，并不宜大于 10℃；

空气冷却器应按对数平均温差确定，可取 7～10℃。

2. 冷风机风量 V（m³/h）

$$V = \beta Q_s \tag{4-60}$$

式中　β——配风系数，冻结 $\beta=0.9\sim1.10$，冷却冷藏 $\beta=0.5\sim0.6$ m³/(W·h)；

　　　Q_s——冷间设备负荷，W。

3. 通风机全风压 H（Pa）

$$H = (\Delta H_a + \Delta H_m)/1.2 \tag{4-61}$$

式中　ΔH_a——通过翅片管的空气阻力损失，Pa；

　　　ΔH_m——包括风道、喷风口和其他管件在内的全部阻力损失，Pa。

4. 通风机功率 P（kW）

离心式通风机

$$P = VH\varepsilon/3.6\times10^6 \eta\eta_n \tag{4-62}$$

式中　V——通风机风量，m³/h；

　　　H——通风机全风压，Pa；

　　　ε——电动机容量储备系数（见表 4-24）；

电动机容量储备系数 ε 值　　　　表 4-24

电动机容量	K	
	离心通风机	轴流通风机
≤0.5	1.5	1.1
≤1.0	1.3	1.1
≤2.0	1.2	1.1
≤5.0	1.15	1.1
>5	1.1	1.1

η——通风机效率；

η_n——皮带传动效率，$\eta_n=0.9\sim0.95$，直接联动 $\eta_n=1$。

轴流式通风机

$$P=VH\varepsilon/3.6\times10^6\eta \tag{4-63}$$

式中符号的意义同上。

5. 冷风机融霜水量 W（m³）

$$W=0.035A\tau \tag{4-64}$$

式中 0.035——单位时间每平方米冷却面积所需融霜水量，m³/(m²·h)；

A——冷风机冷却面积，m²；

τ——融霜延续时间，$\tau=1/3\sim1/4$h。

详见参考文献 [12]。

4.5 空调负荷计算

我们在 4.1、4.2 节中已阐明相关设计规范中规定的许多制冷空调计算参数以及空调负荷的计算方法，谐波反应法手算式是常用的空调负荷计算方法之一，下述引自参考文献 [7]。

4.5.1 外墙、屋顶、内墙、楼盖

1. 外墙与屋顶

$$CLQ_\tau=KF\Delta t_{\tau-\varepsilon}(\text{W}) \tag{4-65}$$

式中 K——围护结构传热系数（见文献 [7] 附录 2-9，包括外墙、屋顶、内墙、楼盖的 K 值），W/(m²·K)；

F——围护结构计算面积，m²；

τ——计算时刻，h；

ε——围护结构表面受到周期为 24h 谐性温度波作用，温度波传到内表面的时间延迟，h；

$\tau-\varepsilon$——温度波的作用时间，即温度波作用于围护结构内表面的时间，h；

$\Delta t_{\tau-\varepsilon}$——负荷温差，是个逐时值。在作用时刻下，围护结构的冷负荷计算温差。墙体见文献 [7] 附录 2-10；屋顶见文献 [7] 附录 2-11。具体如下：

墙体：全国东南西北选四个典型地方，北京（北）、西安（西）、上海（东）、广州（南）。确定朝向和衰减系数 β 值（见文献 [7] 附录 2-9），即获得四个城市作用时刻的逐时负荷温差（见文献 [7] 附录 2-10），再加上异地修正值后，得到当地墙体负荷温差 $\Delta t_{\tau-\varepsilon}$ 逐时值。

屋顶：同理，确定衰减系数 β 值和吸收系数 ρ 值（见文献 [7] 附录 2-11），β 值同上；吸收系数：深色 $\rho=0.9$；中等 $\rho=0.75$；浅色 $\rho=0.45$。即获得四个城市作用时刻的逐时负荷温差，再加上异地修正值后，得到当地屋顶负荷温差 $\Delta t_{\tau-\varepsilon}$ 逐时值。

注：① $\Delta t_{\tau-\varepsilon}$ 按传热衰减系数 $\beta=\alpha_N/Kv_n$ 进行分类。（$\beta=0.2\sim0.75$）；

② 分析：厚重型结构（热容量大）v 大则 → β 小；

轻薄型结构（热容量小）v 小则 → β 大。

$$\beta=0\sim1$$

当 $\beta \leqslant 0.2$ 时，结构惰性大，抗外扰能力强，对外扰反应迟钝，使负荷温差的变化很小。此时，可简化计算为：$\Delta t_{\tau-\epsilon} \approx \Delta t_P$（平均值）（见文献[7]附录 2-10、2-11）。

③ ρ——日射吸收率（文献[7]附录 2-10 中取 $\rho=0.7$ 为墙体外表面 ρ 值），在工程计算时，作为安全考虑，一般可不进行 ρ 的修正。

2. 内墙与楼盖

对于内墙（隔墙）、楼盖（楼板）等内围护结构，当邻室为非空气调节房间，采用邻室计算平均温度，按下式计算：

$$t_{LS} = t_{WP} + \Delta t_{LS} \tag{4-66}$$

式中 t_{WP}——夏季空气调节室外计算日平均温度，℃；

Δt_{LS}——邻室计算平均温度与夏季空气调节室外计算日平均温度的差值，℃，宜按表 4-25 采用。

温度的差值 Δt_{LS}　　　　　　　　　　表 4-25

邻室散热量	Δt_{LS}（℃）
很少（如办公室和走廊等）	0～2
≤23W/m³	3
23～116W/m³	5

4.5.2 窗

1. 窗户瞬变传导得热形成的冷负荷（温差传热）CLQ_c（W）

$$CLQ_{\epsilon \cdot \tau} = KF\Delta t_\tau \tag{4-67}$$

式中 K——窗传热系数，W/(m²·K)；

(1) 玻璃窗 K_C 值：

单层玻璃窗 K_C [W/(m²·K)]（当 $\alpha_W = 11.6 \sim 29.1$；$\alpha_n = 5.8 \sim 11$ 时，$K_C = 3.87 \sim 8.00$）；

双层玻璃窗 K_C [W/(m²·K)]（当 $\alpha_W = 11.6 \sim 23.3$；$\alpha_n = 5.8 \sim 11$ 时，$K_C = 2.37 \sim 3.37$）。

K_C 值取决于玻璃窗外表面换热系数 α_W 玻璃窗内表面换热系数 α_n。

(2) K_C 修正系数（见表 4-26）

K_C 修正系数　　　　　　　　　　表 4-26

玻璃窗		单　层	双　层
全玻璃		1.00	1.00
木框	80%玻璃	0.9	0.95
	60%玻璃	0.8	0.85
金属框	80%玻璃	1.00	1.20

(3) 内遮阳设施。

玻璃窗传热系数 k = 修正系数 × K_C

F——窗口计算面积，m²；

Δt_τ——玻璃窗（温差传热）计算时刻的负荷温差逐时值（见文献[7]附录 2-12）。

① 计算日较差 Δt_τ（见文献[7]附录 2-1）；

② 代表城市；
③ 房间类型（轻型/中、重型）；
④ 地区修正值。

2. 窗户日射得热形成的冷负荷（日射）CLQ_j (W)

$$CLQ_{j\cdot\tau} = x_g x_d C_n C_S F J_{j\cdot\tau} \tag{4-68}$$

式中 　x_g——窗有效面积系数，钢窗：单层 0.85；双层 0.75。木窗：单层 0.70；双层 0.60；

x_d——地点修正系数（见文献 [7] 附录 2-13）；

C_n——窗内遮阳设施的遮阳系数（见文献 [7] 附录 2-8）；

C_S——窗玻璃的遮挡系数（见文献 [7] 附录 2-7）；

$J_{j\cdot\tau}$——负荷强度逐时值，计算时刻时，透过单位窗口面积的太阳总辐射热形成的冷负荷，（见文献 [7] 附录 2-13）。

① 遮阳情况；
② 房间类型（轻、中、重型）；
③ 朝向（S、SW、W、NW、N、NE、E、SE）；
④ 地区修正系数。

4.5.3 设备、照明、人体及其他湿源

$$CLQ_\tau = QJX_{\tau-T} \tag{4-69}$$

式中 　Q——设备、照明、人体的得热，W；

T——设备投入使用时刻或开灯时刻或人员进入房间时刻，h；

$\tau - T$——从设备投入使用时刻或开灯时刻或人员进入房间时刻到计算时间的时间，h；

$JX_{\tau-T}$（$JE_{\tau-T}$、$JL_{\tau-T}$、$JP_{\tau-T}$）——$\tau - T$ 时间的设备负荷强度系数（见文献 [7] 附录 2-14）、照明负荷强度系数（见文献 [7] 附录 2-15）、人体负荷强度系数（见文献 [7] 附录 2-16）。

1. 设备散热

(1) 电动设备散热（W）

设备及电机均在室内：$Q = 1000 n_1 n_2 n_3 N/\eta$ (4-70)

设备室内/电机室外：$Q = 1000 n_1 n_2 n_3 N$ (4-71)

设备室外/电机室内：$Q = 1000 n_1 n_2 n_3 N(1-\eta)/\eta$ (4-72)

式中 N——电动设备安装功率，kW；

η——电动机效率（见文献 [7] 表 2-14）；

n_1——利用系数（安装系数），系电动机最大实耗功率与安装功率之比，一般可取 $n_1 = 0.7 \sim 0.9$（可用以反映安装功率的利用程度）；

n_2——同时使用系数。即房间内电动机同时使用的安装功率与总安装功率之比，根据工艺过程的设备使用情况而定，一般为：$n_2 = 0.5 \sim 0.8$；

n_3——负荷系数。每小时的平均实耗功率与设计最大实耗功率之比。它反映了平均负荷达到最大负荷的程度。一般可取 $n_3 = 0.5$ 左右，精密机床取 $n_3 =$

0.15~0.4。

(2) 电热设备散热（W）

$$Q=1000n_1n_2n_3n_4N \tag{4-73}$$

式中 n_1、n_2、n_3、N——同上；

n_4——考虑排风带走热量的系数，一般取 $n_4=0.5$。

(3) 电子设备散热（W）

$$Q=1000n_1n_2n_3N(1-\eta)/\eta \tag{4-74}$$

式中 n_3——负荷系数，一般取：计算机 $n_3=1.0$；普通仪器仪表 $n_3=0.5\sim0.9$。

注：以上设备得热 Q 中的对流、辐射成分比例按文献 [7] 表 2-3 选用。

2. 照明得热（W）

(1) 白炽灯： $\qquad Q=1000N \tag{4-75}$

(2) 荧光灯： $\qquad Q=1000n_1n_2N \tag{4-76}$

式中 N——照明灯具所需功率，kW；

n_1——镇流器消耗功率系数，取：明装镇流器 $n_1=1.2$；暗装镇流器 $n_1=1.0$；

n_2——灯罩隔热系数，取：灯罩上部穿有小孔 $n_2=0.5\sim0.6$；灯罩无通风孔 $n_2=0.6\sim0.8$。

注：照明得热 Q 中的对流、辐射成分比例见文献 [7] 表 2~3，与房间尺寸、照明位置有关。

3. 人体散热与散湿

(1) 人体散热量（W）

$$Q=qnn' \tag{4-77}$$

式中 q——不同室温和劳动性质时每个成年男子散热量（见文献 [7] 表 2-16），W/人；

n——室内全部人数；

n'——群集系数，(见文献 [7] 表 2-15)。

(2) 人体散湿量（g/h）

$$W=\omega nn' \tag{4-78}$$

式中 ω——不同活动条件下，每个成年男子散湿量（见文献 [7] 表 2-16），g/(h·人)；

n、n'——同上。

4. 其他湿源散湿量

(1) 敞开水槽表面散湿量（kg/s）

$$W=\beta(P_{q\cdot b}-P_q)FB/B' \tag{4-79}$$

式中 β——蒸发系数，β 按下式确定：

$$\beta=(\alpha+0.00363v)10^{-5} \tag{4-80}$$

α——周围空气温度为 15~30℃时，不同水温下的扩散系数（见文献 [7] 表 2-17），kg/(N·s)；

v——水面上周围空气流速，m/s；

$P_{q\cdot b}$——相应于水表面温度下的饱和空气的水蒸气分压力，Pa；

P_q——空气中水蒸气分压力，Pa；

F——蒸发水槽表面积，m²；

B——标准大气压力，其值为 101325Pa；

B'——当地实际大气压力，Pa。

(2) 地面积水蒸发量（计算方法同上）。

4.6 空调房间送风状态及送风量的确定

4.6.1 送风状态

1. 热湿比 ε 线

$$\varepsilon = \pm Q/\pm W = \Delta h/(\Delta d/1000) = (h_N - h_0)/[(d_N - d_0)/1000] \quad (4-81)$$

式中 $\pm Q$——房间余热量（计算的房间冷负荷），W；

$\pm W$——房间余湿量（计算的房间湿负荷），g/s；

下标 N——室内状态；

下标 0——送风状态；

h——空气焓，kJ/kg；

d——空气含湿量，g/kg干空气。

① 热湿比 ε 线的含意：将送风状态送入的空气同时吸收了余热量 Q 和余湿量 W，其状态则由 O 点（h_0、d_0）变为 N 点（h_N、d_N）。即送入空气由 0 状态点变为 N 状态点时的状态变化过程（变化方向）称热湿比 ε 过程线。可用热湿比 $\varepsilon = \pm Q/\pm W$ 的过程线（方向线）表示送入空气状态变化过程的方向。ε 值有正有负，热湿比 ε 线（正负和大小）见湿空气焓湿图右下角，按其方位方向平行移动至 N 点（图 4-4）。

② 只要送风状态点 O 位于通过室内空气状态点 N 的热湿比线（ε 线）上，那么将一定数量的这种状态的空气送入室内，就能同时吸收余热 Q 和余湿 W，从而保证室内要求的状态 N（h_N、d_N）。即只要 O 点在通过 N 点的 ε 线上（ε 线上任何 O 点），送入一定数量的空气，就能满足热湿要求，达到状态 N。

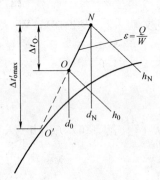

图 4-4 送入空气状态变化过程线

2. 送风温差与换气次数

《采暖通风与空气调节设计规范》第 5.4.7 条、第 5.4.8 条分别规定了送风温差和换气次数。

(1) 送风温差

空气调节系统的夏季送风温差，应根据送风口类型、安装高度和气流射程长度以及是否贴附等因素确定。在满足舒适和工艺要求的条件下，应尽量加大送风温差。对于舒适性空调，当送风高度小于或等于 5m 时，不宜大于 10℃，送风高度大于 5m 时，不宜大于 15℃；对于工艺性空调，宜按表 4-27 采用，表中推荐的送风温差值与空调精度有关。

送风温差 表 4-27

室温允许波动范围(℃)	送风温差(℃)	室温允许波动范围(℃)	送风温差(℃)
>±1.0	≤15	±0.5	3~6
±1.0	6~10	±0.1~0.2	2~3

注：生活区或工作区处于下送气流的扩散区时，送风温差应通过计算确定。

(2) 换气次数

换气次数是空调工程中常用的衡量送风量的指标，它的定义是：房间通风量 L（m³/h）和房间体积 V（m³）的比值，即换气次数 $n=L/V$（次/h）。

空调房间的换气次数，应符合下列规定：

舒适性空调，每小时不宜小于 5 次，但高大房间应按其冷负荷通过计算确定。

工艺性空调，不宜小于表 4-28 所列的数值。

有洁净度要求的净化空调应另行计算，换气次数有的高达每小时数百次。

换气次数 表 4-28

室温允许波动范围(℃)	每小时换气次数	备 注
±1.0	5	高大房间除外
±0.5	8	
±0.1～0.2	12	工作时间不送风的除外

3. 新风量

空调系统新风量，应符合下列规定：

① 民用建筑宜按表 4-29 采用；

民用建筑最小新风量 表 4-29

房间名称	每人最小新风量(m³/h)	吸烟情况
影剧院、博物馆、体育馆、商店	8	无
办公室、图书馆、会计室、餐厅、舞厅、医院的门诊部和普通病房	17	无
旅馆客房	30	少量

注：旅馆客房等的卫生间，当其排风量大于按本表所确定的数值时，则新风量应按排风量采用。

② 生产厂房应按补偿排风、保持室内正压或保证每人不小于 30m³/h 的新风量的最大值确定。

4.6.2 送风量 G

既然送入的空气同时吸收余热、余湿，则送风量 G（kg/s）必定符合以下等式：

$$G=Q/(h_N-h_0)=1000W/(d_N-d_0) \tag{4-82}$$

即上式按消除余热和余湿所求通风量相同，才说明计算无误。

Q 和 W 都是已知的（由空调负荷计算已知），室内状态点 N 在 $h-d$ 图上的位置也已确定（室内计算参数已定），因而只要经 N 点作出 $\varepsilon=Q/W$ 的过程线，即可在该过程线上确定 O 点，从而算出空气量 G。但从式（4-82）的关系上看，凡是位于 N 点以下的该过程上的诸点直到 O 点（图 4-4）均可作为送风状态点，只不过 O 点距 N 点愈近，送风量 G 愈大，距 N 点愈远则送风量 G 愈小。送风量小一些，则处理空气和输送空气所需设备可相应地小些，从而初投资和运行费用均可小些，但要注意的是，如送风温度过低，送风量过小时，可能使人感受冷气流的作用，且室内温度和湿度分布的均匀性和稳定性将受到影响。

注：在基准条件下（压力为 101325Pa、温度 20℃），干空气密度 $\rho=1.205$kg/m³。在实际计算时空气密度可近似取 $\rho=1.2$kg/m³。在风机选用计算中，风机风量单位是采用 m³/h，即要把 G(kg/s) 换算成 L(m³/h)。

[例 4-8] 某空调房间总冷负荷 $Q=1389$W，总湿负荷 $W=0.131$g/s，要求室内夏季空调空气状态参数为：$t_N=26\pm1$℃，$\phi_N=55\pm5\%$，当地大气压力为 101325Pa，求送风

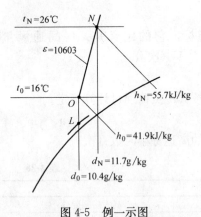

图 4-5 例一示图

状态和送风量。

解：① 求热湿比 $\varepsilon=Q/W=1389/0.131=10603$ kJ/kg；

② 在 $h-d$ 图上（见图 4-5）确定室内空气状态点 N，通过该点画出 $\varepsilon=10603$ 的过程线。取送风温差为 $\Delta t=10℃$，则送风温度 $t_0=26-10=16℃$。从而得出：

$h_N=55.7$ kJ/kg，$h_0=41.9$ kJ/kg；

$d_N=11.7$ g/kg，$d_0=10.4$ g/kg；

③ 计算送风量

按消除余热：$G=Q/h_N-h_0=1389/55.7-41.9$
$=1389/13.8=100$ g/s

按消除余湿：$G=W/(d_N-d_0)=0.131/(11.7-10.4)$
$=0.131/1.3=0.100$ kg/s
$=100$ g/s

按消除余热和余湿所求通风量相同，说明计算无误。

④ 选用送风机时应换算单位，即
$$G=0.100\times3600/1.2=300 \text{m}^3/\text{h}$$

注：干空气密度为：$\rho_g=1.2$ kg/m³。

4.7 空调设备选用计算

空调设备详第 3 章，主机有吸收式水冷机组和各种压缩式水冷机组；辅机主要有空调风系统的空气热、湿处理设备和空气净化设备，空调水系统的水处理设备；以及水源热泵、蓄冷空调、系统末端装置等。主机由空调负荷计算就可以确定，辅机主要了解表冷器选用计算、喷水室热工计算与加热、加湿、减湿方法及过滤、除尘、吸附等空气处理和水质处理设备的选用。

4.7.1 表冷器选用计算

1. 计算类型

表冷器最常见的两种计算类型如表 4-30。

表冷器热工计算类型　　　　　表 4-30

计算类型	已知条件	计算内容
设计性计算	空气量 G	冷却面积 F（表冷器型号、台数、排数）
	空气初参数 t_1、$t_{S1}(h_1\cdots)$	冷水初温 t_{w1}（或冷水量 W）
	空气终参数 t_2、$t_{S2}(h_2\cdots)$	冷水终温 t_{w2}
	冷水量 W（或冷水初温 t_{w1}）	（冷量 Q）
校核性计算	空气量 G	空气终参数 t_2、$t_{S2}(h_2\cdots)$
	空气初参数 t_1、$t_{S1}(h_1\cdots)$	冷水终温 t_{w2}
	冷却面积 F（表冷器型号、台数、排数）	（冷量 Q）
	冷水初温 t_{w1}	
	冷水量 W	

2. 实际设计性计算

(1) 如图 4-6 所示，先根据已知空气初参数和要求处理到的空气终参数；依通用热交换效率 E' 定义，计算出：

$$E' = (t_1 - t_2)/(t_1 - t_3) = 1 - (t_2 - t_{S2})/(t_1 - t_{S1}) \quad (4-83)$$

(2) 由 E' 确定表冷器排数 N（见文献[7]附录3-5）
用迎面风速 v_y 和表冷器型号去选取表冷器排数 N

(3) 假定 $v'_y = 2.5 \sim 3 \text{m/s}$ 范围内确定表冷器的迎风面积 F'_y。如假定 $v'_y = 2.5 \text{m/s}$，则：$F'_y = G/(v'_y \rho)$（m^2）

注：要统一单位，被处理空气量 G（kg/h）→ $G/3600$（kg/s）、ρ（1.2kg/m³）

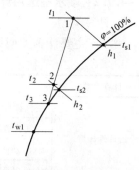

图 4-6 表冷器处理空气时的各个参数

(4) 确定表冷器型号和台数（见文献[7]附录3-6）

根据所求的 F'_y 值，查文献[7]附录3-6可选用实际表冷器型号、台数［风量 L（m³/h）、每排散热面积 F_d（m²）通水断面积 f_ω（m²）］，得实际 F_y，即可计算出实际 v_y（m/s）

$$v_y = G/(F_y \rho) \quad (4-84)$$

(5) 再根据实际 v_y 和选定的 N 去选用 E'（再查文献[7]附录3-5）让实际选用 E' 与上述计算 E' 比较，符合者可继续计算（不符合时改选别的型号）。由文献[7]附录3-6还可知道，所选表冷器的每排传热面积 F_d，通水截面积 f_w。

(6) 求析湿系数 ζ

$$\zeta = (h_1 - h_2)/[C_p(t_1 - t_2)] \quad (4-85)$$

(7) 求传热系数 K_S

$$K_S = [1/(35.5 v_y^{0.58} \zeta^{1.0}) + 1/(353.6 \omega^{0.8})]^{-1} \quad \text{（见文献[7]附录3-4）}$$
（假定水流速度 $w = 1.2 \text{m/s}$） $\quad (4-86)$

(8) 求冷水量 W（kg/s）

$$W = f_w w \rho 10^3 \quad (4-87)$$

(9) 求 β 值

$$\beta = (K_S F)/(\zeta G c_P) \quad (4-88)$$

(10) 求 γ 值

$$\gamma = \zeta G c_P / W c \quad (4-89)$$

(11) 求全热交换效率 E_g

$$E_g = [1 - e^{-\beta(1-\gamma)}] / [1 - \gamma e^{-\beta(1-\gamma)}] \quad (4-90)$$

(12) 求水初温 t_{w1}（℃）

$$t_{w1} = t_1 - (t_1 - t_2)/E_g \quad (4-91)$$

(13) 求冷量 Q（kW）

$$Q = G(h_1 - h_2) \quad (4-92)$$

(14) 求水终温 t_{w2}（℃）

$$t_{w2} = t_{w1} + G(h_1 - h_2)/Wc \quad (4-93)$$

式中 W——冷水量，kg/s；

c——水定压比热 $c = 4.19 \text{kJ/(kg·℃)}$。

4.7.2 喷水室选用计算

1. 计算类型

喷水室主要计算类型见表 4-31。

喷水室计算类型 表 4-31

计算类型	已 知 条 件	计 算 内 容
设计性计算	空气量 G	喷水室结构（选定后成为已知条件）
	空气的初、终状态	喷水量 W（或 μ）
	t_1、$t_{s1}(h_1\cdots)$	水的初、终温度
	t_2、$t_{s2}(h_2\cdots)$	t_{w1}、t_{w2}
校核性计算	空气量 G	空气终状态
	空气的初状态	t_2、$t_{s2}(h_2\cdots)$
	t_1、$t_{s1}(h_1\cdots)$	水的终温
	喷水室结构	t_{w2}
	喷水量 W（或 μ）	
	喷水初温 t_{w1}	

在设计性计算中，按计算得到的水初温 t_{w1}，决定采用何种冷源。如果自然冷源满足不了要求，则应采用冷水机组制取冷冻水。如果喷水初温 t_{w1} 比冷冻水温 t_{Le} 高（一般 $t_{Le}=5\sim7℃$），则需使用一部分循环水。这时需要的喷水量 W、冷冻水量 W_{Le}、循环水量 W_x 和回水量 W_h 可以根据图 4-7 喷水室热平衡图的热平衡关系确定：

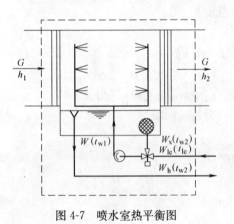

图 4-7 喷水室热平衡图

由热平衡关系式

$$Gh_1 + W_{Le}ct_{Le} = Gh_2 + W_h ct_{w2} \quad (4-94)$$

$$W_{Le} = W_h \quad (4-95)$$

$$G(h_1 - h_2) = W_{Le}c(t_{w2} - t_{Le}) \quad (4-96)$$

$$W = W_{Le} + W_x \quad (4-97)$$

2. 计算方法

由全热交换效率　　$E = 1-(t_{S2}-t_{w2})/(t_{S1}-t_{w1})$ 　　(4-98)

又：通用热交换效率　　$E' = 1-(t_2-t_{S2})/(t_1-t_{S1})$ 　　(4-99)

由文献 [7] 附录 3-2 中得：

全热交换效率　　$\eta_1 = A(v\rho)^m \mu^n$ 　　(4-100)

通用热交换效率　　$\eta_2 = A'(v\rho)^{m'} \mu^{n'}$ 　　(4-101)

因为　　$\eta_1 = E$ 　$\eta_2 = E'$

所以　　$1-(t_{S2}-t_{w2})/(t_{S1}-t_{w1}) = A(v\rho)^m \mu^n$ 　　(4-102)

$1-(t_2-t_{S2})/(t_1-t_{S1}) = A'(v\rho)^{m'} \mu^{n'}$ 　　(4-103)

又　　$G(h_1-h_2) = Wc(t_{w2}-t_{w1})$ 　　(4-104)

用喷水系数 $\mu = W/G$ 代入式 (4-104) 得

$$n_1 - h_2 = \mu c(t_{w2} - t_{w1}) \tag{4-105}$$

喷水室热工计算的任务是实现三个条件：

(1) 空气处理过程需要的 E 应等于该喷水室能达到的 E；

(2) 空气处理过程需要的 E' 应等于该喷水室能达到的 E'；

(3) 空气放出（或吸收）的热量应等于该喷水室中水吸收（或放出）的热量。

上述三个条件可以用三个方程式表示，如对于冷却干燥过程，三个方程式由式(4-102)、式(4-103)和式(4-104)（或 4-105）联立三个方程式组，可以解出三个未知数。同时，还可以根据上述热平衡关系式求取其他未知数。

2. 计算实例

[**例 4-9**] 已知：要处理的空气量 $G = 30000 \text{kg/h}$，当地大气压力为 101325Pa；

空气初参数为：$t_1 = 28 \text{℃}$，$t_{S1} = 22.5 \text{℃}$，$h_1 = 65.8 \text{kJ/kg}$；

空气终参数为：$t_2 = 18 \text{℃}$，$t_{S2} = 17.1 \text{℃}$，$h_2 = 48 \text{kJ/kg}$；

求：喷水量 W、喷嘴前水压 P、水的初温 t_{w1}、终温 t_{w2}、冷冻水量 W_{Le} 及循环水量 W_x。

解：

(1) 参考文献 [7] 附录 3-2 选用喷水室结构：双排对喷，Y-1 型离心式喷嘴，喷嘴孔径 $d_0 = 5\text{mm}$（实际采用 d_0 大值），取喷嘴密度 $n = 16 \text{个/m}^2 \cdot \text{排}$（$n = 13 \sim 24 \text{个/m}^2 \cdot \text{排}$），取空气质量流速 $v\rho = 3 \text{kg/(m}^2 \cdot \text{s)}$ [常用范围 $v\rho = 2.5 \sim 3.5 \text{kg/(m}^2 \cdot \text{s)}$]。

(2) 列出热工计算方程式：

由图 4-8 喷水室处理空气时的各个参数可知，本例为冷却干燥过程，根据文献 [7] 附录 3-2，可得三个方程式如下：

$$1 - (t_{S2} - t_{w2})/(t_{S1} - t_{w1}) = A(v\rho)^m \mu^n \tag{4-106}$$

$$1 - (t_2 - t_{S2})/(t_1 - t_{S1}) = A'(v\rho)^{m'} \mu^{n'} \tag{4-107}$$

$$h_1 - h_2 = \mu c(t_{w2} - t_{w1}) \tag{4-108}$$

依题意，查参考文献 [7] 附录 3-2 得：

$A = 0.745$，$m = 0.07$，$n = 0.265$；

$A' = 0.755$，$m' = 0.12$，$n' = 0.27$。

将已知和查到的数值代入方程式可得：

$$1 - (17.1 - t_{w2})/(22.5 - t_{w1}) = 0.745 \times 3^{0.07} \times \mu^{0.265} \tag{4-109}$$

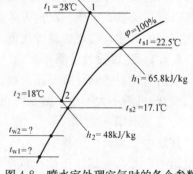

图 4-8 喷水室处理空气时的各个参数

$$1 - (18 - 17.1)/(28 - 22.5) = 0.755 \times 3^{0.12} \times \mu^{0.27} \tag{4-110}$$

$$65.8 - 48 = 4.19 \mu(t_{w2} - t_{w1}) \tag{4-111}$$

整理得：

$$1 - (17.1 - t_{w2})/(22.5 - t_{w1}) = 0.805 \mu^{0.265} \tag{4-112}$$

$$0.836 = 0.861 \times \mu^{0.27} \tag{4-113}$$

$$4.248 = \mu(t_{w2} - t_{w1}) \tag{4-114}$$

联解三个方程式得

$$\mu = 0.897；\ t_{w1} = 9.54\text{℃}；\ t_{w2} = 14.28\text{℃}$$

(3) 求总喷水量 W（kg/h）

$$W = \mu G = 0.897 \times 30000 = 26910 \text{kg/h} \tag{4-115}$$

(4) 求喷水室断面 f （m^2）

$$f = G/[3600(\upsilon\rho)] = 30000/(3 \times 3600) = 2.78 m^2 \tag{4-116}$$

(5) 双排对喷总喷嘴数 N

$$N = 2nf = 2 \times 16 \times 2.78 = 88.96；取88个 \tag{4-117}$$

(6) 求每个喷嘴的喷水量：

$$W/N = 26910/88 = 305.80 \text{kg/h} \tag{4-118}$$

(7) 求喷嘴前水压 P

根据每个喷嘴的喷水量（305.80kg/h）和喷嘴孔径 $d_0 = 5$mm，查文献［7］附录 3-1 (b) 可得喷嘴前水压：$P = 0.098$MPa（工作压力）。

(8) 求冷冻水量 W_{Le}

$$W_{Le} = G(h_1 - h_2)/[c(t_{W2} - t_{Le})] \tag{4-119}$$
$$= 30000 \times (65.8 - 48)/4.19 \times (14.28 - 7)$$
$$= 17506 \text{kg/h}$$

(9) 循环水量 W_X

$$W_X = W - W_{Le} = 26910 - 17506 = 9404 \text{kg/h} \tag{4-120}$$

4.8 制冷空调工程设计安全要求

严格地说，设计是不能错误的，错误的设计计算将直接影响到安全性，而且，往往是致命的、造成不可挽救的损失。设计应负设计责任，严重时应负法律责任。设计、校对、会签、项目负责、审核、审定等各负其责。设计人员除了具备良好的专业知识外，还应掌握国家颁发的建设法规、设计规范、国家标准。

4.8.1 主要设计计算不能错

如前所述，强调计算要抓大数、资金要看贵重、主辅机配置要好、材料尚可"以大代小"、运转机器不大不小，都是防止主要设计计算出错的方法。

1. 主机计算不能错

在制冷空调设计过程中，首先主机计算要准确。如制冷压缩机、空调吸收机、各式冷水机组等，尤其是制冷压缩机或压缩冷凝机组，制冷主机太大，会形成"大马拉小车"，不仅浪费资金，更糟糕的是容易引起湿冲程、"倒霜"、液击、甚至"敲缸"、引发爆炸事故。制冷空调主机过小，制冷空调能力低下，达不到设计要求。我国制冷空调主机设计计算本身普遍存在主机容量和电动机功率都偏大的问题，通过1982年、2001年几次对《设计规范》中的计算容量和计算功率进行减少的修订，目前，特别是制冷主机仍然足够大，没有必要配置备用主机。

2. 主、辅机配置不能错

制冷辅机主要指蒸发器，空调辅机主要指表冷器或喷水室等。有经验的设计师，一般希望配置的蒸发器，表冷器（或喷水室）"宁大勿小"，制冷空调辅机设计计算偏大，可以完成足够的有效换热面积，使主机发挥最大效益，提高运行的安全性，资金增加不多，只要有安装空间，又不太影响气流组织，制冷空调辅机略微偏大是很划算的。制冷空调辅机过小，达不到设计要求。

3. 管线设计不能错

制冷空调系统是由许多管线连接成的，不同的管线连接代表着不同的设计意图。比如：要不要设置"热氨（氟）冲霜"？那么，就要问：

（1）蒸发器打算不打算设置热氨（氟）"冲油"？

"热氨（氟）冲霜"的第一意义是蒸发器管内不易分离的低温低压油的"冲油"；第二意义才是蒸发器外表面的"融霜"。

（2）冷间用来做什么？是冷加工？还是冷贮藏？

（3）是什么蒸发器？是排管？还是冷风机？

如果是氟制冷系统，蒸发器内的油是由回油弯等回油装置来回油的（氟油互相溶解，只能回油），因此，"热氟冲霜"只是为了蒸发器外表面的"融霜"。如果是氨制冷系统，氨油不溶解，只能采用油氨分离，但在蒸发器管内低温低压的润滑（冷冻）油不易被分离，采用"热氨冲油"效果很好，同时，又能实现"热氨融霜"，两个意义同时完成，所以，氨制冷系统通常都设置有"热氨冲霜"系统。

氟制冷系统是回油系统；氨制冷系统是分油系统。如果氟系统不能回油或氨系统不能分油，制冷系统的设计就失败了。不管是回油系统，还是分油系统，都是使冷冻油重新回到曲轴箱来润滑压缩机运动部件的，冷冻油在制冷系统的其他任何部位不仅没有意义，而且是有害的。因为，冷冻油除了占据制冷系统的空间，还加大了热阻，尤其是不允许冷冻油长期停留在蒸发器或表冷器内，按计算在蒸发器管内侧只要形成 0.1mm 厚油膜，那么，制冷系统降温将变得异常困难。为了安全，在氟制冷系统中还是安装了"热氟冲霜"系统，尤其是大、中型氟制冷系统，完成"热氟冲油"，使蒸发器的回油更加彻底；同时，用于冷贮藏的氟制冷系统排管常采用蛇管蒸发器，如果温度波动大、湿度又大，蛇管不仅容易结霜，而且容易结冰，蛇管表面一旦结冰到一定程度时，很难降温，又不易除冰，为了安全，设置"热氟冲冰"也是需要的。当然，如果采用冷风机有"水冲霜"就没这些问题了。冷加工常采用冷风机。小氟系统为了求简，一般不设置"热氟冲霜"系统。

管线设计是系统设计的核心。由于管线设计错误引起的制冷空调问题屡见不鲜，比如设计各种液位。为了保持洗涤式油氨分离器的液位，必须保证立式冷凝器出液口标高比油氨分离器进液口高 250mm，同时，冷凝器出口处设置"扩管贮液器"维持液位，并使油分离器进液管从其底部接出，保证首先向油氨分离器供液；为了使并联的两台压缩机曲轴箱保持同样的油位，或为了使并联的几台贮液器液位相同，一定同时设置有气体均压管和液体均压管。又如两设备之间不允许直管直接连接，以防止管道温度应力破坏发生制冷剂泄漏等严重事故，设计时应采用"之"字形管线连接等。

管线设计是安全设计的前提。管线设计错误会导致系统或设备出现故障和危险。比如应该节流的部位没设置节流，造成高、低压串压引发事故，这是很危险的。又如任何压力容器都必须设置不同压力的安全阀和安全保护装置及泄压、旁通或向大气、水池排放、自动排风等措施，以确保安全。

管线设计在施工图面上是非常规范的设计。除了在画法上很规范外，在原理上也是非常成熟的，比如高温热管在上层，低温保温管在下层；低温设备和低温管道必须与基础或支、吊架做隔热处理，垫木须做防腐处理；缩管或扩管只能采用不同管径套管缩扩，或采用"盲板"后再行焊接管道，不许采用喇叭口缩扩；氨用无缝钢管、氟用紫铜管、给水排水用镀锌管、黑铁管等；各种材质的管道与阀门、法兰等管件及缆线大小尺寸均采用国家标准；

另外，管线力求简捷、管线不能太长、气（汽）管不能有"液囊"；液管不能有"气囊"、管道、设备不要随便"以大代小"等概念必须贯穿设计的全过程。

4. 单位要统一

要逐步熟悉制冷空调常用的单位及其单位换算，比如传热系数 K [W/(m²·℃)]，热阻是传热系数的倒数 $R=1/K$(m²·℃/W)；导热系数 λ [W/(m·℃)]；蒸汽渗透阻 H (m²·h·℃/g)，蒸汽渗透系数 μ (g/m·h·℃)；绝对温度 T(K)＝摄氏温度 t＋273.15；压力：1mbar＝10^2Pa；一个大气压力 B＝1atm＝1013.25mbar＝1013.25Pa＝760mmHg；小时与秒的换算 1h＝3600s；功率 W：1W＝1J/s，1kW＝1kJ/s＝3600kJ/h＝860.76kcal/h；1R·T＝13100B·T·U/h＝3300kcal/h；风量 V：1m³/h＝1.2kg/h，空气密度 ρ＝1.2kg/m³；焓 h (kJ/kg)；热量 Q (W)；含湿量 d (g/kg·干)；湿量 W (g/s 或 kg/h)……。用换算系数将等式两边单位统一后，再进行计算。计算结束时，要验证等式两边的单位是否相同。

5. 制冷空调系统要有稳定性、安全性、合理性和实用性

稳定性是任何产品的重要指标，不稳定的制冷空调系统是很难调节调试的，也是不安全的，当然也是不好用的。稳定性是指系统本身内在因素的好坏，是体现系统抵抗外扰的能力，也是表征系统自平衡能力，有经验的设计师都把制冷空调系统的稳定性放在首位。一个稳定性好的制冷空调系统一定是一个合理配置的好系统，比如配置的系统能够使制冷剂被任意调节到系统的任何部位；同时，使"→供液量→节流量→蒸发量→制冷量→吸汽量→排气量→冷凝量→"基本平衡。人们想获得设计的制冷量，就得配置合理的蒸发器（合理的蒸发温度系统和有效蒸发面积及合理的气流组织）来获取足够的蒸发量；要想获得蒸发量，就得配置合理的膨胀节流装置（合适的膨胀阀、节流阀等）；要想获得节流量，就得配置合理的贮液设备来提供足够的供液量；同时，还必须合理配置制冷压缩机（合理的理论排气量和电动机功率）和冷凝器（合理的冷凝器结构和冷凝面积、提供合适的水量、水温、水质等），把获得制冷量后的制冷剂蒸发量吸汽并排气至冷凝器，把低压低温的制冷剂气体变成高压冷凝液体，再重复新的制冷循环。任何环节的配置不合理，都有可能使制冷空调系统出现问题。当然，系统要达到稳定、安全、合理、实用的因素很多，需要在设计过程中不断总结设计经验，才能不断提高。

6. 与其他工种会签要认真核实

制冷空调要与建筑、结构、水、暖、电、自控等多工种配合设计，各工种之间的会签应认真核实，互相配合。

4.8.2 设计安全要求

随着经济发展和建设规模的扩大，因设计问题造成国家财产损失和人身伤亡时有发生，设计责任和设计安全要求愈来愈被重视。

1. 要有耐心细致的心态

设计是一项比较烦琐的工作，规范的地方也比较多，粗心大意往往要出问题。某万吨冷库，因量大、又不易采运而提前贮备保温材料稻壳，经计算需要1375m³，一万一千多

麻包袋包装，约 30 个车皮一列火车运输，90m 长大仓库存放，以为万事大吉。临近降温投产时再经核算，实际稻壳需求量是 5500m³，四万四千多麻包袋包装，需 110 节车皮、约 3~4 列火车才能运完，此时，已停工待料，尽管火急调运，还是造成巨大经济损失。仅仅是个"算术问题"，由于粗心就出现事故。又如某项工程，全套共出图 189 张施工图纸，由于在一张基础的结构施工图中的一个剖面图上少画一根钢筋（少一笔），结果，在预算和施工中少了 11.8t 钢材，发现后，由于设计问题，引发建设、施工、设计单位的矛盾，反之，如果没发现这个设计问题，造成的损失就可想而知了。俗话说"大意失荆州"，由于不认真而造成更严重事故也是有的。尤其是空调设计，重复、烦琐的地方更多，更应该耐心。

2. 设计经验是设计单位的宝贵财富

设计经验是设计单位实力的体现，也是确保设计安全的必备条件。一个由猪舍到屠宰车间的"赶猪道"设计，由于没有经验，道宽 2m，用电鞭赶猪，结果，猪不仅不向屠宰车间方向走，反而全部往猪舍回跑，急了还咬伤工人。重新设计，是把当地最大猪胴体直径设为道宽，猪进入"赶猪道"转身不了，自然一个接一个地进入屠宰车间。又如第一次设计 8 扇电动冷藏门，经过几个月的运行效果很好，引来许多团体参观、取经、仿造，但是，冷藏门处于低温高湿，而且，热、湿交换十分剧烈，一些电气元件没有在这个环境下试验，也没有作防低温、防湿处理，结果，微动开关失灵，把人夹伤，医院诊断为臂甲骨断裂。事故发生后，察觉仅 370W 电动机慢速（初试期经调频，线速度不超过 0.9m/min）拖动双扇冷藏门（每扇门重 100kg）就能把人夹住夹伤的严重性。重新设计，改换磁控无触点开关，防止温、湿度影响而锈蚀或失灵。

3. 严格遵循《设计规范》

近几年对几乎所有《设计规范》都进行了重新修订，如《冷库设计规范》、《采暖通风与空气调节设计规范》、《建筑设计防火规范》等，修订后的《设计规范》更加符合经济建设和安全要求，应认真解读各条款中规范的严格性，如在一定条件下可以这样做的，有"可"、"不可"等；首先应这样做，表示允许稍有选择，在条件许可时首先应这样做的，有"宜"、"不宜"等；表示严格，在正常情况下均应这样做的，有"应"、"不应"、"不得"等；表示很严格，非这样做不可的，有"必须"、"严禁"、"不许"等用词。比如《采暖通风与空气调节设计规范》第 6.2.6 条规定"氨制冷系统的排氨口必须装设排放管，排放管的出口，应高于周围 50m 内最高建筑物的屋脊 5m"；第 6.4.8 条规定"氨制冷机房严禁采用明火采暖"等均应遵照执行。不按照《设计规范》而出现的设计事故时有发生，例如某地将原有建筑改造的冷库设计，阁楼的承重梁采用桁架结构，跨度 7.5m，梁高应 625mm，为了充分利用原室内高度，又考虑是静载的稻壳，按稻壳密度计算梁高设计为 500mm。在充填稻壳时值下雨，近 30 人闯入阁楼抢运装填，而且变成动载，结果，突然使桁架弯曲下沉 1m，所幸没有倒塌，没有造成人员伤亡。事故原因，第一，没按照《设计规范》进行计算；第二，用旧钢材加工制作，无论是材料疲劳度或强度都有问题，当时制作的桁架出现扭曲状。

4. 设计要讲依据

有了依据才能进行设计，否则，分不清责任，如供电、供水、开挖基坑下基础、环保要求、城市规划、资金来源等都要申报并获准工程建设立项，作为设计依据。甚至有些专业数据还必须申报有关单位并获取下发文件,依据文件号,才能有效设计,比如要建设铁路栈桥,就应有铁路部门下发有关铁路栈桥"桥底标高为+6.5m"(设铁路专用线轨面标高为±0)的文件作设计依据。

5. 要有判断能力

对正确与错误要有判断能力,尤其是要有及时纠错能力。如在低压循环贮液桶与液泵的设备配置中,计算过程比较烦琐,容易出错,但其计算结果的对与错是很快能判断出来的,因为,低压循环贮液桶规格只有三种,即其直径只有1200mm、1000mm、800mm三种,桶高均为3300mm,按蒸发温度系统大、中、小型配置。其液泵三种类型:屏蔽泵(流量:$6m^3/h$、电机功率:3kW)、齿轮泵(流量:$5.5m^3/h$、电机功率:3kW)、叶轮泵(流量:$3m^3/h$、电机功率:1.1kW),可结合蒸发温度系统大、中、小型配置。桶-泵配置,目前多采用一桶二泵,而一桶一泵很少,其他桶-泵配置没有,所以,很少出错。又如集油器只有A型三种规格:筒体直径D=159mm、219mm、325mm,可结合蒸发温度系统大、中、小型配置。像空气分离器等其他设备计算也有类似之处,同样可以作出判断。在中央空调系统和空调设备计算中可以事先判断的地方就更多了,比如冷水机组计算结果对与错的判断,首先,要精准计算出空调面积,一般舒适空调按$0.03(R·T/m^2)$粗算,即按空调面积每一平方米用0.03冷吨(相当于配置$115W/m^2$)左右进行判断。参考表4-32。

不同建筑物夏季冷负荷的概算指标　　　　　　　　　表4-32

建筑物类型	冷负荷概算指标(W/m²)	建筑物类型	冷负荷概算指标(W/m²)
办公楼	95~115	百货商场	210~240
高层建筑	105~145	医院	105~130
旅馆	70~95	剧场	230~250
旅馆中的餐厅	290~350		

6. 设计安全的几点说明

(1) 国家标准与国际标准

建设部和国家有关管理部门为了保证设计、施工质量或产品质量,制订了相应的国家标准,如各种《设计规范》、《工程施工及验收规范》、《工程质量检验评定标准》、《安全要求》、产品的《测定标准》等都是国家标准。这些国家标准在逐年的修订过程中更加完善。国际标准同样适用,如ISO标准(国际标准化组织)IEC(国际电工委员会)及ASHRAE标准(美国采暖通风制冷空调工程师协会)等。国家标准与国际标准都会不断进行修订,如ASHRAE标准共四册(基础篇、设备篇、系统篇、应用篇),每两年修订一次,国家标准或国际标准都应选用最新版本。

(2) 设计说明书与设计计算书

设计说明书简要说明工程性质和设计要求,将随设计施工图纸一起交付甲方和施工单位使用;设计计算书只作设计单位技术档案,有利于安全检查和技术数据的复审。

(3) 制冷空调行业特殊安全要求

制冷空调是一种特殊行业,有爆炸、中毒、窒息、腐蚀、冻伤、坠落、倒塌、火灾、烧伤、电击等危险;又有超压、超温、有湿冲程、液击、"敲缸"、"倒霜"、"抱轴"、"扫膛"、不降温、不制冷、不空调、不结霜、不融霜、断油、断水、断电、跳闸、不回油、不上液、出现"冰堵"、氨、氟制冷剂严重泄漏等事故，造成这些危害，多数与安全设计有关，因此，对安全设计应加深认识。

1) 爆炸　人们对锅炉会爆炸体会很深，可是，提到制冷也会爆炸却认识不足，其实"制冷爆炸"比"锅炉爆炸"要利害得多。这里不是指"锅炉爆炸"不利害，"锅炉爆炸"是很严重，所有事故案例说明这一点：如某鸭绒车间，为羽绒脱脂的蒸汽高压釜表压才 0.06MPa 发生了爆炸。竟将 2t 重的高压釜盖顶高 6.5m 处屋面梁，撞弯桁架后落下击中一人当场死亡，可见"锅炉爆炸"的威力。但是，我们更应该认识到："制冷爆炸"比"锅炉爆炸"危害更大。锅炉达到 0.8MPa（表压）的水蒸气压力即可验收，冬季采暖和多数工业用供热的运行蒸汽压力也只是在表压 0.1MPa 以下。而制冷空调，夏季运行的冷凝压力达到近 1.5MPa（表压），可见制冷比锅炉的运行压力要大十几倍，一旦制冷（机器、设备、高压容器）爆炸，威力显然要利害得多，更何况氨、氟制冷剂还有中毒、窒息、冻伤、液爆等其他危险性。即便空气试压不当所引发的爆炸，其冲击波有如炸弹威力，事故案例可以说明：某制冷机制造厂，在一个 $1m^3$ 容积的高压贮液器进行空气试压达 0.8MPa（表压）时突然爆炸，把整个厂炸至人烟无存。由于设计参数错误、机器设备配置不当，造成超压、超温、超限液位引发诸多制冷机爆炸、高压容器爆炸的案例，将再一次强调设计部门必须配置专业的制冷空调设计人员，才能保证设计的安全要求。

2) 中毒、窒息、冻伤等其他危害性。制冷系统是密闭系统，任何泄漏都有可能引起严重危害。什么事都有个道理，离开这个道理就有了不安全，比如说到氨中毒死亡，依我看主要是噎死，氨进入人体内很容易与人体内的二氧化碳结合，形成碳酸氨，而体内的二氧化碳是调节人体中枢神经的信号，失去二氧化碳的人体就不懂呼吸，直至死亡。氟无毒，但氟一旦转变为"光气"后就有巨毒，如汽车尾气的二次污染后毒性更大，成为城市真正的污染源。许多事故案例说明危害的严重性：某厂出现大量氨泄漏，消防官兵身着防毒面具抢险，结果被冻伤住院；某万吨冷库八级制冷工拆卸旧阀门时，不幸喷射氨液，严重冻伤手臂，当即皮肤脱落，造成终身致残；某厂漏氨，氨气被吹入临近的电影院内，正在看电影的人们闻此"怪气"乱着一团，这种激烈的刺激性气味使人个个争相逃跑，只因电影院的门不是"太平门"，人越挤，门关得越紧，结果，挤死 8 人。如果我们的设计是太平门或设有绿色通道或制冷剂不泄漏或有安全防范设计就不致酿成此一惨祸。

3) 设计防火规范。理论上讲，空气中含 18%～32%氨浓度遇明火可引发爆炸，空气中有氢气，爆炸可能性大为增加，因此，设计制冷机房按消防Ⅱ级。隔热防潮材料易着火，防火条例要求冷库应设立"防火带"，因造价昂贵，改用泡沫混凝土作"防火墙"。无论是制冷装置还是冷库建筑，防火等级有严格要求。制冷装置冷库建筑火灾案例屡见不鲜，如某厂因保温炉引起冷底子油着火，将墙面防潮层及冷藏门全部烧完，火舌从阁楼的通风窗喷出，使冷库屋面梁和墙体烧裂，虽无人员伤亡，但造成巨大经济损失。又如由于电源线缆穿墙过洞受潮短路、大块聚氨酯乙烯现场浇灌散热不出等原因引发火灾，将多座大型冷库烧毁。所有事故告示我们：施工图设计应严格按照防火规范的安全要求认真执行。

4) 不留设计隐患。留下设计隐患是造成不安全的危险因素，应彻底根除。比如某冰库由于地坪设计不当，出现严重"地坪冻鼓"，结果，只投产使用一年的冰库，其地面就抬高了 2m，使原有净高 4m 的冰库缩小一半，冰库门也改成了"冰库窗"，而且，这种隐患随时间的不断推移而愈来愈严重。又如某报社一小冷库制冷装置设计取消了融霜系统，结果"霜层"变成了"冰层"而不能降温，融霜变融冰，难度更大，最后只好重新设计。再比如由于机器设备基础等设计不当造成机器设备和管道振动，甚至引起整个机房共振，如果不消除振源，那么管道加固越牢振动越利害，振动可随时发生不可预计的事故，存在不安全隐患而随时可能引起危险。出现设计隐患的案例不胜枚举，一个有经验的设计师是能够不留下设计隐患的。

（4）施工代表

是设计问题？还是施工安装问题？或是操作问题？要分清责任。在施工图交底时要严格把关；设计单位派往施工现场常驻施工代表很重要，一方面，能积累设计单位的施工经验，以提高设计能力和设计水平，同时，提高了设计安全性；另一方面，使设计问题能在施工过程中及时获得解决，也是作为设计企业形象的标志和获得优秀业绩的途径。

第5章 制冷空调工程施工安全技术

本章阐述没有施工图纸设计不能开工和工程项目没有施工组织设计同样不能开工的道理。讲明施工图纸设计是以设计规范为依据；而施工组织设计是以工程施工及验收规范、安装工程质量检验评定标准为依据。施工图是设计蓝图，必须通过科学的施工组织过程才能变成实际产品，制冷空调工程同样必须组织施工。丰富的施工组织经验是施工企业的宝贵财富，同时，又是工程安全施工的基本保证。

5.1 工程施工与施工组织

5.1.1 施工图纸设计与施工组织设计

施工图是设计蓝图，这种设计意图必须通过科学的施工过程或称施工组织设计来获得设计产品。显然，一个实际产品，不仅必须具备施工图纸，而且应经过施工组织的过程才能由图纸变成现实。因此，施工图纸设计和施工组织设计对工程项目具有同等重要的意义，同时，施工图纸设计和施工组织设计都应遵循国家颁发的规范和标准。制冷空调设计应遵循《采暖通风与空气调节设计规范》、《冷库设计规范》等。制冷空调工程施工组织就应严格遵循《通风与空调工程施工质量验收规范》、《压缩机、风机、泵安装工程施工及验收规范》、《制冷设备、空气分离设备安装工程施工及验收规范》、《现场设备、工业管道焊接工程施工及验收规范》、《机械设备安装工程施工及验收通用规范》以及《工业金属管道工程质量检验评定标准》、《工业安装工程质量检验评定标准》等。

1. 施工图纸设计

建设（投资）单位要建设工程项目，必须委托设计单位设计施工图纸，并经各方会审生效方可施工。没有经过会审合格的施工图纸，其工程项目是不能开工的。

国家管理部门进行严格把关，诸如：设计执照要经过上级部门审批，并按设计等级进行年检；开工项目的施工图纸要经过管理部门组织会签审批，除图纸交底外，包括城市规划、土地征用、供水供电、防火部门等，都应按照设计规范、国家标准及基本建设方针政策。特别是近几年来，组织有关专家修订了几乎所有的设计规范，重新规定了各行业的设计标准，以便让所有设计单位严格执行设计规范中的各个条款，使设计有据可查。

过去出现的没有施工图、或施工图不全、或拿施工方案、扩初设计等作施工图纸进行破土动工；或不经过正规设计单位、或设计执照等级不够、或采用"单位挂靠"进行设计、或施工单位与设计单位不分离、施工单位自行设计等不合理做法都是错误的，应严格禁止。

2. 施工组织设计

施工组织设计是把工程项目的设计蓝图变为实际的设计产品。没有施工组织设计的工程项目是不能开工的。详见参考文献［16］。

国家管理部门在这方面必须进一步加强有效管理，可以看出，特别是近几年来，积极修订了各种工程施工及验收规范、工程质量检验评定标准，严格管理了施工组织，施工组织设计必须严格执行。

但是，当前还存在对施工组织设计不够重视的现象：一是认为"按图施工"就可以了，没必要组织施工；更有甚者，认为"制冷空调工程施工不就是安装水管，而接水管谁都会"，更没必要组织施工。

施工组织是一门具有较深的理论水平和较强的实践能力相结合的管理学科，必须充分应用国家颁发的现行施工及验收规范和工程质量检验评定标准，合理科学地编制施工组织设计。施工组织设计涉及的范围很广，如施工图会审、编制施工方案、施工方法、施工技术、进行施工准备、施工调研、施工部署、资料管理、图纸交底、工器具及运输调度、材料与设备管理、临时设施及现场管理、施工队伍及管理机构配置和工程进度管理、工程质量管理、工程成本管理、施工安全管理、工程技术管理及其实施方法与工程交工验收等一系列施工过程的组织与设计。在这些施工组织设计环节中有一项出问题，都将影响设计蓝图变为设计产品的转换，甚至实现不了美好的蓝图。有组织施工、无组织施工和组织好与组织不好的施工，其获得最终的经济技术指标是完全不一样的。无组织施工或没有进行很好地组织施工都将达不到应有的效果。如施工人员必须通过特殊工种培训，经考核合格，并取得相应的技术等级证书，才能上岗。根据目前对现场事故调查和大量的统计数字表明，在发生爆炸、人身伤亡或造成严重财产经济损失的事故案例中，由于不按有关国家颁发的规范和标准的要求而发生事故是主要原因。例如等级低的和操作年限短的焊工不能焊接受压容器和管道，只能焊接楼梯、扶手、平台、支、吊架等非引起爆炸之类的焊口部分。案例一：一名二级焊工焊接高压釜盖的锁紧斜块（焊块受压脱落），使用时表压才60kPa爆炸，将1t重高压釜盖提升6m高处撞弯钢制屋面梁，落下时砸死操作工。根据大量的普查和调研发现，现有施工人员平均文化水平和操作技能有所下降，在20世纪50～60年代，要求安装调试制冷机器设备的人员，必须首先具备5级或5级以上钳工有条件参加制冷空调特殊工种的培训，才具有很高的操、维、检技能，一旦发生事故时，处理能力很强，并具有判断事故的丰富经验，而现在有些地方只需要初中文化以上水平就可进行制冷工培训。因此，应按国家培训大纲和考核标准严格执行，才能确保安全。

随着国民经济飞速发展，各种层次的施工企业、施工队伍不断壮大，这些企业和施工人员有待进行规范和管理，其中，主要是对施工组织设计的编制及其设计文件的审批进行科学的管理，通过对施工组织设计文件的编制和审批，更好地执行"工程施工及验收规范"、"安装工程质量检验评定标准"。

5.1.2 严格执行《工程施工及验收规范》、《安装工程质量检验评定标准》

许多工程项目在交工验收时引发纠纷，甚至，在施工过程中，甲、乙双方合作非常协调的单位，而在交工验收时也会产生不信任感。究其原因，主要是双方的责任分不清，双方的责任都应根据验收规范和评定标准来制定工程施工组织设计文件和工程施工协议书，在项目合同中协议验收条款，一旦成为合同条款，双方都应认真履行。在双方有争议的地方，都应以验收规范和评定标准为依据。比如进口机组一般不进行拆洗，调试由生产厂商指定单位进行；国产机组一般要进行拆洗换油，经过单体空载、重载、带负荷试运行，进行跑合合格后投入使用。个别甲方就不允许拆机，认为新机器为什么还要拆？要测量？要试机？怕把机器搞坏，其实，验收规范、评定标准注明的条款非常清楚，不仅要拆洗，而且跑合的时间还有要求，如空载跑合运行时间规定不少于4h。同时在验收时，必须将拆机、清洗、换油、测量数据、空载、重载、负荷试运转时间等记录，作为技术资料存档，以便在将来操、维、检过程，甚至在故障分析中做到有据可查。

1. 制冷空调工程主要的验收规范和评定标准

《工程施工及验收规范》和《安装工程质量检验评定标准》是指导所有包括施工准备、施工过程和竣工验收的整个环节，因此，要认真学习和执行。制冷空调工程施工及验收规范和制冷空调安装工程质量检验评定标准以及与制冷空调工程相关的设计规范主要有：

GB 50275—98《压缩机、风机、泵安装工程施工及验收规范》；

GB 50274—98《制冷设备、空气分离设备安装工程施工及验收规范》；

GB 50166—92《火灾自动报警系统施工及验收规范》；

GB 50236—98《现场设备、工业管道焊接工程施工及验收规范》；

GB 50231—98《机械设备安装工程施工及验收规范》；

GB 50243—2002《通风与空调工程施工质量验收规范》；

GB 50303—2002《建筑电气工程施工质量验收规范》；

SBJ 12—2000/J 38—2000《氨制冷系统安装工程施工及验收规范》；

GB 50194—93《建设工程施工现场供用电安全规范》；

GB 50184—93《工业金属管道工程质量检验评定标准》；

GB 50252—94《工业安装工程质量检验评定统一标准》；

GB 50155—92《采暖通风与空气调节术语标准》；

GB/T 50114—2001《暖通空调制图标准》；

GB 9237—2001《制冷与供热用机械制冷系统安全要求》；

GB 10080—2001《空调用通风机安全要求》；

GB 18361—2001《溴化锂吸收式冷（温）水机组安全要求》；

JB/T 4330—1999《制冷和空调设备噪声的测定》；

JB 9063—1999《房间风机盘管空调器安全要求》；

GB 50019—2003《采暖通风与空气调节设计规范》；

GB 50366—2005《地源热泵系统工程技术规范》；

GB 19210—2003《空调通风系统清洗规范》；

GB/T 18431—2001《蒸汽和热水型溴化锂吸收式冷水机组》；

GB 50050—95《工业循环冷却水处理设计规范》；

GB 50072—2001《冷库设计规范》；

SBJ 11—2000/J 40—2000《冷藏库建筑工程施工及验收规范》；

GB 9237—88《制冷设备通用技术规范》；

GB/T 7778—2001《制冷剂编号方法和安全性分类》；

GB 50116—98《火灾自动报警系统设计规范》；

GB 50016—2006《建筑设计防火规范》；

GB 50264—97《工业设备及管道绝热工程设计规范》；

GB 50316—2000《工业金属管道设计规范》；

GB 50189—93《旅游旅馆建筑热工与空气调节节能设计标准》等。

2. 制冷空调工程施工协议书的拟订

由于工农业技术的发展和人们对生活质量的提高，使制冷空调概念有了新的含义，如空调不仅仅是停留在温、湿度舒适性要求，而且对空气洁净程度、空气品质的要求愈来愈高，许多疾病是由于空气传播引起的，"SARS"以后，人们的认识更加清楚。工农业用空调和民用空调发生了深刻变化，由于新技术、新能源的不断应用，因此，出现了所谓"绿色空调"、"环保空调"、"水源热泵"、"蓄冷空调"、"燃气空调"、"净化空调"、"低温空调"、"变频空调"以及使用风能、太阳能、海洋能、地源地热、半导体空调等清洁能源和节能技术，既改变了空调品质，又改善了空气环境，人们在不断追求完美和发展空调。因此，在制订制冷空调施工协议书时，不可能把所有验收规范和评定标准都罗列在合同书中。针对具体的"单位工程项目"，制冷空调的性质也是很具体的，所以，制冷空调工程施工协议书的条款也是很具体的。

5.1.3 提高施工组织管理水平是提高施工企业实力的根本保证

施工组织水平是衡量企业施工能力很重要的标志之一。一个无组织施工的企业是不会有发展的。丰富的施工组织经验是施工企业的宝贵财富。

1. 施工组织

任何建设项目都可以简单地概括为计划、设计与施工三个阶段。计划是按照投资的远景目标，确定建设项目的性质、规模、建设时间和地点；设计是以批准的计划文件为依据，为建设项目编制具体的技术经济文件，决定项目的内容、建设方案和建成后的使用效果；施工则是根据计划文件和设计图纸的规定和要求，直接组织人力、物力进行工程的建造，从而使主观计划的蓝图变成客观的现实。

现代施工安装过程已成为一项十分复杂的生产活动。一个大型建设项目的施工安装工作，不但包括组织成千上万的各种专业技术工人和数量众多的各类施工机械、设备有条不紊地投入设计产品的建造；而且还包括组织种类繁多的材料、设备、各种制品、半制品的制作、安装、运输、储存和供应工作，组织施工机具的调配、维修和保养工作，组织施工临时供水、供电、供热以及安排生产和生活所需要的各种临时建筑物等，没有科学的施工组织是不行的。

施工组织是工程建设的统筹安排与系统管理的客观规律的一门学科。

施工组织的首要任务是：根据建设产品生产的技术经济特点，以及国家基本建设方针和各项具体的技术政策，从理论上阐述建设项目施工组织的基本原则，探索和总结如何根据建设地区自然条件和技术经济条件，因地制宜地确定工程建设的全局战略方针，合理部署施工活动的规律和经验，从而高速度、高质量、高效益地完成工程建设的施工安装任务，尽快地充分发挥建设投资项目的经济效益。一个建设项目的计划文件批准之后，接着就要着手工程的扩初设计和施工图设计。设计工作开始后，施工问题就提到了议事日程，与各设计阶段同步进行的施工组织设计工作，是使设计方案与施工条件紧密结合，工程建设技术先进性与经济合理性统一的保证。

基本建设施工安装活动的任务，是要落实到安装施工企业去完成的。无论是将建设工程作为国家指令性任务下达，还是组织建设工程的招标投标，施工单位都必须根据承包合同或协议书，组织施工并对工程全面负责。因此，施工组织的第二项重要任务是：定量地探索和研究安装施工企业如何以最少的消耗来组织承包工程的施工安装活动，以取得最大的经济效益。施工承包单位必须根据工程的特点和本企业的情况，及时解决如下几个问题。

① 选择适当的施工机械和施工方法；

② 合理地确定工程的施工开展顺序和施工进度；

③ 计算出工程所需要的各种劳动力、施工机械设备、材料、制品、半制品等的需要量及其供应办法；

④ 确定工地上所有机具设备、仓库、道路、水电管网及各种为施工服务的临时设施和房屋的合理布置；

⑤ 确定开工前所必须完成的各项准备工作等。

上述这些问题的解决，可能有各种不同的方案、途径和办法，其技术经济效果不尽一样，因此，如何结合具体工程的性质、特点、工期要求、质量标准等，选择技术上先进、经济上合理的施工方案，这是关系到施工企业经济效益的重要问题。加之工程的施工又经常受到主客观众多因素的影响，因此，如何采取有效的手段对施工过程进行工期、成本和质量的控制，这也是施工组织和管理所必须考虑的问题。

施工组织工作的全过程，就是施工安装活动的计划及其实施和调整的动态管理过程。一项工程计划的实施，涉及施工总包与分包单位，不同专业工种和企业各个职能部门的工作。因此，施工组织的第三项任务是研究和探索施工过程中的系统管理和协调技术，解决施工全局中的纵向和横向的协调一致问题，从而使施工安装活动自始至终处于良好的管理和控制状态，达到工期短、成本低、质量好的目标。

2. 施工组织经验是施工企业的宝贵财富

施工组织涉及技术、经济与管理知识的综合应用。制冷空调工程施工组织与管理，需要应用建筑结构、制冷空调等专业以及施工技术、施工机械、工程造价与概算、建筑经济学和运筹学等专门知识。

任何一项工程的施工组织，都必须从设计产品生产的技术经济特点、工程特点和施工条件出发，才能编制出符合客观实际的施工组织设计，并在实施过程中经受实践的检验。施工组织经验的不断积累，施工企业才能不断壮大。

5.2 制冷空调工程施工组织

简单叙述制冷空调工程施工组织的概念；分析工程项目的技术经济特点，揭示工程施工的复杂性和施工准备工作的重要性；阐明不同施工组织设计文件的作用、编制内容和要求、所需要的原始资料以及施工组织的基本原则。

5.2.1 制冷空调工程及其施工组织概念

1. 施工组织总设计与单位工程施工组织设计

制冷空调一般都有一个围护建筑，所以，制冷空调工程必须与不同建筑（如工业、民用建筑及各种特殊建筑等）紧密配合，同时，它又是建设项目的重要组成部分，因此，必须按一定的基建项目程序进行，即根据规划，随同拟建的建设项目进行可行性研究（报告），提出建设项目的计划任务书，编制建设项目的设计文件，并委托设计单位设计。不同建设规模选择不同级别的设计单位。制冷空调工程同样应选用持有设计执照的设计单位，多数采用两阶段设计法进行设计，即扩初（扩大初步）设计和施工图纸设计二步骤。特大项目采用三阶段设计，即初步设计、技术设计及施工图纸设计三个阶段。简易项目采用一阶段设计（一次出施工图）。扩初设计是确定制冷空调工程项目技术上的可行性和经济上的合理性，对设计项目作出基本的技术决策，其主要内容有：设计的指导思想、项目规模、负荷计算、工艺流程、总图布置、设备选型、劳动编制、安装工期、工程造价与概算及主要技术经济指标。同时，编制与扩初设计相应的同等重要的制冷空调工程施工组织总设计（或称总体施工组织设计）。施工图纸设计是根据扩初设计文件并贯彻其各项重大决策，绘制成工程施工图纸。施工图是工程施工的依据，亦是投资拨款和工程结算的依据。制冷空调工程施工图纸设计主要内容有：设计计算书、设计说明书、设计施工图纸（包括平面布置及其节点、大样、详图和制作安装图等）、主要设备材料明细表、工程造价预算书等。同时，编制与施工图纸设计相应的同等重要的制冷空调工程单位工程施工组织设计（或称单体施工组织设计）。在一般情况下，施工组织总设计由设计单位编写，也可以由工程指挥部或由建设单位筹建机构与设计部门协同编写，或委托总承包单位编写；而单位工程施工组织设计是由施工安装单位编写。制冷空调工程的施工组织总设计和单位工程施工组织设计是工程项目设计、施工、安装、调试、验收交工等全过程的必要文件，必须遵照执行。"没有施工组织设计，工程不得开工"的严格规定，一直沿用至今。因此，工程施工组织设计与施工图纸和国家颁布的各项规程、规范及国家标准，这三项缺一不可。

2. 施工组织设计的任务

总体施工组织设计是实施建设项目的总的战略部署，是总体规划，对项目建设起控制作用。单体施工组织设计是单个工程项目施工的战术安排，对工程的施工起指导作用。以上两者总称为施工组织设计。制冷空调工程的施工与安装，除了与建筑、结构等工种相互配合、交叉作业以外，本身还必须有水、暖、电、自动控制及制冷空调等各种工艺、包括起重、电（气）焊、钳工、电工、机加工、钣金工、油漆工、保温发泡以及材料发送、仓贮运输、工程的质量、安全、成本核算管理等多个工种来共同完成。要做好一个制冷空调工程项目，需要安排好劳力、材料、设备、资金及施工方法这五个主要的施工因素。在特定条件的工地和规定工期的时间内，如何用最小的消耗，取得最大的效益，即工程质量高、功能好、工期短、造价低、并且是安全、文明施工，这就需要很好总结以往的施工经验，采用先进的、科学的施工方法与组织手段。通过吸收各方面的意见，精密规划、设计、计算、分析研究，最后得出一个书面文件，形成施工组织设计。很明显，制冷空调工程施工组织设计的任务就是根据工程的要求和实际施工条件及现有资源，拟定出最优的施工方案，在技术和组织上作好全面而合理的安排，以确保工程项目优质、高产、经济和安全。由于制冷空调工程项目的用途、类型各异，施工地点和施工条件不同，工期要求亦不一样，因此，施工方案、进度计划、施工现场布置、各种施工业务组织也必然不同。但是，无论是施工技术还是施工组织，通常都有多个可行的方案可供施工人员选择。施工组织设计就是在这些不同因素的特定条件下，综合各项因素，做出科学合理的决定，就可以对施工组织和相关各项施工活动作出全面的安排和部署，拟定若干个施工方案，然后进行技术经济（指标）的比较，从中选出最优方案，包括选用施工方法与施工器具最优、施工进度与成本最优、劳力和资源组织最优、全工地性业务组织最优以及不间断地提供最多最优的施工面等。从而，编制出指导施工准备工作和施工全过程的技术经济文件，这个技术经济文件，就是制冷空调工程的施工组织设计。

3. 施工组织设计的种类

（1）根据编制目的的不同，施工组织设计可分为两种：第一种是在工程项目招投标阶段编制的施工组织设计；第二种是为实施工程项目施工而编制的施工组织设计。

1）在投标过程中编制的施工组织设计，其特点是依据招标（公开招标、邀请招标或议标）文件要求，在时间紧迫、资料有限的情况下，粗线条地选择科学、先进、符合企业自身实力、满足发包方工程要求，并能充分反映企业能力的施工方案、施工方法和施工组织。由于市场经济的确立和发展，施工企业也逐步从计划体制转入市场，并成为竞争的主体，施工企业应努力在市场经济中承揽到工程项目，才能获得生存和发展的空间，因此，在投标过程中编制的施工组织设计应在满足发包方对工程要求的前提下，实事求是地阐明企业自身的技术实力和业绩及各种优势，并作出承诺，以取得发包方的信任。一个能中标的施工组织设计，一定是企业长期不断地总结施工经验，提高技术组织和施工组织的管理水平，真正反映企业形象和实力，同时，又反映施工人员，特别是企业项目经理及参编人员的创造性等的综合体现。施工组织设计是标书中很重要的文件之一。

2）为实施工程项目施工而编制的施工组织设计是指导施工准备和施工全过程的施工组织设计文件，也是本章重点讲述的内容。

（2）根据制冷空调工程的规模、工程特点以及工程的技术复杂程度等因素，可相应地编制不同深度与各种类型的施工组织设计。因此，施工组织设计只是一个总名称，一般可分为施工组织总设计（总体施工组织）、单位工程施工组织设计（单体施工组织）和分部分项工程施工作业设计（分部分项施工组织）三类。施工组织设计的分类如图5-1所示。

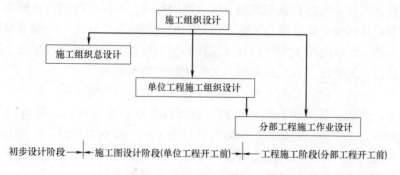

图5-1 施工组织设计的分类

1）施工组织总设计：在扩初设计阶段需编制施工组织总设计，即总体施工组织，确定总体规划。是扩初设计阶段的文件之一，是对整个工程起战略性、控制性作用的文件。通常由设计院来编制，也有成立工程指挥部来领导施工组织总设计的编制工作。后者一般有三种办法：一种是成立工程项目管理机构，在工程项目经理的领导下，对整个工程的规划、可行性研究、设计、施工安装、试运转、验收交工等负全面责任，并由这个机构来组织编制施工组织总设计；另一种是由工程总承包单位（或称总包）会同并组织建设单位、设计单位及工程分包单位共同编制，由总包单位负责；第三种办法是由建设单位委托的监理公司来编制施工组织总设计。

2）单位工程施工组织设计：单位工程施工组织设计是工程施工前准备工作中的主要工作，也是施工图纸设计阶段的文件之一，由工程承包单位根据施工图纸和实际施工条件负责编制。当该单位工程是属于施工组织总设计中的一个项目时，则在编制该单位工程施工组织设计中，还应考虑施工组织总设计中对该单位工程的约束条件，如工期、可提供的施工面、交叉作业等。

3）分部分项工程施工作业设计：这是对单位工程施工组织设计中的某项分部工程更深入细致的施工设计。例如：水源热泵中央空调工程中地下水勘测、取水回灌泵站由地质勘探单位（如打井队）作分部分项工程施工作业设计，确保施工进度、工程质量及安全生产等。分部分项工程施工作业设计也有由分包单位负责编制，但是，分部分项工程施工作业设计受单位工程施工组织设计约束。对于一般性制冷空调工程常规的施工方法，施工单位已十分熟悉，不必做分部分项工程施工作业设计，只需加以说明即可。

总之，一切从实际需要和效果出发，施工组织设计的深度与广度应随不同施工项目的不同要求而异。

4. 施工组织设计的编制要求与作用

一个编制好的施工组织设计，并能在工程施工中切实贯彻，就能协调好各方面的关系，统筹安排各个施工环节，使复杂的施工过程有条理地按科学程序进行，取得各种好的指标。施工组织设计编制成功与否，直接影响项目的投资效益，其作用是深远的。

施工组织设计是对施工活动实行科学管理的重要手段。通过编制施工组织设计，可以根据施工的各种具体条件制定拟建工程的施工方案、确定施工顺序、施工方法、劳动组织和技术组织措施；可以确定施工进度，保证拟建工程按照预定的工期完成；可以在开工前了解到所需材料、机具和人力的数量及使用的先后顺序；可以合理安排临时建筑物和构筑物，并和材料、机具等一起在施工现场上做合理的布置；可以使我们预计到施工中可能发生的各种情况，从而事先做好准确工作；还可以把工程的设计与施工、技术与经济、前方与后方、整个施工单位的施工安排和具体工程的施工组织更紧密地联系起来，把施工中的各单位、各部门、各阶段、各工种之间的关系更好地协调起来。

经验证明，一项工程如果施工组织设计编得好，能反应客观实际，符合国家和施工合同规定的要求，并认真贯彻执行，那么施工就可以有条不紊地进行，取得质量好、工期短、费用低和安全文明施工的效果，向着获得优秀工程，得到建设方、监理方和设计方的较高评价。相反，则可能造成返工，甚至不能交工投产使用，工程项目验收不了。工程的无组织施工与编制或实施不好的施工组织设计必将造成各方损失。

制冷空调工程的施工组织设计，一般是由承包该项工程的工程处（工区、分公司）或所属机电设备安装公司（安装队）编制，亦即，由承包这一工程的项目经理（或工长、施工员）负责。项目经理是施工的直接组织者，其地位和作用是非常重要的，是施工组织的要素之一。施工组织设计是指导施工准备工作和施工全过程的技术经济文件，也是施工组织的要素之一。这两大施工要素能否达到密切结合，相互适应，是工程施工能否顺利进行的关键所在。

施工组织设计是研究工程施工设计,是工程建设统筹安排与系统管理之客观规律的一门学科。不仅具有对施工活动实行科学管理的完整理论,而且具有丰富的施工实践知识,同时,需要不断积累施工经验,进行创造性地工作。

在施工组织设计的编制过程中,项目经理从酝酿时起就应充分参与,编制中应充分发表自己的意见,只有那些由所有参施人员集思广益、反复探讨而编制的施工组织设计,才可能是科学合理、切合实际的优秀施工组织设计。

项目经理首先必须熟悉制冷空调工程设计的施工图纸、工程施工组织设计内容以及国家颁发的施工安装质量检验评定、验收交工等相关的规程、规范和国家标准,并最终通过项目经理的施工管理工作去实现;同时,项目经理必须对自己的工作范围、工作职责有比较深刻的认识和理解、并通过施工过程,实施施工组织设计,结合工程进度、组织人员、材料、机器具的使用和协调,提高专业能力和知识水平。在施工过程中,出现的问题及与施工组织设计相矛盾的地方,必须及时向施工组织设计的编制单位和编制人反映,以求尽快解决问题。切记不要擅自改变施工组织设计所规定的各项工作方案、操作方法、技术措施等,以免出现问题。在实施过程中,认真做好"施工日志"和其他工作记录,为成本核算、工程结算积累资料打下基础。

很明显,编制好施工组织设计有两个作用:

(1) 在工程的招标投标过程中,施工组织设计作为投标书的重要文件之一,是根据招标文件的要求详细阅读该项工程建筑图、制冷空调工程平面图、系统布置图、机器、设备、管道与末端装置安装图以及安装制作节点、大样、详图,按照国家施工、验收标准,准确不漏项地进行计算其工程量和工程费用,通过选择科学、先进的施工技术、合理适用的施工组织与管理方法、向发包方展示经营执照、施工安装级别、企业业绩和企业的优势、充分阐述对招标工程的理解和诚意、对承揽工程的设想、承揽工程后的总体施工安排及承诺。从而,充分体现企业的总体实力,赢得发包方对企业的信任,结合其他方面的工作,达到承揽工程并签订制冷空调安装工程施工合同(或协议书)。

(2) 中标后,做好施工准备工作,为保证资源供应提供依据。通过选定的科学合理、切实可行的施工方案和施工方法,优化资源投入和资源配置,保证工程的有序施工,指导工程优质、高速、安全地施工。为制订安装施工作业计划及施工过程中的核算工作创造有利条件。采用科学的劳动组织形式、充分发挥施工人员的生产潜力。通过优化选用的施工技术方法和各项技术措施,指导工程施工,满足环境保护、工业卫生和文明施工的要求。通过采用科学合理、切实可行的施工方案和施工方法及其实施过程,使施工人员认识到施工组织设计是安装施工中一门综合性的学科,技术性较强,应具有一定的技术理论水平及施工经验,不断提高编制水平及专业知识。

5. 施工组织设计的内容

制冷空调工程施工组织设计内容是根据工程的规模、性质、建筑结构和工程复杂程度、工期要求、施工条件及工程特点的不同,编制深度和广度是不同的,形成各种类型的施工组织设计。但无论是何种类型的施工组织设计,都应该具备以下基本内容:

(1) 编制依据

引用标准、适用标准:依据招标文件,根据国内、外有关标准、规程或规范。

(2) 工程概况和施工条件

每一个施工组织设计首先要将建设项目的工程情况作简要说明:

1) 工程概况：工程名称、性质、建设地点、建设规模、工程特点、结构形式、占地面积、建筑总面积、空调面积、交通运输、水文地质概况及建设意义等。

2) 施工条件：土建施工进度、进场条件、能提供多少施工面、工期要求、施工现场水源、电源、热源条件（临时提供的容量）、临时仓棚、房屋、道路等二次进场、施工场地和生活条件、土建队伍的力量和当地其他可能的协作力量，包括加工、生产及提供材料的能力。

（3）施工部署

施工部署是施工组织总设计中对整个建设项目全局性的战略意图，为总体施工组织设计（总体规划）控制性技术经济文件进行施工部署，确保完成施工组织总设计的各项技术经济指标。

1) 指导思想：制冷空调工程一般均与土建工程和装饰工程交叉作业，提供的施工面和施工有效期相对较少。没有施工面，只能停工，任何部署人员、装备都是一句空话，因此，要争取和创造出施工面，例如制冷空调机房设备间，土建工程量不大，但设备吊装、就位、管道安装、系统调试、验收等相对的施工环节较多，能尽早获得这个施工面很关键。制冷空调工程多采取集中优势力量、全面突击、高度交叉作业，常采用分区域、分工段、分专业、分工种、分工序，全方位立体深度穿插施工，采取准备与施工、土建与安装、安装与调试同步运转的方式，充分发挥企业施工资源，确保工程如期按质完成。

2) 落实施工组织形式：根据工程项目的规模及复杂程度，及时落实组织机构，如图5-2所示。

3) 施工战役部署：根据施工组织总设计规定的工期（天数），按照承接的具体工程项目的主体内容，可分成若干个战役阶段，配置不同的工种和人员，在计划的各施工工期（每个战役阶段的施工天数）内完成，确保按期或提前竣工。如分为施工准备阶段、主战役阶段（常以主要施工面来划分）、系统调试、验收交工阶段等。

4) 工期要求及各项技术经济指标：

① 工期指标：工期指标是指总工期共多少个日历天；

② 工期控制点：工期控制点是指按月份/日期完成指定的工程量（工程施工进度表），以利检查和衡量工程进度；

③ 月千人负伤率（小于百分之几）；

④ 材料节约率（大于百分之几）；

⑤ 能源综合节约率（大于百分之几）；

⑥ 劳动力均衡性指标；

⑦ 机械完好率和利用率；

⑧ 劳动生产率、产值、利润等。

同时，注意减少临时设施数量，安排好施工平面，降低二次进场费用，各个阶段的工程量与施工力量合理配置，防止停工待料和返工，配套齐全，做到有序施工，统筹安排各类项目施工，保证重点，兼顾其他，紧抓关键部位、关键项目，保证施工质量，降低工程成本。

按照工程项目的重要程度，应考虑优先安排的工程项目主要有：

a. 按建设方要求，须先期投入使用或起主导作用的工程项目；

管理人员组织网络图

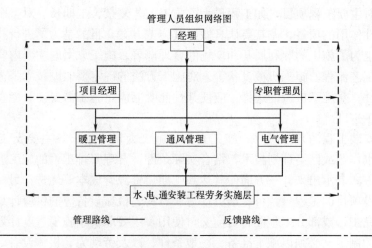

质量保证体系组织网络图

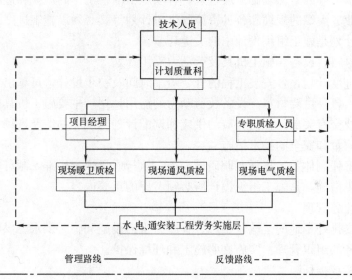

图 5-2 施工组织形式

b. 工程量大、施工工艺复杂、工期长的项目；

c. 对于建设项目中工程量小、施工难度不大、周期短的辅助项目，可顺势作为平衡项目穿插在主体工程的施工中进行；

d. 要考虑季节对施工的影响，例如大规模室外管道施工，最好避开雨期，入冬以后最好转入室内作业和设备安装。

（4）施工方案

施工方案是单位工程施工组织设计（或分部分项工程施工作业设计）对该工程项目施工方法的分析与相应的技术组织措施。对于某一项工程，一般都可以做出若干种施工方案，对这些施工方案耗用的劳动力、材料、机械、费用以及工期等在合理组织的条件下，进行技术经济分析，从中选择最优方案。施工部署确定以后，施工组织设计中要拟定施工方案，要进行施工难度（不仅是技术措施，而且要从确保工程质量、工期和费用上进行分析)特别是对主要工程项目,如工程量大、施工工艺复杂、工期长、对整个建设项目的完成起着关键性作用的项目,尤其要认真做好其施工方案,目的是为了进行技术和资源的准备,同时,也为了施工的顺利展开和现场的合理部署。施工方案的主要内容包括确定施工方法、施工工艺流程、施工机械设备等。对施工方法的确定要兼顾技术工艺的先进性和经济上的合理性;对施工机械的选择,应使其性能既能满足施工需要,又能发挥其效能。

(5) 施工进度

根据各安装工程的开工顺序、施工方案和施工力量,定出各主要安装工程的施工期限,应用流水作业或网络计划技术,结合实际条件,合理安排工程的施工进度计划,用施工进度表的方式表示出来。一方面使其达到工期、资源、成本等优选;另一方面,根据施工进度及建设项目的工程量,可提出劳动力、材料、机械设备等的供应计划。全部工程任务能否如期完工,或部分工程能否提前交付使用,主要取决于施工进度计划的安排;而施工进度计划的制定又必须以施工准备、场地条件、以及劳动力、机械设备、材料的供应能力和施工技术水平等因素为基础。反过来,各项施工准备工作的规模和进度、施工面的分期布置、各项业务组织的规模和各种资源的供应计划等又必须以施工进度计划为依据。所以,施工进度计划是施工组织设计中的关键环节。

(6) 主要材料、设备、施工机具及劳动力需用计划

根据施工进度计划,各安装工程的开、竣工时间及初步设计,可算出各主要工程项目的实物量,算出各种主要材料、设备及劳动力的需用计划,主要施工机具的名称、规格型号、数量,以便交有关部门拟出相应的供应和调配计划与供应办法及进场日期。

(7) 工程质量和安全的技术措施

设立质量责任制体系,指派专职质检人员,执行质量评定标准,制订质量计划、质量控制和安全施工措施,是施工组织设计所必须考虑的重要内容。

(8) 现场业务管理

要制订和安排好工地的运输、生产、仓库、生活设施和临时供水、供电、供热及办公调度、通信业务的组织管理。实施文明施工和环境保护。

(9) 技术经济指标

这是衡量施工组织设计编制水平的一个标准,它包括劳动力均衡性指标、工期指标、劳动生产率、机械化程度、机械完好率和利用率、降低成本、提高质量等指标。

5.2.2 施工准备

施工准备、施工和交工验收是工程项目施工阶段的三个组成环节。施工准备工作是为了创造有利的施工条件,保证施工任务能按质按期完成。这些条件是根据细致的科学分析和多年积累的施工经验确定的。制定施工准备工作计划要有一定的预见性,以利于排除一切在施工中可能出现的问题。施工准备工作根据时间和内容的不同,可以分为建设前期的施工准备工作、单位工程开工前的施工准备工作和冬、雨期施工等有关特殊性施工准备工作。

1. 建设前期的施工准备工作

工程设计和工程施工是紧密相关的。设计方案一旦产生,施工的问题也就提到了议事日程上。一个建设项目全面施工之前的施工准备,一般需要持续相当长的时间,它是整个工程建设的序幕,称为建设前期的施工准备。抓紧抓好建设前期施工准备,对于施工安装

企业及其以后全面施工的顺利展开和缩短建设周期，都具有重大意义。

建设前期施工准备的重点是：

(1) 企业委派项目经理组建施工组织机构，落实施工组织准备措施。

(2) 编制施工组织设计文件，必要时发送投标书参与项目竞争。

(3) 加强与建设单位、设计单位联系，使其了解企业实力，同时，可对建设工地的自然条件和技术经济条件进行现场调查勘测。

(4) 估算各种施工技术物资需要量和工程造价。有条件时可结合施工图纸逐项进行计算，做出工程预算和报价。

2. 单位工程开工前的施工准备

单位工程开工前的施工准备工作比较集中，同时，还要考虑随着工程的进展，各个施工阶段，各分部分项工程及各工种施工之前，也都有相应的施工准备工作。施工准备工作贯穿在整个工程建设的全过程，每个阶段都有不同的内容和要求，对各阶段的施工准备工作应指定专人负责和逐项检查。在施工组织设计文件中，应列入施工准备工作占用的时间，对大型或技术复杂的工程项目，要专门编制施工准备工作的进度计划。

(1) 技术准备工作

技术准备工作是施工准备工作的核心。由于技术准备不足而产生的任何差错和隐患都可能导致质量或安全事故，考虑不周可能导致施工停滞或混乱，造成生命、经济、信誉的巨大损失。所以，必须高度重视技术准备工作。

1) 了解设计意图、设计内容、建筑构造特点、设备技术性能、工艺流程及建设方的要求。

2) 粗审施工图纸：按照施工合同和施工图纸目录，查清分部分项工程的数量和内容，按图号查阅各工种施工图纸是否齐全，确保工程量不漏项，诸如风系统、水系统的工艺布局、建筑工程的形式、层数、楼、电梯间位置、数量、平面布局状况以及各层的层高、装饰工程中墙、顶、地、门窗、给水排水的基本要求、防火排烟、防水工程情况等。

3) 严审施工图纸：项目经理或施工人员必须认真细致地审查每张施工图纸，并根据各种规程、规范、国家标准，结合企业积累的施工经验和实力，分析和掌握设计要求的尺寸，诸如风管各部断面尺寸和长度、水管管径及长度、制冷主机及制冷机房其他设备的相关尺寸、制冷空调末端设备的规格、数量、安装部位及空调机房、新风机房的平面尺寸与高度、水泵房、水处理设备、冷却塔、膨胀水箱位置和尺寸等。还应了解各方面的技术要求、消防与电的具体布置及与土建工程的关系等。同时，核对各专业图纸中所述相同部位、相同内容的统一性，掌握其是否存在矛盾和误差。

4) 编制施工组织设计文件：根据施工图纸和有关设计资料，结合相应的标准图集、施工验收规范、质量评定标准和有关技术规定，使项目经理或编制人员能形成对工程施工的总体印象和施工组织设想。这部分工作是创造性的，其中心是要考虑设计和规范要求是否可以得到施工方面的满足，企业的施工力量、季节性队伍和技术、装备水平是否及如何达到要求；设计要求与施工现实差距较大或施工操作困难的，在满足设计意图和质量要求的前提下，可否做出一些有利于施工组织，加快进度的变更，根据上述各项，施工中应考虑采取哪些主要的技术、组织、供应、质量和安全措施。

5) 编制施工预算：编制单位工程施工预算文件，进行工料分析和工程成本分析，提出节约工料、降低工程成本措施。在施工图预算的基础上，结合施工企业的实际施工定额和积累的技术数据资料编制施工预算，作为本施工企业（或基层工程队）对该建设项目内部经济核算的依据。施工预算主要是用来控制工料消耗和施工中的成本支出。根据施工预算的分部分项工程量及定额工料用量、在施工中对施工班组签发施工任务单、实行限额领料及班组核算。当前有些企业还没有建立和积累企业的施工定额，多数企业的施工预算都是应用地区（如北京地区）施工定额，采用地区差价（如津京地区）等依据编制的。编制施工预算要结合拟采用的施工方法、技术措施和节约措施进行。在施工过程中要按施工预算严格控制各项指标，以促进降低工程成本和提高施工管理水平。施工预算是企业内部管理和经济核算的文件。现多数应用计算机编制预算，根据施工图纸将工程量一次输入，然后应用预算定额（或单位报价表）、地区施工定额及本企业的施工定额这三种数据库文件，即可输出三种不同的预算，即施工图预算、施工预算及本企业实际的工料、成本分析。根据这些预算文件，再在施工过程中进行严格控制，实行限额领料、限额用工和成本控制，必然会降低工程造价，提高企业效益。因此，编制施工预算是施工准备中的重要工作。在建立健全企业施工定额的同时，应积极采用先进的施工技术、提高施工队伍的技术水平、降低工料费用、积累施工经验，逐步完善企业施工定额。并在此基础上，编制工程预算软件，及早进行计算机管理。

6) 设计图纸交底：施工技术人员和管理人员，特别是项目经理应组织各工种的技术骨干，认真审查施工图纸，提出想法，积极参加施工单位与设计单位各方进行的设计图纸交底。设计图纸交底一般由建设单位提前发出通知，安排并主持会议，做好会议纪要工作。有时为了更好地协调工作，还邀请了有关单位参加，除了投资单位、建设银行以外，还有如发改委、建委、编委及上级主管部门、城市规划与当地供水、供电、供热、消防、环卫等部门。通过各部门审查，包括资金、规模、各方协作等更加顺畅。当然，图纸交底的主要目的一是了解设计意图并向设计人员质疑，询问图纸中不清楚的部分，直到彻底弄懂为止。二是对图纸中的差错及不合理的部分或不符合国家制定的建设方针、政策，不符合施工安装规程、规范和国家标准以及实际无法施工的部分，本着对工程负责的态度予以指出，并提出修改意见供设计人员参考，正确处理好各部门协作关系。施工图中的建筑、结构、水、暖、电、制冷空调等工艺管线、设备安装图，有时，由于设计配合不好或校对、会签、审核、审定等环节会审不严而存在矛盾，此外，在同一套图的先后图纸中也可能存在图形、尺寸、说明等方面的矛盾。遇到上述情况，必须提请设计人员作出书面更正或补充，在未获得设计部门的"设计变更通知单"之前，施工人员决不能自作主张，擅自更改，要分清设计与施工责任。

7) 签订工程协议书、办理施工执照：签订工程协议书或经济合同，明确工程任务、工期要求、质量标准、工程造价和预算，承发包双方在施工过程中的责任及相互配合。对于独立的单位工程，施工单位必须根据施工任务的性质，申请相应等级的施工执照，外地施工执照资质，应在当地注册生效后方可承接施工任务。

8) 全员认真学习施工组织设计并交底：施工组织设计作为指导施工准备和施工全过程的综合性的技术经济文件，对于项目经理而言，与施工图纸和规范、规程同等重要。因此，应该认真学习施工组织设计，对其所规定的施工部署、施工方案和主要施工方法、进度、质量、技术、安全、环保、降低成本等措施和要求，要了如指掌，胸有成竹。能将各项要求与自己所担负的工作职责相联系，形成自己的工作计划，随之制订各项工作要点，以便将自己的工作意图向所属班组和人员做出交底和部署。项目经理向施工班组及相关人员进行施工组织设计、计划和技术交底的目的，是把拟建工程的设计内容、施工计划、进度、技术与质量标准、安全和消防要求等事项，详尽地向施工人员加以说明，并向班组签发施工任务单，以保证严格地按照设计图纸、施工组织设计、安全操作规程和施工验收规范进行施工。

(2) 现场准备工作

1) 现场调研：现场准备工作实际上在编制施工组织设计时就已经开始。编制人员要到现场实地调查地形地貌、水文地质、气象条件、交通运输以及当地资源、风俗习惯等资料，还要对建设地区的社会、经济、生活等进行调查和分析研究，以求充分利用现场条件。编制人员要掌握施工现场的第一手资料，包括其他施工单位的实力和状况，并在施工组织设计文件中反映和妥善处理与实际结合的问题。

2) 现场电源、水源：做好现场供水、供电、供热及临时生活居住用房和设施的准备工作，为及早进场开工创造条件。此项现场准备工作应与建设方会同解决。

3) 提供施工面：会同建设方和土建施工方解决好制冷空调工程施工场地，使土建施工、设备、管道安装、装饰工程及各部门、各工种进行有序交叉作业，既交叉，又协作。在各个施工阶段、施工过程中，争取获得尽可能多的施工面，更好地展开各工种的施工场地，加速工程进度，必然为缩短工期、降低成本打下有利条件。经常性地请建设方（或工程指挥部）协调解决各施工单位、各工种同时施工的场地，做到不干扰或少干扰，处理好关系，团结协作是很重要的现场准备工作。

4) 现场临时设施：合理的现场临时设施使材料、设备二次进场和施工管理提供方便。在建设方（甲方）提供不了的情况下，应规划好现场施工用临时设施的准备，根据施工组织设计的要求，组织人力、物力，在现场拆除障碍、平整土地、铺设临时施工道路、接通施工用临时供水、供电、供热管线。做好场地排水防洪设施。搭设仓库、工棚作为现场的材料库、操作棚、工具间、办公室、休息室及其他生产、生活设施用房。设置防火保安等消防设施和办公通信设施。应本着节约原则，合理计算需要的数量，并进行规范化、组合化、精品制作，达到重复使用的目的，既降低了成本，又体现了企业形象。

(3) 物资与施工机具的准备工作

1) 物资清单：工程开工前，施工人员必须尽早从施工图纸和施工组织设计及材料设备清单等设计文件中，详细列出该项工程所需主材、辅材、机器设备等的名称、规格型号、单位、数量、单价、金额，注明是自制或厂家供货，制表造册。

2) 施工机具用量：工程开工前，施工人员必须根据各工种、各阶段的不同工程量，计算出各种不同型号、品种的施工机械、工器具等的需用量，诸如吊车、卷扬机、拔杆、葫芦（倒链）、大小滚筒、各种规格的钢丝绳、扎头、卡环等吊装设备；电、气焊设备；钣金、钳工、木工机具；电工测量仪表及工具；保温、油漆和必要的机加工设备，（如车、钳、铣、刨、磨、锯、钻床等）；现场临时用电源箱、控制箱以及施工人员个人工具箱和安全防护用品，由各工段、班组的工长和施工人员统一领取、使用和保管。

3）物资、机具准备：施工人员根据自己对工作范围内各项工作内容的时间安排，提前向生产供应管理部门提交书面的用料计划，根据施工组织设计和施工方案注明对施工材料、成品、半成品、加工件等资源的供应方式，说明所需材料的种类、规格、数量、供应时间、先后顺序等情况，以便管理部门按需组织物资供应，及时向厂商签订订货合同，并确定分期分批交货清单和交货地点，防止停工待料和设备不到位而延误工期。制冷空调用制冷机组等主要机器设备常由建设方（甲方）选（订）购外，其余材料、设备一般由施工单位配置，诸如散流器、风机盘管等风系统、水系统末端装置、空气热湿处理设备、水处理设备、水泵、风机、冷却塔、膨胀水箱、各种阀门、自控元件及各种管材、管件、型钢、油料等各种主材、辅材，都必须在施工前准备好，按时运至现场，并进行单体调试合格后封存。对于施工中需要使用的施工机械、工具、用具，诸如起重运输机械、电气焊设备、直至弯管机、剪板机、摇臂钻（或台钻）、台钳、割管器、胀管器、砂轮锯、手枪钻（混凝土枪）、冲击钻以及个人常备的工具，如扳手（活动扳手、梅花扳手、套筒扳手等）、钳子（胶钳、扁嘴钳、尖嘴钳、剥线钳、管钳等）、各种改锥、组合工具、锉刀、三菱刀、钢锯、手电钻、手锤、木锤、剪刀、铅垂墨斗、水平仪、卷尺、塞尺、游标、千分卡等。对需要持有专业操作证书方准使用的机具、工具，项目经理要提前组织有关人员参加业务管理部门或政府主管部门的业务培训，使相关人员获得或强化操作知识和操作技术，取得专业操作证书。对机具、工具的使用，应根据业务部门的管理规定，结合工程具体情况，制订使用、安全管理的规章制度和操作要求，以保证在安全使用的前提下，发挥机具工作效率，提高完好率和使用寿命。

总之，物资和施工机械、工具的准备工作必须做到以下几点：

第一，对主要材料尽早申报规格、数量，落实材料来源，办理订购手续。

第二，提出各种物资分期分批进入现场的数量、运输方法和运输工具，确定交货地点、交货方式、卸车设备、各种劳力和所需费用均需在订货合同中说明。

第三，订购机器设备时，要注意交货时间与土建进度密切配合，因为某些庞大设备的安装往往要与土建施工穿插进行，如果土建全部完工或封顶后，安装会有困难，这将直接影响建设工期。

第四，安排好进场材料、设备等的堆放地点，严格验收、检查、核对其数量、质量和规格。

第五，施工机械、设备的安装和调试。

（4）施工队伍的准备工作

根据工程项目，核算各工种的劳动量，配备劳动力，组织施工队伍，确定项目负责人。对特殊的工种需组织调配或培训，对职工进行工程概况、施工部署、施工方案、施工方法、工程计划、工期、质量、技术措施和安全交底。施工队伍准备工作是根据施工条件、工程规模、技术复杂程度来制订的。施工难度大的部位需要专人负责把关，这就是通常所说的"关键事找关键人"，工程施工不允许出现特别重大事故，就要在关键的施工部位配置关键负责人，这就是施工队伍质与量的保证。

施工队伍的准备工作是：

1）熟悉、掌握各工种、各班组情况包括人员配备、技术力量及施工能力，以便针对各班组的特长,合理使用。

2)根据已由施工组织设计确定的施工顺序、施工进度做出组织安排,明确各工序间的搭接次序、搭接时间和搭接部位。进而明确各班组工作范围、人员安排、材料供应及分配、使用办法等。

3)向施工班组及相关人员交底:项目经理向施工班组及相关人员进行交底的工作是劳动组织工作非常重要的一项内容,其目的是将施工组织、施工方案、质量要求、安全、消防、环保、技术、降低成本等项措施向班组做较为详尽的说明,使班组对所承担的施工内容、工作目标、操作方法、质量标准及其他管理要求有明确的了解,能够顺利施工。

交底的主要内容:

① 计划交底:包括任务的部位、数量、开始及完成时间、该项工作在全部工作中对其他工序的影响和重要程度等。

② 技术质量交底:包括施工方法、质量标准、自检、互检、交接检验的具体时间要求和部位、样板工程和项目的安排与要求等。

③ 定额交底:包括任务的劳动定额、材料消耗定额、机械配给台班及每台班产量,任务完成情况与班组的收益、奖励关系等。

④ 安全生产交底:施工操作、运输过程中的安全注意事项,机电设备安全操作事项,消防安全规定及注意事项等。

⑤ 各项管理制度交底:一般包括作息制度、工作纪律、交接班程序、文明施工、场容管理规定和要求等。

3. 冬、雨期施工等特殊情况的准备工作

冬期和雨期施工以及给施工带来困难的特殊情况均应列入施工准备工作进行特殊安排。冬季施工由于气温低,风力大,有时遇到下雪、结冰等情况,工作条件差,环境影响大,尤其是在室外的设备吊装、保温工程或高空作业都不宜安排在冬期施工,因此,认真做好冬期施工准备具有特殊意义。在多雨地区或必须在雨期施工时,应注意晴雨结合,晴天多进行室外作业,为雨天创造工作面,不宜在雨天施工的项目,应安排在雨期前进行。对其他特殊情况也应作特殊的准备工作。

对一般的单项工程需具备以下准备工作方能开工:

(1)立项工程并已取得开工许可证。

(2)施工图经过会审、交底,并对存在的问题已作修正,所编制的施工组织设计已批准、施工预算已编妥。

(3)有足够的工程开工施工面,同时,材料、成品、半成品、设备能保证连续施工的需要。

(4)开工需要的施工机械、设备已进场,并能保证正常运转,工地上的临时设施已基本满足施工和生活的需要。

(5)已配备好施工队伍,并经过必要的技术安全教育,工地的消防和施工安全设施具备。

5.2.3 施工原始资料的调查研究

工程施工原始资料的调查研究是编制施工组织设计的基础,原始资料的差错,将会导致施工组织设计错误的判断，而给工程建设带来损失，必须引起重视。

根据工程施工需要，先拟订施工原始资料调查研究提纲。对编制施工组织设计需要的原始资料，在收集时要注意广泛性和可靠性。了解建设单位、勘测设计单位、土建施工单位的情况及其提供的有关规划、可行性研究报告、工程设计委托书、设计任务书、设计（计算）说明书、设计施工图纸及工程造价、工期要求。弄清工程名称、用途、工程性质（国企、合资、私企、个体等）、规模、资金到位情况。然后向有关部门收集关于水文地质、气象资料、交通运输、征地选址（建设地点）、区域环境、卫生要求和排放标准以及劳动力来源、材料供应、水、电、热供应线路、供应能力、供应协议、消防及安全要求。场地情况、工程进度、提供施工面和进场日期以及当地的政治、经济、生活资料等。将调查收集到的资料整理、归纳后，进行分析研究，对其中特别重要的资料，必须复查其数据的真实性和可靠性。对于缺少的资料应予以补充。对某些关键的施工部位或施工难度较大或有疑点的资料应特别注意搞清真实情况，甚至到现场进行实地勘测调查。

一般制冷空调工程施工原始资料应着重调查：

1. 现场施工条件的调查

（1）自然条件调查

1）交通运输：铁路、水路、公路及空运条件，特别是进入现场及区域道路情况将直接影响施工物资、机械、人员的调运和材料、设备等二次进场。条件差的还必须事先进行改善，直至不影响施工进度。

2）气象条件：全国各地，由于建设地点区域不同，气温高低、湿度大小、刮风下雨所出现的天气也很不一样。了解当地气象条件，对计划施工平面、建立临时施工设施、保证材料供应、搞好施工人员的生活将至关重要。

3）水文地质：了解洪水水位、地表水情况、土壤及冻土深度、了解地形地貌、竖向布置、建、构筑物标高及地质状况，如出现断层、滑坡、流砂等现象和地震级别，将有利于做好地下隐蔽工程。

4）建设地点：制冷空调安装在人员密集的地方，应选择低噪声设备（如冷却塔、机房设备），做防振减噪，防止向四周飘逸水滴雾气。净化空调应严格控制有害气体排放标准，达到环保卫生要求，做好安全施工、文明施工和消防工作。

（2）当地资源情况调查

1）供电：供电情况调查包括施工临时用电和供电部门提供的外线输电及变、配电。了解供电负荷等级、外线输送电压、变、配电设备及容量和功率因素、接地电阻的要求等。制冷空调工程一般只提供三级负荷供电，即能满足启动、运行，电压波动不超过±5%，有随时停电的可能。但制冷空调随着建筑等级的提高，如星级豪华宾馆、使馆空调等不仅不宜停电，而且要求供电品质，即二级供电负荷要求有专用线路输电或双回路供电，遇有特殊故障须提前通知用户方可停电。国内一级负荷用电单位很少，除了不能停电外，还对供电电压、频率等均有要求。制冷空调对变、配电、输送线路、接零接地均有严格要求，大型工程要独立设置地极，做到接地电阻小于4Ω。同时，应取得当地供电部门的供电协议书。施工临时用电应符合现场安全用电标准。

2）供水：制冷空调是用电用水大户。实地考察水量、水质、水温情况对制冷空调系统设计、施工、调试和运行都十分重要，了解冷冻水、冷却水、锅炉及水源热泵空调的水量、水质、水温尤为重要。同时，应掌握当地污水处理和排放标准。了解水源、取水方案和最低排水标高及其排放点。

3）供热：充分了解和利用当地供暖供热资源。

4）地方材料：了解地方材料的产品、质量、单价、运输方式、运输距离及运输费用等。充分利用当地材料物资，是减少运输、降低成本的途径。

5）劳动力调查：了解建设地区可支援劳动力的数量、技术水平、来源、工资费用及其生活要求和当地厂矿加工能力。

6）建筑施工单位实力的调查：建筑施工与空调安装经常是由两部分人来完成，建筑结构与工艺设备机电安装都要求施工进度，建筑公司与安装公司经常要交叉作业、相互协作，都要尽可能地为对方提供施工面，即便建筑公司与安装公司是同一个单位也是如此。尤其是使用当地建筑施工队伍时，更应对建筑施工单位实力进行调查。了解其建筑、装饰施工执照资质等级、ISO国际认证等文件、施工业绩以及进场劳动力总数、工种类别及各工种人数、技术人员总数、工程师、高级工程师数量及专业类别；施工机械与设备的装备情况及其施工经验、施工方法、技术革新、科研成果；特别注意其建设项目中有否制冷空调工程的项目或类似的工程，质量如何？善长什么？施工单位的劳动生产率、年度产值、工程质量、安全情况、降低成本情况、机械化程度、机械利用率和完好率等主要技术经济指标和管理状况。

(3) 进场条件的调查

1）获得足够大的施工面，特别是安装量大的施工面，如制冷空调机房、设备管线密集或设备必须先于土建进行就位，这些地方往往是土建量不大或非建筑主体工程，只要与建筑施工单位稍稍协商就能有较大的施工面。为努力创造进场条件，加快安装进度颇为重要。

2）设备基础、支、吊点、预埋件及预留穿墙过洞，应在混凝土浇筑时埋设。

3）三通一平基本完成，解决施工临时用水、用电、用汽和道路交通运输，为实现材料设备二次进场和搭设临时仓储、房屋创造条件，建设单位应积极提供施工人员生活条件。

2. 技术资料收集和整理

1）设计资料：包括设计说明书、设计施工图（一般由设计部门提供7～10套完整的水、电、制冷空调设备工艺安装施工图和一套与制冷空调相关部分的建筑、结构施工图）、主要材料、设备清单、工程施工组织总设计、设计更改通知单等认真查阅归档。

2）设备资料：设备开箱后，清点设备技术资料，特别是压力容器及主要设备的厂家生产许可证、合格证、设备安装使用说明书等认真整理存档。

3）熟悉规程、规范、国家标准，严格履行国家颁发的工程施工、安装、验收标准。

4）工程施工安装预、结算定额与工程报价、各类标书资料积累与整理，不断提高编制质量和水平。

5.2.4 组织施工的基本原则

1. 有序施工

认真贯彻国家基本建设的各项方针政策，严格履行如工程立项、施工图纸设计、施工组织设计、实施竣工验收等各工程基本建设程序。

根据工程合同要求，以确保履约为前提，结合工程总量及施工力量的实际情况，按照拟建工程项目的轻重缓急和施工条件落实情况进行工程排队，把有限的人力、物力、财力优先用于重点和急需解决的项目，处理好准备项目、施工项目、收尾项目和竣工投产项目的关系，做到有主有次、统筹兼顾，而不致使资源分散、施工战线过大、漫长地拖延工期，使资金、人力、物力积压，迟迟不能投产，这是最大的浪费。

协调好建筑施工与设备安装的施工顺序，经常会出现在同一施工面上同时或先后实施立体交叉作业。顺序反映客观规律要求，交叉则体现争取时间的主观努力。

先作准备，后施工。没有做好必要的准备就贸然施工，必然会造成现场混乱。必要准备是指在各个施工阶段前补足材料、设备、工种配置，使施工有序顺畅。在开工前，往往先建立现场临时设施和必要的"三通一平"（电通、水通、路通和平整场地）的全场性工程。开工后的施工一般遵循先场外，后室内；场外由远而近；先主干，后分支；先地下，后地面；地下工程先深后浅；先进行土建工程，后进行设备安装。土建工程应尽早为设备安装和试运转创造条件。

单位工程施工，既要考虑空间顺序，也要考虑工种顺序。空间顺序是解决施工流向的问题，它必须根据生产需要、缩短工期和保证工程质量的要求来决定。工种顺序是解决时间上的搭接问题，它必须做到保证质量，工种之间互相创造条件，充分利用工作面，争取时间。值得注意的是，并非所有的施工顺序都是永恒不变的。但是，无论是组织单位工程或总体工程施工，都必须遵循一定的施工顺序。随着科学技术的不断发展，尚应不断研究施工顺序的合理化、科学化问题，以期获得更大的经济效益。合理安排施工计划是每一项工程有序施工的重要条件，工地上一切资源需求量的计算与供应，各业务组织的安排等均要根据施工计划。施工计划是在优先确定的施工方案的基础上，根据具体工程的要求来安排的。

任何一个工程项目的施工计划，也就是各个分部分项工程、工种在该工程中的施工顺序，它们必须有一定的客观规律，即一系列的施工活动在工程的空间和时间上的统筹安排。有的应按次序先后衔接，有的可搭接施工，还有的相互之间要有一定时间的技术间歇等，这些就是施工的客观规律。为了缩短工期也可组织立体交叉或平行施工。有时为了得到某些资源的均衡，可组织流水施工或人为地延长、调整某一工种的持续时间。施工计划的优化是使之有节奏地均衡施工，各种资源的负荷均衡，劳动力和机械亦不致窝工，并能按规定时间分段完成交工。

编制施工计划要注意应用流水作业法和网络计划技术这两种先进方法。一份好的施工计划，一定能使施工有序，一定可以缩短工期，提高工程质量和降低成本。

2. 缩短工期

缩短建设周期，能早投产，早获利，可以加速资金周转，是提高经济效益的最根本措施。缩短工期又是降低间接费用的有效途径。在间接费用中，劳动保护及技术安全费、劳动力招募费、小型临时设施费以及工资附加费和辅助工资等主要决定于工人数量的多少。因此，在组织施工中，采取各种有效措施提高劳动生产力是加速施工进度和降低间接费用的关键。加快施工进度能使工程早日发挥投资效益。但是，工期、质量、成本是密切联系在一起的。合理的组织施工不但要求工期短，而且要做到投资少、材料省、质量高，即多快好省的统一。因此，工期不是越短越好，应达到最佳工期或合理工期,即在保证工程质量和安全生产的前提下,合理使用人力、机械设备、节约材料的最短施工工期。

3. 保证质量

做到有序施工,认真履约,按照施工安装验收规范和质量评定标准,合理采用先进的施工技术和选择施工方案及施工方法,总结施工经验,提高施工队伍的技术水平,增强整体实力,建立质量责任制,坚持质量第一,保证质量是组织施工最基本的原则。

4. 降低成本

节约施工费用,降低工程造价是贯穿整个施工过程。从竞标报价、工程项目施工预算直至竣工验收结算,都要专门进行编制和管理实施。

成本管理要在施工活动中进行工程成本的计划与控制,保证在工程的实施中能以最少的消耗取得最大的效益或施工利润。应尽量减少临时设施,充分利用原有房屋、当地生产服务能力、加工能力为施工服务、合理组织材料、合理储备和合理的平面布置、避免重复运输、减少损耗、提倡节约、严防浪费、不允许工地上到处出现乱撒材料或把短材、尾料当废料、该用的财力、物力、人力一定到位,不该用的资金、材料、人员一律控制,进行科学管理;充分利用当地资源和工业废料,合理选择外地资源,尽量减少物资运输量,以降低运输负荷,节约运费;所选用的施工方案、施工方法应在技术经济指标比较的基础上进行选优,并应有降低成本的技术措施;降低一切非生产性开支和管理费用等。

5. 采用先进施工技术和安全文明施工

先进的施工技术是提高劳动生产率、改善工程质量、加快施工速度、降低成本的重要源泉。因此,在组织施工时,必须注意结合具体的施工条件,广泛地采用国内、外先进的施工技术,吸收先进工地和先进工作者在施工方法、劳动组织等方面所创造和积累的宝贵经验。拟定合理的施工方案是保证施工组织设计贯彻上述各项原则和充分采用先进经验。施工方案的优劣,在很大程度上决定着施工组织设计的质量。拟定施工方案通常包括拟定施工方法、选择施工机具、安排施工顺序和组织流水施工等内容。每项工程的施工都可能存在多种可能的方案供我们选择。在选择时要注意从实际条件出发,在确保工程质量和生产安全的前提下,使方案在技术上是先进的,在经济上是合理的,并符合国家在基本建设方面所规定的方针和政策。

此外,在拟定施工方案时还必须注意施工验收规范及操作规程的要求,遵守保安、防火和卫生方面的有关规定,确保工程的质量和安全施工、文明施工。

在施工组织方面,流水作业及网络计划技术已是国内、外施工实践所证明的有效方法。采用先进的技术不应仅限于施工技术与组织方法方面,还应从材料选用到设计方案方面来全面考虑。所以,设计、施工等各有关方面需要密切配合。需要强调的是,采用先进的科学技术并非目的,是为达到获得最大经济效益的一种手段。因此,必须遵循从实际情况出发因地制宜的原则。

5.3 制冷空调工程施工组织总设计

施工组织总设计是以整个建设项目或以群体工程为对象编制的,是整个建设项目或群体工程施工组织的全局性和指导性施工技术经济文件。一个制冷空调工程，在完成了初步设计和技术设计、总概算或修正总概算之后，即转入施工组织总设计阶段。通常是由该工程项目的总承包单位为主，由建设单位、设计单位和分包单位参与共同编制。

要想科学合理、准确无误地将设计人员的设计理念在整个工程项目的施工过程中既经济又完美予以实施，必须有数个施工单位和工种共同协作完成。无论是施工还是施工技术，通常都有多个可行的方案可供施工人员选择。在综合各项因素，进行可行性、经济性、技术性的全面分析、科学合理的决定后，做出全面的施工部署，编制出指导施工准备工作和施工全过程的施工技术经济文件。这个技术经济文件就是制冷空调工程的施工组织总设计，是一个控制性、战略性的施工计划。

5.3.1 施工组织总设计的内容与编制依据

根据编制目的的不同，施工组织总设计可以分为两种，第一种是在工程项目招标阶段编制的施工组织总设计。第二种是为实施工程项目施工而编制的施工组织总设计。

施工组织总设计的主要内容包括：工程概况，工程部署和主要工程施工方案、施工总进度计划、资源需要量计划、施工总平面图、技术经济指标分析等。

施工组织总设计的内容和深度，根据工程项目的性质、规模、建筑结构和施工复杂程度、工期要求和建设地区的自然经济条件的不同而有所不同，但其编制程序大同小异。

施工组织总设计的编制程序如图5-3所示。

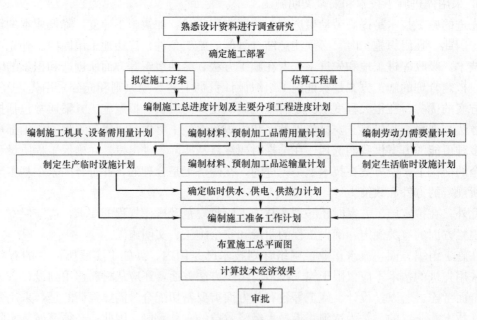

图 5-3 施工组织总设计编制程序

1. 施工组织总设计的作用

（1）在工程的招标投标过程中，施工组织总设计作为投标文件的重要内容之一，根据招标文件的要求，通过选择科学、先进的施工技术，合理、适用的施工组织与管理方法，向发包方充分阐述对招标工种的理解，对承揽该工程的设想，承揽工程后的总体施工安排及承诺。从而充分体现企业的总体实力，赢得发包商对企业的初步信任，结合其他方面的工作，达到承揽工程的目的。

（2）承揽工程后，成为施工生产建立施工条件、集结施工力量、组织物资资源供应以及进行现场生产与临时生活设施规划的依据；也成为施工企业编制年度施工计划和单位施工组织设计的依据。

（3）通过选定的科学合理、切实可行的施工方案和施工方法，优化资源投入和资源配置，保证工程的有序施工，指导工程优质、高速、安全地施工。

（4）采用科学的劳动组织形式，充分发挥施工人员的生产潜力。

（5）通过优化选用的施工技术方法和各项技术措施，指导工程施工，满足环境保护。工业卫生和文明施工的要求。

2. 施工组织总设计编制原则与环境要求

（1）施工组织总设计编制原则

1）根据国家或上级的指示和工程合同的要求，以确保履约为前提，结合工程项目和施工力量的实际情况，做好施工部署和施工方案的选定。

2）编制切实可行的施工总进度计划，统筹全局。组织好施工协作，分期分批组织施工，合理安排劳动力的投入使用以及资源需要量计划，以达到缩短工期，尽早交工并同时满足合同要求。

3）对工程项目的重点和关键部位，要认真周密地制订施工计划；确保工程施工的科学性、可靠性和安全性。

4）用科学的方法组织施工，优化资源配置，合理配置人力、物力；积极推广和使用新技术、新工艺、新材料、新设备，努力提高劳动生产率；以达到低投入，高产出的目的。

5）合理紧凑的布置临时设施，节约施工费用。

（2）施工组织总设计编制时应考虑环保要求

编制施工组织总设计时，还要认真考虑环境保护、环境卫生措施，减少环境污染和扰民，做到文明施工。

3. 施工组织总设计编制前的准备工作及编制依据

施工组织总设计的编制必须遵守科学合理、切实可行。严谨周密的原则，编制前深入地进行调查研究，获取必要的原始资料，使编制完成的施工组织总设计符合现场施工条件和现有实力。

编制施工组织总设计一般需要下列资料：

（1）收集原始资料

要详细了解工程合同对工程项目的工期、造价、质量、工程变更洽商及其相关的经济事项的具体要求；要明确设计文件的具体内容，以了解设计构思及要求。根据上述各项以及会审图纸情况，收集有关的技术规范、标准图集及相关的国家和地方政府的有关法规。

（2）现场条件调查

了解水源条件及电源条件：在城市要了解离施工现场最近的自来水干管的距离及管径大小；在农村无自来水或其距离现场较远时，须了解附近的水源及水质情况，能否满足施工及消防用水的要求；以及城市可能提供的电源形式及容量，能否满足施工用电负荷等相关事宜。

（3）生产条件调查

必须细致研究工程合同条款，对工程性质、施工特点、重要程度（国家重点、市或地区重点、重要还是一般工程）、工期要求、质量、技术经济要求（如工程变更时可能发生的费用限额及支付方式等）要搞清楚。

（4）会审图纸

接到施工图纸后，应及时组织有关人员熟悉与会审图纸，根据图纸情况及合同要求，尽快与业主、协作单位进行项目划分工作，明确各自工作范围；同时将图纸上的问题及合理化建议提交业主、工程监理人员及设计人员，共同协商，争取将重大工程变更内容集中在施工前完成。

（5）及时编制工程概（预）算

及时编制工程概（预）算，以便为编制施工组织总设计提供数据（工程量及单方分析），为选定施工方法，进行多方案比较提供技术经济效果的依据，为主要生产资料的供应做准备。

（6）施工组织总设计的编制依据

施工组织设计的编制依据主要有：制冷空调工程设计任务书及合同，工程项目一览表及概算造价，制冷空调工程施工图［包括制冷空调建筑施工图（如建筑物的总面积、总高度、各层平面图及功能、各层的层高、室内外装修和水、电、热源等条件），风系统、水系统、制冷机房、空调机房及其设备、管道施工图等］，建筑场地及地区条件资料，现行定额技术规范，分期分批施工与交工时间要求，工期定额，参考数据等。

4. 施工总设计主要编制内容

（1）工程概况

简要叙述工程项目的性质、规模、特点、建筑地点周围环境、拟建项目单位工程情况、工程总期限及有关上级部门对工程的要求等已定因素的情况和分析；

工程概况，是对整个制冷空调工程项目的总说明、总分析，一般包括下列内容：

1）工程项目、工程性质、建设地点、建设规模、总期限、分期分批投入使用的工程项目和工期，总占地面积、建筑面积、主要工种工程量；设备安装及其吨数；总投资、建筑安装工作量、工厂区和居住区的工作量；建筑结构类型，新技术的复杂程度等；以上内容可以参照表5-1～表5-3填写。

建设安装工程项目一览表　　　　　　　　表5-1

序号	工程名称	建筑面积(m²)	建安工作量（万元）		吊装和安装工程量（t或件）		建筑结构
			土建	安装	吊装	安装	

注："建筑结构"栏填混合结构、砖木结构、钢筋混凝土结构及层数。

主要建筑物和构筑物一览表　　　　　　　　　　　　　　表 5-2

序号	工程名称	建筑结构特征或示意图	建筑面积（m²）	占地面积（m²）	建筑体积（m³）	备注

注："建筑结构特征"栏说明其基础、柱、墙、屋盖的结构构造，如附示意图，应注明主要尺寸。

生产车间、管（网）线、生活福利设施一览表　　　　　　　表 5-3

序号	工程名称	单位	合计	生产车间			仓库及运输				管网				生活福利		大型暂设设施		备注
				某车间	某车间	…	仓库	铁路	公路	…	供电	供水	排水	供热	宿舍	文化福利	生产	生活	

注："生产车间"栏按主要生产车间、辅助生产车间、动力车间次序填写。

2) 建设地区的自然条件和技术经济条件。如气象、水文、地质情况；能为该建设项目服务的施工单位、人力、机具、设备情况；工程的材料来源、供应情况、建筑构件的生产能力、交通情况及当地能提供给工程施工用的人力、水、电、建筑物情况。

3) 上级对施工企业的要求，企业的施工能力、技术装备水平、管理水平和各项技术经济指标的完成情况。

根据对上述情况的综合分析，从而提出本施工组织总设计需要解决的重大问题。

(2) 施工部署

施工组织总设计中的施工部署，是属于战略性决策方面的工作；是用书面的语言来阐述工程施工对整个建设的设想，从而对整个建设项目进行通盘的考虑和规划。主要内容有施工任务的组织分工和总进度计划的安排意见，施工区段的划分，网络计划的编制，主要（或重要）单位工程的施工方案、主要工种工程的施工方法等。

(3) 施工准备工作计划

主要是会同建设方和土建施工方解决好制冷空调工程施工的场地条件，大型临时设施工程（如搭设现场的材料库、操作棚、工具间、办公室、休息室及其他生产、生活设施用房）的计划和定点，施工用水、用电、用气、道路及场地平整工作的安排，有关新结构、新材料、新工艺、新技术的试制和试验工作，技术培训计划、劳动力、物资、机具设备等需求量计划及做好申请工作等。

(4) 施工总平面图

对整个工程的全面和总体规划，如施工机械位置的布置，材料构件的堆放位置，临时设施的搭建地点，各项临时管线通行的路线以及交通道路等。应避免互相交叉、往返重复，以有利于施工的顺利进行和提高工作效率。

(5) 技术经济指标分析

用以评价上述施工组织总设计的技术经济效果，并作为今后总结、交流、考核的依据。

5.3.2 施工部署

施工部署是对整个制冷空调工程施工进行的全面安排。也就是说，它是对带有全局性施工作业的总体规划。

施工部署是施工总组织设计的核心，因而施工部署的正确与否是直接影响建设项目的进度、质量和成本三大目标能否顺利实现的关键。施工组织总设计中的施工总进度计划、施工总平面图以及各供应计划等都是按照施工部署的设想，通过一定的计算，用图表的方式表达出来的。如果说，施工总进度计划是施工部署在时间上的体现，那么施工总平面图是施工部署在空间方面的体现。

由于工程项目的性能、规模和客观条件不同，在施工部署中需要考虑的问题也有所区别。一般情况下，施工部署包括的主要内容有：确定工程项目的施工机构，明确各参加单位的任务分工，规划好施工服务的全工地性的工程项目，明确各单位工程的施工顺序，以及拟定主要建筑物的施工方案等。

根据工程合同的要求和安装项目的性质，首先确定工程的开工顺序，安排好施工部署：

(1) 任务配套：为了确保竣工使用，安装项目必须按配套齐全的原则，安排合理的施工顺序，使工程完工即能满足使用的要求。

(2) 合理组织施工力量和工程施工规模：权衡施工任务的要求与力量的可能性，在均衡生产的前提下，确定组织多大规模的施工力量，合理地考虑与施工工程的比例。

(3) 分期分批施工：在保证工期的前提下，实施分期分批施工，既可使各个具体项目迅速建成，尽早投入使用，又可在全局上实现施工的连续性和均衡性，减少临时设施数量，降低工程成本。

(4) 统筹安排各类项目施工，保证重点，兼顾其他，确保施工项目按期投入使用。按照各工程项目的重要程度，应优先安排的工程项目主要有：

1) 按建设方案要求，须先期投入使用或起主导作用的工程项目；

2) 工程量大，施工工艺复杂，工期长的项目；

3) 生产建筑须先期使用的厂房、办公楼及部分宿舍，民用建筑须先投入使用的房间。

对于建设项目中工程量小，施工难度不大，周期短而又不急于使用的辅助项目，可作为现场平衡项目穿插在主体工程的施工中进行。

(5) 要考虑季节对施工的影响：例如大规模室外管道施工，最好避开雨期，入冬以后最好转入室内作业和设备安装。

施工部署确定以后，施工组织总设计中要拟定一些主要工程项目的施工方案。这些项目通常是安装项目中工程量最大，施工工艺复杂，周期长，对整个建设项目的完成起着关键性作用的项目。拟定主要工程项目施工方案的目的是为了进行技术和资源的准备工作，应使其满足施工的顺利开展和现场的合理部署。

施工方案的主要内容包括确定施工方法、施工工艺流程、施工机械设备等。对施工方案的确定要兼顾技术工艺的先进性和经济上的合理性；对施工机械的选择，应使其性能既能满足施工需要，又能发挥其效能。

施工方案与施工部署的区别在于，施工方案是针对一个建筑物而言，是包括施工方法、施工顺序、机械设备和技术组织措施的总称。在施工组织总设计中，对主要建筑物施工方案的考虑，只需原则性的提出方案性的问题，如哪些构件采用预制，哪些构件采用现场制作，构件吊装采用什么设备等。也就是对牵涉到全局性的一些问题做出比较原则的考虑，至于详细的施工方案和技术组织措施则到编制单位施工组织设计时再考虑。

5.3.3 施工总进度计划

根据建设单位及有关部门对拟建工程项目的计划要求和施工条件，按照合理的施工顺序和日程安排的建筑生产计划，称之为施工总进度计划。施工总进度计划的种类与施工组织总设计相适应，在施工总设计中的施工计划称为施工总进度计划。根据施工部署所决定的各安装工程的开工顺序、施工方案和施工力量，定出主要安装工程的施工期限，用进度表的方式表达出来。

施工总进度计划的编制是根据施工部署对各项工程的施工做出时间上的安排。换句话说，是施工部署在时间上的体现。施工总进度计划的作用在于确定各单位工程、准备工程和全工地性工程的施工期限及其开竣工日期。确定各项工程施工的衔接关系。从而确定：制冷空调工程工地上的劳动力、材料、半成品、成品的需要量和调配情况；仓库和对场地面积；供水、供电和其他动力的数量等。

施工进度总计划是施工组织总设计中的主要内容，也是现场施工管理的中心内容。如果施工进度计划编制得不合理，将导致人力、物力的运用不均衡，延误工期，甚至还会影响到工程质量和施工安全。因此正确地编制施工总进度计划是保证各项工程以及整个工程项目按期交付使用，充分发挥投资效果，降低工程成本的重要条件。

编制施工进度计划的基本要求是：保证拟建工程在规定的期限内完成；迅速发挥投资效果；保证施工的连续性和均衡性，节约施工费用。

1. 工程施工总进度计划的作用

工程施工总进度计划是控制工程施工进程和工程竣工期限等各项活动的依据。施工组织设计中其他有关问题，都要服从工程进度计划的要求，诸如平衡月、旬作业计划，平衡劳动力计划，供应材料、设备计划，安排施工机具的调度等，均须以施工进度计划为基础。工程施工进度计划反映了从施工准备工作开始，直到工程竣工、交付验收使用为止的全部施工过程，反映出制冷空调安装工程与土建、水、电、消防和装饰等各方面的配合关系。所以施工进度计划的合理编制，有利于在工程施工中统筹全局，合理布置人力、物力，正确指导安装工作的顺利进行，有利于员工明确目标，更好地发挥主观能动性，有利于各交叉施工单位及时配合、协同作战。

2. 工程施工总进度计划的组成

工程施工进度总计划通常以图表的形式表示，目前采用较多的是横道图式和网络图式两种施工进度表。横道图式的施工进度表是将所有的单位工程（建筑物和构筑物）列于表左侧，顺序排列，表的右侧为时间进度表。施工总进度计划表上的时间安排通常是按月排列的，大型的建设工程因其建设周期较长，也有按季度或年度进行安排的。表示每单位的施工进度线，为了更加直观、清晰地表示其在各主要施工期的安排，常以不同的线条形式加以区别表示，如表5-4、表5-5所示。

某工程各单位工程施工进度安排表　　　　表 5-4

项目	施工段	序号	单位施工名称	本年3月	4	5	6	7	8	9	10	11	12	次年1月	2	3	4	5	6
制冷	机房辅设	1	机器间																
		2	设备间																
		3	室外设备																
		4	变电间																
		5	配电间																
		6	水泵房																
		7	油处理间																
	库房	8	速冻间																
		9	冷藏间																
		10	制冰间																

从表 5-4、表 5-5 中可以看出，这种图表是由两大部分组成的。左面部分是以分部分项为主要内容的表格，包括了相应的工程量、定额和劳动量等计算数据；表格右面部分是指示图表，它是由左面表格中的有关数据经计算而得到的，指示图用横向线条形象地表现出各个分部分项工程的施工进度，各施工阶段的工期和总工期并且综合反映了每个分部分项工程相互之间的关系。

施工总进度计划表　　　　表 5-5

序号	单位工程名称	建筑面积(m²)	结构形式	工作量(千元)	工作天数	年 二季度			年 三季度			年 四季度			年 一季度			年 二季度		
						3	4	5	6	7	8	9	10	11	12	1	2	3	4	5	6
1	电器设备安装工程																				
2	给水排水、采暖、燃气工程																				
3	通风、空调安装工程																				
4	刷油、隔热、防腐蚀工程																				

3. 编制施工总进度计划依据及步骤

（1）编制施工总进度计划需依据的原始资料：

1) 工程的全部施工图纸及有关水电供应与气象等其他技术资料；
2) 规定的开工日期、竣工日期；
3) 预算文件；
4) 主要施工过程的施工方案；
5) 劳动定额及机械使用定额；
6) 劳动、机械供应能力，安装单位配合土建施工的能力；

（2）编制施工总进度计划的步骤

1) 研究施工图纸和有关资料,调查施工条件;
2) 确定施工过程项目划分;
3) 编排合理的施工顺序;
4) 计算每个施工过程的实际工作量;
5) 确定劳动力需要量和机械台班需要量;
6) 设计施工进度计划;
7) 提出劳动力和物资需要计划。
(3) 编制施工总进度计划的方法

视具体单位和编制人员经验多少而有所不同,一般可按下述方法来编制:

1) 计算各单位工程和全工地性工程的工程量。按初步设计(或扩大初步设计)图纸并根据定额手册或有关资料计算工程量。可根据工程内容、工艺流程、技术要求、工程的类型、规模及复杂程度,按照下列定额、资料选取一种进行计算:

① 万元、十万元投资工程量、劳动力及材料消耗扩大指标。参照已经实行的各类工程安装预算定额的规定,结合具体的制冷空调工程项目投资规模,对照制冷空调工程图的要求,确定拟建工程分项需要的劳动力和主要材料消耗数量。

② 概算指标或扩大结构定额。概算指标是以建筑物每一百立方米体积为单位;扩大结构定额则以每一百平方米为单位。根据工程预算定额,比照同类型制冷空调工程的工程概算,确定该工程项目的劳动力需求量和主要材料消耗量。

③ 标准设计或已建成的类似建筑物。在实际计算工程量的过程中,也可以采用标准设计或参照类似的制冷空调工程所实际消耗的劳动力和主要材料,按比例估算,再结合工程图加以修正。

工程量的消耗指标通常是各单位多年积累的经验数字,在实际工作中有着较强的指导性和应用性,但仍需结合具体的工程进行适当的调整。最后,要将工程量填在统一的汇总表中,如表5-6、表5-7所示。

工程量汇总表　　　　　　　　　　　　　　　　　表5-6

工程名称:　　　　　　　　　　年　月　日

序号	项目名称	规模及型号	单 位	数 量

主要材料汇总表　　　　　　　　　　　　　　　　表5-7

工程名称:　　　　　　　　　　年　月　日

序 号	材料名称	单位	数 量			合计
			工程用量	临时设施摊销材料	脚手架摊销材料	
1	无缝钢管	t				
2	普通焊接钢管	t				

续表

序 号	材料名称	单位	数量			
			工程用量	临时设施摊销材料	脚手架摊销材料	合计
3	镀锌钢管	t				
4	不锈钢管	t				
5	铝管	t				
6	铜管	t				
7	普通薄钢板	t				
8	镀锌薄钢板	t				
9	中型钢板	t				
10	小型钢板	t				
11	中型型钢	t				
12	型钢	t				
13	水泥	t				
14	木材	m^3				
15	汽油	t				
16	沥青	t				
17	焦炭	t				
18	铝板	t				
19	铜板	t				

注：工程用量指按预算定额的材料消耗量计算所得用量。

2) 确定各单位工程的施工期限。根据施工单位的具体条件，并考虑制冷空调工程的建筑面积大小、应用类型、结构特征和现场环境等因素加以确定。此外，可以参考有关的工期定额来确定各单位工程的施工期限，工期定额是根据我国多年来的建设经验，在调查统计的基础上，经分析对比后制定的。

3) 确定各单位工程的开、竣工时间和相互衔接关系。在施工部署中已确定了总的施工程序、各生产系统的控制期限及搭接时间，但对每一个单位工程具体在何时开工，何时完工，尚未具体确定。要解决这个问题，需要通过对各主要工序的工期进行分析，确定各主要工序的施工期限之后，从而进一步安排各工程阶段的搭接施工时间。安排各工程阶段的开工时间和衔接关系时，一方面要根据施工部署中的控制工期，即施工单位的具体情况（施工力量、材料的供应、设计单位提供设计图纸的时间等）来确定；另一方面也要尽量使主要工种的工人基本上连续、均衡的施工，减少劳动力调度的困难。

4) 总进度计划的编制与修正。总进度计划表的格式可以根据各单位的实际情况与编制经验来确定。对于整个制冷空调工程来说，总进度计划是控制性的，不必要编制得过细，以方便施工过程中因情况变化进行调整和修正。

施工进度安排好以后，把同一时期各单位工程的工作量加在一起，用一定的比例画在总进度表的底部，即可以得出工程项目的投资费用曲线。根据投资费用曲线可以大致地判断各个时期的工程量情况。如果在曲线上存在着较大的低峰或高峰,则需要调整个别单位工程的施工进度或开、竣工时间,以便消除低峰或高峰,使各个时期的工作量尽量达到均衡。同时,投资曲线也大致反映不同时期的劳动力和物资的消耗情况。

在编制了各个单位工程的施工进度计划以后,还需要对施工总进度计划表进行相应的修正和调整。并且,在具体执行过程中,还要根据实际情况进行必要和及时的修正与调整。

5.3.4 资源需要量计划

施工总进度计划编好后,就可以据以编制下列各种资源需要量计划。

1. 综合劳动力及主要工种劳动力计划

这是组织劳动力进场和计算临时房屋所需要的。编制的方法是:先根据各工种工程量的汇总表中分别列出的各个分项目的工程量,查预算定额,可求得到各个分项目的几个主要工种的劳动力需要量。按总进度计划表,在纵坐标方向将各个工程项目中同工种的人数叠加起来就是某工种劳动力需求曲线图。其他工种的劳动力需求曲线亦可以此类推。有了主要工种劳动力需求曲线和计划表,综合劳动力需求曲线和计划表亦不难得到。

2. 成品、半成品及主要工程材料需要量计划

根据工程量汇总表可查得万元定额、概算指标(或扩大结构定额)或类似工程的经验资料,即可得到各个工程项目所需的工程材料、半成品及成品的需要量。再按施工总进度计划,估算出各个施工阶段的主要材料需要量。

3. 施工机具需要量计划

主要施工机械需要量及进场的日期可依照施工部署、主要安装工程的施工方案和施工进度计划的要求,根据工程量和机械产量定额来计算。施工机具需要量计划为组织施工机械供应提供了便利的条件,还可作为施工用电量,选择变压器容量等的计算依据。

4. 施工准备进度计划

在大型工业企业的施工中为了保证施工阶段的顺利进行,准备阶段的工程具有特殊的重要性,故有必要编制施工准备进度计划(见表5-8)。

施工准备工作进度计划　　　　　表 5-8

序号	施工准备工作项目	工程量		负责队组或人	进度							
					年				年			
		单位	数量		1	2	3	4	1	2	3	4
1												
2												
3												

5.3.5 施工总平面图

施工总平面图是对拟建的制冷空调工程的施工场地总体布置图,是施工部署在空间上的反映,是指导现场进行有组织有计划的文明有序施工的重要技术文件。施工总平面设计图常用1:1000或1:2000的比例绘制。

1. 施工总平面图的内容与设计要求

设计施工总平面图是应满足以下主要要求:

（1）在保证施工顺利进行的前提下，尽量减少用地面积。这样既可少占耕地良田，又便于施工管理；

（2）尽量降低运输费用，保证运输方便；材料和半成品等仓库要尽量靠近使用地点附近布置，以减少工地内部的搬运。这也是衡量施工总平面图好坏的重要标准。

（3）在满足施工顺利的前提下，尽量降低临时工程的修建费用；尽可能利用可供施工使用的设施和拟建永久性建筑设施，临时建筑尽量采用拆移式结构。

（4）要满足防火与技术安全的要求；为此，对于工程施工中使用中的易燃物与危险品仓库以及有明火操作的加工厂要恰当设置所在位置；并设置消防站或必要的防火设施，尤其是临时建筑物与在建工程以及临时建筑物之间的距离更要满足防火、安全的规定。为了保证生产上的安全，在道路规划上应尽量避免交叉。

（5）临时设施的布置，要便于工人的生产与生活。

2. 设计施工总平面图所依据的资料

（1）建筑总平面图；

（2）建设总工期、工程分期情况与要求；

（3）施工部署与主要建筑物施工方案；

（4）工程施工总进度计划；

（5）大宗材料、半成品、成品和设备的供应计划及其现场储备周期，材料、半成品、成品和设备的供货与运输方式。

3. 施工总平面图设计的主要内容

设计施工总平面图时，首先要研究施工中大宗材料、半成品、成品和设备等进入现场的运输方式，布置场外运输道路，然后确定场内的仓库、生产加工厂（车间）的位置，布置场内临时道路，最后布置其他临时设施，包括水电管网等设施。

施工总平面图的设计内容较多，主要有以下几个方面：

（1）拟建工程项目范围内建设项目的总平面布置，包括铁路、公路和各种管线的布置情况等，应予标志清楚。拟建各单位施工项目的平面位置线，应明显区别于原有建筑物及施工用临时设施建筑。

（2）现场施工道路设计。主要材料进入施工现场的运输方式不外乎铁路、公路和水路。场外运输道路的设计主要是根据场外运输方式的不同而进行设计的。

当场外运输主要采用铁路运输方式时，应根据建筑总平面图中永久性铁路专用线布置主要运输干线，而且考虑提前修筑以便为施工服务。布置铁路的接轨起点和进场位置时，应注意铁路的转弯半径和坡度要求限制。铁路最好从工地的一侧引入，以不妨碍施工现场的内部运输为原则。

当场外运输主要采用公路运输方式时，则施工场地内外道路的衔接比较灵活和方便。通常是先布置场内仓库和附属生产企业，其次是布置场内外交通道路，最后是布置其他各种临时建筑和水、电、气、通信管网。

当场外运输主要采用水运方式时，则应具备卸货码头和临时堆场以及由码头至施工现场的临时运输道路。

场内施工道路的设计，以保证运输畅通、方便、安全为原则。根据工程项目的运输量的不同，划分场内道路的干线和支线。进出工地应布置两个以上的出入口。场内干线主要道路应尽可能设计成环形通道，宽度不小于6m；次要道路可以布置成单行线，宽度不小于3.5m，但应设置回车场。场内道路的设计尽量避免与铁路交叉布置，此外，还应尽可能利用拟建的永久性道路，以减少临时道路的投资，节省建设成本。

（3）现场排水。对于雨量较大、雨期较长的地区，应认真做好现场临时排水设计，修通排水沟渠，以避免施工现场雨后积水，即影响施工、又易造成施工材料、施工机械设备受淹损坏以及人身伤害等事故。

（4）各种临时建筑设施数量和位置设计。临时建筑设施主要包括：临时工地办公室、工地仓库、工地食堂、宿舍以及生产加工场所等。

1）工地办公室。现场工地的临时办公用房及用现有的房屋，或是拟建的永久性建筑，其数量不充足时再搭建临时用房。新建的临时用房，最好时采用能多次重复使用的工具式临时建筑，以减少临时用房的开支。根据现场办公室具体的功用，属于行政性管理用房，考虑对内、对外的联系方便，通常布置在工地的入口处或中心地区；属于现场办公用房，一般以靠近施工地点布置为宜。

2）工地临时生活设施。工地临时性生活设施包括有：工地食堂、浴室、厕所、宿舍用房以及小卖部等；临时性生活用房的布置应本着实用、方便、合理的原则，一般布置在工人较集中或工人出入必经之路，尽量缩短工人上下班的路程，并且符合劳保卫生条件的要求。

3）工地仓库。工地仓库是临时贮存施工物资的设施，根据各类物资的不同性能和要求，仓库可分为露天敞开式仓库、半封闭式仓库和封闭式仓库三种。如沙石材料一般采用露天式存放；水泥、各种五金材料、工具、器具等应设置封闭式仓库；钢材、有关机械设备可设置半封闭式仓库；各种易燃易爆等危险品必须单独设置封闭式仓库，并指定专人保管。

工地仓库的布置以使用方便、运输便利、安全适用为原则，同时应尽量利用永久性仓库设施，以减少临时建筑的施工费用。如一般材料仓库应邻近公路和施工地区布置；钢材、木材等仓库应布置在其现场加工厂附近；沙石堆场和水泥库则布置在搅拌站附近；油料、氧气、电石、危险品等易燃易爆仓库应布置在僻静、安全之处，如施工工地的边缘及下风向；车库、机械站宜布置在现场的入口处。

4）现场生产加工厂。根据运输条件和施工企业预制加工能力，应尽量扩大专业生产加工厂的预制品种和数量，如保温隔热材料、各种风口、弯头、导风板、空气处理器等，以减少施工现场临时加工厂的设施费用，同时可提高预制件的质量，加快施工进度。

（5）施工临时供水设计。工地上临时供水包括三个方面：生产用水、生活用水及消防用水。在布置施工临时供水系统时，首先应尽可能利用和接上工程建设中的永久性供水系统，其次才是设置临时供水系统。

临时供水设计一般包括以下一些内容：计算整个施工工地及各个地段的用水量；选配适当的管径和管网布置方式；选择供水水源；设计各种供水构筑物和机械设备等。

（6）施工临时供电设计。在工程施工中，随着机械化和自动化程度的提高，用电量也愈来愈多，所以确定合理的电能需要量，即选择满足需要的电源和合理的电网系统具有十分重要的意义。

施工工地临时供电设计主要内容有：确定用电点及用电量；选择电源；确定供电系统

的形式和变电所功率、数量及位置；布置供电线路和决定导线截面等。

根据施工总平面设计图中的拟建房屋的位置、现场加工厂位置以及各机械设备布置位置，即能确定整个现场几个主要用电点，同时列出所用机械数量及电动机用电功率等情况一览表，以便计算总用电量。

1）确定用电点及用电量。

2）电源选择。施工工地的临时用电电源的选择，一般是将附近的高压电通过设在工地的变压器引入工地，而且尽可能与施工工地的永久性电气设计相结合。

工地临时变电器安装位置的选择，一是尽可能设在负荷中心；二是高压线进线方便，尽可能靠近高压电源；三是当配电电压为380V时，其供电半径不大于700m；四是运输方便，易于安装，并避免设在剧烈震动和空气污染的地方。

3）布置临时配电线路。施工用电临时配电线路的布置一般有三种方式，即枝状式、环状式和混合式。在具体选择时要根据工地的大小和工地的用电情况确定临时供电线路的配置。一般3～10kV的高压线路常采用环状式布线；380/220V的低压线路常采用枝状布线。

临时供电线路的布线应注意以下一些原则：线路应尽量架设在道路的一侧，不得妨碍交通；同时要考虑到施工机械装、拆、进、出和工地临时设施的布置情况；为避免电杆受力不均，线路的架设应保持水平且尽量取直。

4）配电导线的选择。合理地选择配电导线，不但可以节约临时设施费用和有色金属，而且可以保证供电的质量与安全。在选择配电导线时，主要是选择导线的型号和断面。表5-9为常用的几种绝缘导线的型号、名称及主要用途。

绝缘导线的型号、名称及主要用途 表5-9

型 号	名 称	主 要 用 途
BV	铜芯塑料线	固定敷设用
BVR	铜芯塑料软线	要求用比较柔软的电线时固定敷设用
BLV	铝芯塑料线	固定敷设用
BX	铜芯橡皮线	供干燥及潮湿的场所固定敷设用；用于交流额定电压在250V及500V电路中
BXR	铜芯橡皮软线	供安装在干燥及潮湿的场所,连接电器设备的移动部分敷设用；交流额定电压500V
BXS	双芯橡皮线	供干燥场所敷设在绝缘子上用,用于交流额定电压在250V电路中
BXH	铜芯橡皮花线	供干燥场所移动式用电装置接线用,线芯间额定电压250V
BLX	铝芯橡皮线	与BX型电线相同
BXG	铜芯穿管橡皮线	供交流电压500V或直流电压1000V电路中配电及连接仪表用；是用于管内敷设
BLXG	铝芯穿管橡皮线	与BXG型电线相同

选择配电导线断面，一应具有足够的力学强度，不发生断线现象；二应保证导线在正常使用温度下，能持续通过最大的复合电流而本身温度不超过规定值；三为了保证照明及机械设备正常工作，将电压损失控制在规定范围以内。

5.3.6 施工组织总设计的技术经济评价

施工组织总设计是对整个建设项目或群体工程施工的全局性、指导性文件，其编制质量的好坏对工程建设的进度、质量和经济效益影响较大。因此，为了寻求最合理的方案，在设计时要考虑几个设计方案，并把他们进行比较，根据技术指标选出最好的设计方案。

对于施工组织总设计进行技术经济评价的目的，是在于对施工组织总设计通过定性及定量的计算分析，论证在技术上是否可行？在经济上是否合算？参照同类型工程的施工技术经济指标，反映所编制的施工组织总设计的最后效果，并反映在施工组织总设计文件中，作为施工总设计的考核评价和上级审批的依据。

施工组织总设计的技术经济指标，应该表示出设计方案的技术水平和经济性。一般需要反映的指标有：

(1) 施工工期。
(2) 全员劳动生产率。
(3) 非生产人员比例：即管理、服务人员数与全部职工人员数之比。
(4) 劳动力不均衡系数：即施工期高峰人数与施工期平均人数之比。
(5) 临时工程费用比。

$$临时工程费用比 = \frac{临时工程费用}{建筑安装工程总值}$$

(6) 综合机械化程度。

$$综合机械化程度 = \frac{机械化施工完成的工作量}{总工作量} \times 100\%$$

(7) 工厂化程度。

$$工厂化程度 = \frac{预制加工厂完成的工作量}{总工作量} \times 100\%$$

(8) 装配化程度。

$$装配化程度 = \frac{用装配化施工的房屋面积}{施工的全部房屋面积} \times 100\%$$

(9) 流水施工系数

$$工人流水时间不均衡系数 = \frac{流水施工固定期时间}{总工期时间}$$

$$工人流动数量不均衡系数 = \frac{参加流水施工的最高工人数}{参加流水施工的平均工人数}$$

(10) 施工场地利用系数

$$施工场地利用系数 K = \frac{\sum F_6 + \sum F_7 + \sum F_4 + \sum F_3}{F}$$

式中

$$F = F_1 + F_2 + \sum F_3 + \sum F_4 + \sum F_5$$

F_1——永久厂区围墙内的施工用地面积；
F_2——厂区外施工用地面积；
$\sum F_3$——永久厂区围墙内施工区域外的零星用地面积；
$\sum F_4$——施工用地区以外的铁路、公路占地面积；
$\sum F_5$——施工区域内应扣除的非施工用地和建筑物面积；
$\sum F_6$——施工场地有效面积；

ΣF_7——施工区内利用永久性建筑物的占地面积。

上列系一些主要指标。要对各项指标综合加以考虑,最后确定出比较满意的设计方案。

5.4 制冷空调单位工程施工组织设计

单位工程施工组织设计是以一个单位工程为对象,在工程开工前对单位工程施工所作的全面安排,如确定具体的施工组织、施工方法、技术措施等。由施工承包单位编制,是用于直接指导现场施工活动的技术文件,是施工单位编制作业计划和制定季度施工计划的重要依据。其内容比施工组织总设计详细、具体。在施工设计中,依据工程的具体状况、建设要求、施工条件和施工管理的要求,选择合理的施工方案,制定合适的进度计划,合理规划施工现场平面,组织施工技术物资供应,拟定降低工程成本提高工效的技术组织措施和保证工程质量与施工安全的措施。

制冷空调工程,作为一项单位工程是由若干个分部分项工程组成的,同样在施工技术和施工管理中,都有多个可行的方案供施工人员选择。制冷空调单位工程施工组织设计是依据制冷空调工程施工组织总设计文件的战略部署,对单位工程施工方案、施工进度、施工方法和施工措施等具体的编制出指导施工准备和施工全过程的技术经济文件,是一个实施性、战术性的施工计划。

5.4.1 施工方案的选择

1. 施工方案

施工方案也称为施工设计,它是以一个较小的单位工程或难度较大的、技术复杂的分部(分项)工程,或新技术应用工程为对象,内容比施工组织设计更简明扼要。它主要围绕工程特点对施工中的主要工序,在施工方法、时间配合和空间布置等方面进行合理安排,以保证施工作业的正常进行。对单体设备、操作工艺相同的安装项目一般编有标准工艺卡,重点说明施工工序和技术要求。为了减少重复劳动,在编制施工方案时可以采用。采用标准工艺卡时,只须附上根据施工现场实际对空间布置及施工进度所作的具体安排。

施工组织设计是施工方案编制的依据,施工方案是施工组织设计的深化和具体化,具有更强的可操作性。合理选择施工方案是单位工程施工设计的核心。它包括施工机械和施工方法的选择、施工段位分割、工序和施工流水的确定及安排等。施工方案是在认真熟悉施工图纸、熟悉工程特点和施工任务、充分研究单位工程的施工条件、全面进行技术经济分析的基础上做出抉择。其合理性直接关系到工程成本、工期和施工质量,所以承包商必须予以充分的重视。

2. 施工方案编制的内容和依据

(1) 施工方案编制的内容

1) 工程概况简要说明。

2) 主要施工方法和技术组织措施。

3) 施工进度计划。

4) 保证工程质量和安全生产的主要措施。

5) 主要劳动力、材料、机具、加工件计划。

6) 施工区域的平面布置图。

(2) 施工方案编制的依据

1) 施工图：该项目的全部施工图纸、设计说明以及规定采用的标准图。

2) 现行的施工定额、规范、规程（如 GB 50243—2002、GB 50242—2002 等）。

3) 施工组织设计对该工程项目的规定和要求或指令性要求。

4) 土建、装修及其他专业的施工作业计划及相互配合交叉施工的要求。

5) 类似工程的经验资料等。

3. 施工技术方案的选择和确定

施工技术方案是施工组织设计的一个重要组成部分，也是编制施工进度计划和绘制施工现场平面图的依据。施工技术方案是否先进、合理、经济、直接影响着工程的进度、质量和企业的经济效益。施工技术方案内容的选择与确定通常从以下三个方面入手。

(1) 熟悉图纸、确定施工工序

1) 熟悉图纸

图纸是工程施工的根本依据。熟悉、审阅图纸可以帮助施工单位深刻领会设计意图、明确工程内容，分析工程特点，再结合施工现场状况，才可制定出切合实际的施工技术方案。一般应注意以下几方面：

① 核对图纸目录清单；

② 仔细研读设计施工总说明，充分体会和理解设计思想及施工要求；

③ 认真阅读平面图、原理图、剖面图、系统图及详图，确定图纸与设计施工说明有无矛盾，内容是否齐全、规定是否明确。且通过此过程对工程形成总体印象。

④ 通过阅读图纸并结合现场实际状况，核对设计是否符合施工条件。确定是否需要采用特殊施工方法和特定技术措施，技术上及设备上有无困难；

⑤ 对工业建筑要核对生产工艺和使用上对施工有哪些技术要求，施工是否能满足设计规定的质量要求；

⑥ 核对工程有否特殊材料要求，现行市场能否满足其品种、规格、数量需求；

⑦ 核对设备、管线的尺寸、定位及标高是否齐全，有否错误；

⑧ 核对制冷空调施工图纸与土建、装修、给水排水、电等专业图纸有否矛盾，施工次序及如何衔接；

⑨ 通过熟悉图纸，明确需要场外制备的工程项目；

⑩ 通过熟悉图纸确定与单位工程施工有关的准备工作项目。

2) 确定施工顺序

确定施工顺序是为了按照施工的技术规律和合理的组织关系，解决各项目之间在时间上的先后和搭接问题，以做到保证质量、安全施工、充分利用空间，争取时间，实现合理安排工期的目的。

单位工程施工顺序的安排，主要应考虑施工工序的衔接要符合施工的客观规律，防止颠倒工序、避免各工序、工种间相互影响和由此造成的重复劳动。一般应按先土建，后安装；先地下，后地上；先高空，后地面的顺序开展施工。对于设备安装工程应先安装设备，后敷设管道，再进行电气安装；对于设备安装应先安装重、大、关键设备，后安装一般设备。管道安装工程应按先干管，后支管；先大管后小管；先里面后外面的顺序进行施工。但对于一些工期短、交叉施工严重的工程，考虑到总工期的要求，在与其他各专业协调的基础上，也需要打破常规安排施工顺序。涉及一些特殊的制冷空调工程，如净化空调工程，则应按照净化厂房特定的施工流程进行，在确定了整体施工方案后，应将制冷空调工程（单位工程）按分部分项工程（或子分部分项）进行拆分，组化到分项工程进行工艺安排。

确定施工过程的施工顺序要求做到：
① 必须遵守施工工艺的要求；
② 必须考虑施工方法和施工机械的要求；
③ 必须考虑施工组织的要求；
④ 必须考虑施工质量的要求；
⑤ 必须考虑当地的气候条件；
⑥ 必须考虑安全技术的要求。

(2) 划分施工过程、段位并计算工程量

1) 划分施工区段

制冷空调安装工程可以根据施工工艺和施工组织的要求分解为多个分部工程或施工区段，各分部工程或施工区段又可分解为分项施工过程或工序。组织施工时，根据工程实际状况及工期要求，可按施工工艺顺序组织先后施工或同时施工；也可施工过程划分的施工内容，组建一个独立的施工队或组负责完成其任务。

工程规模、工期要求、可调动的施工人力、土建、装饰、生产工艺及其他专业的施工要求等都会影响施工段位的划分及组织施工的方式。施工段位可以按照楼层划分、按建筑功能区域划分，也可按土建、装饰的施工段位划分。总之，采用什么样的划分方法将取决于工程的实际状况及具体要求。

2) 划分施工过程

制冷空调安装工程也可分解为多个施工过程。如盘管吊装、制冷机器、设备安装、空气处理机组安装、水管线铺设、风管道制作及安装、管路防腐及保温、管路试压、配电、设备及系统调试等。劳动量大的施工过程，都要一一列出。那些不重要的或劳动量很小的施工过程可以合并为"其他"一项，或涵盖于其他相关的主要施工过程中。所有的施工过程应按计划的施工顺序排列。

划分施工过程时，要注意以下几个问题：
① 施工过程划分的粗细程度将会影响到划分项目的多少；
② 施工过程的划分要结合具体的施工方法、工程内容、工程规模及人员组织等；
③ 凡是在同一时间由同一施工队进行的施工过程可以合并在一起。

3) 计算工程量

在编制单位安装工程施工进度计划时，应当根据施工图及工程预算工程量计算规则来计算工程量。也可直接采用安装工程预算中所计算出的工程量。

工程量的计算应和施工定额的计算单位保持一致，以免换算所带来的繁琐甚至错误。为了方便计算和复核，其计算应当按照一定的顺序和格式进行。

(3) 施工组织确定

施工组织，就是施工力量的部署。对于制冷空调工程的施工，一般都是按分部、分项工程进行组织的。而每一个分部或分项工程的施工，大都由一个或数个专业施工班组承担，所以施工组织必须依据工程对象和现场实际情况来确定。一般组织施工的形式有依次施工、流水施工、交叉施工这三种形式，具体采用哪种施工组织形式需根据工程和现场实际来选定。譬如制冷空调工程中，由于各专业管线均敷设于吊顶内，使得吊顶内管道系统错综复杂，加之各专业在交叉施工，施工难度很大。为此，必须充分调动各施工班组的劳动资源，利用依次施工、流水施工及交叉施工三种形式各自的优点，合理组织施工，才能达到缩短施工工期，减少资源消耗的目的。

(4) 施工方法选择

主要项目（或工序）的施工方法是施工技术方案的核心。编制时首先要根据工程特点，找出主要项目（或工序），以便选择施工方法时重点突出，确定施工中的关键路径（关键过程）。主要项目（或工序）随工程的不同而异，不能千篇一律。建筑安装工程的施工方法是多种多样的，即便是同一施工项目，也可采用多种施工方法来完成：如设备吊装有分件吊装、组合吊装和整体吊装；管道连接有焊接、丝接、自动焊接等；风道的连接有法兰连接和无法兰连接。施工中采用何种施工方法必须结合实际情况，进行周密的技术经济分析才能确定。在选择施工方法时，应当注意以下问题：

1) 必须结合实际，确定切实可行的施工方法，以满足施工工艺和工期要求；

2) 尽可能地采用先进技术和施工工艺，努力提高机械化施工程度，对施工专用机械设备的设计（如吊装、运输设备，支撑专用设备等）要经过周密计算，确保施工安全；

3) 施工机械的选用时，要正确处理需要与可能的关系，紧密结合企业实际，考虑企业的技术特点和施工习惯以及现有机械可能利用的情况，尽可能地利用现有条件，充分发挥施工机械的效率和利用率，挖掘现有机械设备的潜力；

4) 符合国家颁发的施工验收规范和质量检验评定标准的有关规定；

5) 要认真进行施工技术方案的技术经济比较，以达到施工方法的技术先进性和经济合理性的统一；

6) 把握施工中的主要矛盾，如工期、成本、质量因素，选择有针对性的施工方法；

7) 对组织方法即对施工段位、施工过程做出合理的划分。

施工技术方案的选用是否先进、合理、经济，直接影响着工程质量、施工工期和工程成本，因此一定要在拟定的多种施工技术方案中进行技术经济比较，选择在技术上是先进的，能确保工程质量，且工期合理，在成本费用上是经济的最优方案。

评价施工方案优劣的指标是：单位产品（工程）成本、劳动消耗量和施工持续时间（工期）。此外，当选用某种机械化施工方法而需要增加新的投资时，其投资额也要加以考虑。施工技术方案的技术经济比较通常有定性和定量两种方法。

① 定性分析方法。定性分析法是根据经验对施工技术方案从先进性、安全性、操作上的难易等方面进行比较分析，从中选出较优的方案。定性分析法比较方便，但不精确，不能优化，决策易受人为主观因素的制约。譬如制冷空调机房设备的排布，往往就可以依据设备安装的相关国家标准及安装经验进行合理、适时的布置，选择最优的安装方法（落地、支挂）以达到紧凑、简洁、清晰的机房布局，留出尽可能大的检修维护空间。但如果凭主观意识随意布置就可能影响到制冷工艺进而破坏系统工艺。

② 定量分析方法。实际工作中广泛采用多指标比较法。该法简便实用，也用得较多。比较时要选用适当的指标，注意可比性。有两种情况要分别处理：

a. 若其中一个方案的各项指标均优于另一方案，优劣是一目了然的，则该方案即为选用方案。

b. 通过计算，几个方案的指标优劣有穿插，一时难以确定。如对比的方案要全面考虑成本、工期、材料消耗、劳动力消耗、资金占用等指标，而且这些指标大多是互相联系和制约的，如何评价多指标的方案，最为简便的方法有以下四种：即加权和法、加数和法、名次计分法和指标分层法。在使用定量分析法的过程中，应注意指标的准确、客观，否则最终的结果可能与实际值有较大的偏差。譬如我们常常应用价值工程原则对制冷空调系统的运行费用、初投资进行定量分析，在用价值工程进行分析的过程中需要借用大量的数据，如果数据不准确，就会造成价值偏离，进而影响到最终的判断。

5.4.2 施工进度计划、施工准备和资源计划

1. 施工进度计划

工程施工进度计划是在确定了施工技术方案的基础上，对工程的施工区段、施工过程、各个工序的施工持续时间及相互之间的搭接关系，工程开工时间，竣工时间及总工期等做出安排，是控制工程施工进程和工程竣工期限等各项活动的依据。施工组织设计中其他有关问题，都要服从工程进度计划的要求，诸如：平衡月、旬作业计划，平衡劳动力计划，材料、设备供应计划，安排施工机具的调度等，均需以施工进度计划为基础。其目的在于合理安排施工进度，做到协调、均衡、连续施工，为编制劳动力计划、材料供应计划、加工件计划、机械需用计划提供依据。

工程施工进度计划反映了从施工准备工作开始，直到工程竣工、交付验收使用为止的全部施工过程，反映出制冷空调安装工程与土建、水、电、消防和装饰等各方面的配合关系。所以施工进度计划的合理编制，有利于在工程施工中统筹全局，合理布置人力、物力，正确指导安装的顺利进行，有利于安装人员明确目标，更好地发挥主观能动性，更有利于各交叉施工单位及时配合、协同作战。

（1）施工进度计划的编制依据

单位工程施工进度计划的编制依据包括：施工总进度计划，施工方案，现场施工条件，施工预算，预算定额，施工定额，资源供应状况，制冷空调系统调试、检测要求，施工企业内定工期及建设单位对工期的要求（合同要求）等。这些依据中，有的是通过调查研究得到的，有的属于行政指令性的，但无论怎样，都应该是一种合理、正常的施工时段。

（2）施工进度计划的编制原则

1）施工进度计划必须与已确定的施工技术方案相吻合，照顾各工序间的衔接关系，按顺序组织均衡施工。

2）首先安排工期最长、工程量最大、技术难度最高和占用劳动力最多的主导工序。

3）优先安排易受季节条件影响的工序，尽量避开季节因素对施工的影响。

4）安排关键过程应特别注意与其他专业的协调，不可对其施工时段任意压缩。譬如净化空调工程，风管安装应在清洗晾干48h以上进行，但多数施工企业均达不到该时间段要求，造成风管系统不能达到应有的洁净度。

(3) 进度计划目标

1) 工期必须满足规定要求;

2) 在合理的范围内,尽量压缩施工现场各种临时设施的规模;

3) 在合理的范围内,保持使用施工机械、设备、工具、周转材料等的数量最少,提高其利用率及周转率;

4) 在认真做好施工组织,使施工在连续并均衡进行的基础上,保证在单位工程施工期间,施工现场的劳动人数在合理的范围内尽可能保持最小数目;

5) 在认真研究其他专业的进度计划、工序安排及施工现场实际现状的基础上,切合实际的安排进度计划和资源需求计划,以减少或避免因组织安排不善、停工待料所引起的损失。

(4) 编制程序

收集编制依据→计算工程量→套用施工定额→计算劳动量和机械台班需用量→确定持续时间→确定各项目之间的关系及搭接→绘制进度计划图→判别进度计划并做必要调整→绘制正式进度计划。

(5) 划分项目。

划分的项目是包括一定内容的施工过程,它是进度计划的基本组成单元。项目内容的多少,划分的粗细程度,应该根据计划的需要、工程及施工现场实际状况来决定。一般说来,制冷空调工程进度计划的项目应明确到分项工程(风管制作、安装、高效过滤的检漏等)或更具体,以满足指导施工作业的要求。通常划分项目应顺序列成表格,编排序号,查对是否遗漏或重复。凡是与工程对象施工直接有关的内容均应列入。直接施工辅助性项目和服务性项目则不必列入。划分项目应与施工方案一致。大型工程常制定控制性进度计划,其项目较粗。在这种情况下,还必须编制项目更加详细的实施性计划。

(6) 计算工程量和确定持续时间

计算工程量时应针对划分的每一个项目进行,并分段计算。可用施工预算的工程量,也可以由编制者根据图纸并按施工方案安排自行计算,或根据施工预算加工整理。按照实际施工条件来估算项目的持续时间是较为简便的办法,具体计算法有以下两种:

1) 经验估计法。即根据过去的施工经验进行估计。这种方法多适用于采用新工艺、新方法、新材料等无定额可循的工程。在经验估计法中,有时为了提高其准确程序,往往采用"三时估计法",即先估计出该项目的最长、最短和最可能的三种持续时间,然后据此求出期望的持续时间作为该项目的持续时间。

2) 定额计算法,其计算公式是:

$$T=\frac{Q}{RS}=\frac{P}{R} \tag{5-1}$$

式中 T——项目持续时间,按进度计划的粗细分别采用小时、日或周;

Q——项目的工程量,可以用实物量单位表示;

R——拟配备的人力或机械的数量,以人数或台数表示;

S——产量定额,即单位工日或台班完成的工程量;

P——劳动量(工日)或机械台班量(台班)。

上述公式是根据配备的人力或机械来决定项目的持续时间,即先确定 R 后再求 T。

但有时根据组织需要（如流水施工时），要先确定 T 后再求 R。

(7) 确定施工顺序

施工顺序是在施工方案中确定的施工流向和施工程序的基础上，按照所选施工方法和施工机械的要求确定的。最好在施工进度计划编制时具体研究确定施工顺序，确定施工顺序是为了按照施工的技术规律和合理的组织关系，解决各项目之间在时间上的先后顺序和相互搭接问题，以期做到保证质量、安全施工、充分利用空间、争取时间、实现合理安排工期的目的。

一般来说，施工顺序受着工艺和组织两方面的制约。当施工方案确定后，项目之间的顺序也就随之确定了，如果违背这种关系，将不可能施工，或者造成返工浪费，甚至导致出现质量、安全事故。

(8) 组织流水作业并绘制施工进度计划图

1) 首先应选择进度图的形式。进度图可以是横道图，也可以是网络图。为了与国际接轨，且利用计算机计算、调整和优化，我们提倡使用网络计划。使用网络计划可以是无时标的，也可以是有时标的。在进度计划图定案前要进行调整时，应使用无时标网络计划。当计划定案后，最好绘制有时标网络计划，使执行者更直观地了解计划。在制冷空调工程与其他配合工程（给水排水、电气、装饰等）共同制定施工进度计划时，由于交叉作业多，施工工种多，建议绘制网络图，以强调各工种的搭接关系。

2) 安排计划时应先安排各分部工程的计划，然后再组合成单位工程施工进度计划。

3) 安排各分部工程施工进度计划应首先确定主导施工过程，并以它为主导，尽量组织等节奏或异节奏流水作业。

4) 施工进度计划图编制以后要计算总工期并进行判别，以判别目标是否满足工期要求，如不满足，应进行调整或分化。然后绘制资源动态曲线（主要是劳动力动态曲线），进行资源均衡程度的判别，如不满足要求，再进行资源优化，主要是"工期规定、资源均衡"的优化。

5) 优化完成以后再绘制正式的单位工程施工进度计划图，付诸实施。

6) 提交土建或总包单位审核。

2. 施工准备计划

施工准备工作既是单位工程开工的条件，也是施工中的一项重要内容。

施工准备工作是保障日后施工整体进度安排、提高效率、增强质控的重要阶段时绘制施工现场总平面图的基础。对于施工准备，建议编制详尽的施工工作计划，对于发现的问题进行传递和落实。

3. 施工资源保证计划

施工资源泛指施工过程中需要的劳动力、施工机具设备、材料、构配件及资金等，即人、财、物的条件。施工资源保证计划是实现施工方案和施工计划的物质保证计划，是实施工程计划的物质基础。

对于任何一个施工企业来说，其人力、物力和财力总有一定的限度。因此能够投入到每一个工程的施工资源也就受到了一定的限制。即使某个工程的资源供应十分充足，也依然面临着对资源合理使用，均衡消耗的问题。施工资源的安排也就是在施工进度计划基础上，研究在一定条件下，如何对有限的资源进行合理的统筹调配，即用科学的方法解决资源供应与实际需求的矛盾,并达到均衡消耗的目的。

施工进度计划确定后,必须根据施工进度计划的要求提出资源保证计划,一般应包括以下内容:

(1) 工程劳动力需要计划

制冷空调工程劳动力需要量计划是根据单位工程施工进度计划编制的,可用于调配劳动力,安排生活福利设施,优化劳动组合。施工进度计划中的劳动力平衡图是劳动力需要量计划的数量依据;劳动组织提出了施工中各工种工人的技术等级要求(主要是高级工),它是对劳动力的质量要求。劳动力需要量计划从数量和质量两个方面,保证施工活动的正常进行。将单位工程施工进度计划表内所列的各施工过程每天(每旬、每月)所需的工人人数按工种进行汇总即可得出每天(每旬、每月)所需的各工种人数。

(2) 工程主要材料需要量计划。

制冷空调工程主要材料需要量计划可用以备料、组织运输和建库(堆场)。可将进度表中的工程量与消耗定额相乘,加以汇总,并考虑储备定额后求出,也可根据施工预算和进度计划进行计算。

(3) 工程部件需要量计划。

构件需要量计划用以与加工单位签订加工合同,确定组织运输和置堆场位置和面积。其需要量应根据施工图和施工进度计划编制。

(4) 工程施工机械需要量计划。

施工机械需要量计划用以施工机械调度,安排施工机械场地、进场和退场日期,可根据施工方案和施工进度计划进行编制。

施工机械分为通用施工机械和专用施工机械两部分。通用施工机械在编制机具计划时只提出型号、数量和需用日期即可。对于专用施工机械需绘出设计图纸,提出材料预算,专门加工制造。检测设备主要通过检测调试方案中的检测项,对相应检测调试设备列出需用计划。

5.4.3 施工平面图

在实际施工中,我们发现一些工地施工杂乱无章,而有的工地则井然有序。究其原因是施工图布置的合理与否所引发的。单位施工平面图是施工设计的主要组成部分。合理的施工平面布置对于顺利执行施工进度计划是非常重要的。设计施工平面图是布置施工现场的依据,也是施工准备工作的一项重要依据,其目的是为了正确解决施工区域的空间和平面的组织,处理好施工过程中各方面的关系,使施工现场的各项施工活动都有秩序和顺利进行,实现文明施工,节约土地,减少临时设施费用,提高劳动生产率,降低工程成本。因此,搞好施工平面图设计,是施工组织设计中一项十分重要的工作。(其绘制比例一般为1:200~1:500)如果单位工程仅仅是拟建建筑群的一个组成部分,它的施工平面图也仅是全工地总施工平面图的一个组成部分,应受到整个工地总施工平面图的约束,要服从于工地全局要求,在总平面布置的指导下将单位工程的施工平面图具体化。若整个工程为一家公司承包。应统筹考虑各单位工程的平面布置。

1. 制冷空调单位工程施工平面图的设计内容

施工平面图应按一定比例和图例,依照场地条件及需要的内容进行设计。制冷空调单位工程施工平面图的内容包括:

（1）建筑平面图上已建和拟建的地上和地下的一切建筑物、构筑物和管线的位置和尺寸。

（2）测量放线标桩、地形等高线和取舍土地点。

（3）移动式起重机的开行路线及垂直运输设施的位置。

（4）材料、加工半成品、构件和机具的堆场。

（5）生产、生活用临时设施。如仓库、办公室、供电线路、消防设施、安全设施、道路以及其他需搭建或建造的设施。

（6）必要的图例、比例尺、方向及风向标记。

上述内容可根据工程总平面图、施工图、现场地形图及现有水源和电源、场地大小、利用已有工程和设施等情况、调查得来的资料、施工组织总设计、施工方案、施工进度计划等，经过科学的计算和优化，遵照国家有关规定来进行设计。

2. 制冷空调工程施工平面图的设计要求

（1）布置紧凑，占地少；

（2）运距短、少搬运，把二次搬运量降低到最少；

（3）临时工程要在满足需要的前提下，尽量节省资金。途径是尽量利用已有的、或多用装配式设施。

（4）利于生产、生活、安全、消防、环保、市容、卫生、劳动保护等，符合国家有关规定和法规。

3. 施工平面图设计的依据

施工平面图设计的依据是建筑总平面图、施工图、本工程的总进度计划及主要工程项目的施工方案等。

4. 施工平面图的设计步骤

施工平面图设计可分为施工区和生活区两部分进行。

对施工区的平面图设计，一般按以下步骤进行：

（1）根据施工方案要求，确定主要施工机械设备的位置。

（2）规划待安装设备、材料、构件的堆放位置。

（3）规划运输线路（充分考虑利用原有施工道路）。

（4）确定仓库和加工厂的位置。

（5）进行现场供水、排水及供电线路的布置。

对于生活区的平面设计应考虑施工区同生活区分开布置，但不宜相距太远，生活区宜集中布置，以便于集中管理和安排服务性设施；生活区必须考虑防火和卫生的要求。办公室一般设置在施工区比较合适，但如施工区相距较近，亦可设置在生活区，视现场具体情况而定。

5.4.4 施工措施

1. 质量保证措施

（1）质量保证体系

1) 质量计划：质量计划即是建筑施工企业的质量方针和质量目标的贯彻与体现，也是对具体的制冷空调工程质量控制的纲领性文件。质量计划由工程项目经理部编制，对制冷空调各分部分项工程的全过程进行质量控制，使各分部分项工程在质量计划的控制下。

对施工过程中的不合格的项目要进行追溯，对其进行相应的整改措施，并进行追踪。对于关键过程（如制冷设备安装）和特殊过程（如隐蔽工程）等要按照质量体系文件的规定进行过程控制，并作好记录。

2) 质量职责：建立与质量手册配套的职能分配表，明确上下各级的质量职责，将质量管理的任务、责任及要求层层分解、层层落实，通过职责的合理分配落实质量保证体系的相关要求。质量职责应具体、细化，使质量管理控制具有可操作性。譬如风管、水管的安装应采取某种标识，以标识制作人、制造日期、系统编号，使其具有可追溯性。

（2）进场材料的保证

加强物资进场检验。对进场物资、分包项目等进行有效的控制和检测，以防止造成质量、安全事故，确保工程质量，满足建设单位及合同要求。

1) 对工程物资供方的考察内容。

① 营业执照、生产许可证、材料准用证（地方要求）；

② 企业实力、质量控制能力和社会对其产品评价（经销商和代理商除外）；

③ 物资供应能力、资金承受能力、价格水平、售后服务能力；

④ 提供的物资是否符合设计、环保、安全的要求。

2) 进场物资的检验、试验。物资到场后项目施工员主持对进场材料和设备的检验，内容包括：品牌、规格型号、数量、外观、材质证明文件等。验收合格后填写相关记录台账，发放使用中也要填写的相关记录台账。

针对可能涉及作业安全的材料，如安全带、安全帽等劳动保护用品，具体执行《劳动保护和防护用品管理规定》，以确保作业人员安全。

不合格品的控制：物资不合格品的控制执行不合格品的相关规定：

① 对验收中缺少材质证明的物资按不合格品进行隔离存放并做出标识，直至资料齐全后才能投入使用（紧急放行的产品除外）。

② 现场物资发现不合格后，由项目部施工员确认，做好不合格品登记，并把不合格信息反馈到相关部门，由其按照程序规定组织相关人员进行评审，确认不合格后通知供方退货并追溯生产时间、批次等。

（3）材料贮存、使用、保管

1) 物资的标识：物资标识执行《标识和可追溯性控制程序》。

2) 物资的标识坚持"谁收货谁标识，谁存放谁标识"的原则。

3) 材料员组织供方人员对供至现场的物资按不同产品类别、规格、不同批次等按规定分类堆放，并进行标识。标识采用标识牌的形式，注明名称、规格、生产厂家、质量等级等。

4) 有出厂品牌标识的物资，要保护好出厂原标识。无标识或标识不全的物资，要进行必要的验证和确认，并按要求补齐标识。

5) 对有时效要求的物资（电焊条等）还要在标识牌上注明生产日期或出厂日期。

6) 对最终工程质量有较大影响的或用户必做验证的或容易出现质量通病的或有特殊规定的产品（如易燃、易爆、有毒的产品），每件、每批都需有唯一性标识，并要有相应的记录予以保存。

7) 标识用标牌由项目部按相关规定统一制作发放。

(4) 物资的贮存、使用、保管

1) 材料保管员和项目部施工员应根据施工平面图将到场的各种原材料、半成品配套设备贮存在适宜的场地和库房。贮存场所的条件应与物资的价值和质量特性相匹配。

2) 材料保管员对到场的材料要验收、保管和发放，并做出相应的标识和记录。针对不同类型、规格和产地分开存放，并认真记录保管台账，要求做到账、卡、物相符。

3) 材料保管员在发料时应遵循"先进先出"的原则并定期进行盘点。

4) 特殊物资的贮存，如易燃、易爆、有毒物品，需设专库专管，氧气、乙炔要隔离存放。

5) 相关部门定期对各项目部材料具体管理情况进行检查和督导，对所存在问题提出矫正措施并限期整改，各单位应对整改结果上报相关部门。材料员与项目施工员应坚持自检自查，每月不少于一次，对存在问题进行限期整改，并监督实施，且需做好有关记录。

(5) 与土建及其他专业配合的有效措施

限于工期要求，目前有不少工程在设计阶段各专业间的协调难以达到令人满意的程度，造成施工阶段各专业工种间的矛盾，给施工留下了很大的隐患。一个成功的工程必须是要建筑施工与设备施工紧密配合，协同一致的产物。现就制冷空调系统工程的施工过程中与土建或其他专业间可能出现的问题及应对措施做一阐述：

1) 主体配合阶段，各专业应仔细阅读图纸，对本专业的施工内容做到心中有数，随时掌握工程实际施工状况及进度，本着为工程和用户负责的原则，各专业相互间要密切配合，特别是一些管线、设备安装用的构件、暗管不应有漏项，避免由此造成的返工所带来的损失。

2) 解决好各种管道走向、定位及标高的矛盾。协调原则一般为："小管让大管，有压管让无压管"。例如自来水管与风管相碰时，自来水管路应避让风管道；冷热水管与下水管相碰时，则应调整冷热水管道走向或位置，以避让下水管道。

3) 施工前应由主管设备安装的工程师，绘制综合管线图。在各交点处综合其标高，检查相互间的位置、标高是否存在矛盾，将问题解决在安装之前。

4) 为了减少投资，节省空间，降低层高，有些敷设无坡度要求的管道，在征得结构专业设计人员的同意后，可以穿梁敷设（如自来水管道、消防喷洒干管等），并尽量在土建施工前达成共识，以便在土建施工阶段预埋套管，避免在土建施工结束后，再在梁上开孔所带来的经济损失和安全隐患。

(6) 质保内容

1) 认真贯彻执行公司现行的有关技术、质量管理制度，落实各级技术质保责任制。工程实行三级质量管理，即项目经理—质量工程师—专业队专质检员，建立起完整的岗位责任制。把生产执行线与质量监督线进行有机分离，形成"施工—质量管理的双线双轨制"，明确质量的监督和否定权。

2) 广泛开展"质量第一"的思想教育，使员工认识到搞好工程质量的重大意义。从而在整个施工过程中，把质量摆在首位，做到精益求精，以优良的工程质量交给业主，发挥更好的经济效益和社会效益。

3) 推行全面质量管理的现代科学方法，把好关键工序和关键设备的质量关。

4) 质量管理工作要落实技术、检查人员和施工小组的"五做到"、"五认真"、"四把关"和"四有"。

① 五做到：

a. 做到认真阅读图纸和技术要求。

b. 做到详细地向施工班组交底。

c. 做到深入现场，及时发现问题并帮助小组予以解决。

d. 做到经常提出搞好质量的建议和存在的问题。

e. 做到检查评定质量时实事求是，坚持标准和原则。

② 四认真：

a. 认真做到精益求精。

b. 认真做好施工原始记录。

c. 认真做到如实反映质量问题。

d. 认真改正质量缺陷。

③ 四把关：

a. 把住图纸会审、技术核定关。

b. 把住材料合格证和材料使用关。

c. 把住隐蔽工程关。

d. 把住质量评定和验收关。

④ 四有：

a. 安装质量有标准。

b. 检查质量有依据。

c. 实测项目有依据。

d. 工程交工有资料。

工程质量保证网络图如图 5-4。

2. 安全施工措施

安全生产关系到广大职工的身心健康和生命安全，也关系到机器设备的有效利用，是企业生产正常进行的前提条件，是保护和充分调动群众积极性的一个重要方面。因此，加强安全技术工作是施工管理的重要组成部分，也是施工组织设计不可缺少的部分。

(1) 制冷空调安装工程中常见安全事故的分析

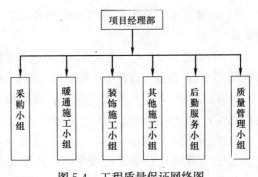

图 5-4 工程质量保证网络图

根据大量的统计调查资料，制冷空调安装中常见的安全事故有以下几类：

1) 物体打击，如坠落物体、锤击、碰伤等；

2) 高空坠落，如从高架、屋顶上坠落等；

3) 机械设备事故引起的伤害，如绞伤、碰伤、割伤等；

4) 车祸，如压伤、撞伤、挤伤等；

5) 坍塌，如临建房屋、脚手架垮塌等；

6）爆破及爆炸事故引起的伤害，如压缩制冷机中的压力容器，以及锅炉等其他高压容器的爆炸引起的伤害等；

7）起重吊装事故引起的伤害；

8）触电包括雷击事故引起的伤害；

9）中毒、窒息，包括煤气、油烟、沥青及其他化学气体引起的中毒和窒息；

10）烫伤、灼伤；

11）火灾、冻伤、中暑等；

12）制冷剂泄漏等。

(2) 制冷空调安装工程中安全事故原因分析

发生事故不是偶然的，往往事先都有征兆，其原因主要有：

1）纪律松弛，管理混乱，无章可循或有章不循；

2）现场缺乏必要的安全检查；

3）从业人员思想麻痹；

4）机械设备年久失修，开关失灵，仪表失准，以及超负荷运转，带病运转；

5）缺乏安全技术措施；

6）忽视劳动保护，劳动条件多年不能得到改善；

7）员工中青工比重大，操作技术不熟练，安全知识差，违章指挥等。

(3) 安全施工措施

加强安全技术管理，必须做好下述几方面的工作：

1）必须从思想上予以重视，加强责任感。要使企业员工充分认识到"生产必须安全，安全必将促生产"的辩证关系。认真组织安全技术规程的学习、宣传和贯彻，对特殊工种，应当组织专门的安全技术训练。对新工人应加强安全教育。安全教育应做到安全思想和安全技术并重，并形成制度。

2）必须建立安全生产的组织机构和规章制度，以及群众性安全组织。明确安全生产的职责。

3）工程施工负责人必须认真贯彻国家和上级颁发的有关安全生产和劳动保护的政策、法令和规章制度。在施工过程中，施工进度和安全质量发生矛盾时必须服从安全质量要求。

4）设立安全员，负责安全生产，督促和帮助其他人员遵循安全操作规程和各项安全生产制度，并组织班前班后的安全检查。

5）应遵循生产规章制度，不违章作业，并严格遵守现场安全生产六大纪律：

① 进入现场，必须带好安全帽，并正确使用个人劳动保护用品；

② 3m以上的高空作业，无安全设施的，必须带好安全带；

③ 高空作业时，不准往下或往上乱抛材料和工具等物；

④ 各种电动机械设备，必须有可靠有效的安全接地和防雷装置；

⑤ 不懂电气和机械的人员，严禁使用和操纵机电设备；

⑥ 吊车起重臂及拔杆垂直下方不准站人，非操作人员严禁进入吊装区域。

6）防火安全：

① 工地建立防火责任制，责任落实到人，使其职责明确。按规章制度设专职防火干部和专职消防员，建立防火档案并如实和正确填写；

② 按规定建立义务消防队，由专人负责，制订出教育训练计划和管理办法并予以实施；

③ 重点部位必须建立有关规定，由专人管理，落实责任。按要求设置警告标志，并配置相应的消防器材；

④ 建立动用明火审批制度，按规定划分级别，明确审批手续，并有监护措施。

⑤ 焊割作业应严格执行"十不烧"及压力容器使用规定；

⑥ 危险品押运人员、仓库管理人员和特殊工种必须培训和验证，做到持有效证上岗。

3. 文明施工措施

随着城市现代化程度的提高，文明施工的措施在施工技术方案和施工组织设计文件中都变得十分重要。对于制冷空调工程，做到文明施工主要从两方面入手，一方面是施工现场合理布置，不乱堆乱放，无散落物，使现场保持清洁。排水形成系统，并畅通不堵。建筑垃圾集中堆放，及时处理。操作过程中做到随做随清，物尽其用。另一方面是注重生活卫生。生活卫生应纳入工地总体规划，卫生管理设置专（兼）职管理人员和保洁人员，实行责任制。

4. 环境保护措施

随着社会环保意识的增强，环境保护措施已成为施工组织设计中必不可少的一部分。对于制冷空调系统，一般采取的环境保护措施有以下几种：

（1）污水：施工过程中产生的生活污水和施工废水，应排放到附近排水井内，如远离排水井应设临时管道排放，严禁随意排放。

（2）废气：电气焊产生的烟气可以排放到大气中，食堂做饭应采用燃气方式，不允许烧煤。冬期工程施工阶段，办公室、宿舍可用电暖气采暖。

（3）光污染：电焊产生的光污染可刺伤周围人员眼睛，电焊作业时应设围档保护，避免对其他作业人员造成伤害。

（4）噪声：制冷空调系统安装时产生噪声的施工机械最大声源为电锤、砂轮切割机，使用这些机具时要远离休息人群和办公区。

（5）废弃物：施工中产生的废料和工程垃圾，要集中堆放，定期清理出场。

5.5 制冷空调工程工地施工业务组织

制冷空调工程工地设计的基本任务是为完成具体工地任务创建必要的生产条件。缺乏这种生产条件则制冷空调工程施工任务难以开展，而且生产条件的完备程度对整个制冷空调工程项目的施工能否顺利进展起着决定性的影响。施工业务组织就是各种生产条件的组织，其设计的方面比较广泛，需要解决的问题也比较复杂。制冷空调工程工地施工业务组织主要有：运输业务组织、生产企业组织、仓库业务组织、办公及生活临时设施组织、供水与供能业务组织、调度与通信业务组织等。

5.5.1 运输业务组织

为减少或避免货物在运输过程中的损耗，在运输业务组织过程中应尽量减少倒运环节。运输工作的组织主要包括：货运量的确定；运输方式的选择；运输工具需要量的计算；运输路线的规划以及装卸方式与设备的选择等。

1. 确定货运量

制冷空调工程施工运输业务的运输总量应按工程实际需要测算。此外,对外部运入的物资还要考虑日最大运输量及按不同的运输方式分别估算的最大运输密度。

2. 运输方式的选择及运输工具需要量的计算

制冷空调工程施工运输包括不同运输工具、装卸方法、堆积方法等。

确定运输方式,必须考虑到各种因素的影响,例如材料的性质,货物量的大小,超重、超高、超长、超宽的设备和构件以及外委加工件的形状及大小,运输距离及期限,现有运输设备条件,利用永久性道路的可能性,当地的地形和工地的情况等。

3. 运输道路的规划

可为制冷空调工程施工服务的场外铁路专用线、场外公路及水路码头等永久性工程应先期建成投入使用,以解决场外运输问题,一般不再设场外临时施工铁路、公路或码头。施工运输道路应按材料和设备运输的需要,沿仓库和堆场进行布置使其畅通无阻。

(1) 铁路运输

(2) 公路运输

(3) 水路运输

(4) 施工现场道路的技术要求

1) 道路的最小宽度、最小转弯半径　道路的最小宽度和最小转弯半径见表 5-10 和表 5-11。架空线及管道下面的道路,其通行空间宽度应比道路宽度大 0.5m,空间高度应大于 4.5m。

2) 施工现场道路的做法

施工现场道路的最小宽度　　　　　表 5-10

序 号	车辆类别及要求	道路宽度(m)
1	汽车单行道	不小于 3.0
2	汽车双行道	不小于 6.0
3	平板拖车单行道	不小于 4.0
4	平板拖车双行道	不小于 8.0

施工现场道路的最小转弯半径　　　　　表 5-11

车 辆 类 型	路面内侧的最小曲线半径(m)		
	无拖车	有一辆拖车	有二辆拖车
小客车、三轮汽车	6		
一般二轴载重汽车 三轴载重汽车	单车道 9 双车道 7	12	15
重型载重汽车	12	15	18
超重型载重汽车	15	18	21

(5) 施工现场道路的布置

施工现场道路的布置应满足下列要求:

1) 应满足材料、设备等的运输要求,使道路通到各个仓库及堆场,并距离其装卸区越近越好,以便装卸;

2）应满足消防的要求，使道路靠近建筑物、料场等易于发生火灾的地方，以便车辆能开到消防栓处。消防车道宽度不小于 3.5m；

3）为提高车辆的行驶速度和通行能力，应尽量将道路布置成环路，如不能设置环形路，则应在路端设置掉头场地；

4）应尽量利用已有道路或永久性道路。根据建筑总平面上永久性道路的位置，先修筑路基，作为临时道路。工程结束后，再修筑路面；

5）施工现场道路应避开拟建工程和地下管道等地方。否则工程后期施工时，将切断临时道路，给施工带来困难。

5.5.2 生产企业组织

努力简化制冷空调工程施工现场的施工工艺，尽量扩大作业空间从而争取作业时间是组织施工的基本原则之一，也是发展制冷空调工程的主要途径。

5.5.3 仓库业务组织

在制冷空调工程施工过程中，工地上需运进和存储较多的材料、半成品和成品。因此，如何正确地组织仓库业务，使之与运输工作紧密配合，保证物料不受损失且便宜利用，是组织好制冷空调工程工地施工的一个重要任务。良好的仓库业务组织工作应表现在：物料存储量和损失最少，存储期最短，装卸及运输费用最低；同时，要能保证材料、半成品和成品有足够的储备量使用。

设计仓库时，应遵守有关定额和技术规范的要求和规定，并应尽量利用永久性建筑物为施工服务，以节省建造临时仓库的数量。

5.5.4 办公及生活临时设施组织

在制冷空调工程施工期间，必须为施工人员修建一定数量供行政管理与生活福利的建筑。这类建筑有以下几种：

（1）行政管理和辅助生产用房。其中包括办公室、传达室、消防站、汽车库以及修理车间等；

（2）居住用房。其中包括职工宿舍、招待所等；

（3）生活福利用房。其中包括浴室、理发室、食堂、商店、邮局、银行、学校、小卖部、托儿所等。

对行政管理与生活福利用用临时建筑物的组织工作，一般有以下几个内容：

（1）计算施工期间使用这些临时建筑物的人数；

（2）确定临时建筑物的修建项目及建筑面积；

（3）选择临时建筑物的结构形式；

（4）临时建筑的位置布置。

1. 确定使用人数

在考虑临时建筑物的数量前，先要确定使用这些房屋的人数。施工工地上的人员分为职工和家属两大类。

（1）职工

1）生产人员；

2）非生产人员；

3）其他人员。

(2) 家属

2. 确定临时建筑的面积

尽量利用建设单位的生活基地和施工现场极其附近已有的建筑物,或提前修建可以利用的其他永久性建筑物为施工服务,对不足的部分再考虑修建以下临时建筑物,临时建筑物要按节约、适用、装拆方便的原则进行设计,要考虑当地的气候条件、施工工期的长短来确定临时建筑物的结构形式。

5.5.5 供水与供能业务组织

1. 供水业务的组织

在制冷空调工程施工过程中,为了满足工地在生产上、生活上及消防上的用水需要,在施工工地内应选择、布置适当的临时供水系统。由于修建临时的供水设施要消耗较多的投资,因此,在考虑施工供水系统时,必须充分利用永久性供水设施为施工服务。最好先建成永久性供水系统的主要建筑物,此时在工地仅需铺设某些局部的补充管网,即可满足供水要求。永久性供水设施不能满足工地要求时,才设置临时供水系统。

施工工地供水组织一般包括:计算整个工地及各个地段的用水量;选择供水水源;选择临时供水系统的配置方案;计算临时供水管网;设置各种供水构筑物和机械设备。

2. 工地临时供电

随着制冷空调工程施工机械化程度的不断提高,工地上用电量越来越多。为了保证正常施工,必须作好施工临时供电的设计。临时供电业务包括:(1) 用电量计算;(2) 电源的选择;(3) 变压器的确定;(4) 导线端面计算和配点线路布置。

(1) 用电量计算

制冷空调工程工地上临时供电,包括施工用电及照明用电两方面。

1) 施工用电;

2) 照明用电。

(2) 电源的选择

制冷空调工程施工用电的电源有以下几种:

1) 借助施工现场附近已有的变压器;

2) 利用附近的电力网,设临时变电所或变压器;

3) 设置临时供电装置。

施工现场选择供电电源时应考虑下列因素:

1) 工程及设备安装的工作量和进度;

2) 各个施工阶段的电力需要量;

3) 施工现场的大小;

4) 用电设备在工地上分布情况与距离电源远近情况;

5) 现有电器设备的容量情况,见表 5-12。

电压与输送半径及输送容量的关系　　　　表 5-12

序 号	电压(kV)	输送半径(km)	每条线上的送电容量(kW)
1	6	5	3500
2	10	8	5500
3	35	40	17500

（3）电力系统的选择

制冷空调工程工地施工用电系统由各单项用电设施组成，根据施工现场的大小，用电设备使用期限的长短，使用量的多少和设备布置情况选择电网的布置。通常要配置配电间、导线、变压器、三相电变电器、电流均衡器、接地装置和其他电器设备。

工地变电所的网络应尽量与永久性企业的电压相同。用电线路可采用地下电缆，在不能保持安全的地方用绝缘导线。配电线路应设在道路的翼侧，不妨碍交通和施工机械的运转。室内的低压动力线路及照明线路，皆用绝缘导线。

（4）导线的选择

导线截面的选择应先保证不致因一般的机械损伤而折断，导线的机械强度所允许的最小截面如表5-13所示。根据电流强度进行选择，而后根据电压损失及力学强度进行较核。

1）按允许电流强度计算导线断面。导线必须能承受负载电流长时间通过所引起的温升。

常用绝缘导线的型号、名称及主要用途   表5-13

型号	名称	主要用途
BV	铜芯塑料线	固定敷设用
BVR	铜芯塑料软线	要求比较柔软的电线时固定敷设用
BX	铜芯橡皮线	供干燥或潮湿的场所固定敷设用
BXR	铜芯橡皮软线	供干燥或潮湿场所连接电器设备移动部分用
BLV	铝芯塑料线	固定敷设用
BLVR	铝芯塑料软线	要求比较柔软的电线时固定敷设用
BLX	铜芯橡皮线	供干燥及潮湿的场所固定敷设用
BXS	铜芯编织双绞软线	供干燥场所敷设用
BH	普通橡套软线	供室内照明和日用电器接线用

2）根据电压损失校核导线端面。导线的电压降，不应超过表5-14中规定的数值。

导线允许电压降低百分数   表5-14

序号	线路名称	电压降百分数(%)
1	输电线路	5～10
2	动力线路(不包括工厂内部线路)	5～6
3	照明线路(不包括工厂或住宅内部线路)	3～5
4	动力照明合用线路(不包括工厂或住宅内部线路)	4～6
5	户外动力线路	4～6
6	户内动力线路	1～3

3）根据力学强度校核导线端面。电杆距离为25～40m时，导线允许的最小端面是：低压铝质线为16mm^2；高压铝质线为25mm^2。

3. 压缩空气与热能的供应

在制冷空调工程施工工地上，有不少机具是以压缩空气为动力。如铆钉枪、喷漆器、风钻等。因此，工地上往往要建立移动式或固定式空气压缩机站。压缩空气的供应方式一般采用分散式。

制冷空调工程施工工地的供热主要用于临时建筑的采暖、冬期施工及混凝土的养护等。比较理想和经济的方案是从当地的电站或在建工程的永久型锅炉系统中取得热能。否则，只能在施工工地上建立临时供热系统。施工工地的供热大都是采用较为经济的蒸汽系统。

5.5.6 制冷空调工程施工现场调度与通信业务组织

制冷空调工程施工现场调度工作是执行计划、落实施工任务单的有力措施，通过调度工作及时解决施工中出现的各种问题，并预防可能发生的问题。另外，通过调度工作也对作业计划不准确的地方给以补充，实际是对作业计划的不断调整。

调度工作应当加强预见性和准确性，即应当作到正确、迅速、有效，尽量在问题发生前及时加以处理，因此必须深入现场，及时掌握情况，掌握第一手资料，采用高效率的调度方法。通常通过调度人员联系以及通过生产调度会议形式来进行，施工队一般可通过班前班后的碰头会议及时解决问题。

第6章 制冷空调设备安装、调试安全技术

应做好设备安装前的准备工作,在进行制冷空调机器、设备、管道及电气等的安装、调试的施工过程中,不断提高对工程进度、工程成本、工程质量、施工安全及工程技术等的管理水平、实现安全生产。使制冷空调建设项目达到国家颁发的《安装工程施工及验收规范》和《建筑安装工程质量检验评定标准》的要求。本章阐明制冷空调机器、设备、管道等的安装方法和安全要求及其工程安装质量评定标准与竣工验收办法。

6.1 设备安装前的准备工作

6.1.1 收集资料

1. 粗审设计施工图纸

按照施工合同和施工图纸目录,查清分部分项工程的数量和内容,按图号查阅各工种施工图纸是否齐全,确保工程量不漏项,诸如制冷系统、水系统、风系统等的设备与布局,地面工程、地下工程等。

2. 工程概况与项目性质

工程概况将简要叙述工程项目已定因素的情况及分析,是对整个建设项目的总说明,总分析。一般包括下列内容:

(1)工程项目、项目性质、建设地点、建设规模、总期限、分期分批投入使用的工程项目和工期,总站地面积、建筑面积、主要工种工程量、设备安装及其吨数;总投资;建筑安装工作量;工厂区和居住区的工作量;新技术的复杂性等。

(2)建设地区的自然条件和技术经济条件。如气象、水文、地质情况;能为该建设项目服务的施工单位人力、机具、设备情况;工程材料来源、供应情况、交通情况及当地能提供给工程施工用的人力、水、电、建筑物情况。

(3)建筑施工企业的施工能力、技术装备水平、管理水平和各项技术经济指标的完成情况。根据对上述情况的综合分析,从而提出本施工组织总设计需要解决的重大问题。

3. 当地资源与原始资料

当地资源与原始资料的差错,将会导致施工组织设计错误的判断,给工程建设带来损失。

在收集原始资料时要注意广泛性和可靠性。了解建设单位、勘测设计单位、土建施工单位的情况及其提供的有关规划、可行性研究报告、工程设计委托书、设计任务书、设计说明书、设计施工图纸及工程造价、工期要求。弄清工程名称、用途、工程性质(国企、合资、私企、个体等)、规模、资金到位情况。收集水文地质、气象资料、交通运输、征地选址、区域环境、卫生要求和排放标准以及劳动力来源、材料供应、水、电、热供应线

路、供应能力、供应协议、消防及安全要求。场地情况、工程进度、提供"施工面"和进场日期以及当地的政治、经济、生活资料等。

将调查收集到的资料整理归纳和分析后,对其中特别重要的资料,必须复查其数据的真实性和可靠性。对于缺少的资料应予以补充。对某些关键的施工部位或施工难度较大或有疑点的资料应特别注意搞清真实情况,甚至到现场进行实地勘测调查。

4. 技术资料收集与整理

技术准备工作是施工准备工作的核心。由于技术准备不足而产生的任何差错和隐患都可能导致质量或安全事故,甚至只要某个地方考虑不周全,都可能导致施工停滞或混乱,由于技术准备的问题,造成损失常常是无法挽回的。

6.1.2 编制设备安装工程的施工组织设计文件

1. 施工进度

根据开工顺序、施工方案和施工力量定出施工期限,并通过施工进度进行控制和实施。

施工进度是制冷空调工程的关键环节,是控制施工进程和工程竣工期限等各项活动的依据。施工中的其他有关问题,都要服从施工进度的要求,诸如平衡月、旬作业计划、平衡劳动力计划、材料、设备供应计划、安排施工机具的调度等,均需以施工进度为基础。

施工进度反映出制冷空调安装工程与土建、水、电、消防和装饰工程等各方面的配合关系。所以,施工进度的合理编制,有利于在工程施工中统筹全局、合理布置人力、物力,正确指导安装工作的顺利进行,有利于施工人员明确目标,更好地发挥主观能动性,有利于各交叉施工单位及时配合,协同作战。

(1) 施工进度内容

1) 定期收集施工成果和进展数据,预测施工进度的发展变化趋势,实行进度控制。进度控制的同期应根据计划的内容和管理的目的来确定,通常情况,制冷空调工程的进场准备与开工期间,由于各种原因,使原定的计划顺序发生变化,甚至出现原施工进度中有些假定条件还不很明确,看不出施工顺畅,得不到完整的施工面等,这时,进度的检查和分析周期应该短一些,尽力促进施工有序;一旦施工进入正常和稳定状态,许多施工条件已经明朗化,检查分析的周期可以适当放长,可以半个月甚至一个月进行一次。但绝对不能等到工程结束后再对流水作业或网络计划的执行情况去做评价。

2) 随时掌握各施工过程持续时间、总时差的变化情况以及设计变更、修改等引起施工内容的增减;施工内部与外部条件的变化等,及时分析研究,采取相应措施与对策。

在一般情况下,施工过程的进度都有推迟的倾向,为了防止拖延工期和出现赶工现象等,各项工作尽可能提前安排,在施工的初期使工程的进度比预定的快,一旦在施工期间发生不可预知的事故,对于确保计划总工期的实现,有比较充分的机动时间。

外部条件,如材料、设备等的供应,往往是影响施工单位工期比较多的因素,因此必须采取相应措施,通过协议和合同实行监督。

停工待料是拖延制冷空调工程施工进度最不愿意看到的状态,除了预防这种现象的出现外,应积极想法补救,如某种材料的进场时间迟迟无法确定时,可采用"以大代小"等变更途径。关键设备可通过关键的运输手段或其他方式加以解决。不影响主体设备安装工程的部件,即不影响工程施工总进度的设备可在随后弥补,以免浪费材料和资金及引起不必要的设计更改。

3）及时做好各项施工准备，加强作业管理和调度，在各施工过程开始之前，应对施工技术、物资供应、施工环境等做好充分准备；应不断提高劳动生产率，采取减轻劳动强度，提高施工质量，节约施工费用，缩短作业时间的技术组织措施；并做好各项作业的技术培训与指导工作。

（2）施工进度管理方法：

施工进度常采用施工组织流水作业或网络计划技术的管理方法。

1）流水施工法

流水作业是组织施工时广泛运用的一种科学的有效方法，也是制冷空调工程施工进度常采用的表示方法。流水作业法能使工程连续和均衡施工，使工地的各种业务组织安排比较合理，可为文明施工创造条件，还可以降低工程成本和提高经济效益，它是编制施工进度、劳动力调配、提高施工组织与管理水平的理论基础。

组织工程施工一般有依次施工、平行施工和流水施工三种方式。同样一个工程量，采用流水施工法的施工进度要比其他施工方式快，由于流水施工的分项工程之间前后搭接，不仅比依次施工缩短了工期，还有以下多方面的优点：

① 可以消除劳动力窝工或过分集中，使劳动力使用均衡。

② 可以避免施工（作业）面闲置。

③ 资源的消耗均衡。

④ 可提高施工机械的利用率。

使用流水作业并不需要增加任何设备和费用，只是应用科学的方法组织施工。因此，它也是施工企业改进施工管理、提高施工效率的一种有效手段。

进行流水施工，首先要将某一专业工程（如水、电工程、制冷工程、暖通空调工程、管道设备安装工程等）划分成若干个分部工程，如中央空调工程可划分成机房设备系统管线安装工程、空调风系统及其末端装置、空调水系统及其末端装置、冷却冷凝水系统、空气热湿处理及新风机组、水处理系统及泵房以及保温工程等。然后，将各分部工程再分解成若干施工过程（又称分项工程或工序），如分部工程中的空调风系统的风管工程可分解成：吊、支架、风管制作与吊装、法兰加工与安装、防锈刷漆及风管调试、保温工程等施工过程。在分解工程项时要根据实际情况，粗细要适中。划分太粗，则所编制的流水施工进度不能起指导和控制作用；划分太细，则在组织流水作业时过于繁琐。

流水作业不仅可以在施工过程之间组织进行，也可以在各分部工程之间以及专业工程之间组织进行。每个施工过程或工序是由每一专业施工队来进行的，有一定的独立性，但前后施工过程之间又具有关联性。

在流水作业中，并非所有的施工过程均纳入流水组织，其余的施工过程可以归并或不参与流水。按照流水作业的施工（工作）面、施工段、流水节拍、流水步距和流水施工中的间歇时间等几个基本组成部分，组织一个项目或某分部工程的流水施工，就是参与流水作业的各施工过程的专业队或班组，有节奏地从施工对象的各施工段，逐个有规律地连续施工。

根据施工对象及各施工过程的特点，编制适应各种用途的工程施工进度计划表。有简捷明了的施工进度计划表，如表 6-1 所示。

流水施工进度计划表　　　　　　　　　　　　　　　　　　表 6-1

工程名称：　　　　　　　　　　　　　　　　　　　　　　开工日期：　　年　　月　　日

合同序号	单项工程名称	工程量		月　日至月　日				月　日至月　日				月　日至月　日				月　日至月　日			
		单位	数量	日	日	日	日	日	日	日	日	日	日	日	日	日	日	日	日

也有常用的施工进度计划表的各种格式，如表 6-2 所示就是其中一种。

施工进度计划表　　　　　　　　　　　　　　　　　　　　　　　　表 6-2

项次	分部分项工程名称	工程量		定额	劳动量		机械		每天工作班	每班工人数	工作日	进度日程													
												月						月					月		
		单位	数量		工种	数量	名称	台班				5	10	15	20	25	30	35	40	45	50	55	60	65	70	75

从表 6-2 中可以看出，这种图表是由两大部分组织成的。左面部分是以分部分项为主要内容的表格，包括了相应的工程量、定额和劳动量等计算数据；表格的右面部分是指示图表，它是由左面表格中的有关数据经计算而得到的。指示图表用横向线条形象地表现出各分部分项工程的施工进度，各施工阶段的工期和总工期，并且综合反映了各分部分项工程相互之间的关系。

2) 网络计划技术

由于生产技术和计算机的发展，使常规的、传统的计划管理方法已不能满足现代化生产的要求，国内、外开始采用网络计划的新方法（或称为统筹法）。随着计算机的广泛应用，使网络计划及其电算技术得到进一步发展，网络计划的电算程序有望日趋完善，在我国，逐步形成网络计划管理系统和工程项目管理软件包。

网络计划的编制过程，综合分析了施工条件、施工方法和主、客观的各种影响因素，明确了计划的管理目标——计划总工期和各阶段形象进度，施工的经济性问题也在选择施工方案过程中作了考虑，体现在以最佳施工设计方案为依据编制的施工预算中。因此，在网络计划的实施过程，包括施工现场生产活动在内的一切施工业务，都必须围绕着这一目标，创造条件忠实执行计划，以便整个施工过程能够保持良好的状态并如期达到应该完成的目标。

网络计划技术是应用施工网络图来描述工程施工进度的。施工网络图是用节点〇和箭线→的连接来表示各项工作的施工顺序及其彼此间的相互逻辑关系。如图 6-1 所表示的施工网络图中，可以知道根据各工作的持续时间所计算的事件时间参数和工作的时差，总工期为 130 天，关键线路为 0→①→④→⑦→⑧→⑨，以该网络计划作为初始方案进行施工。

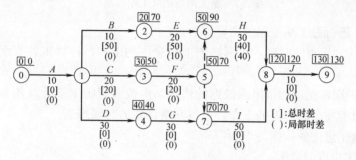

图 6-1　施工网络图（网络计划）

进入施工管理的实施阶段，如果对网络计划进行跟踪，在第 35 天剩下的工作变成图 6-2 所示。

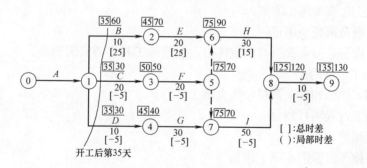

图 6-2　施工网络图（实施阶段）

在图 6-2 中可以看出，总工期 135 天，相对于 130 天而言，推迟了 5 天。从图上出现总时差（TF）为 -5 的情况，也可知道工期要延长 5 天。为了保证按 130 天的工期进行施工，必须消除负的总时差。而具有负总时差的线路为①→③→⑤→⑦→⑧→⑨和①→④→⑦→⑧→⑨两条。为此，一般有两种处理办法：

① 如果要考虑工作的费用率和可能缩短的持续时间，可以采用最低成本加快法，在二条关键线路上分别选择费用率最低的工作，缩短相同的持续时间。

② 如果不考虑费用问题，在图 6-2 中，可选择两条线路中公共的部分，如工作 I 或 J，缩短其持续时间。

图 6-3 表示两条线路的公共部分工作 I 缩短 5 天后，相对于初始网络计划的关键线路变为：0→①→③→⑤→⑦→⑧→⑨和 0→①→④→⑦→⑧→⑨两条。

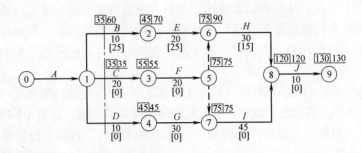

图 6-3 施工网络图（工期控制）

由此可知，进行总工期控制的主要方法是：

① 在进度计划检查的时刻，在网络图上对余下的工作，计算出各节点的最早可能开始时间。

② 与规定工期相比，如果出现推迟的情况，应按照规定工期计算各节点的最迟必须开始时间，通过缩短负总时差的工作，进行网络计划的时间修正。

(3) 编制施工进度的依据与步骤：

1) 编制施工进度的依据

① 制冷空调工程的全部施工图纸和设计资料及土建、水、电、气象等各种资料。

② 规定的开工、竣工日期。

③ 工程造价和预算文件。

④ 主要施工过程的施工方案。

⑤ 劳动定额及机械使用定额。

⑥ 材料、设备、劳动、机械供应能力，土建施工和设备安装能力。

2) 编制施工进度的步骤

① 研究施工图纸和有关资料，调查施工条件。

② 确定施工过程项目划分。

③ 编排合理的施工顺序。

④ 计算各施工过程的实际工作量。

⑤ 确定劳动力需要量和机械台班需要量。

⑥ 设计施工进度。

⑦ 提出劳动力和物资需要计划。

2. 施工质量

(1) 按图施工

应严格按照设计施工图纸进行设备安装，有错误的施工图纸也应按照设计更改通知单进行，而施工单位或安装企业不能随意擅自修改施工图纸。

(2) 严格执行通用安装工程施工及验收规范和国家标准

制冷空调工程安装的主要部分有：制冷机、制冷机组及其辅助设备机房系统、蒸发器及其蒸发系统末端装置、供液系统、油路系统、冷却水循环系统、电气设备与自动控制系统、冷水机组及其辅助设备机房系统、空调风系统及其末端装置、空调水系统及其末端装置以及空气热、湿处理设备、空气净化设备、水处理设备、蓄冷设备和膨胀水箱、冷却塔、泵与风机等等。有工质（制冷剂、工作对）制冷系统、冷媒（冷冻水或冷剂水、载冷剂、蓄冷剂、水源热泵等）冷水系统、循环水冷却系统、水处理系统、空气处理及空调风系统等等。制冷（剂）系统常采用无缝钢管、紫铜管、铝合金管连接；水系统则常采用有缝钢管（黑铁管、镀锌管）、铸铁管、塑料管、水泥（混凝土）管连接；风系统采用风管（镀锌钢板、玻璃钢板、不锈钢板等制作）。因为材质不同，安装要求各异，焊接方式不一样，有电焊、气焊、铜焊、银焊、铝焊、铜铝过渡、不锈钢等氩弧焊及塑管塑料焊接等。焊具、焊料也不一样。系统管道（水管、风管、制冷管道）均要求密闭，不得泄漏。无缝钢管用符号DN，公制单位毫米（mm）表示管的外径，常用的有：DN10、15、20、25、32、38、57、76、89、108、125、133、159、219、273等，其对应的阀门Dg6、10、15、20、25、32、50、70、80、100、125、150、200、250等。有缝钢管用英制单位（呎、吋，如$1\frac{3}{4}''$等）表示管的内径。大管径和小管径由于管壁厚度不同，焊接方法和要求不一样，等等，类似上述在施工安装中的通用要求是很多的。

总之，制冷空调工程施工是很有规律性的，这些规律被施工单位掌握得愈多，表明该施工队伍愈成熟，愈能展示自身的实力，而这些规律，实际上大部分都在国家颁布的规程、规范和国家标准的条款中，有设计规范、安装工程施工及验收规范、工程施工质量验收规范、安装工程质量检验评定标准及各种操作规程等，所有这些条款执行的好坏都将直接影响制冷空调工程的质量。

涉及制冷空调工程施工安装的主要规程、规范和标准有：

GBJ 19—87《采暖通风与空气调节设计规范》（2001年版）；

GB 50189—93《旅游旅馆建筑热工与空气调节节能设计标准》；

GB 50316—2000《工业金属管道设计规范》；

GB 50264—97《工业设备及管道隔热工程设计规范》；

GBJ 16—87《建筑设计防火规范》（2001年版）；

GB 50116—98《火灾自动报警系统设计规范》；

GB 50275—98《压缩机、风机、泵安装工程施工及验收规范》；

GB 50274—98《制冷设备、空气分离设备安装工程施工及验收规范》；

GB 50184—93《工业金属管道工程质量检验评定标准》；

GB 50236—98《现场设备、工业管道焊接工程施工及验收规范》；

GB 50231—98《机械设备安装工程施工及验收通用规范》；

SBJ 12—2000/J 38—2000《氨制冷系统安装工程施工及验收规范》；

GB 50243—2002《通风与空调工程施工质量验收规范》；

GB 50252—94《工业安装工程质量检验评定统一标准》；

GBJ 11—2000《冷藏库建筑工程施工及验收规范》；

GB 50072—2001《冷库设计规范》；

GB 50235—97《工业金属管道工程施工及验收规范》；

GBJ 12—2000《氨制冷系统安装工程施工及验收规范》等。

严格执行其中的条款，才能保证制冷空调工程的施工安装质量。

（3）建立工程质量管理体系

安装工程施工质量必须有一整套管理制度进行实施才能保证。

1）质量计划

制冷空调安装工程施工前必须制订项目施工质量计划。质量计划是一个项目在质量管理，质量保证工作中的纲领性文件。其内容主要有：企业质量方针和质量目标；工程质量目标及所引用的质量文件（国家标准、建设部颁发的各种验收规范（有效版本）与检验评定标准、包括前面所述中央空调安装工程必须严格执行的各项施工条款以及产品说明书等）。项目经理（施工员）要负责所管部位和分项工程全过程的质量，以符合设计施工图纸和规范要求，并使施工过程得到有效的控制。根据质量保证和质量体系程序文件所规定的内容进行相应的记录，对项目用的材料、设备进行标识。对施工过程中的不合格产品要进行追溯，制定相应的整改措施，并进行追踪。对质量计划中确认关键过程（指对工程质量有重大影响的施工过程，例如制冷机与末端设备的安装等），要按照质量体系程序文件中的规定进行控制并做记录，对特殊过程（指事后无法进行检验试验的施工过程，例如地下隐蔽工程），要按照质量体系文件中规定的过程控制，进行真实记录。

2）质量责任制体系

质量责任制体系，就是把质量管理各个方面的具体任务、责任和要求，落实到每一个部门、每一个岗位和个人，把安装工程施工质量工作全面地组织起来，成为一个严密的质量管理工作体系。

质量责任制体系是质量管理的一项重要的基础工作，是确保产品质量的必要条件。建立和健全质量责任制体系，必须在组织上、制度上保证质量责任制与现有经济责任制和岗位责任制紧密结合起来，形成施工企业质量责任制体系。该体系包括各级负责人质量责任制、各职能管理部门质量责任制、管理人员质量责任制、企业职工质量责任制等。

实践证明，建立质量责任制体系，不仅有利于提高工程项目安装质量，而且促进企业各项专业管理工作质量，形成良性循环，达到消除隐患，确保工程质量，同时，使企业各成员对自己该做什么、怎么做、如何才能做好，做到心中有数，当达不到质量要求时，可预先通过技术培训等各种教育制度，掌握工作的基本功，逐步达到熟练地完成本职工作，熟练地排除可能造成质量事故的隐患，确保安装质量。

3）质量控制

所谓质量控制，是指针对中央空调工程发生质量事故的原因，采取措施，加以控制，起到事先防范的作用。

进行质量控制，必须控制每一项安装施工质量问题形成和发展的全过程。就是说，安装工程的质量控制，就是控制安装施工的所有环节，即是对全部工程形成全过程的质量控制。

① 设计的质量控制。设计是决定安装工程质量的首要环节。设计阶段的质量管理是全面质量管理的起点。中央空调工程能否满足业主的需要，首先是由设计来决定的。如果设计质量不高，造成的是先天不足，施工阶段是弥补不了的。

当然，设计本身质量属设计单位质量控制范围，由设计单位负责。但施工质量的形成往往同设计的质量有关。因此，安装施工企业就必须从施工角度对设计质量作必要的控制，其具体方法有：

A. 对非投标工程，应尽可能地参与设计方案的制订。特别是采用某些有特殊施工工艺要求的工程，参与设计方案的制订是很重要的。

B. 对投标工程，主要通过图纸会审，施工单位主动向设计单位提供本企业的技术装备、施工力量和工程质量保证情况的有关资料，对施工图纸作必要的修改、完善，防止由于设计不合理和施工图纸差错而贻误施工，使施工设计图纸更符合工程的实际情况。

② 施工准备的质量控制。施工准备的工作质量，对中央空调工程施工质量也有很大的影响。施工准备工作的内容较多，对开工和以后的施工都有直接影响；同样，对施工组织设计和做好技术交底等的质量控制也非常重要，参见 2.2 等章节。

③ 安装材料、设备的质量控制。材料和设备是工程实体的组成部分，其质量的优劣，会严重影响工程质量。因此，必须严格按照质量标准进行订货、采购、包装和运输。材料与设备的进场和入库要按质量标准检查验收，核实产品的合格证。保管中要按不同性质与保管要求合理堆存，防止损坏变质，做到不合格的不采购，不合格的不验收，不合格的不入库。

材料与设备进场或入库时的质量检验，还不能从根本上保证按质如期地组织对现场供应。因为，如果当到货检验发现不合格时，就会影响到按时供应。科学的办法是对比较重要的供货单位，要求建立新的供需关系，把质量管理延伸到供应或生产单位。

④ 施工过程的质量控制。施工过程是安装工程最终产品的形成过程，是质量管理的中心环节。必须作好下列各项控制工作：

A. 坚持按图施工。经过会审的图纸是施工的依据，施工过程中必须坚持按图施工的原则。

B. 严格执行安装工程施工及验收规范。施工过程的质量控制实际上就是逐条履行安装工程施工及验收规范条款的过程，规范中的要求是施工的基础，只有符合规范要求才能控制工程质量。

C. 加强施工工艺的控制。工艺，就是指中央空调工程安装施工的专业技术和方法。中央空调工程有自己的专业要求需要满足，只有达到这些专业工艺要求，才能确保中央空调工程质量。工艺控制好了，就可以从根本上减少废品和次品，提高质量的稳定性。加强施工的工艺控制，必须及时督促检查制定的施工工艺文件是否得到执行。

D. 加强施工工序的控制。在施工过程中，每道工序都必须按照规范、规程进行施工。因为，好的工程质量是由一道一道的工序逐渐积累形成的。前面的工序没做好，隐藏的毛病就会暴露在后面的工序，一道一道工序都没做好，所有的毛病就会出现在终了的工序中，以致使隐藏的问题无法解决，造成工程质量的严重后果。只有前面的工序过细，才不给后面的工序找麻烦。因此，必须对每道工序进行质量控制，把事故消灭在萌芽状态，不留隐患，这是施工过程质量控制的重点。

E. 提高施工过程中检查工作的质量。施工过程中应及时做好对主要分部、分项工程的质量检查和必要的验收记录，不断提高检查质量，保持检查、验收方法的正确性并使检查的工具、仪器设备经常处于良好状态。通过检查，发现问题，及时返修，为后续工程顺利进行创造条件。

⑤ 使用过程的质量控制。质量控制的最终目的，就是为了满足业主对空调设备的使用要求。工程质量如何，只有通过使用的考验才能表现出来。

使用过程的质量控制，就是把质量控制延伸到工程使用过程。在工程交付使用以后，要做好如下工作：

　　A. 质量回访工作。通过回访了解交工工程的使用效果，征求使用单位的意见，发现使用过程中的质量缺陷要分析原因，总结教训。

　　B. 质量保修工作。由于施工质量不良造成的工程问题，在规定的保修期内，负责保修。

　　C. 质量调查工作。对工程质量进行普查或针对某种质量通病进行专题性的调查分析。调查获得的信息，就是质量外反馈的主要信息来源，以作为改善质量管理的依据。

　　4）质量检查与质量分析

　　质量检查是指按照质量标准，对材料、设备、配件及安装工序，分部分项地进行检查，及时发现不合格的问题，查明原因，采取补救措施或返工重做，起到把关、督促的作用。

　　① 质量检查的方式。质量检查，要坚持"专职检查与群众检查相结合，以专职检查为主"的方针。在搞好自检，互检和交接检这些群众性检查的同时，设置专职检查机构和人员对施工准备到竣工验收的各个环节进行严格的检查，对质量工作负责。

　　自检：就是操作者的自我把关，保证操作质量符合质量标准。对班组来说，就是班组的自我把关，保证交付符合质量标准的安装成品。

　　互检：是操作者个人之间或班组之间的互相督促、互相检查、互相促进，其目的是交流经验，找出差距，采取措施，共同提高，共同保证工程质量。互检工作，可以由班组长组织组内个人之间进行；也可以由工长组织，在同工种的各班组之间进行。

　　交接检：指前后工序之间进行的交接班检查，由工长或项目经理组织进行。前道工序应本着"下道工序就是用户"的指导思想，既保证本工序的质量，又为下一道工序创造良好的施工条件；下道工序接过工作面，就应保持其有利条件，改进其不足之处，为再下一道工序创造更好的质量和操作条件。如此一环扣一环，环环不放松，就为顺利完成整个工程的施工质量创造了有利条件。

　　施工企业为了确保工程质量，设置了专职质量检查机构或人员，对工程施工进行隐蔽工程检查、分部分项工程检查和交工前的检查等专职质量检查。

　　② 专职质量检查的内容：

　　A. 隐蔽工程检查。隐蔽工程检查，是指将被其他工序施工所隐蔽的分部、分项工程，在隐蔽前所进行的检查验收。它一般由项目经理主持，邀请设计单位和建设单位的代表，本单位的质量检查员和有关施工人员参加。

　　隐蔽工程检查后，要办理签证手续，列入工程档案。对于隐检中提出的不符合质量要求的问题要认真进行处理，处理后进行复核并写明处理情况。未经隐检工程检查合格，不能进行下道工序施工。

　　B. 分部分项工程检查。分部分项工程检查，指的是该工程在某一阶段或某一分项工程完成后的检查。检查工作一般由项目经理主持，组织质量检查员和有关施工人员参加，必要时还请设计单位和建设单位参加。

　　分部分项工程检查后要办理检查签证手续，列入工程技术档案。对检查中提出的不符合质量要求的问题要认真进行处理，处理后进行复检并写明处理情况。未经分部分项工程检查合格，不能进行下道工序施工。

C. 交工前的检查。交工前的检查，就是把好交工前的质量关。通过检查发现问题及时处理，以满足质量要求的合格工程交付业主使用。

③ 质量检查的依据：

A. 设计施工图纸、施工说明及有关的设计文件。

B. 建筑安装工程施工验收规范、操作规程和工程质量检查评定标准。

C. 材料、设备及配件质量检验标准等。

④ 质量检查的方法。全面地进行安装工程的质量检查，特别是对使用功能的检查，是一项复杂的技术工作，要采用多种先进检测设备和科学方法。

目前，对一般安装工程根据质量评定标准规定的方法和检查工作的实践经验，将观感检查归纳为看、摸、敲、照、靠、吊、量、套等八种检查方法。另外，可用仪器、仪表进行检查。

⑤ 质量调查。利用质量调查表法来调查工程施工质量，就是利用各种调查表来进行数据收集、整理，并给其他数理统计方法提供依据和作粗略原因分析，以及日常了解问题，监视质量情况的一种简单的方法。

根据不同的调查目的，调查表设计成多种多样的格式。常用的有：

A. 调查缺陷位置用的统计调查分析表。每当缺陷发生时，将其发生位置记录在调查分析表中。

B. 工程内在质量分布统计调查分析表。这是利用计算"频数"对质量分布状况的记录和统计的一种质量调查方法。

C. 按不良项目分类的统计调查分析表。

统计调查分析表往往和质量检查法结合起来运用，这样可以使影响安装质量的原因调查得更清楚。

⑥ 质量分析。在质量控制和检查后，必须分析它们的成果，找出工程质量的现状和发展动态，以便采取措施，加以正确引导，保证工程顺利施工。对工程质量控制和检查成果的分析工作通常采用下列方式：

A. 工程质量指标分析：按规定的质量指标分析对照质量实际达到的水平，观察其中合格率和优良品率及其分布情况。用以考核企业或工地已检查的分部分项工程的质量水平。

B. 工作质量指标分析：主要有是否按图施工、是否违反工序及操作规程、技术指导是否正确等。对不正确的工作应逐项分析其发生的各种因素，分类排队以便有针对性地采取预防措施。在几个原因同时起作用的情况下，则需分清主次。此外，原因应力求找具体，以便采取预防性措施和对策。

为了作好质量分析工作，要建立和健全对质量的控制和检查结果的原始记录，并由检验人员签证。将这些原始记录定期汇总，分析质量事故的原因，以便及时处理和杜绝。

(4) 工程质量管理方法与步骤

1) 方法

① 直方图。直方图是工程质量管理统计分析的常用工具之一，它可以一目了然地反映出工程质量特征值的分布情况。绘制直方图的一般步骤如下：

A. 尽可能多地收集最近的数据（质量特征值数据），如表 6-3。

数据　　　　　　　　　　　　　　　　　　　　表6-3

No	x_1	x_2	x_3	x_4	x_5
1	36	34	34	35	31
2	39	33	36	31	34
3	35	34	35	34	38
4	38	33	33	39	35
5	38	39	32	31	30
6	41	37	36	36	38
7	37	36	36	29	40
8	37	35	35	33	37
9	36	35	33	40	31

B. 求数据中的最大值 x_{max} 和最小值 x_{min}。可先求每列的最大值与最小值，再求出全体的最大值与最小值，如表6-4所示。

每列的最大值与最小值　　　　　　　　　　　　　表6-4

各列最大最小	x_1	x_2	x_3	x_4	x_5
x_{max}	41	39	36	40	40
x_{min}	35	33	32	29	30

全部数据的最大值 $x_{max}=41$ 与最小值 $x_{min}=29$。

C. 求全体数据的极差 R。

$$R = x_{max} - x_{min} = 41 - 29 = 12$$

D. 确定数据的分组组数与组距 C。

$$R \div (组数) = C'$$

取 C' 的整数倍作为组距 C。组数可参考表6-5选用。

数据分组参考表　　　　　　　　　　　　　　　表6-5

数据个数 n	组数	数据个数 n	组数
50以下	7～8	500左右	10～15
100以内	10	1000以上	20

注：本例 $n=45$，故可分8组。$C'=R\div 8=12\div 8=1.5$ 取组距 $C=2.0$。

E. 确定组界。

第一组的下界 $=x_{min}-$（测定精度的0.5）$=29-0.5=28.5$

第一组的上界＝下界＋组距＝$28.5+2=30.5$（亦即第二组下界）。

依此类推，可确定每一组的上下界值，如表6-6所示。

频数分布表　　　　　　　　　　　　　　　　　表6-6

分组	代表值	x_1	x_2	x_3	x_4	x_5	频数
28.5～30.5	29.5				/	/	2
30.5～32.5	31.5		/		//	//	5
32.5～34.5	33.5		////	///	//	/	10
34.5～36.5	35.5	///	///	////	//		14
36.5～38.5	37.5	////	/			///	8
38.5～40.5	39.5	/			//	/	5
40.5～42.5	41.5	/					1

F. 清点数据，统计落入各组的数据（即频数）。一般用划符号┼┼或用"正"字表示，如表6-6。

G. 以横坐标为质量特征，纵坐标为频数作直方图。取纵横比为 1∶1 或 1∶0.6，如图 6-4 所示。

直方图的使用要注意观察以下几点：
A. 质量特征值是否满足质量标准？
B. 分布的位置是否适当？
C. 分布的宽度，离散情况如何？
D. 是否存在二个以上的分布高峰？
E. 分布的左右两侧是否出现峭壁形？
F. 是否出现离散的孤岛形分布？

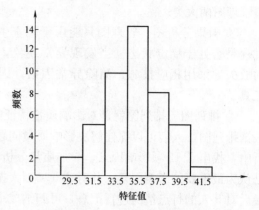

图 6-4　直方图示意

图 6-5 所示为各种直方图：

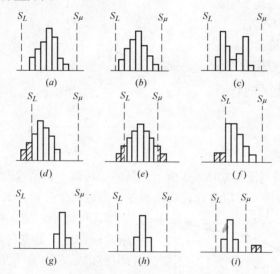

S_L—下限标准值；S_μ—上限标准值

图 6-5　各种直方图

(a) 数据分布与质量标准的上下界限有一定的宽余，工程处于良好的管理状态；(b) 数据分布虽然都在质量标准的上下界限之内，但几乎没有宽余，施工稍有偏差，就可能导致超出标准界限，应予以重视；(c) 分布呈双峰形，表示施工中存在异常情况；(d) 数据分布超出标准的下限值，要采取适当措施，改进作业，提高质量特征的平均值；(e) 分布超越上下限，质量不能满足要求，要检查原因；(f) 分布左侧含峭壁，不正常，可能有隐瞒或删除某些统计数据的情况；(g) 分布离下限标准值太大，过于安全，但偏近于上限，要调整作业情况；(h) 分布离上、下限标准值都较大，表示作业中过于粗活细做，或选料用料过于精细，有浪费情况；(i) 出现离散的孤岛形分布，要分析追究原因，可能由于两个熟练程度不同的班组混杂作业

② 管理图。管理图又称控制图，是工程质量管理中用以判断分析施工过程是否处于质量稳定状态的有效工具。根据工程质量特性的不同，管理图又分为计量值管理图与计数

值管理图两大类。

③ 因果分析图。管理图只能用于检查生产过程的质量是否满足规定的要求,生产过程是否处于稳定状态。当发现异常现象,就必须分析影响质量的各种原因,以便有的放矢地采用相应措施,消除异常因素,因果分析图就是用来分析和追求各种原因的工具。

④ 排列图。排列图就是对影响质量特征的各种因素,按其重要程度进行排列的图表。根据排列图,人们可以抓住解决影响质量问题的重点。假定某工程施工质量问题的因果分析中,找出了12项影响因素,参加质量分析的小组人员有5人。现决定每人选出5项自己认为最重要的影响因素,并对这5项因素按其相对重要性,分别打上1～5个不同的点。最后对5人的打点情况进行汇总,可归纳成下面9项因素:

A. 施工允许偏差幅度没有确定	22 点
B. 施工图纸未详细检查复核	17 点
C. 施工作业标准没明确交底	12 点
D. 管理人员不关心现场情况	8 点
E. 图纸变更手续不完备	5 点
F. 材料进场没有检验	3 点
G. 施工员没有检查作业情况	2 点
H. 图纸尺寸表达不明确	2 点
I. 其他	4 点
合　　计	75 点

将上述结果画成排列图,如图 6-6 所示。从图中可以一目了然地看出,前三项原因共计 51 点,占 68%。接着又可以对这三项因素进一步做因果分析,如偏差幅度没有确定的原因,可能是:施工单位不知道如何确定偏差;管理人员没有这方面的能力;材料部门对制品不了解;收集有关数据有困难;季节性因素的影响等。

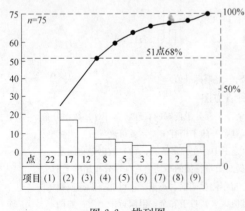

图 6-6　排列图

在排列图中通常是把因素分成 A、B、C 三类:

A 类:累计百分数在 80% 以下的诸因素;

B 类:累计百分数在 80%～90% 之间的诸因素;

C 类:累计百分数在 90% 以上的诸因素。

⑤ 散布图。散布图也叫相关分析图,用来分析两个因素之间是否有内在的必然联系。在工程质量管理中这种相关关系有三类:

A. 质量特征与影响因素的相关;

B. 质量特征之间的相关;

C. 影响因素之间的相关。

两因素相关关系，可以应用数学上的回归分析方法进行定量分析。以上工程质量管理方法可参阅有关资料加以应用。

2) 步骤

① 决定质量特征和质量标准。工程质量特征是指对最终产品的功能和使用要求产生影响的技术标准，如外形尺寸、水平度（找平）、垂直度、标高、坡度（向）等等。一般应选择在施工初始阶段就能进行测定并能够尽早得到结果的因素，作为质量特征。质量标准是指国家颁发的安装工程施工及验收规范以及质量评定与检验标准所规定的各项质量特征值。各企业为了提高企业社会信誉，应遵照执行国家规范和标准规定的质量特征值制定企业内部的质量标准，作为工程质量管理的依据。

质量标准是综合考虑了产品的性能要求和施工成本而制定的，离开成本讲质量，只能是一种主观的愿望，而不是客观的现实。反之，在一定成本下，达不到规定的质量标准，则是对社会对用户不负责任的表现。

质量和成本的关系如图 6-7 所示。

② 决定遵守质量标准的作业标准。作业标准是指规定的作业方法和作业顺序等，在施工中就是要遵守施工组织设计所规定的施工方法和施工顺序。

③ 按作业标准开展施工活动，取得数据。

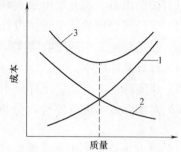

图 6-7 质量与成本关系图
1—材料费、人工费、质量管理费曲线；2—不合格产品损失费曲线；3—生产总成本曲线

④ 制作直方图检查质量特征值的分布，在满足质量标准的条件下，画出工程管理图（即质量控制图），用以控制施工过程质量变化情况。

⑤ 在管理图中发现质量特征值数值分布出现异常情况时，查找原因，防止再发生异常，以维持施工过程的稳定。

⑥ 随着时间的推移，每当测定点数超过 20 个或时间经过一个月，应根据最近的数据返回步骤 5，重新作直方图和管理图。

3. 施工成本

(1) 工程成本概念

工程成本是指在施工活动中进行工程成本的计划和控制。经济合理的施工组织设计，是工程成本计划的依据。也就是说，工程承包单位应以最经济合理的施工组织设计文件为依据，编制施工预算文件，作为工程的控制成本，保证在工程的实施中能以最少的消耗取得最大的效益。

工程预算成本－施工预算成本＝施工利润

我国目前实行的工程设计预算造价或工程投标承包价格，所包含的费用有工程直接费、间接费和法定利润。工程预算成本即直接费和间接费的总和。

每一施工单位在承包工程施工任务时，都应该预先有明确的利润目标，只有这样才能维持企业的生存和发展，才能为社会作出贡献。因此，工程的控制成本可表达为：

工程预算成本－计划利润＝施工预算成本（即控制成本）

由此可知，施工组织设计的过程，包括选择施工方案、安排施工进度、施工平面布置、拟定施工技术组织措施等，实际上也是工程成本计划与利润计划的协调和平衡过程。首先应该按照工程特点、施工条件等确定一个相对经济合理的施工组织设计方案，然后以此为依据编制相应的施工预算成本，求得可能实现的施工利润，再将它与计划的利润值相比较；如果不能满足利润计划的要求，则应对施工组织设计方案进行再分析，局部地改善原有施工组织设计方案，或从根本上用新的方案代替原有方案，直至达到消耗最小、利润最大的目标。

（2）工程成本管理的步骤

成本管理的全过程包括，工程承包后，从按照最经济的施工组织设计编制施工预算开始，到工程施工结束进行竣工决算、编制成本管理资料、报告书等一系列工作。其大致步骤如下：

1) 按照以最少消耗取得最大利润的原则，编制经济合理的施工组织设计文件。

2) 以经济合理的施工组织设计为依据，编制施工预算成本。

3) 在工程施工中随时收集实际发生的成本数据和工程的施工形象进度。

4) 计算实际成本。

5) 将实际成本与施工预算成本逐项进行对比。

6) 对实际成本进行评价，分析其与施工预算成本差异的原因，预测施工结果损益情况。

7) 提出改善施工或变更施工组织设计的措施。

8) 按照修正后的施工组织设计，修正施工预算。

9) 根据修正后的施工预算进行实际成本的管理和控制。

10) 用实际成本的综合报告，确定标准成本，供今后承包工程和进行同类工程施工组织设计参考。

（3）工程成本管理的要求

1) 工程管理人员要充分理解成本管理的重要性、施工利润与工程成本的关系。

2) 要严格执行施工组织设计所规定的各项措施，克服各种浪费现象。广泛采纳各级员工对于降低工程成本所提出的各种合理建议。

3) 提高干部和工人的成本观念。管理干部应经常对其下属人员进行成本管理必要性教育，同时还应对各分包施工单位进行工程成本管理的指导和监督。

4) 健全工程成本管理的制度，根据工程的规模和内容，明确成本管理的工作职责和权限，保证成本信息与施工实际数据及时按规定渠道反馈。

5) 严格设计变更签证手续，既要正确审核工程内容的数量增减，也要注意设计变更施工组织设计所产生的影响，以及由此而来的施工成本的变化。

6) 随时注意设备、材料等市场价格的变化，掌握市场信息，采取必要的应变措施。

7) 按照施工组织设计的进度计划安排施工活动，克服和避免盲目突击赶工现象，消除赶工造成工程成本激增的情况。

4. 施工安全

安全生产是企业运行的第一要素，整个施工过程自始至终都要确保"安全第一"的宗旨，它不仅直接关系到广大职工的身心健康和生命安全，而且也直接关系到投资项目的有效利用,是企业生产正常进行的前提条件。因此,加强安全技术工作是施工管理的重要组成部分。

(1) 制冷空调安装工程中常见的安全事故

制冷空调安装工程一般都包括施工安装过程和设备调试过程的两个阶段,这两个阶段所发生的安全事故情况往往不一样,安装质量愈差,调试过程中安全事故愈多,如不及时处理,留下的隐患及造成的事故也愈多,必将达不到投资效果。因此,可以把制冷空调安装工程中常见的安全事故分为两类:

1) 事故隐患:即没有严格履行"安装工程施工及验收规范"和"安装工程质量检验评定标准"达不到安装质量要求或因材料、设备本身质量问题没有认真检查而出现的安全事故。表面酷似完成了安装任务,但实际潜在的隐患及即将引发的事故依然存在,这些事故经常发生在系统或设备调试阶段;

2) 直接事故:由于安装工程施工操作和设备运行操作不当而出现的安全事故,这些操作事故经常发生在工程的施工安装阶段。具体表现在:

① 不按图施工、没有施工组织设计或根本没有施工图纸就进行施工、或施工中不执行施工规范国家标准而引发的安全事故,如:设备安装应找平固牢、管线连接应横平竖直等国家颁发安装质量要求的许多条款,如不严格履行,甚至随意焊接,到处振、跑、漏、泄,引发严重事故。

② 没有认真办理材料入库和设备开箱验收手续,特别是压力容器的验收,必要时还要进行单体试验,合格后方可安装,否则引起返工事故或爆炸等其他意外事故。

③ 安装工程施工操作不当而出现的安全事故,如:

 a. 物体打击:如坠落物体、锤击、碰伤等;

 b. 高空坠落:如从脚手架、屋顶上坠落等;

 c. 施工机械设备事故引起的伤害:如绞伤、撞伤、割伤等;

 d. 车祸:如压伤、撞伤、挤伤等;

 e. 坍塌:如临建房屋、支、吊架、脚手架垮塌等;

 f. 爆破或爆炸事故引起的伤害:如制冷压缩机、压力容器、锅炉、电气焊及其他气体爆炸引起的伤害;

 g. 起重吊装事故引起的伤害:如吊装冷凝器等高空或笨重的设备时出现的事故所造成的伤害;

 h. 触电:如没做好接零接地、绝缘防护,在潮湿处触电身亡,包括雷击事故等;

 i. 中毒、窒息:如氨等化学气体引起的中毒和窒息;

 j. 烫伤、冻伤:如火烧伤、气焊灼伤、碰到液体制冷剂后皮肤被冻伤等;

 k. 火灾:如保温防潮材料,沥青、油毡、软木、泡沫塑料及油料、漆料着火引发的火灾事故。

④ 系统调试设备操作不当而出现的安全事故:如制冷压缩机、压力容器、锅炉爆炸;系统试压或系统太脏及系统泄漏引发事故;液击、"倒霜"、敲缸、不上液、不上油、压机"抱轴"、电机"跑堂"、过载跳闸、反向运行、脱扣电流过小、起动电流过大、输送电压太低、控制回路线路有误、主回路接错线、触点动作不灵、操作不慎触电以及不上水、不送风、不换热、不真空、不冷却、不空调、不加湿、不加热、不去湿、风量、风压、风速

不均匀,达不到合同或协议书上的要求,甚至发生火灾、气体爆炸或因液体跑漏造成人身伤亡和设备财产严重损失等各种各样的事故。根据大量有关伤亡毁机等严重事故统计资料的记载,证明在调试阶段发生事故所占比例相对严重。

(2) 制冷空调安装工程中安全事故原因

发生事故不是偶然的,往往事先都有征兆,其主要原因有:

1) 施工人员不按图施工;

2) 施工人员没有严格执行国家颁发的《安装工程施工及验收规范》、《建筑安装工程质量检验评定标准》;

3) 施工人员未经特殊工种培训,无考核合格证书,随意上岗参与施工;

4) 制冷空调工程施工图纸设计不合理或设计错误;

5) 制冷空调工程施工组织设计不合理、施工方案与施工方法错误或根本没有施工组织设计文件擅自开工;

6) 材料、设备质量不合格;

7) 施工队伍纪律松懈,管理混乱,有章不循,无章可循;

8) 缺乏安全技术措施,未设置安全员,施工现场安全检查不认真,缺少经常性的安全教育,施工人员思想麻痹等;

9) 施工机械年久失修,开关失灵,仪表不准,以及超负荷甚至带病运转;

10) 忽视劳动保护,劳动条件多年未得改善;

11) 员工中青工比重大,操作技术不熟练,经验少,安全知识差,违章施工,违章指挥等。

(3) 安全施工措施

施工企业加强安全技术管理,必须做好如下几方面的工作:

1) 没有施工图纸和施工组织设计文件的工程项目不准开工。

2) 施工过程必须严格执行《安装工程施工及验收规范》、《建筑安装工程质量检验评定标准》,特别是近几年颁发的新的一系列国家标准;

3) 工程施工负责人必须认真贯彻国家和上级颁发的有关安全生产和劳动保护的政策、命令和规章制度。在施工组织设计中必须含有安全技术措施。在施工过程中,施工进度和安全质量发生矛盾时,必须首先服从安全。

4) 必须思想重视,加强责任感。要使企业员工充分认识到"生产必须安全,安全必将促进生产"的辩证关系。认真组织安全技术规程的学习、宣传和贯彻,对特殊工种,应当组织专门的安全技术训练。对新工人应加强安全教育。安全教育应做到安全思想和安全技术并重。企业的安全教育应形成制度。

5) 必须建立安全生产的组织机构和规章制度,以及群众性安全组织。明确安全生产的职责。

6) 班组应设立不脱产的安全员,在班组长和专职安全员的指导下,负责本组的安全生产,督促和帮助小组工人遵守安全操作规程和各项安全生产制度,并组织班前班后的安全检查。

7) 企业员工应自觉遵守生产规章制度,不得违章作业,并严格遵守现场安全生产六大纪律:

A. 进入现场，必须带好安全帽，并正确使用个人劳动保护用品；
B. 3m以上的高空作业，无安全设施的，必须戴好安全带；
C. 高空作业时，不准往下或往上乱抛材料和工具等物；
D. 各种电动机械设备，必须有可靠有效的安全接地和防雷装置；
E. 不懂电气和机械的人员，严禁使用和玩弄机电设备；
F. 吊车起重臂及拔杆垂直下方不准站人，吊装区域，非操作人员严禁入内。

5. 施工技术

工程技术管理是一项专业性强而又细致的管理工作。施工企业的技术管理工作内容丰富，如：图纸会审、技术交底、技术核定、技术革新、技术改造、技术情报、技术档案、技术引进、隐蔽工程和竣工技术资料及科学研究的管理等。现就安装工程中所要进行的主要技术管理工作说明如下：

（1）施工图会审

施工图纸会审是指开工前由设计单位、建设单位和施工单位三方面对全套施工图纸共同进行的检查与核对。

图纸会审的目的是领会设计意图，明确技术要求，熟悉图纸内容，并及早消除图纸中的技术错误，提高工程质量。因此，图纸会审是一项极其严肃的施工技术准备工作。

在图纸会审前，施工单位必须组织有关人员学习和查阅施工图纸，熟悉图纸的内容要求和特点，并由设计单位进行设计交底，以达到弄清设计意图、发现问题、消灭差错的要求。

图纸会审工作由建设单位负责组织。图纸会审的程序是先由有关单位分别自审，最后由设计、施工、建设单位三方共同会审。

图纸会审的要点是：建筑、结构、安装之间有无矛盾；所采用的标准图与设计图有无矛盾；主要尺寸、标高、轴线、孔洞、预埋件等是否有错误；设计假定与施工现场实际情况是否相符；推行新技术及特殊工程和复杂设备的技术可能性和必要性；图纸及说明是否齐全、清楚、明确，有无矛盾；某些结构在施工中有无足够的强度和稳定性；对安全施工有无影响等等。

图纸会审后，应将会审中提出的问题，以及解决办法，做出会议纪要或详细记录（如表6-7所示），经三方会签，形成正式文件，必要时由设计单位另出设计更改图或设计变更通知单，作为施工依据，并列入工程档案。

图纸会审记录表　　　　　　　　　　　表6-7

工程名称_____　　　_____年____月____日

施工单位		设计单位	
有关单位		建设单位	
顺序	图纸名称(图号)	存在问题	会审结论
施工单位	设计单位	建设单位	记录人

(2) 技术交底制度

技术交底是指工程开工前,由各级技术负责人将有关工程施工的各项技术要求逐级向下贯彻,直到基层。其目的是使参与施工任务的技术人员和工人明确所担负工程任务的特点、技术要求、施工工艺等,做到心中有数,保证施工顺利进行。因此,技术交底是施工技术准备的必要环节。施工企业应认真组织技术交底工作。

技术交底的主要内容有:施工方法、技术安全措施、规范要求、质量标准、设计变更等。对于重点工程、特殊工程、新设备、新工艺和新材料的技术要求,更需作详细的技术交底。

大型工程项目的技术交底工作应分级进行,分级管理。凡技术复杂的重点工程、重点部位,由企业总工程师向工程处(工区)主任工程师、项目经理以及有关职能部门负责人等进行交底。复杂工程的技术交底由工程处(工区)主任工程师向项目经理和有关的技术员交底,而后,由项目经理向施工员、质检员、安全员以及班组长进行交底。

技术交底的最基层一级,是工程技术负责人向班组的交底工作,这是各级技术交底的关键,工程技术负责人在向班组交底时,要结合具体操作部位,贯彻落实上一级技术负责人的要求,明确关键部位的质量要求、操作要点及注意事项。对关键性项目、部位、新技术的推广项目应反复、细致地向操作班组进行交底。

技术交底应视工程施工技术复杂程度不同,采取不同的形式。一般采用文字、图表形式交底,或采用示范操作和样板的形式交底。

(3) 技术复核与设计变更

技术复核是指在施工过程中,对重要的和涉及工程全局的技术工作,依据设计文件和有关技术标准进行的复查和校核。技术复核的目的是为避免发生重大差错,影响工程的质量和使用。以维护正常的技术工作秩序。技术复核除按质量标准规定的复查、检查内容以外,一般在分项工程正式施工前,应重点检查关键项目和内容。施工企业应将技术复核工作形成制度,发现问题及时纠正。设计变更是指在施工前和施工过程中,须修改原设计文件应遵循的权限和程序。当施工过程中发现图纸仍有差错,或因施工条件变化需进行材料代换,或因采用新技术、新材料、新工艺及合理化建议等原因需变更设计时,由施工单位提出设计修改建议单(如表 6-8 所示),交建设单位转设计单位予以修改。如建设单位或设计单位不予变更、修改,则施工单位按原图施工,如出现任何问题,施工单位不承担责任。

施工图设计变更建议单　　　　　　　　　　表 6-8

＿＿＿年＿＿＿月＿＿＿日

建设单位		施工单位	
单位工程名称		设计单位	

一、内容:

二、设计单位或建设单位意见:

建设单位(公章)　　　　　　技术负责人　　　　　　制表人

施工企业根据自身的规模，可设置技术档案、情报资料等机构，将工程技术管理工作做细做好，其必将对企业发展起到至关重要的作用。

6.1.3 施工方案

对任何一项工程都可能做出几个施工方案，在这些施工方案中，比较其所消耗的劳动力、材料、机械、费用以及工期等，进行安全性、技术性、经济性分析，选择最优方案。要进行施工难度（不仅是技术难度，而且要从确保质量、工期、费用和安全），特别是对主要工程项目，如工程量大、施工复杂、工期长、对整个建设项目起关键性作用的施工方案，尤其要认真做好。

6.1.4 施工机械与工、器具

主要包括材料设备运输工具、起重工具（如吊车、卷扬机、"拔杆"、"葫芦"（倒链）、麻绳、钢丝绳（含各种钢丝绳打结，如救生结、双航海结、单双套圈结及死套等）、扎头、卡环、单滑轮、双滑轮、滚筒、撬棍等）、钳工工具（各种扳手、锯、锉、钳、割、削、磨、钻、剪、转孔、攻丝及各种量具等）、电工工具（改锥、扳手、夹剪、胶钳、剥线钳、锤子、试电笔、万用表、电流钳、摇表、夹线钳、弯管器等）、电、气焊工具、扳钳工具（如压筋机、剪角、剪板机、切割机及电烙铁等）木工工具及车床、摇臂钻、台钻以及洗管器、除锈机、空压机等。

6.1.5 施工队伍

设备安装企业下属设工段（公司、分公司），施工队伍应具备起重工、钳工、电工、电焊工、油漆工、木工、白铁工、机加工及锅炉、电梯、保温等特殊工种，并通过正式专业培训和考核，取得技术等级合格证书才能上岗，同时进行年检，以便提高操作的熟练程度和技术等级。

6.1.6 施工材料与运输

施工材料应根据设计施工图纸进行计算与调拨，核对施工材料的各种规格、数量、重量，并作好装运准备。异地施工的材料运输应考虑交通安全与二次进场进行衔接，施工设备和制冷空调设备应与施工材料同步运输。应与工地的临时设施的仓贮办理验收和入库手续，并按技术要求进行存放与发货，在材料设备装卸和仓库保管中应按要求防止损坏。

6.1.7 临时设施、仓贮与二次搬运

在工地现场应建立临时设施、仓贮，组织好二次搬运工作。临时设施包括施工设施和生活设施，解决好临时水、电、气以及防火、防洪、防盗、交通安全等设施，解决吃、住等生活问题。临时设施应有合理的平面布局，应与施工现场分离，要充分利用现场条件，节省开支。

6.1.8 设计施工图纸交底

设计单位向施工单位进行设计施工图纸交底时，施工单位在对设计施工图纸粗审和严审的基础上，与设计单位认真配合，进一步了解设计意图，提出设计施工图纸中的错误和不妥之处，并解决施工难度和施工问题。

6.1.9 编制工程造价与预算

施工预算与报价应由预、结算员编制。应按国家机械设备安装工程预、结算标准，结合地区差价进行计算与合理编制。工程预算书的编制，不仅直接影响施工企业的利益，而且还会直接影响建设项目能否中标，影响工程竣工验收时，工程结算是否能顺利通过。

6.1.10 签订施工合同或工程协议书

以上准备工作完成后,就可以与投资方(甲方)签订设备安装合同书。双方应严格履行合同书中的各项条款。

6.2 制冷空调机器安装

6.2.1 制冷压缩机安装的基本要求

1. 制冷压缩机基础

压缩机基础要求有足够的强度、刚度和稳定性,不得发生下沉、倾斜和防止发生共振等现象,同时还应具有耐润滑油等腐蚀的特性。

2. 制冷压缩机安装

(1) 认真检查核对包装箱内随机附带(附件箱)物件的数量、质量,妥善保管,防止遗失。尤其对说明书、目录、图纸、产品合格证等应归档存放。

(2) 压缩机吊装就位时应选好压缩机吊运路线和选择钢丝绳绑扎位置,切不可将钢丝绳绑扎于压缩机的连接管或法兰盘上,应牢固系在压缩机底座上。

(3) 在每个地脚螺栓两侧加放一组垫铁即:一块垫铁和两块楔形斜垫铁(斜度为1:10)。垫铁材料用Q235。

(4) 采用读数刻度小于0.02mm的框式水平仪进行找平。找平合格后可用小锤敲打每组垫铁,检查接触情况,并复验水平度,确认无问题后,将地脚螺栓双螺母拧紧,然后将三块垫铁用点焊焊牢。

(5) 立式和W型压缩机可以用框式水平仪在气缸端面和压缩机进、排气口(拆下压缩机进、排气阀门及直角弯头)进行测量。对于直径较大的立式压缩机可以在气缸端面用框式水平仪测量水平度。

(6) V型和S型压缩机,可用角度水平尺在气缸端面测水平。如无角度水平尺,可在压缩机的进、排气口或在压缩机上的安全阀法兰端面进行测量。部分压缩机可利用曲轴箱的盖面测量横向水平。所有这些测量和找平都要在机器设备本体的机加工面(作为基准面)上进行,绝不能在非机加工面上进行测量(非机加工面不能作为测量的基准面)。

(7) 采用铅坠线方法测量轴的水平时,应将铅坠线挂在飞轮外侧,在轴颈外侧装上卡条拨到上方,测量与卡条相对的一点与垂线间的间隙;然后将飞轮转动180°,使此点位于下方再测量此点与垂线间的间隙,这两个间隙应相等。之后再用框式水平仪在飞轮外缘上测量水平进行校对。

(8) 压缩机纵向(轴向)和横向水平的允许误差值为0.02mm。

(9) 当压缩机找平后,发现压缩机与电动机间联轴器处有误差时,可在电动机底座上以薄垫片再找正。

(10) 电动机的安装与调整,主要是使其与压缩机轴同心,即采用:

1) 用塞尺测量两个联轴器之间的间隙;

2) 用钢板尺测量两联轴器块的同心度。测量点为上、下、左、右四点。对称方向两联轴器块之间应与钢板尺贴合或距离相等,证明电动机与压缩机的轴同心;

3) 用千分表测量压缩机与电动机两联轴器块之间的距离。测点为上、下、左、右四点。上、下及左、右之间的误差值不大于 0.2mm。

3. 制冷压缩机调试

(1) 压缩机拆洗

将机器外表擦干净,依次卸下水管、油管、气体过滤器;打开汽缸盖,取出缓冲弹簧及排气阀门;放出曲轴箱内的润滑油,卸下侧盖;拆卸连杆下盖,取出连杆螺栓和大头下轴瓦;取出吸气阀片;用专用吊栓取出汽缸套;取出活塞连杆组;拆卸联轴器;拆下油泵盖,取出油泵。

在进行上述拆卸过程中,用油漆或钢号码在必要的部件上作好记号,防止方向或位置装错。

用洗滴汽油将卸下的零部件清洗干净,再经 0 号柴油或 25(30)号压机用冷冻油清洗后用干净白布擦干;一些易损件如密封环、油环、轴瓦、活门片等均涂上薄层黄油;用压缩空气对油管油路进行吹污;用螺丝刀对吸、排气阀门和卸载油缸做来回动作,检查其弹簧性能;用洗涤汽油注入吸、排气阀门内视其渗漏情况来检查其密封性,渗漏严重的必须认真调整或更换零件;要认真检查活门片和轴瓦的表面磨损状况,发现有划道磨损严重时,要用凡尔砂和煤油研磨活门片或更换活门片,对轴瓦表面上的巴氏合金进行修刮,轴瓦磨损严重的必须更换,以防止"抱轴"事故发生。对气体过滤器和油过滤器及其过滤网均应用洗涤汽油清洗干净,并用压缩空气进行吹污。经拆卸后的开口销一律更换新的,应严格检查所有的密封垫圈,如发现破损时,应用相同厚度的高压红纸皮重新制作,并涂上薄层黄油。详见参考文献[16]

(2) 压缩机装配测量

1) 压缩机安装的水平度:用 0.02mm 框式水平仪测量;

2) 联轴器的同心度和摇摆度:用千分表测量;

3) 联轴器之间的间隙:用塞尺测量;

4) 汽缸余隙(死隙):用套管代替弹簧,将安全盖卡紧,在活塞顶部放置 4 根 2.5mm 保险丝(软铅丝),拨动联轴器一圈后取出,用外径千分尺测量;

5) 活塞与汽缸间隙:用塞尺测量汽缸与活塞的间隙,汽缸测上止点、下止点、中间三点;活塞测上、下、左、右四点;

6) 活塞直径:用外径千分尺测量或用外径卡尺量活塞上、中、下三部分尺寸,再用内径千分表测出数值。每一部分又分横向(与活塞销同向)和纵向(垂直于横向)两点尺寸;

7) 汽缸直径:用内径千分表测汽缸上、中、下三部分,每部分也分横向、纵向二点;

8) 活塞环与环槽的间隙:气环与油环放于环槽中,用塞尺测前、后、左、右四点;

9) 活塞环在汽缸内的销口间隙:将活塞放于缸内用塞尺测量销口间隙,汽缸分成上、中、下三部分;

10) 吸气阀片开启高度:用吸气阀座高度减去阀片厚度,每隔 120°测一点;

11) 排气阀片开启高度:用塞尺测三点,每隔 120°测一点;

12) 连杆大头轴向间隙:用塞尺测量;

13) 连杆小头轴向间隙:用塞尺测量;

14) 连杆大头径向间隙:分别吊出曲柄销两边的两个活塞,依次用塞尺测量未拆下的连杆大头的径向间隙,测完后把中间的两个活塞吊出,再把先吊出的两个活塞按原样装好,用塞尺测量其间隙;有经验的师傅可盘动联轴器是否有劲来加以判断;

15)油泵端主轴承径向间隙:用塞尺测量。

(3)压缩机试运转

1)空车试运转。空车试运转使压缩机运动部件"跑合",检查油泵是否上油,油管是否严密和畅通,卸载装置是否灵活准确以及压缩机有无局部发热与异常声音。

空车试运转时,拆下汽缸盖,用扁钢自制卡具压住缸套以防窜出,并加冷冻油至曲轴箱油镜的1/2处,再往活塞顶部加少量冷冻油后盘动联轴器,机器运转应灵活。

空车试运转应"点动"试车,逐步启动,并迅速调整油压,新机器可相对调高油压,使压缩机运动部件更好地"跑合"。

第一次空车试运转3~5min后,需停车检查:汽缸壁和活塞表面是否被"拉毛"以及大头轴瓦的巴氏合金是否被"划道",拉毛现象严重时,应进行修理。检查合格后重新换油继续试车,在运转中应观察滤油器温度和密封器的温度,两者温差以不超过10℃为宜。密封器的油温稳定。一般空车试运转连续4h无异常现象,压缩机"跑合"完成。

2)空气负荷试运转。盖上汽缸盖,打开排出阀,关闭吸气阀,并用螺丝刀打开气体过滤器上的端盖,启动压缩机,调整正常的油压,油温升稳定,用25号冷冻油时,最高油温不得超过70℃。

空气负荷试运转时间不少于4h,无异常现象后,重新更换润滑油,并将压缩机抽空静压24h无泄漏,即可投入系统运行。

3)重车试运转。重车试运转一般在设备和管道试压、检漏以及隔热工程完成并向系统充注制冷剂后进行,应对可以投入系统运行的压缩机逐台进行重车试运转,每台最后一次连续运转时间不得少于24h,每台累计运转时间不得少于48h。压缩机必须经过重车试运转后才能验收。重车试运转的压缩机均按制冷系统操作规程进行调整。

6.2.2 冷水机组安装的基本要求

目前空调系统采用的冷水机组主要有:压缩式冷水机组(活塞式冷水机组、离心式冷水机组、螺杆式冷水机组、涡漩式冷水机组)和吸收式冷水机组(单效、双效、直燃式等)及喷射式制冷机(单效、三效等),常用的还有,半封闭式多机头冷水机组和模块化冷水机组等几大类型。

各种冷水机组应根据各家厂商提供的冷水机组安装、操作、维修手册和产品使用说明书进行安装调试。

1. 冷水机组安装的基本要求

(1)机房通风:通风不良将导致机组运转所需空气量不足引起机房潮湿而腐蚀机器,对于吸收式直燃机通风更为重要。

(2)机房排水:一旦机房积水将引起电路故障和机组锈蚀,机房排水应注意:机组基础处于机房最高位置;机组四周设置排水沟,水沟上须铺盖铸铁网板或箅子,排水沟的水能顺利排出机房。

(3)水、电、气源:当确定某种能源后,应能足量满足设计要求。

(4)机房面积:应留有机组拆卸、维修、操作和安装的最小空间(尺寸)。

(5)机组基础:采用素混凝土基础,地脚螺栓待机组校正找平后用同样强度细石混凝土二次灌浆。

（6）吊装就位：采用导轨安装法、平板安装法、水平牵引法和滚筒移动法等安装方式进行机器设备的水平搬运。采用斜面和滚轮牵引或索具穿入机组上的安装孔进行吊装就位，在吊装时，吊环和缆绳必须绑扎在设备重心位置，并作用于安装孔或机组底座上。

（7）机组隔振：正确铺上隔振垫或安装氯丁二烯橡胶减振垫。

（8）机组校正：用水平仪（或用灌水的透明塑料胶管，对正水准孔的中心及水柱液面，使胶管两端水液柱取平）测定机器上的水平测点，抬高壳体，调整斜垫铁或插入钢垫片，找正找平后，拧紧地脚螺栓。

（9）管道管件连接：管道应设支、吊架进行支撑，机组设备不承受管道管件重量。管道连接应严格履行工业管道工程施工及验收规范等国家标准的条例进行安装。

（10）机组调试：多数情况下，泄漏试验、真空试验和自动调节以及机组试运转由厂商设立专门维修服务公司的人员进行。

2. 模块化冷水机组安装要求

模块化冷水机组由多台模块冷水机单元并联组合而成。每个单元包括两个完全独立的往复式制冷系统。运行适当数量的单元就可以使输出的冷量准确地与负荷相匹配。

模块化系统中每个单元制冷量为130kW，其中有两个完全独立的制冷系统，容量分别为65kW，各自装有双速或单速压缩机，每个模块单元装有两台压缩机，两套蒸发器，两套冷凝器及控制器，模块机组可由多达13个单元组合而成，总容量为1690kW。

内设的电脑监控系统控制模块机组，按空调负荷的大小，定期启停各台压缩机或将高速变为低速（当安装了双速压缩机时）。这个系统连续并智能地控制了冷水机组的全部运行，包括了每一个独立制冷系统的整机运行。将多个单元组合连接起来方法极为简单，只要连接四根管道（冷冻水供、回水管；冷却水供、回水管，每根管的端部带有沟槽，可用专用的管接头连接）。从公用电源母线上接入电源，插上控制插接件，这项工作就完成。

模块化冷水机组由于体积小单元化，结构紧凑，易于处理，根本不用吊装和大型机组运输车。模块化机组由于采用单元设计，每个单元宽约450mm，高1622mm，长为1250mm。因此，每个单元可以穿过几乎任何小的门廊、过道，可通过窄的楼梯送上高层，也可用电动升降机或标准电梯运送。

模块化机组使用的热交换器及内部设计不需要很大的维修空间，使模块化机组可以安装在没有其他用途的狭小空间；表面光亮的机壳又适合于安装在各种不同的场合，由于压缩机设计精良并采取了大幅度衰减噪声的措施（压缩机用弹簧与其壳体相隔离，并在机架上安装了隔振装置。单元与单元之间是通过专用的管接头隔离，整个单元又封在机壳中间），使用多台压缩机完全取消了嘈杂声和令人讨厌的气缸卸载声。因此，模块化机组运行非常安静，机房和靠近机房的房间也非常安宁。模块化冷水机组不仅可以安装在已建的大楼内，而且可以等新楼建成后，不用拆墙等破坏建筑或装饰，即可进行安装。以至在已建大楼的任何地方进行安装，特别是安装在楼群分散，又要集中空调的地方更为有利。

6.2.3 活塞式制冷压缩机安装

1. 基础核对

设备基础是由设计单位设计，土建施工单位施工，因此，设备安装单位不仅要对机器、设备开箱检查，还应对设备基础进行仔细核对。

活塞式制冷压缩机基础应按制冷压缩机使用说明书及其基础要求进行设计和施工，活塞式制冷压缩机基础应能承受机器自重的静载和机器运转的动载负荷，严防产生振动，不许发生共振，并要耐腐蚀。所以，设备基础应有足够强度、刚度和稳定性（设备基础的基坑不仅要确保足够埋深和混凝土浇灌量，而且，应构筑在实土上或进行夯实，大中型基础应做100mm厚素混凝土垫层。设备基础不应建在其他建筑物的基础或结构上，防止发生不同步下沉、偏斜或裂缝等现象）。

活塞式制冷压缩机基础一般采用C10素混凝土，可用回弹仪检测混凝土强度，现场也可采用钢钎或重磅锤敲击，示敲击处只见火星，而混凝土不掉渣时，表征基础达到强度C10以上混凝土。其次应核对基础外形尺寸、基础平面水平度、中心线、标高、地脚螺栓孔口尺寸、孔深度和孔间距离或混凝土埋件位置等，均应符合设计要求，并与现场到货的压缩机进行各种尺寸的核实，发现问题，应及时与土建施工部门协商处理。基础表面应干净、无积油。基础四周模板、地脚螺栓孔的木盒板及孔内的积水等，应清理干净。对基础光滑面，应用钢钎凿出麻面，使二次砂浆能与原基础表面结合牢固。大型活塞式制冷压缩机基础应与室内地坪隔离，留出防振缝，以防产生共振。

2. 机器吊装与就位

（1）放线

先将基础表面及其螺栓孔内的泥土污物清扫干净。根据施工图并按建筑物定位轴线，对基础的纵横中心线进行放线，采用墨线弹出设备和螺栓孔的中心线。

（2）吊装与就位

活塞式制冷压缩机就位的方法很多，根据现场条件，可进行挑选。常用的方法有：

1）利用现有的桥式起重机，将机器直接吊装就位。

2）利用铲车就位。

3）用人字"拔杆"就位。其方法是：先将制冷压缩机运至基础上，再用人字"拔杆"顶部挂上"倒链"（手动葫芦）将其吊起，抽去箱底排，将制冷压缩机安放到基础上。

采用这种方法就位，在起吊时，钢丝线应拴在制冷压缩机适合受力的部位上。钢丝绳与制冷压缩机表面接触的部位要垫上木垫板，避免损坏油漆面和加工表面。离地时，不急于倒链提升，在确定安全的情况下再进行吊装。悬吊时，制冷压缩机应保持水平状态。

4）用滑移的方法就位。采用这种方法是在机座底排下铺就多根厚壁钢管"滚杠"将制冷压缩机和底排运至基础旁摆正，再卸下制冷压缩机与底排连接的螺栓，用撬杠撬起制冷压缩机的一端，将几根"滚杠"放到制冷压缩机与底排中间，使制冷压缩机落到"滚杠"上，并在放线的基础上放上三、四根横跨"滚杠"，用撬杠撬动制冷压缩机使"滚杠"向前滚动，将制冷压缩机从底排上水平地滑移到基础上。就位后，撬起制冷压缩机，将"滚筒"撤出，按其具体情况垫好垫铁。

采用滑移方法就位，应用力均匀地撬动，制冷压缩机滑移时，应平正，不能产生倾斜等现象，注意人身和制冷压缩机的安全。

5）采用卷扬机与滑轮组合装置代替撬杠的人工滑移（并借用"滚杠"平移），牵引制冷压缩机就位。

3. 制冷压缩机找正与初平

（1）找正

找正就是使制冷压缩机纵横中心线与基础上的中心线对正,并使压缩机方位符合设计要求。

(2) 初平

1) 地脚螺栓:地脚螺栓是作为制冷压缩机附件随机带来的,一般不用另行自制。

地脚螺栓有长型与短型两种。短型地脚螺栓适用于动力和负荷较轻且冲击力不大的中、小型制冷压缩机,其式样很多。长型地脚螺栓则适用于动力和负荷及其产生冲击力大的制冷设备。其长度可参照式 (6-1) 进行计算:

$$L = 15d + S + (5\sim 10) \tag{6-1}$$

式中　L——地脚螺栓长度,mm;
　　　d——地脚螺栓直径,mm;
　　　S——垫铁高度机座和螺母厚度的总和,mm。

制冷压缩机就位后,将地脚螺栓穿到压缩机底座的预留孔内,加套垫圈并拧上螺母,使螺纹外露 2~3 扣,地脚螺栓应保持自然垂直。

地脚螺栓和垫铁是设备安装中常用的金属件。在安装过程中,制冷压缩机一般用垫铁找平,再用地脚螺栓固牢。

2) 垫铁:垫铁不随机附带,安装前必须预制。垫铁是为了调整设备的水平度,要承受设备重力,还应承受地脚螺栓的锁紧力。垫铁种类很多,如斜垫铁、平垫铁、开口垫铁、开孔垫铁、钩头成对垫铁及可调垫铁等,活塞式制冷压缩机一般常用斜垫铁和平垫铁。

垫铁可用钢板经切割再用牛头刨床加工而成。斜垫铁和平垫铁外形尺寸参见图 6-8 和表 6-9。

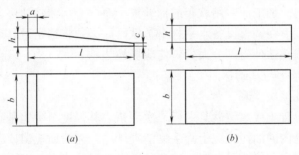

图 6-8　垫铁
(a) 斜垫铁;(b) 平垫铁

垫铁规格　　　　　　　　　　　　　　　　表 6-9

项次	斜垫铁(mm)						平垫铁(mm)			
	代号	l	b	c	a	材料	代号	l	b	材料
1	斜 1	100	50	3	4	普通碳素钢	平 1	90	60	铸铁或普通碳素钢
2	斜 2	120	60	4	6		平 2	110	70	
3	斜 3	140	70	4	8		平 3	125	85	

注:1. 厚度 h 可按实际需要和材料情况决定;斜垫铁斜度宜为 1/10~1/20;铸铁平垫铁的厚度,最小为 20mm。
　　2. 斜垫铁应与同号平垫铁配合使用:即"斜 1"配"平 1","斜 2"配"平 2","斜 3"配"平 3"。
　　3. 如有特殊要求,可采用其他加工精度和规格的垫铁。

垫铁放置位置参见图 6-9：

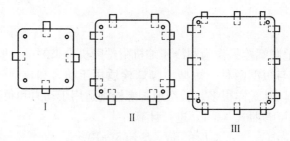

图 6-9 垫铁放置位置

初平前，先将垫铁组放好，垫铁中心线垂直于压缩机底座边缘线。平垫铁外露 10～30mm；斜垫铁外露 10～50mm。每一垫铁组应尽量减少垫铁块数，一般不超过三块，并少用薄垫铁。放置时最厚的放在下面，最薄的放在中间。各垫铁组均应放置整齐、平稳、接触良好、无松动。精平后应将垫铁相互焊牢。

安装现场常采用宽度×厚度=65mm×10mm 扁钢制作斜垫铁和平垫铁，长度取 120～140mm，可根据需要随时加工，非常简便和适用，不仅避免垫铁在备料、种类、规格、运输、保管等诸多环节的麻烦，而且符合设备安装验收规范和工程质量评定标准。

3）初平：初平是在制冷压缩机就位和地脚螺栓与垫铁放置后，拆卸部分制冷压缩机部件（如汽缸盖、曲轴箱侧盖等），利用其现露出的"加工面"进行测量与找正找平。用框式水平仪初测：水平度相差较大时，调整平垫铁的厚度或块数，水平度相近时，可调整斜垫铁逐步找平，必要时在同一位置可采用两块斜垫铁进行调整。设备安装规范要求，制冷压缩机纵横向的水平度不应超过 0.2/1000。在初平过程中，使用框式水平仪等精密量具时，应将压缩机的"加工面"用软布或棉纱擦干净，必须清除油迹、油漆、水汽、粉尘等以免影响测量精度。在调整设备水平打击垫铁时，必须将精密量具拿起，避免振坏。当斜垫铁打入量过多或垫铁外露部分太少，均应更换垫铁。

4. 制冷压缩机精平与基础抹面

（1）地脚螺栓孔二次灌浆

初平后用细石混凝土或水泥砂浆进行二次灌浆，其强度至少比基础强度高一级。灌浆前必须将基础预留孔内的油污、泥土等杂物清理干净，光滑面应凿成麻面。混凝土必须一次灌成。灌浆后应浇水养护，养护期不少于 7d（混凝土养护期一般为 28d 可以拆除模板，达到试块标号）。当二次砂浆强度（标号）达到 70% 以上时，才能拧紧地脚螺栓。

（2）精平

精平是设备安装很重要的工序。它是在初平的基础上，对设备的水平度做进一步调整，使之达到规范和设备技术文件的要求。常用精平方法如下：

1）立式或 W 型压缩机的精平：可用框式水平仪在汽缸端面或压缩机进排气口（拆下进排气阀门及直角弯头）进行测量。如 W 型压缩机汽缸直径较大，也可在直立汽缸的内壁上进行测量。

2）V 型或 S 型压缩机的精平：可用无角度水平仪在汽缸端面、压缩机进排气口和安全阀法兰端面进行测量。对于 8AS-17 压缩机，可利用曲轴箱的盖面进行测量。

采用铅锤线法精平 V 型或 S 型压缩机时，可用铅锤线挂在飞轮外侧正上方选一点，并用塞尺测量此点与铅锤线的间距；再转动飞轮，将上方测点转至下方，并用塞尺测量该点与铅锤线的间距，这两个间距如不等，则调整斜垫铁，直至两个间距相等为止。

3）基础抹面：制冷压缩机精平后，由土建施工单位完成基础抹面，使基础具有防振、排水等功能，并体现美观大方。

5. 制冷压缩机拆卸与清洗

(1) 拆卸步骤

1）将压缩机外表面清除干净，拆下冷却水管和油管，再卸下吸汽过滤网；
2）拆汽缸盖，取出缓冲弹簧及排气阀组；
3）放出曲轴箱内的润滑油，拆下侧盖；
4）拆卸连杆下盖，取出连杆螺栓和大头下轴瓦；
5）取出吸汽阀片；
6）用一对吊栓旋入汽缸套顶端的螺孔中，取出汽缸套；
7）取出活塞连杆组；
8）拆卸联轴器；
9）拆下油泵盖，取出油泵。

拆卸注意事项参照第 8 章有关内容。

(2) 清洗

清洗分粗洗和净洗两步。粗洗是去掉加工面上的油漆、铁锈、油泥等污物，用软质刮具修刮，用棉纱头沾上清洗剂擦洗，然后用煤油洗净，直到基本干净为止。净洗是用洗涤汽油清洗后，再涂冷冻油防止生锈。设备清洗注意事项参照第 8 章有关内容。

6. 制冷压缩机装配

活塞式制冷压缩机装配可参照第 8 章有关内容进行。

在装配时，所有紧固件均应固牢，开口销、弹簧卡、石棉橡胶垫片等应按原规格进行更换，丝扣连接可用氧化铅-甘油或四氟乙烯塑料生带、密封胶等密封。

供液阀、电磁阀、膨胀阀等应启闭灵活可靠。各指示调节仪表应经校验。

7. 压缩机单体试运转

压缩机单体试运转包括压缩机空载试运转、空气负荷试运转和抽真空试运转合格后才能证明压缩机本身没问题，才能允许压缩机投入系统试运转。压缩机单体试运转参照第 8 章具体内容进行试机。

6.2.4 制冷机组安装

1. 活塞式制冷机组安装

活塞式制冷机组有两种：

一种是压缩冷凝机组。是把压缩机和冷凝器组装在一个公共底座上成为一组；而蒸发器为另一组。或是把压缩机、冷凝器、贮液器、分油器（或回油罐）、汽液分离器、干燥过滤器、电磁阀、示液镜（包括液位示镜、液流示镜和制冷剂含水量指示镜等）、开关柜、控制屏（压力表及温度、压力、差压、水流等控制元件、器件）以及双级机还有中间冷却器等都安装在一个公共底座上，都称压缩冷凝机组。

另一种是将上述压缩冷凝机组和蒸发器都安装在一个公共底座上成为一个总机组（分风冷式和水冷式），接通电源就能直接制冷。这种机组一般均通过载冷剂（如不同浓度的氯化钙盐水、碱水、乙二醇溶液或水等）传递冷量。根据机组制冷量和盐水、碱水、乙二醇等溶液浓度不同可作各种低温制冷，制冷量大，溶液百分比浓度大（或婆梅度大）的制冷机组，制冷温度低，这种低温制冷机组被广泛用于工业冷却，以提高产品质量。如果是通过水作载冷剂来传递冷量时，只能作空调用，因为水只能在零度以上，如机组蒸发器进水温度12℃，出水温度7℃，就可作冷冻水输送给风机盘管用于空调，这种制冷机组称冷水机组。活塞式制冷机组除了可以装配成大型空调用冷水机组外，还可做多机头冷水机组（多采用半封闭制冷压缩机）和模块化冷水机组（多采用全封闭式制冷压缩机）。如果水温低于±0℃以下就会结冰，因此要通过乙二醇溶液去冷却水而结冰，这是属于冰蓄冷空调装置。

制冷机组安装比较简单，只要按规定的基础位置安装好，接通电源和水源，即可启动运转。

(1) 就位

1) 设备吊装方法与散装制冷压缩机相同，有公共底座的机组，其吊装的受力位置不应使机组底座变形。

2) 机组找平应在汽缸等加工面上进行，也可在公共底座上找平。

(2) 清洗

油封的压缩机，一般只拆洗缸盖、活塞、汽缸内壁、吸排气阀、曲轴箱等，并检查所有紧固件、油路是否畅通，更换曲轴箱内的润滑油。充气机组，一般不作内部清洗。

2. 离心式制冷机组安装

(1) 就位

1) 拆箱：应注意保护机组的仪表电器及管路，防止碰坏。清点附件及文件技术资料，进行外观检查，并检查充有保护性气体的机组是否泄漏等。

2) 吊装：钢丝绳应位于蒸发-冷凝器筒体支座外侧，不能使仪表盘、油管、水管等部件受力，钢丝绳与设备接触点应垫上木板。

3) 就位：机组中心线应与基础轴线重合。两台以上并列机组，应保持同一基准标高。

4) 找平：应在油位处的机加工面上测量，允许偏差为0.2/1000。

(2) 清洗

半封闭式离心压缩机，一般不做解体清洗，但应将油箱、油管清洗干净保证畅通。

如需对离心式压缩机进行解体清洗时，可参照下列程序进行：

1) 拆卸压缩机外部连接的部件，如仪表管路、吸气弯头、执行机构、蜗壳盖、导叶机构，并松开螺母拆下叶轮、蜗壳。

2) 拆开增速器、齿轮、轴、挡、油杯、油封、联轴器等。

3) 拆开油箱盖、电动机轴承盖。

4) 打开筒体下部阀门、法兰，清理冷凝器、蒸发器内杂物，并吹扫干净。设备零部件全部解体后，应彻底清洗，使油孔畅通。清洗时对每个零部件要认真检查，清洗后应涂以冷冻油，妥善保管，所有密封衬垫均应按原材质、尺寸制作更换。

(3) 组装

1) 按先拆后装，后拆先装顺序和拆卸清洗时的记录认真装配。

2) 装配转动部分，应装一件，盘动一下再装下一件，经检测偏差在允许范围内，再继续装配。各部位的装配间隙应按设备技术文件规定和要求。

3) 机组进行组装后，再对仪表、安全保护、自控电路、水冷却管路及其他零部件进行组装,其紧固件应均匀固紧。

3. 螺杆式制冷机组安装

螺杆式制冷机组安装方法与上述机组相同。应对电动机与压缩机联结后的同心度进行测量和调整,使其不大于 0.03mm,端面跳动不大于 0.05mm,经测量和调整合格后,应安装联轴器上的传动芯子,压板弹簧圈用螺钉拧紧。

连接冷冻水管道、冷却水管道、油冷却器供水管道。应将管道内的污物清理干净,管道应设必要的支吊架,不能与机组强行连接。

螺杆式制冷压缩机一般不作解体清洗。

4. 吸收式制冷机组安装

吸收式制冷机组应进行内压试验,以消除由于运输等原因引起的渗漏。

吸收式制冷机组安装应考虑在机组一端留有可供维修拆洗铜管的空间。如机组一端无足够空间时,机组应对准门窗。

为减少机组振动,应垫 10mm 厚硬质橡胶板。机组就位时,应按设备技术文件规定的基准面(如管板上的测量标记孔或其他加工面)找正找平,其纵、横向水平度均不大于 0.5/1000;对于双筒吸收式制冷机组,应分别找正上、下筒的水平。

机组安装后,应按规定和要求对设备内部进行清洗,并运转发生器泵、吸收器泵和蒸发器泵,使水在系统中循环清洗,反复多次,直至设备内部清洁为止。

6.3 制冷空调设备安装

6.3.1 冷凝器安装

冷凝器是属于压力容器,安装前必须具备国家颁发的制造压力容器许可证厂家的合格证。

1. 立式壳管式冷凝器安装

立式壳管式冷凝器一般用于大、中型制冷空调系统,而且该设备比较重,直接立于露出地面 1m 多高的冷凝循环水池顶部 [16/[20 槽钢或槽钢架上,待槽钢架找正找平后,将槽钢与水池埋件焊牢,(很重的冷凝器可换用工字钢,设计时要进行计算)。要求安装垂直(其不垂直度每米不得大于 2mm,一般采用垫薄钢板进行调整。上部溢水挡板不得有偏斜或扭曲现象)。要用稳妥的吊装设备,如采用较大吨位的吊车直接吊装或利用"拔杆"和卷扬机进行吊装,吊装前,应进行离地试吊,稳妥后再进行吊装与就位。

安装时应认准冷凝器的方位,使立式壳管式冷凝器上所有接口满足要求,就位后用双螺母上紧地脚螺栓(地脚螺栓孔位置与尺寸,可根据现场冷凝器螺栓孔进行事先校对,在找平后的槽钢架上打眼),并按施工图纸要求在立式冷凝器上部安装操作平台和扶梯或旋梯,使冷凝器安装牢固后,根据制冷管道安装规范要求,冷凝器上的安全管、均压管、放空管、进气管、出液管和压力表管以及冷凝器上水管等必须正确安装(可以将立式壳管式冷凝器下部出油孔封堵焊死,冷冻油经出液管直接流入高压贮液器,可减少系统管路和阀门,减少制冷系统泄漏,减少投资费用)。

安装冷凝器上水管时,应尽可能使上水管侧旋进入冷凝器顶部水槽,使冷却水离心旋转,增强冷凝换热效果,避免冷却水直接冲入冷凝器而飞溅出来,然后把分水器逐个放入管内,使水在管内形成水膜,以上所有制冷管道和水管应采用支、吊架和管码加固,严防管道设备振动。

立式壳管式冷凝器一般与洗涤式油分离器和高压贮液器安装在一起，为了使洗涤式油分离器维持一定的液位和立式壳管式冷凝器下部出液畅通，要保证它们之间的安装标高。立式冷凝器的出液总管安装标高比洗涤式油分离器进液管高 250～300mm，坡向油分离器。同时，洗涤式油分离器进液管应由立式冷凝器出液总管底部引出；立式冷凝器出液总管安装标高比高压贮液器进液管阀门中心高出 450～500mm，并按 1/50 的坡度坡向高压贮液器。立式冷凝器出液管与洗涤式油分离器的连接处安装一个"液包"是最理想的，连接管由"液包"底部引出。

多台立式壳管式冷凝器应并联安装，使底座在同一标高上，同时安装气体均压管和液体均压管（即立式冷凝器出液总管）。

2. 卧式壳管式冷凝器安装

卧式壳管式冷凝器（在上部）通常用钢架与高压贮液器（在下部）组装在一起，整机安装在小型冷水机组中。也有使用在大、中型制冷装置，一般安装在室内（立式冷凝器一般安装在室外）。

卧式壳管式冷凝器安装时应对集油包端有 2/1000～3/1000 的倾斜度，以利排油。由卧式壳管式冷凝器出口至高压贮液器进口处角阀的垂直管段，应有 300mm 的高差。整个卧式壳管式冷凝器安装垂直平稳后，进行二次灌浆，待达到强度要求后拧紧地脚螺栓螺母。

卧式壳管式冷凝器两头端盖可以互换，使供水管靠近接水端盖进行安装，方便操作。端盖顶部和底部各有一个旋塞，在端盖顶部安装一个水嘴（水龙头），在冷凝器运行时作为放气阀；在端盖底部安装一个水嘴，当冷凝器停止运行时放出余水，以防止冬季冻裂冷凝器。在端盖上一般有上、中、下三个接水孔，当供水量充足时，可采用上、下两个水孔同时作为进水孔，端盖的中间水孔做出水孔进行安装；当供水量一般时，可将端盖的中间水孔封堵，端盖的下水孔作为进水孔，端盖的上水孔作为出水孔进行安装。

应认准分水筋安装好卧式壳管式冷凝器的端盖，端盖与冷凝器筒体连接处装好橡胶密封垫圈，并用螺栓紧固，防止水流行程产生"短路"，影响冷凝器换热效果。

在室内安装卧式壳管式冷凝器时应留出 1.5 倍冷凝器长度的空间作为清洗卧式冷凝器的地方，并在冷凝器的两端留出吊装拆卸冷凝器端盖的地方，以便操作管理。

氟利昂制冷系统应尽量安装采用管外滚压翅片管或管内螺纹紫铜管卧式壳管式冷凝器。

3. 淋浇式冷凝器安装

淋浇式冷凝器应使管组安装在垂直平面上，对安装的配水箱和 V 形配水槽应作配水试验，使冷凝器管组外表面均匀淋水。淋浇式冷凝器一般安装在露天或屋顶上，在其顶部设置通风的顶棚，四周安装百叶窗，以避免太阳光直接照射和刮风溅水引起的水量消耗。

4. 蒸发式冷凝器安装

蒸发式冷凝器一般安装在机房以外开敞通风处或机房屋顶上。蒸发式冷凝器的顶部应高出邻近建筑物 300mm，至少不低于邻近建筑物的高度，以免排出的热湿空气沿墙面回流至进风口，如不能满足此要求时，应在蒸发式冷凝器顶部出风口上安装渐缩口风筒，以提高出口风速，提高排气高度，减少回流。

蒸发式冷凝器与邻近建筑物的间距：当冷凝器四周都是实墙时，进风口侧的最小间距为1800mm，非进风口侧的最小间距为900mm；当冷凝器处于三面是实墙，一面是空花墙时，进风口侧的最小间距为900mm，非进风口侧的最小间距为600mm。

单组冷却排管的蒸发式冷凝器，可用液体管本身进行均压，其水平管段的坡度为1/50，坡向贮液器，如阀门安装位置受施工条件限制，可装在立管上，但必须装在出液口200mm以下的位置。为保证系统的正常运行，蒸发式冷凝器排管的出口处应安装放空气阀。如冷凝器与贮液器之间不安装均压管时，应在贮液器上安装放空气阀。

多台蒸发式冷凝器并联使用时，为防止由于各冷凝器内的压力不一致而造成冷凝器液体流回灌入压力较低的冷却排管中，液体出口的立管段应留有足够高度，以平衡各台冷凝器之间的压差和抵消排管的压力降。液体总管在进入贮液器处应向上弯起不小于200mm管道作为"液封"。冷凝器液体出口与贮液器进液水平管的垂直高度应不少于600mm，并有1/50的坡度坡向贮液器，冷凝器与贮液器应安装均压管。

上述连接方式仅适用于冷却排管压力降较小的冷凝器（约为0.007MPa）。如压降较大，则压降每增加0.007MPa，冷凝器液体出口与贮液器进液水平管的垂直高度相应增加600mm。如安装的垂直高度受施工现场的条件所限，可将均压管安装在冷凝器的液体出口管段上。

蒸发式冷凝器之间的安装间距，如两台都是进风口侧，最小间距为1800mm；如一台为进风口侧，另一台为非进风口侧，最小间距为900mm；如两台都不是进风口侧，最小间距为600mm。

如蒸发式冷凝器采用同轴连接的离心式风机或水盘内设有电加热器时，以上所要求的最小间距应适当加大，以利维修。蒸发式冷凝器的水盘离地宜不小于500mm，以便于管道连接，水盘检漏和防止地面脏物被风机吸入。

蒸发式冷凝器安装标高宜高于高压贮液器1.2～1.5m处。一般采用整机吊装。

5. 风冷式冷凝器安装

风冷式冷凝器一般只用于小型氟利昂制冷装置中，它是由翅片蛇形盘管和风扇组成。直接在厂里安装成风冷式制冷压缩冷凝机组，到现场进行整机吊装和调试。风冷式冷凝器通常应用在冷藏箱柜、轻型快装冷库以及冷藏汽车、冷藏火车等运输式冷藏、冷冻设备。因此，要与这些设备匹配安装。

6.3.2 蒸发器及其蒸发系统末端装置安装

由于经济发展和生活质量的提高以及工、农业产品的要求，便创造出许许多多不同类别的蒸发器和愈来愈多的蒸发系统末端装置来满足市场的需求。

蒸发器的形式很多，有氨用、氟用吊顶式冷风机、落地式冷风机；有氨用的顶排管：单层顶排管（直管式、蛇形管式），双层顶排管（U形、蛇形、V形等），四层顶排管；有氨用、氟用墙排管：立管式墙排管，蛇形墙排管，高墙排管，低墙排管；有光滑排管（顶、墙排管）、翅片管（顶、墙排管）；有立管式盐水蒸发器，螺旋管式盐水蒸发器，卧式壳管式盐水蒸发器；有快速制冰用的指形蒸发器；有半强制对流式和自然对流式冻结用搁架式排管等。蒸发器及其蒸发系统末端形式日新月异。

1. 氨冷却排管安装

（1）氨冷却排管选用无缝钢管，一般采用$\phi 38\times 2.2$无缝钢管。制作前用钢刷进行内、外管壁的除锈和吹污，管外壁涂红丹防锈漆（管两端留100mm左右长度不涂红丹防锈漆，作焊接用）。管壁厚度大于 2.0mm 的无缝钢管可采用电焊，电焊条采用 E4303；管壁小于 2.0mm 的无缝钢管应采用气焊。

（2）氨冷却排管进液管与回汽管的联箱（集管）应按施工图纸在摇臂钻床上进行钻孔，孔口应加工有焊接坡口。集管的两头按施工图纸要求焊接封口"盲板"之后，用气焊加热以校直集管。

（3）氨冷却排管 $\phi 38mm$ 及以下的管弯头曲率半径 R 应弯成 $2\sim 3$ 个管径 d，即 $R=(2\sim 3)d$，并确保平滑不变形，这一般均可在弯管机上直接完成，根据弯管机的不同模具完成 U 形弯头等任意形弯头。大于 $\phi 57$ 的钢管可采用灌砂加热弯管的方法进行，弯管后用高压气体吹洗干净。如无以上条件，亦可直接到市场购买钢制压模弯头。

（4）按施工图纸要求用 $\phi 6$ 圆钢预先加工好管码和对角钢∠$50\times 50\times 5$ 进行钻孔，并将冷却排管直管（采用角钢自制"夹具"将若干根 $6\sim 7m$ 长的直管夹成排管长度的直线长管后，进行点焊，再由焊工完成焊接）与 U 形弯头焊接好（形成 U 形管），按要求的组数将其放在制作冷却排管的支架上（先用木榔头对齐 U 形管端，再划线对齐冷却排管的另一管端，用割管刀割齐直管），再用预先制好的角钢和管码箍紧，组合成冷却排管。

（5）冷却排管的每根钢管插入集管的进深应按施工图纸的要求，并在集管的所有孔口处进行点焊，使冷却排管定型（严防由于电焊加热使集管变形）后，再进行焊接。

（6）排污、试压、检漏：在回气管口上安装一个截止阀；在进液管口上安装一个截止阀和氨压力表并连接至空压机，进行排污、试压。

采用 0.8MPa（表压）的空气多次吹污，直至排出管内所有的水汽、油污、铁锈等杂物为止（严防管内存留木塞、棉纱头等堵塞故障）。一般检查排污情况，可用小木板包上新的白布，置于排污口处，使排污口在白布上无任何杂物和油污为止。

采用 1.2MPa（表压）进行空气试压，并用肥皂水涂在焊口上进行检漏（视有无皂泡），直至完全没有出现皂泡为止。一旦检查发现钢管有砂眼或焊口泄漏，应卸压后认真补焊。每个焊口补焊不得超过两次，超过两次补焊的焊口如检查发现再有泄漏时，此焊口不能再用，即在该焊口的两侧用割管刀重新割断后再进行焊接。新焊口焊接要求同上。

待试压完成后，用 1.2MPa（表压）静压 24h，保持不再泄压为止。

（7）真空试验：用真空泵将冷却排管抽至剩余压力小于 5.333kPa。保持 24h，升压不应超过 0.667kPa 为止。

（8）按施工图纸要求焊接吊点，并对冷却排管涂红丹防锈漆两道。

（9）氨冷却排管安装

采用水平测量仪测量板底的每一个吊点（即板底与冷却排管顶之间 300mm 之内的每一个吊点），选择同一安装标高并划上记号（如选择板底标高－200mm 处）。并在冷却排管的每一个吊点上找到相应的安装标高（使板底与冷却排管顶保持 300mm 间距的相应标高）划上记号。

在板底预埋吊点上安装相应吨位（指每个吊点的安装吨位）的单链葫芦，将葫芦的链条扎在制作冷却排管支架的下部。所有吊点上的葫芦将冷却排管连同制作冷却排管的支架同步提升，直至板底吊点的安装标高记号与冷却排管上吊点的安装标高记号重合，即可进行吊点的点焊。

在调整冷却排管整体水平后，进行每个吊点焊接（电焊满焊，即焊缝连续焊接长度大于70mm)。

卸下所有葫芦,补涂吊点等处红丹漆,即可进行总管连接。

2. 氟冷却排管安装

(1) 氟冷却排管一般采用紫铜管制作成墙排管。形式为蛇形盘管,要求每一根蛇管通路最长不宜超过50m。同径紫铜管在焊接时不能直接对焊,而应采用胀管器在其中的一根紫铜管上胀管后套入另一根紫铜管(或购用直通、三通铜管箍套入),再用银焊(或铜焊)焊接。不同管径的紫铜管焊接时,应购置对应的直通、三通、四通异径铜管箍。

氟冷却蛇形盘管制作后,用$\phi4$圆钢(Q235材料)做成的管码固定在$\angle 30\times 30\times 3$角钢上(以冷却盘管重量确定角钢的大小或按施工图纸安装)。

(2) 排污、试压、检漏和真空试验:氟冷却排管(或称氟冷却蛇形盘管)一律采用氮气进行排污、试压、检漏。0.8MPa(表压)进行排污,1.2MPa(表压)进行试压、检漏,检漏可先用涂肥皂水方法进行粗查补焊,基本不漏后,再灌入少量氟利昂,并升压至1.2MPa(表压),用卤素灯进行仔细检漏。确诊无泄漏后静压24h,保持无泄压为止。

用真空泵反复抽空至绝对真空度,保持24h无升压为止。

(3) 氟冷却盘管一般用于小型制冷装置,重量较轻,容易用人工或借助葫芦按施工图纸进行吊装。吊装后校正水平度即可固定于预埋吊点、支架上。

3. 冷风机安装

冷风机应有产品出厂合格证。

(1) 落地式冷风机接水底盘支架与冲霜水管的安装落地式冷风机冲霜排水管须在冷间地面土建施工未完成之前进行安装,按施工图纸要求对冲霜排水管进行管道保温和埋设。保温管长至少应超过2m以上。

落地式冷风机接水底盘一般有公共底座,可用垫铁找平,并点焊在地坪的预埋铁件上。

在接水底盘(与冲霜排水管对应的位置)上开孔,并将接水底盘与冲霜排水管焊接(严防接水底盘在焊口处渗透水)。

(2) 落地式冷风机安装:利用土建预留在(楼盖)板底的安装吊环或采用"拔杆"用葫芦将冷风机蒸发器吊装于接水底盘上就位。检查冷风机每层法兰之间的密封胶垫,拧紧法兰上的每个螺栓使之密闭。

按施工图纸安装冷风机的供液、回汽管、冲霜进水管、轴流风机和帆布风筒及均匀送风管。

(3) 吊顶式冷风机安装:根据吊顶式冷风机地脚螺栓尺寸及其安装标高,首先于楼盖和梁底的预埋吊点或于地面用型钢制作支架,再用葫芦吊装冷风机就位,待冷风机找平后,上紧地脚螺栓。

在吊顶式冷风机接水盘底部排水口上安装冲霜排水管。冲霜排水管采用镀锌管丝扣或法兰连接,牢固安装在支、吊架上,并确保足够的排水坡度。室外的冲霜排水管需进行相应厚度的管道隔热保温,保温管长至少有2m的热阻长度。

氟吊顶式冷风机均装有分液器进行均匀供液,多采用热力膨胀阀直接供液和上进下出的供液方式。氟吊顶式冷风机的回汽管处应安装回油弯和上升立管或双上升立管。均采用银焊(或铜焊)焊接,将紫铜管接入制冷系统中。

(4) 传送装置安装:按施工图纸制作和安装吊架、吊码、轨道、道岔、链条(罗勒链或板链等）和张紧装置以及滚轮、挂钩、"扁担"或吊笼、货盘等。

（5）气流组织安装：按施工图纸安装导风板、整流栅、条缝型、百叶窗、喷嘴等送、回风口，静压箱和均匀送风管，风管法兰以及吊架。

4. 间冷式盐水蒸发器安装

（1）卧式壳管式盐水蒸发器安装

将卧式壳管式盐水蒸发器吊装到混凝土基础或钢制支架上，在其地脚与基础间垫50mm厚经热沥青浸泡的硬杂木块，以防"冷桥"的处理。在校正卧式壳管式盐水蒸发器的水平度后拧紧地脚螺栓。

连接卧式壳管式盐水蒸发器上各接口的系统管道后，进行排污、试压、检漏、真空试验合格，即可进行相应厚度的隔热保温。

（2）立式（立管或螺旋管）盐水蒸发器安装

立式盐水蒸发器安装前，应对盐水箱箱体进行渗漏试验，即在盐水箱内盛满水保持8~12h，以不渗漏为合格。然后便可将箱体吊装到预先作好的上部垫有隔热层的基础上，再将蒸发器管组放入水箱内，应使蒸发器管组垂直，并略倾斜于放油端，各管组的间距应相等，采用水平仪和铅垂线检查其安装是否符合要求。为了避免基础隔热垫层的损坏，应在垫层中加放与保温材料厚度相同，宽200mm经过热沥青防腐处理的木龙骨。保温材料与基础应作防水层。一般在其表面敷设瓷砖。

立式盐水蒸发器应具有产品出厂合格证。

安装立式或卧式搅拌器于法兰基座上（卧式搅拌器应放入垫圈严格密封），并使孔与轴能正确配合，然后装上联轴器和电动机，校正电动机的同心度和水平度。

5. 蒸发系统末端装置安装

蒸发系统末端装置式样各异，安装方法各有特色，一般由专业安装队伍安装、试机，或由厂商和厂家代理组织安装、调试与保修。

蒸发系统末端装置是根据市场需求而发展的，是很具前景的产业。目前，比较稳定的产品有制冰机、冷饮机、冰淇淋机、冰粒机、冻干机、速冻机、预冷机、冷藏陈列柜等，安装方式有现场组装，也有整机吊装。

6.3.3 制冷空调辅助设备安装

制冷辅助设备属于压力容器，必须由国家颁发的制造压力容器许可证的生产厂家生产，并有产品合格证。因此，安装之前，均应检查产品合格证，并存入技术档案。进入现场的制冷辅助设备安装应按国家标准的技术要求执行。以保证制冷辅助设备内部干净和没有泄漏现象。闭置时间较长的制冷辅助设备，除了吹污、试压的检查工作外，还应进行内、外除锈，并涂上防锈漆，封口待装，以便提高安装质量。

除制冷压缩机、冷凝器、蒸发器等主要设备外，还有各种改善制冷装置工作的一系列辅助设备，按其工作性质可划分为：

（1）换热设备，如中间冷却器、再冷却器（过冷器）、回热器等；

（2）贮存设备，如高压贮液器、低压贮液器、排液桶、低压循环贮液桶等；

（3）分离与捕集设备，如油分离器、汽液分离器、空气分离器、集油器、紧急泄氨器等；

（4）输送设备，如立式搅拌器、卧式搅拌器、液（氨氟）泵、风机、水泵、冷却塔等。

1. 辅助设备安装基本要求

（1）制冷辅助设备运入施工现场后，应加以检查和妥善保管。对放置过久的设备，应采用600kPa（表压）的压缩空气进行单体排污，至排净为止。

（2）制冷辅助设备安装除按施工图纸要求外，一般均要求平直牢固，位置准确，易振动设备的地脚螺栓，应采用双螺母或另加弹簧垫圈拧紧。

（3）低温辅助设备安装时，应增设硬垫木，尽量减少"冷桥"。硬垫木应预先在热沥青中煮过，以防腐蚀。

（4）低温辅助设备及其连接的管道和阀门，在安装时应预留隔热层厚度。

（5）所有制冷辅助设备安装时均必须弄清楚每一根管子接头，严禁接错。

（6）辅助设备上的玻璃管液面指示器两端连接管应用扁钢加固，玻璃管应设保护罩。

2. 制冷空调辅助设备安装

（1）中间冷却器安装

根据施工图纸核实基础标高和中心线，并认准中间冷却器的方位，进行吊装就位。垫好沥青浸煮的硬垫木，校正中心度和垂直度（留有保温隔热层位置），用加弹簧垫圈拧紧螺母。

准确合理地连接中间冷却器的配管非常重要，包括：氨压力表、安全管、进气管、出气管、浮球阀管组（浮球阀及其气、液均压阀、截止阀、节流阀和液体过滤器等）及其供液管，中冷器蛇形盘管的进、出液管，中冷器的排液管和放油管以及UQK-40型氨液位控制器和放油控制器等的安装。

经系统排污、试压、检漏和真空试验合格后，中间冷却器及其低温管道和阀门做隔热隔汽保温层，再刷上调合漆，并注上蒸发系统标记。

氨、氟单机双级压缩冷凝机组一般随机组带有中间冷却器，因此，中冷器随机组安装即可。

（2）高压贮液器、低压贮液器、排液桶安装

高压贮液器、低压贮液器和排液桶均采用结构一样的贮液器，只是由于管理连接不同，在制冷系统中便具有不同的功能。因此，它们三者的安装要求比较接近。

贮液器的液位计一端靠墙时，间距可控制在500～600mm；无液位计的一端靠墙时，其间距可控制在300～400mm。如两台贮液器并排安装，其间距应考虑到操作上的方便；背靠背操作，其间距应为$D+(200～300)$mm，相对操作，其间距应为$D+(400～600)$mm（D为贮液器直径）。

用"拔杆"和葫芦将贮液器吊装于混凝土基础上就位，低压贮液器和排液桶垫有热沥青浸煮过的硬垫木，再用垫铁校正贮液器的水平度（向贮液器油包一侧，倾斜度为1/50）后，即可进行地脚螺栓基础预留孔的二次灌浆，待达到C10混凝土强度等级时，拧紧地脚螺栓的螺母，就可分别进行高压贮液器，低压贮液器和排液桶的管道连接。

高压贮液器应设置在冷凝器附近。安装高度，必须保证冷凝器内的液体能借助液位差自动流入高压贮液器内（高压贮液器与冷凝器之间安装有气、液均压管）。如采用两个以上的高压贮液器时，应在贮液器之间安装气、液均压管。均压管上应装截止阀。

低压贮液器是与机房氨液分离器配套使用的，所以应设置在机房氨液分离器的下面。低压贮液器的进液口必须低于机房氨液分离器的排液口，以保证氨液分离器的液体借液位

差自流流入贮液器内。

排液桶一般安装在设备间内,并尽可能靠近冷间一侧。排液桶应安装加、减压管。

经系统排污、试压、检漏和真空试验合格后,低压贮液器和排液桶可做隔热隔汽保温层。

(3) 油分离器安装

离心式油分离器作回油器常装在冷凝压缩机组上;专供融霜用热氨的干式油分离器,可安装在设备间内;洗涤式油分离器进液口,应比冷凝器出液总管的标高低200～300mm,且从出液管底部接出(或在出液管上安装"液包",从"液包"底部接出),以保证洗涤式油分离器需要的液面,提高分油效率。

油分离器的安装应垂直牢固,在找平校正后,用双螺母(或弹簧垫圈)拧紧。

(4) 集油器安装

集油器校正后,可直接焊牢于基础的预埋件上,并安装压力表、油位计减压管、进油管和放油管,较大的制冷装置可考虑安装高、中压容器与低压容器两只集油器,有自动加、放油路系统的装置,可与集油器放油管连接。

(5) 空气分离器安装

四重管卧式空气分离器安装时,进液端应比尾端提高1～2mm,旁通管及节流阀应安装在下部,不得平放。四重管卧式空气分离器安装标高,一般为1.2m。

(6) 氨液分离器安装

氨液分离器应比冷间最高冷却排管高1.5～2m,以使氨液分离器内的氨液所产生的静压,能克服管路阻力,顺利流入冷却排管。氨液分离器可安装在墙体支架上,并用热沥青浸煮过的硬垫木垫于地脚上,待氨液分离器找平校正后,拧紧地脚螺栓的螺母,氨液分离器与墙体之间应留有安装保温层厚度的距离。经系统排污、试压、检漏和真空试验合格后,做氨液分离器的隔汽隔热保温层。

(7) 低压循环贮液桶安装

立式低压循环贮液桶一般安装在设备间的操作平台上,安装时应根据土建施工的进度,最好在机房屋盖未封顶前将低压循环贮液桶提前用吊车吊装就位。如屋盖已封顶时,可把滑轮挂在机房屋面梁下的吊环上,再用卷扬机,让钢丝绳通过滑轮,穿过平台的四方孔,将低压循环贮液桶吊装于平台就位。低压循环贮液桶的地脚与混凝土平台之间垫上热沥青浸煮过的硬垫木,找平找正并宜使低压循环贮液桶正常液面与氨泵中心线之间的垂直距离为2m(最小距离不小于1.5m),拧紧地脚螺栓螺母。

安装完低压循环贮液桶的配管。待系统排污试压检漏和真空试验合格后,做低压循环贮液桶的隔汽隔热保温层。

(8) 紧急泄氨器安装

紧急泄氨器安装于墙上,并在便于操作的地方,安装时,紧急泄氨器的进液、进水、泄出管的口径不应小于设备上的管径。进水管应接入消防水系或循环水系的水管上,且泄出管下部不允许与地漏等连接,应直接通入(或用高压胶管通入)有水的下水道内。

(9) 氨泵安装

垫入用热沥青浸煮过的硬垫木,校正氨泵的水平度,拧紧地脚螺栓螺母。清洗泵体表面及氨泵上的氨液过滤器后,做过滤器和氨泵的隔热隔汽保温层。

6.4 制冷空调管道、管件安装

6.4.1 制冷管道材料

氨制冷系统管道一律采用无缝钢管；氟制冷管道，直径 $\phi22mm$ 以下的管道用紫铜管，直径 $\phi22mm$ 以上的管道用无缝钢管。安装前必须逐根检查管子质量，进行除锈吹污，清除杂质、氧化皮、粉尘及油垢，管内必须十分清洁。清洁好的管道两端必须用木塞堵住，并不得露天存放。无缝钢管外表面涂红丹防锈漆（或采用铝粉铁红酚醛防锈漆作管道外壁底漆）保养。

6.4.2 制冷管道连接方法

1. 焊接

管壁厚度为 2.2mm 以下的无缝钢管采用气焊；管壁厚度 2.2mm 及以上的无缝钢管采用电弧焊。对于一般钢管用 E4303 的电焊条。

紫铜管与紫铜管或紫铜管与无缝钢管的焊接，采用银焊或铜焊。银焊条选用银基钎料（料 303）或银磷钎料（料 204）。料 303 焊条的焊剂采用剂 101、剂 102、剂 103 或硼砂。料 204 焊条不必加焊剂。银焊或铜焊均必须用气焊。

应采用烘干的焊条（在 300~400℃ 温度中，烘焙 1~2h），并随焊随取。

要严防由于焊口边缘未清扫干净，在坡口上留有铁锈、油垢、水迹等，或坡口间隙过小，钝边太大，电焊过程中焊接电流小，焊接角度不正确。气焊时，焊嘴过小或焊接速度过快等，而造成焊口未焊透的现象，致使制冷管道发生泄漏。在熄弧时，最好跳至熄弧处前面约 10mm 左右的焊缝上，重新引弧，然后再将弧引回熄弧处填满弧坑，以防裂缝。

管道焊接完后，应进行外观检查：焊缝表面不应有裂缝、气孔、夹渣、"结瘤"等现象。焊缝高度和宽度应一致，并采用 X 射线探伤仪或超声波探伤仪抽样检查。

焊接时焊口泄漏需进行补焊，但补焊次数一般不许超过两次，否则需将该焊口锯掉，另换一节管子（即变两个新焊口）进行焊接。

制冷管道在变径连接或弯管连接时一律不许用钢板焊制喇叭管（自制带焊缝的扩管或缩管）或焊制弯头。应采用逐级变径套管焊接或焊接在管端"盲板"的焊孔中进行制冷管道变径连接，采用无缝钢管或紫铜管冷弯（在弯管机上）和热弯（灌砂加热法）加工的弯头，或采用冲压弯头（如无缝钢管 45°、90° 弯头；铜管 45°、90°、180° 弯头）或成品冲压接头（如无缝钢管，紫铜管同径直管接头和等径三通接头；异径同心接头和异径三通接头；铜管套管接头等）。

管道成直角焊接时，应按制冷剂流动方向弯曲。两根小管径（$\phi38mm$ 以下）管子直角焊接时，应用大一号管径的管子焊接。不同管径的管子直线连接时，应将大管径管子的焊接端滚圆缩小（或用氧—乙炔焰加热烧红并用榔头敲打缩口）到与小管径管子相同后才能焊接。

联箱（集管）两端的"盲板"（管端封头）不能用钢板直接封堵焊接在管端（端盖），而应将圆形钢板嵌入联箱端头的管内，校正后点焊牢固，再用氧-乙炔焰加热烧红，榔头敲打缩口后，将嵌入的圆形钢板与联箱端管内壁焊接。

焊接一般应在 0℃ 以上条件下进行，如果气温低于 0℃，焊接前应注意清除管道上水汽、冰霜。必要时可预先加热管道，保证焊接时焊缝能自由伸缩。

2. 丝扣连接

丝扣连接一般用于油路系统或水路系统的管道安装。制冷管道应尽量不采用丝扣连接。设备底部或制冷剂液体部位尤其不应丝扣连接，以防止在运行中由于振动等原因使制冷剂泄漏而造成严重损失。

丝扣连接用于需要经常拆卸的地方，如过滤器、压力表、压力和差压控制器等管件、阀门和仪器仪表。

管子外径在 $\phi 25mm$ 及以下者与设备阀门的连接可采用丝扣连接。

在小型氟制冷装置的管道（紫铜管）安装中，经常采用制作铜管喇叭口，用铜接头螺母锁紧的丝扣连接，这种喇叭口接头的可拆连接效果很好。管径小于 22mm 的紫铜管，直接将管口做成喇叭口，用接头及接管螺母压紧连接。使用时接管螺母先套在紫铜管上，然后用挤喇叭口工具将紫铜管管端挤压出直径小于接管螺母内径的 90°喇叭口，在挤喇叭口前，应将紫铜管端部进行退火处理，以免喇叭口部位的管壁裂开，然后将接管螺母与接管拧紧，即达到连接管道的目的。

丝扣连接处应抹氧化铅（黄粉）与甘油调制的填料（随用随调，以防硬化造成浪费），在管子丝扣螺纹处涂成均匀的薄层（不要涂在阀内）；亦可用聚四氟乙烯塑料带（塑料王）作填料，填料不得突入管内，以免减小管子断面。严禁用白漆麻丝代替。

3. 法兰连接

由于法兰连接拆卸方便，结合强度高，广泛应用在制冷管道的安装中，尤其是与设备、阀门（出厂时带着法兰）的连接。在制冷管道安装中，常采用焊接式法兰。法兰连接的要求是：

法兰应采用 Q235 号镇静碳素钢制作的凹凸面平焊法兰。当工作温度在 －21～－40℃时，法兰的材质应采用 16 锰钢。法兰平面应平整和相互平行，不得有裂纹以及其他降低法兰强度或连接可靠性的缺陷，在凹口内必须放置厚度为 2～3mm 的中压石棉橡胶板（红纸皮）垫圈，垫圈不得有厚薄不均、斜面、裂纹或缺口。垫圈宜采用冲压加工，并制成带"把"的形式，便于垫圈取放和找正。安放前，在垫圈表面均匀薄涂一层黄油。

法兰端面与管子轴线严格垂直，可采用法兰角尺在法兰平面与管子相互垂直的两个方同上反复贴靠对正，点焊固定后，上好配对法兰（同一对凹凸法兰，用两只螺栓对角紧固），即可在法兰上继续焊接管子。待所有法兰和管子点焊连接并横平竖直校正后，再进行焊口的焊接。冷却后卸下法兰，清洗干净放入垫圈，固紧螺栓。

法兰连接所用的螺栓规格应相同，螺栓插入的方向应一致。法兰阀门上的螺母应在阀门侧，便于拆卸。同一对法兰的锁紧力均匀一致，紧固螺栓采用十字法对称进行，并有不少于两次的重复过程。

螺栓紧固后的外露螺纹，最多不超过两个螺距。法兰紧固后，密封面的平行度，用塞尺检验法兰边缘最大和最小间隙，相差不大于 2mm。严禁用斜垫片或强紧螺栓的办法消除歪斜和采用双垫的方法弥补过大的间隙。

6.4.3 制冷管道安装

（1）制冷管道（无缝钢管、紫铜管）的材质及其除锈、弯管、切割、校直、同径或异径直管对接、组接、涂漆等制作安装要求同冷却排管的加工安装要求。

(2) 制冷管道安装要横平竖直,应尽量避免突然向上或向下的连续弯曲,以减少管道阻力。供液管不允许有向上弧线的"气囊"管道;吸气管不允许有向下弧线的"液囊"管道。以免影响制冷系统的正常运行,造成降温困难。

(3) 从压缩机到冷凝器的高压排气管道穿过砖墙时,应留有 20～30mm 空隙,以防振坏砖墙和管道。高压排气管道必须加固牢实,不得有振动现象。管道中的焊口或连接的法兰、管件、阀门、仪器仪表等,均不得置于建筑物的墙内或不便检修的地方。管道弯头处的两端应加设吊架或支架。管子的焊口不应设在加固点处。凡需绝热的管道,其管码的加固点上应垫沥青防腐垫木。

(4) 在液体主管上接支管,应从主管的底部接出;在气体主管上接支管,应从主管的上部接出;各设备上的减压管应接在蒸发压力(或低压回气压力)稳定的气体主管上部(如低压循环贮液桶进气管上部等)接出。

(5) 制冷管道应沿墙、柱、梁设置专用支、吊架。当吸气管和排气管设于同一支、吊架时,吸气管应放在排气管的下面,其管外表面(含隔热保温层)之间的距离不应小于200～300mm。

(6) 机器、设备应紧凑,连接管道应尽量短。在制冷管道中,低压管道的直线段超过100m,高压管道的直线段超过 50m 时,应设置"L"形或"之"字形的伸缩弯。

(7) 制冷管道的坡向与坡度见表 6-12,氨制冷管道坡向分离设备以防止压缩机"液击";氟制冷管道坡向压缩机以利"回油"。

(8) 氟制冷管道、管件安装:氟制冷系统常采用紫铜管将回油罐、干燥过滤器、电磁阀、热力膨胀阀、分液器、蛇形盘管(常采用上进下出的供液方式)、利用"U"形回油弯、上升立管(双上升立管)、回热器等措施连接成直接供液制冷系统。

回油罐:压缩机带出的润滑油,经回油罐内的浮球阀自动回至压缩机的曲轴箱里,要清洗和调整浮球阀,防止失灵。

干燥过滤器:要更换干燥剂(硅胶、分子筛、严重时使用氯化钙)以去除系统中的水分;清洗过滤网以清除系统中的杂质。

电磁阀、热力膨胀阀:电磁阀在安装前应通电检验是否灵敏可靠,供电电压应与铭牌相符,供液电磁阀阀前应加过滤器。不同形式的热力膨胀阀应遵照相应的说明书指导的方法正确安装。热力膨胀阀应安装在靠近蒸发器的分液器,并垂直放置,不允许倾斜或倒置安装,其感温包应安装在蒸发器出口没有积液的回气管水平管段上,以最方便地获取过热度信号为目的。温包在水平回气管上的安装位置角随回气管径而异,当回气管外径在12～16mm 时,感温包可包扎在回气管顶部(或在管断面偏离 30°以内的位置上);当管径在18～22mm 时,可包扎在偏离 60°的回气管上;当管径在 25～32mm 时,可包扎在偏离 90°的回气管上(即管侧);但绝不能安装在回气管的底部。感温包应与回气管有良好的金属接触,要注意避免热风或热辐射对感温包的干扰,感温包不应安装在靠近管接头、阀门或其他大的金属部件处,也不能安装在回热器之后的回气管上。感温包应安装在回油弯的上游,外平衡热力膨胀阀的外平衡引管,安装在回气管感温包的下游(且在回油弯的上游),外平衡管宜添加阀门连接在水平管的顶部,以便拆修。在焊接热力膨胀阀两端的焊口时,应采用湿布包敷在阀体上,确保阀体不得超过许可的最高温度。

分液器:分液器应尽可能安装在靠近蒸发器的进液端,热力膨胀阀与分液器的间距要尽量短，分液器的安装位置应尽量保持垂直，分液器朝上、朝下（垂直）安装均可，但不宜横装。

"U"形回油弯，上升立管（双上升立管）：回油弯和上升立管是氟制冷系统回油装置的一个重要组成部分，回油弯和上升立管均安装在蒸发器出口端处，应使回油弯容积为最小，上升立管应设置一倒置的U形弯，接入回气总管的水平管顶部，双上升立管（粗、细两根立管）应按施工图纸要求进行安装。

（9）氨制冷管道、管件的安装：氨制冷管道、管件的安装比较复杂，一般用在大、中型制冷装置。对蒸发器供液多采用氨液分离器重力供液方式，低压循环贮液桶氨泵供液方式和节流阀直接供液方式以及采用加压罐的气泵供液方式。因此，氨制冷管道、管件的安装应严格按施工图纸进行安装，确保有足够的静液柱和泵前背压，即氨液分离器的安装标高应比最高一组蒸发排管高1.5~2m；低压循环贮液桶的安装标高应使其正常液位与氨泵中心线之间有2m高度；严防管道产生"气囊"、"液囊"现象。

所有工序完全合格后，制冷管道及其焊口涂红丹防锈漆两道。制冷管道必须用埋件、支架或吊点进行固定，并用管码固牢。低温管道必须保温和采用垫木防止"冷桥"，垫木应采用硬杂木，并浸热沥青以防腐蚀。

6.4.4 阀门安装

（1）制冷系统用的各种阀门均应采用专用产品（如氨专用产品、氟专用产品等）。

（2）阀门必须安装平直，并安装在容易拆卸和维护的地方，严禁阀杆朝下。

（3）各种阀门安装时必须注意流向，不可装反。

（4）应检查安全阀铅封情况和出厂合格证。高压容器和管道上安装的安全阀，开启压力为1850kPa（表压）；中、低压力容器和管道上安装的安全阀，开启压力为1250kPa（表压）。使用过的安全阀应送有关的检测单位按专业技术规定重新调整、鉴定，并出具合格证书后方可进行安装。安全阀应履行年检。

（5）电磁阀的阀芯组件清洗时不必拆开，其垫片不允许涂黄油，只需要沾少量冷冻油后安装。

（6）除制造厂铅封的安全阀外，各种阀门在安装前必须逐个拆卸：用煤油（或洗涤汽油）进行清洗；去除铁锈、污垢；检查阀口密封线有无损伤；有填料的阀门须检查填料是否能密封良好，必要时应更换填料，涂上冷冻油，重新组装。

（7）截止阀清洗后，应将阀门启闭4~5次，然后关闭阀门，进行试压，试压可注入煤油，经2h不渗漏为合格（阀两头应分头试压）。也可用压缩空气试漏，利用专用试压卡具，试验压力为工作压力的1.25倍，以不降压为合格，氟用阀门用氮气进行试漏。

（8）电磁阀、热力膨胀阀应符合设计选用的型号和规格（如适用工质、孔径、工作电压、内平衡、外平衡等）。

6.4.5 自控元件安装

（1）制冷系统的所有监控检测仪表均应采用专用产品。

（2）压力测量仪表应用标准压力表进行校正；温度测量仪表应用标准温度计进行校正。高压侧应安装−0.1~0~2.5MPa（或0~2.5MPa）的压力表；低压侧应安装−0.1~0~1.6MPa的压力表。压力表等级应不低于2.5级精度。

（3）所有仪表应安装在照明良好，便于观察，不妨碍操作维修的地方（安装在室外的仪表，应设保护罩以防日晒雨淋）。

（4）压力控制器和温度控制器安装前必须经过校验，并安装在不振动的地方。

6.5 空调风系统及其末端装置安装

6.5.1 风管与风管部件安装的准备工作

1. 材料

选用具有出厂合格证或质量鉴定文件的普通薄钢板、镀锌薄钢板、塑料复合钢板、不锈钢板、铝板、硬聚氯乙烯板、玻璃钢等材料制作风管。一般镀锌钢板表面不得有裂纹、结疤及水印等缺陷，应有镀锌层结晶花纹。不锈钢板表面不得有划痕、刮伤、锈斑和凹穴等缺陷。铝板表面不得有划痕及磨损。塑料板材表面应平整，不得含有气泡、裂缝，厚薄均匀，无离层等现象。玻璃钢表面应平整，光滑美观。板材宜立靠在木架上，不要平叠以免拖动时刮伤表面。操作时应使用木锤，不得使用铁锤，以免落锤点产生锈斑。

2. 工具

制作各种风道常采用龙门剪板机、电冲剪、手动电动剪、倒角机、咬口机、压筋机、拆方机、合缝机、振动式曲线剪板机、卷圆机、圆弯头咬口机、型钢切割机、角（扁）钢卷圆机、液压钳钉钳、电动拉铆机、台钻、手电钻、冲孔机、插条法兰机、螺旋卷管机、电烙铁、电气焊设备、空压机油漆喷枪、割板机、锯床、圆盘锯、木工锯、钢丝锯、鸡尾锯、手用电动曲线锯、木工刨、砂轮机、坡口机、电热烘箱、管式电热器、电热焊机、车床以及不锈钢尺、角尺、量角器、划规、划线笔、各种台模、铁锤、木锤、拍板、冲子、扳手、螺丝刀、钢丝钳、钢卷尺、手剪、倒链、滑轮绳索、錾子、射钉枪、刷子等。

6.5.2 风管与风管部件的制作要求

1. 金属风管制作要求

（1）钣金

基本的划线方式是：直角线、垂直平分线、平行线、角平分线、直线等分、圆等分等。展开方法宜采用平行线法、放射线法和三角线法。根据图和大样风管不同的几何形状和规格，分别划线展开，并进行剪切。下料后在轧口之前，板材必须倒角。金属风管采用咬口、铆接、焊接等连接方法。咬口、铆接、焊接均按要求制作。制作金属风管，板材的拼接咬口和圆形风管的闭合咬口，可采用单咬口；矩形风管或配件，可采用转角咬口，联合角咬口，按扣式咬口；圆形弯管可采用立咬口。

钢板厚度小于或等于1.2mm可采用咬接；大于1.2mm可采用焊接；翻边对焊宜采用气焊，风管法兰的螺栓或铆钉的间距不应大于150mm，风管与角钢法兰连接，管壁厚度小于或等于1.5mm，可采用翻边铆接，铆接部位应在法兰外侧；管壁厚度大于1.5mm，可采用翻边点焊或沿风管的周边将法兰满焊。风管与扁钢法兰连接，可采用翻边连接。

（2）法兰

方、矩形法兰由四根角钢组焊而成，划线下料时应注意使焊成后的法兰内径不能小于风管的外径，用切割机按线切断，下料调直后放在冲床上冲击铆钉孔或螺栓孔，孔距不应大于150mm，如采用8501阻燃密封胶条做垫料时，螺栓孔距可适当增大，但不得超过

300mm，冲孔后的角钢放在焊接平台上进行焊接，焊接时按各规格模具卡紧。

圆形法兰用角钢或扁钢制作，先将整根角钢扁钢放在冷煨法兰卷圆机上，按所需法兰直径调整机械的可调零件，卷成螺旋形状，将卷好后的型钢画线割开，逐个放在平台上找平找正，并进行焊接，冲孔。

铁皮插条法兰和不锈钢，铝板风管法兰按其规定制作，铁皮插条法兰有：U型插条法兰、平面S型插条法兰和平面立筋插条法兰等。

（3）风管

矩形风管边长大于或等于630mm和保温风管边长大于或等于800mm，其管段长度在1.2m以上均应采取加固措施。如采用角钢加固、角钢框加固、风管壁棱线加固或风管壁滚槽加固。

风管与扁钢法兰可采用翻边连接。风管与角钢法兰连接时，风管壁厚小于或等于1.5mm可采用翻边铆接，风管壁厚大于1.5mm可采用翻边点焊或沿风管管口周边满焊。点焊时法兰与管壁外表面贴合；满焊时法兰应伸出风管管口4~5mm。

法兰套在风管上，管端留出10mm左右翻边量，管折方线与法兰平面应垂直。用铆钉将风管与法兰铆固，并留出四周翻边，翻边应平整，不应遮住螺孔，四角应铲平，不应出现豁口，以免漏风。

风管与小部件（风嘴、短支管等）连接处，三通、四通分支处要严密，缝隙处应利用锡焊或密封胶堵严以免漏风。使用锡焊，熔锡时锡液不许着水，防止飞溅伤人。

风管喷漆防腐不应在低温（低于+5℃）和潮湿（相对湿度不大于80%）的环境下进行。喷漆前应清除表面灰尘、污垢与锈斑，并保持干燥。喷漆时应使漆膜均匀，不得有堆积、漏涂、皱纹、气泡及混色等缺陷。普通钢板在压口时必须先喷一道防锈漆，保证咬缝内不易生锈。

风管的咬缝必须紧密，咬缝宽度应均匀，无孔洞，半咬口或胀裂等缺陷。直管纵向咬缝应错开。

风管的焊缝严禁有烧穿、漏焊和裂纹及不应有气孔、砂眼、夹渣等缺陷。焊接后钢板的变形应矫正。纵向焊缝必须错开。

风管外观质量应达到折角平直，圆弧均匀，两端面平行，无翘角，表面凹凸不大于5mm；风管与法兰连接牢固，翻边平整，宽度不小于6mm，紧贴法兰。风管法兰孔距应符合设计要求和施工规范的规定，焊接应牢固，焊缝处不设置螺孔，螺孔具备互换性。风管加固应牢固可靠、整齐，间距适宜，均匀对称。不锈钢板、铝板风管表面应无刻痕、划痕、凹穴等缺陷，复合钢板风管表面无损伤，铁皮插条法兰宽窄要一致，插入两管端后应牢固可靠。

2.硬聚氯乙烯风管制作要求

（1）钣金

硬聚氯乙烯板展开下料方法与金属基本相同。

（2）风管

为保证板材焊接后焊缝的强度，应对焊接的板边加工坡口，坡口的角度和尺寸要求均匀一致，坡口及焊缝形式决定于连接方式和板材厚度。塑料板成形的加热可采用电加热、蒸汽加热和热空气加热等方法。矩形塑料风管折角时，把划好线的板材放在管式电加热器的两个电热管之间，使折线处局部受热直到塑料变软，然后放在折边机上折成所需角度。制作圆形风管时，将塑料板放到烤箱内预热变软后取出，把它放在垫有帆布的木模或铁卷管上卷制（木模外表面应光滑，圆弧正确，比风管长100mm）。各种异形管件的加热面形也应使用光滑木材或铁皮制成的胎模煨制成形。矩形法兰的制作是把四块开好坡口的条形板放在平板上组对焊接，然后钻出螺栓孔。圆形法兰的制作是把在内圆侧开坡口的条形板放到烤箱内加热，取出后在圆形胎具上煨制压平，冷却后焊接和钻孔。

硬聚氯乙烯塑料手工焊接机具主要有：电热焊枪，气流控制阀，调压变压器（36～45V），油水分离器和空气压缩机及其输气管组成。

焊接时，塑料焊条应垂直于焊缝平面（不得向后或向前倾斜），并施加一定压力，使被加热的塑料焊条紧密地与板材粘合。焊嘴距焊缝表面应保持5～6mm。为使焊缝起头结合紧密，要先加热塑料焊条一端并弯成直角，端头需留出10～15mm，焊接中断需续焊条时，将焊缝内的焊条头修成坡面，勿用手硬拉，然后在此处继续焊接。注意塑料焊条的材质应与板材相同。焊缝的强度不得低于母材强度的60%。

3. 玻璃钢风管制作要求

玻璃钢风管和配件所使用的合成树脂，应根据设计要求的耐酸、耐碱、自熄性能来选用，合成树脂中填充料的含量应符合技术文件的要求。玻璃钢中玻璃布应保持干燥、清洁，不得含蜡，玻璃布的铺置接缝应错开，无重叠现象。

保温玻璃钢风管可将管壁制成夹层，夹心材料可采用聚苯乙烯、聚氨酯泡沫塑料、蜂窝纸等。

玻璃钢风管及配件内表面应平整光滑，外表面应整齐美观，厚度均匀，边缘无毛刺，不得有气泡，分层现象，树脂固化度应达到90%以上。玻璃钢风管与法兰或配件应成一整体，并与风管轴线成直角，法兰平面的不平度允许偏差不应大于2mm。

4. 风管部件制作要求

各类风口、风阀、罩类、风帽及柔性管等风管部件的制作如下：

(1) 风口

矩形风口两对角线之差不应大于3mm；圆形风管任意两正交直径的允许偏差不应大于2mm。风管的转动调节部分应灵活，叶片应平直，同边框不得碰撞。插板式或活动箅板式风口，其插板、箅板应平整，边缘光滑，拉动灵活。活动箅板式风口组装后应能达到安全开启和闭合。百叶风口的叶片间距应均匀，两端轴的中心应在同一直线上。手动式风口叶片与边框铆接应松紧适当。散流器的扩散环和调节环应同轴，轴向间距分布应均匀。孔板式风口，其孔口不得有毛刺，孔径和孔距应符合设计要求。旋转式风口的活动件应轻便灵活。风口活动部分，如轴、轴套的配合等应松紧适宜，并应在装配完成后加注润滑油，钢制风口组装后的焊接可根据不同材料，选择气焊或电焊的焊接方式。铝制风口应采用亚弧焊接。焊接均应在非装饰面处进行，不得对装饰面外观产生不良影响。风口应进行喷漆、镀塑、氧化等处理。

(2) 风阀

外框及叶片下料应使用机械完成，成型应尽量采用专用模具。风阀内的转动部件应采用有色金属制作，以防锈蚀。风阀制作应牢固，调节和制动装置应准确、灵活、可靠，并标明阀门的启闭方向。多叶片风阀叶片应贴合严密，间距均匀，搭接一致。止回阀阀轴必须灵活，阀板关闭严密，转动轴采用不易锈蚀的材料制作。防火阀制作所需钢材厚度不得小于2mm，转动部件在任何时候都应转动灵活，易熔片应为批准的并检验合格的正规产品，其熔点温度的允许偏差为-2℃。防火阀在阀体制作完成后要加装执行机构并逐台进行检验。

(3) 罩类与风帽及柔性管

用于排出蒸汽或其他潮湿气体的伞形罩，应在罩口内边采用排除凝结液体的措施，排气罩的扩散角不应大于60°，如有要求，在罩类中还应加装调节阀，自动报警，自动灭火，过滤，集油装置及设备。

风帽的形状应规整，旋转风帽重心应平衡。

柔性管制作可选用人造革、帆布等材料。柔性管的长度一般为150~250mm。不得做变径管。柔性管必须保证严密牢固，如需防潮，帆布柔性管可刷帆布漆，不得涂刷油漆，防止失去弹性和伸缩性。柔性管与法兰组装可采用钢板压条的方式，通过铆接使两者联合起来，铆钉间距为60~80mm。柔性管不得出现扭曲现象，两侧法兰应平行。

6.5.3 风管与风管部件安装

一般送、排风系统和空调系统的安装，要在建筑物围护结构施工完成，安装部位的障碍物已清理，地面无杂物的条件下进行。对空气洁净系统的安装，应在建筑物内部安装部位的地面做好，墙面已抹灰完毕，室内无灰尘飞扬或有防尘措施的条件下进行。一般除尘系统风管安装，宜在厂房的工艺设备安装完成或设备基础已确定，设备的连接管、罩体方位已知的情况下进行。检查施工现场预留孔洞的位置，尺寸是否符合图纸要求，有无遗漏现象，预留的孔洞应比风管实际截面每边尺寸大100mm。作业地点要有相应的辅助设施，如梯子、架子以及电源和安全防护装置、消防器材等。

风管不许有变形、扭曲、开裂、孔洞、法兰脱落、开焊、漏铆、漏打螺栓孔等缺陷。安装的阀门、消声器、罩体、风口等部件的调节装置应灵活。消声器油漆层无损伤。

确定标高，安装风管支、吊架，除锈后刷防锈漆一道。风管支、吊架的吊点，通常采用预埋铁件，支、吊架二次灌浆、膨胀螺栓法或射钉枪法等。

按风管的中心线找出吊杆敷设位置，单吊杆在风管的中心线上，双吊杆可以按托盘的螺孔间距或风管的中心线对称安装。吊杆根据吊件形式可以焊在吊件上，也可挂在吊杆上。焊接后应涂防锈漆。立管管卡安装时，应先把最上面的一个管件固定好，再用线锤在中心处吊线，下面的管卡即可按线进行固定。当风管较长，需要安装一排支架时，可先把两端的安装好，然后以两端的支架为基准，用拉线法找出中间支架的标高进行安装。

支、吊架的标高必须正确，如圆形风管管径由大变小，为保证风管中心线水平，支架型钢上表面标高，应作相对提高，对于有坡度要求的风管，托架的标高也应按风管的坡度要求安装。

支、吊架的预埋件或膨胀螺栓埋入部分不得油漆，并应除去油污。支、吊架不得安装在风口、阀门、检查孔等处。吊架不得直接吊在法兰上。

圆形风管与支架接触的地方垫木块。保温风管的垫块厚度应与保温层的厚度相同。矩形保温风管的支、吊架宜放在保温层外部，但不得损坏保温层。矩形保温风管不能直接与支、吊架接触，应垫坚固的隔热材料，其厚度与保温层相同，防止产生"冷桥"。

为保证法兰接口的严密性，法兰之间应有垫料，一般空调系统及送、排风系统的法兰垫料采用8501密封胶带、软橡胶板、闭孔海绵橡胶板。空气洁净系统严禁使用石棉绳等易产生粉尘的材料。法兰垫料不能挤入或凸入管内。法兰垫料应尽量减少接头，接头应采用梯形或榫形连接，并涂胶粘牢。法兰连接后严禁往法兰缝隙填塞垫料。

法兰连接时，按设计要求规定垫料，把两个法兰先对正，穿上几个螺栓并载上螺母，暂时不要上紧，然后用尖冲塞进穿不上螺栓的螺孔中，把两个螺孔扳正，直到所有螺栓都穿上后，再把螺栓拧紧。为了避免螺栓滑扣，紧螺栓时应按十字交叉逐步均匀地拧紧，连接法兰的螺母应在同一侧，连接好的风管，应以两端法兰为准，拉线检查风管连接是否平直。

抱箍式风管连接主要用于钢板圆风管和螺旋风管连接。先把每一管段的两端轧制出鼓筋，并使其一端缩为小口，安装时按气流方向把小口插入大口，外面用钢制抱箍将两个管端的鼓箍抱紧连接，最后用螺栓穿在耳环中固定拧紧。

插入式风管连接主要用于矩形或圆形风管连接。先制作连接管，然后插入两侧风管，再用自攻螺丝或拉铆钉将其紧密固定。

插条式风管连接主要用于矩形风管连接。将不同形式的插条插入风管两端，然后压实。常用插条有：平插条、无折耳插条、有折耳插条、立式插条、角式插条、平S型插条、立S型插条等。

软管式风管连接主要用于风管和部件（如散流器、静压箱侧送风口等）的连接。安装时，软管两端套在连接的管外，然后用特制软卡把软管箍紧。

风管安装视施工现场而定，可以在地面连成一定的长度，然后采用吊装的方法就位（整体吊装）；也可以把风管一节一节地放在支架上逐节连接（分节吊装），一般安装顺序是先干管后支管。竖风管的安装一般由下而上进行。

风管接长安装：是将在地面上连接好的风管，一般可接长10～20m左右，用倒链或滑轮将风管升至吊架上的方法。即挂好倒链或滑轮，再用麻绳将风管捆绑结实（一般绳索不直接捆绑在风管上，而是用长木板插入麻绳受力部位，或用长木板托住风管底部）四周用软性材料垫牢。起吊风管离地200～300mm时，应仔细检查倒链或滑轮受力点和捆绑风管的绳索、绳扣是否牢靠，风管重心是否正确，没问题后，再继续吊装。风管放在支、吊架后，将所有托架和吊杆连接好，确认风管稳固后，方可解开绳扣。

风管分节安装：对于不便悬挂滑轮或因受场地限制，不能进行吊装时，可将风管分节用绳索拉到脚手架上，然后抬到支架上对正法兰逐节安装。

6.5.4 风机安装

1. 风机安装前的准备

主要的安装机具有：倒链、滑轮、绳索、橇棍、活动扳手、铁锤、钢丝钳、螺丝刀、水平尺、钢板尺、钢卷尺、线坠、平板车、刷子、棉布、棉纱头、油桶等。

通风、空调的风机安装所使用的主要材料、成品或半成品应有出厂合格证或质量鉴定文件。

通风机开箱检查时，应根据设备装箱清单，核对叶轮、机壳和其他部位的主要尺寸、进、出口位置等应与设计相符，电机滑轨及地脚螺栓等齐全，且无缺损。

2. 风机安装

(1) 通风机基础各部位尺寸应符合设计要求，应清除预留孔及基础上的杂物、油污，二次灌浆应采用碎石混凝土，其强度应比基础的混凝土强度高一级，并捣固密实，地脚螺栓不得歪斜。

（2）在吊装风机时，绳索的捆绑不得损伤机件表面。转子、轴颈和轴封等处均不应作为捆绑位置。

整体安装风机吊装时，直接放置在基础上，用垫铁找平找正，垫铁一般应放在地脚螺栓两侧，斜垫铁必须成对使用，设备安装好后每一组垫铁应点焊在一起，以免受力时松劲。

风机安装在无减振器支架上时，应垫上4~5mm厚的橡胶板，找平找正后固牢。

风机安装在有减振器的机座上时，地面要平整，各组减振器承受的荷载压缩量应均匀，不偏心，安装后采取保护措施，防止损坏。

（3）通风机的机轴必须保持水平度，风机与电动机用联轴器连接时，两轴中心线应在同一直线上。电动机应水平安装在滑座上或固定在基础上。找正应以通风机为准（应具同心度）。安装在室外的通风机应设防护罩，通风机与电动机用三角皮带传动时进行找正，以保证电动机与通风机的轴线互相平行，并使两个皮带轮的中心线相重合。三角皮带拉紧程度一般可用手敲打已装好的皮带中间，以稍有弹跳为准。

（4）通风机的进风管，出风管等装置应有单独的支撑，并与基础或其他建筑物连接牢固；风管与风机连接时，法兰面不得硬拉和别劲。机壳不应承受风管等其他机件的重量，防止机壳变形。风机出风口一般应通过软接头与风管连接。风机采用减振机座时，出风口必须采用软接头。

（5）通风机的传动装置外露部分应有防护罩；通风机的进风口或进风管路直通大气时，应加装保护网或采取其他安全措施。

（6）风机调试前，应将轴承、传动部件及调节机构进行拆卸、清洗，装配后使其转动，调节灵活，滚动轴承装配的风机，两轴承架上轴承孔的同心度，可待叶轮和轴装好后，以转动灵活为准。直联传动的风机可不拆卸清洗。

轴流风机组装，叶轮与机壳的间隙应均匀分布，并符合设备技术文件的要求，通风机的叶轮旋转后，每次都不应停留在原来的位置上，并不得碰壳。

（7）输送产生凝结水的潮湿空气的通风机，在机壳底部应安装一个直径为15~20mm的放水阀或水封弯管。

（8）固定通风机的地脚螺栓，除应带有垫圈外，并应有防松装置。

（9）通风机出口的接出风管应顺叶轮旋转主向接出弯头。在现场条件允许的情况下，应保证出口至弯头的距离大于或等于风口出口长边尺寸的1.5~2.5倍。如果受现场条件限制达不到要求，应在弯管内设导流叶片弥补。屋顶风机必须垂直安装不得倾斜。双进通风机应检查两侧进风量是否相等，如不等，可调节挡板，使两侧进气口负压相等。

（10）通风机附属的自控设备和观测仪器，仪表安装，应按设备技术文件规定执行。

3. 风机测试

风机试运转前必须加上适度的润滑油，并检查各项的安全措施；盘动叶轮，应无卡阻和摩擦现象，叶轮旋转方向必须正确。试运转持续时间不应小于2h。滑动轴承温升不超过35℃，最高温度不得超过70℃；滚动轴承温升不得超过40℃，最高温度不得超过80℃。转动后，再进行检查风机减振基础有无移位和损坏现象，做好记录。

6.5.5 空调机组（空气处理机组）安装

（1）设备水平搬运时应尽量采用小拖车运输；设备吊装时，起吊点应设在空调机组的基座上。

（2）加工好的空调机组槽钢底座（或浇灌混凝土基础）应找正找平。

（3）按序逐一将段体抬上底座校正位置后，加上衬垫。将相邻的两个段体用螺栓连接严密牢固。每连接一个段体前，将内部清洗干净。与加热段相连接的段体，应采用耐热片作衬垫。空调机组分段组装连接必须严密，不应漏风、渗水、凝结水外溢或排不出去等现象。

（4）金属空调机组喷淋段严禁渗水，水池严禁渗漏，壁板拼接必须顺水方向。

（5）挡水板的折角应符合设计要求，长度和宽度的允许偏差不得大于2mm，片距应均匀，挡水板与梳形固定板的结合应松紧适当。挡水板或挡板必须保持一定的水封，分层组装的挡水板，每层必须设置排水装置。挡水板与喷淋段的壁板交接处在迎风侧应设泛水，挡水板与水面接触处应设伸入水中的挡板，挡水板的固定件，应作防腐处理。

（6）喷嘴的排列应正确，同一排喷淋管上的喷嘴方向应一致，溢流管高度应正确，排管制作应按（GB 50242—2002）《建筑给水排水及采暖工程施工质量验收规范》第二、三、九章中的有关规定执行。

（7）一次、二次回风调节阀及新风调节阀应调节灵活。密闭监视门应符合门与门框平直、牢固、无渗漏、开关灵活的要求，凝结水的引流管（槽）畅通。空调机组的进、出风口与风管间用软接头连接。

（8）表面式热交换器水压试验必须符合施工规范规定（试验压力等于系统最高工作压力的1.5倍，同时不得小于0.4MPa，水压试验的观测时间为2～3min，水压不得下降）。散热面必须完整，无损坏和堵塞现象。

表面式热交换器的安装应框架平直、牢固，安装平稳。热交换器之间和热交换器与围护结构四周缝隙，应采用耐热材料堵严。

表面式热交换器用于冷却空气（作表冷器）时，在下部应设排水装置。

（9）安装电加热器，应有良好的接地装置。连接电加热器前后风管的法兰垫料，应采用耐热非燃烧材料。

（10）初、中效空气过滤器（框式或袋式）的安装，应便于拆卸和更换滤料。空气过滤器的安装应平整牢固。过滤器与框架之间，框架与空调机组的围护结构之间缝隙封严。泡沫塑料在装入过滤器之前，应用5%浓度碱溶液进行透孔处理。

金属网格油浸过滤器安装前应清洗干净，晾干后浸以机油。其相互邻接的波状网的纹应互相垂直，网孔的尺寸应沿气流方向逐次减小。

安装自动浸油过滤器，链网应清扫干净，传动灵活。两台以上并列安装，过滤器之间的接缝应严密。

安装卷绕式过滤器，框架应平整，滤料应松紧适当，上下筒应平行。

静电过滤器的安装应平稳，与风管相连接的部位应设柔性短管，接地电阻应在4Ω以下。

高效过滤器安装方向必须正确；用波纹板组合的过滤器在竖向安装时，波纹板必须垂直于地面，过滤器与框架之间的连接严禁渗漏、变形、破损和漏胶等现象。

(11) 消声器的型号，尺寸必须符合设计要求，充填的消声材料不应有明显下沉。消声器安装的方向应正确。消声器框架必须牢固，共振腔的隔板尺寸正确，隔板与壁板结合处紧贴，外壳严密不漏。消声片单体安装，固定端必须牢固，片距均匀。消声器和消声弯管应单独设置支、吊架，其重量不得由风管承受。

6.5.6 空调风系统及其末端装置安装

空调风系统由送风管（主管、支管）经静压箱，风阀管件分配，将空调机组处理好的空气通过送风口（空调风系统末端装置如：百叶风口、条形风口、喷嘴、散流器等各种风口）送入空调房间，再由回风管将气流引回空调机组重新处理或由排风管排至室外，维持房间正压和舒适空调环境。

空调风系统中的通风机、空调机组、风管、风口、风阀、罩类及柔性短管等均必须严格按照上述有关工程施工与验收规范及工程质量检验评定的国家标准进行制作安装，才能真正确保工程施工安装的质量。

6.6 空调水系统及其末端装置安装

6.6.1 水泵安装

（1）水泵安装前应开箱检查：水泵和电机有无损坏，产品合格证书和技术资料及零、配件是否齐全。校对水泵地脚螺栓孔尺寸与现浇混凝土基础尺寸是否相符。准备好安装机具。

（2）在吊装水泵时，索具应挂在底座上，不允许吊在水泵和电机的螺栓孔或泵的轴承体，更不能在泵和电机的轴上。起吊时应在吊装重心，应确保吊装设备的承载能力，并防止泵体碰撞，特别应避免泵联轴器处轴加工配合面的损坏。

（3）应采用强度等级 C15 混凝土基础。并清理混凝土基础上的污物、油垢、粉尘等杂物，吊装水泵就位，在地脚螺栓两侧用垫铁（含斜垫铁）找正找平（找平底座时不必卸下水泵和电机）后，进行二次灌浆。

（4）待强度达到要求后，再检查水泵底座水平度，合格后拧紧地脚螺母。

（5）先调整泵轴，找平找正后，适当上紧螺母，以防走动，待泵端调完后，再安装电机。

（6）使泵和电机联轴器之间留有一定的间隙：联轴器平面之间应保持一定的间隙。最好在几个相反的位置上用塞尺测量联轴器之间的间隙，一般为 2mm。两联轴器端面间隙一周上最大和最小的间隙差值不得超过 0.3mm。

（7）泵的联轴器端不允许用皮带传动（若需用皮带传动时，皮带轮应有独立的固定支架）。

（8）泵在运转时，出水管内的水压大于进水管水压，停车时为瞬时水锤冲击力，使水泵产生向进水方向平移的可能。因此，对于较大型的水泵（扬程大于等于 50m，口径大于等于 500mm），对泵腿的侧面在基础上应加装防移动机构（一般通用的是丝杠-螺母机构）。

（9）为减少水锤冲击力，对口径大于 350mm，扬程大于 50m 的水泵，建议出水管上的止回阀采用缓闭式的液控蝶阀（起到闸阀和止回阀的双重作用）或缓闭式的止回阀。扬程小于 20m 的水泵可不用止回阀。闸阀和止回阀安装的顺序是：泵出口—闸阀—止回阀。

（10）进、出水管、管件都应有自己的支、吊架，以免使泵产生过大的承载应力而损坏。

(11) 检查电机的转向,应卸下联轴器的柱销,严禁在泵内无水时空转试车。

(12) 避免管道与泵强行连接,应在不受外力条件下对正联接泵法兰和管路法兰。

(13) 泵的安装高度、管路的长度、直径、流速应符合设计要求。长距离输送时应取较大管径,应尽量减少管路的弯头和附件等不必要的局部阻力损失。泵的吸入管路应短而直,吸入管路直径应大于或等于泵的吸入口直径。泵的吸入管路的弯曲半径应尽量大。压力表不能装在弯管和阀门的旁边,以防不稳定流动的干扰。

(14) 环境温度低于0℃时,应将泵内的水放出,以免冻裂。水泵轴承温升最高不得大于80℃,轴承温度不得超过周围介质温度的40℃。

6.6.2 冷却塔安装

(1) 冷却塔的安装位置应选择在干燥、清洁和通风条件良好的工作环境。宜放置在夏季主导风向上。

(2) 两塔以上塔群布局时,应考虑两塔之间保持一定的间距。一般以塔径的1~2倍为宜。

(3) 检查校对冷却塔支架尺寸与基础(或预埋铁件)位置尺寸相符后吊装就位。将塔支架安装在基础上校正找平,紧固地脚螺栓,必要时也可直接与基础预留埋件焊牢。

(4) 将下塔体按编号顺序固定在塔支架上并紧固,再与底座固牢。要求下塔体拼装平整,拼缝处放有胶皮或者糊制1mm玻璃钢以保水密。

(5) 安装托架及填料支架,并放上点波片,要求双片交叉推叠每层表面平整,疏密适中,间距均匀,与塔壁不留空隙。

(6) 将上塔体编号依次连接,并拧紧螺栓。将风机支架安装在风筒上,电机、风机安装在支架上,调整叶片角度一致。风机旋转面应与塔体轴心线垂直,叶端与筒壁间隙均匀,使风机保持平衡,减少振动。注意风向朝上。300型以上的冷却塔,风机叶片角度都是可调的。之后将上塔体,风机一起吊装在塔支架上。安装时,应保证上塔体拼装直径,紧固件无松动,严禁强行装配和任意敲击玻璃钢构件,以免损坏和变形,影响使用。应注意相邻两个圆弧面壳体,保证平整不漏风。

(7) 安装百叶窗、扶梯,注意梯与观察孔安装在同一侧面。

(8) 电机的接线盒及导线要保证密封,绝缘可靠,防止因水雾受潮等引起短路,烧坏电机。

(9) 布水管安装面要求水平,每根布水管应在同一水平面上。布水管与填料层高度间距为50~80mm。布水管出水孔的安装夹角一般为旋转平面中心轴底线的30°~45°为佳。布水孔压力控制在0.2MPa以上,转速应控制在12~20r/min。安装喷头布水器时,先安装好进水主管,再装配水管,校对水平后安装喷头,喷头压力控制在0.5MPa。

(10) 冷却塔集水池容积以总流量的1/15~1/10。池内应设置排污、溢流、补充水管。为确保冷却塔的冷却效果,循环水量应调节到设计流量的±5%之内。

(11) 冷却塔进水必须干净清洁,严防残渣污垢杂物堵塞管道及布水孔。循环水的浑浊度一般控制在小于50ppm(宜不大于50毫克/升),最大不得超过100ppm。

(12) 布水管一般按名义流量开孔。配用的实际水流量应与之相符,原则上要达到布水器转速合适,布水均匀。使用温度不超过50℃。

6.6.3 水管、管件安装

(1) 管材、管件应符合国家颁发现行标准的技术质量鉴定文件或产品合格证。应按设计要求核验管材、管件的规格、型号和质量，符合要求方可使用。

(2) 管件、管材安装前，必须清除内部污垢和杂物，安装中断或完毕的敞口处，应临时封闭。

(3) 管子的螺纹应规整，如有断丝或缺丝，不得大于螺纹全扣数的10%。

(4) 管道穿过基础、墙壁和楼板，应配合土建预留孔洞，管道的焊口、接口和阀门、法兰等管件不得安装在墙板内。

(5) 管道穿过循环水池，地下室或地下构筑物外墙时，应采取防水措施。对有严格防水要求的，应采用柔性防水套管；一般可采用刚性防水套管。

(6) 明装水管成排安装时，直线部分应互相平行。曲线部分：当管道水平或垂直并行时，应与直线部分保持等距；管道水平上下并行时，曲率半径应相等。

(7) 管道采用法兰连接时，法兰应垂直于管子中心线，其表面应相互平行。不得采用强行拧紧法兰螺栓的方法进行管道连接。热水管道的法兰衬垫，宜采用橡胶石棉垫；给水排水管道的法兰衬垫，宜采用橡胶垫。法兰的衬垫不得突入管内，其外圆到法兰螺栓孔为宜。可采用带安装把的垫圈。法兰中间不得放置斜面或几个衬垫。连接法兰的螺栓放置方向一致，且螺杆突出螺母长度不宜大于螺杆直径的1/2。

(8) 管道支、吊、托架的安装，应符合下列规定：

1) 位置、标高应正确，埋设应平整牢固。

2) 与管道接触应紧密，固定应牢靠。

3) 滑动支架应灵活，滑托与滑槽两侧间应留有3～5mm的间距，并留有一定的偏移量。

4) 无热伸长的管道吊架、吊杆应垂直安装；有热伸长的管道吊架、吊杆应向热膨胀的反方向偏移。

5) 固定在建筑结构上的管道支、吊架，不得影响结构的安全。

6) 管道安装的支、吊架间距和管卡（箍）数量应满足设计要求。

(9) 阀门安装前，应作耐压强度试验，试验应以每批（同牌号，同规格，同型号）数量中抽查10%，且不少于一个。如有漏、裂不合格的，应再抽查20%，仍有不合格的则须逐个试验，对安装在主干管上起切断作用的闭路阀门，应逐个作强度和严密性试验。强度和严密性试验压力应为阀门出厂规定的压力。

(10) 弯制钢管曲率半径应符合下列规定：

1) 热弯：应不小于管子外径的3.5倍。

2) 冷弯：应不小于管子外径的4倍。

3) 焊接弯头：应不小于管子外径的1.5倍。

4) 冲压弯头：应不小于管子外径。

弯管的椭圆率：管径小于或等于150mm，不得大于8%；管径小于或等于200mm，不得大于6%。

管壁减薄率：不得超过原壁厚的15%。

折皱不平度：管径小于或等于125mm，不得超过3mm，管径小于或等于200mm，不得超过4mm。

(11) 生活饮用水管道和消防生活合用的给水管道，应使用镀锌钢管，管径大于

80mm，可使用给水铸铁管。消防专用管采用焊接钢管。

（12）管径小于或等于50mm，宜采用截止阀；管径大于50mm，宜采用闸阀。

（13）空调房间风机盘管的排水管，如须接向室内管道，宜在排水管上安装截止阀，并在接往管道前设置水封。

（14）通气管不得与风管或烟道连接。高出屋面不得小于300mm，但必须大于最大积雪厚度。

（15）管径小于或等于32mm，宜采用螺纹连接；管径大于32mm，宜采用焊接或法兰连接。

（16）安装在露天或不采暖房间内的膨胀水箱和集气罐，均应按设计要求保温（包括配管）。膨胀水箱的膨胀管和循环管上，不得安装阀类。膨胀水箱的检查管（信号管），应接到便于检查的地方。

（17）铸铁管的承插接口填料，宜采用石棉水泥或膨胀水泥。如有特殊要求，亦可用青铅接口，铅的纯度应在90%以上。预应力钢筋混凝土管或自应力钢筋混凝土管的承插接口，除设计有特殊要求外，一般宜采用橡胶圈。对有腐蚀性的地段，应在接口处涂沥青防腐层。

（18）严禁在压力下的管道、容器和荷载作用下的构件上焊接或切割。

（19）不同管径的管道焊接，如两管管径相差不超过小管径15%，可将大管端部直径缩小，与小管对口焊接，如管径相差超过小管径15%，应将大管端部抽条加工成锥形，或用钢板特制的异径管。

（20）管道的对口焊缝或弯曲部位不得焊接支管。弯曲部位不得有焊缝。接口焊缝距起弯点应不小于一个管径，且不小于100mm；接口焊缝距管道支、吊架边缘应不小于50mm。

（21）焊接管道分支管，端面与主管表面间隙不得大于2mm，并不得将分支管插入主管的管孔中。分支管管端应加工成马鞍形。

（22）双面焊接管道法兰，法兰内侧的焊缝不得凸出法兰密封面。

6.6.4 风机盘管、诱导器安装

（1）风机盘管和诱导器应逐台进行水压试验，试验强度应为工作压力的1.5倍，定压后观察2~3min不渗不漏。

（2）风机盘管和诱导器应每台进行通电试验检查，机械部分不得摩擦，电气部分不得漏电。表面换热器无变形、损伤、锈蚀等缺陷。

（3）暗装卧式风机盘管和诱导器应由支、吊架固定。吊顶应留有活动检查门，便于拆卸和维修。

（4）冷热媒水管与风机盘管，诱导器连接宜采用钢管或紫铜管，接管应平直。凝结水管宜采用透明胶管软连接，并用喉箍紧固严禁渗漏。排水坡度应正确，凝结水应畅通地流到指定位置。水盘应无积水现象。

（5）风机盘管，诱导器与风管，回风室及风口的连接处应严密。

（6）风机盘管，诱导器同冷热媒水管应在管道清洗排污后连接，以免堵塞热交换器。

6.7 电气设备安装

6.7.1 供电与变、配电设备安装

供电系统一般由高压外线输送（引进）线路、高压配电线路、降压变压器、低压配电

线路和用电设备组成。

1. 高压外线

高压外线引进线路由供电部门安装并提供电源。高压供电线路是在与当地供电部门协商后，确定是架空线路还是埋地电缆线路的基础上，选择线路路径并规划线路走廊，选择导线的型号规格和敷线方式，并签署供电协议。

高压外线分三级负荷供电，制冷空调建设项目一般提供三级用电负荷（电力充足的地区可提供二级负荷），架设输电专用线路，电力部门提前通知并拉闸限电；二级用电负荷是不能停电，如医院等特殊用电单位；目前我国一级用电负荷还很少，如北京东、西长安街及各国大使馆、领事馆等，一级用电负荷指不能停电外，还要求供电品质，如电压波动、频率、等各种参数。

高压外线一般采用架空敷设或埋地敷设两种。架空敷设可将高压线直接引进高压配电间，或架空至厂区围墙附近终端杆，然后引高压电缆入高压配电间；埋地敷设是从供电点一直引至高压配电间。制冷空调高压外线常采用10kV电压。

2. 高压配电线路、变压器、低压配电线路安装

高压配电线路包括高压隔离开关、避雷器、高压开关柜和高压配电线路。

变压器主要指降压变压器（35/0.4kV/0.24、10/0.4kV/0.24、6.6/0.4kV/0.24）。经用电负荷计算后确定变压器容量（kVA）。

低压配电线路包括低压总开关（负荷开关）、低压配电屏、静电电容器屏和低压配电线路。

为提高一定的功率因数（$\cos\phi$），满足供电要求，进行无功功率（千乏）补偿，增加电容器柜设备。

高压配电柜、变压器和低压配电屏应同时进行就位，待找正找平后，用螺栓将各配电屏拧紧固牢，屏脚与电缆沟预埋铁件焊牢（点焊）。用铝排（母线用黄、绿、红及黑色分别代表A、B、C三相和零线，三相四线制）进行各配电屏、变压器相线连接（变压器为铜线绕组时，可采用"铜铝过渡板"进行安装）完成后，清除屏内和变、配电间的各种杂物，使之清洁干净，并进行低压配电屏空载试验，检查其主回路及控制回路是否正常，动作是否灵活和安全可靠。检查各触点接触是否良好，拧紧各个螺栓螺母和线鼻子（线耳），避免松动。各仪器仪表指示是否准确。电气元件安装必须牢固。脱扣电流放置低限位置。配电屏应严防带荷拉闸。

6.7.2 电力设备安装

电力设备安装包括制冷机电动机、风机（离心、轴流、贯流）、风扇、水泵、液泵、油泵、真空泵、搅拌器、空气幕、自动传送、电加热器及其各种开关柜、配电箱等各种动力设备与热力设备的安装调试，以及动力电缆电线敷设（一般采用架空、穿管埋地、"线桥"敷设、沿墙明装、暗装等方式）和预埋铁件及吊点、吊、支架制作与安装，线缆"穿墙过洞"及其低温、防潮、防腐、防爆处理，电机转动方向应正确（如反向运转时，应对调相线进行调整），所有电动机均应可靠接零接地。

1. 制冷机电动机安装

（1）制冷机电动机吊装

制冷机电动机一般与制冷机成套随机配带，有公共底座与单独底座电动机均可进行现

场吊装、就位，找正找平。

（2）穿管埋地敷设

制冷机电动机一般采用橡套铜芯动力电缆通过穿管埋地敷设，从低压配电屏底部接线端子经电缆沟至电动机开关柜的接线端子（电源线柱）；再由开关柜的接线端子（控制线柱）至电动机接线盒的接线端子。穿管采用镀锌管或黑铁管（有缝钢管），按电气施工图纸标明的管材、管径及布置图的线路用手工弯管器弯制而成（在弯制前先穿入一根铁丝，管口塞上废纸，避免水泥砂浆等杂物进入。穿管敷设应尽量减少转弯次数，弯曲半径一般不小于管外径的4倍，弯曲度不应大于管外径的10%），黑铁管涂沥青防腐（管两端各留100mm作焊接和封堵及包缠绝缘带用）后，放入预先开挖沟内，在紧靠管端处打入角钢桩，并与管端焊牢，使预埋穿管固定。用细圆钢焊接跳线与低压配电屏、开关柜和电动机联结成接地网。

管端露出地面位置应靠近电动机的接线盒下部，管口距地面高度应能使电缆线自如地接入电动机接线盒内，管口距地面高度不应小于200mm。用预先在管内穿好的铅丝一端拴好电缆，并将滑石粉抹在电缆上，在铅丝另一端将电缆拉出，也可借助0.5t葫芦将电缆拉出。采用三相四线电缆，每根铜芯电缆线均压接铜线耳（铝芯电缆压接铝线耳），并用绝缘带包扎好，将线耳装进开关柜和电动机接线盒的接线端子上。密封穿管两端端口，并包扎绝缘带以防杂物和水汽进入管内（室外管口应有防水弯头）。

（3）开关柜安装

开关柜吊装比较简单。开关柜接线端子与低压配电屏接线端子连线后，松开与电动机的连线，即可向开关柜送电并进行开关柜的空载试验。检查开关柜主回路和控制回路动作是否正常，各触点接触是否良好，有无产生火花、松动等现象，启动、运转、停机是否灵活、准确，检查各指示灯有无失灵，调定迟延时间（一般是9s），紧固螺栓螺母。

（4）制冷机电动机接线与试机

制冷机电动机一般采用鼠笼式交流电动机或线绕式交流电动机。它们的接线方式各不相同，鼠笼式电动机采用Y-△启动或采用延边启动，小型制冷机电动机可采用磁力启动器等方式直接启动；线绕式电动机采用频敏变阻器阻压启动。展开其电气原理图进行检查，常见的电气原理图有：ZK-3C、ZK-4C、X001-35～55kW、X001-75～320kW、ZK-4Z、ZK-3Z及延边启动电气原理图等。电动机试机前，应拆下联轴器连接螺栓，盘动电动机看是否转动自如，"点动"试机，调整正反转，逐步增加运转时间，检查电机运转时有无异常声音，电机温升是否正常。合格后重新装上联轴器。

2. 其他电力设备安装

其他电力设备除水泵、风机外，电动机功率相对较小，一般在8kW以下功率的电动机可采用直接启动方式，根据需要配置启动配电箱进行敷线。

6.7.3 电照设备安装

制冷空调常出现低温高湿环境，要求照明灯具采用防水防尘灯，考虑到灯具螺丝不易锈住，换灯泡容易，宜采用GC33型铝合金底座，玻璃螺丝口接头的防潮灯。

供电线缆一般采用橡皮绝缘塑料护套XV型铜芯电缆。以前用过的塑料绝缘塑料护套VV型铜芯电力电缆曾出现过冻裂现象，故不宜采用。

低温高湿场所不应装设带开关触点的电气设备，如需要装上述设备时，均应引至常温场所进行安装。低温高湿场所的供电导线可用卡钉明设（沿木板条、预埋木砖、打膨胀螺栓等均可），不许穿铁管暗敷。低温高湿场所的照明线路应采用铜芯线缆，并且在敷线途中不应有任何接线头，每个接线头均应直接至用电设备或接线盒，并作好防潮处理。线缆穿墙过洞应采用瓷质管或硬质塑料管，管外缠石棉绳，管口封堵包扎绝缘带以防潮、防火及防止产生短路等现象。其他照明设备安装同常温场所。

6.7.4 自控设备安装

制冷空调是热工对象，传感热工参数转换成电信号和数据进行自动调节，从而实现自控。即制冷空调被调参数温度、湿度、压力、差压、流量、液位、能量及速度等，比如蒸发温度、冷凝压力、油压差、风速、风量、压缩机能量调节等，通过发信器转换的负反馈偏差信号，再经过调节器（双位、比例调节或PID调节等）和执行器，将被调参数控制在制冷空调允许范围内。

制冷空调又是出现低温高湿环境的场所，所有自控设备的感觉元件及电气敷设都应考虑这些因素，尤其是温度在零度以下和湿度在90%以上及温、湿度差很大的地方，其热湿交换非常强烈，比如在冷库冷藏门安装的微动开关就应采用防潮型耐低温元件，还应进行防锈防腐蚀处理，常应用磁开关或无触点开关等。

其他自控设备安装同常温场所（详见第10章）。

6.7.5 避雷与接零接地

制冷空调高层建筑或雷电高发地带应考虑防止直击雷的危害，通常应设置避雷针避雷带、引下线和接地装置。高压外线一般为架空敷设，应考虑高电位引入可能发生的破坏现象。通常在高压开关柜设有高压阀型避雷器。

低压供电系统一般为三相四线制、变压器中心要求接地。

地极安装：高压配电柜、变压器、低压配电屏均必须安全接地，因此，在变压器附近必须埋设地极。地极布置方式通常有一字形和L形排列，常用1.5～2.5m长的∠30mm或∠25mm等边、不等边角钢作地极打入土壤，然后用20～30mm宽扁钢与各地极焊接组成地极，在做地极前，先开挖土壤沟槽，沟底深度确定地极的埋深。地极的接地电阻必须达到4Ω及以下，即$R \leqslant 4\Omega$。不足4Ω时，可增加地极根数，延长地极长度或泼洒盐水等方法。

制冷空调是低温潮湿场所，并设置隔热层，所以电气设备均应做接零保护。

6.8 制冷空调隔热工程安装

6.8.1 设备与管道隔热施工要求

（1）制冷空调安装工程中的隔热施工是一项工作量大、劳动条件差、且工期紧的艰苦工作。因此，要计算好工程量、做好材料和技术准备、安排好劳动力。确保安全和质量，避免返工。

（2）设备与管道隔热施工必须在系统排污、试压、检漏、抽真空合格之后，和在充注制冷剂降温之前进行（因为在降温后设备与管道表面出现低温、结霜、结冰或结露时，不能保证隔热层质量）。

（3）设备与管道隔热构造层由五部分组成

1）防腐层：

① 清除设备与管道表面铁锈、灰尘、污垢等，使之光滑整洁。

② 涂薄层防锈漆（选择附着力强的作底漆，如黑色金属表面采用红丹油性防锈漆两道、硼钡酚醛防锈漆、铝粉硼酸钡酚醛防锈漆、铁红醇酸底漆等；铝锌等轻金属表面应采用锌黄酚醛防锈漆、锌黄醇酸防锈漆）。

③ 防锈漆宜薄层、均匀涂刷。一般在 18～25℃ 温度，相对湿度不大（气温不低于 5℃，相对湿度不大于 85%）的条件下进行操作。

2）隔热层：先做"冷桥"处理，即低温设备、管道与基础、支、吊架等接触部位均应采用热沥青浸泡过的硬垫木铺垫，并用细圆钢或扁铁箍紧，设备基础铺硬垫木后，应拧紧地脚螺栓螺母。再用不同隔热材料，根据不同隔热方法，包扎不同厚度的隔热材料。

3）隔汽层：用不同隔汽材料，根据不同隔汽方法，包扎隔汽材料。

4）保护层：一种是用涂抹法（如钢丝网水泥石灰砂浆）或包扎法（如包扎玻璃胶布、塑料布等）；另一种是模具法（如预先用镀锌铁皮、玻璃钢板、硬质塑料板等按低温设备与管道外形，根据不同的隔热厚度制作模具，并在模具中留有放气孔，再进行浇灌发泡材料，模具不拆除即成保护层）。

5）色标层：通过设备与管道外表的不同色标，识别制冷剂在设备与管道内所处的压力和相态以及与有关设备所连接的管道等，对安全是非常重要的。色标层见表 6-10。

设备与管道色标　　　　　　　　　　　　　　表 6-10

名　称	涂　色	名　称	涂　色
氨液管	黄色	高压贮液器	黄色
氟液管	银灰色	冷凝器	银白色
高压排气管、热气冲霜管	铁红色	压缩机	浅灰或银灰色
油管	棕色	节流阀手柄	深红色
水管	绿色	截止阀手柄	黄色
盐水管	灰色	氨瓶	黄色

（4）一般要求在低温下工作的设备与管道包敷隔热层；在冷凝压力下工作的设备与管道一律不包敷隔热层。冲霜用的管道应包 75mm 厚的石棉隔热层，外裹玻璃布。

（5）自控元件的法兰、阀门的法兰不包敷隔热层。法兰不包敷隔热层意义重大：一是为了检修、拆卸方便，万一有泄漏时，可直接进行调整而不必考虑拆隔热层（尤其是在设备底部阀门法兰的液体泄漏时，能赢得抢修时间）。二是故意让法兰结霜，若在法兰某处不结霜，或出现油渍、水渍时，说明该处泄漏（用肥皂水等方法检漏时还不易发现法兰泄漏），应予以消除。三是有经验的师傅还可借助其结霜质量来判断制冷运行好坏，出现结霜与不结霜及不断地化霜、出现滴水、结冰、结露等现象是不同制冷效果的表征，如出现结冰是说明温度在该处波动较大。该结霜就得结霜，而且应结好霜，别流汤滴水。

（6）隔热层厚度要进行计算，应按图施工。防止隔热层外表面出现低温、结露、结霜，甚至结冰、滴水、冒凉气；隔热层厚度也不许超过设计厚度的 10%。

（7）空调用的冷水箱、冷冻水供水（出水）管和回水管、壳管式蒸发器、蓄冷设备，以及通过非空调房间的风管等。

6.8.2 常用隔热隔汽材料

1. 隔热材料

(1) 软木

密度（150～200kg/m³），导热系数[0.047～0.058W/(m·K)]。具有较高抗压强度、无毒、无异味、不易腐烂。常用的有25mm厚及50mm厚软木板、软木管。缺点是价格较高。

(2) 稻壳

密度（120～130kg/m³），导热系数[0.06～0.15W/(m·K)]。易于就地取材，价廉，是松散隔热材料，能借用风洞筛选并输送稻壳就位。缺点是易受潮、霉烂及下沉。

(3) 炉渣

密度（800～1000kg/m³），导热系数[0.17～0.29W/(m·K)]。废物利用，价廉。缺点是要过筛（筛选粒径为10～14mm的炉渣）、清除杂质、烘干。

(4) 泡沫混凝土

密度（350～400kg/m³），导热系数[0.098～0.128W/(m·K)]。抗压强度大、抗冻性和耐火性好。缺点是吸湿性大，受潮后强度和保温性能急剧下降。

(5) 聚苯乙烯泡沫塑料

密度（20～50kg/m³），导热系数[0.035～0.044W/(m·K)]。特点是质轻、隔热性能好、吸水性小、耐低温性能好、耐酸碱、有一定弹性、可任意切割。可预制成泡沫板和泡沫管，对管道隔热安装较简便。缺点是价格较高，施工中易造成材料浪费，应重视回收率。

(6) 硬质聚氨酯乙烯泡沫塑料

密度（20～50kg/m³），导热系数[0.023～0.041W/(m·K)]。优点是密度和导热系数小、强度高、吸水率低、有自熄性能、用于较低的温度（-100℃）；最大的优点是：既能现场发泡，现场浇灌，又能现场喷涂施工。它能在常温下发泡，设备简单，施工效率高，材料回收率可达100%。它本身就可以与金属、非金属材料牢固粘结（粘结强度1～3kg/cm² 不等），而不需要其他胶粘材料，而且，所形成的隔热层没有接缝。缺点是现场发泡时会逸出有毒的异氰酸酯蒸气（最大允许浓度是0.02ppm），必须有完善的通风设备以确保安全。第二是一次浇灌量不能过多，浇灌量大会影响散热而造成升温，达到一定高温时还会引发火灾事故。另外喷涂施工，表面不够平整光滑，外观较差。硬质聚氨酯乙烯泡沫塑料发泡时的配合比参见表6-11，由于环境温度等条件影响，现场发泡时可适当调整配方。

(7) 聚乙烯化学交联高发泡沫塑料

导热系数[0.034～0.045W/(m·K)]。吸水率和蒸汽渗透率很低，隔热隔汽双重特性好，可以省去防潮层。与硬质聚氨酯乙烯泡沫塑料相比，它的抗老化性更好，但价格较贵。

(8) 闭孔丁腈橡胶隔热材料

导热系数[0.036～0.042W/(m·K)]。蒸汽渗透性低、不易老化、弹性好、耐酸耐碱能力强、具有自熄性。无需做防潮层，能经得日晒雨淋。适用于-40～120℃的工作环境。现场加工安装方便，可任意角度弯曲，切割。切口用氯丁橡胶基胶粘剂粘接。

(9) 玻璃纤维

密度（90～120kg/m³），导热系数[0.04～0.076W/(m·K)]。导热系数小、弹性好、不燃、不霉烂、不腐蚀、不受虫蛀鼠咬、化学稳定性好。缺点是对皮肤和呼吸道有刺激，施工时要有特殊的劳动保护。

硬质聚氨酯乙烯泡沫塑料发泡时的配合比　　　　表 6-11

	原料名称	性　　能	规　　格	质量配比
甲剂	Ⅱ型阻火聚醚	多羟基化合物与 PAPI 混合反应组成泡沫体主链	羟值 500±20mgKOH/g，酸值＜MggKH/g，含氯量 6%，水分＜0.2%，含磷量 6%	100
乙剂	乙二胺聚醚	催化交联剂，还起加速凝胶固化作用	羟值 770mgKOH/g，水分＜0.2%，含磷量 85%	30
乙剂	三乙醇胺	催化剂、控制发泡时间	含量 95%，比重 1.12～1.13	4
乙剂	三氟三氯乙烷（F113）	发泡剂、控制发泡密度	工业：沸点 49℃，比重 1.6	40
乙剂	硅油（发泡灵）	泡沫稳定剂、调节泡孔大小，使泡孔表面张力减少	褐色油状物	5
乙剂	B-三氯乙基磷酸酯（TCEP）	阻火助剂，有自熄性，又起降低混合料黏度及提高泡沫体粘结力作用	微黄色油状液体，沸点 150℃	40
乙剂	多苯基多异氰酸酯（PAPI）	是泡沫的主体，与阻火聚醚混合反应组成泡沫体主链	纯度 85%～90%，黏度 400 厘泊以下，总氯量＜0.8%，水解氯＜0.3%，酸值 ppm·pH＜200	178

(10) 膨胀珍珠岩

密度（40～80kg/m³），导热系数 [0.047～0.076W/(m·K)]。容量小、导热系数小、无毒、无臭、无刺激、不霉烂、不燃烧、抗冻性好、资源丰富、价格低廉、施工方便安全。致命缺点是吸水率很高。

(11) 矿渣棉

密度（100～130kg/m³），导热系数 [0.036～0.047W/(m·K)]。具有质轻、导热系数小、不燃、不蛀、不腐烂、不易受潮和冰冻，化学稳定性强、隔热性能好。缺点是对人体皮肤及呼吸道有刺激。

(12) 蛭石

密度（80～200kg/m³），导热系数 [0.047～0.086W/(m·K)]。可用于-20℃以上设备与管道的高温隔热材料（如锅炉本体的隔热层）。

2. 隔汽材料

(1) 石油沥青油毡

常用的有石油沥青纸介油毡和油毡布两种（纸介油毡多用于平面粘贴，油毡布可用于拐弯抹角处）。型号分 200g、350g、400g、500g，制冷空调用隔汽材料应不低于 350g。施工时应注意：

1) 清除毡面上的粉尘、云母粉及杂物等。
2) 敷贴平整。
3) 油毡搭接长度为 100mm。
4) 油毡沥青层应保持其连续性，隔汽层不能有断开现象产生。
5) 墙面、地面等粘贴面应先干燥后，再涂冷底子油。
6) 应一边浇注热沥青，一边铺贴油毡，并用压板刮平。

7) 竖向粘贴油毡时,应自下而上进行,随着热沥青的浇注,将卷材油毡展开并压紧。地面施工也应随浇随贴。

8) 应使热沥青厚度均匀饱满。严防油毡出现"起鼓"、"空肚"、流汤、假贴等现象。

(2) 冷底子油

冷底子油是用石油沥青与挥发性溶剂(如轻柴油、汽油、苯、煤油等)配制而成,具有良好的流动性和渗透能力及粘结能力,待溶剂挥发后形成一层冷底子油(底沥青漆)。由于不同标号沥青的软硬度不一样,冷底子油的配比大致为:沥青:煤油＝3:7。沥青:汽油＝7:3。冷底子油、汽油等挥发性溶剂、沥青、油毡等均为易燃物质,在操作中应有防火措施以确保安全。

(3) 聚乙烯塑料薄膜

这类薄膜比重小、水蒸气渗透系数小、有一定的机械强度、柔软性和耐寒性,施工方便,价格便宜,铺设时要求平整。在常温下用冷沥青玛琋脂或双面胶带纸粘牢。

(4) 金属薄板

金属和玻璃是最好的隔汽材料。金属薄板价格较贵,施工也比较复杂。

(5) 复合铝箔

防潮性能好,价格较贵。可在铝箔表面缠绕一层玻璃胶布,再涂刷不饱和聚树脂或油漆。

(6) 玻璃胶布刷漆

方法同上。

3. 胶粘材料

(1) 石油沥青

沥青标号由硬脆至软的新标号为3号、5号、10号(对应的旧标号为60号、30号、15号)。小型制冷空调系统因用量少而直接采用10号软沥青。沥青应加热至220～240℃(沥青煮至冒青烟)后,用小火微热保温于180℃,粘贴温度不能低于160℃,沥青温度过低会导致假贴现象。由于沥青施工是高温作业,应严防烫伤,而且沥青本身有毒,伤口不易俞合。

(2) 聚氯乙烯胶(树脂)

用于粘结聚氯乙烯板、聚氯乙烯塑料薄膜。

(3) 101胶

常用于聚苯乙烯泡沫塑料与混凝土、钢板、木材和塑料的粘合。

(4) 玛琋脂

在沥青中掺加一些填充料(如碱性矿粉、石棉等,一般10%～30%)、增韧剂(如桐油)和溶剂,这样配制出来的材料叫玛琋脂。分热操作与冷操作,热操作用于粘贴油毡等,冷操作用于粘贴聚苯乙烯泡沫塑料等。

(5) 甘油＋松香＋工业油

具有较强的粘结力,可以冷操作,是地方上使用的土办法。

(6) 环氧树脂

在常温下粘结力强,具有很好的密封性能和防潮性能。

当然,可作为隔热隔汽材料与胶粘材料是很多的,而且不断发展着。

6.8.3 设备与管道隔热工程安装

1. 软木板管沥青油毡贴敷

设备与直径较大的管道均可用软木板加工成楔形块进行包扎,或直接采用软木管和软木管件进行包裹,并用热沥青粘合接缝,绑扎铅丝或镀锌铁丝将软木固牢后,再用热沥青粘贴油毡作隔汽层,外箍钢丝网用码钉固紧和石棉水泥砂浆抹面,干透后刷漆标色作保护层。

管道穿墙过洞的隔热施工可采用碎软木渣与热沥青的混合物进行堵塞墙洞,两侧用五面浸泡过热沥青的软木板粘贴(多层软木应错缝粘贴),外做油毡隔汽层。

2. 聚苯乙烯泡沫板管玻璃胶布刷漆

采用聚苯乙烯泡沫塑料(白色)板管作隔热施工的安装方法与软木板管十分类似(泡沫塑料板(管)进行钣金下料,加工成楔形块等各种形状的泡沫塑料(采用 12~24V 电热丝进行切割);泡沫塑料管内径要与管道外径相吻合),只是将胶粘剂沥青换成 101 胶或沥青胶、各种沥青涂料与其他胶粘剂等。把隔汽材料油毡换成玻璃胶布进行缠裹,再涂刷不饱和聚树脂。最后刷漆标色作保护层。聚苯乙烯泡沫塑料粘结时应采用冷粘结,不宜热操作,超过 70℃时会出现熔化现象,高温会造成泡沫塑料变形收缩、颜色变黑。此外,聚苯乙烯泡沫塑料碰到汽油等溶剂时会很快溶化。

3. 聚氨酯乙烯泡沫塑料现场发泡与浇注

设备与管道常用聚氨酯乙烯现场浇注的模具有可拆模具与不拆模具(固定模具)两种。可拆模具是采用敷设塑料薄膜或涂刷黄油作脱模剂,浇注完成后将模具拆卸;不拆模具是指发泡后不拆除模具,模具兼做隔热结构的保护层。

该模具材料可采用玻璃钢板、硬质塑料板、镀锌薄钢板、合金铝板等进行钣金下料(现场常采用电动钢丝锯),按照被隔热对象的外表面,做成设备与管道的模具,模具空间等于隔热层厚度(用泡沫塑料块垫牢),要求模具完整准确,外形美观平整。用气压胀钉将模具做得坚固结实,防止漏料或模具变形。

两种物料(甲、乙剂)在模具内混合,进行化学反应发泡时,会产生很大压力,因此,必须设置模具放气孔,使物料能快速流动和放气。很大的发泡压力使接触模具侧的泡沫塑料表面密实,而且,与模具表面牢固粘合,形成外表面较好的密封性能和隔汽效果。聚氨酯物料发泡时能与被隔热表面自行粘合,整体性好,没有接缝,一次成型隔热效果好,被广泛用于设备、容器、管道及复杂外形的调节站、阀门等的隔热施工上。发泡最佳环境温度在 25~30℃,环境温度低于 8℃时发泡困难,±0℃以下不发泡。

聚氨酯乙烯泡沫塑料现场发泡方法:手工浇注时要严格掌握甲、乙剂两种物料的配合比,搅拌要均匀。甲、乙剂配合按重量比为 1:1。混合后立即用手电钻搅拌至乳状发热(液)体,使之充分混合(要有足够的搅拌时间),然后浇注到模具内,立时发泡膨胀(要掌握发泡量),待发泡成形后再脱模具或修整外形(去掉放气孔外的泡沫塑料)。手工搅拌操作时一定要仔细观察混合后两种物料的反应情况,如果混合液开始变稠时,应立即浇注,稍迟或混合液已发泡,再浇注就来不及了;相反,如果搅拌不匀,将会严重影响泡沫塑料的质量。所以,采用聚氨酯现场发泡与浇注进行隔热施工关键是要掌握和调整好配合比和搅拌时间。

4. 聚氨酯乙烯泡沫塑料现场喷涂

喷涂发泡施工是在常温下通过计量泵分别按比例将两种不同物料的液体输送到混合器内进行充分搅拌，并用0.4~0.6MPa压缩空气喷涂到被隔热物体的表面，经过几秒钟的反应，发泡而固化成泡沫体。一次喷涂不能太厚。

制冷空调设备与管道采用现场喷涂聚氨酯乙烯泡沫塑料时，常请专业喷涂施工单位进行，喷涂施工必须具有喷涂专用设备，而手工现场发泡只需简单工具。

5. 闭孔丁腈橡胶套管氯丁橡胶基粘结

闭孔丁腈橡胶套管氯丁橡胶基粘结被广泛用于小型氟制冷空调系统。

6.9 制冷空调系统调试与工程验收

制冷空调系统调试与竣工验收是安装工程的最后一个阶段，是对最终工程施工产品即竣工工程项目进行质量评定与检查验收、交付使用的一种法定手续。

6.9.1 制冷系统调试与工程验收

1. 制冷系统调试

(1) 氨系统排污、试压、检漏、抽真空、充氨试验

1) 氨系统排污

氨系统排污，就是关闭所有与大气相通的阀门，将其他需要排污的阀门全部开启。其中，电磁阀和止回阀等自控阀件的阀芯组体应取出编号保存，以保证管路畅通和避免水汽锈蚀。必要时取出整个阀件，换一节管子接上，待系统排污和抽真空试验合格后再重新复装。

氨系统排污应采用0.8MPa（表压）压缩空气反复多次吹污，直至系统内排出的气体干净为合格。检查的方法是：距排污口300mm处以白色标识板设靶检查，即用一块干净白布，绑扎在小块木板上，对着排污口（操作人员不要面对排污口）。直至白布上不见任何铁锈、棉纱头、焊渣、粉尘、油污、水蒸气等污物为止。

氨系统排污，一般可按设备管道分段或按高、低压系统分别进行排污。一种是采用空气压缩机进行吹污；另一种是利用安装在单级制冷压缩机上的"倒打反抽"阀组分别对高、低压系统进行吹污（用大号螺丝撬开压缩机吸入阀气体过滤器法兰盖，调节其开度，即可调节空气吸入量，并在过滤器外包扎白布，再开启"倒打反抽"阀组，关闭压缩机吸入阀，使空气通过白布过滤后吸入）。

排污口一般选择在各段设备的最低点（如集油器放油阀等）。但真正想通过排污，使系统干净，应分两个阶段进行。

第一步是"粗排"，先选择大口径的地方作排污口（如拆开压缩机回汽总管端部的"盲板"，利用低压循环贮液桶作贮气罐，当达到排污压力时，迅速打开回汽总管的总回汽阀，让大量空气高速带走系统内的污物是比较彻底的，操作又比较简单。即压缩机不停机，只根据贮气罐压力，迅速开、闭阀门，反复多次进行吹污，效果很好），使大批量的污物被压缩空气带走。

第二步是"细排"，排污口选择各设备底部最低点的阀口进行排污，使各设备底部的污物，尤其是将水分有效地排出。

氨系统排污洁净后，应取出阀芯，清洗阀座内和阀芯上的污物，然后重新安装。

2) 氨系统试压、检漏

① 试压：

A. 试压应采用干燥洁净的压缩空气进行。试压压力：高压部分应采用 1.8MPa（表压）；中压部分和低压部分，应采用 1.2MPa（表压）。

B. 试压压力应逐级缓升至规定试验压力的 10%，且不超过 0.05MPa 时，保压 5min，然后对所有焊口、接头和连接部位进行初次泄漏检查，如有泄漏，则应将系统同大气连通后进行修补并重新试验。经初次泄漏检查合格后再继续缓慢升压至试验压力的 50%，进行检查，如无泄漏及异常现象，继续按试验压力的 10% 逐级升压，每级稳压 3min，直至达到试验压力。保压 10min 后，用肥皂水或其他发泡剂刷抹在焊缝、法兰等连接处检查有无泄漏。

C. 对于制冷压缩机、氨泵、浮球液位控制器等设备、控制元件在试压时可暂时隔开。系统开始试压时须将玻璃板液位指示器两端的阀门关闭，待压力稳定后再逐步打开两端的阀门。

D. 试压验收标准：

a. 按（GBJ 66—84）《制冷设备安装工程施工及验收规范》的试压规定：高压部分试压压力采用 1800kPa（表压）；低压部分试压压力采用 1200kPa（表压）。6h 内，气体冷却的压力降不大于 30kPa，并在以后压力不再下降为合格。

b. 按 GB 50072—2001《冷库设计规范》；GB 50274—98《制冷设备、空气分离设备安装工程施工及验收规范》等试压规定：系统充气至规定的试验压力，保压 6h 后开始记录压力表读数，经 24h 后再检查压力表读数，其压力降应按式（6-2）计算，并不应大于试验压力的 1%，当压力降超过以上规定时，应查明原因，消除泄漏，并应重新试验，直至合格。

$$\Delta P = P_1 - \frac{273 + t_1}{273 + t_2} P_2 \tag{6-2}$$

式中　ΔP——压力降，MPa；
　　　P_1——试验开始时系统中的气体压力，MPa（绝对压力）；
　　　P_2——试验结束时系统中的气体压力，MPa（绝对压力）；
　　　t_1——试验开始时系统中的气体温度，℃；
　　　t_2——试验结束时系统中的气体温度，℃。

c. 常用的制冷系统安装工程质量评定与试压的验收标准：试验时间为 24h，前 6h 因系统内的气体冷却时允许下降 0.02~0.03MPa。到 24h 时，室内温度不变，则压力不变为合格；若室内温度变化，则终了压力应等于式（6-3）计算值。详见参考文献 [3]。

$$P_2 = P_1 \frac{273 + t_2}{273 + t_1} \tag{6-3}$$

式中　P_1——试验开始时的压力，MPa（绝对压力）；
　　　P_2——试验终了时的压力，MPa（绝对压力）；
　　　t_1——试验开始时的温度，℃；
　　　t_2——试验终了时的温度，℃。

如果试验终了的压力小于式（6-2）的计算值时，说明系统不严密，应进行全面检查，找出漏点加以修补，并重新试压，直到合格为止。常用办法是将肥皂水涂抹于焊缝、接头与法兰连接处，存细观察有无皂泡，若有皂泡则说明此处泄漏，应准确标记以便修补。整个试验过程的温度与压力均每小时记录一次，作为工程验收依据。

E. 氨制冷系统试压应尽量选用双级空气压缩机。若无合适的空压机，也可以指定一台氨压缩机替代（开始打压应采用"倒打"阀组向低压侧打压，才能完成低压系统试压。高压系统任何压缩机都能进行。抽真空试验应采用"反抽"阀组使高压系统真空，低压系统抽真空任何压缩机也都能完成）。试压完毕后，氨压缩机必须重新进行拆洗检查，更换冷冻油。氨制冷系统试压试验应遵循以下安全规定：

a. 制冷机吸入口应包扎白绸布，打压时，运转应间隙进行，逐步加压。排气温度不许超过145℃（排气温度达到145℃时，巴氏合金熔化，将烧毁阀门，同时，润滑油产生大量油蒸气，甚至引起碳化或焦化，润滑系统恶化，容易引起制冷压缩机磨损或损坏。一般宜在120℃以下进行操作）。油压不低于0.3MPa。

b. 检查压缩机上的安全阀和压力继电器的调定值。压缩机的进、排气压力差不得超过1.4MPa，严禁用堵塞安全阀的方法来提高压力差。当高压系统试压时，为了克服压缩机安全阀过早开启，可将整个系统的压力升高至1.2MPa，再关闭高、低压系统之间的阀门，使压缩机吸入低压系统的气体，此时，应关小低压吸气阀，启动压缩机，调节吸气压力0.2~0.25MPa，使低压系统内的压缩空气经压缩机进入高压系统。由于低压系统有一定压力，则高压系统压力上升至1.8MPa时，安全阀不会启跳。

c. 试压时可以临时断开压力继电器电路。

注：试压试验安全措施为：ⅰ. 氨、氟制冷系统均严禁使用氧气等可燃性气体进行试压。ⅱ. 系统修理补焊时，必须将系统内压力释放，并与大气接通，严禁带压焊接。ⅲ. 补焊次数不得超过两次。ⅳ. 系统试压时应将自控设备关闭，以免损坏。

② 检漏：

A. 氨系统在排污时，即可用涂肥皂水的方法进行"粗检"；

B. 在试压期间，应反复采用涂肥皂水的检漏方法，认真细致地在各设备、管道、特别是法兰、焊口进行逐个地检漏，在涂肥皂水的一段时间内，仔细观察是否出现皂泡（有时皂泡出现得很快很大，有时则很慢很微小，有时只发现一个小泡，有时则一大堆小泡）。如发现系统有泄漏（划上泄漏处的准确记号），必须将系统压力降至大气压时，方可进行补焊，不得在有压力下进行补焊；

C. 检漏不得草率收场，应进行反复检漏、补漏，直至氨制冷系统气密性试验完全合格为止。

3）氨系统抽真空试验

① 氨系统抽真空试验应在系统排污和气密性试验合格后进行；

② 抽真空时，除关闭与外界有关的阀门外，应将制冷系统中的阀门全部开启。抽真空操作应分数次进行，以使制冷系统内压力均匀下降；

③ 当系统内剩余压力小于5.333kPa时，保持24h，系统内压力无变化为合格。如发现系统泄漏，补焊后应重新进行气密性试验和抽真空试验。

4）氨系统充氨试验

A. 制冷系统充氨试验必须在气密性试验和抽真空试验合格后方可进行，并应利用系统的真空度分段进行，不得向系统灌入大量氨液。充氨试验压力为0.2MPa（表压）；

B. 氨系统充氨试验采用酚酞试纸（或用白纸浸入酚酞+甘油的液体中制作）进行检漏，当酚酞试纸变红色为泄漏（准确泄漏点还可用皂泡法找到）。如发现泄漏，应将修复段的氨气排净，并与大气相通后方可进行补焊修复，严禁在系统内含氨的情况下补焊。

(2) 氟系统排污试压检漏抽真空

半封闭式氟压缩机一般不进行拆装清洗，也不进行排污、试压、检漏、抽真空。

氟系统安装完毕后，可进行系统的排污、试压、检漏、抽真空试验。

关闭与大气相通的所有阀门（含半封闭式氟压缩机吸、排气阀），开启管道上所有其他阀门，卸下安装好的所有自控阀件，并用一节短管替代。

1) 氟系统排污

用 0.8MPa（表压）的氮气进行分段吹污后，进行全系统吹污。经反复多次的氮气吹污，直至白纸在各排污口上不见任何污物为合格。

排污后，应将卸下的自控阀件重新安装就位，并清洗干燥过滤器和热力膨胀阀上的过滤器，重新更换硅胶（或分子筛）。

2) 氟系统试压、检漏

氟系统用氮气进行试压。高压部分试压压力 1.8MPa（表压）；低压部分试压压力 1.2MPa（表压）。高压氮气瓶一定要装减压表。

在氮气试压期间，用涂肥皂水的方法进行检漏；仔细观察各焊口、法兰和阀门。泄漏大的地方有微小声音，并出现大的皂泡；渗漏小的地方则间断出现小皂泡。发现渗漏处应作记号，卸压后进行修补。用涂肥皂水反复检漏，直至渗漏彻底消除，使系统压力保持 24~48h 不降低为合格。

充氟检漏：放掉系统中的氮气，注入少量氟利昂，在系统压力回升到 0（表压）时，再充入氮气至试压压力。用卤素灯进行检漏：火焰变绿为泄漏（绿色愈深，表明漏得愈利害）。发现系统泄漏，应在泄漏处做上记号，待卸压（通大气压力）后进行补焊修复，如此反复多次，确认无泄漏为止。氟系统的试压、检漏更不能草率从事，否则，氟利昂泄漏完都发现不了，不仅造成经济损失，而且影响制冷效果，更严重的是，氟系统因泄漏而进入的空气、水汽与氟利昂混合后，很容易使设备锈蚀损坏。

3) 氟系统抽真空

在氟系统抽真空之前，用高压氮气再一次对系统进行吹洗，排除系统内的水汽。如果发现系统内有较多水分，应采用无水氯化钙放入干燥器，以去除系统内的水分（无水氯化钙只用一次即换掉，不能长期使用，防止因氯化钙溶解后进入系统）。

用真空泵将系统抽至剩余压力小于 1.333kPa 并连续运转 10~24h，以便使系统水分蒸发排掉，再放置 24h，系统升压不应超过 0.667kPa 并能永远稳定地保持在一定的真空度范围内。

2. 制冷系统竣工验收

(1) 验收依据

应严格执行国家颁发的规范、规程和国家标准进行制冷系统安装，同时，也是制冷系统竣工验收的依据。

1) SBJ 11—2000《冷藏库建筑工程施工及验收规范》；

2) GB 50274—98《制冷设备、空气分离设备安装工程施工及验收规范》；

3) GB 50072—2001《冷库设计规范》；

4) GB 50264—97《工业设备及管道绝热工程设计规范》；

5) GB 50185—93《工业设备及管道绝热工程质量检验评定标准》；

6) GB 50235—97《工业金属管道工程施工及验收规范》；

7) GB 50184—93《工业金属管道工程质量检验评定标准》；

8) GB 50316—2000《工业金属管道设计规范》；

9) GBJ 12—2000《氨制冷系统安装工程施工及验收规范》；

10) GB 50275—98《压缩机、风机、泵安装工程施工及验收规范》；

11) GB 50231—98《机械设备安装工程施工及验收通用规范》；

12) GB 50236—98《现场设备工业管道焊接工程施工及验收规范》；

13) GB 50016—2006《建筑设计防火规范》。

(2) 系统灌氨（或充氟）降温试运转和工程验收投产

在系统试压、抽真空试验合格后，进行设备管道保温，并按表 6-10 漆上不同的颜色。

1) 系统灌氨（或充氟）降温试运转

在系统灌氨（或充氟）降温进行试运转之前，应对整个系统有全面的了解（必要时请有经验的操作技术人员），根据不同蒸发系统和供液方式（氨系统常采用重力供液和液泵供液；氟系统常采用直接供液方式）采用不同的操作方法。一般先用单级压缩系统进行灌氨（或充氟）降温。在投产需要时再进行调整。

氨系统从加氨站灌氨。加氨时，应使高压胶管与加氨站接管（管表面为锥形螺管）和氨瓶连接牢固。氨瓶阀口朝上。

先打开加氨站及通向系统的各个阀门，再慢慢打开瓶上的角阀，氨液借氨瓶和系统的压差进入系统，当氨瓶内发出嘶嘶声，瓶下部的白霜融化时说明氨液已加完，此时，应先关闭氨瓶上的角阀，然后再关加氨站上的阀门。加氨前，后应对氨瓶进行称重记录，累计灌氨量。

当系统内加入一定量的氨液后，可启动氨压缩机（供水、供电等）运转制冷系统，通过蒸发器进行灌氨降温，系统试运转时，只加入少量氨液以维持系统运行，以防系统氨量过多，造成氨压缩机倒霜、液击等其他事故。待稳定系统和逐步掌握系统性能后，根据投产需要，可逐步灌氨补充，直至达到设计要求。

氟系统一般在低压吸汽侧注入氟利昂，以后由压缩机逐步吸进系统，在向系统充氟之前，应先向连接的充氟胶管注入氟利昂，以赶走充氟胶管段内的空气后，再打开低压吸气阀进行系统充氟。充氟应适量。充氟过多，会使吸、排气压力过高，压缩机易倒霜、液击等其他事故，这时应将多余的氟抽出；充氟不足，会产生吸、排气压力偏低，热力膨胀阀不起作用，回气过热，温度降不下来，这时应逐步补充加氟，直至降温正常。

2) 工程验收投产

① 制冷系统安装全部竣工，系统负荷运转合格后，方可办理工程验收。

② 工程验收应严格按照国家颁发的工程施工及验收规范和相关的国家标准 GB 50231—98、GB 50235—97、GB 50236—98、GB 50274—98、GB 50264—97、GB 50185—93、GB 50184—93、GB 50072—2001、GB 50275—98、GBJ 12—2000（J38-2000）、SBJ 11—2000(J 40—2000)、GB 50316—2000、GB 50016—2006 等进行验收，并办

理正式手续后方可投产使用。

③ 工程验收应具备下列资料：

A. 设备开箱检查记录及设备技术文件、设备出厂合格证书、检测报告等；

B. 制冷系统用阀门、自控元件、仪表等出厂合格证，检验记录或试验资料等；

C. 制冷系统用主要材料的各种材质报告的证明文件；

D. 基础复检记录及预留孔洞、预埋管件的复检记录；

E. 隐蔽工程施工记录及验收报告；

F. 设备安装重要工序施工记录；

G. 管道焊接检验记录；

H. 制冷系统排污及严密性试验记录；

I. 逐台设备单体试运转和系统（含水、电系统等）带负荷试运转及降温记录；

J. 设计修改通知单、竣工图；

K. 施工安装竣工报告等其他有关资料。

6.9.2 空调系统调试与工程验收

1. 空调系统调试

空调系统在安装完毕，运转调试之前应会同建设单位进行全面检查，全部符合设计、施工及验收规范和工程质量检验评定标准的要求后，才能进行运转和调试。空调系统运转所需用的水、电、气等，应具备使用条件，并将现场清理干净。空调系统调试之前，应对冷水机组、水泵、冷却塔、空调机组、通风机等设备单体试运转合格后，方可进行空调系统调试工作，将各种风阀、水阀等阀门、管件调整在工作状态位置，备好仪表、工器具及调试记录表格，做好调试记录。

（1）空调工程各系统的外观检查项目

① 风管和设备（冷水机组、水泵、冷却塔、换热器、水处理设备、诱导器、风机盘管、空调机组、通风机以及消声器、过滤器等）安装正确牢固；

② 风管、水管连接处以及风管、水管与设备或调节装置的连接处无漏风、漏水现象；

③ 各类调节装置的制作安装正确牢固，调节灵活，操作方便；

④ 通风机、水泵等运转正常，除尘器、集尘室安装密闭；

⑤ 制冷设备安装精度和允许偏差符合规定，运转正常；

⑥ 空调系统油漆均匀，油漆颜色与标志符合设计要求；

⑦ 隔热层无断裂和松弛现象，外表面光滑平整。

（2）空调工程各项设备单机试运

① 通风机的试运转应符合 GB 50243—2002 规范的有关规定；

② 制冷机的试运转应符合 GB 50243—2002 规范的有关规定；

③ 水泵的试运转应按照设备安装的有关规定执行；

④ 空调机组内的表冷器和喷淋装置的工作正常；

⑤ 水泵、通风机等减振器无位移；

⑥ 带有动力的除尘和空气过滤设备的试运转应符合产品说明书的要求。

（3）空调工程无负荷系统试运转

① 通风机的风量、风压及转数的测定；

② 系统与风口的风量平衡；实测风量与设计的偏差不应大于10%；

③ 制冷系统的压力、温度、流量等各项技术数据应符合有关技术文件的规定；

④ 空调系统带冷（热）源的正常系统试运转不少于8h；当竣工季节条件与设计条件相差较大时，仅做不带冷（热）源的试运转。通风、除尘系统的连续运转不应少于2h。

(4) 空调系统带生产负荷的综合效能试验

空调系统带生产负荷的综合效能试验应由建设单位负责，设计、施工单位配合，并根据工艺和设计的要求确定下列项目：

① 室内空气温度，必要时尚应进行露点温度，送、回风温度，相对湿度的测定和调整；

② 室内气流组织的测定；

③ 室内洁净度和正压的测定；

④ 室内噪声的测定；

⑤ 通风除尘车间内空气中含尘浓度与排放浓度的测定；

⑥ 自动调节系统应作参数整定和联动试调。

(5) 空调系统测定与调整

1) 空调系统的测定

① 空调工程应在接近设计负荷的情况下，作综合效能的测定与调整；

② 室内温度、相对湿度及洁净度的测定，应根据设计要求的空调和洁净等级确定工作区，并在工作区内布置测定：

A. 一般空调房间应选择在人经常活动的范围或工作面为工作区；

B. 恒温恒湿房间离围护结构0.5m，离地高度0.5～1.5m处为工作区；

C. 洁净房间垂直平行流和乱流的工作区与恒温恒湿房间相同，水平平行流应规定第一工作面，即一般距送风墙0.5m处的纵剖面。

③ 凡具有下列要求的房间应做气流组织测定：

A. 空调精度等级高于±0.5℃的房间；

B. 洁净房间；

C. 对气流速度有要求的空调区域。

④ 相同条件下可以选择具有代表性的房间测定；

⑤ 房间内气流组织的流型和速度场应符合设计要求；

⑥ 空调房间噪声的测定，一般以房间中心离地高度1.2m处为测点，较大面积的民用空调其测定应按设计要求。室内噪声的测定可用声级计，并以声压级A档为准。若环境噪声比所测噪声低于10dB以下时可不做修整；

⑦ 通风除尘车间空气中含尘浓度和排放浓度的测定应符合《工业企业设计卫生标准》（TJ 36—79）的规定。测点选择应根据生产情况及设计要求而定。

2) 空调系统的调整

自动调节系统应作参数整定，自动调节仪表应达到技术文件规定的精度要求，测量机构、控制机构、执行机构、调节机构和反馈应能协调一致，准确联动。

(6) 空调风系统测定与调整

空调风系统必须在安装完毕，运转调试之前会同建设单位进行全面检查，全部符合设计、施工及验收规范和工程质量检验评定标准的要求，才能进行运转和调试。空调风系统风量调试之前，先应对风机单机试运转，风机可连续运转，运转时间应不少于2h，设备完好符合设计要求后，方可进行系统调试工作。空调风系统的调节阀、防火阀、排烟阀、送风口和回风口内的阀板、叶片应在开启的实际工作状态位置。

1) 空调风系统风量测定与调整

① 先粗测总风量是否满足设计风量要求。然后干管和支管的风量可用毕托管、微压计进行测量，测定截面的位置应选择在气流均匀处，按气流方向，应选择在局部阻力之后大于或等于4倍管径（或矩形风管大边尺寸）和局部阻力之前，大于或等于1.5倍管径（或矩形风管大边尺寸）的直管段上。当条件受到限制时，距离可适当缩短，且应适当增加测点数量。

② 对送（回）风系统调整采用"流量等比分配法"，"动压等比分配法"或"基准风口调整法"等，从系统的最远最不利的环路开始，逐步调向通风机。

③ 风口风量测定可用热电风速仪、叶轮风速仪或转杯风速仪，测量时应贴近格栅及网格，用定点测量法或匀速移动法测出平均风速，计算出风量。测试次数不少于3～5次，散流器可采用加罩测量法。

④ 如因直管段长度不够，测定截面离风机较远，应将测定截面上测得的全压值加上从该截面至风机出口处这段风管的理论计算压力损失。

⑤ 在矩形风管内测定平均风速时，应将风管测定截面划分若干个相等的小截面使其尽可能接近于正方形；在圆形风管内测定平均风速时，应根据管径大小，将截面分成若干个面积相等的同心圆环，每个圆环应测量四个点。

⑥ 没有调节阀的风管，如果要调节风量，可在风管法兰处临时加插板进行调节，风量调好后，插板留在其中并密封不漏。

⑦ 通风机吸入端测定截面位置应靠近风机吸入口。

⑧ 通风机的风量应为吸入端风量和压出端风量的平均值，且通风机前、后的风量之差不应大于5%。

2) 空调风系统风量调整平衡后，应达到如下要求：

① 风口的风量、新风量、排风量、回风量的实测值与设计风量的允许偏差值不大于10%；

② 新风量与回风量之和应近似等于总的送风量，或各送风量之和；

③ 总的送风量应略大于回风量与排风量之和。

3) 空调风系统工程验收

① 风管、风机安装正确牢固；

② 风管连接处以及风管与设备或调节装置的连接处无明显漏风现象；

③ 各类调节装置的制作安装正确牢固，调节灵活，操作方便；

④ 通风机安装符合规范要求，单机试运转合格；

⑤ 隔热层无断裂和松弛现象，通风系统油漆均匀光滑；

⑥ 通风机的风量、风压及转数测定应符合设计要求；

⑦ 系统与风口的风量必须经过调整达到平衡，实测风量与设计的偏差值不应大于10%；

⑧ 风管系统的漏风率应符合设计要求或不应大于10%；

⑨ 提交验收文件和验收记录，办理验收手续并投入使用。

(7) 空调水系统测定与调整

① 喷水量的测定和喷淋段热工特性的测定应在夏季或接近夏季室外计算参数条件下进行，其冷却能力应符合设计要求；

② 过滤器阻力的测定、表冷器阻力的测定、冷却能力和加热能力的测定等应计算出阻力值和空气失去的热量值及吸收的热量值应符合设计要求；

③ 在测定过程中，保证供水、供冷、供热、做好详细记录，并与设计数据进行核对，如有出入应进行调整。

(8) 空调自动调节系统的调整

1) 空调自动调节系统控制线路检查

① 核对敏感元件、调节仪表或检测仪表和调节执行机构的型号、规格和安装的部位应符合设计要求；

② 根据接线图纸，核对控制盘下端子的接线（或接管）；

③ 根据控制原理图和盘内接线图，对上端子的盘内接线进行核对；

④ 对自动调节系统的连锁、信号、远距离检测和控制等装置及调节环节核对，应符合设计要求；

⑤ 敏感元件和测量元件的安装地点，应符合下列要求：

要求全室性控制时，应放在不受局部热源影响的区域内；

局部区域要求严格时，应放在要求严格的地点；

室温元件应放在空气流通的地点；

在风管内，宜放在气流稳定的管段中心；

"露点"温度的敏感元件和测量元件宜放在挡水板后有代表性的位置，并应尽量避免二次回风的影响。不应受辐射热、振动或水滴的直接影响。

2) 调节器及检测仪表单体性能校验

① 敏感元件的性能试验：根据控制系统所选用的调节器或检测仪表所要求的分度号必须配套，应进行刻度误差校验和动态特性校验，均应达到设计精度要求；

② 调节仪表和检测仪表，应作刻度特性校验、调节特性的校验及动作试验与调整，均应达到设计精度要求；

③ 调节阀和其他执行机构的调节性能、全行程距离、全行程时间的测定、限位开关位置的调整、标出满行程的分度值等均应达到设计精度要求。

3) 自动调节系统及检测仪表联动校验

① 自动调节系统在未正式投入联动之前，应进行模拟试验，以校验系统的动作是否正确、符合设计要求，无误时方可投入自动调节运行；

② 自动调节系统投入运行后，应查明影响系统调节的因素，进行系统正常运行效果的分析，并判断能否达到预期的效果；

③ 自动调节系统各环节的运行调整，应使空调系统的"露点"、二次加热器和室温的各控制点经常保持所规定的空气参数，符合设计精度要求。

(9) 空调系统综合效果测定与调整

空调系统综合效果测定与调整是在各分项调试完成后，测定系统联动运行的综合指标是否满足设计与生产工艺要求，如果达不到规定要求时，应在测定中作进一步调整。

① 确定经过空调器处理后的空气参数和空调房间工作区的空气参数；

② 检验自动调节系统的效果，各调节元件设备经长时间的考核，应达到系统安全可靠地运行；

③ 在自动调节系统投入运行的条件下，确定空调房间工作区内可能维持的给定空气参数的允许波动范围和稳定性；

④ 空调系统连续运转时间：一般舒适性空调系统不得少于 8h；恒温精度在 ±1℃时，应在 8～12h；恒温精度在 ±0.5℃时，应在 12～24h；恒温精度在 ±0.1～0.2℃时，应在 24～36h；

⑤ 空调系统带生产负荷的综合效果试验的测定与调整，应由建设单位负责，施工和设计单位配合进行。

(10) 资料整理编制交工调试报告

将测定和调整后的大量原始数据进行计算和整理，应包括下列内容：

① 空调工程概况；

② 空调设备和自动调节系统设备的单体试验及检测、信号、连锁、保护装置的试验和调整数据；

③ 空调处理性能测定结果；

④ 系统风量调整结果；

⑤ 房间气流组织调试结果；

⑥ 自动调节系统的整定参数；

⑦ 综合效果测定结果；

⑧ 对空调系统做出结论性的评价和分析。

2. 空调系统竣工验收

(1) 验收依据

验收依据是设计图纸、设备技术说明书、设计变更通知和预检、隐检、中检的验收签证资料、根据（GB 50243—2002）《通风与空调工程施工质量验收规范》、GBJ 19—87《采暖通风与空气调节设计规范》（2001 年版）等现行建筑安装工程验收规范、工程承包合同及其他有关技术文件。

(2) 竣工验收过程

交工验收的全过程应包括隐蔽工程验收、分部分项工程验收、分期分阶段工程验收、试车检验、交工验收。

1) 隐蔽工程验收

隐蔽工程是指对施工过程中前一道工序被后一道工序掩盖掉的工程，如暗设管道工程完成后隐蔽之前所进行的质量检验。这些项目的共同特点是一经隐蔽就不能或不便于进行质量检验，因此，必须在隐蔽前进行检验。隐检应签署正式的验收证书。

2) 分部分项工程验收

分部分项工程验收是指对大型工程在分部分项工程完工后所进行的检查与验收。它包括对安装工程的分部分项工程的检验和试车（运转）检验。对中小型工程不必作分部分项工程验收。

3) 分期分阶段工程验收

分期分阶段工程验收是指对部分已竣工或具备使用条件的单位（单项）工程或部分工程所进行的中间性（阶段性）检查与验收。一般在甲、乙双方内部进行。

4) 试车检验

进行单体试车、无负荷联动试车、有负荷联动试车等中央空调系统的调试与整定。

5) 竣工验收

建设单位收到施工单位提供的交工验收资料以后，应派人会同施工单位对交工工程进行检查。根据有关技术资料，甲、乙双方共同对工程进行全面的检查和鉴定，并办理交工验收手续。

(3) 空调工程竣工验收资料

验收前由施工单位整理有关交工资料，验收后交建设单位存档。移交的目的是为了建设单位对工程合理使用，维护管理和为改建、扩建提供依据，以及办理工程决算。

1) 空调工程竣工验收文件和记录

① 工程概况：包括单位工程名称、工程规模、性质、用途；开、竣工日期、交工工程项目一览表等；

② 竣工图纸、图纸会审纪要、设计变更通知单等；

③ 主要材料、设备（含成品、半成品）和仪表等的出厂合格证、产品安装与使用说明书及检验资料；

④ 隐蔽工程验收单和中间验收记录；

⑤ 分项、分部工程质量检验评定记录；

⑥ 中央空调工程交工验收调试报告书：单机试验、空载及负荷试验记录、空调系统与空调风系统漏风检验及空调水系统清洗、打压记录及其测试与调整（含制冷系统排污、试压、检漏及真空试验和空调温、湿度处理性能、系统风量、房间气流组织、自动调节装置以及综合效果的测定结果和整定参数）；

⑦ 空调系统的联合试运转记录及对中央空调系统的评价与分析；

⑧ 工程结算资料、文件和签证。

2) 空调工程竣工验收表格

除空调工程竣工验收文件外，根据中央空调工程的性质、规模及合同的需要，甲、乙双方可以采用适当的合理的绘制工程交工验收表格，使记录更加简明。

① 空调风系统工程加工、安装与检验用表：见表6-12～表6-16。

② 空调水系统工程加工、安装与检验用表：见表6-17～表6-22。

③ 空调设备安装检验与调试用表：见表6-23～表6-32。

(4) 工程交接

1) 交付使用

工程交工验收标志着工程开始转入生产或使用阶段，它是全面考核中央空调工程项目的建设成果，检验设计和工程质量的重要环节。对建设单位来讲，验收后的工程，就意味着形成了生产能力，具备了为国家增加或扩大生产、创造财富、积累资金的条件。及时交工验收可以促进建设工程早日动用。交工验收后，合同双方应签订交接验收证书。逐项办理固定资产移交，并根据工程承包合同的规定办理工程结算手续。除注明承担的保修工作内容外，至此，双方的经济关系与法律责任可予解除。

2）承诺与保修

履行承诺是履行合同和企业形象的标致，在合同中签订的所有承诺条款必须逐条完成。保修的内容一般为：工程移交后，凡发现因施工造成的质量问题，由乙方免费包修；而总体保修期，一般为一年（即一个夏季和一个冬季）。

风管制作分项工程质量检验评定表　　　　　　　　　　　　　　表 6-12

工程名称：　　　　　　　　　　　　　　　部位：

		项　目		质量评定									
保证项目	1	风管的规格、尺寸必须符合设计要求											
	2	必须紧密、宽度均匀、无孔洞、半咬口和胀裂等缺陷。直管纵向咬缝错开											
	3	严禁有烧穿、漏焊和裂纹等缺陷。纵向焊接必须错开											
	4	洁净系统的风管、配件、部件和静压箱的所有接缝都必须严密不漏											
	5	洁净系统风管内表面必须严整光滑严禁有横向拼接缝和管内设加固或采用凸棱加固的方法											
	6	洁净系统风管必须保持清洁，无油污和浮尘											
		项　目		质量情况									等级
				1	2	3	4	5	6	7	8	9	10	
基本项目	1	风管外观												
	2	风管法兰												
	3	风管加固												
	4	不锈钢板、铝板和复合钢板风管外观												
		项　目	允许偏差(mm)	实测值(mm)									
允许偏差项目	1	圆形风管外径	φ≤300mm 0，-1										
			φ>300mm 0，-2										
	2	矩形风管大边	≤300mm 0，-1										
			>300mm 0，-2										
	3	圆形法兰直径	+2，0										
	4	矩形法兰边长	+2，0										
	5	矩形法兰两对角线之差	3										
	6	法兰平整度	2										
	7	法兰焊缝、指接处的平整度	1										
检查结果	保证项目												
	基本项目	检查　　项，其中优良　　项，优良率　　%											
	允许偏差项目	实测　　点，其中合格　　点，合格率　　%											
评定等级		工程负责人： 工　　长： 班组长：		核定等级	专职质量检查员：								

年　月　日

空调部件制作分项工程质量检验评定表   表 6-13

工程名称： 　　　　　　　　　　　　　　　部位：

		项　　目	质 量 情 况
保证项目	1	各类部件的规格、尺寸及使用的材料规格、质量必须符合设计要求	
	2	防火阀必须关闭严密。转动部件必须采用耐腐蚀材料。外壳、阀板的材料厚度严禁小于2mm	
	3	各类风阀的组合件尺寸必须正确,叶片与外壳无碰擦	
	4	洁净系统阀门的活动件、固定件及拉杆等,如采用碳素钢材制作,必须作镀锌处理,轴与阀体连接处的缝隙必须封闭	

		项　目	质量情况 1 2 3 4 5 6 7 8 9 10	等级
基本项目	1	部件组装		
	2	风口的外观		
	3	各类风阀制作		
	4	罩类制作		
	5	风帽的制作		

		项　目	允许偏差(mm)	实测值(mm) 1 2 3 4 5 6 7 8 9 10
允许偏差项目	1	风口外形尺寸	2	
	2	圆形风口最大与最小直径之差	2	
	3	矩形风口两对角线之差	3	

检查结果	保证项目	
	基本项目	检查　　项,其中优良　　项,优良率　　%
	允许偏差项目	实测　　点,其中合格　　点,合格率　　%

评定等级	工程负责人： 工　　长： 班 组 长：	核定等级	质量检查员：

年　月　日

风管漏风检测评定表

表 6-14

工程名称		分部(或单位)工程		
分项工程		系统名称		
风管级别		试验压力(Pa)		
系统总面积(m^2)		试验总面积(m^2)		
允许单位面积漏风量 [$m^3/(m^2 \cdot h)$]		实测单位面积漏风量 [$m^3/(m^2 \cdot h)$]		
系统测定分段数		试验日期		

检测区段图示：	分段实测数值		
	序号	分段表面积(m^2)	试验压力(Pa)	实际漏风量(m^3/h)

评定意见：

检验人员：

验收意见：

(公章)　　　　　　　　　　　　　　　　　　(公章)

建设单位代表　　　　　年 月 日　　　施工单位代表　　　　　年 月 日

风管漏光检测评定表

表 6-15

工程名称		分部工程名称	
分项工程名称		系统名称	
风管级别		灯源功率(W)	
系统总接缝长度(m)		试验累计接缝长度(m)	

序号	试验部位	试验接缝长度(m)	漏光点数

评定意见	
	检验人员:

验收意见:	
(公章)	(公章)
建设单位代表　　　　年 月 日	施工单位代表　　　　年 月 日

风管、水管及设备保温（冷）分项工程质量评定表

表 6-16

工程名称： 部位：

<table>
<tr><th colspan="2">项 目</th><th colspan="12">质量评定</th></tr>
<tr><td rowspan="2">保证项目</td><td>1</td><td colspan="12">材质、规格及防火性能必须符合设计和防火要求。电加热器及其前后 800mm 范围内的风管，隔热层必须用非燃烧材料</td></tr>
<tr><td>2</td><td colspan="12">水管、风管与空调设备的接头处，以及产生凝结水的部位，必须保温良好，严密、无缝隙</td></tr>
<tr><td rowspan="8">基本项目</td><td colspan="2" rowspan="2">项 目</td><td colspan="10">质量情况</td><td rowspan="2">保温（冷）材料</td></tr>
<tr><td>1</td><td>2</td><td>3</td><td>4</td><td>5</td><td>6</td><td>7</td><td>8</td><td>9</td><td>10</td></tr>
<tr><td>1</td><td>风管隔热层厚度(mm)</td><td></td><td></td><td></td><td></td><td></td><td></td><td></td><td></td><td></td><td></td><td></td></tr>
<tr><td>2</td><td>水管隔热层厚度(mm)</td><td></td><td></td><td></td><td></td><td></td><td></td><td></td><td></td><td></td><td></td><td></td></tr>
<tr><td>3</td><td>隔气性</td><td></td><td></td><td></td><td></td><td></td><td></td><td></td><td></td><td></td><td></td><td></td></tr>
<tr><td>4</td><td>保护层质量</td><td></td><td></td><td></td><td></td><td></td><td></td><td></td><td></td><td></td><td></td><td></td></tr>
<tr><td>5</td><td>法兰保温(冷)</td><td></td><td></td><td></td><td></td><td></td><td></td><td></td><td></td><td></td><td></td><td></td></tr>
<tr><td>6</td><td>阀门保温(冷)</td><td></td><td></td><td></td><td></td><td></td><td></td><td></td><td></td><td></td><td></td><td></td></tr>
<tr><td rowspan="5">允许偏差项目</td><td colspan="3" rowspan="2">项 目</td><td rowspan="2">允许偏差(mm)</td><td colspan="10">实测值(mm)</td></tr>
<tr><td>1</td><td>2</td><td>3</td><td>4</td><td>5</td><td>6</td><td>7</td><td>8</td><td>9</td><td>10</td></tr>
<tr><td rowspan="2">1</td><td rowspan="2">保温层表面平整度</td><td>卷材或板材</td><td>5</td><td></td><td></td><td></td><td></td><td></td><td></td><td></td><td></td><td></td><td></td></tr>
<tr><td>散材或软质材料</td><td>10</td><td></td><td></td><td></td><td></td><td></td><td></td><td></td><td></td><td></td><td></td></tr>
<tr><td>2</td><td colspan="2">隔热层厚度 δ</td><td>$+0.10\delta$
-0.05δ</td><td></td><td></td><td></td><td></td><td></td><td></td><td></td><td></td><td></td><td></td></tr>
<tr><td rowspan="3">检查结果</td><td colspan="2">保证项目</td><td colspan="12"></td></tr>
<tr><td colspan="2">基本项目</td><td colspan="12">检查 项,其中优良 项,优良率 ％</td></tr>
<tr><td colspan="2">允许偏差项目</td><td colspan="12">实测 点,其中合格 点,合格率 ％</td></tr>
<tr><td>评定等级</td><td colspan="6">工程负责人：
工 长：
班组长：</td><td colspan="7">核定等级</td></tr>
</table>

专职质量检查员：

年 月 日

水管道安装分项工程质量检验评定表　　　　　　　表 6-17

工程名称：　　　　　　　　　部位：　　　　　　　　　工程量：

		项　目		质量情况										
保证项目	1	隐蔽管道和空调系统的水压试验结果以及使用管材品种、规格尺寸，必须符合设计要求和施工规范规定												
	2	管道及管道支吊架安装符合设计及规范规定												
	3	水系统竣工后或交付使用前，必须进行吹洗												

		项　目		质量情况										等级
				1	2	3	4	5	6	7	8	9	10	
基本项目	1	管道坡度												
	2	碳素钢管螺纹连接												
	3	碳素钢管法兰连接												
	4	非镀锌碳素钢管焊接												
	5	金属和非金属管道的承插和套箍接口												
	6	管道支(吊、托)架及管座(墩)												
	7	阀门安装												
	8	埋地管道的防腐层												
	9	管道、箱类和金属支架涂漆												

		项　目			允许偏差(mm)	实测值(mm)									
允许偏差项目	1	水平管道纵、横方向弯曲	给水铸铁管	每1m	1	1	2	3	4	5	6	7	8	9	10
				全长(25m以上)	不大于25										
			碳素钢管	每1m 管径小于或等于100mm	0.5										
				每1m 管径大于100mm	1										
				全长(25m以上) 管径小于或等于100mm	不大于13										
				全长(25m以上) 管径大于100mm	不大于25										
	2	立管垂直度	给水铸铁管	每1m	3										
				全长(5m以上)	不大于15										
			碳素钢管	每1m	2										
				全长(5m以上)	不大于10										
	3	隔热层	表面平整度	卷材或板材	4										
				涂抹或其他	8										
			厚　度		+0.1δ −0.05δ										

检查结果	保证项目		
	基本项目	检查　　项，其中优良　　项，优良率　　％	
	允许偏差项目	实测　　点，其中合格　　点，合格率　　％	

评定等级		工程负责人： 工　　长： 班组长：	核定等级	
				专职质量检查员：

水管道隐蔽工程验收记录表 表 6-18

单位工程名称				分项工程名称			
设计单位		设计图号	材 质	规 格	单 位	数 量	

隐检内容	位 置						
	标高、坡度、坡向						
	基座、支架						
	接口、接头材质						
	防腐措施						
	保温方式						
	灌水、试压结果						
	管洞处理						

施工单位检查意见		说明或草图	
施工单位复查意见			
建设或监理单位核验意见		建设单位(公章)	
		监理单位(公章)	
	核验人(签字) 年 月	施工单位(公章)	

年 月 日

水管道系统强度和严密性打压试验评定表

表 6-19

工程名称			分项工程名称		
试验部位	材 质	试验介质	环境温度(℃)	试验日期	
管道编号					
工作压力(MPa)					
试验压力(MPa)					
持续时间(min)					
规定允许压降(MPa)					
试验压降(MPa)					
试验结果					

试压经过及问题处理：

验收意见：

建设单位(公章)		监理单位签字(公章)	
施工单位(公章)		质检员	

年 月 日

水管道及设备清洗（吹洗、脱脂）评定表　　　　　　　　　表6-20

工程名称			分项工程名称		
部 位	材 质	规 格	单 位	数 量	时 间

清洗标准及规定

清洗方法		清洗介质	
清洗压力			
清洗结果			
标准依据			

清洗说明及问题处理：

验收意见：

　　　　　　　　　　　　　　　　　　　　　　　　检验人（签字）

建设单位 （公章）		监理单位 （公章）		施工单位 （公章）	

年　月　日

排水管道系统灌水、通水、通球试验评定表

表 6-21

工程名称			分项工程名称			
部　位	材　质	规　格	单　位	数　量	试验时间	

试验标准及规定

实验方法	
灌水通水通球标准	
灌水通水通球结果	
标准依据	

试验说明及问题处理：

验收意见：

验收人(签字)

建设单位 (公章)		监理单位 (公章)	
施工单位 (公章)		工程负责人		质检员	

年　月　日

防腐（油漆）分项工程质量评定表

表 6-22

工程名称：　　　　　　　　　　　　　部位：

	项　目	质量评定
保证项目	1　喷、涂底漆前表面的灰尘、铁锈、焊渣、油污必须清除干净	
	2　涂料的品种及涂层遍数、标记必须符合设计要求或施工规范规定	

	项　目	质量情况										等级
		1	2	3	4	5	6	7	8	9	10	
基本项目	1　漆　膜											
	2　部件油漆											
	3　支、吊、架、托架的防腐与油漆											

检查结果	保证项目	
	基本项目	检查　　项，其中优良　　项，优良率　　％
	允许偏差项目	实测　　点，其中合格　　点，合格率　　％

评定等级		工程负责人： 工　　长： 班 组 长：	核定等级	 专职质量检查员： 　年　月　日

设备开箱检查记录表 表 6-23

工程名称		分部(或单位)工程	
设备名称		型号、规格	
系统编号		制造企业	

设备检查	1. 包装：			
	2. 设备外观：			
	3. 设备零部件：			
	4. 其他			
技术文件检查	1. 装箱单	份	张	
	2. 合格证	份	张	
	3. 说明书	份	张	
	4. 设备图	份	张	
	5. 其他			
存在问题及处理意见				

(公章)	(公章)
建设单位	施工单位
代　表　　　　　　　　　年 月 日	代　表　　　　　　　　　年 月 日

中央空调工程主要材料、设备合格证及质量鉴定文件汇总表　　　　　表 6-24

工程名称：

序号	材料、设备名称	规格型号	数量	合格证及鉴定文件份数	生产厂家	使用部位	备注

审核：　　　　　制表：　　　　　　　　　　　　　　　　　　　　年 月 日

通风机安装分项工程质量检验评定表 表 6-25

工程名称：　　　　　　　　　　　　　　　部位：

		项　目		质量评定									
保证项目	1	严禁与壳体碰擦											
	2	进风斗与叶轮的间隙必须均匀并符合技术要求											
	3	必须拧紧，并有防松装置，垫铁放置位置必须正确，接触紧密，每组不超过3块											
	4	叶轮旋转方向必须正确。经不少于2h的运转后，滑动轴承温升不超过35℃，最高温度不超过70℃，滚动轴承温升不超过40℃，最高温度不超过80℃											

		项　目		允许偏差(mm)	实测值(mm)								
					1	2	3	4	5	6	7	8	9	10
允许偏差项目	1	中心线的平面位置		10										
	2	标高		±10										
	3	皮带轮轮宽中心平面位移		1										
	4	传动轴水平度		0.2/1000										
	5	联轴器同心度	径向位移	0.05										
			轴向倾斜	0.2/1000										

检查结果	保证项目				
	基本项目	检查　　项，其中优良　　项，优良率　　%			
	允许偏差项目	实测　　点，其中合格　　点，合格率　　%			
	验收意见				验收人(签字)
	建设单位(公章)		监理单位(公章)		施工单位(公章)

年　月　日

水泵、水箱安装分项工程质量检验评定表

表 6-26

工程名称： 部位：

<table>
<tr><th colspan="3">项 目</th><th colspan="13">质量情况</th></tr>
<tr><td rowspan="3">保证项目</td><td>1</td><td colspan="14">金属水箱、离心式水泵的型号、规格必须符合设计要求。水泵就位前的基础混凝土强度、坐标、标高尺寸和螺栓孔位置必须符合设计要求和施工规范规定</td></tr>
<tr><td>2</td><td colspan="14">水泵试运转的轴承温升必须符合施工规范规定</td></tr>
<tr><td>3</td><td colspan="14">敞口水箱的满水试验和密闭水箱的水压试验必须符合设计要求和施工规范规定</td></tr>
<tr><td rowspan="3">基本项目</td><td colspan="2" rowspan="2">项 目</td><td colspan="10">质量情况</td><td colspan="2" rowspan="2">等级</td></tr>
<tr><td>1</td><td>2</td><td>3</td><td>4</td><td>5</td><td>6</td><td>7</td><td>8</td><td>9</td><td>10</td></tr>
<tr><td colspan="2">1 水箱支架或底座
2 水箱涂漆</td><td colspan="10"></td><td colspan="2"></td></tr>
<tr><td rowspan="9">允许偏差项目</td><td colspan="3">项 目</td><td colspan="2">允许偏差(mm)</td><td colspan="10">实测值(mm)</td></tr>
<tr><td colspan="3"></td><td colspan="2"></td><td>1</td><td>2</td><td>3</td><td>4</td><td>5</td><td>6</td><td>7</td><td>8</td><td>9</td><td>10</td></tr>
<tr><td rowspan="3">1</td><td rowspan="3">水箱</td><td>坐标</td><td colspan="2">15</td><td colspan="10"></td></tr>
<tr><td>标高</td><td colspan="2">±5</td><td colspan="10"></td></tr>
<tr><td>垂直度(每米)</td><td colspan="2">1</td><td colspan="10"></td></tr>
<tr><td rowspan="3">2</td><td rowspan="3">离心式水泵</td><td colspan="2">泵体水平度(每米)</td><td>0.1</td><td colspan="10"></td></tr>
<tr><td rowspan="2">联轴器同心度</td><td>轴向倾斜(每米)</td><td>0.8</td><td colspan="10"></td></tr>
<tr><td>径向位移</td><td>0.1</td><td colspan="10"></td></tr>
<tr><td rowspan="3">3</td><td rowspan="3">水箱保温</td><td colspan="2">保温层厚度δ</td><td>+0.1δ
−0.05δ</td><td colspan="10"></td></tr>
<tr><td rowspan="2">表面平整度</td><td>卷板或板材</td><td>5</td><td colspan="10"></td></tr>
<tr><td>涂抹或其他</td><td>10</td><td colspan="10"></td></tr>
<tr><td rowspan="3">检查结果</td><td colspan="2">保证项目</td><td colspan="13"></td></tr>
<tr><td colspan="2">基本项目</td><td colspan="13">检查 项,其中优良 项,优良率 %</td></tr>
<tr><td colspan="2">允许偏差项目</td><td colspan="13">实测 点,其中合格 点,合格率 %</td></tr>
<tr><td colspan="3">验收意见</td><td colspan="13">验收人(签字)</td></tr>
<tr><td colspan="6">建设单位(公章)</td><td colspan="5">监理单位(公章)</td><td colspan="5">施工单位(公章)</td></tr>
</table>

注：δ为保温层厚度。 年 月 日

制冷机组、空调机组安装检验评定表

表 6-27

建设单位		安装单位		工程名称(分项)	
设备名称		设备制造企业		型号	

项 目		允许偏差(mm)	实际偏差(mm)			
标高				软接头	冷水进出口	
中心线	纵向				冷却水进出口	
	横向					
垂直度				仪表	温度计	
水平度	纵向				压力计	
	横向			凝水排放	空调机组	
					制冷机组	

联轴器编号	径 向				轴 向					端面间隙		百分表固定位置
	径向位移规定值	实际值(mm)			轴向位移规定值	实际值(mm)				规定值(mm)	实际值(mm)	
		a1	a2	a3	a4		b1	b2	b3	b4		

附图说明或验收结论：

验收人
(签字)

建设单位 (公章)	年 月 日	安装单位 (公章)	年 月 日
监理单位 (公章)	年 月 日	安装单位负责人 (签字)	年 月 日

冷却塔安装检验评定表

表 6-28

工程名称：

建设单位		施工单位	
冷却塔名称		制造企业	
冷却塔型号	检查项目	检查标准	检查结果
	设备找平找正及地脚螺栓的固定		
	出水口及喷嘴的方向位置		
	转动部分的灵活性		
	排风机的旋转方向及传动无异常		
	填料的防火要求及排列符合规定		
	其他：		
验收意见			

验收人(签字)

建设单位(公章)	监理单位(公章)	施工单位(公章)
年 月 日	年 月 日	年 月 日

年 月 日

制冷机组气密性试验评定表 表 6-29

工程名称		分部(或单位)工程	
试验部位		试验时间	

管道编号	气密性试验			
	试验介质	试验压力(MPa)	定压时间(h)	试验结果

管道编号	真 空 试 验			
	设计真空度(kPa)	试验真空度(kPa)	定压时间(h)	试验结果

管道编号	充制冷剂试验			
	充制冷剂压力(MPa)	检漏仪器	补漏位置	试验结果

验收意见	
	验收人(签字)

建设单位	监理单位	施工单位
(公章)	(公章)	(公章)
年 月 日	年 月 日	年 月 日

设备单机试车评定表

表 6-30

工程名称		分部(或单位)工程	
系统名称			

序号	系统编号	设备名称	设备转速(r/min)		功率(kW)		电流(A)		轴承温升(℃)
			额定值	实测值	铭牌	实测	额定值	实测值	实测值

验收评定意见	
	验收人(签字)

建设单位 (公章) 年 月 日	监理单位 (公章) 年 月 日	施工单位 (公章) 年 月 日

制冷系统运转调试评定表　　　　　　　　　　表6-31

工程名称：

建设单位			施工单位	
设备名称			制造企业	
设备型号及制冷量				
制冷剂种类			充注量	
系统压力			计量方法	

	工 况 名 称	设 计 工 况	调 试 工 况
压缩式制冷机组	吸气压力/排气压力(MPa)	/	/
	吸气温度/排气温度(℃)	/	/
	油压(MPa)/油温(℃)	/	/
	冷凝压力/蒸发压力(MPa)	/	/
	油箱油面高度和供油状况		
	能量调节装置是否稳定可靠		
水系统	冷却水泵出口压力(MPa)		
	冷(热)水泵出口压力(MPa)		
	冷却水进口温度/出口温度(℃)	/	/
	冷(热)水进口温度/出口温度(℃)	/	/
	冷媒水进口温度冷却水流量/冷(热)水流量(m³/h)	/	/
溴化锂制冷机组	工作蒸汽压力(MPa)/温度(℃)	/	/
	燃气、燃油的燃烧状况(大火、中火、小火)		
	机组真空度(Pa)		
	稀溶液温度/浓溶液温度(℃)	/	/
	稀溶液液位/冷剂水液位	/	/

验收意见 建设单位(公章)　年 月 日	监理单位(公章) 年 月 日	施工单位(公章) 调试人(签字) 年 月 日

空调系统试验调整评定表　　　　　　　表 6-32

工程名称		分部(或单位)工程	
系统编号		试验日期	年 月 日
设计总风量 （m³/h）		实测总风量 （m³/h）	
风机全压 （Pa）		实测风机全压(Pa)	
风机转速 （r/min）		实测风机转速 （r/min）	
风机轴功率 （kW）		实测风机轴功率 （kW）	
风机效率 （%）		实测风机效率 （%）	

试验数据分析：

测试人(签字)

验收意见：

验收人(签字)

建设单位	监理单位	施工单位
（公章）	（公章）	（公章）
年 月 日	年 月 日	年 月 日

第7章 制冷空调系统安全操作

在设计、施工、安装、调试合格并竣工验收后，进行正式投产使用前，生产或使用单位应组织有实际操作经验的人员制定制冷空调系统运行的"操作规程"，以确保操作安全。在实际操作过程中，要不断总结经验和修订操作规程，不断完善规程条款，提高整体操作水平。编写和实施优秀的操作规程，不仅能保证生产的安全，而且能提高制冷空调的效率和经济运行，延长制冷空调设备的使用寿命。

不同的规格型号、不同的系统配置、不同特性的制冷空调设备、不同的用冷目的等，使不同系统的操作规程具有不尽相同的特性。操作人员应熟悉制冷空调系统和设备性能，必须严格遵守操作规程及有关技术规定，本章着重讲述制冷空调系统与设备的操作规程、操作方法和操作的安全要求。

7.1 活塞式制冷设备安全操作

7.1.1 活塞式制冷压缩机安全操作

1. 氨活塞式制冷压缩机开机前的准备工作

开机前应首先查看运行记录，了解压缩机的情况，是正常停机，还是故障停机，如因故障停机，则必须检查检修记录和试机情况，确保机器完好后即可查看用冷负荷、用冷目的，以便确定开机台数并进行系统配置。

（1）检查制冷压缩机开机的准备工作

1）检查压缩机周围有无障碍物，安全防护罩是否完好，是否做好清洁卫生工作，检查照明、通风等开机环境和工、器具及防护用具的准备。

2）检查曲轴箱压力。如果超过 0.2MPa 时应稍打开吸气阀降压。如发现曲轴箱压力超过上述数值，应及时查明原因，进行消除。

3）检查曲轴箱油面。侧盖只有一个油面玻璃视孔的，不得低于视孔的 1/2；有两个视孔的，应在两个油面视孔中间，最高不超过上视孔的 1/2，最低不低于下视孔的 1/2。

4）检查各压力表的关闭阀是否已全部打开。

5）查看卸载装置的指示箭头是否拨在"最小容量"或者"零位"。

6）检查水泵、冷却塔、冷凝器、冷凝水池循环冷却水及压缩机水套冷却水供水是否正常，水流继电器有无失灵。

7）检查油压差控制器、高压压力控制器、低压压力控制器等自动保护装置的指针是否调整在所要求的数值上。

8）检查电源供电是否正常，应掌握电工基础知识。开关柜的主回路和控制回路均须空载试验合格，配电屏、开关柜严禁带荷拉闸。检查接零接地是否牢固，接地电阻应小于 4Ω。掌握压缩机电机直接启动、Y-△启动、频敏变阻器降压启动或延边启动控制回路。

检查碳刷、交流接触器及线耳线路等接触是否稳妥。查看脱扣电流、温度、压力、水流、时间继电器等的调定值是否正确。观察电流、电压、功率因素的变化。

(2) 检查高、低压系统管路及有关阀门

1) 检查高压系统：压缩机的排气阀与总调节站的膨胀阀应关闭。油分离器、冷凝器、贮液器等设备管路上的截止阀和压力表阀、安全阀、电磁阀前的截止阀及均压阀等应开启，冲霜用的热氨阀、放油阀、空气分离器的放空气阀等应关闭。

2) 检查低压系统：压缩机的吸气阀应关闭。由总调节站经氨液分离器、分调节站至需降温的各蒸发器的回气阀和各冷间经氨液分离器、低压循环贮液桶至压缩机的低压进、出气阀，及有关的过桥阀、压力表阀、安全阀前的截止阀等均应开启。各低压设备的放油阀、加压阀、冲霜、排液阀应关闭。

(3) 检查贮液器、低压循环贮液桶液面

1) 高压贮液器液面不得超过70%，不低于30%。

2) 检查低压循环贮液桶液面，应保持在液位控制器控制范围内，不应超过容量的70%。

3) 低压贮液器不宜有液位，超过30%必须进行排液。

(4) 检查中间冷却器

对于双级压缩机，除与单级压缩机启动前的准备工作相同外，还应检查中间冷却器上的进、出气阀、蛇形盘管的进、出液阀、电磁阀（或浮球阀、供液装置的气液平衡阀）、压力表阀、安全阀前的截止阀、油包式液位指示器的气液连通阀是否呈开启状态。手动调节供液阀、放油阀、排液阀应呈关闭状态。检查中间冷却器液位是否正常。如中间压力超过0.5MPa应进行排液减压。

(5) 其他

1) 检查氨泵、水泵、盐水泵、风机等的运转部位有无障碍物，电机及各设备是否正常。

2) 检查各运转设备的电源供电是否正常。

3) 启动水泵，向冷凝器、冷却塔、压缩机水套、曲轴箱内油的水冷却器供水。

2. 氨活塞式制冷压缩机的开机操作

对氨压缩机和系统的检查、调整等准备工作结束后，即可开机。

(1) 单级压缩机开机

1) 转动油过滤器手柄数圈，防止油路堵塞，油泵不上油。

2) 盘动联轴器2~3圈（盘车），检查是否过重，若转动很重，应检查原因，加以排除。

3) 开启排气阀。

4) 接通电动机电源，启动制冷压缩机（查看启动电流是否正常，运转时有无出现异常声音和电动机闪烁火星等"扫堂"现象）。

5) 待压缩机空载启动转入正常运行状态（延时时间约7~9s）稳定后，缓慢开启吸气阀（开始时让一对气缸工作），这时，油压随之上升（如果不上油，应立即停机，查明原因并消除故障，严防压缩机"抱轴"等严重事故）。同时，随时控制电流大小，如果听到液击声或出现"倒霜"现象，或吸气温度快速下降，应立即关小吸气阀，待液击声和

"倒霜"消除，吸气温度和油温回升后再慢慢开启吸气阀，直到全部开启为止。"倒霜"严重时，应快速关闭吸气阀，待曲轴箱温度回升、"倒霜"消除后，再重新缓慢开启吸气阀。若"倒霜"消除不了，应立即停机处理，不得关闭压缩机水套供水，同时用别的压缩机向"倒霜"压缩机曲轴箱作间断抽气，直至重新开机。

6) 及时调整油压，使其比吸气压力高 0.15～0.3MPa。

7) 将卸载装置手柄拨至需要的容量。调节时每隔 2～3min 拨一档，如果容量调大后，发现有液击声，应立即调小容量，约经 5～10min 后才能再增加容量。

8) 根据压缩机负荷情况，开启调节站有关供液调节阀。如氨泵供液系统，待压缩机运转正常后，才启动氨泵，向蒸发器供液（如果低压循环桶的液面高于 50% 时，应先开氨泵再开压缩机）。

9) 压缩机运转无异常声音，各运转设备无异常振动，曲轴箱温度、密封器、轴承温度、油的温升稳定、气缸壁温、吸、排气温度、冷凝温度、冷凝压力、蒸发温度、蒸发压力（蒸发压力一般没有压力表可显示，只能参照回气压力，而且，回气压力的大小是反映压缩机荷载的主要参数之一）均正常、压缩机吸气腔及气、液分配站的回气、供液阀结霜良好，调整压缩机运转正常，填好车间记录。

(2) 双级压缩机开机

目前国内制冷系统中，两级压缩制冷有配组式双级制冷压缩机和单机双级组合式制冷压缩机两种形式。

1) 配组式双级压缩机开机

配组式双级即由高、低压机组合而成。首先启动高压机，其操作程序及注意事项与单级压缩机操作相同。待高压机运转正常，并使中间冷却器压力降至 0.1MPa 时，再启动低压机。如低压级由几台压缩机组成则应逐台启动，其操作程序与单级压缩机相同。开机时中间冷却器的液面不得超过 50%，当低压机运转正常后向中间冷却器供液。如中间冷却器内无氨液，则应在高压机启动后立即向中间冷却器适量供液。

2) 组合式单机双级压缩机开机

先打开高、低压机的排气阀，卸载装置手柄应拨到"零位"。接通电源，启动压缩机（高压缸处工作状态），待运转正常后开启高压机吸气阀，当中间冷却器的中间压力降至 0.1MPa 时再缓慢开启低压机的吸气阀（开始用一对缸工作），中间压力正常，吸气阀全开，卸载装置拨到"1"全载运行，中间冷却器液面正常。其他操作程序方法与单级操作方法相同。启动正常后填好车间记录。

(3) 压缩机"倒打反抽"阀组的操作

"倒打反抽"阀组如图 7-1 所示，一般只设在一台单级压缩机上。为了检修高压制冷系统管道或设备，常采用"倒打反抽"阀组作反向工作阀，使需要检修的高压系统管道或个别高压制冷设备减压或抽真空。正常工作时，阀 3、4 关闭。反向工作时阀 1、5 关闭；打开阀 3、4，这时气体流向与正常相反，从而实现了反向工作的目的。阀 2、6 是随压缩机本身带来的操作阀。反向操作容易引起低压系统压力过高，平时应慎用，避免发生事故。

"倒打反抽"阀组在新安装的制冷系统中实现低压系统试压、试漏和高压系统抽真空试验时尤为适用，若没有"倒打"阀组，即进行不了低压系统的打压、检漏；若没有"反抽"阀组,即进行不了高压系统抽真空。可见"倒打反抽"阀组的重要性。

3. 氨活塞式制冷压缩机的加油操作

(1) 首先检查润滑油规格、型号和质量是否符合使用要求,并将其过磅秤量。

(2) 检查加油用的管道是否清洁,其一端应有过滤装置。

(3) 将加油管口一端接在制冷压缩机三通阀的加油管口上,有过滤装置的一端插入润滑油桶内。

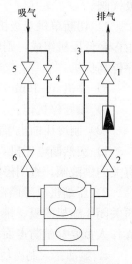

图7-1 压缩机的"倒打反抽"阀组

(4) 将三通阀指示箭头由"运转"位置拨至"加油"位置,润滑油即进入曲轴箱内,当油位达到要求时,将三通阀指示箭头由"加油"位置拨回"运转"位置,加油操作完成。秤剩余油量,算出油的净加入量,填入记录表内。注意加油时油管不得露出油面,以免空气进入。

(5) 若加油时进油很慢甚至不进油,可将吸气阀适当关小,待加油完毕后,再开启吸汽阀恢复正常运转。关小吸气阀时注意曲轴箱压力不能过低。

4. 氨活塞式制冷压缩机的停机操作

(1) 单级压缩机正常停机

氨单级压缩机通常用于-15℃蒸发温度系统的高温冷贮藏,多采用氨液分离器的重力供液。

1) 关闭调节站上有关的供液节流阀(如无调节站,可直接关闭冷却排管、冷风机、盐水蒸发器等的供液阀)。若所有单级压缩机要停机(停止-15℃蒸发温度系统的运行),即关闭氨液分离器的供液阀。

2) 逐档调节卸载装置的手柄,减少气缸工作数,直到剩下一对缸。

3) 关小吸气阀,待蒸发压力降至0.05MPa时,关闭压缩机吸气阀。

4) 切断压缩机的电机电源,在制冷压缩机停止转动的同时关闭排气阀。

5) 将卸载装置手柄拨至"零位"或最小数值位置。

6) 停机5~10min后关闭压缩机水套的供水,待全部压缩机停止运转后,停止向冷凝器供水。冬季停机停泵时,没有取暖设施的机房应将机器水套和冷凝器中存水放净,以免冻坏设备和制冷压缩机。

7) 填好停机记录。

(2) 双级压缩机正常停机

氨双级压缩机通常用于-28℃蒸发温度系统的低温冷贮藏或-33℃蒸发温度系统的冻结冷加工。多采用低压循环贮液桶的氨泵供液。

1) 关闭调节站上有关的供液阀及中间冷却器的供液阀。若蒸发系统的所有双级压缩机要停机(停止-28℃或-33℃蒸发系统的运行),即关闭对应低压循环贮液桶供液阀和停止氨泵运行。

2) 先停低压机,如果是单机双级机应先关低压级吸气阀。

3) 当中间压力降到0.1MPa左右时再停高压机,如果是单机双级机应先关闭高压级吸气阀。

4）切断单机双级机电机电源，并同时关闭高、低压排气阀。如果是配组式双级机组由多台低压机组成，则应逐台停机，操作方法与单级机相同，待所有低压机停完后再按程序停高压机。

5）停机 5~10min 后停止压缩机水套供水，注意事项同单级机停机操作。

6）填好停机记。

（3）制冷压缩机事故停机

1）突然断电停机：先切断电机电源，再按正常停机程序，关闭压缩机吸、排气阀及有关的供液阀。查明停电原因，填写停电记录，待恢复供电后再行开机。

2）压缩机故障停机：情况允许时应按正常停机程序操作。如情况紧急可先切断电源，再关闭压缩机的吸、排气阀和供液阀。如果故障严重，则应立即切断压缩机车间总电源，操作人员要穿戴防毒面具和防护服装，进行抢修。

5. 氟活塞式制冷压缩机的操作

氟制冷压缩机的操作与氨压缩机操作基本相同。

但是，由于氟利昂与氨具有不同的物理化学性质，如：氟利昂与润滑油有相互溶解的特性，因此，在操作过程中要经常查看回油情况（氨系统采用油氨分离装置，氟系统设置了许多回油装置），保证曲轴箱有足够的油面。比如，水、空气进入氟系统（空气进去，空气中的水蒸气就进去），不仅容易造成降低制冷效率和出现"冰堵"等故障，还能很快地腐蚀紫铜部件，危害更大，造成冷凝器泄漏等机器、设备的严重损坏。因此，在操作过程中要经常注意系统的干燥程度和密闭性能。两者的操作有所区别。

（1）氟压缩机的开机准备

除与氨压缩机开机准备相同外，还要检查以下内容：

1）水冷式冷凝器要开水阀供水；风冷式冷凝器要开风机。

2）检查温度继电器、热力膨胀阀、电磁阀、干燥过滤器、液流视镜等部件是否正常。

（2）氟压缩机的开机

除与氨单、双级压缩机开机相同外，还要检查以下内容：

1）观测液流视镜纸芯呈现的颜色，确定制冷剂含水量，含水量超值时应干燥排除水分。

2）检查曲轴箱电加热器是否正常。

3）氟系统多采用热力膨胀阀（接近 PID 调节自动供液），接通电磁阀后，热力膨胀阀自动开启并根据负荷大小自调供液，当压缩机运转稳定，迟延一定时间后即接通电磁阀供液，自动化操作程度较高。氨系统一般均采用手动节流阀，用人工调节进行供液。

（3）氟压缩机的停机

由于氟系统多采用热力膨胀阀实现直接供液，系统比较简单，自动化程度较高，所以，可实现自动开、停机。氟压缩机的人工停机除与氨单、双级压缩机停机相同外，还应检查以下内容：

1）停机前，应关闭贮液器或冷凝器的出液阀，使制冷剂进入贮液器或冷凝器后不再流入蒸发器。

2）待压缩机的吸气压力降低至 0MPa 时，切断电源，使压缩机停止工作。

3) 15min 后关闭冷凝器、压机水套、曲轴箱油冷却器的冷却水供水阀。

4) 冬季为了防冻,应将上述设备内的水放净,防止发生冻裂事故。

(4) 氟压缩机的加油

正常情况下,氟压缩机耗油量比较少,而且,在系统的各个部位均设置回油装置。氟压缩机排气阀后设置回油罐,利用罐内的浮球控制使大部分油重新回至曲轴箱。氟系统使用的排管和冷风机均采用蛇管蒸发器,有利于回油,蒸发器出口设回油弯,并设置上升立管,经坡向压缩机方向的回气管至曲轴箱。冷冻油与氟利昂相互溶解,实际上,冷冻油随氟利昂进行循环后被带回曲轴箱。对于不同压缩机可采用不同的加油方法:

1) 较大型氟压缩机与氨压缩机相同,从三通阀加油。

2) 小型氟压缩机可以从曲轴箱加油孔加油。开机前,应先开排气阀,待曲轴箱压力低于大气压时,拧开加油孔丝堵,将准备好的加油漏斗及加油管插入孔内,向曲轴箱加油,达到要求的油面为止。加油完毕后拧紧丝堵。

(5) 氟压缩机的放空气

因为空气的密度小于氟利昂的密度,所以空气一般总是处于冷凝器、贮液器的上部。放空气时可按下述步骤操作:

1) 关闭冷凝器或贮液器的出液阀,使压缩机继续运转,把系统中的制冷剂和混合气体都积聚在冷凝器或贮液器内,冷凝器的冷却水(或风扇)不停,尽量使制冷剂充分冷凝,待低压系统达到真空状态时,停止压缩机运行。

2) 停止运转1h左右,拧松压缩机排出阀的旁通孔丝堵(旋塞),将多用通道式阀门的排气阀关闭半圈左右,使系统的气流从旁通孔逸出,用手触摸放出的气体,如果感觉排出的气体比较热即为空气,当排出气体感觉有点凉时,即应拧紧丝堵,停止放空气。

3) 启动压缩机运行,观察压力表指针是否剧烈跳动,冷凝压力和排气压力是否超过正常压力值。否则还应按上述方法重新进行放空气操作。

6. 活塞式压缩机维修操作的注意事项

(1) 未断开机组电源,不得在电气设备上工作。

(2) 在接通电源时不得使用欧姆表进行测量。

(3) 不得使用密封式压缩机作为真空泵,否则会使绕组短路,接线柱烧坏,并可能引起严重事故。

(4) 当从制冷系统拆卸压缩机时,不得使用焊枪,否则会引起燃烧甚至火灾。

(5) 不得通过切割、松开连接或破坏管路而达到清除系统制冷剂的目的,应使用维修仪表阀组,以便能够控制排放的速度。

(6) 当端子盒盖打开或丢失时,不得对压缩机电动机施加电压。

(7) 当压缩机处在有压力时,不得从压缩机上松开或取下螺栓。

(8) 不得用关闭压缩机吸气维修阀和排气维修阀来控制压缩机。

(9) 当维修电路时,应切断电源。

(10) 维修管路之前,必须关闭多级压缩系统上的所有压缩机。

7.1.2 制冷机组的安全操作

制冷机组是将压缩机、电动机、油分离器、冷凝器、贮液器、控制台等组装在同一底座上。控制台上装有高、低压、油压差控制器等,以保护机器的运行安全可靠。它的特点是：

(1) 结构紧凑，体积小，占地面积小，安装方便。
(2) 冷凝器往往兼作贮液器，整个系统简单，缩短了安装周期。
(3) 零件互换性强，维护修理方便。
(4) 运转平稳，振动小。
(5) 机器设备在制造厂内已做了安全试压、试运转等并充填了制冷剂，运到现场后只要接通水、电、气即可生产运作。

在使用这些机组设备前必须认真阅读生产厂家对该机组出示的安全操作及维修说明书，按说明书上的指示认真操作。

将机组正确地安装于设定的位置和基础上，接通水、电、气等。在安装时应由安装及维修技术人员或生产经销单位的专业人员进行。

初次开机前应检查系统上有关阀门的开启及关闭状态，机器的油位。检查各电气是否已紧固及接通，仪表指示是否正常，调整好温度控制器和主温度继电器及各安全装置工作状态良好，必要时应对曲轴箱油加温，机组和周围环境要尽量保持清洁。

开、停机和维护保养应按前述各类型机器的操作及注意事项进行，做好开、停机记录。

7.2 螺杆式制冷设备安全操作

7.2.1 螺杆式制冷压缩机开机前的准备

(1) 开机前应首先查看运行记录或维修记录，了解制冷压缩机的情况，保证无病启机。

(2) 检查制冷压缩机及制冷系统

1) 检查压缩机四周有无杂物，安全防护装置是否完好。
2) 检查压缩机转子转动是否灵活，有无卡阻现象。
3) 检查各自动保护装置调定值是否满足下列要求：

高压继电器的调定值为 1.6MPa；

低压继电器的调定值为 0.05MPa；

油压与高压差继电器的调定值为 0.1MPa；

油精过滤器前后压差继电器调定值为 0.1MPa；

油温控制器的调定值应为 65℃。

4) 检查各开关装置是否正常，检查电源是否符合启动压缩机的要求。
5) 检查油位是否符合要求。油位应保持在油视镜的 1/2～2/3 处。
6) 检查系统中所有阀门所处的状态。吸气截止阀、加油阀、旁通阀应关闭。其他油、气循环管道上阀门都应开启，特别注意压缩机排气口至冷凝器之间管路上的所有阀门都必须开启，油路系统必须畅通，油泵正常工作。
7) 冷却水、冷媒水路应畅通，且调节水阀、水泵能正常工作。
8) 检查滑阀是否在零位。
9) 观察高、低压情况，应处于均压状态。

7.2.2 螺杆式制冷压缩机的开机

1. 第一次启动

（1）打开冷却水和冷媒水系统，使其正常循环，冷凝器、蒸发器处于正常状态；启动油泵，使油路循环几分钟后停止；对压缩机进行手动盘车，应转动灵活。

（2）合上电源控制开关，检查各控制灯指示是否正确。

（3）启动油泵，调节油压使之达到 0.5～0.6MPa，将四通阀转到增载、停止和减载的位置，看能量显示是否相应变化。

（4）将四通阀手柄转到减载位置，滑阀退到零位，启动压缩机，缓慢开启吸气截止阀。对于氟利昂螺杆式制冷压缩机组，若油温低于 30℃，则启动电加热器使油温升至 30℃以上，关闭电加热器后再启动压缩机。

（5）观察并再次调节油压，使之高于排气压力 0.15～0.3MPa。

（6）分数次增载，并相应调节供液阀，观察吸气压力、排气压力、油温、油压、油位及机组是否有异常声音，若一切正常可增载到满负荷运行。

（7）初次运行，时间不宜过长。

2. 正常开机

（1）启动冷却水和冷媒水泵，使水路正常循环。

（2）再次检查排气截止阀、油过滤器前后阀、表阀是否已开启。

（3）打开电源控制开关，检查电压、控制灯是否正常。

（4）氟利昂压缩机油温低于 30℃时，应开启油加热器，此时油冷却器中冷却水阀应处于关闭状态，当油温超过 40℃时，可打开水阀。

（5）启动油泵，检查油压是否正常。

（6）将四通阀手柄放到减载位置，同时检查能量指示是否在零位。

（7）启动压缩机，待正常运行灯亮后，缓慢开启吸气阀，观察油压是否高于排气压力 0.15～0.3MPa。

（8）分数次增载并相应开启供液阀，注意观察吸气压力，观察机组其他运行参数是否正常，若正常可继续加载至所需能量位置，然后将四通阀手柄移到停止位置，机组正常运行。

（9）系统正常运行时，应注意观察并定时记录吸气压力、排气压力、吸气温度、排气温度、油温、油压、油位、电压、电流值。

7.2.3 螺杆式制冷压缩机的停机

（1）关闭供液阀，将能量调节手柄转到减载位置，关小吸气阀。

（2）待滑阀回到 40%～50%位置以下且蒸发器中的压力下降到一定值时，按下主机停机按钮停止主机运转后，关闭吸气阀。

（3）待减载到零位后，停止油泵工作，可同时关闭油冷却器供水阀。

（4）冷却水泵和冷媒水泵再运行 15～20min 后，可停止运行。

（5）切断机组电源。

（6）冬季停机后放掉冷凝器和油冷却器中的水，以防冻裂。

（7）作好停机记录。

7.2.4 螺杆机安全操作注意事项

(1) 压缩机油泵启动后，10~15s之内应达到规定的油压；机组正常投入运行后，油压应高于排气压力0.15~0.3MPa，若低于0.1MPa，应调节油压或停机检修。

(2) 随时调节油冷却器的冷却水量，保证供油温度在规定范围内，最好在35~45℃之间。

(3) 注意压缩机各部位的温度和声音，若有异常声音和温度的剧烈变化，应立即停止运行。

(4) 调节能量，使制冷量与负荷相适应。

(5) 为了使螺杆压缩机能长期经济运转，必须调节压缩机的容积比，使排气压力接近或等于冷凝压力。

(6) 随时注意冷水的出水温度，防止冻裂蒸发器。

(7) 经常清洗油两级过滤器，若精滤器油压差大于一个大气压，则应停机清洗精滤器。

(8) 加载时应缓慢加载，并与供液相适应，防止吸气压力保护停机或油冷却器中制冷剂过多。

(9) 值班人员应作好运行记录。

(10) 冬季停机后，应放净冷却水、冷媒水，以防冻裂设备。

7.3 离心式制冷设备安全操作

7.3.1 离心式制冷压缩机开机前的准备

(1) 查看运行和维修记录，了解机组运行和维修情况，如有故障，应排除后才能使用。

(2) 检查电源，检查各控制元件的参数是否正确，各指示灯显示是否正确。

(3) 观察压缩机的油面，应符合启动要求，不足时应补充润滑油。

(4) 注意油温，当油温不能满足启动压缩机要求温度时，应启加热装置，待油温正常后方可运行。

(5) 运转抽气回收装置5~10min，排除不凝性气体。

(6) 检查导流叶片，其动作应灵活，启动压缩机前导流叶片应处于关闭状态。

(7) 启动油泵，检查并调整各处油压、油温和流量并检查控制盘上的指示灯是否正常。

(8) 启动冷却水、冷媒水泵，检查水压、流量和温度并符合启动要求。

7.3.2 离心式压缩机的开机

(1) 再次检查油系统，冷却水、冷媒水系统和电控显示是否正常，导流叶片应处于关闭位置。

(2) 启动压缩机电机，注意电流指针的摆动，监听压缩机运转是否有异常。

(3) 观察增速器油压上升情况，并观察电机、润滑油、油冷却系统是否运行正常。

(4) 在压缩机电机达到正常转速前，导流叶片应一直处于关闭状态。转速正常后，缓慢打开导流叶片。

(5) 加负荷时，应注意电流数值不超过规定要求，同时观察冷冻水温度，当达到设定温度时，导流叶片由手动控制改为自动控制。

（6）调节冷却水量（或制冷剂供液阀）保持油温和电机温度在规定范围内，使机组正常运行。

（7）机组在正常运行中，操作人员应定时检查、调整并记录下列参数：

1）维持轴承温度在规定值以下；

2）维持油压、油温、油面在规定范围内；

3）检查冷却水温度，判断冷凝压力，并保持冷凝压力在规定范围内；

4）检查冷冻水温度，以防冻裂蒸发器；

5）注意压缩机的排气温度应低于规定值；

6）注意轴封和轴承的漏油情况及压缩机的振动噪声和温度变化，若局部有温度剧变或有异常声音，应停机检查；

7）注意主电动机电流、电压是否正常，并注意电机温度是否在规定值以内。

7.3.3 离心式压缩机的停机

（1）切断电动机电源，停电动机和压缩机。

（2）电动机停止的同时，压缩机导流叶片应自动关闭，若无动作，应手动关闭。

（3）关闭油系统中的回气阀，待主机完全停止运转后，再停油泵。

（4）冷却水、冷媒水再循环10～15min后，停止冷却水泵、冷媒水泵。

（5）切断所有电源。

7.3.4 离心式制冷系统的放空气

在空调机组中，离心式压缩机进口处于真空状态，当机组运行、检修或停机时，不可避免地有空气渗入机组内部，使冷凝压力升高，制冷量下降，功耗增加，甚至使主机停机。排除不凝性气体的方法如下：

（1）利用小型活塞式压缩机把积存于冷凝器顶部的不凝性气体和制冷剂蒸气的混合气体通过冷凝器将制冷剂液化回收后，再把不凝性气体排出机外。

（2）不凝性气体和制冷剂的混合气体，从回收冷凝器顶部进入，被来自蒸发器的过冷制冷剂液体在回收冷凝器双层盘管中冷却，混合气体中制冷剂气体被液化，并利用冷凝器和蒸发器的压力差回收到蒸发器中，不凝性气体通过排气阀排至大气中。

（3）在润滑系统中设高位油箱，它除了应付紧急停机时的润滑外，还可将油通过三通阀从底部进入回收冷凝器，来自冷凝器的混合气体在回收冷凝器被冷却盘管中制冷剂冷却，其中制冷剂气体被液化，溶入油中，不凝性气体在油面上被油压缩，压力升高使排气电磁阀打开经单向阀排入大气。当油面上升至限定高度后，三通电磁阀动作，切断油源，油面下降，油回到机壳油槽中。当油面下降到下限高度时，电磁阀再次动作，重复进行排气。

7.3.5 离心机安全操作注意事项

（1）压缩机启动后10～15s以内，油压必须达到规定值。

（2）随时调整油冷却器的冷却水量或制冷剂量，保持油温在规定的范围内。

（3）机组在运行中，应始终保持油位在规定范围内，若有异常应立即调整。

（4）保证轴承温度、电动机温度、机壳温度在规定值以内。

（5）确保齿轮增速机构充分润滑和供油。

（6）及时调节能量，使制冷量与负荷相适应，防止冻裂蒸发器。

(7) 及时排放不凝性气体，保证排气压力在正常范围内。

(8) 压缩机的进口导流叶片的开启度，一般应在40％以上（有的可在10％以上，可按机器说明书的规定），防止喘振，一旦发生喘振应立即采取措施，以免发生事故。

(9) 压缩机在1h之内启动不超过2次，最好每日不超过8次。

(10) 值班人员应认真填好运行记录。

(11) 冬季停机后应放净机组中的水，防止机组冻裂。

(12) 机组停机期间，若切断油加热器的电源，则应在启动前进行油加热。

7.4 吸收式制冷机安全操作

7.4.1 吸收式制冷机开机前的准备

(1) 检验各种安全装置是否齐全、灵敏、有效。

(2) 溶液的配置与充注

1) 按机组溶液灌充量（根据样本）充注溶液。

2) 充注溶液应加缓蚀剂铬酸锂（Li_2CrO_3），并调至0.25％左右，溶液的pH值调至9.5～10.5之间。

3) 配置的溴化锂溶液，当浓度大于50％时，应适当加入蒸馏水；当小于50％时，则在开机后经测溶液浓度从机组适当放出冷剂水。

4) 碱度的高低可用添加氢溴酸（HBr）或氢氧化锂（LiOH）来调整。添加氢溴酸时，浓度不能太高，灌注的速度也不能太快，以免产生腐蚀（点蚀）及筒体内保护膜剥落；应从机内取出一部分溶液，慢慢加入经5倍以上蒸馏水稀释的HBr（浓度为4％），待完全混合后，再注入机内。添加氢氧化锂时，同样应当注意以免产生凝胶质，使喷嘴和溶液热交换器管的翅片阻塞。

5) 为了提高制冷机能力，可在溶液中添加0.1％～0.3％（重量百分比）的辛醇。在设备运行中，根据抽真空排出损失的情况，再加补充。

6) 在溶液灌注时，尤其是向容器内倒溴化锂溶液时，须配戴防护眼镜，防止溶液溅入眼内。使用其他化学试剂时，也必须戴防护眼镜，必要时还需戴橡胶手套、围裙等做好个人防护。

7) 灌注溶液或使用化学试剂后，应将在手上、皮肤上、衣物上的溶液或其他试剂清洗干净。

8) 充灌溶液所使用的胶管、容器、器具等事先和事后必须做好清洁工作。

9) 溶液吸入口应有过滤装置，以防杂物吸入主机组内。

10) 向机组吸入溶液操作时，要严防空气带入机组内。

11) 不要把缓蚀剂溢到地板上，也不要排入沟中，若有缓蚀剂溅到地板上，需用药品（亚硫酸钠）中和处理后再用水冲洗。

12) 若有溶液溅到金属物件或金属工具上则应用水彻底清洗。

13) 溴化锂、缓蚀剂、氢氧化锂、氢溴酸等溶液，必须妥善保存，防止包装破损，溶液、试剂流失。

(3) 制冷机电气控制箱控制按钮，应明确标记用途。对引进的机组如运行人员不识外文时应标清中文，以避免误操作。

（4）冷却系统、冷媒系统试水，检查循环是否正常、有无泄漏，发现问题及早排除。

（5）检查机组真空度是否符合要求。

（6）检查蒸汽管路并试汽，安全阀试压，注水装置、减压减温装置应合格。

（7）蒸汽超压、超温报警系统应灵敏有效，直燃机所配燃烧机的安全装置应有效。

（8）对电气设备及各种计量仪表、声光报警装置等进行检查、校验。

（9）所有电气设备都应有合格的接地装置。

（10）落实供电、供汽。

（11）制冷站事故照明装置完好。

（12）水质硬度较高的地区，冷却水应加水质稳定剂。

7.4.2 吸收式制冷机开机的注意事项

（1）先开冷却水泵和冷媒水泵，要缓慢打开泵的出口阀门，防止冲击机组传热管，并调整好水池水位，按工况要求调整水量。

（2）确认机组真空度达到开机要求。

（3）确认供电电压合格后，启动发生器泵，调好发生器液面，初次开机时液面宜略低一些，避免冷剂水的污染。如果机组设置三泵，同时启动吸收器泵并观察吸收器喷淋情况。

（4）注意检查屏蔽泵、水泵的压力与电机的电流大小。

（5）手动机组要待开机后，冷剂水够用时再启动蒸发器泵。

（6）自动控制的机组开机时，蒸发器泵启动按钮应在开的位置上。

（7）溶液泵启动后除调好液位、流量外，还需检查电流表是否摆动，如出现摆动要检查原因及时处理。

（8）送蒸汽前应先放净管道中的凝结水，再慢慢向机组供汽。

（9）手动控制的机组，通蒸汽后要观察发生器的工作状况，及时调节发生器液位直至供汽达到额定值，液位达到正常水平。直燃机的热值应不低于 $4.4kW/nm^3$，燃气压力应不低于 $1.2kPa$。

（10）注意冷却水温，刚开机低负荷时，可先少开冷却塔风机控制冷却水量。

（11）启动冷却塔风机时，必须确定风机处无人后才能启动，以避免意外伤害。

7.4.3 吸收式制冷机运行的注意事项

（1）定时巡回检查，包括主机、贮水池、冷却水泵、冷媒水泵、回水泵等运行情况。

（2）要经常检查各部位的压力、温度、电机电流大小、机组液位、浓溶液经热交换器的出口温度、防晶管温度等。

（3）应每隔两小时记录一次机组与冷却塔的运行情况，运行记录必须妥善保存备查。

（4）经常检查机组真空度（蒸发压力），冷剂水的喷淋温度和冷剂水的颜色，并根据情况测试。

（5）测定溶液浓度情况，按机组说明书规定的额定值，调好稀、浓溶液的浓度。一般浓度差应保持在 4.5%～5.5%范围内。

（6）在运转期宜一周一次测定机组内溶液中的铬酸锂含量（或其他缓蚀剂含量）和 pH 值进行调整。取样时必须使用取样器抽取。

（7）冷却水比重应小于 1.02，超过 1.04 时，应打开稀释阀旁通至吸收器重新再生。

(8) 运行中如发生不正常情况或发生事故时（如发生泵损坏、突然停电、冷却水或冷媒水断水等），应及时关闭蒸汽阀门，同时要做稀释处理。

(9) 如遇停电、电气设备检修，通电后应检验与机组同一电源的附属设备电源顺序是否有错。

(10) 当蒸发压力增高，稀溶液入热交换器的温度降低时，要查清原因：
1) 是否漏气或抽除吸收器存有的不凝性气体。
2) 吸收器溶液喷淋或滴淋是否正常。

(11) 要保证蒸汽超压、超温、声、光报警装置能正常投入工作，严格控制蒸汽超压，防止发生事故。注意直燃机燃值、压力、燃料流、安全装置的工作情况。

(12) 在运行中如蒸汽压力骤然降低，应及时调整（关小）蒸发器泵出口阀门的开启度，避免蒸发器泵吸空而损坏石墨轴承，并且要根据热负荷变化及时调整溶液循环量。

(13) 在冷负荷较低，机组低工况运行时，冷媒水进口温度不得过低，而且要控制好蒸汽压力，防止因负荷超标而冻坏蒸发器传热管的事故发生。

(14) 安全装置动作时，不能随便复位后就启动，应参照设备使用说明书，排除故障后才能再启动。

(15) 要经常检查冷却塔、冷却水泵出口压力、喷淋情况或布水器的旋转情况，查看淋水装置水流情况，并定期检查轴流风机的排风量和电机状况。

(16) 运行中应经常检查水系统（冷却水与冷媒水）有无流失、冷媒水池和冷却水池（或水槽）储水液面的高低，防止断水发生事故。运行中发生断电、断水、冷剂水温度过低、任一屏蔽泵损坏、液位异常升高时，均应停汽。

(17) 做好机房整洁，及时清除油污和积水，防止人员滑倒摔伤。

(18) 上班在岗应穿好工作服，防止烫伤；上机工作时还需采取防滑措施。

(19) 不准酒后上岗。

(20) 在机组下工作要注意机组高度，防止站起时碰伤头部。

(21) 机组结晶，使用气焊熔晶必须由持证焊工进行。

(22) 检查电机外壳温度应用手背接触，以防触电。

(23) 拉合电闸时应用拉杆。

(24) 有重大意外或异常现象时应及时报告主管领导。

(25) 必须做好交接班工作：
1) 交接者应提前 10～20min 上岗。
2) 交接双方应共同巡视现场。
3) 交接内容为：
① 冷却水池、冷媒水池水位是否正常；
② 热力工况是否稳定；
③ 冷却塔风机开合情况及冷却水温度情况；
④ 蒸发压力与制冷量；
⑤ 仪表是否齐全完好；
⑥ 场地卫生是否整洁；
⑦ 冷却水、溶液液面是否在视镜的正常位置。

7.4.4 吸收式制冷机的停机

(1) 停机时先关蒸汽，然后机组再运行大约 15min，使浓稀溶液充分混合，待高压发生器溶液温度到 55℃以下时，方可关溶液泵、冷媒泵、冷却泵，进行停机。

(2) 停机后为防止溶液结晶，可将蒸发器中的冷剂水旁通到吸收器中。

(3) 停机检修时应充分准备人力、物力。一旦破空应连续工作，尽量缩短破空时间，切忌将机组内部长期暴露大气中。

(4) 停机时每日应有专人负责检查机内真空度情况并做好记录，如发现空气渗漏应及时处理。

(5) 冷却塔如长期停用（冬季），若条件允许，要将风机排风筒封好。

(6) 在环境温度低于 5℃时，应把冷凝器、吸收器中的冷却水，蒸发器中的冷媒水以及发生器内的蒸汽凝水放出。在冬季应把水泵、阀门中的积水排出以防冻裂。

(7) 如长期停机可将溶液吸到贮液罐中保存，机内充入 0.02～0.03MPa 氮气养护或保持真空养护。抽真空一般 10～15d 一次。

(8) 停机应在溶液稀释后，取样测其浓度判断停机期会不会因环境温度降低而产生结晶。

(9) 停机期间传热管内侧以及水室内均应保持干燥。

7.4.5 吸收式制冷机安全操作注意事项

(1) 当给制冷系统加压时，不得超过规定的试验压力。

(2) 不得使用氧清洗管路或给制冷系统加压。

(3) 当系统处在压力下时，不得拆卸接头或其他零部件。

(4) 不得用嘴虹吸锂溴化物。

(5) 在抽空所有的氧之前，不得使用火焰切割。

(6) 未打开、切断或闭锁开关之前，不得维修电气线路。

(7) 当处理抑制剂、辛化醇、锂氢氧化物、氢溴酸和锂溴化物时，必须戴上防护眼镜和穿上防护工作服。

(8) 必须立即用肥皂和水洗掉皮肤上的化学剂。

(9) 必须用清水洗净眼睛，如果眼睛受化学剂浸入，应立即请医生检查或治疗。

(10) 当进行焊接或切割工作时，必须确保现场通风，以除去有毒的烟气。

(11) 在排空水箱的水之前，不得松开螺栓。

(12) 必须保持地面清洁，经常除去油污和碎屑。

(13) 在开启水、蒸汽管路之前，应轻轻敲打一下。

7.5 制冷空调辅助设备安全操作

7.5.1 辅助设备安全操作

1. 高压设备安全操作

(1) 油分离器

氨系统常采用洗涤式油分离器和填料式油分离器；氟系统则常采用回油灌。在通常情况下油分离器的进、出气阀是开启的，放油阀则根据需要开启，洗涤式油分离器的供液阀也应开启，并维持设计液位。

（2）冷凝器

立式壳管式冷凝器正常进行时注意冷却水不能中断，压力不得超过1.5MPa。立式冷凝器的液面（或油面）是维持洗涤式油分离器的设计液面，如液体流通及时顺畅，立式冷凝器的液面（或油面）就是冷凝器的出液口（正常运行的液面是不变的），立式冷凝器是不会存油的（液面不可能再升高）。因此，立式冷凝器几乎不放油（一般通过油分离器或高压贮液器放油），立式冷凝器放油阀一直处于关闭状态，所以，有些立式冷凝器不装放油阀，甚至将放油孔的束节（旋塞）拧紧焊死。除此之外，其他各阀（安全阀、压力表阀、气液均压阀、放空气阀等）均应开启（放空气时由放空气器的操作阀控制）。根据冷凝压力（冷凝温度）决定是否需要放空气和清除水垢。卧式冷凝器冬季停止运行后，应将冷却水放净，以免冻坏设备。蒸发式冷凝器运行时，应先启动排风机、循环水泵，再开启上端进气阀门，在运行中压力同样不超过1.5MPa，冷却水不得中断，此外喷水嘴应畅通，使水喷向盘管，定期清除水垢，冬季停止工作时，应将存水放净，以免冻坏设备。

（3）高压贮液器

贮液器是贮存从冷凝器来的高压液体制冷剂，以保证系统中制冷剂不间断循环。储液器液面不得低于其径向高度的30%，不得高于70%。这是因为液太多了容易发生容器爆裂危险。液面过低，不能保证正常供液。工作时放油阀、放空气阀应关闭，其余各阀均应开启。贮液器的工作压力也不得超过1.5MPa。

2. 中压设备安全操作

正常工作时中间冷却器的排液阀、放油阀是关闭的，其余各阀均呈开启状（手动调节膨胀阀应视情况调节开启度）。中间冷却器液面的控制往往采用浮球阀系统或遥控液位器自动控制，只有当它们失灵时才使用手动调节膨胀阀，此时操作人员应非常小心，注意液面指示器显示的液面高度及高压级吸气温度。防止液面超高或过低，以免引起高压级压缩机走湿车或吸气过热。

3. 低压设备安全操作

（1）低压循环贮液桶

首先检查放油阀、出液阀、排液阀是否呈关闭状态，其他各阀均应开启。然后开启供液阀，待桶内液面达到预定高度时，打开出液阀，启动氨泵向系统供液。在多数情况下，循环贮液桶的放油阀、加压阀、排液阀是关闭的。桶内有一定的液面高度。当准备开机时，应先检查一下桶内液面，如果液面过高，开机时要小心可能发生湿车，必要时应排液。

（2）排液桶

空的排液桶使用前应处于准备工作状态，即桶内减压至蒸发压力；关闭或微开减压阀，打开进液阀，液体便徐徐流入桶内，此时排液桶的加压阀、出液阀、放油阀均应关闭；待液排完，或桶内液面达70%时，关闭进液阀和减压阀，静置20min使油沉淀后，将油放出；此时可开启加压阀，使桶内压力增高到0.6MPa，待油放完，即可开始排液，可排到总调节站向蒸发器供液，也可排到低压循环桶等需要供液的地方；排液完成后，关闭加压阀、出液阀和关闭总调节站排液阀，开启正常供液阀，正常供液；然后开启排液桶上减压阀使桶内压力降至蒸发压力，以备下次使用。

（3）液泵

液泵有氨泵，也有氟泵。当然，也有利用高压气体或高压液体的压力输送氨液至蒸发器的气泵供液。液泵主要有离心泵、齿轮泵和屏蔽泵。操作程序大同小异，要根据各种泵的结构等不同特性，操作有一些区别。现以离心式氨泵为例讲述液泵的操作。

1) 离心泵的安全操作

离心泵有时也叫叶轮泵，带有油杯。常用离心泵有 AB-3 型。

① 开泵：

（A）了解停泵的原因，如因事故停泵，应修复后方可启动使用。

（B）检查泵的各运转部件有无障碍物，联轴器转动是否灵活。

（C）检查电动机轴承和泵密封器的注油器是否有足够的润滑油。

（D）开启泵抽气阀，降低泵体内压力。

（E）开启泵进液阀，使泵内充满氨液，然后开启泵出液阀。

（F）接通电源，启动泵。注意是否上液，待电流表和电压表指针稳定后，关闭抽气阀，投入正常运行。

② 停泵：

（A）关闭低压循环桶的供液膨胀阀（或浮球阀）和泵的进液阀。

（B）切断泵的电源。

（C）关闭出液阀，开启抽气阀，待泵压力降低后再关闭抽气阀。

（D）填写停泵记录。

③ 为泵加油：

（A）泵轴承两端油杯的油量应每周检查一次，初运转 8h 内，需经常检查油量。

（B）泵加油时，需要停止工作并降低压力，关闭油杯的针阀，切断油杯与轴承的输油通路，然后开启加油口螺盖加油。

（C）当油杯内加满润滑油后，旋紧加油口螺盖，开启油杯针阀，即可使用。泵的正常运转：

（a）输液压力为 0.15～0.25MPa，压力表指针应稳定，电流不超过规定值，泵声音比较沉重。

（b）泵密封器如温度过高应调整压盖螺母的松紧度。密封器如漏氨过多应停泵查明原因并消除。

2) 齿轮泵和屏蔽泵安全操作

齿轮泵常用有 CN-5.5/4 型齿轮泵，屏蔽泵常用有 P 型立式和卧式屏蔽泵。

齿轮泵是由主、从动齿轮组成。屏蔽泵是将泵的叶轮和电动机的转子装在一根轴上，泵和电机共用一个外壳，因而既不要密封器，又不用联轴器。

齿轮泵与屏蔽泵除了扬程、流量、电流、功率及泵体结构和特性与离心泵不一样之外，齿轮泵和屏蔽泵与离心泵最主要的不同是：都靠氨液润滑（没有油杯），同时，氨液也起到冷却作用，如果没有氨液，就可能烧毁轴承。尤其是齿轮泵，开泵后如不上液，应立即停泵，否则，会烧坏齿轮。液泵是否上液，由压差控制器控制，压差未建立，说明不上液；压差建立证明已上液。另外，虽然不能没有压差（不上液），但是，液泵进、出口压差过大也会毁坏液泵（超过荷载功率），当压差超过 0.4MPa 时，会顶开旁通阀自动减压。

（4）冷风机

冷风机启动前，应检查电动机传动机构是否良好，叶片及防护罩是否完整，叶片与风筒、外壳有无摩擦，转动是否轻快。运转中风机内冷却管组表面应结霜，霜层不能太厚，否则应及时除霜。

(5) 盐水蒸发器

启动前检查搅拌器及盐水泵是否良好，注意有无渗漏，蒸发器内盐水应覆盖蒸发器，并应高出上集管100mm以上。此外还需注意盐水的比重是否正常，并保持盐水清洁。使用时启动盐水搅拌器，缓缓打开蒸发器回气阀，然后再开启供液阀。当盐水温度达到要求时，打开盐水阀，启动盐水泵。停止使用时，应先关闭供液阀，降低蒸发压力后，再关闭回气阀。待盐水温度上升3～4℃后，再停止盐水泵运转，关闭进、出盐水阀。停用后待蒸发压力有所回升时，应考虑蒸发器的放油，以保证良好的冷却效果。

4. 水泵的安全操作

离心清水泵与盐水泵：

1) 开泵：

① 查看车间记录，了解停泵的原因。

② 打开吸水管的放气阀，放出水管和水泵内空气，检查吸水管和泵体内的水或盐水是否充足，如无水时应将它们灌满（有底阀的，应检查底阀是否漏水）。

③ 打开吸水管的阀门，此时排水阀应关闭。

④ 检查水泵电机及轴承润滑情况。

⑤ 启动水泵，应注意电流表负荷，不得超过极限电流。

⑥ 迅速打开排水阀。

2) 停泵：

① 关闭排水阀。

② 切断电机电源。当电机停转时，关闭吸水阀，如有漏水应将密封器拧紧。

③ 填写运行记录。

3) 水泵的正常运行：

① 轴承温度不超过60～70℃。

② 电流表与压力表指针摆动平稳。

③ 水泵声音沉重、清晰。

④ 冬季停泵时，应将积水放净，防止冰冻。

5. 风机的安全操作

(1) 检查前应在电源开关处悬挂警示牌，示意"检查风机，严禁启动"等字样，以防发生事故。

(2) 转动风机叶片，检查是否转动自如，有无偏心、卡壳或碰擦现象，叶轮是否固牢。

(3) 若遇皮带轮传动时，应检查皮带松紧度，盘动时是否灵活，防止打滑现象。

(4) 清除杂物，保持清洁。

(5) 初次运转时，可采用"点动"试机，若无异常情况，可正式投入运行。

(6) 检查在运转时有无异常声音，轴承温升应符合规定。

(7) 调整正反转，检测风量、风压、运转电流是否正常。

(8) 检查风机有无振动、跳动、风管、软接头等有无漏风及出现共振现象。

6. 阀门的安全操作

（1）开启回气阀时应缓慢操作，并倾听制冷剂的流动声音，禁止突然猛开，防止过湿气体冲入压缩机，引起事故。

（2）阀门开足后应将手轮回转 1/4 左右，有反向封密性能的阀应全开。

（3）各种备用阀、灌氨阀、排污阀等平时应关闭并拆除手轮，对连通大气的管接头应加闷盖，防止误开阀门造成事故。

（4）安全阀及压力表与连接管路之间，须设截止阀。安全阀及压力表每年应由法定检查部门校验一次并铅封。安全阀每开启一次必须重新校验。

（5）开启阀门时，操作人员应尽量避免脸直对阀门。

（6）对某些小型丝扣阀门，由于其构造不严紧，开阀时会连阀芯一起转动，而造成大事故。

7. 冷却塔的安全操作

（1）运转前的检查

1）检查布水器喷头是否堵塞，喷嘴方向是否正确。

2）淋水装置有否损坏，集水槽和集水池是否清洁。

3）进风百叶口是否畅通，电机的转向是否正确。

4）集水池内水位是否达到最高标高，所有管路是否充满水。

5）冷却塔内填料是否良好。

6）管路中的阀门，开与关是否符合要求。

（2）运转中的管理

1）要确保淋水装置洁净完整，及时清除管道、喷头和喷嘴的结垢、脏污及杂物，以确保冷却水量。

2）注意配水装置的配水均匀性，发现问题及时调整。

3）通风设备的油位正常，轴承温度应小于35℃，风机运行应平稳，振动小。

4）定期清洗集水池和集水盘，清刷过滤栅网，防止堵塞影响冷却水循环量，定期进行水质检验，及时对水进行处理。

5）注意冷却塔各种钢结构和水管的防锈和防腐蚀。

7.5.2　系统放油、放空气、冲霜排液安全操作

1. 系统放油的安全操作

压缩机运转时，排气温度很高，使一部分润滑油变成油蒸气随气体排出。为了避免润滑油进入系统，降低制冷设备的传热效率，要设置性能良好的油分离器，分离出大部分油，剩余的油将进入不同附属设备。因此，在设有放油阀的各设备，也应定期进行放油，防止过多的油进入系统。

设备放油最好在停止运行时进行，这样既安全又可提高放油效果。

为了保证安全，减少氨的损失，设备必须通过集油器放油。

放油时，操作人员应戴上防护手套，站在放油管侧面工作，最好是在上风侧。整个放油过程操作人员不得离开，放油完毕后应记录放油时间和数量。

（1）集油器放油

1）先开启集油器上的减压阀，使集油器内处于低压状态，关闭减压阀，准备放油。

2）开启需要放油设备的放油阀。再开启集油器进油阀，设备内的积油将流入集油器。

3）根据集油器油面指示器，随时了解油进入情况。为了使油能顺利进入集油器，可适当打开一点减压阀，注意千万不能开大，防止机器结霜。

4）当集油器内油面达70％左右即停止进油。关闭集油器进油阀，然后逐渐开启减压阀，使油内夹着的氨气蒸发，如有淋水器，可开启淋水装置向集油器淋水，加快氨气蒸发，直至集油器表面冰霜融化为止。

5）关闭淋水器和减压阀，静止10min左右，如压力表压力上升缓慢，可放油，若上升显著，应重复降压。集油器放空油后，可重新按上述方法重复对设备继续放油，直至把油放完。

(2) 洗涤式油分离器放油

该设备放油时可不停止设备运行。先关闭供液阀10min左右，打开放油阀向集油器放油。此时集油器进油阀不宜开得过大，以免将油分离器的氨液排入集油器内。放油人员随时注意集油器进油阀，一旦发现它变凉，说明油已放完应关闭放油阀，恢复油分离器正常工作。集油器内油经减压处理后放出。

(3) 冷凝器、高压贮液器、低压循环贮液桶、排液桶、中间冷却器的放油

以上设备放油程序与油分离器放油大致相同，但也略有差异，说明如下：

1）冷凝器放油时应停止工作，关闭各阀但不停水，以提高放油效果，如放油期限较长，次数少，可以在负荷小或气温较低时进行。

2）高压贮液器和中间冷却器很少停止工作放油，一般可通过集油器在正常工作中放油。

3）低压循环贮液桶等低压系统制冷设备，由于它们处于低压状态，压力低，温度低，润滑油黏度大，放油比较困难，故往往需停止工作，待内部压力升高时，再向集油器放油。

4）排液桶放油见排液桶安全操作部分。

(4) 润滑油的再生处理

润滑油使用之后，其质量将发生不同程度的变化，因为机件摩擦的金属粉末以及设备和系统管路内的污垢、水分都会进入润滑油内，引起润滑的质量降低甚至失去润滑作用。

为了回收利用润滑油，并保证润滑油的基本性能，回收利用的润滑油必须经过再生处理。润滑油的再生处理，有升温沉淀过滤处理和化学处理两种方法。化学处理方法较为复杂，要求设备材料较多，多在润滑油使用时间很长或很脏的情况下应用。

升温沉淀过滤处理润滑油的再生设备如图7-2所示。再生设备通常由具有加热装置（电热丝或蒸汽管）的沉淀器、贮油器、齿轮油泵、过滤器和输油管路等组成。

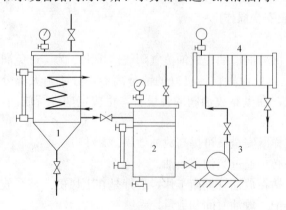

图7-2 润滑油再生设备示意图

1—沉淀器；2—贮油器；3—齿轮油泵；4—过滤器

1) 沉淀器：用钢板焊制成立式圆桶，上口敞开并配有桶盖，桶底制成圆锥形，下设控制阀，便于将沉淀后的脏物放出。

2) 加热装置：根据热源不同，可装设在桶内或从桶外穿入，油面指示器装设在桶的外侧，出油阀设置在桶的中下部与贮油器相连。

3) 贮油器与齿轮油泵：贮油器为金属圆桶与齿轮油泵相连。

4) 过滤器：用钢板制成的方形或圆形容器，内部设由多层绒布或毛毡组成的过滤层；压滤式滤油机则是让脏油强力通过多层滤纸过滤，使油清洁。过滤器应便于拆卸清洗。

润滑油再生设备安全操作过程如下。

将收集的润滑油先放入沉淀器内加热两小时左右，加热时间不宜过短。通常保持油温在70～80℃，然后再静置沉淀约6～8h，使混入油内的水分蒸发，杂质及未蒸发的水分因比重不同，即沉落于容器的底部，再由圆锥形桶底的截止阀放出（如需经两次加热沉淀时，依照上述方法重复进行）。通过出油阀将油送到贮油器内，经齿轮油泵输往过滤器清除杂质。经上述处理后的润滑油通过放油阀放出，即可贮存于油桶内待用。

加热时应注意使油温均匀，要缓慢进行，防止局部油温过高，引起油的变质。脏油放出，应在停止加热后静置沉淀6～8h后进行。过早放出会影响沉淀效果，相对增加过滤器或滤油机的负担。过滤层或过滤纸应经常清洗干净，以保证过滤效果。贮存润滑油的容器应加盖，以免灰尘侵入。

2. 系统放空气的安全操作

(1) 氨系统放空气

氨制冷系统由于检修、加油、加氨等原因很容易进入一部分空气，空气的存在会影响制冷效果，提升冷凝压力，增加能耗，所以必须及时排放出去。目前系统放空气主要从冷凝器及高压贮液器等处排放。将混合气体进气阀打开，使混合气体进入空气分离器。在分离器内混合气体的氨气冷凝成氨液后被引出。不能凝结的气体通过排放管排入水桶的水中，残留的氨气被水吸收，空气被放出。注意停止放空气时应将插入水中的放空气管抽出水面，防止水被倒吸入放空气器中。排放空气的阀不宜开启过大，供液阀开启大小应视回气管路有结霜为宜，以免氨气外泄。

(2) 氟系统放空气

由于空气密度小于氟利昂的密度，所以空气一般处在冷凝器或贮液器上部，放空气步骤是：

1) 关闭冷凝器出液阀，使压缩机继续运转，将系统中制冷剂和混合气体都积聚在冷凝器或贮液器内，冷凝器的冷却水（或风冷却）不停，尽量使制冷剂充分冷凝，待低压达到真空状态（一般为0.7～0.8bar）停止压缩机运转。

2) 停运1h左右，拧松压缩机排出阀的旁通孔丝堵，就有气流逸出，用手摸放出气体，如果感觉排出的气体较热即为空气，当排出气体感觉有点凉时，即应拧紧丝堵，停止放空气。

3. 冲霜排液的安全操作

为了清除排管及冷风机管子外面的霜层和管内的油层，就需要进行热氨（热氟）冲霜。对于大型排管的热氨冲霜，主要是为了清除排管管内因低温不易放出的冷冻油，热氨冲霜的真正意义在于"热氨冲油"，可以大大提高制冷效率。由于排管融霜滴水会影响排管下面存放的物品，所以，大型排管热氨冲霜一般一年进行一次。冷风机有接水盘，可以冻一次冲一次霜。对于霜层不厚的排管可以用扫霜法，每日一扫；对于冷风机常采用淋水法去除霜层，在操作上比热氨冲霜既简易，又节时。所以，热氨冲霜的主要目的在于"冲油"，因为油的热阻太大，蒸发器（排管或冷风机等）管内油膜厚度超过一定值时，蒸发器是不会降温的。故冲霜排液除了能够把管外霜层清除得很干净外，还能清除管内不易排放出的冷冻油，冲霜排液很重要。

(1) 热氨融霜

1) 使排液桶处于准备工作状态，如果排入低压循环桶，则必须先减少由贮液器来的液量，使循环贮液桶内液面不高于40%。

2) 关闭调节站上供液和回气阀，开启排液阀及排液桶或低压循环桶上的冲霜回液阀。

3) 缓慢开启热氨阀，注意使排管压力不超过0.8MPa（一般采用0.6MPa的操作压力），如排液桶内液面达到80%，应停止融霜，待将排液桶液排走后再进行冷风机融霜，同时可开启淋水加速融霜。

4) 冲霜完毕后，应缓慢开启回气阀，降低排管内压力，待压力降到系统蒸发压力时，开启供液阀，恢复正常工作。冲霜完毕应将水管内的水放尽。

(2) 排液

冲霜完毕后应将排液桶内液体排走并放油，详见排液桶安全操作。

7.6 冷藏库安全操作

冷藏库操作大同小异，但由于冷藏库形式很多，使用设备各不一样，因此，操作特点有所不同。比如冷藏库有氨系统，有氟系统；有地面冷库，有地下冷库、山洞冷库；有大、中、小型冷库，有单层、多层、高层冷库；有生产性冷库，有分配性冷库；有轻型装配冷库，有重型结构冷库；有高温冷藏库、低温冷藏库，有冻结、速冻装置；有气调冷库，有夹套冷库；按供液方式有直接供液、重力供液、液泵供液、气泵供液制冷系统；有压缩式制冷机，有吸收式制冷机，还有单级压缩机、双级多级压缩机、复叠式压缩机；有活塞式压缩机、螺杆式压缩机、离心式压缩机、涡旋式压缩机（注：涡旋式压缩机比其他类型机组具有零件少、转动力矩小、噪声低、振动小和可靠性高等优点，只有两个运动部件；单轨迹涡旋设计可以取消活塞、连杆、活塞销和阀，这就意味着提高效率、延长使用寿命和增加可靠性。同时，使涡旋叶轮在封闭的压缩室内旋转，具有可塑性而不会磨损，以达到最大的可靠性和最高的效率。而最突出的优点是冷媒液体或杂质通过不会损坏压缩机。这些优点使涡旋式压缩机在制冷方面获得愈来愈多的发展，涡旋式冷水机组在空调领域中同样展现光彩）；有用排管作蒸发器，有用冷风机作蒸发器；有用水冷，有用风冷等。尽管存在不同形式、不同设备，但都可以按照本章上述机器、设备的操作办法进行冷藏库的安全操作。

7.6.1 压缩机安全操作

按上述章节讲述的活塞式、螺杆式、离心式制冷压缩机安全操作进行：

(1) 开机前的准备；

(2) 开机；

(3) 停机。

7.6.2 制冷设备安全操作

按照上述相关章节进行各种制冷辅助设备的安全操作，进行系统的加、放油安全操作、系统放空气安全操作及冲霜排液的安全操作。

7.6.3 制冷系统安全操作

制冷系统的主要参数是进行安全操作的重要依据。每一个制冷系统都有它自己的特性，善于处理每一个各有特性的制冷系统是一项很高价值的操作艺术。有经验的操作人员，凭借听听运转声音、看看结霜情况，就可以判断制冷剂流量究竟在哪里，如何将系统及各个机器、设备的运行参数调整到最佳参数（设计参数）。这样，不仅充分发挥设备的效率，而且可以节约水、电、油、气等的消耗，并且可以延长机器寿命，确保安全。相反，一个随意操作或调整不好的系统，除了浪费人力、物力、材料等资源之外，还非常危险。

制冷系统的主要参数有：蒸发温度（蒸发压力）、中间温度（中间压力）、冷凝温度（冷凝压力）、过冷温度、压缩机的吸气温度、排气温度等。这些参数有两点必须说清楚：

(1) 温度与压力到底是对应关系，还是不是对应关系。

在制冷剂气、液共存区内的温度与压力是一一对应关系，比如：蒸发温度与蒸发压力、中间温度与中间压力、冷凝温度与冷凝压力都是一一对应关系，它们都在气、液共存区内。而吸气温度与吸气压力、排气温度与排气压力、过冷温度与过冷压力、过热温度与过热压力等等，都不是对应关系。对应关系是指是什么温度，那一定是什么压力。比如：氨的蒸发温是$-33.4℃$时，那么，氨的蒸发压力一定是1个大气压力（表压0MPa），反之，氨是1个大气压力，氨的温度一定是$-33.4℃$，这叫一一对应关系。在制冷剂气、液共存区以外的温度与压力都不是对应关系，比如：排气温度与排气压力、吸气温度与吸气压力等就不是对应关系。

(2) 设计参数与实际运行参数是两回事。

设计参数是运行的最佳参数，这种设计参数是为选用机器、设备用的。制冷系统在真正操作运行中，大部分时间的操作运行参数（有时称运行工况）都不是设计参数（有时叫计算参数或称设计工况）。比如：一个$t_0=-33.4℃$蒸发温度系统（设计参数），在冷库刚进货进行冻结冷加工时，蒸发温度（蒸发压力）很高，蒸发压力有时达到0.3～0.5MPa（表压），经过18～20h后，蒸发温度达到或接近$t_0=-33.4℃$时停机，这时，库温已达$t_N=-23℃$、胴体中心温度达$-15℃$以下，结束冻结冷加工，运行途中的蒸发温度（即蒸发压力）都叫运行参数。

在制冷系统实际运行中，由于决定运行参数的因素是不断变化的，因此，各个运行参数也是相应变化的。如：外界气候变化、库房负荷变化、冷却水温变化、运行中霜层、油层厚度变化引起传热（传热系数、传热热阻）变化、由于冷藏门开门引进空气、水蒸气、入库操作人员及照明等热量带入引起库内参数变化等诸多因素，使实际运行参数不断变化。操作是为了把不断变化的运行参数调整在经济合理的参数值下运行的过程。最终将运行参数调整到设计参数。

(1) 蒸发温度（蒸发压力）

蒸发器内制冷剂在一定压力下沸腾的温度称蒸发温度（确切地讲应称沸腾温度，沸腾与蒸发的区别，在于蒸气是从液体内部还是在液体表面出来，前者称沸腾，后者称蒸发。），其压力称蒸发压力。它可以从制冷剂热力表中查得，也可以近似地参考调节站上压力表的读数求得。氨的饱和温度是压力的函数，如氨的蒸发压力为 0.4296MPa 时，其蒸发温度为 0℃；当氨的蒸发压力为 0.10314MPa 时，其蒸发温度为 −33℃。蒸发温度的高低是根据食品加工工艺所要求的冷加工温度来确定。目前冷库蒸发温度系统有：

$t_0=-15℃$ 蒸发温度系统：高温冷藏（库温 $t_N=±0℃$）；

$t_0=-28℃$ 蒸发温度系统：低温冷藏（库温 $t_N=-18℃$）；

$t_0=-30℃$ 蒸发温度系统：低温冷藏（库温 $t_N=-20℃$）；

$t_0=-33℃$ 蒸发温度系统：冻结（库温 $t_N=-23℃$）；

$t_0=-35℃$ 蒸发温度系统：冻结（库温 $t_N=-25℃$）；

$t_0=-45℃$ 蒸发温度系统：速冻（库温 $t_N=-35℃$）。

蒸发温度的变化与库房的热负荷、蒸发器的传热面积和压缩机的容量有关。这三个参数中某一个发生变动时，制冷系统的蒸发压力和温度必然发生相应的变化。所以，只要改变这些参数，使它们相互适应，就可以控制和调节制冷系统的蒸发温度。

1) 库房热负荷的变化

既定的制冷装置，其排管、冷风机和压缩机及设备的组成是固定不变的。但库房的货物 由于常有进出，且操作时亦由于进人、开门、开灯、启动电机等因素，其负荷自然要发生变化。此外，库房围护结构的传热量也会随外界气温的升降而变化。所以，库房的热负荷也会经常发生变化。

如热负荷增大，蒸发器中的氨液蒸发量就要大于压缩机的吸气量，因而蒸发压力与温度上升。相反，如蒸发量小于压缩机的吸气量，蒸发压力与温度就逐渐下降。

一个系统一个特性，对于任何系统，操作人员当然喜欢有蒸发压力，蒸发压力（即蒸发温度）上来了，压缩机就工作了，排管就结霜了，库房就降温了。相反，蒸发压力下来了，压缩机工作轻松了，降温速度就慢了。如果根本没有蒸发压力上来，排管就不结霜，排管结露滴水，库房不降温，说明有问题了。要么没有库房热负荷，要么库房热负荷转移不出去，就要寻找问题的原因了。

2) 传热面积发生变化

既定的蒸发器其传热面积是固定不变的，这是指设计传热面积。而实际运行的蒸发器传热面积是指"有效传热面积"，即指的是"蒸发面积"，也就是指管内制冷剂液体接触面的那部分管表面积，叫"有效面积"。被制冷剂汽（气）体充注管内空间所占据的管表面积是"无效面积"，在蒸发温度（压力）下，制冷剂汽（气）体没有制冷量（没有蒸发量）。所以，如果管内都是制冷剂汽（气）体时，蒸发器虽然有设计面积，但没有蒸发面积。另外，设计面积是对无缝钢管（氨系统）和紫铜管（氟系统）的计算面积，可是，实际运行面积是蒸发器在管表面结霜和管内积油的情况下，真正意义的传热面积被传热非常恶化的霜层表面积和油层表面积所替代，同时，管内油层同样会减少有效传热面积。因此，运行中的传热面积永远达不到设计传热面积。除非冲霜排液和供液回气非常良好，使蒸发器管外无霜、管内无油，并充满制冷剂液体，再加上好的系统配置。可见，在实际运行中，蒸发面积是不断变化的，需要精心操作和调整，使运行传热面积达到或接近设计传热面积。

当库房热负荷和压缩机容量不变,如库房排管传热面积减小,则蒸发温度降低。如传热面积增大,则蒸发温度升高。在实际操作中,蒸发温度的变化是可以通过膨胀阀的开启度来调节的。如开启度小,供液量不足,排管内氨的蒸发量小于压缩机的吸气量,蒸发温度和压力就下降,这时排管的部分传热面积便成为气体的热交换器,从而使气体过热,压缩机的吸气和排气温度便都升高。相反,如调节阀开启过大,排管充满氨液,排管内的氨蒸发量大于压缩机的吸气量,蒸发温度和压力便相应升高,这样,压缩机可能形成湿冲程、倒霜、液击等危险。

3) 压缩机的容量变化

氨压缩机的容量应该与库房的热负荷相适应。如果库房的热负荷不变,而氨压缩机的容量增大时,就会使系统蒸发温度降低,或使机器产生湿冲程。反之,如果氨压缩机容量减小,由于机器未能及时吸回排管内形成的氨气,又会使蒸发温度升高,库房降温困难。(当然,即使库房热负荷和压缩机容量都不变,但排管内、外表面有油污和霜层时,也会影响制冷效果,使库房降温困难)。关于蒸发温度的几点说明:

蒸发温度比设计要求过高或过低都是不正确的,过高不能满足食品冷加工工艺要求,过低使压缩机的能量指标与运转经济性变坏。具体表现如下:

① 蒸发温度降低,使压缩机制冷量减少,这是由于蒸发排管内的气体比容增大,单位容积制冷量减少,因而,氨压缩机每小时循环的制冷剂重量也减少。

② 蒸发温度降低,压缩每千克氨气所消耗的功增加。

例如:某冷库用一台 8AS-12.5 压缩机制冷,若冷凝温度为 30℃,蒸发温度由 −15℃ 降为 −30℃ 时,其变化情况见表 7-1。

8AS-12.5 氨压缩机当蒸发温度从 −30～−15℃ 的变化　　　表 7-1

计算数据	蒸发温度	
	−30℃	−15℃
压缩比 P_K/P_0	9.7	4.9
容积效率 λ	0.5	0.72
实际输气量 $V_{实}$(m³/h)	283	423.4
气体比容 v''(m³/h)	0.963	0.5088
氨的循环量 G(kg/h)	588	1115
氨的单位重量制冷量 q_0(kJ/kg)	1104.35	1126.16
氨的单位容积制冷量 Q_v(kJ/m³)	1146.96	2218.58
氨压缩机的制冷量 Q_0(kW)	72.09	225.58
单位压缩功 A_L(W/kg)	96.61	63.81
节流后形成闪发气体量(%)	17	14

从表中看出,当冷凝温度不变,而蒸发温度降低时有:

① 蒸发压力降低,气体比容增加,氨的循环量减少,为 −30℃ 时的循环量比 −15℃ 时减少 527kg/h。

② 节流损失增大,闪发气体增加,致使氨的单位重量制冷量减少 21.81kJ/kg,单位

容积制冷量减少1071.62kJ/m³。

③ 压缩比由4.9增至9.7，实际排气量减少33%。

④ 由于单位制冷量减少，压缩机的实际制冷量减少153.49kW。

⑤ 压缩比增大，在—30℃时的压缩功比—15℃时增加32.8W/kg。

⑥ 膨胀阀前后的压差越大，节流损失增大，节流后产生的闪发气体就越多。—30℃时的节流损失比—15℃增加3%。

(2) 冷凝温度（冷凝压力）

冷凝器内的气体制冷剂，在一定压力下凝结为液体的温度称冷凝温度。冷凝温度可从冷凝器压力表上的读数查表求得。

如果冷凝器中进、出口冷却水温差较大，可减少耗水量和设备投资。但由于出水温度升高，冷凝温度和压力也升高，从而增加压缩机的耗电量。因此，应根据具体情况选择冷凝器的进出水温差，较为经济合理的冷凝温度是比冷却水的出水温度高3～5℃。从能量利用的角度看，应力求水温低、水量足、水质好，使制冷系统在较低的冷凝温度下工作。

冷凝温度升高，冷凝压力也相应升高。在蒸发温度不变的情况下，机器的压缩比P_K/P_0增大，造成压缩机的容积效率降低，制冷剂的循环量减少，耗电量增加。同时，随着冷凝温度升高，压缩机的排气温度亦升高。压缩机排气温度超过145℃以上，容易熔化巴氏合金（目前，多数阀门关闭的密封材料是巴氏合金），造成烧毁排气阀门。

决定冷凝温度（冷凝压力）高低的因素除了与环境温度变化、冷凝器本身结构、传热面积、水温、水量、水质和水管壁形成水垢及冷却水布水不均等有关以外，冷冻油和空气进入系统是造成冷凝温度（冷凝压力）升高的主要原因。发现压力表指针跳动利害、油分离器表面发烫、压缩机排气温度过高、降温困难等异常时，冷凝温度（冷凝压力）出现升高，应及时进行系统放油或放空气，使冷凝温度（冷凝压力）恢复到正常状态。显然，冷凝温度（冷凝压力）做到愈低愈好，在设计时，它是一个经济技术综合指标，通过精心操作使其达到设计参数的要求。

冷凝温度（冷凝压力）应通过经济技术分析，综合考虑。当蒸发温度$t_0=-15℃$时，氨制冷机分别在30℃、35℃、40℃的冷凝温度下运行，假设压缩机吸入为干饱和蒸气，计算求得单位质量制冷量q_0、单位容积制冷量q_V和制取860.76kW冷量所消耗的绝热功率P_e及排气温度$t_{排}$的变化列于表7-2中。

不同冷凝温度对单位制冷量q_0等的影响（$t_0=-15℃$）　　　　表7-2

冷凝温度t_K(℃)	30	35	40
单位质量制冷量q_0(kJ/kg)	305.9	299.2	292.3
单位容积制冷量q_V(kJ/m³)	598.3	587.9	573.9
排气温度$t_{排}$(℃)	98	110	122
制取860.76kW冷量所消耗功率P_e(kW)	0.248	0.250	0.314

从表中可以看出，随着冷凝温度增高，排气温度也增高，制冷机制冷量下降，耗功增加。所以，冷凝温度过高，不但对制冷机运行不安全，容易造成事故，而且，使制冷装置效率和压缩机的输气系数降低，轴功率提高，生产成本增加。因此，无论是从安全，还是

从节能的角度看，都应力求利用水温低、水量足、水质好和选用合理的冷凝器等办法，使制冷系统调整在较低的冷凝压力下工作，采用较低的冷凝温度是合理的。

(3) 过冷温度

制冷剂液体在冷凝压力下冷却到低于冷凝温度后的温度，称过冷温度。制冷剂液体经过过冷后，减少膨胀阀后的闪发气体，提高节流效果，同时，单位制冷量 q_0 也得到增加。

对于双级制冷压缩机，液体制冷剂经过中间冷却器的冷却盘管后，一般比中间冷却温度高 3～5℃。过冷温度可从膨胀阀前液体管上测得。采用再冷却器或回热器过冷时要调整其过冷度，如采用再冷却器时，一般要求其过冷温度比冷却水的进水温度高 1.5～3℃。

(4) 压缩机吸气温度

压缩机吸入气缸内的气体温度称吸气温度。可从压缩机的吸气阀上部测知。吸气温度应高于蒸发温度，取决于蒸发温度、回气管的长度和隔热状态及外界气温等条件。

从理论上讲，压缩机吸入饱和气体时，效果较好。但为了保证压缩机安全正常运转，防止液击，并且使回气管道的隔热层造价不高，允许吸气温度稍微过热，一般比蒸发温度高 5～15℃。

压缩机的吸气温度，是检查蒸发器的工作情况和回气管道隔热情况的标志之一。蒸发温度不变，吸气温度过高，说明回气过热，将使蒸气比容增加、压缩机排气量下降、制冷量减少、排气温度升高。吸气温度过高的原因有：膨胀阀开启过小、系统中制冷剂的循环量不足以及回气管道的隔热层性能不好或损坏等。

压缩机吸气温度过低，是制冷剂气化不良或供液过多所致，也是湿冲程的前兆。压缩机吸气温度突然快速下降，说明压缩机"倒霜"、"液击"、甚至"敲缸"即将来临，应快速关小供液阀，关小甚至关闭压缩机吸气阀，不要等严重"倒霜"后再行处理。待压缩机吸气温度回升到正常值后，再缓慢开启压缩机吸气阀，直至系统正常运行。出现严重"倒霜"时，压缩机气缸盖水套水结冰，顶开气缸盖上的铁片保护压缩机，防止水套冻裂。用热水溶化水套内的冰后，再恢复水套冷却水的供水。

在制冷压缩机的实际运转过程中，允许压缩机的吸气温度有一定的过热，允许吸气温度见表 7-3。

允许吸气温度表　　　　　　　　　表 7-3

蒸发温度 t_0(℃)	±0	−5	−10	−15	−20	−25	−28	−30	−33	−40
吸汽温度 $t_{吸}$(℃)	1	−4	−7	−10	−13	−16	−18	−19	−21	−25

(5) 压缩机排气温度

压缩机的排气温度，可从排气管道上的温度计查得。排气温度取决于制冷剂的蒸发压力和冷凝压力以及吸入气体的干度，它是操作调整正确程度的标志之一。

排气温度的高低同压力比和吸气温度成正比。压力比愈大，吸气时过热度愈高，则排气温度就愈高。由于各种原因引起的冷凝压力升高、蒸发压力降低、吸气过热度太大以及压缩机本身的原故，如冷却水套缺水断水、排空阀门或安全旁通阀和启动辅助阀泄漏等均可以引起压缩机排气温度过高，排气温度最高不得超过 145℃。

对氨压缩机的排气温度可用下式估算：

单级压缩排气温度：$t_{排} = (t_K + t_0) \times 2.4 + \Delta t_{过热}$（$T_k$、$t_0$、$\Delta t_{过热}$计算时，都不计正负号）

双级压缩排气温度：$t_{排低} = (t_{Zj} + t_0) \times 2.4 + \Delta t_{过热}$

$$t_{排高} = (t_K + t_{Zj}) \times 2.4 + \Delta t_{过热}$$

过热度$\Delta t_{过热}$值可从表7-3查得。

排气温度过高，会带来以下危害：

1）润滑油的黏度降低，润滑性能恶化。当排气温度接近或超过润滑油的闪点（温度）时，润滑油迅速挥发，造成积碳现象。

积碳能使排气阀的阀座和升高限制器的通道以及排气管道阻塞，使通道阻力增加，提高了压缩比，增大了功率消耗。

积碳还会使活塞环卡住在环槽里，以致失去密封作用。

积碳中含有酸类物质，有腐蚀作用。积碳是一种硬质颗粒，积聚在活塞上，增加气缸、活塞和活塞环的磨损。如果积碳燃烧，还可能引起爆炸事故。

2）使吸气温度升高，温度系数降低，机器的制冷量下降。

3）增加冷凝器的负荷和冷却水的消耗量。

因此，机器在运行时，要注意排气温度不应超过允许的范围。降低排气温度的措施有：

1）按照制冷压缩机操作规程进行操作。

2）管道隔热层好，回气过热度小；如发现排气阀等泄漏要及时修理，防止高温气体窜回气缸以升高吸气温度。

3）加强气缸的冷却，可以促使压缩指数下降。

(6) 吸气温度与吸气压力、排气温度与排气压力之间的关系

吸气温度与吸气压力、排气温度与排气压力之间有关系，但不是一一对应关系。

在实际应用中，由于排气压力与冷凝压力、吸气压力与蒸发压力，两者之间均比较接近。如果不考虑管道阻力损失，压缩机的吸气压力即为蒸发压力；压缩机的排气压力即为冷凝压力。如果考虑为了克服吸气和排气时管道的阻力损失，则蒸发压力总是高于吸气压力；排气压力总是高于冷凝压力（在实际操作中，由于压力表的等级和误差，两种压力几乎相同）。但是，吸气温度与排气温度却有较大的变化，绝不是对应关系。一般吸气温度较蒸发温度高5～15℃，而排气温度要大大超过冷凝温度。

(7) 中间温度（中间压力）

在双级压缩机中，低压级排出的过热气体，在中间冷却器冷却为干饱和气体，此时的压力称中间压力，相对应的温度称中间温度。

双级压缩的中间压力与温度不是固定不变的，它随着高、低压压缩机的容积比、冷凝温度和蒸发温度的变化而变化。如果其中一个参数变化时，中间温度就会相应地发生变化。此外，中间温度还与制冷系统的节流形式有关。一次节流的中间温度取决于高、低压级的容积比；二次节流的中间温度根据连结中间冷却器上的蒸发系统温度而定。

中间压力过高或过低的原因和造成的后果，与冷凝压力升高或蒸发压力降低的情况基本相同。在不同的高、低压气缸容积比和工作温度下，相应的中间温度见表7-4、表7-5。

氨双级压缩机中间温度（高、低压缸容积比 1∶2） 表 7-4

蒸发温度(℃)	冷凝温度(℃)					
	30	32	34	36	38	40
−28	−5.5	−5.1	−4.7	−4.3	−3.9	−3.5
−33	−10	−9.6	−9.2	−8.8	−8.4	−8.0
−40	−16.3	−15.9	−15.5	−15.1	−14.7	−14.3

氨双级压缩机中间温度（高、低压缸容积比 1∶3） 表 7-5

蒸发温度(℃)	冷凝温度(℃)					
	30	32	34	36	38	40
−28	1.3	1.7	2.1	2.5	2.9	3.3
−33	−3.7	−3.3	−2.9	−2.5	−2.1	−1.7
−40	−10.7	−10.3	−9.9	−9.5	−9.1	−8.7

中间温度或中间压力受到冷凝温度（压力）、蒸发温度（压力）和高、低压级容积比的变化，以及中间冷却器的供液（液面高度）、隔热和积油等情况的影响而变化。此外，由于低压机湿冲程或吸气过热度的增大以及活门片的破损等原因，也会引起中间压力变化。中间压力（温度）为高、低压级之间的平衡压力（温度），通过中间压力（温度）的变化保持高、低压级之间的热量和质量的平衡。在制冷系统主要参数调整中，不要随意调整中间压力（温度），而通过控制中间冷却器的液面高度，尽可能地使低压压缩机排入的过热气体冷却为饱和气体。对氨制冷系统，一般高、低压级容积比为 1∶2 时，中间压力在 0.25MPa（表压）左右；容积比为 1∶3 时，中间压力在 0.35MPa（表压）左右，最高不要超过 0.4MPa（表压）。当然，最为理想的是调整在接近最佳中间压力：

$$P_{Zj} = \psi \sqrt{P_K \cdot P_0} \quad (MPa) \tag{7-1}$$

式中　P_{Zj}——理想中间压力，即运行经济性最好的中间压力。

氨：$\psi = 0.95 \sim 1$

（8）冷冻油的油温与油压

冷冻油的油温一般要保持在 45~60℃ 之间，最高不宜超过 70℃，而且能稳定住。如果油温不能稳定且一直缓慢上升，则说明有故障。油温过低或过高都将使润滑恶化，同时，还预示着故障的到来。

油压可以通过油压调节阀进行调节，其关键是要调节出油压差值，由于种种原因引起油泵不上油，即建立不起油压差（即油泵排出压力－吸气压力）。油压的大小依据压缩机的结构而定，立式压缩机的外齿轮油泵的油压差为 0.5~1.5MPa；新系列压缩机油压差为 1.5~2MPa。新购置的压缩机在运转调试中采用油压差值往往偏高，以便加大润滑油量，较好地完成气缸等运动部件的磨合，延长机器的使用寿命。

7.6.4 冷藏库安全操作与调整

冷藏库的操作与调整，实际上是压缩机与设备单体操作的综合。即除了要求熟悉各种单体机器设备的性能、结构和操作方法、操作规程外，还必须熟悉整个制冷系统的机器设备的正确配置、各控制阀、管道与设备的连接、货物热负荷及各冷间的耗冷量、压缩机运转变化特点等。

首先要保证制冷机主机本身有良好的运转状态和运转性能，每项运转指标都能达到所规定的要求，在此之前，不允许把主机接入系统进行试运转。例如，压缩机要建立油压差，以确保活塞、气缸壁、曲轴、连杆、大小轴瓦及轴承等运动部件的供油，油压调节灵活。如果压缩机不上油或泄油，将使运动部件磨损，严重时出现"抱轴"，使机器毁坏。诸如压缩机本身的空载、重载运行性能指标均要达到。压缩机各部位的温度（如压缩机机体、气缸壁、曲轴箱、轴封、吸、排气腔等）正常、各运动部件运转声音（如活门片等）正常与异常、整机振动和噪声程度、曲轴箱的回油和油位稳定性、机器的外部冷却（水冷或风冷）状态以及各运行参数的可调性等，使机器本身工况完全在正常情况下方能投入系统。

同时，必须了解和熟悉系统各部分作用和特点及各机器、设备的正确配置。确保各种仪器仪表、测量元件显示的温度、压力、液位等数值在允许误差范围内，从而保证操作调整正确无误。

下面重点阐述冷库不降温、不结霜、供液不均、不上液、压缩机倒霜、库房负荷与机器负荷调整问题等的冷库安全操作与调整。

(1) 冷藏库操作调整的准备

1) 熟悉制冷系统特点

制冷系统的形式不同，其具体操作方法也有所不同。制冷系统的供液方式，一般氟系统多采用热力膨胀阀直接供液系统；氨系统多采用重力供液系统和氨泵供液系统。

氟系统的直接供液是由热力膨胀阀、电磁阀实现自动调节。

在重力供液系统的操作中，应严格控制节流阀的开启度，注意氨液分离器中液面的高度。由于各冷间的热负荷不同，冷间与液体分调节站的距离以及管道的阻力亦各不相同。因此，需要注意调节和控制。

氨泵供液系统的操作主要是用 UQK-40 液位控制器或浮球阀来控制低压循环贮液桶的液位。压缩机的制冷量应与当时的库房热负荷相适应，并且还要注意氨泵的运行情况。

2) 熟悉各冷间冷却设备的特点与冷间热负荷的变化情况

在制冷系统降温过程中，应注意使冷间热负荷与压缩机的制冷量、冷却排管的传热面积相适应。

3) 熟悉压缩机的制冷能力

由于运转条件常有变化，所以压缩机的制冷量也随着变化。操作人员要熟悉每台压缩机在不同工况条件下的制冷量，以便根据制冷系统热负荷的变化调整压缩机的台数。

(2) 随库房负荷变化的操作调整

1) 当冷间进货时，由于货物热量大于蒸发器负荷，致使空气温度上升、温差增大、制冷剂呈剧烈泡沫沸腾状态，易使压缩机吸入湿蒸汽造成湿冲程。为了保持压缩机的正常运转，通常使冻结间在前批货物冷加工接近终了时，即停止供液（关闭液体分配调节站供液阀，回气阀仍呈开启状态）降低蒸发器的液量，减少空气与制冷剂的实际热交换面积，以及使蒸发器上部能容纳泡沫状态制冷剂。

2) 制冷系统正常工作时，循环的制冷量应该是平衡的，但在冷加工过程中由于货物散出热量逐渐减少，要求的液量应作相应改变。因此，在货物进库后，应逐渐开大供液阀进行供液,当冷间温度下降到适当数值后,再逐步关小供液阀,向冷间供液的数量应根据蒸发器结霜情况和冷间空气与蒸发温度差及压缩机吸气温度来调整。一般可直接观察压缩机吸气管上的结霜质量、结霜与化霜之间界线和结霜量以及参照缸壁和曲轴箱温度来判断调整。

3) 冷间刚进货时,系统蒸发温度(压力)剧烈上升,这时应以单级压缩机降温,等到温度降低后,再改换双级压缩降温。若冷间较多,进行连续生产、系统中的蒸发温度多相混合,一般不再作换机运转。但必须指出,在运转中如将配组式双级压缩机组调换为单级压缩机运转,或将单级改换双级运转时,必须严格按操作规程进行,即先停机,后调整,再开机。

4) 压缩机制冷量大于冷间热负荷时应调换能量小的压缩机,或利用能量调节装置卸载,减少压缩机制冷量,此外,还可以在该系统的蒸发温度达到要求时停止工作,待蒸发温度回升后再行开机降温。

5) 在实际过程中,一般冻结间根据房间温度和冻结时间,冷却间根据蒸发压力高低,来决定压缩机的开停。

6) 当库房热负荷改变时,需要调整配组式双级压缩机的配比。调整时分两种情况,一种是增加双级压缩机的配比;一种是减少双级压缩机的配比。增加或减少的依据是吸气压力(即蒸发压力)的变化。当库房负荷增加,吸气压力增高时,可增加低压级压缩机运转台数,也可再增加一组或几组配组式双级压缩机投入运转。

在增加低压级压缩机运转时,由于吸气管道气流速度突然增大,易引起低压级压缩机湿冲程。为了防止湿冲程,事先应关小库房的供液阀,然后缓慢开启低压级压缩机吸气阀,并适当调整中间冷却器的供液,注意中间压力的变化,应使中间压力不超过规定范围,一般为2~3.5MPa(表压),如果中间压力剧增,必要时应增加高压级压缩机运转台数。

当吸气压力降至一定值后,可停止一组或几组配组式双级压缩机,也可适当改变双级压缩机的配比,即停止一部分低压级压缩机运转。这时,由于中间冷却器的压力降低,液体容易被高压级压缩机吸进,造成高压级压缩机湿冲程。因此,应适当关小中间冷却器的供液阀,而且不应使中间压力过低,否则将引起高压级压缩机排气温度升高。

(3) 压缩机的配机要点

1) 根据库房热负荷大小来选择压缩机,使运转的压缩机制冷量与热负荷平衡。

2) 根据冷凝压力与蒸发压力之压缩比(P_K/P_0):当氨系统大于8、氟系统大于10时宜采用双级压缩,其他(如螺杆机)则无此要求。

3) 根据不同的蒸发温度配机,尽可能使不同蒸发温度由不同的压缩机分别负担。如果有的系统热负荷不大,单独开一台压缩机不经济或调配有困难时,亦允许把相近的蒸发温度系统(如-28℃和-33℃)混合降温。

4) 制冰(冷加工热负荷变动大)与高温冷藏间(冷贮藏热负荷比较稳定,波动小)的蒸发温度虽然接近,最好仍由单独的压缩机分别降温,以免负荷变动时相互影响。

5) 双级压缩机投入运行时,应根据设计要求来选择高、低压压缩机容量。

(4) 压缩机与系统的操作调整

1) 供液调整

当冷间进货时,由于货物放出的热量大于冷却设备的热转移量(设备负荷),使空气温度上升,扩大传热温差,这时制冷剂呈现强烈沸腾状态。在此情况下,要减少供液量,否则,易使压缩机吸入湿蒸汽,造成湿冲程。当库温逐渐降低后,温差趋向设计要求,这时冷却设备内氨液沸腾逐渐缓和,可适当增加供液量。

当冷间温度继续下降,货物放出热量逐渐减少,制冷剂沸腾状态相对减弱,蒸发量亦随之减少,这时要求减少供液量。

为了保证压缩机的正常运转,防止湿冲程,通常在冻结间或冷却间,当前一批货物冷加工接近终了时,即停止供液,减少冷却设备内制冷剂液量,以利于下一批货物入库时的安全操作。

2)压缩机的调整

压缩机要根据库房热负荷来调整。如冻结间刚进热货时,制冷剂蒸发温度会急剧上升,有时会从-33℃上升至-18℃左右。此时,应先以单级压缩机降温,将温度降低到压力比大于或等于8后,再改换双级压缩制冷系统降温。如果冻结间较多,进行连续性生产,系统中存在几个蒸发温度时,一般不再做换机运转。室温在0℃~-5℃时,热负荷最大,应适当增加机器以相适应。必须指出:如需将运转中配组双级压缩机改换为单级压缩运转,或将运转中的单级压缩机配组为双级压缩机运转,必须先将运转中的压缩机停机,然后调整进、排气管线上的有关阀门,重新启动。严禁在压缩机运转过程中进行调整阀门的工作,以免造成严重事故。

压缩机制冷量如大于冷间热负荷时,应调换制冷量较小的压缩机,或利用压缩机上的能量调节装置部分卸载运行。

压缩机在运行中,如需与已停止降温的冷间相连接时,必须缓慢地开启调节站的回气阀。同时密切注意回气温度与压力,如吸气过潮或吸气压力上升过快,应迅速调整压缩机的吸气阀,防止湿冲程。

(5)压缩机发生湿冲程的操作调整

压缩机发生湿冲程(又称倒霜),是较为严重的操作事故,其危害性较大。往往由于湿冲程而使阀片破裂。同时湿冲程也会使润滑失效,造成机器损坏,影响生产。

压缩机发生湿冲程是因为液体制冷剂进入气缸所致。当液体进入气缸数量很少时,由于液体制冷剂吸热蒸发,只使气缸外部结霜,但当液体进入气缸数量较多时,就产生湿冲程。这时,压缩机曲轴箱、气缸盖甚至排气管会出现结霜,同时,曲轴箱内的润滑油呈泡沫状态。压缩机曲轴箱内的油冷却器(冷却水管),还可能发生冻裂。由于液体是不可压缩的,当活塞向上运行时,因排气通道面积小,液体来不及从排气通道内排出,气缸内便产生很高的压力,把安全盖顶起,当活塞向下运行时,气缸内压力降低,安全盖随之降落,这时便敲击气缸而发出声音,通常即称为"敲缸"。严重时会把机器敲坏。

1)单级压缩机湿冲程的操作调整

在运行中如发生湿冲程,应立即关闭膨胀节流阀,关小压缩机的吸气阀,如果吸气温度继续下降,应再关小一点。同时利用卸载装置,只留下一组气缸工作,使进入气缸中的液体气化,待温度回升后,再逐渐增加负荷。

如吸气温度没有变化,且排气温度有上升趋势,可增加一组气缸,并将吸气阀开大一点。当排气温度逐渐上升到70~80℃左右,或者吸气温度亦在上升时,可将吸气阀开大。

但要注意防止氨液再次进入气缸。直至气缸全部上载，吸气压力正常，再全开回气阀，恢复机器正常工作。

在处理湿冲程中，要注意调整油压。尤其在润滑油内混有制冷剂时，更应密切注意。因为关闭压缩机的吸气阀后，曲轴箱内逐渐形成真空状态，油温下降，黏度增大，两者都会影响油泵的输油量，使机器运转恶化。如果油压下降到低于 0MPa，应停止运转，以免发生机件严重磨损事故。

当湿冲程严重而造成停机时，应加大油冷却器和气缸冷却水套的水量，防止油冷却管或气缸水套冻裂。

为尽快恢复机器运转，可拨动联轴器，将机体内的余氨通过排空阀放出。

2）双级压缩机湿冲程的操作调整

低压级压缩机出现湿冲程往往是由于蒸发系统或低压设备操作不当，其征象和处理方法与单级压缩机相同。

高压级压缩机出现湿冲程则往往是因中间冷却器液面过高所致，其征象与单级压缩机相同。处理方法为：首先关小低压机的吸气阀，卸载到最小缸数运转，再关闭中间冷却器的供液阀，同时关小高压机的吸气阀，卸载到最少缸数运转。待高压机恢复正常工作后，再开大低压机的吸气阀，恢复正常运行，并再次向中间冷却器供液。

如果高压机结霜严重，应停止机组运转，并对中间冷却器进行排液处理。高压机的停机处理方法与单级机的方法相同。

3）对湿冲程的预防

压缩机在运转中，应经常观察吸气温度，并及时对系统加以调整。

湿冲程一般事先是有迹象的。例如：吸气管和机体吸气腔侧表面油漆光泽突然消失并产生结霜甚至结冰，吸、排气温度急剧下降，机体发凉，运转的声音沉重，阀片跳动声音不清晰等，必须采取相应的措施，及时认真处理。

7.7 制冷剂充注安全注意事项

7.7.1 制冷剂充注的基本要求

加氨站与氨瓶或氨槽车的连接管，必须用耐压 3MPa 以上的橡胶管，与其相接的管头需有防滑沟槽，以防脱开发生危险。

制冷剂使用的瓶子是特殊的耐高压的容器，不同制冷剂瓶有不同的钢印和颜色标记。气瓶产权单位必须根据"压力容器安全监察规程"建立气瓶档案，定期进行技术检验。使用时应严格管理，轻拿轻放，远离热源（离明火 10m 以上）。严禁敲击、碰撞、曝晒和修补、拆改、代用。

制冷系统使用的制冷剂应有纯度的要求，如果纯度不够，含有水分或其他杂质，则会影响制冷效果，腐蚀设备，甚至产生冻堵，影响安全运行。所以制冷系统采用的工业氨纯度为 99.8% 以上，氟利昂的含水量不得超过 25ppm。

新建或大修后的制冷系统，必须经过气密性试验，严格按照试压、检漏、排污、抽真空的要求进行，确认系统无泄漏时，方可灌注制冷剂，充氨试漏的压力不得超过 0.2MPa。一次性灌氨量按表 7-6 计算，氨液密度以 0.65kg/L 计算。

设备注氨量　　　　　　　　　　　　　　表7-6

设备名称		注氨量(%)	设备名称		注氨量(%)
冷凝器		15	冷风机	上进下出	40～50
洗涤式油分离器		20①		下进上出	60～70
贮液器		70	非氨泵强制循环供液	排管	50～60
中间冷却器		30		搁架式排管	50
低压循环桶		30		平板式蒸发器	50
氨液分离器		20		壳管式蒸发器	80
氨泵强制循环供液	上进下出排管	25			
	下进上出排管	50～60			

① 设备注氨量按制造厂规定。

7.7.2 制冷剂充注（加氨、注氟）的安全操作

1. 制冷剂充注前的准备

制冷剂充注前应做好准备工作。首先制冷系统必须达到规定的真空度，并进行验收合格后才能灌注。每个氨瓶必须称重，并记录重量。加氨站和加氨的工器具必须符合安全要求（如：加氨管接头必须有防滑沟槽，必须采用符合规定的高压加氨胶管，并与接头捆扎牢固）。加氨管两端分别与加氨站和贮氨灌连接紧密，胶管不能绷紧，应有移动的自由度。检查加氨站上的压力表是否失灵，指针是否指向真空度。氨罐出液端应在低处（或将另一端垫高）。附近要备有消防用水或安装好自来水胶管，并备有防毒面具及工器具，以防止氨的泄漏。氟系统多采用带喇叭口的紫铜管（或高压胶管）注氟。

2. 灌氨

先稍试打开氨瓶出液阀，让部分氨液进入加氨胶管，轻轻松开与加氨站连接管头的丝盖，让部分氨气泄出，使高压胶管内的空气排出后，迅速拧紧丝扣。这时，开始缓慢打开加氨站上的加氨阀向系统供液，观看加氨站上的压力表的压力上升幅度来控制加氨阀的开度，并随时注意机器、设备运转状态。系统加氨量不能一下子加足，只要能维持正常结霜降温，加氨量愈少愈安全。只有在结霜不好、降温缓慢时，才会开大加氨阀（包括氨瓶出液阀和加氨站加氨阀）。加氨站上压力表压力达0.2MPa（表压）左右时，加氨管出现明显跳动，加氨压力愈高，跳动愈厉害，加氨压力不宜超过0.4MPa（表压），以防加氨胶管脱落，发生漏氨事故。

初次向系统灌氨，可直接向抽成真空的高、低压系统灌入，不需启动压缩机，待系统压力上升到0.2MPa左右时，为了加快灌氨速度，可把高、低压切断，开动水泵向冷凝器及压缩机水套供水，然后启动压缩机，继续向低压系统灌氨，此时，低压部分开始降温，但由于新建库房围护结构及冷间内空气温度较高，传热温差大，氨液沸腾激烈，蒸发系统难以存液，因此，在初次灌注时应根据设备运行情况分次逐步进行，并注意严格控制膨胀阀开度，不能操之过急。待灌入计算量的50%左右时应暂时停止一阶段，等到库温降至0℃以下再继续灌入其余氨液，以免高压贮液器或低压循环贮液桶存液过多、回气过潮影响机器安全运行。灌氨快结束时，氨罐上部结霜，翻动氨罐使氨罐内出液管口朝罐底液体部分，将氨罐氨液全部放尽，此时，氨罐开始化霜，出现空罐现象，可以换瓶重新加氨

操作。

3. 注氟

小型氟系统可直接通过氟压缩机三通阀加氟管注入系统。大型氟制冷系统可先向真空状态的系统注入部分氟利昂后，再启动压缩机向低压部分注氟，操作方法与灌氨相同。只是对氟系统的密闭性要求更高，因为，氟利昂无色、无味，如果系统泄漏，氟利昂跑光了都不知道。而且，氟利昂价贵，造成较大损失。如前所述，氟系统一旦有泄漏，就能进入空气或水分，而腐蚀毁坏机器设备。加氟时尤其要防止空气或水分进入系统。

7.7.3 制冷剂充注时的注意事项

（1）操作人员必须准备防护手套。现场要准备防毒面具、防护眼镜及急救药品。严禁在现场吸烟或明火作业。

（2）加氨前后应对氨瓶进行称重记录，累计灌氨量。

（3）将氨瓶倒立在瓶架上（倾斜度为30°左右），头向下，用耐压胶管将瓶上阀门与加氨站阀门连接好，注意氨瓶阀口应向上。

（4）先打开加氨站及通向系统的各个阀门，再慢慢打开瓶上的角阀，如发现接口有泄漏应立即排除后再开阀。开阀人员应戴好防护手套和防护眼镜。氨液借氨瓶内压力与系统内压力差进入系统。当瓶下部的白霜融化时说明氨液已加完。此时，应先关闭氨瓶上的角阀，然后再关闭加氨站上的阀门。

（5）拆下氨瓶阀口连结器，空瓶过磅后，再换上新瓶继续灌氨。

（6）加氨后，应进行放空气操作。

（7）天冷时灌氨速度比较缓慢，严禁用任何方法加热氨瓶。

采用槽车（贮灌）灌氨时，应尽量使槽车靠近加氨站，以减少制冷剂流动阻力。

7.8 制冷空调系统正常运转标志

7.8.1 氨活塞式压缩机正常运转标志

1. 润滑系统

（1）油压应保持定值，油压大小根据压缩机结构而定，新系列压缩机的油压比曲轴箱内气体压力高 0.15～0.3MPa，其他采用齿轮油泵的低转速压缩机应为 0.05～0.15MPa，调节油压达到规定数值很重要，如果油压过低，输油量减少，易引起各摩擦部件的严重磨损。如果油压过高，机器用油量增大，容易引起油敲缸事故。如果油分离效果不好，会随高压气体进入冷凝器，影响冷凝效果。油进入低压系统将不仅严重降低制冷效率，而且造成系统放油困难。

（2）曲轴箱内的油面应保持在视孔的 1/3～2/3 范围内，一般在 1/2 处（单视孔时）或保持在下视孔的 2/3 到上视孔的 1/2 范围内（双视孔时）。

（3）油温一般要保持在 40～60℃，最高不超过 70℃。密封器的正常滴油量应为 1～2 滴/min，且不应有漏氨现象。

2. 机器部件温度

（1）压缩机机体不应有局部发热现象，安全管、安全阀也不应发热。

（2）轴承温度不应过高，一般为 35～60℃。

(3) 密封器温度不应超过60℃。
(4) 冷却水套进出水温差为5～10℃。
(5) 正常运转中，压缩机吸气阀部分应结霜，如果吸气温度下降很快，并有"哈气"现象，是压缩机湿冲程的征兆，应引起注意。若吸气温度高于0℃，吸气阀部位不应有结霜。

3. 系统工况
(1) 压缩机吸气温度应比蒸发温度高5～10℃，且吸气温度应与蒸发温度相适应。
(2) 蒸发温度应比库房温度低5～10℃。
(3) 压缩机的排气温度，一般国产系列单级压缩机在80～145℃范围内。氨双级压缩机排气温度在80～110℃左右。

4. 机器运转声音
(1) 气缸中应无任何敲击声及其他异常的噪声。压缩机在运转中进、排气阀片应发出上、下起落的清晰声音。气缸与活塞、活塞销、连杆轴承以及安全盖等部分都不应有敲击声。
(2) 曲轴箱中应无敲击声，这表明主轴承与连杆轴承的间隙适当，也表明向轴承供油合乎要求。

7.8.2 辅助设备正常运转标志

(1) 冷凝器的冷凝压力不应过高，不得超过1.5MPa。立式壳管式冷凝器供水量应充足，水质良好，且布水均匀。进出水温差为1.5～3℃，冷凝温度一般比出水温度高3～5℃。冷凝压力应与冷凝温度相对应。卧式壳管式冷凝器的顶部应温热，底部仅稍温，而存液部分应稍凉；液位正常时应在液位指示器的1/2高度左右；如有贮液器时，其液位应在1/3～1/2高度左右，冷却水进、出口温差在4～6℃左右。
(2) 在正常工作中，油氨分离器下部温度应稍温，说明下部有足够氨液，分油正常。
(3) 高压贮液器的液面要相对稳定，波动面在40%～60%之间为好；液面最低不低于其径向高度的30%，最高不高于径向高度的70%。
(4) 膨胀阀的开启度应适当，其大小要根据库房热负荷的大小、高压贮液器的液面、低压循环贮液桶或氨液分离器的液面变化、机器的回气压力、温度等情况适当调节。若用浮球阀和远距离液位控制器控制液位，应注意其工作是否失灵。
(5) 制冷装置若用热力膨胀阀供液，热力膨胀阀应无明显声响，仔细听时有制冷剂流过节流孔时发出的微小声音。阀体结霜均匀，并且结霜只延伸到管螺母上，不结冰。
(6) 电磁阀开启时，线圈外壳应温热，动作时应能听到阀芯落在阀座上的声音，工作正常的供液电磁阀阀体不应有结霜现象，否则说明有堵塞，应更换干燥剂。
(7) 蒸发器或冷却排管表面应结均匀的薄霜（在蒸发温度低于0℃时）或不断有凝结水滴下（在蒸发温度高于0℃时）。
(8) 各自动控制元件动作灵活可靠，并按装置的工况进行正确的调节。安全阀应可靠，安全阀与管路间的截止阀应确保其开启状态。压力表的指针动作应稳定和均匀，不应剧烈抖动。温度计的指示要正确，压缩机的吸、排气温度计在插座中应充注冷冻油，否则会影响其准确性。
(9) 制冷装置各部分均不应泄漏，并应保持清洁，没有油迹。
(10) 氨泵供液时应达到下述要求：

1) 低压循环桶的液面应保持在桶高的30%左右。
2) 氨泵排出压力正常，一般比吸入压力高0.05～0.15MPa，电流和声音都正常。

(11) 重力供液时，氨液分离器的液面应保持在金属指示器或油包式液位指示器的40%左右，油面应相对稳定，可采用再生油。

(12) 冷风机的风机轴承不发热，运转声音和运转电流正常，排管表面应均匀地布满霜。

(13) 设备管路阀门不应有漏氨现象。

7.8.3 氟制冷设备正常运转标志

(1) 压缩机的正常排气温度：采用R12制冷剂的最高排气温度不超过90℃，采用R22制冷剂的最高排气温度不超过105℃。

(2) 系列化氟压缩机的油压应比曲轴箱内气体压力高0.15～0.3MPa。

(3) 曲轴箱内的油面，当是一个视孔时，应保持在视孔的1/3～2/3范围内，当是两个视孔时，应保持在下视孔的2/3到上视孔的1/2范围内，油温不超过70℃。

(4) 机体不应有局部非正常温升，轴承温度不应过高。

(5) 温度控制器应能按预定温度停机或开机。

(6) 膨胀阀内制冷剂流道正常，无阻塞现象，它的低压侧应结霜。

(7) 回油罐装有自动回油装置，应能自动回油。

(8) 贮液器液面不得低于其径向高度的30%，且不得高于70%。

(9) 对于制冷系统中可能满液的管路和容器，严禁同时关闭管路两端的阀门或同时关闭容器上所有的阀门，以防止阀门、管路和容器受压炸裂。

(10) 冷风机单独用水冲霜时，严禁压缩机和风机同时工作。

(11) 制冷系统中空气和不凝性气体，可从高压部分直接放出。

(12) 热氟融霜时，R12制冷剂进入蒸发器前的压力不得超过0.6MPa，R22制冷剂进入蒸发器前的压力不得超过0.8MPa。

(13) 严禁从设备中直接放油。

7.8.4 螺杆式压缩机正常运转标志

螺杆式压缩机正常运转标志见表7-7。

螺杆式压缩机正常运转标志　　　　表7-7

主要参数	氨			氟利昂		
	单级	双级		单级	双级	
		高压级	低压级		高压级	低压级
排出压力(MPa)	0.8～1.4		0.05～0.45	0.9～1.5		0.05～0.6
吸气压力(MPa)	0～0.45			0～0.6		0～0.45
油压(MPa)	排出压力+0.1～0.4			排出压力+0.1～0.4		
油压标准(MPa)	排出压力+0.2～0.3			排出压力+0.2～0.3		
过滤器油压(MPa)	油压+0.15之内			油压+0.15之内		
排气温度(℃)	50～90	40～70		45～90	35～70	
吸气温度(℃)	50～20	−60～20		−50～20	−60～20	
供油温度(℃)	20～50	20～50		30～55	30～55	
供油温度标准(℃)	35～45	35～45		35～45	35～45	
压缩机油泵轴封泄漏量	3ml/h(6滴/min)			3ml/h(6滴/min)		

7.8.5 离心式压缩机正常运转标志

1. 润滑系统

(1) 油压：离心式压缩机的油系统为一独立系统，由于其转速高，油压要求比较稳定，一般情况下油压值为23～27kPa，具体压力值应满足压缩机要求。

(2) 油温：应控制在32～50℃，具体温度以产品说明书要求为准。

(3) 油位应在规定范围内，一般应在上视镜的中间位置。

(4) 离心式压缩机不许有漏油现象发生。

2. 离心式压缩机器部件温度

(1) 压缩机电机、压缩机本身不许有局部过热现象。

(2) 轴承温度和增速器温度不应过高，一般控制在60℃以内。

(3) 电运机温度应在规定范围内。

3. 机器运转声音

(1) 制冷压缩机在运转中应无异常声音。

(2) 电动机、增速机构在运行中应无异常声音。

(3) 油泵系统应无异常声音。

4. 运行工况

(1) 压缩机吸气温度高于蒸发温度5℃左右，但不宜过高。

(2) 压缩机排气温度一般控制在38～46℃。

(3) 排气压力应满足冷凝所需要的压力。

7.8.6 吸收式制冷机正常运转标志

(1) 冷却水进口温度应在25～32℃，不能低于20℃，以免产生结晶（设有自动稀释装置的机组除外），冷却水出口温度不高于40℃。

(2) 冷媒水出口温度最低不能低于5℃。

(3) 工作蒸气压力的波动应在0.02MPa范围内；饱和蒸气干度大于95%；过热度应小于30℃，使用0.6MPa以上工作蒸气压力时，过热度应小于10℃。

(4) 环境温度应在5℃以上。

(5) 高压发生器溶液应在视镜中部偏下。

(6) 低压发生器溶液的液面，从视镜中看应浸过最上层传热管中线。

(7) 吸收器溶液液面在液位计的中部。

(8) 冷剂水液面应在视镜的中部。

(9) 机组无异常响声，电机外壳温度低于80℃。

(10) 冷剂水颜色呈白色透明。

(11) 吸收损失应小于1℃。

第8章 制冷空调机器设备的安全维护与检修

制冷空调机器与设备的维护检修包括日常维修保养和定期检修。

日常维修保养：主要是经常保持机器各摩擦部件有良好的润滑条件，保持机器运转部件的温度和声音正常、排除泄漏、防止锈蚀失灵以及保持机器设备清洁等工作。目的是使机器设备经常处于正常运转状态，防止事故发生。

定期检修：机器设备在运转过程中由于受到负荷、摩擦、腐蚀等影响，零部件会逐渐被磨损和损坏，如果不立即修复、调整或进行故障抢修，不仅会降低机器设备的生产能力，而且由于机器"带病工作"将会酿成严重事故。为了延长使用寿命，保持良好技术状态，除了日常维护保养外，还必须进行合理的定期检修，对机器设备性能、质量和使用情况制订检修计划、确定检修范围、建立定期检修制度。定期检修可按实际情况制订小修、中修和大修三级进行。一般中、小修可由操作人员自行检修，大修项目由专业人员进行检修。定期检修要认真负责、保证质量，每台机器设备都要建立技术档案和卡片，认真记载机器设备的使用、维护、检修情况，通过分析研究和总结经验，不断提高检修质量。

8.1 检 修 基 础

8.1.1 检修安全要求

1. 检修人员

对检修人员的基本要求：

（1）应严格进行技术培训、经过考试合格并持证上岗。

（2）检修工种主要有：钳工、电工、机修和机加工、金属工艺与热处理、焊工、起重工、木工、油漆工、锅炉检修工、白铁工、仓库保管等并具有一定的制冷空调知识。检修人员通常都具有一专多能，但最少必须持有一个工种的等级考核证书，根据不同工种、不同等级做不同工种级别的检修任务。

（3）对机器设备的故障应具有一定的判断能力。

（4）应具备一定的拆卸、清洗、检查、测量、修复、装配、更换等手艺。

（5）应对机器设备性能和安全要求有一定了解。

2. 检修质量

（1）检修前应制定完好的检修计划和检修质量标准及实施细节。

（2）按检修计划和质量标准组织检修。

（3）应认真执行检修验收和填写检修的技术档案并与生产部门进行交接。

3. 检修工具

（1）普通量具。如：刻线量尺有钢皮尺、折尺和卷尺等几种。它可以直接测量零件的长度、厚度、深度和槽宽等尺寸。

卡钳：卡钳有内卡和外卡两种。内卡测量内尺寸，如孔的内径和槽宽，包括孔的内部凸肩和倒角等；外卡测量外尺寸，如外径长度和厚度等。

（2）游标量具。游标量具有长度游标卡尺、深度游标卡尺和高度游标卡尺。可测量工件厚薄、圆的内、外径、零件深度、高度或作划线用等。

（3）千分尺。千分尺可分三类：外径千分尺、内径千分尺和测深千分尺。

（4）千分表。千分表广泛应用于测量工件的径向跳动、椭圆度、锥度、同心度和平行度及圆的内径等。

（5）塞尺（厚薄规）。塞尺主要用来度量两个配合面的间隙。

（6）水平仪。水平仪是在安装时用来检验机器设备水平和垂直位置的仪器，常用的有铁制长条水平尺和框架式水平仪。

8.1.2 检修中的装配与拆卸

机器是由许多零配件组合而成的，这种组合过程称为装配。机器经过一段时期的工作后，配合部件便会产生磨损，就需要拆卸修理和重新装配。

1. 零配件的连接

零部件的连接有固定连接与活动连接两类。

（1）固定连接

使零件或部件固定在一起，没有任何相对运动的连接，称固定连接，其中又可分为：

1）可拆连接

常见的有螺纹连接（螺栓、螺钉、螺帽连接）和键、花键、楔、销连接等。其特点是装配后仍可拆卸，运动时不损伤零件。

2）不可拆连接

如焊接（包括气焊、电焊、锻焊等）、附着焊接（包括锡焊、铜焊等）、铆接和过盈配合等。其特点是当拆卸时，不可避免地要损伤一些零件和降低第二次连接的质量。

（2）活动连接

用来连接零件和部件，使其保持一定的相对运动的连接，称为活动连接。如轴承与轴颈的连接，需要保证轴的正常运转。气缸与活塞的连接，需要保证活塞的往复运动。导轨面的连接要保证滑块的往复运动等。

任何一种连接方式都必须保证零件正确地发挥作用。如固定零件的相对位置；传动零件的正确接触；滑动、转达零件的灵活均匀运动等。

2. 过盈配合的装配与拆卸

（1）打入或打出的装卸

用锤击的力量使配合件作轴向移动，是最简单方便的装配和拆卸过盈配合的方法。它适用于较简单、坚实和重要性较差的部位。但在操作时应注意不要打坏零件；在孔口、轴端等处做成倒角，便于对正中心，避免偏斜被卡；应在装配或拆卸前于连接表面上涂上润滑油。主要工具有手锤、冲子和垫块（用铜、铝软金属或木块）。

（2）压（拉）入或压（拉）出的装卸

压（拉）入与压（拉）出和打入或打出的区别是加给零件的力是均匀持续并可控制方向，防止零件偏斜或损伤表面，同时可装卸尺寸较大或过盈量较大的零件。常用工具有螺旋压床、齿条压床、风动压床和液压压床等。

(3) 用加热或冷却方法的装卸

加热可在沸水或热油池中进行，保持加热均匀，防止变形。也可用加热到100℃的机油浇在轴承内圈（为使轴不受热，应在靠轴承内圈部位，包扎石棉或硬纸板）。

3. 固定部件的装配与拆卸

固定部件装卸方法除上述过盈配合外，还有键、销和螺纹连接等。

(1) 键连接

常用的键有平键、斜键和半月键，是用来连接转动轴与轮的。

(2) 销连接

常用的销有圆柱形和圆锥形两种。装配后撑开尾部销口，就牢固可靠。拆卸时使用冲子即可，取不出时，可用钻头钻削销钉钻头应小于销钉直径，以免损伤孔壁。

(3) 螺纹连接

常用于平面贴合零件，连接时旋转螺栓或螺母便可。要求连接牢固，不松动，拆卸时零件完整。

4. 齿轮传动的装配

齿轮装配在技术上要求较高。常用的有圆柱形齿轮和圆锥形齿轮。

(1) 圆柱形齿轮

在两轴相互平行的情况下，可采用圆柱齿轮传达转动。圆柱齿轮有直齿、斜齿和内齿三种。装配齿轮要求转动均匀、无噪声、无振动。即主要是周节均匀、正确；节圆和轮孔同心、齿形曲线正确，使啮合良好。

(2) 圆锥形齿轮

装配圆锥形齿轮时，要求轴线在一个平面中相交于一点，并成一定角度，齿轮在轴线上的前后位置正好与节锥的交点重合。

5. 联轴器的装配

联轴器种类很多，由于结构不同，装配的方法也有所不同。

(1) 固定式刚性联轴器

固定式刚性联轴器的装配，主要是修配键和轴，装配时两轴的同心度必须保证准确。

(2) 活动式刚性联轴器

活动式联轴器允许两轴线略有倾斜和两轴作少量相对位移，因此，比较容易装配。

6. 皮带轮的装配与拆卸

(1) 皮带轮的装配

皮带轮有整体式、组合式和对开式三种。

使用螺旋工具装配皮带轮是比较合适的，旋转螺旋将皮带轮压到轴上，然后通过垫板对轮毂各点轻轻敲打，以消除因倾斜而产生卡住现象。装配皮带轮时宜将皮带轮垫起。

皮带轮装配在轴上正确与否，是以皮带轮围绕轴线回转时轮端面和轮缘上的摆动量来表示的。允许摆动值的大小取决于皮带轮直径大小和转速，直径愈大和转速愈低允许的摆动值愈大，反之亦然。通常摆动量不超过1mm。检查摆动的方法有两种：对较大的皮带轮用划线针盘检查，较小的皮带轮可用千分表检查。前者需用观察和间隙测定同时进行。后者可直接用千分表量出摆动量。划线针盘检查方法是把划线针盘安放在底座上，旋转皮带轮，并使划针轻轻抵住轮缘或轮端面上的最高处，找出摆动位置，并用粉笔标上记号，然后测定针尖与轮面之间的间隙,该间隙值就是轮端面和轮缘上的摆动量。若摆动量过大应找出原因,进行修正。

皮带轮的相对位置对皮带传动有很大影响。过大的偏移会使皮带的张力不均,造成皮带自行滑脱和加速磨损。皮带轮相对位置的检查方法是:将线的一端系在轮的轮缘上,扣紧另一端并使线贴在此轮的端面,然后测定另一端的端面是否与线贴住,如果没有贴着,可测定线与轮端面之间的间隙大小,然后调整到适合为止。为了观察方便和检查准确,线两端最好离开皮带轮端面1~2mm(用钢锯片垫上即可),调整到四点距离相同。

(2) 皮带轮的拆卸

拆卸皮带轮不应采用锤击的方法,而应把键转在上方,然后用木板稍垫起皮带轮,再用冲子从斜键的薄端方向打出,或用钩具从斜键的厚端方向将斜键拉出,用螺旋工具把皮带轮取出。

(3) 传动皮带的装配:传动皮带有平皮带和三角皮带两种。传动形式一般分为敞开式、交叉式和半交叉式。

三角皮带按断面大小分为O、A、B、C、D、E、F七种型号。装配时要求皮带与梯形槽正确配合,三角皮带不应陷入凹槽的底部或悬在槽的上部。

活络三角皮带有O、A、B、C、D、E六种型号。其优点是长度可以任意取用,缺点是价贵、平稳性差和强度低。

两种皮带装配后的松紧度,一般以有用手揿压时能压下去5~15mm为宜,大型机器10~30mm为宜。

8.2 制冷空调机器的安全维护与检修

8.2.1 活塞式压缩机的维护与检修

1. 活塞式压缩机的维护与检修概念

活塞式压缩机能否处于正常的运转状态,除了安全操作以外,还要做好经常的维护与检修工作,合称操、维、检。压缩机的检修一般分为大修、中修、小修和故障修理四种。大修内容包括中修和小修的内容,中修包括小修的内容。故障修理是压缩机发生故障时立即停机检修,这种检修应根据故障的部位和现象进行拆卸和装配。大、中、小修工作内容见表8-1。

活塞式压缩机大、中、小修主要工作内容　　　　表8-1

主要部件名称	主 要 工 作 内 容		
	小修(修理周期约700h)	中修(修理周期约2000~3000h)	大修(每年一次)
阀片与阀	检查清洗阀片,并调整其开启度,更换损坏的阀片、弹簧及其他零件,试验阀的密封性	检查测量余隙,并进行调整,检修或更换不严密的阀	检查修复和校验各控制阀、安全阀,更换填料,必要时应重新浇铸轴承合金或更换新阀

续表

主要部件名称	主要工作内容		
	小修(修理周期约 700h)	中修(修理周期约 2000~3000h)	大修(每年一次)
汽缸	检查汽缸的光洁度,清洗缸壁污垢	检查活塞环、刮油环的锁口间隙,环与槽的高度、深度的间隙,严重的应更换新的活塞环,检查活塞销的间隙及磨损状况	测量活塞的磨损度,必要时浇铸轴承合金层修复,以适应配合尺寸。如有需要可以更换新活塞以及相应的活塞环。检查活塞销和衬套或更换新品
曲轴主轴承		测量各主轴承间隙,需要时应修整	测量曲柄扭摆度、水平度,主轴颈与连杆轴颈的平行度,以及各轴颈的磨损度(椭圆度和圆锥度)和裂纹,以便修整或更换曲轴。修整主轴承或重新浇铸轴承合金
连杆与连杆轴承	检查连杆螺栓和开口销,防松铁丝有无松脱、折断现象	检查连杆大头轴瓦和小头衬套,测量配合间隙,需要时应进行刮拂修整	依照修复后的连杆轴颈修整连杆轴瓦,或更新浇铸轴承合金。检查连杆大小头孔的平行度和连杆本身的弯曲度,加以修复
密封器		检查调整密封器各零件的配合情况,清除内部和进出油道	检查摩擦环和橡胶密封环与弹簧的性能,必要时应进行研磨调整或更换新品
润滑系统	更换润滑油,清洗曲轴箱和滤油器	清洗三通阀和润滑系统,检查油泵配合间隙	修整或更换油泵齿轮轴承和齿轮与泵腔配合间隙,必要时应更换新齿轮
其他	检查卸载装置的灵活性	检查电动机与压缩机传动装置的振摆度,检查压缩机基础螺栓和飞轮的加固情况	检查与校验压缩机的控制仪表和压力表,清除水套的水垢

2. 活塞式压缩机维护与检修的基本要求

压缩机检修工作十分重要,要认真作好压缩机检修记录,详细记载机器拆卸前后各部位测量的数据、修理和更换零件名称以及试机情况,检修完毕后存入机器维修档案,作为下次维修的依据。活塞式压缩机检修测量记录见表 8-2。

活塞式制冷压缩机检修测量记录　　　　表 8-2

名 称	间 隙	备 注
活塞与汽缸的余隙	后　　　　　后 左　右　左　右 前　　　　　前	"前"指联轴器或飞轮居于左侧的方位

续表

名　　称	间　　隙	备　　注
外轴承与轴颈间隙	左　　　右 (圆形示意图)	"左""右"方位同上
活塞销的椭圆度	左缸（左端/右端）右缸（左端/右端），上下/前后	方位同上
连杆大头轴瓦与曲柄销间隙	左缸（左端/右端）右缸（左端/右端），前/后（圆形示意图）	
油泵端轴承间隙	（圆形示意图）	
汽缸与活塞之间的间隙	左缸 上中下；右缸 上中下	后/左/右/前；上中下
曲轴水平	上下	主轴转180°在曲轴端面测定
汽缸平面水平	左缸（后/左/右/前）右缸（后/左/右/前）	角度式氨压缩机不作测量
活塞销与连杆轴向间隙	左缸　　右缸	
活塞销与连杆径向间隙	左缸　　右缸	
活塞销与活塞孔径向间隙	左缸　　右缸	
汽缸磨损情况	左缸　　右缸（A-A, B-B 示意图）	A—A 前后 B—B 左右

续表

名 称	间 隙	备 注
汽缸垂直度		测量以飞轮端汽缸为准
活塞磨损情况	左缸 / 右缸 A—A 前后 B—B 左右	A—A 前后 B—B 左右
曲柄销与主轴磨损情况		
曲轴颈扭摆度		每转 90° 测量一次
齿轮油泵间隙	上/下 上侧/下侧	

	一	二	三	四	油环
活塞环的端口间隙					
活塞环与槽的高度间隙					
活塞环的厚度					
活塞环与槽的深度间隙					

	1	2	3	4	5	6	7	8
吸气阀开启度								
排气阀开启度								
密封器间隙	上		下		前		后	

3. 活塞式制冷压缩机的检测

在拆机前，应预先了解压缩机的检测内容和检测方法，做到心中有数，以便能与压缩机的拆卸工作同时进行，并正确测得各零部件配合间隙和磨损情况，根据测量发现的问题，确定修复方案。活塞式制冷压缩机的检测内容与检测方法如下。

(1) 气缸余隙（死隙）

用比余隙粗的保险丝（铅锡合金丝）截成 25mm 左右长度，涂少许黄油后放在活塞顶部的前、后、左、右四个点上，按正式装配要求放上气阀、安全弹簧和气缸盖，并拧紧螺栓。盘动靠背轮 2~3 圈，然后拆去气缸盖，小心拿下被压扁的保险丝，用外径千分尺测量其厚度，取四点平均值即为活塞死点间隙。可重复再压一次。

(2) 活塞与气缸壁间隙

手动盘车，使活塞分别停留在气缸的上、中、下三个不同部位，用塞尺在活塞的前后左右四个部位测量活塞与气缸配合面之间的间隙。

也可用外径千分尺测量活塞外径，用内径千分尺或量缸表测量气缸内径，两者之差的一半即为活塞与气缸之间的平均间隙。

(3) 气缸（缸套）内径

用量缸表在气缸内圆表面的上、中、下三个部位交叉进行测量气缸内径，定出磨损量。气缸允许最大磨损量约为气缸内径的 5%。亦可用下列方法进行判断：气缸内径磨损至 1/200 时应进行修理，磨损至 1/150 时必须修理。气缸壁厚度磨损 1/10 时最好更换缸套，磨损 1/8 时必须更换。

气缸镜面不允许有划痕、毛刺、腐蚀等现象发生。

(4) 气缸垂直度和水平度

1) 垂直度：利用气缸上端中心点放置铅锤线，对汽缸左右两侧内壁的上、中、下各点与铅锤线的距离进行测量，分析测量数据。气缸垂直度允许每米长度不超过 0.15mm。

2) 水平度：在气缸上端面放置一块经过磨床加工过的平垫铁，再将水平仪放在平垫铁上进行测量。气缸的前后和左右水平，每米误差不得超过 0.3mm。

(5) 活塞圆度

用外径千分尺对活塞上、中、下三个部位的纵、横面直径进行测量，然后将活塞转动 90°后再进行测量。新活塞圆度不得超过其直径的 1/1500，工作后的活塞最大磨损圆度为其直径的 1/1000~1.5/1000，超过该限度时应进行检修或更换。

(6) 活塞环

它在往复运动的活塞与气缸壁之间起密封作用，故称密封环。主要检测其密封性、弹性、翘曲度和开口间隙。

1) 密封性：把活塞环装入气缸上部，将一块略小于缸径的平整薄铁板盖在气环上，用灯光在气缸下部向上照射，当漏光长度超过气缸圆周的 30% 时（尤其是开口部位不能漏光），应更换新环。

2) 弹性：用细钢丝绳绕活塞环一周，下端挂上砝码，根据环的开口被缩紧程度和砝码的重量判断活塞环弹性的大小。用同样的方法对新活塞环试验，进行比较。相同重量砝码，开口大的，活塞环弹性好。

3) 翘曲度：让活塞环在专用量具中滚动一圈能通过量具上的狭槽即合格。

4) 开口间隙：将新、旧活塞环放在新气缸套内摆正，用塞尺测量开口间隙，进行比较。

以上四项检测都需要专门设备才能进行。现场检修时也可用简易方法：一种方法是活塞环的径向和轴向尺寸检查，用游标卡尺测量用过的气环和新环的厚度和高度，当旧环的厚度磨损超过 1mm、高度磨损超过 0.2mm 时，换上新环。另一种是新、旧活塞环称重法，旧环的重量减轻 10% 时，换上新环。

(7) 活塞销及销与衬套的间隙

现在用的铝合金活塞，销与衬套是过盈配合，没有径向配合间隙。采用间隙配合时，用外径千分尺测量活塞销的外圆柱面圆度和圆柱度，超过销直径的 1/1200 时更换新销；当销磨损比标准尺寸小 0.15mm 时，更换新销。

活塞销与连杆小头衬套的径向间隙可用塞尺测量。当衬套直径为 60mm 时，间隙为 0.05~0.07mm；直径 60~110mm 时，为 0.07~0.09mm；直径 110~150mm 时，间隙为 0.09~0.12mm。销子与小头衬套的接触面积，用着色法涂红丹粉检查，接触面积小于 70% 时进行检修。

(8) 曲轴

曲轴加工时除按公差精度加工外，规定曲轴主轴颈表面对其轴线的径向圆跳动：对于主轴径小于 80mm 的为 0.02mm；80~180mm 的为 0.03mm；180~260mm 的为 0.04mm。曲柄销与主轴颈的平行度在 100mm 内不大于 0.02mm；主轴颈和曲柄销的圆度和圆柱度不大于二级精度直径公差的一半。曲轴表面不应有凹痕、裂纹、气孔、伤痕、麻面和毛刺。

主轴颈对其轴线的跳动量、曲柄销轴线与主轴颈轴线的平行度以及曲柄销和主轴颈的圆度和圆柱度、连杆大头轴承中心线与活塞销中心线的平行度等的检测应在生产加工时进行抽检并具有出厂合格证方可装配。现场重点一般放在对易损零配件的测量和检修，对不合格的部件进行更换，曲轴表面的凹凸不平度超过 0.32mm 以上或毛刺、麻面、伤痕面积较大和出现裂纹等严重损害时均应更换曲轴。

(9) 主、副轴承与连杆轴承间隙和主、副轴承两侧的径向间隙

用塞尺进行检测。测量时将上下轴瓦合上固定好，同时检查上下轴瓦的上、下、左右三个点，然后曲轴转动 180°再测一次，以求准确。超过磨损极限（0.15~0.2mm）时进行检修。

测量连杆轴承时用压铅法，将两小段保险丝放在下瓦的两侧各一段，可涂少许黄油固定在轴瓦上，按正式装配要求装紧轴瓦，然后拆下轴瓦，用外径千分尺测量压扁的保险丝厚度。一般轴承间隙等于轴直径的千分之一为合适，上瓦与轴颈接触 100°角内不应有间隙，下瓦 120°角内不应有间隙。进行接触面积涂色检查时，应达到 80%。轴承合金衬瓦如有裂纹、脱落应进行检修。

(10) 吸、排气阀的开启度和翘曲度

吸、排气阀的开启度是由设计决定的，测量时可参考表 8-3、表 8-4、表 8-5。阀片翘曲度是在漏光检查的专门检测装置上进行的。阀片翘曲度规定：在阀片厚度大于 1.5mm，阀片外径小于 70mm 时，翘曲度为 0.04mm；直径在 70~140mm 时，翘曲度为 0.06mm；直径在 140~200mm 时，翘曲度为 0.09mm。

阀片表面有轻微的划伤时应进行研磨，阀片的密封性能采用煤油作渗漏试验检查。

(11) 轴封

轴封装置中动环与静环的磨擦面上，不允许有任何伤痕并应符合粗糙度要求，两面平行度偏差超过 0.015～0.02mm 时应进行检修或更换。

橡胶密封圈磨损、老化、变形时应进行更换。

弹簧弹力变小或变形应进行更换。

（12）卸载机构

卸载机构的顶杆长度必须长短一致，顶杆伸出阀座尺寸仅为 1.5±0.1mm。当顶杆磨损超过 0.3mm 不能顶开阀片进行卸载时，应更换顶杆。

当推动缸套外转动圈的推杆凸圆磨损，比原尺寸小 0.5mm 以上时，应进行更换。

（13）油泵

检查齿轮轴、轴套、端盖有无磨损，严重时应进行检修。齿轮油泵可用着色法检查齿轮的磨损情况。

4. 活塞式制冷压缩机的拆卸

（1）拆卸前的准备工作

1）检修材料

拆卸前应准备好检修材料，如：布类（纱布、夏布、帆布、绸布、棉纱头及清洗机件用的旧布等）、油料（洗涤汽油、煤油、冷冻油、黄油等）、填料（各种规格石棉橡胶板又称高压红纸皮、盘根等）以及粗、细研研磨剂、砂纸、硬铅、开口销、保险丝、油石、玻璃板、工业氮气或压缩空气等。

棉纱头、旧布用于拆卸时对工具、机壳表面、操作者双手的清洁。绸布用于气缸镜面、曲轴箱内的擦拭，这样不会残留纤维而造成对油过滤器等的堵塞（对曲轴箱内部不易清理干净的地方，可用湿面团粘净）。洗涤汽油常用零号汽油又称无水汽油，主要用于零件的清洗，快干易净，但要严防火灾。煤油渗透力强，比汽油蒸发慢，使用时也较安全。另外，对阀片、阀门的密封检查，阀片、轴封密封环的研磨等也多采用煤油。经汽油、煤油清洗干净后的零件表面应用冷冻油涂抹或浸泡，有些部位采用薄层黄油护面，防止零件表面生锈。红纸皮主要用于制作垫圈，可在需要做垫圈的部件面上涂一层黄油，盖上红纸皮后，再用木锤匀敲，获取垫圈形状即可剪裁。或用红纸皮紧压在部件上，直接用铁锤敲打成形。氮气或压缩空气是用来吹除脏物和试压及密封检查。氟系统最好采用氮气吹污试压，以防水分进入。

2）检修工具

除了拆装常用的钳工工具外，还应准备油盘、台钳、研磨平板以及随机所带的专用工具（如装活塞的专用套筒、拆卸大头轴瓦套筒扳手等）、划线工具、钢字码和量具（如钢板尺、游标卡尺、外径千分尺、千分表、量缸表、圆规、塞尺、水平仪等）。最好用不锈钢制作一个检修压缩机专用手推车和钳工工作台，盛装工具、量具、零部件，这样可随时移动到检修的地方。

3）备用零部件

准备好压缩机的零部件，如阀片、气阀弹簧、气环、油环、连杆螺栓、大头轴瓦、小头衬套、主轴承、密封器摩擦环、耐油胶圈等易损零部件，以便损坏时更换。

（2）拆卸基本要求与注意事项

1）在拆卸前先进行压缩机抽空，然后切断电源、移开电动机。关闭气缸盖水套冷却水、将连通高、低压管线上的有关阀门关严,并悬挂检修牌标志。再缓慢拧松放气阀,把压缩机内部的制冷剂放掉,放掉曲轴箱里的冷冻油。

2) 拆卸应按步骤进行,先部件,后零件,由外及里,先上后下,先小后大,防止碰砸。对于可以不拆或拆后会降低连接质量、损坏原有连接的部件和零件,应避免拆卸。

3) 拆卸时用力不宜过大,当零件不易拆卸时,应查明妨碍拆卸的原因,找出办法,采用巧劲,防止损坏。压出或打出轴套、销子时应辩明方向,严禁用锤、铁棒、錾子等乱敲乱打。需用锤击零件时,应垫好垫块或木块,防止打坏零件表面。

4) 拆卸较复杂的零件或拆卸形状、尺寸相同的零件(如活塞、连杆等)时,必须做好标记,用钢字码编号,并分类、分组放置,避免装配时混淆、遗忘或反装、错装,造成事故。

5) 重大部件或精密零件,拆下后应放在垫有木板的平面上或放在专用的支架上,防止受压弯曲和腐蚀。

6) 对体积小的零件,拆卸清洗后,可先装配在主要零部件上,防止遗失。

7) 拆下的零件应及时清洗、涂油或浸泡,并用布盖好,以防粉尘和零件表面锈蚀。

8) 拆下的油、气、水管等吹除污垢后,用木塞或布条堵住,防止灰尘污物进入。

9) 拆卸和修复过程最好连续进行,中途不要停工换人,延长检修时间,使进入的空气、水分氧化腐蚀零部件。

(3) 拆卸步骤与拆卸实例

各类型压缩机的拆卸基本相似,但是,由于结构不同,拆卸的步骤和方法也就不尽相同。因此,必须制定适合不同机器特点的拆卸步骤和要求。现以活塞式 8AS-12.5 氨压缩机为例,其拆卸步骤如下:

1) 拆除外部连接

先拆离联轴器,后移电动机,使压缩机与电动机脱离。关闭与系统连接的有关阀门等。

2) 放掉制冷剂、冷冻油

放气阀连通大气(如机内残存氨气浓度大时,可将放气胶管插入水中),将氨气放尽,再把曲轴箱里的冷冻油放掉。

3) 拆气缸盖

拆下连接水管,松掉气缸盖螺母,其中两窄边各有一根长螺栓的螺母应最后松,对角的螺母要平衡进行,使气缸盖随弹簧力升起。发现弹不起时,可用木锤振松缸盖,注意螺母松得不要过多,用螺丝刀轻轻地从内端面撬开,防止缸盖突然弹起,发生损坏或事故。应保持同步升起,气缸盖刚升起时,应观察垫圈纸皮是否脱离至一侧,防止两侧粘连,造成纸皮垫圈撕裂。若发现两侧粘连时,可用钢锯片或刀具轻刮使其脱开。

4) 拆排气阀座

卸下气缸盖后,取出安全弹簧,检查弹簧尺寸的变化情况,注意有无裂纹和掉落碎片。然后取出排气阀座(双手均衡用力),检查阀座与气缸套端面的密封线有无问题。

5) 拆曲轴箱侧盖

松掉侧盖螺母,将侧盖取下,如果取不下来,可能有以下原因:

① 侧盖与垫片粘牢,可用手锤轻击四周或用薄錾子剔开,防止把垫片弄坏。

② 曲轴箱处于真空状态。此时,旋开放气阀连通大气,使空气进入曲轴箱内,待箱

内、外压力平衡后，再拆侧盖。

取侧盖时要注意防止余氨冲人。取下侧盖后，应将箱内剩余的润滑油放出，并查看油中有无脏物或金属碎屑等，及时清理。

6）拆活塞连杆部件

首先拆掉连杆螺栓上螺母的防松铁丝或开口销，松掉螺母，取出下轴瓦。然后把曲轴转动到上止点的位置，用吊栓将活塞轻轻地拉出。注意不要使连杆大头碰伤气缸套内壁。取出活塞连杆部件后，再将下轴瓦合上，或打上钢号，避免将下轴瓦号码弄错。

取出活塞时要注意与它相配合的气缸套，二者应是同一编号的。

平剖式的连杆大头轴瓦，用上述程序拆卸时，连杆大头被汽缸套卡住而取不出来时，可将活塞与汽缸套二者一起取出。

7）拆气缸套：用吊栓拧进气缸套顶部吸气阀座的螺孔内，将气缸套拿出。拿出时要注意气缸套的调整垫片，防止搞错和损坏。

8）拆卸载装置

先将连接油管拆掉，再拆机体上的法兰（法兰上的螺母应对角拧出，因为法兰后面有弹簧压住，留两个螺母防止法兰弹出），然后均匀地拆卸留下的两个螺母。拆下法兰后便可将弹簧、油缸、油活塞、拉杆成套取出。

此机共有四套卸载装置，它的拉杆长度也不相同，所以拆卸时应注意做好标记，以免装错。

9）拆滤油器部件

拆出滤油器与三通阀之间的连接管，然后拧开滤油器与油泵的连接螺栓，取出滤油器部件。

10）拆油泵

滤油器拆出后，即可拆下油泵。

11）拆三通阀

松开三通阀与机体的连接螺栓，取出三通阀和油过滤器。

12）拆吸气过滤器

将法兰螺丝松开，注意避免弹簧将法兰弹出，然后卸下法兰，取出过滤器。

13）拆联轴器

拆下螺母，用锤敲击塞销，使之松动，取出塞销和弹簧圈，移开电动机，旋松两只压板螺丝，但不要拆下，以防止撬联轴器时掉下伤人，然后用两根撬棒顶住密封器端盖面向外撬动联轴器，松动后再将两只压板螺丝拆下，可取出联轴器及半圆键。

14）拆密封器

松开连接螺钉，用 DN10mm 螺栓（顶丝）顶开端盖（如卸螺钉时发现弹簧已顶住密封盖，可留两个螺钉，慢慢拧出，防止弹簧弹出）。顺曲轴取出端盖与密封器，注意不要损坏活动环和固定环的摩擦面。

15）拆后轴承座

拆下油管及其与机体连接的螺母，用方木把曲轴箱内的曲轴垫好，再用两根 DN10mm 的螺栓，分别拧进螺孔，把轴承座顶开，慢慢地撬出。注意不要把垫片拆坏，用力要均匀，不能过猛，防止卡住或把曲轴带出，孔口平面不能损伤。

16) 拆曲轴

取走后轴承座后,曲轴就可以从后轴承孔抽出。取曲轴时,轴后端要缠布条,以防移动时滑脱。曲轴前端顶部两螺孔,用两根较长的 DN16mm 螺栓拧进,再套入适当长度的圆管,以便抬出。在曲轴中部,用方木穿过曲轴箱垫于曲轴下部。这样曲轴的前、中、后三处一致用力,慢慢抽出放平,防止碰伤。

如果前轴承没有磨损,可以不拆。

17) 拆油分配阀

拆掉油管后,将油分配阀从仪表盘上拆下。

18) 拆安全阀

将连接机体的螺母松掉,取下安全阀。

(4) 几个主要部件的拆卸

在拆卸主要部件时,要注意各零件的编号和方向,避免把零件搞错。

1) 吸排气阀组

取出气阀弹簧时,不能硬拉,以免变形。如果弹簧过紧,先用手轻扭,收紧弹簧使直径稍微变小,然后取出。拆钢碗时,注意气阀螺栓是否松动,拆下阀盖和外阀座连接的螺钉,检查内阀座和外阀座上的密封线是否完整严密,并将密封面向下,放于平台的布上,避免碰伤密封线。

2) 活塞连杆

用尖嘴钳把活塞销内的弹簧挡圈拆下,垫上软金属垫后,用木锤轻击,或垫铜棒将活塞销敲出,如销子过紧可用专用工具拉出,专用工具仍拉不出时,可将活塞浸在 80℃ 左右的热水中几分钟,使活塞膨胀,然后再用专用工具拉出。

拆卸活塞环和油环有三种方法:

① 用两块布条套在环的锁口上,两手拿住布条轻轻地向外扩张,把环取出。

② 用 3~4 根磨去锯齿的锯条,插进环与槽中间,便于环均匀滑动取出。

③ 用专用钳拆卸活塞环和油环。

3) 密封器

密封器的固定环贴紧端盖时,可用螺丝刀在非密封面侧的孔隙处轻轻地撬开,固定环便可拆下。注意磨擦面和橡胶圈是否完整,有无磨损、拉伤、老化、掉块等。

4) 油泵

拆卸时先用手转动一下油泵,看转动是否灵活,然后将螺栓拧开,注意主动轮和被动轮是否磨损。

5) 气缸套

气缸套上的零件,包括有定位销、卸载顶杆、弹簧、转动环和弹簧圈。拆卸时应注意顶杆高度是否相同,高低不等时易将吸气阀片顶歪或使吸气阀片工作时产生转动,加速磨损和损坏,同时检查顶杆弹簧是否完好。

6) 油过滤器

在拆卸螺丝之前,先转动一下曲轴,如果转不动,说明内部脏物将梳片卡住,或者梳片面上有毛刺等现象,这时不可猛力转动,应拆开后用汽油清洗,并打去毛刺。

(5) 检测依据与质量标准

压缩机的零部件检测一般与拆卸工作同时进行，以便正确测得各零部件的配合间隙和磨损情况以及各零件经磨损后的形位公差，并根据测量发现的问题，确定修复方案。

对各零部件测量后得出的数据应与制造厂家提供的零件表面粗糙度规定、零部件配合间隙数据及运动件磨损极限规定进行比较，根据磨损量判断是否属于正常磨损、判定零件是否需要更换或提出如何处理。同时可根据测量的磨损量和最大允许磨损量来确定零件的使用寿命。

活塞式制冷压缩机各运动件的使用年限和耐磨性，是评定压缩机质量的一个十分重要的技术指标。下面列出检测依据和质量标准。表8-3是压缩机零件表面粗糙度的规定、表8-4、表8-5列出压缩机零部件配合间隙值、表8-6列出压缩机运动件磨损极限与耐用时间，供进行零部件检测和质量判断时参考。

压缩机零件表面粗糙度规定表　　　　　　　表 8-3

零件名称	新标准规定		旧标准规定▽1～▽14
	$Ra^{①}$ (μm)	$Ra^{②}$ (μm)	
气缸套内表面	0.40 0.20 0.10	3.2 1.6 0.8	▽8～▽10
曲轴主轴颈面 曲柄销面	0.40 0.20 0.10	3.2 1.6 0.8	▽8～▽10
连杆小头衬套内表面 连杆螺栓外圆配合面	0.40	3.2	▽8
活塞销	0.20	1.6	▽9
阀片	0.40	3.2	▽8
轴封动环与静环接合面	0.10	0.8	▽10
连杆螺栓	0.80	6.3	▽7
活塞外圆面	0.80	6.3	▽7

注：① Ra—取样标准长度 L 内轮廓算术平均偏差。
　　② Ra—微观不平度10个点的高度（取样长度内5个最大的轮廓峰高平均值与5个最大轮廓谷深的平均值之和）。

非系列制冷压缩机主要部件配合间隙表（mm）　　　　　　　表 8-4

机型 配合部位	4F10	4FS7B	8FS10	2F6.3
气缸与活塞	+0.16～+0.20	+0.14～+0.20	+0.17～+0.259	+0.12～+0.15
活塞销与销座孔	+0.019～−0.01	+0.015～−0.02	+0.02～−0.01	+0.005～−0.019
活塞环搭口间隙	+0.04～+0.60	+0.28～+0.48	+0.40～+0.60	+0.25～+0.40
环与环槽间隙	+0.033～+0.065	+0.018～+0.048	+0.033～+0.065	+0.033～+0.065
主轴颈与主轴承	+0.05～+0.08	+0.06～+0.12	+0.075～+0.115	+0.04～+0.065
吸气阀片开启度	1.2±0.1	1.1～1.28	$2^{+0.22}_{-0.38}$	0.6±0.15
排气阀片开启度	1.5±0.30	1.1～1.28	$1.5^{+0.22}_{-0.38}$	0.6±0.15
活塞上死点余隙	+0.50～+0.75	+0.5～+0.75	+1.0～+1.5	+0.5～+0.85
连杆大头与曲柄销	+0.05～+0.08	+0.06～+0.12	+0.075～+0.15	+0.03～+0.06
连杆小头与活塞销	+0.01～+0.03	+0.015～+0.03	+0.01～+0.03	+0.01～+0.025

注：配合尺寸（+）为间隙，（−）为过盈。

新系列制冷压缩机主要零部件配合间隙表 (mm)　　　　表 8-5

配合部位		70 系列	100 系列	125 系列	170 系列
气缸与活塞	环部	+0.14～+0.216	+0.33～+0.43	+0.35～+0.47	+0.27～+0.49
	裙部	+0.095～+0.135	+0.15～+0.21	+0.20～+0.29	+0.28～+0.36
活塞环锁口间隙		+0.28～+0.40	+0.30～+0.50	+0.50～+0.70	+0.70～+1.1
活塞销与销座孔		+0.008～-0.03	+0.017～-0.015	+0.016～-0.015	+0.018～-0.018
气环与环槽轴向间隙		+0.018～+0.048	+0.038～+0.055	+0.05～+0.095	+0.05～+0.09
主轴颈与主轴承径向间隙		+0.04～+0.09	+0.06～+0.11	+0.08～+0.148	+0.10～+0.162
连杆大头轴瓦与曲柄销		+0.04～+0.08	+0.032～+0.06	+0.08～+0.175	+0.05～+0.15
连杆小头衬套与活塞销		+0.015～+0.035	+0.03～+0.062	+0.035～+0.06	+0.04～+0.073
吸气阀片开启度		1.425～1.655	1.2	2.4～2.6	2.5
排气阀片开启度		1.3～1.5	1.1	1.4～1.6	1.5
活塞上死点余隙		+0.50～+1.2	+0.70～+1.30	+0.70～+1.40	+1.0～+1.60
连杆大头瓦与曲柄销的轴向配合		六缸 +0.040～+0.08 四缸 +0.05～+0.08	八缸 +0.42～+0.79 六缸 +0.30～+0.60	八缸 +0.80～+1.10 六缸 +0.60～+0.86	八缸 +0.80～+1.12 六缸 +0.50～+0.88

注：配合尺寸（+）为间隙，（-）为过盈。

压缩机运动部件磨损允许最大极限值 (mm)　　　　表 8-6

零部件名称		缸径					极限值(mm)	耐用时间(h)
		100 以下	101～105	151～200	201～250	251～300		
		磨损极限值						
气缸(500r/min 以上)		0.25	0.30	0.35	0.40	0.45		
	活塞	0.20	0.20	0.25	0.30	0.35		
活塞式	活塞环搭口	0.25	0.80～1.2	1.0～1.5				
	环与环槽高度	0.15	0.15	0.15	0.20	0.20		
	工作时活塞环在气缸内的锁口间隙	2.5	3.0	3.5	4.0	4.5		
	活塞销						0.1	15000～40000
	连杆小头套						0.1	
活塞与气缸套配合间隙	50 以下						0.15	
	51～100						0.3～0.4	
	101～150						0.4	
	151～200						0.4～0.5	
	201～250						0.5～0.6	
曲柄销与大头瓦间隙							0.2～0.25	
活塞销与连杆小头套间隙							0.1～0.15	
主轴颈与主轴瓦间隙							0.15～0.20	
吸、排气阀片								5000～10000
活塞环								7000～10000
活塞与气缸								20000～45000
曲轴轴颈								4 年

5. 活塞式制冷压缩机的修理

损坏的零件应尽可能进行修复，没有修复价值的应及时更换，不能"带病运转"而造成不必要的损失，甚至蔓延出不该发生的事故。下面列举几个主要零件的修理：

（1）气缸与活塞

1）气缸套拉毛、磨损的修理

气缸套内圆表面轻微拉毛、磨损时，可用半圆形油石和金相砂纸加煤油进行手工往复搓磨，打去毛刺。油石不要上下滑动，避免因动作失误划伤新的部位。气缸拉毛常出现环形槽和直槽，前者修理后可能不会漏气，而直槽修理往往达不到理想的效果，个别较深的拉痕不一定都要打平，以免形成沟槽而造成漏气，有经验的师傅用手触感觉拉毛不明显时即可使用；也可将标准活塞环装进气缸进行研磨部位的着色检查，直到环与气缸镜面的接触符合要求。最后用细金相砂纸沾上冷冻机油进行抛光。

如果拉痕较深，还可以采用熔焊轴承合金附层的方法填补，熔焊程序与活塞的修理相同，但拉痕深度达 0.3mm 时，一般不再进行修理，应考虑换新缸套。

对于磨损、拉毛比较严重的气缸，用刮刀刮去大毛刺后，在珩磨机上对气缸进行珩磨处理，速度快且质量又能得到保证。

缸套上的吸气阀密封线和顶部的密封面，在每次检修或更换吸气阀片时，都应重新研磨。

2）活塞及活塞环的修理

由于缺油或异物进入造成气缸与活塞均会拉毛或损伤。修理时用油石加煤油修平、磨光。当活塞伤痕深度超过 0.5mm 以上，而且伤痕面宽度大于活塞周长的 1/4 时，应更换新活塞。

活塞顶部第一道密封环及其环槽均易磨损。磨损后的环槽可根据间隙大小按环槽的宽度、深度加工特殊尺寸的密封环进行更换。

活塞环为易损件，拆卸后一般很难按原位置装入气缸，最好更换新环，至少更换第一道环。当活塞环磨损严重时，径向厚度磨损达 0.5~1.0mm，在环槽内轴向间隙达到 0.15mm，与气缸密封面漏缝长度超过气缸周长的 30%，环的弹力和锁口间隙超过允许值或重量减轻了 10% 时，均应更换新环。

3）活塞体的修复

活塞一般是由铝合金制成，同一机器上的各个活塞重量的差别不宜大于 3.5%~5%。活塞常见的问题是外表面拉毛、活塞本身出现裂纹、磨损，以及活塞销孔和活塞销的磨损。

外表面拉毛与气缸的拉毛修理相同。如产生裂缝或裂痕，则不作修理，应更换新品。

（2）吸、排气阀

1）阀片

阀片出现密封不严或拉毛超过原厚度的 1/3 时，则应更换新品。轻微的破损件可以置于平板玻璃上，涂以研磨剂（如油或研磨砂等），进行研磨。研磨剂的规格和性能见表 8-7 和表 8-8。研磨时应先用粗研磨剂，后用细研磨剂，最后可用油光磨。磨平后用煤油洗净装入阀座内，翻过来将煤油注入阀片中，3~5min 内不漏即证明阀片与阀座密封良好，可以使用。

磨料分类及用途 表 8-7

系列	磨料名称	代号	颜色	强度和硬度	用途	
					工件材料	应用范围
氧化铝系	普通刚玉	G	棕	比碳化硅稍软，韧性高，能承受很大压力	钢	粗研磨（要求不太高时，也可作精研磨）
	白刚玉	GB	白色	切削性能优于普通刚玉，而韧性稍低		
	铬刚玉	GG	浅紫色	韧性较高		
	单晶刚玉	GD	透明，无色	多棱，硬度大，强度高		
碳化物系	黑碳化硅	T	黑色半透明	比刚玉硬，性脆而锋利	铸铁、青铜、黄铜	同上
	绿碳化硅	TL	绿色半透明	较黑碳化硅性硬而脆		
	碳化硼	TP	黑色	比碳化硅硬而脆	硬质合金、硬铬	粗研磨，精研磨
金刚石系	人造金属石	JR	灰色至黄白色	最硬	硬质合金	粗研磨，精研磨
	天然金属石	JT				
其他	氧化铁		红色至暗红色和紫色	比氧化铬软	钢	极细的精研磨（抛光）
	氧化铬		深绿色	较硬	钢	

磨料粒度分组 表 8-8

粒度分组	粒度号数		用途
	新标准	旧标准	
磨粉	100#～208#	100#～320#	用于粗研磨
微粉	W40～W0.5	M28～M5	用于精细研磨

注：1. 表中磨粉系采用过筛法取得。在这一组中，粒度号数大磨料细，号数小磨料粗。表中新标准 100# 与旧标准 100# 相当，新标准比旧标准少 220#、320# 两种。

2. 表中微粉是采用沉淀法取得。在这一组中，号数大磨料粗，号数小磨料细。表中 W 号数与 M 原有号数相当。但是 W 较 M 多 W40、W3.5、W2.5、W1.5、W1.0、W0.5 等六种。

2）阀座密封线

阀座磨损可用研磨修复，如吸、排气阀座密封线磨损或拉痕，都可在平板玻璃上进行研磨，或与铸铁胎具对磨。排气阀座也可和气缸套顶部平面对磨。研磨好后，要用合格的阀片检查，视阀座密封面是否平整，其方法是：把阀片放在阀座上，用手指按住轻轻敲击，如没有跳动说明是平的，有跳动说明阀座不平，要继续研磨。研磨合格后还应用煤油对阀座试漏，方法与阀片试漏相同。

圆柱形弹簧损坏后，如无备件，也可改用圆锥形弹簧，如改用的弹簧直径偏大，座孔放不下，必要时可用钻头扩大座孔。

（3）连杆与曲轴

1) 连杆大头轴瓦的修理

大头轴瓦多为薄壁瓦,衬瓦的合金层很薄,一般不允许多刮。轻微的拉毛和拉痕用刮刀轻轻刮拂后,用帆布打光即可。如果拉线多而深,应换新瓦。瓦上油孔周围毛刺及飞边要刮去,注意不要把油槽刮通,刮通了油便存不住,会引起干磨或将轴瓦烧毁。刮拂后的轴瓦必须洗净后才能装复使用。

两半轴瓦装入连杆大头后,要是太松,可以更换合适的新瓦。对于薄壁瓦,不必规定瓦面接触面积的百分数,但要求接触均匀,贴合无缝即可。

对于厚壁轴瓦,当磨损未超过原有厚度的1/2时,可以用调整垫片的方法来补偿。但是用垫片调整间隙是不完善的,因为调整垫片会使轴孔变成椭圆,造成轴颈润滑条件恶化。所以撤减垫片或锉削分解面,只能用于磨损量小的轴瓦。由于撤减垫片或刮削轴瓦,势必加大气缸余隙,降低容积效率。因此调整垫片后,一定要检查气缸余隙,当磨损量超过合金层厚度的1/2时,就应重新浇铸轴瓦。轴瓦的浇铸方法有两个:

一是手工烙瓦法:可利用喷灯或热烙铁将粒状的或条状的轴承合金熔化成合金层,这种方法简单易行。

二是模型浇铸法:将熔化的合金浇铸在预制成型的铸模内,其工艺过程为:

① 除去旧合金:用喷灯从轴瓦背面加热,待瓦底与合金层之间的锡熔化后,用石棉刷刷下全部合金,除去合金后的衬瓦表面应呈银白色,不应有金黄色或褐色的氧化物斑点。

② 清洗轴瓦:将轴瓦放在90℃左右,浓度大于35%的苛性苏打溶液内煮6min左右,然后取出,用工业盐酸浸蚀10~20s,再放入温度约90℃浓度为55%的苏打溶液中清洗,最后用90℃以上的热水清洗并涂上一层硼酸水,取出烘干或晾干。轴瓦清洗的是否符合要求,可用水滴在衬瓦上,若水滴扩散无水珠附着即为合格。

③ 镀锡:合金与钢背金属是依靠互相渗透和扩散作用而结合的,二者扩散愈彻底,结合愈牢,而焊锡就能起这样的作用。涂锡时必须使用洁净剂,以清除钢背表面的氧化物(常用的有焊锡膏和氯化锌)。涂锡有两种方法:一是用焊锡条涂在预热的钢背上;二是用烙铁把焊锡烙在稍经预热的钢背上。可在涂锡前涂上一层饱和的氯化锌溶液,加热到300℃后再涂上一层锡,并撒上一些氯化铵粉末。挂过锡的钢背,全部内表面应呈银灰色,并应及时浇铸合金,时间不应超过7~10min。

④ 浇铸轴承合金:熔化的合金温度应控制在420~450℃,可将白纸放入合金溶液中,呈褐色为合适,若白纸显著变色、变黑或起火,说明合金温度过高。加热温度愈高,处于熔化状态愈久,合金被氧化的可能性也愈大,而浇铸后的轴承合金质量也愈差。因此,控制好轴承合金的熔化温度很重要。

溶化合金应采用口径小的坩埚,减少合金与空气的接触面积;熔化时间愈快愈好;定期放入硼砂,并进行搅拌,使氧化物还原,促进氧化物上浮。

浇铸时将轴瓦装入模具中(如图8-1所示),用预热过的铁勺将浮游在合金表面的熔渣、碳渣和脏物除去。浇铸用的铁勺要有足够的容积,浇铸动作要快,溶液流动要均匀连续,浇铸距离要

图8-1 浇铸轴瓦模具

短，金属注入面要大。浇铸接近终了时要减缓溶液流动速度，待完全冷却后，从模具中取出轴瓦，清除垢皮并将轴瓦的对合面铲平和修正。

浇铸后冷却方向对合金的质量影响很大，如瓦底先冷型芯后冷，则靠近轴瓦底部的合金能够补偿收缩。中间先冷端部后冷，也是正确的冷却方向，相反是不正确的。

⑤ 浇铸轴瓦的质量要求：浇铸后的轴瓦应有足够的加工余量；表面呈银白色；无光亮的大晶体；合金与瓦体结合牢固，敲击轴瓦衬背时声音应清脆、响亮，不得有哑音；合金上允许有个别小砂眼，但其深度不得超过3mm，数量不超过3个，相距在10mm以上。

⑥ 浇铸轴瓦合金的安全技术规则：在使用盐酸或碱性物质时必须谨慎，以免烧伤皮肤；用酸腐蚀锌时，应在室外进行；在配制酸溶液时，必须将酸慢慢倾注到水里，而不允许将水倒入酸中，引发酸液飞溅，烧伤皮肤；浇铸用的勺子必须在浸入熔化的合金钳锅前烘干，以免引起溶液飞溅，甚至烧伤人体。

⑦ 轴瓦的镗削与刮配：经浇铸后的轴瓦可根据轴颈的配合尺寸，相应地进行镗削与刮配。

先检查浇铸后的轴瓦是否合格，再用锉刀或刮刀把轴瓦两端和分解面上多余的合金清理掉。轴瓦的背面根据具体情况必要时可用砂布轻轻打光，并钻出轴瓦上的油孔，除去落到油孔中的合金。在平板上检查轴瓦的分解面是否平整，选择轴瓦分解面的垫片数量及其厚度，垫片的大小应能盖住轴瓦座的分解面，将卡住轴承的螺栓逐次旋紧。

轴承镗削工艺可在车床或镗床上进行加工，而主轴承最好用专门设备镗削，留出0.1～0.15mm的刮削余量。

在镗削连杆轴承时，要严格保持连杆大小头座孔中心线的平行度和保持原有中心距离。连杆在镗削设备上的定位工作要仔细谨慎。连杆轴承镗削后，要检查轴承孔与连杆大小头衬套中心线的平行误差，若误差每100mm超过0.02～0.03mm，应重新修理轴承。镗削技术要求合金层厚度要适当，不匀度不超过0.2mm。轴承与轴颈的配合应有正常的间隙，如规定不详，可按轴颈的千分之一调整。轴承内表面的锥度和椭圆度不应大于0.02mm。

用普通加工方法镗削后的轴瓦，还需要刮削，使轴瓦尺寸准确，表面平滑，当与轴颈配合时，可以保持良好的接触面和正常间隙，也可以稍许校正因镗削加工造成锥度、椭圆度和不同心度等偏差。

连杆轴承的刮配过程：将曲轴放入专用机架，轴颈表面涂以薄薄一层红丹粉或其他有色涂料，然后连杆按正确的位置和方向装上，将连杆螺栓适当拧紧，转动连杆数圈，卸下连杆下盖，用三角刮刀，刃口与刮削面须成30°角，每次刮削一层很薄的染有红丹的合金表面。开始刮配时，由于内径较小，靠近分解面两端的合金先与轴颈接触，故一般的规律是由分解面逐渐地刮削到中央。这样反复地进行若干次，当轴承与轴颈的贴合面积为总面积的75%～85%，而且在连杆大头上轴瓦的中部约100°角内能均匀地与轴颈接触，每25mm×25mm内至少有色斑7～8点，左右侧边缘不接触，轴颈间隙正常时，刮配即告完成。

如间隙不正常时，可用调整分解面的垫片及修拂来校正。同时要特别指出，在刮拂时，存油槽附近5mm内不得拂去接触面，以免引起润滑油的泄漏。

⑧ 主轴承的刮拂：主轴承的刮拂过程应按下列顺序：按轴颈尺寸先粗修整上半部，

再粗修整下半部,将粗修后的轴承试装配后,再作最后的修拂。修拂方法与连杆大头相同。修拂好的轴承接触面在用涂色法检查时,其下半部120度包角内应均匀地与轴颈接触,左右边缘则不应接触。如接触不良或表面不光,可用刮刀修拂。如间隙过大,应重新浇铸合金。外轴承的接触面要求与主轴承相同。但外轴承是对开的,因此间隙略大时,可减薄垫片的总厚度,并重新修拂接触面(经多次修整后,厚度不足时,须重浇合金)。同时,注意在轴承下面120度包角内不应有间隙。

2) 连杆小头衬套的修理

连杆小头衬套由磷表铜制成,要注意油槽是否畅通,铜套拉毛时最好换新的。装入新套后,要用相应直径的绞刀绞一下,以保证铜套和活塞销的正常间隙(一般为0.005mm)。绞孔通常用手工进行,小型衬套可夹在台钳上,双手握住绞刀,边转动边推进;大型衬套可用特制绞刀或在机床上进行。为了保证销孔两端的同心度,最好选用有导杆或刀刃较长的绞刀。调整绞刀时,要考虑到绞孔后的尺寸会略大于绞孔尺寸(通常为0.02~0.03mm左右)。为了保证与活塞有良好的配合,绞孔时要用内径千分尺检查,或用活塞销试配,如果能用一手之力轻轻拍入销孔并能转动,说明配合良好,并用角尺检查活塞销孔中心线与轴线的垂直度。

如果没有绞刀,可在衬套内孔涂油后,把活塞销用木锤轻轻打入,然后再打出。这样套内便有碰痕,用刮刀刮修碰痕,直至活塞销全部进入铜套并能转动为止。活塞销和小头衬套最好同时更换,因为一般都是活塞销先磨损。

3) 曲轴拉毛和磨损的修理

曲柄销和主轴颈拉毛不太严重时,可将油孔堵住,用油光锉修整拉痕和不圆处,再用细砂布打磨,最后用粗帆布拉光。取出油孔堵塞物,用煤油冲洗油孔,即可装复使用。

曲轴曲柄销的磨损一般比主轴颈大,相当于主轴颈的两倍以上。

轴颈与曲柄销磨损达1mm以上时,或拉痕很深,可以进行喷钢或镀铬处理,然后再在曲轴磨床上磨削。

(4) 密封器

密封器容易发生漏气漏油故障。主要是因为弹簧弹力不足或橡胶圈老化及密封器两环密封不严所致。

弹簧弹力不足或变形,可重新进行热处理并校正。热处理的过程是:退火、整形、淬火、回火。

摩擦环的损伤主要是活动环密封面与固定环(轴承合金或磷表铜)密封面拉毛所造成的。修理方法是:在平板玻璃上进行研磨,或将二者套在预制轴上对磨。要经过细磨、精研。细磨时用研磨砂研磨,精磨采用油磨,达到无拉痕和要求的光洁度为止。如果轴承合金镶入杂质,则先用刮刀除去,然后再研磨。

如摩擦环伤痕很深,可更换新品,或在伤痕处焊补轴承合金,用刮刀刮平,研磨后使用。

橡胶圈老化只能更换新的。

(5) 油泵与油过滤器及油冷却器

1) 油泵的修理

如有毛刺时可用油光锉或细砂布打光。当端面间隙过大时,应将泵盖的端面放在平板上精磨后,再在齿轮侧面用堆焊法弥补。焊后再将表面加工成形或将一定厚度的金属制成"8"字形垫片,垫在轴套与齿轮之间,补偿到原有尺寸。泵壳径向间隙或齿轮孔的间隙磨大时,可在车床上镗大内腔,用镶套法恢复原有尺寸。如齿轮心轴被磨损,可用堆焊修理或更换新轴。

由于装配不良,工作时受到冲击或过滤器不好,进入污物,都会造成齿面磨损、齿端咬伤及齿根裂纹、折断等。齿轮的磨损程度与制造材料的硬度及热处理有关。齿轮的磨损如超过齿厚的10%~20%则应更换。若齿折断不便更换时,可用堆焊方法修理,堆焊前应除去油锈。

2) 油过滤器的修理

如果滤片不平,不能用锤敲平,因滤片很薄,容易变形,可以磨平或压平。如有毛刺应予锉光。在装滤片时,应边装边转动轴,可以及时发现问题。螺母不要拧得过紧。滤网式过滤器的滤网如果破了,可用焊锡焊补,待有新网再行更换。

3) 曲轴箱油冷却器的修理

如果水管冻裂不太严重时,可除去油污,沿裂缝焊补。也可将裂纹的部分截去,另取一段同样直径的管子焊接上。焊后经6MPa气压试漏合格。如果整有管子多处冻裂比较严重,可考虑整根换掉。

(6) 卸载装置

卸载装置经常出现的故障是拉杆凸圆和转动环槽卡死,以及油缸和油活塞表面拉痕。这是由于拉杆的凸圆和转动环槽装配问题所致,可用锉刀修理其边缘,直至凸圆进入环槽并能推动自如为止。油缸和油活塞表面拉毛可用油光锉及砂纸打光。

6. 活塞式制冷压缩机的装配及试机

(1) 装配

制冷压缩机经过拆卸、检查和修理之后,就要重新装配。装配的程序是先将零件组装成部件,然后将各个部件进行总装。

1) 组装

组装的部件必须先清洗干净。凡经修理过的零件都应经过检查合格才能组装。

① 活塞连杆

(A) 连杆小头与衬套的装配,应按技术要求进行。注意油槽方向的组装,不能搞错。衬套压入连杆小头时要注意检查衬套内孔,符合技术要求后,再用活塞销检验其灵活性。

(B) 活塞销不能过长,要使钢丝挡圈能放入活塞销座孔的槽中。

(C) 装活塞销时,首先查对连杆与活塞的号码,防止搞错。装时要先将活塞放在80~100℃的热水中加热,然后将活塞销塞进孔内。装时尽量不用锤子敲击。

② 油泵

(A) 装衬套时应注意使油槽在外,如果装在里面则不进油,会使衬套烧坏。

(B) 内、外齿轮间隙要合适,装好后能灵活转动。

(C) 偏心块要转动灵活。

(D) 主动齿轮与被动齿轮平面内要紧贴,它们之间的间隙为0.02~0.04mm。

③ 进、排气阀组

(A) 排气阀座上阀盖没有毛刺,与外阀座固定装牢。

(B) 装配前要把阀座的密封线擦干净，阀片要装平，否则会漏气。

(C) 排气阀座气阀螺栓要拧紧，螺栓的底面不能高出内阀座下平面，以免撞击活塞。

(D) 气阀螺栓的螺母要拧紧，如果装松了，就容易掉入气缸内造成事故。如果用冕形螺母，则应先对准螺栓孔，然后装入开口销。倘若两孔对不正，应用锉刀修螺母的端面或在螺母下垫垫片，拧紧后再装入开口销，而不能将螺母旋松去对孔。

(E) 内阀座与外阀座组装时，要防止将排气阀片放偏，以免压坏，装好后要用煤油试漏。

(F) 气阀弹簧要装正，不能偏斜。不然容易卡死或不灵活。装前应挑选长短一致的气阀弹簧，用手旋转装入弹簧座孔内。

④ 三通阀

(A) 装时要注意准确定位，手柄箭头所指的位置要与标牌上各位置相符。

(B) 标牌铆钉应装平，否则转动不灵。

⑤ 油分配阀

(A) 阀芯装好后，安装手柄时要按所指示位置进行试通。试时可用手指按住接头螺丝的孔，从进油口吹气，从"0"位到"1"位逐个检查，无错误后再装紧标牌（按事先做的记号对准组装，可以避免返工）。

(B) 装油管连接螺母时，先将油管和垫圈对好，然后用手将螺母拧进2～3扣，再用扳子拧紧，防止螺纹错扣。

2) 总装

将各个组装好的部件，逐件装入机体。曲轴、活塞连杆、卸载装置、油管路、密封器等，在进行总装时，除要求各部件的相对位置、前后关系正确无误外，还要检查有无碰伤。如有碰伤要及时进行修理。各个部件都应用煤油或汽油清洗干净，特别是油孔、螺纹孔要仔细清洗。在装配过程中，凡有相互运动的零件，其表面都应涂冷冻油，既防锈蚀，也易于装配。在拧紧螺栓螺母时，都要注意用力均匀。机体的顶面、主轴承座孔、侧孔等各个结合部位，都要加耐油石棉橡胶垫片，以保证密封性。有严格尺寸要求的结合面（如：与气缸盖连接的顶面，与气缸套结合的平面，与前后主轴承座结合的两主轴承座孔端面等），其垫片厚度都应按照制造厂的要求严格选用，不允许任意改变。

总装的程序及注意事项如下：

① 前轴承座。装前检查垫片有无破损，如已破损，须按原来规格重做。垫片上的孔要合适。安放时要在垫片上涂黄油，使其贴牢，再拆时也不易损坏。

② 曲轴。在装前要将前后主轴颈、曲柄销部位用金相砂纸打光，并清洗干净。油孔也须冲洗干净，并灌些冷冻油。从后轴承座孔装入机体内，搬运时应注意，不能碰撞。

③ 后轴承座。检查方法同前轴承座。装配时要对准螺栓，应稍许抬高，不致碰坏螺栓，再用撬棒承托送入。螺母应对称地拧紧，装好后应拨动曲轴检查，看是否灵活。注意曲柄销的轴向间隙，如不符合技术要求，可以用石棉垫片的厚度调整。

④ 油泵。油泵的轴要对准曲轴后端的传动件长孔，泵体螺栓孔侧的油路通孔要与后轴承座上的通孔相对，同时检查石棉垫片是否完好。石棉垫片上的孔与油路孔对准，并清除毛边，以免堵塞油路。油泵装上后，应转动灵活。

⑤ 三通阀。先将油过滤器装入机体曲轴箱，装油过滤器时注意过滤器边的石棉垫片

与机体孔边贴牢,以防漏油,然后再将六孔盖装入。孔盖与过滤器端面石棉垫片要完整,注意不要漏装六孔盖上的石棉垫片,以免出现油泵不上油及漏油现象。然后安装三通阀,拧紧螺栓。连接油管要冲洗干净,两端配好纸垫,并分别与油泵进油孔和三通阀出油孔连接,拧紧螺母。

⑥ 滤油器。装前检查石棉垫片是否完好,进油孔是否堵塞,然后对准油泵出油孔装上,再拧紧螺母。

⑦ 卸载装置。按拆卸时的编号对号安装,不要搞错。装好油缸外圈石棉垫,再将油缸和拉杆装入孔内。然后装上弹簧和油活塞,再装上卸载装置的法兰,均匀上紧螺钉。装好法兰后用螺丝刀插入法兰中心的通孔,推动油活塞,检查卸载装置是否灵活。

⑧ 气缸套。装前检查转动圈和顶杆,转动圈有左、右之分,不能装错,顶杆的高度要相同。安装时要对号,用吊栓平直地插入机体的缸套孔。注意定位销与定位槽的位置,垫圈要先装进缸套孔的密封面上,转动圈槽要对准拉杆凸圆,然后稳稳插入座孔。装好后再次用螺丝刀插入卸载装置法兰中心通孔,用力推动,气缸套转动圈与顶杆的动作应灵活可靠。

⑨ 活塞连杆组。曲轴拨到上止点位置,把导套放在气缸套上,将与缸套对号的活塞连杆组用吊栓吊起,注意活塞环各环锁口错开120°,在气缸壁与活塞上涂冷冻油,然后,将活塞经导套装入气缸套内,连杆大头装到曲柄销上,调整到大头轴瓦与曲柄销紧贴后,即将大头下瓦装上,随即将连杆螺钉(或连杆螺栓)拧紧,穿入防松铁丝或开口销扎牢。

在装配另一活塞连杆组时,需拨动曲轴到对应位置。为了避免刚装的活塞连杆把气缸套顶起,拨动曲轴时要压住气缸套。安装最后一个活塞连杆组时,可能会出现连杆大头放不下的问题,可将其他三个大头轴瓦拨向一边即可。

⑩ 排气阀座与安全弹簧。先将吸气阀片放在气缸套的吸气阀座上,然后把装好的排气阀座平放在缸套端面的密封面上,放上后将排气阀座转动一下,看有无卡住的现象。注意放座时防止吸气阀片滑出,导致压坏。最后放上安全弹簧,安全弹簧应与排气阀座应垂直。

⑪ 气缸盖。检查石棉垫片有无损坏,安全弹簧座孔要与安全弹簧对准,发现没有对正可用螺丝刀或扳手拨正。同时要注意气缸盖的冷却水管进出水方向,避免冷却水短路。

气缸盖装上后,先均匀地拧上两根长螺栓的螺母,拧紧后检查卸载装置是否灵活,再均匀地上紧螺母。这些零部件装配后,拨动曲轴,如发现轻重不匀和有碰击的现象,或转动太紧,说明余隙不合,系活塞顶碰击内阀座的缘故,应将气缸套取出,适当增加垫片,调整余隙。

⑫ 密封器。先在轴封盖处把耐油橡胶圈及固定环装好。装固定环时要对准定位孔,密封面要平正,然后将弹簧座、弹簧、垫圈、耐油橡胶圈及活动环等,水平套入曲轴,再将轴封盖慢慢推进,使固定环与活动环的密封面对正,然后均匀地拧紧螺栓。轴封盖的垫片要完好。

⑬ 联轴器。在轴上稍涂点润滑油,并将半圆键装入键槽。半圆键两侧面须与键槽贴合。套上联轴器时,注意不能上偏,半圆键顶要与联轴器槽略有些间隙。电动机的联轴器与机体的联轴器之间要保留2~4mm的间隙,同时径向也要用直尺找平。

⑭ 其他。如油压调节阀、放空阀、安全阀、操作阀、油管、控制台、地脚螺栓等都

按原来位置装好,注意垫圈应完整,油管连接螺母内的垫圈应安放正确,垫圈的中孔不能小于油管孔。

机器装配完毕后,拧开侧盖的油塞,向曲轴箱内加冷冻油,接通机器的水路,准备试机。

(2) 试机

制冷压缩机经过全面维修后,质量是否符合要求,是否完整良好,是否能放心使用,必须进行试机鉴定。同时应使机器跑合,为恢复正常运转做好准备。

准确地说,首先要确保机器本身没问题,合格验收后,才能投放到系统中去使用,修复后的压缩机应全面进行试机,尤其是经过大修后的机器。试机分几步进行:空载(无负荷)试运转;空气负荷试运转;抽真空试运转;重载试运转。

无论进行哪个阶段的试运转,都必须做好记录,作为机器运行的历史资料,便于作运转情况的分析。

1) 空载试运转

空载试运转时,拆下气缸盖、安全弹簧和排气阀门,用扁钢自制卡具压住缸套以防窜出,并加冷冻油至曲轴箱油镜的1/2处,再往活塞顶部加少量冷冻油后盘动联轴器,机器转动应灵活。

空载试运转使压缩机运动部件"跑合"、检查油泵是否上油、油管是否严密和畅通、卸载装置是否灵活准确以及压缩机有无局部发热与异常声音。

空载试运转应"点动"试机,逐步逐次启动,并迅速调整油压,调整的油压应能获得足够的冷冻油,而又不至于产生"喷油"现象,以便压缩机运动部件更好地"跑合"。第一次空载试运转3~5min后,需停机检查:气缸壁和活塞表面是否被拉毛以及大头轴瓦的巴氏合金是否被划道,拉毛现象严重时,应进行修理。检查合格后重新换油继续试机,在运转中应观察滤油器温度和密封器的温度,两者温差以不超过10℃为宜。密封器的油温应稳定。一般空载试运转连续运行4h若无异常现象,压缩机"跑合"完成。

2) 空气负荷试运转

装上排气阀、放上安全弹簧、盖上气缸盖,打开排气阀,关闭吸气阀,并用螺丝刀打开气体过滤器上的端盖,启动压缩机,调整正常的油压(油压上升不了时,可适当微开吸气阀,再行调整油压),油的温升稳定,用25号冷冻油时,最高油温不得超过70℃。连续运行时间不少于4h,无异常现象,空气负荷试运转完成。

3) 抽真空试运转

上述步骤完成后,重新更换冷冻油,装好气体过滤器上的端盖,打开排气阀(机器放空阀),关闭吸气阀,启动压缩机抽真空至表压(负压指真空度)为-760mmHg。若连续24h无泄漏,抽真空试运转完成。

以上三个步骤均为压缩机作单体试机,是检验机器本身有无问题,与制冷系统无关。

4) 重载试运转

重载试运转即投入系统试运转,是检查机器在正常运转条件下的性能。重载试运转要求每台机器最后一次连续运转时间不得少于24h,每台机器累计运转时间不得少于48h。压缩机必须经过重载试运转合格后才能验收。重载试运转的压缩机均按制冷系统安全操作规程进行调整。

重载试运转的步骤为：

① 将吸气过滤器清洗干净，装好过滤器的法兰，切断空气吸入通路。装好安全防护罩，并向水套供水。

② 开机，压缩机抽真空（如机器本身抽不了真空，说明有漏气，应立即检查解决）。

③ 停机，联轴器停止运转的同时关闭放空阀，拧好放空阀螺帽。

④ 将低压吸气阀稍打开一点，使系统的制冷剂气体进入机器内（可观察机器上的低压表，压力为 0.5~1.0MPa 为宜）。除涂肥皂水进行机器检漏外，对氨用酚酞试纸，氟用检漏灯查漏，确守机器是否密封。

⑤ 调整系统的相关阀门。

⑥ 以上各项准备工作做好后，按正常安全操作规程开机作重载试运转（详见第 7 章）。重载试运转连续时间不少于 4h，各项指标符合要求，即可进行验收，办理检修与生产部门的交接手续，完成机器的维护与检修。

活塞式制冷压缩机的检修量大，只要认真掌握检修技巧，那么，对其他制冷机器和设备同样具有较强的检修能力。相对而言，螺杆机、离心机、涡旋机、吸收机都没有活塞式压缩机的运动部件多，因此，机器零部件的检修相对较少，许多进口螺杆机、离心机、涡旋机、吸收机、包括半封闭、全封闭活塞式多机头压缩机组、冷水机组，在使用年限内，基本不用拆卸检修，而更需要的是对它们进行日常维护和保养。由于机器的结构不同，维修与保养的方法便有差异。现简单介绍螺杆机、离心机、涡旋机和吸收式制冷机组的维修与保养。

8.2.2 螺杆式制冷机的维修与保养

1. 预防性保养与周期性保养

(1) 预防性保养按规定完成表 8-9 的记录。

根据完整的记录表可以随时复查并在机组的操作条件下分析出其任何的发展趋势。例如，在一个月的记录中，发现逐渐增长的冷凝压力，作为系统工程的检查并及时排除可能造成这种影响的原因（例如，冷凝管道的污垢、系统内的不可凝结之物质等）。

(2) 每日保养

1) 机组的记录。

2) 检查机组上的蒸发器与冷凝器的表压力。压力读数应在下列数据的范围之内：

蒸发器压力：65~75psig（448~517kPa）；

冷凝器压力：130~200psig（896~139k7Pa）。

注：① psig——表压（磅/吋^2）；psid——压差（磅/吋^2）；1psi=6.8901kPa。

② 冷凝器压力根据冷却水温度而变化，并且在满负荷情况下应等于比冷凝器出水温度高出 2~5℃时的 R22 制冷剂的饱和压力。

③ 蒸发器压力根据冷冻水温度而变化，并且在满负荷情况下应等于比蒸发器出水温度低 2~5℃时的 R22 制冷剂的饱和压力。

3) 检查冷媒过滤器，若在这个位置发现结霜现象，说明过滤器有阻塞。过滤器阻塞后也可引致如前注 3 所述的不正常的蒸发压力。要保证记录机组开机时的冷媒温度与蒸发器出水温度的温差。

4) 观察油过滤器压力降指示器（"过滤器污秽"）。若需要，可调换油过滤器。

表 8-9 机组运行记录表

工程名称 工程地点							
机组型号 机组的系列号			铭牌额定电流			付运日期	
压缩机系统号 起动器系列号							
蒸发器水的压降	设计压降(磅/平方英寸绝对压力)				实际 PSIA		
	设计流量(每分钟加仑)				实际 GPM		
机组电压	相	A—B		压缩机电流	相	A	
		A—C				B	
		B—C				C	
机组报告		冷媒报告					
方式 1		蒸发器冷媒压力					
方式 2		冷凝器冷媒压力					
当前的冷冻水温设定点		饱和蒸发温度					
		饱和冷凝温度					
当前的制冰终点设定点		压缩机出口温度					
机组控制箱的制冰终点设定		压缩机出口过热度					
冷冻水温设置源		压缩机出口过热度控制点					
制冰终点温度设置源		膨胀阀位置					
蒸发器进水温度							
蒸发器出水温度							
冷凝器进水温度							
冷凝器出水温度							
当前的电流限制设定点							
电流限制设定源							
室外空气温度							
冷冻水重量源							

业主	维修技术员	日期

(3) 每周保养

回顾检查记录。

(4) 每三个月的保养

为防止因电击或接触运动机件所引起的伤亡,锁定机组的隔离开关必须关闭。

1) 回顾检查记录。

2) 检查油位及冷媒充量。参照"维修"一节。

3) 清洁蒸发器及冷凝器水系统的所有水过滤器。

4) 在满负荷的情况下，检查冷媒过滤器进出段的温度差。

(5) 每六个月的保养

1) 回顾检查记录。

2) 在一个合格的实验室里对压缩机油作分析，以检查冷媒系统的含水量及酸度，此分析法是很有用的故障诊断方法。

3) 紧固控制箱及启动柜内的所有电气线路的接头。

(6) 年保养

锁定机组的隔离开关必须关闭。

一年一次将机组关闭并按照下列内容检查机组：

1) 调换油过滤芯子❶。参照"维修"一节。

2) 测试所有连接释放阀门的排气管内有无冷媒存在，以检查密封不好的释放阀门，更换泄漏阀门。

3) 测试压差开关的设定，要确保开关在压差上升至 50psid（344.5kPa）时分开。

4) 检查冷凝器管道的污垢程度，若发现污垢严重，请参照"维修"一节的内容加以清洁。

5) 测量压缩机电机绕组对地的绝缘电阻。此测量应由合格的检修技术员参与并保证测试器材良好。

6) 检查油位及冷媒充灌量，参照"维修"一节。

7) 与合格的检修公司联系派员对机组进行密封试验及操作和安全控制，并观察电气元件有无缺陷。

(7) 编排其他维修保养

1) 每三年间隔使用管道的无损检测来测试蒸发器及冷凝器管束❷。

2) 根据机组的应用情况，与合格的维修公司联系，确定什么时候进行一次全面的检查是十分必要的。这个检查可以了解到压缩机及机组内部部件的状况。

2. 维修

(1) 现场冷媒的充灌

机组现场冷媒的充灌方法有三种，这三种方法可使机组具有最好的运行性能。

最基本及准确的机组冷媒充灌是根据铭牌上注明的冷媒重量，在完全抽去机组内液体和气体冷媒的条件下，重新充灌。虽然这种方法比较准确，但将花费许多时间，不是所有使用场合下的机组都必须使用此方法。

另一种方法是使用冷媒的观察窗来估计系统内液体冷媒的体积。冷媒流向蒸发器，冷媒的液位由一条橡胶管来测量，其一头连接一个充灌阀并接到蒸发器的底部，另一头接在位于蒸发器顶部的压力气门，在橡胶管的中间装有一个观察镜，将此观察镜上下移动可以在某一位置观察到蒸发器内冷媒的液位。冷媒充灌的近似液位应与蒸发器筒体侧边的焊缝一样。

第三种是理想的冷媒充灌法中最方便的一种，它利用 UCP2 微处理器发出的诊断信

---

❶ 建议若无必要，不要更换压缩机油，除非油分析结果为已污染。

❷ 针对机组的使用情况，相应地缩短这些管束检测的周期可能会更好。考虑这种检测周期的缩短对于一些重要场合使用的机组特别适合。

号,包含有理想充灌液位的监测器的软件叫做步哨系统。当冷媒液体在系统内不断降低时,UCP2将不断命令打开膨胀阀以达到标准的压缩机出口处冷媒的过热度。在一定的液位时,步哨系统将发出一个诊断信号,低冷媒充灌液位1,指出充灌量等于机组铭牌充灌量的7.5%的冷媒必须加入以达到理想的充灌液位。若此时不充灌冷媒而液位继续下降,严重的诊断信号——低冷媒充灌液位2将会显示,并立即指令停机。此时相等于铭牌规定充灌量15%的冷媒必须加入系统以补救出现的诊断。当然,两种冷媒充灌不足的诊断出现后,在实施上述步骤之前漏失冷媒的原因必须找出及处理,同时也要注意冷媒过滤器应是"步哨"指出必须充灌的最适当的条件,也是提高运行效率的最主要的条件。

(2) 检查油位❶

参照上述(1)内容并按照下列步骤进行:

1)将机组尽可能地操作在满负荷的状态并保持10min。

2)关闭机组。

3)隔离冷凝器压力表管路并将橡胶管及观察镜的一端连接到油槽的充灌阀,另一端则接到冷凝器的接表角阀。在接管时要注意排放不凝结气体❷。

4)在机组被关停10min之后,打开油灌充油阀及冷凝器角阀。

5)将观察镜上下移动直至液位被观察到。

6)在确定油位后,关闭油槽充油阀及冷凝器接表角阀。

7)拆走观察镜及橡胶管。

8)重新装上冷凝器表管路并排放管路内的不凝结气体。

(3) 清洁冷凝器❸

1)机械清理。用来清除光滑管内的污泥及比较疏松的物质。

2)化学清理。所有在化学处理过程中所使用的外部回路系统的材料、溶液的数量、清洁循环的时间及安全所需的注意事项应由提供材料的或提供清洁服务的公司指定❹。

(4) 蒸发器的清理

因蒸发器水系统是密闭系统,通常不会明显地积聚大量的污垢及淤泥,然而,如果认为有必要清洗,可使用与冷凝器清理的相同方法。

(5) 压缩机油❺

1)压缩机油的排放

在常温下,压缩机油灌内的压力是一个恒定的正压。若要放油,可打开位于供油管路及油槽出油处的充油检修阀门,并将油放入一个合适的器皿。按照下列步骤放油:

① 在充油阀处,连接一根管子。

---

❶ 在检查油位前一定要先检查冷媒液位(见上述(1)的内容),低的冷媒液位可能会造成由蒸发器回来的油少于正常时的油,这就会导致不准确的油位读取。

❷ 不要使用冷凝器表上的三通阀检查油位。在完成这个步骤之前要将所有不可压缩物质排出橡胶管。

❸ 不要使用未被处理过的或处理不当的水,以免可能引起的设备损坏。

冷凝器管道的结垢可以从"接近"温度(即冷媒的冷凝温度与冷凝器出水的水温差)比预计的要高来判断。如果每年的冷凝器管道检查指出管道已经结垢,有两种方法可以处理,即机械法和化学法可以除去污垢。

❹ 不适当的化学处理会损坏管壁。化学处理完成后,一定要再做一次机械清理。

❺ 为避免油罐内加热器烧坏,在放油之前应将主电源的隔离开关关闭。

使用油的转换泵来调换压缩机油而无需考虑机组的压力。

② 打开阀门放出一定数量的油至器皿后关闭充油阀。

③ 计算（或度量）出由油罐内放出的油的准确数量。

2) 压缩机油的充灌

根据下列给出的程序加入压缩机油。为避免弄污机油，要从原装的罐将油直接加入油罐。根据检修公司建议的冷媒的油及相应的充灌量加油。

3) 充灌程序

① 将油泵连接到压缩机油充灌阀（不用太紧）。

② 开启油泵直到在充灌阀门接口处出现油涌出，然后将接口旋紧❶。

③ 打开油充灌阀并开动油泵充油，直至所在预先从机组内抽出的油的总量回充入油罐❷。

④ 关闭充油阀，然后从油罐上拆除管子❸。

⑤ 一旦所有适量的油充灌好后，合上控制箱的隔离开关以启动油槽内的电加热器。

4) 油过滤器的更换

任何时候，只要油过滤器的压降指示器指出过滤器胀饱，就必须更换油过滤器芯子。在正常操作条件下，至少每年都要更换过滤器芯子。

① 在油过滤器的上游处的检修阀上装一个管道压力表，然后关闭此检修阀门。

② 关闭注油检修阀及轴承处的两个检修阀。

③ 在油过滤器下，放一个盛盘以收集喷洒的和流出的油。

④ 通过管道压力表的阀门将油过滤器的压力释放并使其流入盛盘。

⑤ 用橡皮榔头敲击过滤端头的星形螺纹接口，从油过滤器进口管处拆松油过滤器杯筒。

⑥ 顺时针方向旋转星形螺纹接口，直至过滤器脱离进口管。过滤器芯子由弹簧承托，直接放入过滤器杯筒。

⑦ 取走过滤器芯子并准确地计算（或度量），过滤器杯筒、过滤器芯子及盛油盘内的油的数量。

⑧ 清理过滤器杯筒。

⑨ 插入新的过滤器芯子并按步骤⑦将适量的油灌入过滤器杯筒。将杯筒及芯子装回过滤器进口管口上，逆时针方向旋转星形螺纹接口并扣紧。

⑩ 将过滤器抽真空至 0.5mm。

⑪ 关闭管道压力表上的阀门。

⑫ 打开在步骤①和②说明关闭的四个检修阀门。

⑬ 拆走管道压力表。

8.2.3 离心式制冷机的维修与保养

1. 保养

认真填写记录表就可以分析出机组运行状况的发展趋势。例如，在一个月内冷凝压力

---

❶ 为了防止让空气渗入油充灌进机组，充灌阀门连接必须能隔绝空气。

❷ 为不让空气渗入油灌进机组，在充油的全过程中，充油管的吸口必须浸放油中。

❸ 为不让空气渗入油充灌进机组，在油管还浸入油时关闭充灌阀。

逐渐升高，便可以进行系统检查，找出原因并予以纠正（例如：冷凝器管道堵塞、系统无法冷凝等等）。

(1) 每日保养

1) 检查蒸发器、冷凝器的压力、集油槽压力、供油压力，将得到的数与表8-10提供的数值比较。

机组正常运行参数　　　　　　　　　　　　　　表8-10

运行参数	正常读数	运行参数	正常读数
冷凝器压力	12～18mmHg（真空）	机组运行时油箱温度	115～150°F（47～66℃）
蒸发器压力（见注1、2）	2～12psig（标准冷凝器）	净油压	12～18pisg
机组停车时油箱温度	140～145°F（60～63℃）		

注：1. 冷凝器压力取决于冷凝器水温，等于满负荷下冷凝器出水温度加上5～10°F（-15～-12℃）是氟利昂HCFC类R123（三氟二氯乙烷）饱和压力；
2. ASME冷凝器压力值超过12psig；
3. 油罐（槽）压力12～18mmHg，油泵出口压力7～15psig。
4. 如果需要频繁地抽气（也就是监视抽气循环计数器）要尽快地确定及消除空气和水的泄漏点。由泄漏引起的污染会缩短机组寿命。

2) 利用集油槽盖上的两个视镜检查机组集油槽中的油位。当机组运行时，油位可以在低视镜中看见。

(2) 每周保养

完成并检查所有的日常保养。

(3) 季度保养

为了防止发生事故，把设备隔离开关锁定在断开的位置上。

1) 完成所有每周保养。

2) 清理机组水管路系统中所有的过滤器。

(4) 半年保养

把设备的隔离开关锁定在断开位置上。

1) 完成所有季度保养。

2) 润滑导叶控制联动装置轴承，球连接和支点，加几滴轻机油（如SAE-20）就可以了。

3) 将防爆碟和排气管道中的东西排放到真空废物箱里。如果排过度，即需经常做，还应在导叶操作轴上滴1～2滴油，使轴上形成薄薄的一层油膜。保护轴在潮湿条件下不生锈。

4) 停机季节性检修。在机组停机的季节里，控制柜必须处于通电状态。

(5) 年度保养

每年要将机组关闭一次并根据所列项目进行维修和保养（每台机组列出更详细的维修保养项目表）。

1) 根据项目表中关于排气维修部分的内容实施年度维修保养。

2) 用一个水池来检查蒸发器冷媒温度传感器的精度在32°F（±0℃）时的偏差应为±2.0°F（±2.0℃）之间。如果显示的蒸发器冷媒温度读数超过了4℃的偏差范围时，应更换传感器❶。

---

❶ 如果传感器在正常工作范围（0～90°F）（-32～18℃）之外时，应每半年检查一次传感器的精度。

2. 维修

(1) 冷媒充灌

为了防止吸入或皮肤接触冷媒而造成的伤亡事故，要严格按照冷媒储存的安全程序进行操作。机组的冷媒充灌程序如下：

1) 如果管子里有水，用冷媒气体断开机器真空装置，或者让水循环，以防管子受损。

2) 只使用同冷媒相适应的软管或带自密封联结装置或截止阀的铜管。

3) 冷媒移动用下列方法（以先后次序排列）：

① 采用冷媒低压还原/再循环装置。

② 合适的压差。

③ 比重（使用一个返回冷媒桶的通风管以平衡压力）。

④ 密封的机械齿轮泵或者磁力驱动泵。

4) 当从一个新桶里充灌冷媒时，其 2 吋木桶塞的配件可使用 3/4 吋的中央桶塞（可采用带快速连接器的桶塞配件）。

5) 不要使用过去通常的方法（即用干燥氮气将冷媒压入机组的做法），这种方法会使充灌受污染，造成过分排气，冷媒不必要的释放。

6) 充灌过程称重。

7) 用还原/再循环装置或者真空泵使胶管真空，排放至室外。

(2) 压缩机换油

应根据采集的油样分析报告决定是否需要换油，而不是每年机械地换油，这样可以减少机组总耗油量，同时也可减少冷媒的损失。在油过滤网的上部有一个导流管，以采集过滤后的油样。

当油分析结果表明需更换压缩机油时应按下列程序换油❶。

1) 通过机组油槽上的注油阀将油抽入指定的真空罐内。

2) 通过注油阀将机组油泵入密封的容器，使用磁力驱动的辅助泵来泵油。

用增压的办法（提高冷却器温度或增加氧气）迫使油槽内的油抽出的方法是不可取的。

按照有关废油处理的规定，用一个合适的深真空还原装置对油灌进行热激发，将溶解在油里的冷媒分离出来。

(3) 更换油过滤器

应在以下情况下更换油过滤器：

1) 每年一次更换过滤器。

2) 每次换油时更换过滤器。

3) 机组运动中出现油压不稳定状况。

更换油过滤器的程序是：

1) 运行油泵 2~3min，使油滤器和油过槽的温度相同。

2) 关闭油过滤器后的截流阀，将正常运行位置的三通阀转为 45°，使过滤器里的油被吸入油槽，吸油过程为 30min，可以打开采油样阀以加快吸油过程。

---

❶ 为避免油槽热油的灼伤，在排放油槽内油前应将控制柜内的断开装置先打开。

3）当过滤器油被抽出后，关闭三通阀，更换过滤器，将使用过的过滤器置于可再封的容器内，按规定处理过滤器。

(4) 其他的维修要求

1）检查冷凝器管是否干净，否则清洗冷凝管。

2）对压缩机电机的线绕电阻接地进行检测，应由专业技术人员进行测定，以保证测定的正确性。

应由合格的维修部门对机组进行泄漏试验，这对于需要频繁排气的机组系统尤其重要。

3）隔三年要使用非破坏性的管子进行试验。对冷凝器、蒸发器管都要试验❶。

4）根据机组负载状况，确定何时应进行机组全面检查以确保压缩机及其内部部件均处于最佳状况❷。

5）为了解一年的情况，将压缩机油进行试验分析。这个分析能确定油的湿度、酸度和油中磨损金属的成分，这些均能成为诊断的工具。

6）润滑：在机组部件里唯一需要周期润滑的是外部导叶连接装置，需用几滴轻机油润滑导叶连接轴的轴承和连杆端轴承。

8.2.4 涡旋式制冷机的维修与保养

与其他制冷机相比较，涡旋式制冷机具有许多独特的优点，使其维修和保养大为减少。其基本优点是：

1. 运动部件少，机组零件少

与相同制冷量的活塞式压缩机比较，零件减少64%，并只有2个运动部件。单轨迹涡旋设计可以取消活塞、连杆、活塞销和阀。这意味着提高效率，延长使用寿命和提高可靠性。极大减少维修与保养工作。

2. 转动力矩小

涡旋式压缩机比活塞式压缩机减少转矩70%，这使电动机所受的应力小，噪声和振动小。

3. 涡旋的可塑性

涡旋式制冷机使涡旋叶轮在封闭的压缩室内旋转，具有可塑性而不会磨损，以达到最大的可靠性和最高的效率。而最突出的优点是冷媒液体或杂质通过时不会损坏压缩机。不像在活塞式压缩机中，冷媒液体或杂质无处可去，从而会造成故障。

4. 吸气冷却电动机

较冷的吸入气体使电动机保持较低的温度，延长其使用寿命和提高效率。比电动机布置在排气热气体中优越。

8.2.5 吸收式制冷机的维修与保养

1. 预防性保养与周期性保养

(1) 预防性保养

---

❶ 根据机组的应用，希望经常对这些管子进行试验，尤其是对工艺严格的设备。

❷ 经常的空气泄漏，会引起压缩机油酸化，导致轴承过早地磨损；蒸发器和冷凝器水管泄漏，水与压缩机油混合，会引起轴承腐蚀和过量磨损。

每日应填写运行记录,完整的记录可以随时复查并与正常运行参数对比,在机组操作的条件下分析问题,及时地作系统检查与排除可能造成这种影响的原因。有些机组能自动搜寻并作出预告,及早发现问题,从而预防发生事故。

应极需注意机组的真空度。不管有无空气渗入,每周都应运转真空泵1~2次,抽净不凝性气体。

添加辛醇是提高吸收式制冷机效率的有效措施,但辛醇很容易在蒸发器冷剂水表面聚集,使其作用逐渐衰减,制冷效果随之降低。因此,发现冷剂水中含有过量辛醇时,应将冷剂水旁通到吸收器中,使辛醇形成均匀循环。

(2) 停机保养

1) 短期停机保养

一是将机器内的溶液充分稀释;二是注意保持机内的真空度,若真空度降低,应随时启动真空泵,排除不凝性气体。

在检修屏蔽泵或更换隔膜阀等时,切忌机组长时间暴露于大气,要尽快完成修理工作。若当天无法完成修理工作,应尽快采取措施,将机器密封,以使机器保持真空状态。

2) 长期停机保养

长期停机时,应将蒸发器内的冷剂水全部旁通至吸收器,使溶液充分稀释,以防止在环境温度下结晶。为了在停机时使溶液的杂质沉淀,最好将溶液排放至贮液器中,然后向机内充以0.02MPa(表压)的氮气。充氮期间应观察机器是否泄漏,一旦泄漏,应予消除。对不充氮气的机器应定期启动真空泵以保持高真空状态。

对发生器、冷凝器、蒸发器和吸收器封头及传热管中的积水应排除干净,以免冻坏机器。所有电器设备和自动化仪表均应防止受潮。

(3) 定期保养

要使机器安全、经济运转并处于最佳状态下工作,应按每日、每周、每月、每季、每年进行定期保养。吸收式制冷机定期保养项目见表8-11。

吸收式制冷机定期保养项目　　　　　表8-11

项目	检查内容	检查周期				备注
		每日	每周	每月	每年或每季	
真空泵	1. 油的污浊与乳化; 2. 抽真空性能; 3. 传送带的松紧; 4. 电动机的绝缘电阻		○ ○	○	○	1、2两项必要时需每日检查
溶液泵与冷剂泵	1. 有无不正常的声音; 2. 电动机的电流; 3. 润滑管路是否堵塞; 4. 电动机的绝缘; 5. 叶轮拆检和润滑管的清洗; 6. 石墨轴承的磨损程度	○ ○ ○			○ ○ ○	电压使用误差为±5%; 三相电流值应均等,用500V兆欧表测得的定子绕组对机壳的绝缘电阻值应小于0.5MΩ; 轴承内径与轴颈之直径差为0.3~0.4mm时,需更换轴承

续表

项目	检查内容	每日	每周	每月	每年或每季	备注
溶液	1. 溶液的浓度; 2. 溶液脏污情况; 3. 溶液pH值与缓蚀剂的浓度				○ ○	不定期 脏污时进行再生处理
冷剂水	1. 冷剂水相对密度的测定(是否含溴化锂)			○		
管子、管板	1. 腐蚀检查; 2. 清洗				○ ○	或根据水质情况决定
自动控制继电器	1. 动作是否正常; 2. 给定值	○			○	
控制阀 (包括电磁阀)	1. 动作是否正常; 2. 检查	○			○	
隔膜式真空阀	1. 气密性; 2. 橡皮隔膜的老化程度				○ ○	根据需要更换隔膜
电器控制屏	1. 电器绝缘性能; 2. 程序动作				○ ○	
机器的密封性			○			

2. 维护

(1) 溴化锂溶液的维护与再生

污浊的溴化锂溶液能引起吸收器喷嘴与屏蔽泵润滑系统的堵塞,使传热管表面污垢增加,从而导致机组性能降低。

每年应对溴化锂溶液进行一次检查。检查的方法是:启动屏蔽泵,把冷剂水旁通到吸收器中,让溶液充分稀释,均匀混合,然后取出2L左右的溶液置于密闭器皿中,在实验室进行化验,测定出pH值、铬酸锂含量、杂质含量与色度等。若溶液中有沉淀物,溶液颜色由原来的淡黄色变为暗黄、黑色或青色,则需要进行溶液的再生。溶液的再生方法是沉淀和过滤:

1) 沉淀法:将溴化锂溶液放入贮液桶内澄清,放置一段时间后,沉淀物就会沉淀于桶底,然后从上部将溶液抽出。这是需要有充分沉淀时间的,若溴化锂溶液没有沉淀物,即可直接进行过滤再生。

2) 过滤法:现场过滤时,可用网孔为 $3\mu m$ 的丙烯过滤器进行过滤。切忌用棉质纤维等容易被溶液溶解的材料制成的过滤器。

溶液长期暴露于大气中,会与大气中的碳酸气反应生成 Li_2CO_3 沉淀物。因此,无论是沉淀法还是过滤法处理后的溶液,均应保持在密闭的容器内。

(2) 水处理与传热管的清洗

1) 水处理：水质对传热管的腐蚀及结垢影响甚大，腐蚀严重时会导致传热管损坏；结垢将使机组性能降低。因此，应定期进行水质分析，使水质符合溴化锂吸收式制冷机的要求。冷却水的水质要求见表 8-12。

冷却水的水质要求 表 8-12

项 目	单 位	冷却水的水质标准			补充水的水质标准（参考值）
		标准值	趋势		
			腐蚀	结垢	
pH(25℃)		6.8~8	+	+	6.0~8.0
导电度(25℃)	μΩ/cm	<500	+	+	<200
Cl^-	mg/L	<200	+		<50
SO_4^{2-}	mg/L	<200	+		<50
总铁	mg/L	<1.0	+	+	<0.3
总碱度	以 $CaCO_3$ 计，mg/L	<100		+	<50
总硬度	以 $CaCO_3$ 计，mg/L	<200		+	<50
S	mg/L	测不出	+		测不出
NH_4^+	mg/L	测不出	+		测不出
SiO_2	mg/L	<50		+	<30

2) 传热管的清洗

每隔一定时间应清洗传热管簇，传热管清洗至少每年一次，清洗次数取决于水质与污垢生成情况。清洗方法为：

① 机械法：用软质钢丝刷刷洗，方法与一般换热设备相同。

② 化学法：若用机械法很难清洗干净，可用酸洗液进行化学清洗。化学法清洗示意图见图 8-2。

(3) 机组的清洗与钝化

碳钢在有溴化锂电解液膜存在的条件下，长期接触氧气时，会受到严重腐蚀。为此，对已经运转而又要较长时间敞开于大气的机器，必须进行较彻底的清洗，除去附着在金属表面的溴化锂溶液，以减少金属材料的腐蚀。清洗步骤如下：

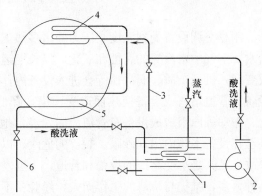

图 8-2 化学清洗方法示意图
1—溶液箱；2—水泵；3—冷凝器进水管；4—冷凝器；5—吸收器；6—吸收器出水管

1) 水洗：将机组中的溴化锂溶液排出，用水冲洗机器内部至无溴离子为止，为此可用硝酸银（$AgNO_3$）检验，并与自来水作对比。同时测定出水的 pH 值，视其是否已达到中性（pH=7）。上述两项达到要求后，用水充满机器并通过泵循环 0.5~1h，同时检查酸洗循环系统有无泄漏，然后排出循环水，如此反复 2~3 次。

2) 酸洗：机组严重腐蚀，影响正常运行时，可根据具体情况进行除锈清洗。由于机器内部结构复杂而紧凑，机械清洗难以进行，比较实用的方法是化学除锈，即酸洗。

酸洗工作液种类很多，酸洗方案和操作步骤，应根据腐蚀产物的成分、数量、机器的材料及结构形式等因素确定。

用盐酸作酸洗剂具有效率高、价格低等优点，缺点是腐蚀性较强，使用不当时对人体与设备都有较强的侵蚀作用，因此不仅要谨慎操作，而且要有必要的安全措施。由于盐酸与缓蚀剂是均匀调和的，在添加盐酸时也应当添加相应的缓蚀剂量。

盐酸清洗过程是一个化学溶解和机械剥离同时发生的过程，一方面腐蚀产物（主要是 Fe_2O_3、Fe_3O_4、FeO）与盐酸发生反应产生一定数量的氢气，氢气存在于铁锈与铁的表面之间，使腐蚀产物机械脱落。

为使机内充满溶液，系统中应无气囊、死角等空间，在顶部设排气口。

酸洗可参照以下步骤进行：

① 在贮液槽内配置酸洗液并加热到60℃。

② 进行酸洗液循环，按分析数据适当添加盐酸及相应的缓蚀剂。

③ 用自来水排酸，在pH=4时，用含水合肼20～40ppm的自来水排酸至中性，最后用蒸馏水排酸❶。

3）钝化：水洗结束后，加入0.5％的氢氧化钠和0.3％的磷酸三钠，并加热到80～90℃，循环1h后排出溶液，排出水蒸气，并用干燥氮气吹干。

钝化过程有两个目的，一是中和机器内局部残留的酸液，二是在碳钢表面形成一层起缓蚀作用的保护膜。

8.3 制冷空调设备的安全维护与检修

制冷空调设备受到温度、压力等诸多热工因素变化的影响或受到氨、氟、水、空气及盐水、空气中水汽等的腐蚀和氧化，经长期运行，其结构和材料都会发生不同程度的减薄或变形；机械杂质、润滑油等会进入设备内；水垢及盐水溶液中产生结晶与沉淀物而出现设备、管道堵塞或设备换热面遭受污染，降低换热效率；由于热胀冷缩、材料疲劳、老化、振动等原因造成设备及管道泄漏，经常地出现在法兰、轴承、密封垫圈、焊缝等处，甚至在设备本体内出现砂眼、裂纹的危险。以上种种情况，凡是达到极限程度就可能发生事故，尤其是承受高压的设备和管道，一旦发生事故，后果更为严重。由于制冷空调设备品种繁多，维护与检修的工作面大，经验要不断积累，但一定要重视制冷空调设备的检修工作。

制冷空调设备的检修分为故障检修和定期检修两种。故障检修是在设备发生故障后，根据情况加以修理。定期检修应与制冷空调机器的检修结合进行。设备的定期检修内容见表8-13。

与机器检修一样，制冷空调设备检修应仔细检查和试验，并填写详细的检修记录。

---

❶ 酸洗液成分：4％～6％盐酸；0.3％乌洛托品；0.05％～0.1％硫脲。

操作温度：酸洗液温度高，一般来说清洗效率应提高，但缓蚀剂在过高温度下的作用则有所减弱，通常以50～60℃为宜，不超过65℃。

酸洗时间：一般酸洗时间为8～10h，但最终应根据酸洗液中 Fe^{2+} 离子浓度的变化情况决定。

制冷空调设备检修内容　　　　　　　　　　　　　　表 8-13

设备名称	中 小 修		大 修	
	工作内容	修理时间(h)	工作内容	修理时间
冷凝器 蒸发器 冷却排管	清洗并调整冷却水配水装置和盐水配水装置,及时堵塞制冷剂、盐水和水的渗漏	700	清除热交换器表面上的脏物,检查密封性和消除不严处,进行割管检查管壁的厚度(设备投入生产五年以后),校验安全阀,进行防锈措施,检查阀门密封性,必要时更换腐蚀严重的设备	一年一次,一般在每年冬季
离心泵	清洗轴承,更换润滑油,检查轴的振摆情况	2000	拆卸清洗泵的零件,检查轴的磨损情况,轴承间隙,修理轴和轴承,校正泵轴及电动机轴的中心线,必要时更换磨损的轴和泵的叶轮	每年冬季
风机	清洗轴承,并更换润滑油	2000	拆卸叶轮,检查并修理轴,更换磨损的滚珠轴承,校正轴的中心线,更换磨损的轴和叶轮	同上
冷却水管	清洗喷嘴及水池的脏物	2000	拆卸并清洗喷嘴、四路通,管道刷漆,修理水池与水槽,更换锈蚀严重的四路通及喷嘴	同上
氨截止阀	检查阀门的灵活性和严密性		进行拆卸和清洗,更换有故障阀门的垫圈和填料,研磨阀门或重新浇铸轴承合金,修理阀杆,对装配好的阀进行严密性检查,更换损坏的阀	同上
水阀和盐水阀	检查阀门的灵活性和严密性		将有故障的阀和零件进行拆卸和清洗,更换垫圈和填料,修刮阀座与阀芯使相密合,对装配好的阀进行密封性试验,更换损坏的阀	同上

8.3.1 容器与换热设备的维护与检修

容器指制冷空调系统配置的"瓶瓶罐罐",如高压贮液器、油分离器、回油罐、集油器、空气分离器、中间冷却器、气液分离器、干燥器、排液桶、低压贮液器、低压循环贮液桶、膨胀水箱、循环水处理器、投药箱、软水器、钠离子交换器、蓄冰桶等的贮存、捕集、分离及各种处理设备。换热设备指冷凝器、再冷却器、回热器、蒸发器、冷却排管、冷风机、盐水蒸发器、风机盘管、诱导器、板式换热器、全热交换器等的热交换设备。容器和换热设备的形式不一,作用也不相同,但设备的修复方法类似。

1. 清除污垢

容器与换热设备的污垢大多积聚于有介质通过的管子内、外侧工作面上,必须加以清除。清除方法是:

(1) 吹污

吹污是利用空气压力去除设备、容器和管道内的污垢，以提高容器与换热设备的有效面积、容积和热交换能力。

用空压机进行吹污，其工作压力为 0.6MPa。吹污时要求吹净，用白布测查出气口，以白布上无污垢油迹为合格。

(2) 手工清除法

清除管子外表面的积垢，可用手锤沿着管壁轻轻敲击，或用专门的刮刀、钢丝刷除去铁锈。清除管子内表面的积垢，可用螺旋形钢丝刷清除污垢。

(3) 机械清除法

机械清除法是利用洗管器进行的。洗管器是将特制刮刀连接在钢丝软轴上，再与电动机相连接。清除时以水平或垂直的方向，将洗管器插入管内，开启电动机进行刮削。同时注入冷水润滑和冲洗，效果较好。

(4) 化学清除法

化学清洗水垢通常叫酸洗，参阅 8.2.5 节中吸收式制冷机的维护与检修的"酸洗"部分。

水垢生成主要是因为冷却水温升高时溶解于水中的碳酸氢钙等分解生成碳酸镁和碳酸钙，粘结在管子的内表面上形成水垢。如水质较差，又不进行处理时将会相当严重。

酸洗常采用循环法和灌入法：

1) 循环法

循环法是采用耐酸泵和耐酸塑料管接入酸洗系统使酸洗溶液循环清洗。酸洗液为 10% 的盐酸溶液 500kg 加入缓蚀剂 250g，缓蚀剂一般用六次甲基四胺（又称乌洛托品）。酸洗液也可采用市场上配置好的专用清洗剂，按产品说明书进行清洗，不但效果好，而且省去了配置清洗液的麻烦，既安全又省力。酸洗液的实际需用量可按设备大小进行购买或配置。如对冷凝器进行酸洗，即开动耐酸泵，使酸洗液在冷凝器管中循环流动，清洗液便会与水垢发生化学反应，水垢将溶解脱落，达到除垢的目的。酸洗 20～30h 后，停止耐酸泵工作，打开冷凝器的两端封头，用刷子在管内来回拉刷，然后用水冲洗一遍。重新装好两端封头，利用原设备换用 1% 的氢氧化钠溶液，循环流动清洗 20～30min，中和残留在管道中的盐酸清洗液。最后再换用清水进行两遍，除垢工作即告结束。

2) 灌入法

开始时慢慢地向冷凝器中倒入酸洗液，当观察到排气口没有气体排出时，将冷凝器全部倒满酸洗液，浸泡 12h 以上，然后放掉酸洗液，用清水冲洗数遍即可。

除垢工作可根据水质的好坏和设备的使用情况决定清洗时间，一般可相隔 1～2 年进行一次。

不管采用哪种除垢方法，除垢工作完成后，都应对设备进行打压试漏，合格后方能使用。

2. 设备泄漏的修复

(1) 法兰泄漏

法兰泄漏多数是由于螺栓受力不匀、阴阳接触面接触不良或密封圈损坏等造成。应缓慢松掉过紧螺栓，重新对称拧紧螺母，使密封面自然均匀接触。拧螺栓时严禁硬拧、死拧、过紧，甚至损坏螺栓螺母或造成法兰变形、法兰阴阳口搭骑等现象。如螺栓变形或损坏应予更换。

（2）密封填料泄漏

密封垫圈出现老化、穿孔、划痕、断裂、撕裂、腐蚀麻面不平时应重新制作和更换，并均匀涂上薄层黄油。"盘梗"等填料老化时应更换新品，上紧压盖的松紧度以不泄漏为宜。

（3）焊口泄漏

焊口泄漏时应按焊接技术要求进行补焊，并经试压合格为止。焊口补焊不得超过两次。

（4）腐蚀泄漏

由于腐蚀造成泄漏的，应将腐蚀部位彻底去除，重新整修。腐蚀泄漏严重的设备应予报废。

（5）变形泄漏

出现变形现象时，应查出发生的原因，根据产生的原因进行检修。如焊接时引起法兰翘曲，不符合装配要求时，应重新进行车削加工或更换。

8.3.2 管道与阀门的维护与检修

1. 管道的维护与检修

（1）管道腐蚀与表面锈蚀

管道腐蚀、锈蚀时，应进行除锈与涂漆，腐蚀严重的管道应彻底更换。管道表面锈蚀处理是将氧化皮、铁锈、灰尘、污垢等消除干净，使管道显露真正的金属表面和光泽，否则应进行特殊化学处理。

涂刷防腐涂料时，一般环境温度应在5℃以上，相对湿度在85%以下，便于涂层的干燥和防止水汽混入涂层内部，产生气泡、涂层泛白以及过早地起皮脱落。对于钢管和黑色金属防腐，采用的涂料多为红丹油性防锈底漆，该漆防锈效果好，易于涂刷。另外还有铁红酚醛底漆、铝粉铁红酚醛防锈漆等。一般应涂刷2～3遍，油漆干透后才能刷第二、三遍。漆层要薄而均匀，应直线来回由下而上提刷，不要无规则画刷或到处补刷，严防出现"流汤"、起泡等现象。管道两端不涂漆，以备后序的焊接或加工，两端管口应封堵，以防氧化生锈。最后按要求涂刷面漆。

（2）管道泄漏

造成管道泄漏的原因很多，例如：管子本身质量或加工问题、焊接质量或连接不当、冻裂振裂等。可根据不同原因进行处理，如更换符合质量要求的管子或重新加工；管道的焊口、焊缝泄漏时应进行补焊；因冻结振动等原因造成泄漏时，要加强保温隔热措施合理增设支架吊点予以固牢，防止振动。

（3）管道变形

管道变形弯曲时，禁止采用工具进行敲打或撬压，禁止采用机械力强行矫直。对于钢管应采用氧炔焰加热法，使管道加热冷却反变形，对管道进行矫正矫直。对于紫铜管可用氧焰进行回火后，直接用手慢慢地将弯曲部位恢复。

管道变形严重或受外力破坏、局部砸扁、形成死弯时，应进行更换。

（4）其他

1）紫铜管喇叭口破裂的修复

用转轮割刀将喇叭口割下,对铜管接头进行回火,然后用胀管器重新进行扩制喇叭口,在扩胀时应掌握力量,喇叭口不能胀得太薄,否则容易发生破裂。几次维修之后若铜管长度不够需重新换管。

2) 法兰连接的管道

由于焊接质量不高,安装时两管道对中不好,使法兰面不能很好贴合或连接螺栓孔错位时,不能用铁棍撬压进行连接,必须将变形错位的一段管道割掉,重新进行两法兰的定位连接,即先定位(拧紧一对法兰螺栓正确定位后进行点焊),后焊接(满焊)。对于焊接时引起法兰翘曲,不符合装配要求的,应更换法兰或进行车削加工。

2. 阀门的维护与检修

(1) 阀门泄漏与关不严时的修复

阀门有轻微泄漏时,可用扳手稍微旋紧填料密封压盖,不泄漏即可。泄漏不止时,可增加或更换填料。填料为油浸石棉绳时,应将阀杆旋出,把压死的石棉绳挖出,将新的石棉绳沿阀杆顺时针缠绕,然后将压盖压紧,阀杆应能自由转动。若填料为尼龙或聚四氟乙烯材料时,可将阀杆旋出,取下手轮,用铁丝勾出压死的填料,按原尺寸大小用空心冲将聚四氟乙烯板冲成圆环,根据深度或原来圆环的总厚度套进阀杆,将压盖压紧。也可用聚四氟乙烯棒在车床上加工成圆环。这种材料密封性能好,使用寿命长,是目前理想的密封材料。阀门关闭不严时,可将阀门拆下清洗即可恢复。

(2) 阀门的密封性能试验

修理好的阀门必须进行密封性能试验。将阀门关严,并在阀门一端倒上煤油,静置1h进行观察,若煤油没有从阀门的另一端渗透流出,表明阀门密封性良好,可恢复使用。

8.3.3 泵的维护与检修

泵的维护与检修可参照表8-14水泵常见故障的排除方法与表8-15氨泵常见故障的排除方法。

水泵常见故障的排除方法 表8-14

故障现象	产生故障的原因	排除方法
水泵不吸水,压力表及真空表剧烈跳动	1. 注入水泵的水不够,泵壳内有空气; 2. 吸水管与仪表(附件)漏气; 3. 吸水口露出水面	1. 停泵,继续灌水、抽气; 2. 检查漏点,堵塞透气处; 3. 降低吸水管高度,埋入水中
压力表有压力、出水管不出水	1. 出水管阻力大(或出水阀有故障); 2. 水泵旋转方向不对,转速不够; 3. 叶轮流道堵塞	1. 检查出水管或出水阀; 2. 改变电机转动方向,检查转速; 3. 清洗流道杂物
水泵消耗功率过大(电动机工作电流偏高)	1. 填料压盖太紧,填料室发热(填料函体内不进水); 2. 叶轮与泵壳之间间隙过大; 3. 水泵轴弯曲,轴线对中不好; 4. 电压偏低	1. 放松填料压盖、清洗水封管; 2. 调正叶轮与泵壳之间间隙; 3. 修理或更换泵轴,进行对中检查; 4. 检查供电情况

续表

故障现象	产生故障的原因	排除方法
水泵振动	1. 地脚螺栓松动； 2. 联轴器不同心，减振圈磨损； 3. 泵轴弯曲	1. 固定地脚螺栓； 2. 联轴器同心度找正，更换减振橡胶圈； 3. 校直或更换泵轴
轴承过热	1. 轴承缺油或损坏； 2. 泵轴弯曲或联轴器不同心； 3. 润滑油变质，混入杂质	1. 补充润滑油，更换轴承； 2. 校直泵轴、矫正联轴器； 3. 清洗轴承和油槽、更换润滑油
填料函漏水过多	1. 填料压的不紧密、固定螺栓松动； 2. 填料磨损或失去弹性； 3. 填料缠法不对，或质量不好； 4. 填料与泵轴接触处磨损严重，使填料密封不住	1. 拧紧固定螺栓，并使水泵能轻松转动； 2. 更换新填料； 3. 重新缠绕质量好的填料； 4. 修复泵轴磨损处，严重时更换新泵轴

氨泵常见故障的排除方法　　　　　表 8-15

故障现象	故障原因	排除方法
不能启动或正常运行中突然停泵	1. 停泵时间较长，泵内液体大量蒸发，造成系统"净正吸入压头"降低，产生气蚀。差压控制器动作； 2. 低压循环贮液桶液位过低，吸入级净压头不够，差压控制器动作； 3. 差压控制器延时时间调的过短； 4. 差压控制器调定值定的太高，在设定时间内氨泵达不到调定压差值； 5. 其他电气或机械故障	1. 排除泵内气体后再开泵； 2. 排除低压贮液桶供液控制系统故障（浮球阀、过滤网等）； 3. 调整延时时间，齿轮泵一般调至 30～60s，屏蔽泵为 6～10s； 4. 正确调定压差值，齿轮泵通常为 0.07～0.03MPa；屏蔽泵为 0.05～0.06MPa； 5. 检查修复电气或机械故障
氨泵电机工作电流和压力下降	1. 低压贮液桶液面过低； 2. 泵内进入大量润滑油； 3. 泵入气体； 4. 叶轮损坏； 5. 供液管堵塞	1. 排除低压贮液桶供液控制系统故障（浮球阀、过滤网）； 2. 检查进油原因，排油； 3. 排气； 4. 更换新叶轮； 5. 清理供液管
齿轮氨泵密封器泄漏氨泵密封器温度过高	1. 动环，定环磨损，拉毛； 2. 橡胶密封器磨损、老化； 3. 压盖螺母压的过紧、间隙压死温度升高、缺少润滑油	1. 清洗，研磨密封环； 2. 更换橡胶密封圈； 3. 调整固定螺母松紧度，清洗注油器，保证供油
氨泵发生振动和噪声	1. 电机轴与泵轴安装不同心； 2. 轴承磨损引起二轴不同心； 3. 叶轮与密封环摩擦； 4. 紧固螺丝松动； 5. 泵产生严重气蚀、部分零件损坏或松动	1. 重新进行调整； 2. 更换轴承； 3. 重新调整间隙，摩擦造成损伤的部位进行修理； 4. 紧固松动螺栓； 5. 属于泵本身结构或设计安装不合理引起的气蚀应进行统一考虑解决办法； 按规定程序进行操作，调整阀门； 更换损坏零件，检查、固定松动螺栓； 防止制冷系统热负荷大幅度变化，保持低压贮液桶液面稳定

8.3.4 风机的维护与检修

风机的维护与检修可参照表 8-16 风机常见故障的排除方法

风机常见故障的排除方法　　　　　　　　　　表 8-16

故障现象	故障原因	排除方法
风量、风压不足	1. 风管漏气； 2. 系统阻力大、局部堵塞； 3. 皮带打滑或断裂； 4. 电动机转速降低； 5. 风机叶轮与轴配合松动； 6. 转动方向不对（新安装风机）	1. 堵塞漏风部位； 2. 清除堵塞物； 3. 更换皮带； 4. 检查供电电压或电机其他原因； 5. 检查松动原因进行处理； 6. 检查调整转动方向
叶轮损坏或变形	1. 叶片固定螺栓松动或铆钉松动、腐蚀脱落； 2. 轴承磨损，风机轴偏斜，叶轮与外壳严重摩擦（碰壳）； 3. 叶轮内落入石块等硬质杂物打坏叶片	1. 重新进行固定或铆接； 2. 修理变形叶片、更换轴承； 3. 清理杂物、修复变形叶片
轴承过热或卡死	1. 轴承缺润滑油脂； 2. 滚子轴承工作寿命已到； 3. 轴承安装不好或风机轴与电机轴不同心，轴承偏磨； 4. 轴瓦刮研、安装间隙过小	1. 清洗轴承，加润滑油脂； 2. 更换新轴承； 3. 调整电机、风机轴同心度； 4. 重新刮研轴瓦，调整轴与轴瓦间隙
风机不规则振动	1. 两轴不同心； 2. 风机和电机上两皮带轮安装不平行或者电机移位，固定螺栓松动； 3. 皮带轮键槽或键磨损、松动、皮带轮松动； 4. 风机叶轮平衡不好； 5. 机壳刚性不够	1. 调整同心度符合要求； 2. 重新进行调整、固定电机位置； 3. 修理键槽、更换磨损键； 4. 进行叶轮平衡检查； 5. 对外壳进行加固

由于篇幅所限，不能详尽讲述泵与风机维护与检修的细节，但是，泵与风机的维护与检修可以参照活塞式制冷机的维护与检修的方法，也能解决问题。

8.3.5 自控元件的维护与检修

1. 热力膨胀阀的维修

热力膨胀阀是一种接近于 PID 理想调节器的自控元件，出厂时已经调定，使用时一般不要轻易手动调整（手动调整时应尽可能进行微调）。热力膨胀阀常见故障有：过滤网堵塞（包括冰堵和脏堵）、阀杆密封处泄漏、阀针与阀座磨损等，这些故障都容易判断和处理。若热力膨胀阀的感温剂已经泄漏时，建议更换相同规格的新阀。

2. 安全阀的维修

安全阀在出厂时已根据压缩机和压力容器的工作压力调整到额定起跳压力，并加铅封，不允许随意拆卸调整。当安全阀起跳后或每隔一年（即机组大修时）应进行校验一次，以确保安全阀在额定压力下起跳。安全阀的校验最好在专门的计量单位进行，以保证校验质量。

3. 压力表的维修

压力表有精度、灵敏度和正、负压力等的要求，压力表应准确灵敏，应有铅封和出厂合格证。压力表的校验工作应每年进行一次，必须有压力校准仪或交送专门计量单位进行校验。压力表的维修参见表8-17压力表故障原因与排除方法。

压力表故障原因与排除方法 表8-17

故 障	故 障 原 因	排除方法
压力表的指针不转动	1. 引入管有污物塞住； 2. 引入管的压力控制阀没开启； 3. 压力表弹簧管内壁，因污物淤积过多而堵塞，以致使弹簧管不起扩展移动的作用； 4. 压力表的弹簧管有漏洞，致使弹簧管不起作用； 5. 压力表的中心轮与扇形轮的牙齿磨损过多，以致不能吻合转动； 6. 压力表的弹簧管自由端与连接杆的结合螺丝没有或松脱； 7. 中心轮与扇形轮夹板上下间隙过小以致齿轮传动阻力过大，当齿轮传动阻边大于弹簧管的扩展移动时，指针就不转动； 8. 指针表面与盖子的玻璃面接触； 9. 指针面与刻度盘面接触	1. 需拆去引入管，清除管内污物； 2. 开启压力表控制阀； 3. 可拆卸进行清洗； 4. 拆下弹簧管，根据受压情况分别用锡、银焊补； 5. 中心轮磨损过多应更换。扇形轮个别损坏可镶补，严重者，应更换； 6. 如没有螺栓可配制，如系松脱应用起子紧固； 7. 应增加夹板上下间隙，可在支柱上垫以垫片； 8. 增厚玻璃面与扼圈间的垫片； 9. 应放长指针铜轴长度
压力表指针跳跃转动	1. 弹簧管自由端与连接杆接合螺丝处不活动，以致弹簧管扩展移动时，使扇形轮有跳动现象； 2. 连接杆与扇形轮的结合螺丝不活动； 3. 扇形轮与中心转轴与夹板结合面不平行，有单面碰住现象； 4. 轮轴的二端，轴颈不同心（即弯曲）	1. 应矫正弹簧管自由端与连接杆和扇形轮接合端使之平行； 2. 用锉刀锉平连接杆厚度； 3. 将轮轴的碰住面，用什锦平面锉锉平； 4. 重放轮轴，校正弯曲
指针快速抖动	1. 引入管的控制阀开的过大； 2. 压力表所处周围有高频振动； 3. 引入管的控制阀接头进入孔太大	1. 应适当关小控制阀； 2. 应装置避震器； 3. 须缩小孔径
中心轮与扇形轮旋转不灵活	1. 中心轮与扇形轮的吻合中心距过小； 2. 中心轮与扇形轮间，污物瘀积过多； 3. 中心轮不同心； 4. 扇形轮平面与转轴配合间隙过小； 5. 中心轮与扇形轮轴与轴孔配合间隙过小	1. 调整二轮吻合位置； 2. 清洗二轮齿间污物； 3. 应用钳子校对中心轮轴同心； 4. 应用钳子校对扇形轮平面与其转轴垂直； 5. 适当用砂布打小轮轴直径

续表

故　　障	故障原因	排除方法
指针不能恢复零位	1. 指针本身不平衡； 2. 中心轮轴上的游丝得不够紧； 3. 中心轮轴上没装游丝； 4. 引入管控制阀有泄漏现象； 5. 中心轮与扇形轮的牵动阻力太大； 6. 表机在未受压时,指针本身是放在刻度盘非"0"值上； 7. 表机弹簧管扩展移动与齿轮牵动距离长度没有调整好	1. 频作指针平衡校验； 2. 应增大游丝转距； 3. 需在中心轮轴上装置游丝； 4. 修理或更换控制阀； 5. 调整螺丝咬合,减少牵动阻力； 6. 应将指针放在刻度盘"0"值上； 7. 须作弹簧管自由端至扇形轮间的连接杆长度调整
指针指示读数误差率不一	1. 弹簧管的扩展移动与压力成非正比例关系； 2. 弹簧管自由端与扇形轮间连接杆传动比调整不当； 3. 刻度盘的刻度线不等分； 4. 刻度盘与中心轮轴不同心	1. 作弹簧管校正； 2. 须作机件传动比调整； 3. 应更换正确的刻度盘； 4. 应作刻度盘与中心轮同心调整
表机内部有液体出现	1. 壳体与盖子水密性不够,没有橡皮垫； 2. 弹簧管本身焊接端不良,有漏洞现象； 3. 弹簧管管壁有裂纹漏洞	1. 配制盖子垫片； 2. 应补焊弹簧管焊接端； 3. 须焊补更换弹簧管
指针不能指示至额定数值	1. 齿轮夹板与底板接合位置不对； 2. 弹簧管自由端与扇形轮的连接杆太短； 3. 弹簧管与底板的焊接位置不对	1. 应松脱其接合螺丝,将夹板向逆时针方向旋转即可； 2. 调整或更换连接杆； 3. 应熔化其焊接器,矫正其位置
弯曲管不易焊牢	1. 电烙铁或火烙铁热度不够或焊头不清洁； 2. 被焊处刮的不够清洁,尚有污物存在； 3. 焊锡药水不清洁,有油质或其他污物杂质； 4. 电烙铁或火烙铁热度过高； 5. 焊锡内有铅质成分,以致温度到一定程度,焊锡熔化,而铅尚未熔化	1. 延长烙铁加热时间和用锉刀锉清洁； 2. 继续用刮刀清除被焊处污物； 3. 更换焊锡药水； 4. 应将锉刀锉去烙铁焊头的氧化层,蘸点焊锡药水； 5. 另换一块焊锡
指针与中心轮轴接合不良	1. 指针铜轴颈孔径没有锥度； 2. 指针与铜轴颈的铆合不牢固,有松动现象； 3. 指针铜轴颈孔径锥度与中心轮轴上端的锥度不一致	1. 用小锥形铰刀铰削指针铜轴颈孔径； 2. 用锤和铳子铆出指针铜轴颈； 3. 根据指针铜轴颈的孔径锥度来锉削中心轮指针端锥度

4. 浮球阀的维修

（1）浮球阀卡死

1）脏物卡死、过滤器堵塞或损坏

由于过滤器损坏，使焊渣、铁屑、锈泥等脏物进入浮球阀，卡死阀的转动部位，使浮球不能浮起或落下。发生这种故障时，除对浮球阀进行拆洗外，还应检查或修理过滤器。

2）浮球破裂

浮球出现小孔或焊缝开裂等造成制冷剂进入浮球内，使浮球不能浮起，阀不能关闭。浮球泄漏应进行补焊，然后进行1.4MPa（表压）水压试验，确保不漏时方可使用。

3）阀芯与阀座磨损严重

对阀芯和阀孔进行修复，如不能恢复应进行更换。

（2）浮球阀不能关闭或不节流

1）浮球连杆与阀针或柱形阀脱开

由于调整螺丝处的开口销折断或脱落所致。应找出脱落销子，并更换新销子。不允许用旧销子或铁丝等替代。

2）浮球脱落

浮球脱落，浮球阀便处于直通状态，严重时会造成机组湿冲程，应及时更换。

5. 电磁阀的维修

（1）通电后电磁阀不动作

1）检查供电电源的电压和电流是否正常。

2）线包是否烧毁或短路，应及时更换或重绕。

（2）阀芯卡死或锈死

如轻轻敲打或旋动调节阀杆均无效时，只能进行拆洗。

（3）电磁阀关闭不严

1）电磁阀应水平安装，线包应垂直上下自如，否则，容易造成关闭不严等故障，应进行校正。

2）阀芯与阀座磨损造成关闭不严，需更换新阀。

（4）制冷剂泄漏

紧固阀盖上的螺栓或更换O型橡胶密封圈。

第9章 制冷空调安全管理与监督

加强对制冷空调建设项目的设计、施工、安装、调试及其工程质量监理评定、安全要求与验收标准进行监督,对制冷空调生产部门的安全操作、维护、检修等各项制度进行严格管理,加强对建设单位和使用部门进行安全教育、技术培训与技术考核,进一步建立、健全和实施国家关于"工程设计规范"、"施工验收规范"、"质量检验评定标准"与"安全操作规程"及各项安全生产规章制度和条例;减少事故发生,提高安全保障等,具有重大意义。

9.1 制冷空调机房安全技术

机房是由机器间、设备间、配电间及操作人员控制(值班)室所组成,是生产时主要操作、维修机器的活动场所,也是最容易发生事故的地方。因此,机房应按照规范要求建设,装备必要的安全设施,确保安全生产。

9.1.1 机房建筑的特点

1. 机房的高度

应根据设备高度和采暖通风要求确定,并考虑检修时便于起吊设备和主要部件。通常情况下不宜底于 3.6m。对于气候炎热地区,机房应适当加高以利于通风。

2. 机房平面尺寸

应根据选用的制冷设备而定,通常对于布置单列压缩机的机房宽度应不小于 4.5m;布置双列压缩机的机房宽度应不小于 7m。

为了确保操作人员的安全和方便,机房最好为单层建筑,其主要操作通道不宜过长,最好不超过 12m,如需超过 12m 时,则应设有两个以上不相邻的出入口,门窗均向外开启。机房出入口不应位于应急出口和楼梯之下。

3. 机房采暖、通风及采光

(1) 机房内须设冬季采暖设备,温度宜为 16℃。氨机房严禁明火取暖,并不能设置温度高于 427℃ 发热面的设备。

(2) 由于机房内设备集中发热量较大,一般应有较好的自然通风,不宜紧贴冷库。因此机房宜布置在厂区夏季主导风向的下风向,并尽量安置于散发尘埃区的上风向。

(3) 机房应有通风措施。布置风口位置时应防止空气短路,影响换气效果。氨机房通风应下进上出,氟机房通风应采用下排风。

(4) 氨机房内应设置事故排风装置,换气次数不应少于 8 次/h。排风机应采用防爆型,并应在室内、外设置控制开关。对于通风管道亦应选用非易燃材料制造。

(5) 机房采光面积不应小于地面面积的 1/7,但也要注意使炎热季节不应有强烈阳光经常射入室内。

(6) 机房内应有良好的照明，照度宜为 50～70lx，应选用防爆类型的荧光灯具。

(7) 氨机房宜设置应急照明，可选用自带蓄电池组的防爆型应急照明灯具，应急照明持续时间不应小于 30min。

4. 机房的建筑结构及其他

(1) 机房建筑应满足 GB 50016—2006《建筑设计防火规范》有关条款要求。

(2) 氨制冷机房不宜布置在地下建筑或与其他厂房在一起，其自动控制室或操作人员值班室应与机器间隔开，并应设固定密封观察窗。

(3) 机房内的墙裙、地面和设备基座应采用易于清洗的面层，机房屋面应设隔热层。

(4) 机房内应设置盥洗用水池及洗手盆，有地漏和足够的水源，以供紧急时应用。为了保证冷却水系统中的存水能够全部放净，应在设备或管道最低处设有放水阀门。

(5) 氨机房门口或外侧方便之处，须设切断制冷系统电源的总开关。发生事故时，此开关应能停止所有制冷设备运行及机房一切电气的电源供应。

9.1.2 机房设备及系统安全要求

机房内制冷设备布置应符合制冷工艺流程，适应操作管理和维护保养的需要，确保安全生产，同时还应合理紧凑，节约建筑面积。

(1) 压缩机及控制仪表配电屏应设在室内，其他辅助设备可设在室内，也可设在室外或敞开式建筑中。氨压缩机及其辅助设备一般不宜设在地下室。

(2) 当制冷机房附近设有需要防振的工艺设备时，压缩机应设在独立建筑物或防振建筑物的底层。其基础应作隔离防振处理。压缩机和制冷空调机组四周应设排水沟。

(3) 制冷机间的主机操作通道宽度及压缩机突出部位到配电间的距离均不应小于 1.5m，非主要通道宽度不小于 0.8m，两台压缩机之间的距离应满足抽出压缩机曲轴所需的位置，突出部分之间的距离不应小于 1.5m，装有直立管式或螺旋管式蒸发器时，还应考虑设备起吊高度。

(4) 各种管道走向及标高应有统一安排，管道应有一定坡度，按设计要求敷设。设备及管路上的压力表、温度计及电压表、电流表都应安装在便于观察并不受振动的地方。对于固定使用的压力表，应用红标记表示最高工作压力。

(5) 设备的布置应符合工艺流程：

1) 中间冷却器宜布置在室内，并靠近高压级和低压级压缩机，必须装设自动液位控制器、安全阀及压力表。

2) 洗涤式油氨分离器应尽可能靠近冷凝器，以缩短供液管路，减少供液的阻力。其进液口必须较出液口低 250～300mm，油氨分离器的进液管应从冷凝器出液管的底部接出。

3) 冷凝器的位置应靠近油氨分离器和高压储液桶，这样便于操作管理。卧式冷凝器通常置于室内，立式、蒸发式和淋激式冷凝器应安置在室外并离机房出入口较近的地方。冷凝器的水池壁离机房等建筑物墙面一般不小于 3m 的距离，以减少冷却水外溅时损坏墙面。冷凝器布置在室外时应尽量避免阳光的直接照射，最好将其排管垂直于该地区夏季的主导风向，以增加冷凝效果，采用壳管式冷凝器（卧式或立式），布置时应留有清洗和更换管子的空间。安装高度必须保证其液体能自然流入高压储液桶内。

4) 高压储液桶应设置在冷凝器附近，其标高应保证冷凝器内的液体自动流入桶内

(高压储液桶的进液口应比冷凝器的出液口低 250mm 以上)。高压储液桶布置在室外时必须防止阳光的直接照射,应设置遮阳设施。如采用两个以上的高压储液桶,应在桶的底部及顶部设均压管相互连接,均压管上应装截止阀,高压储液桶上应装有压力表、安全阀,并在显著位置上装设液位指示器。

5) 在布置空气分离器和集油器时,空气分离器可以装在墙边,集油器的位置应设于各放油设备附近或机房外。将集油器和空气分离器布置在室内时,其放油管和放空气管均应用金属管或橡皮管接出室外,以保证安全。

6) 采用重力供液的低温室或小型冷藏库,为了简化系统,可以使制冷剂在制冷系统中只经氨液分离器作一次分离,氨液分离器通常安装在机房内,安装高度根据计算的管道阻力来决定,一般应高出库房内冷却排管组中最高一组排管 1.5~2.0m,这个标高用来保证液柱有一定的静压,克服管道内阻力损失,利于向系统及排管供液。

7) 排液桶一般布置在设备间内,并尽量设置在靠低温或冷藏库一侧。低温室和小型冷藏库一般都不设低压储液桶。

8) 总调节站是整个制冷系统的调节枢纽,应布置在机房内,所以在设计和布置时应选择便于观察之处。例如,将它设在靠近主通道的醒目处,从而使操作人员无论操作任何一台压缩机时,都能看清总调节站上的各种仪表。总调节站仪表屏上排列着节流阀、截止阀、压力表、自动检测仪表和信号装置等。系统简单的小型装置,总调节站可不设仪表屏而将压力表和阀门直接装在调节站的管道上。

(6) 设备及系统管道应涂有安全色,如表 9-1 所示。

设备与管道涂色 表 9-1

名 称	颜 色	名 称	颜 色
高低压液体管	淡黄	放空气管	乳白
吸气管、回气管	天酞蓝	氨液分离器、低压循环	天酞蓝
高压气体管、安全管	大红	储液器、中间冷却器、排液桶、集油器	赭黄
均压管	浅棕色		
放油管	赭黄	压缩机及机组、空气冷却器	按出厂涂色
水管	湖绿	各种阀体	黑色
油分离器	大红	截止阀手轮	浅黄
冷凝器	银灰	节流阀手轮	大红
储液器	淡黄		

(7) 系统设备阀门应挂标注名称、用途、开闭的标志牌,还应在靠近阀门的明显部位标上制冷剂的流向箭头。

(8) 机房内宜设气体报警器,使用氟制冷时,当氧气浓度低于 20% 容积比时发出报警,使用氨制冷剂时,当氨浓度达到 4% 容积比时发出报警。

(9) 氨制冷机房必须配置氧气呼吸器或过滤式防毒面具、防毒衣、橡胶手套、木塞、管夹等防护用具,此外还应预备柠檬酸等救护药品。以上用品设专人管理,定期检查更换,防止过期失效。机房操作人员应熟练掌握氧气呼吸器、防毒面具、防毒衣等防护用品的使用方法。

(10) 机房内还需设置干粉或二氧化碳灭火器。

9.1.3 运行维护安全要求

（1）每台压缩机吸、排气侧、中间冷却器、油分离器、冷凝器、高压储液桶、氨液分离器、低压循环储液桶、氨泵进出口、集油器、油泵、分配站、充氨站、热氨管等均须装设压力表。

（2）对冷藏温度要求严格的系统，应设置温度控制装置。空调用冷水机组应设置温度控制装置。

（3）制冷系统中不常使用的充氨阀、排污阀和备用阀等，平时均应关闭并挂牌说明或将手轮卸下。

（4）经空气分离器排放制冷系统中的空气等不凝性气体，必须放入水中。

（5）冷凝器与储液器之间应设均压管（阀），运行中均压阀呈开启状态，两台以上高压储液器之间分别设气体、液体均压管（阀）。

（6）蒸发器、氨液分离器、低压循环储液器、中间冷却器等设备的节流阀严禁用截止阀代替。

（7）高压储液器内液面不得高于其径向高度的70%，不得低于30%；排液桶内液面不得超过70%，循环储液桶液面不得超过70%。

（8）每台压缩机、氨泵、水泵、风机均应单独装设电流表，压缩机还应设置温度计。

（9）压缩机的吸排气侧、轴封处、总分调节站、供液集管、热氨调节站上均应设置温度计。

（10）氨泵进、出液管之间应装有压差控制器，氨泵出液管上应设自动旁通阀。

（11）储液器、排液桶、集油器等均须装设符合安全要求的液面指示器。低压循环储液桶、中间冷却器、氨液分离器上的金属液位计一侧，应装油包式液面指示器。即用冷冻油面显示制冷剂液位高度的装置。

（12）制冷系统上安全阀（氨制冷或氟利昂制冷）的排放口必须用放空管引向室外。安全阀管道的直径不应小于安全阀的公称直径，安全总管的截面积应不小于各安全阀分支管截面积的总和。管口应高于氨压缩机房檐1m以上，高出冷凝器平台3m以上。

（13）压缩机应设高压、中压、低压、油压差等压力控制装置。每年经校验后，应做好记录，其调整值分别为：高压1.6～1.4MPa；中压1.2MPa；低压0.05MPa；油压差为0.15～0.3MPa；无卸载装置的油压差为0.05～0.15MPa。

（14）压缩机水套、冷却塔、水冷式冷凝器须设冷却水断水保护声光报警控制装置，风冷式冷凝器须设风机保护装置。

（15）单级压缩机或两级压缩机应设置高压安全阀，其设定值为：压差1.6MPa（表压）；低压级排气腔上的中压安全阀，其设定值为：压差0.6MPa（表压）；在冷凝器、储液器、排液桶、低压循环储液桶、中间冷却器上也必须装设安全阀。以上设备中属于高压的，其设定值为：1.8MPa（表压）；属于中低压的，其设定值为：1.2MPa（表压）。

（16）氨压缩机房应在高压系统设置紧急泄氨器，对冷凝器有储液作用的压缩机组也应装设紧急泄氨器。在紧急情况下可将系统中的氨液溶于水中（每1kg/min的氨至少应提供17kg/min的水）。

9.1.4 直燃式溴化锂制冷机房安全要求

（1）机组设备布置时，制冷机组的周围应留有进行保养作业的空间。

(2) 机房内应保证良好的通风，机房置于地下时，机房应维持正压。燃气机房内应安装燃气泄漏检测报警装置。

(3) 机房内应设置排水设施。机组基础应有一定高度，四周设置排水沟。

(4) 燃油系统：

1) 室外储油罐可以埋在地下，油罐应设置检查孔并通向地面。油泵所在场所应有良好的通风且避光和雨。

2) 室内辅助油箱：

① 辅助油箱的油面高度应设置在不低于机组泵安装位置 4m 以下的地方。

② 严禁把辅助油箱设在机组或水平烟道上方。

③ 油箱应采用闭式油箱，油箱上方应装设通向室外的通气管，通气管上设置阻火器和防雨设施。

④ 油箱应设油位控制装置，油位高、低位报警装置与供油设备联锁，油箱上不能采用玻璃管式液位计。

⑤ 应装设将油排放到室外的紧急排放管，以及相应的排油存放设施。阀门应装在安全和便于操作的地方。

⑥ 油箱周围应通风良好，油箱附近应备灭火器材。

3) 油输送管道应采用无缝钢管焊接，管道应有静电接地装置。应避免管道形成集气弯，在管道最低处应设排污阀。

(5) 燃气系统：

燃气管道配置如图 9-1 所示

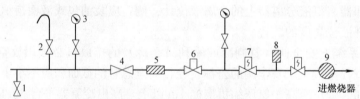

图 9-1　燃气配管线图
1—放泄阀；2—安全放散阀；3—压力表；4—球阀；5—过滤阀；
6—减压阀；7—电磁阀；8—检漏仪；9—流量仪

1) 主燃气和点火系统的安全截止阀，在系统中应串联安装。

2) 燃气进入机房的压力不宜低于 1.2kPa，高于 14.7kPa 时应设减压装置。

3) 燃烧器附近，燃气与空气的混合气体应控制在最小的范围内，为此应尽可能缩短燃烧器和安全截止阀的间距。

4) 使用混合燃烧器时，要安装止回阀，防止产生逆火。

5) 在燃气配管中应装设过滤器。

6) 主燃气和点火管中要装设燃气压力调节器，同时安装燃气压力开关，当燃气压力出现过高、过低等异常状况时，将燃气切断。

7) 所有燃气配管在使用前应进行气密性试验。应安装能完全截止且全开时阻力很小的旋塞或阀门。此外，为了检测和测定燃烧压力，装设必要的检测孔。

8) 安全阀不装旁通阀。

9) 配管、法兰连接应符合使用燃气设施的安全规范要求。

9.1.5 制冷机组布置安全要求

制冷机组系指制冷压缩机组，制冷压缩冷凝机组以及冷水机组等。机组的布置除应考虑前述情况外，由于种类不同，按其特点分别叙述如下：

1. 活塞式机组的布置

(1) 活塞式机组均布置在机房之内。
(2) 活塞式机组的布置均与制冷设备的布置相同。
(3) 对于氟利昂压缩式制冷，机房高度不应低于 3.6m。
(4) 对于氨压缩式制冷，机房高度不应低于 4.8m。

2. 螺杆式机组的布置

(1) 螺杆式机组的布置与活塞式机组的布置相同，但其机房高度可略低于活塞式机房的高度。
(2) 为了防止噪声对操作人员的影响，机房内可设置隔音工作室。

3. 离心式机组的布置

(1) 离心式机组均须布置在机房内。
(2) 离心式机组的布置与活塞式机组的布置基本上相同，但其机房高度可略低于活塞式机房的高度。
(3) 离心式机组的基础外缘到配电盘之间的距离应不小于 1.5~2.0m，且其四周应设置防护栏杆。
(4) 集中控制的仪表操作室，应设在易于观察到机组操作运行之处。

4. 溴化锂吸收式制冷机的布置

(1) 溴化锂吸收式制冷机宜布置在建筑物内，可安装在楼房的底层、楼层，条件许可时亦可露天布置，但是其仪表及电气设备应设在室内。
(2) 制冷机的两端必须留有检修时能抽出管束的间距，以便更换热交换器管件。
(3) 两台制冷机之间应留有 1.5~2.5m 的净空间距。
(4) 制冷机顶部距机房屋架下弦高度应留有大于 1.5m 的间距。
(5) 载冷剂泵、冷却水泵、水池均宜设计在靠近机房处。
(6) 制冷机房中必须留有检修设备和配制溶液的场地。
(7) 为了减少对制冷机的腐蚀、便于检查、修理和处理沉淀溶液中的杂质，长期停机时，可将机中的溶液罐入储液桶中。储液桶可设在机房内地面上，也可设在机房上空（桶中液位与制冷机最低液位口之间的距离不应小于 4.5m），或设在机房之外。

9.2 压力容器安全技术

制冷与空调系统的多数设备，如冷凝器、蒸发器、油氨分离器、高压储液器、中间冷却器、低压循环储液桶等均属压力容器。

制冷系统中压力容器不仅数量多，而且类型复杂，工况条件多种多样，发生事故的可能性较大。操作人员应了解压力容器的一些基本情况。

9.2.1 压力容器简介

1. 压力容器的定义

压力容器又称受压容器，凡承受流体压力负荷的密闭容器均可称之为受压容器。我国原国家质量技术监督局颁发的《压力容器安全技术监察规程》（以下称"容规"）规定，实施安全监察的压力容器须同时具有下列条件的设备。

(1) 最高工作压力（p_w）大于等于 0.1MPa（不含液体静压力）；

(2) 内直径（非圆形截面指其最大尺寸）大于等于 0.15m，且容积（V）大于等于 0.025m^3；

(3) 盛装介质为气体、液化气体或最高工作温度高于等于标准沸点的液体。

2. 压力容器的分类

(1) 压力容器的形式较多，根据规定，按容器设计压力可分为低压、中压、高压、超高压四个等级：

低压：$0.1\text{MPa} \leqslant p < 1.6\text{MPa}$

中压：$1.6\text{MPa} \leqslant p < 10\text{MPa}$

高压：$10\text{MPa} \leqslant p < 100\text{MPa}$

超高压：$p \geqslant 100\text{MPa}$

(2) 从有利于安全技术管理和监督检查的角度出发，根据容器的压力高低，介质的危害程度以及在生产工艺过程中的作用，将其划分为三类：

1) 下列情况之一的，为第三类压力容器：

① 高压容器；

② 中压容器（仅限毒性程度为极度和高度危害介质）；

③ 中压储存容器（仅限易燃或毒性程度为中度危害介质，且 pV 乘积大于等于10MPa·m^3）；

④ 中压反应容器（仅限易燃或毒性程度为中度危害介质，且 pV 乘积大于等于0.5MPa·m^3）；

⑤ 低压容器（仅限毒性程度为极度和高度危害介质，且 pV 乘积大于等于0.2MPa·m^3）；

⑥ 高压、中压管壳式余热锅炉；

⑦ 中压搪玻璃压力容器；

⑧ 使用强度级别较高（指相应标准中抗拉强度规定值下限大于等于540MPa）的材料制造的压力容器；

⑨ 移动式压力容器，包括铁路罐车（介质为液化气体、低温液体）、罐式汽车［液化气体运输（半挂）车、低温液体运输（半挂）车、永久气体运输（半挂）车］和罐式集装箱（介质为液化气体、低温液体）等；

⑩ 球形储罐（容积大于等于50m^3）；

⑪ 低温液体储存容器（容积大于5m^3）。

2) 下列情况之一的，为第二类压力容器：

① 中压容器；

② 低压容器（仅限毒性程度为极度和高度危害介质）；

③ 低压反应容器和低压储存容器（仅限易燃介质或毒性程度为中度危害介质）；

④ 低压管壳式余热锅炉；

⑤ 低压搪玻璃压力容器。

3）低压容器为第一类压力容器

3. 压力容器的基本构成

工业生产中一般压力容器多采用圆筒形容器。圆筒形容器由筒体、封头、人孔、开孔接管、法兰及支座等构成。

4. 压力容器的压力源

（1）压力容器的压力源主要来自以下两个方面

1）压力来自容器外时，其压力源是气体压缩机或蒸汽锅炉。容器可能达到的最高压力为压缩机或是锅炉出口处的蒸汽压力。

2）压力来自容器内时，其压力源是容器内介质的聚集状态发生改变；气体在容器内受热，温度急剧升高；介质在容器内发生体积增大的化学反应等。

（2）工业生产中涉及的几个压力参数

1）压力：除注明外，压力系指表压力。

2）最高工作压力：指在正常操作情况下，容器顶部可能出现的最高压力。

3）设计压力：指相应设计温度下用的确定容器壳体壁厚的压力，亦即标注在铭牌上的容器设计压力，其值不得小于最大工作压力。

9.2.2 压力容器的安全技术管理

压力容器的结构虽然不很复杂，但是由于容器在较高的压力下工作，而且内部的制冷剂对人体的危害作用，所以，必须依照国家颁布的有关压力容器监察管理规定，加强所用容器的安全技术管理，使用单位应做到以下几点：

（1）压力容器使用单位购买压力容器或进行压力容器工程招标时，应选择具有相应资格的压力容器设计、制造（或组焊）单位。使用单位的技术负责人（主管厂长、经理或总工程师），应对压力容器的安全管理负责，并指定具有压力容器专业知识，熟悉国家有关法规标准的工程技术人员负责压力容器的安全管理工作。

（2）无论是新压力容器还是在用压力容器，使用单位都必须向国家压力容器安全监督部门申办使用手续，经有关部门审查合格，予以注册编号，发给使用证和注册铭牌，才能投入运行，且注册铭牌要固定在容器上。

（3）压力容器的使用必须严格遵守操作规程，注意维护保养，其具体保养项目包括：

1）确定压力容器的防腐层完好无损；

2）压力容器上的安全装置应齐全、灵敏，按规定进行校验；

3）压力容器紧固件必须完整可靠；

4）减少和消除压力容器的振动；

5）压力容器和压力管道应根据不同的工作压力分别涂上不同颜色的油漆，以预防操作失误而带来不必要的损失；

6）按规定实行定期计划检查；

7）严禁超温超压运行。

（4）压力容器应有完整的技术档案，其中包括：

1）容器的制造图和安装竣工图；

2）容器出厂的全部技术文件和出厂合格证；

3）安装文件和各种试验记录；

4）登记卡片、检修记录、运行记录；
5）安全装置及附件校验、容器检验记录；
6）事故情况与事故预防措施等。

（5）压力容器的设计、制造、安装必须是国家有关压力容器监管部门审查批准的单位，才许可设计、制造和安装。使用单位不得任意制造和改装容器的本体。

（6）压力容器操作人员应持证上岗。压力容器使用单位应对压力容器操作人员定期进行专业培训与安全教育，并制定岗位操作规程。其内容应包括：
1）压力容器的操作工艺指标及允许使用的最大工作压力和最高或最低温度；
2）压力容器的开、停车程序及注意事项。

（7）压力容器遇到下列情况应停止运行
1）压力容器的主要受压元件发生裂纹、鼓包、变形、泄漏等危及安全的现象；
2）发生火灾、爆炸或相邻设备管道发生爆炸事故，直接威胁到容器的安全运行；
3）安全附件失效，接管紧固件损坏，难以保证安全运行；
4）发生安全规章制度不允许的其他情况，如工作压力、温度超过许可值，控制失灵，充装过量等；
5）压力容器与管道发生严重振动，危及安全运行。

9.3 冷藏库安全技术

冷藏库是在特定温度和相对湿度条件下，加工和储藏食品、工业原料、生物制品及医药物资等专用建筑。通过人工制冷，使其达到预定的温湿度。其根本特点是冷，保温防露。

9.3.1 冷库建筑与安全要求

1. 冷库建筑的特点

冷库建筑区别于其他一般建筑的根本特点是具有保冷、保湿要求。库内温度一般稳定在某一温度，例如+5℃，±0℃，-10℃，-18℃等。而库外环境随着自然界气温的变化，经常处昼夜交替和季节性交替的周期性波动，库内空气的湿度常年保持在85%～95%。当室外热空气从库门进入库内，就会发生热湿交换，析出的水分凝成冰霜附于维护结构表面或蒸发器上，释放出的热量传给蒸发器并被带走。因此冷库建筑必须满足下列几点要求：

（1）隔热保冷。为阻挡外界热量侵入冷库，必须设置适当隔热层；为减少太阳的辐射热，冷库外表面应涂成白色或浅颜色。
（2）隔汽防潮。为了免除水蒸气进入隔汽层，遇冷凝结成水，必须在隔热层的热侧设置一层隔汽或防水、防潮层。
（3）防止地坪土壤冻结而破坏结构，对地面必须设置隔热层或加热防冻措施。
（4）冷热尽量合理分区，减少建筑物冻融循环的频繁性，减少破坏建筑物结构的可能性。

2. 冷库结构要求
（1）冷库结构要满足装载货物的荷载要求。
（2）冷库内外温差很大，它引起的温度应力比常温建筑大，会引起冷库结构的损坏，应有良好的密封性和防潮隔汽性能。

（3）要防止冷库结构长期处于低温状态或处于冻融交替循环情况下，以防构件破坏。

（4）由于冷库有隔热层，应尽量避免隔热层形成冷桥，破坏隔热性能。

9.3.2 冷库的安全管理

1. 冷库安全技术措施

（1）冷藏间、气调房间等应在其门上标明未经许可严禁入内和操作。

（2）为防止作业人员由于事故或无意地被锁在0℃以下冷藏间内，应增加如下安全保护措施：

1）在冷藏间里一般不应单独一人工作，否则对此人的安全每小时至少应检查一次。

2）在照明损坏的情况下，通向应急出口或呼救电话的通道应有另外单独的照明、夜光涂料或其他可行的方法给以指示。

3）工作结束几分钟里，负责人应对冷库进行清查，以确保无人留在冷藏间内，并在清点人数后锁门。

4）为了使作业人员随时都能离开冷藏间，并确保锁在里面的人能向外面发出呼叫信号或自己离开冷藏间，应选择并采取以下措施：

① 门既能从库外打开，也能从库内打开；

② 应在冷库外经常有人的地方安装带有闪烁信号或蜂鸣器振铃的报警器，报警器应很容易被人看到或听到。可以在冷库里、库门附近或走廊附近操作报警器的照明按钮或悬吊挂链；

③ 每个冷库靠近门的地方应放置一把消防斧；

④ 每个冷库里应设置一部电话；

⑤ 每个冷库内应设置一个电灯开关（与室外指示灯相连）；

⑥ 若是气动或电动门，应有手动开门器件；

⑦ 冷库门上应安装一块可从里面拆卸的活动嵌板，其大小应足以使一个人能很容易地通过。

2. 冷库生产中的防火

冷库生产中火警较少，但在维修期间容易发生，火灾往往来自隔热材料、隔气材料及新储存的商品及其包装材料，还有电气设备等。冷库防火不容忽视，应当采取有效措施加以防范。

（1）应在库区配置消防栓及灭火器材。

（2）对人员进行培训，内容包括消防知识、消防设备和制冷剂的泄漏处理。

（3）冷库的楼梯应宽敞，便于迅速疏散，楼梯上应有应急照明灯，如果楼梯数量不足，则要设室外防火梯。

（4）电气设备在冷库里特别容易出现问题，水汽会进入密封不严的电缆管，并凝结在电缆管里或开关箱的接头处，造成危险。当电缆管穿过易燃的隔热材料时，可采用阻燃的绝缘材料包裹。大功率的电缆不得直接与聚苯乙烯或聚氨脂隔热版型建筑物接触。

（5）在机器间的入口处，在卸货月台或与冷库相邻的走廊区安放防毒面具，在供水量充足的冷库里，可以考虑使用洒水灭火系统。

（6）冷藏企业加强火种管理是防火防爆的一个重要环节。多年来，由于一些企业的检修人员缺乏安全常识和违反动火安全制度，重大火灾事故时有发生，教训是深刻的。

（7）动火作业要遵守动火安全要点：

1）禁火区（如冷库阁楼）内动火应征得企业防火部门的同意，明确动火的地点、时间、范围、动火方案、安全措施、现场监护人，动火要求采取的安全措施落实之前不准动火。

2）联系：动火前要和生产车间联系明确动火设备、位置。由生产部门指定专人负责动火现场的监护，并作好清扫工作及书面记录。

3）拆迁：凡能拆迁到固定动火区或其他安全地方进行动火的作业，不应在生产现场（禁火区）内进行，尽量减少禁火区的动火作业量。

4）隔离：动火设备应与工艺系统可靠地隔离，防止设备或管道内物料泄漏到动火设备中。

5）移去可燃物：将动火地点周围 10m 内的一切可燃物，如润滑油、溶剂、木框、竹箩等移到安全场所。

6）灭火措施：动火期间动火地点附近的水源要保证充足，不能中断。动火现场准备好足够数量的灭火器具。危险大的重要地段动火，消防车和消防人员到现场，做好充分准备。还应配置一定量的防毒面具，以防制冷剂泄漏。

7）检查和监护：上述工作准备就绪后，厂、车间负责安全人员应对现场检查监护，保卫部门负责人现场检查，对照动火方案中提出的安全措施检查是否是落实，并再次明确和落实现场监护人和动火现场指挥，交待安全注意事项。

8）动火：动火应由经安全考试合格的人员担任。无合操作证者不得从事焊接工作。动火时注意火星飞溅方向，采用不燃或难燃的材料做成的挡板控制火星飞溅方向，防止火星飞出危险区。高处动火作业应戴安全帽，系安全带，遵守高处作业安全规定。五级以上大风的高处不宜动火。电焊机应放在指定的地方。火线和接地线应无破损，禁止用铁棒代替接地线或固定接地点，电焊机的接地线应接在被焊设备上，接地点应接在被焊设备上，不准采用远距离接地回路。

9）善后处理：动火结束后，应清理现场，熄灭余火，并设专人对现场进行检查。

3. 职业健康保护

在低温条件下工作，动作不灵活，往往感到手指和脚趾麻木。所以在低温下工作的作业人员应穿上适当的防寒服装。在冷库工作的人员要定期检查身体，对不适合低温作业的人员，应当及时调离。

9.4 制冷剂钢瓶使用的安全要求

制冷剂用专用钢瓶储存和运输。钢瓶应符合《气瓶安全监察规程》等国家有关技术规定，并定期进行耐压试验。

制冷剂瓶产权单位对制冷剂瓶应严格管理，并应建立气瓶档案，内容包括：合格证、产品质量证明书、气瓶改装记录等。

9.4.1 充装前的安全要求

钢瓶充装前，须有专人检查，有下列情况之一者，不准充装：

（1）漆色、字样和所装气体不符，字样不易识别的气瓶；

(2) 安全阀件不全、损坏或不符合规定的气瓶；
(3) 不能判别装过何种气体，或钢瓶内没有余压的气瓶；
(4) 超过检查期限的气瓶；
(5) 瓶体经外观检查有缺陷，不能保证安全使用的气瓶；

钢瓶必须每三年交当地容器安全监督部门指定的检验单位进行技术检验，检验合格后，打上钢印方可使用。

9.4.2 充装时的安全要求

常用制冷剂的充装系数，不得超过表 9-2 的规定。

制冷剂的充装系数 表 9-2

制冷剂的名称	化 学 式	充装系数(kg/L)
R717	NH_3	0.53
R12	CF_2Cl_2	1.14
R22	CHF_2Cl	1.02

注：称量衡器应保持准确，其最大称值，应为常用值的 1.5～3 倍。

9.4.3 钢瓶使用的安全要求

(1) 操作人员启闭钢瓶阀门时，应站在侧面缓慢开启，并使用适当尺寸的扳手。
(2) 钢瓶的瓶阀冻结时，应把钢瓶移到较暖的地方，或者用温度低于 40℃ 的热水解冻，严禁用火烘烤。
(3) 立瓶防止跌倒，禁止敲击和碰撞。
(4) 不得靠近热源，与明火的距离不得小于 10m，夏季要防止日光暴晒。
(5) 瓶中气体不能用尽，必须留有剩余压力。
(6) 必须定期检查所有软管、充灌设备，必要时更换。

9.4.4 运输的安全要求

(1) 旋紧瓶帽、轻装、轻卸、严禁抛滑或撞击。
(2) 钢瓶在车上应妥善加以固定，用汽车装运时应横向排列，方向一致，装车高度不得超过车帮。
(3) 夏季要有遮阳设施，防止暴晒。
(4) 车上禁止烟火，禁止坐人，并应备有防氨泄漏的工具。
(5) 严禁与氧气、氢气等易燃易爆物品同车运输。

9.4.5 储存的安全要求

(1) 钢瓶仓库与其他建筑物的距离规定：钢瓶仓库距厂房不得小于 25m，距离住宅和公共建筑物不得小于 50m。
(2) 氨瓶仓库应为不低于二级耐火等级的单独建筑，地面至屋顶最低点的高度应不小于 3.2m，屋顶应为轻型结构，地面应该平整不滑。
(3) 仓库内要自然通风。
(4) 仓库内不应有明火或其他取暖设备。
(5) 旋紧瓶帽，放置整齐，妥善固定，留有通道，钢瓶卧放时应头部朝向一方，防止滚动，堆放不应超过五层，瓶帽、防振圈等附件必须完整无缺。

(6) 氨瓶严禁与氧气瓶、氢气瓶同室贮存，以免引起燃烧、爆炸。仓库内应设有抢救和灭火器材。

(7) 禁止将有制冷剂的钢瓶存放在机器设备间内，临时存放在室外的钢瓶，要远离热源，防止阳光暴晒。

9.5 安全防护器材

正确选择和合理使用个人防护用品是预防职业病，保证人身安全和正常生产的重要措施之一。因此，每个制冷作业人员都要学会正确使用个人防护用品及日常维护和保养。

9.5.1 防护用品

1. 防毒面具

(1) 氧气呼吸器

氧气呼吸器作为制冷作业事故时救援人员使用的呼吸装置。它是一种与外部环境隔绝，依靠自身供氧的防毒用具，适用于毒气浓度过高、毒性不明或缺氧环境下移动作业。由于它结构复杂、较笨重，使用人员事先要受过训练、熟练掌握后方可使用。氧气呼吸器有 2h、4h 等不同规格。

1) 结构与性能（以 AHG-2 型为例）

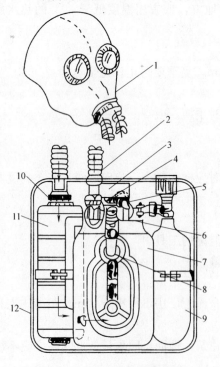 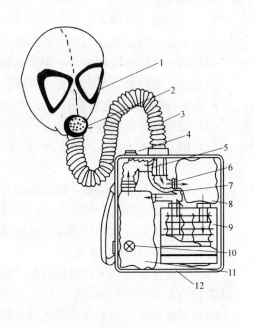

图 9-2　AHG-2 型氧气呼吸器

1—头罩；2—导气管；3—压力表；4—顺气阀；
5—高压管；6—减压器；7—气囊；8—排气阀；
9—氧气瓶；10—呼气阀；11—清净缸；12—外壳

图 9-3　上海 SM-1 型生氧面具

1—头罩；2—通话器；3—双套导气管；4—应急补给装置；5—吸气导管；6—呼气导管；7—应急装置导管；8—呼气囊；9—生氧罐；10—排气罐；11—吸气囊；12—外壳

AHG-2型氧气呼吸器，俗称2h氧气呼吸器，其结构见图9-2，由呼吸器、头罩、导气管、背腰带等主要部件组成。呼吸器由铝质外壳、氧气瓶、清净罐、橡胶气囊、呼吸器阀门、减压器和压力表等构成。整个装置总重约为8.1kg。氧气瓶容积为1L，当氧气压力为200kg/cm^{2}时，有效使用时间为2小时。清净罐内装填吸收二氧化碳的氢氧化钙约1.1kg，头罩下端金属碗固定连接右呼气导管和左吸气导管。

2）工作原理

氧气呼吸器是利用压缩氧气和氢氧化钙吸收剂的隔绝再生原理制成。使用者从肺部呼出的气体，经面具、呼气阀而进入清净罐，其中二氧化碳被清净罐中的氢氧化钙吸收，其他气体进入气囊。另外，从氧气瓶中贮存的氧气经高压管、减压管到气囊中与从清净罐中出来的气体相混合组成含氧空气，当使用者吸气时，适量的含氧空气由气囊经吸气阀、吸气导管、面具而被吸入肺部完成了整个呼吸循环。在这一循环过程中，由于呼气阀和吸气阀是单向开启的活门，因此整个气流方向始终是沿着一个方向进行。

3）使用方法

① 使用时，将头和左臂穿过悬挂的皮带，然后落于右肩上，再用紧身皮带把呼吸器固定在左侧腰际。

② 打开氧气瓶的开关，观察压力表的指示压力，核对氧气呼吸器的工作时间。

③ 按手动补给钮，排出呼吸器内各部分的污气。

④ 戴上头罩，检查罩体边缘与头部密合情况以及视线是否合适。

⑤ 进行几次深呼吸，观察呼吸器内部件是否良好，经确认各部件正常，即可投入正常使用。

⑥ 必要时可按汽笛与他人联系。

4）维护保管

① 氧气呼吸器平时应放置在便于取用的专用柜内，避免阳光直射。

② 保持清洁，严禁沾染油脂等可燃物料，并远离热源。

③ 使用后应进行头罩清洗、消毒、氧气瓶充气和更换清净罐内的氢氧化钙等工作，以备以后随时可用。

④ 每年应检查各部件是否正常，并注意氧气瓶内存氧情况和吸收剂的性能。要及时充氧和更换吸收剂，使氧气呼吸器处于准备使用状态。

5）注意事项

① 使用时，呼吸宜缓慢深长，如感到供气不足，可用深长呼吸法，使自动补给器充氧。若仍感到呼吸困难，应即采用手动按钮补氧气。当以上措施均无效时，应立即退出有毒场所。注意：在有毒场所内禁止脱下头罩。

② 使用中，应经常检查压力表的指示值。一旦氧气压力降至25～30kg/cm^{2}时，必须停止在有毒场所工作，及时撤出，以保证安全。

③ 重大险情的作业以及进入事故现场从事抢救，必须两人一组，以利彼此关照。

(2) 生氧面具

生氧面具系采用碱金属的超氧化物药剂（如过氧化钠、过氧化钾等）与人体呼气中的二氧化碳和水分反应，生成氧气作为供气源。其结构比较简便，重量较轻，使用简便。

1）生氧面具的适用范围与氧气呼吸器相同，结构详见图9-3（以上海SM-1型生氧面具为例)。它是由生氧器(内装生氧罐、呼气囊、呼气阀、应急补给装置)、头罩、双套导气管(内层平管为呼气道,外层波纹管为吸气道)、背腰带等主要部件组成。

生氧罐的有效使用时间为2小时,失效后可以换药重新使用。

2) 工作原理

生氧面具使用时,是在与外界环境隔绝的情况下进行的。使用者呼出的二氧化碳和水分,通过导气管(内层)、呼气囊进入生氧罐与药物发生反应放出氧气,然后进入呼气囊、导气管(外层)、头罩供吸入,完成一次气路往复循环。

3) 使用与维护

① 使用前的准备。首先应检查整套面具的完好情况,注意双套导气管接头与组装箱上的接头座是否连接完好;生气罐两个连接口是否分别与呼气囊和呼气囊的连接口连接完好。其次应检查全套面具的气密性,包括头罩、双套导气管以及各连接部位密封程度。

② 使用注意事项:

(A) 头罩的正确佩戴位置应是阻水罩上部紧贴鼻梁,下部在颏下点。镜片如出现雾气,则是阻水罩与面部贴合不良,应予纠正或重戴。

(B) 头罩佩戴后,使用者应立即猛吐一口气,以使生氧罐迅速放出氧气。

(C) 使用时,若感到呼吸困难,可用手猛按应急补给按钮,压碎硫酸瓶,硫酸与生氧剂直接接触,放出氧气,可供2~3min内使用者急用。此时,使用者应立即停止工作,待离开有毒场所后方可摘下头罩。

(D) 应急装置只能使用一次,用后应及时重新装药后才能供下次使用。

(E) 生氧罐应避免撞击或振动,否则易产生粉尘,引起刺激作用。严禁与油类、可燃物料接触;防止高温、日晒;不得任意拧松罐盖,否则让潮气、二氧化碳进入,将导致生氧效能降低。

③ 维护要点

(A) 生氧面具平时应放置在便于取用的场所。注意避免接触各种化学物料,远离热源,防止日晒。

(B) 使用后,取下头罩,应立即拧紧生氧器螺丝帽盖,保持气密,以防受潮变质。

(C) 使用失效后,从装药孔倒出药剂,如倒不尽时可用水浸泡后倒出,但浸水后须经严格干燥才能装药。失效药剂呈碱性,必须小心处理。

(D) 头罩脏污,应清洗、消毒后晾干。切忌用其他化学药剂洗涤,以免损坏橡胶部件。

(3) 过滤罐式防毒面具

目前,冷库普遍使用一种较简单的过滤式防毒面具,如图9-4所示。它是由橡胶面罩、导气管和过滤罐组成。面罩可按头型大小进行选择,拔出滤毒罐下橡胶塞即可套在头上使用。导管采用螺旋管式,有弯折时仍能呼吸的特点。过滤罐内装有活性炭等,用来过滤毒气。它的作用限制在2%体积比以内的污染气体,超过体积比2%的地方,该型防毒面具不起防护作用。

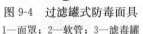

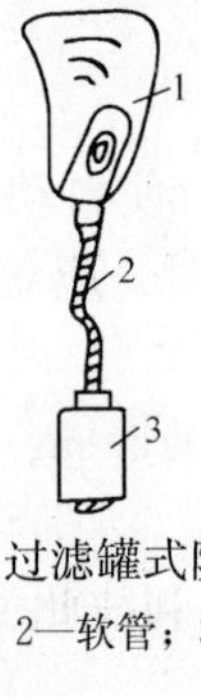

图9-4 过滤罐式防毒面具
1—面罩;2—软管;3—滤毒罐

2. 防毒衣

防毒衣是一种帽、衣、鞋连在一起的抢救服装,它往往和过滤罐式防毒面具配合使用，衣服扣为子母扣，穿起来快而方便，并可较长时间在事故区进行抢救工作。

3. 橡皮防护手套

在制冷剂大量逸出时，关闭阀门要戴上橡皮防护手套。在特殊情况下，橡皮手套已冻硬不能正常工作时，要改换皮手套或棉手套，以防手被灼伤。

9.5.2 抢救用具、设备

(1) 木塞：低压设备出现故障后，在适当降低蒸发压力的情况下，视情况可用木塞钉入出事故方位以赢得抢救时间，防止事故的蔓延。

(2) 管夹：蒸发器或冷却排管在出现细小砂眼，造成跑氨事故的情况下可适当降低蒸发压力，先用胶皮和其他耐酸、碱的带状材料将管路裹好，再加管夹用螺栓紧固，待商品全部出库后补焊解决。

(3) 紧急泄氨器：大中型氨制冷系统应装设紧急泄氨器。当发生严重事故时（例如发生火灾）可借此将系统内氨液放掉，以保护设备和人身的安全。

9.5.3 抢救药品

(1) 柠檬酸：呈淡黄色，它可以冲服，漱口，能形成酸蒸气中和氨，是一种常用药品。

(2) 醋酸：呈白色，它既可以稀释后漱口，又可形成酸蒸气中和氨。

(3) 硼酸：呈白色，沙粒状。

9.6 制冷剂泄漏中毒的紧急救护

在制冷作业当中，有些制冷剂（尤其是氨）具有直接侵害人体的毒性，有些制冷剂虽无毒，但当浓度过高时也会使人窒息。因此，制冷作业人员要认真学习安全技术，了解制冷剂的特性，掌握制冷剂泄漏中毒的急救知识。

9.6.1 氨对人体的伤害

氨对人体所造成的伤害大致可分为三类：

(1) 氨液溅到皮肤上引起类似烧伤的伤害；

(2) 氨液或氨气对眼睛有刺激性或烧伤性伤害；

(3) 氨气被吸入，轻则刺激呼吸器官，重则导致昏迷甚至死亡。

9.6.2 制冷剂泄漏的预防措施

(1) 制冷作业人员对工作要高度负责，严格按照制冷操作规程进行操作，确保机器设备和管道的密封，不能泄漏。

(2) 氨制冷机房必须备有橡皮手套、防毒面具、防毒衣、橡胶鞋以及救护药品。

(3) 制冷作业人员必须会正确使用安全防护器材。

9.6.3 氨泄漏的现场处理

1. 救护者个人防护

抢救中毒者成功与否，在很大程度上取决于救护者自身的安全。因此，救护者在进入毒区之前，应充分做好个人防护，防止自身中毒，导致事故扩大。

氨中毒多由呼吸系统和皮肤传入，因此当救护者进入氨泄漏的房间前，必须戴上防毒面具或氧气呼吸器，穿好防护服，戴好橡皮手套，携带必要的抢修工具。

2. 切断氨气来源

救护者进入毒区后，除对中毒者进行抢救外，同时应尽快查出氨气的泄漏点，采取措施，阻止氨气继续泄漏，其中包括停机，关闭有关阀门，用盲板或管卡堵住泄漏口，并应立即开启排风机，打开门窗，将氨气迅速排至室外，在切断电源后，可用喷雾法来吸收空气中的氨气。

3. 搬运检查

迅速将中毒者移至空气新鲜处，搬运中应沉着冷静，不要强拖硬拽，防止造成骨折。如已有骨折或外伤，则要注意包扎和固定。松解衣扣和腰带，摘下假牙和清除口中异物。保持呼吸道畅通，并注意保暖。

4. 紧急救护

现场紧急处理，是对急性中毒者的第一步处理。及时正确地做好现场抢救，用一些简单的措施即可使受害者减轻受害程度，并争取时间为进一步治疗创造条件。

(1) 紧急处理

当氨液溅到衣服和皮肤上时，应立即把被氨液溅湿的衣服脱去，用水或2%硼酸水冲洗皮肤，再涂上消毒凡士林或植物油。

当呼吸道受氨气刺激引起严重咳嗽时，可用湿毛巾或用水弄湿衣服捂住鼻子和口，由于氨易溶于水，因此，可显著减轻氨的刺激作用。或用食醋把毛巾弄湿，再捂口、鼻，由于醋蒸汽可与氨发生中和作用，使氨变成中性盐，这样，也可减轻氨对呼吸道的刺激和中毒程度。

当呼吸道受氨刺激较大且中毒较严重时，可用硼酸水滴鼻漱口，并给中毒者饮入0.5%的柠檬酸水或柠檬汁。但切勿饮白开水，这样会加快氨的扩散。

当眼睛被污染时，必须就地用清洁水或生理盐水或2%硼酸水进行冲洗，冲洗时眼皮一定要翻开，患者可迅速开闭眼睛，使水布满全眼，然后请医生治疗。

当发生氨液冻伤后，复温是急救的关键，快速复温的方法是采用40～42℃的恒温热水或2%的硼酸热水浸泡，使被冻伤的皮肤在15～30min内温度恢复正常体温。冻伤不严重时，还可以对冻伤部位进行轻柔的按摩，促进血液循环，使冻伤部位升温。

(2) 紧急救护

当氨中毒十分严重（致使呼吸微弱或面色青紫，甚至休克、呼吸停止）时，应立即进行心脏外挤压术和人工呼吸抢救，还可给中毒者饮用较浓的食醋，有条件时要立即输氧，并立即送往医院。

1) 心脏复苏术

心脏停止跳动后的抢救方法称为复苏术，常用心前区叩击术和胸外心脏挤压术。

① 心前区叩击术。发现心脏停止跳动后，立即用拳头叩击心前区（拳击的力量不要太猛），可连续叩击3～5次，然后观察心脏是否起搏，如不成功应改用胸外心脏挤压术。

② 胸外心脏挤压术。通过按压胸骨下端而间接地压迫心脏，使血液建立有效的循环。具体操作方法为：患者仰卧于硬板床或地板上，抢救者在患者一侧或骑跨在患者身上，面向患者头部，用一手掌的根部置于患者胸骨下段，另一手掌交叉置于手背上，有节奏地向背脊方向垂直下压，压下约3～5cm，每分钟冲击十多次。挤压时不要用力过猛，防止肋

骨骨折。胸外心脏挤压要做较长时间,不要轻易放弃。在进行胸外挤压时,必须密切配合进行口对口的人工呼吸。

2) 呼吸复苏术

呼吸复苏术一般与心脏复苏术同时进行,常用的有:口对口人工呼吸和人工加压呼吸两种方法。口对口人工呼吸法是使患者头部后仰,用手捏住患者的鼻孔,向患者口中吹气,吹毕使其胸部及肺部自行回缩,然后松开捏鼻的手,如此有节奏地、均匀地反复进行,保持 16~20 次/min,直至胸部开始活动。

9.6.4 氟利昂泄漏的现场处理

氟利昂制冷剂引起呼吸困难和窒息的急救:

(1) 救护者佩带供氧式防毒面具或氧气呼吸器,穿好防护服,戴好橡胶手套,携带必要的抢修工具。

(2) 切断氟利昂泄漏源,打开门窗和通风机将氟利昂气体排至室外。

(3) 在切断泄漏源的同时,将患者迅速转移至空气新鲜处,松开衣扣和腰带,摘下假牙,去除口中的异物,进行心脏复苏和呼吸复苏急救,亦可边急救边送往医院抢救。对呼吸困难者可立即输氧。

(4) 对于冻伤的患者,采用 40~42℃ 温水快速复温,具体做法同氨冻伤急救方法。

9.7 空调系统防火排烟

空调系统和空调建筑应特别注意防火和排烟。空调系统的风道是火灾蔓延的重要途径,此点对高层建筑尤为突出。因为一旦失火,建筑物燃烧的烟气多为高分子化合物的燃烧产物,毒性特别强。因此,为确保人员安全和有效的疏散,必须具备防火排烟措施。

9.7.1 空调系统的防火排烟装置

1. 防火门

防火门又称防火阀,其作用是发生火灾时,将风道自动关闭,阻止火焰传播,防火门如图 9-5 所示。发生火灾时,火焰进入风道熔化了易熔片,防火活门在重力的作用下自动关闭。通常易熔片的熔点小于 72℃,设置防火门的风道壁厚应大于 1.5mm。

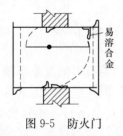

图 9-5 防火门

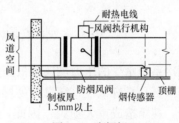

图 9-6 防烟门

2. 防烟门

防烟门是由烟传感器控制的活门,通常是电动的,如图 9-6 所示。在火灾初期,烟传感器根据烟的强度将活门自动关闭,防止烟气侵入其他房间。如果在防烟门上装上易熔片,就成了防火防烟门。

9.7.2 空调系统的防火措施

（1）空调风道系统的分区应和建筑防火分区相一致，尽量不使空调系统风道穿过防火分区，如必须穿过时应在其上设置防火门。

（2）应采用不可燃材料制作风道，保温材料、消声材料应尽可能采用不可燃材料或阻燃材料，如自熄型的聚氨脂泡沫塑料、聚苯乙烯泡沫塑料等。

（3）送回风总管在穿过空调机房或火灾危险性较大的房间的隔墙、楼板时应设置防火门。

（4）排风系统应有防止回流的措施。如安装止回阀、防火门等。

（5）空调设备的电线、延时熔断器、插座、漏电开关、继电器等的选用必须满足最大电流的需要，以防过热燃烧起火。

（6）输送有燃烧或爆炸危险的气体和粉尘的通风系统应有接地设施。

9.7.3 空调系统的防烟、排烟方式

空调系统的防、排烟方式主要有：自然排烟、机械排烟和防烟加压送风。

1. 自然排烟

自然排烟是通过自然排烟竖井或与室外相邻的门窗、阳台等向上或向外排烟。排烟竖井在火灾发生时，由于温差所引起的抽力很大，有较强的排烟能力。但门窗、阳台的自然排烟却易受风力的影响，当火势猛烈时，火焰有可能从开口喷出，使火势向上层蔓延。

2. 机械排烟

机械排烟是利用排烟风机进行强制排烟。有局部排烟和集中排烟两种方式。前者是在每个房间内设置通风机直接排烟，后者是每个或几个防烟分区设置共同通风机，通过风道排出各个房间的烟气。

机械排烟系统由挡烟垂壁、排烟口、防火排烟活门、排烟通风机、排烟出口等组成。挡烟垂壁通常用钢板、夹丝玻璃、钢化玻璃等不可燃材料制作，有活动式和固定式两种。活动挡烟垂壁从顶棚垂下的距离不宜小于50cm，其下端距地面的高度应大于1.8m。

3. 防烟加压送风

楼梯间及其前室是防火的重要部位，为防止火灾时烟气侵入，可用通风机向楼梯间送风，使其压力高于防烟楼梯间前室或消防电梯前室，而前室的压力又高于走廊和着火房间，这种防止烟气侵入的方式称为防烟加压方式。

9.8 制冷空调设备运行维护安全管理

制冷系统承受的压力虽属中低压范畴，但若操作不当，就有可能发生事故。由于有些制冷剂（氨）具有毒性、窒息、易燃和易爆的特点，一旦泄漏将危及周围人身安全和生物的安全，甚至造成重大损失。因此，为了确保制冷系统的安全运行，不仅要做到正确设计、正确选材、精心制造和检验，而且还应具备完善的安全及检测设备。同时操作人员要严格执行安全操作规程和岗位责任制，正确使用和操作机器和设备，保证机器和设备安全运行，防止和杜绝事故的发生。

9.8.1 制冷空调作业岗位安全生产责任制原则要求

按照《安全生产法》要求，生产经营单位必须建立健全安全生产责任制和制定岗位安

全操作规程。负有制冷空调作业安全管理职责的各级、各部门以及岗位负责人、制冷空调作业人员应当把制冷空调作业必须进行的工作，在责任制和操作规程当中充分体现出来。

1. 企业各级各部门安全职责的原则要求

（1）企业法定代表人对本企业安全生产负全面责任，推动企业认真贯彻实施国家有关制冷空调作业安全规范。

（2）制冷空调装置使用单位安全技术负责人（主管副厂长或总工程师）必须对制冷空调装置的安全技术管理负责。

（3）企业管理部门（动力、设备部门）负责实施国家制冷空调安全规范。

（4）企业根据实际情况在安全管理机构中，配备相应的制冷安全技术管理人员。

（5）企业安全技术部门负责对制冷作业操作、维修人员进行安全技术培训管理工作。

2. 制冷空调岗位负责人安全职责的原则要求

（1）掌握国家有关制冷空调作业安全技术规范，熟悉设备性能、操作及维护方法，掌握设备运行状况。

（2）负责制冷空调作业安全运行，建立健全正常运行工作秩序，做好班中巡回检查工作，负责对设备隐患整改组织落实。

（3）对职工不按规定穿戴防护用品，违章作业行为，应进行批评教育，并责令其纠正。

（4）组织班组开展安全学习活动，贯彻落实制冷空调安全规范。安全活动应有文字记载，并填好教育卡片。

（5）负责对新调入的工人进行上岗前安全教育。

（6）对制冷空调设备、设施抢修等要进行现场监护。

（7）发生工伤事故，应立即报告车间主任，并保护好现场。

3. 制冷作业人员岗位安全职责的原则要求

（1）严格执行安全操作规程及有关安全制度，保证设备安全运行。

（2）按时巡视检查设备，认真填写各项报表和值班记录并将运行记录保存五年以上。

（3）根据主管领导安排，认真做好机组开车准许工作和现场监护。

（4）负责当值异常情况和事故处理，并立即向主管领导报告，配合电气及检修人员工作，及时处理故障。一旦发现检修人员危及人身和设备安全时有权制止，待符合安全条件后方可重新工作。

（5）按照规定做好交接班工作。

（6）做好各种安全用具及防护用品的管理工作。

9.8.2 制冷空调作业安全管理制度原则要求

1. 交接班制度

交接班制度是一项使上下班衔接生产，交待责任，互相检查，保证安全生产连续进行的一项重要制度，它所规定的交接事项一般有：完成任务的情况、质量情况、设备情况；工具、用具、各种仪器仪表等装置安全情况，以及安全生产及预防措施（为下一班生产所进行的准备情况）；上级指示和注意事项等情况。可简述为：

（1）交接班值班人员应按规定时间进行交接班。交接人员应办理交接手续签字后方可离去。

（2）交接班时应交清下列内容：设备安全运行状况和异常情况及处理经过；安全装置、安全阀、压力表、启动状况及各种记录；设备检修、改进等工作情况及结果；当值已完成和未完成的工作及有关措施。

（3）接班人员应提前到班，并做好以下工作。认真查看各项记录；巡视检查设备及安全装置、仪表安全运行是否正常；了解上班设备异常及事故处理情况；核对防护用品、安全用具是否齐全；检查工作现场环境、清整等状况。

（4）遇事故时，不得进行交接班。应由交班人员处理，接班人员可在站长的指挥下协助工作。

2. 巡回检查制度

巡回检查制度是对所控设备的要害部位进行检查的制度，即根据安全生产和工艺流程特点，确定检查点，规定检查内容和要求，选用最科学的检查路线和顺序实行定时、定点对生产的重要部位进行全面检查，掌握情况、记录资料、发现问题、排除隐患，这是确保安全生产的一项重要制度。可简述为：

（1）值班人员应定时进行巡视。对新设备投入运行后，以及设备异常、试验、检修、事故处理后，应适当增加巡视次数。

（2）值班巡视人员必须遵守安全操作规程，确保人身安全。

（3）巡视检查中遇有严重威胁人身和设备安全的情况应进行紧急处理，并立即报告主管领导。

3. 压力容器、安全装置、仪表定期检查制度

按照《压力容器安全技术监察规程》规定"压力容器的使用单位及其主管部门，必须及时安排压力容器的定期检验工作，并将压力容器年度检验计划报当地安全监察机构及检验单位。"

（1）使用单位，编制检验计划，每年至少一次配合专业检验人员进行在用压力容器外部检测。

（2）压力容器停机时检验，期限分为：

安全状况为1、2级的，每6年至少一次。

安全状况为3级的，每3年至少一次。

（3）在用压力容器的安全阀一般每年至少由专业检测部门检验一次，每开启一次必须重新校验。

（4）制冷空调系统的压力（压差）控制器、温度显示控制器、液位控制器、流量控制器等定期检查。

4. 防护用品、安全用具管理制度

企业必须根据制冷空调系统的特点及制冷剂的危害特性，配置一定数量的安全防护用品和必要的安全用具，以保证作业人员在运行操作和抢修过程中的安全与健康。同时必须制定安全防护用品与用具的管理制度，并认真执行。其内容可简述如下：

（1）防护用品、安全用具可根据具体情况设兼职保管并由制冷站负责人负责。

（2）防毒面具等防护用品以及防护治疗药品应存放在便于拿取的固定地点的箱柜中，并设专人保管，禁止用于其他用途。

（3）防护用品、安全用具须按规定定期检验，并有检验记录。对不合格的应予报废，

更换补足新防护品置于原处存放。

(4) 防护用品、安全用具使用后应送回原处存放，不得随意搁置。

5. 建立制冷空调作业档案制度

制冷设备成套文件是在购置或制造设备这一环节中形成的，反映设备结构、外貌及使用的全部文件。购置制冷空调设备，必然同时带有一套随设备装箱的文件。这套文件是设备制造厂为方便用户对设备的安装、使用、维修而编制的。由于这套文件只供安装、使用、维修，不供制造使用，所以不会有全套制造图。一般有使用说明书和维修保养说明书，有关系统图，如电气、液压、传动等系统图，易损零件加工图等。需要安装后使用的设备还有安装图或安装说明书。检查设备成套与否，主要以设备装箱单中所附的装箱文件目录为依据，同时还要注意国家有关特殊要求，如压力容器的出厂文件应符合国家有关安全监察的规定。

设备档案以正式投入使用时间为界限，可分前期档案与后期档案。前期档案是指制冷设备的设计资料，产品合格证，安装、调试中的各种数据、报告等设备正式投入使用前形成的档案。后期档案是指使用、维修过程中产生的新的文件，如设备使用维护记录，设备及安全装置、仪表等的检验记录等，应补充到相关的设备档案中去，设备更新以及各种设备事故可与其一并列入设备档案之中，作为永久保存。

6. 制冷空调作业人员安全培训制度

(1) 制冷空调作业人员应进行专门的安全技术培训考核，持证上岗。无制冷空调作业操作证者，不得上岗。

(2) 企业应定期组织对制冷空调作业人员进行安全技术培训，以提高作业人员的安全意识和安全技术操作水平，并作好培训考核记录。

(3) 企业应建立制冷空调作业人员的培训管理档案。

7. 制冷空调维修管理制度

制冷空调系统维护和修理工作，对设备可靠、安全运行，延长使用寿命是十分重要的。企业应针对制冷空调装置系统的运行工艺特点制定完善的维护检修制度，使维护保养修理工作形成制度化。制冷空调设备的维护保养工作包括两种：一种是预防性维护保养，即为使机组保持良好安全的运行状态而进行的定期检查和保养；另一种是检修，检修分为故障检修和定期检修两种，故障检修是在设备发生故障后，根据情况加以检修。定期检修是根据设备腐蚀损坏的情况定期检查和修理。制度中有关原则要求可简述为：

(1) 制定维护和检修计划，确定大中小修时间，明确维护保养检修内容。

(2) 建立维修保养记录制度，制定相应的记录表格，将维修过程存在的问题，维修的方法、质量及结果等进行记录，做好维护修理工作记录。

(3) 制定维护修理作业安全操作规程与管理制度，加强作业过程的安全监护管理。对有可能发生危险的维修作业，如对压力容器管道及有毒、可燃介质的设备系统进行拆卸、动火焊接等作业前，要进行安全审批，以保证作业安全。

(4) 加强对制冷空调安全装置及安全附件定期维护和保养，安全阀和压力（差）控制器，温度显示控制装置，液位显示控制装置，断水保护器等应定期检查校验，制定检查校验方法。保障制冷空调安全装置正常可靠。

(5) 制定设备维护与检修作业的工艺质量标准。

8. 制冷空调系统水质管理制度

制冷空调系统主要采用循环水系统进行冷却或输送冷量，循环水起着冷热交换的作用，在制冷空调装置使用过程中，因水质问题导致设备结垢、腐蚀、污物堵塞，致使制冷空调系统运行过程中制冷量下降，运转压力过高及能耗提高，运行工况恶化，影响制冷空调系统的正常与安全运行。因此，加强制冷空调系统循环水的管理是机房运行安全管理的重要内容。应建立循环水质管理制度，其原则要求可简述为：

(1) 应定期检验冷却水和冷冻水的水质情况，如水中钙、镁离子浓度、pH值及电导率。

(2) 定期向水中添加适量化学药剂，使冷却水和冷冻水的离子浓度保持相应平衡。

(3) 机组运行前应对冷水系统和冷却水系统进行清洗，季节停机前，应把冷冻水和冷却水全部放净，打开换热器水盖检查管板及传热管的表面积泥、结垢以及腐蚀情况，如发现结垢等情况应进行清除，以保证热交换质量。

检修期内应对冷却水用蓄水池进行清洗，并对水循环过程中产生的杂物进行彻底的清除，以保证循环水管路的畅通。

(4) 严格管理循环水管路，防止跑冒滴漏，发现隐患及时排除，注意节约用水。

9. 制冷空调机房防火管理制度

制冷空调机房火灾的主要危险隐患有：

(1) 电器设备负荷电流过大，电缆发热；

(2) 电气短路，如对地短路故障等；

(3) 动火或吸烟及使用明火设备；

(4) 易燃物品如填料、塔体及泡沫塑料等；

(5) 直燃式溴化锂吸收式制冷空调机组的燃油、燃气系统输送与使用等。

另外，制冷空调机房内发生火灾会导致压缩式制冷空调系统受热超压爆炸或制冷剂大量泄漏的危险。因此，必须加强制冷空调机房的防火安全管理，建立防火安全管理制度，其原则要求简述如下：

(1) 制冷空调必须保证防火阀与空调主机相应的灵活可靠，在发生火情后保证先切断主机电源再自动断掉防火阀。

(2) 氨制冷机房和布置在地下室的压缩式制冷空调机组的机房内严禁吸烟，严禁存放易燃易爆危险品。

(3) 开机前检查电源，无隐患后方可开机，工作时间不得离岗。

(4) 机房内严禁闲杂人员入内，进机房时需进行登记并签字。

(5) 维修时使用的油棉不得乱扔，及时清理到指定地点。

(6) 班后停机，要有专人检查、断电、关窗、锁门。

(7) 制冷空调机房人员要坚持检查制度，发现异常或火情应立即报告有关部门。要熟练掌握岗位设备情况，发现火情立即切断电源。

(8) 严禁动用明火，必须时经有关部门批准并填写动火证，做好安全防范措施后方可使用。

(9) 制冷空调作业区内应配备消防灭火器材，存放于指定地点，应设专人保管，不得乱堆乱放。定期检查，发现损坏、腐蚀时应及时更换，作业人员必须掌握"二懂三会"。

10. 制冷与空调作业事故紧急预案制度

制冷系统在运行过程中由于种种原因可能导致爆炸及制冷剂的泄漏等事故，危及设备及人员安全，针对出现的事故采取及时有效的处理能够避免事故的扩大，防止灾难性事故的发生，减少国家财产损失和人员伤亡。制冷空调作业发生的事故，往往是由于现场操作人员缺乏经验，出现问题手忙脚乱，使本来可以避免的事故扩大，导致重大的人员伤亡和设备损坏事故。因此，为防患于未然，企业应建立事故预案制度。针对制冷空调作业可能发生的事故，预先制定防范和紧急抢险措施，做到心中有数，并定期进行事故预防演练，使操作人员能够掌握事故紧急处理方法，在发生事故时才能够沉着不慌，妥善处理。对氨制冷系统的事故预案包括：氨机房突然断电的处理，油氨分离器出气管路爆裂的处理，氨机房火灾处理，储液器液位计玻璃管破裂的处理，制冷系统漏氨事故及作业人员急性中毒的处理等。

9.9 制冷空调设备安装修理安全管理

9.9.1 制冷空调安装修理作业必须严格按照国家有关标准和规范执行，以保证安装质量及设备的安全运行

(1)《制冷设备、空气分离设备安装工程施工及验收规范》(GB 50274—98)；
(2)《压缩机、风机、泵安装工程施工及验收规范》(GB 50275—98)；
(3)《通风与空调工程施工质量验收规范》(GB 50243—2002)；
(4)《制冷设备通用技术规范》(GB 9237—88)；
(5)《现场设备、工业管道焊接工程施工及验收规范》(GB 50236—98)；
(6)《建设工程施工现场供用电安全规范》(GB 50194—93)；
(7) 其他有关标准。

9.9.2 制冷空调设备安装基本要求

(1) 吊装制冷空调设备必须遵守起重作业有关标准和安全规定。
(2) 为便于安装修理制冷设备和保护作业人员而设置的梯子、折梯、支架及脚手架等设施应符合有关安全规定。
(3) 制冷剂管道上的法兰、焊口和其他连接件，不得安装在墙内、楼板内等维修不方便的部位。
(4) 制冷设备专用仪表和阀门应合格，其安装应符合安全操作和维修的要求。室外仪表应设保护罩。
(5) 阀门安装前，应按有关技术要求进行清洗或检查。电磁阀在安装前应检查其动作是否灵敏可靠。安全阀的规定压力与设计压力应相符，安装前应检查其铅封情况。
(6) 制冷设备上的压力、温度和液位显示控制装置及冷却水断水保护装置，在安装前必须校验，并安装在不受振动的地方。
(7) 制冷设备安全保护装置每年应校验一次，校验工作由国家指定单位承担。
(8) 安装修理过程中的焊接和切割应符合安全规定，禁止无证操作。对可燃系统（设备）动火应经建设（使用）单位安全管理部门进行动火审批后，方可作业。焊接和切割作业场所，必须加强通风，并配备灭火器材。

(9) 严禁在制冷剂未抽空，未与大气接通或系统设备带压情况下焊接管道和设备，拆卸阀门及附件。

(10) 在用制冷设备应定期检修，不得带故障运行。检修时应制定安全检修方案，检修记录应存入制冷设备安全技术档案。

(11) 检修设备时，必须关闭电源开关，挂牌工作，并设专人监护。查看机器或设备内部，应使用电压低于36V的手灯照明，潮湿的地方或金属容器内部应使用12V以下照明电源，禁止使用明火。

(12) 制冷系统安装、修理后，应在进行系统排污、系统气密性试验、真空试验和充制冷剂试漏后，方可充注制冷剂。用制冷剂试漏的系统（设备）压力不得超过其规定的压力。

(13) 充注制冷剂应严格执行安全操作规程。充氨作业严禁吸烟和使用明火，并应配备防毒面具、防护眼镜及急救药品。充氟利昂作业其含水量应符合有关规定，充注时应防止带入空气。严禁将不同制冷剂混充或错充。

(14) 制冷剂瓶和充注口必须采用专用连接管和接头，连接管应使用耐压3MPa以上橡胶管，其连接管头须有防滑沟槽。

9.10 制冷空调循环水的安全管理

循环水的水质对于制冷空调冷水机组的安全运行，起着至关重要的作用。采用正确的循环水处理方法，不但能保证冷水机组的安全正常运行，提高热交换效率，而且能节水、节能，延长设备使用寿命。反之，如果对循环水放松管理，或采用不规范的水处理方法就会引发一系列的生产事故和安全事故。

制冷空调循环水的安全管理应从以下三方面着手：

9.10.1 对循环水补水水质的要求

在制冷空调中，凡是用水作为换热载体进行热交换的循环系统，其补水应选用自来水或工业水，不宜采用天然水（江河水、湖水、地下水）、软化水和纯水。如果现有制冷空调设备已经采用天然水（环境条件迫使制冷空调采用天然水作为补充水源），应根据水质实行相应的化学水处理，使水质符合规范要求。当利用地下水进行采暖时，应通过换热装置进行热交换，杜绝采用直给方式让地热水直接进入循环管网。

这一限定的理由是工业用水和自来水的水质一般都能符合现行的水处理国家标准，即"GB 50050—95"中的水质指标。而天然水中化学物质含量通常比较复杂，有害物质可能超标。大家普遍认为软化水和纯净水是循环水最好的补充水源，这一观点对锅炉系统是适合的，但对制冷空调系统却是不适合的，因为软化水（纯净水）中钙离子的含量<3mg/L，大大小于规定的30mg/L，"GB 50050—95"国标中Ca^{2+}含量为30~200mg/L，水中Ca^{2+}浓度小于30mg/L则具腐蚀倾向，Ca^{2+}浓度大于200mg/L则具结垢倾向。另一方面软化水和纯净水比自来水更容易被微生物、菌类、藻类所污染，容易造成生物黏泥危害。因此软化水（纯净水）不适合用作制冷空调循环水。

9.10.2 制冷空调循环水化学水处理水质标准

在国家尚未制订制冷空调循环水新的水质标准之前，有关化学水处理的各项指标应遵照《工业循环冷却水处理设计规范》(GB 50050—95),具体数值见表9-3。

循环冷却水的水质标准　　　　　表9-3

项　目	要求和使用条件	允许值(mg/L)
悬浮物	根据生产工艺要求确定	≤20
	换热设备为板式、翅片管式、螺旋板式	≤10
pH值	根据药剂配方确定	7.0～9.2
甲基橙碱度	根据药剂配方及工况条件确定	≤500
Ca^{2+}	根据药剂配方及工况条件确定	30～200
Fe^{2+}		<0.5
Cl^-	碳钢换热设备	≤1000
	不锈钢换热设备	≤300
SO_4^{2-}	$[SO_4^{2-}]$与$[Cl^-]$之和	≤1500
	对系统中混凝土材质的要求按现行的《岩山工程勘察规范》GB 50021—94 的规定执行	
硅酸		≤175
	$[Mg^{2+}]$与$[SiO_2]$	<15000
游离氯	在回水总管处	0.5～1.0
石油类		<5(此值不应超过)
	炼油企业	<10(此值不应超过)

注：①甲基橙碱度以$CaCO_3$计；②硅酸以SiO_2计；③Mg^{2+}以$CaCO_3$计。

几点说明：

(1) 在密闭式系统循环的冷媒水（热水）的水质可参照表9-3。

(2) 敞开式系统的污垢热阻宜为 $1.72×10^{-4}$～$3.44×10^{-4} m^2·K/W$。

(3) 密闭式系统的污垢热阻宜小于 $0.86×10^{-4} m^2·K/W$。

(4) 碳钢管壁的腐蚀率宜小于0.125mm/年，铜、铜合金和不锈钢管壁的腐蚀率宜小于0.005mm/年。

(5) 敞开式系统循环冷却水的浓缩倍数不宜小于3.0。浓缩倍数可按式(9-1)计算：

$$N=\frac{Q_m}{Q_B+Q_w} \quad (9-1)$$

式中　N——浓缩倍数；

Q_m——补充水量（m^3/h）；

Q_B——排水量（m^3/h）；

Q_w——风吹损失量（m^3/h）。

水处理所设定的冷却循环水的浓缩倍数在水处理实践中可以用测定冷却循环水和补充水氯离子的浓度比的数值进行近似计算：

$$N'=\frac{[Cl^-]\;冷却循环水}{[Cl^-]\;补充水}$$

(6) 敞开式系统循环冷却水中的异养菌数宜小于$5×10^5$个/mL；黏泥量宜小于$4mL/m^3$。

由于制冷空调市场大，用户所配备的制冷机组种类型号各有不同，有国外品牌也有国内品牌，并存在各自的水质企业标准。例如国产直燃型溴化锂吸收式冷（温）水机组附带循环水的国家标准，而某些地区自来水水质指标如总硬度、总碱度（酸消耗量），与国标数值就不相符合，这些问题会使用户无所适从。实践证明现行的水处理国标 GB 50050—2007《工业循环冷却水处理设计规范》更符合大部分地区的运行水质，因此水处理仍按 GB 50050—2007 的有关水质指标执行。

9.10.3 制冷空调循环水的安全规范

制冷空调机组的用户，应充分认识循环水在制冷机组安全运行中的重要性，在有关职能部门的监督指导下，完善制冷设备的水处理装置，操作人员经过安全技术培训了解循环水水处理的机理，熟练掌握循环水故障的判断和排除。正确按水处理程序进行操作。

1. 制冷空调设备循环水处理具体实施方案应符合以下程序：
(1) 不管是新投入运行的还是运行多年的冷水机组必须对水质进行化验检测；
(2) 新设备投入运行之前宜进行运行前的清洗和预膜处理，密闭式系统的预膜处理应根据需要进行；
(3) 已投入运行的制冷设备，只有在制冷设备制造商（代理）、制冷设备维修（代理）或专职人员检查认可确需化学清洗时，才能对制冷设备进行化学清洗。

2. 冷水机组换热设备的化学清洗方式应符合下列规定：
(1) 当换热设备金属表面有防护油或油污时，宜采用全系统化学清洗。可采用专用的清洗剂或阴离子表面活性剂；
(2) 当换热设备金属表面有浮锈时，宜采用全系统化学清洗，可采用专用的清洗剂；
(3) 当换热设备金属表面锈蚀或结垢严重时，宜采用单台清洗。当采用全系统清洗时，应对钢筋混凝土材质采用耐酸防腐措施。换热设备清洗后应进行中和、钝化处理；
(4) 当换热设备金属表面附着生物黏泥时，可投加具有剥离作用的非氧化性杀菌灭藻剂进行全系统清洗。

3. 循环冷却水系统的预膜处理要求：
(1) 循环冷却水系统的预膜处理应在系统清洗后立即进行，预膜处理的配方和操作条件应根据换热设备材质、水质、温度等因素由试验或相似条件的运行经验确定；
(2) 循环冷却水系统清洗、预膜水应通过旁路管直接回到冷却塔集水池；
(3) 清洗时，必须有金属试片实测清洗腐蚀率，并符合有关指标；
(4) 对于有特殊要求的制冷设备（如模块式冷水机组）应按要求操作；
(5) 严禁用盐酸系列清洗剂清洗含不锈钢器件的设备和系统。

4. 对所有进行日常化学水处理的制冷设备，操作应符合程序，如图 9-7 所示。

需要说明的是水处理方案应尽可能采用高浓缩倍数的运行方式，以节约用水，提高环境品质。水处理方案在加强杀菌灭藻消毒力度的同时应避免影响周边的环境（如在人员居住密集区不宜采用氯气杀菌灭藻方式，不使含化学药剂的冷却水飘逸洒落等）。

循环水化学水处理由于可变因素多、针对性强，因此技术含量要求高。从事这项工作必须具备相关技术资质证明，职能部门应严格资质审核工

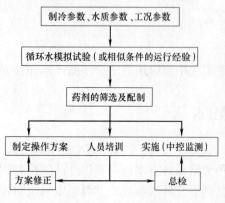

图 9-7 化学水处理操作程序

作，定期监察水处理施工质量，对于无资质证明进行水处理作业，不按规范进行水处理作业形成水处理事故的单位，应依据有关规定予以处理。

9.11 安全技术培训大纲与考核标准
（国家特种作业人员安全技术培训，通用部分）

9.11.1 培训大纲

本大纲规定了制冷与空调设备运行操作、安装与修理作业人员安全技术理论和实际操作培训的目的、要求和具体内容。

1. 培训对象

拟取得制冷与空调设备运行操作、安装及修理作业的《特种作业操作证》，并具备该工种作业人员上岗基本条件的劳动者。

2. 培训目的

通过培训，使培训对象掌握制冷与空调设备运行操作安装及修理作业的安全技术理论知识和安全操作技能，达到独立上岗的工作能力。

3. 培训要求

（1）理论与实际相结合，突出安全操作技能的培训；

（2）实际操作训练中，应采取相应的安全防范措施；

（3）注意职业道德、安全意识、基本理论和实际操作能力的综合培养；

（4）应由具备资格的教师任教，并应有足够的教学场地、设备和器材等条件；

（5）应采用国家统一编写的培训教材。复审的培训教材由各培训单位根据培训对象和当时的具体情况自行制定。

4. 培训内容

（1）安全基础知识培训内容（所有培训对象都应接受该部分内容的培训）

1）基础知识：物质与工质、压力、温度、物质状态变化、热能、比重与比热、沸腾、蒸发、冷凝、饱和状态及其参数、液体过冷、蒸汽过热、传热的基本方式等；

2）能量转换与守恒、热力学第一定律、热力学第二定律；

3）制冷剂的性质、危害、贮运及安全防护的方法；

4）载冷剂和润滑油的性质安全使用要求；

5）有关制冷、空调的安全生产法规、规章的安全知识；

6）与制冷、空调相关的电气、电气焊、防火、防爆等安全知识。

（2）对蒸汽压缩式制冷与空调设备运行操作人员的培训内容

1）安全技术理论

① 安全基础知识；

② 单级和双级压缩式制冷原理；

③ 制冷空调设备的分类、作用、工作原理和结构；

④ 冷冻水系统、冷却水系统及水质的安全要求；

⑤ 制冷与空调作业的危险性；

⑥ 安全控制装置（压力控制、温度与液位显示控制、安全阀与易熔塞、断水保护等

安全装置）的作用、结构、安装要求、参数设定值与常见故障的判断；

⑦ 制冷与空调作业事故（制冷剂大量泄漏、燃烧、爆炸、冻伤、窒息）发生的原因、预防与处理方法；

⑧ 常见系统故障（压缩机及系统的超压、超温、制冷剂泄漏、断电、断水、液击及异常声音等）发生的原因、判断与排除方法；

⑨ 冷藏库作业的安全要求；

⑩ 防护用品的使用方法。

2）实际操作

① 制冷压缩机（活塞式螺杆式离心式制冷压缩机）及其冷水机组运转前的准备工作；

② 制冷压缩机的开、停机操作；

③ 正确读出系统运行时的参数；

④ 对系统运行时的参数调整；

⑤ 制冷剂的充注与回收、加油、放油、油再生的安全操作；

⑥ 制冷系统不凝性气体排放的安全操作；

⑦ 冷库的扫霜和冲霜的安全操作；

⑧ 制冷系统的排污、试压、真空、制冷剂试漏等安全操作；

⑨ 水质的检验与投药安全操作；

⑩ 制冷系统紧急事故（制冷剂大量泄漏、中毒、窒息、冻伤、火灾、爆炸等）处理的安全操作；

⑪ 制冷系统一般常见故障（制冷机房突然停电、压缩机湿冲程、异常声音、超压、超温、压力表指针剧烈跳动、冰堵或脏堵等）的判断与安全操作；

⑫ 防护用品的检查、使用与保养。

(3) 对溴化锂吸收式制冷与空调设备运行操作人员的培训内容

1）安全技术理论

① 安全基础知识；

② 溴化锂吸收式制冷工质及其特性；

③ 缓蚀剂、表面活性剂的种类、作用和使用方法；

④ 溴化锂溶液的再生方法；

⑤ 吸收式制冷的工作原理及典型系统；

⑥ 蒸汽型溴化锂吸收式冷水机组、直燃型溴化锂吸收式冷温水机组的结构与工作原理；

⑦ 溴化锂吸收式冷水机组运行时的危险性与故障；

⑧ 循环水质对吸收式冷水机组运行的影响和对水质的要求；

⑨ 仪表（压力表、温度计及真空表）、安全装置（安全阀、压力、温度、液位显示控制器、断水保护器、燃烧系统安全装置等）的作用、结构、安装要求和参数设定值；

⑩ 溴化锂吸收式冷水机组的自控系统；

⑪ 真空泵的操作和维护方法；

⑫ 溴化锂吸收式冷水机组的安全操作规程、安全运行的标志、安全维护的方法和安全管理制度；

⑬ 溴化锂吸收式制冷中的常见故障（冷冻水和冷却水断水、断电、泄漏、溶液结晶、冷剂水污染、屏蔽泵电机的烧毁等）的分析与判断。

2) 实际操作

① 溴化锂吸收式制冷机开机前的准备工作；
② 溴化锂吸收式制冷机开、停机的安全操作；
③ 机组及系统参数的读取，测试仪表的正确使用；
④ 对溴化锂吸收式制冷系统保持真空的操作；
⑤ 溴化锂吸收式制冷机组保持正常运行标志的安全操作和参数变化时的调整；
⑥ 溴化锂吸收式制冷机组常见故障（冷冻水和冷却水断水、断电、机组泄漏、溶液结晶、冷剂水的污染等）的安全处理操作；
⑦ 机组除垢、清洗的安全操作；
⑧ 溴化锂吸收式制冷机停机后的维护、保养操作。

(4) 对制冷空调设备安装、修理人员的培训内容

1) 安全技术理论

① 安全基础知识；
② 制冷与空调设备运行操作人员安全技术理论培训的内容以及事故、故障的原因和处理方法；
③ 制冷与空调设备和系统安装中的安全要点；
④ 制冷与空调设备和系统安装作业的程序与安全要求；
⑤ 制冷与空调安装质量标准与安全规范；
⑥ 制冷与空调系统的安全装置、仪表、阀门等质量检查标准与安装安全要求；
⑦ 施工现场用电的安全知识；
⑧ 起重吊装与高空作业的安全要求；
⑨ 制冷与空调系统排污、试压、真空与制冷剂的试漏试验，充注制冷剂等的安全操作方法与安全要求；
⑩ 安装施工、安全管理与安全操作规程；
⑪ 制冷压缩机、容器与热交换设备、阀门、安全装置修理的安全要求；
⑫ 常见故障修理的安全要求；
⑬ 设备与零部件更换、拆卸的安全要求；
⑭ 紧急抢修制冷、空调系统与设备的安全要求；
⑮ 设备清洗与水质处理的安全要求；
⑯ 冷却塔及水系统安装与检修的安全要求；
⑰ 制冷与空调系统调试的安全要求；
⑱ 电气与焊接的安全知识；
⑲ 设备修理作业的安全管理制度和安全操作规程。

2) 实际操作

① 制冷与空调运行操作；
② 制冷与空调设备拆卸检修、零部件更换和仪表、阀门的安全操作；
③ 安全装置安装、调整的安全操作；

④ 制冷与空调系统阀门检修、试漏与安装的安全操作;

⑤ 设备与管路焊接的安全操作;

⑥ 容器与热交换设备的检修清洗及水处理的安全操作;

⑦ 制冷与空调系统调试的安全操作;

⑧ 制冷与空调系统事故(制冷剂泄漏、中毒、火灾与爆炸等)紧急抢修的安全操作。

(5) 对小型制冷与空调装置安装、修理人员的培训内容

1) 安全技术理论

① 安全基础知识及电工基础知识;

② 小型制冷与空调装置的工作原理和结构;

③ 小型制冷与空调装置的控制与保护系统;

④ 小型制冷与空调装置安装与修理作业中常见事故发生的原因、预防与处理方法;

⑤ 小型制冷与空调装置安装、运行、维修的安全操作要求;

⑥ 有关金属焊接、电气安全、登高作业及防火防爆的安全技术;

⑦ 小型制冷与空调装置常用监测仪器仪表及专用工具的工作原理和构造及其操作方法;

⑧ 有关安全生产法规、规章等方面的安全知识;

⑨ 小型制冷与空调装置安装与修理作业典型事故案例分析。

2) 实际操作

① 制冷剂种类的判别和安全贮运;

② 常用仪器和专用工具的安全使用;

③ 焊接切割的安全操作;

④ 紧急与常见事故的判断与安全处理方法;

⑤ 小型制冷与空调装置的正确安装;

⑥ 小型制冷与空调设备的试压真空与制冷剂的试漏充注制冷剂等的安全操作。

5. 复审培训内容

① 典型事故案例分析;

② 有关法律、法规、标准、规范;

③ 与准操作项目有关的新技术、新工艺、新材料;

④ 对上次取证后个人安全生产情况和经验教训进行回顾总结。

6. 学时安排

① 培训时间不少于 100h,其中安全技术理论培训为 60h,实际操作培训时间为 40h;

② 复审培训时间不少于 24h。

9.11.2 考核标准

1. 范围

本标准规定了制冷与空调作业人员的基本条件、安全技术理论考核和实际操作考核的内容和办法。

本标准适用于在中华人民共和国境内从事温度在 120K 以上中、大型制冷与空调设备运行操作、安装与修理作业人员。

2. 引用标准

下列标准所包含的条文，通过在本标准中引用而构成为本标准的条文。本标准出版时，所示版本均为有效。所有标准都会被修订，使用本标准的各方应探讨使用下列标准最新版本的可能性。

（1）《制冷和供热用机械制冷系统安全要求》（GB 9237—2001）；

（2）《制冷设备空气分离设备安装工程施工及验收规范》（GB 50274—98）。

3. 定义

制冷与空调作业包括压缩式制冷与空调设备运行、溴化锂吸收式制冷空调设备运行、制冷与空调设备安装修理、小型制冷空调装置安装修理等操作项目。

（1）制冷与空调操作工

从事温度在 120K 以上和制冷量在标准工况下 12kW 或空调工况下 25kW 以上的制冷与空调机组及辅助设备的运行操作人员。

（2）制冷与空调安装修理工

从事制冷与空调机组部件、整机及系统安装、调试和修理的人员。

4. 基本条件

（1）年满 18 周岁；

（2）身体健康，无妨碍从事本职工作的疾病和生理缺陷；

（3）初中以上文化程度。

5. 考核方法

（1）考核分安全技术理论和实际操作两部分，经安全技术理论考核合格后，方可进行实际操作考核；

（2）安全技术理论考核方式为笔试，时间为 2 小时；

（3）实际操作考核方式包括模拟操作、口试等方式，考核题目不少于 4 道；

（4）安全技术理论考核和实际操作考核均采用百分制，各 60 分为及格。考核不及格者，允许补考两次，补考仍不及格者需重新培训。

6. 考核内容

（1）压缩式制冷与空调设备运行

1）安全技术理论

① 制冷与空调热工与传热的基础知识；

② 单级、双级蒸汽压缩式制冷原理及典型系统；

③ 制冷剂的性质、危害和防护；

④ 载冷剂与润滑油的性质及安全使用要求；

⑤ 制冷与空调作业的危害性与事故种类；

⑥ 制冷剂钢瓶爆炸的原因与安全使用要求；

⑦ 制冷与空调设备安全装置的作用、结构与设定值；

⑧ 制冷与空调设备常见故障的原因与判断方法；

⑨ 制冷与空调设备安全运转的标志；

⑩ 制冷与空调设备安全运行操作的安全要求；

⑪ 事故紧急处理及预防措施；

⑫ 防护用品使用方法与救护的基本知识；

⑬ 冷藏库作业安全操作要求；
⑭ 制冷与空调作业安全管理制度。
2）实际操作
① 制冷压缩机、空调冷水机组的开、停机安全操作。
考核内容与要求：按安全操作规程的要求，对本单位制冷空调压缩机或冷水机组开机和停机的操作。
② 制冷剂的充灌与回收操作。
考核内容和要求：按安全使用要求，正确使用制冷剂瓶和配件，并进行安全操作。
③ 制冷系统的加油操作和氨系统的放油操作。
考核内容与要求：判别油的变质并根据安全操作规程加油、放油的安全操作。
④ 氨系统不凝性气体的排放。
考核内容与要求：对氨系统不凝性气体的安全排放操作。
⑤ 故障与事故的排除。
考核内容与要求：正确判断压缩机及系统的超压、超温、断电、断水、液击、异常声音、制冷剂泄漏中毒等故障，分析原因，并对事故进行安全处理和应急的操作。
⑥ 防护用品的正确使用（氨制冷作业必考）。
考核内容与要求：正确穿戴和安全使用过滤式防毒面具和氧气呼吸面具。
(2) 溴化锂吸收式制冷空调设备运行
1）安全技术理论
① 制冷、空调热工与传热的基础知识；
② 溴化锂水溶液、缓蚀剂的性质与技术要求；
③ 表面活性剂的作用与使用方法；
④ 溴化锂吸收式制冷原理及单、双效制冷系统的基本构成；
⑤ 蒸汽式、直燃式冷（温）水机组的基本结构与工作原理；
⑥ 溴化锂吸收式制冷机安全运行标志；
⑦ 蒸汽式、直燃式溴化锂吸收式制冷机安全装置的结构、用途、设定值（温度、压力、液位显示控制器、安全阀、断水保护装置、防结晶装置、燃烧系统安全装置等）；
⑧ 不凝性气体对制冷机组运行的安全影响与处理方法；
⑨ 结晶产生的原因、危害与处理方法；
⑩ 循环水质对制冷机组运行的安全影响与处理方法；
⑪ 燃油（气）系统操作危险性与安全要求；
⑫ 溴化锂吸收式制冷机组运行安全管理制度。
2）实际操作
① 溴化锂吸收式制冷机组的开、停机操作。
考核内容与要求：正确进行开机前的准备，按制冷机组的操作规程与安全要求，对本单位机型进行开机和停机的安全操作。
② 机组抽真空的操作。
考核内容与要求：识别机组真空度的大小，按照抽真空作业的操作程序与安全规定，对机组进行抽真空的安全操作。

③ 常见故障的处理操作。

考核内容与要求：对故障（冷媒水和冷却水的断水、断电、机组泄漏、溶液结晶、冷剂水污染和屏蔽泵运行不正常等）的判断与处理。

④ 机组清洗除垢的操作。

考核内容与要求：机组换热设备的清洗、除垢操作与安全要求

（3）制冷与空调设备安装、修理

1）安全技术理论

① 制冷、空调热工与传热的基础知识；

② 制冷、空调设备运行安全操作的基础知识；

③ 制冷、空调设备安装与修理的基础知识；

④ 制冷、空调设备安装、修理质量与安全标准；

⑤ 制冷、空调设备安装、修理操作安全要求；

⑥ 制冷、空调设备的安全装置、仪表、阀门的安装、修理安全要求；

⑦ 有关设备吊装、焊接、配管、用电等的基本安全知识；

⑧ 制冷、空调设备、配件及仪表等的更换、拆卸及抢修的安全要求；

⑨ 设备清洗与水质处理的安全要求；

⑩ 安装与修理的安全管理制度与操作规程。

2）实际操作

① 制冷、空调系统打压试验。

考核内容与要求：检查试压工具与配件的安全性能，根据试压标准、操作程序，进行安全操作。

② 制冷剂充灌与回收操作。

考核内容与要求：同压缩式制冷与空调设备制冷剂充灌与回收操作。

③ 拆卸与更换制冷系统设备部件及仪表的操作。

考核内容与要求：确定设备部件及仪表拆卸、更换的方法，并按照安全操作规程要求进行操作。

④ 阀门安装操作（安装工必考）。

考核内容与要求：阀门在安装前的检查，对阀门进行气密性试验及安装的操作。

⑤ 制冷系统焊接的操作（具备焊接作业上岗证的制冷工）。

考核内容与要求：根据焊接作业的安全规程要求，对系统压力容器、管道进行安全焊接并保证焊接质量要求。

（4）小型制冷、空调装置的安装、修理

1）安全技术理论

① 有关法规、标准和规章等；

② 有关电工、热工的基础知识；

③ 常用制冷剂、润滑油的基本性质与安全使用；

④ 小型制冷、空调装置的控制与保护基本知识；

⑤ 制冷、空调装置的基本原理与结构；

⑥ 小型制冷、空调装置的修理技术与安全操作要求；

⑦ 电气、金属焊接、登高作业及防火防爆安全知识；
⑧ 制冷剂、氧气及氮气等压力钢瓶的安全使用与管理；
⑨ 常用检测仪表、工具的安全使用与管理；
⑩ 小型制冷、空调器常见事故的预防和处理方法。

2) 实际操作

① 制冷剂充灌与回收操作（包括大瓶倒小瓶操作）。

考核内容与要求：正确鉴别制冷剂的种类，掌握计量方法，按照安全操作规程进行充灌及回收操作。

② 气密性试验操作。

考核内容与要求：正确使用试压设备、试压工具，按试压标准对试压设备、工具进行安全检查、连接和试压操作。

③ 用电安全操作。

（A）仪表检测操作。

考核内容与要求：按照电工仪表检测安全要求，使用电工仪表对制冷、空调设备电气进行检查测量操作。

（B）手持式电动工具使用的操作。

考核内容与要求：鉴别不同保护方式电动工具安全使用条件，根据安全使用的要求对手持式电动工具进行安全操作。

（C）防护用具（品）的正确使用。

考核内容与要求：按照防护用具（品）的使用要求进行正确使用。

（D）小型制冷、空调装置的安装。

考核内容与要求：按照现场条件进行合理的布局，正确选配备件，并按规定进行安装。

（E）小型制冷、空调装置常见故障的处理。

考核内容与要求：对常见故障进行正确的判断和处理。

7. 复审考核内容

(1) 检索违章情况，没有严重违章记录；
(2) 体检合格；
(3) 安全技术理论及实际操作考核合格。

除了考核与准操作项目有关的基本安全技术理论知识和实际操作技能外，还应考核以下内容：

(1) 了解典型制冷与空调作业事故发生的原因，掌握避免同类事故发生的安全措施和方法；
(2) 了解有关制冷与空调作业方面的新法律、法规、标准和规范；
(3) 了解有关制冷与空调作业方面的新产品、新技术、新工艺。

以上是抄录国家部分通用特种作业人员的《培训大纲》与《考核标准》，各培训中心应严格履行。制冷与空调是国家明确规定的特种行业，需要建设部门（设计部门、施工部门、安装调试部门等）、使用部门（操作部门、维护和检修部门等）和管理部门共同维护安全保障。

目前，没有专门对设计单位进行制冷空调建设项目安全设计的监管，只有审批（或年检）设计执照等级，进行设计规模的限制。比如：甲级设计单位可以设计大型或特大型（重点）制冷空调建设项目；乙级设计中型项目；丙级设计小型项目。这对于实现安全设计是很不够的。设计单位应具有制冷空调设计人员及其级别和数量的配置，才是安全设计的首要保证。国家安全监督管理部门和设计执照审批部门应发放安全设计许可证，加强安全管理。

第10章 制冷空调自动调节与安全装置

实现制冷空调自动化,是为了使整个装置安全运行,并能达到最佳状态或满足拟定指标的要求。于是,有许多参数,如温度、湿度、压力、差压、液位、流量以及速度、能量、时间、析释重量、气体成分等,需要进行控制和调节。

一个自动化的空调制冷装置将有多个自动调节系统存在,并且,各系统之间存在相互关联,互成因果,协调动作,形成装置整体自控系统。由于计算机技术的发展和适于计算机控制用的新型制冷空调自控元件的不断研发,使现代制冷空调设备自动化逐步深入,并获得具体的应用。

10.1 自动调节基础知识

在熟悉制冷空调原理和自动调节原理的基础上,进一步学习制冷空调自动调节基础知识。对全面理解和掌握制冷空调自动化具有重大意义。

10.1.1 传感器

传感器是自动控制系统一个不可缺少的重要部分,相当于系统的"耳目",检测、判断系统的工作状态。根据传感器所测量不同的物理量,可分为温度、湿度、压力、差压、液位、流速(如风速)、流量传感器等。由传感器的感觉元件将测量的物理量通过线路转换成电信号输出,若传感器输出为连续的电压或电流时,传感器也称变送器,这个连续变化的电压或电流作为控制器的输入信号,称为模拟量输入。

测量元件应具有稳定性、测量精度、灵敏度和重复度等各项指标的要求。

1. 温度传感器

温度传感器主要有:热电阻传感器、半导体热敏电阻传感器和热电偶等。

按外形和封装形式有:铠装型温度传感器用于测量管道内液体和蒸汽;非铠装型温度传感器用于测量空气,又分为风道安装型和室内安装型。

(1) 热电阻传感器

作为测温用的热电阻应满足下列要求:

1) 电阻温度系数大,热电阻灵敏度高,测量温度时容易得到准确结果,稳定性好;
2) 在测温范围内物理化学性质稳定;
3) 有较大电阻率,使热电阻体积小,热容量和热惯性小,对温度变化的响应较快;
4) 电阻值与温度近似线性关系,以便于分度和读数;
5) 复现性好,复制性强,容易得到纯净的物质;
6) 重复度高。即温度升高到任一度数的电阻值,待降低温度到该度数时,其电阻值的欧姆数相同;
7) 价格便宜。

热电阻温度传感器由金属丝材料制成，只有与被测点接触才能测得温度。热电阻的阻值随温度升高而增大。因此，只要测得电阻值，便可测出对应的温度。普冷用热电阻的主要材料有：铂、铜、镍；深冷用热电阻材料有：铑铁、铂钴等。

1）铂电阻

铂电阻的阻值与温度之间的关系可用式（10-1）、式（10-2）表示。

在 $-200\sim\pm0$℃，阻值与温度之间的关系为：

$$R_t=R_0[1+At+Bt^2+C(t-100)t^3] \tag{10-1}$$

在 $\pm0\sim650$℃，阻值与温度之间的关系为：

$$R_t=R_0(1+At+Bt^2) \tag{10-2}$$

式中　R_t——t℃时的阻值，Ω；

R_0——0℃时的阻值，Ω；

t——被测介质温度，℃。

分度常数为：

$A=3.96847\times10^{-3}$（1/℃）；

$B=-5.847\times10^{-7}$（1/℃^{2}）；

$C=-4.22\times10^{-12}$（1/℃^{3}）。

铂电阻结构形式如图 10-1 所示。

铂电阻的特点是稳定性好、准确度高、性能可靠，它在氧化性的环境中，甚至在高温下，物理化学性质都非常稳定。但缺点是电阻温度系数较小，在还原性的环境中，特别是高温下易被还原性气体污染，并改变电阻与温度间的关系。因此，必须用保护套管把电阻体与环境隔离。现在有一种薄膜的温度传感器，是采用特殊工艺制成的，它是在陶瓷基片上溅射铂薄膜后经激光精密修正电阻而成。它具有全固态、超小型、响应快、抗振性强、高可靠性、高精度、高性价比等优点。

铂的纯度常以 R_{100}/R_0 来表示。$R_{100}/R_0=1.3910$。铂电阻分度号规定为 Pt10 和 Pt100。

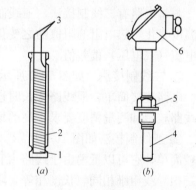

图 10-1　普通型铂电阻外形图

(a) 感温元件；(b) 外形图

1—绝缘支架；2—铂电阻丝；3—引出线；
4—保护器；5—安装螺丝；6—接线盒

2）铜电阻

铜电阻的阻值与温度之间的关系可用式（10-3）表示。

在 $-50\sim150$℃时：

$$R_t=R_0(1+At+Bt^2+Ct^3) \tag{10-3}$$

式中　$A=4.28899\times10^{-3}$（1/℃）；

$B=-2.133\times10^{-7}$（1/℃^{2}）；

$C=1.233\times10^{-9}$（1/℃^{3}）。

对于纯铜丝，其高次方系数很小，所以电阻与温度的关系基本上是线性的（完全线性分度，分度号为 G，$R_0=53$Ω），可以用式（10-4）表示。

$$R_t = R_0(1+at) \tag{10-4}$$

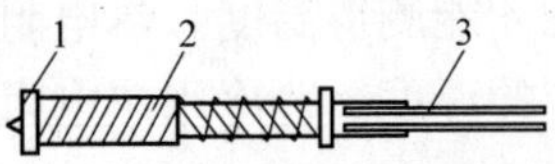

式中 a——电阻温度系数，$a = 4.25 \times 10^{-3}$ （1/℃）。

铜电阻结构形式见图 10-2。

图 10-2 铜电阻结构图
1—骨架；2—漆包铜线；3—引出线

铜电阻的电阻值与温度的关系几乎是线性的，它的电阻温度系数也比较大，而且材料容易提纯，价格比较便宜，所以在一些测量准确度要求不是很高，而且温度较低的场合，可使用铜电阻，它的测量范围是 -50～150℃。铜电阻的缺点是：在 250℃ 以上容易氧化，因此只能用在低温及没有腐蚀性的介质中；铜的电阻率比较小，铜电阻体积不可能很小。铜电阻的 $R_{100}/R_0 = 1.428$。铜电阻分度号是 Cu50 和 Cu100，表示其 R_0 分别为 50Ω 及 100Ω。

3）镍电阻

在 -60～180℃ 时，分度号为 Ni100 的镍电阻温度特性用式（10-5）表示。

$$R_t = 100 + At + Bt^2 + Ct^4 \tag{10-5}$$

式中 $A = 0.5485$ （1/℃）；
$B = 0.665 \times 10^{-3}$ （1/℃²）；
$C = 2.805 \times 10^{-9}$ （1/℃⁴）。

镍电阻温度系数较大，因此其灵敏度比铂和铜高。镍电阻的电阻比 $R_{100}/R_0 = 1.617$。由于镍电阻的制造工艺较复杂，很难获得温度系数相同的镍丝，因此它的测量准确度比铂电阻低，制定标准很困难。其分度号有：Ni100、Ni300、Ni500。

4）测量线路接法

测量电路有二线制接法、三线制接法和四线制接法。通过不平衡电桥作比较机构。由于温度变化，热电阻的阻值随之变化，即桥路中热电阻这一桥臂阻值改变，从而使电桥产生电流（或电压）偏差值。

① 二线制接法 如图 10-3 所示。

电路连接简单，但线路太长时连接线路的电阻也算在测量之内，误差较大，一般适用于线路较短和测量精度要求不高的场合。

② 三线制接法如图 10-4 所示。三线制接法较二线制接法多使用了一根线，电路连接也较简单，它可以抵消由于线路太长时连接线路的电阻造成的测量误差。图中热电阻 R_t 的三根导线粗细相同，长度相等，阻值都是 r。其中一根串联在电桥的电源上，对电桥的平衡毫无影响。另外两根分别串联在电桥的相邻两臂里，使相邻两臂的阻值都增加同样大的阻值。一般工业控制中多采用这种连接方式。

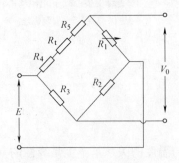

图 10-3 普通二线制接法

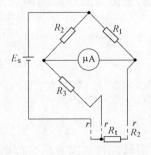

图 10-4 热电阻三线制接法

③ 四线制接法如图10-5所示。四线制接法采用四根导线连接,其中两根作为恒流源的供电,另两根作为测量之用,完全消除了引线电阻造成的误差,精度最高。由于连接和测量电路复杂,一般用于实验室和需要精密测量的地方。

图 10-5 热电阻四线制接法

(2) 半导体热敏电阻

电阻与温度的关系可用式(10-6)表示。

在-100~300℃时,有:

$$R_T = R_{T_0} \cdot e^{B(\frac{1}{T}-\frac{1}{T_0})} \tag{10-6}$$

式中 R_T——温度 T 时的电阻,Ω;

R_{T_0}——某温度 T_0 时的电阻,Ω;

e——自然对数的底,$e=2.71828\cdots$;

B——决定于材料成分及结构的常数,量纲为温度,K;

T——热力学温度,K;

T_0——某热力学温度,K。

在上式中,只要知道常数 B 和在某一温度 T_0 下的电阻 R_{T_0},就可以用上式计算出任意温度 T 时的电阻 R_T。常数 B 可以通过实验求得。

热敏电阻种类和热敏电阻感温元件结构如图10-6、图10-7所示。

图 10-6 热敏电阻种类
(a) 珠形;(b) 棒形;(c) 圆盘形;(d) 环形

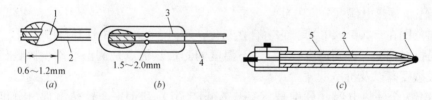

图 10-7 热敏电阻感温元件结构
(a) 珠形热敏电阻;(b) 涂敷玻璃的热敏电阻;(c) 带玻璃保护套管的热敏电阻
1—金属氧化物烧结体;2—铂丝;3—玻璃;4—杜美丝(代替铂丝);5—玻璃管

半导体热敏电阻最大的优点是具有大的负电阻温度系数,因此灵敏度高。半导体材料电阻率远比金属材料大得多,故可做成体积小而电阻值大的电阻元件,这就使之具有热惯性小和可测量点温度或动态温度的优越性。它的缺点是同种半导体热敏电阻的电阻温度特性分散性大,非线性严重,元件性能不稳定,因此互换性差、精度较低。每个半导体

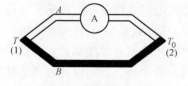

图 10-8 热电偶原理图

热敏电阻需单独分度,一般规定 $T_0=298K$,B 是取决于材料成分及结构的常数,其量纲为温度。通常 B 在 1500~5000K 范围内。

(3) 热电偶

图 10-8 为热电偶原理图。热电偶是目前世界上科研和生产中应用最普遍、最广泛的温度测量元件。它具有结构简单、制作方便、测量范围宽、准确度高、热惯性小等优点。既可以用于流体温度测量,又可以用于固体温度测量。既可以测量静态温度,也能测量动态温度。且直接输出直流电压信号,便于测量、传输和控制。下面介绍常用热电偶材料及其特点。

1) 铂铑$_{10}$-铂热电偶(分度号 S)

长期使用的最高温度可达 1300℃。它复制性好,测量准确度高,宜在氧化性及中性环境中长期使用,但不能在还原性环境及含有金属或非金属蒸汽中使用(有非金属保护套管除外)。缺点是热电势较小,价格较贵。

2) 铂铑$_{13}$-铂热电偶(分度号 R)

基本性能和使用条件与铂铑$_{10}$-铂热电偶相同,只是热电势略大些。

3) 铂铑$_{30}$-铂铑$_6$ 热电偶(分度号 B)

长期使用最高温度可达 1600℃。性能很像上两种热电偶,它的抗污染能力大,热电性质更为稳定,但热电势更小。

4) 镍铬-镍硅(镍铬-镍铝)热电偶(分度号 K)

使用温度在 500~1200℃。

5) 镍铬-康铜热电偶(分度号 E)

测温范围在 -200~900℃。它适合在氧化性或中性环境中使用。适合在 0℃ 以下测量温度,因为它在高湿度的环境中不易腐蚀。这种热电偶每摄氏度对应的电势最高,因此最为常用。

6) 铁-康铜热电偶(分度号 J)

测温范围在 -40~750℃。它适用于氧化、还原性环境中测温,亦可用在真空、中性环境中。它不能在 538℃ 以上的含硫环境中使用。这种热电偶具有稳定性好,灵敏度高和价格低廉等优点。

7) 铜-康铜热电偶(分度号 T)

测温范围在 -200~400℃。它适合在氧化、还原、真空及中性环境中使用,它在潮湿环境中是抗腐蚀的,特别适合在 0℃ 以下温度的测量。优点是测温准确度高、稳定性好,低温时灵敏度高以及价格低廉。

8) 镍铬-金铁热电偶(分度号 NiCr—AuFe0.07)和铜—金铁热电偶(分度号 Cu—AuFe0.07)

这两种热电偶都适合于低温测量,测温范围在 -270~0℃ 和 -270~-196℃。在低温下使用具有稳定性好、灵敏度高的特点。

2. 湿度传感器

常用的湿度传感器主要有烧结型半导体陶瓷湿敏元件和电容式相对湿度敏感元件等。

陶瓷湿度传感器的材料陶瓷是多晶多相氧化物材料,其特点是多孔结构、机械强度高、耐温范围宽、抗化学腐蚀。陶瓷湿度传感器的电阻值随环境相对湿度增加而降低。陶瓷湿度传感器的优点是在宽的湿度范围内有良好的灵敏度,寿命长、稳定性好、滞后现象小和响应时间短,对温度的依赖性小,结构简单,价格低廉。但其温度系数比较大,所以，当环境温度变化显著时，一定要经过温度补偿，否则湿度测量误差将很大。陶瓷湿度传感器长期稳定性差，需加热清洗，这给实际应用带来困难。为防止感湿层发生极化而性能变坏，所以一定要采用交流电源。

电容式湿度传感器是利用极板电容器容量的变化正比于极板间介质的介电常数来工作的，如果介质是空气，则其介电常数与空气的相对湿度成正比。测量精度可达±2%，测量范围在10%~90%，环境温度一般不超过50℃，其输出可以是标准电压（0~5V，0~10V）或电流（4~20mA）。电容式湿度传感器的强度不如陶瓷，且响应慢、有湿滞现象、耐热和化学变化性能差。它的应用局限于较低温度，常常需要温度补偿。优点是结构更简单、成本低、比多孔陶瓷更耐污染。空调工程中的控制参数都不会超过这个允许范围，所以工程中得到大量应用。其外形及参考电路如图10-9所示。

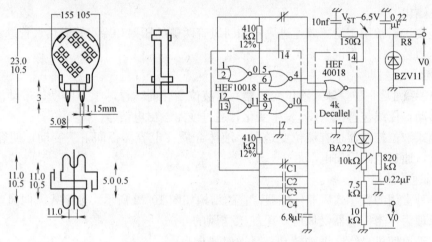

图10-9　湿度传感器外形及参考电路

3. 压力传感器

压力传感器多采用金属应变片变形，然后通过变换器把这种变形换成机械量或电量输出。

（1）应变式压力传感器

如图10-10和图10-11所示，利用金属丝应变片粘贴在弹性体上，压力使弹性体发生变形，带动金属丝应变片变形使应变片电阻应变。变形大小与压力成正比，金属丝应变片电阻变化与单位应变成正比。因此，只要测得金属丝应变片电阻变量即可得压力大小。

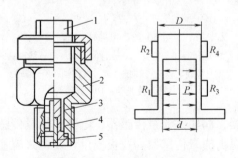

图10-10　单一式应变压力传感器
1—插座；2—基片；3—温度补偿片；
4—工作应变片；5—应变筒

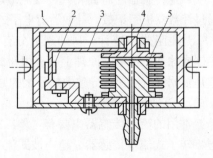

图10-11　组合式应变压力传感器
1—外壳；2—应变片；3—Γ形梁；
4—波纹管；5—接管嘴

（2）集成电路压力传感器

它是一种常用的压阻式传感器，材料是单晶硅，在单晶硅基片上用扩散工艺制成一定形状的应变元件，当受到压力作用时，使应变元件电阻率发生变化，因而电阻发生变化，进而使电路输出电压发生变化。当把传感器、放大器、A/D 转换器、D/A 转换器做在一个芯片上构成集成化压力传感器。这种压力传感器灵敏度高、测量范围宽、频率响应宽、工作可靠、寿命长、精度高。集成压力传感器可由低电压供电（+5V），直接安装在测试点上，可输出电压电流信号，输出的电压或电流与所测压力成正比，输出的信号可直接显示或进入微机通过转换在计算机显示。

4. 压差变送器

压差变送器也是一种压力传感器，根据两侧压力平衡工作的，当两侧压力不平衡时，就会产生输出。

压差变送器常用于检测风道进风管和回风管两侧的压差和冷水管或热水管进水和回水两侧的压力差，以作为调节系统平衡的依据。

5. 液位变送器

UQK 系列是一种浮球式液位变送器。当液位变化时，浮球上下浮动，带动浮球杆在线包中移动，使线包感抗（L）发生变化，通过线路输出电信号。

电容式液位控制器也有液位变送器，液体介质在电容器板间上下变动，使容抗（C）发生变化，通过电路输出电信号。

6. 风速传感器

有一种常用的数字式风速传感器，它的结构如图 10-12 所示。数字式风向风速传感器的工作原理为：当传感器受风时，尾舵感受风的来向，它迅速使机身绕支撑轴转动，且通过风向轴带动编码筒转动，在编码筒上按特定规律加工 7 个长方孔，编码筒两侧的里外安装了 7 组发光二极管。因此，当编码筒随风向变化转动时，由于 7 组光电器件所处的位置不同，在 360°范围内出现 72 组循环码。循环码直接反映了风向在 0～360°范围内的变化规律，其分辨率为 5°。

风速传感器还有翼轮式。气流带动叶轮旋转，通过计数器进行记数，计数器有电子式和机械式。

热电阻式风速计，从外观上分有电热丝和电热体或球型，从电路原理上分有恒流式和恒温式。它是根据气流流速大导致散热量大的原理制造。

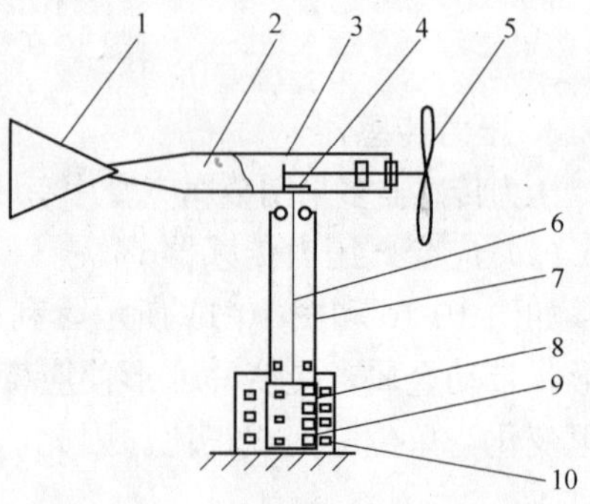

图 10-12　风速传感器
1—尾舵；2—机身；3—八齿盘；4—电感线圈；5—螺旋桨；6—风向轴；7—支撑轴；8—编码筒；9—发光管；10—光敏管

7. 流量传感器

常用的流量传感器主要有：差压式流量传感器、涡轮式流量传感器、电磁式流量传感器、转子式流量传感器、超声波式流量传感器、涡街流量传感器和孔板流量计及靶式流量计等。

（1）涡轮流量传感器

流量带动涡轮旋转获得转数，通过磁电转换，n 个叶片在线圈内旋转得 n 个脉冲（脉冲数反应流量），再通过 RC 耦合前置放大，累计脉冲总量，经微分回路得单位时间流量。涡轮流量传感器精度高、传输距离远、反应速度快、时间常数小、量程范围宽等优点。

（2）涡街流量传感器

涡街流量传感器可测量液体、气体的流量，它是根据"卡门涡街"原理制成的。在流体中插入一根柱状物体时，从柱状物体两侧就会交替产生两列有规则的漩涡。漩涡分离的频率与流速成正比，与柱状物的宽度成反比。所以测量出卡门涡街分离频率便可算出瞬时流量。

例如 LUGB 型涡街流量计采用检测元件检测漩涡分离频率。由于漩涡在柱体后部两侧产生压力脉动，安装在柱体后部的探体将感受到一个交变力，埋设在探头体内部的检测元件受到这一交变力的作用而产生交变电荷，这一交变电荷经检测放大器信号处理，达到检测的目的。检测元件有：电容、压电晶体、声音等。

由此可以通过检测涡街的频率来测量流量。目前使用的传感器有两种，即圆柱形和三棱柱形，如图 10-13 所示。

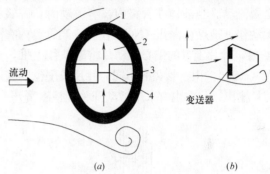

图 10-13　涡流发生体及测量原理
(a) 圆柱形发生体；(b) 三棱柱形发生体
1—导压孔；2—空腔；3—隔板；4—铂电阻丝

圆柱形传感器为一根中空长管，管内空腔由隔板分为两部分，管的两侧开两排导压孔，隔板中间开孔，孔上张有铂电阻丝，并被加热到高于流体 10℃ 左右温度。当流体绕过圆柱体时，如在下侧产生漩涡，有一个力从下侧作用在圆柱体上，使得圆柱体的下方压力高于上方压力。由此，圆柱体下方的流体在上下压差作用下从圆柱体下方的导压孔进入空腔，经过隔板之间的小孔，从圆柱体上方的导压孔流出。当流体流过铂电阻丝时，将带走一定的热量，从而改变其电阻值。此电阻值的变化与漩涡的频率相对应，由此可以测量流体的流量。

10.1.2　控制开关

有些场合不需要知道确切的数值，只需要知道有与没有，或超过某数值，输出为开关量或高、低电平的变化，则称为开关。这个开关变化的电压或电流作为控制器的输入信号，也称为开关量输入（DI）。

1. 压差开关

当压差开关两侧的压力产生变化，达到某一数值时，与之相连的电器开关接通或断开，起到电器报警和保护功能。

（1）液体压差开关

图 10-14 所示是一种用于水系统的压差控制器，用以测量供水管和回水管之间的压差。

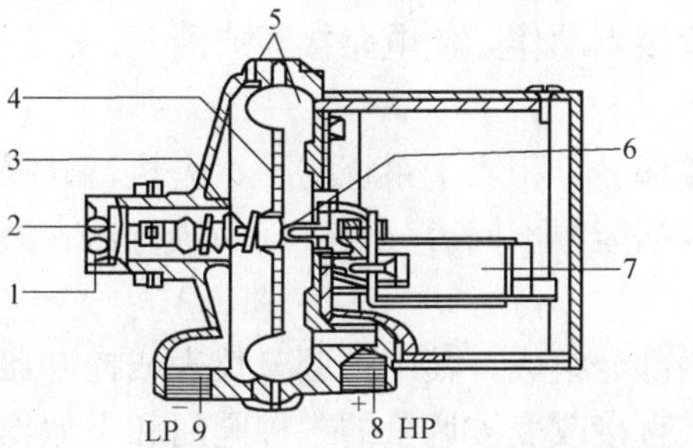

图 10-14　压差开关
1—扣件；2—螺钉；3—弹簧；4—隔膜；5—测气室；
6—传感杠杆；7—微动开关；8、9—气压探头

（2）气体压差开关

还有一种是气体压差开关，当两侧压力差达到一定数值时开关就会产生动作。常用于检测空气过滤器阻力，当阻力超过设定值后就会报警。气体压差开关还可以检测风机的工作状态，当风机产生故障（如皮带拉断），风机两侧压力变小，也会报警。

2. 流量开关

（1）液体流量开关

液体流量开关用于测量流经管道的液体流量，也称水流开关。

液体流量开关中有一种叶片式流动开关，它是利用水的流动来带动叶片，测试管内液体是否流动。当液体在管路内没有流动时，弹簧将磁铁往下压，叶片成垂直，此时磁簧开关无动作，接点在常开（NO）位置。当管路内有液体流动且液体流量足以将叶片冲高约 20°～30°时，叶片上方的偏心传动片将磁铁往上推，而磁铁的吸力使磁簧开关动作，此时接点接通（close）。由于管径的不同，叶片长度也要随之改变。可以将液体流动的开关状态量作为信号输出。目前也有采用微动开关代替磁簧开关的。液体流量开关如图 10-15 所示。

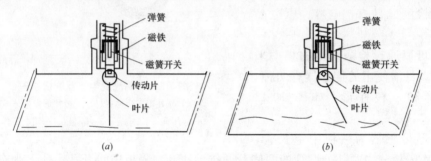

图 10-15　液体流量开关
(a) 没有液体或液体不流动时；(b) 有液体流时

（2）气体流量开关

气体流量开关用于检测气流量和气流的通断状态，以保证系统的正常工作。它以气体的流速为触发信号，当气体的流速小于某一个设定值时，输出一个关信号，当气体的流速大于某一个设定值时，则输出开信号。在空气处理系统中，利用气体流量开关可设置断流声光报警装置，或断流时切断电热器、电动阀电路等连锁动作。避免因断流而造成风管过热、盘管结冰或其他对设备装置等有害的作用。其原理是有一个板（风旗）在气流中被气流吹动发生旋转，带动水银开关转动，从而导致接点动作，使电路接通或断开。

10.1.3　执行器

执行器是自动控制系统一个不可缺少的重要部分，相当于系统的手，去执行、操作系统的工作，制冷空调多采用执行阀件。执行器根据能源不同可分为：气动执行器、液动执行器和电动执行器三大类。

电动执行器是由电动执行机构和调节机构两部分组成。其中将调节仪表或控制器的指令信号转换成力或力矩的部分叫电动执行机构；直接改变被调量的各种阀门和类似作用的机构都称作调节机构。

电动执行机构通常可分为两种基本类型：电磁阀型和电动机型。电磁阀型电动执行机构的特点是：推动电磁阀阀心动作的力由电磁铁产生，而且电磁铁和阀体成为一个不可分割的整体。电动机型电动执行机构是由电动机和减速器等部件组成，这种执行机构的特点是电动机的输出通过减速器变为低速大力矩输出或变为直线推力去驱动各种阀门或其他调节机构。电动执行机构与调节机构的连接方式有两种：一种是将两者固定安装在一起，构成一个完整的执行器，如电动调节阀；另一种是电动调节机构采用机器连杆与调节机构连接起来，如角行程电动执行机构。

电动执行机构（电动机型电动执行机构）按执行功能可分为直行程执行机构、角行程执行机构和多转式执行机构。

1. 开关量控制器（DO）

常用的电磁调节阀按结构可分为有填料函型直接动作式、有填料函型差压动作式、无填料函型直接动作式、无填料函型导阀动作式。一般电磁调节阀只能做开关两位动作，不能满足较高精度调节系统的要求。

电磁阀分为常开和常闭式，即没有加电时，阀门打开或关闭，一般常闭式较常见。

电磁阀驱动电压通常有交流 220V、110V、36V、24V 等，在有些场合也有采用直流电源驱动的。还有高温型，防爆型等规格。

电磁阀是常用电动执行器之一，其结构简单，价格低廉，多用于两位控制系统中，电磁阀是利用线圈通电后，产生电磁吸力提升活动铁心，带动阀心运动，控制气体或液体通断。电磁阀有直动式和先导式两种。直动式电磁阀的活动铁心本身就是阀心，通过电磁吸力开阀，断电后，由恢复弹簧闭阀。先导式电磁阀由导阀和主阀组成，通过导阀的先导作用促使主阀开闭。线圈通电后，电磁力吸引活铁心上升，使排出孔开启，由于排出孔远大于平衡孔，导致主阀上腔中压力降低，但主阀下方压力仍与进口侧压力相等，则主阀活塞因压差作用而上升，当上升至进口侧压力时，主阀活塞因本身重力及复位弹簧作用力，使阀呈关闭状态。

对于先导型的阀门如果阀门背压不够大可能出现关不严而漏水的现象。

2. 调节阀

电动调节阀是以电动机为动力元件，将控制器输出信号转换为阀门的开度，它是一种连续动作的执行器。

电动执行机构根据配用的调节机构不同，输出方式有直行程、角行程和多转式三种类型，分别同直线移动的调节阀、旋转的蝶阀、多转的感应调节器等配合工作。在结构上，电动执行机构除可与调节阀组装成整体的执行器外，常单独分装，以适应各方面需要，使用比较灵活。阀杆的上端与执行机构相连接，当阀杆带动阀心在阀体内上下移动时，改变阀心与阀座之间的流通面积，即改变阀的阻力系数，其流过阀的流量也就相应地改变，从而达到调节流量的目的。电动二通调节阀如图 10-16 所示。

三通调节阀有三个出入口与管道相连，按作用方式可分为合流和分流两种。合流是两种流体通过阀时混合产生第三种流体，这种阀有两个进口和一个出口，当阀关小一个入口的同时就开大另一个入口。而分流是把一种流体通过阀后分成两路，因而有两个出口和一个入口，关小一个出口的同时开大另一个出口。合流阀和分流阀如图 10-17 所示。

合流阀的阀心位于阀座内部，分流阀的阀心位于阀座外部。流体的流动方向总是使阀心处于流开状态，使调节阀工作稳定。

3. 几种常用执行器

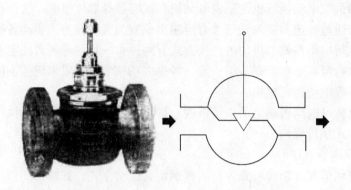

图 10-16 电动二通调节阀

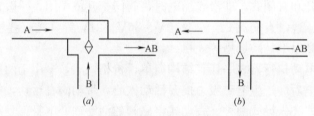

图 10-17 三通调节阀
(a) 合流阀；(b) 分流阀

(1) 电动执行器

直行程电动执行器以调节仪表或控制器的指令作为输入信号使电动机动作，然后经过减速器减速和转换后变为直线位移输出，去操纵单座、双座、三通等各种调节阀和其他直线式调节机构。

例如一种暖通控制上常用的美国霍尼韦尔公司的直行程电动执行器 ML7421A，B，如图 10-18 所示。这种电动执行器装有同步电机，可用于准确位置的调整控制，执行器的运动方向可以通过选择插头调整。

这种执行器通过操纵控制与之配套的阀门广泛用于加热、通风、空气调节等应用领域。

其主要技术指标为：

1) 压力：1800N；
2) 行程：20mm、38mm；
3) 全程时间：1.9min、3.5min；
4) 电源：交流 24V，50/60Hz，12VA；
5) 输入信号：2～10V、0～10V、4～20mA。

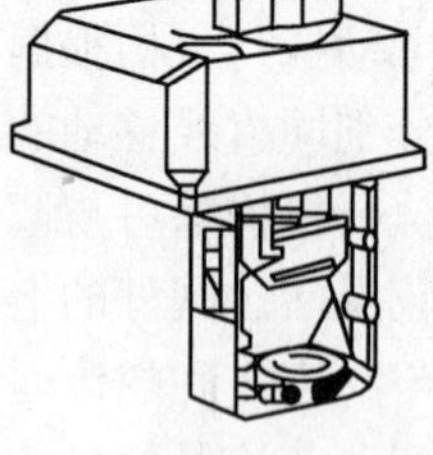

图 10-18 电动执行器

制冷与空调自控系统的输出控制常采用电动调节阀和电磁阀。常用的电动调节阀有直通单座电动调节阀、直通双座电动调节阀、三通电动调节阀、电动蝶阀、低速电机式电动调节阀等。

与电动执行器配套的阀门主要有两通阀（直通阀）、三通阀等。阀门的选择除了要考虑阀门的耐腐蚀问题之外，还必须考虑温度、压力、流速、流量、结构形式及其他有关因素，并做综合分析。在选择阀门时，掌握介质的知识和阀门的知识都是十分必要的。

正确选择了阀门之后，还要正确安装、维护与操作，以充分发挥其效能。阀门的安装主要考虑以下因素：

1) 阀门安装的方向和位置，许多阀门都具有方向性，如截止阀、节流阀、减压阀等，不能反向安装；另外阀门安装的位置必须便于操作和保养、维护。

2) 施工作业，阀门安装施工必须小心，安装施工前应做好各项准备工作。

3) 保护措施，如在阀门前安装过滤器，以免运行时管路系统中的杂物进入阀门引发事故。

4) 旁路和仪表，有一些阀门除了必要的保护措施外，还要有旁路和仪表。

5) 填料更换，库存阀门，有的填料已不好使，有的与使用介质不符，这就需要更换填料。

(2) 角行程电动执行器

角行程电动执行器是以三相（或单相）电动机作为驱动元件的位置伺服机构。输出轴的旋转角度和输入信号成正比。主要由电动定位器和执行机构两个部件组成。电动定位器（GAM）主要由两个继电器组成的可逆交流开关、印刷板电路和变压器组成，执行机构主要由减速器、电动机开关控制箱、手轮和机械限位等组成。在暖通空调自动控制系统中它常用在离心冷水机组进气阀开度的调节，还可以作为风阀的调节驱动装置。

(3) 自动复位蒸汽调节阀

在暖通空调控制中，尤其在空调工程控制中，常常需要对所用蒸汽进行调节，其中一种调节阀就是自动复位蒸汽调节阀，它的阀芯为针形，采用电动阀控制阀芯动作的同时拧紧发条，当突然发生停电等事故时，由于发条的弹性作用自动关闭阀门，起到保护作用。另外也可以采用一种简单的控制方法，将电磁阀与普通调节阀串连，通常状态下，送电使电磁阀全开，调节阀调节蒸汽量，当突然停电时，电磁阀关闭起到保护作用。

(4) 可控硅加热执行器

晶闸管（可控硅）是在晶体管的基础上发展起来的一种大功率半导体器件，它是具有三个 PN 结的四层结构。晶闸管的阳极和阴极间加正向电压，通过在控制极加导通脉冲，控制晶闸管的导通。图 10-19 是一种常用的晶闸管（可控硅）输出电路：光电耦合器 MOC3041 是过零触发型，即只有在交流电的零压位置时可控硅才导通或关断。改变通断的比例（占空比）可以变加热量，该电路无触点，无火花，干扰小，可以用于频繁启动的场合。

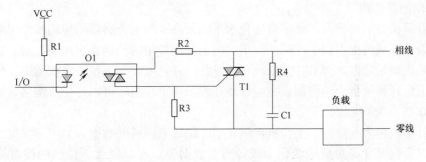

图 10-19　晶闸管（可控硅）输出电路

1) 可控硅加热执行器

在暖通空调自动控制中，尤其在精密恒温空调中，控制温度的调节常用可控硅加热执行器。通过控制器输出，控制可控硅的控制极，导通或关断加热执行器，精密控制所测温度。

2) 可控硅交流调压器

交流调压器是采用移相触发方式，通过改变可控硅的导通角来交流调压。当交流功率调节容量较大时，可采用三相交流调压。

目前国内定型的可控硅交流调压器产品较多，如 ZK 系列、ZDK 系列、KT 系列单相或三相交流调压器。

3) 可控硅交流调功器

上述可控硅交流调压器采用移相触发控制可控硅，这种触发方式使可控硅的电压输出呈缺角的正弦波，因而包含高次谐波，产生射频干扰，且会通过电网传送到较远的距离，给电力系统造成危害。如果采用过零触发控制方式则能克服上述缺点，还能抑制可控硅导通时产生干扰的影响，因此目前推广使用过零触发控制方式。它的基本工作原理是在可控硅交流开关电路中采用由可控硅组成的"零电压开关"，使开关电路在电压为零的瞬间闭合，利用可控硅的特性，不管负载功率因数的大小，只能在电压接近于零时才关断，这样将产生最小的电磁干扰。

在调节电压或功率时，利用可控硅的开关特性，在设定的周期范围内，根据调节器所发出的调节信号大小，改变电路接通数个周波后再断开数个周波，即改变可控硅在设定周期内导通与断开的时间比，达到调节负载两端的交流平均电压亦即负载功率的目的。所以这种装置通常被称为交流调功器，有时也称周波控制器。

国内定型产品的可控硅调功器有 $KT_1(3)-Z$ 系列，有单相、三相两种，其额定电流最大达 800A。主回路采用可控硅和二极管组成的组件或绝缘型模块结构，控制回路集成化并采用专用厚膜电路。输入控制信号为 0～10mA DC，4～20mA DC。1～5V DC 与调节器或微型计算机控制系统的 D-A 转换器直接配套，该交流调功器具有过流、短路及过热保护和故障报警输出。

10.1.4 控制器

控制器是自动控制系统一个不可缺少的重要部分，相当于系统的大脑，去判断、控制系统的工作。控制器根据所采用的方法不同可分为模拟、数字控制器。目前由于计算机技术的应用，以数字控制器为主。

1. 控制网络的构成

随着计算机技术的普及，楼宇自动化水平的提高及新型传感器的应用控制网络，在建筑环境与设备领域内也得到了广泛的应用。暖通空调常用的控制器多用在控制、调节的现场，直接采集现场数据，调节、控制现场的设备，并且可以与上位计算机通讯，传送现场数据，受上位计算机指令的控制。控制器现在多采用单片机，可以连接成网络，形成分布式控制，如图 10-20 所示。

微型计算机称为上位机，上位机可以显示、记录下位机的数据，如实际温度、湿度等数据；可以看到温度等参数的变化曲线，历史数据等；可以修改下位机的控制参数设定值，如温度、湿度、PID 等参数设定值。

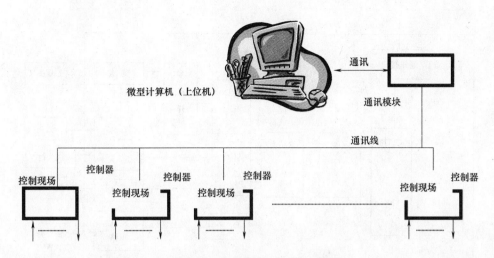

图 10-20 控制器组成的控制网络

通讯模块是连接计算机和通讯线的接口电路,将控制器的数据传递到计算机,也可以将计算机的数据传递到控制器。

控制器称为下位机。每台控制器组成一个单独的控制系统,可以独立工作,根据设置的参数可以进行调节控制,采集安装在控制现场传感器的测量数据由控制器进行分析计算,再输出电流(或电压)驱动执行器去控制现场的阀门,达到控制的目的。

2. 控制器的构成

控制器以微处理器(CPU)为核心,由程序存储器(ROM)、数据随机存储器(RAM)、模数转换器(A/D)、数模转换器(D/A)、接口电路(I/O)、通讯接口、键盘、显示器和电源等组成。

现场的物理量(如温度等参数)经过传感器转换为电信号再经过放大器放大到一个统一范围(如 0～5V),由 A/D 转换器转换为计算机所能识别的数字信号,通过微处理器进行计算。可以接受模拟电压(电流)的输入通道称"模入",一般用"AI"表示。将控制的输出量经过 D/A 转换器再转换成模拟信号,经过放大和转换成标准信号(如 4～20mA),驱动电动阀的执行器,调节阀门的开度,从而改变水流量,进行调节控制。可以输出模拟电压(电流)的输出通道称"模出",一般用"AO"表示。能够接受各种数字开关量变化的输入通道称"数字量输入",一般用"DI"表示。能控制电动阀门、风机、泵等启停的各种数字开关量变化的输出通道称"数字量输出",一般用"DO"表示。

一般控制器的组成如图 10-21 所示,在图右侧是和现场发生信号关系的模拟与数字通道,分别是"AI"、"AO"、"DI"、"DO",用以连接不同性质的传感器和执行器。通讯接口与通讯线相连接可以和上位计算机或其他控制器交换数据,实现远程控制。

目前由于小型控制器一般采用 INTEL 公司的 51 系列单片机组成系统,这种系统应用得较广泛,开发容易,元器件和开发设备都容易买到,下面以此为例分别介绍各部分的原理和应用实例。

(1) 微处理器简介

微处理器(CPU)采用 INTEL 公司的 51 系列单片机,MCS-51 单片机的内部结构框图(CPU 结构)如图 10-22 所示。

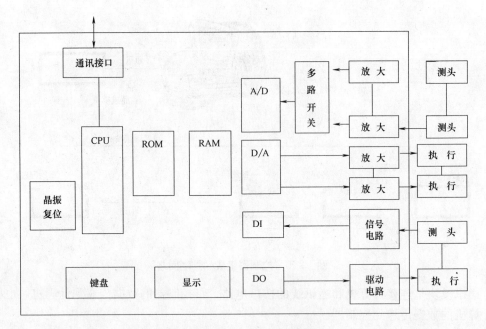

图 10-21 控制器组成的框图

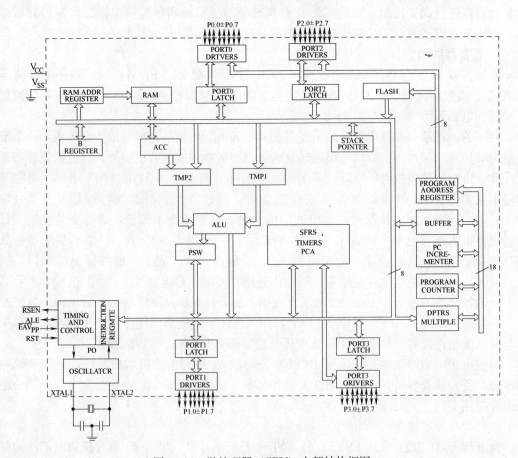

图 10-22 微处理器（CPU）内部结构框图

8051系列微处理器基于简化的嵌入式控制系统结构，被广泛应用于从军事到自动控制再到PC机上键盘上等各种应用系统。仅次于Motorola 68HC11在8位微控制器市场上的销量，很多制造商都可提供8051系列单片机，像Intel、Philips、Siemens等。这些制造商给51系列单片机加入了大量的性能和外部功能，像I^2C总线接口、模拟量到数字量的转换、看门狗、PWM输出等，不少芯片的工作频率达到40M，工作电压下降到1.5V。基于一个内核的这些功能使得8051单片机很适合作为厂家产品的基本构架，它能够运行各种程序，而且开发者只需要学习这一个平台。

1) 8051系列的基本结构如下：

① 一个8位算术逻辑单元；

② 32个I/O口4组8位端口可单独寻址；

③ 两个16位定时计数器；

④ 全双工串行通信；

⑤ 6个中断源两个中断优先级；

⑥ 128字节内置RAM；

⑦ 独立的64K字节可寻址数据和代码区。

每个8051处理周期包括12个振荡周期，每12个振荡周期用来完成一项操作，如取指令。计算指令执行时间可把时钟频率除以12，取倒数，然后指令执行所需的周期数。因此，如果系统时钟是11.059MHz，除以12后就得到了每秒执行的指令个数，为921583条指令，取倒数将得到每条指令所需的时间（1.085ms），如图10-23、图10-24和表10-1所示。

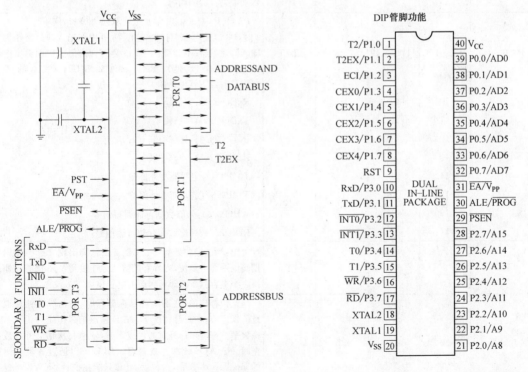

图10-23 微处理器（CPU）逻辑符号　　图10-24 微处理器（CPU）PID管脚功能

管脚描述　　　　　　　　　表 10-1

名称	管脚号			类型	名称和功能
	DIP	LCC	QFP		
V_{SS}	20	22	16	I	地
V_{CC}	40	44	38	I	电源:提供掉电、空闲、正常工作电压
P0.0～0.7	39～32	43～36	37～30	I/O	P0 口:P0 口是开漏双向口,可以写为 1 使其状态为悬浮,用作高阻输入。P0 也可以在访问外部程序存储器时作地址的低字节,在访问外部数据存储器时作数据总线,此时通过内部强上拉传送 1
P1.0～1.7	1～8 1 2	2～9 2 3	40～44 1～3	I/O	P1 口:P1 口是带内部上拉的双向 I/O 口,向 P1 口写入 1 时,P1 被内部上拉为高电平,可用作输入口。当作为输入脚时,被外部拉低的 P1 会因为内部上拉而输出电流(见 DC 电气特性); P1 口第 2 功能: T2(P1.0):定时/计数器 2 的外部计数输入/时钟输出(见可编程输出); T2EX(P1.1):定时/计数器 2 重装/捕捉/方向控制;
P2.0～2.7	21～28	24～31	18～25	I/O	P2 口:P2 口是带内部上拉的双向 I/O 口,向 P2 口写入 1 时,P2 被内部上拉为高电平,可用作输入口。当作为输入脚时,被外部拉低的 P2 口会因为内部上拉而输出电流(见 DC 电气特性)。在访问外部程序存储器和外部数据时分别作为地址高位字节和 16 位地址(MOVX @ DPTR),此时通过内部强上拉传送 1。当使用 8 位寻址方式(MOV @ Ri)访问外部数据存储器时,P2 口发送 P2 特殊功能寄存器的内容
P3.0～3.7	10～17 10 11 12 13 14 15 16 17	11,13～19 11 13 14 15 16 17 18 19	5,7～13 5 7 8 9 10 11 12 13	I/O	P3 口:P3 口是带内部上拉的双向 I/O 口,向 P3 口写入 1 时,P3 被内部上拉为高电平,可用作输入口。当作为输入脚时,被外部拉低的 P3 口会因为内部上拉而输出电流(见 DC 电气特性)。89C51/89C52/89C54/89C58 的 P3 口脚具有以下特殊功能: RxD(p3.0):串行输入口 TxD(P3.1):串行输出口 $\overline{INT0}$(P3.2):外部中断 0 $\overline{INT1}$(P3.3):外部中断 T0(P3.4):定时器 0 外部输入 T1(P3.5):定时器 1 外部输入 $\overline{WR}$(P3.6):外部数据存储器写信号 $\overline{RD}$(P3.7):外部数据存储器读信号
RST	9	10	4	I	复位:当晶振在运行中,只要复位管脚出现 2 个机械周期高电平即可复位,内部有扩散电阻连接到 V_{SS},仅需要外接一个电容到 V_{CC} 即可实现上电复位
ALE	30	33	27	O	地址锁存使能:在访问外部存储器时,输出脉冲锁存地址的低字节,在正常情况下,ALE 输出信号恒定为 1/6 振荡频率。并可用作外部时钟或定时,注意每次访问外部数据时一个 ALE 脉冲将被忽略。ALE 可以通过置位 SFR 的 auxlilary.0 禁止,置位后 ALE 只能在执行 MOVX 指令时被激活

续表

名 称	管脚号			类型	名称和功能
	DIP	LCC	QFP		
$\overline{PSEN}$	29	32	27	O	程序存储使能：读外部程序存储。当从外部读取程序时，$\overline{PSEN}$每个机器周期被激活两次，在访问外部数据存储器$\overline{PSEN}$无效，访问内部程序存储器时$\overline{PSEN}$无效
$\overline{EA}/V_{PP}$	31	35	29	I	外部寻址使能/编程电压：在访问整个外部程序存储器时，$\overline{EA}$必须外部置低。如果$\overline{EA}$为高时，将执行内部程序，除非程序计数器可以大于 OFFFH（4k 器件），IFFFH（8k 器件），3FFFH（16k 器件），7FFFH（32k 器件）。当 RST 释放后$\overline{EA}$脚的值被锁存。任何时序的改变都将无效。该引脚在对 FLASH 编程时接 12V 编程电压（V_{PP}）
XTAL1	19	21	15	I	晶体1：晶振和内部时钟输入
XTAL2	18	20	14	O	晶体2：晶振输出

2）存储分区，如图 10-25 所示。

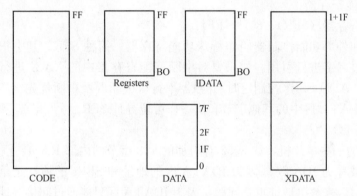

图 10-25 存储分区

① CODE 区。第一个存储空间是代码段，用来存放可执行代码，16 位寻址空间可达 64K。代码段是只读的，当要对外接存储器件如 EPROM 进行寻址时处理器会产生一个信号，但这并不意味着代码区一定要用一个 EPROM。目前一般使用 EEPROM 作为外接存储器，可以被外围器件或 8051 进行改写，这使系统更新更加容易，新的软件可以下载到 EEPROM 中而不用拆开它，然后装入一个新的 EEPROM。另外带电池的 SRAMs 也可用来代替 EPROM。它可以像 EEPROM 一样进行程序的更新，并且没有像 EEPROM 那样读写周期的限制。但是当电源耗尽时，存储在 SRAMs 中的程序也随之丢失。使用 SRAMs 来代替 EPROM 时允许快速下载新程序到目标系统中，这避免了编程/调试/擦写这样一个循环过程。不再需要使用昂贵的在线仿真器。除了可执行代码还可在代码段中存储查寻表。为达此目的，8051 提供了通过数据指针 DPTR 或程序计数器加上由累加器提供的偏移量进行寻址的指令。这样就可以把表头地址装入 DPTR 中，将要寻址的元素的偏移量装入累加器中。8051 在执行指令时的过程中把这二者相加，由此可节省不少指令周期，在以后的例子中我们会看到这点。

② DATA 区。内部数据存储器：00H～FFH。第二个存储区是 8051 内 128 字节的内

部 RAM 或 8052 的前 128 字节内部 RAM。这部分主要是作为数据段，称为 DATA 区。指令用一个或两个周期来访问数据段。访问 DATA 区比访问 XDATA 区要快，因为它采用直接寻址方式，而访问 XDATA 须采用间接寻址，必须先初始化 DPTR。通常我们把使用比较频繁的变量或局部变量存储在 DATA 段中，但是必须节省使用 DATA 段，因为它的空间毕竟有限。在数据段中也可通过 R0 和 R1 采用间接寻址。R0 和 R1 被作为数据区的指针，将要恢复或改变字节的地址放入 R0 或 R1 中，根据源操作数和目的操作数的不同，执行指令需要一个或两个周期。数据段中有两个小段，第一个子段包含四组寄存器组，每组寄存器组包含八个寄存器，共 32 个寄存器。可在任何时候通过修改 PSW 寄存器的 RS1 和 RS0 来选择四组寄存器的任意一组作为工作寄存器组。8051 也可默认任意一组作为工作寄存器组。工作寄存器组的快速切换不仅使参数传递更为方便，而且可在 8051 中进行快速任务转换。另外一个子段叫作位寻址段 BDATA，包括 16 个字节共 128 位，每一位都可单独寻址。8051 有好几条位操作指令，这使得程序控制非常方便，并且可帮助软件代替外部组合逻辑。这样就减少了系统中的模块数。位寻址段的 16 个字节也可像数据段中其他字节一样进行字节寻址。

③ 特殊功能寄存器

特殊功能寄存器（SFR）、80H～FFH。

中断系统和外部功能控制器叫作特殊功能寄存器，简称 SFR。其中很多寄存器都可位寻址，可通过名字进行引用。如果要对中断使能寄存器中的 EA 位进行寻址，可使用 EA 或 IE.7 或 0AFH SFRs 控制定时/计数器串行口中断源及中断优先级等。这些寄存器的寻址方式和 DATA 区中的其他字节和位一样可位寻址 SFR。

④ IDATA 区

8051 系列的一些单片机，如 8052 有附加的 128 字节的内部 RAM，位于从 80H 开始的地址空间中被称为 IDATA。因为 IDATA 区的地址和 SFRs 的地址是重叠的，通过区分所访问的存储区来解决地址重叠问题，因为 IDATA 区只能通过间接寻址来访问。

⑤ XDATA 区

外部数据存储器：0000H～FFFFH

8051 的最后一个存储空间为 64K，和 CODE 区一样采用 16 位地址寻址，称作外部数据区，简称 XDATA 区。这个区通常包括一些 RAM，如 SRAM，或一些需要通过总线接口的外围器件。对 XDATA 的读写操作需要至少两个处理周期，使用 DPTR R0 或 DPTR R1 对 DPTR 来说至少需要两个处理周期来装入地址，而读写又需要两个处理周期。同样，对于 R0 或 R1 装入需要一个以上的处理周期，而读写又需两个周期。由此可见，处理 XDATA 中的数据至少要花 3 个指令周期。因此，使用频繁的数据应尽量保存在 DATA 区中。如果不需要和外部器件进行 I/O 操作，或者希望在和外部器件进行 I/O 操作时，开关 RAM，则 XDATA 可全部使用 64K RAM。关于这方面的应用将在以后介绍。

3）中断系统

基本的 8051 支持 6 个中断源，两个外部中断，两个定时/计数器中断，一个串行口输入/输出中断。中断发生后，处理器转到五个中断入口处之一，执行中断处理程序。中断向量位于代码段的最低地址处（串行口输入/输出中断共用一个中断向量）。中断服务程序必须在中断入口处或通过跳转分支转移到别处。8051/8052 的中断向量如表 10-2 所示。

中断向量地址   表 10-2

中 断 源	入 口 地 址	中 断 源	入 口 地 址
系统复位	0000H	定时器 1 溢出	001BH
外部中断 0	0003H	串行口	0023H
定时器 0 溢出	000BH	定时器 2(仅 8052)	002BH
外部中断 1	0013H		

4) 内置定时/计数器

标准的 8051 有两个定时/计数器,每个定时器有 16 位定时/计数器。既可用来作为定时器,对机器周期计数,也可用来对相应 I/O 口,T0、T1 上从高到低的跳变脉冲计数。当用作计数器时,脉冲频率不应高于指令执行频率的 1/2,因为每周期检测一次引脚电平而判断一次脉冲跳变需要两个指令周期,如果需要的话,当脉冲计数溢出时可以产生一个中断。

① 定时/计数器的结构和工作原理如图 10-26 所示。

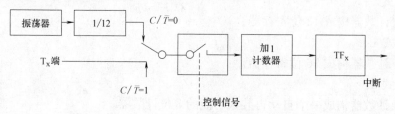

图 10-26　定时/计数器原理示意图

16 位的加 1 计数器由两个八位的特殊功能寄存器组成,可以被程序控为不同的组合状态,从而形成定时/计数器有 4 种工作方式。

② 定时/计数器方式和控制寄存器

(A) TMOD:定时器工作方式控制寄存器。

D7	D6	D5	D4	D3	D2	D1	D0
GATE	C/$\overline{T}$	M1	M0	GATE	C/$\overline{T}$	M1	M0
定时器 1				定时器 0			

工作方式:

M1	M0	方式	说明
0	0	0	13 位计数器
0	1	1	16 位计数器
1	0	2	可自动再装入的 8 位计数器
1	1	3	把定时器 0 分成 2 个 8 位的计数器或关闭定时器 1。

(B) C/T:选择"计数器"或"定时器"功能。

C/T=1 时,计数器功能;C/T=0 时,定时器功能。

(C) GATE:选通控制。

GATE=1 时,同时 INTx 为高电平且 TRx 置位时,选通定时器 X。

GATE=0 时，每当 TRx 置位时，选通定时器 X。
(D) TCON：定时器控制寄存器。

D7	D6	D5	D4	D3	D2	D1	D0
TF1	TR1	TF0	TR0	IE1	IT1	IE0	IT0

(E) TF0：定时器 0 溢出中断标志。
TF1=1 定时器溢出时由内部硬件置位，当单片机进入中断服务程序时，由内部硬件清除。
(F) TR0：定时器 0 的运行控制位。
TR0=1 定时器 0 接通工作；TR0=0 定时器 0 停止工作。
(G) TF1：定时器 1 溢出中断标志。
(H) TR1：定时器 1 的运行控制位。
③ 定时/计数器的工作方式
(A) 方式 0：
定时器/计数器构成 13 位寄存器。
(B) 方式 1：
定时器/计数器构成 16 位寄存器。
(C) 方式 2：
定时器/计数器构成一个自动再装入功能的 8 位计数器。
(D) 方式 3：
适应于定时器/计数器 0，系统增加 1 个 8 位定时/计数器。
④ 定时/计数器编程举例
编程时应正确写入控制字（初始化）；计算时间常数。
(A) 控制字的次序：
A) 工作方式控制字写入 TMOD 寄存器；
B) 定时、计数初值装入 TLx、THx 寄存器；
C) 置位 TRx 以启动工作；
D) 置位 ETx 允许定时/计数器中断；
E) 置位 EA 使 CPU 开放中断。
(B) 计算时间：

$$1 \text{ 个机器周期} = \frac{12}{\text{晶振频率}}$$

如果晶振频率为 6MHz，机器周期为 $2\mu s$。
定时时间：$T_c = X \cdot T_p$
式中　T_p——机器周期；
　　　T_c——定时时间。
则应装入定时/计数器的初值为：$2^n - X$
方式 0：$n=13$；方式 1：$n=16$；方式 2、3：$n=8$。
例：要求定时 $T_c=1ms$，已知 $T_p=2\mu s$　$X=1000/2=500$

方式 0,时间常数为:$2^{13}-500=7692$
方式 1,时间常数为:$2^{16}-500=65036$

5)内置 UART

8051 有一个可通过软件控制的内置,全双工串行通讯接口。通过接口电路,完成通讯功能。常见的接口电路可以完成 RS232 或 RS485 的通讯。

串行通讯,是指数据一位一位地顺序传送的通讯方式。不同于并行通讯中各位同时进行。异步传送的格式:

起始位	7位数据							校验位	停止位		空闲位	
1	0	0/1	0/1	0/1	0/1	0/1	0/1	1	1	1	0	0/1	0/1

波特率:每秒传送的位数,一般在 120~9600 波特之间(或更高)。
起始位:1 个。
数据位:6~9 位。
校验位:0~1。
停止位:1~2。
通讯要求双方的格式一致,速率一致,通讯规程一样。
串行通讯数据传送方向分为:单工通讯方式、半双工通讯方式、全双工通讯方式。
通讯方式:点对点通讯方式、主从多终端通讯方式。
内置 UART 有 4 种工作方式,如下所示:

方式	说明	波特率
0	移位寄存器工作方式	$f_{ocs}/12$
1	8 位数据位的 UART 工作方式	可变
2	9 位数据位的 UART 工作方式	$f_{ocs}/64$、$f_{ocs}/32$
3	9 位数据位的 UART 工作方式	可变

在方式 2 和方式 3 时,是主-从式多微机通讯方式。
串行接口的控制寄存器:
(A) SCON:串行控制寄存器,字节地址:98H。

D7	D6	D5	D4	D3	D2	D1	D0
SM0	SM1	SM2	REN	TB_8	RB_8	TI	RI

SM0、SM1 指定串行通讯的工作方式,设晶振频率为 f_{ocs}。

SM0	SM1	方式	说明	波特率
0	0	0	移位寄存器工作方式	$f_{ocs}/12$
0	1	1	8 位数据位的 UART 工作方式	可变
1	0	2	9 位数据位的 UART 工作方式	$f_{ocs}/64$、$f_{ocs}/32$
1	1	3	9 位数据位的 UART 工作方式	可变

SM2:在方式 2 和方式 3 时,主-从式多微机通讯操作控制位。

SM2=1 时，是地址；SM2=0 时，是数据。
REN：允许串行 I/O 口接收控制位。
软件设定，REN=1 时，允许接收；REN=0 时，禁止接收。
TB_8：在方式 2 和方式 3 时，它是要发送的第 9 位数据，按需软件设置。
RB_8：在方式 2 和方式 3 时，它是要接收的第 9 位数据。
TI：发送中断标志位。
发送完数据时硬件置位 TI=1，向 CPU 申请发送中断；CPU 响应中断后，必须用软件清零，使其复位。
RI：接收中断标志位。
接收完数据时硬件置位 TI=1，向 CPU 申请发送中断；CPU 响应中断后，必须用软件清零，使其复位。

(B) PCON：特殊功能寄存器，字节地址 87H。

D7	D6	D5	D4	D3	D2	D1	D0
SMOD				GF1	GF0	PD	IDL

SMOD：波特率倍增位。
SMOD=1 时，工作方式 1、2、3 的波特率加倍；SMOD=0 时，不变。
GF1、GF0：通用标志位，软件设置标志位。
PD：掉电方式位。
一条把 PD 置位指令执行后，单片机进入掉电方式。需复位退出。
IDL：待机方式位。
一条把 IDL 置位指令执行后，单片机进入待机方式。任何被允许的中断响应或复位退出。

6) MCS-51 单片机的中断系统及其管理

MCS-51 单片机有 5 个中断源，2 个优先级。

中断是在中间打断某一工作过程去处理一些与本过程无关或间接有关的事件，处理完后，则继续原工作过程。计算机采用中断技术具有以下好处：

解决了快速 CPU 和慢速外设直接的矛盾，可使 CPU、外设并行工作；
可及时处理控制系统中许多随机参数和信息；
具备了处理故障的能力，提高了机器自身的可靠性。

① 中断源。MCS-51 单片机有 5 个中断源：2 个外部中断、2 个定时器中断、1 个串行通讯中断。

(A) TCON：定时/计数器控制寄存器，字节地址 88H。

D7	D6	D5	D4	D3	D2	D1	D0
TF1	TR1	TF0	TR0	IE1	IT1	IE0	IT0

IT0：外部中断请求 0 触发方式控制位。
IT0=0：触发信号低电平有效；IT0=1：触发信号下降沿有效。

IE0：外部沿触发中断 0 请求标志位。

当 IT0＝1 时，出现触发信号下降沿 IE0＝1（置位），向 CPU 申请中断，当 CPU 响应中断，转向中断服务程序时，由硬件清零 IE0＝0 。

IT1：外部中断请求 1 触发方式控制位，同 IT0。

IE1：外部沿触发中断 1 请求标志位，同 IE0。

TR0：定时器 0 运行控制位。

靠软件置位或清除：置位时定时器/计数器工作，清除时停止工作。

TF0：定时器 0 溢出标志。

当定时器/计数器溢出时由硬件置位，申请中断，当 CPU 响应中断，转向中断服务程序时，由硬件清零。

TR1：定时器 1 运行控制位，同 TR0。

TF1：定时器 1 溢出标志，同 TF0。

(B) SCON：串行口控制寄存器，字节地址为 98H。

D7	D6	D5	D4	D3	D2	D1	D0
						TI	RI

TI：发送中断标志位。

发送完数据时硬件置位 TI＝1，向 CPU 申请发送中断；CPU 响应中断后，必须用软件清零，使其复位。

RI：接收中断标志位。

接收完数据时硬件置位 TI＝1，向 CPU 申请发送中断；CPU 响应中断后，必须用软件清零，使其复位。

② 中断的开放、禁止和优先级

(A) IE：中断允许寄存器。

D7	D6	D5	D4	D3	D2	D1	D0
EA			ES	ET1	EX1	ET0	EX0

EA：中断总允许位。

EA＝0 时，禁止所有的中断；EA＝1 时，每个中断由各自允许位控制。

ES：串行口中断允许位。

ES＝0 时，禁止串行口中断；ES＝1 时，允许串行口中断。

ET1：定时器 1 中断允许位。

ET1＝0 时，禁止定时器 1 中断；ET1＝1 时，允许定时器 1 中断。

EX1：外部中断 1 允许位。

EX1＝0 时，禁止外部中断 1 中断；EX1＝1 时，允许外部中断 1 中断。

ET0：定时器 0 中断允许位。同 ET1。

EX0：外部中断 0 允许位。同 EX1。

(B) IP：中断优先级寄存器。

D7	D6	D5	D4	D3	D2	D1	D0
			PS	PT1	PX1	PT0	PX0

MCS-51系统中断分2个优先级：高优先级和低优先级。

PS：串行口中断优先级设定位。

PS=1时，设定为高优先级；PS=0时，设定为低优先级。

PT1：定时器1中断优先级设定位。

PT1=1时，设定为高优先级；PT1=0时，设定为低优先级。

PX1：外部中断1中断优先级设定位。

PX1=1时，设定为高优先级；PX1=0时，设定为低优先级。

PT0：定时器0中断优先级设定位。同PT1。

PX0：外部中断0中断优先级设定位。同PX1。

MCS-51单片机系统对中断优先级的处理原则：

不同级的中断源同时申请中断时：先高后低。

处理低级中断又收到高级中断请求时：停低转高。

处理高级中断又收到低级中断请求时：高不睬低。

同一级的中断源同时申请中断时：事先规定。

（高）外部中断0、定时器0、外部中断1、定时器1、串行口中断（低）

③ 单片机响应中断的条件及过程

（A）条件：中断源有请求，中断允许寄存器IE相应位置1，CPU中断开放（EA=1）。再满足无同级或更高级中断在服务；现行指令执行结束；若现行指令为RETI等，执行完其后一条指令。单片机在下一个机器周期相应中断。

（B）中断响应过程：当某中断源提出中断请求后，CPU一旦响应中断，首先置位相应的优先级有效触发器，以阻断同级和低级的中断。执行一个硬件子程序调用，把断点地址压入堆栈，再把与各中断源对应的中断服务程序的首地址送程序计数器PC，同时清除中断请求标志（TI和RI除外）执行中断服务程序。

执行中断服务程序直到有RETI指令为止。CPU执行该指令，清除中断响应时置位的优先级有效触发器，由堆栈弹出断点地址送程序计数器PC，从而返回主程序。

（2）单片机系统的扩展（存储器）

扩展一些其他的功能，使单片机能够完成较复杂的工作。

1）程序存储器的扩展

程序存储器一般采用ROM或EPROM芯片，只能读出，不能写入。EPROM是紫外线擦除电可编程只读存储器。这些芯片均有一个玻璃窗口，在紫外光下照射20min左右，存储器的各位信息均变为"1"，可以再通过编程器将工作程序固化到芯片中。常用的芯片有2716（2K*8）、2732（4K*8）、2764（8K*8）、27128（16K*8）和27256（32K*8）等。其管脚连接如图10-27所示。

由图10-27可以看出其兼容性，2732和2716为24脚，将2732插入2716的电路中可以作为2716使用，但只有2K字节有效。同样，27256、27128、2764皆为28脚，均可向下兼容。

脚号	27256	27128	2764	2732		2732	2764	27128	27256	脚号
1	Vp	Vp	Vp				V_{CC}	V_{CC}	V_{CC}	28
2	A_{12}	A_{12}	A_{12}				/OGM	/OGM	A_{14}	27
3	A_7	A_7	A_7	A_7		V_{CC}	NC	A_{13}	A_{13}	26
4	A_6	A_6	A_6	A_6		A_8	A_8	A_8	A_8	25
5	A_5	A_5	A_5	A_5		A_9	A_9	A_9	A_9	24
6	A_4	A_4	A_4	A_4		A_{11}	A_{11}	A_{11}	A_{11}	23
7	A_3	A_3	A_3	A_3		/OE/V_{pp}	/OE	/OE	/OE	22
8	A_2	A_2	A_2	A_2		A_{10}	A_{10}	A_{10}	A_{10}	21
9	A_1	A_1	A_1	A_1		/CE	/CE	/CE	/CE	20
10	A_0	A_0	A_0	A_0		O_7	O_7	O_7	O_7	19
11	O_0	O_0	O_0	O_0		O_6	O_6	O_6	O_6	18
12	O_1	O_1	O_1	O_1		O_5	O_5	O_5	O_5	17
13	O_2	O_2	O_2	O_2		O_4	O_4	O_4	O_4	16
14	GND	GND	GND	GND		O_3	O_3	O_3	O_3	15

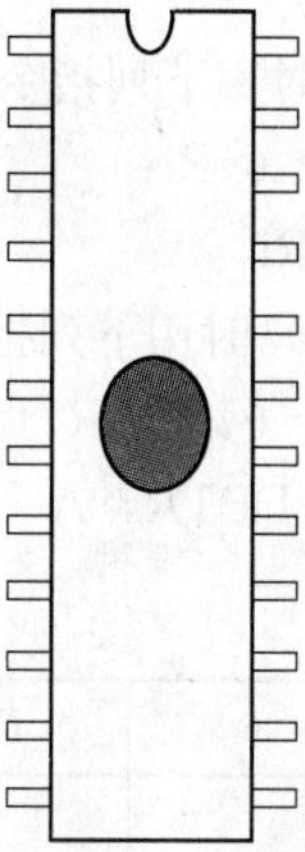

图 10-27 常见 EPROM 连接图

使用程序存储器时应注意以下几点：
① 根据系统容量要求选择 EPROM 芯片，选择大容量芯片减少组合。
② 根据系统要求选择具体参数，如：最大读取时间、电源容差、工作温度及老化时间。
③ 注意不同的型号不同生产公司的产品编程电压有不同的要求。
例：使用单片 EPROM 27256 的扩展电路见图 10-28 所示。

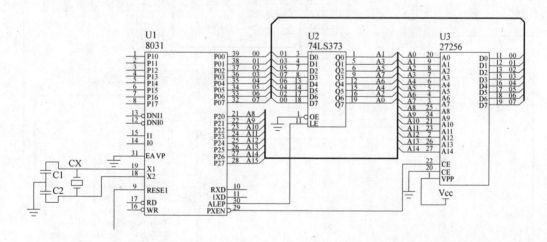

图 10-28 单片 EPROM 27256 的扩展电路图

2）数据存储器的扩展

数据存储器主要用来存取要处理的数据，在 MCS-51 系列单片机中片内数据存储器容量一般在 128～256 字节。当数据容量较大时，就需要扩展外部 RAM 数据存储器，扩展容量最大为64K字节。

访问首页地址空间（00H～FFH）时用下列指令：

读（数据输入）指令　MOVX　A，@Ri

写（数据输出）指令　MOVX　@Ri，A

访问全部地址空间（00H～FFFFH）时用下列指令：

读（数据输入）指令　MOVX　A，@DPTR

写（数据输出）指令　MOVX　@DPTR，A

6264工作方式选择：

方式	$\overline{CE_1}$ 20	CE_2 26	$\overline{OE}$ 22	WE 27	输出
未选中(掉电)	V_{IH}	任意	任意	任意	高阻
未选中(掉电)	任意	V_{IL}	任意	任意	高阻
输出禁止	V_{IL}	V_{IH}	V_{IH}	V_{IH}	高阻
读	V_{IL}	V_{IH}	V_{IL}	V_{IH}	D_{OUT}
写	V_{IL}	V_{IH}	V_{IH}	V_{IL}	D_{IN}
写	V_{IL}	V_{IH}	V_{IL}	V_{IL}	D_{IN}

例：使用静态 RAM 6264 的扩展电路（8K字节），如图10-29所示。

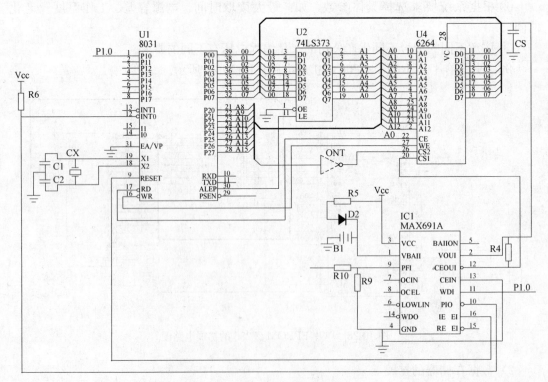

图10-29　6264的扩展电路

注：MAX691A 是复位、看门狗、RAM掉电保护和低电压比较器电路。

(3) 单片机系统的扩展（I/O 及功率接口）

扩展一些其他的功能，使单片机能够完成较复杂的工作。

1) 输入/输出接口的扩展

用 TTL 芯片扩展简单的 I/O 接口。

用锁存器扩展简单的 8 位输出口，带输入允许的 8D 锁存器 74LS273，当 CLK＝1 时，/ER 的上升沿将 8 位输出数据打入锁存器，这时 Q 端将保持 D 端输入的 8 位数据。CLR 为清除端，低电平时 8D 触发器清零。

锁存器被视为一个外部 RAM 地址单元，口地址为 FFFFH，如图 10-30 所示。

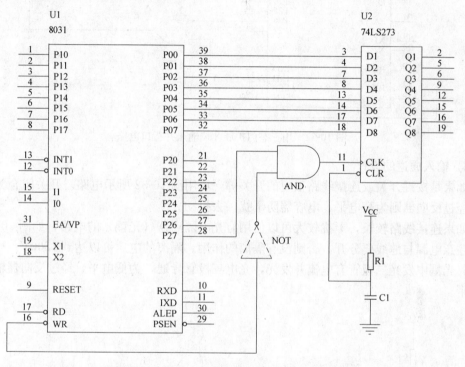

图 10-30　用锁存器扩展简单的 8 位输出口电路

其输出操作如下：

MOV　DPTR，#0FFFFH

MOV　A，#data

MOVX　@DPTR，A

可以看出其地址不唯一，只要 P2.7 为 1 将都被选中，即其地址范围：从 8000H ～ FFFFH 共 32K 个单元！

用三态门扩展 8 位输入并行口，采用 8 位三态门控制电路 74LS244。三态门由 P2.6 和/RD 相或控制，其地址为 BFFFH，即 P2.6 为 0 即可，地址不唯一，不连续，如图 10-31 所示。

其数据输入可以用如下指令：

MOV　DPTR，　#BFFFH

MOVX　A，　@DPTR

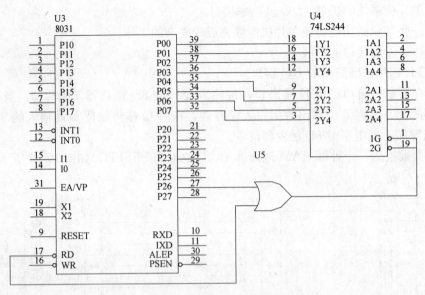

图 10-31 用三态门扩展 8 位输入并行口电路

2）输入通道的设计

如果是按键开关或连接线路很短的开关等，可用图 10-32 所示电路。开关闭合为低电平，经过反向器则为高电平，电容器防干扰，去抖动。

如果连接线路较长，干扰较大可以使用有光电隔离器（光耦）的电路，如图 10-33 所示。注意电源与地线要分开，否则没有隔离的作用。隔离的电压可以达到 1500V。当开关闭合时光耦中发光二极管有电流并发光，光电三极管导通，为低电平，经过反向器输出为高电平。

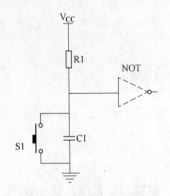

图 10-32 按键开关电路

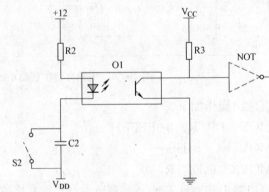

图 10-33 光电隔离器开关量输入电路

3）输出通道的设计

继电器输出电路，如图 10-34 所示。它往往需要驱动大电流的用电设备，一般的集成电路和晶体管就无能为力了，在要求动作时间不是很快，也不频繁的地方使用继电器仍是较好的选择。

输入为高电平时，BG1 导通继电器吸合。R1 是限流电阻，R2 保证 BG1 可靠的截止，D1 吸收继电器的线圈在 BG1 截止时的反向电动势，防止 BG1 击穿。

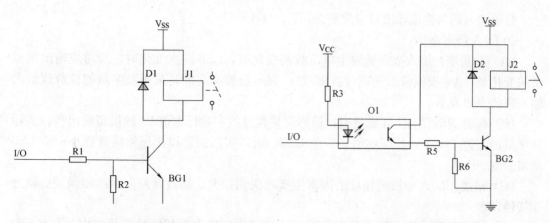

图 10-34 继电器输出电路（一）　　　　图 10-35 继电器输出电路（二）

如果继电器较大或干扰较大，为了可靠地工作，也可以使用光耦，如图 10-35 所示。

当输入高电平时，光耦的光电三极管截止，BG2 截止，继电器释放。反之，输入低电平，光耦导通，BG2 导通，继电器吸合。

晶闸管（可控硅）输出电路

光电耦合器 MOC3041 是过零触发型，即只有在交流电的零压位置时可控硅才导通或关断，如图 10-36 所示。该电路可以用于频繁启动的场合，无触点，无火花，干扰小。

（4）单片机系统的扩展（D/A 与 A/D 转换）

D/A 转换：计算机实现数字量至模拟量的线性转换。如计算机的数字量 0～0FFH 经过 D/A 转换成为 0～5V 的控制模拟信号去给调节阀或执行器产生相应的动作。A/D 转换：从信号源中采集模拟电压信号，将其转换为数字形式，以便输入到计算机。

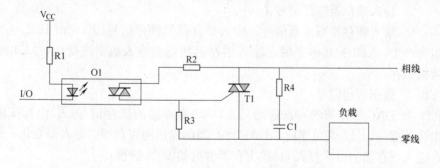

图 10-36　晶闸管（可控硅）输出电路

1) D/A 转换接口设计的一般性问题

D/A 芯片的选择原则是性能、结构、应用特性。

① 性能：静态性能，各项精度指标；动态，建立时间和尖峰参数；环境，使用温度。

② 结构：数字输入特性；逻辑电平；控制状态；数字输出特性；锁存与转换控制；参考电压源。

数字输入码与模拟输出对应关系为：$V_O = DV_R$

③ D/A 静态指标：

(A) 分辨率：输入数字量发生单位数码变化时，LSB 一次变化时，所对应输出模拟量的变化量，$\Delta = $ 模拟输出的满量程值 $/2^n$。表示分辨率高低是采用数字量的位数或最大输入码的个数表示。

(B) 标称满量程与实际满量程：标称满量程是数字量标称值 2^n 的模拟输出量，实际数字量最大为 $2^n - 1$，比标称值小 1 个 LSB，所以实际满量程比标称满量程小一个 LSB 增量。

(C) 精度：D/A 中影响精度的因素主要有失调误差、增益误差、非线性误差、微分非线性误差。

(D) 建立时间：输入数字量变化后，输出模拟量稳定到相应数值范围内（1/2LSB）所经历的时间。

(E) 尖峰：数字输入码发生变化时刻产生的瞬时误差。

(F) 环境及工作条件：主要是温度和电源。

2) DAC0832 的典型 D/A 转换接口及应用实例

DAC0832 是和微处理器完全兼容的，具有 8 位分辨率的 D/A 转换集成芯片，具有价廉、接口简单、转换控制容易等优点，在单片机应用系统中得到了广泛的应用。属于该系列的芯片还有 DAC0830、DAC0831。

DAC0830 系列产品包括 DAC0830、DAC0831、DAC0832，它们可以完全相互代换。其逻辑结构及管脚号如图 10-37 所示。它由 8 位输入锁存器，8 位 DAC 寄存器，8 位 D/A 转换器及转换控制电路构成，为 20 脚双列直插式封装结构。

各管脚的功能如下：

$DI_{0~7}$　　位数据输入端；

ILE　　数据允许锁存信号；

$\overline{CS}$　　输入锁存器选择信号；

$\overline{WR1}$　　输入锁存器写选通信号。输入锁存器的锁存信号 $\overline{LE1}$，由 ILE、$\overline{CS}$、$\overline{WR1}$ 的逻辑组合产生，$\overline{LE1}$ 为高电平时，输入锁存器状态随输入数据线变化，$\overline{LE1}$ 的负跳变将输入数据锁存；

$\overline{XFER}$　　数据传送信号；

$\overline{WR2}$　　DAC 寄存器的写选通信号。DAC 寄存器的锁存信号 $\overline{LE2}$ 由 $\overline{XFER}$ 和 $\overline{WR2}$ 的逻辑组合而成。$\overline{LE2}$ 为高电平时，DAC 寄存器的输出随寄存器的输入而变化，$\overline{LE2}$ 的负跳变时，输入寄存器的内容打入 DAC 寄存器并开始 D/A 转换；

V_{REF}　　基准电源输入端；

R_{FB}　　反馈信号输入端；

I_{OUT1}　　电流输出端 1，其值随 DAC 内容线性变化；

I_{OUT2}　　电流输出端 2，$I_{OUT1} + I_{OUT2} = $ 常数；

V_{CC}　　电源输入端；

AGND　　模拟地；

DGND　　数字地。

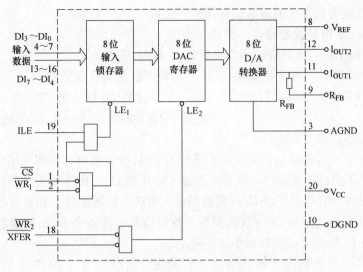

图 10-37　DAC0832 结构图

① 0832 的应用特性

（A）0832 是微处理器兼容型 D/A 转换器，可以充分利用微处理器的控制能力实现对 D/A 转换的控制，故这种芯片有许多控制引脚，可以和微处理器的控制线相连，接受微处理器的控制。

（B）有两级锁存控制功能，能够实现多通道 D/A 的同步转换输出。

（C）0832 内部无参考电压，需外接参考电压电路。

（D）0832 为电流输出型 D/A 转换器，在获得模拟电压输出时，需要外加转换电路。

图 10-38 为两级运算放大器组成的模拟电压输出电路。a 点输出为单极性模拟电压，从 b 点输出为双极性模拟电压；如果参考电压为 +5V，则 a 点输出电压为 -5V~0V，b 点输出为 ±5V 电压。

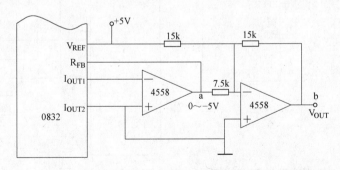

图 10-38　两级运算放大器组成的模拟电压输出电路

若应用系统中只有一路 D/A 转换器，虽然是多路转换，但并不要求同步输出时则采用单缓冲器方式接口，如图 10-39 所示，让 ILE 接 +5V，寄存器选择信号 $\overline{CS}$ 及数据传送信号 $\overline{XFER}$，都与地址选择线相连（图中为 P2.7），两级寄存器的写信号都由 8031 的 $\overline{WR}$ 端控制。当地址线选择好 0832 后，只要输出 WR 控制信号，0832 就能一步完成数字量的输入锁存和 D/A 转换输出。

由于 0832 具有数字量的输入锁存功能，故数字量可以直接从 P0 口进入，执行下面几个指令就能完成一次 D/A 转换：

   MOV DPTR，#7FFFH   指向 0832
   MOV A，#data   数字最先装入累加器
   MOVX @DPTR，A   数字量从 P0 口送至 P2.7 所指向的地址，
                $\overline{WR}$ 有效时，完成一次 D/A 输入与转换。

② 双缓冲器同步方式接口

对于多路 D/A 转换接口，要求同步进行 D/A 转换输出时，必须采用双缓冲器同步方式接法。0832 采用这种接法时，数字量的输入锁存和 D/A 转换输出是分两步完成的，即 CPU 的数据总线分时地向各路 D/A 转换器输入要转换的数字量并锁存在各自的输入寄存器中，然后 CPU 对所有的 D/A 转换器发出控制信号，使各个 D/A 转换器输入寄存器中的数据打入 DAC 寄存器，实现同步转换输出。

图 10-40 是一个两路同步输出的 D/A 转换接口电路。P2.5 和 P2.6 分别选择两路 D/A 转换器的输入寄存器，控制输入锁存；P2.7 连到两路 D/A 转换器的 $\overline{XFER}$ 端控制同步转换输出；$\overline{WR}$ 端与所有的 $\overline{WR1}$、$\overline{WR2}$ 端相连；在执行 MOVX 输出指令时，8031 自动输出 $\overline{WR}$ 自动控制信号。

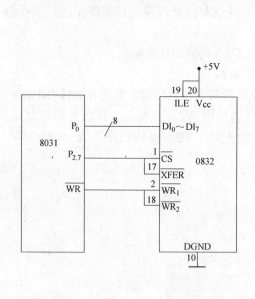
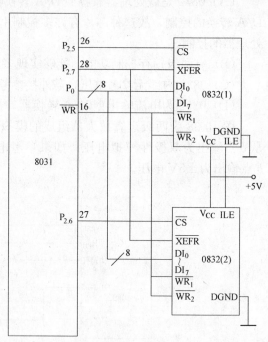

图 10-39 0832 的单缓冲器方式接口电路 图 10-40 0832 的双缓冲器同步方式接口电路

执行下面 8 条指令就能完成两路 D/A 的同步转换输出。

   MOV DPTR，#0DFFFH； 指向 0832（1）
   MOV A，#data1；   #data1 送入 0832（1）中锁存
   MOVX @DPTR，A
   MOV DPTR，#0BFFFH； 指向 0832（2）

```
        MOV   A, #data2;              data2 送入 0832（2）中锁存
        MOVX  @DPTR, A
        MOV   DPTR, #7FFFH;           给 0832（1），0832（2）提供
        MOVX  @DPTR, A;               $\overline{WR}$ 信号，同时完成 D/A 的转换输出
```

③ D/A 转换的典型应用

图 10-41 为两路异步 D/A 转换双极性电压输出接口电略，$\overline{WR1}$ 与 8031 的 $\overline{WR}$ 相连。图中参考电压为 +5V。8031 的其他电路及引脚被省略。按照图中连线，0832（1）的地址为 DFFFH，0832（2）的地址为 BFFFH。输出的双极性电压为 +5V。

双极性 D/A 转换输出可获得反向锯齿波、正向锯齿波和双向锯齿波信号输出，如图 10-42 所示。

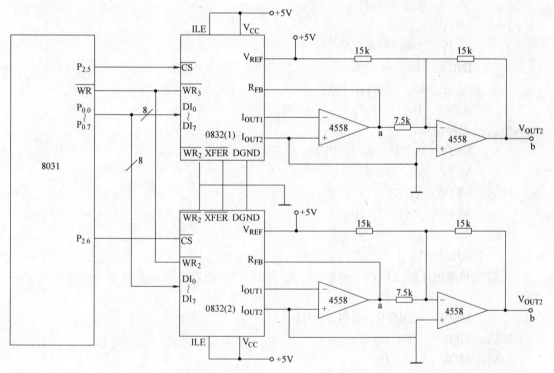

图 10-41 0832 两路异步输出的信号电压输出接口电路

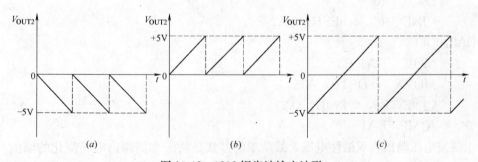

图 10-42 0832 锯齿波输出波形
(a) 反向锯齿波；(b) 正向锯齿波；(c) 双向锯齿波

相应的程序清单如下（使用0832（1））：
反相锯齿波程序清单：

```
        MOV    DPTR, #0DFFPH
DAT1:   MOV    R6, #80H
DAT2:   MOV    A, R6
        MOVX   @DPTR, A
        DJNZ   R6, DAT2
        AJMP   DA1
```

正向锯齿波程序清单：

```
DA1:    MOV    DPTR, #0DFFFH
        MOV    R6, #80H
DA2:    MOV    A, R6
        MOVX   @DPTR, A
        INC    R6
        CJNE   R6, 0FFH, DA2
        AJMP   DA1
```

双向锯齿波程序清单：

```
        MOV    DPTR, #0DFFFH
        MOV    R6, #00H
DA1:    MOV    A, R6
        MOVX   @DPTR, A
        INC    R6
        AJMP   DA1
```

单路三角波电压输出执行下列程序，在0832（1）的双极性端输出0～+5V变化的三角波。

```
        MOV    DPTR, #0DFFFH
DA1:    MOV    R6, #80H
DA2:    MOV    A, R6
        MOVX   @DPTR, A
        INC    R6
        CJNE   R6, #0FFH, DA2
DA3:    DEC    R6
        MOV    A, R6
        MOVX   @DPTR, A
        CJNE   R6, #890U, DA3
        AJMP   DA1
```

正弦波电压输出为双极性电压，最简单的办法是将一个周期内电压变化的幅值（-5～+5V）按8位D/A分辨率分为256个数值列成表格，然后依次将这些数字量送入0832进行D/A转换输出。只要不停地送数，在双极性电压端就能获得连续的正弦波输出。

0832 (1) 正弦波电压输出程序清单：
```
        MOV   R5，#00H
SIN：MOV   A，R5
        MOV   DPTR， #TAB
        MOVC  A，@A+DPTR
        MOV   DPTR，#0DFFFH
        MOVX  @DPTR，A
        INC   R5
        AJMP  SIN
TAB：DB：80  83  06  89  8D  90  93  96  ……
```

3）A/D 转换接口设计的一般性问题

将模拟量转换为数字量基本部件有：模拟多路转换器与信号调节；采样/保持放大器；模拟/数字（A/D）转换器；通道控制电路。

① 数据采集与转换的应用问题：

系统的采集速度：采集速度表示了采集系统的实时性能。采集速度由模拟信号带宽、数据通道数和每个周期的采样数决定。

采样定理：在理想的数据采样系统中，为了使采样输出信号能无失真地复现原输入信号，必须使采样频率至少为输入信号最高有效频率的两倍，即 $f_s > 2f_{max}$ 否则会出现频率混迭误差。

为了保证精度，在实际中增加了采样频率。最小采样频率为 $f_s = (7 \sim 10) f_{max}$。

在 A/D 转换前设置低通滤波，消除信号中无用的高频分量。

对于多通道的数据采集系统，最小采集频率为：$f_s = (7 \sim 10) f_{max} N$。

最大采样周期 $T_s = 1/f_s$。

孔径误差：由于 A/D 转换有一定时间过程，对于动态模拟信号，在 A/D 转换器接通的孔径时间里，输入的模拟信号值是不确定的，从而引起输出的不确定性误差，对于快速变化的信号必须使用采样/保持电路。

② A/D 转换器的技术指标：量化误差与分辨率、转换精度、转换时间与转换速度、失调（零点）温度系数和增益温度系数、对电源电压变化的抑制比。

A/D 转换有逐次比较型、双积分型等，分辨率有 8 位、10 位、12 位等。

4）A/D 转换器及应用特性

A/D 转换芯片种类繁多，但大量投放市场的单片集成或模块 A/D 按其变换原理分，主要有逐次比较式、双积分式、量化反馈式和并行式 A/D 转换器。

① 逐次比较式 A/D 转换器是目前种类最多、数量最大、应用最广的 A/D 转换器件。逐次比较式 A/D 转换器有单片集成与混合集成两种集成电路或模块，后者的主要性能指标均高于前者。

② 目前流行的单芯片集成化逐次比较式 A/D 转换器基本上有两类产品，一类是以双极型微电子工艺为基础的产品；另一类是以 CMOS 工艺为基础的产品。前者的转换速度较高，一般在 $1 \sim 40 \mu s$ 范围内；后者转换速度较低，一般在 $50 \sim 200 \mu s$ 范围内，但价格较低，功耗也小，而且转换速度也在不断提高。

单芯片集成化逐次比较式 A/D 的分辨率通常为 8~13 位二进制量级。

单芯片集成化逐次比较式 A/D 转换器芯片主要有以下几类：

(A) ADC0801～0805 型 8 位全 MOSA/D 转换器，该集成 A/D 转换器为美国 National Semicondactor 公司产品。国内同类产品为 5G0801（三五五厂）。它是最流行的中速廉价型产品之一。片内有三态数据输出锁存器，与微处理器兼容，输入方式为单通道，转换时间约为 $100\mu s$。精度较高的 ADC0801，非线性误差为 $\pm 1/4LSB$。最差的 ADC0804 和 ADC0805 非线性误差为 $\pm 1LSB$。电源电压为单一 +5V。同类产品还有 ADC1001 型 10 位 A/D 转换器。

(B) ADC0808 系列的结构、性能与 ADC0801～0805 近似。芯片内设置了多路模拟开关以及通道地址译码及锁存电路，因此，能对多路模拟信号进行分时采集与转换。

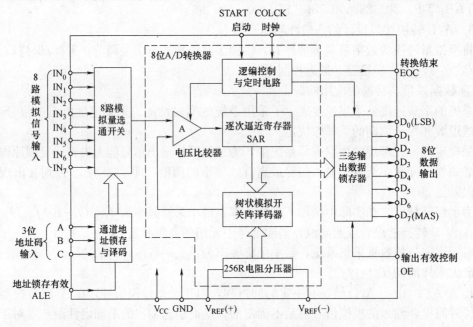

图 10-43 ADC0808/0809 的结构框图

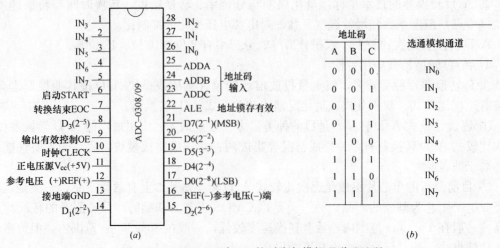

图 10-44 ADC0808/0809 的引脚与模拟通道地址码

(a) 引脚图；(b) 模拟通道地址码

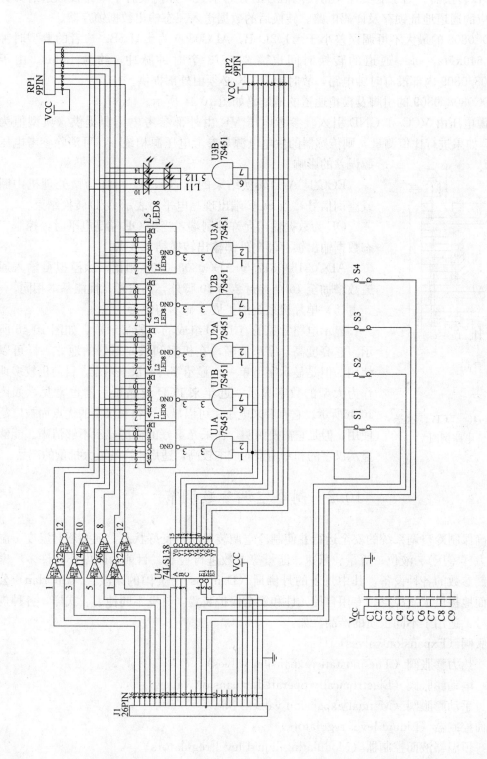

图 10-45　LED 显示器键盘电路例图

ADC0808 系列芯片主要有 8 通道的 ADC0808/0809 和 16 通道的 ADC0816/0817。

(C) ADC0808/0809 的结构原理如图 10-43 所示。芯片的主要部分是一个 8 位逐次比较式 A/D 转换器。为了能实现 8 路模拟信号的分时采集，片内设置了 8 路模拟选通开关以及相应的通道地址锁存及译码电路。转换后的数据送入三态输出数据锁存器。

ADC0808 的最大不可调误差小于 ±1/2LSB，ADC0809 为 ±1LSB。二者的典型时钟频率为 640kHz，每一通道的转换时间也需要 6673 个时钟脉冲，约为 $100\mu s$。由于 ADC0808/0809 内部没有时钟电路，故时钟 fCLK 必须由外部提供。

ADC0808/0809 的引脚及模拟通道的地址码如图 10-44 所示。

电源电压由 VCC 和 GND 引入。参考电压 VR 由外部参考电压源提供（典型值为 +5V）。如果进行比值测量，则传感器的供电电源与参考电压源相统一，可消除参考电压源误差的影响。

EOC 是 A/D 转换结束的标志信号，可作为微处理机中断或查询信号，当 EOC 端出现高电平时表示 A/D 转换结束。

OE 为数据输出允许控制端，当给 OE 端高电平时，控制三态数据输出锁存器向外部输出转换结果数据。

ADC0816/0817 与 ADC0808/0809 相比，除模拟量输入通道数增加至 16 个，封装为 40 脚外，其原理、性能基本相同。

(5) 单片机系统的扩展（显示与键盘）

显示电路常见的有 LED 组成的八段显示器，如图 10-45 所示。它亮度高、字型清晰，在机房和采光不好的地方一样可以使用。但是显示字型单一，显示字母和汉字困难，目前仍较多地作为大型的数字显示。近年来 LCD 液晶显示器也常见，如图 10-46 所示。它有着来电小，可以显示字符和汉字的优点而被广泛使用，但是它需要照明，在采光不好的机房显示不够清晰。能够显示汉字的和专用型的成本较高，适用于高端或大批量的产品。

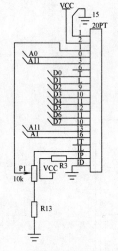

图 10-46 LCD 显示器电路例图

10.2 制冷空调参数调节

为确保制冷空调系统的安全运行并使制冷空调装置获得良好状态，就必须对温度、湿度、压力（差压）、液位、流量、风速、能量等参数进行控制。目前，国内外有许多厂家生产控制参数的各种设备，其中丹麦的丹佛斯（Danfoss）、美国的斯波兰（Sporlan）公司较全面地提供了制冷空调专用自控元件和安全保护装置，具有不同种类、式样，各种规格、型号，适用于不同工质的产品，如：

膨胀阀（Expansion valves）

    热力膨胀阀（The mostatic expansion valves）

    电动膨胀阀（Electronically operated expansion valves）

    手动膨胀阀（Manual expansion valves）等；

液面控制器（Liquid level regulators）

    恒温器液面控制器（Modulating liquid level regulators）

液面报警器（Liquid level alarms）

安全开关（Safety switches）

电子液面控制器（Electronic liquid level regulators）等；

压力和温度控制器（Pressure and temperature regulators）

蒸发压力控制器（Evaporating pressure regulators）

冷凝压力控制器（Condensing pressure regulators）

能量控制器（Capacity regulators）

曲轴箱压力控制器（Crankcase pressure regulators）

容器压力控制器（Receiver pressure regulators）

介质温控器（Media temperature regulators）

差压控制器（Differential pressure regulators）

恒温器（Thermostats）

传感器（Sensors）

压力变送器（Pressure transmitters）等；

各种电磁阀（Solenoid valves）

电磁导阀（Solenoid pilot valves）

热回收阀（Heat reclaim valves）

热汽融霜阀（Hot gas defrost valves）

工业电磁阀（Industrial solenoid valves）

分液器（Liquid distributors）

蒸发器控制系统（Evaporator control system）

各种附件（Accessories）、管件（Line components）等。

10.2.1 温度调节

1. 温度控制器

(1) 双金属片式温控器

它是由两种线膨胀系数不同的金属片叠焊在一起制成的。金属片一端固定，另一端可自由移动。当温度升高（加热）时，金属片会向上弯曲变形（下面金属的线膨胀系数比上面金属大时）；当温度降低（冷却）时，金属片会向下弯曲变形。温度越高（低），弯曲角度越大，如图10-47（a）所示。

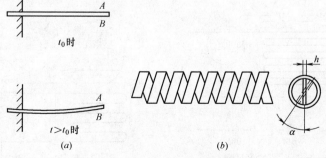

图 10-47 双金属片温度控制原理图
(a) 条形双金属片；(b) 螺旋形双金属片

为使双金属片长而结构紧凑，占据空间小而变形显著，常将双金属片绕制成螺旋形，将其一端固定，另一端与指针相连接，如图 10-47（b）所示，受热后双金属片自由端的偏转角度进行温度指示。双金属片向上弯曲和向下弯曲所接触到的两个触点可作延时复位控制和通断双位控制开关等用途。

（2）压力式温控器

制冷空调常用的国产压力式温度控制器有：WTQK-11、WTQK-21、WTZK-12、WT-1226 等型号，如图 10-48、图 10-49 所示，Danfoss 产品压力式温控器如图 10-50、图 10-51 所示。其通断特性见图 10-52、图 10-53；技术特性参见表 10-3、表 10-4。

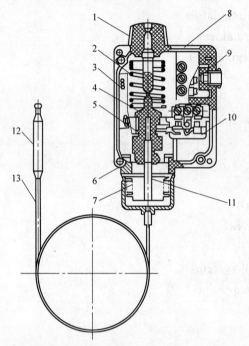

图 10-48　WTQK-11 型温度控制器

1—旋钮；2—弹簧；3—刻度板；4—调节套；5—幅差调节螺母；6—调节座；7—气箱；8—壳体；9—接线盒；10—微动开关；11—顶杆；12—感温包；13—毛细管

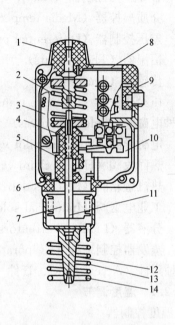

图 10-49　WTQK-21 型温度控制器

1—旋钮；2—弹簧；3—刻度板；4—调节套；5—幅差调节螺母；6—调节座；7—气箱；8—壳体；9—接线盒；10—微动开关；11—顶杆；12—支撑座；13—螺旋感温包；14—护盖

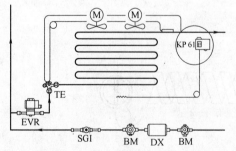

图 10-50　Danfoss 生产的 KP 型压力式恒温器安装示意图

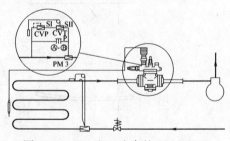

图 10-51　Danfoss 生产的 PM+CVT 型温度调节器安装示意图

通路	主刻度+幅差	停降
断路	红针（主刻度）	降温

WTQK 11(−40～−10℃)
−21(−25～−15℃)

断路	停加	主刻度+幅差
通路	加温	红针（主刻度）

WTQK 11(−10～0℃)
−21(50～90℃)

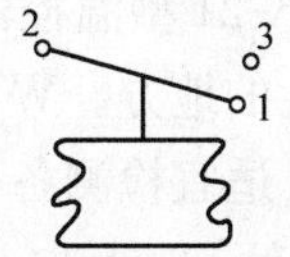

断路	停车警报	红针	主刻度
通路	正常运转	主刻度	开关差

图 10-52 WTQK（气体）压力式温度控制器通断特性

图 10-53 WTZK（蒸汽）压力式温度控制器通断特性

WTQK、WTZK 型压力式温度控制器特性参数　　　表 10-3

部颁型号	产品名称	原理型号	原用名称	温包	开关	外壳	温度范围（主刻度）（℃）	幅差范围（℃）	开关差（℃）
WTQK-11	（气体）压力式温度控制器	WK-1	低温控制器	棒形	单	密封壳	−40～−10	1.5～10	1.5
WTQK-21		WK-1R		螺旋形					
		WK-1S		棒形	双				
		WK-1RS		螺旋形					
WTQK-11		WK-Z	冷间控制器	棒形	单	密封壳	−25～15	1.2～14	1.2
WTQK-21		WK-2R		螺旋形					
		WK-2S		棒形	双				
		WK-2RS		螺旋形					
WTQK-11		WK-3	常温控制器	棒形	单	钢壳	0～40	3～10	2
		WK-3M				密封壳			
WTQK-11		WK-4	油温控制器	棒形	单	钢壳	50～90	—	5
		WK-4M				密封壳			
WTZK-12	（蒸汽）压力式温度控制器	WK-5	排气温度控制器	棒形	单	钢壳	80～160	—	8

WTQK、WTZK 系列压力式温度控制器技术特性表　　　表 10-4

型号	温包	温度范围（主刻度）（℃）	幅差范围（℃）	开关差（℃）	上下限位通断特性 上限位（温度增加时动作）	下限位（温度下降时动作）	备注
WTQK-11	棒形	−40～−10	1.5～10	1.5	通路主刻度+幅差	断路主刻度针	低温控制器
WTQK-21	螺旋形						
WTQK-11	棒形	−25～15	1.2～14	1.2	通路主刻度+幅差	断路主刻度针	冷间控制器
WTQK-21	螺旋形						
WTQK-11	棒形	0～40	3～10	2	断路主刻度红针	通路主刻度−幅差	常温控制器
WTQK-11	棒形	50～90		5			油温控制器
WTZK-22	棒形	80～160		8	断路主刻度红针	通路主刻度−幅差	排气温度控制器

WTQK-21型温控器温包为螺旋形，与控制器外壳组装在一起，适宜装在库房温度场中有代表性的地方。WTQK-11温控器的温包为棒形，通过毛细管与控制器外壳内的波纹管相连接，适宜检测各种管道、容器的温度，也可将温包装在库房内，将仪表装在库房外（毛细管长度一般为2m左右）。WTZK-22型压力式温度控制器适用于机器排气温度保护，主要用的是上限位切断值，下限位的幅度并不重要，因此没有幅差弹簧，只有电气形状的开关差作为固定幅差。

(3) 电子式温控器

1) TDW-12型温度调节器

TDW-12型温度调节器本身不带感温元件，必须与铂电阻、铜电阻、热敏电阻等配合使用，并通过执行元件达到调节温度的目的。

TDW-12型温度调节器装在控制室主控屏上，温度调节范围为－40～20℃，整定调节温度上下限幅差有±0.5℃、±1℃、±2℃、±5℃四种，可根据使用要求选用。

2) WT-1226型温度调节器

WT-1226型温度调节器为温包式温度控制器，在制冷空调系统中，根据不同的温度控制要求，温度调节器的感温元件——温包内所充灌的物质和充注量是不相同的。经常采用的有饱和液体充注式（简称充液式）、饱和气体充注式（简称充气式）和吸附式等三类。

由于采用不同充注法的温度调节器有不同的温度控制范围和不同的特点，因此在使用温度调节器的时候，要根据所需的温控数值，具体的环境和条件来选择。

WT-1226型温度调节器的技术数据见表10-5。

WT-1226型温度调节器技术数据表　　　　表10-5

序号	温度调节范围(℃)	幅差范围(℃)	开关差(℃)	备注
1	－60～－30	3～5	1	
2	－40～－10	3～5	1	
3	－25～0	3～5	1	
4	－15～15	3～5	1	触头容量： ～380V,3A 220V,2.5A 测量距离≤12m
5	40～80	3～5	1	
6	60～100	3～5	1.5	
7	80～120	3～5	1.5	
8	110～150	3～5	1.5	
9	30～170	3～5	1.5	

3) WSX/WSXK系列温度数字显示控制仪

WSX/WSXK系列温度数字显示控制仪广泛用于制冷空调各种产品以显示温度或显示控制温度。温度数字显示采用LED数码管，温度传感器用半导体器件、热敏电阻等。

该系列温度数字显示控制仪操作方便、读数直观、性能可靠，是取代普通动圈式、指针式温度仪的理想仪表。

WSX/WSXK系列温度数字显示控制仪技术数据见表10-6。

WSX/WSXK 系列温度数字显示控制仪技术数据表　　表 10-6

机型 参数 名称	WSX 系列显示器	WSXK 系列温控器
温度显示范围	−50～300℃	−50～+300℃
温度显示精度	±1～±0.5℃	±1～±0.5℃
温度控制范围		−50～+300℃
温度控制精度		±1℃
继电器容量		5A
温度差回量		1～10℃（可自行设定）
使用电源	−200V±10%	−220V±10%
功耗	5W	5W
仪器尺寸	170mm×80mm×100mm	开孔尺寸 150mm×75mm

4) WXL-216 型巡回测温仪

WXL-216 型巡回测温仪是一种温度自动巡检装置，可用于多点温度自动巡回指示，也可手动选点指示。该仪表测温点用数字显示，温度数值用模拟式仪表指示。使用 WXL-216 型巡回测温仪测量多点温度可以减少仪表使用数量，并具有重量轻、体积小、使用简单等优点。

WXL-216 型巡回测温仪主要技术性能：

① 形式：仪表盘式或台式；

② 显示方式：测温点用数字显示，温度用模拟仪表显示；

③ 温度显示仪表：XCZ、XBZ 系列；

④ 测试点数：16 点，可扩充；

⑤ 巡测时间：每点 10s；

⑥ 使用条件：

（A）电源：交流电压 220V，50Hz；

（B）环境温度：0～45℃；

（C）相对湿度：不超过 85%。

5) Danfoss KVQ+EKS67 型电子温度调节器

该型号的电子温度调节器由执行器 KVQ+控制器 EKS67+传感器 AKS 共同构成一电子系统，通过控制蒸发压力来调节介质的温度，满足那些需要精密温度调节的场合。

Danfoss PM+CVQ+EKS61 型电子温度调节器　由主阀 PM+导阀 CVQ+控制器 EKS61+传感器 AKS 共同构成一电子系统，通过控制蒸发压力来调节介质的温度，满足那些需要精密调节温度的场合。本系统调节介质的温度，使其维持在所需温度的±0.25℃或更小的范围内。此电子系统也可监测蒸发温度。

以上两种型号的产品都是节能型，并有除霜报警显示遥控等功能。调节精度≤±0.5℃。

2. 温度双位调节、比例（P）和比例积分（PI）调节

(1) 双位调节

温度双位调节在制冷空调产品中应用非常广泛。它可以通过双金属片温控器、压力式温控器和电子式温控器来实现。只要整定双位触点温度上、下限值就能实现双位调节，既能满足温度的调节精度，又使上、下限触点动作不要过于频繁，以保证使用寿命。如冰箱、冰柜、空调器、小型活动冷库等，包括大、中型制冷空调设备应用温度的双位调节也不在少数。

① 用温控器感应被冷却对象的温度，控制压缩机启、停，实现双位调节。如冰箱冰柜、冷藏陈列柜、分体式空调器、窗机、柜机等。

② 用温控器控制蒸发器的供液电磁阀，实现多个蒸发系统末端设备的双位调节。每个用冷对象配置各自的蒸发器和供液电磁阀，每个用冷对象各自设置温控器控制各自的供液电磁阀通断。待所有蒸发器都停止供液时，才控制压缩机停止工作。只要有一个蒸发器需要供液降温，就启动压缩机并整机工作。可以在多路、多温、多房间的制冷空调系统中应用。

(2) 比例（P）和比例积分（PI）调节

1) 温度比例（P）调节

被冷却介质温度发出信号，来调节蒸发器回气量，使蒸发器制冷能力与制冷负荷成比例变化。如：采用蒸发压力调节阀是利用冷媒温度变化反映制冷负荷的变化，根据制冷负荷变化比例调节蒸发压力，使蒸发器制冷能力与制冷负荷成比例变化。

2) 温度比例积分（PI）调节

对于迟延较大或负荷变动较大的装置，采用双位调节或比例调节都难以获得很好的调节品质。如果温度调节精度要求很高，就得考虑采用更高级的调节方式。如：采用 PI 型执行阀件自控系统（Danfoss、Sporlan 等公司均有产品）、在制冷装置中采用电子调节系统，对冷媒温度实行比例积分（PI）调节，以保证温度调节精度。

10.2.2 压力与差压调节

1. 压力控制器

(1) YWK 系列压力控制器

YWK 系列压力控制器主要用于制冷系统中 0.08～2MPa 压力范围内的自动控制。控制方式为双位调节，在所调定的上、下限位发出通路或断路的电信号。在制冷系统中，压力控制器分为保护性和调节性两种。其中，YWK-22 型用作机器保护的高、低压控制，在系统出现危险压力时发出自动停机信号；YWK-11、YWK-12 型压力控制器用作系统调节的压力控制。

YWK-22 型作为保护性压力控制器，为了突出主要控制的危险压力，在主刻度上只标示作自动停机的一根红针，随主弹簧调定。而作为调节用的控制器主刻度上设置两根指针，一根是主针，随主弹簧指出一个限位；另一根为副针，将幅差刻度折算到主刻度上，表示另一个限位。为了进一步区分断路和通路限位，两根指针分别为红、绿两色，红针表示断路压力值，绿针表示通路压力值。在本系列调节用压力控制器刻度窗口中，上、下限位和通断值均能直接读出。

YWK-22 型高、低压控制器是将高压（冷凝压力）过高保护和低压（蒸发压力）过低保护两部分合并，装在一个壳体内。其高压部分在控制器右方，当系统管路中压力升高时，气箱内的波纹管被压缩，压力超过上限，波纹管上顶杆克服弹簧力，顶动跳脚板，推动电气开关动作，触头变位，切断电路使机器停机。当开关动作后，跳脚板上突出边缘即被扣住，摁手动复位按钮，可使跳脚板脱扣恢复正常，低压部分在控制器左方，其波纹管内加有负压子弹簧，此弹簧预先压缩。正常运转时，电气开关处于压紧的通路状态，当压力下降，气箱内波纹管被拉长，压力低于红针下限，弹簧力向下推动跳脚板，电气开关动作，触头变位，断路停机。

YWK 系列压力控制器技术参数见表 10-7。YWK 系列压力控制器出厂调定值见表 10-8。

YWK 系列压力控制器技术参数　　表 10-7

名称	型号	外壳	高压		低压		上下限位通断特性		连接管	备注
			压力范围（主刻度）(MPa 表压)	幅差范围(MPa 表压)	压力范围（主刻度）(MPa 表压)	幅差范围(MPa 表压)	上限位（压力增加时动作）	下限位（压力下降时动作）		
高低压控制器	YWK-22	钢壳	0.6~2	0.3			断路主刻度红针	通路主刻度一幅差		保护性控制器。断路即停车。通路为启动，高压断路后需手动复位
					0.008~0.4	0.05~0.2	通路主刻度+幅差	断路主刻度红针		
高压控制器	YWK-22	钢壳	0.6~2	0.1~0.4			通路主刻度绿针	断路主刻度一幅差红针		调节性控制器。密封壳在型号后面加"M"
	YWK-11	密封壳								
低压控制器	YWK-12	钢壳			0.5~0.6	0.03 0.1	通路主刻度绿针	断路主刻度一幅差红针		
	YWK-11	密封壳								
负压控制器	YWK-12	钢壳			0.008~0.4	0.03~0.1	断路主刻度绿针	通路主刻度一幅差		
	YWK-11	密封壳								

YWK 系列压力控制器出厂调定值　　表 10-8

型号	名称	高压调定值(MPa)		低压调定值(MPa)		启动压力(MPa)	停车压力(MPa)	备注
		主刻度	幅差刻度	主刻度	幅差刻度			
YWK-22	高低压继电器	1.4	0.2	—		1.4-0.2=1.2	1.4	只有停车压力红针指示红针为主针
		—	—	0.04 (300mmHg)	0.05	0.04+0.05=0.1	0.04 (300mmHg)	
YWK-11 或 YWK-12	高压继电器	1.0	0.2			1.0	1.0-0.2=0.8	启动压力用绿针指示，停车压力用红针指示，绿针为主针
	低压继电器			0.4	0.1	0.4-0.1=0.3	0.4	
	负压继电器	—	—	0.1	0.05	0.1	0.1-0.05=0.05	

(2) KD 型系列高、低压压力控制器

KD 型系列压力控制器分三部分：低压部分、高压部分和接线部分。高、低压气箱用接管与压缩机的排、吸气腔连接,气箱接受压力信号后产生位移,通过顶杆直接与弹簧的张力作用,并用传动杆直接推动微动开关,省去了杠杆机构。高低压部分用两只微动开关分别控制电路,因而使控制器的结构紧凑,调节方便。

KD型压力控制器有四种规格,即KD-155、KD-255及KD-155S、KD-255S,型号后面有S字母的为有手动复位装置。

当制冷系统高压超出调定值,使触头分离后,压缩机即停机,系统内高低压端压力一般会很快被平衡,即高压力下降,低压力上升,并降至压力控制器的调定值以内。因此,高低压控制器复位,无手动复位装置的压力控制器其触头可闭合,压缩机再启动运转。由于系统故障未消除,压缩机会频繁地停和开,这种情况继续下去很容易把电机绕组烧毁。若有手动复位装置,当高压开关触头分离后有一自锁装置,使触头不能闭合,需要用手拨动或按下手动复位装置,触头才会闭合。因此,它具有保护电机和压缩机并及时暴露制冷设备故障的作用。

KD型高低压压力控制器主要技术参数见表10-9。KD型高低压压力控制器出厂调定值见表10-10。

KD型高低压压力控制器主要技术参数 表10-9

型号	低压端压力调节范围(MPa)	低压端压力差调节范围(MPa)	高压端压力差调节范围(MPa)	高压端压力差(MPa)	开关触头容量	适用介质	备注
KD255	0.07~0.35	±0.01 0.05~0.15	0.7~2.0	0.3±0.1	交流220/380V,330VA 直流115/230V,50W	R-22,氨水,油,空气	
KD255-S	0.07~0.35	±0.01 0.05~0.15	0.7~2.0	0.3±0.1	交流220/380V,330VA 直流115/230V,50W	R-22,氨水,油,空气	高压端有手动复位装置
KD155	0.07~0.35	±0.01 0.05~0.15	0.6~1.5	0.3±0.1	交流220/380V,330VA 直流115/230V,50W	R-22,氨空气	
KD155-S	0.07~0.35	±0.01 0.05~0.15	0.6~1.5	0.3±0.1	交流220/380W,330VA 直流115/230V,50W	R-12,油空气	高压端有手动复位装置

KD型高低压压力控制器出厂调定值 表10-10

型号	低压端压力调定值(MPa)(mmHg)	低压端压力差调定值(MPa)	高压端压力调定值(MPa)	高压端压力差调定值(MPa)
KD-255	0.073(550)	0.05±0.01	1.7	0.3±0.1
KD-255-S	0.073(550)	0.05±0.01	1.7	0.3±0.1
KD-155	0.073(550)	0.05±0.01	1.4	0.3±0.1
KD-155-S	0.073(550)	0.05±0.01	1.4	0.3±0.1

(3) FP-214 型压力控制器

FP-214 型压力控制器没有指示调定值的刻度板，调整时应参照压缩机吸、排气压力表的指示值。调整后应试验调定的断开压力和闭合压力是否符合要求。为了保证安全可靠，这种试验应重复进行三次。在调整低压幅差螺钉时，应切断电源以保证安全。

FP-214 型压力控制器的主要参数如下：

① 低压压力控制范围：0.073～0.38MPa（表压）；
② 低压幅差可调范围：0.04～0.15MPa（表压）；
③ 高压压力控制范围：0.6～1.4MPa（表压）；
④ 高压幅差：固定不可调，每只控制器都不同，约在 0.2～0.4MPa；
⑤ 触头容量：交流 110/220V，300VA；直流 115/230V，50W。

(4) RT 型压力控制器

RT 型压力控制器在船舶制冷装置中常用的有 RT1（RT1A）低压压力控制器和 RT5（RT5A）高压压力控制器，有字母"A"的可用于氟利昂和氨，不带"A"则只能用于氟利昂，见图 10-54。RT 型压力控制器主要技术参数见表 10-11。

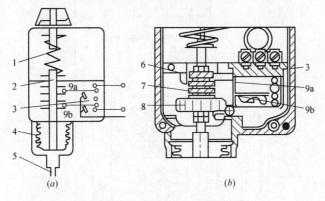

图 10-54 RT 型压力控制器
(a) 工作原理；(b) 开关部分构造

1—主调弹簧；2—主心轴；3—乳动开关；4—波纹管；5—传压细管；6—上导向柱；
7—下导向柱；8—静止区调节组；9a—上开关臂；9b—下开关壁

RT 型压力控制器主要技术参数　　表 10-11

型号	用途	控制范围(MPa)(表)	幅差(MPa)	最大许可压力(MPa)	最高许可温度(℃)
RT1	控制低压	0.08～0.5	0.05～0.2	2.5	100
			人工复位式是 0.05(不可调)		
RT1A	控制低压	0.08～0.5	0.03～0.13 或 0.13～0.24	2.5	100
			人工复位式是 0.03(不可调)		
RT5	控制高压	0.2～1.7	0.1～0.4	2.5	100
			人工复位式是 0.1(不可调)		
RT5A	控制高压	0.2～1.7	0.1～0.4	2.5	100
			人工复位式是 0.1(不可调)		

(5) YSG 型压力变送器

YSG 型压力变送器是以回气压力为调节参数，用压力变送器将压力信号转换成电信号，再将电信号输入到能量调节器，对压缩机进行能量自动调节。

YSG 压力变送器适用于测量氨、氟利昂等工作介质的压力，有就地显示并能将被测压力远传和集中检测的功能。因表内设有电感压力变送器，具有压力变送功能，在负载电阻不大于 1.5kΩ 时能输出 0～10mA 直流电信号，可与自动电位差计、TDF-01 型能量控制器等配合使用，达到自动控制的目的。

YSG 压力变送器采用无触点将压力转换成电信号，因而具有精度高、无摩擦、寿命长等优点。

YSG-01 型电感压力变送器结构主要分压力检测和压力—电信号变送两部分。其结构如图 10-55 所示。

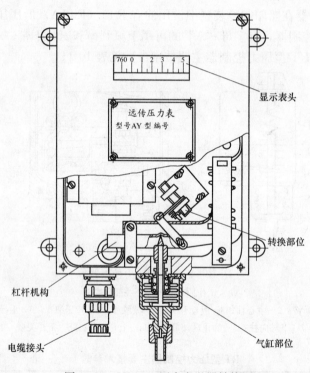

图 10-55 YSG-01 压力变送器结构图

① 压力检测部分：其结构与压力控制器相似，采用波纹管和杠杆结构。工作时被测压力进入波纹管气箱，通过顶杆将压力传递至杠杆。杠杆右端的主弹簧与顶杆力相抗衡。如果被测压力改变，杠杆发生转动，弹簧力相应改变，达到新的平衡。为防止冲表，在杠杆上下均设有限位装置。

② 压力—电信号变送部分：采用位移、电感式转换。在杠杆上固定一个短路环，它套在由（MXD-2000E-7）铁淦氧磁芯和差动线圈所组成的闭合磁路中间，当短路环随压力变化产生位移后，就改变了闭合磁路的磁阻，因而使差动线圈的电感发生了相应的变化，输出一个差动电压，再经差动整流，直流差动放大，输出一个 0～10mA 的直流电信号，进行远传或显示。

2. 差压控制器

差压控制器的工作原理与一般压力控制器基本相同,其区别是压力控制器只控制被控对象的压力;而差压控制器所控制的则是氨泵、油泵等设备的压头,即出液口压力与进液口压力之差。差压控制器在制冷空调系统自动化中用于压缩机润滑油油压不足和氨泵欠液(或断液)运转保护,以防发生事故。

(1) CWK-22 型差压控制器

CWK-22 型差压控制器用于压缩机的油压保护。

制冷压缩机油泵(无论是沉浸式还是非沉浸式)一般都是由主轴带动的。在机器启动时主轴由静止逐渐达到额定转速,需要一定时间。在这段时间内,油泵的油压也随之由零逐渐升到应具有的压头。因此,油泵的油压控制必须有一延时,否则机器将无法启动。此外,制冷压缩机运转时由于曲轴箱压力不稳或带进液体工质,使油压不稳或使油起泡沫,甚至降到危险油压之下。但是,经若干秒后油压能逐渐自行恢复平稳,有了延时机构即可避免不必要的频繁停机。基于以上原因,油压差控制器都带延时机构。CWK-22 型差压控制器的延时机构是用电热丝加热双金属片;不带延时机构的油压差控制器必须与一只延时继电器配合使用。

CWK-22 型差压控制器结构见图 10-56。

CWK-22 型差压控制器如图 10-57 所示。控制器上下端波纹管气箱分别接油泵进油压

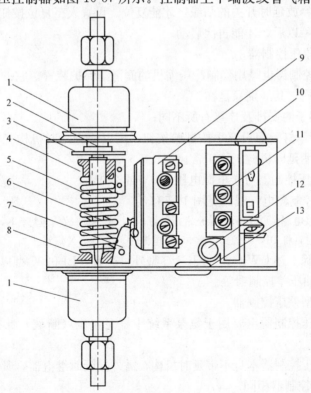

图 10-56 CWK-22 型差压控制器结构图
1—气箱;2—调节螺杆;3—调节盘;4—调节螺母;5—调节弹簧;6—顶杆;7—跳脚板;8—弹簧座;9—微动开关;10—复位按钮;11—延时机构;12—欠压指示灯;13—进线橡皮圈

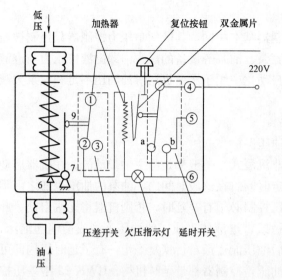

图 10-57 CWK-22 型差压控制器电气线路图

力（低压）和出油压力，控制器内部有双金属片自动延时机构。

启动机器与控制器同时接电，电接点①经加热器②和 a 与电接点④接通，加热器温度逐渐升高，开始延时，欠压指示灯亮。在规定的启动时间内，如果油泵两端压力差上升到指针指示的调定值，顶杆 6 将克服弹簧力，顶起跳脚板 7，推动微动开关 9，使电接点变位，接点①、②断开，延时机械被切除，同时欠压指示灯熄灭，表示油压正常，机器可正常运行。

如果在规定延时时间内油压差达不到控制器调定值，加热器一直升温，双金属片将顶动延时开关，使电接点变位，接点④、①断开，而④、⑤接通，切断机器电机电源，并发出油压事故报警。

当延时开关被双金属片顶动变位后，开关上的凸缘即被机械扣住，不能自行复位。只有手按复位按钮，释放延时开关的凸缘，才能复位。设置人工复位按钮的目的是确保机械只有在排除油压故障以后，才能再次启动。

(2) JC3.5 型差压控制器

JC3.5 型差压控制器也是用作制冷压缩机的润滑油保护装置。它的结构和工作原理与 CWK-22 型基本相同，其区别只是在于：

① 内部接线端子的安排及连接有所不同；

② 没有欠压指示灯，但设有手按试验按钮，用以检查延时机构工作是否正常。如能切断电机电路，表明延时机构工作正常。

③ JC3.5 型差压控制器可接电源电压 380V 或 220V。

JC3.5 型差压控制器电气线路见图 10-58。

注：① K, Sx—接电源；DZ, Sx—接正常指示灯；K, S—接事故信号灯；K, X—接接触器线圈。

② 接 220V 电源时，将 D_2, X 短路。接 380V 电源时，将 D_1, X 短路。

油压差控制器除上述 CWK-22 与 JC3.5 型外，还有 YLJ-0235 型以及 Danfoss 生产的 MP54 和 MP55 型油压差控制器等。

(3) CWK-11 型差压控制器

CWK-11 型差压控制器主要用于氨泵系统中氨泵欠压（断液）保护，也可用于其他液泵。

CWK-11 型差压控制器本身不带延时机构，需外接延时继电器，其余结构和工作原理与 CWK-22 型差压控制器相同。

CWK-11 型差压控制器指针指示与氨泵运转的关系为：

指示刻度达设定值上限，电路接通，氨泵正常运转，指针指示值为主刻度（下限）加开关动差；运转中如压差降到下限（主刻度），经延时仍不能回升到上限，则电路断开，

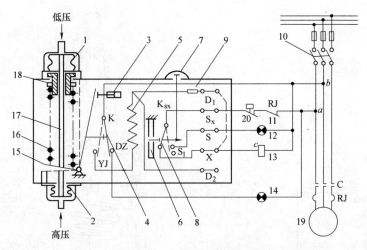

图 10-58 JC3.5 型差压控制器电气线路图
1—低压气箱；2—高压气箱；3—试验按钮；4—压力差开关；5—加热器；6—双金属片；7—手动复位按钮；8—延时开关；9—降压电阻；10—压缩机电源开关；11—热继电器；12—事故信号灯；13—交流接触器线圈；14—正常工作信号灯；15—杠杆；16—主弹簧；17—顶杆；18—压差调节螺丝；19—压缩机电动机；20—高低压控制器

氨泵停止运转；启动时，开始压差小于上限，如经延时达到上限，即正常运转，若经延时达不到上限，切断氨泵电源，氨泵停止运转。

CWK-11 型差压控制器的主刻度（下限）的调定需参考系统实际运行情况。如果调得过低，氨泵虽易于启动和运转，但因压头不够，氨泵得不到充分的润滑和冷却而易损坏（齿轮氨泵是依靠氨液润滑和冷却，缺液或断液时，齿轮因干磨发热容易烧毁）。如调得过高，可能出现氨泵启动不了或因压差过大而造成机械损伤的现象。

CWK-11 型差压控制器通常设定值在 0.5MPa，延时 10s。

(4) RT 型差压控制器

CWK-11 型和 RT260A 型差压控制器都用于氨泵的保护。当氨泵进出口压差超过给定范围时，能自动切断电源，使氨泵停止运转，以免气蚀烧坏氨泵或造成机械损坏。RT260A 型差压控制器原理和结构分别见图 10-59 和图 10-60 所示。

RT 型差压控制器必须外接延时继电器。给定值可通过定值调整螺母 7、主调整螺杆 6 来改变主弹簧 5 的预紧度实现，而其差动值则可用改变 8、9 差动调整螺母间的间隙来实现（见图 10-59）。

当 RT 型差压控制器接入氨泵系统运行时，如果氨泵进、出口压差低于给定值（下限一般在 0.04~0.09MPa）时，主弹簧使底部波纹管伸长，拨动微动开关触头，使触头 b 与 a 接通，同时外接电路中的延时继电器亦被接通。在调定时间（约 15s）内压差仍达不到给定值时，将切断电源，使氨泵停止运转。因氨泵常用屏蔽泵，它的石墨轴承需要氨液来润滑和冷却。屏蔽电动机亦需氨液冷却，故氨泵不能断液运行，若在调定时间内，压差回复至定值区间，在主弹簧作用下触头 b 与 a 断开，外接时间继电器被断开，触头 b 与 c 接通，氨泵又恢复正常运转。

当氨泵刚启动时，进出口压差还没有建立，使用外接延时继电器，保证氨泵在启动建立压差过程中能够运转。当压差高于 0.06MPa 时，延时停止，氨泵正常运转（一般延时

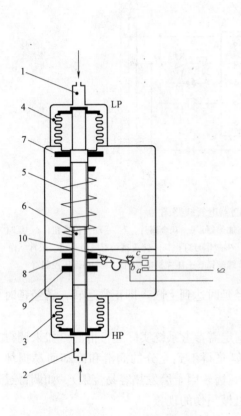 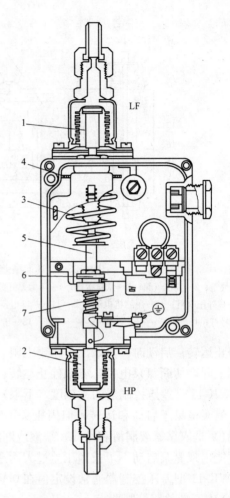

图 10-59　RT 型差压控制器原理图
1—低压侧接头；2—高压侧接头；3—高压波纹管；
4—低压波纹管；5—主弹簧；6—主调整螺杆；
7—调整定值用螺母；8、9—差动值调
整螺母；10—动触头

图 10-60　RT 型差压控制器结构图
1—低压波纹管；2—高压波纹管；3—主弹簧（调定值）；
4—定值调整螺母；5—主调整螺杆；6—差动调整螺母；
7—动触头（微动开关）

8s，氨泵仍不上液，停泵）。当延时终了仍达不到 0.06MPa 的压差，则停泵报警。

(5) 微压差控制器

为了使冲霜完全自动化，往往用微压差控制器来自动控制蒸发器的冲霜。从干式冷风机蒸发器的进出风口处引出导压管，并分别接到微压差控制器的高、低压气箱。霜层愈厚，空气流经蒸发器时受到的阻力愈大，因而前后两端的压差就愈大。当此压差增大到某一定值时，微压差控制器动作，发出冲霜指令，使冲霜过程按一定程序自动进行。当霜层被除后，压差减小到某设定值，微压差控制器发出停止冲霜指令，恢复正常制冷运行。

10.2.3　液位调节

在制冷空调系统中，有些容器是为了贮存液体、气液分离或进行液体循环等用途，必须控制在一定液位上，如：冷凝器、高压贮液器、洗涤式氨油分离器、中间冷却器、低压循环贮液桶、蒸发器、气液分离器等制冷剂液位控制和油分离器、集油器、曲轴箱的油位控制以及各种蓄水器水位控制与安全保护、报警装置。

在重力供液系统中，由于供液量小，一般控制在相当于蒸发器的蒸发量左右。因此，液面控制比较简单，只要系统配置好，使供液量、蒸发量、制冷量、吸气量、排气量、冷凝量等在各个环节的循环量基本保持一致，并采用冷凝器（或高压贮液器）高压系统液面控制或采用低压系统气液分离器液面控制都能获得良好的调节。而对于泵循环供液系统，由于制冷剂供应量大，在容积确定以后，就应考虑容器的液位控制。在泵强制循环供液的低压循环贮液桶中，主要控制两个容量的液位，即最高液位和正常液位。图10-61为立式低压循环贮液桶液位控制示意图。

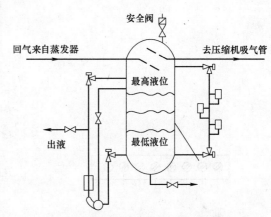

图 10-61 立式低压循环贮液桶液位控制示意图

图中最高液位是安全液面线，在自动控制中，当液面达到此线时，就应发出报警信号或者停止压缩机运转。这个液面一般为容器总容积的 60%～80%。

1. 电容式液位调节

在平行板电容器之间充以不同的介质，电容量的大小就有所不同，而充以液体介质的电容量要远比充气体介质时为大。因此，通过测量电容量的变化就可以检测液位的高低。

电容式液位控制器的种类较多，有采用高频电桥线路进行液位测量的国产 URF、QER 型电容式液位控制器；有根据电容充放电原理对液位进行测量的国产 XR-1 型电容液位控制器。

2. 电感式液位调节

（1）UQK-40 型浮球液位控制器

UQK-40 型浮球液位控制器用于控制制冷剂在容器中的液位，例如：低压循环贮液桶、中间冷却器、气液分离器等的正常液位或警戒液位的控制。每一个控制器只能控制一种指定的液位，必须与执行元件配合使用。

UQK-40 型浮球液位控制器结构见图 10-62。UQK-40 型浮球液位控制器电气线路见图 10-63。

接线盒内有 1～6 刻度的旋钮，用来调整被控液位的允许幅差，最大调节高度为 60mm，目的是给被控液位一个恰当的允许幅度，以减少自控元

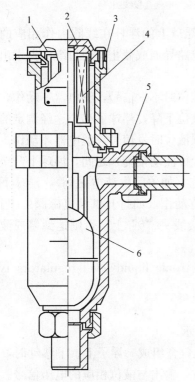

图 10-62 UQK-40 型浮球液位控制器

1—线圈支架；2—顶盖；3—上筒；
4—套管；5—外壳；6—浮球

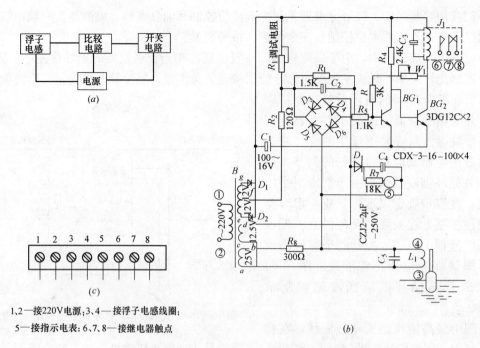

1、2—接220V电源；3、4—接浮子电感线圈；
5—接指示电表；6、7、8—接继电器触点

图 10-63　UQK-40 型浮球液位控制器电气线路图
(a) 电路方框图；(b) 液位计电气原理图；(c) 电气盒接线图

件的动作次数，延长使用寿命。浮球随液位而浮动，浮球上的浮杆在线圈内作相应的移动，线圈感抗发生变化，输出位移信号，晶体管开关电路导通或截止，通过继电器发出动作指令。

浮动时，液位上升，浮球上浮。途经调定的下限液位时不发信号，继电器不动作，直至上浮至调定的上限液位时才发信号，继电器动作。液位下降，浮球下移，途经调定的上限液位时不发信号，继电器不动作，直至被调定的下限液位时发信号，继电器才动作。若浮球原来的位置在被调定的上下限液位（被控液位的允许波动幅度）之间，浮球上升至被控液位允许波动幅度的上限时发出信号，继电器有动作（如关闭供液电磁阀），浮球下降至被控液位允许波动幅度的下限时发出信号，继电器有动作（如打开供液电磁阀）。当采用 UQK-40 控制警戒液位时，接线头应接在上限液位接线头"6"上，否则达到警戒液位浮球上升时将无信号发出，失去安全保护作用。

(2) 38E 电子液面控制器（Danfoss 生产的 Electronic liquid level regulators type 38E)

38E 电子液面控制器结构如图 10-64 所示。

38E 电子液面控制器的触点通断特性如图 10-65 所示。

38E 电子液面控制器由浮子室、浮子电感线圈和电气盒组成。浮子上、下移动时，带动金属浮杆在电感线圈中上、下移动，改变线圈的感抗，输出与液位相应的电压信号。信号传到显示电路，可以远传示出液位值；信号输到电气盒内的晶体管开关电路，可以按调定的液位上、下限通断，使继电器动作，控制供液电磁阀。

(3) UQK-41、UQK-42、UQK-43 浮球液位控制器

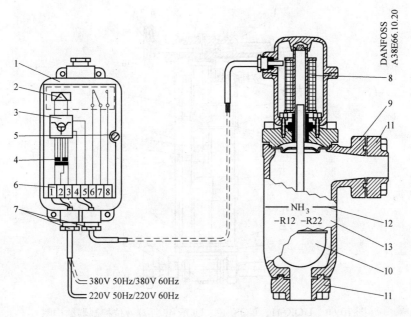

图 10-64 38E 电子液面控制器结构图
1—防水罩；2—电触点；3—放大器；4—主变压器；5—安装孔；6—端子板；
7—电线孔；8—信号引线；9—浮子室；10—浮子；11—接管口；
12—NH_3 液面；13—R12、R22 液面

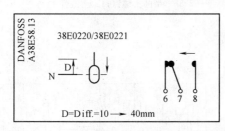 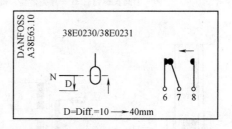

图 10-65 38E 电子液面控制器的触点通断特性

UQK-41、UQK-42、UQK-43 浮球液位控制器为玻璃管浮子开关式液位控制器。由玻璃管液位指示器和浮子开关两部分组成，三种型号的玻璃管卡度不同，浮子的相对密度不同，作用和功能也不同。为了控制不同介质的液位或不同介质在同一容器中的液位，按照介质液体的相对密度，浮子也相应做成不同的相对密度。红色浮子相对密度为 0.78 左右，介于氨液和冷冻油之间，沉于氨液而浮于油面；蓝色浮子相对密度为 0.55 左右，轻于氨液，用于控制氨液液位。

UQK-41、UQK-42 为红色浮子，UQK-43 为蓝色浮子。UQK-41 设置于容器（如中间冷却器、油分离器、油罐等）下部作放油控制；UQK-42 设置于压缩机曲轴箱作放油或加、放油控制；UQK-43 设置于容器（如中间冷却器等）上部作液位控制。

UQK-41、UQK-42、UQK-43 浮球液位控制器结构如图 10-66 所示。
UQK-41、UQK-42、UQK-43 浮球液位控制器电气线路如图 10-67 所示。
UQK-41、UQK-42、UQK-43 浮球液位控制器技术特性见表 10-12。

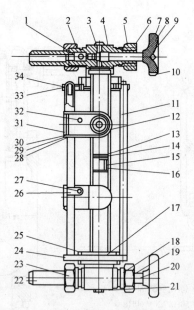

图 10-66　UQK-41、UQK-42、UQK-43 浮球液位控制器结构图

1—密封垫圈；2—钢球；3—密封圈；4—阀体；5—密封圈；6—垫圈；7—六角螺帽；8—手柄；9—压紧圈；10—密封圈；11—支杆；12—开关盒；13—高压玻璃管；14—浮子盖；15—浮子；16—导磁圈；17—螺母；18—阀体；19—前螺母；20—阀杆；21—六角螺钉；22—接头；23—后螺母；24—夹板；25—压紧圈；26—夹子；27—半圆头螺钉；28—嵌件；29—橡皮垫圈；30—半圆头螺钉；31—开关盒盖；32—嵌件；33—半圆头螺钉；34—嵌件

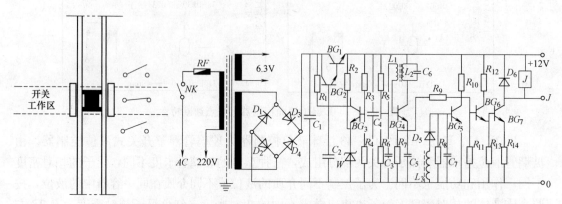

图 10-67　UQK-41、UQK-42、UQK-43 浮球液位控制器电气线路图

UQK-41、UQK-42、UQK-43 浮球液位控制器技术特性表　　表 10-12

型号	玻璃管长度（mm）	浮子颜色	浮子相对密度	主　要　用　途
UQK-41	300	红	0.78	用于氨液与冷冻油并存的容器（如中间冷却器、洗涤式氨油分离器自动放油）上限位发出放油信号，下限位发出停放信号
UQK-42	200	红	0.78	控制压缩机曲轴箱油位。下限位发出加油信号，上限位发出停止加油信号

型 号	玻璃管长度(mm)	浮子颜色	浮子相对密度	主 要 用 途
UQK-43	500	蓝	0.55	用于中间冷却器、卧式贮液桶的液位控制。上限位发出停止加液信号,下限位发出加液信号。若增加警戒液位控制,可在玻璃管上加报警浮子开关及声光显示。或同时安排自动排液

3. 热力式液位调节

(1) 热力式液位调节阀

热力式液位调节阀能进行液位比例调节。

热力式液位调节阀类似于热力膨胀阀,阀主体与热力膨胀阀一样,二者的不同处在于它的感温包内装有电加热器。工作时电加热器处于通电状态,对感温包加热。将感温包安装在需要控制的液位处,当液面低于控制值时,因加热,感温包温度比容器内的饱和液体温度高,使阀打开。当液位上升,浸没感温包时,由于制冷剂液体蒸发,消除感温包的过热,包内压力降低,使阀关闭。

热力式液位调节阀优点是直接动作(不像浮子式液位控制器与电磁阀组合动作),体积小,安装方便。其选用方式与热力膨胀阀一样,也是根据阀前、后压差 ΔP 和蒸发温度 t_0。Danfoss 生产的 TEVA 型热力式液位调节阀容量如表 10-13 所示。

TEVA 型热力式液位调节阀容量(kW)　　　　　　表 10-13

型号	规格	R717	R22	R502	介质温度(℃)
TEVA	20.2	6.4	1.5	1.1	−55～10
	20.5	16.0	3.6	2.7	
	20.8	25.6	6.2	4.4	
	20.20	64.0	15.4	10.8	
	20.33	105	26.0	18.0	
	20.85	274	66.3	46.5	

(2) 热力式液位控制器

Danfoss 生产的 RT280A、RT281A 型热力式液位控制器带有与上述产品一样的电加热感温包感应被测液体温度变化,通过毛细管传递压力信号,与容器内液体的饱和压力比较,推动电触头板,使电磁阀通、断,对液位进行双位调节,并可作液位报警器和安全开关使用。

Danfoss 生产的 RT280A、RT281A 型热力式液位控制器结构如图 10-68 所示。

感温包的压力作用于下部波纹管,用平衡管引入容器内的压力,作用于上部波纹管。调节弹簧用来根据制冷剂种类调节定位。液位升高,浸没感温包时,下部压力降低,电触头断开,电磁阀关闭,停止供液;液位下降,感温包压力升高时,电触点接通,电磁阀打开,开始供液。感温包通常安装在容器外的缓冲罐中。

4. 浮子式液位调节

(1) 高压浮子阀

高压浮子阀是以浮子感应高压容器（如冷凝器、高压贮液器等）中的液位来控制向蒸发器供液的调节阀。它使送入蒸发器的制冷剂流量与压缩机从蒸发器吸出的制冷剂流量相等。高压浮子阀有直动式控制（direct-controlled）和伺服式控制（servo-controlled）两种。

1）直动式高压浮子阀

制冷剂液体从冷凝器进入阀室，液位升高时，浮子升起，带动针阀，将阀口开大，增大供液量；反之，液位降低，减少供液量。液体经阀孔节流膨胀，流入蒸发器。除采用针形阀外，还有蝶形阀、平衡式双孔阀和滑阀等。

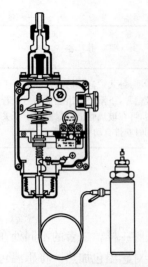

图 10-68 RT280A、RT281A 型热力式液位控制器结构图

2）伺服式高压浮子阀

伺服式高压浮子阀一般用在大型装置中。它用直动式高压浮子阀作导阀，控制膜片式或活塞式主阀，主阀完成调节流量的执行动作。它采用比例调节，有较好的线性流量特性。

(2) 低压浮子阀

低压浮子阀与高压浮子阀相类似，不同之处是浮子感应低压容器本身的液位，进行供液量调节。另外，动作规律与高压浮子阀相反，即液位升高时，阀关小；反之，开大。它也有直动式和伺服式两种。伺服式低压浮子阀也是低压浮子阀与主阀配合使用。

(3) 伺服式高、低压浮子系统液位控制器

伺服式高、低压浮子系统液位控制如图 10-69、图 10-70 所示。

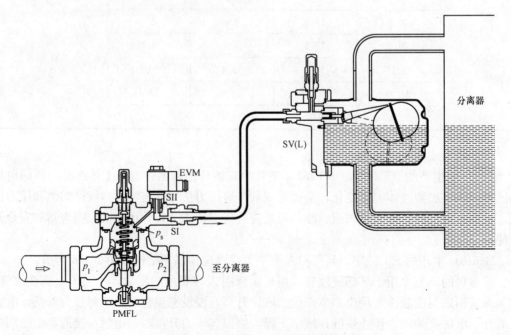

图 10-69 伺服式低压浮子系统液位控制图

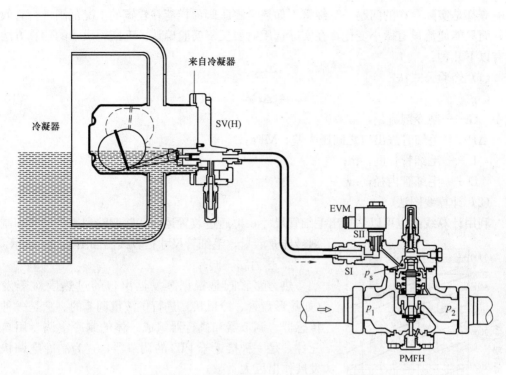

图 10-70 伺服式高压浮子系统液位控制图

10.2.4 流量调节

实际上 PMFL/PMFH 与 SV 型高、低压浮子式液位控制最终执行的是流量调节。它通过 SV 型高、低压浮子阀作液位控制导阀，调节 PMFL/PMFH 型主阀比例开度，执行流量调节。这种流量调节使冷凝器尽可能稳定在最低的液面（使冷凝器存液量最少），而把系统的总液量尽可能地都送至蒸发器（即送至气液分离器形成满液式供液），造就系统总液量最少，而系统制冷量最大。

制冷剂流量调节是控制进入蒸发器的制冷剂液体流量与蒸发器负荷相匹配，即按照蒸发器实际可能气化的液量，作为蒸发器供液量进行调节，制冷剂的这种流量调节是用节流机构完成的。节流机构除上述介绍的浮子式流量调节外，还有毛细管、热力膨胀阀、电子膨胀阀等。

1. 毛细管

毛细管是指内径为 0.2~2.0mm 的细长铜管。作为制冷剂节流机构，将毛细管直接焊在冷凝器与蒸发器之间，不设高压贮液器，简化了系统，减少了制冷剂充注量。它利用制冷剂在细长管中的流动阻力达到节流降压作用。作为制冷剂流量调节和系统的节流机构，毛细管是最简单、便宜的一种。因此，获得广泛应用，尤其是用在小型制冷空调设备，其优点更加明显。

但是，真正想选用好毛细管也不是件容易的事，确定毛细管尺寸与制冷空调系统配置、系统中制冷剂充注量等因素有紧密关系，应尽可能地使冷凝器积液最少，且能保持毛细管入口形成液封。制冷剂在毛细管管内流态会出现纯液相流动和复杂的气液两相流动两个阶段，液体中会出现闪发气体。毛细管制造中的内径偏差，以及系统中润滑油对流动的影响等都是实际存在的问题。毛细管不如热力膨胀阀那样能在较宽的工况范围进行有效工作，而只能使流量有微小变化，在实际选用时要反复实验确认。毛细管尺寸的估算方法主要有以下几种：

(1) 经验公式法

$$G = 5.44(\Delta P/L)^{0.571} D^{2.71} \tag{10-7}$$

式中　G——制冷剂流量，g/s；
　　　ΔP——毛细管进出口之间压力差，MPa；
　　　L——毛细管长度，m；
　　　D——毛细管内径，m。

(2) 计算线图法

利用计算线图也可以估算出毛细管尺寸，再通过装置运行实验调整到最佳尺寸和制冷剂最佳充灌量，毛细管尺寸估算线图如图 10-71 所示。

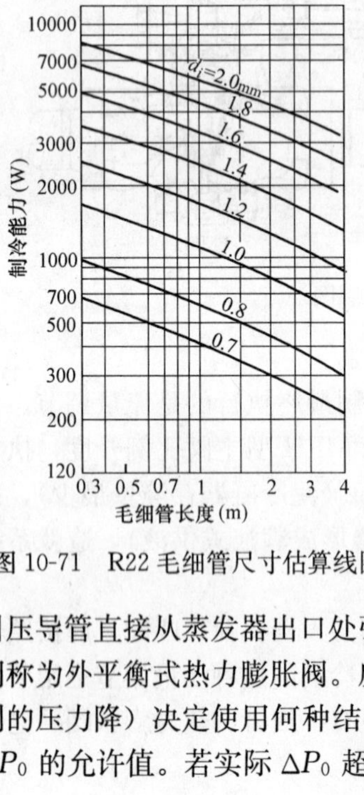

2. 热力膨胀阀

热力膨胀阀是根据蒸发器出口的过热度对蒸发器（如蛇形盘管、冷风机）进行供液量调节的。它是一种将传感器、调节器和执行器组成一体的制冷空调专用自控元件，是一种接近于 PID 的调节器，它为制冷空调快速发展作出巨大贡献。

热力膨胀阀在各种书刊中均有详尽叙述，这里只说明几个要点：

(1) 热力膨胀阀只有当蒸发器出口具有一定的过热度时，阀才能打开，并随蒸发器出口过热度的变化而改变阀的开度，实现流量调节。

图 10-71　R22 毛细管尺寸估算线图

(2) 当蒸发器阻力不容忽略时，如果用节流后压力代替蒸发压力会引起过热度明显增大。此时，必须用外引压导管直接从蒸发器出口处引蒸发压力进入阀内，以提供关阀力。这种结构的热力膨胀阀称为外平衡式热力膨胀阀。应按蒸发器阻力（指节流后到蒸发器出口之间的流段上制冷剂的压力降）决定使用何种结构。表 10-14 给出使用内平衡式热力膨胀阀时蒸发器阻力 ΔP_0 的允许值。若实际 ΔP_0 超过表中的允许值，则必须采用外平衡式热力膨胀阀。

使用内平衡式热力膨胀阀的 ΔP_0 允许值　　　表 10-14

蒸发温度(℃)		10	0	−10	−20	−30	−40	−50	−60
制冷剂	R12	20	15	10	7	5	3		
	R22	25	20	15	10	7	5	3	2
	R502	30	25	20	15	10	7	5	4

(3) 应查阅各生产厂家提供的热力膨胀阀容量特性表进行容量选配。

3. 电子膨胀阀

热力膨胀阀无法实施计算机控制、感温包传感存在迟延等诸多缺点。而采用电子手段进行流量调节，由于电子膨胀阀的出现，从而克服了热力膨胀阀的不足。

电子膨胀阀种类很多，按结构形式可分为三类：热力式、电磁式和电动式膨胀阀。

(1) 热力式膨胀阀

热力式膨胀阀靠阀头电加热的调节产生热力变化，从而改变阀的开度。Danfoss生产的TQ型和PHTQ型热力式膨胀阀结构及其电子式流量调节系统见图10-72、图10-73所示。

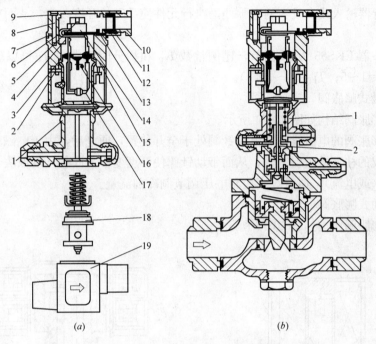

图10-72　TQ型和PHTQ型热力式膨胀阀结构图

1—阀头；2—止动螺钉；3—"O"形圈；4—电线套管；5—电线；6、8—螺钉；7—垫片；9—上盖；10—电线旋入口；11—密封圈；12、13—垫片；14—端板；15—膜头；16—NTC传感元件；17—PTC加热元件；18—节流组件；19—阀体

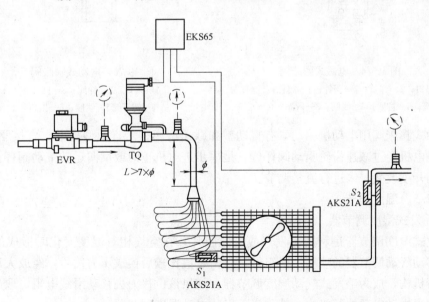

图10-73　TQ型热力式膨胀阀电子流量调节系统应用示例

TQ型热力式膨胀阀是用两只1000Ω铂电阻的AKS21A温度传感器（测温范围为-70℃~160℃）分别检测蒸发器入口温度S_1和出口温度S_2，并将信号输入到电子调节器EKS65，在EKS65中将温差（S_2-S_1）与要求的温差值即温差的期望值（该值在调节器上设定）比较。如果温差（S_2-S_1）相对于设定的期望值变化，则调节器向TQ（或者PHTQ）执行器输入或多或少的电脉冲，执行元件使TQ的开度改变，从而相应地调整制冷剂流量。

电子调节器EKS65为PI调节，比例常数K_p和积分时间常数T_i可以现场整定（整定范围：$K_p=1\sim5$；$T_i=30\sim300s$）。

(2) 电磁式膨胀阀

电磁式膨胀阀结构如图10-74所示。

电磁式膨胀阀的电磁线圈通电前针阀处于全开位置，通电后，由于电磁力的作用，磁性材料所制成的柱塞被吸引上升，从而带动针阀使开度变小。阀的开度取决于加在线圈上的控制电压（或电流），通过改变控制电压调节制冷剂流量。

(3) 电动式膨胀阀

电动式膨胀阀结构如图10-75所示。

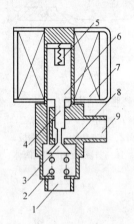
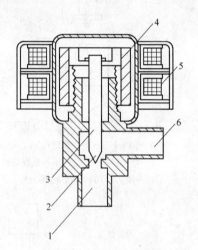

图10-74 电磁式膨胀阀
1—出口；2—弹簧；3—阀针；4—阀杆；5—柱塞弹簧；6—柱塞；7—线圈；8—阀座；9—入口

图10-75 电动式膨胀阀
1—入口；2—针阀；3—阀杆；4—转子；5—线圈；6—出口

电动式膨胀阀用电动机驱动，有直动型和减速型两种。直动型是电机直接驱动阀杆；减速型是电机通过减速齿轮驱动阀杆。它是靠步进电机正向或反向运转带动阀杆上、下移动，使阀开度改变，来进行流量调节。

10.2.5 湿度调节

1. 毛发式湿度调节器

毛发式湿度调节器是利用毛发（或尼龙膜片）在空气相对湿度变化时形成的位移变化，去移动气动调节器的喷嘴挡板组件，与给定值比较后换成压力信号，经放大后去推动气动执行机构，成为毛发式气动湿度调节器。如果该位移力去移动滑线电阻，取出电压信号经放大去推动电动执行机构，就称为毛发式电动湿度调节器。

用从美国、日本进口的尼龙膜片发信号的相对湿度调节器，其测量范围为30%～80%；毛发式湿度调节器的测量范围为20%～96%。比例带可调范围为2%～30%。调节精度为±5%。优点是构造简单、工作可靠、价廉、不需要经常维护。

2. 氯化锂式湿度调节器

氯化锂式湿度调节器采用氯化锂电阻式湿度传感器，一种是做成梳状的箔或镀金箔制在绝缘板上，如图10-76所示。另一种用两根平行的铱丝或铂丝绕在绝缘柱上，如图10-77所示。外面涂上氯化锂溶液，利用多孔聚乙烯醇塑料为胶合剂，使氯化锂溶液均匀地附在绝缘表面，多孔塑料保证水汽和氯化锂溶液有良好的接触。

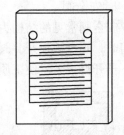

图10-76 梳状氯化锂电阻式湿度传感器

两组平行的金属铂丝本身并不接触，仅靠氯化锂盐层使它们导电，构成回路。当空气中相对湿度改变时，氯化锂中含水量也改变，湿度传感器的感湿电阻也随之发生改变。将感湿电阻的引出端接到调节器内的电桥上（电桥原理与热电阻温控器相同），经过电子线路使信号转换、放大，推动执行器动作，组成氯化锂式湿度调节器。

3. 电容式湿度调节器

HCP型高分子膜电容式湿度调节器可适用于低温高湿（温度为－50～60℃，测湿范围为0～100%）的环境进行湿度

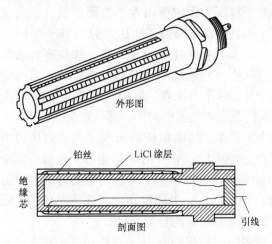

图10-77 柱状氯化锂电阻式湿度传感器

检测，调节精度为±3%（25℃），反应速度为1s。

HCP型高分子膜电容式湿度调节器的湿敏元件是一种高分子湿敏电容元件，高分子膜是电容器的介电层，当水分通过电容器很薄的电极被高分子膜吸收后，电容量发生变化，这变量正比于相对湿度。这种元件具有能在全湿度工况下工作、工作湿度宽、反应快、体积小、使用方便、功耗小、精度高、低温下测湿性能好等优点。

湿敏元件安装在一个很小的信号变换电路上组成传感器，信号变换电路是一个工作频率为1.5M的多谐振荡器，湿敏元件作为它的一个计时电容，电路能为显示器提供毫伏输出，当相对湿度为0～100%时，输出为0～100mV。

湿敏元件的高分子膜能耐大部分化学药物、灰尘和污物（包含盐）。在室内使用时，使用一年以上不会出现异常；在室外使用时，SO对元件电极造成一定腐蚀，需用烧结铜过滤器。

10.2.6 安全保护

当制冷空调系统中压力或温度超过规定的数值时，安全阀或易熔塞能自动跳开或熔化，自动开启并排泄制冷剂，使系统压力降低；当设备液位、油位过高或过低，或系统含水率超过规定值时，可通过示液镜及时观察和发现问题并进行加、放油（排液）或更换干燥剂等处理，起到安全保护作用。

1. 安全阀

安全阀常见的结构为弹簧式，如图 10-78 所示。当阀的入口压力与出口压力差超过设定值时，阀盘被顶开。阀盘一旦离开阀座，由于它下部的受压面积突然增加，可以将阀门一下子开得很大，使工质从容器中迅速排出。

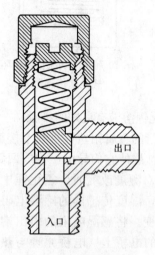

图 10-78　安全阀结构图

制冷机器和设备上设置安全阀，要求是很严格的。例如，在氨压缩机的高压侧、冷凝器、高压贮液器、排液桶、低压循环桶、低压贮液器、中间冷却器等设备上均须装有安全阀。并加以铅封，以免失去安全保护作用。

为了便于检修和更换，要求在安全阀前设置截止阀，而且这些截止阀必须处于开启状态。

安全阀的开启压力设定值由保护容器的设计最高工作压力决定，而且要高于最高工作压力的 1.05~1.1 倍，这是因为一旦安全阀在超压时自动开启，往往不容易恢复到完全密封状态，而造成制冷剂的泄漏损失；另一方面也不会因为容器内压力的偶尔波动，造成误开启动作。这样，对系统的强度和气密性来说，都是安全的。

在氨制冷装置中，压缩机的高压安全阀开启压力为吸、排气压力差达到 1.57MPa 时，应能自动开启；对于双级压缩，压力差达到 0.59MPa 时，应能自动开启；在冷凝器、高压贮液器等高压设备上的安全阀，当压力达到 1.81MPa 时，应能自动开启；在中间冷却器、低压循环桶、低压贮液器等设备上的安全阀，当压力达到 1.23MPa 时，应能自动开启。

在氟利昂制冷设备中，由于制冷剂品种较多，安全阀的开启压力差异也比较大。表 10-15 为 R12、R22 制冷设备中，安全阀的开启压力。

安全阀的开启压力（MPa）　　　　表 10-15

容器名称＼制冷剂名称	R12	R22
冷凝器和高压贮液器	1.57	1.81
低压贮液器、中间冷却器、低压循环桶、排液桶	0.98	1.23

在设备上设置安全阀，最重要的一点是要求在开启时必须具有足够的排气能力。因此，安全阀应经额定排量试验合格后方能出厂，排放时气流阻力尽可能小，以确保迅速排除超压部分的制冷剂。

(1) 安全阀的选用原则

1) 安全阀的压力等级和使用温度范围必须满足承压设备工作状况的要求，不得互相替代。

2) 安全阀的材质必须满足承压设备内工质不发生腐蚀或不发生较严重腐蚀的要求，不同的工质应选用不同的安全阀。工作压力不高，温度较高的承压容器一般选用杠杆式安全阀，高压容器大多选用弹簧式安全阀。

(2) 在安全阀的安装与运行中，应注意以下几点：

1) 直接相连,垂直安装

安全阀应与承压设备直接相连,除在安全阀与承压设备之间加一常开截止阀外,不得加任何其他设施。安全阀应装在设备的最高位置,而且要垂直于地面。

2) 保持畅通,稳固可靠

为了减少安全阀排放时的阻力,使全量排放时设备超压值尽可能小些,其进口、中间截止阀和排放管等在安装时,应保持畅通,安全阀与承压设备间的连接短管的流通截面积,装上的截止阀以及安全阀的排放管的流通截面积都不得小于所有安全阀流通截面积总和的1.25倍。排放管原则上应一阀一根,要求直而短,尽量避免弯曲,并禁止在排放管上装任何阀门。排放管应有可靠的支撑和固定措施,防止大风刮倒或安全阀动作时的晃动。

3) 防止腐蚀,安全排放

若安全阀排放管内产生积累凝液或受雨水侵入时,应在排放管底部装上泄液管,以防积液对安全阀和排放管的腐蚀。泄液管应接至安全的地方,并应有防止冬季冻结的措施,同时禁止在泄液管上装任何阀门。

4) 一旦起跳,立即检验

安全阀应每年由法定检验部门校验一次并铅封。无论是由于打压还是运行中引起的安全阀起跳,每开启一次须经法定检验部门校验。不允许操作者随意拆卸或调整螺栓以消除泄漏。这也是安全阀必须铅封的主要原因之一。

2. 易熔塞

采用不可燃的制冷剂(如氟利昂)时,对于小容量的制冷系统,即不满 $1m^3$ 或直径在 152mm 以下的压力容器,可采用易熔塞来代替安全阀。

易熔塞除了作压力容器的高压保护装置外,还可以防止因外部火灾而出现的爆炸事故。因为易熔塞的熔点在 70℃ 左右,会因高温而熔化,易熔塞结构示意图如图 10-79 所示。

易熔塞一般为黄铜制品,中心钻有一上小下大的小孔,在小孔中浇灌了易熔合金。易熔合金由铅(Pb)、锡(Sn)、铋(Bi)等制成,合金配方见表 10-16。

图 10-79 易熔塞结构示意图

易熔塞合金配方(重量百分比) 表 10-16

成分	铋(Bi)%	铅(Pb)%	锡(Sn)%	镉(Cd)%	锑(Sb)%
熔点 70℃	50	25.7	13.3	10	1

易熔塞在安装时,也应安装在容器顶部,系统定压时,要仔细检查,以防易熔塞合金与黄铜之间有渗漏。一旦发现有漏,应立即更换。

3. 示液镜

示液镜主要安装在压缩机曲轴箱、贮液器、供油管路、供液管路等处,以指示系统中供液、供油及含水情况。根据用途不同,示液器可分为液位示镜、液流示镜和制冷剂含水量指示镜三种。

液位示镜多装在压缩机曲轴箱和贮液器上,以指示油位和液位的高低。

液流示镜常装在制冷剂供液管和油分离器回油管上,以示制冷剂和回油流动情况。

制冷剂含水量指示镜常与液流示镜做成一体，如图 10-80 所示。

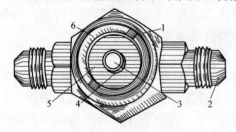

图 10-80　液流视镜
1—壳体；2—管接头；3—指示圆芯；
4—芯柱；5—视镜；6—压环

液流视镜的中心部位装有一个能指示制冷剂含水量的圆芯 3，在圆芯纸上涂有金属盐指示剂，遇到不同含水量的制冷剂时，它的水化合物能显示不同的颜色，可根据纸芯的颜色来判断含水的程度。例如：涂有溴化钴（$CoBr_2$）的纸芯，当不含水时为绿色，对于 R12，含水量超过 $45×10^{-6}$ 时为粉红色（温度为 20～40℃）；含水量少于 $15×10^{-6}$ 时为蓝色；含水量在 $15～45×10^{-6}$ 时为淡紫色。指示剂纸芯不同，变色情况不一样，一般均在示镜上用颜色标明。

Danfoss 生产的 SGI 型示液镜，其制冷剂含水量与颜色之间的关系如表 10-17 所示。颜色为绿色，说明含水量符合要求。若变为黄色，则需更换干燥剂，以保证系统安全。

制冷剂含水量与观察镜的颜色（$×10^{-6}$）　　　表 10-17

制冷剂	绿色	无色	黄色
R12	<15	15～35	>35
R22	<60	60～125	>125

10.3　制冷空调设备控制

对一个设备的控制往往是多个参数控制，比如，对冷凝器的控制，冷凝器要发挥其优良性能，就必须考虑冷凝压力控制、冷凝器放空气、放油控制、水质、水温、水量控制、液面控制、除垢清洗，包括冷却塔、水泵、风机风扇等一系列多参数控制。各个设备参数控制都会相互影响和相互补助，因此要逐步实现系统的综合性控制。当然，对某一个既定设备，有一个（或几个）主要控制，如对冷凝器而言，冷凝压力的控制是主要的，是安全控制最重要的地方。由于篇幅所限，只能阐述制冷空调设备的主要控制，以供参考。

10.3.1　蒸发器

蒸发器是根据系统配置的。蒸发温度及蒸发器系统配置的设备都是通过设计计算确定的（以后讲述其他设备的控制也是如此），是根据制冷空调负荷及计算参数的设计结果确定的，设计值（如计算负荷、蒸发温度等）是不能调节的。蒸发器计算换热面积、蒸发器的材质、蒸发器的形式、规格、型号以及蒸发器配管、配件等硬件值不变（这些都不能随调节过程随意改变）。即蒸发器不是控制其设计参数，而是控制它的运行参数。但是，运行参数（如蒸发负荷、实际蒸发温度等）是不会超出设计参数范围的（比如：制冰负荷的蒸发器是不能完成速冻负荷的，制冰的蒸发温度永远也调不到速冻的蒸发温度），调节过程只是把偏离的运行参数恢复到设计参数值，设计参数值是给定值。

只有一个吸气压力的系统，粗略地说，其所有蒸发器的出口压力只有一个（各蒸发器出口与压缩机吸气口之间的管段大体相当），这就只能是一个蒸发温度（蒸发压力）系统。即一个吸气压力系统只能产生一个蒸发温度系统，只能对应一个蒸发负荷。倘若要实现多个蒸发器负荷,就必须对蒸发器出口压力进行控制,从而使不同负荷的蒸发器得到不同的蒸发压力(即获得多个蒸发温度)。

蒸发器的控制最主要的是蒸发压力(即蒸发温度)的控制。随着负荷的变化,蒸发器的运行参数会发生变化。如蒸发器负荷增大,供液量加大,那么蒸发压力(即蒸发温度)升高;反之,负荷减少,蒸发压力(蒸发温度)降低。要适应每个蒸发器负荷变化,就要想法控制各个蒸发器的蒸发压力(即控制蒸发器出口压力)。

控制蒸发压力的方法是:在蒸发器出口处安装蒸发压力调节阀。根据蒸发压力的变化自动调节阀门开度,即调节从蒸发器引出的制冷剂蒸气流量。当蒸发压力降低时,使阀门开度变小,蒸发器流出量减少,则蒸发压力回升;当蒸发压力升高时,使阀门开度变大,蒸发器流出量增多,则蒸发压力下降。亦即,通过蒸发压力调节阀的控制,使从蒸发器出来的制冷剂蒸气流量与蒸发器负荷相匹配。

蒸发压力调节阀根据容量大小有直动式和组合式(导阀+主阀)两种。

KVP直动式蒸发压力调节阀用于小型装置。图10-81为一台压缩机配一个蒸发器系统的蒸发压力调节;图10-82为一机多蒸发温度系统的蒸发压力调节。除最低温度的蒸发器外,在每个高温蒸发器出口处安装一只蒸发压力调节阀(KVP),把每个KVP按需要的蒸发压力值设定。运行时,高温蒸发器出口的制冷剂蒸气经KVP二次节流到低温蒸发器相同的压力,然后一起向压缩机回气。在低温蒸发器出口处应安装一只止回阀,避免停机时因各蒸发器压力不同,制冷剂从高温蒸发器向低温蒸发器倒流,引起下次开机时吸气带液,造成液击。

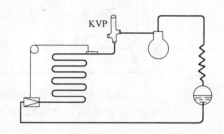

图10-81 一机配一个蒸发器系统

组合式用于大型装置如图10-83所示。

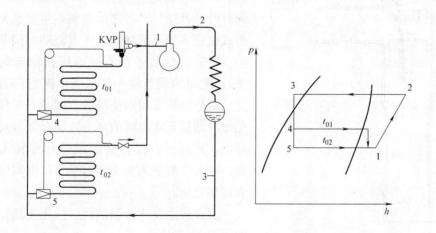

图10-82 一机多蒸发温度系统

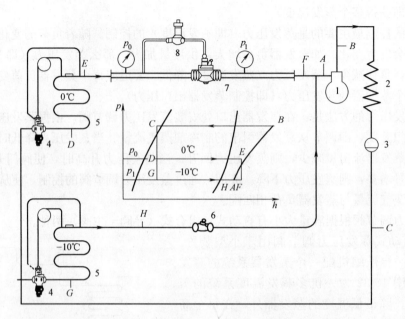

图 10-83 组合式（导阀＋主阀）蒸发压力调节阀调节蒸发压力
1—压缩机；2—冷凝器；3—贮液器；4—膨胀阀；5—蒸发器；6—止回阀；7—主阀；8—压力导阀

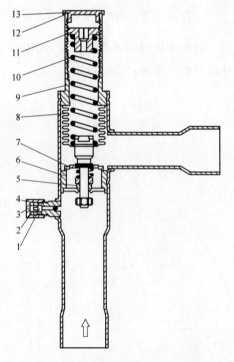

图 10-84 直动式蒸发压力调节阀（KVP 型）
1—塞子；2—密封垫；3—盖；4—压力表接头；5—阻尼机构；6—阀座；7—阀板；8—平衡波纹管；9—阀体；10—主弹簧；11—设定螺钉；12—密封垫；13—护盖

直动式蒸发压力调节阀（KVP 型）结构如图 10-84 所示。（蒸发压力调节器 KVP）。

KVP 型直动式蒸发压力调节阀是一种受阀前压力控制的比例型调节阀。按图示流向连接在蒸发器出口。蒸发压力作用在阀板 7 的下部。蒸发压力超过主弹簧 10 的设定压力时，阀打开，开度与二者之间的偏差量成比例。平衡波纹管 8 用于消除阀后压力波动对调节的影响（平衡波纹管 8 的有效承压面积与阀座相等），使阀的调节动作只取决于阀前压力的变化。阻尼机构 5 用来使阀的启闭动作平缓，避免制冷装置正常出现的压力波动对调节动作的影响，从而可以保证阀的调节精度和工作寿命。在入口侧还有压力表接头 4，供调试时接表调整之用。

组合式蒸发压力调节阀（恒压主阀）结构如图 10-85 所示。

将恒压主阀入口侧接到蒸发器出口管上，蒸发器流出量由主阀的开度调节。主阀入口侧的蒸发压力经阀内的引压通道 3 作用到导阀膜

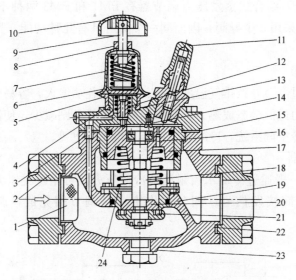

图 10-85 恒压主阀

1—过滤器；2—主阀入口；3—引压通道；4—垫片；5—导阀膜片；
6—导阀口；7—导阀弹簧；8—密封圈；9—调节杆；10—手轮；11—
手动顶开机构；12—导阀座；13—滤网；14—单向阀片；15—垫片；
16—平衡孔；17—活塞；18—推杆；19—"O"形圈；20—
主阀节流芯；21—主阀板；22—垫片；23—泄放塞；24—主弹簧

片 5 的下部。蒸发压力超过导阀弹簧 7 的设定压力时，膜片抬起，导阀开启，制冷剂流过导阀口，向下推开单向阀片 14，进入主阀驱动腔（即活塞上腔）。在这里发生信号压力 P_0 的放大作用，活塞上部的作用力（等于 $P_0 S$，S 为活塞受力面积）推动活塞向下运动，使主阀开启。蒸发压力升高时，主阀开大；反之，主阀关小。通过改变蒸发器的流出量对压力的变化实行补偿，从而将蒸发压力维持在一个恒定的范围内。恒压主阀是比例型调节阀，阀的开度与蒸发压力的变化成比例关系。恒压主阀的灵敏度较高，静态偏差较小。而且，连接时省去了外部引压管，由阀体内的引压通道 3 引导压力信号。

Danfoss 生产的 KVP 直动式和 PM＋CVP（LP）组合式蒸发压力调节器如图 10-86、图 10-87 所示。

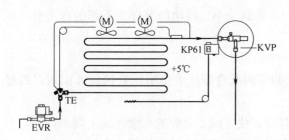

图 10-86 Danfoss 生产的 KVP
直动式蒸发压力调节器

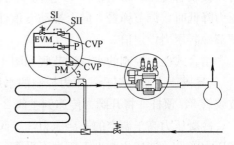

图 10-87 Danfoss 生产的 PM＋CVP（LP）
组合式蒸发压力调节器

PM+CVP（LP）组合式蒸发压力调节器有 PM1 和 PM3 两种不同型号，PM1 采用一个导阀，而 PM3 采用 3 个导阀，因而同一个阀可具有几种功能，且均不用单独的导阀管线。

10.3.2 冷凝器

夏季冷凝压力过高会导致排气温度超高、压缩机耗功增大，容易引起设备损坏等严重事故；冬季冷凝压力过低会造成热力膨胀阀制冷剂流量急剧减少，使制冷量大大降低。对于全年性运行的制冷空调系统，冷凝压力调节显得尤为重要。

1. 水冷式冷凝器

水冷式冷凝器一般通过冷却水流量调节冷凝压力。可用冷凝压力直接发信号，也可用冷凝器出水温度间接发信号。调节动作由水量调节阀完成，调节系统如图 10-88 所示。

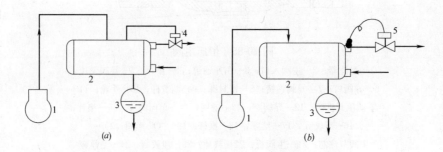

图 10-88 水冷式冷凝器的冷凝压力调节
(a) 用冷凝压力直接发信号；(b) 用冷凝器出水温度间接发信号
1—压缩机；2—水冷式冷凝器；3—贮液器；4—压力控制
的水量调节阀；5—温度控制的水量调节阀

水量调节阀是一种比例型调节阀，有直动式和组合式压力控制的水量调节阀、直动式和组合式温度控制的水量调节阀等四类。

直动式压力控制的水量调节阀如图 10-89 所示。

直动式压力控制的水量调节阀用引压管从冷凝器壳体上部或三通阀阀口引冷凝压力信号，作用于波纹管的承压面上。波纹管内侧作用着调节弹簧 3 的设定力。冷凝压力升高时，波纹管受压，将上顶杆 14 推向下运动，同时带动阀芯 8 下移，使水阀开大。当冷凝压力降低时，调节弹簧 3 向上推动下顶杆 6，将阀关小。转动调节杆 2 下部的六角头，可调节冷凝压力设定值。

组合式压力控制的水量调节阀如图 10-90 所示。

（导阀+主阀）组合式压力控制的水量调节阀其冷凝压力由引压管接口 6 引入，通过波纹管 8、顶杆 9 将开阀力传递到主阀 2 上。

冷凝压力高于调定的开启压力，导阀打开，使主阀 2 上腔的水泄流到主阀出口侧，上腔压力降低，造成主阀上下压力不平衡，在阀前后水流压力差作用下，主阀自动打开。在比例带范围内，冷凝压力比设定开启压力高出值愈多，导阀的开度愈大，主阀开度也愈大，从而产生水量调节作用。

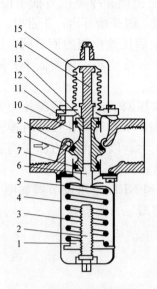
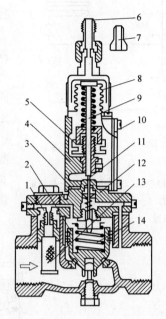

图10-89 直动式压力控制的水量调节阀
1—弹簧座；2—调节杆；3—调节弹簧；4—弹簧室；5—衬板；6—下顶杆；7、12—"O"形圈；8—阀芯；9—T形圈；10—导向滑套；11—导向滑套座；13—支撑板；14—上顶杆；15—波纹管

图10-90 组合式压力控制的水量调节阀
1—导阀孔；2—主阀；3—密封垫；4—导阀外壳；5—调节螺母；6、7—引压管接口；8—波纹管；9—顶杆；10—外盖；11—导阀芯推杆；12—阀盖；13—滤网；14—伺服弹簧

冷凝压力降到阀的开启压力值以下时，导阀关闭，阻断了主阀上部空间与下游流体之间的通孔，使主阀上腔压力升至阀上游流体压力，但由于主阀上部的承压面积比下部的承压面积大，于是在上、下流体作用力差、主阀自重和伺服弹簧14的张力下，将主阀关闭，切断冷却水的供应。

阀入口处安装有滤网13，过滤水中杂质，避免管道堵塞。阀下游还有泄放塞，排放阀内积水。

温度控制的水量调节阀工作原理与压力控制的水量调节阀基本相同，不同的是它以感温包感测冷凝器出口的水温变化，将温度信号转变成感温包内的压力信号，并向水量调节阀的上部波纹管传递。

2. 风冷式冷凝器

(1) 从空气侧调节压力

从空气侧调节主要是改变冷凝器的风量，如采用风扇电机变频调速，在冷凝器进、出风口上设置阻风阀，有多台风扇的冷凝器，可改变风扇的运行台数等办法来实现冷凝压力调节。

(2) 从制冷剂侧调节压力

从制冷剂侧调节压力的方法如图10-91所示。

在冷凝器出口管上安装一只高压调节阀3，在压缩机排气管与贮液器入口管之间接一段旁通管，旁通管上安装一只差压调节阀4。利用高压调节阀3与差压调节阀4的配合动

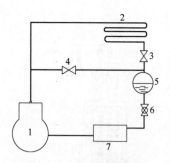

图 10-91 从制冷剂侧调节
压力示意图

1—压缩机；2—冷凝器；3—高压调节阀；4—差压调节阀；5—高压贮液器；6—膨胀阀；7—蒸发器

作实现调节。高压调节阀是一只受阀前压力（冷凝压力）控制的比例型调节阀，其开度与冷凝压力相对于开启压力（设定值）的偏差成比例。冷凝压力低于设定值时，阀关闭；达到设定值时，阀开始开启；正常时，阀全开。差压调节阀 4 是受阀前后压差控制的调节阀，压差大时阀开大；压差减小时，开度变小；压差低于开阀压差设定值时阀全关。

冷凝压力低时，高压调节阀关；冷凝压力升高，冷凝器液面也升高，差压调节阀开，让压缩机排出压力补充高压贮液器的冷凝压力，以防止热力膨胀阀制冷剂流量急剧减少。反之亦然。

KVR 高压调节阀和 NRD 差压调节阀如图 10-92 所示。（KVR+NRD 为冷凝压力调节器）。

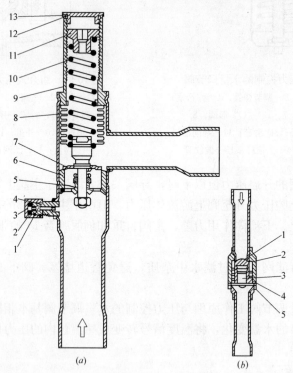

图 10-92 KVR 高压调节阀和 NRD 差压调节阀
(a) KVR 高压调节阀
1—塞子；2—密封垫；3—盖；4—压力表接头；5—阻尼机构；6—阀座；7—阀板；8—平衡波纹管；9—阀体；10—主弹簧；11—设定螺钉；12—垫片；13—密封盖
(b) NRD 差压调节阀
1—活塞；2—阀板；3—活塞导套；4—阀体；5—弹簧

将 KVR 高压调节阀和 NRD 差压调节阀做成一体便成为直动式冷凝压力调节阀。对于口径较大的大型制冷空调系统采用导阀＋主阀的组合式冷凝压力调节阀。Danfoss 生产的 KVR+NRD 直动式冷凝压力调节器和 PM+CVP（HP）组合式冷凝压力调节器如图 10-93、图 10-94 所示。

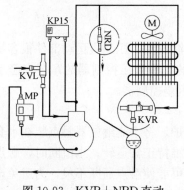

图 10-93　KVR+NRD 直动式冷凝压力调节器

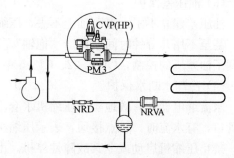

图 10-94　PM+CVP（HP）组合式冷凝压力调节器

3. 蒸发式冷凝器

蒸发式冷凝器要防止冬季运行时冷凝压力过低。

（1）风量调节

可用变频调速风机或安装阻风阀减少风量，提高冷凝压力。

（2）进风湿度调节

在冷凝器进风管与出风管之间设置旁通风管，用旁通风阀改变旁通风量，使部分排出的湿空气与进风混合，提高蒸发式冷凝器的进风湿度，降低蒸发冷却效果，使冷凝压力回升。

（3）干式运行

将蒸发式冷凝器水喷淋系统停止工作，变为干式风冷式冷凝器，冷却能力下降，冷凝压力提高。

10.3.3　压缩机

1. 压缩机保护

（1）排气压力（过高）保护

由于操作不当造成的压缩机排气阀未打开或止回单向阀堵塞，系统液量过多，冷凝器大量积液，冷凝器水量严重不足或断水；不按时进行系统的放空、放油操作等各种原因造成冷凝压力过高，或曲轴箱压力、吸气压力过高，都将引起压缩机排气压力过高，对压缩机造成严重危害，甚至发生爆炸和人身安全事故。

在压缩机高压侧设置高压压力控制器，当排气压力超过设定的控制压力值时，自动停机，切断压缩机电源。

（2）吸气压力（过低）保护

吸气压力过低使压比增大，排气温度升高，效率下降，压缩机运转情况恶化。吸气压力过低容易造成低压侧负压，使空气（即不凝性气体和水分）渗入系统，造成膨胀阀冰堵，严重腐蚀设备。

在压缩机低压侧设置低压压力控制器，当吸气压力超过设定的低压值时，会自动停机，切断压缩机电机电源。

由于高压控制器与低压控制器工作原理基本相同，故将高、低压控制器做成一体，称高、低压压力控制器。YWK、YK、KP 型是常用的高、低压压力控制器，使用时可根据不同特点进行选用。

(3) 油压差保护

油压差建立不了，表明油上不去，压缩机运转没有润滑油，压缩机运动部件很容易受损，甚至不用几分钟时间就可能"抱轴"，这是很危险的。在差压控制器的章节中已反复强调了油差压的控制，CWK-22、CJ3.5 型是常用的油压差控制器。

(4) 冷却水断水保护

水流继电器能有效地实现压缩机水套冷却水断水保护。将水流继电器触点装在水套出水管口，有水流时，触点接通，表示压缩机可以启动或维持正常运转；水流断时，触点断开，禁止压缩机启动或令其故障性停机。由于水中气泡可能使触点通断不灵，为避免产生误动作，触点断开控制停机的动作要延时，一般延时 15～30s。

(5) 排气温度保护

排气温度过高会使大量润滑油挥发成油蒸气进入系统，降低制冷效果，严重时使润滑油碳化结焦，甚至引起工质分解，引发爆炸事故。因此，应防止氨系统排气温度过高。氨压缩机排气温度规定在 145℃ 以下，排气温度过高会使排气阀门的密封材料巴氏合金熔化，造成排气阀门漏气或烧毁阀门。采用温度控制器直接控制排气温度，当排气温度超过设定值时，压缩机作保护性停机。

(6) 油温保护

吸气温度过低和油温过低表明即将发生"倒霜"，油温下降愈快，事故产生愈严重，甚至很快产生液击、敲缸以及油润滑效果恶化，应高度警惕。油温过高，油黏度下降，使压缩机运动部件磨损加剧，烧坏轴瓦。曲轴箱内和轴承的油温一般比环境温度高 20～40℃，油温最高不得超过 70℃，用油温控制器在油温过高时控制停机。

(7) 安全阀保护

压缩机高、低压压缩比超过设定值时，安全阀跳开，使高压气体旁通至低压侧，保护压缩机。安全阀的调定值出厂时已设定，起跳过的安全阀必须更换。

(8) 曲轴箱压力保护

因压缩机停机后，高、低压串压或蒸发压力高，将压力泄漏至曲轴箱内，使曲轴箱压力升高，导致压缩机再次启动时过载或启动不了，甚至烧毁电机。所以，在启动压缩机前，应观察曲轴箱压力，压力高时（串压严重时可达到冷凝压力）应打开压缩机吸气阀门，用低压吸气降低曲轴箱内压力后再行开机。

Danfoss 生产的 KVL 型直动式和 PM+CVC 型组合式曲轴箱压力调节器安装在压缩机前的吸气管上，启动前自动降低曲轴箱内压力，保护压缩机安全启动。KVL 型直动式压力调节器用于小型装置，大型压缩机采用 PM+CVC 型组合式（导阀+主阀）曲轴箱压力调节器。

2. 压缩机能量调节

大、中型制冷空调主机配置常用单台带能量调节机构的压缩机或用多台无能量调节机构的压缩机组合（多机头模块化组合），采用压缩机气缸卸载或控制压缩机运行台数实现压缩机的能量调节。

能量调节是分级进行的。如一台八缸压缩机，依次有四对缸工作即具有四个能级；又如配置 16 台（编为 16 个号）同规格型号压缩机，依次使 16 台压缩机投入工作，则机群具有 16 个能级（也可以按每对压缩机编号，依次有 8 个号机，具有 8 个能级）。用蒸发温度作控制参数，控制能量的增减，每能级压缩机或气缸的投入或退出运行分别设定不同的蒸气温度。

实现能量调节常用的方法有：①用压力控制器控制压缩机启停；②用压力控制器和电磁滑阀控制气缸卸载；③用油压比例调节器控制气缸卸载；④用程序控制器控制气缸卸载。现就控制气缸卸载进行压缩机能量调节举例说明。

图 10-95 示出一台八缸压缩机采用压力控制器和电磁滑阀控制气缸卸载的原理。

压缩机的八个气缸中，安排四个气缸作为基本工作缸（图中的Ⅰ、Ⅱ两组），另外四个缸作调节缸，每次上载两缸（图中的Ⅲ组和Ⅳ组），使压缩机能量分为三级：1/2、3/4、4/4。调节缸的卸载机构受油压驱动，当油释放时，卸载机构上的顶杆将吸气阀片顶开，气缸因失去压缩作用而卸载。

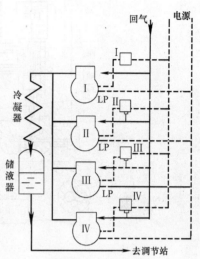

图 10-95　用压力控制器控制压缩机开停的系统

能量调节方法如图 10-96 所示，用压力控制器 LP 控制压缩机电机；用压力控制器 $P_{3/4}$ 控制第Ⅲ组气缸卸载机构油路管上的电磁滑阀 1DF；用压力控制器 $P_{4/4}$ 控制第Ⅳ组气缸卸载机构油路管上的电磁滑阀 2DF。例如：采用 R12 制冷剂，额定蒸发温度为 5℃，将上述三只压力控制器的设定值如表 10-18 所示。

压力控制器的设定值　　　　　表 10-18

压力控制器	$P_{4/4}$	$P_{3/4}$	LP
断开压力(MPa)/蒸发温度(℃)	0.31/0	0.30/−1	0.28/−3
接通压力(MPa)/蒸发温度(℃)	0.36/4	0.34/3	0.33/2
差动压力(MPa)/温度(℃)	0.05/4	0.04/4	0.05/5

当压缩机满负荷工作时，四组八缸全部投入运行。蒸发温度降到 0℃ 时，压力控制器 $P_{4/4}$ 使电磁阀 2DF 失电，滑阀落下，阻断从油泵送往第Ⅳ组卸载液压缸的配油孔，停止压力油供应，该液压缸中的油回流入曲轴箱，第Ⅳ组的两个气缸卸载，压缩机降到 3/4 能级运行。当蒸发温度降到 −1℃ 时，压力控制器 $P_{3/4}$ 断开，使电磁滑阀 1DF 失电，第Ⅲ组的两个气缸卸载，压缩机降至 1/2 能级运行。当蒸发温度降到 −3℃ 时，压力控制器 LP 断开，切断电源，整台压缩机停止工作。停机后，若吸气压力回升到 0.33MPa（2℃），压缩机重新启动，基本能级的 4 个缸投入工作。此后，若吸气压力继续升高，每次上载 2 个缸的过程如表 10-18 所示。详见参考文献 [5]。

3. 压缩机吸气压力调节

吸气压力调节阀是为了防止压缩机吸气压力过高而设置的。降温初期蒸发压力高或蒸

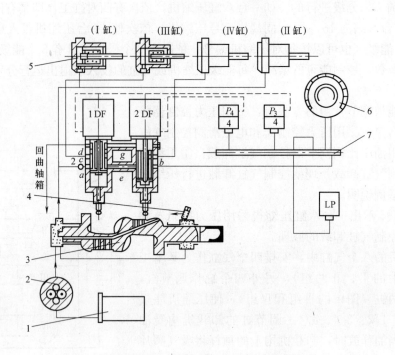

图 10-96　用压力控制器和电磁滑阀控制气缸卸载
1—滤油器；2—油泵；3—曲轴；4—油压调节阀；5—液压缸；6—油压表；7—吸气管；
1DF、2DF—电磁滑阀；$P_{3/4}$、$P_{4/4}$、LP—压力控制器

发器除霜后重新降温，吸气压力较高，可能引起电机超过额定功率。

在压缩机吸气管上安装吸气压力调节阀，设定吸气压力允许的最高值。吸气压力在设定值以下，阀全开；吸气压力超过设定值时，阀开度变小，使吸气节流，吸气压力愈高，节流愈厉害。压缩机吸气压力（过高）调节照样采用 KVL 型直动式和 PM＋CVC 型组合式（导阀＋主阀）曲轴箱压力调节阀。详见参考文献 [14]。

10.3.4　空气分离器

制冷系统中有空气（不凝性气体）存在时，会使排气温度和冷凝压力升高，影响制冷效率，因此，必须及时把空气从系统中分离出来并排至大气中。

图 10-97 是自动放空气器的一种形式。

空气分离器内部装有冷却盘管，盘管进液管上装有 ZCL-3（1）电磁阀和氨用温度调节阀 ZZRW-4。ZCL-3（1）与压缩机联动，压缩机运转，ZCL-3（1）即开启。蒸发盘管的进液量由温度调节阀控制。当混合气体进入空气分离器中，即被盘管冷却，其中的氨则被冷凝成液体，流回贮液器。空气不会冷凝，积聚在容器的上部。当不凝性气体逐渐增多

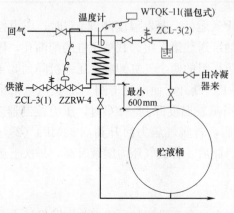

图 10-97　空气分离器的自动控制

时，由于它不冷凝放出潜热，因此其温度将逐渐降低。当温度达到设在空气分离器顶部的 WTQK-11 型温度控制器的调定值时，即打开 ZCL-3（2）开始放空气。随着空气的逸出，混合气体又进入空气分离器，温度随之升高，电磁阀 ZCL-3（2）关闭，停止放空气，如此反复工作，自动地将系统中的空气（不凝性气体）排出。

温度调节阀的感温包装在蒸发盘管的出口管上，根据回气温度调节供液量。

WTQK-11 一般调在 $-5℃$ 以下。

在安装自动放空气器时应注意以下几点：

① 空气分离器要做隔热层和防潮层；
② WTQK-11 的感温包要装在蒸发盘管的中心距顶部 1/3 高度处；
③ 空气分离器应比贮液器至少高约 600mm，以确保氨液顺利流回贮液器。

10.3.5 液泵供液

液泵＋低压循环贮液桶供液系统控制如图 10-98 所示。

桶泵强制供液系统是利用液泵把数倍蒸发量的制冷剂液体从低压循环贮液桶输向蒸发器的一种再循环供液形式。常配置的自控元件有：

1. UQK-40 液位控制器

在低压循环贮液桶的液位管上安装两个 UQK-40 液位控制器，一个安装在距桶底 1/3 处 UQK-40（低），另一个安装在距桶顶 1/3 处 UQK-40（高），每个 UQK-40 液位控制器控制范围为 60mm，

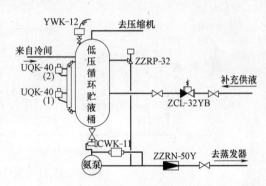

图 10-98　液泵＋低压循环贮液桶供液系统控制图

这样，高低两个 UQK-40 液位控制器共控制四个液面（有四个电触点），UQK-40（高）液位控制器 60mm 以上液面为报警液位，60mm 以下液面为高液位；UQK-40（低）液位控制器 60mm 以上液面为低液位，60mm 以下液面为过低液位。

（1）正常液位

UQK-40（高）液位控制器 60mm 以下液面（即高液位）至 UQK-40（低）液位控制器 60mm 以上液面（即低液位）的所有区间都属于正常液位。

（2）过低液位

UQK-40（低）液位控制器 60mm 以下液面。

（3）报警液位

UQK-40（高）液位控制器 60mm 以上液面。

正常供液都在正常液位区间内，即低液位时开始供液，液位上升，直至高液位时停止供液。此时，液位开始下降，直至低液位时才重新开始供液，一直保持在正常液位范围内，循环往复。一旦出现报警液位，延时停止供液。出现过低液位时，立即切断液泵电源，停止液泵运转，同时，打开供液电磁主阀供液。

2. ZFS 系列（主阀）＋ZCL-3（电磁导阀）

电磁导阀与主阀组成一体时称为电磁主阀。电磁主阀向低压循环桶供液，由电磁导阀

控制，它的信号则由 UQK-40 液位控制器控制。

3. CWK-11 型差压控制器

为了避免液泵启动后不上液，以致损坏泵的部件，在泵的进出口之间安装 CWK-11 差压控制器，液泵启动后，如在调定时间内建立不起压差时自动停泵。

4. ZZRP-32 型自动旁通阀

ZZRP-32 型自动旁通阀用于保护液泵运行及自动调节供液量。如泵的排出压力超过调定值时，旁通回低压循环贮液桶。

5. ZZRN 型止回阀

在液泵停止运转时，可防止液体回流，尤其是在多泵并联工作时，能防止相互串液。

10.3.6 加、放油与油的再生

1. 压缩机自动加油

压缩机自动加油原理如图 10-99 所示。

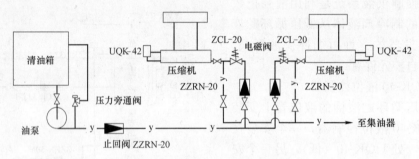

图 10-99 压缩机自动加油原理图

每台压缩机装一只 UQK-42 油位控制器，实现对压缩机曲轴箱油位的双位控制，下限位打开 ZCL-20 型电磁阀加油；上限位关闭 ZCL-20 电磁阀停止加油。任何一台压缩机油位达到下限时，打开该压缩机 ZCL-20 型加油电磁阀同时，启动油泵；全部压缩机都不需要加油时，停止油泵运行。

两台以上压缩机合用一根加油管时，每台压缩机的加油管上应设止回阀，以防各曲轴箱压力相互串通。油泵的出口也应设止回阀。

2. 设备自动放油

干式油分离器放油：分离后的油用浮球阀控制自动流回压缩机曲轴箱。

洗涤式油分离器、高压贮液器、冷凝器、中间冷却器、低压循环贮液桶、气液分离器、低压贮液器、排液桶等各设备的自动放油原理见图 10-100 所示。

系统中的容器有的是高压容器（如油分离器、高压贮液器），有的是中压容器（如中间冷却器），有的是低压容器（如低压循环贮液桶、排液桶）。低压容器由于温度低，油黏度大，放油比较困难。大、中型系统一般是高、中压容器的放油共用一个集油器。低压容器单独放油，另设一个集油器。小型系统为了简化系统只设一个集油器。

每个需放油的容器上均装有 UQK-41 油位控制器，放油管上装有放油电磁阀。UQK-41 由玻璃管液柱指示器、浮子和两个接线开关组成。浮子的相对密度为 0.78 左右，介于氨液相对密度（当温度高于 $-40℃$ 时，小于 0.69,）和石蜡基冷冻油相对密度（0.87～0.88）之间，因此，浮子沉于氨液而浮于油面上。接线开关装在玻璃管外控制油位的上、

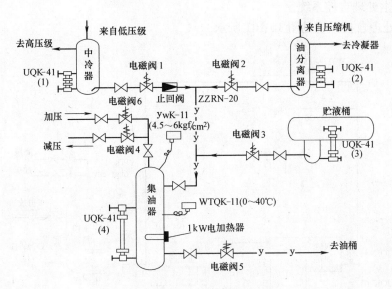

图 10-100　设备自动放油原理图

下限处。当浮子随油位升高到上限油位时，上部的接线开关动作，发出信号开启电磁阀放油；油位下降至下限油位时，下部的接线开关动作，关闭放油电磁阀，停止容器放油。

中压容器放油电磁阀后装一止回阀，防止反压顶开电磁阀。

集油器上也装有 UQK-41 油位控制器和放油电磁阀。如果有两只集油器，并共用一根放油管时，电磁阀后需设止回阀。为了去除油中的氨，集油器设有加热器和减压抽气阀，加热器可采用电加热器、热氨盘管或水喷淋等方法。如果油处理容器的位置高于集油器，则集油器上须加装加压电磁阀，该电磁阀由压力控制器控制。放油时，只允许一个一个容器按预先安排的顺序向集油器放油。

图 10-100 中的集油器装有 1kW 的电加热器。如果中冷器油位上升到 UQK-41（1）的上限，步进选线器接通中冷器及集油器电路。此时，如果集油器油位处于 UQK-41（4）的上限，须等待集油器先排油。如果集油器油位处于 UQK-41（4）的上限以下，则减压电磁阀 4 开启，中冷器放油电磁阀 1 同时开启，中冷器开始向集油器排油。排油过程中，不管中冷器油位是否已降到下限，只要集油器油位上升至 UQK-41（4）的上限，放油电磁阀 1 立即关闭（减压电磁阀继续开启）停止放油。与此同时，接通电加热器，加热时间可在 0～2h 内调整。加热过程中，油温升至 30℃时，WTQK-11（0～40℃）温度继电器动作，停止加热；油温降至 22℃以下时，WTQK-11 动作，再次加热。加热时间到达设定值时，停止加热并关闭减压电磁阀 4，同时开启集油器排油电磁阀 5 开始向油沉淀桶排油，到集油器油位降至 UQK-41（4）的下限时，关闭排油电磁阀 5。如油桶位置高于集油器，则需加压排油，在开启排油电磁阀 5 的同时，也开启加压电磁阀 6。加压排油时，集油器内的压力用 YWK-11（0.05～0.6MPa）压力控制器控制，YWK-11 的调定值应根据油桶位置的高低加以调整，不宜调得过高，只要能保证将油送至高处即可。

放油时，如果中冷器油还未放完，集油器油位就已升至 UQK-41（4）的上限，则需等待集油器排油后再放。如中冷器油位已降至 UQK-41（1）的下限，而集油器油位尚未升至 UQK-41（4）的上限，则步进选线器接通第二个容器进行放油。

3. 油再生处理自控系统

油再生处理自控系统见图10-101所示。

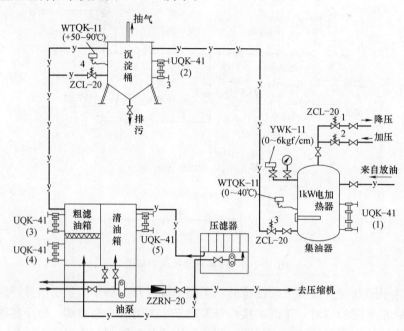

图 10-101　油再生处理自控系统
1—减压电磁阀；2—加压电磁阀；3、4—放油电磁阀

油处理过程中将油加热，一是回收一部分氨，以免散发到空气中去；二是减小油的黏度，以便于污物在沉淀桶中沉于桶底。

润滑油中含水量随温度的升高而增加，当温度由 $-40℃$ 升到 $30℃$ 时，含水量将由 $8×10^{-6}$ 增至约 $100×10^{-6}$。氨压缩机制冷系统润滑油的允许含湿量不应超过 $30×10^{-6}$。润滑油中的水分利用压滤机可部分去除，首先将滤纸烘干，并及时过滤，滤纸可吸收一部分润滑油中所含的水分。

润滑油中的机械杂质通过加热、沉淀、粗滤和压滤机精滤等过程基本上都可清除。

集油器中的油经加热排氨后，即可排向油沉淀桶。如果桶中油位处于 UQK-41（2）的上限位，则集油器需等待；如果桶中油位未达到 UQK-41（2）的上限，则关闭集油器的减压电磁阀1，开加压电磁阀2和放油电磁阀3，将油排至沉淀桶。当桶中油位升到 UQK-41（2）的上限时，关闭电磁阀2和3，接通3kW电加热器。油温由 WTQK-11 温度控制器控制，高于90℃时停止加热，低于70℃时继续加热。加热时间可在 0～2h 内调节。当加热时间达到预定值，而且粗滤油箱中的油位在 UQK-41（3）的上限位以下时，则放油电磁阀4开启，在重力作用下润滑油进入粗滤油箱，大部分机械杂质经粗滤后已被除去。当油位已达 UQK-41（4）的上限而清油箱中的油位尚未达到 UQK-41（5）的上限时，启动压滤机泵，润滑油经压滤机精滤去水后被压至清油箱储存待用。

10.3.7　Danfoss 提供的自控元件典型制冷回路

图 10-102、图 10-103 所示为 Danfoss 提供的自控元件典型制冷回路，可作选用配置的参考。

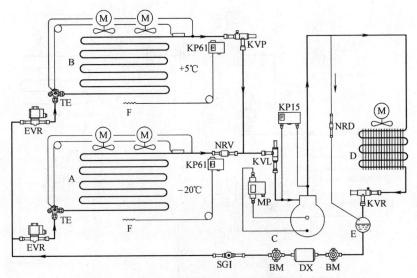

图 10-102 带冻结间和冷藏间的蒸发器的制冷装置
A、B—蒸发器；C—压缩机；D—冷凝器；E—贮液器；F—KP61 型温度控制器
的温度传感器；M—风机。

图 10-102 中配置了 EVR（电磁阀）、TE（热力膨胀阀）、KP61（温度控制器）、NRV（止回阀）、KVP（蒸发压力调节器）、MP（油压差控制器）、KVL（曲轴箱压力调节器，即压缩机吸气压力调节器）、KP15（压缩机高、低压压力控制器）、KVR（高压调节阀）+NRD（差压调节阀）（组合成一体的称冷凝压力调节器）、BM（截止阀）、DX（干燥过滤器）、SGI（视镜）等各种自控元件。

两只 BM 型截止阀是为了避免更换干燥过滤器时流失制冷剂。EVR 型电磁阀由 KP61 温度控制器控制（温度传感器 F 发信号）。NRV 型止回阀可防止压缩机停机时，制冷剂回流，冻结蒸发器。KVP 型蒸发压力调节器可维持蒸发压力固定在冷藏室所需温度 8～10℃以下。KVL 型曲轴箱压力调节器可保护压缩机电机在启动过程中避免过载。MP 型油压差控制器可在油压过低时，停止压缩机运转。KP15 型高、低压压力控制器防止压缩机吸气压力过低或排气压力过高。KVR+NRD 型冷凝压力调节器使液管内具有足够的冷凝压力推送制冷剂到膨胀阀。从而实现单机双温系统，即一台压缩机带动两个蒸发温度系统（冻结间和冷藏间蒸发器的制冷装置），同时，对冷间温度 t_N、蒸发压力 P_0（蒸发温度 t_0）、冷凝压力 P_K（冷凝温度 t_K）、压缩机吸气压力（曲轴箱压力）$P_{吸}$ 进行调节与控制。并配置了油压差控制器和高、低压压力控制器，保证压缩机上油。并设置了防止排气压力过高、吸气压力过低、吸气压力过高或曲轴箱压力过高等压缩机保护装置。

图 10-103 中除了上述配置，保证系统安全运行外，还设置了两只 PM1（带一个导阀的主阀）+EVM（电磁导阀）（组装成一体的称电磁主阀）、PM3（带三个导阀的主阀）+EVM（电磁导阀）+CVQ（受电子调节器 EKS61 控制的导阀）、TE20（热力膨胀阀）、两只 NRVA（止回阀）、PM3（带三个导阀的主阀）+EVM（电磁导阀）+CVPP（压差导阀，即压缩机排气压力与贮液器冷凝压力之间的压差）、EKS61（电子调节器）+AKS（温度传感器）等自控元件。完成供液回气的制冷过程和热气除霜排液的除霜过程。

(1) 制冷过程

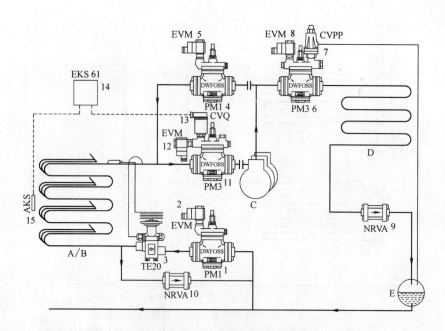

图 10-103 带热气除霜的制冷装置
A/B—蒸发器；C—压缩机；D—冷凝器；E—贮液器
1—主阀 PM1；2—导阀 EVM；3—热力膨胀阀 TE20；4—除霜阀 PM1；5—导阀 EVM；6—主阀 PM3；
7—压差导阀 CVPP（HP）；8—导阀 EVM；9、10—逆止阀 NRVA；11—主阀 PM3；
12—导阀 EVM；13—导阀 CVQ；14—电子调节器 EKS61；15—空气探头 AKS

液体制冷剂通过由导阀 EVM2 控制并处于开启状态的电磁阀 PM1，经热力膨胀阀 TE203 注入到蒸发器中。

主阀 PM311 调整蒸发压力，维持被冷却的空气温度保持恒定。此功能由 CVQ 导阀 13 来完成，其本身又受带有空气探头 AKS15 的电子调节器 EKS61⑮控制。导阀 EVM12 处于开启状态，在高压管路上的主阀 PM36 由导阀 EVM8 控制也处于开启状态。除霜阀 PM14 由导阀 EVM5 控制，处于关闭状态。

（2）除霜过程

主阀 PM11、PM36 和 PM311 由各自的 EVM 导阀控制，处于关闭状态。主阀 PM14 由 EVM5 导阀打开，逆着制冷剂流动方向供给制冷剂热蒸气到需要除霜的蒸发器。

注：为了保证蒸发器正常除霜，至少 2/3 的制冷装置应处于制冷状态，至多 1/3 的制冷装置处于除霜状态，否则热气量会不够。

在除霜阶段，由压差导阀 CVPP（HP）7 控制的主阀 PM36，通过热气压力和贮液器压力之间造成足够的压差 ΔP 给予除霜优先权。这个压降确保在除霜期间才冷凝下来的液体通过 NRVA 止回阀 10 被压回到液体管线中。

10.3.8 除霜排液

一个制冷系统不会结霜，说明蒸发器蒸发效果差。蒸发压力没有，很发愁；反之，很可能会结霜，结得很厚，霜层影响制冷效果，也发愁。因此，必须想办法要除霜。除霜的方法是：人工扫霜、水冲霜和热气融霜，后两者都能实现自动除霜。三种除霜方法各有各的用途，冷却排管作为冷贮藏，其室温比较稳定，但不能进行水冲霜（没有接水盘），平时也不宜进行热气融霜，因为化完的霜和水会覆盖被冷却物，只有空库时，每半年或一年进行一次融霜。因此，平时最好的办法是采用人工扫霜。冷风机有接水盘可以进行水冲霜，适用于"一冻一冲"的冻结装置，如速冻机，冻结完马上进行水冲霜。这种方法可自控，效果好，但不能去除蒸发器管内的积油，只有进行高压热气除霜，既能把蒸发器表面霜层去除，又能冲走蒸发器管内积油，既融霜又冲油（高压热气把蒸发器管内积油冲刷干净，不仅冲霜又"冲油"）。例如，采用上述Danfoss推荐的热气除霜并进行自动控制是一种较为成熟的方法。

10.4 制冷空调自控实例

除设备控制外，主机的自动控制显得非常重要，它将直接关系到制冷空调的运行状况。现以冷水机组为制冷空调自控实例作简单说明。

常用的冷水机组有活塞式冷水机组、螺杆式冷水机组、离心式冷水机组和吸收式冷水机组。有的冷水机组同时具有制冷和制热功能，称为冷热水机组。

10.4.1 活塞式冷水机组的自控

活塞式冷水机组是最早的一种冷水机组，它具有小型、轻便、适应性强的特点，现在仍广泛应用于各类空调系统。活塞式冷水机组有开启式、半封闭式或全封闭式。由活塞式压缩机、冷凝器、蒸发器、热力膨胀阀以及与机组相配套的开关箱及控制柜等组成。一般都采用卧式壳管式冷凝器和蒸发器，机组结构紧凑，占地面积小，现场安装方便。图10-104为开利（Carrier）30HR195，225型活塞式冷水机组外形图。

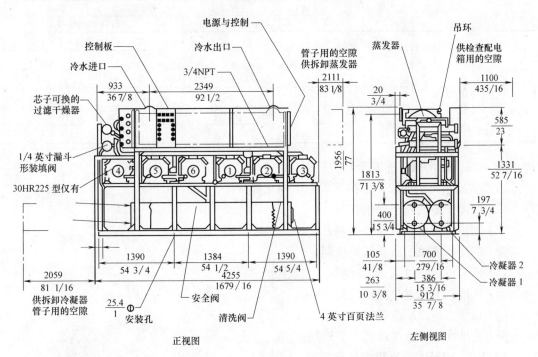

图10-104 开利30HR195，225型活塞式冷水机组外形图

1. 活塞式冷水机组的启停控制

启动前应全面检查制冷系统，同时应确认空调系统有足够的负荷。确认曲轴箱电加热

器已通电 24h 以上，且曲轴箱中润滑油温度已上升到规定值，上述各项检查符合要求后，把机组总开关扳到"ON"位置，注意观察机组各部件运行是否正常，若各部件运转均良好，则可转入正常运行。

若机组要在周末或短时间内停机，可直接按"OFF"，使压缩机停机。压缩机曲轴箱中电加热器仍可继续工作，避免制冷剂冷凝在润滑油中。

若较长时间停机，首先应将低压制冷系统降压，系统降压的目的是将大部分制冷剂输送至冷凝器内，这样可以降低系统低压侧的压力。过 15min 关闭通往冷凝器和蒸发器的水泵和给水阀。如果机组停机期间遇到结冰温度，应将冷凝器和蒸发器传热管及管路内的水全部放空，这可以通过打开水盖和蒸发器壳体下部的排水阀排空。切断冷水机组的总电源开关，确保在机组停机期间不会闭合。把每台压缩机的吸、排气截止阀关闭。

2. 活塞式冷水机组的输出能量控制

活塞式冷水机组的输出能量控制是通过压缩机的开、停机和压缩机气缸的上载卸载装置来实现的。机组制冷量控制装置由冷冻水温度控制器、分级控制和一些由电磁阀操作的气缸卸载装置所组成，当冷冻水温度控制器指令机组增加或减少制冷量时，就会激励分级控制器向控制器电机供电，带动控制器凸轮轴旋转，凸轮轴操作负载开关使压缩机上载或卸载，从而实现制冷量的增加或减少。开利 30HR225 机组的制冷量控制方案如表 10-19 所示。

开利 30HR225 机组的制冷量控制方案　　表 10-19

机组	控制级数	总冷量(%)	顺序开关位"1"		顺序开关"1"	
			回路 1	回路 1	回路 1	回路 1
			工作压缩机编号		工作压缩机编号	
225	6	16.7	1		3	
		33.3	1	4	3	6
		50	1	4、5	2	6、5
		66.7	1、2	4、5	3、2	6、5
		88.3	1、2	4、5、6	3、2	6、5、4
		100	1、2、3	4、5、6	3、2、1	6、5、4

3. 活塞式冷水机组的安全保护控制

活塞式冷水机组的安全保护装置有下列几部分：

(1) 制冷压缩机高压保护控制；

(2) 制冷压缩机低压保护控制；

(3) 制冷压缩机油压差保护控制；

(4) 压缩机电源过载保护控制；

(5) 压缩机电机过热保护控制；

(6) 机组水回路断流保护控制；

(7) 冷冻水出口温度过低保护控制。

10.4.2　螺杆式冷水机组的自控

螺杆式冷水机组是由螺杆式制冷压缩机、冷凝器、蒸发器、热力膨胀阀以及自控元件等组成。具有结构简单、占地面积小、能量调节范围大和排气温度低的特点。

1. 螺杆式冷水机组的启停控制

螺杆式冷水机组启动前的检查工作与活塞式冷水机组相似，开启冷却水泵及冷冻水泵，使冷却水及冷冻水在系统内循环并观察水泵工作情况，看水压、水量是否符合要求。确认上述无误后，按下列顺序启动：启动油泵→油压上升→滑阀处于 0 位→开启供液阀→启动压缩机→正常运转后增载至 100%→调整热力膨胀阀开度至工作压力，观察机组各部件运行情况并做好记录。

1) 在手动状态下停机

转动能量调节阀，使滑阀回到 0 位，按压缩机停机按钮，此时油泵尚在工作，待压缩机停稳后，关闭供液阀，停止油泵和冷却水泵，再过 15min 停冷冻水泵。

2) 自动状态下停机

按下停止按钮，机组按控制程序停机，随后关闭供液阀和冷却水泵，15min 以后停冷冻水泵。

3) 故障停机

机组设有自动保护元件，当高压过高、低压过低、油压偏低、油温过高、冷冻水温过低以及精滤油器堵塞时，均能使机组自动停止运转，同时发出声光报警信号，发光显示器指示故障部位。故障停机后，应先按下"解除"按钮，停止报警，排除故障后，再按"复位"按钮，然后按照启动步骤启动机组。

4) 长期停机

机组停机长期不使用时，应在停机前关闭供液阀，观察低压表，压力降至 0.1MPa 时，按上述正常停机方法停机。停机后应关闭所有阀门和拧紧封帽，可将氟利昂抽入钢瓶内，将润滑油抽出置于贮油器内，并检查油质，关闭冷却水、冷冻水阀门，卸下蒸发器、冷凝器水室盖上的放水螺塞，将水放净，防止冬季冻裂水管。机组的维修保养工作可在长期停机时间内进行。

2. 螺杆式冷水机组的输出能量控制

螺杆式冷水机组的制冷量调节是通过滑阀控制装置来实现的。滑阀能量调节装置是由装在压缩机内的滑阀、油缸活塞、能量指示器及油管路、手动四通阀或电磁换向阀组成。电磁换向阀可用于自动调节。滑阀位置受油活塞位置控制。手动四通阀有增载、减载和定位三个手柄位置。当制冷量逐步减少时，功率消耗也相应减少，实现压缩机经济运行。

3. 螺杆式冷水机组的安全保护控制

为了使螺杆式冷水机组安全可靠地运行，机组仪表箱上部装有压力表、排气温度表、手动能量调节四通阀，下部装有以下部件：

1) 高压控制器：调定值为 1.6MPa；

2) 低压控制器：调定值为 0.32MPa；

3) 油温控制器：油温的高低直接影响润滑油的黏度，从而影响润滑油分离效果。因此采用温度控制器控制油温，当油温高于 70℃时，油温控制器可使压缩机停止运行。

4) 油压差控制器：当油压高于排气压力 0.2MPa 时，压缩机才能运行，而低于 1.5MPa 时，压缩机停止运行。油压差控制器本身具有 45~60s 的延时机构，以保证压缩机正常启动；

5) 精滤油器压差控制器：精滤油器进出口压差的大小是精滤油器堵塞程度的一种反映，压差愈大，说明精滤油器的堵塞愈严重，当压差达到 0.1MPa 时，精滤油器的堵塞程度将对系统的供油量产生危害，这时就应停机，将精滤油器清洗干净后，再投入使用。

6) 冷冻水出水温度控制器：用温度控制器控制冷冻水的出口温度高于2℃，避免机组在低负荷下运行并防止蒸发器冻裂等事故。

7) 安全阀：当高压控制器失灵时，系统的高压侧压力上升至1.8MPa，为防止高压压力继续上升而导致破坏性事故，安全阀自动起跳，将排出的高压制冷剂导入低压部分。

此外，冷水机组还带有主电动机过载保护、冷冻水流量开关保护等。

10.4.3 离心式冷水机组的自动控制

离心式冷水机组是以离心式压缩机为主要部件的冷冻水机组。它是20世纪20年代为空调目的而制造的冷水机组，具有制冷量大的特点，目前已广泛应用于各种大型空调系统中。

图10-105为约克（York）HT型R11离心式冷水机组制冷原理图。

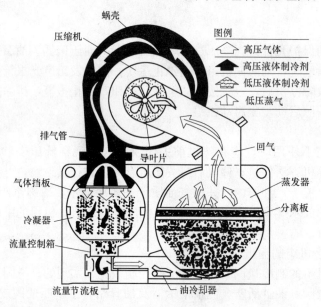

图10-105　约克离心式冷水机组制冷原理图

由蒸发器来并经吸入管道过热的低温低压蒸气经导叶片被叶轮吸入，经高速旋转的叶轮，在蜗壳出口处成为高压过热气体并排入冷凝器，R11制冷剂在铜管翅片外冷却和冷凝成高压饱和液体。大部分液体流经节流孔口进入蒸发器，在铜管翅片外侧沸腾吸热后变成气体；从冷凝器底部引出的另一小部分液体制冷剂，经过滤器和节流阀后进入主电动机，吸收电机的热量后气化，回到蒸发器，重复上述循环。

离心式冷水机组一般由制冷系统、润滑系统、自动回油系统、抽气回收装置及冷冻水、冷却水系统组成。

图10-106为典型的离心式冷水机组水系统接线图。

1. 离心式冷水机组的启停控制

(1) 启动

系统启动前要进行电机绝缘电阻、电源电压、电机转向的检查；润滑油油位、油温、油压差、油泵电机转向的检查，确认无误后进行下面的操作：

1) 手动启动冷冻水泵，冷冻水流量开关闭合，由于冷冻水温度高，在冷冻水回水管

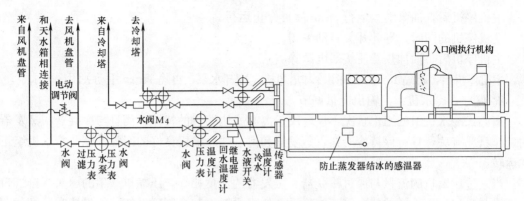

图 10-106　典型的离心式冷水机组水系统接线图

道上的温度控制器闭合，控制箱中冷冻水泵的辅助触头闭合；

2) 相隔 15s 后，手动启动冷却水泵，冷却水流量开关闭合，在控制箱中冷却水泵的辅助触头闭合；

3) 再隔 15s 后，手动启动冷却塔风机。

只要手动启动过冷却塔风机，不管此风机是否在运行，控制箱中的辅助触头也闭合。如果冷却塔风机故障，冷却水回水温度升高，会用报警方法提醒操作人员注意。

4) 当冷冻水泵、冷却水泵和冷却塔风机的辅助触头都闭合时，主机才能启动，具体过程如下：

将控制箱的按钮从停止转换到运行时，如果满足下列三个条件：油温达到要求、与上次停机的时间间隔大于设定值、导叶的开度处于全关位置，则油泵立即投入运行。如果上述三个条件中任一条不满足，油泵不能运行。

当油泵运行 2min 以后，立即启动主电机。约 30s 后，主电机就从 Y 形启动转换到 △ 形运行。导叶开度将按照冷冻水出水温度和主电机电流值的大小进行调节。

主机启动之后，要调节冷凝器和蒸发器的水管路压力降，一般情况下，离心式冷水机组冷冻水通过蒸发器的压降为 0.05~0.06MPa，冷却水通过冷凝器时的压降为 0.06~0.07MPa。通过调节水泵出口阀门以及冷凝器、蒸发器的供水阀开度，可以将压力降控制在要求的范围内。

除非在签订合同时另有要求，一般机组在现场调试时，是以冷冻水供水温度为 7℃，冷却水进水温度 32℃ 来设定导叶的开度。

机组启动后，按下列顺序检查各项内容：

1) 压力：检查油压、吸入压力和排出压力。

2) 温度：检查油箱中温度、冷凝器下部液体制冷剂温度，应比冷凝压力对应的饱和温度低 2℃ 左右；冷凝温度应比冷却水出水温度高 2~4℃；蒸发温度应比冷冻水出水温度低 2~4℃。

3) 电流：安培表上的读数应小于或等于电机铭牌上的额定电流。

4) 振动和噪声：确认没有喘振和不正常响声。

(2) 停机

在控制箱上将转换开关由"运行"拨到"停止"位置，主机立即停机。

主机停机后，油泵继续运行 3min 后再停止运行。

主机停机的同时，导叶开关自动关闭。

主机停机后，油加热器便接通电源。

主机停机后，相隔 15s 手动关闭冷却塔风机、冷却水泵，再隔 15min 手动关闭冷冻水泵。

2. 离心式冷水机组的输出能量调节

离心式冷水机组的工作状况不仅取决于离心式压缩机的特性，而且与冷凝器、蒸发器的工作状况有关，只有保持冷凝器、蒸发器和离心式压缩机良好的匹配才能使冷水机组正常运转。

当通过压缩机的流量与通过冷凝器、蒸发器的流量相等，压缩机产生的压头（排气口的压力与吸气口压力的差值）等于制冷设备的阻力时，整个制冷系统才能保持在平衡状态下工作。

一般情况下，当制冷量改变时，要求蒸发器冷冻水出口温度为常数，而此时冷凝温度往往是变化的。目前空调用离心式冷水机组大都采用进口可转导叶调节法来进行输出能量的调节，即在叶轮进口前装有可转进口导叶，通过自动调节机构，改变进口导叶开度，使制冷量相应改变。

图 10-107 为冷水机组采用进口导叶阀自动调节控制系统图。

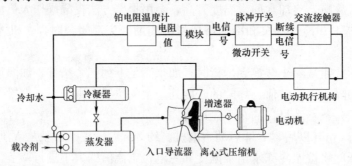

图 10-107　进口导叶阀自动调节控制系统图

当外界冷负荷减少时，蒸发器的冷冻水回水温度下降，导致蒸发器的冷冻水出水温度对应降低。冷冻水出水温度的降低，由铂电阻温度计感受，容量调节模块发出电信号，通过脉冲开关及交流接触器，并使执行机构电机旋转，关小进口导叶开度（减载），冷水机组的制冷量随之减少，直至蒸发器冷冻水出水温度回升至设定值，制冷量与外界冷负荷达到新的平衡为止。

相反，当外界冷负荷增加时，蒸发器冷冻水出水温度升高，容量调节模块发出的电信号使执行机构电机向相反方向旋转，开大进口导叶的开度（加载），机组的制冷量随之增加，直至蒸发器出水温度下降到设定值为止。

采用进口导叶调节法的调节范围较宽（30%～100%），经济性较好，并可实现自动调节。

离心式冷水机组所有的调节方法当中，控制离心式压缩机转速是经济性最好的一种。在用气轮机驱动时，常采用这种方法。在用电动机驱动时，由于改变电动机转速比较困难，所以在以前的机组中很少采用。近年来变频调速技术发展很快，美国约克公司首先在离心式冷水机组中推出使用调频节能新技术，改变电源频率来调节电动机转速，从而实现机组制冷量与负荷的大小相匹配。目前已有很多引进的调频变速离心式冷水机组在运行。

这种机组唯一的缺点是一次性投资费用比较昂贵。

3. 离心式冷水机组的安全保护控制

为了使离心式冷水机组能够安全可靠地运行，机组上设有比较多的安全保护仪表。它们是：

(1) 冷凝器高压控制器（HPC）

由于各种原因（例如冷负荷太大、冷凝器存在较多的空气、冷却水出水温度过高或水流量太小、冷凝器传热效果太差等），均可引起冷凝压力升高。冷凝压力升高后，机组的功耗增加，制冷量下降。当冷凝压力超过一定值时，还会引起喘振，甚至损坏设备，发生安全事故。当冷凝压力超过设定值时，HPC 就将主电机的电源切断，机组立即停止运行。此时操作人员必须分析停机原因，待排除故障后，才能按动复位按钮，这时 HPC 将主电机回路接通，使其重新启动。

(2) 蒸发器低压控制器（LPC）

当空调房间负荷减少时，蒸发器内压力下降，蒸发器冷冻水出水温度也下降，机器制冷效率亦降低。此外，蒸发压力降低亦会引起离心式压缩机喘振，以致损坏设备。所以当蒸发压力降到某一设定值时，LPC 就将主电机的电源切断，机组立即停止运行。操作人员必须检查原因或调节开机容量，待故障排除后，再按动复位按钮，LPC 又接通主电机回路，再重新启动机组。

(3) 油压差控制器（OPC）

机组中只有保持一定的油压，离心式压缩机才能安全可靠地运行。当油压差低于设定值时，OPC 接通延时机构。如果在设定时间内，油压差仍恢复不了正常值，OPC 将切断主电机电源，使机组停机。操作人员必须排除故障之后，再按复位按钮，OPC 又接通主电机回路，重新启动机组。但必须注意延时机构工作过一次后，要等 5min，待延时双金属片全部冷却后才能恢复正常工作。

(4) 油温控制器（OTC）

制冷剂 R12 和 R11 可以与润滑油完全互溶。它的溶解度随着油温的升高而降低，因此，停机时为了不使制冷剂溶解在润滑油中，要维持一定的润滑油温度。当油温低于某一设定值时，OTC 将油加热器的电源接通，使油温升高；当油温高于某一设定值时，OTC 就将油加热器的电源切断，停止加热。在机组运行时，即使油箱中的油温较低，油箱中溶解氟利昂的可能性也不大，所以油加热器停止工作。

(5) 防冻结温度保护器（LTC）

当蒸发温度过低时，会使传热管中的冷冻水结冰，以致损坏蒸发器。因此，当蒸发温度低于设定值时，LTC 将切断主电机电源停机。操作人员必须查明原因，排除故障之后，再按复位按钮，LTC 将主电机回路再度接通，重新启动机组。

(6) 主电机温度控制器（MT）

主电机温度升高，电机效率降低，更严重的是使绝缘破坏而烧毁电机。因此当主电机温度上升到设定值时，MT 将停机。操作人员必须查明原因，排除故障之后，再按复位按钮，重新启动机组。

(7) 导叶关闭继电器（VLS）

为了减小启动电流，导叶应处于零位状态空载启动，如果导叶不处于零位，机组就不能启动。

(8) 冷冻水温度控制器（CWT）

从冷水机组的特性来分析，为了节能，只要能满足使用要求，冷冻水的供、回水温度应提高，水温太低，即蒸发温度低，制冷效率下降，所以，除了防冻结温度保护器外，一般机组另外再设冷冻水温度控制器。当冷冻水回水温度下降到某一设定值时，CWT将切断主电机电源，停机。当冷冻水回水温度上升到另一设定值时，CWT将接通主电机电源，机组又重新启动运行。CWT的特点是不用复位，只要满足温度条件和30min时间间隔条件（有的机组设定值为20min）时，就能再次启动。

(9) 安全阀或安全膜片

安全阀或安全膜片都接在冷水机组的蒸发器上。遇到火警或其他意外事故，由于温度升高，系统内压力就会上升，如不及时将系统中的制冷剂引出，机组就有可能发生爆炸的危险。

设置了安全阀或安全膜片之后，当系统压力升高时，安全阀阀板就会起跳或安全膜片破裂，这样就将系统中的制冷剂泄放到下水道，避免事故发生。

目前离心式冷水机组的控制采用单片机控制技术，如约克离心机的CPU就是8031单片机，并配有通信功能，可以将数据传到控制台。

10.4.4 吸收式冷水机组的自控

由于环境保护的要求和清洁能源的开发与利用，促进了吸收式冷水机组的发展并获得了更广泛的应用。吸收式冷水机组有五个回路：热源回路、溶液回路、冷剂水回路、冷却水回路和冷媒水回路。而且，吸收式冷水机组品种较多，有蒸汽型、直燃型、热水型、单双效型等，自动控制方式也各有不同。

图10-108为特灵（Trane）公司典型的直燃式热驱动吸收式冷水机组。

1. 吸收式冷水机组的启停控制

在开始启动之前，制冷/加热器的操作开关（C-S）应位于stop位置上，燃烧器控制开关（S-1）应在on的位置上，在可用两种燃料的燃烧器上，必须做出燃料种类的选择，确认装在燃烧器控制屏上点火速率选择开关是位于AUTO位置，且必须关闭加热转换阀。

必须把电源供给控制屏，并应使电源灯（LN1）点亮，运行不正常的灯（LN4-12）不得发亮，必须打开制冷机/加热器的手动操作，停止燃料供应阀，必须把电源供给C/H水泵与冷却塔水泵的启动器与风机电机的启动器。

(1) 制冷启动

1) 把操作开关（C-5）放到COOLING位置，这样就立即启动C/H水泵与通风机电机。

2) 在接收到C/H的水流开关信号之后，延时15s，启动冷却塔水泵，高温溶液泵和低温溶液泵，OPERATION灯（LN2）应点亮。

3) 机组控制屏调节C/H的出水温度：

① 如果C/H的出水温度与冷剂泵控制设定点之间有足够温差，冷剂器逆循环5min计时器就开始计时；

② 如果C/H的出水温度与燃烧控制设定点之间有足够的温差，或上次C/H循环之后经过了约3min就开始燃烧，燃烧器控制屏上的CALL FOR HEAT灯应点亮。

4) 点火电机向着全点火位置转动，渐渐打开燃烧器进风百叶窗，以提供最大的预抽

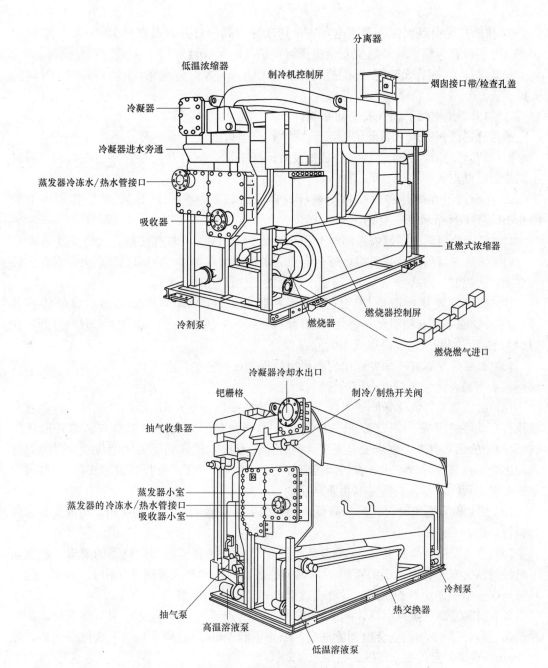

图 10-108 特灵（Trane）公司的直燃式热驱动吸收式冷水机组

气通风量，驱动百叶进风窗从全关位置到全开位置，这个过程大约要用 30s。

必须使点火电机的送风量开关显示出全点火风量的 60%，或者使燃烧安全报警停止，当开关接通时再重新启动。如果不使用抽气送风量装置，燃烧安全报警计时将继续下去。必须保证有风流动，或者不再出现点火步骤。

5）点火电机转到低点火位置，必须使点火电机最低位置的开关合上，或者燃烧报警计时停止，当开关接通时，又重新开始计时，在燃烧器控制器屏上的 IGNITION（点火）灯应被点亮。

6) 使燃气导引点火变压器通电,安全切断导引阀门打开,点燃导引(pilot)必须保证燃气导引口有火焰,或者燃烧安全报警将锁定(lock out)。

只要保证了导引火焰,在燃烧控制屏上的 FUEL ON 灯应点亮,IGNITION ON 灯应灭掉。

7) 如果燃烧燃气,燃气安全切断阀打开。

给常开通风阀通风(如果使用),同时主燃烧器以低点火率点火。

8) 如果是烧油,而且这些安全装置没有问题的话,就打开切断管路的电磁阀,同时主燃烧器以低点火率燃烧。

9) 在确认了在燃烧和燃烧器电机计时器(BMT2)停止计时后,机组控制屏上的 COMBUSTION 指示灯应点亮。

10) 启动冷剂泵(在燃烧控制屏上和 CALL FOR HEAT 灯亮之后,大约要过 2min)。

11) 按蒸发器负荷控制机组,燃烧器点火电机因为选择了"AUTO"点火,现在就转入自动点火控制,点火率随 C/H 的出水温度的变化成比例地调节。

12) 如果蒸发器负荷增加到使燃烧器控制电机(CM)与蒸发器出水口处传感器(CHTC)变成不平衡的温度,燃烧器控制电机(CM)将进一步向高点火率方向打开,直到达到平衡,或者达到了高点火率的位置。

13) 如果蒸发器负荷减少到出现不平衡的程度,控制电机会向低点火率方向转动,直到达到平衡或者达到了低点火率的位置。

14) 如果蒸发器负荷降低了大约 30%,不再需要制冷机/加热器的燃烧器运行,就开始执行自动停机步骤,CTD 发光二极管灭,燃烧阀关闭。如果是燃烧气,常开通风阀(如果使用的话)打开,燃烧安全报警计时开始。点火电机转到了关闭的位置,燃烧器电机与燃烧器报警计时就停止,在机组控制屏上的 COMBUSTION 指示灯应灭掉,制冷机/加热器燃烧现在就准备在需要时再重新启动。

15) 如果蒸发器负荷再进一步降低,大约到 10% 负荷时,冷剂泵关闭,溶液泵、水泵和运行灯仍旧工作。

16) 当蒸发器负荷回升时,CTC1 发光二极管亮,并有了启动燃烧器的要求,燃烧器电机计时器 1 开始计时,当 BMT1 计时时间一到,一个"要求加热"(call for heat)的信号被再次送给了燃烧器控制屏,这将再次开始燃烧器安全报警步骤。

17) 当蒸发器负荷再回升,到 CT2 发光二极管点亮和有了启动冷剂泵要求时,如果冷剂泵已经停了 5min,就会启动冷剂泵,如果不到 5min,必须在最后一次停泵之后,经过 5min,有了开泵需要(CTL2 亮)才启动。

18) 如果手动关停制冷机/加热器,即或者将 C-S 开关拨到 STOP 位置,或者用遥控的办法,就出现以下步骤:关闭 C/H 水泵、冷却塔水泵和冷剂泵,打开两个冷剂电磁阀,开始稀释循环,燃烧器电机以和自动操作一样的方式停下来,过了 15min 后,完成了稀释循环,高温溶液泵停下来,然后,关掉冷剂电磁阀,关停通风机电机。OPERATION 灯(LN2)灭掉,电源灯仍亮着。

(2) 季节性制冷启动

1) 按照维修一节的注解,做完供冷季节启动前的检查;

2) 打开制冷机/加热器的手操作燃烧切断阀;

3）把操作开关转到"cooling"位置；
4）自动操作将开始，燃烧器将点火，按要求开始燃烧。
（3）制冷停机
1）把操作开关转到"STOP"位置；
2）同时关掉冷冻水/热水泵与冷却水泵（只有在制冷时）；
3）经过15min稀释循环后，结束机组溶液的运行；
4）在制冷关停期，因为钯栅格加热器运行，电源开关应仍旧接上电源。
（4）制热启动（略）。
（5）季节性制热启动（略）。
（6）制热停机（略）。

2. 吸收式冷水机组的输出能量调节

吸收式冷水机组要根据不同的机组结构进行输出能量调节。比如特灵ABSC系列吸收式冷水机组能量调节是利用微处理器改变节能阀和能源阀的位置，从而改变溶液的浓度来适应冷水温度的变化，发生器任何热量输入的增加都将相应地增加机器冷却水的能力，控制器降低对发生器热量的输入，从而降低机器冷却水的能力来适应冷水温度的降低。而特灵ABDL系列直燃式吸收式冷水机组能量调节是根据C/H出水温度、蒸发器负荷与燃烧器点火电机转到高低不同的点火率位置来实现能量比例调节。

3. 吸收式冷水机组的安全保护控制

（1）冷媒水流量过小及断水保护

冷媒水流量过小及断水时，蒸发器会冻裂。采用冷媒水泵压差发信号，流量小，压差小。流量降到额定流量的80%所对应压差时，压差控制器动作，发出报警或停泵信号，故障排除后重新启动制冷机。

（2）高压发生器溶液超温

当高压发生器溶液温度达到165℃时，关闭蒸汽阀，稀释运行后停机。排除故障，待溶液温度降到164℃以下，才能重新启动。

（3）高压发生器超压

高压发生器的压力超过0.01MPa（表压）时，压力控制器动作，关闭蒸汽调节阀，稀释运行后停机。排除故障，压力降到-0.02MPa（表压）时，才能重新启动机组。

（4）溶晶管高温

设置温控器，当溶晶管温度高时，温控器动作报警，并使机组转入稀释运行。

（5）屏蔽泵电机过电流保护

当屏蔽泵电机过电流时，切断电源，同时报警、关闭蒸汽调节阀，停止机组运行。

（6）冷却水断水保护

压差控制器根据冷却水泵进出口压差执行开关动作。当冷却水断水时，机组转入稀释、停机。

（7）冷剂水低温

用温控器执行开关动作。

（8）冷媒水低温

冷媒水低温保护的温度值控制在4℃。

第 11 章　制冷空调事故与危险性分析

制冷空调是一种特殊行业，存在着爆炸、中毒、窒息、腐蚀、冻伤、坠落、倒塌、火灾、烧伤、电击等危险，还会经常出现超压、超温、液击、液爆、"敲缸"、"倒霜"、氨泄漏等诸多问题，尽管采取各种保障制度，包括设计规范、工程施工及验收规范、质量评定标准、设备操作规程和安全管理体系，但制冷空调事故时有发生，不少案例甚至非常惨重。究其原因，主要还是对制冷空调可能发生的事故及其危险性、严重性认识不深。本章将着重分析制冷空调事故与危险性。

11.1　制冷空调事故及特点

制冷空调设备是由压力容器组成的系统装置，制冷剂在制冷系统运转中，其压力发生非正常变化时，具有潜在的爆炸危险。制冷剂多数为低沸点气体，常压下沸点在 -20℃ 以下，这些液体一旦泄漏，溅到人的身上，会造成冻伤。工业制冷中一般采用氨做制冷剂，氨是有毒物质，一旦泄漏，除了会冻伤，使皮肤脱落，造成严重伤害外，氨气还将通过呼吸道进入人体，使人中毒，严重者致人死亡。氟利昂制冷剂在空气中的浓度过高，会使人产生窒息，在 800℃ 左右的温度下，会分解有毒物质，使人中毒。氨气在空气中达到一定浓度时遇明火会引起燃烧爆炸。制冷剂蒸气在常温下液化，需要施加很高的压力才能实现，通常液化时的压力达到几兆帕，所以，一旦容器强度出现问题，会造成设备破裂而产生爆炸危险。容器和制冷系统中的液体制冷剂，若过量充装和储存，遇到环境温度升高，导致系统设备压力超高而引起制冷剂钢瓶和容器的爆炸。在制冷设备安装和检修过程中，因误用氧气对制冷设备试压而发生多起爆炸事故。现对制冷空调发生爆炸、中毒、窒息、冻伤、火灾等事故进行分析。

11.1.1　制冷空调事故种类

1. 爆炸事故

制冷空调发生爆炸事故有两种：一种是化学爆炸事故，一种是物理爆炸事故。化学爆炸是一种剧烈的化学反应，同时伴随着巨大的能量释放，爆炸前后的物质发生了变化。化学爆炸必须满足三个必要条件：

(1) 可燃性物质与空气（氧气）形成混合物；

(2) 可燃性物质在空气中的浓度（容积百分比）达到爆炸极限；

(3) 明火。

物理爆炸则是单纯的能量急剧释放过程，不伴随着化学反应过程，也即爆炸前后的物质不变。

(1) 化学爆炸

1) 氨气遇明火发生的爆炸事故。氨气是一种可燃可爆的气体，氨气的爆炸极限约为

15%～28%，空气中或系统（容器）中的氨气达到爆炸浓度（即爆炸极限）时，遇明火即发生爆炸。

2) 用氧气对制冷系统试压发生的爆炸事故。在制冷设备安装和修理过程中，操作人员因违反安全操作规程，用氧气代替氮气或干燥空气对制冷设备进行试压检漏，由于氧气特别是带压氧气具有极强的氧化特性，与压缩机里的润滑油发生剧烈的氧化反应，而导致制冷设备发生爆炸。如1993年江苏省某医院在制冷空调机组修理过程中，修理人员用氧气进行试压时发生爆炸，造成一人死亡、三人受伤的重大事故。

3) 焊接氨制冷系统产生的爆炸事故。在对氨制冷系统进行焊接修补时，由于焊接前未能彻底清除设备里的存氨，以致氨遇明火发生爆炸。如某单位因低压循环桶下部集油管杂质引起堵塞，打算气割扩口作业。虽然事先关闭各进出口阀及排空操作，但由于桶内壁及底部粘满混有氨液的油污、桶内混合气体含氨比例较大，气割时发生爆炸，爆开下部法兰，喷出的火焰将气割工人的头发和眉毛都烧焦。

4) 直燃式溴化锂吸收式制冷机组火灾爆炸事故。近些年来，直燃式溴化锂吸收式制冷机组广泛用于中央空调系统，但由于采用燃油或燃气系统，因而增加了火灾和爆炸危险性，国内曾发生过因供油系统漏油而产生的爆炸事故。

(2) 物理爆炸

1) 制冷设备中的制冷剂具有较大的可压缩性，受压后体积收缩积聚能量，当容器的容积较大时，一旦遇到意外情况，制冷剂就会瞬间急剧膨胀，释放出巨大的能量，形成物理性爆炸。如制冷系统中制冷剂液体管路及制冷剂的钢瓶等受热发生的爆炸事故均属此类，也称液爆。

2) 违章操作导致的设备超压爆炸事故。制冷空调系统运行中，因操作人员违反安全操作规程，违章作业导致设备系统超压，若安全装置失灵，其压力超过设备强度，造成设备系统爆炸。如某单位使用的制冷机组，操作人员酒后开机时，违反安全操作规程，未开压缩机排气阀，导致排气压力超高，而压力控制装置失灵及安全阀失调，超压时无保护作用，引起压缩机缸盖爆炸，操作人员当场死亡。事故后检查安全阀，发现其开启压力为4MPa。另外，曾发生在对制冷空调系统使用氮气试压时，由于氮气瓶未装减压阀，压力升高过快，造成充氮器具爆裂的伤人事故。

2. 火灾事故

(1) 氨制冷剂具有可燃性，遇到明火会燃烧，氨的自燃温度是630℃，空气中的氨的含量达11%～14%时，即可点燃，产生爆炸和火灾事故。

(2) 聚氨酯乙烯大容积现场浇灌时，热量无法及时排出而引发燃烧形成火灾，这种案例屡见不鲜。如发生过几座万吨冷库的隔汽层、冷藏门等全部烧毁、钢砼屋面梁烧后爆裂的事故。

(3) 非自熄性泡沫塑料着火事故也时有报告。

(4) 临时照明灯具高温发热引燃稻壳及粉尘形成火灾，特别是采用风送稻壳时，火灾事故频繁发生。

(5) 用油毡、沥青、冷底子油作隔汽层时，由于明火操作不慎引燃隔汽材料，发生严重火灾事故屡屡可见。

(6) 由于气焊发生回火事故引燃物资发生火灾。

3. 中毒、冻伤事故

(1) 氨泄漏造成的中毒事故

氨是一种有毒的刺激性气体，能严重地刺激眼、鼻和肺粘膜。氨气不仅通过呼吸道和皮肤等造成人员的中毒事故，而且，氨强烈的刺激性还造成对人眼睛的伤害，严重者造成眼睛失明。在制冷空调作业中，曾发生多起由于氨的泄漏造成的人员中毒事故。

(2) 氟利昂和氨窒息中毒事故

氟利昂制冷剂大多具有轻微的毒性。但是，它的比重比空气大，易积聚。因此在作业场所，特别是狭窄场所，如果氟利昂浓度较大时，会使人产生窒息。氟利昂在空气中的浓度达30%时，会使人呼吸困难，甚至死亡。

氨气使人窒息更为严重。氨一旦被吸入人体内，立即与人体内的二氧化碳结合形成碳酸氨，二氧化碳是刺激人体呼吸中枢神经信号，体内没有二氧化碳或二氧化碳数量下降，人就不会呼吸，如抢救不及时，严重者可导致窒息而死。

(3) 制冷剂的冻伤事故

液体制冷剂溅到人的皮肤上会造成冻伤事故。液体制冷剂与皮肤接触，造成皮肤和表面肌肉组织的损伤。特别是氨制冷剂，它不仅会冻坏肌肉组织，还腐蚀皮肤。这种腐蚀作用的症状与烧伤的症状相似，也称为冷灼伤。某厂工人拆卸旧氨阀进行维修时，不慎将阀芯脱出，氨液喷在两只手臂上，慌乱中用手抹去氨液，结果是将皮肤一起抹掉，可见冻伤之严重性。由于氨液在大气中急速蒸发吸热而冻伤，不仅使皮肤坏死，而且氨有腐蚀、有毒性，在治疗中疼痛难忍，还不易治愈。

11.1.2 制冷空调事故特点

总结制冷空调作业所发生的事故，其特点可以归纳为如下几点：

(1) 群死群伤

制冷空调发生的事故（如爆炸、中毒等）往往会造成多人伤亡，并造成设备财产的重大损失。从已发生的在制冷空调机组试机时用氧气试压导致的爆炸来看，均造成多人死亡。另外，氨泄漏造成多人中毒的事故在制冷空调中也占有一定的比例。

(2) 财产损失大

制冷空调发生的事故不仅造成人员的伤亡，而且会造成较大的财产损失。根据以往事故来看，造成的直接财产损失都较大。如：某冷库发生的漏氨事故，尽管未造成人员伤亡，但所存放食品均被污染，直接经济损失就达数十万元。

(3) 社会影响大

近些年来，制冷空调的应用很广泛，特别是公共场所（如办公楼、商场、宾馆和文化娱乐场所等）多采用大型制冷中央空调，有的采用燃气、燃油的制冷空调装置（如溴化锂吸收式制冷机组），一旦发生火灾、爆炸事故，其后果不堪设想，而且还会造成较大的社会影响。如氨制冷系统发生漏氨或爆炸事故，往往殃及周围，不仅威胁人生安全，污染周围环境，还会使周围居民产生恐慌心理。尤其是氨气的扩散造成危害的范围就更难预料，如有一个制冷厂漏氨，氨气随之飘进临近的电影院，看电影的人突闻怪味想往外逃，由于电影院设的不是太平门（而是门往里开），第一个逃跑的人还来不及开门，慌乱的人反倒把门挤压，人愈想往外逃，门被压得愈紧，结果互相踩死6人。如果氨在公共场合发生爆炸就更难设想了。

(4) 违章操作、违规安装的事故多

作业人员违章操作、违规安装造成的事故在制冷空调事故中所占比例较大,据统计,制冷空调事故中,80%是由于违章操作、违规安装造成的。在工程施工、安装过程中,在排污、试压、检漏、抽真空等试机、试运转的调试过程中,在设备操作、维护、检修过程中,由于违反操作规程、不执行工程施工及验收规范、不按照工程质量评定标准及相关技术的安全要求,这些都是最致命的。还有不按设计规范、不管产品质量制造的设备等,也是造成事故的原因。

(5) 对事故认识相对粗浅

人们对"锅炉会爆炸"有认识,对"矿井瓦斯发生爆炸"认识更深,但对"制冷也会爆炸"认识粗浅。为什么?主要是安全教育和宣传不够。当然,这些爆炸事故都是很严重的,人们应该认识到,制冷爆炸比锅炉爆炸还利害,锅炉验收压力才 0.8MPa,通常锅炉的运行压力也只有 0.1MPa 左右,可是,制冷运行的冷凝压力都在 0.8~1.5MPa,一旦制冷机、制冷设备发生爆炸,其爆炸力要利害得多,更何况锅炉是水蒸气气体爆炸,而制冷是带有毒性、有刺激性、腐蚀性制冷剂的气体爆炸,制冷爆炸的严重程度远比锅炉爆炸更具危害性。

11.2 制冷空调事故原因与分析

制冷空调发生的事故,主要与以下因素有关:制冷系统的压力;制冷系统的温度;制冷剂的理化性质;违章操作。

11.2.1 由于制冷系统超压引起的危险

1. 冷凝压力超高

冷凝压力超高导致制冷空调系统压力过高,设备超压直接威胁制冷设备的安全运行。制冷设备冷凝压力超高的主要原因是冷凝效果严重下降。

(1) 制冷空调循环冷却水系统若出现以下故障将会导致冷凝压力超高。

1) 冷却水泵出现故障,导致冷却水水量不足或水流中断。

2) 冷却塔风机故障,如风扇电机皮带折断或松动,导致风机转速减慢;布水器水眼堵塞,导致水流喷淋分布不均而造成冷却塔换热效果不好,冷凝器冷却水进口温度过高。

3) 冷却水进出管道阀门或过滤器堵塞,导致水量不足或水流中断。

4) 冷却水管道内有空气,水泵出水压力不稳定。

5) 冷凝器冷却水管道结垢,导致冷凝器换热效率下降,如铜的导热系数为 302~395W/(m·K),而水垢的导热系数仅为 0.7~2.3W/(m·K)。由此可见,若冷却水管壁结垢将导致冷凝器换热效率大大降低。

(2) 冷凝器有空气等不凝性气体。制冷空调系统在检修过程中由于抽真空不彻底,系统会残留少量空气,另外在充注制冷剂或加油过程中因操作不当,也会带入少量空气,这些空气聚集在冷凝器中,占据冷凝器的气体空间,造成冷凝压力升高。

(3) 冷凝器中制冷剂液体过多,过多的制冷剂液体覆盖传热管,减少制冷剂气体与冷却水管的换热面积,导致冷凝效果降低,制冷剂的气体不能很好地冷凝成液体,而使制冷剂气体压力超高。

(4) 冷凝器中润滑油积聚，也会降低热交换效率，导致冷凝器压力上升，产生超压危险。

2. 制冷系统饱和蒸汽压力增大

由于不正常的外部热量的干扰，引起制冷系统饱和蒸汽压力增大，如用热氨或水对低温蒸发系统溶霜或在高温环境下停机以及周围环境起火时，均会引起制冷系统内饱和压力增高，产生超压危险。

3. 液体制冷剂充满封闭空间所产生的危险

充满制冷剂液体的管道和容器，因环境温度升高而引起制冷剂体积急剧膨胀，压力骤升。因此，将充满液体制冷剂管道两端的阀门关闭，或在容器和钢瓶中超量充装液体制冷剂都是非常危险的。一旦环境温度过高，如夏季阳光暴晒、起火等原因，容器或管道内的液体制冷剂因吸收外界热量，体积会急剧膨胀，压力骤升。特别是满液状态下的制冷剂，温度升高1℃，其系统及容器内的压力升高约1.5MPa，若压力超过其设备强度会产生爆炸或爆裂，通常称为液爆。制冷系统液爆时，大多发生在阀门处，事故的后果是很严重的。

在制冷系统运行中，可能发生液爆的部位应特别注意，这些部位有：

(1) 冷凝器与贮液器之间的管道；

(2) 高压贮液器至膨胀阀之间的管道；

(3) 两端有截止阀的液体管道；

(4) 高压设备的液位计；

(5) 在氨容器之间的液体平衡管；

(6) 液体分配站；

(7) 气液分离器出口阀至蒸发器（或排管）间的管路；

(8) 循环贮液桶出口阀至氨泵吸入端的管路；

(9) 氨泵供液管路；

(10) 容器至紧急泄氨器之间的液体管路等。

这些部位均有可能造成液爆。在制冷系统运行中，曾发生过多起液爆事故，应引起足够的重视。下面分析一个氨瓶爆炸的事故案例：氨瓶的容量为66.5L（66.5×10^{-3} m³），充装12℃的液氨41kg，此时钢瓶内的压力是$66.5 \times 10^{-3}/41 = 1.62 \times 10^{-3}$ m³/kg，由氨的热力性质表查得：在15.5℃时钢瓶已达到满液状态。实际瓶内氨液的温度从满液状态算起又升高30－15.5＝14.5℃，因此瓶内压力随温度的增高而急剧地变化，对充满液体制冷剂的钢瓶，温度由15℃每升高1℃，相应的压力增加值为17.15×10^5 Pa，如表11-1所示。可见，瓶内的压力增加值ΔP为：

$$\Delta P = 17.15 \times 10^5 \times 14.5 = 248.7 \times 10^5 \text{Pa} \tag{11-1}$$

充满氨液的容器，温升1℃的压力增加值　　　　表11-1

温度(℃)	0	10	15	20	25	30	35	40	50
压力增加值($\times 10^5$Pa)	18	17.4	17.15	1.685	16.56	16.3	15.88	15.49	14.4

但是，氨瓶的设计压力为29.4×10^5 Pa，按气瓶安全监察规程中的规定，其安全系数是设计压力的3.5倍，则氨瓶的破坏力应为102.9×10^5 Pa。在30℃时该氨瓶内的压力已

超过破坏力的两倍多,所以,发生了爆炸事故。

经试验证明,充满液氨的钢瓶,放在日光照射的场地上,半个小时就能爆炸,爆炸率是百分之百。

4. 起火时制冷系统的超压危险

制冷空调系统周围环境或机房起火是十分危险的,而相当多的制冷空调机房,即使是在制冷空调系统停止运行时,因为制冷剂尚在制冷系统里,起火时的温度会导致系统内的液体制冷剂急剧膨胀,压力骤升,造成超压爆炸和制冷剂大量泄漏的危险。另外,许多设置在地下室的制冷空调系统设备,其容器上安全阀的排放口设在室内,一旦设备超压,安全阀大量释放制冷剂,会对现场操作人员造成窒息中毒的危险。

11.2.2 直接由温度引起的危险

(1) 制冷设备在低温情况下由于脆性破坏导致事故的发生

如某单位制冷系统冷冻间,在用热氨溶霜时发生漏氨事故,热氨溶霜的热氨压力为 $0.6\sim0.8$ MPa。溶霜 $2\sim3$ min,即发现库内严重漏氨,此时人已不能入内。戴氧气呼吸器也无法进入。只能停止供液,加强压缩机吸气,并采用串联多级强力鼓风机排风 $8\sim10$ h 后,勉强进入库内检测和寻找原因。在排除供液管和回气管道无泄漏后,在冷风机的回气集管和翅片连接处有裂纹,即泄漏点。经事故分析,冷冻间冷风机长期处于 -23℃,相对湿度为 95% 的环境下工作。受热氨冲击,在温差近百摄氏度的条件下,所用管道的金属材质承受不了内应力长期反复的冷热变化,故引起开裂。因此,在低温条件下,冷风机应采用设计规范中指定的国家标准无缝钢管,它是耐腐蚀、耐低温和耐潮湿的低温钢材,并具备足够的韧性,让钢材脆性转变温度低于冷风机的工作温度,能防止材质脆性破坏。

(2) 在封闭空间里载冷剂(水、盐水等)的冻结

在制冷空调系统运行中,载冷剂的冻结是常见事故,如冷水机组冷媒水(也称冷冻水)因水流不足或中断时,导致蒸发器内冷冻水温急剧下降至零度以下,冷冻水管路结冰,即冻结,造成水管冻裂的设备事故。氨制冷系统用盐水作为载冷剂时,因盐水浓度配比不当,温度过低发生冻结,此时,若解冻方法不当,还会造成制冷设备破裂,制冷剂泄漏导致人员中毒事故。如某单位盐水制冷机组发生了盐水系统冻结,操作人员用蒸汽加热解冻,结果导致氨管破裂,造成氨泄漏,在场的操作人员急性氨中毒。

(3) 热应力产生的危险

制冷系统在运行操作过程中由于温度的变化,会产生热应力的影响。系统温度的变化,会使受热器件产生较大的热胀冷缩,特别是设备在低温状态下,遇到温度的突然升高(如热氨溶霜等),加之设备材质和安装的质量等问题往往使设备承受不了如此大的温差变化,故在设备的薄弱环节(如接口或焊接部位等处)发生破裂,造成制冷剂的泄漏事故。

(4) 设备基础或地坪冻鼓而破坏建筑

在制冷系统中,因低温设备的温度较低,会将冷量传给设备基础,造成基础结冻,使基础下的地基膨胀变形,如此反复,必定影响建筑物。在冷库建设中,因为没有做好地坪的隔热、隔汽处理,导致水分渗入地坪后遇冷结冰,将地坪隆起,造成"地坪冻鼓",严重时会破坏建筑结构,造成房屋倒塌等事故。

（5）低温对人的伤害

操作人员在低温环境下工作，所处的条件与其他工作的环境大不相同。尤其在冷库冻结间及冷藏间里工作就更为艰苦。在低温下工作，人的动作不灵活，往往会感到手指和脚趾麻木，不穿防寒衣服，身体就会散失大量的热量，从而降低和减缓新陈代谢的速率，使热量的损失和热量的产生更不平衡，进一步影响人体正常的新陈代谢，引起人体自身的御寒体系紊乱。

11.2.3 制冷剂的性质与制冷剂的危害

1. 制冷剂的基本性质

制冷剂是在制冷系统中循环并且产生状态变化而传递热量的工作介质，又称制冷工质。制冷剂应汽化潜热大、汽化温度低、单位容积制冷量大、易凝结、冷凝压力不高、比容小、无毒、无腐蚀、不燃烧、不爆炸、价格低廉。常用的制冷剂有氨、氟利昂、无机化合物、碳氢化合物等，其基本特性见表11-2。

制冷剂的基本特性　　　　　　　　表11-2

符号	化学分子式	名称	标准蒸发温度($℃$)	凝固温度($℃$)	临界温度($℃$)	临界压力(MPa)	绝热指数 P	分子量
氟利昂									
R11	$CFCl_3$	一氟三氯甲烷	23.7	−111.0	198.0	4.37	1.13	137.3
R12	CF_2Cl_2	二氟二氯甲烷	−29.8	−155.0	112.0	4.11	1.14	120.93
R13	CF_3Cl	三氟一氯甲烷	−81.5	−180.0	28.8	3.76	—	104.47
R13B1	CF_3Br	三氟一溴甲烷	−58.7	−168.0	67.5	4.05	1.116	148.9
R14	CF_4	四氟甲烷	−128.0	−184.0	45.5	3.74	1.22	88.01
R21	$CHFCl_2$	一氟二氯甲烷	8.9	−135.0	178.5	5.16	1.16	102.92
R22	CHF_2Cl	二氟一氯甲烷	−40.8	−163.0	96.0	4.93	1.16	86.48
R23	CHF_3	三氟甲烷	−82.2	−160.0	26.3	—		70.01
R113	$C_2F_3Cl_3$	三氟三氯乙烷	47.7	−36.6	214.1	3.41	1.09	187.39
R114	$C_2F_4Cl_2$	四氟二氯乙烷	3.5	−94.0	145.8	3.27	1.107	170.91
R115	C_2F_5Cl	五氟一氯乙烷	−38.0	−106.0	80.0	3.23	1.09	154.48
R142	$C_2H_3F_2Cl$	二氟一氯乙烷	−9.25	−130.8	137.1	4.19	1.135	100.48
R143	$C_2H_3F_3$	三氟乙烷	−47.6	−111.3	73.1	3.77	—	84.04
R152	$C_2H_4F_2$	二氟乙烷	−25.0		113.5			66.05
R134a	$C_2H_2F_4$	四氯乙烷	−26.5	−101.0	100.6	3.87		102.2
无机化合物									
R718	H_2O	水	100.0	0.0	374.15	22.11	1.33	18.02
R717	NH_3	氨	−33.4	−77.7	132.4	11.29	1.31	17.03
R744	CO_2	二氧化碳	−78.52	−56.6	31.0	7.37	1.30	44.01

续表

符 号	化学分子式	名 称	标准蒸发温度(℃)	凝固温度(℃)	临界温度(℃)	临界压力(MPa)	绝热指数 P	分子量
碳氢化合物								
R170	C_2H_6	乙烷	−88.6	−183.2	32.1	4.93	1.25	30.06
R290	C_3H_8	丙烷	−42.2	−187.1	96.8	4.25	1.13	44.1
R1150	C_2H_4	乙烯	−103.8	−169.5	9.5	5.06	1.22	28.05
R1270	C_3H_6	丙烯	−44.7	−185.0	91.4	4.60	1.15	42.08

符 号	化学分子式	组 分	标准蒸发温度(℃)	凝固温度(℃)	临界温度(℃)	临界压力(MPa)	组分的重量百分比
共沸溶液							
R500	CF_2Cl_2 / CH_3 / CHF_2	R12/R152	−33.3	−158.8	105.0	4.45	R12—73.8% R152—26.2%
R502	CHF_2Cl / CF_2ClCF_2	R22/R115	−45.6		90.2	4.36	R22—48.8% R115—51.2%
R503	CHF_3 / CF_2Cl	R23/R13	−88.7		19.5	4.29	R23—40.1% R13—59.9%

(1) 氨的性质

1) 物理性质

氨蒸气无色，有强烈刺激性臭味。在空气中的容积浓度达0.5%～0.6%时，即可使人中毒，浓度达11%～14%时，即可点燃，浓度在15%～28%时，遇明火会爆炸。所以，目前规定氨在空气中的浓度不准超过20mg/m³。氨气会污染空气、食品，刺激人的眼睛和呼吸器官；氨液接触皮肤会引起"冻伤"。氨的密度小于润滑油的密度。

氨的绝热指数较高，所以压缩机的排气温度也较高。

2) 化学性质

氨可以与水的任何比例互相溶解，所以不会引起结冰而堵塞管道。

氨不腐蚀钢铁，但氨含水后会腐蚀锌、铜合金（除磷青铜外）。因此，氨制冷系统中不采用铜或铜合金。某些易磨损件（如活塞销、轴瓦、密封环等）允许采用高锡磷青铜。液氨中含水量不可超过0.2%。

氨难溶于润滑油，容易在换热器表面形成油膜而影响传热效果。运行中，润滑油会积存在冷凝器、贮液器、蒸发器等设备下部，应通过集油器定期放出这些设备中的润滑油。

3) 热力性质

氨具有良好的热力性质。其单位容积制冷量大、管道流动阻力小、压力适中。常温下冷凝压力不超过1.5MPa。标准蒸发温度为−33.4℃，只要不低于此值，蒸发压力大于1个大气压，适用于−65～10℃的低温。

氨容易获得，且价格低廉。

(2) 氟利昂的性质

氟利昂是饱和碳氢化合物的卤族衍生物的总称。用作制冷剂的主要是甲烷和乙烷的衍生物，用氟、氯、溴原子替代氢原子；按其化学组成和结构的不同，可分别用于高温、中温、低温制冷机。

1）物理性质

氟利昂无色、无味、无毒、透明、渗透性强、极易泄漏而又不易发现。

氟利昂比重大、管道流动阻力大、价格高。

2）化学性质

氟利昂化学性质稳定，不易燃烧、爆炸。

氟利昂难溶于水。当含水量超过其溶解度时，在低温下水结冰堵塞节流阀或毛细管的通道，发生"冰堵"故障。另外，有水时，氟利昂会水解成酸性物质，腐蚀金属和天然橡胶。所以，氟利昂制冷装置要有良好的气密性，防止泄漏的同时，避免水分进入，对进入的水分要通过干燥器及时排除。垫片或密封圈应采用丁腈橡胶。

氟利昂不同程度地溶解于润滑油，其与氟利昂的种类、润滑油的成分和温度有关。例如：难溶于 R13、R14、R115，可明显分层，易于分离。在高温时无限溶解于 R22、R114、R152、R502；在低温时分成贫油层和富油层。完全溶解于 R11、R12、R21、R113、R500，形成均匀溶液，不会分层。氟利昂溶解于润滑油会降低润滑油的黏度而影响润滑效果。润滑油虽然不易在换热设备形成油膜，但易积于低温蒸发系统，使蒸发温度升高，制冷量减少。所以，氟利昂装置应注意将油回到压缩机曲轴箱中。

氟利昂与润滑油的混合物对钢铁有"镀铜作用"。该混合物能溶解铜，溶有铜的混合物与钢或铸铁部件接触时，铜离子会析出，沉积在钢铁部件上，形成一层"铜膜"。这种"镀铜"现象随着水分的增加和温度的升高而加剧。"镀铜"会破坏轴封处的密封，影响气缸与活塞的配合间隙，对制冷机产生不利影响。

氟利昂很容易溶解天然橡胶和树脂，是良好的有机溶剂。对高分子化合物虽不溶解，也会使其变软、膨胀、起泡。所以，应选择氯丁橡胶、尼龙、耐氟塑料等不受氟利昂影响的材料作为制冷机的密封材料和封闭式压缩机的电器绝缘材料。

3）热力性质

氟利昂制冷剂绝热指数小，排气温度低。分子量大，适用于大型离心式压缩机。单位容积制冷量较小，制冷剂循环量较大。

(3) 其他制冷剂

1）无机化合物

常用无机化合物类制冷剂，除了氨以外，还有水、二氧化碳、二氧化硫等。其性质见表 11-2。

无机化合物类制冷剂代号中，"R"后第一位数字为 7，后面的数字是该无机物分子量的整数部分。

2）碳氢化合物

碳氢化合物制冷剂有：甲烷、乙烷、丙烷、乙烯和丙烯等，其性质见表 7-2。这类制冷剂多用于石油化工工业的制冷装置。丙烷、丙烯用于两级压缩制冷，或用于复叠式制冷系统的高温部分，而乙烷、乙烯用于低温部分，以获得 $-80℃$ 以下的低温。

碳氢化合物制冷剂凝固点低、价廉易得，但安全性差，操作不当或混入空气时，易燃烧或爆炸。

3) 共沸溶液

共沸溶液制冷剂是由两种或两种以上的制冷剂按一定比例相互溶解而成的混合物。在一定压力下,它与单一的化合物能保持一定的蒸发温度,其气相与液相始终保持组成成分不变,但其热力性质却不同于参与混合的原工质。因此,可以利用组成共沸溶液的方法来改善制冷剂性能。

如用 R152a 与 R134 组成的二元混合制冷剂和 R134a、R152a 与 R134 组成的三元混合制冷剂。

目前作为共沸溶液的制冷剂有 R500、R502、R503、R504 等,其组成见表 11-3。

共沸溶液制冷剂　　　　　表 11-3

制冷剂代号	分子量	标准大气压下沸点(℃)	组分	组分的重量百分比
R500	99.3	−33.3	R12/R152	73.8%/26.2%
R502	111.6	−45.6	R22/R115	48.8%/51.2%
R503	87.5	−88.7	R23/R13	59.9%/40.1%
R504	79.2	−57.2	R32/R115	48.2%/51.8%

4) 非共沸制冷剂

非共沸制冷剂是由两种或两种以上相互不形成共沸溶液的单一制冷剂混合而成的溶液,并且是以优势互补为前提按一定比例进行混合的非共沸制冷剂,其热力性质更加优异。非共沸工质不存在共沸点,在定压蒸发和冷凝时,气相与液相的组分不同,并且在不断变化,温度也随之变化。由于相变过程不等温,非共沸工质更适于变温热源(如冷却水进水温度高,出水温度低;被冷却物体由常温不断地降为低温),因为这样可以缩小传热温差,降低不可逆损失。应用非共沸工质后,装置的蒸发和冷凝温度能够与外部相适应。

同共沸混合工质一样,非共沸混合工质是利用各组分工质优势互补的原则调制的。由此,各种非共沸工质的性质取决于各组分工质的性质。例如,稳定性好的组分对混合物性质的贡献是改善稳定性;不燃组分对混合物性质的贡献是抑制可燃性的增强;重分子组分对混合物性质的贡献是降低排气温度;溶油性好的组分对混合物性质的贡献是改善溶油性等。所以非共沸混合制冷剂较单组分制冷剂有较好的热物性。

同时,由于非共沸混合物制冷剂在制冷机中所进行的(极限情况为劳伦兹循环的)非共沸混合物制冷剂循环有明显的节能效果,故在能源紧张的现实情况下,尤其得到西方世界的高度重视。实际上,节能就意味着减少温室气体 CO_2、水蒸气等的排放量,这对于大气环境及人类生存的安全和保护有着十分重要的意义。由节能和环保的双重意义,国际上纷纷对非共沸混合工质至今仍进行着深入、广泛的研究和开发。非共沸混合制冷剂的代号是在 R 后的第一个数字为 4,之后从 00 开始按命名次序排号,如 R404A 等。

另外,若按在标准大气压条件下沸腾温度 t_s 的高低分类,制冷剂可分为三大类:高温(低压)制冷剂、中温(中压)制冷剂和低温(高压)制冷剂,如表 11-4 所示。

2. 制冷剂对人类的危害

常用制冷剂对人类的危害大致分为以下两方面:首先是对人身和设备的直接危害,其次是对环境破坏间接地危害人类。直接危害表现在制冷剂自身所具有的毒性、燃烧爆炸性和对材料的腐蚀性。对环境的破坏表现在使大气层臭氧量急剧减少,地球温室效应增加。常用制冷剂的毒性、燃烧爆炸性和对臭氧层的破坏性分别见表 11-5、表 11-6、表 11-7。

制冷剂按沸腾温度的分类   表11-4

类别	沸腾温度 t_S(℃)	环境温度为30℃时的冷凝压力(kPa)	制冷剂举例	应用举例
高温制冷剂（即低压制冷剂）	>0	约大于300	R11、R113、R114、R21、R123	离心式制冷机的空调系统
中温制冷剂（即中压制冷剂）	-60～0	约在2000～3000之间	R12、R22、R717、R142、R502、R134a、R32、R40、R115、R152、R290、R404A、R407ABC、R410AB、RC318、R411ABC、R412A、R414AB、R416A、R600A	普通单级或双级压缩的活塞式制冷压缩机，-60℃以上的制冷装置
低温制冷剂（即高压制冷剂）	<-60	约大于2000	R13、R14、R503、烷、烯	复叠式制冷装置

各种深度的毒性试验结果   表11-5

制冷剂种类	制冷剂编号	毒性等级	在空气中容积比浓度(%) 几分钟内致命或严重损伤	在空气中容积比浓度(%) 30～60min内有危险	在空气中容积比浓度(%) 1～2h内没有损伤	见注释栏	告戒项	注释
一	R11	5	—	—	10	a	出现火舌扩展时，就可发现分解毒性产物，但是在达到危险浓度之前，其浓烈气味就能准确无误地报警了	a. 浓度较高有轻微的麻醉。b. 浓度较高引起氧气不足，将导致窒息。c. 没有报警气味，但在无毒和致命条件之间的范围特别窄。d. 在很低的浓度下，有报警的气味。e. 在很低的浓度下，有刺激性。f. 有很大的麻醉性。g. 浓度低于爆炸极限下限时，没有致命或严重损伤危害，实际上是无毒的
一	R12	6	—	—	20～30	b		
一	R13	6	—	—	20～30	b		
一	R13B1	6	—	—	20～30	b		
一	R21	5a	—	10	5	a		
一	R22	5	—	—	20	b		
一	R113	4	—	5～10	2.5	a		
一	R114	6	—	—	20～30	b		
一	R115	6	—	—	20～30	b		
一	RC318	—	—	—	20～30	b		
一	R500	5a	—	—	20	b		
一	R502	4b	—	—	20	b		
一	R744	5	8	5～6	2～4	c		
二	R717	2	0.5～1.0	0.2～0.3	0.01～0.03	d、e	腐蚀性毒性产物（见上述介绍）	
二	R30	4a	3～3.4	2～2.4	0.2	e		
二	R40	4	15～30	2～4	0.05～0.01	f		
二	R611	—	2～2.5	0.9～1.0	—	e		
二	R764	6	0.2～1.0	0.04～0.05	0.005～0.004	d、e		
二	R160	—	15～30	6～10	2.0～4.0	f		
二	R1130	—	—	2～2.5	—	f		
三	R170	5	—	—	4.7～5.5	g	极易燃烧	
三	R290	5	—	6.3	4.7～5.5	g		
三	R600	—	—	—	5.0～5.6	g		
三	R600a	—	—	—	4.7～5.5	g		
三	R1150	5	—	—	—	g		

可燃爆炸性与使用浓度极限值

表 11-6

制冷剂种类	制冷剂编号	化学名称	可燃性 燃点(℃)	爆炸范围的空气中的浓度 下限(容积百分比%)	爆炸范围的空气中的浓度 上限(容积百分比%)	实用极限值 %（容积）	实用极限值 g/m³
一	R11	一氟一氯甲烷				10	570
一	R12	二氟二氯甲烷				10	500
一	R13	三氟一氯甲烷				10	440
一	R13B1	三氟一溴甲烷				10	610
一	R21	一氟二氯甲烷				25	100
一	R22	二氟一氯甲烷				10	360
一	R113	三氟三氯乙烷				2.5	185
一	R114	四氟二氯乙烷				10	720
一	R115	五氟一氯乙烷				10	640
一	RC318	八氟环丁烷				10	800
一	R500					10	410
一	R502	—				10	460
二	R744	二氧化碳		5	95		
二	R717	氨	630	15	28	—	30
二	R30	二氯甲烷	—	—	—	—	—
二	R40	氯甲烷	625	7.1	18.5	4	90
二	R611	甲酸甲酯	456	4.5	20	22	58.8
二	R764	二氧化硫	—	—	—	—	—
三	R160	氯乙烷	510	3.6	14.8	1.8	51.8
三	R1130	二氯乙烯	458	6.2	16	2.8	122
三	R170	乙烷	515	3.0	15.5	1.6	21.45
三	R290	丙烷	470	2.1	9.5	1.2	23.65
三	R600	丁烷	365	1.5	8.5	0.9	23.35
三	R600a	异丁烷	460	1.8	8.5	0.9	23.35
三	R1150	乙烯	425	2.7	34	1.4	17.5

注：机房除外。

臭氧消耗和温室效应准位表

表 11-7

成 分	ODP	GWP
R11	1.0	1500
R12	1.0	4500
R22	0.05	510
R502	0.33	4038
R134a	0.00	420
R123	0.02	29
R113	0.8	2100

注：ODP—每单位成分重量消耗臭氧量和单位 R11 质量消耗臭氧量比值。
GWP—每单位成分重量使地球变暖量和单位 CO_2 使地球变暖量比值。

氨是有毒物质,人在含氨浓度为0.01%~0.03%的空间逗留1~2h,不会带来任何伤害。空气中氨浓度上升到0.2%~0.3%时,人在其中逗留30min即有危险。当浓度达到5%以上时,几分钟即可致命或带来严重伤害。当浓度达到11%~14%时可用明火点燃。当浓度达到15%~28%时,遇明火即会发生爆炸,因此它被划分为第二类制冷剂。对于第二、三类制冷剂,《制冷设备通用技术规范》(GB 9237—88)明确规定了使用条件和适用的制冷系统。无论在任何建筑物内,原则上不允许使用以氨作为制冷剂的窗式或柜式空调机。

氟利昂制冷剂无毒,只是在浓度较高时部分品种有轻微的麻醉作用,并引起空气中的氧气不足,导致人员窒息,但是它们绝大多数对臭氧层的破坏很大,同时给地球带来更多的温室效应。目前被加以限制,部分已被淘汰。氨对大气层中的臭氧没有危害,因此还将大量使用,并且扩展到部分取代CFCS制冷剂。

制冷剂直接伤害人的主要有中毒、窒息和冷灼伤。引起人中毒的制冷剂有氨和二氧化硫;引起窒息的制冷剂有氟利昂类和氨;所有的制冷剂都会引起冷灼伤。

制冷剂毒性分为六个等级:1级毒性最大,6级毒性最小。每一级之间又分a、b级,a级毒性比b级大。二氧化硫为1级,它是一种早期使用的制冷剂,目前很少使用。氨为2级,当空气中氨的浓度在0.2%~0.3%时,人在此环境中停留30min就会患重症或死亡。

制冷剂毒性大小比较见表11-8,按其对人体毒性大小进行排列。

各种制冷剂毒性比较表 表11-8

制冷剂名称	毒性级别	对空气的比重	发生危险条件	
			按容积计蒸汽含量(%)	停留时间(min)
二氧化硫	1	2.07	0.5~0.8	5
R717	2	0.55	0.2~0.3	30
二氯甲烷	3	2.74	2.0~2.4	30
R22	4	3.55	10.0~15.0	30
R11	4	4.44	5.0~10.0	30
R12	5	3.93	25.0~30.0	60

空气中氨的含量对人体生理影响见表11-9。

氨对人体生理的影响 表11-9

空气中氨的含量($\times 10^{-6}$)	对人体生理的影响
53	可以感觉氨臭的最低浓度
100	长期停留也无害的最大值
300~500	短时间对人体无害
408	强烈刺激鼻子和咽喉
698	刺激人体眼睛
1720	引起强烈的咳嗽
2500~4500	短时间内(30min)也有危险
5000~10000	立即引起致命危险

为了防止制冷剂对人体的伤害，应该使机房内空气中的制冷剂含量不要超过允许的限度，这一限度大致如下：氨 $0.2g/m^3$；碳氢化合物 $30\sim40g/m^3$；各种氟利昂 $100\sim700g/m^3$。

3. 氨的危害

（1）氨中毒的原因分析

氨中毒主要为急性中毒事故，制冷系统设备突然破裂导致大量泄漏是致人中毒的主要原因。制冷设备发生破裂的原因，除了由于系统及环境温度升高导致的液爆造成氨的泄漏等原因外，还与以下原因有关：

1）振动破坏。由于制冷系统安装、焊接质量较差，采用劣质材料等原因，引起制冷系统运转过程中产生较大的振动，长期振动产生振动疲劳，使设备强度下降，造成设备薄弱环节的破裂，导致氨泄漏。如某单位低压循环桶出液管在运行中突然断裂，造成大量氨泄漏事故。其原因是循环桶出液管与氨泵连接时，管道受力，氨泵运转时产生振动，导致焊口断裂。

2）充氨时由于胶管质量问题，如老化、管接头管卡不牢造成脱落、破裂导致的氨泄漏。

3）在对制冷系统进行检修前，对修理部位降压抽空不彻底，造成带压拆卸系统设备、部件等导致氨泄漏。

4）阀门阀盖与阀体之间密封不严，操作失误造成泄漏。

5）压缩机液击产生的设备破裂。

（2）急性氨中毒

氨是具有特殊臭味的刺激性气体，常温常压下为气体，氨通过呼吸道和皮肤侵入人体。氨易溶于水，常作用于眼结膜、上呼吸道及其他爆露于空气中的黏膜组织，附着黏膜后，成为碱性物质，对粘膜产生强烈的刺激作用。氨气被吸入人体后，当即出现咳呛不止、憋气、气急、流泪、怕光、咽痛等病症。如吸入氨气浓度很高时，还可出现口唇、指甲青紫等缺氧症状，伴有头晕、恶心、呕吐、呼吸困难等。有的病人咽部水肿，甚至出现肺炎和肺水肿。皮肤毛囊的皮脂腺均能吸收氨，吸收氨后使人感到烧灼感。中毒后所产生的肺水肿，简单地说，就像被水淹溺的一样，肺泡中充满了呛进的水，但是与淹溺不同的是，其液体是自受到刺激的肺泡本身渗出的。肺泡中充满了液体，不能进行正常的气体交换，这样就出现了很多严重的病症，如憋气、呼吸困难、咳血等。

典型肺水肿的表现可分为四期：

1）刺激期：吸入氨后，即出现呛咳、胸闷、胸痛、气急、有痰、头晕、恶心、呕吐等，持续时间短。

2）潜伏期：病状减轻或暂时消失，但实际上病情却已继续恶化，此期间为 30min 至 48h 之间。

3）肺水肿期：潜伏期后，病情又突然加重，剧咳、呼吸困难、烦躁、吐粉红色泡沫痰、出现紫绀、面色青灰。两肺布满湿性罗音，两肺有片状大小不等的云絮状阴影。如抢救不及时，可造成死亡。此期间可持续 1～3 天。

4）恢复期：经积极治疗后，病状逐渐减轻，1～2 周即可痊愈。少数重症病人，可伴发休克昏迷或后遗心肌损害等。

(3) 慢性氨中毒

慢性氨中毒常引起慢性气管炎、肺气肿等呼吸系统疾病。

(4) 化学烧伤

氨属生碱性物质,当碱性物质与肌体蛋白结合后,形成可溶性碱性蛋白,并溶解脂肪组织,随着碱性物质不断地渗入深部组织,其创面不断加深。烧伤的程度分为烧伤的面积和深度。

1) 烧伤面积

烧伤面积的大小,可用"手掌法"估计,即以伤员自己的手掌,五指并拢后所示面积为人体表面积的1%,手指分开则为1.25%,这样就可估计小面积的烧伤面积。

2) 烧伤深度

烧伤的深度通常按"三度区分法"判断。

Ⅰ度:外观有红斑,皮肤发红,无水泡,有痛感;

浅Ⅱ度:有小水泡,透过水泡壁可见泡内淡黄色的液体。如水泡破后,创面一般潮红,感觉很痛;

深Ⅱ度:可有或无水泡,有水泡时水泡壁比较厚,水泡破后可见针头大小的红点,疼痛较Ⅰ度和浅Ⅱ度轻;

Ⅲ度:皮肤失去弹性,似皮革样有韧性,2~3天后复有痂皮,并可见粗大的树枝状条纹,无疼痛感。

(5) 化学冻伤

氨液如果溅到人体上,将吸收人体表面的热量汽化,热量失去过多则造成肢体的冻伤。化学冻伤同时伴有化学烧伤。化学冻伤的症状是先有寒冷感和针刺样疼痛,皮肤苍白,继而逐渐出现麻木或丧失知觉,肿胀一般不明显,而在复温后才会迅速出现。

化学冻伤分为三度:

Ⅰ度损伤在表皮。受冻部位皮肤肿胀、充血、感觉热痒或灼痛,数日后上述感觉消失。愈合后除表皮脱落外,不留疤痕。

Ⅱ度损伤达到真皮。除上述症状外,红肿更加明显,伴有水泡,水泡内有淡黄色液体,有时为血性液体。

Ⅲ度损伤达全层皮肤,严重者可深至脂肪、肌肉、骨髓甚至整个肢体的坏死。

(6) 氨的燃烧和爆炸

氨在空气中的自燃温度为630℃。在制冷装置中,正常运行时,整个系统的最高温度不会超过150℃,所以不可能达到氨的自燃温度,即使达到自燃温度,由于处于无氧的密封系统中,没有助燃物也不会燃烧。所以习惯上都将氨视作不可燃物质。但是当氨从制冷系统中泄漏出来与空气混合后,遇明火即有燃烧爆炸的危险。这类属于化学爆炸的事故在国内外均发生过。氨的爆炸浓度极限为容积比在15%~28%。爆炸时的最高压力为0.45MPa。这样的爆炸压力对于制冷系统来说不足以产生破坏。但泄露到系统之外,在操作环境中发生爆炸,对工作人员来说是非常危险,而且破坏力很大。

此外,对于制冷剂液体,尤其是低温液体还存在一种爆炸形式,即物理爆炸。在多次氨爆炸中,以物理爆炸为主。因此,更应引起人们的注意。物理爆炸的原因很简单,是因为液体或低温液体在刚性密闭容器中受热,液体发生膨胀,当容器中没有空间可供液体膨胀时，容器内的压力将随着温度的变化急剧上升。满液后容器内的液体温度每上升1℃，其压力可上升1.478MPa。如果变化10℃，则压力上升14.78MPa。如此巨大的压力远远超出了一般容器的承受力，所以将产生爆炸。随着爆炸，氨液飞溅，必然造成人员伤亡和设备、建筑物的损坏等。

4. 氟利昂的危害

(1) 氟利昂制冷剂的窒息性

窒息可分为突然窒息和逐渐窒息两类。突然窒息是指在空气中制冷剂含量很高，操作人员立即失去知觉，好像头部受到打击一样而跌倒，可能在几分钟内死亡。这种窒息发生在设备检修中不按照安全技术规程进行操作的情况下；另一类是逐渐窒息，主要是由于制冷剂泄漏，使空气中的氧气含量逐渐降低，而使人慢慢地发生窒息。这种情况通常很容易被人们所忽略，因此对人造成伤害的可能性就很大。要避免逐渐窒息对人员的危害，必先了解窒息对人体生理的影响。

当空气中的氧气含量降低到14%（体积比）时，出现早期缺氧症状，即呼吸量增大，脉搏加快，注意力和思维能力明显减弱，肌肉的运动功能失调。当空气的氧气含量降到10%时，仍有知觉，但判断功能出现障碍，很快出现肌肉疲劳，极易引起激动和暴躁。当空气中含氧量降到6%时，出现恶心和呕吐，肌肉失去运动能力，发生腿软，不能站立，直至不能行走和爬行，这一明显症状往往是第一个也是唯一的警告，然而一经发现为时已晚，严重窒息已经发生。这种程度的窒息即使经过抢救可能苏醒，也会造成永久性的脑损伤。

氟利昂制冷剂的窒息属于单纯性窒息。它的比重比空气大，氟利昂气体在空气中的含量增加，会造成氧含量相对降低。当氟利昂制冷剂气体在空气中的浓度百分比达到30%以上时，会使人呼吸困难，甚至窒息死亡。

氟利昂制冷剂与800℃以上火焰接触时会产生卤代烃气体和微量的有毒气体（如光气及一氧化碳等气体）。

(2) 化学冻伤

氟利昂制冷剂属于微毒性，因此当液体制冷剂溅到人体肌肤上时，会产生化学冻伤但不伴有化学烧伤。

(3) 物理爆炸

氟利昂制冷剂属于低压液化气体，在装瓶运输储存和制冷系统调节不当，或密闭容器中满液状态时，在遭到温度上升时会产生爆炸。

(4) 氟利昂的环境污染

由于氟利昂的大量使用，泄漏后对大气环境带来了长期的破坏，使臭氧层减薄并出现空洞，紫外线辐射增加。紫外线是人类皮肤癌形成的主要原因。预计臭氧层每减少1%，则皮肤癌患者将增加3%~6%。此外氟利昂的泄漏还造成地球的温室效应，众所周知大气的温室效应过去主要是CO_2所造成的，而R12的温室效应比CO_2大4500倍，目前已到了非常严重的地步。

11.3 制冷空调设备爆炸危害分析

制冷系统中的工质以高压饱和气体状态、液体状态或气液混合状态存在，如果设备破裂，其内在的气体首先迅速膨胀，产生爆炸力。同时，压力瞬时降至大气压力，此时系统内的液体处于过热状态，即其温度高于它在大气压力下的沸点。于是气液两相失去平衡，液态介质迅速大量蒸发，液体内部充满气泡，体积急剧膨胀，各种器件受到很高压力（可达到9.8MPa以上）冲击，导致器件进一步爆破，极大的爆炸能量，会造成严重的危害。

制冷设备爆炸造成的危害是多方面的，且十分严重，主要表现在以下三个方面：

(1) 碎片的破坏作用

设备、器件破裂爆炸时，气体高速喷出的反作用力固然可以把整个壳体向反向推动，造成危害，同时，有些壳体可能裂成大小不等的碎块向四周飞散。这些具有较高速度或较大质量的壳体碎块在飞出过程中具有较大的动能，对人体、厂房有杀伤和破坏力。

碎片对人体的伤害程度主要取决于它的动能，据罗勒的研究，碎片击中人体时，如果它的动能在25.5J以上可致外伤；动能达58.86J以上时，可致骨部轻伤。超过196.2J时，可造成骨部重伤。碎片具有的动能与它的质量及速度的平方成正比，即：

$$E = mv^2/2 \tag{11-2}$$

式中　E——碎片的动能，(kJ)；
　　　m——碎片的质量，(kg)；
　　　v——碎片的速度，(m/s)。

爆炸时，碎片离开壳体的初速度通常为80～120m/s，当它飞出较远的地方仍有20～30m/s的速度。假若碎片的质量为1kg，按上述公式计算，它的动能即达196.2～411.5J足以使人被击至骨部重伤甚至死亡。有时，碎片较小，但击中人体重要部位，也会伤亡。

破裂爆炸四飞的碎片还可能击破其他设备，造成损失，或者引起连锁爆炸，危害更大。爆炸碎片对材料的穿透量，可按下列公式计算：

$$S = KE/A \tag{11-3}$$

式中　S——碎片对材料的穿透量，cm；
　　　E——碎片击中时所具有的功能，J；
　　　A——材料穿透方向的截面积，cm^2；
　　　K——材料穿透系数：

对钢材　　　$K = 1.02 \times 10^{-3}$；
木材　　　　$K = 0.04$；
钢筋混凝土　$K = 0.01$。

假如：有一爆炸碎片质量为1kg，截面积为$5cm^2$，击中另一设备时的速度为100m/s，则此设备纵然厚达10mm的钢板，也将被击穿。

(2) 冲击波的破坏作用

据估计，设备破裂爆炸所释放出来的能量，约有3%～15%消耗于将设备进一步撕裂和将设备或碎片抛起，其余的能量产生冲击波。

冲击波的产生是在设备破裂时，设备内大量高压气体急速冲出，使它周围的空气受到冲击而产生扰动。其压力、密度、温度等产生突然变化，这种扰动在空气中传播就成为冲击波。冲击波产生时，空气压力会发生迅速且悬殊的变化，危害最大的是压力突然升高，产生一个很大的正压力，即所谓超压ΔP。在爆炸中心，冲击波的超压ΔP可以达到几个甚至十几个大气压力，足以摧毁厂房、设备等物。

冲击波自由传播（即无外界能量补充的情况下传播）的过程是以爆炸点为中心，以球面的形状向外扩展，随着半径的增大，波面表面积不断增大，冲击波的正压区也随之增大，这样单位质量空气的平均能量也要下降。同时在传播过程中由于阻力引起能量消耗而又无补充，波的强度就会自然迅速减弱，超压 ΔP 不断下降。

不过，当高压的冲击波在减弱的过程中，超压 ΔP 仍大于零。大于零的超压视其大小将会造成不同程度的伤害作用。当人处于冲击波范围内，其超压大于 0.1MPa 时，多数会死亡；在 0.05～0.1MPa 时，人体内脏会严重损伤或导致死亡；在 0.03～0.05MPa 时，会损伤人的听觉器官或骨折。冲击波除其超压对人的伤害外，它后面的高速气流也不容忽视，因为速度达每秒几十米的气流而且夹杂着砂石杂物，必然加重对人体的伤害。

(3) 氨的二次伤害

制冷系统中如果使用氨作为制冷剂，当系统设备爆炸时，氨必定向四周散发。而氨散发于大气时呈气态存在，对人的器官有强烈的刺激，甚至中毒窒息，称为二次毒害。

同时，氨在空气中的含量为 16%～28% 时，便成为极易爆燃的混合气体。此时，只要遇到火源（如明火、钢铁零件碰击产生的火花），就会立刻发生燃烧性的爆炸，其爆炸能量往往比物理性爆炸的能量更大。而且，这种燃烧性的爆炸，极可能引起火灾，危险更为严重，此现象称为二次爆炸。

第12章 制冷空调常见故障与处理

制冷空调系统在设计、施工、安装、调试、操作、维护、检修和机器、设备引进及管理的各个过程中,由于各种原因使制冷空调在使用中不可避免地会产生许多故障。而找出故障,排除故障,使制冷空调系统能正常有效地运行就显得非常重要。本章将简单讲述制冷空调在使用中常见故障与处理。

12.1 故障的检查方法

除了应用理论分析之外,还需要采用实践性很强的检查方法,才能准确地诊断故障。

制冷空调系统会出现各式各样的故障。要处理这些故障,首先要进行现场检查并准确地做出故障的诊断,到底是在什么部位,出什么毛病,是在制冷系统,还是在风系统、水系统、油系统,或是电系统的故障。所以,第一步要确诊。第二步要迅速而准确地判断出产生故障的原因,比如:不降温(即制冷空调系统不制冷),可是产生不降温这种故障的原因实在是太多了,要分析和分清是什么原故后,才便于进行处理。比如,氨系统不能分油、氟系统不能回油、氨系统不设冲霜排液系统、没有气液分离效果、制冷机过大(俗称"大马拉小车")等,甚至机器故障、设备故障、倒霜、液击、缺水、断油、不及时放气等都能产生不降温。是属于设计问题,还是使用问题,还是机器设备产品质量问题?一台55kW电机刚启动就出现"扫堂",是产品质量问题;氟系统不能回油、蒸发器太小(即制冷机太大)是配置问题;氨系统没有冲霜排液(即冲霜排油)等,是设计问题,再优秀的操作人员也无法解决。但是,大部分故障都是因为使用不当或违反操作规程等原因造成的。所以,第三步,在迅速准确找到产生故障的原因后,就应提出最好的处理办法。

12.1.1 经验法

经验法是一种很有效的快速判断法。主要通过看、听、摸、闻、想、忌等办法。

(1) 看

首先看一看压缩机运转是否正常:排出压力是不是过高、是不是接近冷凝压力(如果不考虑管道阻力损失,应该等于冷凝压力)、吸气压力大不大(吸气压力应接近蒸发压力,如果不考虑管道阻力损失,应该等于蒸发压力。系统没有安装蒸发压力表,只能看调节站或气液分离设备上的回气压力表数值为蒸发压力。吸气压力高,吸气量大,压缩机工作量大;吸气压力太小,压缩机荷载小,工作轻松甚至白干;吸气压力太大,时间一长,要注意会发生回液倒霜等事故)。根据不同的容积比,看看中间压力是否在正常值范围内。压力表指针跳动利害时,可以关小压力表前截止阀(压力表阀),指针跳动仍然利害,说明系统需进行放空气。

再看看结霜:系统上的许多地方是故意让它结霜,以便观察。比如在许多低温回气管路上截止阀阀门盖不保温,一是为了便于检修;二是便于观察结霜情况。结不结霜和霜结得好坏，就跟看压力表上的压力一样，能看出压缩机和系统运转的好坏。看一看压缩机正常结霜和不正常结霜：正常时压缩机回气腔管段外表面结一层界线分明、蓬松优质白洁的好霜，而且结霜界线和结霜厚度相对稳定，表明压缩机运转稳定。压缩机不正常结霜是一种不稳定的"坏霜"，出现不结霜或是结冰、滴水，有的在气缸壁、气缸盖、甚至在曲轴箱表面也结霜，严重时整个压缩机结霜为"全白"，压缩机成了蒸发器，冷却水套的水结成冰，造成压缩机的严重事故。只要看到曲轴箱表面结霜，说明压缩机白运转了，不仅白白地消耗水、电、油、气、人力、物力，系统根本不降温。不是所有结霜都是坏事，看到好多地方结霜是好事，比如低压管道、设备全部结霜，说明低压系统不漏，如果有地方出现不结霜，甚至出现油渍、"冒气"现象，说明该处出现泄漏，对焊口，特别是不易查漏的法兰部位，是否结霜是一个很好的检漏方法。蒸发器结霜速度快，说明制冷效果好，蒸发器不结霜，而是结露、结冰、化霜、滴水，说明蒸发效果不好。

当然，要看的地方很多，看就是观察。比如，看看安全罩是否稳固、皮带松紧度是否合适、螺栓螺母是否紧固；看看各个液位、油位是否正常、曲轴箱油面是否膜糊不清；看看油压差是否建立（包括油泵、液泵、水泵、风机等各种压差是否建立，说明能否送风、供水、上液、上油）；看看各种指示信号灯是否正常、安全装置是否失灵、安全阀前的截止阀是否开启、液体、气体均压管是否连通、整个系统阀门的启闭状态是否正常；看看降温速度快不快；看看高压排出管振动是否严重（严重的振幅能使高压管轴线产生很大偏离，在振动利害时，管子模糊不清，只能看见管的影子）；看看液流视镜的回油和含水量（纸芯是否变色）情况等。还有许多要看、要观察的地方，不再列举。看清楚了就等于问题解决了一半。

(2) 听

主要是听声音，分清哪些是正常声音，哪些是异常声音。

首先听一听压缩机运转声音是否正常（任何制冷空调系统都必须首先确保主机正常）。机器本身的噪声一般都在 86～98dB，有的达到一百多分贝，超过劳动保护和安全指标，尤其是螺杆机，除了噪声大，最根本的还有 2800r/min 的转速，使（运转）频率太高，而成为很大的缺点；此外，多数运转机器的表面温度太高，这些都会使"听故障"的难度增加。为了既能听清楚声音，又能避免烤伤耳朵，可借助"大号改锥"等棒状铁件来传递机器内部部件运转的声音。压缩机活门片启闭时清晰的上下跳动声以及压缩机吸、排气的气流声、油泵的运转声都是正常声音。其他声音都叫异常声音，如活塞销脱落，大、小头"杯石（轴瓦）"的配合过紧或过松，由于活塞椭圆度，与气缸套间隙、与假盖死隙等公差配合问题而产生的声音。活门片、弹簧、活塞环、刮油环断裂等，都会发出异常声音。对液泵、水泵、风机等运转设备均可采用同样的方法进行故障判断。电动机、压缩机的启动声和运转声、液泵的上液声、蒸发器的供液声等是正常声音，没有这些声音就不正常了。这些声音愈明显，说明愈正常。

(3) 摸

一般采用手背去摸比较灵敏，特别是在高温部位，不易烫伤。"摸"主要是感觉温度。当然，也能摸出别的问题，比如：摸摸润滑油的黏度和纯度是否合格，好的润滑油感觉透明漆样的滑动感。摸一摸曲轴、连杆、轴瓦及曲轴箱内各处是否干净清洁、有无油污，甚至发现铁锈、棉纱头、砂粒、粉尘等杂质及水分，这些地方通常不易看清，摸显然是个好办法。摸摸蒸发器会粘手表示制冷效果好。

摸一摸压缩机是否正常：摸压缩机顶盖、气缸壁、水套、曲轴箱外表面等处的温度是否正常，气缸壁四周温度应均匀，如发现有局部温度异样或发烫，表明气缸、活塞环、刮油环、活门片等有可能断裂或破碎。摸摸轴承、密封器感觉油温是否符合要求并稳定，油温不应超过70℃。

(4) 闻

主要是闻异味、怪味。线包烧焦、氨气跑漏等均可通过闻的办法查出其严重程度。

(5) 想

就是不时地作出预判。比如，在制冷空调运行过程中，经常要随时猜想和判断制冷剂液体究竟在哪里，是在贮液器还是在冷凝器，在气液分离器还是在排液桶、中冷器、蒸发器或压缩机曲轴箱？人们当然不希望制冷剂液体会出现在曲轴箱，也不希望在冷凝器中，运行时最好使高压贮液器的制冷剂液体尽可能地发挥全部作用，使蒸发器去获得最多的蒸发量。如果蒸发器没有得到蒸发量，说明制冷剂液体没有蒸发就回到压缩机曲轴箱，或是贮液器的液体根本供不到蒸发器。前者供液过多会液击，后者供液过少不上液，都是不正常运行。停止运行时，又要想办法把制冷剂液体回收到贮液器中贮存，避免蒸发压力过高。要时时想着制冷剂液体在系统各个部位的合理分配，使中冷器、低压循环桶、气液分离器、冷凝器、油分离器、贮液器等的液位随时正常合理。想一个目标：就是使气、液分离量、回气量、压缩机吸气量、压缩机排气量、冷凝器的冷凝量、贮液器的供液量、蒸发器的蒸发量能基本相同，经常一致，这样就能获得最大制冷量，不时地想着"系统平衡"是很重要的。

(6) 忌

就是告戒不能出现的行为。比如：在运转部位不能进行"看"、"听"、"摸"、"闻"、"想"。在看、听、摸、闻、想时，不要戴手套、穿拖鞋、留长辫、抽烟烤火、大声嚷叫。操作人员应养成相互默契、神领神会。

制冷空调是由许多机器、设备通过管线配置成的系统，它们彼此相互联系和相互影响。因此，在实际工作中，只查出一种反常现象，是很难正确判断出真正的故障，一般情况下需要找两种或两种以上的反常现象来判断一个故障，才具有较高的准确性。这是因为一种反常现象很可能是多种故障所共有的，而两种或两种以上的反常现象的同时出现，成了某种故障的特性，可以从中排除一些可疑的因素，才能分析出较正确的故障所在。

12.1.2 系统检查法

从水、电、汽、油、风、制冷剂六大系统按步骤进行检查并排除故障。

(1) 水系统

冷却循环水系统、冷媒水（冷冻水）系统、冷剂水系统、锅炉热水系统、蓄冷剂乙二醇溶液水系统与载冷剂盐水系统等按其要求逐步检查。如循环冷却水系统检查其水量、水温、水质等指标是否符合要求；检查并排除冷却塔、水泵、水管、水阀（含底阀）与测量仪表及其自控元器件等的故障。

(2) 电系统

检查变电及供、配电系统、电力、照明系统、各主回路与控制回路、接零接地、电动机及其配电柜、控制柜、开关柜等是否符合机械设备的要求。

(3) 供汽系统

供暖系统应检查锅炉、蒸汽热水管道管件及散热器供暖设备并排除故障。

(4) 油路系统

检查冷冻油再生处理系统及制冷系统的加、放油。

(5) 通风系统

检查风机、风管、风阀、送风口、回风口、排风口、过滤器、表冷器、加热器、加湿器、热回收装置及其风系统末端装置并排除故障。

(6) 制冷剂系统

按高压系统、低压系统、供液系统（直接供液、重力供液、液泵供液、气泵供液系统）、油路系统、冲霜排液系统、蒸发温度系统、制冷剂直接冷却系统、载冷剂间接冷却系统等进行检查并排除故障。检查其运行工况是否正常：温度（回气温度、压缩机吸气温度、排气温度、中间温度、冷凝温度、蒸发温度、油温、冷却水进、出口温度、水套水温度、冷冻水送水、回水温度、载冷剂盐水温度、冷间温度等）、压力与差压（冷凝压力、中间压力、蒸发压力、回气压力、压缩机吸气压力、压缩机排气压力、热工质冲霜压力、水泵、氨（氟）泵进、出口压力等）、液位（中冷器、低压循环桶、贮液器等液位、曲轴箱油位等）、流量、迟延时间等

12.2 制冷空调事故处理

12.2.1 漏氨处理

处理原则：找准漏氨部位、决定机器开停、关闭截断、排液、降压、抽空、修补。漏氨部位不同，设备不同，所采用的处理方法也不同，比如：

(1) 排管（蒸发器）漏氨处理

1) 当排管发生漏氨时，应立即关闭其供液阀，全开回气阀；

2) 利用压缩机集中降压抽氨，同时迅速穿戴好防氨面具；

3) 携带抢修工具找准漏氨部位，用夹具将漏处堵住；

4) 待排管内氨被抽空后关闭回气阀，使排管完全与大气接通；

5) 在保证安全的前提下，进行补焊，焊后再进行氨试漏，合格后方可恢复正常生产；

6) 当氨气浓度较大时，应通风排氨或用10%～15%乳酸溶液喷雾中和。

(2) 中间冷却器漏氨处理

当中间冷却器发生漏氨时，应将低压机紧急停机，并迅速关闭供液阀、进气阀，通过排液后，利用高压机进行抽空，抽空后方可进行修理。

(3) 排液桶漏氨处理

当排液桶发生漏氨时，应迅速关闭进入该设备的进液阀，排净桶内液体，截断与其他设备的通路，打开减压阀或抽气阀进行抽空减压，待抽空后，可进行修理。

(4) 低压循环贮液桶底部或其出液管漏氨处理

任何容器底部漏氨是最不希望看到的，因为它直接导致漏氨液，必须把容器桶内所有的氨液立即排净。低压循环桶底部漏氨就是这个例子，此时必须迅速关闭供液阀、蒸发器至循环桶的回气总阀，通过循环桶的排液管将液体排至排液桶或其他用液的地方；或用氨

泵将桶内氨液送到其他用冷的蒸发器；压缩机可以继续抽空。待桶内抽空后，可进行修理，如果是桶底部法兰漏，可换垫圈重新上紧螺栓至不漏为止。

这里必须强调并说明的是：不管是高压还是低压，此时，只要是压力容器，就不允许进行补焊（电焊、气焊都不允许），应换新的压力容器，焊口漏或需补焊的旧压力容器应送往专门厂家进行处理。如果是管道（指与容器设备断开的独立管段），则必须抽空合格后，大口径连通大气，以防止气体万一爆炸时，备出足够大的出气口，在保证完全安全的前提下，才能进行补焊。

当出液管漏氨时（找准漏氨部位），立即关闭低压循环桶底部的出液阀，用氨泵抽净管内液体后，缓慢松开法兰与大气接通，再进行修理。

其他低压容器可以按上述方法处理。

(5) 高压贮液器漏氨处理

高压贮液器漏氨是严重事故。应立即关闭进、出液阀、气液均压阀、放油放空阀，并利用紧急泄氨器进行泄氨后，方可进行修理。如果是法兰、液面指示器等处漏氨，经调整修理，便可进行氨试漏，合格后可从新投入使用。高压贮液器不能补焊，应进行更换。

(6) 高压管道与其他高压设备漏氨处理

高压管道与高压设备漏氨均属严重事故。出现此事故时，首先应紧急停机，其次应迅速截断漏氨管道或设备与其他管道设备的连通。

处理原则：不同设备采用不同的处理方法，但均应遵守以下原则：

1) 排清残液；

2) 降低压力；

3) 进行抽空；

4) 进行处理。

注意：高压部分漏氨往往发生在高压贮液器的液面指示器玻璃管破裂，因此正确使用装有弹子阀的液面计，可避免事故扩大。

为了防止严重漏氨事故的发生，必须严格执行各项操作规程，定期检修和保养各类制冷设备，努力提高操作技术水平，这样可防止和减少漏氨事故的发生，即使一旦发生事故也要临危不慌，采取有力措施，及时加以排除。

12.2.2 安全阀渗漏失灵与排除

(1) 失灵原因

1) 长期使用而未定期校正，使弹簧失灵、锈蚀或密封面坏；

2) 安全阀起跳后未及时校正，或起跳后在密封处有异物存在；

3) 安全阀本身制造质量问题，如材质不合格、装配调试不当等。

(2) 安全阀工作时产生渗透漏可通过以下方法检查：

1) 对装于压缩机外部有排气管的安全阀，如果产生渗漏，其连接管将会出现发热现象（不漏时管子是凉的），当无外部接管时，可根据压缩机吸、排气压力变化加以判断。

2) 对装于压力容器上的安全阀，如发现阀体和出口端有结露和结霜现象，说明安全阀渗漏失灵。

(3) 解决方法

1) 安全阀必须定期进行校正，按制冷装置安全阀起跳压力值，进行调试并重新加以铅封标记再使用。

2）为了提高安全阀的质量，应选用不锈钢或聚四氟乙烯作为阀座和阀芯密封材料。

12.2.3 压缩机机房突然断电的处理

（1）切断电气开关。

（2）关闭供液总阀和分调节站上的供液阀。

（3）关闭排气阀、吸气阀（双级压缩系统先关闭低压级吸、排气阀，后关闭高压级吸、排气阀）。

（4）将手动能量调节阀手柄拨至零位。

（5）其余按正常停机步骤进行。

（6）做好停电、停机记录。

12.2.4 压缩机"湿冲程"故障与处理

（1）原因

压缩机"湿冲程"又称液击。主要是液体制冷剂大量被吸入，由于液体不可压缩，被活塞推到顶部，安全压板弹簧被压缩，于是排气阀座随活塞的往复运动，产生"当！当！"的巨响，只要把吸气阀关闭，响声就会逐步消失。

（2）危害

1）由于液体冲缸和温度急剧变化，易使阀片击破敲坏，有时会冲破气缸盖填料，引起制冷剂泄漏。

2）由于低温湿蒸气进入气缸，使缸壁因温度低而急剧收缩，易发生"咬缸"事故。

3）处理湿冲程时因关小或关闭吸气阀，引起曲轴箱压力低，易发生奔油现象，并且影响房间温度和正常生产。

4）湿冲程严重时，大量液体进入气缸和曲轴箱，易造成冷冻机油黏度增大，油压很低，使轴与轴瓦烧咬，甚至发生压缩机爆裂的严重事故。

（3）判断这种故障应从几个方面来判断：

1）吸气管结霜情况；

2）排气温度是否急剧下降；

3）吸、排气压力不会有多大变化，但气缸、曲轴箱、排气腔均发凉或结霜。

（4）处理

防止湿冲程的方法，主要根据热负荷情况增减压缩机的运转台数，注意观察低压循环贮液桶、中间冷却器、氨液分离器的液面情况，调整供液量大小。处理这种事故应当机立断，严重时应作紧急停机处理。不严重时应关闭吸气阀、供液膨胀阀，同时观察油压，在关闭吸气阀后，因曲轴箱内液体制冷剂抽完，制冷剂分子稀薄，排气很难升温，可微开吸气阀，观察气缸壁是溶霜还是结霜，排气温度是升高还是下降。若气缸壁仍结霜，排气温度仍下降，应再关吸气阀，通过上述处理后，仍不应停机处理，如果问题严重，将吸气阀、排气阀关闭，放掉曲轴箱内的制冷剂。

12.2.5 轴封泄漏

轴封泄漏是开启式压缩机的常见故障。漏氨较容易被发现，但漏氟利昂则不易被发觉。轴封漏油是漏气的前兆，往往是运行时不易漏，停机时易泄漏，运行时漏油，停机后一定泄漏，这是一般规律。

轴封泄漏的原因有以下几点：

(1) 轴封橡胶圈老化、变硬或膨胀是轴封漏气主要原因之一。

因为橡胶这类物质，长期在油和制冷剂中浸泡会发生变形，正是因为橡胶圈容易变形，所以轴封只要不漏，尽量少拆，否则拆后不易复原。如果轴封橡胶圈已老化、变形，应更换新的橡胶圈。

(2) 轴封活动环和固定环装配不当或零件本身缺陷也是轴封漏气的主要原因之一。

轴封的活动环和固定环是制冷压缩机较精密的零部件，其接触面不仅要求光洁度高，而且要求两摩擦面平行度偏差不超过 0.015～0.02mm。如果装配不当或零件本身质量不好，就会造成泄漏，对于这种情况应重新装配或更换新件。

(3) 轴封缺油。

轴封是依靠密封橡胶圈和润滑油的配合才起密封作用的，如果轴封缺油会造成接触面干摩擦使轴封发热，摩擦面被破坏出现伤痕。轴封缺油是由进油管堵塞或检修后忘记向轴封室内加油造成的。因此应查出原因，排除污物或更换修理。

(4) 轴封长时间运转后摩擦面不平整

压缩机的轴封经长时间运转后，其动静摩擦环的磨损是不均匀的，摩擦面的不平整引起缝隙。当缝隙极小时，它会被润滑油填充来保持密封，当缝隙扩大后，依靠润滑油就密封不住，制冷剂就会渗漏出来。对于氟利昂压缩机，在停机后要经常用卤素探漏灯对它进行校漏，边校边盘动飞轮，一次盘1/4圈，盘几次校几次。若轴封有渗漏就要拆下修理。对长期未使用的压缩机，若查出轴封有微漏，不要急于把轴封拆下，可先让其运转几小时后再校漏，一般情况下，这种微漏经运转后润滑油渗入磨合面，极小的缝隙被填充封住。若渗漏止不住，再拆下修理。

12.3 压缩机常见故障与处理

12.3.1 氨活塞式压缩机常见故障与处理

氨活塞式压缩机常见故障与处理见表 12-1。

氨活塞式压缩机故障与处理 表 12-1

序号	故障现象	产生的原因	处理方法
1	压缩机启动不起来或启动后立即停车	(1) 电源没有电，或电源未接上，或断线，或保险丝烧断； (2) 电磁开关跳脱后不复位； (3) 温度开关未调整好，或感温包工质泄漏； (4) 压力继电器或压差继电器未调整好或未复位； (5) 油压继电器的加热装置未冷却或复位按钮未复位； (6) 冷凝器水阀未开； (7) 压缩机排出阀未开； (8) 电动机断路； (9) 降压起动降压太多（自耦减压启动一般应接在原电压的80%一组抽头上）； (10) 压缩机卡住，咬煞	(1) 查清电源情况，并修理； (2) 将电磁开关复位； (3) 调整温度开关或更换； (4) 调整压力继电器或压差继电器，并将其复位； (5) 待加热冷却后再启动，并将复位按钮按下； (6) 打开冷凝器水阀； (7) 打开压缩机排出阀门； (8) 查明具体原因，若内部断线拆下修理； (9) 更换抽头，提高电压； (10) 拆机检查

续表

序号	故障现象	产生的原因	处理方法
2	压缩机正常运转,突然停车	(1)吸气压力过低使压力继电器的低压断路; (2)排出压力过高致使压力继电器的高压断路; (3)油压不够使油压继电器断路,无油压继电器的,因断油而可能咬煞; (4)压缩机消耗的功率超过了电动机的额定功率,热继电器跳脱,或电动机烧毁; (5)室内温度已到,温度继电器控制停	(1)查明吸入压力过低的原因,排除故障; (2)查明排出压力过高的原因,排除; (3)查明油路阻塞故障消除之或更换油压继电器; (4)减小负荷或拆下电动机修理; (5)正常现象
3	压缩机在气缸部分有敲击声	(1)余隙太小,活塞顶部撞击阀板; (2)活塞销与连杆小头衬套或活塞销座磨损,间隙增大; (3)阀片断裂落入气缸内或阀螺钉松脱,断裂后亦落入气缸内; (4)压缩机奔油产生液击; (5)液体制冷剂大量吸入而产生液击; (6)活塞及活塞环卡住	(1)加垫石棉橡胶垫片; (2)拆机检查或换新件; (3)清除碎片,换阀片; (4)停机后,断续开停几次; (5)应关小膨胀阀或暂关小吸入阀; (6)加强润滑,必要时使气缸得到正常的冷却,若此法不能消除杂音需停车吊出活塞进行检查和磨削
4	压缩机曲轴箱内有敲击声	(1)连杆大头轴瓦与曲轴颈的间隙大; (2)主轴承间隙因磨损面增大; (3)连杆螺栓的螺母松动	(1)更换连杆大头轴瓦; (2)更换磨损件; (3)停机检修
5	压缩机其他部位有异声	(1)飞轮的键槽与键的间隙过大; (2)皮带太松或联轴节的弹性圈损失; (3)压缩机、电动机或压缩机组地脚螺栓松动; (4)油泵齿轮磨损松动	(1)更换新键; (2)移动电动机位置调紧皮带或更换联轴节弹性圈; (3)将地脚螺栓紧固; (4)停车检查,更换新齿轮
6	气缸拉毛	(1)活塞与气缸的装配间隙过小; (2)活塞环锁口间隙过小; (3)气缸内落入污物、铁屑或气阀碎片; (4)润滑油不清洁; (5)润滑油的规格不对	(1)按产品技术要求进行检查,将其装配正确; (2)更换活塞环; (3)检查气缸、管道、过滤器是否有铁屑、砂子等并清除之; (4)更换清洁的润滑油; (5)根据压缩机型号及工作情况选择适宜的润滑油
7	润滑油压过低	(1)油压调节阀失灵; (2)油泵的齿轮泵壳与泵盖有磨损; (3)油过滤网堵塞; (4)油泵进油口有阻塞现象	(1)检查调整并试验调节阀; (2)检查修理或更换部件; (3)拆下进行清洗; (4)清除进油口污物

续表

序号	故障现象	产生的原因	处理方法
8	开车后油压正常,一段时间后油压下降	(1)油泵吸入带泡沫的油; (2)吸油过滤网被阻; (3)曲轴箱中油量减少; (4)曲轴箱润滑油起泡沫有液体制冷剂或部分油路漏油	(1)更换润滑油; (2)拆卸清洗之; (3)增添润滑油; (4)抽出液体制冷剂和检查油路并修理之
9	压缩机启动时无油压	(1)油泵传动机件失灵; (2)油泵进油口堵塞; (3)油压表失灵; (4)油泵限制销不灵; (5)油过滤器内无油	(1)拆卸后盖修理; (2)检查修理排除污物; (3)更换油压表; (4)拆下曲泵盖检查; (5)应向油过滤器加油
10	轴封漏油	(1)轴封接触面被损坏; (2)装置在曲轴上的耐油橡胶圈损坏	(1)检查后修理之; (2)找出原因排污物或更换
11	运转中轴封漏气	(1)轴封箱内缺少润滑油; (2)进油管路堵塞或轴封密封损坏	(1)找出原因修理; (2)找出原因排出污物或更换
12	油温过高	(1)压缩机工作压差太大; (2)装配间隙过小; (3)排气温度过高; (4)机房温度过高; (5)油冷却器断水	(1)改变工况; (2)拆机修理; (3)查明原因后排除; (4)加强通风; (5)查明原因,加大冷却量
13	油压过高	(1)油压表不正确; (2)油压调节阀关的太紧; (3)油的管路堵塞	(1)更换新表; (2)将弹簧放松; (3)检查后清洗
14	电力消耗不断升高	压缩机个别部件互相咬死	立即停车检查修理
15	电动机过热	(1)润滑不良; (2)电压不足; (3)电动机发生故障,绝缘老化	(1)加注润滑油; (2)检查电源调整电压; (3)检查并测量绝缘电阻,修理之
16	机器起动后90s以内突然停车	油压差继电器动作	(1)调整油压; (2)检查油路,油过滤器,如有堵塞加以清洗

12.3.2 氟利昂压缩机故障与处理

氟利昂压缩机故障与处理见表12-2。

12.3.3 螺杆式压缩机常见故障与处理

螺杆式压缩机故障与处理见表12-3。

氟利昂压缩机故障与处理 表 12-2

序号	故障现象	产生的原因	处理方法
1	压缩机启动、停车频繁	(1)排出压力过高或高压继电器切断值调得过低,使排出压力处于高压切断状态,高压继电器动作。但这时室温并未达到下限,停车后制冷剂继续经膨胀阀进入低压管路,而高压又很快下降到启动值,致使压缩机启动,停车频繁; (2)吸入压力过低或低压继电器切断值调得太高,使吸入压力处于低压切断状态,低压继电器动作。但此时室温未达到下限,电磁阀未关闭。制冷剂继续进入低压管路,低压又很快升到启动值,致使压缩机启动,停车频繁; (3)有时室温已达到下限值,电磁阀关闭,但由于压缩机高、低压之间略有泄漏会使压力较快升到启动值,这也会使压缩机启动、停车频繁	(1)若是排出压力过高,则找出原因排除,如果是高压继电器未调好,则调整高压继电器的切断值; (2)若吸入压力过低,则应找出原因排除,若是低压继电器未调好,则调整低压继电器的切断值;如果高、低压之间有泄漏则应找出原因加以消除
2	压缩机运转不停	(1)由于各种原因造成需要降温的室内热负荷大; (2)压缩机高、低压端严重泄漏,使排气量大为减少; (3)系统中制冷剂不足; (4)温度电器、电磁阀或低压继电器失灵	(1)采取措施降低热负荷; (2)拆开压缩机,检查泄漏处,调换有关零件; (3)添加制冷剂; (4)检修并调整有关零件
3	压缩机卸载装置失灵	(1)油压不够,推不动压缩机上的油活塞; (2)拉杆的位置不对,使阀片的顶杆未落入斜面最低处; (3)曲轴箱内有制冷剂液体,但尚能保持油压,待高压进入油缸后,制冷剂液体立即气化; (4)能量调节阀出油管被堵塞; (5)能量调节弹簧失灵; (6)能量调节阀出油管或压缩机中的油活塞被阻; (7)输入油管或接头漏油	(1)找出原因,修理; (2)检修拉杆; (3)控制吸气阀使油中无制冷剂液体; (4)清除堵塞物; (5)调换或检修弹簧; (6)找出原因进行修理; (7)找出漏油部位,进行修理

螺杆式压缩机常见故障与处理 表 12-3

序号	故障现象	产生的原因	消除方法
1	机组不能启动	(1)排气压力高; (2)排气止回阀泄漏; (3)机内积油或液体太多; (4)能量调节未在零位; (5)部分机械磨损; (6)压力继电器故障或调节压力过低	(1)打开吸气阀,使高压气体回到低压系统; (2)检查止回阀,并修理; (3)用手盘联轴器,将机腔内积液排出; (4)卸载复原至0%; (5)拆卸、检修、更换、调整; (6)拆卸、检修、更换、调整

续表

序号	故障现象	产生的原因	消除方法
2	机组启动后短时间振动,然后稳定	(1)吸入过量的润滑油或液体; (2)压缩机积存油而发生液击	(1)停机用手盘车将液体排出; (2)将油泵手动启动,一段时间后再启动压缩机
3	机组启动后连续振动	(1)机组地脚螺栓未紧固; (2)压缩机与电动机轴线错位偏心; (3)联轴器平衡不良; (4)压缩机转子不平衡; (5)机组与管道的固有振动频率相同而产生共振	(1)将垫块塞紧垫实,拧紧地脚螺栓; (2)重新校正联轴器与压缩机的同心度; (3)重新校正平衡; (4)检查并重新调整; (5)改变管道支撑点的位置
4	压缩机无故自动停机(1)	(1)高压继电器动作,切断电路; (2)油压差继电器动作; (3)油温继电器动作,切断电器; (4)精滤器压差继电器动作; (5)控制电路发生故障; (6)过载	(1)检查并调整高压继电器; (2)检查并调整; (3)检查并调整; (4)拆开并清洗滤器,然后调整; (5)检查并修理控制电路元件; (6)检查过载原因,设法减小负载
5	压缩机无故自动停机(2)	(1)转子内有异物; (2)止推轴承磨损破裂; (3)运转连接件松动; (4)油泵气蚀; (5)滑动轴承磨损,转子与机壳磨损	(1)检查并修理压缩机和吸气过滤器; (2)更换; (3)拆开检查,更换键或紧回螺栓; (4)检查并排除气蚀原因; (5)检查或更换滑动轴承
6	能量调节机构不动作或不灵	(1)四通阀不通或控制回路故障; (2)油活塞间隙过大; (3)油泵管路或接头不通; (4)滑阀或油活塞卡住; (5)指示器故障; (6)油压不高	(1)检查并修理四通阀或控制回路; (2)检查并修理或更换; (3)检查并修理吹洗; (4)拆卸检修; (5)检修; (6)调整油压
7	制冷能力变差	(1)喷油量不足; (2)吸气阻力过大; (3)机器磨损间隙过大; (4)能量调节装置故障; (5)滑阀不在正确位置上	(1)检查油泵、油路,提高油量; (2)清洗吸气过滤器; (3)调整或更换部件; (4)检查并修理; (5)检查指示器指针位置
8	压缩机机体温度高	(1)机体磨擦部分发热; (2)吸入气体过热; (3)压缩比过高; (4)油冷却器传热效果差	(1)应立即停机检查; (2)降低吸气温度; (3)降低排气压力或负荷; (4)清洗油冷却器
9	排气温度或油温过高	(1)压缩比过大; (2)油冷却器传热效果差; (3)吸入过热气体; (4)喷油量不足	(1)降低压缩机的压缩比或减少负荷; (2)清除油冷却器的污垢,增大水量,降低水温; (3)提高蒸发系统的液位; (4)查明原因,提高油压,增大喷油量

续表

序号	故障现象	产生的原因	消除方法
10	耗油量大	(1)一次油分离器中油过多; (2)二次油分离器有回油	(1)将一次油分离器的油至规定油位; (2)检查回油通路
11	压缩机及油泵油封漏油	(1)磨损; (2)装配不良造成偏磨振动; (3)"O"形密封环变形腐蚀; (4)密封接触面不平	(1)运转一个时期,看是否好转,否则应停机检查; (2)拆卸重新装配检查并调整; (3)检修或更换; (4)检修或更换
12	油压不高	(1)油压调节阀调节不当; (2)喷油过大; (3)油量过大或过小; (4)内部泄漏; (5)转子磨损,油泵效率降低; (6)油路不畅通; (7)油量不足或油质不良	(1)调整油压调节阀; (2)调整喷油阀,限制喷油量; (3)检查油冷却器,提高冷却能力; (4)检查更换"O"形环; (5)检修或更换油泵; (6)检查吹洗油滤器及管路; (7)加油或换油
13	油面上升	(1)制冷剂溶于油内; (2)进入液体制冷剂	(1)继续运转提高油量; (2)降低蒸发系统液位
14	停车时压缩机反转不停	(1)吸入止回阀卡住,未关闭; (2)吸入止回阀弹簧性不足	(1)修理或更换; (2)检查或更换

12.3.4 离心式压缩机常见故障与处理

离心式压缩机故障与处理见表12-4。

离心式压缩机常见故障与处理　　　　　　　　　　表12-4

序号	故障现象	产生的原因	消除方法
1	压缩机不启动	(1)电动机电源故障; (2)导叶不能全关; (3)控制线路熔断器断线; (4)过载继电器动作	(1)检查电源,恢复供电; (2)将导叶自动——手动切换开关换至手动位置上,并手动将导叶关闭; (3)检查熔断器进行更换; (4)按下继电器的复位开关,或检查继电器的电源设定值
2	压缩机转动不平衡出现振动	(1)油压过高; (2)轴承间隙过大; (3)防振装置调整不良; (4)密封填料和旋转体接触; (5)增速齿轮磨损; (6)轴弯曲; (7)齿轮连轴节齿面污垢磨损	(1)降低油压至给定值; (2)调整间隙或更换轴承; (3)调整弹簧或更换; (4)调整间隙,消除接触; (5)修理或更换; (6)修理调直; (7)调整、清洗或更换
3	电动机过负荷	(1)制冷负荷过大; (2)压缩机吸入液体制冷剂; (3)冷凝器冷却水温过高; (4)冷凝器冷却水量减少; (5)系统内有空气	(1)减少制冷负荷; (2)降低蒸发器内制冷剂液面; (3)降低冷却水量; (4)增加冷却水量; (5)开启抽气回收装置排出空气
4	压缩机喘振	(1)冷凝压力过高; (2)蒸发压力过低; (3)导叶开度太小	(1)开启抽气回收装置,排出系统内空气; (2)消除钢管壁污垢; (3)增加冷却水量,检查冷却水过滤器; (4)检查冷却塔工作情况; (5)检查冷却剂量,如不足应增加; (6)调整导叶风门的开度; (7)检查浮球阀的开度

609

续表

序号	故障现象	产生的原因	消除方法
5	冷凝压力过高	(1)机组内渗入空气； (2)冷凝器管子污垢； (3)冷却水量不足使循环不正常； (4)冷却水温过高	(1)开动抽气回收装置,排除空气； (2)清洗冷凝器水管； (3)增加冷却水量,检查清洗过滤器； (4)降低冷却水温,检查冷却工作情况
6	蒸发压力过低	(1)制冷剂不足； (2)蒸发器管子污垢； (3)浮球阀动作失灵； (4)制冷剂不纯； (5)制冷负荷小； (6)水路中有空气	(1)增加制冷剂； (2)清洗蒸发器水管； (3)检修浮球阀； (4)检查或更换制冷剂； (5)关小进口导叶； (6)打开铜考克放空气
7	蒸发压力过高	(1)制冷负荷加大； (2)浮球室液面下降没有形成液封	(1)开足导叶风门； (2)检修浮球阀
8	压缩机排气温度过低	蒸发器液面太高,吸入了液态制冷剂	取出多加入的部分制冷剂
9	油压过低	(1)油内含有制冷剂,使油变稀； (2)油过滤器堵塞； (3)油压调节失灵； (4)均压管开度过大,油箱内压力过低； (5)油面过低； (6)油泵故障	(1)提高油温减少冷却器水量； (2)清洗过滤器； (3)研磨修理调节阀； (4)减少均压管的开度； (5)补充油到规定液位； (6)检修油泵
10	油压过高	(1)调节阀失灵； (2)压力表至轴承间堵塞	(1)检修调节阀； (2)拆卸清洗
11	油压波动激烈	(1)油压表故障； (2)油路中有空气或气体制冷剂； (3)油压调节阀失灵	(1)检修或更换； (2)打开油路中最高处的管接头放气； (3)检修或更换
12	轴封漏油,并伴有温度升高现象	(1)机械密封损坏； (2)油循环不良； (3)油压降低	(1)更换新元件； (2)检查、清洗油路系统； (3)用调节阀增大油压
13	轴承温度过高	(1)轴瓦磨损； (2)润滑油污染或混入水； (3)油冷却器有污垢； (4)油冷却器冷水量不足； (5)压缩机排气温度过高	(1)更换轴瓦； (2)更换新油； (3)清洗冷却器或更换； (4)检查冷却器水路系统； (5)参见序号5"冷凝压力过高"
14	机器严重腐蚀	(1)机器气密性不好,有空气渗入； (2)冷冻水、冷却水水质不好； (3)润滑油质不好； (4)长期停止使用,氟利昂没有抽净	(1)检查渗漏部位,修复； (2)进行水质处理,改善水质添加缓蚀剂； (3)更换润滑油； (4)抽尽氟利昂

12.3.5　XZ系列溴化锂吸收式制冷机常见故障与处理

（1）报警指示灯亮或电铃响的故障处理见表12-5。

报警指示灯亮或电铃响的故障处理　　　表12-5

序号	报警信号	报警问题	报警原因
1	"循环故障"指示灯亮	(1)发生器出口溶液温度超过103℃； (2)自动熔晶旁通管温度超过70℃	(1)蒸汽压力太高； (2)机器内有空气； (3)冷却水量不足，或进口温度太高或传热管结垢； (4)蒸发器中冷剂水被溴化锂污染； (5)稀溶液循环量太少； (6)冷凝压力太高； (7)溶液热交换器结晶； (8)稀溶液循环量过大
2	"冷媒水缺"指示灯亮，电铃响	(1)冷媒水泵停止； (2)冷媒水量太小，压差继电器因压差小于19.6kPa而动作	(1)冷媒水泵损坏，或电源中断； (2)冷媒水过滤器堵塞
3	"冷却水断"指示灯亮	冷却水中断	(1)冷却水泵损坏或电源中断； (2)冷却水过滤器堵塞
4	"蒸发器低温"指示灯亮，电铃响	蒸发器中制冷剂水温低于2℃	(1)制冷量大于用冷量； (2)冷媒水出口温度太低； (3)制冷剂水被溴化锂污染

（2）机组内部有空气的故障处理见表12-6。

机组内部有空气的故障处理　　　表12-6

现　象	原　因　分　析
(1)机器停车时，机内压力超过在环境温度下对应浓度的溶液饱和蒸汽压力； (2)机组在运行时，冷凝器压力超过对应冷凝温度的饱和蒸汽压力，蒸发器压力超过对应蒸发温度的饱和蒸汽压力； (3)在运行中，液气分离器的视镜里集聚的空气量不断增加； (4)吸收器液位下降，蒸发器液位上升并发生溢水现象； (5)机组制冷降低	(1)空气漏入机内： 1)阀门漏水； 2)法兰漏气； 3)管接头焊缝在热应力作用下漏气； 4)取样或加溶液时漏入空气； 5)由于长期不可避免的微漏； (2)抽气系统有故障： 1)真空泵不正常； 2)真空泵油长期未更换； 3)吸收器液位太高； 4)抽气隔膜阀膜片损坏； 5)阻油器积满冷剂水或溶液； 6)抽气操作不正确

（3）机组里溴化锂溶液结晶的故障处理见表12-7。

机组里溴化锂溶液结晶的故障处理 表12-7

现　象	原　因　分　析
启动时溴化锂溶液结晶	(1)机内有空气； (2)冷却水温太低
运转时溴化锂溶液结晶	(1)蒸汽压力太高； (2)冷却水温太高，突然下降； (3)冷却水量不足或冷却水传热管结垢； (4)机内有空气； (5)冷剂水泵或溶液泵工作不正常； (6)稀溶液循环量太少； (7)喷淋管喷嘴严重堵塞； (8)灌注溶液浓度配制不当
停车时溴化锂溶液结晶	(1)稀释温度继电器温度调点太高,稀释时间太短； (2)稀释时没有加负荷或冷剂水泵停下来； (3)稀释时冷媒水泵或冷却水泵停下来； (4)停车后蒸汽阀未完全关闭

12.4 制冷空调系统常见故障与处理

12.4.1 氨制冷系统的不正常现象与排除方法

氨制冷系统的不正常现象与排除方法见表12-8。

氨制冷系统的不正常现象与排除方法 表12-8

不正常现象		产　生　原　因	排　除　方　法
冷凝压力过高	排气温度高于正常温度,增加冷却水后,冷凝压力仍不明显下降	冷凝面积过小	适当降低冷却水温度或增加冷凝面积
	冷凝温度较高	(1)冷却水量不足； (2)冷却水分布不均匀； (3)冷凝器表面有油污、水垢	(1)增加冷却水； (2)调整分水器或配水槽； (3)排除油垢与水垢
	冷凝温度正常,而压力表指针跳动	有不凝性气体存在	放空气
	冷凝器上部温度较高,而下部正常,贮液桶存液已满	系统存液太多,积聚在冷凝器中,减少了冷凝面积	排除多余的液体制冷剂
冷凝压力过低		(1)系统中制冷剂的数量不足； (2)压缩机能力减退或排气阀损坏	(1)补充制冷剂； (2)检修压缩机

续表

不正常现象		产 生 原 因	排 除 方 法
蒸发压力过高	汽缸结霜,吸汽温度下降	(1)膨胀阀开启过大,系统中存液过多; (2)热负荷突然增加或超过规定容量	(1)关小膨胀阀; (2)关小膨胀阀,装货要按规定数量
	冷凝温度上升	(1)压缩机能量小,与冷却设备负荷不符; (2)压缩机能力减退; (3)库房防汽隔热层损坏	(1)增开压缩机; (2)检修压缩机; (3)检修防汽隔热层
蒸发压力过低	吸气温度过高	(1)膨胀阀开启过小; (2)管道堵塞; (3)系统内制冷剂不足; (4)回气管道防汽隔热层损坏	(1)开大膨胀阀; (2)疏通管道; (3)补充制冷剂; (4)检修防汽隔热层
	吸气过热,但开大膨胀阀后压缩机反而结霜,吸气温度下降	(1)压缩机容量过大或蒸发面积过小; (2)蒸发器的内外表面有污垢或结霜; (3)盐水浓度不足或蒸发器外表面结冰	(1)调整压缩机与蒸发器的配合比; (2)排油、除垢、除霜; (3)检查盐水浓度,调整到符合要求
中间压力过高		(1)高压机阀片损坏; (2)高压机容积配比过小; (3)中冷器的蛇形管损坏	(1)检修高压机; (2)根据要求,适当配合高、低压机配比; (3)停用蛇形管,待大修时修理
冷却排管不结霜		(1)膨胀阀开启过小; (2)系统缺少制冷制; (3)管道堵塞; (4)管内存油过多; (5)供液不均匀	(1)开大膨胀阀; (2)补充制冷剂; (3)检查修理; (4)排油; (5)调整阀门,或修改设计和安装
压缩机湿行程		(1)膨胀阀开启过大; (2)系统中制冷剂过多; (3)冷却设备积油过多; (4)循环贮液桶液面过高; (5)氨液分离器,低压贮液桶液面过高; (6)系统冲霜后,过快打开回气阀; (7)压缩机吸汽阀开得过快; (8)中冷器内制冷剂过多; (9)放空气器膨胀阀开启过大; (10)压缩机能量过大	(1)关小或关闭膨胀阀; (2)排出多余的制冷剂; (3)排油; (4)排液或停止供液; (5)调整膨胀阀,低压贮液桶排液; (6)关闭回气阀,处理后再缓慢打开; (7)关小或关闭吸气阀,处理后再缓慢打开; (8)检查中冷器液面过高的原因并排除; (9)关小放空气器膨胀阀; (10)调配压缩机容量

12.4.2 制冷系统常见故障与处理

制冷系统常见故障与处理见表12-9。

制冷系统常见故障与处理　　　　　　表12-9

序号	故障现象	产生的原因	处理方法
1	排气温度过高	(1)吸气过热度太大； (2)排气阀片、缸头、垫片、活塞环或回油管等漏气，使部分排气重新被吸入； (3)气缸的冷却水量不足； (4)房间的热负荷过大； (5)压缩机回气管道绝热层不符合要求； (6)分离器出液管的口径设置小	(1)回气管中制冷剂减少所致，应查明造成回气量少的原因，如堵塞、膨胀阀开的大小等，应采取相应措施排除之； (2)关闭压缩机的吸、排气截止阀，拆开气缸盖，换阀片、缸头垫片、活塞环等； (3)适当加大冷却水量； (4)重新进行负荷计算，并采取措施减小热负荷； (5)对绝热层破损处进行修补； (6)重新更换一定口径的出液管
2	排气压力过高	(1)系统中有空气等不凝性气体； (2)冷凝器水阀或水量调节阀未开； (3)进入冷凝器的水温过高或水量不足； (4)冷凝器水管被污垢阻塞； (5)系统中制冷剂过多，使冷凝器管子被液态制冷剂浸没过多，造成冷凝器换热面积减少； (6)冷凝器中积油过多降低传热系数	(1)排除空气； (2)打开相关阀门； (3)采取相应措施降水温或加水量； (4)清洗冷凝器水管； (5)将系统中的制冷剂回收部分到钢瓶； (6)定期放油
3	排气压力过低	(1)冷却水温及空气湿球温度太低，水量过大； (2)由于压缩机排出阀漏气，系统中制冷剂不足或能量调节机构调节不当，使部分气缸停止工作，排气量减少	(1)应采取相应措施； (2)更换排气阀片，补足制冷剂，以及调整能量调节机构，使工作正常
4	吸气压力过高	(1)膨胀阀调节过大； (2)膨胀阀本身有毛病或感温包安装有错误； (3)系统中制冷剂过多； (4)热负荷过大； (5)压缩机排气量减少，由于吸气阀片漏气，高、低压腔间的垫片，能量调节机构故障等原因引起； (6)油分离器自动回油部分失灵	(1)适当调节膨胀阀； (2)调换膨胀阀，并正确安装感温包； (3)回收部分制冷剂到钢瓶； (4)查明情况进行调整； (5)换阀片、垫片等； (6)停止自动回油，采用手动回油，并修理之
5	吸气压力过低	(1)膨胀阀或调节阀开度过小,过滤器或节流孔冰塞、堵塞，感温包泄漏； (2)低压管路冰塞； (3)液管阻塞，出液阀或液管上其他阀门未开足，过滤器被阻塞； (4)系统中的制冷剂不足； (5)系统中的润滑油太多； (6)蒸发器结霜太厚； (7)蒸发器表面污垢，降低传热性能	(1)适当调节膨胀阀的开度，若冰塞应先解冻，若运行后又重新结冻则应更换干燥器中的硅胶，如果堵塞则应拆下膨胀阀用酒精清洗过滤器或更换，若温包泄漏应更换； (2)采用上法解除冰塞； (3)将出液管阀开足或拆下过滤器清洗； (4)充填制冷剂； (5)按系统应放油，氟利昂系统应查明原因采取解决措施； (6)对蒸发器进行除霜； (7)清洗蒸发器的蒸发表面

续表

序号	故障现象	产生的原因	处理方法
6	吸气温度过高	(1)系统中制冷剂不足; (2)蒸发器内制冷量不足; (3)制冷剂含水量超过规定; (4)低压管路绝热层做得不好; (5)节流阀开度过小	(1)加制冷剂; (2)开大节流阀; (3)检查制冷剂的含水量; (4)检查绝热层并修理之; (5)调节节流阀开度,使吸气温度高于蒸发温度5~10℃
7	排气温度过低	(1)压缩机吸入液体制冷剂; (2)膨胀阀开度过大; (3)压缩机与冷负荷设计不符或冷负荷减小或系统制冷量减小; (4)蒸发排管上结有较厚的霜层; (5)盐水蒸发器上有冰层	(1)把低压阀关小一点; (2)调整膨胀阀开度,使回气过热在5~10℃; (3)重新计算负荷,并注意操作; (4)进行冲霜和扫霜; (5)化验盐水浓度,适当加盐

12.4.3 制冷系统自控元件故障与处理

制冷系统自控元件故障与处理见表12-10。

制冷系统自控元件故障与处理　　　　　表12-10

序号	故障现象	产生的原因	处理方法
1	压缩机在运转时膨胀阀打不开或很快被堵	(1)感温包的填充剂泄漏; (2)膨胀阀进口处过滤器阻塞; (3)膨胀阀的节流孔被杂物堵塞; (4)系统中有水分、节流也冻结; (5)润滑油被冻结; (6)膨胀阀顶针过短	(1)调换膨胀阀; (2)拆开清洗; (3)拆开清洗; (4)清除冰塞,除去系统中的水分; (5)更换符合要求的润滑油; (6)更换膨胀阀
2	膨胀阀有结霜	(1)系统中制冷剂不足; (2)进口管处过滤器堵塞	(1)添加制冷剂; (2)清洗过滤器
3	膨胀阀进口管结霜	(1)进口管有堵塞; (2)进口管过滤器堵塞	(1)拆开清除堵塞物; (2)清洗过滤器
4	高、低压继电器触头未闭合	(1)膨胀阀损坏; (2)感温包的位置不正确; (3)膨胀阀针过长	(1)更换膨胀阀; (2)感温包的位置重新安装; (3)更换膨胀阀
5	继电器的低压端在过高压力下触头闭合	(1)触头被烧毁或有污物; (2)杠杆系统发生故障; (3)接管孔被阻塞; (4)由于过载,波纹管损坏; (5)电路中断	(1)修理触头或清除污物; (2)拆开修理,并进行调整试验; (3)把接管拆开,清除污物; (4)调整波纹管,并重新调整试验; (5)查电路并修理接好
6	吸气压力过低	低压部分的波纹管轻微损坏	调换波纹管,并重新进行调整试验

续表

序号	故障现象	产生的原因	处理方法
7	继电器的高压端在过高压力下触头闭合	高压部分的波纹管轻微损坏	同上
8	继电器的高压端在过低压力触头闭合	弹簧变形	调整弹簧,并重新进行调整试验
9	油压继电器在油压过低的情况下不起作用	(1)调节弹簧失灵; (2)电阻丝断路; (3)压差刻度不正确	(1)调换新弹簧并重新对继电器进行调整; (2)更换新电阻丝; (3)拆开查明原因或更换新压差调节齿轮并进行调整

12.4.4 制冷系统其他故障与处理

制冷系统其他故障与处理见表 12-11。

制冷系统其他故障与处理　　　　　　　表 12-11

序号	故障现象	产生的原因	处理方法
1	制冷量不足	(1)蒸发器(或冷却排管)的表面积不足; (2)蒸发器(或冷却排管)的外表面较厚的霜层; (3)蒸发器(或冷却排管)的内表面有较厚的油层; (4)压缩机进、排气阀、安全阀有泄漏现象; (5)活塞环封闭不严或气缸有裂痕; (6)压缩机进气管发生阻塞或阀门已坏,不能全开; (7)系统中制冷剂过多; (8)膨胀阀开度过小; (9)冷凝水温过高,流量不足; (10)系统中空气过多	(1)通过计算适当增加蒸发器的表面积; (2)进行扫霜或冲霜; (3)放出系统中的油; (4)停止压缩机运转进行检查和修理; (5)更换活塞环或气缸; (6)清除阻塞,更换坏的阀门; (7)适当放出多余制冷剂; (8)开大膨胀阀达到正常供液; (9)增加冷却水量,降低水温; (10)放出系统中的空气
2	冷凝温度过高	(1)冷凝器有故障; (2)系统中混有空气; (3)冷凝器内制冷剂液体过多; (4)冷凝器内有污物,影响传热效果; (5)排气管路受阻	(1)检查修理冷凝器; (2)放出系统空气; (3)将多余制冷剂放出; (4)清除冷凝器内的污垢; (5)找出原因排除之
3	压缩机进气压力与蒸发器的压力相差很大	吸气阀门开启不当或开启量不足	检查修理或调整开启量
4	压缩机进气温度比蒸发温度低	吸气管路阻力过大	检查吸气的管路并修理之

续表

序号	故障现象	产生的原因	处理方法
5	压缩机排气温度比相应压力下的温度高	系统中混有空气	放出系统中的空气
6	压缩机排气压力与冷凝压力相差甚大	(1)排气阀开启不当； (2)排气管路不通畅； (3)系统中混有空气	(1)检查排气阀是否全开； (2)找出不通畅的部位并处理； (3)放出系统中的空气
7	压缩机耗油量过大	(1)制冷剂液体进入曲轴箱； (2)分油器失灵，不能回油； (3)活塞的油环磨损、断裂或装反； (4)油分油器积油	(1)排出制冷剂液体，加足量； (2)检查修理或更换分油器； (3)更换新油环，若装反应矫正； (4)检查回油管路
8	停车后高压和低压很快达到平衡	(1)排气阀片破损； (2)排气阀片密封不良； (3)吸气阀片导向环密封不良； (4)缸套与机体密封不良	(1)调换破损的阀片； (2)重新研磨； (3)同上； (4)垫片破损予以更换
9	浮球调节阀动作失灵	(1)制冷剂液体中有杂质，将阀片卡住堵塞； (2)内部机构发生故障	(1)检查并清洗过滤器； (2)拆开检查并修理
10	冷凝器内制冷剂液流出不畅	(1)自冷凝器贮液器的液体管，管径大小，坡度不够，冷凝器与贮液器安装的高度配合不当； (2)冬季运行时，贮液器装在室内，其压力可能稍高于冷凝压力	(1)检查、调整，并检查均压管是否畅通； (2)减少冷凝水量，适当提高冷凝压力
11	冷凝器安全阀跳开	冷却水中断，蒸发式冷凝器风机停转	立即开启冷却水和风机，若关闭不严应研磨
12	壳管式蒸发器水量、水压不稳	启动时头盖上的放气阀未开	在开启水泵前先将封头盖上的放气阀门打开，等水泵输水将蒸发器水路内空气挤出，然后关闭放气阀

12.4.5 氨泵常见故障与处理

氨泵常见故障与处理见表12-12。

氨泵常见故障与处理 表12-12

序号	故障现象	产生原因	排除方法
1	氨泵启动后不上液	(1)氨泵内有气体； (2)氨液过滤器脏堵； (3)进液阀未开启； (4)系统压力低，有漏氨处	(1)打开抽气阀，抽掉氨气； (2)清洗过滤器； (3)开启进液阀； (4)检修泵轴密封器
2	氨泵排出压力过低	(1)氨液过滤器堵塞； (2)进液管堵塞； (3)氨泵损坏； (4)氨泵供液量小； (5)氨泵中心与低压循环桶液位差过小	(1)清洗排除； (2)检查堵塞并予排除； (3)检查氨泵，若损坏严重应检修更换零件； (4)调整供液阀的开度，加大流量； (5)调整低压循环桶的供液量

12.5 冷水机组常见故障与处理

冷水机组故障与处理见表12-13。

冷水机组常见故障与处理　　　　　表12-13

序号	故障情况	产生的原因	可能出现的症状	排除方法
1	冷凝压力太高	(1)系统中有空气和不凝性气体； (2)冷却水量不足或冷却水温太高； (3)冷凝器管子被污物堵住或水垢的影响； (4)系统中制冷剂量太多	(1)经拆修过主机后，空气未排除干净，表现为冷却水温与冷凝温度不相适应； (2)冷却水进出水温差变大或水温太高； (3)冷凝水沿程阻力明显增高； (4)停机后液位达到上视孔	(1)放出不凝性气体； (2)检查水阀开启程度，水过滤器是否堵塞，降低水温； (3)清洗冷凝器，水过滤器； (4)放出多余的制冷剂
2	冷凝压力太低	(1)冷却水量太多或水温太低； (2)压缩机故障； ①吸气阀漏气； ②卸载机构失灵，不能上载	(1)进出水温差小，或水温太低； (2)气缸热，排温高，制冷量下降，制冷量小，电流小，音响轻，吸入压力升高	(1)调节水量； (2)打开气缸盖检查排气阀，并修理、调换，查看油压值是否正常。停车检查卸载机构
3	蒸发压力太高	(1)通过膨胀阀液体太多； (2)压缩机故障； ①吸气阀漏气； ②卸载机构失灵，不能上载	(1)过热度太小吸气温度暴跌； (2)制冷量小，排气温度高，冷凝压力低得较多，电流小	(1)关小膨胀阀； (2)打开气缸盖，检查吸气阀，并修理、调换，油压值调正常，停车检查卸载机构并修理
4	蒸发压力太低	(1)干燥过滤器，过滤网堵塞； (2)膨胀阀开度太小； (3)该路电磁阀关闭； (4)系统中制冷剂太少； (5)系统中油太多	(1)过热度太高； (2)该路电磁阀线圈温度低； (3)运转时冷凝器下视孔无液位； (4)曲轴箱加油次数增多	(1)关闭 $dn40$ 阀门，真空后拆卸检查和清洗； (2)开大热力膨胀阀； (3)手动1/3扳钮开关数次，仍无效，则手动顶开电磁阀，停车后检查修理； (4)按规定量补充制冷剂； (5)找出油过量进入系统原因，排除后，经运转即可回油到曲轴箱
5	吸气压力太低	吸气滤网堵塞	吸气压力比蒸发压力低得多	停车关闭吸排截止阀放出压力后取出滤网清洗

续表

序号	故障情况	产生的原因	可能出现的症状	排除方法
6	压缩机有杂声	(1)固定螺栓松动或基础螺栓松紧不一; (2)油太多造成液击; (3)制冷剂液体进入气缸造成液击; (4)压缩机故障; 1)压缩机故障; 2)阀片损坏; 3)轴承磨损; 4)重要零件断裂	(1)机组振动明显; (3)吸入部分严重凝露或结霜,吸气温度猛降	(1)拧紧螺栓; (2)若油压太高应调低,检查油耗大小的原因并排除; (3)关小膨胀阀,情况严重时应立即停车。电加热器加热机油到规定温度以上,无负载启动; (4)将有杂声的气缸打开,检查排气阀螺栓是否松动,更换新阀片,并修理、调换
7	曲轴箱内油减少	(1)少量制冷剂液体进入曲轴箱; (2)压缩机活塞环、油缸或气缸磨损	一段时间蒸发器出口过热度低	(1)关小膨胀阀,运转后,油会回到曲轴箱; (2)检查,必要时更换
8	压缩机气压起不来或骤跌不起	制冷剂大量进入曲轴箱	压缩机曲轴箱内的油,严重翻白泡,油大部分进完	开电加热器,加热机油到规定的温度,如油没有回曲轴箱,则应适量加油
9	压缩机油压调不高	(1)油中有制冷剂液体; (2)滤油器堵塞; (3)油压调节阀失灵; (4)轴承间隙过大	压缩机曲轴箱内的油,严重翻白泡,油大部分进完	(1)开电加热器,加热机油到规定的温度,如油没有回曲轴箱,则应适量加油 (2)先用手旋片式过滤器,如无效,则将曲轴箱的放出,检查曲轴箱内的油过滤器并清洗干净; (3)拆开油压调节阀检查,修理或更换; (4)拆开修理或调换
10	压缩机排气温度高	(1)排气阀片破裂; (2)安全旁通阀漏	气缸烫,制冷量下降	(1)拆开调换新阀; (2)拆下修理
11	压缩机不能启动	(1)电气线路故障; (2)油压继电器断开; (3)高低压继电器断开; (4)压差控制器断开	报警指示灯亮	(1)检查并修理; (2)撤按复位按钮,等待压力变化到接点闭合; (3)检查修理; (4)检查冷却水或蒸发器冷媒水的流量及压力是否波动
12	压缩机启动不久即停止	(1)油压过低; (2)油压继电器杠杆不起,说明仪表有故障; (3)仪表因振动,误动作		(1)调节油压调节阀; (2)修理仪表; (3)重新调整,检修仪表触点

续表

序号	故障情况	产生的原因	可能出现的症状	排除方法
13	压缩机卸载装置机构失灵	(1)油压不够; (2)顶杆轧死; (3)小节流孔,油管堵塞; (4)油缸有污物轧死; (5)油电磁阀轧死漏油; (6)油电磁阀轧死失灵; (7)油电磁阀线圈烧断	(1)无压力差; (2)负荷上不去	(1)油压调节到高于吸气压力 147.1～294.2kPa; (2)用 M16×1.5 螺栓顶动油活塞,拆开气缸盖修理,调整 (3)逐段检查并清洗; (4)拆开清洗; (5)拆开修理; (6)检查修理; (7)再绕线圈或更换
14	压缩机启动力矩大,不能启动	(1)顶杆轧死; (2)顶杆拼紧螺栓松	按启动按钮,机组因启动力矩大,不能启动	拆开检查修理

12.6 冷却塔、泵与风机常见故障与处理

12.6.1 冷却塔常见故障与处理

冷却塔常见故障与处理见表 12-14。

冷却塔常见故障与处理　　　　　　　　表 12-14

序号	故障现象	产生的原因	消除方法
1	电动机不能启动	(1)停电; (2)忘合电源开关; (3)电源电压过低,不足使电机启动; (4)接线端子松动,造成电源虚接; (5)接线错误或断线; (6)热继电器动作,切断电路; (7)连接装置接线松动; (8)送风电动机故障; (9)皮带断	(1)查明原因,等待来电; (2)合上电源开关; (3)查明原因; (4)将电源端子紧固; (5)检查修复; (6)按下复位按钮; (7)检查并修理; (8)修理或更换电动机; (9)更换皮带
2	运转时带出冷却水多	(1)循环水量太大; (2)循环水偏流; (3)风量过大; (4)风机容量过大	(1)关小阀门,减小水量; (2)扫除散水槽,调整进水阀的开度; (3)检查风机叶轮; (4)更换风机
3	运转中循环水量不足	(1)散水槽的散水管路堵塞; (2)补水管堵塞; (3)补水管阀门未开足; (4)补水管供水压力不足; (5)水泵配置太小; (6)管路设计不合理,管径小	(1)清除堵塞物; (2)清除堵塞物; (3)开足补水管阀门; (4)查明原因,调整压力; (5)更换水泵; (6)重新配管
4	运转中,冷却水泵将空气吸入	(1)下面水槽水位降低; (2)过滤网堵塞	(1)查明原因,修复并补足水量; (2)清洗过滤网

续表

序号	故障现象	产生的原因	消除方法
5	充填物和循环水污染	(1)将烟气吸入； (2)将周围已污染的空气吸入； (3)水处理装置效果不佳	(1)设法清除烟气； (2)设法清除环境污染； (3)修理水处理设备
6	冷却能力下降	(1)风机不运转； (2)轴承磨损； (3)轴折损； (4)送风机叶片角度不对,电动机负荷大； (5)扇叶破损； (6)皮带太松； (7)循环水量太多； (8)循环水量不足； (9)排出的空气被短路； (10)将热气吸入； (11)吸入的空气不足； (12)循环水偏流； (13)填充物堵塞； (14)散水槽孔堵塞； (15)散水管堵塞	(1)检查电源和线路并修复； (2)更换； (3)更换； (4)调整叶片角度； (5)更换； (6)调整或更换； (7)关小供水阀门； (8)开大供水阀门； (9)清除出风口障碍物； (10)清除冷却塔周围的热源； (11)检查吸气通道,清除障碍物； (12)扫除散水槽,调整进水阀的开度； (13)清除堵塞物； (14)清除堵塞物； (15)清扫或更换
7	运转时散水槽内水溢出	(1)散水槽堵塞； (2)循环水量过多,散水从上面滴下； (3)散水槽结构不合适	(1)清除堵塞物； (2)调整供水阀； (3)修理
8	运行时,风机的电动机过热	(1)风机叶片角度不对,负荷变大； (2)轴承损坏或弯曲； (3)轴承内有异物； (4)轴承缺油； (5)电动机故障,绝缘不良； (6)周围环境温度高； (7)电压低； (8)电动机缺相运行	(1)按正确角度安装； (2)更换； (3)拆机清洗； (4)向轴承加油； (5)检查,修理或更换； (6)选用耐高温的电动机； (7)查明原因后,修复； (8)检查原因后,修复
9	风机在运转中有振动的杂音	(1)送风机的轴弯曲； (2)送风机的轴损坏； (3)轴承损坏； (4)轴承部位有异物； (5)轴承缺油； (6)风机叶片螺钉松动； (7)风机叶片与其他部件松动； (8)冷却水塔外壳连接部松动； (9)电源电压过低,电动机发生异常声音	(1)更换风机； (2)更换风机； (3)更换轴承； (4)拆机清洗,换油； (5)向轴承加油； (6)将螺钉紧固； (7)检查修理； (8)检查修理； (9)查明原因,修理

12.6.2 泵常见故障与处理

泵常见故障与处理见表12-15。

泵常见故障与处理　　　　　　　　　　　　　　　　　表12-15

序号	故障现象	产生的原因	消除方法
1	水泵不出水	(1)进出口阀门未打开,进出管路阻塞,叶轮流道阻塞; (2)电机运行方向不对,电机缺相转速很慢; (3)吸入管漏气; (4)泵腔内没灌满水,泵腔内有空气; (5)进口供水不足,吸程过高,底阀漏水; (6)管道阻力过大,泵选型不当	(1)检查,去除阻塞物; (2)调整电机方向,紧固电机接线; (3)拧紧各密封面,排除空气; (4)打开泵上盖或排气阀排尽空气; (5)停机检查、调整(并网自来水管和带吸程使用易出现的现象); (6)减少管路弯道,重新选泵
2	水泵流量不足	(1)按1原因检查; (2)管道、泵叶轮流道部分阻塞,水垢沉积,阀门开度不足; (3)电压偏低; (4)叶轮磨损	(1)按1排除; (2)去除阻塞物,重新调整阀门开度; (3)稳压; (4)更换叶轮
3	有振动杂音	(1)管路支撑不稳; (2)液体混有气体; (3)产生气蚀; (4)轴承损坏; (5)电机超载发热	(1)稳固管路; (2)提高吸入压力、排气; (3)降低真空度; (4)更换轴承; (5)调整按4
4	电机发热(1)	(1)流量过大,超载运行; (2)电机内间隙不对; (3)电机轴承损坏; (4)电压不足	(1)关小出口阀; (2)检查电机排除; (3)更换轴承; (4)稳压
5	电机发热(2)	(1)机械密封磨损; (2)泵体有砂孔或破裂; (3)密封面不平整; (4)安装螺栓松动	(1)更换; (2)焊补或更换; (3)修整; (4)紧固

12.6.3 风机常见故障与处理

风机常见故障与处理见表12-16。

风机常见故障与处理　　　　　　　　　　　　　　　　　表12-16

序号	故障现象	产生的原因	消除方法
1	风机不启动	(1)无电流; (2)接线错误或断线; (3)电压过低	(1)查明原因,接通电源; (2)检查、修复; (3)查明原因,稳压

续表

序号	故障现象	产生的原因	消除方法
2	电机过热	(1)风机叶片角度不对负荷变大； (2)轴承损坏或电机轴弯曲； (3)轴承内有异物； (4)轴承缺油； (5)电机绝缘不良； (6)电压低； (7)电机缺相运行	(1)按正确角度安装； (2)更换电机或电机轴； (3)拆机清洗； (4)向轴承加油； (5)检修、更换电机； (6)查明原因，稳压； (7)查明原因，修复
3	风机运行中有杂音或振动	(1)轴中心与风筒中心偏离； (2)轴承磨损或缺油； (3)风机联结螺栓松动； (4)风机轴弯曲； (5)电压过低	(1)调整同心度； (2)更换轴承及加油； (3)紧固螺栓，加置必要的垫圈； (4)更换风机； (5)查明原因，修理、稳压

附 录

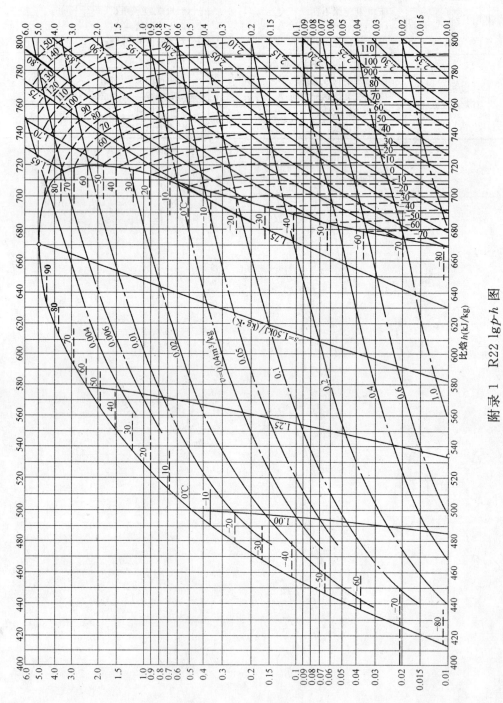

附录1 R22 lgp-h图

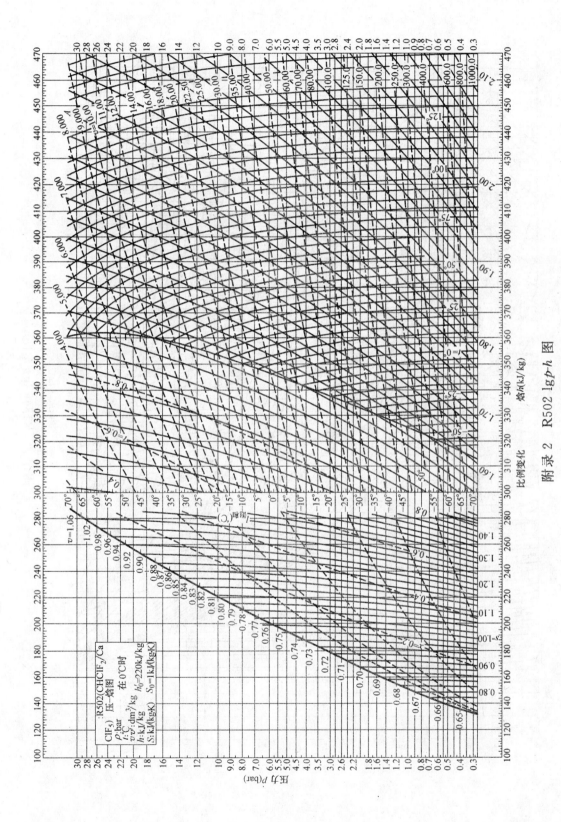

附录 2 R502 lg$p$-h 图

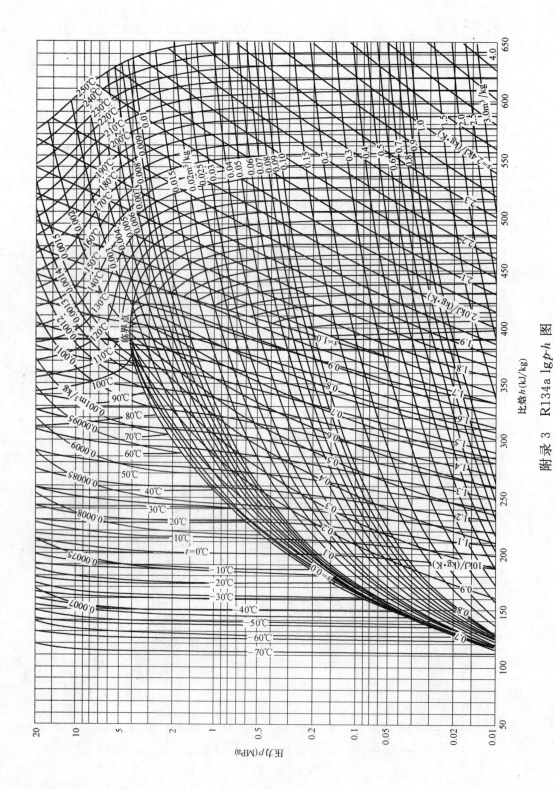

附录 3 R134a lg$p$-h 图

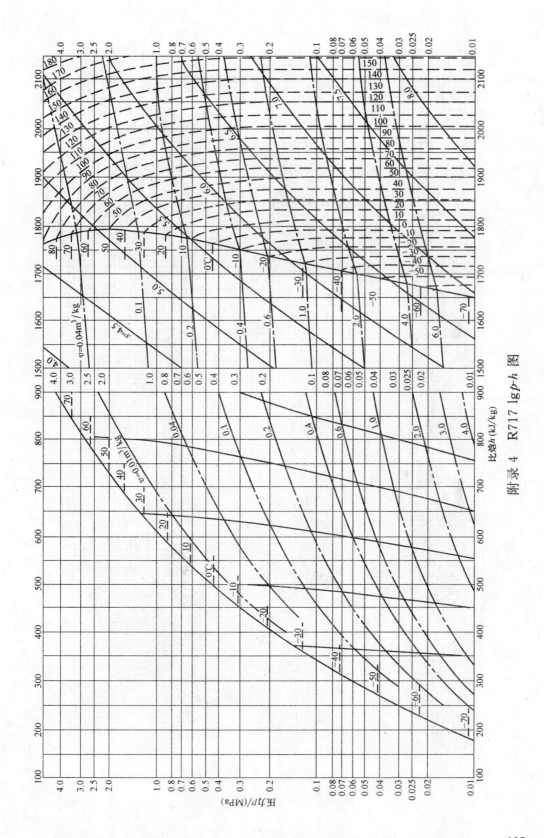

附录4 R717 lgp-h 图

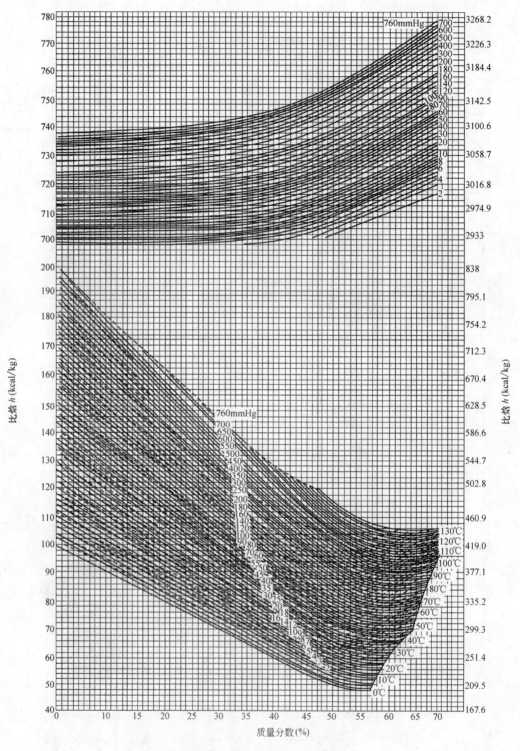

附录5 溴化锂溶液 h-ζ 图

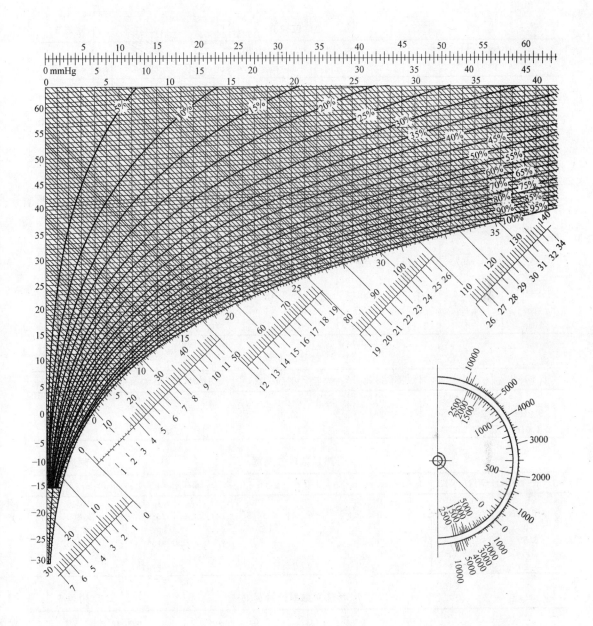

附录6 湿空气焓湿图

大气压 $\dfrac{101325\text{Pa}}{760\text{mmHg}}$

$h=1.01t+0.001d(2500+1.84t)\text{kJ/kg 干空气}$

$h=0.24t+0.001d(597.3+0.44t)\text{kcal/kg 干空气}$

附录7 制冷空调工程常用单位换算表

见附表1～附表6

力单位换算

附表1

牛顿 N(kg·m/s²)	千克力 (kgf)	达因 dyn(g·cm/s²)	磅力 lbf
1	0.102	10^5	0.2248
9.81	1	9.81×10^{-5}	2.2046
10^{-5}	1.02×10^{-6}	1	2.248×10^{-6}
4.448	0.4536	4.448×10^5	1

功率单位换算

附表2

SI 单位		米制马力	英制马力	千克力·米/秒	英尺·磅力/秒	千卡/秒	英热单位/秒
瓦(W)	千瓦(kW)	(HP)	(HP)	(kgf·m/s)	(ft·lbf/s)	(kcal/s)	(B·t·u/s)
1	0.001	0.00136	0.00134	0.102	0.7376	2.39×10^{-4}	9.478×10^{-4}
1000	1	1.36	1.341	102	737.6	0.239	0.9478
735.5	0.7355	1	0.9863	75	542.5	0.1757	0.6972
745.5	0.7457	1.014	1	76.04	550	0.1781	0.707
9.807	9.81×10^{-3}	0.013	0.01315	1	7.233	0.00234	0.0093
1.356	0.00136	0.00184	0.00182	0.138	1	3.24×10^{-4}	1.29×10^{-4}
4187	4.2	5.7	5.61	427	3087	1	1
1055	1.055	1.434	1.415	107.6	778.2	0.252	1

冷量单位换算

附表3

日本冷吨	美国冷吨	英国冷吨	大卡/小时(kcal/h)	英热单位/时(B·t·u/h)	千瓦(kW)
1	1.098	0.9811	3320	13174	3.861
0.9108	1	0.9864	3024	12000	3.517
1.016	1.112	1	3373	13384	3.923

导热系数单位换算

附表4

kJ/(m·h·K)	W/(m·K)	B·t·u/(m·h·°F)	B·t·u/(ft·h·°F)	cal/(cm·s·℃)	kcal/(m·h·℃)
1	0.2770	0.01333	0.160	6.61×10^{-4}	0.240
3.61135	1	0.04815	0.5778	0.002389	0.860
75	20.7688	1	12.0	0.04960	17.86
6.52	1.73073	0.08333	1	0.004134	1.488
0.01167	418.68	20.16	241.9	1	360.0
4.20	1.163	0.056	0.6720	0.002778	1

传热系数单位换算

附表5

W/(m²·K)	cal/(cm²·s·℃)	B·t·u/(ft²·h·°F)	kcal(m²·h·℃)
1	0.2389×10^{-4}	0.1762	0.8598
4.186×10^4	1	7373	3.6×10^{-4}
5.678	1.356×10^{-4}	1	4.833
1.163	2.778×10^{-5}	0.2049	1

比热容单位换算

附表6

kJ/(kg·K)	kcal/(kg·℃)
1	0.23885
4.1868	1

参 考 文 献

[1] 连添达主编. 制冷与空调安全技术. 天津市安全生产监督管理局制冷与空调技术培训教材. 2003. 10
[2] 张祉祐主编. 制冷原理与制冷设备. 北京：机械工业出版社，1997
[3] 张祉祐主编. 制冷设备的安装与管理. 北京：机械工业出版社，1997
[4] 吴业正，韩宝琦等编. 制冷原理及设备. 西安：西安交通大学出版社，1990
[5] 朱瑞琪主编. 制冷装置自动化. 西安：西安交通大学出版社，1995
[6] 陈芝久等编著. 制冷装置自动化. 北京：机械工业出版社，2002
[7] 赵荣义，范存养，薛殿华，钱以明编. 空气调节（第三版）. 北京：中国建筑工业出版社，1994
[8] 孙一坚主编. 工业通风（第三版）. 北京：中国建筑工业出版社，1994
[9] 连添达主编. 建筑安装工程施工图集 2. 冷库通风空调（第三版）. 北京：中国建筑工业出版社，2007
[10] 廉乐明，李力能，吴家正，谭羽飞编. 工程热力学（第四版）. 北京：中国建筑工业出版社，1999
[11] 杨世铭，陶文铨编著. 传热学（第三版）. 北京：高等教育出版社，1998
[12] 蔡增基，龙天渝主编. 流体力学泵与风机（第四版）. 北京：中国建筑工业出版社，1999
[13] 严德隆，张维君主编. 空调蓄冷应用技术. 北京：中国建筑工业出版社，1997
[14] 邹根南，郑贤德主编. 制冷装置及其自动化. 北京：机械工业出版社，1988
[15] 连添达主编. 制冷装置设计. 北京：中国经济出版社，1994
[16] 连添达主编. 中央空调工程施工组织. 机械工业出版社，2004
[17] 连添达主编. 冷库建筑. 天津：天津商业大学出版，1997